Differential Equations and Linear Algebra

GILBERT STRANG

世界標準MIT教科書

ストラング：微分方程式と線形代数

ギルバート・ストラング［著］

渡辺辰矢［訳］

近代科学社

◈ 読者の皆さまへ ◈

平素より，小社の出版物をご愛読くださいまして，まことに有り難うございます．

(株)近代科学社は 1959 年の創立以来，微力ながら出版の立場から科学・工学の発展に寄与すべく尽力してきております．それも，ひとえに皆さまの温かいご支援があってのものと存じ，ここに衷心より御礼申し上げます．

なお，小社では，全出版物に対して HCD（人間中心設計）のコンセプトに基づき，そのユーザビリティを追求しております．本書を通じまして何かお気づきの事柄がございましたら，ぜひ以下の「お問合せ先」までご一報くださいますよう，お願いいたします．

お問合せ先：reader@kindaikagaku.co.jp

なお，本書の制作には，以下が各プロセスに関与いたしました：

- 企画：小山　透
- 編集：山口幸治，小山　透
- 組版 (TeX)・印刷・製本・資材管理：藤原印刷
- カバー・表紙デザイン：藤原印刷
- 広報宣伝・営業：山口幸治，冨髙琢磨，東條風太

目　次

序　文

微分方程式と線形代数は学部数学における 2 つの決定的に重要な科目である．この新しい教科書ではこれらの科目を別々に，時には一緒に展開する．別々に，というのがふつうである——これらの概念は本当に大切である．本書も微分方程式の基本的な内容をすべて含む：

第 1 章　1 階常微分方程式
第 2 章　2 階常微分方程式
第 3 章　図的および数値的解法
第 4 章　行列と連立一次方程式
第 6 章　固有値と固有ベクトル

以降は，本書のハイライトと読者への補足資料について述べる．本書では線形代数をより多く含めるように努めた．多くの大学がこれら必須科目 2 つを接続する方向へ移行したがっている．

以前にもまして，線形代数の中心的な位置が認識されている．学生に行列演算の機械的計算だけをさせるのはもう終りだ．計画性や先見性があったわけではないが，私のライフワークは書籍やビデオ講義を通じた線形代数の解説になっている：

Introduction to Linear Algebra（Wellesley-Cambridge Press, 邦題『世界標準 MIT 教科書 ストラング：線形代数イントロダクション』（近代科学社，2015 年））

MIT オープンコースウェア (ocw.mit.edu, 2000 年と 2014 年の数学科目 18.06）．

線形代数の講義内容が増え続けているのは，需要が増え続けているためである．同時に MIT の微分方程式の科目 18.03 で新しいシラバスを考えることになり，それとは独立にではあるが，この本へと行きついた．

時は短く貴重であるということがこの背景にある．多くの学生にとって時間割はほとんど目いっぱいとなっているが，これら 2 科目は省けない——そこで，線形の微分方程式を線形の行列方程式[1]と並行して学ぼう．予備知識は微積分学，しかも 1 変数のものだけでよい——上述の章において大切な関数は入力 $f(t)$ と出力 $y(t)$ である．線形方程式の場合，連続でも離散でも，一般解は 2 つの部分から成る：

$$\textbf{1 つの特殊解 } \boldsymbol{y_p} \qquad \boldsymbol{Ay_p = b}$$

$$\textbf{すべての斉次解 } \boldsymbol{y_n} \qquad \boldsymbol{Ay_n = 0}$$

これらの右辺を加えれば $\boldsymbol{b}+\boldsymbol{0}=\boldsymbol{b}$ であるが，重要なのは左辺の和が $\boldsymbol{A}(\boldsymbol{y_p}+\boldsymbol{y_n})$ となることである．入力が加算され，方程式が線形であれば，出力も加算される．恒等式 $\boldsymbol{A}(\boldsymbol{y_p}+\boldsymbol{y_n})=\boldsymbol{b}+\boldsymbol{0}$

[1] 訳注：連立一次方程式のこと．本書ではこれを**線形方程式系**と呼ぶことも多い．

から $\boldsymbol{Ay} = \boldsymbol{b}$ の解すべてがわかるのである：

$$\text{線形方程式の一般解は } \boldsymbol{y} = (\mathbf{1}\text{ つの } \boldsymbol{y_p}) + (\text{すべての } \boldsymbol{y_n}).$$

同じ理由で，同じ手順により $dy/dt = f(t)$ の一般解が得られる．微積分学で解はすでに知っているが，ここで重要なのはその解の形である：

$$\begin{array}{lll} \dfrac{dy_p}{dt} = f(t) & \text{の解は} & \boldsymbol{y_p(t) = \int_0^t f(x)\,dx} \\ \dfrac{dy_n}{dt} = 0 & \text{の解は} & \boldsymbol{y_n(t) = C}\ (\text{任意定数}) \\ \dfrac{dy}{dt} = f(t) & \text{の解は一般に} & \boldsymbol{y(t) = y_p(t) + C} \end{array}$$

微分方程式 $dy/dt = Ay + f(t)$ が与えられたときには，まず y_p と y_n，つまり 1 つの特殊解とすべての斉次解，を見つけることが我々の仕事である．この解法を理解して使えるよう，自信を培っていただくことがより深い目的である．

微分方程式

微積分学を学ぶことの核心は「動きを理解する」ことにある．経済は成長し，電流は流れ，月は上昇し，メッセージは伝わり，自分の手は動く．動作は内外からの力——競走力，圧力，電圧，欲望——により，速くも遅くもなる．微積分学は dy/dt の意味を教えてくれるが，そこで止まってしまい，それを方程式（微分方程式）に入れてみないのでは本末転倒である．

その方程式は成長（しばしば指数的成長 e^{at}）を記述できる．振動や回転も（サイン，コサインにより）記述できる．その動作はしょっちゅう，力が釣り合う平衡状態に近づく．その釣合いの点は，変化率 dy/dt が零の点として，線形代数で見つけられる．

数学が何をできるか，説明の必要があろう．私はある程度，数学の外を見て，科学者やエンジニアや経済学者が実際に憶え，絶えず使っていることを含めることが大切と信じている．結論を記せば，線形方程式が最初に来る．微積分学の本質が，現在地点の周りを線形化し，移動の方向と速度を求めることにあるからである．

1.1 節は方程式 $dy/dt = y$ と $dy/dt = y^2$ から始まる．この 2 つの方程式を解くと，こんなふうになるのは全くもって素晴らしい：

$$\begin{array}{lll} \boldsymbol{\dfrac{dy}{dt} = y} & \boldsymbol{y = 1 + t + \frac{1}{2}t^2 + \frac{1}{6}t^3 + \cdots} & \boldsymbol{y = e^t} \\ \boldsymbol{\dfrac{dy}{dt} = y^2} & \boldsymbol{y = 1 + t + t^2 + t^3 + \cdots} & \boldsymbol{y = 1/(1-t)} \end{array}$$

数学で最も重要な 2 つの級数にしょっぱなから出会うのは本当に喜ばしい．この科目を始めるのに，これ以上良い方法はなかろう．

$\boldsymbol{f(t)}$ の重要な選択

教科書たるもの，問題をあれこれ解く以上のものでなければならないと強調したい．関数 $f(t)$

というのはいくらでも作り出せるが，それではいけない．特に重要な少数の関数を理解するほうがずっと良い：

$f(t)=$　**サインとコサイン**　（振動と回転）
$f(t)=$　**指数関数**　（成長と減衰）
$f(t)=$　**1（$t>0$ のとき）**　（スイッチが入る）
$f(t)=$　**インパルス**　（突然の衝撃）

解 $y(t)$ はこれらの入力に対する応答——周波数応答，指数応答，ステップ応答，インパルス応答——である．これらの特別な関数と特別な解は最善である——最も求め易く，最も役立つ．他の解はすべてこれらから作りあげられる．

ほとんどの学生にとってインパルス（一瞬だけ作用するデルタ関数）が耳慣れないことを私は知っているが，この概念はここにふさわしい！ それがどれほどうまく使えるか，見せてあげよう．この応答はある逆行列のようなもので，**すべての**解についての公式を与えてくれる．視覚的に示すのがとても効果的となりうるので，このような多くの題材について，ビデオ講義で本書を補足する．

読者への補足資料

本書に付随する補足資料すべてを読者に周知したい．

math.mit.edu/dela が大切なウェブサイトである．本の末尾に奇数番の問題だけの解答例を印刷する時代はすぎた．このウェブサイトは，より詳しい解および役立つヘルプを提供でき，追加の演習問題，数値実験のためのコード，その他多くを含む．すべてを活用し，また提供していただきたい．

ocw.mit.edu には両方の分野のビデオ講義が完全に揃っている（オープンコースウェアは YouTube にもある）．多くの学生が 18.06 と 18.06 SC での線形代数の講義を知っており，手伝ってもらえることはとても嬉しい．微分方程式については 18.03 SC のビデオ，ノート，および試験問題が極めて有用である．

新しいビデオは特定の題材についてのものとなろう [2)]——ひょっとすると，あの宙返りする箱についてさえ加えられるかもしれない．

線形代数

線形代数についてはもっと付け加えなくてはならない．私の執筆活動はこの分野を明快に提示しようとする試みであり続ける．つまり，抽象的でなく，最少の語数で済ませるのでもなく，読者の助けとなる書き方である．行列代数の中心的な概念（ベクトル空間の基底，行列の分解，対称および直交行列の性質）がまさにそのまま，この分野をとても実用的にする概念であったことは，大きな幸運である．第 5 章がこれらの概念を強調し，第 7 章で $A^{\mathrm{T}}A$ の応用を説明する．

---

2) 訳注：本書の訳出中に原著についての動画が用意された．`https://ocw.mit.edu/`で strang と moler を検索し，RES.18-009 を選ぶ．

行列は必須であり，選択科目ではない．我々は常にデータを獲得し，整理し，提示しているが，その際に最もよく用いられる形式が行列である．入力と出力の間の関係を理解することがその目標である．しばしばこの関係は線形であり，その場合は理解可能である．

ベクトル空間の概念はとても重要である．2 つのベクトルまたは 2 つの関数の**すべての**組合せをとってみよう．私はいつも学生に，その空間を視覚化するよう仕向けており，例示が一番うまくいく．$v_1 + v_2 + v_3 = 0$ および $d^2y/dt^2 + y = 0$ のすべての解を見ることができたら，ベクトル空間の概念を理解したということだ．例示により，これは線形独立性と基底と次元という大きな話題へと広がる．

もし $f(t)$ が連続時間で与えられるならば，モデルは微分方程式であり，その入力が離散時間ステップで与えられるならば，線形代数を用いる．モデルは入力 $f(t)$ により作られる出力 $y(t)$ を予測する．いくつかの入力は他よりずっと重要である —— 理解が容易で，しかもずっとよく現れる．これらこそ，この科目で取り上げるべき方程式である．

教員（および全読者）への注釈

Wellsley-Cambridge Press から出版することの理由を 1 つ記す．学生にとって妥当な価格の本となるよう，私は多大な努力をしている．これは前著 *Introduction to Linear Algebra* においても重要であり，アマゾンで比較してみると，大手出版社からの教科書は倍以上の値段である．同じ動機から，Wellesley-Cambrige の本は北米においては SIAM（米国応用数理学会），その他では Cambridge University Press および Wellesley により流通している．品質が最初に来るのは当然である．

本書が提供するものをご理解いただきたい．最初の数章は微分方程式についての通常の教科書，ただし新世代向け，である．本全体としては，微分方程式と線形代数の 1 年間の科目であり，フーリエおよびラプラス変換，加えて偏微分方程式（ラプラス方程式，熱伝導方程式，波動方程式），そして FFT と SVD も含む．

これは極めて有用な数学である！ 一語一語読むべきとは思わないが，応用例がこれほど自然に現れるときに，読者がよそを見る必要があるだろうか？

数学側からの支援を求めている工学系教員には特記したい．私は毎年何百人もの工学系学生を教える幸運に恵まれている．有限要素と信号処理と計算科学に関する研究をしたことが，学生が何を必要としているかを知り，彼らの言語で話す手助けとなった．(例えば) インパルス応答について 1 段落で触れるだけか，全く記述のない教科書も見かけるが，これはすべての特殊解を生じさせる基本解である．本書ではこれを時間領域で e^{at} から始めて計算し，ラプラス変換でまた求める．ウェブサイトではさらに進める．

経験から，書籍の第 1 版では常に支援が必要となることを知っている．何がもっと明確に説明されるべきか，教えていただきたい．あなたが手にしている本には価値ある目標がある —— 時間的制約と差し迫った要求の中で，新たな世代と新たな時間の学生・読者の世界での教科書になるという目標が．本書は完全ではないだろう．どんな方法であれ，これをより良くするようにご助力いただければありがたい．

謝　辞

とても多くの友人が本書の手助けをしてくれた．筆頭は アシュリー・フェルナンデスで，700日に渡り私の早朝の連絡先であり続けた．この LaTeX ファイルを準備した ヴァリュトーンで彼はチームを率いている．彼らが穏やかながらも，私に校正に次ぐ校正を促したお陰で，微分方程式の真に本質的な概念が明確になった．友とともに仕事することこそ，最も幸せに生きる道である．

本書は MIT での科目 18.03 についての議論から始まった．ハインズ・ミラーとデイヴィッド・ジェリソンとジェリー・オーロフは**変化**を求めた——これこそが科目の活力である．自分たちが何をしているか，もっと考えてみよう！ 彼らの出発点（世界中でこれが繰り返されているのを見るが）は，線形代数をもっと加えることだった．行列演算と固有値の計算はすでに 18.03 にあったが，彼らは基底と零空間と概念もほしがった．

彼らの講義から私は多くを学んだ．クラス全体が腑に落ちるという素晴らしい瞬間がある．すると，その科目は生き生きとする．読者もこれを感じることができるが，著者が感じている場合に限る．これが私のいわば教育理念である．

演習問題の解答例はバッセル・コウリーとマット・コーからの贈り物である．宙返りする箱の例題はアラー・トゥームアによるもので，3.3 節のハイライトとなっている（これは彼の講義中の有名な実験で，本を空へ放り投げたものだ）．ダニエル・ドラッカーは 1～3 章の本文を注意深く読んでくれた．彼は私が知る限り最高の数学編集者である．私の書き方は個人的で直接的なものになりがちである——ダンは正しくしようとしてくれた．

本書の表紙は驚く経験であった．ゴンサロ・モライスがポルトガルから MIT を訪れ，私たちは話した．母国に帰ってから彼は，このとても興味深いストレンジアトラクタ——ローレンツ方程式の解——の絵を送ってきた．カオスの発見者である偉大で謙虚な人物，エド・ローレンツを讃える機会となった．表紙に仕上げてくれたアーティストたちはゲイル・コルベットとルイ・セラーズである．彼らには感謝の言葉もない．

最終段階で（どの本でも最終段階で危機が訪れる）シェフ・マクナマラが危機から救った．図が欠けていた．大きな余白が空っぽだった．1.7 節の S 字曲線，3.1 節の方向場，オイラーとルンゲ–クッタの実験，その他いろいろシェフに負う．オンライン授業のビデオ講義を新たに作ろうと励ましてくれるのも彼である．読者からの反応があるときに MOOC についてはよく考えてみたい．

各読者を含め，すべての皆様に感謝する．

ギルバート・ストラング

第 1 章の概要：1 階の方程式

1.3	$\boldsymbol{dy/dt = ay}$ を解く	指数関数 e^{at} を作る
1.4	$\boldsymbol{dy/dt = ay + q(t)}$ を解く	4 つの特別な $q(t)$ とすべての $q(t)$
1.5	$\boldsymbol{dy/dt = ay + e^{st}}$ を解く	成長と振動：$s = a + i\omega$
1.6	$\boldsymbol{dy/dt = a(t)y + q(t)}$ を解く	積分因子 = 1/成長因子
1.7	$\boldsymbol{dy/dt = ay - by^2}$ を解く	$z = 1/y$ についての式は線形
1.8	$\boldsymbol{dy/dt = g(t)/f(y)}$ を解く	$\int f(y)\,dy$ を $\int g(t)\,dt$ から分離せよ

1.4 節の大切な公式が解 $\boldsymbol{y(t) = e^{at}y(0) + \int_0^t e^{a(t-s)}q(s)ds}$ を与える.

解答例とコードと追加の例題とビデオのウェブサイトは **math.mit.edu/dela**

質問と本の注文とアイデアは **diffeqla@gmail.com** まで.

第1章

1階常微分方程式

1.1　4つの例：線形 対 非線形

1 階の微分方程式は関数 $y(t)$ とその導関数 dy/dt を結びつける．y の変化率は y 自身により決まる（時刻 t によってもよい）．

ここに 4 つの例を挙げよう．例 **1** はすべての微分方程式の中で最も重要である．

1）$\dfrac{dy}{dt} = y$　　2）$\dfrac{dy}{dt} = -y$　　3）$\dfrac{dy}{dt} = 2ty$　　4）$\dfrac{dy}{dt} = y^2$

これらは 3 つの**線形**微分方程式（**1**，**2**，**3**）および 1 つの**非線形**微分方程式の例である．例 **4** では未知関数 $y(t)$ が平方されているが，例 **1**，**2**，**3** では導関数 y か $-y$ か $2ty$ が関数 y に比例している．y に対する dy/dt のグラフは例 **4** では y^2 のために放物線となる．

例 **3** では t が y に掛かっているが，それでもこの方程式は y と dy/dt について線形であり，時刻によって変わる**変係数** $2t$ を持つという．例 **1**，**2** は**定数係数**（y の係数は 1 と -1）を持つ．

4つの例の解

各々の例での解は書き下せる．これは 1 つの解ではあるが，各方程式は解の族を持つので，一般解ではない．いずれ一般解にはある定数 C が入る．この数値 C は，まさしく通常の積分のときと同様に，$t = 0$ での y の出発値によって決まる．$f(t)$ の積分は最も単純な微分方程式の，$y(0) = C$ のときの解となっている：

$$5)\quad \frac{dy}{dt} = f(t) \qquad \text{一般解は} \qquad y(t) = \int_0^t f(s)\,ds + C \ .$$

とりあえず例 **1**〜**4** について $y(0)=1$ から出発する解を 1 つずつ書いてみる.

$$\mathbf{1}\quad \frac{dy}{dt}=y \quad \text{の解は} \quad y(t)=\boldsymbol{e^t}$$

$$\mathbf{2}\quad \frac{dy}{dt}=-y \quad \text{の解は} \quad y(t)=\boldsymbol{e^{-t}}$$

$$\mathbf{3}\quad \frac{dy}{dt}=2ty \quad \text{の解は} \quad y(t)=\boldsymbol{e^{t^2}}$$

$$\mathbf{4}\quad \frac{dy}{dt}=y^2 \quad \text{の解は} \quad y(t)=\frac{\mathbf{1}}{\mathbf{1}-\boldsymbol{t}}.$$

注意 3 つの線形方程式の解は指数関数（**$\boldsymbol{e}$ のベキ**）である. 非線形方程式 **4** の解は別の関数形, ここでは $1/(1-t)$, である. これは微分すると $dy/dt=1/(1-t)^2$ となり y^2 と一致する.

ここで, 例 **1** と **2** のような**定数係数**の線形方程式に特に関心を向けよう. 実は $dy/dt=y$ こそ偉大な関数 $y=e^t$ の最重要な性質である. 代数学からの関数（$y=t^n$ のような）では導関数に等しくなることはない（t^n の導関数は nt^{n-1}）から, 微積分学で e^t を生み出さなくてはならなかった. しかしすべての累乗 t^n を組み合わせると, これは可能で, その良い組合せは 1.3 節での e^t である.

最後の例は **1** と **2** を拡張し, **任意の定数係数 $\boldsymbol{a}$** を許すものである：

$$\textbf{6)}\quad \boldsymbol{\frac{dy}{dt}=ay} \quad \text{の解は} \quad \boldsymbol{y=e^{at}} \quad （\text{それに} \quad \boldsymbol{y=Ce^{at}}）.$$

この一定の成長率 a が正ならば, 解は増大する. $dy/dt=-y$ における $a=-1$ のときのように a が負ならば, 傾きが負で解 e^{-t} は零へと減衰する. 図 1.1 に, dy/dt が y と $2y$ と $-y$ に等しいときの 3 つの指数関数を示す.

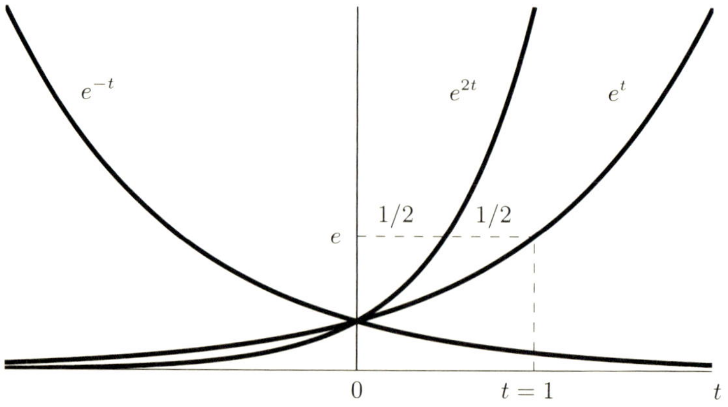

図 1.1 成長, より速い成長, そして減衰. それぞれ解は e^t, e^{2t}, および e^{-t}.

a が 1 より大きいとき，解は e^t より速く成長する．これは当然であるが，素敵なのは相変わらず指数関数に沿うことだ——e^{at} のほうがより速く昇っていくだけである．**時間軸をスケールし直す**ことで同じ結果を得ることができる．図 1.1 では，最も急な曲線（$a = 2$ のとき）は，ただ時間軸を 2 倍圧縮しただけで最初の曲線と同一になる．

微積分学では e^{2t} についての連鎖則からこの因数 2 が現れる．e^{t^2} だったらその因数は連鎖則から $2t$ となる．この場合の指数は t^2 であり，因数 $2t$ はその導関数である：

$$\frac{d}{dt}(e^u) = e^u\,\frac{du}{dt} \qquad \frac{d}{dt}\left(e^{2t}\right) = \left(e^{2t}\right) \times 2 \qquad \frac{d}{dt}\left(e^{t^2}\right) = \left(e^{t^2}\right) \times 2\,t$$

演習問題 1.1

1　区間 $-1 \le t \le 1$ での $y = e^t$ のグラフを手作業で描け．$t = 0$ での傾き dy/dt はいくらか．直線 $y = et$ のグラフを追加して，これら 2 つのグラフの交点を求めよ．

2　$y_1 = e^{2t}$ と $y_2 = 2e^t$ のグラフを一緒に描け．$t = 0$ ではどちらが大きいか．$t = 1$ ではどちらが大きいか．

3　$y = e^{-t}$ の $t = 0$ での傾きを求めよ．$t = 1$ での傾き dy/dt を求めよ．

4　$e^t = 4$ のときに t の数値（指数）を求めたかったら，どの“対数”を用いるべきか．

5　$y(t) = f(u(t))$ のとき，導関数 dy/dt を与える連鎖則（f と u の連鎖）を記せ．

6　e^t の **2 階**導関数は e^t であるから，$y = e^t$ は $d^2y/dt^2 = y$ の解である．2 階の微分方程式は $y = ce^t$ とは異なるもう 1 つの解を持つのだが，その第 2 の解は何か．

7　非線形の例 $dy/dt = y^2$ の解が，任意の定数 C について $y = C/(1 - Ct)$ であることを示せ．$C = 1$ の選択が，$y(0) = 1$ から出発する $y = 1/(1 - t)$ を与えた．

8　$dy/dt = y^2$ の解が $dy/dt = y$ の解より速く増大する（どちらも $t = 0$ のときに $y = 1$ から始めたとする）のはなぜか．前者の解は $t = 1$ で爆発する．後者の解 e^t は指数的に速く増大するが，爆発はしない．

9　$y(0) = 1$ から出発する $dy/dt = -y^2$ の解を見つけよ．dy/y^2 と $-dt$ を積分せよ（あるいは $z = 1/y$ を用いて，$\boldsymbol{dz/dt} = (dz/dy)\,(dy/dt) = (-1/y^2)(-y^2) = \mathbf{1}$ とすれば，$dz/dt = 1$ から $z(t)$ そして $y = 1/z$ がわかる）．

10　以下のどの方程式が（y について）線形か？

(a) $y' + \sin y = t$　　(b) $y' = t^2(y - t)$　　(c) $y' + e^t y = t^{10}$.

11　積の微分法を用いて $e^t e^{-t}$ の導関数を求めよ．これは定数関数であり，$t = 0$ でその定数は 1 だから，すべての t に対して $e^t e^{-t} = 1$ である．

12 $dy/dt = y+1$ の解は $y = e^t + t$ ではない．この y を代入して解でないことを示せ．$y' = y$ と $y' = 1$ の解をただ足してはいけない．$y = e^t + c$ の c がいくつなら正しい解になるか．

1.2　必要な微積分学

微分方程式のためにまず必要なのは微積分学である．こう書くと，概念と演習問題と微分および積分の計算公式を，1 年あるいはそれ以上かけて学ぶことを意味するかもしれない．これらの題材のうちのいくつかは本質的だが，その他は（我々が皆，認めるように）最重要というわけではない．ここでは前向きに，微積分学の本質的な事実をまとめる．本節は読んで参照するためのものであり，演習問題はついていない．

このまとめは 1 変数の微積分学の授業の最後にも価値を持つかもしれない．教科書には重要な概念のまとめがついていてもよいはずだが，通常ついていない．もちろん読者はここで選択したものに逐一同意するものではなく，より完全なリストが最適な結果としてあろう．これは私が予想したよりずっと短いものになってしまっている．

最終的には，微分方程式の便利な公式は積の公式，e^x の導関数，そして微積分学の基本定理により確かめられる．

1. 重要な関数の導関数：　$\boldsymbol{x^n}$　$\mathbf{sin}\,\boldsymbol{x}$　$\mathbf{cos}\,\boldsymbol{x}$　$\boldsymbol{e^x}$　$\mathbf{ln}\,\boldsymbol{x}$

$x, x^2, x^3, \ldots$ の導関数は，$\Delta y/\Delta x$ の極限として，第一原理から求まる．$\sin x$ と $\cos x$ の導関数では $(\sin \Delta x)/\Delta x$ の極限に集中する．そして偉大な関数 e^x の出番だ．これは出発値 $y(0) = 1$ のときの微分方程式 $dy/dt = y$ の解である．**$\boldsymbol{e^x}$ の知識：微積分学で最も重要な事実を 1 つ挙げるとすればこれである．**

2. 導関数の公式：　和の公式　積の公式　商の公式　連鎖則

もとになるこれら 5 つの関数を加え，差し引き，掛け合わせ，割るとき，これらの公式が導関数を与える．和の公式は静かなもので，**線形の**微分方程式ではいつでも使われる．方程式が線形であるとは（**重要な性質**）：

$$\frac{dy}{dt} = ay + f(t) \text{ と } \frac{dz}{dt} = az + g(t) \text{ を足すと } \frac{d}{dt}(\boldsymbol{y}+\boldsymbol{z}) = a(\boldsymbol{y}+\boldsymbol{z}) + (\boldsymbol{f}+\boldsymbol{g}) \text{ になる．}$$

$a = 0$ のときが $y + z$ の導関数についての和の公式そのものであるが，$a(t)y$ が y について線形のため，示したような方程式の加算ができる．これにより y と z，別々の解の**重ね合せ**が確かめられる．線形方程式を足すとき，その解も足す．

連鎖則は，とても素晴らしい関数の導関数を計算する際に最も多産である．$\boldsymbol{y = e^x}$ と $\boldsymbol{x = \sin t}$ の連鎖（2 つの関数の合成）により $\boldsymbol{y = e^{\sin t}}$ が生まれる．連鎖則では導関数 dy/dx と dx/dt を掛け合わせて dy/dt を与える：

$$\text{連鎖則} \qquad \frac{dy}{dt} = \frac{dy}{dx}\frac{dx}{dt} = e^x \cos t = y \cos t.$$

すると $e^{\sin t}$ は，変化する成長率 $a = \cos t$ を伴う微分方程式 $\dfrac{dy}{dt} = ay$ の解である．

3. 微積分学の基本定理

$\boldsymbol{f(x)}$ の**積分**の導関数は $\boldsymbol{f(x)}$ である．導関数 df/dx の 0 から x までの積分は $f(x) - f(0)$ である．$f(0) = 0$ のとき，一方の演算が他方の逆演算となる．導関数も積分も刻みの極限 $\Delta x \to 0$ を伴うため，この証明はそれほど簡単ではない．

前進するための 1 つの方法は，数値 $y_0, y_1, \ldots, y_n$ で始めることである．これらの差分は導関数のようであり，その差分を足し合わせることは導関数を積分しているようでもある：

$$\text{差分の和}\quad (\boldsymbol{y_1} - \boldsymbol{y_0}) + (\boldsymbol{y_2} - \boldsymbol{y_1}) + \cdots + (\boldsymbol{y_n} - \boldsymbol{y_{n-1}}) = \boldsymbol{y_n} - \boldsymbol{y_0}. \tag{1}$$

y_n と $-y_0$ だけが残るのは，他のすべての数値 $y_1, y_2, \ldots$ が 2 回ずつ現れて消えるからである．式を微積分学のように見せるには，すべての項に $\Delta x/\Delta x = 1$ を掛ける：

$$\left[\frac{y_1 - y_0}{\Delta x} + \frac{y_2 - y_1}{\Delta x} + \cdots + \frac{y_n - y_{n-1}}{\Delta x}\right]\Delta x = y_n - y_0. \tag{2}$$

$y_0, y_1, \ldots, y_n$ の値が何であっても，これもまた正しい．それらを関数 $y(x)$ のグラフの高さとみて，$x_0, \ldots, x_n$ は $x = a$ と $x = b$ の間で等間隔にとった点とする．このとき，比 $\Delta y/\Delta x$ はグラフの 2 点の間の**傾き**である：

$$\frac{\Delta y}{\Delta x} = \frac{y_k - y_{k-1}}{x_k - x_{k-1}} = \frac{\text{増分}}{\text{横軸距離}} = \text{傾き}. \tag{3}$$

もしグラフが 2 点 x_{k-1} と x_k の間で直線分ならば，この傾きは厳密に正しい．グラフが曲線のときは，この近似した傾き $\Delta y/\Delta x$ は $\Delta x \to 0$ につれて厳密になる．

注意を要するのは $x_0 = a$ から $x_n = b$ まで等間隔で点をとるための条件 $n\Delta x = b - a$ である．このとき Δx が減ると n は増える．始点で $y_0 = y(a)$ および終点で $y_n = y(b)$ とすると，式 (2) はどの刻みでも正しく保たれる．$\Delta x \to 0$ および $n \to \infty$ となるにつれて，傾き $\Delta y/\Delta x$ は導関数 dy/dx に近づき，同時に，和は dy/dx の積分に近づくので，式 (2) は式 (4) に変わる：

$$\textbf{微積分学の基本定理}\qquad \int_a^b \frac{dy}{dx}\,dx = y(b) - y(a) \qquad \frac{d}{dx}\int_a^x f(s)\,ds = f(x) \tag{4}$$

式 (3) の $\Delta y/\Delta x$ と (2) の和の極限が dy/dx とその積分を作り出す．基本定理のこの説明はもちろんより深い注意を要するが，式 (1) に大切な考え方，**差分の和**が現れている．これが**導関数の積分**へとつながる．

4. 記号の意味と代数の演算

数学は言語であり，この言語を学ぶ方法は，それを用いてみることである．だから教科書には何千もの演習問題があり，$y(x)$ や $y(x + \Delta x)$ のような記号の読み書きを練習する．ここに典型的な記号を 1 行書いてみよう：

$$\boldsymbol{y}\ \text{の導関数}\qquad \frac{dy}{dt}(t) = \lim_{\Delta t \to 0} \frac{y(t + \Delta t) - y(t)}{\Delta t}. \tag{5}$$

これが明快であるか，私は特に確信しているわけではない．1 つの関数は y であり，もう一方はその導関数 y' である．y' **の記号のほうが** dy/dt **より良いだろうか？** 本書では両方とも標準とする．微積分学では $y(t)$ は既知だが，微分方程式ではそうではない．そもそも微分方程式とは，y と y' をつなげることにあり，このつながりから，それらが何であるか見つけなくてはならないのだ．

最初の例は $y' = y$ である．この方程式は未知関数 y を指数的に増加させる：$y(t) = Ce^t$．本節の最後ではより複雑な方程式とその解を示したいが，e^t より重要な例は決して見つけられないだろう．

5. $dy/dx \approx \Delta y/\Delta x$ の 3 用法

関数 $y(x)$ のグラフにおいて，厳密な傾きは dy/dx であり，（近接した点の間での）近似した傾きが $\Delta y/\Delta x$ である．もし dy/dx と Δy と Δx のうちの**任意の 2 つの**数値を知れば，第 3 の数値の良い近似が得られる．dy/dx は微積分学の中心的概念なので，3 つの近似すべてが重要である．

(A)　Δx と dy/dx を知れば，$\Delta y \approx (\Delta x)(dy/dx)$ である．

これは線形近似である．出発点 x_0 から距離 Δx だけ移動すると，変化 Δy が生じる．$y(x)$ のグラフは上下しうるが，我々が持つ最善の情報は x_0 における傾き dy/dx だけである（この数値がグラフの**曲がり具合**を与えることは決してなく，それは次の微係数 d^2y/dx^2 に現れる）．

線形近似は，その曲線でなく，その接線を追いかけることに相当する：

$$\boldsymbol{\Delta y \approx \Delta x\,\frac{dy}{dx}} \qquad y(x_0 + \Delta x) \approx y(x_0) + \Delta x \frac{dy}{dx}(x_0) \tag{6}$$

(B)　Δy と dy/dx から $\Delta x \approx (\Delta y)/(dy/dx)$．これはニュートン法である．

ニュートン法は，点 x_0 から出発して $y(x) = 0$ を解く 1 つの方法である．$y(x)$ が $y(x_0)$ から，新たな点 x_1 で零に減ってほしいので，y **の望まれる変化は** $\Delta y = 0 - y(x_0)$ である．x_1 を定めるための Δx が未知である．厳密な傾き dy/dx は $\Delta y/\Delta x$ に近いはずで，これが良い Δx を教えてくれる：

$$\text{ニュートン法} \qquad \boldsymbol{\Delta x \approx \frac{\Delta y}{dy/dx}} \qquad x_1 - x_0 = \frac{-y(x_0)}{dy/dx(x_0)} \tag{7}$$

適当な x_0 から，x_1 へ改善する．これは非線形方程式 $y(x) = 0$ を解く素晴らしい方法である．

(C)　Δy を Δx で割ると近似 $dy/dx \approx \Delta y/\Delta x$．

これが式 (5) の意味だが，重要な何かをしばしば見落とす．x **と** $x + \Delta x$ **は** y **を求めるために最善な 2 つの位置だろうか？** $\Delta y = y(x + \Delta x) - y(x)$ と書いてしまうと，他の選択肢はないように見えるが，Δx が負でもよいことに気づくと，$x + \Delta x$ が x の左にある場合も認められる（後退差分となる）．最善の選択では前進差分でも後退差分でもなく，x **を中心として両方に半区間ずつ**とる．

$$\text{中心差分}\qquad \frac{dy}{dx} \approx \frac{\Delta y}{\Delta x} = \frac{\boldsymbol{y(x+\frac{1}{2}\Delta x) - y(x-\frac{1}{2}\Delta x)}}{\boldsymbol{\Delta x}} \tag{8}$$

なぜ中心差分がより良いのか？　$y = Cx + D$ は直線のグラフだから，すべての比 $\Delta y/\Delta x$ は正しい傾き C を与える．しかし最も単純な曲がり具合をもつ放物線 $y = x^2$ では**中心差分だけが正しい傾き $\boldsymbol{2x}$**（x によって変わる）を与える．

$$\begin{array}{l}\text{中心差分での}\\ \text{放物線の}\\ \text{厳密な傾き}\end{array}\qquad \frac{\Delta y}{\Delta x} = \frac{(x+\frac{1}{2}\Delta x)^2 - (x-\frac{1}{2}\Delta x)^2}{\Delta x} = \frac{x\,\Delta x - (-x\,\Delta x)}{\Delta x} = \boldsymbol{2x}$$

科学計算において大切なステップは，1 次精度（前進差分）を 2 次精度（中心差分）へ改善することである．積分の場合は，長方形公式を台形公式に改善する．これは良いアルゴリズムへの大きなステップである．

6. テイラー級数： $\boldsymbol{y(x)}$ を $\boldsymbol{x = x_0}$ でのすべての微係数から予測する

高さ y_0 と x_0 での傾き y_0' から，近傍の点での高さ $y(x)$ を予測できる．しかし式 (6) での接線は $y(x)$ が一定の傾きであることを仮定している．この 1 次の予測は，x_0 での 2 階微係数 y_0'' を用いることで 2 次精度（**ずっとより正確**）になる．

$$\boldsymbol{y_0''}\ \text{を用いた接放物線}\qquad y(x_0+\Delta x) \approx y_0 + (\Delta x)y_0' + \boldsymbol{\tfrac{1}{2}(\Delta x)^2 y_0''}. \tag{9}$$

この $(\Delta x)^2$ の項を加えることで，一定の傾きから一定の曲がり具合へ変わる．放物線 $y = x^2$ では式 (9) は厳密である：$(x_0+\Delta x)^2 = (x_0^2) + (\Delta x)(2x_0) + \frac{1}{2}(\Delta x)^2(2)$.

テイラーはより多くの項を——無限に多くの項を——加えた．彼の公式では x_0 での**すべての微係数を正しく**取り込む．そのパターンは $\frac{1}{2}(\Delta x)^2 y_0''$ で示された．n 階微係数 $y^{(n)}(x)$ が新たな項 $\frac{1}{n!}(\Delta x)^n y_0^{(n)}$ を与える．完全なテイラー級数は，$x = x_0$ での全微係数を含んでいる：

$$\begin{array}{lll}\text{テイラー級数}\quad y(x_0+\Delta x) & = & y_0 + (\Delta x)\,y_0' + \cdots + \dfrac{1}{n!}(\Delta x)^n\,y_0^{(n)} + \cdots \\ \boldsymbol{y'}\ \text{で止めると接線} & & \\ \boldsymbol{y''}\ \text{で止めると放物線} & = & \sum_{n=0}^{\infty} \dfrac{\boldsymbol{(\Delta x)^n}}{\boldsymbol{n!}}\,\boldsymbol{y^{(n)}(x_0)}\end{array} \tag{10}$$

この等号はいつでも成り立つわけではない．x が x_0 から離れるにつれて $y(x)$ が突然変化することはありえる．テイラーの $y(x_0+\Delta x)$ についての予測が厳密に正しいのは $e^x, \sin x$ および $\cos x$ のような，すべての x で“解析的”であるような良い関数の場合である．

全数学を通じて最も重要な 2 例をここに含めよう．これらは $dy/dx = y$ と $dy/dx = y^2$ という最も基本的な線形および非線形微分方程式の解である．

$$\boldsymbol{y^{(n)}(0) = 1}\qquad \text{で　指数級数}\qquad y = \boldsymbol{e^x} = 1 + x + \frac{1}{2!}x^2 + \frac{1}{3!}x^3 + \cdots \tag{11}$$

$$\boldsymbol{y^{(n)}(0) = n!}\qquad \text{で　幾何級数}\qquad y = \frac{\boldsymbol{1}}{\boldsymbol{1-x}} = 1 + x + x^2 + x^3 + \cdots \tag{12}$$

中心の点は $x_0 = 0$ である．級数 (11) はどの x でも e^x を与える．級数 (12) は x が -1 と 1 の間では，$1/(1-x)$ を与え，その導関数 $1 + 2x + 3x^2 + \cdots$ は $1/(1-x)^2$ である．

$x = 2$ のとき間違いなく，この幾何級数は $1/(1-2) = -1$ にはならない．$1 + x + x^2 + \cdots$ は $x = 1$ で無限になり，ちょうどここで $1/(1-x)$ が $1/0$ になる．

e^x の重要な点はその $x = 0$ での n 階微係数が 1 となることである．$1/(1-x)$ の $x = 0$ での n 階微係数は $n!$ である．このパターンは $x = 0$ での y, y', y'', y''' が $1, 1, 2, 6$ に等しいことから始まる：

$$y = (1-x)^{-1} \qquad y' = (1-x)^{-2} \qquad y'' = 2(1-x)^{-3} \qquad y''' = 6(1-x)^{-4}.$$

テイラーの公式は $x = 0$ におけるすべての導関数の寄与を組み合わせて $y(x)$ を作る．

7. 応用：ある重要な微分方程式

線形微分方程式 $y' = ay + q(t)$ は完璧な多目的モデルである．これには成長率 a および外部の湧出し項 $q(t)$ が含まれている．$y(0) = 0$ から始まる特殊解がほしいとき，その解をつくるには積分の背後にある最も本質的な概念を用い，それが正しい解であることを確かめるには微分の基本公式を用いる．私の大学院の授業での多くの学生は，積分の導関数を忘れてしまっている．

単純に $a = 1$ としたときの解をここに示し，その解釈を述べる：

$$\boldsymbol{\frac{dy}{dt} = y + q(t)} \qquad \text{の解は} \qquad \boldsymbol{y(t) = \int_0^t e^{t-s} q(s)\, ds}. \tag{13}$$

大切な考え方　0 と t の間のどの時刻 s でも，入力は強さ $q(s)$ の湧出しである．この入力は残り時間 $t - s$ にわたり増減するので，**その入力** $q(s)$ **は時刻** t **での出力を与えるために** e^{t-s} **倍される**．よって合計出力 $y(t)$ は $e^{t-s}q(s)$ の**積分**である．

いずれ別法で $y(t)$ を導く．1.4 節では “積分因子” を用い，1.6 節では “定数変化法” を説明する．その公式がどこから来るかを理解するのが大切である．**入力が出力につながり，その方程式が線形ならば，重ね合せの原理が適用できる．**合計出力はそれらの出力すべての和（今の場合，積分）である．

公式 (13) から dy/dt を求めて検算してみよう．まず，e^{t-s} は $e^t \times e^{-s}$ であり，e^t を $e^{-s}q(s)$ の積分の外へ出す．それら 2 項に積の公式を用いる：

$$\boldsymbol{y + q} \text{ の生成} \quad \frac{dy}{dt} = \left(\frac{d\,e^t}{dt}\right) \int_0^t e^{-s} q(s)\, ds + \left(e^t\right) \frac{d}{dt} \int_0^t e^{-s} q(s)\, ds. \tag{14}$$

右辺第 1 項はまさに $y(t)$ であるが，最後の項が $q(t)$ だとどのようにして分かるだろうか？

関数 $q(t)$ を知る必要はない．我々が知っている（そして必要とする）のは**微積分学の基本定理**である．$e^{-t}q(t)$ **の積分の導関数は** $e^{-t}q(t)$ **である．**これに e^t を掛けると，$e^t e^{-t} = 1$ より，期待した結果 $q(t)$ を得る．$y(0) = 0$ のとき，線形微分方程式 $y' = y + q$ の解は $e^{t-s}q(s)$ の積分である．

1.3　指数関数 e^t と e^{at}

本節で大切なメッセージはこうである：$\boldsymbol{dy/dt = ay}$ **の解は** $\boldsymbol{y(t) = Ce^{at}}$ **である．その任意定数** $\boldsymbol{C}$ **は出発値** $\boldsymbol{y(0)}$ **に一致する．つまり** $\boldsymbol{y(t) = y(0)e^{at}}$**.**

すでに関数 $y = e^t$ についてはご存じと思う．これは初等関数や微積分学での花形であり，ここでは線形微分方程式への鍵となる．この関数 e^t の最も重要な 2 つの性質に注目しよう：

1. **傾き** dy/dt **は関数** y **に等しい．** y が増加すると，そのグラフはより急になる：

$$\frac{d}{dt}\, e^t = e^t. \tag{1}$$

2. $y(t) = e^t$ は指数についての**和の公式**に従う：

$$e^t \times e^T \text{ は } e^{t+T}. \tag{2}$$

この指数関数はどのようにして作られるのか？　どこかで“極限の手順”が不可欠なので，微積分学だけがそれを行える．ふつうの代数に由来する関数は e^t に近づけるが，到達はできない．これらの関数を選んで，どんどん近づけるならば，その極限が e^t である．

これは分数を用いてあの素晴らしい数 π に近づくのに似ている．分数は 3/1 と 31/10 と 314/100 で始めることができる．こざっぱりとした分数 22/7 は π に近い．とはいえ“極限をとる”のは避けられない．π 自身が分数ではないからである．

同様に e も分数ではない．本書のホームページ **math.mit.edu/dela** に **Introducing** e^x（e^x の導入）という文書があり，この関数を構築するのに人気の 4 方法を記している．ここで紹介する方法は私のお気に入りであり，最も直接的な方法である．

$$\boldsymbol{\frac{dy}{dt} = y} \text{ となるように}（t = 0 \text{ で } y = 1 \text{ から始めて}）\boldsymbol{y = e^t} \text{ を作れ．}$$

この構成法がどう動作するかを示すため，ふつうの多項式の y と dy/dt を見てみよう：

1.　$y = 1 + t + \boldsymbol{\frac{1}{2}t^2}$　　　この導関数は $dy/dt = 0 + 1 + \boldsymbol{t}$

2.　$y = 1 + t + \frac{1}{2}t^2 + \boldsymbol{\frac{1}{6}t^3}$　　　この導関数は $dy/dt = 0 + 1 + t + \boldsymbol{\frac{1}{2}t^2}$

見てのとおり dy/dt は完全には y と一致せず，いつも y に 1 項足りない．導関数に $t^3/6$ を入れようとして y に $t^4/24$ を含めると，今度は dy/dt で $t^4/24$ が不足する．

dy/dt が y に追いつけないことがわかる．**これを解消するには無限に多くの項を入れることだ：止めてはならない．** そのとき，$dy/dt = y$ が得られる．

この極限の手順は，新たな項を加えて決して止まらないことにより，無限級数に至る．各項は t^n を $n!$（n の**階乗**）で割ったものとなる．その導関数は直前の項である：

$$\frac{t^n}{(n)\dots(1)} = \frac{t^n}{n!} \qquad \text{の導関数は} \qquad \frac{t^{n-1}}{(n-1)\dots(1)} = \frac{t^{n-1}}{(n-1)!} \tag{3}$$

だから，もし dy/dt に $t^n/n!$ が欠けていたら，y に $t^{n+1}/(n+1)!$ を含めることでそれをとらえられる．

もちろん dy/dt が完全に y に追いつくことは，決してない——**我々が無限級数を認めるまでは**．どの n についても $t^n/n!$ の項がある．$n=0$ についての項は $t^0/0!=1$ である．

e^t の構成法

$$\boldsymbol{y = e^t = 1 + t + \frac{t^2}{2} + \frac{t^3}{6} + \frac{t^4}{24} + \cdots = \sum_{n=0}^{\infty} \frac{t^n}{n!}} \tag{4}$$

各項の導関数を取るとすべて同じ項を生成するから，$dy/dt = y$ である．注意：各 t を at に変えると，$y = e^{at}$ の導関数は $a \times e^{at}$ になる：

$$\frac{d}{dt}\left(1 + at + \frac{a^2t^2}{2} + \frac{a^3t^3}{6} + \cdots\right) = a\left(1 + at + \frac{a^2t^2}{2} + \cdots\right) = \boldsymbol{ae^{at}} \tag{5}$$

e^t のこの構成法は2つの疑問を呼び起こすが，それらは第1章の注釈で検討する．その無限級数を加えると有限値（選んだ t ごとに別の数値）になるのか？ $t^n/n!$ の各導関数を足し合わせて，安全に和 e^t の導関数を得られるのか？ 幸いにも，どちらの答えも**イエス**である．項は n の増加につれて，とても速く，とても小さくなる．極限の手順 $n \to \infty$ で，厳密な e^t を得る．

$t=1$ のときに，項が小さくなるのを観察できる．これはやってみなければ**ならない**．というのも，$t=1$ は非常に重要な数値 e^1，すなわち e，につながるからだ：

$t=1$ で e の級数

$$e = 1 + 1 + \frac{1}{2} + \frac{1}{6} + \frac{1}{24} + \cdots \approx 2.718$$

最初の3項の和は2.5となる．最初の5項ではほとんど2.71に届く．2.72 **には決して至らない**．十分な項でかろうじて2.71828を超える．この総和 e が分数でないことは確かである．代数学でこれが現れることはないが，微積分学では大切な数である．

e^t の級数はテイラー級数である

e^t の無限級数 (4) はテイラー級数と同一である．1.2節では接線 $1+t$ から接放物線 $1+t+\frac{1}{2}t^2$ へと進めた．この次の項は $\frac{1}{6}t^3$ であり，$t=0$ での3次微係数 $y'''=1$ に合致する．もとの方程式 $y'=y$ から始めたとき，$t=0$ **でのすべての微係数が1に等しい**．その方程式から $y''=y'=y$ であり，その次の導関数は $y'''=y''=y'=y$ だからだ．

結論：$t^n/n!$ は点 $t=0$ において正しい n 階微係数（つまり1）を与える．これらすべての項がテイラー級数の中に入る．結果はまさに指数関数の級数 (4) である．

指数の足し算によるベキの掛け算

3×3 のことを 3^2 と書き，$e \times e$ は e^2 と書く．では，$e = 2.718\ldots$ と $e = 2.718\ldots$ の積は，あの無限級数で $t = 2$ として e^2 を求めるのと同じ答えになるだろうか？

この答えもまた**イエス**である．“幸運にもイエス”と言ってもよいが，それでは幸運な偶然の一致だと暗示しかねない．驚くべき事実は，性質 1（いま確認された $y' = y$）から性質 2 が自動的に導かれることである．この指数関数は時刻 $t = 0$ で $y(0) = e^0 = 1$ から出発する．

性質 2. $\boldsymbol{e^t \times e^T}$ **は** $\boldsymbol{e^{t+T}}$ **に等しい．** だから $(e^1)(e^1) = e^2$

これは微分方程式のコースであるから，証明には性質 1 を用いる：$dy/dt = y$.

第 1 の証明 $y(0) = 1$ から始めて $y' = (a+b)y$ を 2 つの方法で解いてみる．まず $y(t) = \boldsymbol{e^{(a+b)t}}$ であることを知っている．他方の解が $y(t) = \boldsymbol{e^{at}e^{bt}}$ であるのは，積の公式から：

$$\frac{d}{dt}\left(e^{at}e^{bt}\right) = \left(ae^{at}\right)e^{bt} + e^{at}\left(be^{bt}\right) = (a+b)e^{at}e^{bt} \tag{6}$$

だからである．この解 $e^{at}e^{bt}$ もまた $e^0e^0 = 1$ から始まるので，最初の解 $e^{(a+b)t}$ に一致しなければならない．方程式 $y' = (a+b)y$ は解を 1 つしか持たない．これより $t = 1$ で $e^{a+b} = e^a e^b$ である．（証明終り）

第 2 の証明 $t = 0$ で $y = 1$ から始めると，時刻 t での解は e^t であり，時刻 $t + T$ での解は e^{t+T} である．では，この答えを 2 段階でも得られるだろうか？

$t = 0$ で $y = 1$ から出発し，e^t まで行く．その後，時刻 t で e^t から出発し，追加時間 T の間進む．これは $y = 1$ から出発したならば e^T を与えるが，ここでの初期値は e^t である．そこで $C = e^t$ が e^T に掛けられ，時刻 $t + T$ では完璧に一致する：

$e^t \times e^T$（これは $C \times e^T$）は，大きな 1 ステップの e^{t+T} と一致する．

負の指数

$dy/dt = -y$ の解が $y = e^{-t}$ となる例を思い出そう．この指数 $-t$ は負である．解は零へと減衰する．指数の公式 $e^te^T = e^{t+T}$ は負の指数でも成り立つ．**特に** $e^t \times e^{-t}$ **は** $e^{t-t} = e^0 = 1$ **である**：

負の指数 $\dfrac{1}{e^t} = e^{-t}$ および $\dfrac{1}{e} = e^{-1} = 1 - 1 + \dfrac{1}{2} - \dfrac{1}{6} + \dfrac{1}{24} - \cdots$

この数 $1/e$ はおよそ 0.36 である．この級数は常にうまくいく！ $y = e^{-t}$ のグラフでは e^{-t} が**常に正である**とわかる．$t > 32$ ではとても小さい値となり，あなたの計算機が 32 ビット演算を用いていたりすると，これほど小さい数は無視されてしまう．

なぜ $\boldsymbol{e^t}$ **はそれほど速く成長するか？** 傾きが y それ自身であるから，関数値が増加すると傾きも増加する．この急な傾きが y をより速く増加させる——すると傾きも同様となる．

金利と微分方程式

e^t と e^{at} を説明するもう 1 つの方法がある．こちらは無限級数に基づかない（少なくとも始めのうちは）．これは銀行口座の利率に関係しており，e^t ならば利率は $a = 1 = 100\%$ である．e^{at} の場合は微分方程式は $dy/dt = ay$ であり，利率は a である．

この別の説明では，e^t と e^{at} を複利の極限として構築する．

$$\boxed{e^t = \lim_{N\to\infty}\left(1+\frac{t}{N}\right)^N \qquad e^{at} = \lim_{N\to\infty}\left(1+\frac{at}{N}\right)^N.} \tag{7}$$

この式の美は，銀行は計算科学者が行うのと全く同じことをするということにある．両者とも微分方程式 $dy/dt = ay$ と $t = 0$ での初期条件 $y = 1$ から始める．銀行も科学者も，時がたつにつれて $y(t)$ が連続に変化するときの，厳密な解を与える計算機を持っていない．そこで両者とも，無限小の時間ステップ dt に代えて，有限のステップ Δt をとる．**大きさが $\boldsymbol{\Delta t} = t/N$ のステップ $\boldsymbol{N}$ 回で時刻 $\boldsymbol{t}$ に到達する．** $Y_0 = 1$ として，この近似値を $Y_1, Y_2, \ldots, Y_N$ とすると，複利は**差分方程式**を作り出す：

$$\frac{dy}{dt} = ay \quad \text{は} \quad \frac{Y_{n+1}-Y_n}{\Delta t} = aY_n \quad \text{そして} \quad \boldsymbol{Y_{n+1} = (1 + a\,\Delta t)Y_n} \quad \text{になる．} \tag{8}$$

各ステップで預金残高は $1 + a\Delta t$ 倍される．新残高は前の残高 Y_n に $a\,\Delta t Y_n$（期間 Δt での Y_n の利子）が加わる．どの銀行でも，提供するのはこの通常の複利で，dy/dt のような連続複利ではない．時間ステップ Δt は，1 年あるいは 1 か月などと，とれる．$t = 2$ 年 $= 24$ か月での残高は Y_2 または Y_{24} となる：

$$Y_2 = (1+a)^2\,Y_0 \qquad Y_{24} = \left(1+\frac{a}{12}\right)^{24} Y_0 \approx e^{2a}Y_0. \tag{9}$$

もし利率が $a =$ 毎年 3%$=$ 毎年 0.03 であると，2 年間の連続複利では指数係数 $e^{0.06} \approx 1.06184$ を生み出し，月ごとの複利では $(1.0025)^{24} \approx 1.06176$ を生み出す．微分方程式 $y' = ay$ を差分方程式 (8) で近似すると，少し損するだけである．

計算科学者には通常，Y についてのこの精度の損失は受け入れられない．前進差分 $Y_{n+1} - Y_n$ を用いた式 (8) は**オイラー法**と呼ばれる．その精度は高くなく，改善するのは難しくないが，銀行にとっては前進差分が自然な選択肢である．なぜなら，後退差分では連続複利よりさらにコストが高くなるからである：

$$\textbf{後退差分} \quad \frac{Y_n - Y_{n-1}}{\Delta t} = aY_n \quad \text{すなわち} \quad Y_n = \frac{1}{1-a\Delta t}\,Y_{n-1}. \tag{10}$$

Y_n がその前の Y_{n-1} に，後向きに関係づけられている．今度は，ステップごとに $1 - a\Delta t$ で割っている．$\Delta t = t/N$ の大きさの N ステップの後では，またもや e^{at} に近い値を得るが，後退差分で $a > 0$ とすると，微分方程式を通り越してしまい，銀行は少し余分に払いすぎることになる：

$$(1 + a\Delta t)^N \ \text{は}\ e^{at}\ \text{より下方} \qquad \frac{1}{(1-a\Delta t)^N}\ \text{は}\ e^{at}\ \text{より上方}$$

複素数の指数

ここは複素数について詳しく学ぶところではないが，振動と $e^{i\omega t}$ についてのページが出てくると，虚数単位 i なしでは進めなくなる．ここでは $dy/dt = ay$ を解くときに $\boldsymbol{a = i}$ と選ぶことだけを行いたい．

複素方程式 $\boldsymbol{dy/dt = iy}$ を解くのに 2 つの方法が考えられる．速い方法は我々がよく知っているサインとコサインの導関数を用いるものだ：

$$\begin{array}{lrcl}\textbf{提案する解} & y & = & \boldsymbol{\cos t} + \boldsymbol{i \sin t} \\ \boldsymbol{dy/dt}\ \textbf{を} & dy/dt & = & -\sin t + i\cos t \\ \textbf{右辺}\ \boldsymbol{iy}\ \textbf{と比べよ} & iy & = & i\cos t + i^2 \sin t\end{array} \tag{11}$$

$dy/dt = iy$ を確かめるには，最後の 2 行を比較する．**公式** $i^2 = -1$ **を用いよ**（$x^2 = -1$ となる実数はないから，この数は想像するしかないのだった）．すると $-\sin t$ は $i^2 \sin t$ と同じであり，$\boldsymbol{y = \cos t + i \sin t}$ は方程式 $dy/dt = iy$ の解である．$\cos 0 = 1$ と $\sin 0 = 0$ から，この解は $t = 0$ で $y = 1$ から出発する．

$dy/dt = iy$ へのより遅い解法では無限級数を用いる．$a = i$ だから解 e^{at} は e^{it} となる．形式的には $y = e^{it}$ の級数は確かに $dy/dt = iy$ の解となる：

$$\textbf{複素指数関数} \qquad y = \boldsymbol{e^{it}} = 1 + (it) + \frac{1}{2}(it)^2 + \frac{1}{6}(it)^3 + \cdots \tag{12}$$

各項の導関数は直前の項の i 倍である．この級数は終りがないのだから，導関数 dy/dt は iy に完全に一致する．$t = 0$ を代入すると，またもや $y = 1$ から出発している．**この無限級数** $\boldsymbol{e^{it}}$ **は最初の解** $\boldsymbol{\cos t + i \sin t}$ **に等しい．**

さて公式 $i^2 = -1$ **を用いよ**．$(it)^2$ は $-t^2$ と書けて，$(it)^3$ は $-it^3$ と等しい．i の 4 乗は $i^4 = i^2 i^2 = (-1)^2 = 1$ である．この数列 $\boldsymbol{i, -1, -i, 1}$ は永久に繰り返す．

$$i = i^5 \qquad i^2 = i^6 = -1 \qquad i^3 = i^7 = -i \qquad i^4 = i^8 = 1$$

無限級数 (12) は，これら 4 つの数字が t の累乗に掛かる：

$$e^{it} = 1 + \left[it - 1\frac{t^2}{2!} - i\frac{t^3}{3!} + 1\frac{t^4}{4!}\right] + \left[i\frac{t^5}{5!} - 1\frac{t^6}{6!} - i\frac{t^7}{7!} + 1\frac{t^8}{8!}\right] + \cdots$$

教科書で 9 項も書き出すのは前代未聞だろうが，$i, -1, -i, 1$ が完全に繰り返すのがわかるだろう．最後の係数は $8! = 8 \cdot 7 \cdot 6 \cdot 5 \cdot 4 \cdot 3 \cdot 2 \cdot 1$ すなわち 40320 で割っている．

要点は，方程式 (11) の解 $y - \cos t + i \sin t$ はこの級数解 e^{it} と同じでなければならないということだ．両方とも $dy/dt = iy$ の解であり，ともに $t = 0$ のときに $y = 1$ から出発する．それらの間の等式は数学の最も偉大な公式の 1 つである．

$$\boxed{\textbf{オイラーの公式は} \qquad \boldsymbol{e^{it} = \cos t + i \sin t}.} \tag{13}$$

すると $e^{i\pi} = \cos\pi + i\sin\pi = \mathbf{-1}$ であり，$e^{i2\pi} = 1 + i2\pi + \frac{1}{2}(i2\pi)^2 + \cdots$ は足すと $\mathbf{1}$ でなければならない！

$\cos t + i \sin t$ を e^{it} の級数と比べずにはいられない．この級数の**実部**は $\cos t$ でなければならない．**虚部**（i に掛かるほう）は $\sin t$ でなければならない．偶数ベキ $1, t^2, t^4, \ldots$ がコサインを与え，奇数ベキ $t, t^3, t^5, \ldots$ は i に掛かる：

$$\text{コサインは偶数ベキ} \qquad \cos t = 1 - \frac{1}{2}t^2 + \frac{1}{24}t^4 - \frac{t^6}{6!} + \cdots \tag{14}$$

$$\text{サインは奇数ベキ} \qquad \sin t = t - \frac{1}{6}t^3 + \frac{1}{120}t^5 - \frac{t^7}{7!} + \cdots \tag{15}$$

e^{it} の級数のこれら 2 つの部分はそれ自体有名な関数であり，そのテイラー級数をいま理解した．これらはオイラーの公式によって美しく結ばれている．

サイン級数の導関数は コサイン級数 である：

$$\boldsymbol{\frac{d}{dt}\sin t = \cos t} \qquad \frac{d}{dt}\left(t - \frac{1}{6}t^3 + \cdots\right) = \mathbf{1} - \boldsymbol{\frac{1}{2}t^2} + \cdots = \text{コサイン}$$

コサイン級数の導関数はサイン級数のマイナス符号である：

$$\boldsymbol{\frac{d}{dt}\cos t = -\sin t} \qquad \frac{d}{dt}\left(1 - \frac{1}{2}t^2 + \frac{1}{24}t^4 - \cdots\right) = \boldsymbol{-t + \frac{1}{6}t^3} \cdots = -\text{サイン}$$

この重要な情報すべては e^{it} の中で虚数の指数を許すことから来ている．そして $e^{it} \times e^{-it}$ はきっちりと $\cos^2 t + \sin^2 t = 1$ である．

行列の指数関数

とりあえず今は無視してもよいものをもう 1 つ．e^{at} の指数は**正方行列**になってもよい．e^{at} により $dy/dt = ay$ を解く代わりに，行列 e^{At} により行列方程式 $d\boldsymbol{y}/dt = A\boldsymbol{y}$ が解ける．数値 1 の代わりに単位行列 I で始めよう．

$$\boldsymbol{e^{At}}\ \textbf{は行列} \qquad \boldsymbol{e^{At} = I + At + \frac{1}{2}(At)^2 + \frac{1}{6}(At)^3 + \cdots} \tag{16}$$

この級数は数値 a の代わりに行列 A を用いて，通常の形をしている．ここではここまでにしておくが，第 4 章：**連立一次方程式**で行列が登場する．行列 A が 3 行 3 列のとき，式 $dy/dt = Ay$ は 3 つの常微分方程式を表している．それでも 1 階線形で，定数係数のものは 6.4 節で e^{At} により解ける．

行列の場合には 1 つ大きな違いがある：$\boldsymbol{e^{At}e^{Bt} = e^{(A+B)t}}$ **は正しくない**．数値 a と b に対してこの式は正しいが，行列 A と B に対しては式 (6) で何かがうまくいかなくなる．よく見てみると b が e^{at} の前に動いたのだが，$e^{At}B = Be^{At}$ は行列の場合は誤りである．

■ 要点の復習 ■

1. e^t の級数の中で，各項 $t^n/n!$ は次の項の導関数である．

2. すると e^t の導関数は e^t で，指数の公式が成り立つ：$e^t\,e^T = e^{t+T}$.

3. $dy/dt = y$ へのもう 1 つのアプローチは有限差分 $(Y_{n+1} - Y_n)/\Delta t = Y_n$ による．$Y_{n+1} = Y_n + \Delta t Y_n$ は複利と同じで，このとき Y_n は $e^{n\Delta t}Y_0$ に近い．

4. $y = e^{at}$ は $y' = ay$ の解で，$a = i$ とすると $e^{it} = \cos t + i \sin t$（オイラーの公式）が導かれる．

5. $\cos t = 1 - t^2/2 + \cdots$ と $\sin t = t - t^3/6 + \cdots$ は e^{it} の偶数ベキと奇数ベキの部分である．

演習問題 1.3

1　無限級数で $t = 2$ として e^2 を得る．この和は $e \times e$ であり，7.39 くらいである．何項の級数で和が 7 に届くか？ 何項で 7.3 を超えるか？

2　$y(0) = 1$ から始まる $dy/dt = y$ の解の時刻 $t = 1$ での値を求めよ．その $y(1)$ から始めて，$dy/dt = y$ を時刻 $t = 2$ まで解け．$t = 0$ から $t = 2$ までの $y(t)$ のグラフの概形を描け．これから $e^{-1} \times e$ について何が言えるか？

3　$y(0) = \$5000$ から始めよ．これが $dy/dt = 0.02y$ で $t = 5$ まで成長し，その後 $t = 10$ まで年利 $a = 0.04$ に跳ね上がったとすると，$t = 10$ での口座残高はいくらか？

4　問題 **3** を変えて，\$5000 から始めて最初の 5 年間は $dy/dt = 0.04y$ で成長し，その後 $t = 10$ まで $a = 0.02$ に落ちたとする．$t = 10$ での口座残高は今度はいくらか？

問題 5〜8 は $\boldsymbol{y = e^{at}}$ およびその無限級数に関するものである．

5　指数級数で t を at に換え，e^{at} を得る：

$$e^{at} = 1 + at + \frac{1}{2}(at)^2 + \cdots + \frac{1}{n!}(at)^n + \cdots$$

各項の導関数を（5 項まで）求めよ．因数 a をくくり出して，**e^{at} の導関数が ae^{at} に等しい**ことを示せ．どの時刻 T で e^{at} は 2 に達するか？

6　$y' = ay$ から始め，この式を微分せよ．n 階微分を求めよ．これら微分した式すべてと $t = 0$ で一致するテイラー級数を，$1 + at + \frac{1}{2}(at)^2$ から始めて作れ．$y(t)$ についてのこの級数が，問題 5 の e^{at} に対する級数であることを確かめよ．

7　以下の出来事はそれぞれどの時刻 t で生じるか？

(a)　$e^{at} = e$　　(b)　$e^{at} = e^2$　　(c)　$e^{a(t+2)} = e^{at}e^{2a}$.

8　問題 **5** の e^{at} に対する級数とそれ自身の積は e^{2at} の級数になるはずである．最初の 3 項を同じ 3 項と掛け合わせ，e^{2at} の最初の 3 項を得よ．

9　（推奨）$dy/dt = ay$ で（$y(0) = 1$ の代わりに）$\boldsymbol{y(T) = 1}$ のときに $y(t)$ を求めよ．

10 (a) $dy/dt = (\ln 2)y$ のとき，$y(1) = 2y(0)$ となる理由を説明せよ．

(b) $dy/dt = -(\ln 2)y$ のとき，$y(1)$ はどのように $y(0)$ に関係するか？

11 $y(0) = \$100$ から 1 年間の投資をし，利率が 6 か月後に 6%から 10%へ増えるとする．これと同等の通年利率は 8%に等しいか，8%より多いか，それとも 8%より少ないか？

12 4% の連続複利で $y(0) = \$100$ の投資をすると，$dy/dt = 0.04y$ である．この 1 年の終りになぜ \$104 より多くが手に入るか？

13 どんな線形微分方程式 $dy/dt = a(t)y$ なら $y(t) = e^{\cos t}$ が満たせるか？

14 $y' = ay$ で利率が毎年 $a = 0.1$ のとき，投資が e 倍になるのに何年かかるか？ e^2 倍になるのに何年か？

15 $y = e^{t^2}$ についての級数の最初の 4 項を書き出せ．$dy/dt = 2ty$ となることを確かめよ．

16 $Y(t) = (1 + \frac{t}{n})^n$ の導関数を求めよ．n が大きいと，この dY/dt は Y に近い！

17 $y = e^{u(t)}$ の指数 $u(t)$ は $a(t)$ の積分であるとする．これはどの方程式 $dy/dt =$ ＿＿＿ y を満たすか？ もし $u(0) = 0$ のとき，出発値 $y(0)$ は何か？

挑戦問題

18 $e^{d/dx} = 1 + d/dx + \frac{1}{2}(d/dx)^2 + \cdots$ はより高次へ高次への微分の和である．この級数を $x = 0$ で $f(x)$ に適用すると，$x = 0$ での $f + f' + \frac{1}{2}f'' + \cdots$ を得る．テイラー級数によれば：これは $x =$ ＿＿＿ での $f(x)$ に等しい．

19 （計算機か電卓で，2.xx ぐらいで十分）$e^t = 10$ となる時刻 t を求めよ．初期の $y(0)$ は 1 桁——係数 10 だけ——増えた．答えを厳密に記せば $t =$ ＿＿＿ である．e^t が 100 になる時刻 t はいつか？

20 確率で最も重要な曲線は $e^{-t^2/2}$ の釣鐘型曲線である．電卓か計算機を使って $t = -2, -1, 0, 1, 2$ でのこの関数値を求めよ．$e^{-t^2/2}$ のグラフを $t = -\infty$ から $t = \infty$ まで描け．**これは決して零を下回らない．**

21 $y_1 = e^{(a+b+c)t}$ がなぜ $y_2 = e^{at}e^{bt}e^{ct}$ と同じか説明せよ．両者とも $y(0) = 1$ から出発する．両者ともどんな微分方程式の解となるか？

22 $a = 1$ で $y' = y$ のとき，オイラー法の最初のステップでは $Y_1 = (1 + \Delta t)Y_0$ を選び，後退オイラー法では $Y_1 = Y_0/(1 - \Delta t)$ を選ぶ．なぜ，$1 + \Delta t$ が厳密な $e^{\Delta t}$ より小さく，$1/(1 - \Delta t)$ が $e^{\Delta t}$ より大きいかを説明せよ（$1/(1 - x)$ に対する級数を e^x と比べてみよ）．

注釈　3.5 節では正確なルンゲ–クッタ法が，$e^{a\Delta t}$ をオイラー法よりさらに 3 項正しくとらえることを示す．$dy/dt = ay$ について Y_{n+1} へのステップは：

$$\boldsymbol{y'=ay} \text{ へのルンゲ-クッタ法}\quad Y_{n+1}=\left(1+a\Delta t+\frac{a^2\Delta t^2}{2}+\frac{a^3\Delta t^3}{6}+\frac{a^4\Delta t^4}{24}\right)Y_n.$$

1.4　4 つの特殊解

方程式 $dy/dt = ay$ の解は $y(t) = e^{at}y(0)$ であり，その出発値 $y(0)$ が入力のすべてである．解は $a > 0$ のときは指数的に成長し，$a < 0$ のときは減衰する．**この節では初期時刻 $t = 0$ 以降に新たな入力 $q(t)$ を考える．** その入力 q は $y(t)$ に加えるときには“湧出し”であり，差し引くときには“吸込み”である．もし $y(t)$ が時刻 t での銀行の口座残高であれば，$q(t)$ は新規の預入れおよび引出しの速度となる．

基本的な 1 階線形微分方程式 (1) はこのコースで根本的な式であり，解かないわけにはいかない．これから解こう．本節には注意を払ってほしい．あらゆる面で，この 1.4 節は大切である．

$$\boldsymbol{\frac{dy}{dt}=ay+q(t)} \qquad \boldsymbol{t=0} \text{ では } \boldsymbol{y(0)} \text{ から始まる．} \tag{1}$$

重要　**解 $\boldsymbol{y(t)}$ を 2 つの部分に分けてみよう．** 第 1 の部分は出発値 $y(0)$ に起因し，他方は湧出し項 $q(t)$ に由来する．この分離がすべての線形方程式で重要なステップである．この機会にこれら 2 つの部分に命名しておこう．$y_n = Ce^{at}$ は我々がすでに知っている部分で，湧出し項 $q(t)$ からの部分 y_p が新しい．

1　湧出しがないときの斉次解 $\boldsymbol{y_n(t)}$ ： $\boldsymbol{q=0}$

この部分 $y_n(t) = Ce^{at}$ は方程式 $dy/dt = ay$ の解である．湧出し項 q は零であり，実は右辺が零の方程式 $y' - ay = 0$ を解いている．この方程式は**斉次**である——ある解に任意の定数を掛けるともう 1 つの解 $cy(t)$ となる．本書では斉次より平易な語である**零**（null）に由来する添え字 n を使う．微分方程式が線形代数に結びつくからである．

2　湧出し項 $\boldsymbol{q(t)}$ による特殊解 $\boldsymbol{y_p(t)}$

この部分 $y_p(t)$ は湧出し項 $q(t)$ に由来する．前節では何の湧出しもなかったので $y_p(t)$ に言及する必要はなかった．斉次解 $y_n(t) = Ce^{at}$ はすでに求めたから，特殊解を見つける作業だけが残っている．

3　一般解は　$\boldsymbol{y(t)=y_n(t)+y_p(t)}$

線形方程式では——そして線形方程式だけでは——2 つの部分を加えて一般解 $y = y_n + y_p$ を得る．

斉次解	y_n'	$-\ ay_n$	$=$	$\mathbf{0}$	y_n は $y(0)$ から出発できる
特殊解	y_p'	$-\ ay_p$	$=$	$\boldsymbol{q(t)}$	y_p は $y=0$ から出発できる
$\boldsymbol{y=y_n+y_p}$	$\boldsymbol{y'}$	$-\ \boldsymbol{ay}$	$=$	$\boldsymbol{q(t)}$	y は $y(0)$ から出発すべき

非線形方程式は 2 次の項 y^2 などを含む．その場合 ${y_n}^2$ と ${y_p}^2$ の加算は $(y_n + y_p)^2$ とはならない．方程式 $y' - y^2 = 0$ は右辺が零でも斉次ではない．解 y を定数 C 倍できないからである．これは 1.7 節での “ロジスティック方程式” で生じる．解 $y(t)$ に $y(0)$ がより複雑な形で入ることを見るであろう．

本書のカバー裏表紙では 1 つの特殊解 y_p がすべての斉次解 y_n と組み合わさって示されている．この重要な見方は行列の方程式と線形代数でも繰り返される．

特殊解と一般解

$u+v=6$ に対する一般解は図示できる．これらの点 (u,v) はある直線を埋める．$u+v=0$ に対する斉次解すべてもまた図示できる．これらは原点 $(0,0)$ を通る平行な直線を埋める．図 1.2 は，斉次解と 1 つの特殊解 $(3,3)$ を組み合わせて一般解の直線を得る方法を示している．

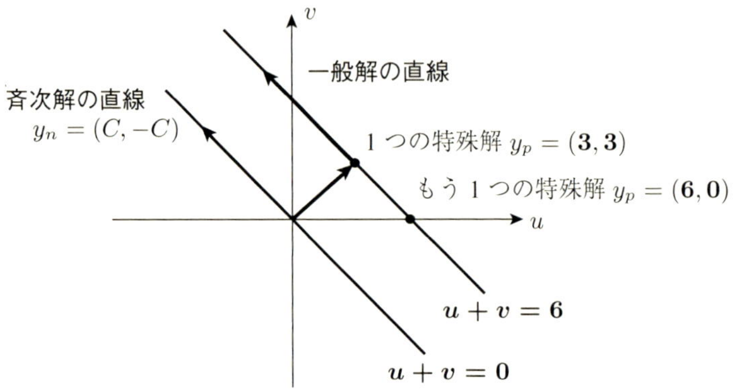

図 1.2 斉次解すべてを 1 つの特殊解に加え，解がそれぞれ求まる（直線全体）．$u+v=6$ を満たす**任意の**特殊解から始めてよい．

$y_p = (3,3)$ から始め，一般解は $u = 3+C$ と $v = 3-C$ となる．これは**斉次**解 $C+(-C)=0$ を含み，**特殊**解 $3+3=6$ を加えたものである．

斉次解	u_n	$+$	v_n	$=$	$\mathbf{0}$	C	$+$	$(-C)$	$=$	0
特殊解	u_p	$+$	v_p	$=$	$\mathbf{6}$	3	$+$	3	$=$	6
一般解	u	$+$	v	$=$	$\mathbf{6}$	$\mathbf{(3+C)}$	$+$	$\mathbf{(3-C)}$	$=$	$\mathbf{6}$

この斉次解 $(C,-C)$ は（$y(0)$ のような）任意定数 C を許す．特殊解は，加えて 6 になる u_p と v_p なら何でもよいが，特に $u_p = 3$ と $v_p = 3$ を選んだ．方程式 $y' - ay = q$ の場合には，特に $y_p(0) = 0$ となるものをしばしば選ぶ．

多くの特殊解がある！ **超特殊**解を選んだ，と言うべきであろう．微分方程式では，$y_p(0) = 0$ から出発することを選んだ．方程式 $u+v=6$ では $u=3$ と $v=3$ を選んだが，$u=6$ と $v=0$ を**選ぶことも同等にできた**．特殊解が異なっても，同じ一般解の直線を得る：

$$y_{一般} = (6+c, 0-c) \quad と \quad y_{一般} = (3+C, 3-C) \quad は同じ直線.$$

もし c が 5 なら，C は 8 である．任意の c と任意の C から同じ直線を得る．

斉次解プラス特殊解というこのパターンを繰り返して，普通の行列の方程式 $A\boldsymbol{v} = \boldsymbol{b}$（行列は第 4 章で説明する）の場合にそれがどう見えるか，示したい：

$$\text{斉次解 } A\boldsymbol{v}_n = \boldsymbol{0} \quad \text{特殊解 } A\boldsymbol{v}_p = \boldsymbol{b} \quad \text{一般解 } \boldsymbol{v} = \boldsymbol{v}_n + \boldsymbol{v}_p$$

大切なのは常に**線形性**である：$A\boldsymbol{v}$ は $A\boldsymbol{v}_n + A\boldsymbol{v}_p$ に等しく，よって $A\boldsymbol{v} = \boldsymbol{0} + \boldsymbol{b} = \boldsymbol{b}$ となる．

$A\boldsymbol{v}_n = \boldsymbol{0}$ の解が $\boldsymbol{v}_n = \boldsymbol{0}$ だけしかないことがしばしば起こり，このときは特殊解 $\boldsymbol{v}_p$ が一般解でもある．これは A が "可逆行列" のときに起きる．

入力 $q(t)$ と応答 $y(t)$

入力された任意の湧出し $q(t)$ に対して，後述の式 (4) が $dy/dt = ay + q(t)$ の解となる．しかし数学が科学，工学，そして社会に対して用いられるとき，"任意の $q(t)$" が与えられるわけではない．**決まった関数** $q(t)$ **が最も重要である．**これらの関数は応用数学では絶えず現れるもので，ここに特殊な入力の短いリストを示す：

1. 一定の湧出し　$q(t) = \boldsymbol{q}$
2. $\boldsymbol{T}$ でのステップ関数　$q(t) = \boldsymbol{H(t - T)}$
3. $\boldsymbol{T}$ でのデルタ関数　$q(t) = \boldsymbol{\delta(t - T)}$
4. 指数関数　$q(t) = \boldsymbol{e^{ct}}$

本節ではこの短いリストの 4 つの関数に対して $dy/dt = ay + q(t)$ を解く．次節ではもう 1 つの湧出し $q(t)$ を加える．これはサインとコサインの組合せであり，あるいは $q(t)$ は複素指数関数であってもよい（これは 1 項だけなので通常，より簡単になる）：

5. シヌソイド　$q(t) = \boldsymbol{A\cos\omega t + B\sin\omega t}$　または　$\boldsymbol{R\,e^{i\omega t}}$

積分因子による線形方程式の解法

方程式 $y' = ay + q$ はとても重要なので，複数の方法で解いてみる．第 1 の方法では積分因子 $M(t)$ を用いる．y の項両方を左辺に置き，$q(t)$ は右辺のままにする．

問題　任意の $\boldsymbol{y(0)}$ から出発して　$\boldsymbol{y' - ay = q(t)}$　を解く．

方法　**両辺に積分因子** $\boldsymbol{M(t) = e^{-at}}$ **を掛ける．**

係数 e^{-at} は，M と $y' - ay$ の積が，きちんと My の微分になるように選んだ：

$$\text{完全微分} \qquad e^{-at}(y' - ay) \quad \text{は} \quad \frac{d}{dt}(e^{-at}y) = \frac{d}{dt}(My) \quad \text{と一致する．} \tag{2}$$

$y' - ay = q$ の両辺に $M = e^{-at}$ を掛けると，方程式はすぐに積分できる準備が整う．右辺は Mq であり，左辺は My の微分である．

$$\frac{d}{dt}(My) = Mq \quad \text{の積分は} \quad M(t)\,y(t) - M(0)\,y(0) = \int_0^t M(s)\,q(s)\,ds \tag{3}$$

$t=0$ では $M(0)=e^0=1$ と知っている．式 (3) の両辺に e^{at}（これは $1/M$ である）を掛けると $y(t)=y_n+y_p$ とわかる．

大切な公式
$y'=ay+q(t)$ の解

$$\boldsymbol{y(t)=e^{at}\,y(0)+e^{at}\int_0^t e^{-as}\,q(s)\,ds.} \tag{4}$$

この解は本書では何度も出てくる！ 公式 (4) に意義を与えるよう，最も重要な入力 $q(t)$ に対して使ってみよう．

一定の湧出し $q(t)=q$

$q(t)$ が定数のとき，式 (4) の中の特殊解の積分は容易である．

$$\int_0^t e^{-as}\,q\,ds=\left[\frac{qe^{-as}}{-a}\right]_{s=0}^{s=t}=\frac{q}{a}(1-e^{-at}).$$

e^{at} **を掛けて** $y_p(t)$ **を求めよ．** 重要な式に対する重要な解である．

一定の湧出しに対する解 q

$$\boldsymbol{y(t)=e^{at}\,y(0)+\frac{q}{a}(e^{at}-1)} \tag{5}$$

例 1 では正の成長率 $a>0$ であり，$q>0$ のときに解は増加する．例 2 では**負の**成長率 $a<0$ であり，この場合は $y(t)$ は**定常状態**に近づく．

例 1　$y(0)=2$ から出発して $dy/dt-5y=3$ を解け．ここでは $a=5$ と $q=3$ である．これは完全に $y'-ay=q$ の形となっており，式 (5) が解 $y(t)$ を与える：

解　$y(t)=y_n+y_p=\boldsymbol{2e^{5t}+\frac{3}{5}(e^{5t}-1)}$．　$t=0$ として $y(0)=2$ を確かめよ．

この解の外見からは $y'-5y=3$ がそれほど明白でないことは認める．これは 2 つの部分（斉次 + 特殊）を分けると，より明らかになる：

$y_n(t)\ =\ 2e^{5t}$ は確かに $y_n'-5y_n=0$ と $y_n(0)=2$ を満たす．

$y_p(t)\ =\ \frac{3}{5}(e^{5t}-1)$ から $y_p'=3e^{5t}$．となり，$5y_p+3$ と一致する．

例 2　$y(0)=2$ から出発して $dy/dt=3-6y$ を解け．

公式 (5) が今度も答えを与えるが，この $y(t)$ は $\boldsymbol{a=-6}$ **が負であるた**め，減少する：

$$y(t)=2e^{-6t}+\frac{3}{-6}(e^{-6t}-1)=\boldsymbol{\frac{3}{2}e^{-6t}+\frac{1}{2}}.$$

$t=0$ のとき，この解は $y(0)=2$ で始まる．e^{-6t} のため解は減少し，$\boldsymbol{t\to\infty}$ **につれて，解は** $\boldsymbol{y_\infty=\frac{1}{2}}$ **に近づく．** $t=\infty$ でのこの値 $-q/a$ は**定常状態**である．

$$y=-\frac{q}{a}=\frac{1}{2} \text{ にて方程式 } \frac{dy}{dt}=3-6y \text{ は } \boldsymbol{\frac{dy}{dt}=0} \text{ になり，何も動かない．}$$

どの初期値 $y(0)$ についても定常状態が $y_\infty=\frac{1}{2}$ であることに注意してほしい．これは斉次解 $y_n=y(0)e^{-6t}$ が零へ近づくためである．湧出し項 $q=3$ と釣り合うのは特殊解であり，$ay=-6y$ の減衰項と合わせ，$\boldsymbol{y_\infty=-q/a=3/6}$ へ近づくことになる．

問　もし $y(0)=\frac{1}{2}$ なら $y(t)$ は何か？　**答**　**全時刻で** $\boldsymbol{y(t)=\frac{1}{2}}$ である．$6y$ は 3 と釣り合う．

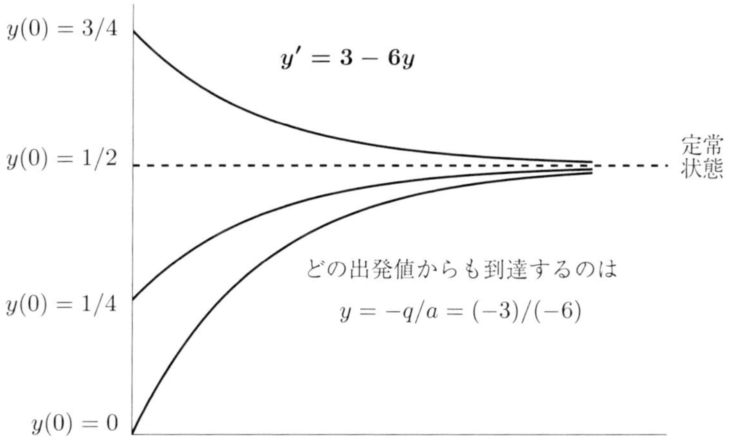

図 1.3　a が負のとき，e^{at} は零へ近づき $y(t)$ は $y_\infty=-q/a$ に近づく．

$a<0$ のときに基本的な方程式 $y'=ay+q$ の重要な書き直し方がある．右辺は $a(y+\frac{q}{a})$ と同じだが，$\boldsymbol{y+\frac{q}{a}}$ はまさに距離 $\boldsymbol{y-y_\infty}$ である．$\boldsymbol{Y=y-y_\infty}$ を導入して $\boldsymbol{y'=ay+q}$ を容易な式 $\boldsymbol{Y'=aY}$ に書き直そう．

新たな未知数 $Y=y-y_\infty$　**新たな方程式** $\boldsymbol{Y'=aY}$　**新たな出発値** $Y(0)=y(0)-y_\infty$

$Y'=aY$ の解はもちろん $Y(t)=Y(0)e^{at}$ である．これは $a<0$ のとき，$Y_\infty=0$ に近づく．もとの $y=Y+y_\infty$ はこれまでどおり y_∞ すなわち $-q/a$ へ近づく：図 1.3 参照．

$$\boldsymbol{(y-y_\infty)'=a(y-y_\infty)} \quad \textbf{の解は} \quad y(t)-y_\infty=e^{at}(y(0)-y_\infty) \qquad (6)$$

1.6 節では $a<0$ となる物理的な例を提示する：放射性崩壊，ニュートンの冷却の法則，そして血流中の薬の濃度の減衰．

ステップ関数

単位ステップ関数あるいは“ヘヴィサイドのステップ関数” $\boldsymbol{H(t)}$ は $\boldsymbol{t=0}$ にて $\boldsymbol{0}$ から $\boldsymbol{1}$ へジャンプする．図 1.4 はそのグラフを示す．$H(t)$ はスイッチを入れるような効果をもたらす．

第2のグラフは**平行移動されたステップ関数** $H(t-T)$ が時刻 T にて0から1へジャンプするのを示す．これは $t-T=0$ となる瞬間で，そのため H がその瞬間 T でジャンプする．

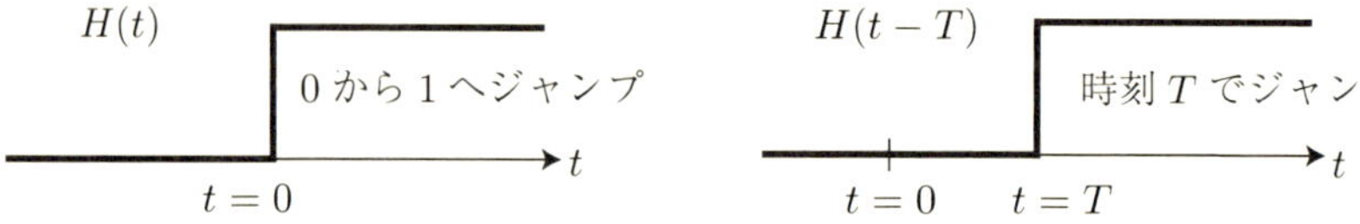

図 1.4　単位ステップ関数は $\boldsymbol{H(t)}$．平行移動した $H(t-T)$ は $t=T$ で1へジャンプする．

$\boldsymbol{t=0}$ でステップが生じるとき，$\boldsymbol{y'-ay=H(t)}$ の解がステップ応答である． このステップ応答は容易に見つかる．なぜなら方程式は単に $y'-ay=1$ だから，出発値を $y(0)=0$ とすると，$q=1$ を公式 (5) へ入れて：

ステップ応答	$\boldsymbol{y(t)=\dfrac{1}{a}(e^{at}-1)}$	(7)

面白いのは $\boldsymbol{a<0}$ の場合である． 解は $y(0)=0$ で始まり，$y(\infty)=-1/a$ へ成長する．スイッチを入れた後，この系は定常状態へと上昇する．$y(t)$ のグラフは図 1.3 での下方の曲線となるが，ステップ関数では $q=1$ だから y_∞ は 1/6 となる．

ステップ応答とは，ステップ関数が入力のときの出力 $y(t)$ **のことである．** 一定の割合 $q=1$ で預金を続けている．しかし $a<0$ のとき，インフレのために実際の価値が ay だけ損する．すると成長は $y=-1/a$ で止まり，預金が損失と釣り合う．

今度はスイッチを時刻0でなく時刻 T で入れてみよう．このステップ関数 $H(t-T)$ は2つの部分からなる区分的な定数関数（0か1）である．任意の定数 q を掛けると，湧出し項 $qH(t-T)$ は時刻 T で0から強さ q へジャンプする．

微分方程式の左辺はそれでも $y'-ay$ のままで，変化がない．積分因子 $M=e^{-at}$ がやはり完全微分にしてくれる：$M(y'-ay)$ **は** $(My)'$ **に等しい．** 変わったのは右辺のみで，定数の湧出しが作用し始めるのがジャンプ時刻 T まで遅れ，その時刻でステップ関数の湧出し $H(t-T)$ がスイッチオンする：

$$(e^{-at}y)'=e^{-at}H(t-T) \text{ は今度は } e^{-at}y(t)-e^0y(0)=\int_T^t e^{-as}\,ds \text{ を与える．} \tag{8}$$

$t\geq T$ での変化はただ，**積分をスイッチオンの時刻 $\boldsymbol{T}$ から始めることだ：**

$$\int_T^t e^{-as}\,ds=\left[\frac{e^{-as}}{-a}\right]_{s=T}^{s=t}=\boldsymbol{\frac{1}{a}(e^{-aT}-e^{-at})}. \tag{9}$$

e^{at} を掛けて，時刻 T 以降の特殊解 $y_p(t)$ を求め，$y_n=e^{at}y(0)$ を加えよ．

単位ステップでの解　$\boldsymbol{t\geq T}$ のとき $\boldsymbol{y(t)=e^{at}y(0)+\dfrac{1}{a}(e^{a(t-T)}-1)}$	(10)

これまで同様，斉次解 y_n では $y(0)$ が e^{at} により成長または減衰する．ステップ応答は特殊解であり，入力が始まる途端に生じるが，時刻 T までは何もない．

例 3　入力が時刻 $t=0$ でオンになり，$t=T$ でオフになるとき，$y(t)$ を求めよ．

解　入力は $H(t)-H(t-T)$ である．出力は $\boldsymbol{y(t)=\frac{1}{a}\left(e^{at}-e^{a(t-T)}\right), t\geq T}$.

デルタ関数

今度は，素晴らしい関数 $\delta(t)$ に会おう．この"デルタ関数"は $t=0$ の瞬間を除けば，至るところ零である．その一瞬だけで単位入力を与える．時間に広がりをもつ連続な湧出しの代わりに，$\delta(t)$ は $t=0$ に完全に集中した**点湧出し**である．

$\delta(t-T)$ に平行移動した点湧出しでは，**きっちりと時刻 $\boldsymbol{T}$ ですべてが入る**．この時刻以前にもそれ以降も，何の湧出しもない．一点を除いてはデルタ関数は零である．この"**インパルス**"は決して普通の関数ではない．

$\delta(t)$ は 1 つにはこう考えられる．**デルタ関数は単位ステップ関数 $\boldsymbol{H(t)}$ の導関数である．** $t=0$ を除いて H は定数であり dH/dt は零である．$\delta(t)=dH/dt$ の積分を任意の負の数 N から任意の正の数 P まで行ってみよ．

$$\boldsymbol{\delta(t)}\ \textbf{の積分は 1} \qquad \int_N^P \boldsymbol{\delta(t)}\,dt=\int_N^P \frac{\boldsymbol{dH}}{\boldsymbol{dt}}\,dt=H(P)-H(N)=\mathbf{1-0}. \tag{11}$$

"$\delta(t)$ のグラフの下の面積は 1 であり，その面積はすべて一点 $t=0$ 上にある．" この文を引用符でくくったのは，普通の関数では一点の上の面積など不可能だからである．$\delta(t)$ は新しく，奇妙に見えるかもしれない（が，便利である！）．$dR/dt=H$ と $dH/dt=\delta$ を見てみよう．

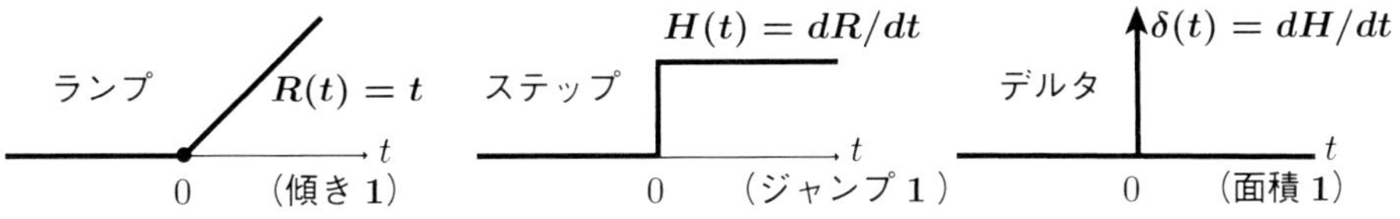

ランプの傾きは 1 へジャンプする．ステップ関数の傾きはデルタ関数である．

$\delta(0)$ の値は無限大であるが，この一語では情報すべては伝わらない．**デルタ関数を理解する真の道はその積分による．**

$$\int_{-\infty}^{\infty}\delta(t)\,dt=\mathbf{1} \qquad \int_{-\infty}^{\infty}\delta(t)\,F(t)\,dt=\boldsymbol{F(0)} \qquad \int_{-\infty}^{\infty}\delta(t-T)\,F(t)\,dt=\boldsymbol{F(T)} \tag{12}$$

背が高く細い箱関数を目に浮かべよう——$t=0$ と $t=h$ の間で $1/h$ に等しいような．そして h が零に近づくのを想像せよ．幅 h は零になり，高さ $1/h$ は無限大になる．**面積は** 1 **を保つ．** $\delta(t)F(t)$ の全積分は $t=0$ に集中した"スパイク"である．

ここでは $y' - ay = \delta(t)$ を速い方法で解き，後でもっとゆっくり解く．ステップ関数の導関数がデルタ関数であると知った．そこで，ステップ応答の導関数がインパルス応答に違いない：

$$\frac{d}{dt}(\text{ステップ}) = \text{デルタ} \qquad \frac{d}{dt}\begin{pmatrix}\text{ステップ}\\\text{応答}\end{pmatrix} = \frac{d}{dt}\left(\frac{e^{at}-1}{a}\right) = e^{at} = \begin{matrix}\text{インパルス}\\\text{応答}\end{matrix} \tag{13}$$

インパルス応答が $y' - ay = \delta(t)$ の解

銀行口座を1回の預入れで開く．突然のショックで心臓を動かし始める．ゴルフボールを打つ．弾丸を撃つ．多くの動作が"インパルス"で始まり，そのときの湧出し項がデルタ関数 $\delta(t)$ である．

インパルス応答 $y(t)$ は直ちに $y(0) = 1$ へジャンプする． これは $dy/dt - ay = \delta(t)$ の各項を積分するとわかる．$\delta(t)$ を $t = -h$ から h まで積分すると $\mathbf{1}$ になる．dy/dt の積分は $y(h) - y(-h)$ で，これは $\boldsymbol{y(h)}$ である．ay の積分は $h \to 0$ のとき，零である．この $h \to 0$ での極限操作で $\boldsymbol{y(0) = 1}$ が残る．

$y(0) = 1$ へジャンプした後，インパルス $\delta(t)$ はすぐに零になる．そこで $y(0) = 1$ から出発して $y' = ay$ に対する普通の斉次解を求めればよい：

$$\textbf{インパルス応答} \qquad y' - ay = \delta(t) \qquad \boxed{y(t) = e^{at}} \tag{14}$$

インパルスとステップ関数に対する応答の違いに注意しよう．インパルスは $t = 0$ ですべてを預金する．ステップ関数はずっと預金し続ける．もし $a < 0$ でインフレが財産を減らすならば，インパルス応答は $y_\infty = 0$ への消滅となるが，ステップ応答では0から $y_\infty = -1/a$ へ増加し，そこで預金がインフレによる損失と釣り合う．

次のことを強調したい：**e^{at} はすべての入力の成長または減衰の因子 $G(t)$ である．** 入力が $y(0)$ のとき，時刻 t での出力は $e^{at}y(0)$ である．入力が時刻 s で $q(s)$ のとき，後の t での出力は $e^{a(t-s)}q(s)$ である．成長は残り時間 $t - s$ についてだけのものである．**主要公式 (4) は全入力からの全出力を加え合わせている．**

遅延デルタ関数

$q(t) = \delta(t - T)$ という湧出しは時刻 T で入れられ，瞬時に切られる．その一瞬の時間に，**y の値は1だけジャンプする．** "その瞬間に \$1 預金したのだ．" $dy/dt = \delta(t - T)$ の積分は1である．これは T の前後における y の変化量である．

時刻 T になるまでの解は $y(t) = e^{at}y(0)$ である．時刻 T で1を加える．時刻 T の後，この入力はより短い期間 $t - T$ しか成長しないので，1を $e^{a(t-T)}$ 倍する：

$$\boxed{q = \delta(t-T) \quad \text{の解} \quad y(t) = y_n(t) + y_p(t) = e^{at}\,y(0) + e^{a(t-T)}} \tag{15}$$

この解 y は，第2項が $t=T$ で現れるときに $e^{a(T-T)}=e^0=1$ だけジャンプする．

例 4　$y(0)=2$ から出発して方程式 $y'-5y=3\delta(t-4)$ を解け．
$y(0)=2$ から出発する $y'-5y=0$ の斉次解は $\boldsymbol{y_n(t)=2e^{5t}}$ であることは知っている．特殊解は $t=4$ までは $y_p(t)=0$ である．この瞬間 y は 3δ によって3だけジャンプする．その成長因子は $e^{5(t-4)}$ であるから，$t=4$ 以降は $\boldsymbol{y_p(t)=3e^{5(t-4)}}$.

$$\text{大きさ 3 のジャンプを含む一般解}\qquad \boldsymbol{y_n+y_p=2e^{5t}+3e^{5(t-4)}H(t-4)} \tag{16}$$

ステップ関数 $H(t-4)$ がジャンプ前の $y_p=0$ とジャンプ後の y_p を1つの式の中に組み合わせる．$t=4$ で解は3だけジャンプし，この3が $3e^{5(t-4)}$ へ成長する．

注記 1　この解を見ると，初期値 $y(0)$ は時刻 $t=0$ にデルタ関数があるように私は実感する．**解は** $y(0)$ **へ"ジャンプ"するのだ．**読者が同意するかはわからない．

注記 2　$q(t)=-\delta(t-T)$ なら負となる（湧出しの代わりに吸込み）．銀行口座は利率 a で利子を稼いでいるが，突然時刻 T で1引き出される．残高 $y(T)$ は $e^{aT}y(0)$ に達していたが，1だけ下がる．時刻 T 以降，成長因子 $e^{a(t-T)}$ が新残高に掛かり，すると $y(t)=e^{at}y(0)-e^{a(t-T)}$.

注記 3　（少し不思議）　普通の連続な入力 $q(t)$ をたくさんのデルタ関数の集まりと見ることができる——**各時刻** T **にて**強さ $q(T)$ のデルタ関数として．本当は"たくさんの"の代わりに"積分"と言うべきである．どの連続関数 $q(t)$ も全時刻 T でのデルタ関数 $q(T)\,\delta(t-T)$ の積分である．この積分はそのスパイクの点での $q(t)$ を取り出す．

$$\text{任意の } \boldsymbol{q(t)} = \text{デルタ関数の結合} = \int q(T)\,\delta(t-T)\,dT. \tag{17}$$

例 5　$(q=1)$ $\boldsymbol{T\geq 0}$ **での全インパルスの積分はステップ関数** $\boldsymbol{H(t)}$.
このとき，全インパルス応答の積分がステップ応答となる．0から t までの e^{at} の積分は $(e^{at}-1)/a$ である．式(13)のように**ステップ応答の導関数** $=$ **インパルス応答**である．

指数関数の入力 e^{ct}

湧出し $q(t)=e^{ct}$ が時刻零で始まり永遠に続く．特殊解 $y_p(t)$ は簡単に求まり，この同じ指数関数 $\boldsymbol{e^{ct}}$ **の定数倍** $\boldsymbol{Ye^{ct}}$ **となる**．これが指数関数の美しさである．これは最も重要な関数であり，最も使いやすい．$c>0$ と $c<0$ と $c=i\omega$ により成長か減衰か振動を表せる．

$$\boldsymbol{y_p=Ye^{ct}} \text{ を } \boldsymbol{y'-ay=e^{ct}} \text{ に代入せよ．}\qquad \boldsymbol{cYe^{ct}-aYe^{ct}=e^{ct}}$$

e^{ct} で約分すると Ye^{ct} の中の数値 Y についての単純な式が残る：

$$\boldsymbol{cY-aY=1} \quad \text{から} \quad \boldsymbol{Y=\frac{1}{c-a}} \quad \text{および} \quad \boldsymbol{y_p(t)=\frac{e^{ct}}{c-a}} \tag{18}$$

例 6　$y(0)=2$ から出発して $\boldsymbol{y'-5y=3e^{4t}}$ を解け．このとき $Y=\dfrac{3}{c-a}=\dfrac{3}{4-5}$.

斉次解はまた e^{5t} を含み，特殊解は $Y \times e^{4t}$ である！

$$\boldsymbol{y_p(t) = Ye^{4t}} \qquad y_p' - 5y_p = (4Y - 5Y)e^{4t} = 3e^{4t}.\quad \text{このとき } \boldsymbol{Y = -3}.$$

この特殊解 $-3e^{4t}$ は -3 を出発する．$y(0) = 2$ であるから，他方は $+5$ で始まる．

$$\text{一般解} \qquad \boldsymbol{y(t) = 5e^{5t} - 3e^{4t}}.$$

斉次解は $\boldsymbol{a = 5}$ の率で成長し，特殊解は $\boldsymbol{c = 4}$ の率で成長する．これで $c \neq a$ のときの方程式 $y' - ay = e^{ct}$ が解けたが，最後に2つの注釈が必要である．

1. この特殊解 $y(t) = e^{ct}/(c-a)$ は $y_p(0) = 0$ から出発する"超特殊"解ではない．これはこれで十分なのだが，$1/(c-a)$ から始まってしまう．そこで $y(0)$ を出発する一般解はいつもの $y(0)e^{at}$ に加えて，**時刻零で $\boldsymbol{1/(c-a)}$ を打ち消す項もまた**含まなくてはならない：

$$\boldsymbol{y' - ay = e^{ct}} \qquad \boldsymbol{y_{\text{一般}} = y(0)\,e^{at} - \frac{e^{at}}{c-a} + \frac{e^{ct}}{c-a}} \tag{19}$$

ここでは斉次解 $\boldsymbol{y_n}$（2項）と特殊解 $\boldsymbol{y_p}$（最後の項）が見てとれる．すると最後の2項を一緒にすると，超特殊解 $\boldsymbol{(e^{ct} - e^{at})/(c-a)}$ になる．

2. $\boldsymbol{c = a}$ のときには深刻な問題に陥る．$c - a = 0$ では割れないので，この公式は破綻する．この問題 $y' - ay = \boldsymbol{e^{at}}$ は**共鳴**の1つの型で，湧出しの指数 c が $y' = ay$ の自然な成長の指数 a と偶然等しかったときに生じる．主要公式(4)の積分は $\int e^{-as}\,e^{as}\,ds = \int \boldsymbol{1}\,ds = \boldsymbol{t}$ となる．

$$\textbf{共鳴} \quad \boldsymbol{c = a} \qquad \boldsymbol{y' - ay = e^{at}} \qquad \boldsymbol{y = y(0)e^{at} + te^{at}} \tag{20}$$

この余分な成長係数 t は y_n が y_p と共鳴することによる．両者とも e^{at} を含んでいる．

■ 要点の復習 ■

1. 線形方程式の**一般解** = **斉次解** + **特殊解**.

2. 積分因子 e^{-at} を $y' - ay = q(t)$ に掛けると $(e^{-at}\,y)' = e^{-at}\,q(t)$ を得る．
積分して e^{at} を掛けると：$y(t) = y_n + y_p = \boldsymbol{e^{at}y(0) + e^{at}\int e^{-as}q(s)\,ds}$.

3. $y' - ay = \boldsymbol{q} = \textbf{定数}$ に対して，$y_p(0) = 0$ となる特殊解は $\boldsymbol{q(e^{at} - 1)/a}$.

4. $\boldsymbol{q(t) = H(t)}$：単位ステップ関数に対する応答は $y_p = \boldsymbol{(e^{at} - 1)/a}$.

5. $\boldsymbol{q(t) = \delta(t)}$：単位デルタ関数に対するインパルス応答は $y_p = \boldsymbol{e^{at}}$.

6. $\boldsymbol{q(t) = e^{ct}}$ は $y_p = (e^{ct} - e^{at})/(c-a)$ を与える．$c = a$ の場合は，$y_p = \boldsymbol{te^{at}}$ に変えよ．

演習問題 1.4

1　$dy/dt = -y + 2$ のすべての解は，dy/dt が零で，$y = y_\infty =$ ＿ である定常状態に近づく．その定数 $y = y_\infty$ は特殊解 y_p である．

どの $y_n = Ce^{-t}$ をこの定常状態 y_p と組み合わせれば $y(0) = 4$ から出発するか？ この問題では $y_p + y_n$ が $y_\infty +$ **過渡状態**（零へ減衰する）となるように選んだ．

2　同じ方程式 $dy/dt = -y+2$ について，$y(0) = 4$ から出発する斉次解 y_n を選べ．$y(0) = 0$ から出発する特殊解 y_p を見つけよ．

この分割では，式 (4) の $e^{at}y(0) + \{e^{a(t-s)}q$ の積分$\}$ という 2 つの部分を選ぶ．

3　方程式 $dy/dt = -2y + 8$ では 2 つの自然な分割 $\boldsymbol{y_S + y_T = y_N + y_P}$ がある：

1. 定常 $(\boldsymbol{y_S = y_\infty})$ + 過渡 $(\boldsymbol{y_T \to 0})$．$y(0) = 6$ なら，これらの部分は何か？

2. $(\boldsymbol{y_N(0) = 6}$ からの $y_N' = -2y_N) + (\boldsymbol{y_P(0) = 0}$ からの $y_P' = -2y_P + 8)$.

4　$u - 2v = 0$ の斉次解はすべて $(u, v) = (c,$ ＿＿ $)$ の形となる．

$u - 2v = 3$ の特殊解の 1 つは $(u, v) = (7,$ ＿＿ $)$ の形となる．

$u - 2v = 3$ のどの解も $(7,$ ＿＿ $) + c(1,$ ＿＿ $)$ の形となる．

しかし $C = c + 4$ とすると，どの解も $(3,$ ＿＿ $) + C(1,$ ＿＿ $)$ の形となる．

5　$y(0) = 2$ のとき，方程式 $dy/dt = 5$ の解は $y =$ ＿＿ である．自然な分割 $y_n(t) =$ ＿ および $y_p(t) =$ ＿ は，$y_n = e^{at}y(0)$ および $y_p = \int e^{a(t-s)} 5\, ds$ に由来する．

この小さな例では $\boldsymbol{a = 0}$（ay がない）および $\boldsymbol{c = 0}$（湧出しは $q = 5e^{0t}$）である．$a = c$ なので "共鳴" となり，解 y に係数 t が生じる．

問題 **6** からは，$\boldsymbol{y_p(0) = 0}$ から出発する，超特殊解 $\boldsymbol{y_p}$ を選べ．

6　$y(0) = 1$ を出発して以下の方程式に従うとき，$y_n(t)$ と $y_p(t)$ と $y(t) = y_n + y_p$ を求めよ．

(a) $y' - 9y = 90$　　(b) $y' + 9y = 90$

7　$y_n(t) = e^{2t}$ および $y_p(t) = 5(e^{8t} - 1)$ を解とする線形微分方程式を見つけよ．

8　$y_n(t) = e^{2t}$ および $y_p(t) = 3te^{2t}$ を解とする共鳴した方程式（$a = c$）を見つけよ．

9　$y' = 3y + e^{3t}$ の解は $y_n = e^{3t}y(0)$．$y_p(0) = 0$ を満たす共鳴した y_p を見つけよ．

問題 10〜13 は $y' - ay =$ 一定の湧出し q の場合に関するものである．

10 以下の方程式の解を，$y_n = y(0)e^{at}$ として $y = y_n + y_p$ の形で求めよ．

(a) $y' - 4y = -8$ (b) $y' + 4y = 8$ どちらが定常状態をもつか？

11 $y(0) = 1$ の下での $y(t)$ の式を求め，そのグラフを図示せよ．y_∞ は何か？

(a) $y' + 2y = 6$ (b) $y' + 2y = -6$

12 問題 11 の方程式を，$Y = y - y_\infty$ として $Y' = -2Y$ の形に書け．$Y(0)$ は何か？

13 毎分 $q = 0.3$ グラムで腕に点滴を注入し，毎分 $6y$ グラムの割合で体内の薬が消えるとき，定常状態の濃度 y_∞ は何か？ このとき，**入** $=$ **出** であり，y_∞ は定数である．$Y = y - y_\infty$ についての微分方程式を書け．

問題 14〜18 は $y' - ay =$ ステップ関数 $H(t-T)$ の場合に関するものである．

14 $y' + y = H(t-2)$ と $y' + y = H(t-10)$ とで y_∞ が同じになるのはなぜか？

15 $T > 0$ のとき，$y(0) = 2$ の下で $y' = H(t-T)$ の解となるランプ関数を描け．

16 ステップ関数の入力が $T = 4$ で始まるとき，式 (10) でのように $y_n(t)$ と $y_p(t)$ を見つけよ．

(a) $y' - 5y = 3H(t-4)$ (b) $y' + y = 7H(t-4)$ （y_∞ は何か？）

17 ステップ関数が $T = 4$ で始まり $T = 6$ で終わるとすると，$q(t) = H(t-4) - H(t-6)$ である．$y(0) = 0$ から出発し，$y' + 2y = q(t)$ を解け．y_∞ は何か？

18 $y' = H(t-1) + H(t-2) + H(t-3)$ とする．$y(0) = 0$ から出発する $y(t)$ を求めよ．

問題 19〜25 はデルタ関数および $y' - ay = q\,\delta(t-T)$ の解に関するものである．

19 すべての $t > 0$ について，点湧出しのこれらの積分 $a(t), b(t), c(t)$ を求め，$b(t)$ を図示せよ：

(a) $\displaystyle\int_0^t \delta(T-2)\,dT$ (b) $\displaystyle\int_0^t (\delta(T-2) - \delta(T-3))\,dT$ (c) $\displaystyle\int_0^t \delta(T-2)\delta(T-3)dT$

20 なぜこれらの答えは妥当か？（みな，すべて正しい．）

(a) $\displaystyle\int_{-\infty}^{\infty} e^t\delta(t)dt = 1$ (b) $\displaystyle\int_{-\infty}^{\infty} (\delta(t))^2 dt = \infty$ (c) $\displaystyle\int_{-\infty}^{\infty} e^T\delta(t-T)dT = e^t$

21 $y' = 2y + \delta(t-3)$ **の解は** $t = 3$ **で 1 だけジャンプする．** $t = 3$ の前後では，デルタ関数は零で，y は e^{2t} のように成長する．(a) $y(0) = 0$ と (b) $y(0) = 1$ のときの $y(t)$ のグラフを描け．$t = 3$ の前および後の $y(t)$ の式を書け．

22 $y(0) = 2$ から出発してこれらの微分方程式を解け：

(a) $y' - y = \delta(t-2)$ (b) $y' + y = \delta(t-2)$. （y_∞ **は何か？**）

23　$y(0)=0$ から出発して $dy/dt=H(t-1)+\delta(t-1)$ を解け：ジャンプとランプ．

24　（私の小さなお気に入り）$y'=-y+\delta(t-1)+H(t-3)$ の定常状態 y_∞ は何か？

25　$y'-3y=q(t)$ でどの q と $y(0)$ にするとステップの解 $y(t)=H(t-1)$ を得るか？

問題 26〜31 は指数関数の湧出し $\boldsymbol{q(t)=Qe^{ct}}$ および共鳴に関するものである．

26　$y(0)=2$ から出発してこれらの方程式 $y'-ay=Qe^{ct}$ を (19) でのように解け：

(a) $y'-y=8e^{3t}$　　(b) $y'+y=8e^{-3t}$　　（y_∞ は何か？）

27　$c=2.01$ と，$a=2$ にとても近いとき，$y(0)=1$ から出発して $y'-2y=e^{ct}$ を解け．手作業あるいは計算機により，$y(t)$ のグラフを描け：共鳴に近い．

28　$c=2$ と，$a=2$ に厳密に等しいとき，$y(0)=1$ から出発して $y'-2y=e^{2t}$ を解け．これは式 (20) のような共鳴である．手作業あるいは計算機により，$y(t)$ のグラフを描け．

29　$y(0)=0$ から出発して $y'+4y=8e^{-4t}+20$ を解け．y_∞ は何か？

30　$y'-ay=e^{ct}$ の解を主要公式 (4) から求めなかったが，そうすることもできた．(4) の $e^{-as}e^{cs}$ を積分し，超特殊解 $(e^{ct}-e^{at})/(c-a)$ を得よ．

31　**最も簡単な方程式** $y'=1$ **は共鳴する！**　その解 $y=t$ が係数 t を示している．成長率 a はいくつで，また湧出しの指数 c はいくつか？

32　方程式 $y'-a(t)y=q(t)$ の 2 つの解 y_1 および y_2 を知ったとする．

(a) $y'-a(t)y=0$ の斉次解を 1 つ見つけよ．

(b) すべての斉次解 y_n を見つけよ．すべての特殊解 y_p を見つけよ．

33　この 1.4 節の最初のページに戻れ．そこを読まずに，$y'-ay=q(t)$ の解を 4 つの湧出し関数 $\boldsymbol{q}, \boldsymbol{H(t)}, \boldsymbol{\delta(t)}, \boldsymbol{e^{ct}}$ すべてに対して書き出せるか？

34　問題 33 の湧出しのうちの 3 つは，q と c と $y(0)$ を正しい値に選ぶと実は同じになる．その値は何か？

35　図の $y_1(t)$ と $y_2(t)$ が解となる微分方程式 $y'-ay+q(t)$ は何か？　ジャンプ，ランプ，角——思ったより難しいかもしれない（math.mit.edu/dela/以下を参照）．

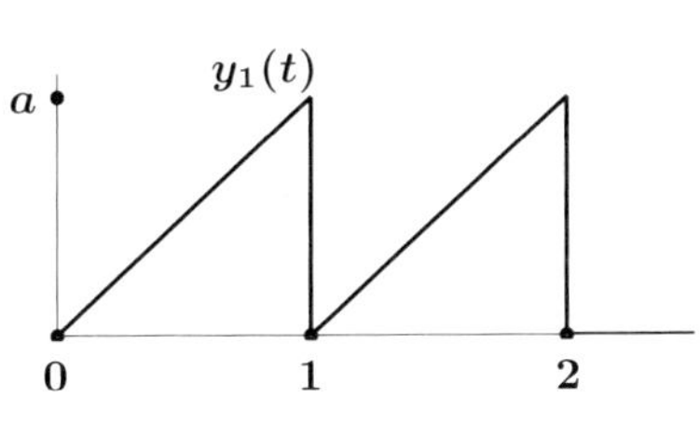

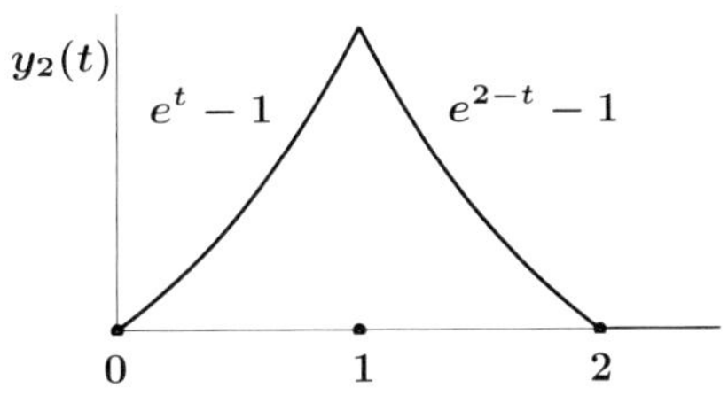

1.5 実および複素のシヌソイド

第 1.4 節は方程式 $y' - ay = e^{ct}$ で終えた．特殊解は e^{ct} を保つので簡単に求まった．正しい乗数 $Y = 1/(c-a)$ を単に選んで $y_p(t) = Ye^{ct}$ とした．**本節では実数 c を虚数 $i\omega$ に変え，その乗数は $Y = 1/(i\omega - a)$ になる．**解の公式 $Ye^{i\omega t}$ はそっくりそのままだが，複素数（実部と虚部がある）が必要になる．この見返りとして，$y' - ay = A\cos\omega t + B\sin\omega t$ の形の実数の問題をすべて一度に解けるようになる．

多くの理工学の応用では，$\cos\omega t$ や $\sin\omega t$（シヌソイド）のように振動する湧出し $q(t)$ が駆動する．ピストンが上下して車を動かし，電圧が上下して電流を流す（交流）．入力の周波数が ω で出力の周波数もまた ω である．問題は出力（入力への応答）の**振幅**および**位相**を求めることである．実数の解は $\boldsymbol{y = M\cos\omega t + N\sin\omega t}$ となる．

この $y(t)$ は特殊解（定常解）になる．零に減衰してしまう過渡状態の解 $y_n(t)$ ではない．**これから $y' - ay = q(t)$ を，湧出し $q(t)$ がシヌソイドのときについて解く．**本節と次節での応用例は生物や化学や薬学などに由来する．数値 a はしばしば速度定数であり，化学反応の速度を表す．

RLC 回路（抵抗–インダクター–キャパシタ）は 2 階の導関数を含む方程式に帰着することに注意しよう．これらは第 2 章で扱う．しかし RC と RL の回路（1 階の方程式）はここに属する．本節の計画は直線的である：**まず実数から，そして複素数へ．**

1 （実） $\boldsymbol{dy/dt - ay = q(t) = A\cos\omega t + B\sin\omega t}$ を解け．

これは $y = M\cos\omega t + N\sin\omega t$ の 2 つの係数 M, N についての 2 つの方程式に至る．

2 （複素） $\boldsymbol{dy/dt - ay = q(t) = Re^{i\omega t}}$ を解け．

これは $y = Ye^{i\omega t}$ の係数についての 1 つの簡単な方程式に至る．しかしその数 Y は複素数なので，求めるべき 2 つの実数（Y の実部と虚部）がまだ残っている．

3 （大切な考え） **複素数 $\boldsymbol{1/(i\omega - a)}$ を極形式 $\boldsymbol{Ge^{-i\alpha}}$ で書け．**

この正の数 G は**ゲイン**，角度 α は**位相遅れ**である．これらは重要な意味を持ち，別々に図示するのに最適である．多くの問題（大部分の問題）で G と α は $1/(i\omega - a)$ の実部と虚部より役立つ．

そこで複素数を説明して復習する必要がある．これは知る価値のあるもので，難しくはない．次頁で実数の問題 **1** と複素数の問題 **2** を解く．実数の問題はコサインだけでは単純化できない．方程式の dy/dt の項から $\sin\omega t$ が生じるのが不可避だからである．

末尾の **要点の復習** に大切なステップを整理する．

実数のシヌソイド

湧出し $q(t)$ が周波数 ω で振動するとき，実数の特殊解 $y(t)$ を求めたい．

$$\boxed{\textbf{1 階の線形方程式} \qquad \frac{dy}{dt} - ay = A\cos\omega t + B\sin\omega t.} \tag{1}$$

その解は湧出し項と同じ形の $y = M\cos\omega t + N\sin\omega t$ となる．$\cos\omega t$ の項と $\sin\omega t$ の項を別々に対応させると，M と N についての 2 つの方程式を得る．単に $ay = aM\cos\omega t + aN\sin\omega t$ を $dy/dt = -\omega M\sin\omega t + \omega N\cos\omega t$ から差し引こう．

$$\boldsymbol{\frac{dy}{dt} - ay = q} \qquad \begin{array}{ll} \textbf{cos}\,\boldsymbol{\omega t}\ \text{の項} & -a\ M + \omega\ N = A \\ \textbf{sin}\,\boldsymbol{\omega t}\ \text{の項} & -\omega\ M - a\ N = B \end{array} \tag{2}$$

これら 2 式が実数解 $y(t) = M\cos\omega t + N\sin\omega t$ の M と N を与える．方程式 (2) の解を書き下してから，これを求める 2 つの方法を説明しよう．

$$\begin{array}{ll} \textbf{湧出し} & \boldsymbol{q = \ A\cos\omega t + B\sin\omega t} \\ \textbf{解} & \boldsymbol{y = M\cos\omega t + N\sin\omega t} \end{array} \qquad M = -\frac{aA + \omega B}{\omega^2 + a^2} \quad N = \frac{\omega A - aB}{\omega^2 + a^2} \tag{3}$$

N は式 (2) で M を消去することで得られる．第 1 式に ω，第 2 式に a を掛けて**引き算すると** M **が消去される**．右辺は $\omega A - aB$，左辺は $(\omega^2 + a^2)N$ となるので，式 (3) の N は正しい．同様にして M が求まる．

2 式に対して，2 行 2 列の**逆行列**から M と N を求めるのもまた実用的である：

$$\begin{bmatrix} -a & \omega \\ -\omega & -a \end{bmatrix}\begin{bmatrix} M \\ N \end{bmatrix} = \begin{bmatrix} A \\ B \end{bmatrix} \quad \text{から} \quad \begin{bmatrix} M \\ N \end{bmatrix} = \frac{1}{\omega^2 + a^2}\begin{bmatrix} -a & -\omega \\ \omega & -a \end{bmatrix}\begin{bmatrix} A \\ B \end{bmatrix}.$$

左の式の行列に右の式の逆行列を掛けると第 4 章での単位行列 I を得る．逆行列のその分母 $\omega^2 + a^2$ が解 (3) の M および N に現れている．

複素数のシヌソイド $e^{i\omega t}$

とても重要な入力 $\boldsymbol{q(t) = R\,e^{i\omega t}}$ の出番になった．この入力は毎秒 ω ラジアンの周波数で振動している．**出力** $y(t)$ **は同じ周波数** ω **で振動する．** 微分方程式中の a が定数なので，これは正しい．$y(t) = Ye^{i\omega t}$ が同じ因数 $e^{i\omega t}$ を含むとき，この因数で式の各項を約せる：

$$\begin{array}{rcl} \boldsymbol{q(t)} & = & \boldsymbol{Re^{i\omega t}} \\ \boldsymbol{y(t)} & = & \boldsymbol{Ye^{i\omega t}} \end{array} \qquad y' - ay = q \ \text{より}\ i\omega Ye^{i\omega t} - aYe^{i\omega t} = Re^{i\omega t} \ \text{になる．} \tag{4}$$

$e^{i\omega t}$ で割ると，複素数 Y についての簡単な代数問題が残る：

$$\text{応答}\,\boldsymbol{Y(\omega)} \qquad i\omega Y - aY = R \quad \text{より} \quad \boldsymbol{Y = \frac{R}{i\omega - a}} \ \text{と}\ \boldsymbol{y = Ye^{i\omega t}} \ \text{になる．} \tag{5}$$

解 $y = Ye^{i\omega t}$ の単純さは大切な事実に起因する：$e^{i\omega t}$ の導関数は $e^{i\omega t}$ の倍数（その乗数は $i\omega$）である．$\cos\omega t$ では微分すると $\sin\omega t$ が持ち込まれるので，こうはいかなかった．そこで M と N についての 2 つの実方程式を解かなくてはならなかったが，(5) は Y についての 1 つの複素方程式である．

複素数：直交形式および極形式

複素数 $z = x + iy$ は実部 x と虚部 y を持つ．基本的な概念をここで説明し，さらに 2.2 節でより詳しく述べる．すべての z を **複素平面**（実–虚の平面）に図示する．図 1.5 の左図では特定の数 $z = 4 + 3i$，つまり $x = \mathrm{Re}\, z = 4$ および $y = \mathrm{Im}\, z = 3$，を示した．この直交形式 $4 + 3i$ に問題はないのだが，x-y 座標では乗算と除算がそれほど便利でない．

その図に同じ数 z の**極形式**も表示した．大きさ（または絶対値）は r であり，位相は角度 θ である．x と y から r と θ を求められる．

大きさは $r = \sqrt{x^2 + y^2} = \sqrt{25} = 5$. **角度** θ **のタンジェントは** $y/x = 3/4$ である．

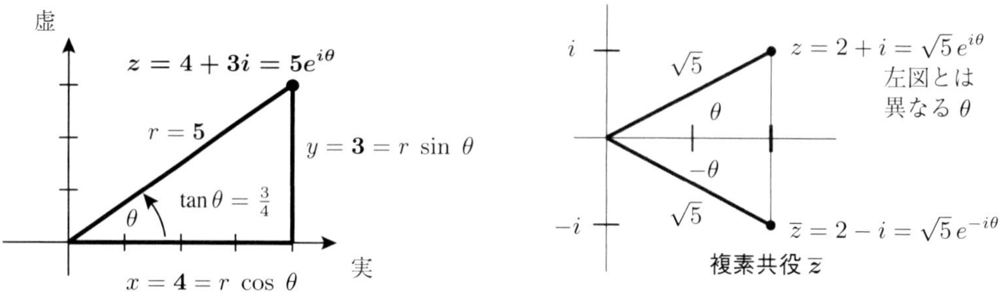

図 1.5　$z = 4 + 3i$ は複素平面上の点であり，その極形式は $z = 5e^{i\theta}$．z の複素共役 $\overline{z}$ は実軸に関して対称な点である．

この極形式は複素数の乗除算には完璧である．$re^{i\theta}$ と $Re^{i\alpha}$ を掛けるには，角度は加えて r と R は掛ける．割り算では，角度を引いて，r を R で割る．

$$\text{掛ける}\quad (re^{i\theta})(Re^{i\alpha}) = \boldsymbol{rR\, e^{i(\theta+\alpha)}} \qquad \text{割る}\quad \frac{re^{i\theta}}{R\, e^{i\alpha}} = \frac{\boldsymbol{r}}{\boldsymbol{R}}\ \boldsymbol{e^{i(\theta-\alpha)}} \tag{6}$$

極形式は複素数 $re^{i\theta}$ を平方したり，$1/(re^{i\theta})$ を求めるのにも完璧である：

$$\text{平方}\quad z^2 = (re^{i\theta})(re^{i\theta}) = \boldsymbol{r^2 e^{2i\theta}} \qquad \text{逆数}\quad \frac{1}{z} = \frac{1}{re^{i\theta}} = \frac{\mathbf{1}}{\boldsymbol{r}}\, \boldsymbol{e^{-i\theta}} \tag{7}$$

この $1/z$ の極形式を $1/(x + iy)$ を比べてみよう．$(x - iy)/(x - iy) = 1$ を掛けてみると：

$$\frac{1}{z} = \frac{1}{x + iy} = \frac{1}{x + iy}\frac{x - iy}{x - iy} = \frac{\boldsymbol{x - iy}}{\boldsymbol{x^2 + y^2}} \qquad \frac{1}{4 + 3i} = \frac{4 - 3i}{4^2 + 3^2} = \frac{1}{5}e^{-i\theta}$$

この数 $x - iy$ はときどき現れる．これは $z = x + iy$ の**複素共役** $\overline{z}$ である（図 1.5 の右図を参照）．

$(x + iy) \times (x - iy)$ が $x^2 + y^2$ であることに注意する．つまり $\boldsymbol{z \times \overline{z}}$ **は** $\boldsymbol{|z|^2 = r^2}$ である．

単位円

図 1.6 は，半径方向距離がどこでも $r = 1$ である**単位円**を示す．この上の点どうしは，角度

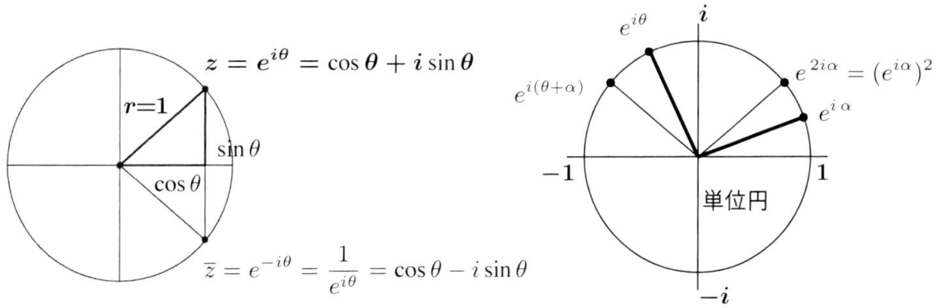

図 1.6　単位円上の点 $e^{i\theta}$ はみな，$r = 1$ である．$e^{i\theta}$ と $e^{i\alpha}$ を掛けると角度は足される．

を足すと乗算に，角度を 2 倍にすると平方に，角度を引き算すると割り算になる：

$$\text{単位円上では}\qquad (e^{i\theta})(e^{i\alpha}) = e^{i(\theta+\alpha)}\qquad (e^{i\theta})(e^{-i\theta}) = 1\qquad \frac{1}{e^{i\theta}} = e^{-i\theta}$$

$e^{-i\theta}$ は $e^{i\theta}$ の複素共役であり，図 1.6 のように実軸に関しての鏡像となる．

例 1　時刻 t が 0 から ∞ へ動くとき，数 $\boldsymbol{e^{st}}$ と $\boldsymbol{e^{i\omega t}}$ と $\boldsymbol{e^{(s+i\omega)t}}$（実数の s と ω）は複素平面上でどのような軌跡を描くか．どの軌跡も 1 から始まる．

解　もし $s > 0$ なら数 e^{st} は 1 から実軸上を無限大へ遠ざかる．もし $s < 0$ なら e^{st} は 1 から実軸上を原点へ近づく．

$e^{i\omega t}$ の軌跡は単位円上を一定の速度で回る．時刻 $T = 2\pi/\omega$ で（また，$2T, 3T, \ldots$ で）$e^{2\pi i} = 1$ に戻る．$\omega < 0$ のときに時計回りとなる．

$e^{(s+i\omega)t}$ の軌跡はもし $s > 0$ ならば**外への渦巻き**となり，無限遠へ去る．もし $s < 0$ ならば中への渦巻きとなり，原点へ近づく．時刻 $T = 2\pi/\omega$ では実数 e^{sT} となるが，これは因数 $e^{i\omega T} = e^{2\pi i}$ が 1 となるためである．

ゲイン G と位相遅れ α

複素数 $1/(i\omega - a)$ が入力 $q(t) = Re^{i\omega t}$ に掛けられ，出力 $y(t) = Ye^{i\omega t}$ を与える．$\boldsymbol{1/(i\omega - \alpha)}$ **の大きさはいくらで，角度はいくらか？**この数の極形式 $\boldsymbol{1/(i\omega - a) = Ge^{-i\alpha}}$ を知りたい．$i\omega - a = re^{i\alpha}$ から始めて，逆数を求める：

$$\boldsymbol{i\omega - a = re^{i\alpha}}\qquad\qquad \boldsymbol{r = \sqrt{\omega^2 + a^2}}\ \ \text{および}\ \ \boldsymbol{\tan\alpha} = \frac{\text{虚部}}{\text{実部}} = -\frac{\boldsymbol{\omega}}{\boldsymbol{a}}.$$

$1/(re^{i\alpha})$ を求めたい．これが $Ge^{-i\alpha}$ になる．このゲイン（利得）は $\boldsymbol{G = 1/r = 1/\sqrt{\omega^2 + \alpha^2}}$ となる：

$$\begin{matrix}\textbf{ゲイン}\ \boldsymbol{G}\\ \textbf{位相角}\ \boldsymbol{\alpha}\end{matrix}\qquad \frac{\boldsymbol{1}}{\boldsymbol{i\omega - a}} = \frac{1}{r}\,e^{-i\alpha} = \frac{1}{\sqrt{\omega^2 + a^2}}\,e^{-i\alpha} = \boldsymbol{Ge^{-i\alpha}}. \qquad (8)$$

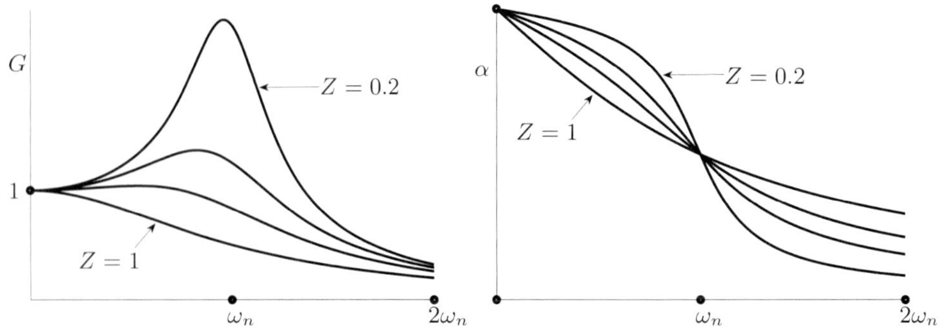

図 1.7　無次元のゲイン G と位相角 ϕ を周波数 ω の関数として図示.

このゲイン $G(\omega)$ と角度 $\alpha(\omega)$ はよく図示される．図 1.7 のようなグラフは“**ボード線図**”の変形である．振幅応答 $G(\omega)$ は特に重要で，このゲイン G だけを見る機会も多いだろう—しばしば余分な係数 $|a|$ を含んで.

注釈　よくある変形は速度定数 a を外力項 $q(t) = a\,R\,e^{i\omega t}$ に含めることだ．入力は変わらず $R\,e^{i\omega t}$ と考えると，a により q が正しい物理的な単位を持つ．この係数 a が出力に現れるのでゲイン $G = |$ 出力 $|\,/\,|$ 入力 $|$ はその係数 $|a|$ だけ増える．**そのときには** $G = |a|/\sqrt{\omega^2 + a^2}$ は**周波数** $\omega = 0$ で 1 になる.

シヌソイド $\boldsymbol{R}\ \mathbf{cos}(\boldsymbol{\omega t} - \boldsymbol{\phi})$

次項では $\cos\omega t$ と $\sin\omega t$ の任意の線形結合が，周波数 ω と振幅 R と位相遅れ ϕ をもつ，**平行移動されたコサイン**であることを示す．ω と R と ϕ を知っているなら，$y(t) = \boldsymbol{R}\ \mathbf{cos}(\boldsymbol{\omega t} - \boldsymbol{\phi})$ のグラフを描くのに問題はない．反対に，**グラフからそれらの数値を読み取る**のは，ずっと面白い.

図に示す秘密のシヌソイドは，MIT での科目 18.03 向けの講義ノートに由来する．ウェブサイト **mathlets.org** では対話型の実験ができる．ここでの問題：$\boldsymbol{\omega}$, $\boldsymbol{R}$, および ϕ を求めよ.

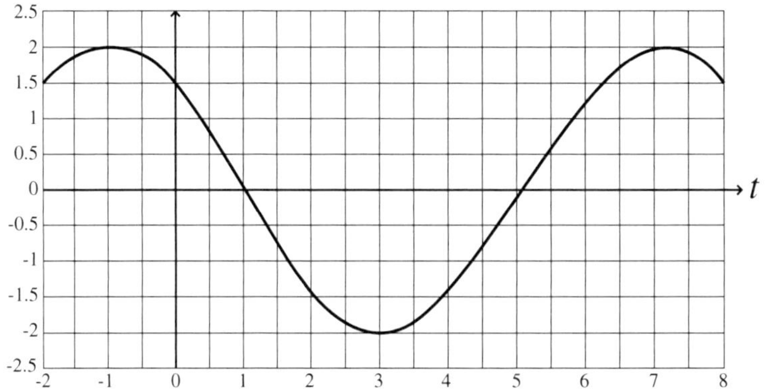

三角関数の合成公式

大きさ R と角度 ϕ を選んで $A\cos\omega t + B\sin\omega t$ が $Re^{i(\omega t-\phi)}$ の**実部**となるようにしたい．$y' - ay = Re^{i(\omega t-\phi)}$ は素早く解くことができ，それを活用する．この微分方程式のすべての項の実部を取り出すとき，正しい入力 $q(t) = R\cos(\omega t - \phi)$ が右辺に現れ，正しい出力 $y(t)$ が左辺に現れる．この実数の方程式は 1 つのステップで解ける．

そこで，“シヌソイドの” 入力 $q(t)$ についての恒等式が必要となる：

三角関数の合成公式 $\quad \boldsymbol{A\cos\omega t + B\sin\omega t = R\cos(\omega t - \phi)}$ (9)

右辺は左辺と同じ周期 $2\pi/\omega$ を持つ——ただ 1 つの項しかない．

R と ϕ を求めるには，$R\cos(\omega t-\phi)$ を展開して $R\cos\omega t\cos\phi + R\sin\omega t\sin\phi$ とする．そしてコサインどうしを比べて A を求め，サインどうしを比べて B を求める：

$$A = R\cos\phi \quad と \quad B = R\sin\phi \qquad \boxed{\boldsymbol{A^2+B^2=R^2} \quad と \quad \boldsymbol{\tan\phi = \frac{B}{A}}.} \tag{10}$$

これで合成公式の $R = \sqrt{A^2+B^2}$ および $\phi = \tan^{-1}(B/A)$ がわかった．R と ϕ の美しさは，これらがシヌソイドを複素数の極形式に対応させることである．

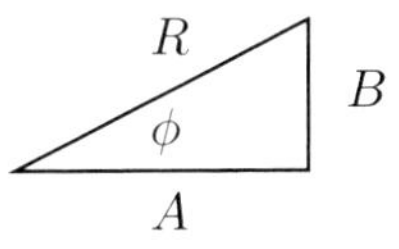

$$\begin{aligned} A + iB &= Re^{i\phi} \\ R &= \sqrt{A^2+B^2} \\ \tan\phi &= B/A \end{aligned}$$

$A + iB$ の極形式が合成公式 (9) の R と ϕ を生成する

この重要な公式の練習として，演習問題 1 では少し異なる証明を行う．

例 2 $q(t) = \cos 3t + \sin 3t$ を $R\cos(3t-\phi)$ の形に書け：$Re^{i(3t-\phi)}$ の実部．

解 $A = 1$ と $B = 1$ だから $R = \sqrt{2}$．角度 $\phi = \frac{\pi}{4}$ で $\tan\phi = B/A = 1$．よって $\cos 3t + \sin 3t = \boldsymbol{\sqrt{2}\cos\left(3t - \frac{\pi}{4}\right)}$．

例 3 $e^{i5t}/(\sqrt{3}+i)$ の実部を $A\cos 5t + B\sin 5t$ の形に書け．

解 $\sqrt{3}+i$ は $2e^{i\pi/6}$（なぜ？）よって $e^{i5t}/(\sqrt{3}+i)$ は $\frac{1}{2}e^{i(5t-\pi/6)}$．その実部は

$$\frac{1}{2}\cos\left(5t - \frac{\pi}{6}\right) = \frac{1}{2}\left(\cos 5t\cos\frac{\pi}{6} + \sin 5t\sin\frac{\pi}{6}\right) = \frac{\sqrt{3}}{4}\cos 5t + \frac{1}{4}\sin 5t.$$

複素数の解 y_c から実数の解 y へ

三角関数の合成公式により $y' - ay = A\cos\omega t + B\sin\omega t$ を 3 ステップで解く：

1. この方程式は複素数の方程式 $y_c{}' - ay_c = R\,e^{i(\omega t-\phi)}$ の実部である．
2. その複素数の解は $y_c = R\,e^{i(\omega t-\phi)}/(i\omega - a) = \boldsymbol{R\,G\,e^{i(\omega t-\phi-\alpha)}}$．
3. その複素数の解 y_c の実部が求める実数解 $y(t)$ である．

これら3つのステップは **1**（実から複素へ） **2**（複素数で解く） **3**（複素から実へ）．これでうまくいく． 第2ステップでは $1/(i\omega - \alpha)$ を $Ge^{-i\alpha}$ と表し，極形式を保つ．第3ステップは $y = M\cos\omega t + N\sin\omega t$ を直接 $\boldsymbol{y = RG\cos(\omega t - \phi - \alpha)}$ として生成する．

例 4 実 – 複素 – 実と，これら3ステップをたどり，$\boldsymbol{y' - y = \cos t - \sin t}$ を解け．数値 $a = 1, \omega = 1, A = 1,$ および $B = -1$ から $R, \phi, G,$ および α を求めなくてはならない．$\boldsymbol{RG = 1}$ であることに注意．

$$R = \sqrt{A^2 + B^2} = \boldsymbol{\sqrt{2}} \quad \tan\phi = \frac{B}{A} = -1 \text{ で } \boldsymbol{\phi = -\frac{\pi}{4}} \quad G = \frac{1}{\sqrt{\omega^2 + a^2}} = \boldsymbol{\frac{1}{\sqrt{2}}}$$

$i\omega - a = i - 1$ の角度は $\boldsymbol{\alpha = \frac{3\pi}{4}}$ で，そのタンジェントは $-\frac{\omega}{a} = -1$ である．

1. 合成公式により $\cos t - \sin t = \sqrt{2}\cos(t - \phi) = \boldsymbol{\sqrt{2}\cos(t + \pi/4)}$.

2. $\boldsymbol{y_{\text{複素}}} = \dfrac{\boldsymbol{\sqrt{2}\, e^{i(t+\pi/4)}}}{\boldsymbol{i - 1}}$. ここで $\dfrac{1}{i\omega - a} = \dfrac{1}{i - 1} = Ge^{-i\alpha} = \dfrac{1}{\sqrt{2}}e^{-3\pi i/4}$.

3. $\boldsymbol{y_{\text{複素}}} = \boldsymbol{RG\, e^{i(\omega t - \alpha - \phi)}} = \boldsymbol{e^{i(t - \pi/2)}}$. このとき $\boldsymbol{y_{\text{実}} = \cos\left(t - \frac{\pi}{2}\right)} = \boldsymbol{\sin t}$.

この例は $G = 1/\sqrt{2}$ が $R = \sqrt{2}$ と打ち消すように選んだ．もしすべてのシンボル R, ϕ, G, α を保っていれば，ステップ **3** からの解 $y_{\text{実}} = \boldsymbol{RG\ \cos(\omega t - \phi - \alpha)}$ は本節の始めの $y = M\cos\omega t + N\sin\omega t$ と一致しなければならない．

多くの応用で大切なのは必ずしも $y(t)$ の式中の数値ではない．とてもしばしば，目標は a や ω といった微分方程式のパラメタに $y(t)$ がどのように依存するかを理解することにある．ゲイン $G = |$出力$|/|$入力$|$ は便利でとても重要な指標である．

複素数の解のほうがより良いというのが真実である．三角関数の合成公式は $A\cos\omega t + B\sin\omega t$ がどのようにして，複素指数関数 $Re^{i(\omega t - \phi)}$ の実部 $R\cos(\omega t - \phi)$ になるかを示す．これで我々は実数を複素数に変換し，また複素数を実数に戻せる．

その合間に，複素数の形式を**周波数応答** $\boldsymbol{1/(i\omega - a)}$ を用いて解くのである．

結論 入力 $q(t)$ が $Re^{i\omega t}$ のとき，出力 $y(t)$ は $1/(i\omega - a)$ 倍になる．この乗数は複素数で，周波数 ω によって変わる．この数 Y を理解し，その大きさ G と位相を図示することが不可欠である．

■ 要点の復習 ■

1. **（実数）** $y' - ay = A\cos\omega t + B\sin\omega t$ の解は $\boldsymbol{y_{\text{実}}} = M\cos\omega t + N\sin\omega t$.

2. **（合成公式）** $A\cos\omega t + B\sin\omega t$ は $R^2 = A^2 + B^2$ として $R\cos(\omega t - \phi)$ に等しい．

3. **（複素数）** $y' - ay = Re^{i(\omega t - \phi)}$ の解は $\boldsymbol{y_{\text{複素}}} = Re^{i(\omega t - \phi)}/(i\omega - a)$.

4. **（複素ゲイン）** $1/(i\omega - a) = \boldsymbol{Ge^{-i\alpha}}$ ただし $G = 1/\sqrt{\omega^2 + a^2}$ および $\tan\alpha = -\omega/a$.

5. **（複素数の解の実部）** $y_{実} = \mathrm{Re}(y_{複素}) = RG\cos(\omega t - \alpha - \phi)$.

演習問題 1.5

問題 **1**〜**6** は三角関数の合成公式 **(9)** に関するものである．問題 **1** で再度これを述べる．

1　以下のステップで合成公式を再度導く．この方法は三角関数の通常の公式 $\cos(\omega t - \phi) = \cos\omega t\ \cos\phi + \sin\omega t\ \sin\phi$ では始めない．その恒等式を書けば：

$$\text{もし}\ A + iB = Re^{i\phi}\ \text{ならば}\ A\cos\omega t + B\sin\omega t = R\cos(\omega t - \phi).$$

この $Re^{i(\omega t-\phi)}$ の実部を求める 4 ステップが次式である．ステップ 3 での $A - iB$ を説明せよ．

$$R\ \cos(\omega t - \phi) = \mathrm{Re}\left[R\,e^{i(\omega t-\phi)}\right] = \mathrm{Re}\left[e^{i\omega t}(R\,e^{-i\phi})\right] = \ (R\,e^{-i\phi}\ \textbf{は何？})$$

$$= \mathrm{Re}\left[(\cos\omega t + i\ \sin\omega t)\ (A - iB)\right] = A\cos\omega t + B\sin\omega t.$$

2　$\sin 5t + \cos 5t$ を $R\ \cos(\omega t - \phi)$ と書くとき，R と ϕ は何か？

3　$6\cos 2t + 8\sin 2t$ を $R\ \cos(2t - \phi)$ と書くとき，R と $\tan\phi$ と ϕ は何か？

4　$\cos\omega t$ をこの複雑な方法で積分して $(\sin\omega t)/\omega$ になることを示せ．

(i) $dy_{実}/dt = \cos\omega t$ は $dy_{複素}/dt = e^{i\omega t}$ の実部である．

(ii) その複素数の解の実部をとれ．

5　三角関数の合成公式で $A = 0$ と $B = -1$ のときは $-\sin\omega t = R\cos(\omega t - \phi)$ となる．R と ϕ を求めよ．

6　なぜ合成公式は湧出し $q(t) = \cos t + \sin 2t$ に対しては無力なのか？

7　$2+3i$ を $re^{i\phi}$ として書くと，$\frac{1}{2+3i} = \frac{1}{r}e^{-i\phi}$ である．続いて $y = e^{i\omega t}/(2+3i)$ を極形式で書き，y の実部と虚部を求めよ．さらに，その実部と虚部を $(2-3i)e^{i\omega t}/(2-3i)(2+3i)$ から直接求めよ．

8　$A\cos\omega t + B\sin\omega t$ の形のこれらの関数を $R\cos(\omega t - \phi)$ の形に書け：辺が A, B, R で角度が ϕ の直角三角形．

1) $\cos 3t - \sin 3t$　　2) $\sqrt{3}\cos\pi t - \sin\pi t$　　3) $3\cos(t-\phi) + 4\sin(t-\phi)$

問題 **9**〜**15** では，M と N についての実数の公式 **(3)** を用いて実数の方程式を解く．

9　a と ω がどれかを認識してから $dy/dt = 2y + 3\cos t + 4\sin t$ を解け．斉次解 Ce^{2t}.

10　$dy/dt = -y - \cos 2t$ の特殊解を見つけよ．

11 どの方程式 $y' - ay = A\cos\omega t + B\sin\omega t$ で $y = 3\cos 2t + 4\sin 2t$ が解か？

12 1.4 節で $y' = y + \cos t$ の特殊解は $y_p = e^t \int e^{-s}\cos s\, ds$ である．この積分を探すか，自分で $s = 0$ から t まで部分積分せよ．この y_p を公式 (3) と比べよ．

13 $y' - 4y = \cos 3t + \sin 3t$ の解 $y = M\cos\omega t + N\sin\omega t$ を求めよ．

14 $\boldsymbol{y(0) = 0}$ から出発する，$y' - ay = A\cos\omega t + B\sin\omega t$ の解を求めよ．

15 $a = 0$ のときでも式 (3) の M と N が $y' = A\cos\omega t + B\sin\omega t$ の解であることを示せ．

問題 16〜20 では複素数の方程式 $\boldsymbol{y' - ay = Re^{i(\omega t - \phi)}}$ を解く．

16 次の 3 つの方程式について複素数の解 $y_p = Ye^{i\omega t}$ を書き出せ：

(a) $y' - 3y = 5e^{2it}$　(b)　$y' = Re^{i(\omega t - \phi)}$　(c)　$y' = 2y - e^{it}$

17 次の複素数の方程式について複素数の解 $z_p = Ze^{i\omega t}$ を求めよ：

(a) $z' + 4z = e^{8it}$　(b)　$z' + 4iz = e^{8it}$　(c)　$z' + 4iz = e^{8t}$

18 実数の方程式 $y' - ay = R\cos(\omega t - \phi)$ から始め，複素数の方程式 $z' - az = Re^{i(\omega t - \phi)}$ に変え，$z(t)$ について解け．そして，その実部 $y_p = \mathrm{Re}\, z$ をとれ．

19 問題 18 での特殊解 y_p の初期値 $y_p(0)$ は何か？ もし，期待される初期値が $y(0)$ のとき，どれだけの斉次解 $y_n = Ce^{at}$ を y_p に加えればよいか？

20 $y(0) = 0$ から出発して $y' - 2y = \cos\omega t$ の実数の解を 3 つのステップで求めよ：複素数の方程式 $z' - 2z = e^{i\omega t}$ を解き，$y_p = \mathrm{Re}\, z$ をとり，そして斉次解 $y_n = Ce^{2t}$ を適切な C で加える．

問題 21〜27 では実数の方程式を複素数にして解く．まず $\boldsymbol{\alpha}$ について注意する．

例 4 は $y' - y = \cos t - \sin t$ で，成長率 $a = 1$ および周波数 $\omega = 1$ だった．$i\omega - a$ の大きさは $\sqrt{2}$ で偏角は $\tan\alpha = -\omega/a = -1$ を満たす．**注意：** $\alpha = 3\pi/4$ **と** $\alpha = -\pi/4$ **のどちらもそのタンジェントの値になる!** 正しい角度 α はどうやって選ぶのか？

この複素数 $i\omega - a = i - 1$ は**第 2 象限**にあるので，その角度は $\alpha = 3\pi/4$ である．**角度のタンジェントだけでなく，実際の数値を見る必要がある．**

21 r と α を求めて，各 $i\omega - a$ を $re^{i\alpha}$ の形に書け．そして $1/re^{i\alpha}$ を $Ge^{-i\alpha}$ の形に書け．

(a) $\sqrt{3}i + 1$　(b)　$\sqrt{3}i - 1$　(c)　$i - \sqrt{3}$

22 問題 **21** の G と α を次の (a)，(b)，(c) に用いよ．各方程式の実部と，それぞれの解の実部を得よ．

(a) $y' + y = e^{i\sqrt{3}t}$　(b)　$y' - y = e^{i\sqrt{3}t}$　(c)　$y' - \sqrt{3}y = e^{it}$

23 $y' - y = \cos \omega t + \sin \omega t$ を 3 つのステップで解け：実から複素へ，複素数で解き，実部をとる．これは重要な例である．

(1) $\cos\omega t + \sin \omega t$ を $Re^{i(\omega t - \phi)}$ の実部として書くために，三角関数の合成公式の R と ϕ を求めよ．

(2) $y' - y = e^{i\omega t}$ を $y = Ge^{-i\alpha}e^{i\omega t}$ によって解け．$Re^{-i\phi}$ を掛けて $z' - z = Re^{i(\omega t - \phi)}$ を解け．

(3) 実部 $y(t) = \mathrm{Re}\, z(t)$ をとれ．$y' - y = \cos \omega t + \sin \omega t$ であることを確かめよ．

24 $y' - \sqrt{3}y = \cos t + \sin t$ を同様の 3 ステップで，$a = \sqrt{3}$ および $\omega = 1$ として解け．

25 （**挑戦**）$y' - ay = A \cos \omega t + B \sin \omega t$ を 2 つの方法で解け．最初に，右辺の R と ϕ および左辺の G と α を求めよ．最終的な実数解 $RG \cos(\omega t - \phi - \alpha)$ が式 (2) の $M \cos \omega t + N \sin \omega t$ と一致することを示せ．

26 a と $\omega \neq 0$ が実数のとき，$y' - ay = Re^{i\omega t}$ で共鳴が生じない．**なぜか？** （共鳴は $y_n = Ce^{at}$ と $y_p = Ye^{ct}$ が同じ指数 $a = c$ を持つときに生じる．）

27 $z' - az = Re^{i(\omega t - \phi)}$ の複素数の解の虚部 $y = \mathrm{Im}\, z$ をとると，$y(t)$ はどの方程式の解となるか？ まずは $\phi = 0$ として答えよ．

問題 **28〜31** では **1** 階の回路方程式を解く：**RLC** ではなく，**RL** および **RC** である．

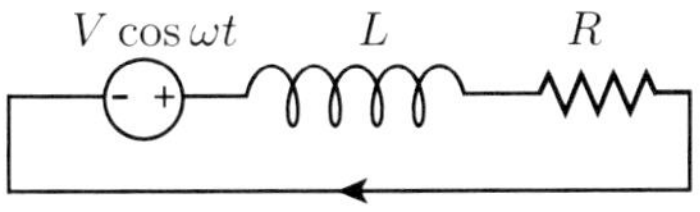

電流 $I(t)$

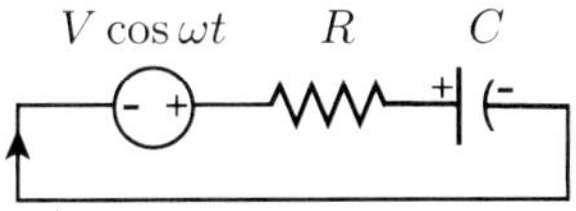

$q(t) =$ $I(t)$ の積分

28 この RL ループの電流 $I(t) = I_n + I_p$ についての $\boldsymbol{L\, dI/dt + RI(t) = V \cos \omega t}$ を解け．

29 $L = 0$ および $\omega = 0$ のとき，その方程式は直流についてのオームの法則 $V = IR$ である．$L \neq 0$ で $I(t) = Ie^{i\omega t}$ のとき，**複素インピーダンス** $Z = R + i\omega L$ が R に置き換わる．

$$L\, dI/dt + RI(t) = (\boldsymbol{i\omega L + R})\boldsymbol{I e^{i\omega t}} = \boldsymbol{V e^{i\omega t}} \quad \text{より} \quad \boldsymbol{Z I = V}.$$

$|Z| = |R + i\omega L|$ の大きさは何か？ $Z = |Z|e^{i\theta}$ の位相角は何か？ L があると電流 $|I|$ は大きくなるか，小さくなるか？

30 RC ループの電荷 $q(t) = q_n + q_p$ についての $\boldsymbol{R\dfrac{dq}{dt} + \dfrac{1}{C}q(t) = V \cos \omega t}$ を解け．

31 なぜ今度の複素インピーダンスは $Z = R + \frac{1}{i\omega C}$ になるか？ その大きさ $|Z|$ を求めよ．**数学では $\boldsymbol{i = \sqrt{-1}}$ を好むことに注意．我々はまだ，$\boldsymbol{j = \sqrt{-1}}$ と譲りはしない！**

1.6　成長と減衰のモデル

これは重要な節であり，ある公式をその応用と結びつける．その公式とは，大切な線形方程式 $y' - a(t)y = q(t)$ の解である——我々はその解のすぐ近くにいる．そして a は t により変化しうる．最後のステップはこれらの公式の**目的**を理解することである．

この分野とコースの目的は，変化を理解することである．**微積分学は変化についての分野である**．微分方程式は変化のモデルであり，dy/dt を現在の y の値に，そして変化を引き起こす入力／出力に結びつける．我々はこれを数学の式と見て，公式により解く．ここで止まってしまっては微分方程式の，そもそもの意味を見失う．

成長または減衰の 5 つのモデル，およびそれらを記述する 5 つの方程式を選ぶ．しばしば最も困難なのは正しい方程式を得ることである（正しい解の公式を得るよりも確実に，より難しい）．本節は応用数学の両方のステップを提示する：

1. モデルから式へ　　2. 式から解へ．

この 2 番目のステップ（より易しいステップ）を最初に扱うことにしよう：**方程式を解け**．入力 $a(t)$ と $q(t)$ と $y(0)$ から出力 $y(t)$ を見つけよ．モデルはそのあとだ．

ここに $y(t)$ についての微分方程式があり，その解の公式がほしい——そして，公式がどこから来たかも理解したい．解は，問題を規定する 3 つの入力 $a(t)$ と $q(t)$ と $y(0)$ を含むに違いない．**ときには $\boldsymbol{a(t)}$ は時刻とともに変化するが**，1.4 および 1.5 節ではこの可能性を許していなかった．

微分方程式　$$\boxed{\frac{dy}{dt} = a(t)y + q(t)}$$　$t = 0$ のとき $y(0)$ から出発．　(1)

ここまでのところ，これらの入力の選択肢は限られていた（そして a は定数だった）：

成長率 $a(t)$　　古典的な指数関数 $y(t) = e^t$ では $\boldsymbol{a = 1}$ だった．

湧出し項 $q(t)$　1.4 節および 1.5 節では $\boldsymbol{e^{ct}}$ および $\boldsymbol{e^{i\omega t}}$ のような 5 つの特別な入力だった．

初期値 $y(0)$　　$y(t) = e^t$ の出発値は $\boldsymbol{y(0) = 1}$ だった．

この "初期値" $y(0)$ は銀行口座を開設するときの預金のようなものである．湧出しまたは吸込み $q(t)$ はときの経過につれての**預金や引き出し**に由来する．解 $y(t)$ は時刻 t での口座の残高である．最終的な公式をいま明らかにして，話の方向を明らかにしよう．

時刻 s から時刻 t への **成長因子 $G(s,t)$**	$\boldsymbol{y(t) = G(0,t)\,y(0) + \int_0^t G(s,t)\,q(s)\,ds.}$

(2)

公式 (2) は 2 つの部分から成る．第 1 の部分 $y_n = G(0,t)y(0)$ では $q = 0$：湧出しがない．第 2 の部分 y_p が湧出し $q(t)$ を導入し，新たな成長 G と q の積を加える（または q が負ならば差し引く）．**この因子 $G(s,t)$ を知るには 2 項目進むこと**．

$y =$ （$q = 0$ での斉次解）＋（入力 q による特殊解）．

$q(t)$ による特殊解

この項目では a は定数とする． この特殊解 $y_p(t)$ はあまりにも重要なので，3 つの方法で導く．もちろんこれら 3 つの方法は緊密に関係しているが—— しかし別々に提示しうるほどには異なり，価値がある．

1. 積分因子 **2.** 定数変化法 **3.** 全出力の組合せ

1. **積分因子** $M(t) = e^{-at}$ は 1.4 節で目にした．これは $M' = -aM$ の解である．成長率 a が定数のとき，方程式 $y' - ay = q(t)$ に $M = e^{-at}$ を掛けると左辺は My の完全微分になる：

$$\frac{d}{dt}(e^{-at}y) = e^{-at}(y' - ay) = e^{-at}q(t). \tag{3}$$

よって左辺と右辺を積分することで $y_p(0) = 0$ に対する $y = y_p(t)$ が求まる：

$$e^{-at}\,y(t) = \int_0^t e^{-as}\,q(s)\,ds \quad \text{および} \quad y(t) = \int_0^t \boldsymbol{e^{a(t-s)}\,q(s)\,ds}. \tag{4}$$

2. **定数変化法**では斉次方程式 $y' - ay = 0$ の解 $y_n = Ce^{at}$ から始める．**新たな考え方として，特殊解では C を時間に関して変化させる．** $y = C(t)e^{at}$ を方程式 $y' - ay = q(t)$ に代入して $C'e^{at} = q(t)$ とわかる：

$$(Ce^{at})' - a\,Ce^{at} = C'e^{at} + a\,Ce^{at} - a\,Ce^{at} = \boldsymbol{C'e^{at} = q(t)}. \tag{5}$$

すると $C' = e^{-at}q(t)$ だから，積分して C を求めて，ほしい解の公式を得る：

$$C(t) = \int_0^t e^{-as}\,q(s)\,ds \qquad y(t) = C(t)e^{at} = \int_0^t \boldsymbol{e^{a(t-s)}\,q(s)\,ds}. \tag{6}$$

積分因子 M は方程式を変え，$C(t)$ を変えると解が変わる．$C(t)$ は n 個の方程式**系**に対しても引き続き重要であるが，積分因子は敗北してしまう．

3. **各入力 $q(s)$ が時刻 s と t の間で $e^{a(t-s)}\,q(s)$ へと成長する．** このとき解 $y(t)$ はこれらの入力 $q(t)$ および成長因子 $G = e^{a(t-s)}$ により求まる．それら出力すべてを足し合わせる（積分する）と：

$$\boldsymbol{q(s)}\ \textbf{が成長する時間は}\ \boldsymbol{t-s} \qquad \textbf{出力}\ \boldsymbol{y(t)} = \int_0^t \boldsymbol{e^{a(t-s)}\,q(s)\,ds}. \tag{7}$$

私にとっては，この第 3 の方法が公式 (4) = (6) = (7) の意味をとらえている．各入力 $q(s)$ が時間 $t - s$ の間に因子 $G(s,t) = e^{a(t-s)}$ だけ成長するものと考えたい．

変化する成長率 $a(t)$

次のステップは $a(t)$ を時間変化させることである．例えば $a(t)$ を $1 + \cos t$ とすれば 2 と 0 の間で変わる．利率は確かに変わりうる．銀行口座の成長率 a はしばしば遅くなったり加速したりする．**このとき，成長因子 $G(0,t)$ は単なる e^{at} ではない．**

$y_n' = a(t)y_n$ の斉次解を見ればこれが明らかだ —— 時刻 0 から時刻 t への成長は：

$$\begin{array}{l}\textbf{\textit{a} を 0 から \textit{t} まで積分し}\\ \textbf{指数関数をとる}\end{array} \quad \boxed{\boldsymbol{G(0,t) = e^{\int_0^t a(s)\,ds}}} \quad \boldsymbol{y_n(t) = G(0,t)\;y(0)}. \tag{8}$$

大切な点は $\boldsymbol{dG/dt = a(t)G}$ である． まず，$a(t)$ の積分の導関数は $a(t)$ である —— 微積分学の基本定理により．次に，この積分が指数に入っていることから，連鎖則で G の導関数を得る．これで dG/dt を書くと：

$$\frac{d}{dt}\left(e^{a\,\text{の積分}}\right) = \left(e^{a\,\text{の積分}}\right)\frac{d}{dt}\left(a\,\text{の積分}\right) \qquad \boldsymbol{\frac{dG}{dt} = (G)(a(t))} \tag{9}$$

a が定数のときは，その積分は単に at で，通常の成長 $G = e^{at}$ となる．a が変化するときには，指数が at より汚くなるが，考え方は同じである：$dG/dt = aG$.

一例として $a(t) = 1 + \cos t$ とすると $a(t)$ の積分は $t + \sin t$ であり，これが指数である：

$$\textbf{成長因子}\ \boldsymbol{G(0,t) = e^{t+\sin t}} \qquad \textbf{斉次解}\ \boldsymbol{y_n(t) = e^{t+\sin t}y(0)}$$

では，増大する入力 $q(t)$ に由来する特殊解に取り組もう．今度もこの $y_p(t)$ は**積分因子**や**定数変化法**や**全入力からの全出力の積分**で求まる．

1. 積分因子は $\boldsymbol{M(t) = 1/G(t) = e^{-\int_0^t a(s)\,ds}}$ である．これより $M' = -a(t)M$.

よって My の微分は $M' = -aM$ を用いて，きちんと Mq になる．

$$\begin{array}{l}\textbf{積の公式}\\ \textbf{連鎖則}\end{array} \quad \boldsymbol{\frac{d}{dt}(My)} = My' + M'y = M(y' - a(t)y) = \boldsymbol{Mq(t)}. \tag{10}$$

$(My)' = Mq$ の両辺を $y_p(0) = 0$ から出発して積分し，そして M で割ると：

$$M(t)y_p(t) = \int_0^t M(s)\,q(s)\,ds \qquad y_p(t) = e^{\int_0^t a(s)\,ds}\int_0^t e^{-\int_0^s a(s)\,ds}\,q(s)\,ds \tag{11}$$

指数関数を掛け合わせると，指数が組み合わさる．0 から t までの積分より，0 から s までの積分を引くと，s から t までの積分に等しい．各 $q(s)$ が s において入る．$\boldsymbol{a}$ の $\boldsymbol{s}$ から $\boldsymbol{t}$ までの積分の指数関数が成長因子 $\boldsymbol{G(s,t)}$ である：

$$\textbf{成長因子}\ \boldsymbol{G(s,t) = e^{\int_s^t a(T)\,dT}} \qquad \textbf{解}\ \boldsymbol{y_p(t) = \int_0^t G(s,t)\,q(s)\,ds} \tag{12}$$

2. 定数変化法．この方法は 2 階の方程式（y'' を含む）のための第 2 章で使うまでとっておこう．そのときに 3 つの方法すべてが平等に機会を与えられる —— 定数変化法は，$y' = a(t)y + q(t)$ を超えた方程式を解くことができる．

3. 出力の積分（私の好み）．入力 $q(s)$ が時刻 s で入り，それが時刻 t まで成長あるいは減衰する．この時間にわたり q に掛ける成長因子は $G(s,t)$ である．$a(t)$ が変化するので，

成長因子は a の積分を必要とする．**入力は $q(s)$ で，出力は $G(s,t)q(s)$ で，出力の合計 $y_p(t)$ は (12) に一致する：**

$$\boxed{\boldsymbol{G(s,t) = e^{\int_s^t a(T)\,dT} \qquad y_p(t) = \int_0^t G(s,t)\,q(s)\,ds}} \tag{13}$$

q が時刻 s でのデルタ関数（インパルス）のときの，時刻 t での応答が $\boldsymbol{y_p = G(s,t)}$ である．

例 1 成長率が $a(t) = 2t$ となると経済は深刻なインフレに陥る．$a(t)$ の積分は $\int_s^t 2T\,dT = t^2 - s^2$ で，このとき G は s から t への成長だから：

$$\boldsymbol{G(s,t) = e^{t^2-s^2}} \qquad y' = 2t\,y + q(t) \text{ の解は } y_p(t) = \int_0^t e^{\,t^2-s^2}\,q(s)\,ds.$$

例 2 投資家にとって面白い場合を示そう．**利率 a が零になった場合を考えてみる．**解の公式には何が起こるか？ 初項 y_n は $y(0)$ になる．この預金は成長も消えもせず，そのままである．成長因子は $G = 1$ で，全入力（成長しなかった）を単に足し合わせる：

$$\boldsymbol{a = 0} \qquad y' = q(t) \text{ の特殊解は } y_p(t) = \int_0^t q(s)\,ds.$$

$y' = ay + q$ (**定数の** q) を解く公式から始めると問題が生じる：

$$y(t) = e^{at}y(0) + \int_0^t e^{a(t-s)}q\,ds = e^{at}y(0) + q\frac{e^{at}-1}{a}.$$

a の除算があるので $a = 0$ ではまずいように見えるが，分子 $e^{at} - 1$ もまた零である．**これはロピタルの法則のケースである．素晴らしい！** $0/0$ が意味をなす：

$$\lim_{a\to 0}\frac{e^{at}-1}{a} = \frac{a \text{ についての微係数}}{a \text{ についての微係数}} = \frac{t}{1} = \boldsymbol{t}.$$

$y' = q$ から生じる特殊解は $q \times t$ に帰着する．これは時刻が 0 から t までの総預金額である．$a = 0$ では成長がない．箪笥にしまったお金のようなもので $a = 0$ というのはリスクも利益もないことを意味する．このとき $dy/dt = q$ の解は $y(t) = y(0) + qt$ である．

それでは，解の公式を実際の問題に適用してみよう．

成長および減衰のモデル

微分方程式はそもそも，実用的な問題の数学的モデルを与えるためのものだ．私の任務として実例を示そう．本節では成長の方程式 ($a > 0$), 減衰の方程式 ($a < 0$), そして地球の気温を制御する釣合いの方程式を示す．この釣合い方程式は線形ではない．

線形方程式は現実の近似にとどまることを理解していただきたい．その近似は，重要な範囲の値にわたってとても良いときもある．ニュートンの法則 $F = ma$ は線形であり，毎日我々はその下で生きている．しかしアインシュタインが質量 m が定数でなく，速度とともに増大することを示した．しかし光速に近くなるまでこれには気づかない．

同様にバネの伸びは力に比例する——しばらくは．とても強い力の場合にはバネが形を戻せなくなるまで伸びてしまう．こうなると非線形弾性が必要になる．最後にはバネは壊れてしまう．

車の衝突の解析でも同じだ．とても遅い速度では線形，通常の速度では非線形，高速では全部が破損する．衝突は計算力学でとても難しい問題である．携帯電話を落とすことによる効果も同じ．これはとても詳しく研究されている．

線形方程式に戻り，定数の a と $y(0)$ と q で始める．

モデル1　　$y(t)$ = 預金口座のお金

これはすでに説明しはじめた例である．解の公式がわかっており，それを今から使おう．その公式は**連続な**預金利率 $q(t)$（各月でなく各瞬間に預入れる）に基づいており，また，**連続な**利率 ay（各月や各年でなく各瞬間に計算される）を前提とする．連続利率では瞬間的な富は入ってこないが，利率を日夜計算することで，ほんの少しだけ多くの収入がある．

3% の利子を得るとしよう．その数値は $a = 0.03$ だが，a の "単位" は何だろうか？この利率は**毎年** 3% である．時間の単位があるので，もし月に直したら，同じ利率が今度は**毎月** $a = \frac{3}{12}\% = 0.0025$ となる．

a の単位は $\dfrac{1}{\text{時間}}$　　年から月へ変えるには，a を 12 で割れ．

これは式 $dy/dt = ay$ の中に見られる．両辺に y があるので，右辺の a は左辺の $1/t$ と次元が一致する．周波数もまた 1/ 時間であるから，$i\omega - a$ は適切だ！

貯金の速度 q は ay と同じ次元である．q の次元は**金額 / 時間** となる．言葉でもわかる：**毎月** $q = 100$ ドル．

問　$y(t)$ は増えるか減るか？　これは $y(0)$ と a と q による．

今までのところ a と q はずっと正であり，我々は貯金していた．もしお金を一定の率で使えば，q は**負**に変わる．a は正なので，利子は変わらず入ってくる．q が勝つか，a が勝つか？預金を使い果たして $y = 0$ へ落ち込むか，利子 $ay(t)$ が支出のレベル q を永遠に支えてくれるか？

答　もし最初に $ay(0) + q > 0$ だったら，$q < 0$ だとしても $y(t)$ は成長する．
この理由は微分方程式 $dy/dt = ay(t) + q$ にある．もし右辺が時刻 $t = 0$ で正ならば，y は成長を始める．すると右辺は正であり続けるので，y は成長し続ける．常識でも同じ答えに行きつく：もし $ay + q > 0$ ならば，入ってきた利子 ay は出ていく支出に勝って残る．

あなたへの問　$a < 0$ だが $q > 0$ だとしよう．あなたの投資は速度 a で下がっており，新たな投資を速度 q で追加し続けている．全体として，あなたの口座は増えるか減るか？

$a < 0$ のときでも e^{at} はずっと正に保たれるから残高が零になることはなく，定常状態 $y_\infty = -q/a$ に近づく．現実では，繁栄の終りが来たということだ．

では，連続複利（微分方程式で表される）と普通の複利（差分方程式）を比べよう．差分方程式は同じ $Y_0 = y(0)$ から出発し，これが Y_1 へ，そして Y_2 や Y_3 へと，毎年有限のステップをとって変化する．時間ステップ Δt が1年間のとき，利率は **毎年** A で，預金の速度は **毎**

年 Q ドルである：

$$\frac{dy}{dt} = ay + q \qquad \text{は} \qquad \frac{Y_{n+1} - Y_n}{\Delta t} = AY_n + Q \qquad \text{に変わる．} \tag{14}$$

差分方程式には微積分学は要らない．導関数は時間ステップ Δt が零に近づくときに入ってくる．式 (14) に Δt を掛けると，このモデルのほうが単純に見える：

$$\boldsymbol{n}\text{ から }\boldsymbol{n+1}\text{ への }\boldsymbol{1}\text{ ステップ} \qquad Y_{n+1} = (1 + A\,\Delta t)Y_n + Q\,\Delta t \tag{15}$$

n 年の終りでは，銀行は利子 $A\Delta tY_n$ をすでにある残高 Y_n に加える．あなたは新たな預金（あるいは $Q < 0$ なら引出し）も行う．新たな年が Y_{n+1} で始まる．

$A\,\Delta t = at/N$ で $Q = 0$ だった場合には，$Y_{n+1} = (1 + at/N)Y_n$ に戻る：

$$\boldsymbol{0}\text{ から }\boldsymbol{N}\text{ への }\boldsymbol{N}\text{ ステップ} \qquad N \to \infty\text{ のとき }\boldsymbol{Y_N} = \left(\boldsymbol{1} + \frac{\boldsymbol{at}}{\boldsymbol{N}}\right)^{\boldsymbol{N}} \boldsymbol{Y_0} \;\to\; \boldsymbol{e^{at}y(0)}.$$

モデル 2　　放射性崩壊

次のモデルは減衰を扱う．成長率 a は**負**である．解 y は減少する．$a < 0$ のとき，減衰は予期され自然な出来事である．実際，すべての解が零へ近づくとき，微分方程式は**安定である**といわれる．多くの応用で，これが強く求められる．

$a > 0$ の指数的成長は銀行預金には良いかもしれないが，我々の血流の中の薬には良くない．ここに，任意の初期量 $y(0)$ が指数的に減衰する例を挙げる：

炭素 14 のような放射性同位体
ニュートンの冷却の法則
血流中の薬の濃度

半減期のことを強調しよう——炭素 14 の半分が減衰する，あるいは薬の半分が消えるまでの時間．これは式 $y' = ay$ で減衰率 $a < 0$ によって決まる．

この半減期 H は，$a > 0$ で $e^{aD} = 2$ となるときの**倍増時間** $\boldsymbol{D}$ の反対である．

半減期と倍増時間

$y(t)$ が $y(0)$ の半分にまで減るのにどれだけかかるか？ 方程式 $y' = ay$ の解は $e^{at}y(0)$ であり，$a < 0$ とする．

$$\text{半減期 }\boldsymbol{H} \qquad e^{aH} = \frac{1}{2} \qquad aH = \ln\frac{1}{2} = -\ln 2 \qquad \boldsymbol{H} = \frac{-\ln \boldsymbol{2}}{\boldsymbol{a}}$$

$a < 0$ より，この答え H は正である．炭素 14 では半減期 H は 5730 年となる．

サイズ 10 億の行列の固有値を 8 個求めるためにスパコン Cray XT5 が要したのはたったの 150 時間である——これがそれだけ長い半減期を説明した．他の炭素同位体では $H = 20$ 分である．逆向きに使うと，H から減衰率が求まる：

$$\text{減衰率 }\boldsymbol{a} \qquad a = \frac{-\ln 2}{5730} \approx \text{ 毎年 } 1.216 \times 10^{-4}.$$

“四半減期” というのがあれば $2H$ で，半減期の 2 倍の長さとなる．e 分の 1 になるまでの時間は，

$$\textbf{緩和時間}\ \boldsymbol{\tau} \qquad e^{a\tau} = e^{-1} \approx 0.368 \qquad a\tau = -1 \qquad \boldsymbol{\tau = \frac{-1}{a}}$$

問 炭素 14 の 60% がなくなったサンプルを見つけたとすると，**このサンプルはどのくらい古いか？** もしその炭素が 1 本の木からのものだとすると，木が死んだ瞬間に減衰が始まったということである．

答 年齢 T は $e^{aT} = 0.6$ となるときである．そのとき，

$$aT = \ln(0.6) \qquad T = \frac{-0.51}{a} = 4200\ \text{年}.$$

倍増時間 D は同じ考えを使うが，ここでの成長率は $\boldsymbol{a > 0}$ である：

$$\textbf{倍増時間} \qquad e^{aD} = 2 \qquad aD = \ln 2 \qquad \boldsymbol{D = \frac{\ln 2}{a}}$$

5% の利率（毎年 $a = 0.05$）では倍増時間は 14 年より短く，20 年ではない．

モデル 3　ニュートンの冷却の法則

水を冷凍庫に入れると冷える．熱いコーヒーを入れたテーブル上のコップも同様．冷却の速度は温度差に比例する．

$$\textbf{ニュートンの法則} \qquad \boldsymbol{\frac{dT}{dt} = k(T_\infty - T)} \qquad \boldsymbol{T_\infty} = \textbf{周囲の温度}$$

これは線形定数係数方程式であり，解は T_∞ に近づく．その定数を左辺に含ませると，式と解が明らかになる：

$$\frac{d(T - T_\infty)}{dt} = k(T_\infty - T) \qquad\qquad \boldsymbol{T - T_\infty = e^{-kt}(T_0 - T_\infty)}$$

問 初めの温度差 $T_0 - T_\infty$ が 80 度で，90 分後にこの差 $T_1 - T_\infty$ が 20 度に落ちたとする．いつ，この差は 10 度になるか？いつ温度は T_∞ に達するか？

答 最初の差 80 度は 90 分で 4 分の 1 になった．20 度から 10 度へ再度 2 分の 1 になるのには 45 分かかる．ここで指数関数の基本公式がわかる：

$$\text{もし}\ e^{90k} = 1/4\ \text{なら}\ e^{45k} = \sqrt{1/4} = 1/2.\ k\ \text{を知る必要はない．}$$

厳密には温度は決して T_∞ に到達しない．指数関数 e^{-kt} が厳密には決して 0 に到達しないからである．

モデル 4　薬の消失

血流中の薬の濃度 $C(t)$ は $C(t)$ 自身に比例する速度で落ちる．すると $dC/dt = -kC$ である．この消失速度定数 $k > 0$ は注意深く測定され，そして $C(t) = e^{-kt}C(0)$ となる．

体内に少なくとも G グラムを維持したいと考える．もし薬を 8 時間おきにとるならば，服用量はいくらにすべきか？

$t = 8$ 時間　　$k =$ 時間当りの減衰率　　$e^{8k}G$ グラムを摂れ．

モデル 5　　人口増加

世界の人口が増加しているのは確かで，その増加率 a は出生率マイナス死亡率である．いま現在の a の妥当な推定値は，年間 1.3% つまり $a = 0.013/$ 年である（a の次元は 1/ 時間）．最初のモデルではこの増加率が一定であり，未来永劫続くと仮定する．そして**倍増時間**は出発値 $y(0)$ には独立な数値であり：

倍増時間 D　　$e^{aD} = 2$　すなわち　$D = \dfrac{\ln 2}{0.013}$ 年 $= 53$ 年．

世界の人口　　$\dfrac{dy}{dt} = 0.013\,y$　だから　$y(t) = e^{0.013t}y(0)$．

この "未来永劫" の箇所は非現実的である．1000 年後には，この式では $e^{13}y(0)$ となり，この数 e^{13} は巨大である．今日始める（つまり我々が生きている年が $t = 0$）として，いずれは我々一人当りに 1 原子しか与えられなくなる．馬鹿げている．しかし，純粋な増大の式 $y' = ay$ が真の人口を短時間記述するということは十分可能である．

いずれこの式は修正が必要になる．$-by^2$ のような**非線形項**で，競合の効果（y 対 y）をモデル化するのが必要になる．y が大きくなると，y^2 はもっと大きくなる．すると $-by^2$ が dy/dt から差し引かれて，いずれ競合が増大を止めることになる．

これが有名な **"ロジスティック方程式" $dy/dt = ay - by^2$** であり，1.7 節で解く．それでは最後に，科学的に重要な問題—-地球の気温の変化で終わりたい．この方程式は非線形で，データも不完全である．解の公式はない．これが科学の現実である．

エネルギーの釣合いの方程式

地球は実質的にすべてのエネルギーを太陽から受けている．そのエネルギーの多くは宇宙へ戻っていく．これが放射による出入りである．戻っていかないエネルギーが地球の気温 T を変える原因である．

このエネルギーの釣合いは，我々の生命に致命的に重要である．金星には生命が許されず（熱すぎる），冥王星でも確実に無理（寒すぎる）である．地球で生きられ，我々はとても幸運である．気温の方程式の形は応用数学の釣合い方程式としてまったく典型的なものである：

入るエネルギーマイナス出るエネルギー
これが気温 T を上昇させる

$$C\frac{dT}{dt} = E_{\text{in}} - E_{\text{out}} \tag{16}$$

このような方程式はどれも係数 C を含む．もう 1 つ，釣合い方程式をお見せして，問題は変わりうるけれども形は同じであることを強調したい．

浴槽に入る流れマイナス出る流れ
これが水深 H を上昇させる

$$A\frac{dH}{dt}=F_{\text{in}}-F_{\text{out}} \tag{17}$$

蛇口は流入 F_{in} を制御し，排水溝は流出 F_{out} を制御する．水の体積 V は $dV/dt=F_{\text{in}}-F_{\text{out}}$ のように変化する．その体積の変化 $\boldsymbol{dV/dt}$ は水深の変化 $\boldsymbol{dH/dt}$ に $\boldsymbol{A}=$ 水面の面積を掛けたものである．単位を確かめると：

$$H=\text{ メートル}\quad A=(\text{メートル})^2\quad V=(\text{メートル})^3\quad t=\text{秒}\quad F=(\text{メートル})^3/\text{秒}$$

この浴槽の例を含めると，釣合いが明確になろう：

1. 流入マイナス流出は満ちる速度 dV/dt に等しい．

2. 体積変化 dV/dt を分けると $(A)\,(dH/dt)=$（面積）×（水深変化）．

曲面の浴槽では，水面の面積 A は水深 H により変わる．そのときは，式 (17) は非線形である．どの科学者もすぐに釣合いの方程式を見る：これは線形でよいだろうか？ 係数は定数としてよいか？ 真の答えはノーだが，実際的な答えはしばしばイエスである（非線形性があると，数値的手段は遅くなり，解析的手段は通常壊れてしまう）．

地球のエネルギーの釣合い

エネルギーの釣合いの方程式 $CT'=E_{\text{in}}-E_{\text{out}}$ が出発点である．気温はケルビンで計る（摂氏もまた使われる）．**熱容量** C は気温を 1 度上げるのに要するエネルギーである（ちょうど面積 A が水深を 1 メートル上げるのに要する体積だったように）．熱容量 C は氷と海洋と地表の間で劇的に変わる．まさに予告したように，始めの単純化では $C=$ **一定**としてしまう．

その式の右辺で，エネルギー E_{in} は太陽から来る．届くエネルギーの無視できない割合 α がはね返され，決して吸収されない．この割合 α は**アルベド（反射能）**と呼ばれ，雪での 0.80 から海洋での 0.08 まで変わる．地球全体のスケールでは，このアルベドの公式を定数として単純化し，次にそれを改善する：

定数 $\alpha=0.30$（すべての T に対して）と，区分的に線形の $\alpha=\begin{cases}0.60 & (T\le 255\,\text{K のとき})\\ 0.20 & (T\ge 290\,\text{K のとき})\end{cases}$

大事な点は，Q が太陽から地球への単位時間当りのエネルギーとすると，$\boldsymbol{E_{\text{in}}=(1-\alpha)Q}$ となることである．では，$\boldsymbol{E_{\text{out}}}$ に移ろう．

放射のエネルギーは理論的には T^4 に比例する（シュテファン–ボルツマンの放射法則）．量子論からの理想定数 σ があるが，地球は理想的ではない．大気中の粒子の "温室効果" が σ を $\epsilon=0.62$ 程度の放射率だけ減らす．単位時間当りの放射 E_{out} は $\epsilon\sigma T^4$ で，放射 E_{in} は $(1-\alpha)Q$ である：

$$\text{エネルギーの釣合い } \boldsymbol{E_{\text{in}}=E_{\text{out}}}\qquad \boldsymbol{(1-\alpha)Q=\epsilon\,\sigma\,T^4}\qquad \boldsymbol{T=\left(\frac{(1-\alpha)Q}{\epsilon\sigma}\right)^{1/4}}$$

これらはアインシュタインの $e = mc^2$ のような確固とした法則ではないことを理解されたい．人工衛星が実際の放射を測り，センサーが実際の気温を測る．その非線形の T^4 の式はよく線形の $A + BT$ で置き換えられる．これが定常状態の最も基本的なモデルを与える．

複数の定常状態

そのモデルでもう一歩進めてみよう——我々は現実の科学の縁に立つのだ．アルベド（太陽エネルギーの跳返り）が気温 T によることを知った．係数 A と B と ϵ もまた T に依存する．気温の釣合い方程式 $C dT/dt = E_{\text{in}} - E_{\text{out}}$ とその定常平衡方程式 $E_{\text{in}} = E_{\text{out}}$ は**線形でない**．非線形のモデルから，何を学べるだろうか？

第 1 点　$E_{\text{in}}(T) = E_{\text{out}}(T)$ は容易に**複数の解 T** を持てる．

第 2 点　$dT/dt = 0$ のときの，それら定常状態は**安定**または**不安定**になりうる．

第 3 点　E_{in} と E_{out} が図 1.8 のときは，T_1 と T_3（**安定**）および T_2（**不安定**）を見て取れる．

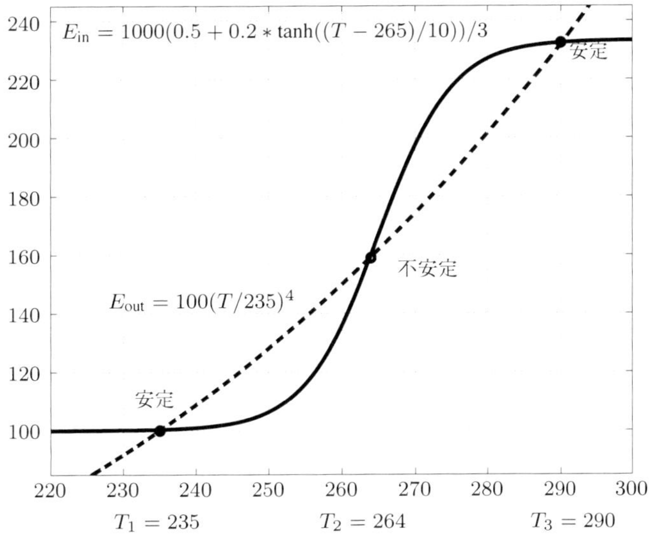

図 1.8　この解析とグラフは Hans Kaper と Hans Engler の *Mathematics and Climate*（数学と気候, SIAM, 2013）からの引用．$E_{\text{in}} - E_{\text{out}}$ は 2 つの安定な定常状態で勾配 < 0 である．

なぜ T_2 は不安定か？　もし T が T_2 の少し上ならば，$E_{\text{in}} > E_{\text{out}}$ である．したがって $dT/dt > 0$ で気温は T_2 からさらに離れて上昇する．もし T が T_2 より少し下ならば，$E_{\text{in}} < E_{\text{out}}$ である．したがって $dT/dt < 0$ で T は T_2 からさらに離れて低くなる．

次節 1.7 では任意の方程式 $dT/dt = f(T)$ あるいは $dy/dt = f(y)$ に対してどのように安定性または不安定性を決めるかを示す．ここでのように，定常状態はそれぞれ $f(T) = 0$ を満たす．**安定な定常状態はさらに $df/dT < 0$ あるいは $df/dy < 0$ を満たす**．単純かつ重要である．

演習問題 1.6

1 $y(0)=4$ から出発して方程式 $dy/dt=y+1$ を時刻 t まで解け．

2 利率 $a=1=100\,\%$ で投資できる \$1000 がある．すぐ $y(0)=1000$ 預けて $q=0$ の場合と，$y(0)=0$ で $q=1000/$ 年を選んで 1 年間連続して投資した場合との 1 年後を比べよ．どちらの場合も $dy/dt=y+q$ である．

3 $dy/dt=y-1$ のとき，最初の預金額 $y(0)=\frac{1}{2}$ が零になるのはいつか？

4 $y(0)=1$ から，増加していく湧出し項 t^2 を含む $\dfrac{dy}{dt}=y+t^2$ を解け．

5 $y(0)=1$ から，指数的な湧出し項 e^t を含む $\dfrac{dy}{dt}=y+e^t$（$a=c$ の共鳴！）を解け．

6 初期預金額 $y(0)=1$ から，$\dfrac{dy}{dt}=y-t^2$ を解け．支出 $q(t)=-t^2$ は増大していく．いつ（もし起こるならば）$y(t)$ が零になるか？

7 初期預金額 $y(0)=1$ から，$\dfrac{dy}{dt}=y-e^t$ を解け．この支出項 $-e^t$ は初期預金額と同じ速度 e^t で増大する．いつ（もし起こるならば）$y(t)$ が零になるか？

8 $y(0)=1$ から，$\dfrac{dy}{dt}=y-e^{2t}$ を解け．どの時刻 T で $y(T)=0$ か？

9 $y(0)=0$ と $Y(0)=0$ のとき，どちらの解（y か Y）が最終的により大きいか？

$$\frac{dy}{dt}=y+2t \quad \text{か} \quad \frac{dY}{dt}=2Y+t.$$

10 $y(0)=1$ から出発して，線形方程式 $y'=y$ を変数分離形の式 $y'=y^2$ と比べよ．どちらの解 $y(t)$ のほうがより速く成長するか？ それはあまりにも速く成長するので，どの時刻 T で $y(T)=\infty$ と爆発してしまうか？

11 $Y'=2Y$ は（$a=2$ なので）$y'=y+q(t)$ より大きい成長率を有する．$y(t)=Y(t)$ を全時刻にわたって保つには，どんな湧出し $q(t)$ が必要となるか？

12 $y(0)=Y(0)=1$ から出発して，最終的により大きくなるのは $y(t)$ か $Y(t)$ か？

$$\frac{dy}{dt}=2y+e^t \qquad \frac{dY}{dt}=Y+e^{2t}.$$

問題 13～18 は，時刻 s から時刻 $\boldsymbol{t}$ までの成長因子 $\boldsymbol{G(s,t)}$ に関するものである．

13 零時間での因子 $G(s,s)$ はいくらか？ $a=-1$ のとき，そして $a=1$ のとき，$G(s,\infty)$ を求めよ．

14 式 (13) の後の重要な文を説明せよ：**成長係数** $G(s,t)$ **は** $y'=a(t)y+\delta(t-s)$ **の解である．** この湧出し $\delta(t-s)$ は時刻 s で \$1 預金する．

15 今度は，t **が** s **より小さいとき**の $G(s,t)$ の意味を説明せよ．時間に逆戻りして，$t<s$ **のときに，** $G(s,t)$ **は時刻** s **で 1 となるように成長する，時刻** t **での値である**．

$t=0$ のとき $G(s,0)$ は，時刻 s で $1 支払う約束の"現在価値"である．もし利率が年利 $a=0.1=10\,\%$ ならば，$s=10$ 年後に相続が約束された 100 万ドルの現在価値 $G(s,0)$ はいくらか？

16 (a) 方程式 $y'=(\sin t)y+Q\sin t$ の成長因子 $G(s,t)$ は何か？

(b) $y(0)=1$ のとき，$y'=(\sin t)y$ の斉次解 $y_n=G(0,t)$ は何か？

(c) 特殊解 $y_p=\int_0^t G(s,t)\,Q\sin s\,ds$ は何か？

17 (a) 方程式 $y'=y/(t+1)+10$ の成長因子 $G(s,t)$ は何か？

(b) $y(0)=1$ のとき，$y'=y/(t+1)$ の斉次解 $y_n=G(0,t)$ は何か？

(c) 特殊解 $y_p=10\int_0^t G(s,t)\,ds$ は何か？

18 なぜ $G(t,s)=1/G(s,t)$ となるか？ なぜ $G(s,t)=G(s,S)G(S,t)$ か？

問題 19〜22 は微分方程式の"単位"や"次元"に関するものである．

19 （推奨） もし $dy/dt=ay+qe^{i\omega t}$ で，t が秒で y がメートルのとき，a と q と ω の単位は何か？

20 ロジスティック方程式 $dy/dt=ay-by^2$ ではしばしば時刻 t を年で（そして y は人口を）測る．a と b の単位は何か？

21 ニュートンの法則は $m\,d^2y/dt^2+ky=F$ である．質量 m がグラムで，y がメートルで，そして t が秒のとき，剛性 k と力 F の単位は何か？

22 我々のお気に入りの例 $y'=y+1$ が次元的にはとても不満足なのはなぜか？ $y(0)=-1$ から，そして $y(0)=0$ から出発して，とにかく解いてみよ．

23 差分方程式 $Y_{n+1}=cY_n+Q_n$ から $Y_1=cY_0+Q_0$ となる．次のステップでは $Y_2=c^2Y_0+cQ_0+Q_1$ となることを示せ．N ステップ後，Y_N についての解の公式は $y'=ay+q(t)$ についての解の公式のようになる．a の指数関数は c のベキに変わり，斉次解 $e^{at}y(0)$ は c^NY_0 になる．特殊解

$$Y_N=c^{N-1}Q_0+\cdots+Q_{N-1} \quad \text{は} \quad y(t)=\int_0^t e^{a(t-s)}q(s)ds \quad \text{のようだ．}$$

24 ある菌が毎日倍増し，10 日後に 1 ポンドの重さであるとする．もし開始時に 2 倍大きかったとしたら，5 日間で 1 ポンドの重さになるだろうか？

1.7 ロジスティック方程式

本節ではある特定の非線形微分方程式——**ロジスティック方程式**を提示する．これは**競合に**

より鈍化する成長のモデルである．後の章では，ある集団 y_1 が別の集団 y_2 と競争するが，ここでの競争は1つの集団の内部のものである．成長はいつものとおり ay に由来する．競争（y 対 y）は $-by^2$ から来る．

ロジスティック方程式 / 非線形 $$\frac{dy}{dt} = ay - by^2 \qquad (1)$$

この方程式の意味と，その解 $y(t)$ について議論しよう．

大切な考えが1つ，すぐに浮かぶ：**定常状態**．任意の時刻で $dy/dt = f(y)$ となるが，$f(y)$ が零であるときを知るのは重要である．dy/dt が零なので，成長はそこで停止する．もしある数 Y が $f(Y) = 0$ の解ならば，定数関数 $y(t) = Y$ は方程式 $dy/dt = f(y)$ の解である：両辺は零となる．特別な出発値 $y(0) = Y$ に対して，解は Y にとどまる．これは時間に変化しない定常解である．

ロジスティック方程式は 2 つの定常状態 $f(Y) = 0$ を持つ：

$$\frac{dy}{dt} = ay - by^2 = 0 \text{ より } aY = bY^2 \text{．よって } \boldsymbol{Y = 0} \text{ または } \boldsymbol{Y = a/b}. \qquad (2)$$

その点 a/b で競争が成長と釣り合う．これは図1.9の"S 字曲線"の頂上で，曲線が平らになるところである．これが成長の終りで，解 $y(t)$ はこの値 a/b を通り過ぎることができない．"S 字曲線"の始まりでは，他方の定常状態 $Y = 0$ が**不安定**である．その曲線は $y = 0$ から**離れていき**，$Y = a/b$ へ**向かう**．

いくつかの応用では，この数 a/b はこの系の環境収容力 (K) を表す．もし $a/b = K$ なら $b = a/K$ だから，ロジスティック方程式は a と K により記せる：

$$\frac{\boldsymbol{dy}}{\boldsymbol{dt}} = ay - by^2 = ay - \frac{a}{K}y^2 = \boldsymbol{ay\left(1 - \frac{y}{K}\right)}. \qquad (3)$$

数学的には，何も面白いことをしていない．しかしこの数 K のほうが b よりも作業しやすいかもしれない．この世界が扱える最大の人口は $K = 120$ 億人というような推定値があるかもしれない．式を書き換えても解を変えないが，我々の理解の助けにはなりえる．

ロジスティック方程式の解

$y(t)$ は何だろう？ ロジスティック方程式は y^2 のために非線形であり，ほとんどの非線形方程式には解の公式がない（$y = Ce^{at}$ というのは極めてありえなさそうである）．しかしこの特定の方程式 $dy/dt = ay - by^2$ については解くことができ，その方法を2つ示したい：

1 （魔法による）$z = 1/y$ に対する方程式は偶然にも線形になる：$\boldsymbol{dz/dt = -az + b}$．この方程式は解けて，そこから y がわかる．

2 （部分分数分解による）この系統的な方法はより長くかかる．原理的には部分分数分解は，dy/dt が y の多項式の比であるときはいつでも使える．

方法 **2** を見た後では，方法 **1**（たった 2 ステップ A と B）のありがたみを感じるであろう．

(A) もし $z = \dfrac{1}{y}$ なら，連鎖則により $\dfrac{dz}{dt} = \dfrac{-1}{y^2}\dfrac{dy}{dt}$．$ay - by^2$ を $\dfrac{dy}{dt}$ に代入して：

$$\frac{\boldsymbol{dz}}{\boldsymbol{dt}} = \frac{1}{y^2}\left(-ay + by^2\right) = -\frac{a}{y} + b = \boldsymbol{-a\,z + b}. \tag{4}$$

(B) これは線形方程式 $z' + az = b$ で，前節までに解いた．解の公式で a を $-a$ に変え，y と q を z と b に変えると：

$$\text{解} \qquad z(t) = e^{-at}z(0) - \frac{b}{a}\left(e^{-at} - 1\right) = \frac{de^{-at} + b}{a} \tag{5}$$

この数 d はすべての定数 $a, y(0), b$ を一まとめにしたものだ：

$$\frac{d}{a} = z(0) - \frac{b}{a} \quad \text{と} \quad z(0) = \frac{1}{y(0)} \quad \text{から} \quad \boldsymbol{d = \frac{a}{y(0)} - b}. \tag{6}$$

では式 (5) を逆さにひっくり返して $y = 1/z$ を求めよう：

$$\textbf{ロジスティック方程式の解} \qquad \boldsymbol{y(t) = \frac{a}{de^{-at} + b}} \tag{7}$$

これは美しい解である．大きな正の t と大きな負の t での値を見てみよ：

$t = +\infty$ に近づく	$e^{-at} \to 0$	より	$\boldsymbol{y(t) \to \dfrac{a}{b}}$
$t = -\infty$ に近づく	$e^{-at} \to \infty$	より	$\boldsymbol{y(t) \to 0}$

時間をずっとさかのぼると，人口は $Y = 0$ に近かった．ずっと未来では，人口は $Y = a/b$ に近づく．それらは 2 つの定常状態であり，$ay - by^2$ が零になり曲線が平らになるところである．そのとき dy/dt は零で y は全く変化しない．

その合間では人口 $y(t)$ は a/b へ昇っていく **S 字曲線**を描く．それは中間点 $y = a/2b$ に対して対称である．世界は現在その点の近くにある．

S 字曲線の最も単純な例

最適な例は $a = b = 1$ である．S 字曲線は最大で $Y = a/b = 1$，最小で $Y = 0$ となる．中央に来る時刻は $t = 0$ で，そこで $y(0) = \frac{1}{2}$ である．このとき，ロジスティック方程式とその解は最も単純である：

$$\boldsymbol{\frac{dy}{dt} = y - y^2} \ \textbf{の解は} \quad \boldsymbol{y(t) = \frac{1}{1 + e^{-t}}} \quad \textbf{で，} \boldsymbol{y(0) = \frac{1}{2}} \ \textbf{から始まる.} \tag{8}$$

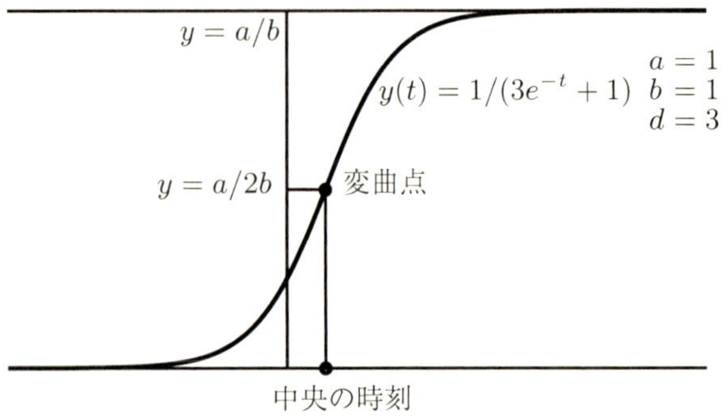

図 1.9　S 字曲線はロジスティック方程式の解である．変曲点が中央にある．

この解 $1/(1+e^{-t})$ は $t\to\infty$ のときに 1 へ近づき，$t\to-\infty$ のときに 0 へ近づく．ロジスティック方程式 $y'=y-y^2$ を解く，この "$z=1/y$ 法" を復習する．

$$\frac{dz}{dt}=\frac{-1}{y^2}\frac{dy}{dt}=\frac{-y+y^2}{y^2}=-z+1.$$

すると $z(t)=1+Ce^{-t}$ となる．$C=1$ と選んで $y(0)=\frac{1}{2}$ および $z(0)=2$ に合わせると，$y=\dfrac{1}{1+e^{-t}}$ となる．

世界の人口と環境収容力 K

人類の人口では a と b の値は何か？　生態学者は自然な成長率を年間 $a=0.029$ と推定している．これは b のために実際の率ではない．1930 年頃，世界の人口は $y=30$ 億に近かった．ay の項が 1 年間に (0.029)（30 億）= 8.7 千万の増加を予測するが，実際の成長は年間 $dy/dt=6.0$ 千万ぐらいのものだった．この単純なモデルでは，その差 2.7 千万/年は by^2 によって生じた：

$$2.7\text{ 千万 / 年}=b\,(30\text{億})^2\quad\text{から}\quad b=3\times10^{-12}\text{ / 年}.$$

b を知れば，定常状態 $y(\infty)=K=a/b$ を知る．この地点では競争からの損失 by^2 が成長からの利得 ay と釣り合う：

$$\textbf{推定収容力}\quad K=\frac{a}{b}=\frac{.029}{3}10^{12}\approx 97\text{ 億人}.$$

この値は低く，y はより速く成長している．現在私がみるところの推定はこちらにより近い：

$$y(\infty)>100\text{ 億}\quad\text{そして}\quad y(2014)\approx 72\text{ 億}.$$

我々の世界はあの曲線の中間点 $y=a/2b$ を越えている．これは変曲点のようにみえ（グラフの対称性より），$d^2y/dt^2=0$ の判定により，そうであると確認される．

$y''=0$ である変曲点は図 1.9 の曲線を半分昇ったところである．

$$y=\frac{a}{2b}\text{ のとき }\frac{d}{dt}\left(\frac{dy}{dt}\right)=\frac{d}{dt}(ay-by^2)=(a-2by)\frac{dy}{dt}=0. \tag{9}$$

この中間点以降，S 字曲線は下方へ曲がる．人口 y はまだ増加しているが，成長率 dy/dt は減っている（この違いに注意せよ）．変曲点は“上に曲がる”か“下に曲がる”かの境となり，成長の**速度**はその点で最大である．この単純なモデルは改善を要し，そうされてきていると理解していただきたい．

部分分数

ロジスティック方程式は非線形だが**変数分離可能**である．次のようにして y を t から分離できる：

$$\frac{dy}{dt}=ay-by^2=a\left(y-\frac{b}{a}y^2\right)\quad \text{より}\quad \boldsymbol{\frac{dy}{y-\frac{b}{a}y^2}=a\,dt}. \tag{10}$$

この分離形では，問題は 2 つの普通の積分（左辺では y の積分，右辺では t の積分）に帰着する．右辺の $a\,dt$ の積分は当然 $at+C$ である．左辺は積分の公式表で探すか，***Mathematica*** といったソフトウェアで求めるか，自分自身でがんばる．

この積分を生み出す**部分分数**の考えを説明しよう．初年次の微積分学（実は単なる代数だが）で“積分のテクニック”として知っているかもしれない．方針としては分数を 2 つの部分に分解して，容易に積分できるようにする：

部分分数 $\quad \dfrac{1}{y-\frac{b}{a}y^2}$ を分解すると $\dfrac{A}{y}+\dfrac{B}{1-\frac{b}{a}y}$ **(11)**

$y-\frac{b}{a}y^2$ を $y\times(1-\frac{b}{a}y)$ と因数分解し，それら 2 つの分母を右辺においた．A **と** B **を知る必要がある**．左辺と比べるため，これら 2 つの分数を組み合わせると：

$$\text{通分}\qquad \frac{A}{y}+\frac{B}{1-\frac{b}{a}Y}=\frac{A\left(1-\frac{b}{a}y\right)+By}{y\left(1-\frac{b}{a}y\right)}. \tag{12}$$

正しい A と B は分子に 1 を生み出して，式 (11) と一致しなくてはならない：

$$A\left(1-\frac{b}{a}y\right)+By=1\quad \text{より}\quad \boldsymbol{A=1}\quad \text{および}\quad \boldsymbol{B=\frac{b}{a}}. \tag{13}$$

これで部分分数の代数が完了し，式 (11) の A と B が求まった：

$$\textbf{2 つの分数}\qquad \frac{1}{y-\frac{b}{a}y^2}=\frac{1}{y(1-\frac{b}{a}y)}=\boldsymbol{\frac{1}{y}+\frac{b/a}{1-\frac{b}{a}y}}. \tag{14}$$

部分分数の積分

$A=1$ および $B=b/a$ として，2 つの部分分数を別々に積分せよ：

$$\int\frac{1\,dy}{y}+\int\frac{(b/a)dy}{1-(b/a)y}=\ln y-\ln\left(1-\frac{b}{a}y\right). \tag{15}$$

これがロジスティック方程式を解く際の微積分学の部分（積分）である．この積分後，代数を用いて解答 $y(t)$ を良い形に書く．

実は，$y(t)$ の良い形は最初の方法ですでに求めた．$z = 1/y$ の魔術により線形方程式 $dz/dt = -az + b$ を生成し，その後 $y = 1/z$ に戻り，式 (7) の分母に最重要の係数 e^{-at} を入れる．その解をここに再掲する：

$$\textbf{(7) の解} \qquad \boldsymbol{y(t) = \frac{a}{de^{-at} + b}}, \quad ここで \quad \boldsymbol{d = \frac{a}{y(0)} - b}. \tag{16}$$

これと同一の答えが，部分分数を用いた積分 (15) からも導かれなくてはならない．その積分は $\ln y - \ln x$ の形をしており，これは $\ln(y/x)$ と同じである（そして x は $1 - (b/a)y$）．

$$\int \frac{dy}{y - \frac{b}{a}y^2} = \int a\,dt \quad より \quad \ln \frac{y}{1 - \frac{b}{a}y} = at + C = at + \ln \frac{y(0)}{1 - \frac{b}{a}y(0)}. \tag{17}$$

ここで積分定数 C は (17) が $t = 0$ で正しくなるように選んだ．では両辺の指数関数をとると：

$$\frac{y}{1 - \frac{b}{a}y} = e^{at}\frac{y(0)}{1 - \frac{b}{a}y(0)}. \tag{18}$$

最後の代数の部分はこの式を y について解くことだ．これは演習問題 3 としよう．これで，$y = 1/z$ からあれほど素早く導けた，きれいな公式 (16) が再度得られる．

先回りすると，部分分数は 2.7 節で再び現れる．これはラプラス変換を単純化し，そのために逆変換を認識できる．その節では分数の数値 A と B の公式 **PF2** を与える――ここでも演習問題 14 でそれを前もって見てみる．

再度，$\int dy/f(y)$ を $\int dt$ から分離することで $dy/dt = f(y)$ を解いた．

自励的な方程式 $dy/dt = f(y)$

ロジスティック方程式は自励的である．これは f が y だけに依存し，t にはよらないという意味である：$\boldsymbol{dy/dt = f(y)}$．線形の例は $y' = y$ である．自励的方程式の大きな長所は，出発値 $y(0)$ が変わっても解曲線が同じままでいられるということである．“単に高さ $y(0)$ で曲線に乗っかって進むだけだ”．

図 1.9 で，0 と a/b の間のどの $y(0)$ に対しても同じ S 字曲線が得られる様子を見た．方程式 $dy/dt = y$ の解はどの $y(0) > 0$ についても同じ指数関数の曲線 $y = e^t$ である．どこであれ，高さが $y(0)$ の場所に $t = 0$ の点という印をつけるだけだ．

この意味するところは，t がグラフで本質的ではないということである．**$\boldsymbol{y}$ に対する $\boldsymbol{f(y)}$ のグラフが大切である**．ロジスティック方程式では，放物線 $f(y) = ay - by^2$ がすべて（各 y に対する時刻を除いて）を教えてくれる．$y(t)$ はこの放物線 $f(y)$ が横軸の上にあるときに増える（$f > 0$ のときに $dy/dt > 0$ だから）．だから私は S 字曲線を 1 つだけ描いた．

$y(0) > a/b$ から出発して減少する曲線もまたある．**それは定常状態 $\boldsymbol{Y = a/b}$ へ上から近づく**．他には $Y = 0$ より下から出発して $-\infty$ へ落ちていく曲線もある．あの上昇していく S 字曲線は 2 種類の下へ向かう曲線に挟まれている．それは図 1.10 で，$ay - by^2$ が正の部分が，2 つの負の部分に挟まれているからである．

定常状態の安定性

$dy/dt = f(y)$ の定常状態は $f(Y) = 0$ の解である．その微分方程式は $y(t) = Y$ と一定（定常）のときに $0 = 0$ になる．ここで安定性の質問：

$\boldsymbol{Y}$ に近いところから始めて，$\boldsymbol{y(t)}$ は $\boldsymbol{Y}$ に近づく（安定）か $\boldsymbol{Y}$ から離れる（不安定）か？

S 字曲線の公式から，この安定性の質問に答えることができただろう．一方の Y が安定（それは端の $Y = a/b$）で，定常状態 $Y = 0$ は不安定である．しかし，安定性を $y(t)$ **についての公式なしに**決定できることが重要である（そして難しくない）．

すべては定常値 $y = Y$ での微係数 df/dy による．$f(y)$ のその勾配を c と呼ぶ．ここに安定性の判定法を示し，理由と例示を続ける：

$c < 0$ ならば安定　　定常状態 $\boldsymbol{Y}$ はもし $\boldsymbol{y = Y}$ で $\boldsymbol{df/dy < 0}$ ならば安定である．

理由　その定常状態の近くでは，$f(y)$ は $c(y - Y)$ に近い．すると $y' = f(y)$ は $(y - Y)' = c(y - Y)$ に近い．このとき **$\boldsymbol{y - Y}$ は $\boldsymbol{e^{ct}}$ のようであり，$\boldsymbol{c < 0}$ のとき $\boldsymbol{e^{ct} \to 0}$ より $\boldsymbol{y \to Y}$ となる．**

任意の自励的な方程式 $dy/dt = f(y)$ に対して詳しく説明する．$Y = 0$ が定常状態だとすると，これは $f(0) = 0$ を意味する．微積分学が線形近似 $f(y) \approx cy$ を与える．ここで c は接線の傾きであり，その値は $Y = 0$ での $c = df/dy$ である．**もし $\boldsymbol{c}$ が負ならば $\boldsymbol{y(t)}$ は $\boldsymbol{Y = 0}$ に向かって動く（安定性）：**

小さな $y(0) > 0$ に対して	$dy/dt = f(y) \approx cy < 0$	$y(t)$ は 0 に向かって減る
小さな $y(0) < 0$ に対して	$dy/dt = f(y) \approx cy > 0$	$y(t)$ は 0 に向かって増える

他のどんな定常状態 Y でも，微積分学は線形近似 $f(y) \approx c(y - Y)$ を与える．今度はその数値は **$\boldsymbol{y = Y}$ での** 接線の勾配 $c = df/dy$ となる．

Y の少し上の $y(0)$ で	$dy/dt = f(y) \approx c(y - Y) < 0$	**$\boldsymbol{y(t)}$ は $\boldsymbol{Y}$ に向かって減る**
Y の少し下の $y(0)$ で	$dy/dt = f(y) \approx c(y - Y) > 0$	**$\boldsymbol{y(t)}$ は $\boldsymbol{Y}$ に向かって増える**

例 1　（ロジスティック）$ay - by^2$ の導関数は $\boldsymbol{df/dy = a - 2by}$.

定常状態 $Y = 0$ で df/dy は $a > 0$：**$\boldsymbol{Y = 0}$ は不安定である．**

$Y = a/b$ では，この微係数は $a - 2b(a/b) = -a$ で，**$\boldsymbol{Y = a/b}$ は安定である．**

$dy/dt = ay - by^2$ に対して以下の**安定性の直線**は，任意の $y(0)$ からどちらのほうへ $y(t)$ が動くかを示している．

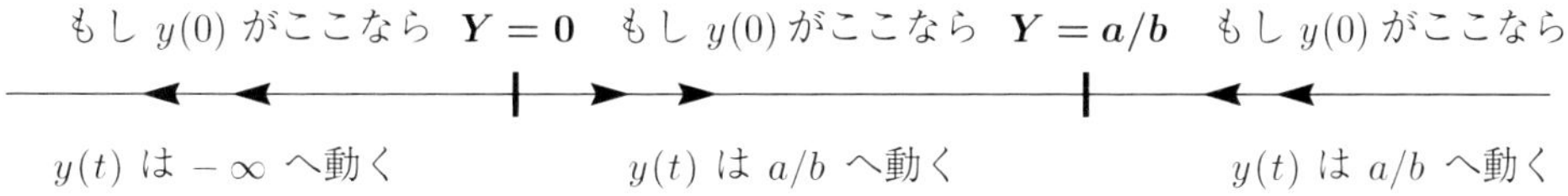

定常状態は交互に安定と不安定にならなければならない．df/dy が負と正の値を交互にとるからである．$f(Y)=0$ で $df/dy(Y)=0$ でもある決定不能の場合をここでは除外している．これは次項の臨界収穫における境界線上のケースである．

収穫方程式

ロジスティック方程式が，一定の収穫率 $-h$ もまた含むとしよう．これは成長率 dy/dt を減らす．ロジスティック方程式 $dy/dt=4y-y^2$ から始めると，S 字曲線は $Y=0$ からもう一方の定常状態 $Y=a/b=4/1$ へ上昇する．もし新たな収穫項が $-h=-3$ ならば，定常状態は 0 と 4 から 1 と 3 へと変化する：

$$\frac{d\boldsymbol{y}}{d\boldsymbol{t}}=\mathbf{4}\boldsymbol{y}-\boldsymbol{y}^{\mathbf{2}}-\mathbf{3} \quad \text{は新たな定常状態} \quad Y=1 \quad \text{および} \quad Y=3 \quad \text{を持つ．} \tag{19}$$

この 1 と 3 は $4Y-Y^2-3$ を $-(Y-1)(Y-3)$ と因数分解して見つかる．これらの人口 $Y=1$ と $Y=3$ は式が $dy/dt=0$ となる点であり，そのとき $y=Y$ は定常を保つ．

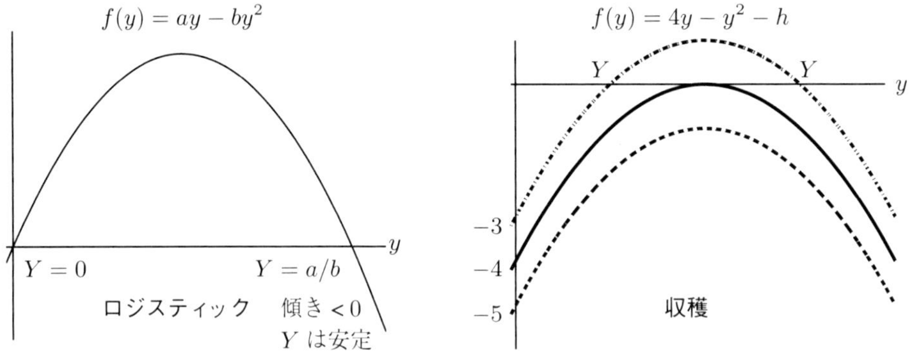

図 1.10 収穫が放物線 $f(y)=ay-by^2-h$ を下げると定常な Y が消える．

図 1.10 は定常状態が安定か不安定かを示す．ロジスティックのグラフの $Y=0$ と収穫のグラフの $Y=1$ は**不安定**である．それらの点では $f(y)$ は負から正へと上昇している．Y より上ではグラフは $dy/dt=f(y)$ が正であることを示す．だから $y(t)$ は増加し，Y から遠ざかる．

ロジスティックのグラフの $Y=a/b$ と収穫のグラフの $Y=3$ は**安定**である．それらの点を過ぎると $f(y)$ は負である．これが dy/dt だから $y(t)$ は Y に戻るように減少する．これらのグラフは $y(t)$ を示さないので，読み取るのが少しややこしい．**これらは $\boldsymbol{y}$ 対 $\boldsymbol{y'=f(y)}$ の位相平面を示している**：位置対速度であり，時刻対位置ではない！

図を再度見ると，$h=4$ が臨界収穫を与えることに気づく：**1 つの重複した平衡点 $\boldsymbol{Y=2}$**．その曲線は $dy/dt=f(y)$ が常に負であることを示し，したがって $y(t)$ は減少する．もし $y(0)$ が 2 より大きければ，$y(t)$ は $Y=2$ へ戻ってこなくてはならない．しかしこれは**一方向性の安定性**であり，もし $y(0)$ が 2 よりも小さければ $y(t)$ は減少し 2 から離れていってしまう．

一番下の曲線では $h=5$ だが，**定常状態はない**．すべての点で $dy/dt=f(y)$ は負であり，すべての解 $y(t)$ は減少する．もし $y(t)$ の公式を求められたら，これを見ることができる：$\boldsymbol{y(t)\to-\infty}$．ロジスティックと収穫の方程式は，実際に $y(t)$ を求められる，素晴らしい非線形方程式の例である．

収穫方程式を解く

収穫方程式には 3 つの型があり，それぞれ 2 つ，1 つ，または 0 個の定常状態を持つ：

$\boldsymbol{h<4}$　$y'=4y-y^2-h$ はロジスティック方程式に帰着する：**不足収穫**

$\boldsymbol{h=4}$　$y'=-(y-2)^2$ は重複した定常状態を持つ：**臨界収穫**

$\boldsymbol{h>4}$　y' はずっと零より下で，$y(t)$ は $-\infty$ に近づく：**過剰収穫**

これらの方程式はすべて自励的だから，$dy/f(y)=dt$ と分離する．$1/f(y)$ を**積分せよ.**

小さな $\boldsymbol{h=3}$　$f(y)$ を $-(y-1)(y-3)$ と因数分解　よって $\boldsymbol{Y=1}$ と $\boldsymbol{Y=3}$

これらの定常状態を $V=0$ と $V=2$ へ平行移動するために，$y(t)$ を $\boldsymbol{v(t)=y(t)-1}$ へ平行移動する．$v(t)$ の方程式はロジスティックになり，その S 字曲線は 0 から 2 へ上昇する：

$$(1+v)'=-(v)(v-2)\ \text{は}\ \boldsymbol{v'=2v-v^2}. \tag{20}$$

1 を加えなおして $y=1+v$ を得ると，その S 字曲線は 1 から 3 へ上昇する．

臨界の $\boldsymbol{h=4}$　$f(y)=4y-y^2-4=-(y-2)^2$ と因数分解　よって $\boldsymbol{Y=2}$ と $\boldsymbol{2}$

方程式は $y'=-(y-2)^2$ である．$v(t)=y(t)-2$ と平行移動すると $\boldsymbol{dv/dt=-v^2}$ になる．本書の第 1 頁には方程式 $dy/dt=+y^2$（時間が反対方向に進む）があった．解はとても無害に見える：

$$v(t)=\frac{v(0)}{1+tv(0)}\qquad \begin{array}{l} v(0)>0 \text{ とすると } t\to\infty \text{ につれて穏やかに } v=0 \text{ へ向かう} \\ 1+tv(0)=0 \text{ のとき，突然 } v=-\infty \text{ へ行く.} \end{array}$$

これは $y(0)>2$ で $v(0)>0$ のときに（一方向の）安定性を示す．

収穫量が臨界値を超えると，どんな $y(0)$ からでも人口は死滅する．

過剰収穫 $\boldsymbol{h=5}$　$y'=4y-y^2-5=-1-(y-2)^2$ と書くと，いつでも $\boldsymbol{y'<0}$.

ここでは $v=y-2$ により方程式が $\boldsymbol{v'=-1-v^2}$ と単純化され，$dv/(1+v^2)=-dt$ を積分して $\tan^{-1}v=-t+C$ を得る．もし $v(0)=0$ なら $C=0$ である．$y=v+2$ へ戻ると：

$$\frac{dv}{dt}=-1-v^2 \text{ と } v(0)=0 \text{ とで } v(t)=\tan(-t).\ \text{すると } \boldsymbol{y(t)=2-\tan t}. \tag{21}$$

タンジェントが 2 に達するとき人口 $y=0$ となり，みな消える．もし解が $t=\pi/2$ まで続くと，$\tan t$ は無限大になる．このモデルは意味を失い $y(\pi/2)=-\infty$ となる．

全体として，単純な安定性の判定法が $y' = f(y)$ についてどれほど多くを伝えるかを理解いただけたと思う：

> **1**　$f(y) = 0$　のすべての解を見つけよ．
> **2**　もし $y = Y$ で $df/dy < 0$ なら，その状態は安定である．

■ 要点の復習 ■

1. ロジスティック方程式 $dy/dt = ay - by^2$ の定常状態は $Y = 0$ と $Y = a/b$.

2. S 字曲線 $y(t) = a/(de^{-at} + b)$ は環境収容力 $y(\infty) = a/b$ に近づく．

3. $z = \dfrac{1}{y}$ についてのこの方程式は線形！ または $dy/\left(y - \dfrac{b}{a}y^2\right) = a\,dt$ と変数分離できる．

4. 安定性の判定 $df/dy = a - 2by < 0$ は $Y = a/b$ では合格，$Y = 0$ では不合格．

5. $y' = ay - by^2 - h$ を含む $y' = f(y)$ の全方程式にこの安定性の判定法を使える．

演習問題 1.7

1　もし $y(0) = a/2b$ ならば，S 字曲線の中間点は $t = 0$ である．$d = b$ で $y(t) = \dfrac{a}{d\,e^{-at} + b} = \dfrac{a}{b}\dfrac{1}{e^{-at} + 1}$ であることを示せ．その曲線を $y_{-\infty} = 0$ から $y_{\infty} = \dfrac{a}{b}$ まで描け．

2　もし地球の環境収容力が $K = a/b = 140$ 億人ならば，変曲点での人口はいくらか？ そこでの dy/dt はいくらか？ 実際の人口は 2014 年 1 月 1 日で 71.4 億人だった．

3　式 (18) は解 $y(t)$ に対して式 (16) と同じ公式を与えなくてはならない．もし (18) の右辺を R と呼ぶと，その式を y について解ける：

$$y = R\left(1 - \frac{b}{a}y\right) \quad \to \quad \left(1 + R\frac{b}{a}\right)y = R \quad \to \quad y = \frac{R}{(1 + R\frac{b}{a})}.$$

この答えを代数で単純化して，$y(t)$ についての式 (16) を得よ．

4　ロジスティック方程式を $y' = y + y^2$ に変えよ．すると非線形項は正なので，**y と y の協同**が成長を促す．$z = 1/y$ を用いて，z についての線形方程式を求め，$z(0) = y(0) = 1$ から出発して解け．$e^{-T} = 1/2$ のときに $y(T) = \infty$ を示せ．人口が $t = T$ で爆発してしまうので，協同は悪く見える．

5　米国の人口は 2012 年の 313,873,685 人から 2014 年には 316,128,839 人に成長した．もしそれがロジスティックの S 字曲線を追っていたならば，公式 (4) の a, b, d を与えるのはどんな式になるか？ ロジスティック方程式は妥当か，そしてどのように移民を考慮できるか？

6 ベルヌーイの微分方程式 $y' = ay - by^n$ は競合項 by^n を含む．$z = y^{1-n}$ を導入すると $n = 2$ のときはロジスティックの場合に一致する．式 (4) をなぞって，$z' = (n-1)(-az+b)$ を示せ．$z(t)$ を (5)〜(6) のように書け．すると $y(t)$ が求まる．

問題 7〜13 では，ロジスティックおよび収穫方程式のより良い見方を展開する．

7 $y' = y - y^2$ の解は $y(t) = 1/(de^{-t}+1)$ である．これは $y(0) = 1/2$ で $d = 1$ のとき，S 字曲線である．しかし，もし $y(0) > 1$ または $y(0) < 0$ だったら，$y(t)$ はとても異なることを示せ．

もし $y(0) = 2$ ならば $d = \frac{1}{2} - 1 = -\frac{1}{2}$ である．$y(t) \to 1$ と上から近づくことを示せ．

もし $y(0) = -1$ ならば $d = \frac{1}{-1} - 1 = -2$ である．どの時刻 T で $y(T) = -\infty$ か？

8 （推奨）$y' = y - y^2$ に対するそれら 3 つの解を 1 つのグラフに示せ！ これらは $y(0) = 1/2$ と 2 と -1 から出発する．S 字曲線は $\frac{1}{2}$ から 1 へ上昇する．その上方では，$y(t)$ が 2 から 1 へ下降する．S 字曲線の下方では，$y(t)$ が -1 から $-\infty$ へと落ちる．

その絵の中に 3 つの領域が見えるだろうか？ **$\boldsymbol{y = 1}$ の上の飛び乗る曲線に，$\boldsymbol{0}$ と $\boldsymbol{1}$ の間に挟まれた $\boldsymbol{S}$ 字曲線，それに $\boldsymbol{y = 0}$ の下の飛び降りる曲線．**

9 $f(y) = y - y^2$ のグラフを描き，不安定な定常状態 $Y = 0$ と安定な $Y = 1$ を見よ．続いて，収穫 $h = 2/9$ を入れた $f(y) = y - y^2 - 2/9$ のグラフを描け．定常状態 Y_1 と Y_2 は何か？問題 8 での 3 つの領域は今度は $y = 2/3$ の上の Z 字曲線，1/3 と 2/3 の間に挟まれた S 字曲線，$y = 1/3$ の下の飛び降りる曲線から成る．

10 どの方程式が $y_{-\infty} = L$ から $y_\infty = K$ へ上昇する S 字曲線を生み出すか？

11 $y' = y - y^2 - \frac{1}{4} = -(y - \frac{1}{2})^2$ は重複した定常状態 $y = Y = \frac{1}{2}$ を持つ**臨界収穫**を表す．S 字曲線の層はその単一直線に収縮する．$y(0) = \frac{1}{2}$ の上から出発して飛び乗る曲線と，$y(0) = \frac{1}{2}$ の下から出発して飛び降りる曲線を 1 本ずつ描け．

12 方程式 $y' = -(y - \frac{1}{2})^2$ を，$v = y - \frac{1}{2}$ を代入して $v' = -v^2$ をまず解くことで，解け．

13 過剰収穫では，$y(t)$ のどの曲線も $-\infty$ へ落ちていく．定常状態はない．$Y - Y^2 - h = 0$ を解け（2 次方程式の解の公式）．もし $4h > 1$ なら複素数の解しか得られない．

$h = \frac{5}{4}$ に対する解は $y(t) = \frac{1}{2} - \tan(t + C)$ である．$C = 0$ のときにその飛び降りる様子を描け．動物の個体数は通常，過剰収穫からこのようには崩壊しない．

14 **2 つの部分分数のとき**，これが $A = \dfrac{1}{r-s}, B = \dfrac{1}{s-r}$ を求める私の好みの方法である．

$$\textbf{PF2} \qquad \frac{1}{(y-r)(y-s)} = \frac{1}{(y-r)(r-s)} + \frac{1}{(y-s)(s-r)}$$

この式を検算せよ：右辺を通分した分母は $(\boldsymbol{y}-\boldsymbol{r})(\boldsymbol{y}-\boldsymbol{s})(\boldsymbol{r}-\boldsymbol{s})$ である．2つの分数を組み合わせたとき，分子が $\boldsymbol{r}-\boldsymbol{s}$ を打ち消すべきである．

$$\frac{1}{y^2-1} \text{ と } \frac{1}{y^2-y} \text{ を 2 つの分数 } \frac{A}{y-r}+\frac{B}{y-s} \text{ に分解せよ．}$$

注釈　y が r に近づくとき，**PF2** の左辺は爆発する因子 $1/(y-r)$ を持つ．他方の因子 $1/(y-s)$ は正しく $A=1/(r-s)$ に近づく．そこで **PF2** の右辺に $y=r$ での同じ爆発が必要である．第1項 $A/(y-r)$ が望みにかなう．

15 **閾値方程式**は時間に逆向きのロジスティック方程式である：

$$-\frac{dy}{dt}=ay-by^2 \quad \text{は} \quad \frac{dy}{dt}=-ay+by^2 \quad \text{と同じ．}$$

今度は $Y=0$ が安定な定常状態であり，$Y=a/b$ は不安定な状態である．（なぜ？）もし $y(0)$ が閾値 a/b より下ならば $y(t)\to 0$ で種は死滅する．

$y(0)<a/b$ での $y(t)$（逆 S 字曲線）を描け．次に $y(0)>a/b$ での $y(t)$ を描け．

16 （3次の非線形性）方程式 $y'=y(1-y)(2-y)$ は **3つの定常状態**を持つ：$Y=0,1,2$．微係数 df/dy を $y=0,1,2$ で計算することにより，これらの状態がそれぞれ安定か不安定かを定めよ．

この方程式に対する**安定性の直線**を描き，不安定な Y を離れる $y(t)$ を示せ．$y(0)=\frac{1}{2}$ と $\frac{3}{2}$ と $\frac{5}{2}$ から出発する $y(t)$ を示す1つのグラフを描け．

17 (a) **ゴンペルツ方程式** $dy/dt=y(1-\ln y)$ の定常状態を求めよ．

(b) $z=\ln y$ が線形方程式 $dz/dt=1-z$ を満たすことを示せ．

(c) その解 $z(t)=1+e^{-t}(z(0)-1)$ は $y(0)$ からの $y(t)$ に対してどんな公式を与えるか？

18 以下の方程式の定常状態の安定性または不安定性を決めよ．

(a) $dy/dt=2(1-y)(1-e^y)$　　(b) $dy/dt=(1-y^2)(4-y^2)$

19 シュテファンの放射法則は $dy/dt=K(M^4-y^4)$ である．4乗を見るのは珍しい．実数の定常状態をすべて求め，それらの安定性を調べよ．$y(0)=M/2$ から出発して，$y(t)$ のグラフを描け．

20 $a<0$ のとき，また $a>0$ のとき，$dy/dt=ay-y^3$ には何個の定常状態 Y があるか？それらの値 $Y(a)$ のグラフを描き，**熊手型分岐**を見よ——新たな定常状態が a が零を過ぎるときに突然現れる．$Y(a)$ のグラフは熊手のように見える．

21 （推奨）方程式 $dy/dt=\sin y$ は**無限に多くの定常状態**を持つ．それらは何で，どれが安定か？ 安定性の直線を描き，$y(0)$ が2つの隣り合う定常状態の間のときに，$y(t)$ が増えるか減るかを示せ．

22 問題 21 を $dy/dt = (\sin y)^2$ に変えよ．定常状態は同じだが，今度は $f(y) = (\sin y)^2$ の微係数はそれらの状態すべてで零（$\sin y$ が零のため）となる．$y(0)$ が 2 つの隣り合う定常状態の間のときに，解は実際には何をするか？

23 （**研究プロジェクト**）米国の人口の実際のデータを 1950 年, 1980 年, および 2010 年について調べよ．解の公式 (7) で a, b, d のどんな値がこれらの値にフィットするか？ 2000 年について，その公式は正確か？ そして 2020 年と 2100 年についてどんな人口が予測されるか？

1950 年を $t = 0$ にリセットし，$t = 3$ が 1980 年になるよう時間をスケールしてもよい．

24 $dy/dt = f(y)$ のとき，各点 $y(0)$ から出発すると，何が極限 $y(\infty)$ となるか？

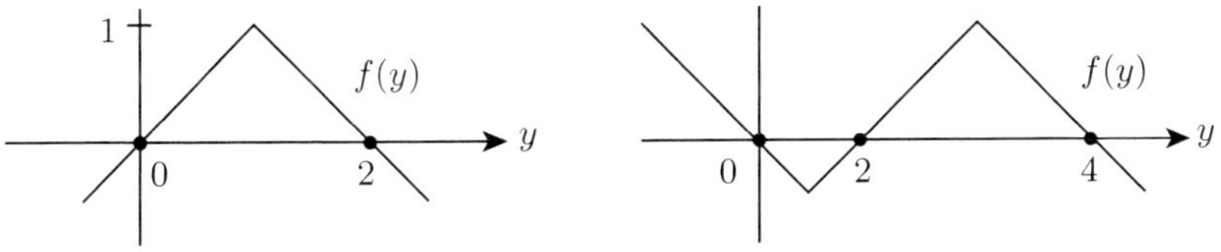

25 (a) どの $y(0)$ からも $y(t)$ が $y(\infty) = 3$ に近づくような関数 $f(y)$ を描け．

(b) $y(0) > 0$ なら $y(\infty) = 4$ で，$y(0) < 0$ なら $y(\infty) = -2$ となるような $f(y)$ を描け．

26 $dy/dt = y^n$ でどの指数 n であると有限の時間で爆発 $y(T) = \infty$ が生じるか？ 方程式を $dy/y^n = dt$ と分離して，$y(0) = 1$ から積分してみたらよい．

27 $dy/dt = y^2 - y^4$ の定常状態を求め，それらが安定か，不安定か，それとも一方向から安定かを決めよ．安定性の直線を描き，各初期値 $y(0)$ からの最終値 $y(\infty)$ を示せ．

28 自励的な方程式 $y' = f(y)$ において，$y(t)$ がある時刻 t_1 で増えていて，別の時刻 t_2 で減っているということがなぜ不可能か？

ウェブサイト math.mit.edu/dela には自励的な $y' = f(y)$ に対するグラフの質問がもっとある [1]．

フィードバックについての注意　S 字曲線はエレベーターでは良い応答を表す．その S の中央の過渡的な応答は階の間の速い動きである．定常状態（目的階）に近づくとエレベーターは速度を落とす．エレベーターに目的地からどれだけ遠いかを伝える**フィードバックループ**があり，その速度を制御する．

開ループシステムではフィードバックがない．単純なトースターは動き続けて，あなたのトーストを焦がしてしまう．終了時刻はすべて入力の設定により制御される．**閉ループ**システムでは状態 $y(t)$ と望まれる定常状態 y_∞ の間の差がフィードバックされる．オーブントースターでは温度をフィードバックして焦がすのを防げる．

[1] 訳注：訳出時点で，これらの質問は準備中で，ウェブサイトは未完成のようである．

ロジスティック方程式はそのフィードバックの項 $-by^2$ のために非線形である．これは，移動と成長についての他の例でもとても一般的だ．我々の脳は腕の動きを制御して，それを停止させる．車には何千ものコンピュータチップおよび制御装置が入っていて，位置と速度を測り，破滅に至らないよう速度を落とし停止させる．

私がクルーズコントロールを使わないことは白状しよう．車がずっとクルーズしてしまうのではないか——ちゃんと止まるか確信していない．しかし，これは設定したスピード以下に車を保つフィードバックループを持っている．

1.8　変数分離形と完全形の微分方程式

本節では 2 つの特別な形をした 1 階の非線形常微分方程式を紹介する．これらは $y' = ay$ と，とても一般的な形の $y' = f(t, y)$ との間の橋となる．ここではその 2 つの中間の形をどのように，普通の積分で解くかを説明する．**変数分離形**の方程式は最も単純である．**完全形**の方程式については公式 (12) および (15) を見よ．

変数分離形	完全形
$\dfrac{dy}{dt} = \dfrac{g(t)}{f(y)}$	$\dfrac{\partial f}{\partial t} = -\dfrac{\partial g}{\partial y}$ のとき $\dfrac{dy}{dt} = \dfrac{g(y,t)}{f(y,t)}$

1. 変数分離形の方程式　$f(y)dy = g(t)dt$

片方に $f(y)$，他方に $g(t)$ があれば，**変数分離形**の意味は明らかである．この方程式を書く普通の方法は

$$\frac{dy}{dt} = \frac{g(t)}{f(y)} \quad \text{ただし時刻 } t = 0 \text{ で } y(0) \text{ から出発する．} \tag{1}$$

dy/dt がこの変数分離形のとき，$f(y)$ を dy と，$g(t)$ を dt と組み合わせる．それらの関数 f と g は積分する必要がある．**これらの積分 $F(y)$ および $G(t)$ は $y = y(0)$ および $t = 0$ から始める：**

$$F(y) = \int_{y(0)}^{y} f(u)\,du \qquad G(t) = \int_{x=0}^{t} g(x)\,dx \tag{2}$$

y と t を積分の上限に使うので，仮の変数 u と x を選んだ．誰もが変数の選択には悩む．その記号が u や x というのは大したことではなく，Y と T に変えてもかまわない．

f と g の積分後，微分方程式が**陰的に**解かれている：

$$\text{解} \quad \frac{dy}{dt} = \frac{g(t)}{f(y)} \quad \text{を積分して} \quad F(y) = G(t). \tag{3}$$

陽的な解を $y = \cdots$ の形で得るには，この式 $F(y) = G(t)$ を y について解かなくてはならない．

例 1 $\dfrac{dy}{dt} = \dfrac{t}{y}$ は $\boldsymbol{y\,dy = t\,dt}$. 積分して $\dfrac{1}{2}\left(y(t)^2 - y(0)^2\right) = \dfrac{1}{2}t^2$ となる．この陰的な式を解いて $y(t)$ が陽に求まる：

解 $\boldsymbol{y(t) = \sqrt{y(0)^2 + t^2}}$. このとき， $\dfrac{dy}{dt} = \dfrac{t}{\sqrt{y(0)^2 + t^2}} = \dfrac{t}{y}$.

例 2 $\boldsymbol{dy/dt = 2ty}$ は $\boldsymbol{g(t) = 2t}$ を $\boldsymbol{f(y) = 1/y}$ で割ったもの.

解 $1/y$ を $2t$ から分離し，積分して $F = \ln y - \ln y(0)$ と $G = t^2$ を得る：

$$\frac{dy}{y} = 2t\,dt \quad \text{から} \quad \int_{y(0)}^{y} \frac{du}{u} = \ln y - \ln y(0) \quad \text{と} \quad \int_0^t 2x\,dx = t^2$$

この例では $F(y) = G(t)$ は $\ln y = \ln y(0) + t^2$ となる．両辺の指数関数をとると解 y が求まる：

$$\boldsymbol{y} = e^{\ln y(0)} e^{t^2} = y(0)\,e^{t^2}. \tag{4}$$

いつでも導関数 dy/dt と出発値 $y(0)$ を確かめよう：

$$\frac{d}{dt}\left(y(0)\,e^{t^2}\right) = 2t\left(y(0)\,e^{t^2}\right) = 2ty \qquad \text{また } t = 0 \text{ では } y(0)\,e^{t^2} = y(0). \tag{5}$$

例 3 我々のお気に入りの方程式 $\frac{dy}{dt} = ay + q$ は a と q が定数のとき，変数分離可能である．$y + \frac{q}{a}$ を左辺の dy の下に移し，$a\,dt$ を右辺に残す．そして両辺を積分すると，再度この方程式を解けてしまう！

$$\frac{dy}{y + \frac{q}{a}} = a\,dt \quad \text{より} \quad \ln(y + \frac{q}{a}) = at + C. \tag{6}$$

指数関数をとって y を求め，$t = 0$ として C を決める：

$$\textbf{指数関数的成長} \qquad y(t) + \frac{q}{a} = e^{at}e^{C} \quad \text{と} \quad y(0) + \frac{q}{a} = e^{C}. \tag{7}$$

左の式の e^C に代入して，既知の答えを得る：

$$\boxed{y(t) + \frac{q}{a} = e^{at}\left(y(0) + \frac{q}{a}\right) \quad \text{これより} \quad \boldsymbol{y(t) = e^{at}y(0) + \frac{q}{a}(e^{at} - 1)}.} \tag{8}$$

この答えは 1.4 節での鍵だった．公式はこちらのほうが早く求まった（枠内の最初の式は魅力的に見える）．しかし私は古いやり方を好む：**それぞれの入力が成長するのを追いかける**.

例 4 （ロジスティック方程式）

$$\frac{dy}{dt} = ay - by^2 \qquad \int_{y(0)}^{y} \frac{du}{au - bu^2} = \int_{t(0)}^{t} dx \tag{9}$$

右辺は明らかに $G(t) = t - t(0)$ である．$t(0)$ を含めたのは，この系が y だけでなく任意の出発値 t をどのように許すかを示すためである．地球の人口でいえば，完璧な出発時刻は未知なので，$t(0) = 2000$ のようにある年を選んで，そこから作業する．大切な点は 2 つの積分 $F(y)$ と $G(t)$ が答えを与えることである．

1.7 節でこれらの積分を計算し，ロジスティック方程式を解いた．

2. 完全形の方程式 $\boldsymbol{f(y,t)dy = g(y,t)dt}$

変数分離形の方程式は $dy/dt = g(t)/f(y)$ で，これを $f(y)dy = g(t)dt$ と書いた．両辺を別々に積分して $F(y) = G(t)$ を得て，これで方程式が解けた．

完全形の方程式は 変数分離形に限定されてはいない． 関数 f と g は両方の変数 t と y に依存してよい．この方程式は純粋な y での積分と純粋な t での積分に分離しない．今度は $\boldsymbol{f}(y,t)\,dy = \boldsymbol{g}(y,t)\,dt$ となっている．しかし，本当はそうでないのに t が定数かのようにして，左辺 $f(y,t)$ を y について積分すると時折成功する．

手順 1　　$\boldsymbol{f}$ を $\boldsymbol{y}$ について積分する　$\int f(y,t)\,dy = \boldsymbol{F(y,t) + C(t)}$.　(10)

通常なら，任意定数 C を積分に加えられる．C の微分は零だから，答えは正しく保たれる．ここでは，任意の $C(t)$ の y についての導関数は零だから，t **の任意関数を積分に加えられる．** すると $F(y,t) + C(t)$ はより柔軟になる．

手順 2　（もし可能なら）$C(t)$ を選んで $\dfrac{\boldsymbol{\partial}}{\boldsymbol{\partial t}}\boldsymbol{(F(y,t) + C(t)) = -g(y,t)}$ とせよ．　(11)

$C(t)$ の選択が可能ならば，g と f を含む，もとの方程式が解かれる：

手順 3　$\dfrac{dy}{dt} = \dfrac{g(y,t)}{f(y,t)}$ の解は　$\boldsymbol{F(y,t) + C(t) =}$ **任意定数**.　(12)

これがいつ，なぜ上手くいくかを示す前に，成功例を挙げる．

例 5　方程式 $\dfrac{dy}{dt} = \dfrac{\boldsymbol{2yt - 1}}{\boldsymbol{y^2 - t^2}}$ では $g = 2yt - 1$ と $f = y^2 - t^2$.

手順 1　$f dy = (y^2 - t^2)dy$ を積分して $F(y,t) = \dfrac{1}{3}y^3 - yt^2$．すると $\dfrac{\partial F}{\partial t} = -2ty$.

手順 2　式 (11) を $C(t)$ について解く．ここでの特別な f と g に対してはこれが可能である：

$$-2ty + \frac{dC}{dt} = -(2yt - 1) \quad \text{より} \quad \frac{dC}{dt} = 1 \text{ で } C(t) = t.$$

手順 3　もとの式 $\dfrac{dy}{dt} = \dfrac{g}{f}$ の解は $F(y,t) + C(t) =$ 定数：

解は $F + C$ **から**
定数は $y(0)$ **で定まる**

$$\boldsymbol{\frac{1}{3}y^3 - yt^2 + t = \frac{1}{3}y(0)^3}.$$

この答えを確かめるため，その時間微分を陰的にとれ（つまり：ただやってみよ）．

$$\text{陰的な微分} \quad y^2\frac{dy}{dt} - t^2\frac{dy}{dt} - 2yt + 1 = 0.$$

これは期待していた方程式 $dy/dt = \boldsymbol{(2yt - 1)/(y^2 - t^2)}$ である．さあ，理由を説明しよう．

完全形の条件

手順 2 が可能なのはいつだろう？ 式 (11) の解となる $C(t)$ があるときもあるが，普通はない．完全形の条件を見いだすには，手順 2 の両辺を y で偏微分する．

$$\frac{\partial}{\partial y}\frac{\partial}{\partial t}\,(F(y,t)+C(t)) = -\frac{\partial}{\partial y}\,(g(y,t)). \tag{13}$$

$\dfrac{\partial}{\partial y}$ と $\dfrac{\partial}{\partial t}$ の順序はいつでも変えられる．当然 $\dfrac{\partial}{\partial y}C(t)=0$ および $\dfrac{\partial}{\partial y}F=f$ である．

$$\textbf{(13) の左辺は}\quad \frac{\partial}{\partial y}\frac{\partial}{\partial t}\,F(y,t) = \frac{\partial}{\partial t}\frac{\partial}{\partial y}\,F(y,t) \quad \text{で，これは}\quad \frac{\partial}{\partial t}f(y,t). \tag{14}$$

(14) を (13) と比べると，手順 2 は，もとの微分方程式 $dy/dt=g/f$ が完全形のときのみ可能である：

$$\text{完全形の条件}\qquad \boldsymbol{\frac{\partial}{\partial t}\,f(y,t) = -\frac{\partial}{\partial y}\,g(y,t)}. \tag{15}$$

方程式が完全なとき，手順 2 が $C(t)$ を生み出す．最後の質問は手順 3 について，なぜ，もとの微分方程式 $dy/dt=g/f$ に対して $F(y,t)+C(t)=$ 一定となるか？これを理解するために，$F(y,t)+C(t)$ の時間微分を（陰的な）連鎖則によりとってみる：

$$\frac{\partial F}{\partial y}\frac{dy}{dt}+\frac{\partial F}{\partial t}+\frac{\partial C}{\partial t}=0. \tag{16}$$

手順 1 で $\dfrac{\partial F}{\partial y}=f$ が生み出され，手順 2 で $\dfrac{\partial F}{\partial t}+\dfrac{\partial C}{\partial t}=-g$ となった．よって成功する：

方程式 (16) **は** $f\dfrac{dy}{dt}-g=0$. **これは元々の問題** $\dfrac{dy}{dt}=\dfrac{g}{f}$ **である．**

例 5 が完全形だったのは，$g=2yt-1$ と $f=y^2-t^2$ より $\boldsymbol{\dfrac{\partial f}{\partial t}=-\dfrac{\partial g}{\partial y}=-2t}$ と一致するからである．

例 6 次の変数分離形ではない方程式は完全形なので，手順 $1,2,3$ が可能なはずである．

$$\frac{dy}{dt}=\frac{t-y}{t+y}=\frac{g(y,t)}{f(y,t)} \quad \text{ならば}\quad \frac{\partial f}{\partial t}=-\frac{\partial g}{\partial y}=1. \tag{17}$$

手順 1 $\int f\,dy=\int(t+y)dy$ を積分すると $F=ty+\frac{1}{2}y^2$.
手順 2 $\dfrac{\partial}{\partial t}(F+C)=-g=y-t$ と書き下して $C(t)=-\frac{1}{2}t^2$ と分かる．
手順 3 この例の解は $F+C=ty+\dfrac{1}{2}y^2-\dfrac{1}{2}t^2=$ 一定 $=\frac{1}{2}\,y(0)^2$.

その解を確かめるには，$F+C$ の時間での全微分を連鎖則によって求める：

$$t\frac{dy}{dt}+y+y\frac{dy}{dt}-t=0.\ \text{これは望みどおり}\ \frac{dy}{dt}=\frac{t-y}{t+y}.$$

最後の注意：変数分離形ならば完全形

変数分離形の方程式 $\boldsymbol{dy/dt = g(t)/f(y)}$ はいつでも完全形であることに注意しよう：

(15) 式は満たされる　$\dfrac{\partial}{\partial t} f(y) = -\dfrac{\partial}{\partial y} g(t)$ が $\mathbf{0 = 0}$ となるから．

$\int f(y)\,dy$ と $\int g(t)\,dt$ を積分して $F(y)$ と $G(t) = -C(t)$ を求めることに問題はない．

■ 要点の復習 ■

1. 変数分離形の方程式 $\dfrac{dy}{dt} = \dfrac{g(t)}{f(y)}$ の解は $\int f(y)dy = \int g(t)dt +$ 任意定数．

2. その解は陰的に y を与える．y を t の関数として陽的に求めるにはそれを解け．

3. 完全形の方程式 $\dfrac{dy}{dt} = \dfrac{g(y,t)}{f(y,t)}$ では $\boldsymbol{\dfrac{\partial g}{\partial y} = -\dfrac{\partial f}{\partial t}}$．このとき $F(y,t) + C(t) =$ 定数．

4. その解は各 t について $F(y,t) = \int f(y,t)dy$ で，$C(t) = -\displaystyle\int \left(\frac{\partial F}{\partial t} + g\right) dt$．

5. **3** での完全形の条件が **4** での $C(t)$ についての積分から y を取り除く．

演習問題 1.8

1　ついに本書 1.1 での例 $dy/dt = y^2$ を解けることになった．

$y(0) = 1$ から出発すると $\displaystyle\int_1^y \frac{dy}{y^2} = \int_0^t dt$．$y$ と t の上下限に注意せよ．$y(t)$ を求めよ．

2　同じ方程式 $dy/dt = y^2$ で任意の値 $y(0)$ から出発する．どの時刻 t で解は爆発するか？どんな出発値 $y(0)$ ならば爆発することがないか？

3　$dy/dt = a(t)y$ を変数分離形の方程式と見て，$f(y) = 1/y$ と選び，$y(0) = 1$ から出発して解け．この方程式は 1.6 節での成長因子 $G(0,t)$ を与えた．

4　$y(0) = 0$ から出発して変数分離形の方程式を解け：

(a) $\dfrac{dy}{dt} = ty$　　(b) $\dfrac{dy}{dt} = t^m y^n$

5　$y(0) = 1$ から出発して $\dfrac{dy}{dt} = a(t)y^2 = \dfrac{a(t)}{1/y^2}$ を変数分離形の方程式として解け．

6　方程式 $\dfrac{dy}{dt} = y + t$ は変数分離形でも完全形でもないが，線形で $y =$ _____．

7 方程式 $\dfrac{dy}{dt}=\dfrac{y}{t}$ はどの定数 A についても解 $y=At$ を持つ．$f=1/y$ を $g=1/t$ から分離することで，この解を求めよ．そして $dy/y=dt/t$ を積分せよ．この定数 A はどこから来るのか？

8 どの数 A に対して $\dfrac{dy}{dt}=\dfrac{ct-ay}{At+by}$ が完全形の方程式になるか？ その A に対して，適当な関数 $F(y,t)+C(t)$ を見つけて方程式を解け．

9 $y=t$ 以外の関数 $y(t)$ で $dy/dt=y^2/t^2$ を満たすものを見つけよ．

10 これらの方程式では右辺を因数分解すると変数分離形になる：

$$\frac{dy}{dt}=e^{y+t} \quad と \quad \frac{dy}{dt}=yt+y+t+1 \quad を解け．$$

11 これらの方程式は線形かつ変数分離形である：$\dfrac{dy}{dt}=(y+4)\cos t$ と $\dfrac{dy}{dt}=ye^t$ を解け．

12 $y(0)=1$ から出発して，これら 3 つの変数分離形の方程式を解け：

(a) $\dfrac{dy}{dt}=-4ty$ (b) $\dfrac{dy}{dt}=ty^3$ (c) $(1+t)\dfrac{dy}{dt}=4y$

完全形の条件 $\partial g/\partial y=-\partial f/\partial t$ を試し，問題 13〜14 を解け．

13 (a) $\dfrac{dy}{dt}=\dfrac{-3t^2-2y^2}{4ty+6y^2}$ (b) $\dfrac{dy}{dt}=-\dfrac{1+ye^{ty}}{2y+te^{ty}}$

14 (a) $\dfrac{dy}{dt}=\dfrac{4t-y}{t-6y}$ (b) $\dfrac{dy}{dt}=-\dfrac{3t^2+2y^2}{4ty+6y^2}$

15 $\dfrac{dy}{dt}=-\dfrac{y^2}{2ty}$ は完全形だが，同じ方程式 $\dfrac{dy}{dt}=-\dfrac{y}{2t}$ は完全形でないことを示せ．両方の方程式を解け（多くの方程式が積分因子を掛けたときに完全形になることを，この問題は示唆する）．

16 実は，完全形とは同じ関数 $H(t,y)$ で 2 つの方程式を解くための条件である：

$$\frac{\partial H}{\partial y}=f(t,y) \quad と \quad \frac{\partial H}{\partial t}=-g(t,y) \quad はもし \quad \frac{\partial f}{\partial t}=-\frac{\partial g}{\partial y} \quad ならば解ける．$$

$\partial H/\partial y$ の t での偏導関数と $\partial H/\partial t$ の y での偏導関数をとり，完全形の条件が**必要**であることを示せ．これはまた，ある解 H の存在を保証するのに**十分**である．

17 線形方程式 $\dfrac{dy}{dt}=aty+q$ は完全形でも変数分離形でもない．積分因子 $e^{-\int at\,dt}$ を掛け，$y(0)$ から出発してこの方程式を解け．

2 階の微分方程式 $F(t,y,y',y'')=0$ は 2 階導関数 y'' を含む．これは 2 つの重要な場合に，（y でなく）y' についての 1 階の方程式に帰着する：

I. F に y が含まれないとき，$y' = v$ および $y'' = v'$ とすると，$\boldsymbol{F(t, v, v') = 0}$.
II. F に t が含まれないとき，$y'' = \dfrac{dv}{dt} = \dfrac{dv}{dy}\dfrac{dy}{dt} = v\dfrac{dv}{dy}$ とすると，$\boldsymbol{F\left(y, v, v\dfrac{dv}{dy}\right) = 0}$.

1 つの解 $y(t)$ を知っているときの**階数の低減方法**についてはウェブサイトを見よ．

18　（y がない）$v = y'$ に対するこれらの微分方程式を $v(0) = 1$ として解け．続いて $y(0) = 0$ として y について解け．

(a) $y'' + y' = 0$　　(b) $2ty'' - y' = 0$.

19　$\boldsymbol{y'' = (y')^2}$ では y と t の両方が欠けている．$v = y'$ として，2 つの方法で進め：

I.　（y がない）　$v(t)$ についての $\dfrac{dv}{dt} = v^2$ を，そして $\dfrac{dy}{dt} = v(t)$ を解け．
ただし $y(0) = 0$，$y'(0) = 1$ とする．

II.　（t がない）　$v(y)$ についての $v\dfrac{dv}{dy} = v^2$ を，そして $\dfrac{dy}{dt} = v(y)$ を解け．
ただし $y(0) = 0$，$y'(0) = 1$ とする．

20　**自励的な方程式 $\boldsymbol{y' = f(y)}$** では t を含む項がない（t が欠けている）．

自励的な方程式はなぜ変数分離形かを説明せよ．自励的でない方程式は変数分離形になる場合もならない場合もある．線形方程式が自励的なとき，通常 LTI（**linear time-invariant ＝ 線形の時不変な**）と呼ぶ：係数が定数で，t により変化しない．

21　$my'' + ky = 0$ は高度に重要な LTI の方程式である．$\omega^2 = k/m$ とするとき，2 つの解は $\cos\omega t$ と $\sin\omega t$ である．$y' = dy/dt = v$ に対する 1 階の方程式へ，上述の $y'' = v\,dv/dy$ を用いて帰着し，異なる方法で解け．

$$mv\frac{dv}{dy} + ky = 0 \ \text{を積分すると}\ \frac{1}{2}mv^2 + \frac{1}{2}ky^2 = \ \text{定数の}\ E.$$

バネにつながれた質点では，運動エネルギー $\frac{1}{2}mv^2$ と位置エネルギー $\frac{1}{2}ky^2$ の和は一定のエネルギー E である．$y = \cos\omega t$ のとき，E は何か？ どんな積分が変数分離形の $m(y')^2 = 2E - ky^2$ を解くか？ 線形の振動方程式をこの方法で解くことは私はしない．

22　$my'' + k\sin y = 0$ は**非線形**の振動方程式である：そう単純ではない．問題 21 のように 1 階の微分方程式へ帰着せよ：

$$mv\frac{dv}{dy} + k\sin y = 0 \ \text{を積分すると}\ \frac{1}{2}mv^2 - k\cos y = \ \text{定数の}\ E.$$

$v = dy/dt$ に関して，実行不能などんな積分がこの 1 階の変数分離形の方程式を解くのに必要か？ 実はその積分が非線形振り子の周期を与える —— この積分は極めて重要で，実行不能であってさえもよく調べられている．

■ 第 1 章の注釈 ■

微積分学の偉大な関数は e^t である．この指数関数をどのように定義するのが最良か？
1.3 節では $y = e^t$ をその無限級数 $1 + t + \frac{1}{2}t^2 + \frac{1}{6}t^3 + \cdots$ から作った．オイラーはきっと許すだろう！ 各項の微分をとると e^t に戻る．この性質 $dy/dt = y$ は我々が持つ最重要なツールである——それがこの分野の基礎である．

e^t へのこのアプローチは少なくとも 2 つの理由により私の好みである：

1. これは t と t^2 と t^n の導関数に基づいている：よく知っている関数だ．

2. 第 3 章の注釈で，非線形方程式をまったく同じ方法で解く．

ここで求められる極限操作は無限級数を加えることである．$1 + \frac{1}{2} + \frac{1}{4} + \frac{1}{8} + \cdots = 2$ のような単純な答えは期待しないが，e^t の中の数 $1/n!$ はこれらの数 $1/2^n$ よりも**ずっと小さい**．

項 $t^n/n!$ が零へ速やかに近づくのを理解するのはとても大切だ．

無限級数 $1 + t + t^2/2 + \cdots + t^n/n! + \cdots$ はどの t に対しても収束する．

証明　各項 $t^n/n!$ は前の項 $t^{n-1}/(n-1)!$ に t/n を掛けたものである．ある $n = N$ で，この数 t/N は $\frac{1}{2}$ を下回る．ここから先は，

$$\frac{t^N}{N!} + \frac{t^{N+1}}{(N+1)!} + \frac{t^{N+2}}{(N+2)!} + \cdots \quad \text{は} \quad \frac{t^N}{N!}\left(1 + \frac{1}{2} + \frac{1}{4} + \cdots\right) \ \text{より小さい}$$

とわかる．右側は $t^N/N!$ と 2 の積で，左側はこれ未満だ．t^N/N より前に現れた最初の N 項は級数の収束性に関係しない（最後の和に入ってくるだけだ）．**よって e^t の級数はいつでも収束する**．

もし t が負ならば，その絶対値 $|t|$ を使って証明はまた成功する．e^t の導関数の級数は e^t の級数と同じであるから，こうと知る：この級数は絶対収束する．$y' = y$ であると安心して言える．

e^t への 4 つのアプローチ　自分自身の教育と書き物を振り返ると，微積分学のこの大きなステップの重要性を外してしまっていた．単なる関数の 1 つ？ **全くそうではない**．教科書では $y = e^t$ を作る 4 つの主要な方法が示されている：

1. $t^n/n!$ の項をすべて加えよ．各項の導関数は前の項 $t^{n-1}/(n-1)!$ である．

2. 複利のように $(1 + t/n)$ の n 乗をとれ．n を無限大へ近づけよ．

3. b^t の傾きは $C \times b^t$ である．$C = 1$ となる b の値として e を選べ．

4. $1/y$ を積分して $t = \ln y$ を作れ．この関数の逆関数を求めて $y = e^t$ とせよ．

3 と **4** はややこしすぎると信じる．陽的な作り方が勝者である．**“この関数を，はいどうぞ”** と言いたいものだ．方法 **2** では $(1 + t/n)^n$ を扱う：悪くはない．**1** ではステップごとに，そして項ごとに $dy/dt = y$ を理解できる．

第2章

2階常微分方程式

2.1　理工学における2階導関数

2 階常微分方程式は 2 階導関数 d^2y/dt^2 を含む．これをしばしば手短に y'' と書き，すると 1 階導関数は y' となる．物理的な問題では y' は速度 v を表すことができ，2 階導関数 $y''=a$ は**加速度**，つまり速度の変化率 dy'/dt，を表せる．

力学で最も重要な方程式はニュートンの第 2 法則 $\boldsymbol{F}=m\boldsymbol{a}$ である．1 階の方程式と 2 階の方程式を，どちらも非線形になることを許して，比べてみよう：

$$\textbf{1 階}\quad y'=f(t,y)\qquad \textbf{2 階}\quad y''=F(t,y,y') \tag{1}$$

2 階の方程式では **2 つの初期条件**が必要で，通常 $y(0)$ と $y'(0)$ と書く —— 初期位置とともに初期速度が必要である．すると方程式は $y''(0)$ を与え，動きはじめる．

アクセルを踏み込むと加速度が生じる．ブレーキもまた加速度を生み出すが，それは**負**である（速度は減少する）．ハンドルも加速度を生み出す！ 速さではなく，速度の方向を変化させる．

当面，直線上の動きと 1 次元の問題に専念する：

$$\boldsymbol{\frac{d^2y}{dt^2}>0}\quad（加速する）\qquad\qquad \boldsymbol{\frac{d^2y}{dt^2}<0}\quad（減速する）.$$

$y(t)$ のグラフは $y''>0$ のとき，上へ曲がる（正しい用語は**下に凸**）．このとき，速度 y'（グラフの傾き）は増えている．そのグラフは $y''<0$ のとき，下へ曲がる（**上に凸**）．図 2.1 は $\boldsymbol{y=\sin t}$ のグラフを示し，このとき加速度は $a=d^2y/dt^2=-\sin t$ である．重要な方程式 $\boldsymbol{y''=-y}$ は $\sin t$ と $\cos t$ に行きつく．

速度 dy/dt（グラフの傾き）が y の零点の間で符号を変える様子に注目せよ．

$F=ma$ の最も良い例は，力 F が $-ky$，つまり（定数）$\times\, y(t)$（位置または変位）のときである．これは振動方程式を生み出す．

$$\textbf{力学の基本方程式}\qquad \boldsymbol{m\frac{d^2y}{dt^2}+ky=0} \tag{2}$$

バネの下端につるされた質点を考えよ（図 2.2 参照）．バネの上端は固定され，バネが伸びる．それをもう少しだけ伸ばして（質点を下方へ $y(0)$ だけ動かして），そして放す．バネは

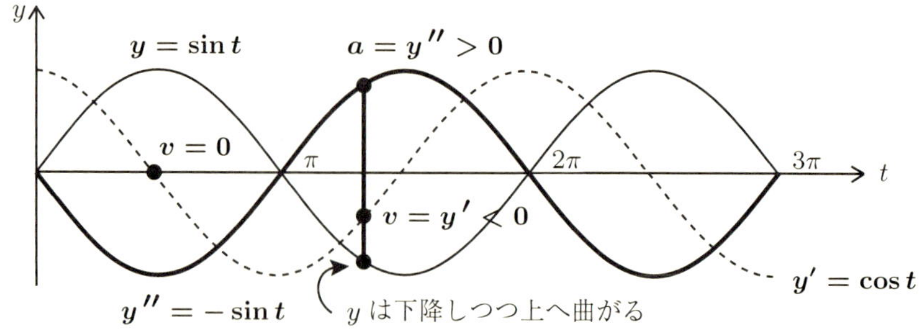

図 2.1　$y'' > 0$ は速度 y'（即ち傾き）が増えることを意味し，曲線は上に曲がる．

質点を引き戻す．フックの法則によりその力は $F = -ky$ と，伸びた距離 y に比例する．フックの定数が k である．

質点は上下に振動するだろう．式 (2) には何の摩擦（減衰項 $b\,dy/dt$）も含まないから，この振動は永久に続く．この振動は $y = \cos \omega t$ と $\omega = \sqrt{k/m}$ の，完璧なコサインとなる．なぜなら，$y'' = -(k/m)y$ となるには，2 階導関数が k/m を生み出さなくてはならないからである．

$$\textbf{周波数}\ \boldsymbol{\omega} = \sqrt{\frac{k}{m}}\ \text{での振動} \qquad y = y(0)\cos\left(\sqrt{\frac{k}{m}}\,t\right). \tag{3}$$

これは時刻 $t = 0$ で $y(0)$ だけ余計に伸びていることを示す．$\cos \omega t$ の導関数には係数 $\omega = \sqrt{k/m}$ が入る．2 階導関数 y'' では必要な $\omega^2 = k/m$ が入り，だから $my'' = -ky$ となる．

1 本のバネと 1 つの質点の動きは特に単純であり，ただ 1 つの周波数 ω しかない．N 個の質点を一列のバネでつなげば N 個の周波数が生じる——第 6 章では N 行 N 列の行列の固有値を調べなければならない．

$$m\frac{d^2y}{dt^2} = -ky$$

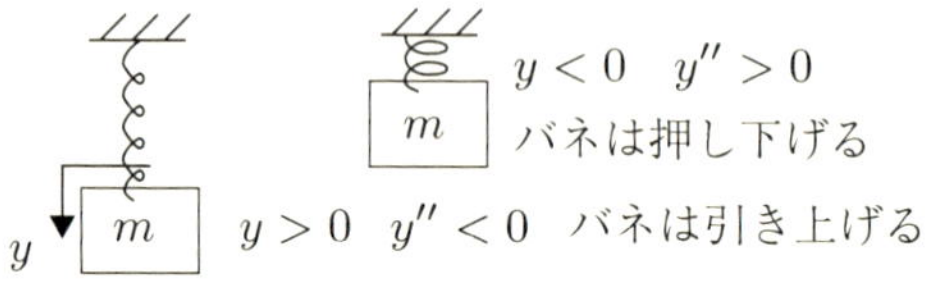

図 2.2　大きな k = 硬いバネ = **速い** ω．　大きな m = 重い質点 = **遅い** ω．

初期速度 $y'(0)$

2 階常微分方程式には **2 つの**初期条件が必要である．動作は初期位置 $y(0)$ で始まり，その初期速度は $y'(0)$ である．$y(0)$ と $y'(0)$ の両方が $my'' + ky = 0$ の一般解の中の 2 つの定数 c_1 と c_2 を定めるのに必要である：

$$\textbf{“単純な調和運動”} \qquad y = c_1 \cos\left(\sqrt{\frac{k}{m}}\,t\right) + c_2 \sin\left(\sqrt{\frac{k}{m}}\,t\right). \tag{4}$$

ここまでは，動作は静止状態（$y'(0)=0$，初期速度なし）から始まった．このときは c_1 が $y(0)$ で c_2 は零：コサインだけである．初期速度を許した途端，サインの解 $y=c_2 \sin \omega t$ を含まなくてはならない．しかしその係数 c_2 は単に $y'(0)$ とはならない．

$$t=0 \text{ で } \quad \frac{dy}{dt}=c_2\,\omega\,\cos\omega t \quad \text{が} \quad y'(0) \quad \text{に一致するとき} \quad \boldsymbol{c_2=\frac{y'(0)}{\omega}}. \tag{5}$$

もとの解 $y=y(0)\ \cos\omega t$ は $t=0$ で速度零のときに $y(0)$ に一致する．この新たな解 $y=(y'(0)/\omega)\sin\omega t$ は正しい初期速度を持ち，零から出発する．これら 2 つの解を組み合わせると $y(t)$ は両方の条件 $y(0)$ と $y'(0)$ に一致する：

$$\textbf{自由振動} \quad \boldsymbol{y(t)=y(0)\cos\omega t+\frac{y'(0)}{\omega}\sin\omega t} \quad \text{ただし} \quad \boldsymbol{\omega=\sqrt{\frac{k}{m}}}. \tag{6}$$

三角関数の合成公式で，これら 2 項（コサインとサイン）をひとまとめにできる．

位相遅れのあるコサイン

解 (6) を $\boldsymbol{y(t)=R\cos(\omega t-\alpha)}$ と書き直したい．$y(t)$ の振幅は正の数 R になり，この解の位相のずれ，つまり位相遅れは角度 α になる．$\omega t-\alpha$ のコサインに対して適した恒等式を用いて，$\cos\omega t$ と $\sin\omega t$ の両方を一致させる：

$$R\,\cos(\omega t-\alpha)=R\,\cos\omega t\ \cos\alpha+R\,\sin\omega t\ \sin\alpha. \tag{7}$$

$\cos\omega t$ と $\sin\omega t$ のこの組合せが解 (6) と一致するには，

$$R\,\cos\alpha=y(0) \quad \text{および} \quad R\,\sin\alpha=\frac{y'(0)}{\omega}. \tag{8}$$

これらの式を平方して加え合わせると R^2 となる：

$$\textbf{振幅}\ \boldsymbol{R} \qquad R^2=R^2(\cos^2\alpha+\sin^2\alpha)=(y(0))^2+\left(\frac{y'(0)}{\omega}\right)^2. \tag{9}$$

式 (8) の比をとると，α のタンジェントとなる：

$$\textbf{位相遅れ}\ \boldsymbol{\alpha} \qquad \tan\alpha=\frac{R\,\sin\alpha}{R\cos\alpha}=\frac{y'(0)}{\omega\,y(0)}. \tag{10}$$

問題 14 では選ぶべき角度 α について議論する．というのは，異なる角度が同じタンジェントを与えうるからである．もし α を π だけ，あるいは π の任意の整数倍だけ増やしても，タンジェントは同一である．

$y'(0)=0$ から出発した純粋なコサイン関数では**位相遅れがない**：$\alpha=0$．このとき，新たな形 $y(t)=R\,\cos(\omega t-\alpha)$ は以前の形 $y(0)\,\cos\omega t$ と同一である．

周波数 ω あるいは f

もし時刻 t を**秒**で測れば，周波数 ω の単位は**ラジアン毎秒**である．このとき，ωt の単位はラジアンになる——これは角度であり，$\cos \omega t$ がその余弦である．しかし誰もがラジアンを自然に考えられるわけではなく，何サイクルしたかのほうが目に浮かべやすい．そこで周波数は，**サイクル毎秒**としても測られる．家庭での典型的な周波数は，毎秒 $f = 60$ サイクルである．毎秒 1 サイクルは通常 $\boldsymbol{f = 1}$ ヘルツと短く書く．完全な 1 サイクルは 2π ラジアンだから，**$f = 60$ ヘルツは毎秒 $\omega = 120\pi$ ラジアンと同じ周波数である**．

周期とは完全な 1 サイクルにかかる時間 T のことである．これより $T = 1/f$．このページでだけ f は周波数を指す——他のページではすべて $f(t)$ は駆動関数のことである．

周波数　$\boldsymbol{\omega = 2\pi f}$　　**周期**　$\boldsymbol{T = \dfrac{1}{f} = \dfrac{2\pi}{\omega}}$．

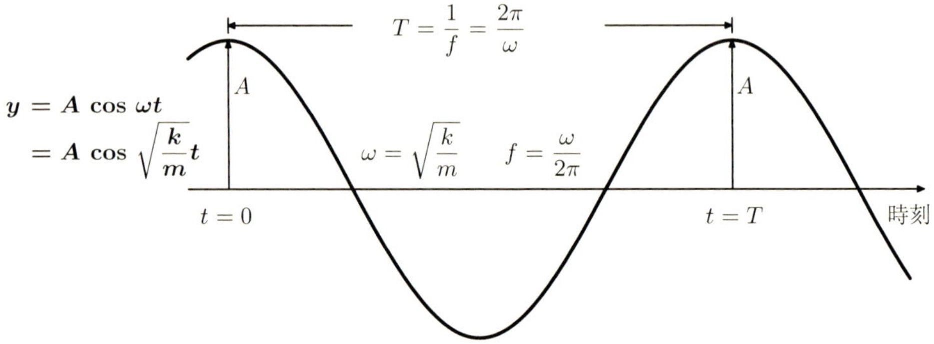

図 2.3　単純な調和運動 $y = A \cos \omega t$：振幅 A および周波数 ω．

調和運動と円運動

調和運動は上下（または左右）の動きである．**ある点が円運動をするとき，x 軸と y 軸へのその射影が調和運動である**．これらの運動は密接に関係しており，上下に動くピストンが，はずみ車の円運動を生み出すのはこのためである．点が円周を一定の速さで動く間，調和運動は“中央で加速し，両端で減速する”．

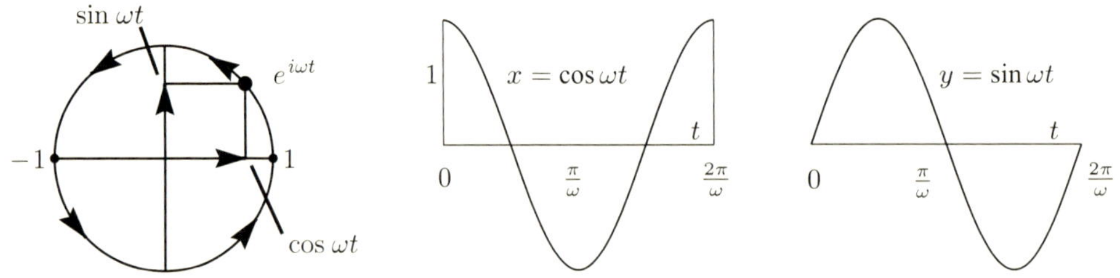

図 2.4　円を回る定常運動が，両軸に沿ってコサインおよびサインの運動を生み出す．

応答関数

重要な語句をいくつか導入したい．**応答**とは出力 $y(t)$ のことである．これまでのところ，入力は初期値 $y(0)$ と $y'(0)$ だけだった．この場合の $y(t)$ は**初期値応答**と呼べるだろう（しかしこの用語を見たことがない）．運動の 2，3 サイクルだけを見るとき，初期値は大きな違いを生むが，長期的に大切なのは $f = \cos\omega t$ のような**外力項**に対する応答である．

今度は ω が右辺の**駆動周波数**である一方，**固有周波数** $\omega_n = \sqrt{k/m}$ は左辺で決められる：ω は y_p に起因して，ω_n は y_n に起因する．運動が $\cos\omega t$ により駆動されるとき，特殊解は $y_p = Y\cos\omega t$ である：

周波数 $\boldsymbol{\omega}$ での強制運動 $\boldsymbol{y_p(t)}$
$$my'' + ky = \cos\omega t \qquad \boldsymbol{y_p(t) = \frac{1}{k - m\omega^2}\cos\omega t}. \tag{11}$$

$y_p(t)$ を見つけるために，$Y\cos\omega t$ を $my'' + ky$ に代入すると，その結果が $(k - m\omega^2)Y\cos\omega t$ となった．これが駆動関数 $\cos\omega t$ と一致するのは，$Y = 1/(k - m\omega^2)$ のときである．

初期条件は式 (11) のどこにもない．これらは固有周波数 $\omega_n = \sqrt{k/m}$ で振動する斉次解 y_n に寄与する．このとき $k = m\omega_n^2$ である．

応答 $y_p(t)$ で k を $m\omega_n^2$ で置き換えると，分母に $\omega_n^2 - \omega^2$ が生じる：

$\boldsymbol{\cos\omega t}$ への応答
$$\boldsymbol{y_p(t) = \frac{1}{m\left(\omega_n^2 - \omega^2\right)}\cos\omega t}. \tag{12}$$

我々の方程式 $my'' + ky = \cos\omega t$ は減衰項を含んでいない．これは 2.3 節で現れ，位相遅れ α を生み出し，振幅 $|Y(\omega)|$ も減らす．ここでは $Y(\omega)\cos\omega t$ の中にその振幅しか見えない：

周波数応答
$$\boldsymbol{Y(\omega) = \frac{1}{k - m\omega^2} = \frac{1}{m\left(\omega_n^2 - \omega^2\right)}}. \tag{13}$$

質量とバネ定数，あるいはインダクタンスと静電容量が固有周波数 ω_n を決める．駆動力 $\cos\omega t$（または $e^{i\omega t}$）への応答は，周波数応答 $Y(\omega)$ による掛け算である．**この公式は** $\omega = \omega_n$ **のときは変化する——共鳴を調べることになる！**

2.3 節での減衰を加えると，周波数応答 $Y(\omega)$ は複素数になる．複素数の算術を避けることはできず，そうしたくもない．この大きさ $|Y(\omega)|$ は**大きさの応答**（または振幅応答）を与える．複素平面での角度 θ は**位相応答**を決める（このとき，位相遅れを測るので $\alpha = -\theta$ となる）．

$f(t) = e^{i\omega t}$ への応答は $Y(\omega)e^{i\omega t}$ であり，$f(t) = \delta(t)$ への応答は $g(t)$ である．周波数応答 Y は式 (13) で，インパルス応答 g は式 (15) で示される．$Ye^{i\omega t}$ **および** $g(t)$ **は** $my'' + ky = f(t)$ の 2 つの大切な解である．

インパルス応答 = 基本解

線形常微分方程式の最重要な解を $g(t)$ と記そう．数学では g は**基本解**である．工学では g は

インパルス応答である．これは右辺が $f(t)=\delta(t)$ と，インパルス（デルタ関数）の時の特殊解である．

その同じ $g(t)$ は初期速度が $g'(0)=1/m$ のときに $mg''+kg=0$ の解となる．

基本解	$mg''+kg=\delta(t)$	**で，零を初期値とする**	(14)
斉次解でもある	$g(t)=\dfrac{\sin\omega_n t}{m\omega_n}$	**では $g(0)=0$ と $g'(0)=\dfrac{1}{m}$.**	(15)

その斉次解を見つけるには，式 (6) に初期値 0 と $1/m$ を入れるだけだ．$g(0)=0$ なのでコサインの項が消える．

これら 2 つの問題の答えが同じになることを示す．その後，本節を通じて，なぜ $g(t)$ がそれほど大切かを示そう．1 章の 1 階常微分方程式 $y'=ay+q$ では，基本解（インパルス応答，成長因子）は $g(t)=e^{at}$ だった．この最初の 2 つの名称は用いなかったが，e^{at} がどれほどその章全体を支配していたかを見たはずだ．

この応答 $g(t)$ について，最初に物理的な言語で説明しよう．**質点に衝撃を与えると動きはじめる**．すべての力が時間の一瞬に作用する：インパルスだ．一瞬のうちに有限の力を与えるのは，普通の関数では不可能で，デルタ関数でのみ可能である．$\delta(t)$ の積分が $t=0$ を越すとき，1 にジャンプするのを思い出そう．

$mg''=\delta(t)$ を積分するとき，$t=0$ 以前は何も起こらず，その瞬間，積分は 1 にジャンプする．左辺 mg'' の積分は mg' であるから，$t=0$ で即座に $mg'=1$ となり，$g'(0)=1/m$ を与える．インパルス $\delta(t)$ を含んだ計算は，多少の信心が必要になることが理解されよう．

$g(t)$ の重要な点は，これが任意の外力関数 $f(t)$ に対して方程式を解くことである：

$$\boxed{my''+ky=f(t) \text{ の特殊解は } y(t)=\int_0^t g(t-s)f(s)\,ds.} \tag{16}$$

$g(t-s)$ が $e^{a(t-s)}$ で，方程式が 1 階のとき，これは 1 章の大切な公式だった．2.3 節では微分方程式が減衰を含むときの $g(t)$ を求める．式中の係数は定数に保たれ，$g(t)$ に対するきれいな公式を得る．

結末に到達する 1 つの手段であるデルタ関数を用いた作業に不安を感じるかもしれない．この最終的な解 $y(t)$ を 3 つの異なる方法で確かめる：

1 式 (16) の $y(t)$ を直接微分方程式に代入する　（問題 21）

2 定数変化法により $y(t)$ を求める　（2.6 節）

3 ラプラス変換 $Y(s)$ を用いて再度解く　（2.7 節）．

■　要点の復習　■

1. $my'' + ky = 0$：バネにつながれた質点は固有周波数 $\omega_n = \sqrt{k/m}$ で振動する.

2. $my'' + ky = \cos\omega t$：この駆動力は $y_p = (\cos\omega t)/m\left(\omega_n^2 - \omega^2\right)$ を生み出す.

3. $\omega_n = \omega$ のとき，共鳴が起こる．解 $y_p = t\sin\omega t$ には新たな係数 t が含まれる.

4. $mg'' + kg = \delta(t)$ の解は，$\boldsymbol{g(t) = (\sin\omega_n t)/m\omega_n} =$ [$g'(0) = 1/m$ を満たす斉次解].

5. 基本解 g：どの駆動関数 f でも $y(t) = \int_0^t g(t-s)f(s)\,ds$.

6. 周波数：毎秒 ω ラジアンか毎秒 f サイクル（f ヘルツ）．周期 $T = 1/f$.

演習問題 2.1

1　$d^2y/dt^2 = -9y$ を満たすコサインとサインを 1 つずつ見つけよ．これは 2 階の方程式だから **2 つの定数** C と D が期待される（2 階積分するので）：

$$\textbf{単純な調和運動}\qquad y(t) = C\,\cos\,\omega t + D\,\sin\,\omega t.\quad \omega\text{は何か？}$$

もしこの系が静止状態（つまり $t=0$ にて $dy/dt = 0$）から始まるなら，C と D のどちらの定数が零か？

2　問題 1 で，どんな C と D の値ならば，初期値が $y(0) = 0$ および $y'(0) = 1$ となるか？

3　単純な調和運動 $y = A\,\cos(\omega t - \alpha)$ を示す図 2.3 を，位相 $\alpha = \pi/3$ および $\alpha = -\pi/2$ について描け.

4　図 2.4 の円の半径が 3 で，円振動数が $f = 60$ ヘルツとする．点が角度 $-45°$ から出発して動くとき，その x 座標 $A\,\cos(\omega t - \alpha)$ を求めよ．位相遅れは $\alpha = 45°$ である．この点が最初に x 軸を横切るのはいつか？

5　半径が $R = 3$ マイルの円形の道路上を時速 60 マイルで運転するとき，完全な 1 サイクルにかかる時間 T はいくらか？ このとき円振動数は $f =$ ＿＿＿，角周波数は $\omega =$ ＿＿＿（単位は何か？）で，周期は T である.

6　振動するバネ-質点系での全エネルギー E は

$$E = \text{質点の}\textbf{運動}\text{エネルギー} + \text{バネの}\textbf{位置}\text{エネルギー} = \frac{m}{2}\left(\frac{dy}{dt}\right)^2 + \frac{k}{2}y^2.$$

$y = C\,\cos\,\omega t + D\,\sin\,\omega t$ のときに E を計算せよ．このエネルギーは一定である！

7　全エネルギー E が一定であることを示すもう 1 つの方法：

$$\boldsymbol{my'' + ky = 0}\ \text{に}\ \boldsymbol{y'}\ \text{を掛けてから}\ my'y''\ \text{と}\ kyy'\ \text{を積分せよ.}$$

8 **強制振動**では方程式に項がもう 1 つ加わり，解には $A\cos\omega t$ が加わる：

$$\frac{d^2y}{dt^2} + 4y = F\ \cos\ \omega t \quad \text{の解は} \quad y = C\ \cos\ 2t + D\ \sin\ 2t + A\ \cos\ \omega t.$$

(a) y を方程式に代入し，どのように C と D が消えるか観察せよ（これらは y_n を与える）．特殊解 $y_p = A\ \cos\ \omega t$ 中の強制振幅 A を求めよ．

(b) $\omega = 2$（強制周波数 = 固有周波数）のとき，あなたの公式は A について，どんな答えを与えるか？ 解 y の公式はこの場合，破たんする．

9 問題 8 に続き，次の方程式の一般解 $y_n + y_p$ を書き下せ．

$$m\frac{d^2y}{dt^2} + ky = F\ \cos\ \omega t \ \ \text{ただし}\ \ \omega \neq \omega_n = \sqrt{k/m}\ \text{（共鳴なし）}$$

この答え y は自由定数 C と D があり，$y(0)$ と $y'(0)$ に合わせられる．（A **は** F により**決まる**）．

10 ニュートンの法則 $F = ma$ で力 F が a と**同じ**方向だとする：

$$my'' = +ky \qquad \text{例えば} \qquad y'' = 4y.$$

指数関数の解 $y = e^{st}$ で，s の可能な選択肢 2 つを求めよ．この解はシヌソイドでなく，s は実数で，振動は消え去る．このときの y は不安定である．

11 ここに **4 階**の方程式がある：$d^4y/dt^4 = 16y$．指数関数の解 $y = e^{st}$ を与える **4 つの** s の値を求めよ．y について 4 つの初期条件が期待されるだろう：$y(0)$ の他にどんな 3 つの条件か？

12 $y'' + 9y = e^{ct}$ の特殊解として，外力関数の定数倍 $y_p(t) = Ye^{ct}$ を試してみる．この数 Y はいくつか？ その式で $Y = \infty$ となるのはいつか？ （共鳴では Y の新たな公式が必要である.）

13 $y'' + 9y = e^{i\omega t}$ の特殊解 $y = Ae^{i\omega t}$ で，振幅 A は何か？ この公式が爆発するのは，強制振動数 ω = どんな固有周波数のときか？

14 式 (10) では，位相角のタンジェントが $\tan\alpha = y'(0)/\omega y(0)$ である．まず，y がメートルで時刻が秒のとき，$\tan\alpha$ が無次元になることを確かめよ．次に，比が $\tan\alpha = 1$ のとき，$\alpha = \pi/4$ と $\alpha = 5\pi/4$ のどちらを選ぶべきか？
解答：

$$\boldsymbol{R\cos\alpha = y(0)}\ \text{と}\ \boldsymbol{R\sin\alpha = y'(0)/\omega}\ \text{が，別々にほしい.}$$

両式の右辺が正なら，角 α は 0 と $\pi/2$ の間で選ぶ．
両式の右辺が負なら，π を加えて $\alpha = 5\pi/4$ と選ぶ．

問：もし $y(0) > 0$ で $y'(0) < 0$ ならば，α は $\pi/2$ と π の間になるか，それとも $3\pi/2$ と 2π の間か？ $(0, 0)$ から $(y(0), y'(0)/\omega)$ へのベクトルを描くとき，その角度が α である．

15 図 2.1 の正弦曲線上で，$y > 0$ だが $v = y' < 0$ で，しかも $a = y'' < 0$ である点を見つけよ．曲線は右下がりで，上に凸である．

$y < 0$ だが $y' > 0$ かつ $y'' > 0$ である点を見つけよ．この点は x 軸より下方だが，曲線は右 _____ で，_____ に凸である．

16 (a) $y(0) = 1$ と $y'(0) = 10$ から出発して $y'' + 100y = 0$ を解け（**これは $\boldsymbol{y_n}$ である**）．

(b) $y(0) = 0$ と $y'(0) = 0$ から出発して $y'' + 100y = \cos\omega t$ を解け（**これは $\boldsymbol{y_p}$ となれる**）．

17 $y'' + 100y = \cos\omega t - \sin\omega t$ に対する特殊解 $y_p = R\cos(\omega t - \alpha)$ を求めよ．

18 単純な調和運動は線形の振り子（大きな古時計のような）でも生じる．時刻 t でその高さは $A\cos\omega t$ である．もし振り子が 1 秒後に出発点に戻ってきたら，周波数 ω は何か？ この周波数は振幅にはよらない（大きな時計も小さなメトロノームも，腕時計の中の動きもすべて $T = 1$ となれる）．

19 位相遅れが α のとき，$\cos(\omega t - \alpha)$ のグラフを描く際の時間の遅れはいくらか？

20 $my'' + ky = \delta(t - T)$ のとき，遅延のあるインパルスに対する応答 $y(t)$ は何か？

21 （良い挑戦） $y = \int_0^t g(t-s)f(s)\,ds$ が $my'' + ky = f(t)$ を満たすことを示せ．

1 なぜ $y' = \int_0^t g'(t-s)f(s)\,ds + g(0)f(t)$ か？ y の中の 2 つの t に注意せよ．

2 $g(0) = 0$ を用いて，なぜ $y'' = \int_0^t g''(t-s)f(s)\,ds + g'(0)f(t)$ かを説明せよ．

3 さて，$g'(0) = 1/m$ および $mg'' + kg = 0$ を用いて $my'' + ky = f(t)$ を確かめよ．

22 $f = 1$ のとき（直流では $\omega = 0$ となる），次の y に対して $my'' + ky = 1$ となることを示せ．

ステップ応答 $y(t) = \displaystyle\int_0^t \frac{\sin\omega_n(t-s)}{m\omega_n} 1\,ds = y_p + y_n$ は $\boldsymbol{\dfrac{1}{k} - \dfrac{1}{k}\cos\omega_n t}$ に等しい．

23 （推奨） 方程式 $d^2y/dt^2 = 0$ の斉次解を求めよ．そして $d^2g/dt^2 = \delta(t)$ の基本解を求めよ（斉次解で $g(0) = 0$ および $g'(0) = 1$ から出発せよ）．$y'' = f(t)$ に対して公式 (16) を用いて特殊解を求めよ．

24 方程式 $d^2y/dt^2 = e^{i\omega t}$ の特殊解 $y = Y(\omega)e^{i\omega t}$ を求めよ．このとき，$Y(\omega)$ は周波数応答である．$\omega = 0$ のときに "共鳴" して，斉次解 $y_n = 1$ となることに注意せよ．

25 $my'' - ky = e^{i\omega t}$ の特殊解 $Ye^{i\omega t}$ を求めよ．この式では ky の代わりに $-ky$ となっている．周波数応答 $Y(\omega)$ は何か？ どの ω に対して Y は無限大となるか？

2.2 複素数についての重要な事実

微分方程式の解は**実数** $\boldsymbol{a}$ と **虚数** $\boldsymbol{i\omega}$ を含む．これらはあわせて**複素数** $\boldsymbol{s = a + i\omega}$（実プラス虚）となる．ここに 3 つの方程式とそれらの解を示す：

$$\frac{dy}{dt} = ay \qquad \frac{d^2y}{dt^2} + \omega^2 y = 0 \qquad \frac{d^2y}{dt^2} - 2a\frac{dy}{dt} + (\omega^2 + a^2)y = 0$$

$$y = \boldsymbol{Ce^{at}} \qquad y = \boldsymbol{c_1e^{i\omega t} + c_2e^{-i\omega t}} \qquad y = \boldsymbol{c_1e^{(a+i\omega)t} + c_2e^{(a-i\omega)t}}$$

1 章では $y' = ay$ を解き，2.1 節では $y'' + \omega^2 y = 0$ を解いた．2.3 節では最後の方程式 $Ay'' + By' + Cy = 0$ を解く．実と虚の（a と $i\omega$ の間の）釣合いは，B^2 と $4AC$ の間の競合に行きつく．

この科目は複素数なしには進めない．$s = a + i\omega$ の直交形式（実部と虚部）は見てのとおり．同様に理解すべきは，その**極形式**である．s そのもの以上に，e^{st} を極形式で理解することが求められる：

$$\boldsymbol{e^{st} = e^{(a+i\omega)t} = e^{at}\,e^{i\omega t}}$$

$\boldsymbol{e^{at}}$ が成長か減衰を与え，　$\boldsymbol{e^{i\omega t}}$ が振動や回転を与える．

実部 a は成長率であり，虚部 ω は振動の周波数である．加算 $a+i\omega$ は，指数の公式により乗算 $e^{at}e^{i\omega t}$ に変わる．指数関数を至るところで見るのは確かである．なぜなら，それらは定係数の方程式の解だから：$y' = sy$ **の解は** $y = Ce^{st}$ **である**．外力関数 $e^{i\omega t}$ があると，$y' - sy = e^{i\omega t}$ の特殊解は $y_p = e^{i\omega t}/(i\omega - s)$ となり，複素関数である．

オイラーの公式 $e^{i\omega t} = \cos\omega t + i\sin\omega t$ が 2 つの実関数（コサインとサイン）を呼び戻す．実数の微分方程式は実数の解をもつ．右辺の外力関数が $f = A\cos\omega t + B\sin\omega t$ のとき，適切な特殊解は $y_p = M\cos\omega t + N\sin\omega t$ である．

この実数の世界では，振幅 $\boldsymbol{\sqrt{A^2 + B^2}}$ および $\boldsymbol{\sqrt{M^2 + N^2}}$ が最重要である．この振幅こそ我々が（光として）見て，(音として）聞いて，(振動として）感じるものである．

斉次解 y_n と特殊解 y_p は複素数を必要とする．y_n の形は Ce^{st} であり，y_p の形は $Ye^{i\omega t}$ である．複素ゲインが Y である．$s = a + i\omega$ に現れる ω は，斉次解 y_n の**固有周波数**であることに注意しよう．右辺の $e^{i\omega t}$ の ω は，特殊解 y_p の**駆動周波数**である．

もし $\omega_{\textbf{固有}} = \omega_{\textbf{駆動}}$ ならば，“共鳴” が生じ，新たな公式が必要となる．

以下が本節のプランである．

1 複素数 s_1 と s_2 を掛け合わせる（復習）．

2 極形式 $s = re^{i\theta}$ を用いて，ベキ $s^n = r^ne^{in\theta}$ を求める（復習）．

3 方程式 $s^n = 1$ に，特に注目する．これは，すべて**単位円**の上にある n 個の根をもつ．

4 **指数関数 $\boldsymbol{e^{st}}$** を求め，それが複素平面内で動くのを観察する．

複素数：直交形式と極形式

複素数 $a + i\omega$ は実部 a と虚部 ω をもつ．2 つの複素数は簡単に加えられる：実部は $a_1 + a_2$

で，虚部は $\omega_1 + \omega_2$．掛け算は式 (1) では汚く見え，良い方法は式 (5) である．

$$\textbf{乗算}\qquad (a_1 + i\omega_1)\,(a_2 + i\omega_2) = (a_1a_2 - \omega_1\omega_2) + i(a_1\omega_2 + a_2\omega_1). \tag{1}$$

a_1 および $i\omega_1$ の各部を，a_2 および $i\omega_2$ の各部に，単に掛けた．

$$\textbf{重要な場合：}\boldsymbol{s \times \overline{s}}\qquad (a + i\omega)\,(a - i\omega) = a^2 + \omega^2 \text{ は実数.} \tag{2}$$

$\overline{s} = a - i\omega$ は $s = a + i\omega$ の**複素共役**である．式 (2) は $\boldsymbol{s\overline{s} = |s|^2}$ を意味する．
$\boldsymbol{|s| = \sqrt{a^2 + \omega^2}}$ は $s = a + i\omega$ の**絶対値**，あるいは**大きさ**である．

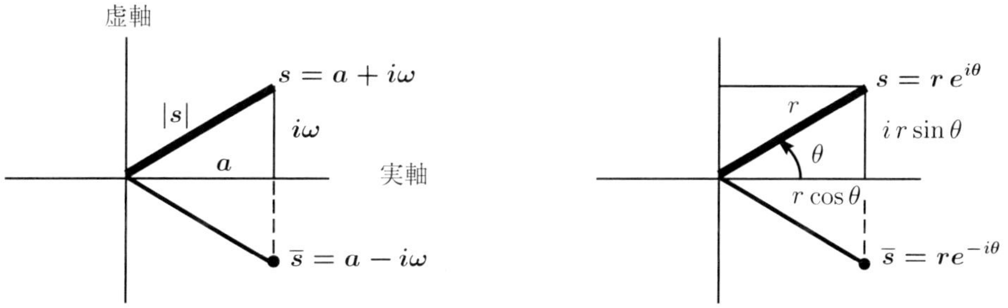

図 2.5 (i) 直交形式 $s = a + i\omega$．(ii) 極形式 $s = re^{i\theta}$ で $r = |s| = \sqrt{a^2 + \omega^2}$ は絶対値．s の複素共役は $\overline{s} = a - i\omega = re^{-i\theta}$．

s の極形式では原点 $(0, 0)$ への距離 $r = |s|$ を用いる．実数 a と ω（直交）の，r と θ（極）への関係は，

$$\boldsymbol{a = r\cos\theta}\qquad \boldsymbol{\omega = r\sin\theta}\qquad \boldsymbol{s} = a + i\omega = r\,(\cos\theta + i\,\sin\,\theta) = \boldsymbol{re^{i\theta}}. \tag{3}$$

この瞬間，オイラーの公式 $e^{i\theta} = \cos\theta + i\,\sin\,\theta$ が理解される．これは指数関数の複素数での**定義**と見ることができる．あるいは $e^{i\theta}$ の無限級数をその実部（$\cos\theta$ の級数）と虚部（$\sin\theta$ の級数）に分離できる．

$\cos\theta$ および $\sin\,\theta$ によって $e^{i\theta}$ を表すときに，オイラーの公式はいつも使われる．反対向きに，コサインとサインを $e^{i\theta}$ および $e^{-i\theta}$ で表すのも便利である：

$$\textbf{指数関数から三角関数へ}\qquad \cos\theta = \frac{\boldsymbol{e^{i\theta} + e^{-i\theta}}}{\boldsymbol{2}}\qquad \sin\,\theta = \frac{\boldsymbol{e^{i\theta} - e^{-i\theta}}}{\boldsymbol{2i}} \tag{4}$$

サインのほうは引き算で得られ，$\cos\theta$ が打ち消されて $2i\,\sin\,\theta$ を得る．$2i$ で割る必要がある．

s^n と $1/s$ の極形式

乗算と累乗 s^n には極形式が完璧である．s_1 と s_2 の絶対値を掛け合わせ，それらの角度は**加え合わせる**．r_1r_2 と掛け，$\theta_1 + \theta_2$ と加えよ．

$$\textbf{乗算}\ \boldsymbol{s_1s_2}\qquad \left(r_1\,e^{i\theta_1}\right)\left(r_2\,e^{i\theta_2}\right) = \boldsymbol{r_1r_2\,e^{i(\theta_1+\theta_2)}} \tag{5}$$

$$\boldsymbol{s = re^{i\theta}}\ \textbf{の累乗}\qquad s^n = \left(r\,e^{i\theta}\right)^n = \boldsymbol{r^n\,e^{in\theta}} \tag{6}$$

もし $n=2$ ならば，$re^{i\theta}\times re^{i\theta}$ の乗算で $r^2e^{i2\theta}$ を得る（θ を θ に加える）．もし $n=-1$ ならば，除算を行う．$1/(a+i\omega)$ の直交形式は $1/(re^{i\theta})$ の極形式と一致する：

$$\frac{\mathbf{1}}{\boldsymbol{a+i\omega}}=\frac{1}{a+i\omega}\;\frac{a-i\omega}{a-i\omega}=\frac{\boldsymbol{a-i\omega}}{\boldsymbol{a^2+\omega^2}}\qquad\frac{\mathbf{1}}{\boldsymbol{re^{i\theta}}}=\frac{1}{r}\;\frac{1}{e^{i\theta}}=\frac{\mathbf{1}}{\boldsymbol{r}}\boldsymbol{e^{-i\theta}}.\tag{7}$$

その大きさは $r=|a+i\omega|=\sqrt{a^2+\omega^2}$ であり，式(7) は $1/s$ が $\overline{s}/|s|^2$ に等しいと述べている．$y'-ay=e^{i\omega t}$ を解くときに我々が出会うのは $y=e^{i\omega t}/(i\omega-a)$ である：

$$\textbf{ゲイン } \boldsymbol{G} \textbf{ と位相 } \boldsymbol{\alpha}\qquad i\omega-a=re^{i\alpha}\qquad\frac{1}{i\omega-a}=\frac{1}{r}e^{-i\alpha}=Ge^{-i\alpha}\tag{8}$$

この極形式が私の好みだ．$s=re^{i\theta}$ のとき，$1/s$ の絶対値は $1/r$ で，角度は $-\theta$ である．

例　$1+i$ の極形式は $\sqrt{2}e^{i\pi/4}$：絶対値 $r=\sqrt{1+1}=\boldsymbol{\sqrt{2}}$.

その共役 $1-i$ の極形式は $\boldsymbol{\sqrt{2}}e^{-\pi i/4}$.

その逆数 $1/(1+i)$ の極形式は $(\mathbf{1}/\boldsymbol{\sqrt{2}})e^{-\pi i/4}$.

角度 θ には 2π を加えられることに注意する．これにより円を1周して，もとの点に戻ってくる．したがって $e^{i\theta}=e^{i(\theta+2\pi)}$ で，$e^{-i\pi/4}=e^{7\pi i/4}$ である．

単位円

極形式が複素平面上の単位円の重要性を引き出す．この円は絶対値が $r=|s|=1$ であるすべての複素数を含んでいる．単位円上の数は厳密に $\boldsymbol{s=e^{i\theta}=\cos\theta+i\sin\theta}$ である．

$r=1$ であるから，どの r^n もまた1である．s^2 や s^{-1} といったベキはどれも単位円上にとどまる．図2.6での角度は，2θ や $-\theta$ になる．n 乗した s^n の角度は $n\theta$ である．

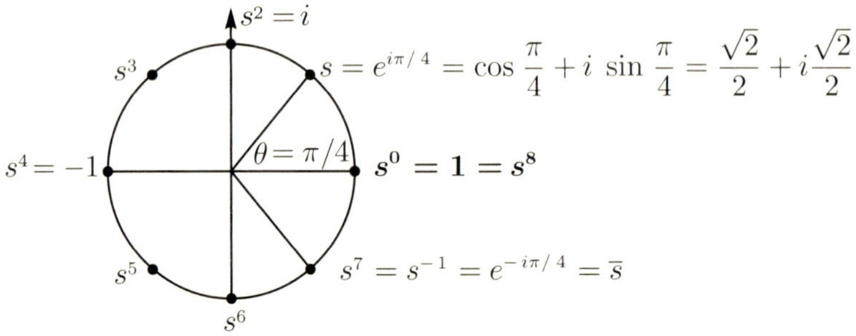

図2.6　数 $s=e^{i\theta}$ から $s^2=e^{i2\theta}$ と $s^{-1}=e^{-i\theta}$ であり，すべて $r=1$ の円周上にある．ここで $\theta=45°$ つまり $\pi/4$ ラジアンなので，$2\theta=90°$ と $\boldsymbol{s^2=i}$．**このとき $\boldsymbol{s^8=1}$.**

ここで，複素数の三角関数への良い応用がある．$\cos 2\theta$ と $\sin 2\theta$ に対する“倍角”の公式はそれほど覚えやすいものではない．$\cos 3\theta$ と $\sin 3\theta$ に対する“3倍角”の公式はさらに難しい．しかしこれらの公式はどれも1つの単純な事実に起因する：

$$(\boldsymbol{e^{i\theta}})^{\boldsymbol{n}}=\boldsymbol{e^{in\theta}}\qquad(\cos\theta+i\sin\theta)^{\boldsymbol{n}}=\cos n\theta+i\sin n\theta.\tag{9}$$

$n = 2$ とすると，$e^{i\theta} = \cos\theta + i\sin\theta$ を平方して $e^{i2\theta}$ を得る：

$$(\cos\theta + i\sin\theta)^2 = \cos^2\theta - \sin^2\theta + 2i\cos\theta\sin\theta = \cos 2\theta + i\sin 2\theta. \tag{10}$$

実部 $\cos^2\theta - \sin^2\theta$ が $\mathbf{cos\ 2\theta}$ で，虚部 $2\sin\theta\cos\theta$ が $\mathbf{sin\ 2\theta}$ である．3 倍角については，再度 $\cos\theta + i\sin\theta$ を掛ける（問題 4）．

方程式 $s^n = 1$

$s^2 = 1$ となる数は 2 つある（それらは $s = 1$ と -1）．$s^4 = 1$ となる数は 4 つある（それらは 1 と -1 と i と $-i$）．これら 4 つの数は**単位円上に等間隔である**．どの方程式 $s^n = 1$ でも，これがパターンである：$s = 1$ から始めて，n 個の数は，単位円上に等間隔で並ぶ．代数学の基本定理によれば，n 次方程式には（複素数かもしれない）n 個の根がある．方程式 $s^n = 1$ も例外ではなく，そのすべての根は単位円上にある．

$$\boldsymbol{s^n = 1} \ \text{の}\ \boldsymbol{n}\ \text{個の根} \qquad s = e^{2\pi i/n}, s = e^{4\pi i/n}, \ldots, s = e^{2n\pi i/n} = e^{2\pi i} = 1.$$

これらは特別な複素数 $s = e^{2\pi i/n}$ の累乗 $s, s^2, \ldots, s^n$ である．その数 $s = e^{2\pi i/8}$ は $s^8 = 1$ の 8 個の根のうち，図 2.6 で円周を回るときの最初のものである．

ここで，$s^n = 1$ の解について注目すべき事実がある．**これら $\boldsymbol{n}$ 個の数を足すと零になる**．図 2.6 では，$s^5 = -s$ と $s^6 = -s^2$ と $s^7 = -s^3$ と $s^8 = -s^4$ に気づく．根はペアを組んで，各ペアを足すと零になる．そこで 8 個の根を足して零である．

$n = 3$ や 5 や 7 のときは，ペアで消すこの方法はうまくいかない．$s^3 = 1$ の 3 つの根は 120° の角度ずつ離れている（s と s^2 は $e^{2\pi i/3}$ と $e^{4\pi i/3}$ で，角度は 120° と 240°．そして次は 360°）．これら 3 つの数字を足すと零になるのを示すには，$s^3 - 1 = 0$ を因数分解する：

$$0 = s^3 - 1 = (s-1)(s^2 + s + 1) \quad \text{より} \quad \boldsymbol{s^2 + s + 1 = 0}. \tag{11}$$

単位円上の n 個の数はフーリエ行列の中身となる．8.2 節の高速フーリエ変換の圧倒的な成功には，これらが鍵となる．

指数関数 $e^{i\omega t}$ と e^{ist}

微分方程式を解くのに複素数を用いる．$dy/dt = ay$ に対して解 $y = Ce^{at}$ は実数である．しかし 2 階の微分方程式では，e^{at} からの成長／減衰とあわせ，振動 $e^{i\omega t}$ も起こりうる．今度は，y はサインとコサイン，あるいは複素指数関数を含む．

$$\boxed{y = c_1 e^{(a+i\omega)t} + c_2 e^{(a-i\omega)t} \quad \text{または} \quad y = C_1 e^{at}\cos\omega t + C_2 e^{at}\sin\omega t.} \tag{12}$$

我々の目標は $Ay'' + By' + Cy = 0$ の一般解の中で，それらの部品を追いかけることだ．**複素平面上で点 $e^{(a+i\omega)t}$ はどこを動くか？** 次節では，a と ω を数値 A, B, C に結びつけ，微分方程式を解く．

$e^{(a+i\omega)t}$ の軌跡を追跡する最善の方法は a を $i\omega$ から分離することである．$e^{i\omega t}$ の軌跡は円であり，係数 e^{at} が円を渦巻きへと変える．

指数関数の公式　　$e^{(a+i\omega)t} = e^{at}e^{i\omega t}.$　　(13)

これは極形式である！ 係数 e^{at} が絶対値 r であり，角度 ωt が位相角 θ である．時刻 t が増えるにつれ，それら2つの部品を追いかけよう：

絶対値	もし $a>0$ なら e^{at} は t とともに成長し，もし $a<0$ なら e^{at} は減衰する．
位相角	t が $2\pi/\omega$ だけ増えると $e^{i\omega t}$ は単位円を1周する．

実部 a が安定性を決める．これはちょうど1章で見たとおりだ．減衰は $a<0$，すなわち安定性，を生み出すことを見るだろう．その場合は，$y''+By'+Cy=0$ で $B>0$ となる．

本節では，指数 s の $i\omega$ の部分について述べる．それは，解 $y=e^{st}$ の $e^{i\omega t}$ のほうを生み出す．2.1節での純粋な振動は，減衰のない $my''+ky=0$ に起因した．そこではただ，この $e^{i\omega t}$ の部分しかなかった（単位円を逆向きに回る $e^{-i\omega t}$ とともにであったが）．その周波数は $\omega=\sqrt{k/m}$ である．

$e^{i\omega t}$ が円周上を回るのを観察せよ．その水平方向の動き（x 軸へのその影）を追いかけると $\cos\omega t$ が見られる．y 軸へのその高さを追いかけると $\sin\omega t$ が見られる．$\omega t=2\pi$ のときに円を一回りするので，周期は $T=2\pi/\omega$ である．

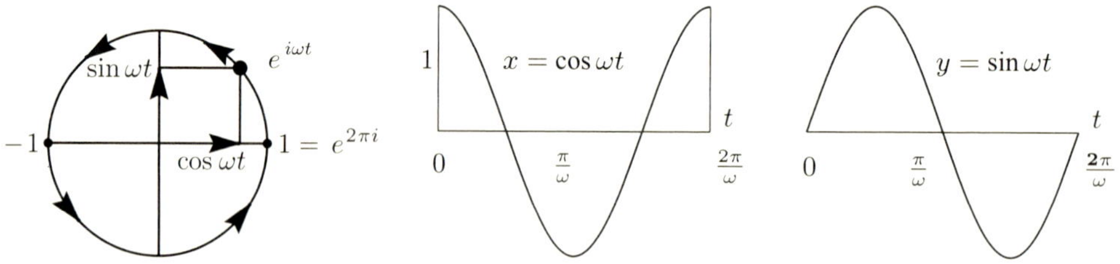

図 2.7　$y''+\omega^2y=0$：1つの複素数の解 $e^{i\omega t}$ が2つの実数の解を生み出す．

$e^{i\omega t}$ と e^{at} を掛けると，**それらの積 e^{st} は渦巻きを与える**．a が負ならば，この渦巻きは原点へ巻き込む．$a>0$ のとき，渦巻きは外へと向かう．振動と減衰を1つの関数に溶け込ませる，複素数の利点が理解される．実数の関数は $e^{at}\cos\omega t$ と $e^{at}\sin\omega t$ であり，複素数の関数は $e^{at}e^{i\omega t}=e^{st}$ である．

問　この渦巻きが完全に1周して正の x 軸へ戻るときの時間 T と横切る点 X は何か？

答　渦巻きの各ループを完結する時間 T は $2\pi/\omega$ となる．x 軸上を横切る点は $X=e^{aT}$ である．時刻 $2T$ で横切るのは，X^2 である．

演習問題 2.2

1　数 $s_1 = 2 + i$ および $s_2 = 1 - 2i$ を複素平面上の点として指し示せ（その平面には実軸と虚軸がある）．次にそれらの和 $s_1 + s_2$ と差 $s_1 - s_2$ を指し示せ．

2　$s_1 = 2 + i$ と $s_2 = 1 - 2i$ を掛けよ．絶対値について検算せよ：$|s_1||s_2| = |s_1 s_2|$．

3　$1/(2+i)$ の実部と虚部を求めよ．$(2-i)/(2-i)$ を掛けよ：

$$\frac{1}{2+i}\ \frac{2-i}{2-i} = \frac{2-i}{|2+i|^2} = ?$$

4　**3 倍角**　式 (10) にもう 1 回 $e^{i\theta} = \cos\theta + i\sin\theta$ を掛けて，$\cos 3\theta$ と $\sin 3\theta$ の公式を求めよ．

5　**加法公式**　$e^{i\theta} = \cos\theta + i\sin\theta$ と $e^{i\phi} = \cos\phi + i\sin\phi$ を掛けて $e^{i(\theta+\phi)}$ を得よ．その実部は $\cos(\theta+\phi) = \cos\theta\cos\phi - \sin\theta\sin\phi$ となる．虚部 $\sin(\theta+\phi)$ は何か？

6　1 の 3 乗根のそれぞれについて実部と虚部を求めよ．式 (11) で予想されるとおり，この 3 つの根の和が零になることを直接示せ．

7　1 の 3 乗根は，$z = e^{2\pi i/3}$ として，z と z^2 と 1 である．8 の 3 つの 3 乗根，そして i の 3 つの 3 乗根は何か？（i の角度は 90° すなわち $\pi/2$ だから，その 3 乗根の内の 1 つの角度は ＿＿ となる．根は 120° ずつ離れている．）

8　(a) 数 i は $e^{\pi i/2}$ に等しい．するとその i 乗である $\boldsymbol{i^i}$ は，$(e^s)^t = e^{st}$ の事実を用いて，ある実数に等しいとわかる．その実数 $\boldsymbol{i^i}$ は何か？

(b) $e^{i\pi/2}$ は $e^{5\pi i/2}$ に等しくもある．角度を 2π 増やしても $e^{i\theta}$ は変わらない――円を完全に 1 周して i に戻ってくる．すると i^i はもう 1 つの実数値 $(e^{5\pi i/2})^i = e^{-5\pi/2}$ も，もつことになる．i^i の可能なすべての値は何か？

9　数 $s = 3 + i$ と $\bar{s} = 3 - i$ は複素共役である．それらの和 $s + \bar{s} = -B$ と積 $(s)(\bar{s}) = C$ を求めよ．次に $s^2 + Bs + C = 0$，そして $\bar{s}^2 + B\bar{s} + C = 0$ でもあることを示せ．これらの数 s と $\bar{s}$ は，2 次方程式 $x^2 + Bx + C = 0$ の 2 根である．

10　数 $s = a + i\omega$ と $\bar{s} = a - i\omega$ は複素共役である．それらの和 $s + \bar{s} = -B$ と積 $(s)(\bar{s}) = C$ を求めよ．次に $s^2 + Bs + C = 0$ であることを示せ．$x^2 + Bx + C = 0$ の 2 根は s と $\bar{s}$ である．

11　(a) 数 $(1+i)^4$ および $(1+i)^8$ を求めよ．

(b) $(1 + i\sqrt{3})/(\sqrt{3} + i)$ の極形式 $re^{i\theta}$ を求めよ．

12　数 $z = e^{2\pi i/n}$ は $z^n = 1$ の解であり，数 $Z = e^{2\pi i/2n}$ は $Z^{2n} = 1$ の解である．z と Z はどのような関係か？（これは高速フーリエ変換で大きな役割を果たす．）

13 (a) $e^{i\theta}$ と $e^{-i\theta}$ を知っているとき，$\sin\theta$ はどのように求められるか？

(b) $e^{i\theta} = -1$ となるすべての角度 θ と，$e^{i\phi} = i$ となるすべての角度 ϕ を求めよ．

14 1つの複素平面上にこれらすべての点の位置を示せ：

(a) $2+i$ (b) $(2+i)^2$ (c) $\dfrac{1}{2+i}$ (d) $|2+i|$

15 これら4つの数の絶対値 $r = |z|$ を求めよ．θ が $6+8i$ の角度とするとき，これら4つの数の角度は何か？

(a) $6-8i$ (b) $(6-8i)^2$ (c) $\dfrac{1}{6-8i}$ (d) $8i+6$

16 $e^{a+i\pi}$ と $e^{a+i\omega}$ の実部と虚部は何か？

17 (a) $|s| = 2$ と $|z| = 3$ のとき，sz と s/z の絶対値は何か・

(b) $L \le |s+z| \le U$ の上界と下界を求めよ．$|s+z| = U$ となるのはいつか？

18 (a) 複素平面上で，積 $(\sin\theta + i\cos\theta)(\cos\theta + i\sin\theta)$ はどこか？

(b) $S = \boldsymbol{\sin\theta + i\cos\theta}$ の絶対値 $|S|$ と偏角 ϕ を求めよ．

S が $\cos\theta$ と $\sin\theta$ を新しい方法で組み合わせるので，これは私の好みの問題である．ϕ を求めるには，S を図示するか，設問 (a) の乗算で角度を加えよ．

19 渦巻き $e^{(1-i)t}$ と $e^{(2-2i)t}$ を図示せよ．これらの軌跡は同一曲線となるか？ 時計回りか，反時計回りか？ 前者が負の x 軸に至るときの時刻 T は何か？ その時刻に後者は，どの点に到達するか？

20 $d^2y/dt^2 = -y$ の解が $y = \cos t$ なのは，初期条件が $y(0) =$ _____ および $y'(0) =$ _____ のときである．その解が $y = \sin t$ となるのは $y(0) =$ _____ および $y'(0) =$ _____ のときである．これらの解をそれぞれ $c_1 e^{it} + c_2 e^{-it}$ の形で書き，実数の解が複素数 c_1 および c_2 から得られることを理解せよ．

21 $y(t) = e^{-t}e^{it}$ が $y'' + By' + Cy = 0$ の解であるとすると，B と C は何か？ もし，この方程式の解が $y = e^{3it}$ だったら，B と C は何か？

22 乗算 $e^{iA}\,e^{-iB} = e^{i(A-B)}$ から，$\cos(A-B)$ と $\sin(A-B)$ に対する "減法公式" を求めよ．

23 (a) r と R が s と S の絶対値とする．このとき rR が sS の絶対値であることを示せ（ヒント：極形式！）．

(b) $\overline{s}$ と $\overline{S}$ は，s と S の複素共役である．このとき $\overline{s}\overline{S}$ が sS の複素共役であることを示せ（極形式！）．

24 複素数 s が，実方程式 $s^3 + As^2 + Bs + C = 0$（A, B, C が実数）の解であるとする．その複素共役 $\overline{s}$ もまた，この方程式の解であるのはなぜか？ "**実方程式の複素数の解は共役のペア s および $\overline{s}$ で現れる**".

25 (a) 2 つの複素数を足すと $s+S=6$ で，掛けると $sS=10$ のとき，s と S は何か？（それらは複素共役である.）

(b) 2 つの数を足すと $s+S=6$ で，掛けると $sS=-16$ のとき，s と S は何か？（それらは今度は実数である.）

26 2 つの数 s と S を足すと $s+S=-B$ で，掛けると $sS=C$ のとき，s と S は 2 次方程式 $s^2+Bs+C=0$ の解であることを示せ.

27 $s^3=-8i$ の 3 つの解を求めて，複素平面上の 3 点として図示せよ．この 3 つの解の和は何か？

28 (a) どんな複素数 $s=a+i\omega$ ならば，e^{st} は $t\to\infty$ につれて 0 に近づくか？ 複素平面上で，これらの数 s はどの "半平面" を埋め尽くすか？

(b) どんな複素数 $s=a+i\omega$ ならば，s^n は $n\to\infty$ につれて 0 に近づくか？ これらの数 s が埋めるのは，複素平面上のどの部分か？ 半平面ではない！

2.3 定数係数 $\boldsymbol{A, B, C}$

2.1 節では重要な方程式 $my''+ky=0$ を示した．これは 2 階定数係数方程式の特別な場合である．ここでも 2 つの初期条件が必要である：

$$\boxed{\boldsymbol{A\frac{d^2y}{dt^2}+B\frac{dy}{dt}+Cy=0}} \quad \text{ただし } y(0) \text{ および } y'(0) \text{ から出発する.} \tag{1}$$

係数 A,B,C は**どんな定数でもよい**．純粋な振動では，A は質量 m で C はバネ定数 k であり，ともに正だった．$\boldsymbol{B>0}$ **は減衰を導入する**．本節での数 A,B,C は正でも負でも零でもよく，だから指数的な成長や減衰，あるいは（減衰する）振動を表せる．式 (1) の右辺が零なので，本節で見つけるのは斉次解 y_n である：**自由運動**.

最初の仕事は方程式 (1) を解くことである．係数が定数のとき，いつも指数関数 $\boldsymbol{e^{st}}$ を探す．その数 s は正（y は成長する）または負（y は減衰する）または純虚数（y は振動する）となれる．s が複素数 $a+i\omega$ のときには，その実部 a が成長または減衰を表し，虚部 ω が振動を表す.

A,B,C が定数なので，解をはっきりと理解できる．$y(0)$ と $y'(0)$ を正しく選択すると，成長因子 $g(t)$ が生み出され，それをすべての入力に掛けて y_p を得る.

大切なステップは，$\boldsymbol{y=e^{st}}$ の変化率 $\boldsymbol{s}$ を求めることである．2 階の方程式では通常 2 つの変化率 s_1 および s_2 が可能である．これらの値を求めるには，$y=e^{st}$ を方程式 (1) に代入する：

$$\boldsymbol{As^2e^{st}+B\,se^{st}+Ce^{st}=0.} \tag{2}$$

因子 e^{st} は決して零にならないので，それで割って消せる．残るは，最重要な s を定める方程式である：

特性方程式　　$\boldsymbol{As^2 + Bs + C = 0.}$　　(3)

これは s についての普通の 2 次方程式である．どの 2 次方程式も 2 根 s_1 と s_2 をもつ．実数，複素数，あるいは重根になれる．その 2 根は 2 次方程式の解の公式で求まる：

$$\text{s の 2 つの値}\qquad \boldsymbol{s_1} = \frac{-B + \sqrt{B^2 - 4AC}}{2A} \qquad \boldsymbol{s_2} = \frac{-B - \sqrt{B^2 - 4AC}}{2A}. \tag{4}$$

これらの根を足すと $s_1 + s_2 = -B/A$ となり，掛けると $s_1 s_2 = C/A$ となる．実数の根か複素数の根かは，とても重要な質問であり，直接の答えがある：

実根 $\boldsymbol{B^2 > 4AC}$　**2 重根** $\boldsymbol{B^2 = 4AC}$　**複素根** $\boldsymbol{B^2 < 4AC}$

$B^2 - 4AC$ が正のとき，その平方根は実数である．このとき，実根 $s_1 > s_2$ となる．$B^2 - 4AC = 0$ のとき，その平方根は零であり，$s_1 = s_2$（境界線上の場合：重根）となる．$B^2 - 4AC$ が負のとき，その平方根は**虚数**であり，解の公式 (4) からは，同じ実部 $a = -B/2A$ の，2 つの複素数 $a + i\omega$ と $a - i\omega$ を得る．

例から始めて，3 つの場合すべてを調べよう．

2 つの実根，1 つの重根，実根なしの場合

$B^2 - 4AC$ がどのように実数か複素数を決めているかは，1 つの図で示せる．図 2.8 の 3 つの放物線は，$C = 0$ と $C = 1$ と $C = 2$ のときである．$\boldsymbol{C}$ **を増やすと放物線は持ち上がる**．臨界値は $C = 1$ で，真ん中の放物線はかろうじて $y = 0$ に $s = 1$ で接する．$C = 1$ は重根を与え，この場合 $B^2 = 4AC = 4$ である．

3 つの放物線すべてで $A = 1$ と $B = -2$ と $B^2 = 4$ である．B^2 を $4AC$ と比較するには 4 を $4C$ と比べる．これより再び $C = 1$ が臨界線 $B^2 = 4AC$ の上であるとわかる．任意の $C > 1$ の値では放物線が $y = 0$ の軸より上にある．$s^2 - 2s + C = 0$ の根は複素数となり，$y'' - 2y' + Cy = 0$ は減衰振動を与える．

$C = 2$ では，その方程式は $(s-1)^2 = -1$ となる．このとき $s - 1 = i$ または $s - 1 = -i$ で，2 つの複素根は $s = 1 + i$ と $s = 1 - i$ である．2 次方程式の解の公式 (4) と一致する．

実根 $\boldsymbol{s_1 > s_2}$

例 1　$y'' + 3y' + 2y = 0$ で $\boldsymbol{y = e^{st}}$　　$A, B, C = 1, 3, 2$ を代入して s を求める．

$$As^2 + Bs + C = \boldsymbol{s^2 + 3s + 2} = 0 \ \text{因数分解して}\ (\boldsymbol{s+1})(\boldsymbol{s+2}) = 0. \tag{5}$$

根はともに負である：$\boldsymbol{s_1 = -1}$ と $\boldsymbol{s_2 = -2}$．これらの数値は解の公式 (4) からも求まるが，(5) の因数分解で，より早く求まる：最初の因数 $s + 1$ は $s_1 = -1$ のときに零で，$s + 2 = 0$ となるのは $s_2 = -2$ のときである．**減衰 → 負の** $\boldsymbol{s}$ **→ 安定性**．

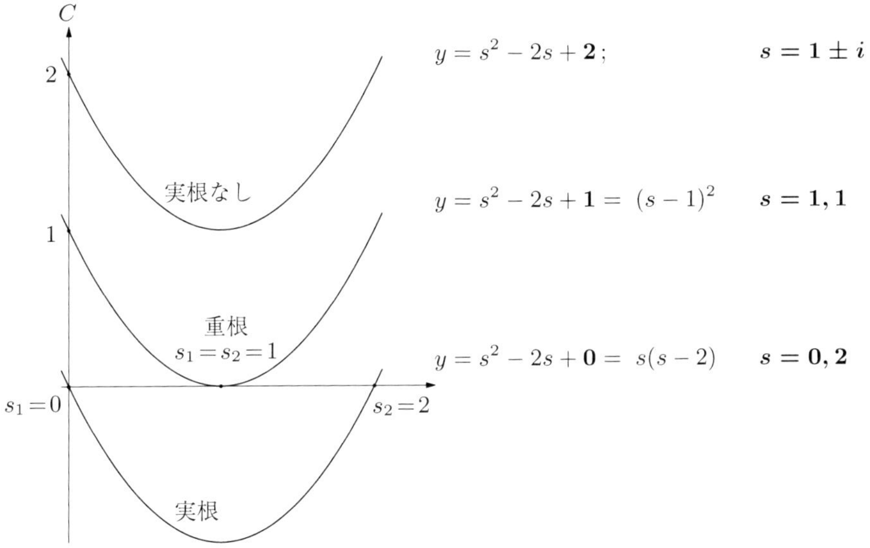

図 2.8　下方の曲線：$C = 0$ で 2 つの根．中央の曲線：$C = 1$ で重根．上方の曲線は軸と交わらない：$C = 2$ では実根なし $\rightarrow$ **複素根** $a + i\omega$.

我々の線形微分方程式の一般解は，2 つの純粋な指数関数の解の，任意の線形結合である．これらは斉次解となる．

斉次解　$$\boldsymbol{y(t) = c_1 e^{s_1 t} + c_2 e^{s_2 t} = c_1 e^{-t} + c_2 e^{-2t}} \tag{6}$$

c_1 と c_2 の値は，$t = 0$ のときに $y(0)$ と $y'(0)$ が正しくなるように選ぶ：

$$\boldsymbol{t = 0} \text{ とする} \qquad y(0) = c_1 + c_2 \qquad \text{および} \qquad y'(0) = -c_1 - 2c_2. \tag{7}$$

これら 2 式より $c_1 = 2y(0) + y'(0)$ および $c_2 = -y(0) - y'(0)$ と確かに決まる：

最終的な解　$$\boldsymbol{y(t) = c_1 e^{-t} + c_2 e^{-2t}} = y(0)(2e^{-t} - e^{-2t}) + y'(0)(e^{-t} - e^{-2t}).$$

例 2　$y'' - 3y' + 2y = 0$ を解け．係数 B が 3 から -3 へ変わった．
解　これまで同様 $y = e^{st}$ を代入せよ．**負の減衰のため，正の** s **となる**.

$$s^2 - 3s + 2 = 0 \qquad (s-1)(s-2) = 0 \qquad s_1 = 2 \text{ と } s_2 = 1.$$

一般解は今度は $\boldsymbol{y(t) = c_1 e^{2t} + c_2 e^{t}}$ となる．指数的成長＝不安定性.

重根 $\boldsymbol{s_1 = s_2}$

$As^2 + Bs + C$ の根は $B^2 = 4AC$ のとき重根となる．2 次式を因数分解すると，$(s - s_1)^2 \times A$ を得る．因数 $s - s_1$ が 2 回現れる：$\boldsymbol{s = s_1}$ **は 2 重根である**.

e^{st} による我々の方法は，2 重根 $s = s_1$ のときには問題がある．$y = e^{s_1 t}$ の後，2 階の方程式に対する**第 2 の解**は何か？

$s_2 = s_1$ のときには $\boldsymbol{y = te^{s_1 t}}$ もまた解であることを示そう．

例 3　$y'' - 2y' + y = 0$ を解け．これらの係数 $1, -2, 1$ は $B^2 = 4AC$ を満たす．
解　いつもどおり $y = e^{st}$ を代入せよ．根 $s = 1$ が重複している：**2 つの重根**．

$$s^2 - 2s + 1 = 0 \qquad (s-1)^2 = 0 \qquad \boldsymbol{s_1 = 1 = s_2}.$$

その根から，$y = e^t$ が方程式の解となる：確かめるのは簡単だ．第 2 の解が必要である！ ここで $\boldsymbol{y = te^{st} = te^t}$ もまた $y'' - 2y' + y = 0$ の解であることを確かめる：

$$y' = (te^t)' = te^t + e^t \qquad y'' - 2y' + y = (te^t + 2e^t) - 2(te^t + e^t) + (te^t) = 0$$

> $\boldsymbol{As^2 + Bs + C = 0}$ **の 2 重根は**　$\boldsymbol{s_1 = -B/2A}$　**でなければならない．**
> **このとき** $\boldsymbol{y_1 = e^{s_1 t}}$ **と** $\boldsymbol{y_2 = te^{s_1 t}}$ **もまた**　$\boldsymbol{Ay'' + By' + Cy = 0}$ **の解である．**

証明　単純な根では，図 2.8 の下方の放物線のように $Y = 0$ を横切る．中央の放物線 $Y = (s-1)^2$ は 2 重根 $1, 1$ で $Y = 0$ の軸に**接する**．“**そのグラフは同じ点** $s = s_1$ **で 2 回接触する**”．この根が $s_1 = s_2 = -B/2A$ である．

高さが零
傾きも零　$Y = As_1^2 + Bs_1 + C = 0$　であり，しかも　$\dfrac{dY}{ds} = 2As_1 + B = 0.$　(8)

$y = te^{s_1 t}$ に対して $Ay'' + By' + Cy$ が零であるのを確かめるには，y と y' と y'' を見てみよ：

$$\begin{aligned} \boldsymbol{y'} &= s_1 te^{s_1 t} + e^{s_1 t} = \boldsymbol{s_1 y + e^{s_1 t}} \\ \boldsymbol{y''} &= s_1 y' + s_1 e^{s_1 t} = s_1(s_1 y + e^{s_1 t}) + s_1 e^{s_1 t} = \boldsymbol{s_1^2 y + 2s_1 e^{s_1 t}} \end{aligned}$$

y'' と y' と y を $Ay'' + By' + Cy$ に代入すると，式 (8) から $0 + 0$ を得る：

$$A(s_1^2 y + 2s_1 e^{s_1 t}) + B(s_1 y + e^{s_1 t}) + Cy = (As_1^2 + Bs_1 + C)y + (2As_1 + B)e^{s_1 t} = 0 + 0.$$

2 次方程式の解の公式が $s_1 = -B/2A = s_2$ と一致するのは $B^2 - 4AC = 0$ のためである．平方根が消えて，両方の解で $-B/2A$ が残る．2 重根 $s_1 = s_2$ となり，第 2 の解に係数 t が入る，最も単純な例を次に示す．

例 4　$\boldsymbol{y'' = 0}$ を解け．　係数 $1, 0, 0$ から $B^2 = 4AC$ である．
解　$y = e^{st}$ を代入して $s^2 e^{st} = 0$ となり $\boldsymbol{s^2 = 0}$ である．**2 重根は** $s = 0$ **である**．いつもの解 $y = e^{st} = e^{0t} = 1$ は $y'' = 0$ を満たす．第 2 の解が必要である．

公式 $y = te^{st}$ が $s = 0$ のときにも適用できる．その第 2 の解は $\boldsymbol{y = te^{0t} = t}$．これは既知のことだ：$y = 1$ **と** $y = t$ **は** $y'' = 0$ **の解である**．

高階の方程式

問題 18 でこれらの考え方を n 次の方程式（まだ定係数！）に拡張する．$y = e^{st}$ を代入して，

s についての n 次多項式を得る．**今度は n 個の根がある**．それらの根 $s_1, s_2, \ldots, s_n$ がすべて異なる場合，n 個の線形独立な解 $y = e^{st}$ が得られる．しかしもし，ある根 s_1 が 2 回，3 回，あるいは m 回重複していると，$s = s_1$ に対して m 個の異なる解が必要となる：

$$\textbf{重複度 } \boldsymbol{m} \qquad m \text{ 個の解は } y = \boldsymbol{e^{s_1 t}},\ y = \boldsymbol{t\, e^{s_1 t}}, \ldots,\ y = \boldsymbol{t^{m-1}\, e^{s_1 t}}. \tag{9}$$

単純な例は方程式 $y'''' = 0$ であろう．$y = e^{st}$ を代入すると $s^4 = 0$ を得る．この方程式は 4 つの零である根（重複度 $m = 4$）をもつ．式 (9) が予想する 4 つの解は $y = 1, t, t^2, t^3$ である．これらがすべて方程式 $y'''' = 0$ を満たすのに驚きはない：それらの 4 階導関数は零である．

ここに 4 階の方程式で，2 つの実根と 2 つの複素根を生み出すものがある：

$$\boldsymbol{y'''' - y = 0} \qquad y = e^{st} \text{ より } \boldsymbol{s^4 - 1 = 0} \tag{10}$$

この 4 根は $s_1 = \mathbf{1}$ と $s_2 = \mathbf{-1}$ と $s_3 = \boldsymbol{i}$ と $s_4 = \boldsymbol{-i}$ である．すると $y'''' = y$ の一般解は $y = c_1 e^t + c_2 e^{-t} + c_3 e^{it} + c_4 e^{-it}$ である．

複素根 $s_1 = a + i\omega$ と $s_2 = a - i\omega$

2 次方程式の解の公式は $B^2 - 4AC$ の平方根を含む．この値が負のとき，その平方根は**虚数**である．$y'' + y = 0$ という例では A, B, C が $1, 0, 1$ であり，そこで $B^2 - 4AC = -4$ となる．2 次式は $As^2 + Bs + C = \boldsymbol{s^2 + 1}$ である．

$s^2 + 1 = 0$ の根は $s = i$ と $s = -i$ である．$s^2 + 4 = 0$ の根は $s = 2i$ と $s = -2i$ である．$y'' + 4y = 0$ からの振動は 2 つの方法で書ける：

$$\boldsymbol{B = 0}\textbf{: 減衰なし} \qquad \boxed{y = c_1 e^{2it} + c_2 e^{-2it} = C_1 \cos 2t + C_2 \sin 2t.} \tag{11}$$

$B = 0$ のとき s の実部は零である：純粋な振動．

では減衰を入れよう：$\boldsymbol{y'' + y' + y = 0}$．$s^2 + s + 1 = 0$ の根は，解の公式で求める：A, B, C は $1, 1, 1$ で，$B^2 - 4AC$ は -3 である：

$$\boldsymbol{s^2 + s + 1 = 0} \qquad s_1 = \frac{-1 + \sqrt{-3}}{2} = -\frac{\mathbf{1}}{\mathbf{2}} + \frac{\sqrt{\mathbf{3}}}{\mathbf{2}}\,\boldsymbol{i} \qquad s_2 = -\frac{\mathbf{1}}{\mathbf{2}} - \frac{\sqrt{\mathbf{3}}}{\mathbf{2}}\,\boldsymbol{i}.$$

この 2 つの複素根 s_1 と s_2 の実部 $a = -1/2$ は同一である．それらの虚部 ω と $-\omega$ は逆符号である（$\sqrt{3}/2$ と $-\sqrt{3}/2$ のように）．これらは $B^2 - 4AC$ の平方根の，プラスおよびマイナ

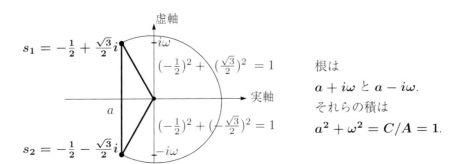

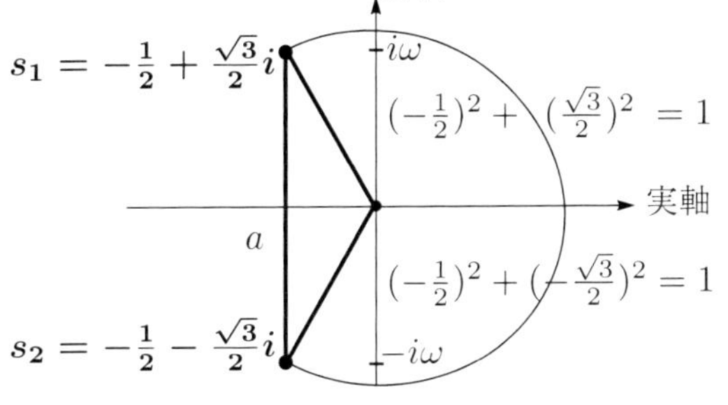

根は

$\boldsymbol{a + i\omega}$ と $\boldsymbol{a - i\omega}$.

それらの積は

$\boldsymbol{a^2 + \omega^2 = C/A = 1}$.

ス符号である．A, B, C が実数であると仮定すると $As^2 + Bs + C = 0$ のこの 2 根は**複素共役**である．s_1 と s_2 を複素平面上に図示すると，それらは実軸に関して対称な鏡像である．

$\boldsymbol{s} = a + i\omega$ の**共役**は $\overline{\boldsymbol{s}} = a - i\omega$ であり，その大きさは $|\boldsymbol{s}| = \sqrt{a^2 + \omega^2}$ となる．$a = -1/2$ と $\omega = \sqrt{3}/2$ の例では，大きさはきっちり $|s| = 1$ である．なぜなら $(-1/2)^2 + (\sqrt{3}/2)^2 = 1$．図中の円の半径は 1 である．単位円を認識するのは極めて重要である．$(\text{コサイン})^2 + (\text{サイン})^2 = 1$ のため，その円上の複素数は $s = \cos\theta + i\sin\theta$ という形に書ける．この角 θ は正の実軸から反時計回りに測る．図では，この角度は $120°$ つまり $\pi/3$ である．**単位円上の点はオイラーの公式で与えられる $\boldsymbol{e^{i\theta} = \cos\theta + i\sin\theta}$.**

$y(t)$ に対する複素形式と，それと同等の実形式の間で切り替えられる．

$$\textbf{複素}\ y(t) = e^{at}(c_1 e^{i\omega t} + c_2 e^{-i\omega t}) \qquad \textbf{実}\ y(t) = e^{at}(C_1 \cos\omega t + C_2 \sin\omega t)$$

$e^{i\omega t}$ と $e^{-i\omega t}$ についてのオイラーの公式から，$C_1 = c_1 + c_2$ と $C_2 = ic_1 - ic_2$ が示される．

複素数 $a + i\omega$ についてのこれら重要事項をもとに，$s^2 + s + 1 = 0$ の例と，それが起因する微分方程式に戻る：

$$\boldsymbol{\frac{d^2y}{dt^2} + \frac{dy}{dt} + y = 0} \qquad \boldsymbol{y_1 = e^{s_1 t} = e^{(a+i\omega)t}} \qquad \boldsymbol{y_2 = e^{s_2 t} = e^{(a-i\omega)t}}$$

この数 $e^{(a+i\omega)t}$ は単位円上には**ない**．実部 $a = -1/2$ がその原因である．$a = 0$ のとき，$e^{i\omega t}$ は円周上を回る．$a < 0$ のとき，$e^{(a+i\omega)t}$ は零へと渦を巻く：**減衰する**．

$e^{i\omega t}$ の大きさは 1 だが，e^{at} は a の符号により大きくも小さくもなる：

$$\begin{array}{llll} \textbf{成長} & a > 0 & \text{大きさ}\ |e^{(a+i\omega)t}| = \boldsymbol{e^{at}} & \to \boldsymbol{\infty} \\ \textbf{減衰} & a < 0 & \text{大きさ}\ |e^{(a+i\omega)t}| = \boldsymbol{e^{at}} & \to \boldsymbol{0} \end{array}$$

その実部は常に $\boldsymbol{a = -B/2A}$ である．どの方程式 $Ay'' + By' + Cy = 0$ でも，A と B が正であれば減衰し衰退する．$B = -1$ の例を挙げよう：

負の減衰 → 成長 $\qquad \boldsymbol{y'' - y' + y = 0} \qquad \boldsymbol{s^2 - s + 1 = 0}$.

このとき a は $+\frac{1}{2}$ に変わる．根 $a \pm i\omega$ は今度は $s^2 - s + 1 = 0$ から定まる：

$$s_1 = a + i\omega = +\frac{1}{2} + \frac{\sqrt{3}}{2}i \quad \text{の大きさは} \quad |s_1| = \sqrt{a^2 + \omega^2} = 1.$$

$|s_1| = 1$ なので，この点 s_1 は単位円上にある．その実部 a が $+\frac{1}{2}$ だから s_1 は虚軸の右側（左側でなく）にある．$s_1 = e^{i\theta}$ の角度は $\theta = 60°$ に変わる．今度は s_1 と s_2 は単位円の**右半分**（不安定な半分：e^{st} が成長する方）にある．

$$\textbf{“反減衰”}\ B = -1 \qquad \textbf{成長率}\ a = \frac{1}{2} \qquad \textbf{大きさ}\ |e^{st}| = e^{at} = e^{t/2}$$

大半の物理的問題では，正の減衰 $B > 0$ と負の成長率 $a < 0$ が期待される．このとき微分方程式は安定で，その斉次解は $t \to \infty$ につれて消滅する．

過減衰 対 不足減衰

本節では，$B^2 > 4AC$ と $B^2 < 4AC$ の間の違いを強調する．これは実根と複素根の間の違いであり，見ることのできる——単に公式だけでなく自分の目で見られる——違いである．減衰係数 $B = 1, 2, 3$ に対して $y'' + By' + y = 0$ の解は，異なる様子で零に近づく（図 2.9）．

ここでは，剛性 C でなく減衰 B を変化させたい．

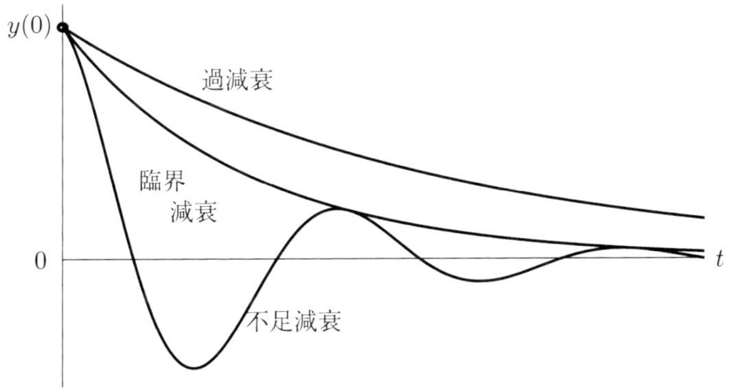

図 2.9 $y(t)$ は直接零に向かう（過減衰）か振動する（不足減衰）．

これら 4 つの減衰の可能性は，$As^2 + Bs + C = 0$ の根の 4 つの可能性に合致している．この表がこの節全体を結びつける：

過減衰	$\boldsymbol{B^2 > 4AC}$	**実根**	$e^{s_1 t}$ と $e^{s_2 t}$
臨界減衰	$\boldsymbol{B^2 = 4AC}$	**2 重根**	$e^{s_1 t}$ と $te^{s_1 t}$
不足減衰	$\boldsymbol{B^2 < 4AC}$	**複素根**	$e^{at}\cos\omega t, e^{at}\sin\omega t$
無減衰	$\boldsymbol{B = 0}$	**虚根**	$\cos\omega t$ と $\sin\omega t$

図 2.9 は，不足減衰の場合には，**グラフが零を横切り戻ってくる**様子を示す．子供のブランコが零へ落ち着く（それで子供がブランコから降りられる）ようなものだ．$B = 0$ のとき，$a = 0$ であり，虚根 $\pm i\omega$ となり，バネ–質点の純粋な振動が起きる．

図 2.10 では，すべて $A = C = 1$ である 4 つの放物線を示す．減衰係数は $B = 0, 1, 2, 3$ である．$B = 3$ のとき，減衰は強く，$s^2 - 3s + 1 = 0$ は**実根**をもつ．$B = 2$ のとき，減衰は臨界値で，$s^2 - 2s + 1 = 0$ は **2 重根** $s = 1, 1$ をもつ．$B = 1$ のとき，減衰は弱く，根は**複素数**である．解 $y = e^{at}\cos\omega t$ および $y = e^{at}\sin\omega t$ は e^{at} の項が零に向かう際に振動する．$B = 0$ ならば減衰はない．

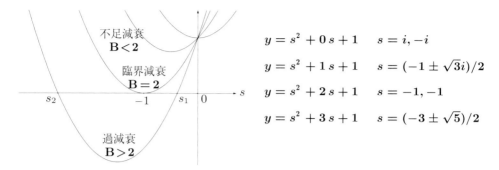

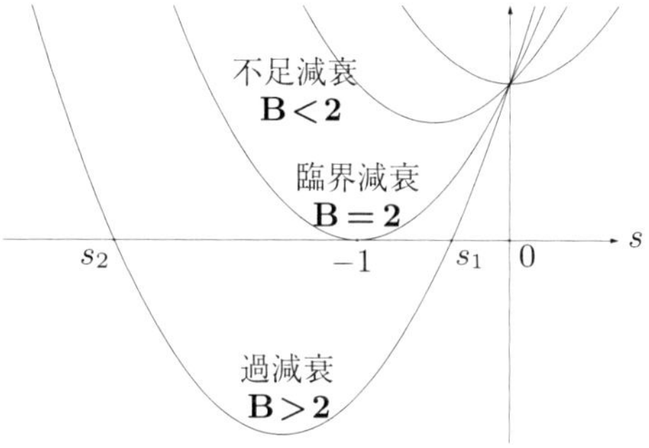

$$\begin{aligned} y &= s^2 + 0s + 1 \quad & s &= i, -i \\ y &= s^2 + 1s + 1 \quad & s &= (-1 \pm \sqrt{3}i)/2 \\ y &= s^2 + 2s + 1 \quad & s &= -1, -1 \\ y &= s^2 + 3s + 1 \quad & s &= (-3 \pm \sqrt{5})/2 \end{aligned}$$

図 **2.10** B が増えるにつれ，放物線の最下点は左下方へと動く．

基本解 = 成長因子 = インパルス応答

特別な初期条件を選ぶことは最重要である：$\boldsymbol{g(0) = 0}$ **および** $\boldsymbol{g'(0) = 1/A}$．y の代わりに g という文字を使うことでこの基本解を区別する．これは $g'(0)$ とジャンプして出発するときの斉次解である．それはまた $Ag'' + Bg' + Cg = \delta(t)$ の特殊解でもある．デルタ関数からの基本解が，我々を**すべての**解へと導く．

復習：$As^2 + Bs + C = 0$ の根は s_1 と s_2 である．もし $s_1 \neq s_2$ なら，これより零方程式の 2 つの解 $e^{s_1 t}$ と $e^{s_2 t}$ が与えられる．$g(0) = 0$ および $g'(0) = 1/A$ と合致する組合せ $g = c_1 e^{s_1 t} + c_2 e^{s_2 t}$ がほしい．正しい c_1 と c_2 を選べ：

$$\begin{aligned} g(0) &= \quad c_1 + \quad c_2 = 0 \qquad & s_2 \text{ を掛けて} \qquad & s_2c_1 + s_2c_2 = 0 \\ \boldsymbol{g'(0)} &\boldsymbol{= s_1c_1 + s_2c_2 = 1/A} \qquad & \textbf{辺々引くと} \qquad & \boldsymbol{(s_1 - s_2)c_1 = 1/A} \end{aligned}$$

$$\textbf{基本解} \quad \boldsymbol{g(t) = \frac{e^{s_1 t} - e^{s_2 t}}{A(s_1 - s_2)}} \quad \textbf{では} \quad \boldsymbol{c_1 = \frac{1}{A(s_1 - s_2)} = -c_2} \tag{12}$$

無減衰　振動方程式 $my'' + ky = 0$ に対して $ms^2 + k = 0$ の根は虚数である：$s_1 = i\sqrt{k/m} = i\omega$ および $s_2 = -i\sqrt{k/m} = -i\omega$．このとき基本解は $A = m$ として単純な形となる：

$$\boldsymbol{g(t)} = \frac{e^{s_1 t} - e^{s_2 t}}{m(s_1 - s_2)} = \frac{e^{i\omega t} - e^{-i\omega t}}{m(2i\omega)} = \frac{2i \sin \omega t}{2i m\omega} = \boldsymbol{\frac{\sin \omega t}{A\omega}}. \tag{13}$$

これは 2.1 節でのインパルス応答そのものである．明らかに $g(0) = 0$ で $g'(0) = 1/A$ である．

不足減衰　今度は $s_1 = a + i\omega$ で $s_2 = a - i\omega$ となる．$a = -B/2A$ からの減衰と ω からの振動がある．もうすぐ $B/2A$ のことを p，ω のことを ω_d と書くようになる．

$$\boldsymbol{g(t)} = \frac{e^{(a+i\omega)t} - e^{(a-i\omega)t}}{A(2i\omega)} = \boldsymbol{e^{at} \frac{\sin \omega t}{A\omega}} = \boldsymbol{e^{-pt} \frac{\sin \omega_d t}{A\omega_d}}. \tag{14}$$

臨界減衰　今度は $B^2 = 4AC$ で，根は重なる：$\boldsymbol{s_1 = s_2 = -B/2A}$．微分方程式の第 2 の解（$e^{s_1 t}$ の後の）は $g(t) = te^{s_1 t}$ である．A で割ると，これはまさしく $g(0) = 0$ と $g'(0) = 1/A$

を満たす解である．

$$\boldsymbol{g(t)} = \frac{te^{s_1 t}}{A} = \frac{\boldsymbol{t\,e^{-Bt/2A}}}{\boldsymbol{A}}. \tag{15}$$

過減衰　$B^2 > 4AC$ のとき，根 s_1 および s_2 は実数である．公式 (12) が最善である．

$g(t)$ の真の目的は，$Ay'' + By' + Cy = f(t)$ を任意の右辺 $f(t)$ に対して解くことである．このインパルス応答 g は，その他すべての解を与える基本解である：

任意の $\boldsymbol{f(t)}$ に対する解　$$\boldsymbol{y_p(t) = \int_0^t g(t-s)f(s)ds} \tag{16}$$

$f(t) = 1$ **に対する** ステップ応答は $y_p = g(t)$ **の積分**である．これは 2.5 節で登場する．

デルタ関数とインパルス応答

本節では $g(t)$ は，初期速度 $g'(0) = 1/A$ となる**斉次解**である．次節では同じ $g(t)$ が，初期速度は零だがインパルス $f(t) = \delta(t)$ により駆動されたときの，**特殊解**になる．これが可能なのは，デルタ関数だけである：$g(t)$ はある問題では y_n であり，別の問題では y_p となる．

形式ばらない説明では，$Ag'' + Bg' + Cg = \delta(t)$ のすべての項を積分する．右辺の積分は 1 である．この積分は，0 から Δ までの**とても短い区間**で行う．左辺では，Ag'' の積分は $Ag'(\Delta)$ に，Δ のオーダーで 0 に向かう項を加えたものである．右辺の 1 と合わせるために，インパルス応答 $g(t)$ は即座に $g' = 1/A$ で出発する．

例 5　最善の例は　$\boldsymbol{g''(t) = \delta(t)}$ **で，解はランプ関数** $\boldsymbol{g(t) = t}$.

ランプの導関数はステップ関数である．突然 $g' = 1$ へジャンプするのがわかるだろう．このランプ $g(t) = t$ は，この場合 $A = 1$ および $B = C = 0$ として，公式 (15) と一致する．$g(0) = 0$ と $g'(0) = 1$ から出発する，零方程式 $g'' = 0$ の解は $g(t) = t$ である．

$t < 0$ ではすべて零である．その後，ランプ $g(t)$ とステップ $g'(t)$ と $g'' = \delta(t)$ が現れる．これは式 (12) で，B と C と s_1 と s_2 が零に近づく場合の極限の場合である．

個人的メモ　この，やや違法な入力 $\delta(t)$ とその応答 $g(t)$ を受け入れていただくことに感謝する．それらをこの本に入れないようにできたかもしれないが，私自身はこれなしでは生きられなかった．理論と応用にとって，真に大切なものである．

定数係数に因る並進不変性

定数係数方程式の場合，時刻 s から時刻 t までの成長は，0 から $t-s$ までの成長と厳密に等しい．この問題は**並進不変**である．時間の区間をどこでも好きなところから始められる．同じ長さの区間すべてに対して，同一の成長因子 $g(t-s)$ を得る．次式が入力の成長である：

$$\text{時刻 } s \text{ での入力 } f(s) \qquad \text{合計出力 } y(t) = \int_0^t g(t-s)\, f(s)\, ds. \qquad (17)$$

これはまさしく 1 章での主要公式 $y(t) = \int e^{a(t-s)} q(s)\, ds$ にあたる．そこでは，方程式が $dy/dt - ay = q(t)$ と，**定数の** a だったので，成長因子は $g(t) = e^{at}$ だった．

係数 A, B, C のどれかが時間に変化すると，並進不変性は失われる．成長因子が $g(s,t)$ と，(**経過時間** $t - s$ **だけでなく**）特定の始点 s と終点 t に依存するようになる．この，より難しい場合に，解は $y(t) = \int g(s,t)\, f(s)\, ds$ である．

1 階の方程式に対しては，1.6 節で $g(s,t)$ を求めた．しかし 2 階の方程式で時間に変化する係数の場合には，よく知られた関数で解くのは通常できない．

$g(s,t)$——時刻 s でのインパルスに対する時刻 t での応答——についての公式はしばしば得られない．**並進不変性**（定数係数）が，きれいな解の公式のための鍵である．

s_1 と s_2 のより良い公式

$As^2 + Bs + C = 0$ の解は s_1 と s_2 である．これら 2 根の公式には $B^2 - 4AC$ が含まれる．$B^2 > 4AC$ の場合は，$B^2 < 4AC$ の場合と，とても異なることをみてきた．過減衰は実根へとつながり，不足減衰は複素根と振動へつながる．この公式はとても重要なので，理工学の世界すべてが，それをより単純にしようとしてきた．

ここに自然な始め方がある．比 $B/2A$ および C/A に文字を当てよう．C/A は ω_n^2 として知っている．これは力学での k/m であり，無減衰の時の“固有周波数”を与える．**比** $B/2A$ **に対して，私は文字** p **を用いる**．この主目的は s_1 と s_2 を単純にすることである：

$$s_1, s_2 = \frac{-B \pm \sqrt{B^2 - 4AC}}{2A} = -p \pm \sqrt{p^2 - \omega_n^2} \qquad (18)$$

大きな改善だ！ 3 つでなく 2 つの記号になったが，これは $As^2 + Bs + C = 0$ を A で割れるのだから納得できる．$p = B/2A$ の導入により，式 (18) 中の 2 と 4 も除去された．

B^2 と $4AC$ の比較は，いまや p^2 と ω_n^2 の比較となった．$p^2 > \omega_n^2$ のとき，根は実数（過減衰）である．$p^2 - \omega_n^2$ が負のとき，s_1 と s_2 は複素数になる．**固有周波数 ω_n より小さい減衰周波数 ω_d での振動となる**：

$$\omega_d^2 = \omega_n^2 - p^2 \qquad s_1 \text{ と } s_2 = -p \pm i\sqrt{\omega_n^2 - p^2} = -p \pm i\omega_d \qquad (19)$$

減衰比 Z

この話はそこで止めてもよいかもしれないが，p と ω_n の比がとても重要だとわかる．この事実が，最後にもう 1 ステップ進むのを示唆する．つまり，今度導入するのは：減衰比 $\boldsymbol{Z = p/\omega_n}$ である．工学でこの比はゼータで呼ばれている（ギリシャ文字は ζ）．より簡単に書くため，

Z を用いることをお許し願いたい（大文字のギリシャ文字ゼータ = アルファベットの大文字 Z）．**すると** p **を** $Z\omega_n$ **で置き換えられる**．公式 $s = -p \pm i\omega_d$ は，今度は ω_n と Z を用いる：

$$\textbf{減衰比}\ \boldsymbol{Z = \frac{p}{\omega_n}} \qquad \boldsymbol{s = -Z\omega_n \pm i\omega_d = -Z\omega_n \pm i\omega_n\sqrt{1-Z^2}} \tag{20}$$

減衰された ω_d^2 は $\omega_n^2 - p^2 = \omega_n^2(1-Z^2)$ となり，その平方根 ω_d が減衰周波数である．斉次解は $y_n(t) = e^{-Z\omega_n t}(c_1 \cos \omega_d t + c_2 \sin \omega_d t)$ となる．

不足減衰は $Z < 1$，臨界減衰は $Z = 1$，そして過減衰は $Z > 1$ となる．**この比** Z **は無次元なので**，大切な点が明快である：

$$\text{減衰比}\quad \boldsymbol{Z} = \frac{p}{\omega_n} = \frac{B/2A}{\sqrt{C/A}} = \frac{\boldsymbol{B}}{\boldsymbol{\sqrt{4AC}}} = \frac{b}{\sqrt{4mk}}. \tag{21}$$

もし，秒の代わりに分で時刻を測ると，数値 A, B, C は 60^2 と 60 と 1 倍だけ変わるが，B の $\sqrt{4AC}$ **との比は変わらない**：どちらも 60 倍となる．これより $B^2 - 4AC$ が 2 次方程式の解の公式に現れるのに適した量であることも確認される．B^2 と $4AC$ が同じ単位をもつからである．

最後の一点は，Z が小さいときの良い近似である．$1 - Z^2$ の平方根は $1 - \frac{1}{2}Z^2$ に近い．これは微積分学からくる（接線を用いた線形近似）．検算の良い方法は両辺を平方することで，このとき $Z^4/4$ はとても小さい．

$$\boldsymbol{\sqrt{1-Z^2} \approx 1 - \frac{1}{2}Z^2} \quad \text{は} \quad 1 - Z^2 \approx 1 - Z^2 + \frac{1}{4}Z^4 \quad \text{になる．} \tag{22}$$

減衰の良い指標は**比** $Z = B/\sqrt{4AC}$ である．この大切な無次元数がすべてを決める：

$Z > 1$　$B^2 > 4AC$ で実根：**過減衰で振動なし**．

$Z < 1$　$B^2 < 4AC$ で複素根：**不足減衰でゆっくりと振動**．

$Z = 1$　$B^2 = 4AC$ で重根 $-B/2A$：**臨界減衰**．

ここで面白い事実が 1 つある．とても大きな B に対して，根はおおよそ $s_1 = -1/B$ と $s_2 = -B$ である．根 s_2 は速い減衰を与える．しかし $y(t)$ の実際の減衰は s_1 のほうで決まり，これは零に近づく！　だから，B を増やせば，この主要な減衰モードを実は減速させてしまうのである．

多くの著者が s_1 と s_2 のことを**極**と呼ぶことに注意しよう．これらは伝達関数 $Y(s) = 1/(As^2 + Bs + C)$ の極で，Y が 1/0 になる点である．伝達関数については後で戻ってこよう！　指数より**時定数**を強調する著者もいる．指数関数 e^{-pt} の時定数は $\tau = 1/p$ である．この時間 τ の間に，e^{-pt} は因子 e だけ減衰する．

■　要点の復習　■

1. 方程式 $Ay'' + By' + Cy = 0$ の解は $y = e^{st}$．ただし $As^2 + Bs + C = 0$．

2. その根 s_1，s_2 は $B^2 > 4AC$ なら**実根**，$B^2 = 4AC$ なら**重根**，$B^2 < 4AC$ なら**複素根**.

3. 負の実根では安定で過減衰：$y(t) = \boldsymbol{c_1 e^{s_1 t} + c_2 e^{s_2 t}} \to 0$.

4. $B^2 = 4AC$ のとき，重根 $s = -B/2A$. 第 2 の解を $\boldsymbol{y_2 = t\,e^{st}}$ へ変えよ.

5. 複素根 $a \pm i\omega$ は不足減衰の振動を起こす：$e^{at}(C_1 \cos\omega t + C_2 \sin\omega t)$.

6. 初期値 $g(0) = 0$ および $g'(0) = 1/A$ が $g(t) = \boldsymbol{\left(e^{s_1 t} - e^{s_2 t}\right)/A(s_1 - s_2)}$ を与える．同じ $g(t)$ が $Ag'' + Bg' + Cg = \delta(t)$ の解となる．これは基本解である.

7. $p = B/2A$ と $\omega_d^2 = \omega_n^2 - p^2$ を用いて s_1 と s_2 は $\boldsymbol{-p \pm i\omega_d}$ となる．減衰比 $Z = B/\sqrt{4AC} < 1$ を用いて，これらの複素数 s_1 と s_2 は $\boldsymbol{-Z\omega_n \pm i\omega_n\sqrt{1 - Z^2}}$ となる.

演習問題 2.3

1 $y = e^{st}$ を代入して s についての特性方程式を解け：

(a) $2y'' + 8y' + 6y = 0$　　(b) $y'''' - 2y'' + y = 0$.

2 $y = e^{st}$ を代入して $s = a + i\omega$ についての特性方程式を解け：

(a) $y'' + 2y' + 5y = 0$　　(b) $y'''' + 2y'' + y = 0$

3 どの 2 階方程式の解が $y = c_1 e^{-2t} + c_2 e^{-4t}$ となるか？ あるいは $y = te^{5t}$ となるか？

4 どの 2 階方程式の解が $y = c_1 e^{-2t}\cos 3t + c_2 e^{-2t}\sin 3t$ となるか？

5 どんな数値 B であれば $4y'' + By' + 16y = 0$ で（不足），（臨界），（過）減衰となるか？

6 $my'' + by' + ky = 0$ で振動がほしければ，b は ____ 未満としなくてはならない.

問題 7〜16 は方程式 $As^2 + Bs + C = 0$ およびその根 s_1, s_2 に関するものである.

7 根 s_1 と s_2 は $s_1 + s_2 = -2p = -B/2A$ および $s_1 s_2 = \omega_n^2 = C/A$ を満たす．これを 2 つの方法で示せ：

(a) $As^2 + Bs + C = A(s - s_1)(s - s_2)$ から始め，乗算を行って $s_1 s_2$ と $s_1 + s_2$ を求める.

(b) $s_1 = -p + i\omega_d, s_2 = -p - i\omega_d$ から始める.

8 $y = As^2 + Bs + C$ のグラフの最下点での s と y を求めよ．その最小点 $s = s_{\min}$ および $y = y_{\min}$ では傾きが $dy/ds = 0$ である.

9 図 2.10 の放物線は，$y = As^2 + Bs + C$ のグラフが，B の増加でどのように上昇するかを示している．問題 8 を用いて，そのグラフの最下点は B が ΔB だけ増えると左方（$s_{\min}$ の変化）および下方（$y_{\min}$ の変化）へ動くことを示せ.

10 （推奨）$s^2+Bs+1=0$ で，減衰が $B=0$ から $B=\infty$ へ増えるとき，s_1 と s_2 の軌跡を表す図を描け．$B=0$ では根は ＿＿ 軸上にある．B が増えると，根はある円周上を動く（なぜ？） $B=2$ で根は，実軸上で出会う．$B>2$ に対して，根は分離して 0 および $-\infty$ に近づく．**それらの積** s_1s_2 **が常に** 1 **に等しいのはなぜか**？

11 （可能ならばこれも）$s^2+2s+k=0$ で，剛性が $k=0$ から $k=\infty$ へ増えるとき，s_1 と s_2 の軌跡を描け．$k=0$ のとき，根は ＿＿ ．$k=1$ で，根は $s=$ ＿＿ で出会う．$k\to\infty$ につれて，2 根は複素平面を ＿＿ 上で昇る／下る．**それらの和** s_1+s_2 **が常に** -2 **に等しいのはなぜか**？

12 もし多項式 $P(s)$ が $s=s_1$ に 2 重根をもつとき，$(s-s_1)$ は 2 重の因子であり $P(s)=(s-s_1)^2Q(s)$ となる．当然 $s=s_1$ にて $P=0$ だが，$s=s_1$ にて $dP/ds=0$ でもあることを示せ．積の公式を用いて dP/ds を求めよ．

13 $y''=2ay'-(a^2+\omega^2)y$ から $s=a\pm i\omega$ が導かれることを示せ．$y''-2y'+10y=0$ を解け．

14 減衰のない**固有周波数**は $\omega_n=\sqrt{k/m}$ である．$ms^2+k=0$ の 2 根は $s=\pm i\omega_n$（純虚数）である．$p=b/2m$ を用いて，$ms^2+bs+k=0$ の根は $\boldsymbol{s_1, s_2=-p\pm\sqrt{p^2-\omega_n^2}}$ である．この係数 $p=b/2m$ は 1/ 時間の単位をもつ．

$s^2+0.1s+1=0$ と $s^2+10s+1=0$ を，2 桁まで正しく求めよ．

15 大きく過減衰 $\boldsymbol{p\gg\omega_n}$ のとき，平方根 $\sqrt{p^2-\omega_n^2}$ は $p-\omega_n^2/2p$ に近い．ms^2+bs+k の根が $s_1\approx\boldsymbol{-\omega_n^2/2p}=$（小さい）と $s_2\approx-2p=\boldsymbol{-b/m}=$（大きい）であることを示せ．

16 強く不足減衰 $\boldsymbol{p\ll\omega_n}$ のとき，$p^2-\omega_n^2$ の平方根はおおよそ $i\omega_n-ip^2/2\omega_n$ である．それを平方すると $p^2-\omega_n^2$ に近くなる．このとき，強い不足減衰に対する周波数は $\omega_d\approx\omega_n-p^2/2\omega_n$ へ減る．

17 ここに 8 階の方程式で，解 $y=e^{st}$ に 8 個の選択肢をもつものがある：

$$\frac{d^8y}{dt^8}=y \quad \text{から} \quad s^8e^{st}=e^{st} \quad \text{なので} \quad \boldsymbol{s^8=1}：\ \text{図 2.6 の 8 個の根.}$$

振動しない 2 つの解 e^{st}（s が実数）を求めよ．振動だけする 2 つの解（s が虚数）を求めよ．零へ渦巻く 2 解と，外へ渦巻く 2 解を求めよ．

18 $A_n\dfrac{d^ny}{dt^n}+\cdots+A_1\dfrac{dy}{dt}+A_0y=0$ より $\boldsymbol{A_ns^n+\cdots+A_1s+A_0=0}$.
この n 個の根 $s_1,\ldots,s_n$ は n 個の解 $y(t)=e^{st}$ を生み出す（それらの根が異なれば）．$y=c_1e^{s_1t}+\cdots+c_ne^{s_nt}$ の中の定数 c_1 から c_n についての n 個の方程式を，$y(0), y'(0), \ldots, D^{n-1}y(0)$ についての n 個の初期条件を満たすことで見つけよ．

19 $\boldsymbol{d^{2015}y/dt^{2015}=dy/dt}$ **の解を 2 つ求めよ**．$s^{2015}=s$ のすべての解について説明せよ．

20 $y(0)=y'(0)=0$ から出発する $y''=1$ の解は $y(t)=t^2/2$ である．例 5 により，$g''=\delta(t)$ の基本解は $g(t)=t$ である．0 から t まで積分 $\int g(t-s)f(s)ds=\int(t-s)ds$ を行うと正しい解 $y=t^2/2$ が得られるか？

21 $y(0)=y'(0)=0$ から出発する $y''+y=1$ の解は $y=1-\cos t$ である．式 (13) で $\omega=1$ および $A=1$ として，$g''+g=\delta(t)$ の解は $\boldsymbol{g(t)=\sin t}$ である．$1-\cos t$ が積分 $\int g(t-s)f(s)ds=\int\sin(t-s)ds$ と一致することを示せ．

22 $t\geq 0$ で $H(t)=1$ となるステップ関数はデルタ関数の積分である．**だから，ステップ応答 $r(t)$ はインパルス応答の積分である．**この事実は，基本的な解の公式からも導けるはずである：

$$Ar''+Br'+Cr=1 \quad と \quad r(0)=r'(0)=0 \quad から \quad \boldsymbol{r(t)=\int_0^t g(t-s)\,1\,ds}$$

$t-s$ を τ に変え，ds を $-d\tau$ へ変えて，$r(t)=\int_0^t g(\tau)d\tau$ であることを確かめよ．

2.5 節ではステップ応答 $r(t)$ に対する 2 つの良い公式を求める．

2.4 強制振動と指数応答

方程式 $Ay''+By'+Cy=0$ には外力項がない．右辺は零である．この方程式は**斉次**である．斉次解 $y_n(t)=c_1e^{s_1t}+c_2e^{s_2t}$ は初期条件 $y(0)$ と $y'(0)$ により決まる．これらが零であれば，系はまったく動かない．

方程式 $Ay''+By'+Cy=f(t)$ は，その新たな項 $f(t)$ により**強制**，あるいは**駆動**されている．以前は $y=0$ が 1 つの可能な解だったが，今度は特殊解 y_p を期待できる．

本節では，駆動力 $f=e^{st}$ と $e^{i\omega t}$ と $\cos\omega t$ と $\sin\omega t$ について学ぶ．$f=e^{st}$ に対しては，次の例で y_p の求め方を示す．

指数関数の駆動力

この例では，1 つの特殊解 $y_p(t)=Ye^{st}$ は入力 e^{4t} の定数倍である．すべきことは，微分方程式に代入して，その数 Y を求めるだけだ．

例 1 $\boldsymbol{y''+5y'+6y=e^{4t}}$ を解け．1 つの特殊解は $\boldsymbol{y_p=Ye^{4t}}$ になる．
Ye^{4t} を方程式に代入すると，どの項も e^{4t} を含む：

$$y''+5y'+6y=16Ye^{4t}+20Ye^{4t}+6Ye^{4t}=e^{4t}. \tag{1}$$

左辺は $42Ye^{4t}$ で，これが右辺 e^{4t} と合致するのは $Y=1/42$ のときである：

$$\textbf{特殊解 } \boldsymbol{y_p} \qquad \boldsymbol{42Ye^{4t}=e^{4t}} \text{ より } \boldsymbol{42Y=1} \qquad \boldsymbol{y_p(t)=e^{4t}/42} \tag{2}$$

一般解は $y = y_p + y_n$ の形となる．斉次方程式（外力項 = 零である零方程式）の解 $y_n(t)$ には 2 つの任意定数 c_1 と c_2 がある．2 次方程式 $As^2 + Bs + C = 0$ の解となる 2 つの指数 s_1 および s_2 を探そう．斉次解 y_n の求め方は知っている．

$\boldsymbol{y = e^{st}}$ を $\boldsymbol{y'' + 5y' + 6y = 0}$ に代入せよ．$\boldsymbol{e^{st}}$ を約して $\boldsymbol{s^2 + 5s + 6 = 0}$ を得る．

この 2 次式は $(s+2)(s+3)$ と因数分解される．これは $\boldsymbol{s = -2}$ と $\boldsymbol{s = -3}$ のときに零である．"特性方程式" のこれらの根は斉次解 $y_n(t)$ の指数である．この斉次解 = 補完的な解 = **過渡状態の解**であり，減衰があるときには $t = \infty$ での零へ減衰する．

$$\text{斉次解} \qquad \boldsymbol{y_n(t) = c_1 e^{-2t} + c_2 e^{-3t}}.$$

最後のステップでは，c_1 と c_2 を選び，$y = y_p + y_n = \frac{1}{42}e^{4t} + y_n$ が初期条件を満たすようにする．$t = 0$ で合わせることにより，例 1 が完結する．

$$\begin{aligned} \text{初期位置} \quad y(0) &= \frac{1}{42} + c_1 + c_2 \\ \text{初期速度} \quad y'(0) &= \frac{4}{42} - 2\,c_1 - 3\,c_2 \end{aligned}$$

これら 2 つの式から，$y(0)$ と $y'(0)$ が与えられたときに，正しい c_1 および c_2 の値がわかる．

指数応答の公式

この例を，ほとんどいつでもうまくいく Y の公式へ変えられる．$y = Ye^{st}$ を方程式に代入せよ．微分のたびに y が s 倍される．そこで $Ay'' + By' + Cy$ は，$y = Ye^{st}$ に数 $As^2 + Bs + C$ を掛けたものだ．その数で割って Y がわかる：

$$\boldsymbol{Ay'' + By' + Cy = e^{st}} \quad \text{の解は} \quad \boldsymbol{y = Ye^{st} = \frac{1}{As^2 + Bs + C}\, e^{st}} \tag{3}$$

その分数 Y は**伝達関数**と呼ばれる．これは指数関数の入力 e^{st} を，指数関数の出力 $y_p = Ye^{st}$ に '伝達' する．この公式で，s は虚数 $i\omega$ でも任意の複素数 $s = a + i\omega$ でもよい．駆動力 f の中の指数 s を用いよ：

$$Ay'' + By' + Cy = \boldsymbol{e^{i\omega t}} \quad \text{からは} \quad y_p(t) = \frac{\boldsymbol{1}}{\boldsymbol{A(i\omega)^2 + B(i\omega) + C}}\, \boldsymbol{e^{i\omega t}}. \tag{4}$$

例 2　$\boldsymbol{y'' + y' = e^{it}}$ では $\boldsymbol{s = i\omega = i}$．$y = Ye^{it}$ を代入して，Y について解け：

$$i^2\, Ye^{it} + i\, Ye^{it} = e^{it} \qquad (i^2 + i)\, Y = 1 \qquad \boldsymbol{y_p(t) = \frac{1}{-1+i}\, e^{it}}. \tag{5}$$

例 3（重要）　$y'' + y' = \cos t$ を解け．コサインは e^{it} の実部である．
警告：解は $y = Y\cos t$ の形にならない．導関数 $-Y\sin t$ が微分方程式に現れ，それを打ち消す項がない．正しい解は $\cos t$ と $\sin t$ の**両方**を含む．y' からの減衰がコサインを遅らせるのである．

ここで例 3 の $y_p(t)$ は，例 2 での $y_p(t)$ の実部である．この考え方を使おう：
入力 $e^{i\omega t}$ の実部は出力 $Ye^{i\omega t}$ の実部を生み出す．

手順 1　$Y = \dfrac{1}{-1+i} = \dfrac{1}{-1+i}\left(\dfrac{-1-i}{-1-i}\right) = \dfrac{-1-i}{2}$ と書く．

手順 2　$Ye^{it} = \dfrac{-1-i}{2}(\cos t + i\sin t)$ の実部は $\boldsymbol{y_p = \frac{1}{2}(-\cos t + \sin t)}$.

指数応答の公式は (3) と (4) である．これらが破たんするのは分数の分母が零となるときだけである．このとき，公式は $\mathbf{1/0}$ を含む．駆動項の中の指数 s が，斉次解 $y_n = c_1e^{s_1t} + c_2e^{s_2t}$ の中の指数 s_1 か s_2 の一方と等しいときに，これが起こる．これは**共鳴**と呼ばれる：$\boldsymbol{s = s_1}$ または $\boldsymbol{s = s_2}$.

見てのとおり，y_p を斉次解 y_n の中に含めることは許されない．もし y_p に対して右辺が $f \neq 0$ であれば，それが y_n に要求される $f = 0$ でもあるというのは不可能である．共鳴解 y_p の正しい形は，余分な係数 $\boldsymbol{t}$ を含む $Y\boldsymbol{t}e^{st}$ となることを見るだろう．

振動する場合 $s = i\omega$ について特段の労力を払う．斉次解 $y_n = e^{st}$ は A, B, C だけに依存する．この部分は $As^2 + Bs + C = 0$ の根に起因する．新たな部分は強制振動 $\boldsymbol{y_p(t)}$ で，$\cos\omega t$ によって駆動される特殊解である．それは，**位相遅れ $\boldsymbol{\alpha}$ と振幅のゲイン $\boldsymbol{G}$ を用いて，$\boldsymbol{y_p(t) = G\cos(\omega t - \alpha)}$ となる**．

N 階と 2 階の方程式

この節は重要なので，この先の話のあらましを述べよう．話は特定の例 $y''+5y'+6y = e^{4t}$ で始まった．これらの数値 $1, 5, 6, 4$ は文字 A, B, C, s に変わり，2 階の方程式 $Ay''+By'+Cy = e^{st}$ を解いた．その解 Ye^{st} が伝達関数 $Y = 1/(As^2 + Bs + C)$ を導入した．

ここから進む 2 つの方向があり，どちらも本質的である．一方では，**すべての定数係数方程式**に対して同じ公式 $y = Ye^{st}$ を調べる．Ye^{st} は指数関数 $f(t) = e^{st}$ への応答なので，Y は "指数応答の公式" に由来する．1 つの公式でほとんどすべての方程式がカバーされる（ただし共鳴は特別で，Y は変わらなくてはならない）．

もう一方の重要な手順では，$\boldsymbol{f = e^{i\omega t}}$ **によって駆動された 2 階方程式**に焦点をあてる．そう，この場合はもう公式で扱った．しかし我々が真剣ならば，$Y(i\omega)$ で止まらずに，その複素数の直交形式と極形式を真に必要としている：

$$\boldsymbol{Y(i\omega) = \frac{1}{A(i\omega)^2 + B(i\omega) + C} = M - iN = Ge^{-i\alpha}}. \tag{6}$$

M, N, G, α は式 (23) から (27) に出てくる．$f = \cos\omega t$ により駆動される解は $y = M\ \cos\ \omega t + N\ \sin\ \omega t$ になる．減衰運動 $(B > 0)$ は無減衰と比べられる．そして 2.5 節での大きな応用では，Z を用いた，より良い記法が必要である：

$$\text{固有周波数}\ \boldsymbol{\omega_n^2 = \frac{C}{A}} \qquad \text{減衰比}\ \boldsymbol{Z = \frac{B}{\sqrt{4AC}}} \qquad \text{減衰周波数}\ \boldsymbol{\omega_d^2 = \omega_n^2(1 - Z^2)} \tag{7}$$

減衰比 Z と周波数 ω_n および ω_d が，解 $y(t)$ に意味を与える．

一般解 $\boldsymbol{y_p + y_n}$

無減衰の強制振動（駆動力 $F\cos\omega t$）の場合をまとめよう．もし $B = 0$ ならば，$Ay'' + Cy = F\cos\omega t$ の一般解は，1 つの特殊解 y_p に，固有周波数 $\omega_n = \sqrt{C/A}$ の任意の斉次解 y_n を加えたものとなる．2 つの ω に注意せよ：

特殊解 $(\boldsymbol{\omega})$
外力なしの解 $(\boldsymbol{\omega_n})$

$$y = \frac{F}{C - A\omega^2}\cos\omega t\ +\ c_1 e^{i\omega_n t}\ +\ c_2 e^{-i\omega_n t} \tag{8}$$

繰り返すと：線形方程式 $\boldsymbol{Ly = f}$ が与えられたときはいつでも，一般解は $y = y_p + y_n$ の形をとる．特殊解は $Ly_p = f$ の解で，斉次解は $Ly_n = 0$ の解である．L の線形性から $y = y_p + y_n$ が $Ly = f$ の解であることが保証される：

$$\text{一般解}\ \boldsymbol{y = y_p + y_n} \qquad \text{もし}\ Ly_p = f\ \text{かつ}\ Ly_n = 0\ \text{ならば}\ Ly = f. \tag{9}$$

本書では線形方程式を強調する．$y_p + y_n$ はまた見ることになり，いつも線形性の法則 $Ly = Ly_p + Ly_n$ を伴うだろう．これは線形の微分方程式や行列方程式で成り立つ．微分方程式では，L は**線形演算子**と呼ばれる．

$$\textbf{線形演算子}\quad Ly = Ay'' + By' + Cy\ \ \text{あるいは}\ \ Ly = A_N\frac{d^N y}{dt^N} + \cdots + A_1\frac{dy}{dt} + A_0 y$$

演算子 L に対して，入力 y と出力 Ly は関数である．

$Ly = f$ **のどの解も** $y_p + y_n$ **の形となる**．ある特殊解 y_p から始めたとしよう．もし y が他の任意の解だとすると，$L(y - y_p) = 0$ である：

$$\boldsymbol{y_n = y - y_p}\ \ \text{は斉次解である} \qquad \boldsymbol{Ly_n} = Ly - Ly_p = f - f = \mathbf{0}. \tag{10}$$

例 4 線形方程式が単に $\boldsymbol{Ly} = x_1 - x_2 = 1$ だとする：2 つの未知数 x_1 と x_2 についての 1 つの式．解はベクトル $\boldsymbol{y} = (x_1, x_2)$ である．[1] 右辺 $f = 1$ は零ではない．図 2.11 の太線がすべての解のグラフである．

太線のどの点も，$x_1 - x_2 = 1$ への 1 つの特殊解である．ある解 y_p だけをマークした．**斉次解は原点** $(\mathbf{0}, \mathbf{0})$ **を通る平行な直線** $\boldsymbol{x_1 - x_2 = 0}$ **の上に並ぶ**．

[1] 訳注：ここに限らず，本書で丸括弧を用いたベクトルは，行ベクトルを意味するのではなく，列ベクトルを（スペースの節約のために）一時的に横に寝かせたものとする．本来の列ベクトルは鉤括弧を用いて表す．5.1 節を参照．

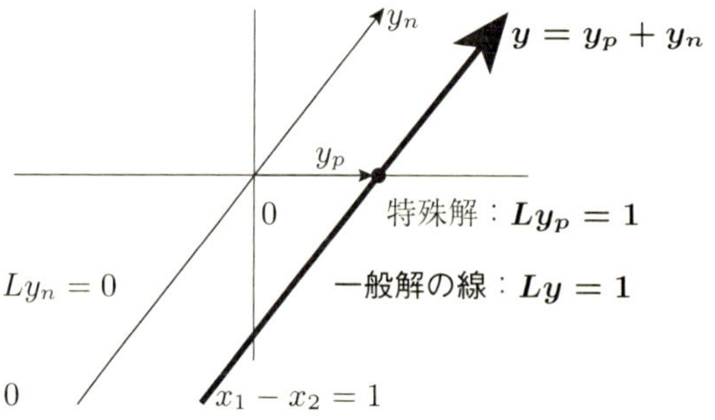

図 **2.11**　一般解 $=$ **1 つの**特殊解 $+$ **すべての**斉次解．

例 5　2 階の方程式 $Ay'' + By' + Cy = e^{st}$ または $e^{i\omega t}$ は，一般解 $y = y_p + y_n$ をもつ．特殊解 $y_p = Ye^{st}$ は e^{st} の定数倍である．斉次解は $y_n = c_1 e^{s_1 t} + c_2 e^{s_2 t}$ である．もし $s_2 = s_1$ なら，$e^{s_2 t}$ を $te^{s_1 t}$ に代えよ．

例 6　印象的な方程式 $5y = 10$ の一般解は $y = 2$ である．この特殊解 $y_p = 2$ は唯一の選択肢である．斉次解は $5y_n = 0$ の解であり，$y_n = 0$ の可能性しかない．**1 つのそして唯一の解は** $y = y_p + y_n = 2 + 0$ **である**．

$y_n = 0$ だけが斉次解のときは退屈に見える．しかし行列方程式の場合には，これこそ我々が求める（そして通常得られる）ものである．もし A が可逆な行列ならば，$Ay = b$ の解は $y = y_p = A^{-1}b$ のみである．このとき $Ay_n = 0$ の斉次解は $y_n = 0$ だけである．

高階の方程式

ここまでのところ，3 階微分を見ていない．これらは物理的な問題に頻繁には生じないが，指数関数の解 Ye^{st} および $Ye^{i\omega t}$ がそれでも現れる．本質的な要件は 1 つ，方程式が**定数係数**でなければならないということだ．

N 階の方程式　$$A_N \frac{d^N y}{dt^N} + \cdots + A_1 \frac{dy}{dt} + A_0 y = f(t) \qquad (11)$$

$f = 0$ のとき，斉次解の最善なものは，ここでも指数関数 $y_n = e^{st}$ である．e^{st} を方程式に代入して N 個の可能な指数 $s_1, s_2, \ldots, s_N$ を求める．

$$f = 0 \text{ と } y_n = e^{st} \qquad \left(A_N s^N + \cdots + A_1 s + A_0\right) e^{st} = 0. \qquad (12)$$

y_n の指数 s は，この多項式の N 個の根である．そこで（通常は）N 個の線形独立な解 $e^{s_1 t}, \ldots, e^{s_N t}$ を得る．それらのすべての線形結合もまた解である．式 (12) の多項式が 2 重根 s をもつ場合には，2 つの解は e^{st} と te^{st} である．

例 7　**3 階方程式**　$y''' + 2y'' + y' = e^{3t}$ を解け．

解　斉次解 y_n を求めるため，$y_n = e^{st}$ を代入し，右辺を零とせよ：

$$\boldsymbol{s^3+2s^2+s=0} \qquad s(s^2+2s+1)=0 \qquad \boldsymbol{s(s+1)^2=0}.$$

指数は $s=0,\ -1,\ -1$．斉次解は c_1e^{0t} と c_2e^{-t} と c_3te^{-t}（余分の t は 2 重根のため）．特殊解 y_p は Ye^{3t}（3 が y_n の中の指数 0 と -1 ではないため）．Ye^{3t} を代入して $\boldsymbol{Y=1/48}$ を得る：

$$27Ye^{3t}+18Ye^{3t}+3Ye^{3t}=e^{3t} \text{ と } 48Y=1 \text{ と } \boldsymbol{y_p=e^{3t}/48}.$$

伝達関数は $\boldsymbol{Y(s)=1/(s^3+2s^2+s)}$．$\boldsymbol{e^{3t}}$ なので $\boldsymbol{s=3}$ とせよ．すると $\boldsymbol{Y=1/48}$.
強制振動する定数係数の方程式について，本節の計画をここに示す：

1 駆動関数 $f(t)=e^{st}$ に対する**指数応答 $\boldsymbol{y(t)=Y(s)e^{st}}$** を求める．

2 **共鳴**のために $Y(s)=\infty$ となるときに，公式を調節する．

3 減衰の効果を理解するために，**実数の方程式** $Ay''+By'+Cy=\cos\omega t$ を解く．

応用で大切な例はこれである：$s=i\omega$ のとき y は $Y(s)e^{st}$ の実部である．式 (23) で，解は $\boldsymbol{y(t)=M\cos\omega t+N\sin\omega t=G\cos(\omega t-\alpha)}$ となる．

指数応答関数 = 伝達関数

本書は 1 階と 2 階の方程式に集中する．係数が定数で右辺が指数関数のとき，3 つの重要な問題を解いた：

1 階	$y' - ay = \boldsymbol{e^{ct}}$	$y_p = e^{ct}/\boldsymbol{(c-a)}$
振動	$my'' + ky = \boldsymbol{e^{i\omega t}}$	$y_p = e^{i\omega t}/\boldsymbol{(k-m\omega^2)}$
2 階	$Ay''+By'+Cy=\boldsymbol{e^{st}}$	$y_p=\boldsymbol{e^{st}}/\boldsymbol{(As^2+Bs+C)}$

すべての定数係数の方程式を，すべての階数について，1 つの公式で解こうとすることは（数学者には）自然である．ほとんどできそうなのだが，共鳴が邪魔をしている．

それぞれの微分 d/dt を D と書こう．すると D^2 は d^2/dt^2 である．我々の方程式はすべて D の累乗を含み，N 階の方程式は D^N を含む．ここでは $N=2$ である．

$$\textbf{多項式 } \boldsymbol{P(D)} \qquad Ay''+By'+Cy=(\boldsymbol{AD^2+BD+C})y=\boldsymbol{P(D)}y. \tag{13}$$

斉次解と特殊解は，すべてこの多項式 $P(D)$ からくる．

$\boldsymbol{N}$ 個の斉次解 $\boldsymbol{y_n=e^{st}}$ を求めよ　　$As^2+Bs+C=0$ はまさしく $\boldsymbol{P(s)=0}$ (14)

1 つの特殊解 $\boldsymbol{y_p=Ye^{ct}}$ を求めよ　　$P(D)y=e^{ct}$ が数値 $\boldsymbol{Y=1/P(c)}$ を与える (15)

伝達関数の値 $\boldsymbol{Y}$ が指数応答を与える　$\boldsymbol{y_p=e^{ct}/P(c)}$.

理解しよう !: 斉次解では s は N 個の特定の値 $s_1,\ldots,s_N$ をとる．これらは N 次の特性多項式 $P(s)$ の根である．特殊解 $e^{ct}/P(c)$ においては，その特定の値 $s=c$ は右辺 $f=e^{ct}$ の指数である．

これらの指数 c と s は，虚数でも複素数でも完全に許される．

$$\boldsymbol{P(D)y = e^{ct}} \qquad \boldsymbol{y = y_p + y_n = \frac{e^{ct}}{P(c)} + c_1 e^{s_1 t} + \cdots + c_N e^{s_N t}} \tag{16}$$

この分数 $Y = 1/P(c)$ が，入力 $f = e^{ct}$ を出力 $y = Ye^{ct}$ へ“伝達”する．変数を s として $1/P(s)$ の形で見ることも多く，これはときどき**システム関数**と呼ばれる．

この単純で美しい指数応答の公式にただ1つ例外がある．外力の指数 c が，斉次解の指数 $s_1, \ldots, s_N$ のどれかになるかもしれない．**この場合 $\boldsymbol{P(c)}$ は零である**．零のときに $P(c)$ で割ることはできない．

例外　もし $P(c) = 0$ ならば，$y = e^{ct}/P(c)$ は $P(D)y = e^{ct}$ の解にはなれない．

$P(c) = 0$ は例外的な**共鳴**の場合である．公式 $e^{ct}/P(c)$ は変わらなくてはならない．

共鳴

我々はブランコをその固有振動数で押しているかもしれない．このとき $c = i\omega_n = i\sqrt{k/m}$. $my'' + ky$ からの多項式 $P(D)$ は $mD^2 + k$ で，この固有振動数では $P(c) = 0$ となる．共鳴のために調節した指数応答の公式をここに示す．

共鳴応答　$$\text{もし}\ \boldsymbol{P(c) = 0}\ \text{ならば}\ \boldsymbol{y_p = \frac{t}{P'(c)}\, e^{ct}} \tag{17}$$

$P(c) = 0$ のときには，その余分な因子 t が解に入る．$1/P(c)$ は $\boldsymbol{t/P'(c)}$ で置き換える．これは，“2重共鳴”があって $P'(c)$ もまた零でない限り，うまくいく．うまくいかないときは，この公式は P の2階導関数へと移り，$y_p(t) = t^2 e^{ct}/P''(c)$ となる．

2重共鳴が生じない見込みはかなり高い．伝えたいのは，方程式 $\boldsymbol{P(D)y = e^{ct}}$ には多項式 P を用いた素敵な解があるということだ：通常は $\boldsymbol{y = e^{ct}/P(c)}$ となる．

$P(c) = 0$ および $P'(c) \neq 0$ のときの共鳴解 $y = te^{ct}/P'(c)$ は説明可能だ．1.5節では1階の方程式 $y' - ay = e^{ct}$ でこれが起きるのを見た．その方程式は $P(D) = D - a$ と $P(c) = c - a$ で，$c = a$ のときに共鳴した：

$$y' - ay = e^{ct} \quad \text{は超特殊解} \qquad \boldsymbol{y_{vp} = \frac{e^{ct} - e^{at}}{c - a}} \ \text{をもつ}$$

$$c\ \text{が}\ a\ \text{に近づくとき}\ y_{vp}\ \text{が近づくのは} \qquad \frac{\text{分子の微分}}{\text{分母の微分}} = \boldsymbol{\frac{te^{at}}{1}}$$

これはロピタルの法則である！ ただ，1つ普通でないのは x の代わりに c があり，x での微分の代わりに c での微分をとることである．この超特殊解は $t = 0$ で $y_{vp} = 0$ を出発する．

$c=a$ と $P(c)=c-a$ と $P'(c)=1$ なので，この共鳴解 te^{at} は我々の公式 $te^{ct}/P'(c)$ に適合する．

方程式が N 階のとき，多項式 P は N 次である．指数 c が a に**近い**としよう．ここで a は斉次解の指数 $s_1,\ldots,s_N$ のどれかである．このとき $P(a)=0$ で，e^{at} が斉次解であり，$e^{ct}/P(c)$ が特殊解となる：

$$P(D)y=e^{ct} \text{ の超特殊解は } \boldsymbol{y_{vp}=\frac{e^{ct}-e^{at}}{P(c)-P(a)}}. \tag{18}$$

強調すると：a に近い c はよいが，$c=a$ はよく**ない**．公式 (16) は $c=a$ で変化する：

共鳴　**もし $c=a$ ならば (16) でロピタルの極限は** $\quad y_{vp}=\dfrac{te^{at}}{P'(a)}.$ (19)

$e^{ct}-e^{at}$ と $P(c)-P(a)$ の c での微係数を $c=a$ にて求めると，te^{at} と $P'(a)$ を得る．

まとめ　伝達関数は $Y(s)=1/P(s)$．$P(s)=0$ の N 個の根で，これは"極"をもつ．これらが斉次解 $y_n(t)$ の中の指数である．特殊解 $y_p=Ye^{ct}$ は駆動項 $f=e^{ct}$ と同じ指数 c をもつ．伝達関数 $Y(c)=1/P(c)$ が $y_p(t)$ の振幅を決める．もし c が Y の極であれば，共鳴が起こる．

例 8　4 階の方程式 $\boldsymbol{D^4y=d^4y/dt^4=1}$ では 4 **重の共鳴が起きる．**

$y''''=0$ の斉次解は何か？ $y=e^{st}$ を試して $s^4=0$ を得る．この **4 根はすべて** $s=0$ である．すると斉次解の 1 つは $y=e^{0t}$，つまり $y=1$ である．4 重の零点のため，その他の斉次解は因子 t,t^2,t^3 を持つ．これらをまとめて：

$$\boldsymbol{y''''=0} \text{ の斉次解は } \boldsymbol{y_n(t)=c_1+c_2t+c_3t^2+c_4t^3} \text{ の形となる．}$$

では $y''''=e^{ct}$ の特殊解を見つけよう．ほとんどの指数 c に対して $\boldsymbol{y_p=e^{ct}/c^4}$ を得る．これはまさしく $e^{ct}/P(c)$ である．**しかし** $c=0$ **では 4 重の共鳴が起きる**：$c^4=0$ は 4 重根をもつ．4 重のロピタルの法則が 4 階微係数と，$y''''=1$ に対する超特殊な解を与える．その結果は，このコースを履修し本書を見る前に知っていたものである：

$$\boldsymbol{y''''=1=e^{0t}} \text{ では } \boldsymbol{c=a=0} \text{ および } \boldsymbol{P=s^4} \qquad \boldsymbol{y_p(t)=\frac{t^4e^{0t}}{P''''(0)}=\frac{t^4}{24}}.$$

減衰を含む実数の 2 階方程式

さて，大切な方程式に焦点をあてる：**2 階方程式**．左辺は $Ay''+By'+Cy$ であり，その伝達関数は $Y(s)=1/(As^2+Bs+C)$ である．右辺が $f(t)=e^{i\omega t}$ のとき，指数は $s=i\omega$ である．A,B,C が零でなければ共鳴は起こらない：

$$\text{共鳴なし}\quad A(i\omega)^2+B(i\omega)+C=(C-A\omega^2)+i(B\omega)\neq 0.$$

$f(t)=e^{i\omega t}$ への応答が $y_p(t)=Y(i\omega)e^{i\omega t}$ であることを知っている．これは完璧な例である．ただ，それらの関数は実ではない．

実生活への応用では（そしてこの方程式は多くの応用がある），$f(t) = \cos\omega t$ としたい．この問題を解かねば**ならない**．あなたは言うだろう．単に $e^{i\omega t}$ と $e^{-i\omega t}$ について解いて，それぞれの解の半分ずつを取れ．いや，それよりすばやく，**$e^{i\omega t}$ について解いて $y_p(t)$ の実部を取れ**．あるいは，ずっと実数にとどまって，$y(t) = M\cos\omega t + N\sin\omega t$ の形の解を探せるかもしれない．

これらの考え方すべてがうまくいく．どれも同じ答えを与える（ただし形は異なる）．最善の形は，解 $y(t)$ の中の最も重要な数値を引き出さなくてはならない．その数とは**強制振動の振幅 G** である．そこで，ゲイン G を示す**極形式 $y(t) = G\cos(\omega t - \alpha)$** が第 1 番となる．

$As^2 + Bs + C = 0$ の解 s_1 と s_2 が負の実部 $-B/2A$ をもつため，斉次解は減衰する．特殊解 $G\cos(\omega t - \alpha)$ が減衰しないのは，決して止まらない外力関数 $f = \cos\omega t$ により駆動されるためである．

次頁以降で G と α を求める．これは代数学の良い用途である．物理的な量を表す文字 A, B, C を扱う．2.5 節では，それらは質量 - 減衰 - 剛性，あるいはインダクタンス - 抵抗 - 静電容量となる．これらだけが可能な例のすべてではない！ 生物学や化学や経営学や，一国全体の経済学でもまた，減衰振動は見られる．それらのモデルを見つけることになろう．

直交形式での減衰振動

直交形式 $y(t) = M\cos\omega t + N\sin\omega t$ から始めよう．これは極形式ほど有用ではないが，計算しやすい．この $y(t)$ を微分方程式 $Ay'' + By' + Cy = \cos\omega t$ に代入して，コサインの項とサインの項を合致させよ：

両辺のコサイン	$-A\omega^2 M + B\omega N + CM = 1$	(20)
左辺のサイン	$-A\omega^2 N - B\omega M + CN = 0$	(21)

M について解くために，式 (20) に $C - A\omega^2$ を掛けよ．そして，式 (21) に $B\omega$ を掛けて (20) から引く．N の係数は零となり，消去され，M だけについての式を得る．M には重要な数 D が掛かっている：

$$\begin{array}{rl} \boldsymbol{(C - A\omega^2)} & \times \text{式}\,\mathbf{(20)} \\ - \quad \boldsymbol{B\omega} & \times \text{式}\,\mathbf{(21)} \end{array} \qquad [\boldsymbol{(C - A\omega^2)^2 + (B\omega)^2}]M = \boldsymbol{D}M = C - A\omega^2. \qquad (22)$$

D で割って $M = (C - A\omega^2)/D$ を求める．その後，式 (21) から $N = B\omega/D$ とわかる．そして式 (27) で $\boldsymbol{M^2 + N^2 = 1/D}$ とわかる．

実数解 $\boldsymbol{y_p}$ は $\boldsymbol{M\cos\omega t + N\sin\omega t}$	$\boldsymbol{M = \dfrac{C - A\omega^2}{D}}$	$\boldsymbol{N = \dfrac{B\omega M}{C - A\omega^2} = \dfrac{B\omega}{D}}$	(23)

すぐに言っておこう：**複素数 $\boldsymbol{Y(i\omega)}$ は単に $\boldsymbol{M - iN}$ である**．この計算は実数から複素数へ，そして直交形式から極形式へつなげる．$Y(-i\omega)$ を掛けて割ると，$Y(i\omega)$ の分母が

$D = (C - A\omega^2)^2 + (B\omega)^2$ になることがわかる：

$$\frac{\mathbf{1}}{(C - A\omega^2) + iB\omega} \times \frac{(C - A\omega^2) - iB\omega}{(C - A\omega^2) - iB\omega} = \frac{(C - A\omega^2) - iB\omega}{D} = \boldsymbol{M - iN}. \tag{24}$$

$Y = M - iN$ がまさしく我々が求め，必要とするものだ．入力 $f = \cos\omega t$ は $e^{i\omega t}$ の実部であり，だから出力 y は $Ye^{i\omega t}$ の実部である．この実部は直交形式 $y = M\cos\omega t + N\sin\omega t$ である：

$$\mathbf{Re}\,(\boldsymbol{Ye^{i\omega t}}) = \mathrm{Re}\,[(M - iN)(\cos\omega t + i\sin\omega t)] = \boldsymbol{M\cos\omega t + N\sin\omega t} \tag{25}$$

極形式での減衰振動

求める解は $Y(i\omega)e^{i\omega t}$ の実部である．式 (25) で解を直交形式で求めた．$y(t)$ を極形式で求めるための最初の手順（ほぼ唯一の手順）は $Y(i\omega)$ を極形式にすることである．この数は複素ゲインである：

$$\textbf{複素ゲイン}\quad \boldsymbol{Y(i\omega) = M - iN = Ge^{i\alpha}}\ \text{で,}\ \boldsymbol{G = \frac{1}{\sqrt{D}}}\ \text{と}\ \boldsymbol{\tan\alpha = \frac{N}{M}}. \tag{26}$$

その振幅 G は単に“ゲイン”とも呼ばれる．計算が続くこの辺りのページで，これが最重要な量である．入力 $\cos\omega t$ の振幅は 1 で，出力 $y(t)$ の振幅は G となる．もちろん出力は $y = G\cos\omega t$ ではない！ 減衰は位相遅れ α を生み出す．同時に，減衰は出力の振幅を減らしている．

無減衰の振幅 $|Y| = 1/|C - A\omega^2|$ は $G = 1/\sqrt{D}$ に減る：

$$G = \sqrt{M^2 + N^2} = \left(\frac{(C - A\omega^2)^2}{D^2} + \frac{(B\omega)^2}{D^2}\right)^{1/2} = \left(\frac{D}{D^2}\right)^{1/2} = \frac{1}{\sqrt{D}}. \tag{27}$$

一例の後に，これらの美しく（？）重要な（！）公式をすべてまとめよう．

例 9　$y'' + y' + 2y = \cos t$ を直交形式で，また極形式でも解け．

解　この方程式では $A = 1, B = 1, C = 2$，および $\omega = 1$．特殊解を求める．公式を直接用いて，その後簡単にコメントする．これらの数値から $C - A\omega^2 = 1$ で $B\omega = 1$ だから $D = 1^2 + 1^2 = 2$．

したがって解は $G = \sqrt{1/2}$ と $M = N = \frac{1}{2}$ と $\tan\alpha = 1$ と $\alpha = \pi/4$ をとる：

$$\textbf{直交形式}\qquad y(t) = M\cos\omega t + N\sin\omega t = \tfrac{\mathbf{1}}{\mathbf{2}}(\mathbf{\cos}\ \boldsymbol{t} + \mathbf{\sin}\ \boldsymbol{t})$$

$$\textbf{極形式}\qquad y(t) = \mathrm{Re}\,\left(Ge^{-i\alpha}e^{i\omega t}\right) = G\cos(\omega t - \alpha) = \frac{\mathbf{1}}{\sqrt{\mathbf{2}}}\ \mathbf{\cos}\ \left(\boldsymbol{t} - \frac{\boldsymbol{\pi}}{\mathbf{4}}\right).$$

この例について，極形式 = 直交形式であることを直接確かめる：

$$\boldsymbol{G}\,\mathbf{\cos}\left(\boldsymbol{t} - \frac{\boldsymbol{\pi}}{\mathbf{4}}\right) = \frac{1}{\sqrt{2}}\left(\cos t\ \cos\frac{\pi}{4} + \sin t\ \sin\frac{\pi}{4}\right) = \frac{\mathbf{1}}{\mathbf{2}}(\mathbf{\cos}\,\boldsymbol{t} + \mathbf{\sin}\,\boldsymbol{t}).$$

直交形式のほうが数値が単純である．しかし極形式では最も重要な数値 $G = 1/\sqrt{2}$ が得られる．このゲイン G は無減衰のゲイン $|Y|$ より因子 $\cos\alpha$ だけ小さい．

$$\text{無減衰}\quad |Y| = \frac{1}{|C - A\omega^2|} = 1 \qquad \text{減衰}\quad G = \frac{1}{\sqrt{D}} = \frac{1}{\sqrt{2}} = \cos\alpha.$$

無減衰 対 減衰

無減衰の方程式 $Ay'' + Cy = \cos\omega t$ では $B = 0$ および $Y = 1/(C - A\omega^2)$ である．2.1 節での $y(t) = Y\cos\omega t$ の，その振幅を，我々がいま解いたばかりの，より難しい問題と比べてみよ．この比較により，入力 $e^{i\omega t}$ に掛かる伝達関数の中の $Bs = Bi\omega$ に，減衰がどのように寄与するかがわかる．減衰は位相遅れ α を生じ，振幅も $G = Y\cos\alpha$ へと減らす．以下が大切な公式である：

	無減衰	**減衰**
方程式	$Ay'' + Cy = \cos\omega t$	$Ay'' + By' + Cy = \cos\omega t$
解	$y = Y\cos\omega t$	$y = G\cos(\omega t - \alpha)$
大きさ	$\|Y\| = \dfrac{1}{\|C - A\omega^2\|}$	$G = \dfrac{1}{\sqrt{D}} = Y\cos\alpha$
位相遅れ	零	$\tan\alpha = \dfrac{N}{M} = \dfrac{B\omega}{C - A\omega^2}$

駆動関数が $F\cos\omega t$ のとき，解は余分な因子 F をもつ．駆動関数が $\sin\omega t$ のとき，これは $\cos\left(\omega t - \frac{\pi}{2}\right)$ と同じである．そこで解は追加の位相遅れ $\phi = \pi/2$ をもつ：$y = G\cos(\omega t - \alpha - \pi/2) = G\sin(\omega t - \alpha)$.

駆動関数が $A\cos\omega t + B\sin\omega t$ のとき，これは $R\cos(\omega t - \phi)$ に等しい．これは 1.5 節での，三角関数の合成公式である．このとき解は $\boldsymbol{RG\cos(\omega t - \alpha - \phi)}$ である．これは入力と同じ周波数 ω で振動する特殊解 y_p である．

なぜゲインが $G = Y\cos\alpha$ と，無減衰での値 $|Y| = 1/|C - A\omega^2|$ から減るのかを示そう．式 (27) から $G = \sqrt{M^2 + N^2} = 1/\sqrt{D}$ と知っている．そして (23) から $YM = 1/D$ と知っている：

$$\text{減衰ゲイン}\qquad \boldsymbol{Y\cos\alpha} = \frac{YM}{\sqrt{M^2 + N^2}} = \frac{1/D}{1/\sqrt{D}} = \boldsymbol{G}. \tag{28}$$

より良い記法

$my'' + by' + ky = kF(t)$ を質量 m で割るのが良い方策だが，これにはいくつかの理由がある：

$$y'' + \frac{b}{m}y' + \frac{k}{m}y = \frac{k}{m}F(t). \tag{29}$$

第1に，y'' の係数が1になる．第2に，k/m を ω_n^2 で置き換えることで，その意味が与えられる．第3に，入力 F が出力 y と同じ単位を持っているので，今度はゲイン $G = |y|/|F|$ が無次元になる．こうなったのは，不適当な単位をもっていた元々の $f(t)$ を $kF(t)$ に置き換え，今度は m で割ったからである．

最も価値あるのは，減衰係数を b/m（これは B/A のことだが）と書く新たな方法である．大切な点は，$\boldsymbol{b^2}$ **と** $\boldsymbol{mk}$ **が同じ次元をもつ**ということである．方程式から，my'' と by' と ky は同じ次元である．そして $(by')^2$ と $(my'')(ky)$ もまた，そうである．すると $(y')^2$ と $(y'')(y)$ もまた，そうである—どちらも $1/(\text{時間})^2$ を含む．**これより，**b^2 **と** mk **が残る**．

この量 $Z = b/\sqrt{4mk}$ はとても役立つもので，過減衰では $Z > 1$，不足減衰では $Z < 1$ となる．式(29)の係数 b/m は，(30)でのように，より良い形式 $2Z\omega_n$ をもつ．

$$\frac{b}{m} = \frac{2b}{\sqrt{4mk}}\sqrt{\frac{k}{m}} = \boldsymbol{2Z\omega_n} \qquad \boldsymbol{y'' + 2Z\omega_n y' + \omega_n^2 y = \omega_n^2 F(t)} \tag{30}$$

$\boldsymbol{Z}$ は減衰比である．正しい記号はギリシャ文字のゼータ（$\boldsymbol{\zeta}$）である．だが大文字のゼータ $= Z$ のほうがずっと書きやすく，読みやすい（MATLAB のコマンド名も zeta となっている）．B の $\sqrt{4AC}$ に対するこの比が，どの公式でも重要な役割を発揮することをよく見よ．もし $Z < 1$ なら，固有周波数 ω_n は**減衰周波数** $\boldsymbol{\omega_d = \omega_n\sqrt{1 - Z^2}}$ に減少する．

根 $\boldsymbol{s_1}$ と $\boldsymbol{s_2}$	$s^2 + 2Z\omega_n s + {\omega_n}^2 = 0$ より $s = -Z\omega_n \pm \omega_n\sqrt{Z^2 - 1}$	(31)
不足減衰	$Z^2 = \dfrac{b^2}{4mk} < 1$ および $\boldsymbol{s = -Z\omega_n \pm i\omega_d}$	(32)
斉次解	$y_n(t) = \boldsymbol{e^{-Z\omega_n t}\,(c_1 \cos \omega_d t + c_2 \sin \omega_d t)}$	(33)

斉次解は純粋な振動ではなく，指数関数 $e^{-Z\omega_n t}$ を含む．その周波数は ω_d へ変わる．$y(t)$ のグラフは振動しながら零へ近づき，極大 $y = y_{\max}$ をとるピーク時刻は $2\pi/\omega_d$ ずつ離れている．

本節の演習問題の後のページで，我々の公式を一か所にまとめる．

■ 要点の復習 ■

1. $Ay'' + By' + Cy = e^{st}$ の特殊解は $e^{st}/(As^2 + Bs + C)$.
2. これは定数係数方程式 $P(D)y = e^{ct}$ と，その解 $\boldsymbol{y_p = e^{ct}/P(c)}$ である．
3. もし e^{ct} が $P(D)y = 0$ の斉次解ならば，共鳴が起きる．これはつまり $P(c) = 0$.
4. 共鳴では余分な t がつく：$P(c) = 0$ と $P'(c) \neq 0$ のときは $\boldsymbol{y_p(t) = te^{ct}/P'(c)}$.

5. 2 階の方程式で $f = \cos\omega t$ のとき，そのゲインは $G = 1/|P(i\omega)| = 1/\sqrt{D}$.

6. 実数解は $M\cos\omega t + N\sin\omega t = G\cos(\omega t - \alpha)$．ただし $\tan\alpha = N/M$.

7. 減衰比 $Z = B/\sqrt{4AC}$ を用いて，方程式は $y'' + 2\omega_n Z y' + \omega_n^2 y = \omega_n^2 F(t)$.

8. $Z < 1$ のとき，減衰周波数は $\omega_d = \omega_n\sqrt{1 - Z^2}$．このとき，$s_1, s_2$ は $-Z\omega_n \pm i\omega_d$.

演習問題 2.4

問題 1〜4 では，$P(D)y = e^{ct}$ を解くために指数応答 $y_p = e^{ct}/P(c)$ を用いよ．

1　指数関数の駆動力を含む，これらの定数係数方程式を解け：

(a) $y_p'' + 3y_p' + 5y_p = e^t$　　(b) $2y_p'' + 4y_p = e^{it}$　　(c) $y'''' = e^t$

2　これらの方程式 $P(D)y = e^{ct}$ では，d/dt に対して記号 D を用いている．$y_p(t)$ について解け：

(a) $(D^2 + 1)y_p(t) = 10e^{-3t}$　　(b) $(D^2 + 2D + 1)y_p(t) = e^{i\omega t}$

(c) $(D^4 + D^2 + 1)y_p(t) = e^{i\omega t}$

3　$y_p = e^{ct}/P(c)$ がどのようにして，$y'' + y = e^t e^{it}$ の解に，そして $y'' + y = e^t\cos t$ の解になれるか？

4　(a) $y_n''' - y_n = 0$ の根 s_1 から s_3 までと，斉次解は何か？

(b) $y_p''' - y_p = e^{it}$ の，そして $y_p''' - y_p = e^t - e^{i\omega t}$ の特殊解をそれぞれ求めよ．

問題 5〜6 では，重複する根 s が y_n に，共鳴 $P(c) = 0$ が y_p に，それぞれ含まれる．

5　$y'' + Cy = e^{i\omega t}$ で共鳴が起こる C の値は何か？ $y'' + 5y' + Cy = e^{i\omega t}$ では決して共鳴しないのはなぜか？

6　3 階の方程式 $P(D)y_n = 0$ が解 $y = c_1e^t + c_2e^{2t} + c_3e^{3t}$ をもつとき，6 階の方程式 $P(D)P(D)y_n = 0$ の斉次解は何か？

7　s_1 と s_2 と y_n と y_p の式を入れて，この表を完成せよ：

無減衰の自由振動	$my'' + ky = 0$	$\boldsymbol{y_n} =$ _____
無減衰の強制振動	$my'' + ky = e^{i\omega t}$	$\boldsymbol{y_p} =$ _____
減衰自由振動	$my'' + by' + ky = 0$	$\boldsymbol{y_n} =$ _____
減衰強制振動	$my'' + by' + ky = e^{ct}$	$\boldsymbol{y_p} =$ _____

8　係数が 1 と $2Z\omega_n$ と ω_n^2 で $Z < 1$ のときについて，同じ表を完成せよ．

無減衰で自由	$y'' + \omega_n^2 y = 0$	$\boldsymbol{y_n} =$ ＿＿
無減衰で強制	$y'' + \omega_n^2 y = e^{i\omega t}$	$\boldsymbol{y_p} =$ ＿＿
不足減衰で自由	$y'' + 2Z\omega_n y' + \omega_n^2 y = 0$	$\boldsymbol{y_n} =$ ＿＿
不足減衰で強制	$y'' + 2Z\omega_n y' + \omega_n^2 y = e^{ct}$	$\boldsymbol{y_p} =$ ＿＿

9 どんな方程式 $y'' + By' + Cy = f$ がこれらの解をもつか？

(a) $y = c_1 \cos 2t + c_2 \sin 2t + \cos 3t$

(b) $y = c_1 e^{-t} \cos 4t + c_2 e^{-t} \sin 4t + \cos 5t$

(c) $y = c_1 e^{-t} + c_2 t e^{-t} + e^{i\omega t}$

10 $y_p = te^{-6t} \cos 7t$ が 2 階方程式 $Ay'' + By' + Cy = f$ の解のとき，$A, B, C,$ と f について何が言えるか？

11 (a) $y'' + 4y' + 3y = 5 \cos \omega t$ の解である定常振動 $y_p(t)$ を求めよ．

(b) $y_p(t)$ の振幅 A と位相遅れ α を求めよ．

(c) どの周波数 ω で最大振幅（最大ゲイン）となるか？

12 $y(0) = 0$ と $y'(0) = 0$ から出発して $y'' + y = \sin \omega t$ を解け．ω が 1 に近づき，共鳴に近づくときの $y(t)$ の極限を求めよ．

13 $y'' + 2y' + y = e^{ct}$ で，臨界減衰と重根 $s = 1$ により，余分な因子 t が斉次解 y_n に，あるいは特殊解 y_p（e^{ct} に比例）に生じるか？ 定数 c_1, c_2 を用いると y_n は何か？ $y_p = Ye^{ct}$ は何か？

14 問題 13 で $c = i\omega$ ならば，$y'' + 2y' + y = e^{i\omega t}$ の解 y_p は ＿＿．この分数 Y は $i\omega$ での伝達関数である．$Y = Ge^{-i\alpha}$ の大きさと位相は何か？

$\boldsymbol{t}$ と $\boldsymbol{y}$ をともにリスケールすることで，$\boldsymbol{A = C = 1}$ とできる．このとき，$\boldsymbol{\omega_n = 1}$ および $\boldsymbol{B = 2Z}$ となる．モデルの問題は $\boldsymbol{y'' + 2Zy' + y = f(t)}$ である．

15 $s^2 + 2Zs + 1 = 0$ の根は何か？ 2 根を $Z = 0, \frac{1}{2}, 1, 2$ について求め，各場合の減衰の型を特定せよ．固有振動数はここでは $\omega_n = 1$ である．

16 $Z = 1$ および -1 を除くすべての Z に対して，$y'' + 2Zy' + y = 0$ の 2 解を求めよ．どの解 $g(t)$ が $g(0) = 0$ と $g'(0) = 1$ から出発するか？ $Z = 1$ では何が変わるか？

17 方程式 $my'' + ky = \cos \omega_n t$ はちょうど共鳴点にある．右辺の駆動周波数は左辺の固有周波数 $\omega_n = \sqrt{k/m}$ に等しい．$y = Rt \sin(\sqrt{k/m}\, t)$ を代入して，R を求めよ．この共鳴解は因子 t のため，時間に増大する．

18 方程式 $Ay'' + By' + Cy = f(t)$ と $4Az'' + Bz' + (C/4)z = f(t)$ を比較せよ．これらの解にはどんな違いがあるか？

19 方程式 $g'' - 3g' + 2g = \delta(t)$ の基本解を求めよ．

20 （挑戦問題）$y(0) = 0$ と $y'(0) = 0$ から出発する，$y'' + By' + y = \cos t$ の解を求めよ．その後，減衰定数 B を零へ近づけて，問題 17 で $m = k = 1$ の場合の，共鳴方程式 $y'' + y = \cos t$ に到達せよ．

解 $y(t)$ が，共鳴解 $\frac{1}{2}t \sin t$ に近づくことを示せ．

21 $y'' + B(t)y' + C(t)y = f(t)$ に対する 3 つの解 y_1, y_2, y_3 を知ったとする．どのようにして $B(t)$ と $C(t)$ と $f(t)$ を求められるか？

解法のページ　線形定数係数方程式

1 階 $\dfrac{dy}{dt} = ay + f(t)$　**2 階** $A\dfrac{d^2y}{dt^2} + B\dfrac{dy}{dt} + Cy = f(t)$

N 階 $A_N\dfrac{d^Ny}{dt^N} + \cdots + A_1\dfrac{dy}{dt} + A_0y = (A_ND^N + \cdots + A_0)y = P(D)y = f(t)$

斉次解 y_n では $f(t) = 0$　$y = e^{st}$ を代入して N 個の指数 s を求める

1 階	$\dfrac{d}{dt}(e^{st}) = ae^{st}$	$s = a$ で $y_n = ce^{at}$
2 階	$As^2 + Bs + C = 0$	$y_n = c_1e^{s_1t} + c_2e^{s_2t}$
N 階	$P(s) = 0$	$y_n = c_1e^{s_1t} + \cdots + c_Ne^{s_Nt}$

$f(t) = e^{ct}$ への指数応答　$c = 0$ でのステップ応答　$y = Ye^{ct}$ を探す

1 階	$\dfrac{d}{dt}(Ye^{ct}) - aYe^{ct} = e^{ct}$	$y_p = \dfrac{e^{ct}}{c-a}$ では $Y = \dfrac{1}{c-a}$
2 階	$Y(Ac^2 + Bc + C)e^{ct} = e^{ct}$	$y_p = \dfrac{e^{ct}}{Ac^2 + Bc + C} = Ye^{ct}$
N 階	$YP(c)e^{ct} = e^{ct}$	$P(c) = 0$ のとき $y_p = \dfrac{e^{ct}}{P(c)}$ か $\dfrac{te^{ct}}{P'(c)}$

基本解 $g(t)$ = インパルス応答［$f(t) = \delta(t)$ のとき］

1 階	$g(t) = e^{at}$	$g(0) = 1$ から出発
2 階	$g(t) = \dfrac{e^{s_1t} - e^{s_2t}}{A(s_1 - s_2)}$	$g(0) = 0$ と $g'(0) = 1/A$ から出発
無減衰	$g(t) = \dfrac{\sin\omega_nt}{A\omega_n}$	不足減衰 $g(t) = e^{-Z\omega_nt}\dfrac{\sin\omega_dt}{A\omega_d}$
N 階	$g(t) = y_n(t)$	$g(0) = g'(0) = \cdots = 0, g^{(N-1)}(0) = 1/A_N$

各駆動関数 $f(t)$ に対する超特殊解：初期条件が零となる y_{vp}

各時刻 s での入力に
$t - s$ に渡る因子を掛ける　$$y(t) = \int_0^t g(t-s)\,f(s)\,ds$$

未定係数法	特別な $f(t)$ への直接的な解は 2.6 節で
定数変化法	$y_n(t)$ をもとに $y_p(t)$ を得るのは 2.6 節で
ラプラス変換による解	伝達関数 = $g(t)$ の変換，を 2.7 節で
たたみ込みによる解	$y(t) = g(t) * f(t)$ は 8.6 節で.

2.5 電気回路と機械的な系

2.4 節では方程式 $Ay'' + By' + Cy = \cos \omega t$ を解いた．ここでは，現実の応用における A, B, C の意味を理解したい．これは，外力関数がシヌソイドのときの，未知数が 1 つの系に対する，工学の基本方程式である．**伝達関数**を用いるのに，うってつけの機会である．これは，入力を応答に結びつける．

機械工学のエンジニアには，未知数 y は 1 つの質点——振動したり回転したり揺れている——の位置を表す．電気工学のエンジニアには，その未知数 y は，単一ループの RLC ループの中の電圧 $V(t)$ や電流 $I(t)$ である．それらの文字 R, L, C は，抵抗，インダクター，コンデンサーを表す．化学工学のエンジニアや科学者や経済学者にとっては，この方程式がモデル化するのは ... ここでやめておかないと，この話は制御が利かなくなる．

応用数学の偉大な微分方程式は **1 階か 2 階**である．我々が最もよく理解している方程式は**線形で定数係数のもの**である．

後の章では，この単一の未知数は，未知ベクトルになる．その係数は，$\boldsymbol{dy/dt = Ay}$ と $\boldsymbol{d^2y/dt^2 = -Sy}$ の中の正方行列になる．節点での電圧や，辺を通る電流や，n 個の質点の位置についての，n 個の方程式系となる．線形代数が，方程式とその解を整理する．**行列微分方程式が応用数学を記述するための正しい言語となる**．

目標は，実際の応用における $y(t)$ についての方程式を求め，解くことである．これらは**釣合い方程式**である：力の釣合いと電流の釣合い．**流入量は流出量と等しい**．

バネ–質点–ダッシュポットの方程式とループの方程式

力学では，y と y' と y'' は位置，速度，そして加速度である．数値 A, B, C は**質量** m，**減衰** b，および**剛性** k である：

ニュートンの法則 $\boldsymbol{F = ma}$　　$\boldsymbol{my'' + by' + ky =}$ かかる力．　(1)

図 2.12 の絵はバネと，ダッシュポットにもつながれた質点 m を示す．これら 2 つが $-ky$ と $-by'$ の力を及ぼす．伸びたバネは質点を引き戻す．フックの法則により，その力は $-ky$ である．減衰力はダッシュポット（古めかしい用語だが，大切な概念）からくる．質点が，油のような粘っこい液体中を動くことを想像してみたらよい．その摩擦力は $-by'$ と，速度に比例し，反対向きである．

電気回路に対する釣合い方程式を提示したのは，ニュートンではなく，キルヒホフだった．**キルヒホフの電圧法則によれば，任意の閉ループを回っての電圧降下の和は零である**．電流は $I(t)$ で，1 ループから始めよう：

電圧法則 KVL：　$$\boldsymbol{L\frac{dI}{dt} + RI + \frac{1}{C}\int I\,dt =} \text{ かかる電圧.} \qquad (2)$$

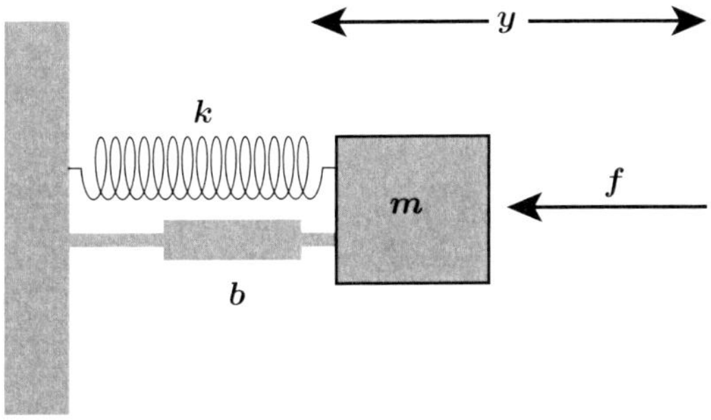

図 2.12 3つの力が $F = my''$ に入ってくる：バネ力 ky，摩擦 by'，駆動力 f.

数値 L, R, C はインダクタンス，抵抗，および静電容量である（残念ながら静電容量 C では割っているが，とにかく方程式は定数係数であり，文字にかかわらずこれを解く）．$I(t)$ についての2階の微分方程式を導き，式 (2) の積分を除去するため，各項の微分をとる：

電流 $I(t)$ に対するループの方程式: $$LI'' + RI' + \frac{1}{C}I = F\cos\omega t. \qquad (3)$$

その外力 $F\cos\omega t$ は，スイッチを閉じたときに，電池や発電機に起因する．**特殊解 $I_p(t)$** を探すことになる．その解は，かかる外力により生み出される．初期条件と $y_n(t)$ を探すのでは**ない**．こちらの斉次解 y_n は，$f = 0$ での過渡的なものであり，指数的に速く消え去る．

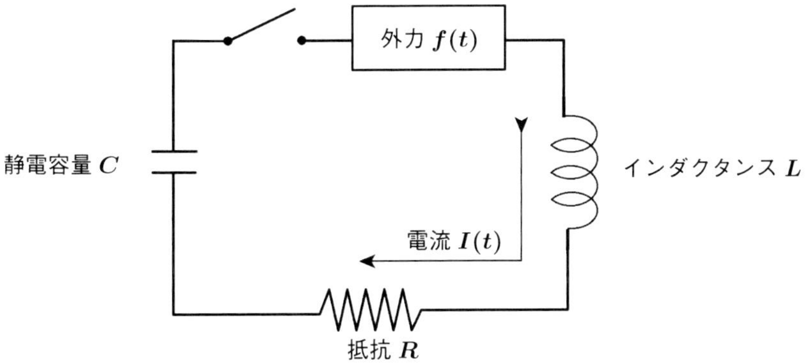

図 2.13 外力項とスイッチのついた，単一 RLC ループ

機械系と電気系の相似

どちらの応用とも2階方程式 $Ay'' + By' + Cy = f(t)$ を生み出す．これが意味するのは両方の問題を一度に解けるということである——数学的にだけでなく，物理的にも．単純な回路素子のほうが作業しやすければ，電気的に相似な系を試すことで，機械的な系の挙動を予測できる．基本的な考え方は，3つの数値 m, b, k を，数値 L, R, および $1/C$ と合わせることである．

機械的な系		電気的な系
質量 m	$\longleftrightarrow$	インダクタンス L
減衰定数 $\boldsymbol{b}$	$\longleftrightarrow$	抵抗 R
バネ定数 k	$\longleftrightarrow$	静電容量の逆数 $1/C$
固有周波数 $\omega_n^2 = k/m$	$\longleftrightarrow$	固有周波数 $\omega_n^2 = 1/LC$

ループ電流 $I(t)$ について解く前に，3 つの解法の概要を説明しよう——我々の過去の方法，現在の方法，そして未来の方法を．

$\cos\omega t$ から $e^{i\omega t}$ そして $Y(\omega)$ へ

過去の方法　2.4 節で $Ay'' + By' + Cy = F\cos\omega t$ を解いた．これは実方程式で，解も実関数だった．解はサインとコサインの形と，それに振幅と位相の形をもっていた：

$$y(t) = M\cos\omega t + N\sin\omega t = G\cos(\omega t - \alpha). \tag{4}$$

入力 F と出力 M, N のつながりは，$y(t)$ を微分方程式に代入して，項を比べることで求まった．そして $G^2 = M^2 + N^2$ および $M = G\cos\alpha$ である．

現在の方法　$\cos\omega t$ と $\sin\omega t$ を扱う代わりに，**複素関数の入力 $\boldsymbol{Ve^{i\omega t}}$** を扱うほうが，ずっときれいである．このとき出力（電流）は $Ve^{i\omega t}$ **の定数倍**である．その倍率 Y は複素数であり，振幅に加えて位相遅れも教えてくれる．

これが，1 ループの RLC 回路の応答を正しく理解する方法である．入力の周波数が ω のとき，出力の周波数もまた ω である．

方程式　$$\boldsymbol{L\frac{dI}{dt} + RI + \frac{1}{C}\int I\,dt} = \text{かかる電圧} = \boldsymbol{Ve^{i\omega t}} \tag{5}$$

解　$$\boldsymbol{I(t) = \frac{Ve^{i\omega t}}{i\omega L + R + 1/i\omega C}} = \frac{\text{入力}}{\text{インピーダンス}} \tag{6}$$

その複素インピーダンスについては詳しく学ぶことになる．

未来の方法　複素関数 $e^{i\omega t}$ の利点をひとたび理解したならば，もうそれ以前の状態に戻りはしない．我々がまさに行っているのは，**時間領域での y についての微分方程式を，周波数領域での代数方程式に変えることだ**：

$$\boldsymbol{y = Ye^{i\omega t}} \text{ とおく}\quad Ay'' + By' + Cy = e^{i\omega t} \text{ より } (i^2\omega^2 A + i\omega B + C)Y = 1.$$

$y(t)$ の微分は $i\omega$ の乗算になる．ここで話していることは，応用数学において最も重要で役立つ単純化である．定数係数 A, B, C であることが要求される．このために，$e^{i\omega t}$ を約分して消せる．

伝達関数 $\boldsymbol{Y(s)}$ では，微分から代数へのステップをもう 2 つとる．まず，$e^{i\omega t}$ から e^{st} へ変えよう．その指数 s は純虚数 ($s = i\omega$) でもよいし，任意の複素数 ($s = a + i\omega$) でもよい．1

章で見たように，$a > 0$ または $a < 0$ で，成長または減衰を許す自由を取り戻そう．単に特別な s_1 と s_2 でなく，$As^2 + Bs + C = 0$ を解くことからきた**すべての** s に興味があるのだ．

指数関数 $e^{s_1 t}$ と $e^{s_2 t}$ は，過渡状態の解 $y_n(t)$ に入った．かかる力 Fe^{st} に起因する長期的な解 $y_p(t)$ を扱っている．

伝達関数の第 2 の貢献は，この系における最も重要な乗数に名前を与えることである．それは入力に掛けられると，出力を与える．

$$\text{伝達関数は } Y(s) = \frac{1}{As^2 + Bs + C}. \qquad \text{出力は } \boldsymbol{Y(s) \times e^{st}}.$$

微分と積分は（s での）乗算と除算になった．もう 1 つの名前が必要である．$Y(s)$ はインパルス応答 $g(t)$ の**ラプラス変換**である．

入力　$f = \boldsymbol{\delta(t)}$	出力　$y = g(t) =$ **インパルス応答**	変換 $\boldsymbol{Y(s)}$
入力　$f =$ **ステップ**	出力　$y = r(t) =$ **ステップ応答**	変換 $\boldsymbol{Y(s)/s}$

ステップ関数はインパルス $\delta(t)$ の積分である．ステップ応答はインパルス応答 $g(t)$ の積分である．これらのラプラス変換に対して，積分は s での除算になる．**時間領域での微積分学は，周波数領域での代数になる**．

dy/dt と $\int y(t)\,dt$ の変換規則，そして $y(t)$ を $Y(s)$ から取り戻すための逆ラプラス変換の表は，2.7 節で示す．

複素インピーダンス

現在の方法は交流入力について $Ve^{i\omega t}$ を用いる．出力は，その入力をインピーダンス Z で割る．これはオームの法則 $I = E/R$ のようなものだが，この RLC ループでは，抵抗 R がインピーダンス Z に変わっている：

$$\text{電流} \qquad I(t) = \frac{Ve^{i\omega t}}{i\omega L + R + 1/i\omega C} = \frac{Ve^{i\omega t}}{Z} = \frac{\text{入力}}{\text{インピーダンス}}. \tag{7}$$

この複素インピーダンス Z は ω に依存する．Z の実部は抵抗 R である．Z の虚部は“リアクタンス” $\omega L - 1/\omega C$ である．これらの直交座標 $\operatorname{Re} Z$ および $\operatorname{Im} Z$ から，この複素数の極形式 $|Z|e^{i\alpha}$ がわかる：

$$\text{大きさ} \qquad |Z| = \sqrt{R^2 + (\omega L - 1/\omega C)^2} \tag{8}$$

$$\text{位相角} \qquad \tan\alpha = \frac{\operatorname{Im} Z}{\operatorname{Re} Z} = \frac{\omega L - 1/\omega C}{R} \tag{9}$$

$$\text{ループ電流} \qquad I(t) = \frac{Ve^{i\omega t}}{Z} = \frac{V}{|Z|}\, e^{i(\omega t - \alpha)} \tag{10}$$

この位相角 α が，電流の電圧に対する遅れを教えてくれる．

R が減衰係数で，$Ay'' + By' + Cy$ の中の係数 B のようなものということを思い出そう．2.4 節の言い方では，**減衰強制振動**である．この減衰のために，無減衰の自由振動での固有周

波数—— これは $\omega L = 1/\omega C$ すなわち $\omega = 1/\sqrt{LC}$ —との厳密な共鳴が回避される．その固有振動数において大きさ $|Z|$ は最小であり，$V/|Z|$ は最大である．ラジオではこの ω に合わせて，大きく明瞭な信号を得る．

例 1 RLC ループの抵抗が $R = 10$ オームで，インダクタンスが $L = 0.1$ ヘンリーで，静電容量が $C = 10^{-4}$ ファラドであるとする．R と ωL と $1/\omega C$ の単位は一致しなくてはならない．周波数 ω は秒の逆数で測られるので，3 つの単位すべては V = ボルトと A = アンペア（電流に対して）と秒で表すことができる：

$\boldsymbol{R}$	オーム Ω	$= V/A$	$= 1$ ボルト毎アンペア
$\boldsymbol{L}$	ヘンリー H	$= V \cdot$ 秒$/A$	$= 1$ ボルト・秒毎アンペア
$\boldsymbol{C}$	ファラド F	$= A \cdot$ 秒$/V$	$= 1$ アンペア・秒毎ボルト

例 2 RLC ループの周波数が $\omega = 60$ サイクル / 秒 $= 60$ Hz $= 120\pi$ ラジアン / 秒のとき，そのインピーダンス Z，その大きさ $|Z|$，そして位相角 α を求めよ．

このループのインピーダンスは　$Z = R + i\left(\omega L - \dfrac{1}{\omega C}\right) = |Z|e^{-i\alpha}.$

そのインピーダンスの大きさは　$|Z| = \cdots$

時間の遅れを生み出す位相角は　$\alpha = \cdots$

例 3 周波数 ω のラジオ局に合わせるためには，静電容量 C（これを調節する）はいくつであるべきか？ R と L は固定され，既知であるとする．

解 周波数を合わせる目的は $\omega L = 1/\omega C$ を達成することである．このとき Z の虚部は零である：**インダクタンスが静電容量を打ち消す**．チューニングは $Z = R$ を達成し，その実部 R は固定されている．

$$\omega L = \frac{1}{\omega C} \qquad \omega^2 = \frac{1}{LC} \qquad C = \frac{1}{L\omega^2}$$

例 4 **2 つの RLC の枝を並列に含む回路を考える**．全体のインピーダンス Z_{12} を 2 つの個別の枝のインピーダンス Z_1 と Z_2 から求めよ．

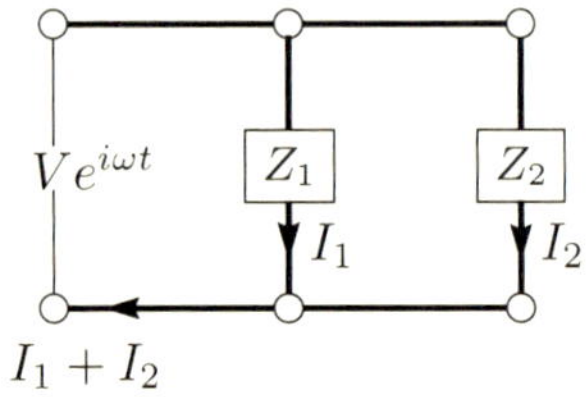

$$\frac{1}{Z_{12}} = \frac{1}{Z_1} + \frac{1}{Z_2} = \frac{Z_1 + Z_2}{Z_1 Z_2}$$

$$I_{12} = I_1 + I_2 = \frac{Z_1 Z_2}{Z_1 + Z_2} Ve^{i\omega t}$$

ループの方程式 対 節点の方程式：KVL か KCL

式 (2) はキルヒホフの電圧法則（KVL）を表した．**閉ループを回っての電圧降下の和は零である**．原理的には，より大きな任意の電気回路で，独立なループの集合を求めることもできる．このとき電圧法則は，その独立なループのそれぞれを回って，(2) のような式を 1 つずつ与える．それらのループ電流が，回路のすべての辺上の電流と，すべての節点での電圧を決める．

大きな回路上の問題を解くコードのほとんどは，**この電圧法則を使わない**！好まれるアプローチは**キルヒホフの電流法則**（KCL）である：**各節点への正味の電流は零である**．KCL の釣合い方程式は，各節点での“流入電流 = 流出電流”を述べる．

図 2.14 の回路を用いて，節点解析法を説明しよう．未知数は電圧 V_1 と V_2 である．それらの電圧がひとたびわかれば，電流は簡単に求まる．

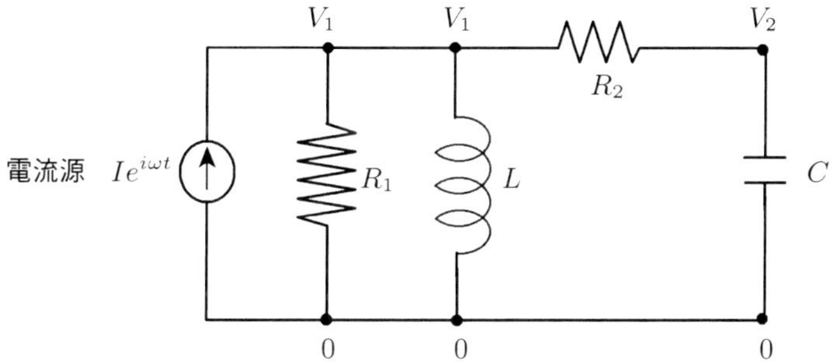

図 2.14 4 つの電流が節点 1 に流入・流出．節点 2：電流の流入，流出．

このサイズの回路の問題は記号的に，あるいは数値的に解ける：

記号的に s-領域で作業して，伝達関数を求めよ．R_1 が L と並列で，R_2 が C と直列のため，すべての辺上での電流を V_1 と V_2 を用いて求められる．これらの節点でのキルヒホフの電流法則はこうなる：

$$\frac{V_1}{R_1}+\frac{V_1}{Ls}+\frac{V_1-V_2}{R_2}=I \qquad \text{と} \qquad \frac{V_2-V_1}{R_2}+sCV_2=0 \tag{11}$$

数値的に R_1, L, R_2, C および ω の値を指定せよ．V_1 と V_2 を，それらの節点での電流の釣合いから計算せよ．電流は，V_1/R_1 と $V_2/iL\omega$ から計算せよ．

より大きな回路については，s-領域（$i\omega$ 領域）での代数が，手作業では不可能になる．シンボリックパッケージならばもっと進めるが，遂には（そして非線形回路については）数値的なアプローチが勝利する．広く知られた複数のコードは，カリフォルニア大学バークレー校で創作された元祖 SPICE コードから発達した．その SPICE コードは，現実的な回路向けに，ループ解析法の代わりに節点解析法を用いている．

計算力学でも，節点解析法とループ解析法との同じ選択に迫られ，同じ結論に達した．複雑な構造物は**有限要素**——小さな断片で，線形あるいは 2 次の近似が十分なもの——に分解される．主たる未知数として，節点での変位をとるか，要素内部の応力をとるかの選択となる．有限要素の学界は回路シミュレーションの学界と同じ結論を下した：**節点での変位で作業せよ**（および電圧で作業せよ）．

回路からは多数の方程式の系が生み出される——単純な RLC 素子は線形方程式で，トランジスタのような回路素子については非線形方程式が．**辺でつながれた節点はグラフを形成する**．方程式を整理するには，5.6 節でのグラフ理論の基本概念が必要となる．

接続行列 $\boldsymbol{A}$ は，どの節点の組がどの辺によって，つながれているかを表す．
コンダクタンス行列 $\boldsymbol{C}$ は，各辺に沿う物理的性質を表現する．

このとき，回路全体のコンダクタンス行列は $\boldsymbol{K}=\boldsymbol{A}^{\mathrm{T}}\boldsymbol{C}\boldsymbol{A}$ である．我々が解く方程式系は，回路シミュレーションと構造力学での線形問題については $\boldsymbol{K}\boldsymbol{y}=\boldsymbol{f}$ という行列形式をとる．

4章で行列を説明し，5.6節でグラフの接続行列 A に焦点を当てる．それらが，全節点でのキルヒホフの電流法則に対する必要な準備となる．その後，7.4 および 7.5 節で（力学での）剛性行列と（回路での）グラフのラプラシアン行列である K を作る：応用数学の基本的な概念である．

ステップ応答

本書では，微分方程式の2つの基本的問題を強調している．1つはデルタ関数への応答であり，他方はステップ関数への応答である．2階の方程式に対して，インパルス応答 $g(t)$ は2.3節で計算した．ここはステップ応答を求める機会であり，それを活かさなくてはならない．

これら2つの応答が緊密な関係にあるのは，その2つの入力が関係しているためである．デルタ関数はステップ関数 $H(t)$ の導関数であり，ステップ関数はデルタ関数の積分である．定数係数の方程式では，各項を積分できる．**インパルス応答 $\boldsymbol{g(t)}$ の積分がステップ応答 $\boldsymbol{r(t)}$ である．**

インパルス応答 $\boldsymbol{g(t)}$	$Ag''+Bg'+Cg$	$=C\delta(t)$	(12)
ステップ応答 $\boldsymbol{r(t)}$	$Ar''+Br'+Cr$	$=CH(t)$	(13)

“より良い記法” を採用して，右辺に係数 C を含めている．その目的は，出力 y や g や r に，外力項と同じ単位を与えることである．このとき，ゲイン $G=|$ 出力/入力 $|$ は無次元である．入力 $H(t)=1$ のステップ関数について，**ステップ応答の定常状態は $\boldsymbol{r(\infty)=1}$** となる．

ステップ応答を計算するには，2つの方法がある．1つはインパルス応答を積分することで，もう1つは式(13)を直接解くことである．特殊解は $\boldsymbol{r_p(t)}=1$ である．斉次解は e^{s_1t} と e^{s_2t} の線形結合で，$As^2+Bs+C=0$ の2根を用いる．安全のため，両方のやり方で $r(t)$ を求めるのがよいと思われる．

$$\textbf{方法 1}\quad \text{インパルス応答}\ g(t)=\frac{C}{A}\frac{e^{s_1t}-e^{s_2t}}{s_1-s_2}\ \text{を積分せよ．}\tag{14}$$

$$\textbf{方法 2}\quad Ar''+Br'+Cr=C\ \text{を}\ r(0)=r'(0)=0\ \text{として解け．}\tag{15}$$

ステップ応答の計算

方法2が，微分方程式を解く普通のやり方である．e^{st} を代入して s を求めよ．

$$\textbf{斉次解}\ \boldsymbol{e^{st}}\qquad As^2+Bs+C=0\ \text{の根は}\ s_1\ \text{と}\ s_2.$$

$Ar''+Br'+Cr=C$ の一般解は**特殊解** + **斉次解**：

$$r(t) = 1 + c_1 e^{s_1 t} + c_2 e^{s_2 t}. \tag{16}$$

ステップ応答は $r(0) = 0$ と $r'(0) = 0$ から出発する．$t = 0$ でスイッチが入り，解は $r(\infty) = 1$ へ上昇する．$t = 0$ での条件が c_1 と c_2 を定める：

$$r(0) = 1 + c_1 + c_2 = 0 \qquad r'(0) = c_1 s_1 + c_2 s_2 = 0. \tag{17}$$

これらの係数は $c_1 = s_2/(s_1 - s_2)$ と $c_2 = -s_1/(s_1 - s_2)$ となる．すると $r(t)$ がわかる：

ステップ応答 $$r(t) = 1 + \frac{1}{s_1 - s_2}\left(s_2 e^{s_1 t} - s_1 e^{s_2 t}\right). \tag{18}$$

式 (14) の $g(t)$ を 0 から t まで積分して，同じ答えとならなくてはならない．任意の 2 次式の根を掛け合わせると，$s_1 s_2 = C/A$ となることを思い出そう．

ステップ応答 ＝ $g(t)$ の積分 $$r(t) = \frac{s_1 s_2}{s_1 - s_2}\left[\frac{e^{s_1 t} - 1}{s_1} - \frac{e^{s_2 t} - 1}{s_2}\right]. \tag{19}$$

$e^{s_1 t}$ の係数は，(18) でのものと同じ $s_2/(s_1 - s_2)$ であり，$e^{s_2 t}$ の係数についても同様である．定数項は 1 に等しく，よって (18) と (19) は同一である：

$$\frac{s_1 s_2}{s_1 - s_2}\left[-\frac{1}{s_1} + \frac{1}{s_2}\right] = \frac{s_1 s_2}{s_1 - s_2}\left[\frac{s_1 - s_2}{s_1 s_2}\right] = 1.$$

より良い記法

ステップ応答 $r(t)$ の公式は，式 (18) では止められない．それらの根 s_1 と s_2 は，物理的なパラメタ A, B, C に依存する．力学では，これらの数値は m, b, k である．単一ループの電気回路での数値は $L, R, 1/C$ である．s_1 と s_2 の代わりに，我々の知る数値で $r(t)$ を表す必要がある．

A, B, C の **組合せ**が特に便利であることを思い出そう．最も単純な選択は $p = B/2A$ と ω_n^2 である：

$$r'' + \frac{B}{A}r' + \frac{C}{A}r = \frac{C}{A} \quad \text{より} \quad \boldsymbol{r'' + 2pr' + \omega_n^2 r = \omega_n^2} \tag{20}$$

同じ指数 s_1 と s_2 が，今度は $s^2 + 2ps + \omega_n^2 = 0$ の根である．$p < \omega_n$ のときには：

斉次解 e^{st} $$\boldsymbol{s_1, s_2} = -p \pm \sqrt{p^2 - \omega_n^2} = \boldsymbol{-p \pm i\omega_d}. \tag{21}$$

式 (18) での s_1 と s_2 に代入すると，$r(t)$ に対する美しい表記を得る：

ステップ応答 $$\boldsymbol{r(t) = 1 - \frac{\omega_n}{\omega_d} e^{-pt} \sin(\omega_d t + \phi)}. \tag{22}$$

その角 ϕ は，直角三角形の中で ω_n を p と ω_d に結びつけるものである：

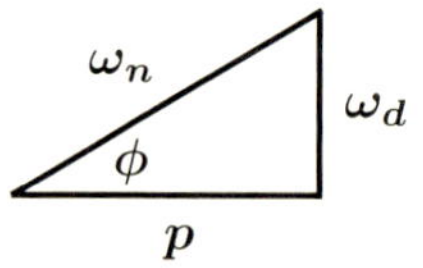

$$\boldsymbol{\omega_d^2 + p^2 = \omega_n^2} \quad \boldsymbol{\sin\phi = \frac{\omega_d}{\omega_n}} \quad \boldsymbol{\cos\phi = \frac{p}{\omega_n}}$$

では，$r(0) = 0$ と $r'(0) = 0$ であることを点検する —— このとき公式 (22) は正しいはずである：

$$r(0) = 1 - \frac{\omega_n}{\omega_d}\sin\phi = 0 \qquad r'(0) = \frac{\omega_n}{\omega_d}(p\sin\phi - \omega_d\cos\phi) = 0.$$

その最終的な解 (22) は，$e^{-pt}\sin\omega_d t$ と $e^{-pt}\cos\omega_d t$ の線形結合である．この斉次解は，要求どおり $s = -p \pm i\omega_d$ を用いた，$e^{s_1 t}$ と $e^{s_2 t}$ の線形結合である．特殊解は $r(\infty) = 1$ である．過渡状態が e^{-pt} とともに零へ減衰するとき，この定常状態が現れるとわかる．**ステップ応答は 1 へ上昇する**．

数値 $p = B/2A$ は，もし好むならば，$\omega_n \times$（減衰率）に置き換えられる．

実際上の共鳴：最小の D，最大のゲイン

ゲインは $1/\sqrt{D}$ である．**もし D が小さければ，ゲインは大きい**．D を最小にして G を最大にする周波数 ω_{res} を選ぶ．このようにラジオを合わせると，音が聞こえる．これは完ぺきな共鳴ではない —— ゲインは無限大にならない —— しかし実際上の共鳴である．

実際上の共鳴　$D = \left(C - A\omega^2\right)^2 + (B\omega)^2$　を最小化せよ

D の微分が零　$-4A\omega(C - A\omega^2) + 2B^2\omega = 0.$

ω を消して，$2B^2 = 4A(C - A\omega^2)$ を解け．これが，最大ゲインをとる周波数 ω_{res} を与える．$B = 0$ のとき，これは無限大のゲインをとる固有周波数 ω_n である：$A\omega_n^2 = C$.
$2Z^2 < 1$ に対して，$2B^2 = 4A(C - A\omega^2)$ のとき ω_{res} で実際上の共鳴が起こる：

最大ゲイン　$$\boldsymbol{\omega_{\text{res}}^2 = \frac{C}{A} - \frac{B^2}{2A^2} = \frac{C}{A}\left(1 - \frac{B^2}{2AC}\right) = \omega_n^2(1 - 2Z^2).}$$

■ 要点の復習 ■

1. $LI'' + RI' + \frac{1}{C}I = e^{i\omega t}$ での L, R, C はインダクタンス，抵抗，静電容量である．

2. 回路では，節点の方程式がループの方程式を置き換える：KVL の代わりに KCL.

3. ステップ関数への応答は $r(0) = 0$ から定常値 $r(\infty) = 1$ へ上昇する．

4. 実際上の共鳴（最大ゲイン）は周波数 $\omega_{\rm res} = \omega_n\sqrt{1-2\zeta^2}$ で起こる.

重要な注意　我々は，時間領域でのステップ応答 $r(t)$ を計算した．2.7 節でのラプラス変換を用いて, この計算は s-領域へ移せる．単位ステップの変換は $1/s$ であり，t **での微分は** s **の乗算になる**：

$$\text{状態方程式}\ \boldsymbol{Ar'' + Br' + Cr = C}\ \text{を変換すると}\ \boldsymbol{(As^2 + Bs + C)R(s) = \frac{C}{s}}.$$

問題は，この関数 $R(s)$ の逆ラプラス変換 $r(t)$ を求めることである．制御工学の素晴らしい教科書があるので，これを部分分数の演習として残す．本節での時間領域（状態空間）の解は，$r(t)$ への到達に成功した.

演習問題 2.5

1　（並列の抵抗）2 つの抵抗 R_1 と R_2 が並列に，電位 V の節点と電位零の節点を結ぶ．電流は V/R_1 と V/R_2 である．節点間の総電流 I はいくらか？ 比 V/I を R_{12} と書いて，R_{12} を R_1 と R_2 で表せ.

2　（並列のインダクターとコンデンサ）これらの素子が並列に，電位 $Ve^{i\omega t}$ の節点と電位零の節点（接地された節点）を結ぶ．電流は $(V/i\omega L)e^{i\omega t}$ と $V(i\omega C)e^{i\omega t}$ である．節点間の総電流 $Ie^{i\omega t}$ はそれらの和である．比 $Ve^{i\omega t}/Ie^{i\omega t}$ を Z_{12} と書いて，Z_{12} を $i\omega L$ と $i\omega C$ で表せ.

3　RLC ループのインピーダンスは $Z = i\omega L + R + 1/i\omega C$ である．このインピーダンス Z は $\omega =$ ＿＿ のとき，実数である．このインピーダンスは ＿＿ のとき，純虚数である．このインピーダンスは ＿＿ のとき，零である.

4　RLC ループのインピーダンス Z は，$R = L = C = 1$ のとき，いくらか？ ω の関数として大きさ $|Z|$ を示すグラフを描け.

5　抵抗のない LC ループでは，なぜ電流と電圧の間の位相遅れが 90° になるか？ ループ内の電圧 V の電池から，電流はループを回る.

6　抵抗零は，機械的には減衰零と等価である：$my'' + ky = \cos\omega t$.

$\omega_n^2 = k/m$ とし，$y(0) = 0$ と $y'(0) = 0$ から出発して，c_1 と Y を求めよ.

$$y(t) = c_1 \cos\omega_n t + Y\,\cos\omega t.$$

この答えは 2 つの等価な方法で書くことができる：

$$y = Y(\cos\omega t - \cos\omega_n t) = 2Y\sin\frac{(\omega_n - \omega)t}{2}\sin\frac{(\omega_n + \omega)t}{2}.$$

7　問題 6 で，駆動周波数 ω が ω_n に近いとする．速い振動 $\sin[(\omega_n + \omega)t/2]$ が，とても遅い振動 $2Y\sin[(\omega_n - \omega)t/2]$ に掛かっている．手計算か計算機を用いて，$y = (\sin t)(\sin 9t)$ のグラフを 0 から 2π まで描け.

ゆっくりした正弦曲線の中に，速い正弦曲線をみるはずである．これは**うなり**である．

8 質点–ダッシュポット–バネ–外力についての，どんな m, b, k, F の方程式が，ループ回りのキルヒホフの電圧法則に対応するか？ 質点についての，どんな力の釣合いの式が，キルヒホフの電流法則に対応するか？

9 1 つの質点と 1 本のバネに対して，固有振動数 ω_n と減衰係数 b しか知らないとき，なぜそれでは減衰周波数 ω_d を求めるのに**十分ではない**か？ m, b, k のすべてを知っているとき，ω_d は何か？

10 1 階の方程式 $y' - ay = 1$ で，数値 a を変えると，応答の**速さ**が変わる．2 階の方程式 $y'' + By' + Cy = 1$ で，B と C を変えると，応答の**形**が変わる．その違いを説明せよ．

11 この過減衰の系に対するステップ応答 $r(t) = y_p + y_n$ を求めよ：

$$r'' + 2.5r' + r = 1 \text{ で } r(0) = 0 \text{ と } r'(0) = 0.$$

12 この臨界減衰の系に対するステップ応答 $r(t) = y_p + y_n$ を求めよ．重根 $s = -1$ はどんな形の斉次解を生み出すか？

$$r'' + 2r' + r = 1 \text{ で } r(0) = 0 \text{ と } r'(0) = 0.$$

13 この不足減衰の系に対するステップ応答 $r(t)$ を，式 (22) を用いて求めよ：

$$r'' + r' + r = 1 \text{ で } r(0) = 0 \text{ と } r'(0) = 0.$$

14 この無減衰の系に対するステップ応答 $r(t)$ を求め，式 (22) と比べよ：

$$r'' + r = 1 \text{ で } r(0) = 0 \text{ と } r'(0) = 0.$$

15 $b^2 < 4mk$（不足減衰）のとき，ステップ応答 $r(t)$ が $r(\infty) = 1$ に上昇する速さを決めるのは，どのパラメタか？ $r(t)$ が $r = 1$ に落ち着く前に最大となる**ピーク時刻**は，$T = \pi/\omega_d$ であることを示せ．ピーク時刻では $r'(T) = 0$.

16 RLC ループの中の電圧源 $V(t)$ が単位ステップ関数のとき，$r_{\max} = 1.2$ へのオーバーシュートを生み出す抵抗 R はいくらか？ ただし $C = 10^{-6}$ ファラドと $L = 1$ ヘンリーとする（問題 15 で $r(T) = r_{\max}$ のときのピーク時刻 T を求めた）．

$p_1 < p_2$ に対する $r(t)$ の 2 つのグラフを描け．ω_d が増加するときの 2 つのグラフを描け．

17 m, b, k がどんな値ならば，ステップ応答 $r(t) = 1 - \sqrt{2}e^{-t}\sin(t + \frac{\pi}{4})$ となるか？

18 減衰比 ω_n/p が 1（臨界減衰）まで増えるにつれ，$p-\omega_d-\omega_n$ の直角三角形に何が起きるか？ そこでは，減衰周波数は ω_d _____ になり，ステップ応答は $r(t) =$ _____ になる．

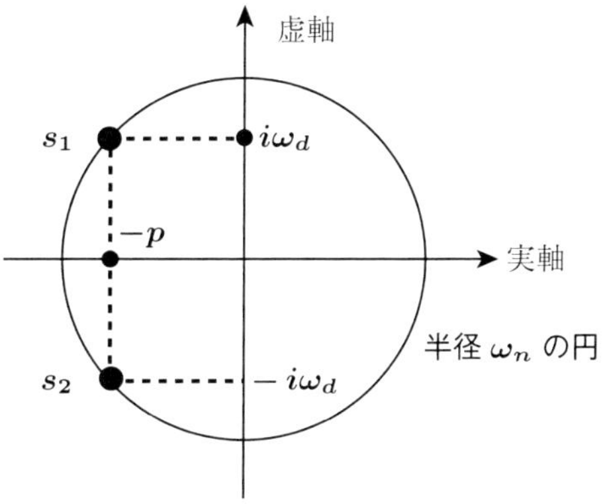

19　2 根 $s_1, s_2 = -p \pm i\omega_d$ は伝達関数 $1/(As^2 + Bs + C)$ の極である.

根 $s_1 = -p + i\omega_d$ と $s_2 = -p - i\omega_d$ の積が $s_1 s_2 = \omega_n^2$ となることを直接示せ．根の和は $-2p$ である．それらの根をもつ 2 次方程式は $s^2 + 2ps + \omega_n^2 = 0$ である．

20　ω_n を一定に保ちながら p を増やすとき，根 s_1 と s_2 はどのように動くか？

21　係数 b と k を変えずに質量 m を増やすとき，根 s_1 と s_2 に何が起こるか？

22　ランプ応答　$F = t$ がランプ関数のとき，$y(t)$ をどのように求められるか？

$$y'' + 2py' + \omega_n^2 y = \omega_n^2 t \quad \text{で} \quad y(0) = 0 \quad \text{と} \quad y'(0) = 0 \quad \text{から出発する.}$$

特殊解（直線）は $y_p =$ ＿＿ である．斉次解は相変わらず $y_n =$ ＿＿ の形である．$t = 0$ での 2 つの条件から，斉次解の係数 c_1 と c_2 を求めよ．

このランプ応答 $y(t)$ は，＿＿ の積分と見ることもできる．

2.6　2 階の方程式の解

ここまでのところ，2 階方程式に対する外力項 $f(t)$ はすべて，e^{st} か $\cos \omega t$ である．$f(t)$ がシヌソイドや指数関数でないとき，特殊解はどのように求められるだろうか？ 本節では定数係数 A, B, C の場合について 1 つの答えを与え，その後に一般的な解答 $\boldsymbol{VP}$ を与える：

$\boldsymbol{UC}$　もし $f(t)$ が t の多項式ならば，　$y_p(t)$ もまた，t の多項式である．

$\boldsymbol{VP}$　斉次解を知っているとする．　$y_n = c_1 y_1(t) + c_2 y_2(t)$
　　このとき特殊解は次の形である．$y_p = c_1(t) y_1(t) + c_2(t) y_2(t)$

これらの方法は **“未定係数法”**（$\boldsymbol{UC}$）および **“定数変化法”**（$\boldsymbol{VP}$）と呼ばれる．

特殊な方法のほうは，簡単に実行できる（読者はこれを好むだろう）．$f(t)$ が 2 次式のとき，1 つの解もまた，2 次式である：$y_p(t) = at^2 + bt + c$．それらの数値 a, b, c が**未定係数**である．微分方程式からそれらを決める．これは任意の定数係数微分方程式に対して——常に特殊な $f(t)$ に限ってだが——うまくいく．

その未定係数法は，もう少し押し進められる．$f(t)$ が（多項式）×（指数関数）のとき，$y_p(t)$ は同じ形となる．y_p に許される t の最高次数は，f でのそれと同じである．これらの多項式は通常，同じ次数をもつ．

共鳴の場合だけは，解のほうに余分な因子 t を許さなくてはならない．これは2.4節での $f(t)=e^{ct}$ に対する指数応答のようなものである．$y_p(t)=Ye^{st}$ の中の Y で，それは未定係数の完ぺきな例を示した．係数 $Y=1/(As^2+Bs+C)$ は方程式から決められた．$P(D)y=e^{st}$ の方程式すべてに対して，これは $Y=1/P(s)$ だが，共鳴のときには，$y_p=te^{st}/P'(s)$ へと移る．

定数変化法はより強力な方法であり，すべての $f(t)$ に適用される．これは方程式が $A(t)y''+B(t)y'+C(t)y=f(t)$ と，係数が変化するときにさえ適用できる．しかしこれは大きな仮定から始まる：**斉次解** $y_1(t)$ **と** $y_2(t)$ **が既知でなければならない**．

係数 A,B,C が定数のとき，この方法は完全に成功する．この重要なケースは公式 (17) を与える．定数変化法はまた，1階の方程式 $y'-a(t)y=q(t)$ に対して，1章で成功した．その場合，斉次方程式 $y'=a(t)y$ が解けた．2階の変係数の方程式では，エアリーの方程式 $y''=ty$ のように，斉次方程式が扱いにくい障害となる．

すべての問題で単純な公式に至るわけではない，ということに気づくべきだろう．

未定係数法

この直接的なアプローチでは，外力項 $f(t)$ が特別な形をとるときの特殊解 y_p を求める．**未定係数法**は4つの例により説明できる．

例1　$\boldsymbol{y''+y=t^2}$ **は** $\boldsymbol{y=at^2+bt+c}$ **の形の解をもつ．**

y をこのように選ぶ理由は y' と y'' も似た形となることにある．それらもまた，t^2 と t と 1 の線形結合となる．$y''+y=t^2$ **のすべての項がこの特別な形をとる**．a,b,c の数値を選んで，その方程式を満たせ：

$$\boldsymbol{y''+y=(at^2+bt+c)''+(at^2+bt+c)=t^2}. \tag{1}$$

大切な考え：**式 (1) の中の** $\boldsymbol{t^2}$ **と** $\boldsymbol{t}$ **と** $\boldsymbol{1}$ **の係数を別々に一致させられる**：

$$(\boldsymbol{t^2})\quad a=1 \qquad (\boldsymbol{t})\quad b=0 \qquad (\boldsymbol{1})\quad 2a+c=0 \tag{2}$$

すると $c=-2a=-2$ で，答えは $y=at^2+c=\boldsymbol{t^2-2}$．これは $y''+y=t^2$ の解である．

例2　$\boldsymbol{y''+4y'+3y=e^{-t}+t}$ の一般解を求めよ．

解　まず $y_n{}''+4y_n{}'+3y_n=0$ の斉次解を，$y_n=e^{st}$ を代入して求める：

$$(s^2+4s+3)e^{st}=0 \text{ より } s^2+4s+3=(s+1)(s+3)=0.$$

根は $s_1=-1$ と $s_2=-3$ であり，斉次解は $y_n=c_1e^{-t}+c_2e^{-3t}$．

今度は特殊解を 1 つ求めよ．$f = e^{-t} + t$ より，未定係数法の通常の形は $y_p = ae^{-t} + bt + c$（多項式の中の c に注意）となる．**しかし e^{-t} は斉次解の 1 つである**．したがって，y に対して仮定した形には，e^{-t} に掛かる余分の因子 t が必要になる．微分方程式に $\boldsymbol{y = ate^{-t} + bt + c}$ **を代入せよ**．すると $y' = ae^{-t} - ate^{-t} + b$ だから：

$$y'' + 4y' + 3y = (-2ae^{-t} + ate^{-t}) + 4(ae^{-t} - ate^{-t} + b) + 3(ate^{-t} + bt + c) = e^{-t} + t.$$

te^{-t} の係数は $a - 4a + 3a = 0$ である．この te^{-t} 項については問題ない．e^{-t} と t と 1 の係数を釣り合わせなければならない：

$$\boldsymbol{a, b, c} \text{ を見つけよ．} \qquad \boldsymbol{-2a + 4a = 1} \qquad \boldsymbol{3b = 1} \qquad \boldsymbol{4b + 3c = 0}$$

これより $a = \frac{1}{2}$ と $b = \frac{1}{3}$ と $c = -\frac{4}{9}$ で，特殊解 $y_p = \boldsymbol{\frac{1}{2}}te^{-t} + \boldsymbol{\frac{1}{3}}t - \boldsymbol{\frac{4}{9}}$ となる．斉次解は $c_1e^{-t} + c_2e^{-3t}$ であり，一般解は常に $y = y_p + y_n$ である．

この方法はとても特別な外力関数にしか適用できないが，うまくいくときには，最も素早く単純である．微分方程式 $Ay'' + By + Cy = f(t)$ が**定数係数**のとき，特別な入力 $f(t)$ と解 $y(t)$ の形を表にしよう．

1. $\boldsymbol{f(t) = t}$ **の多項式**	$\boldsymbol{y(t) = t}$ **の多項式（同じ次数）**
2. $\boldsymbol{f(t) = A\cos\omega t + B\sin\omega t}$	$\boldsymbol{y(t) = M\cos\omega t + N\sin\omega t}$
3. $\boldsymbol{f(t) =}$ **指数関数** $\boldsymbol{e^{st}}$	$\boldsymbol{y(t) = Ye^{st}}$
4. $\boldsymbol{f(t) =}$ **積** $\boldsymbol{t^2 e^{st}}$	$\boldsymbol{y(t) = (at^2 + bt + c)\,e^{st}}$

$t^2 e^{st}$ は，可能性 **1** と **3** を掛けた **4** に含まれる．この場合の $y(t)$ の良い形は，**1** と **3** の場合の解を掛けたものである．係数 M, N, Y, a, b, c は，$y(t)$ を微分方程式に代入するまで“未定”である．**その方程式が** a, b, c を決める．

教授への注釈　（多項式）$\times e^{t^2}$ もこの大切な性質を共有するように，私には見える．その導関数は同じ形をもつ．しかしその多項式の次数は上がってしまう．よろしくない．

例 3　$\boldsymbol{y'' + y = t\,e^{st}} =$ **（多項式）**$\times \boldsymbol{e^{st}}$，での特殊解を求めよ．

解　$y(t)$ の仮定として良い形は $(at + b)\,e^{st}$ である．$b\,e^{st}$ **を含んでいることに注意してほしい**．f 自身は e^{st} を含んでいなくとも，$t\,e^{st}$ の導関数にはそれが現れる．各導関数を取り込むには，$at + b$ に，その定数 b を含まなくてはならない．

未定である $\boldsymbol{y(t) = (at + b)\,e^{st}}$ の 2 階導関数を求める必要がある．

$$\boldsymbol{y'} = s(at + b)\,e^{st} + a\,e^{st} \qquad \boldsymbol{y''} = s^2(at + b)\,e^{st} + 2as\,e^{st}.$$

y と y'' を方程式 $y'' + y = t\,e^{st}$ に代入して，項を一致させて a と b を求める：

$$\begin{array}{lrcl} t\,e^{st} \text{ の係数} & as^2 + a & = & 1 \\ e^{st} \text{ の係数} & bs^2 + 2as + b & = & 0 \end{array}$$

これら 2 式から求めると　$a = \dfrac{1}{1+s^2}$　および　$b = \dfrac{-2as}{1+s^2} = \dfrac{-2s}{(1+s^2)^2}$.　(3)

そこで $y(t) = (at+b)\,e^{st}$ が $y'' + y = t\,e^{st}$ の特殊解である.

この方法で生じ得る困難：外力項 $\boldsymbol{f = t\,e^{st}}$ に $\boldsymbol{s = i}$ か $\boldsymbol{-i}$ があるとする. それらの指数 $s = i$ と $s = -i$ では $1 + s^2 = 0$ となる. a と b に対する (3) の答えでは, 零で割ってしまう. この結果は役に立たない. 何が悪かったのか？

説明　もし $s = i$ ならば, 仮定した形 $y = (at+b)e^{it}$ は $y'' + y = 0$ の解 be^{it} を含む. 偶然に斉次解 $y_n = be^{it}$ を含めてしまったのだ. b を決める望みはない. その係数は真に未定であり, そのようにとどまるのである.

期待した y_p がすでに y_n の一部分となっているとき, 共鳴の問題を見ているのだ. 2.4 節の結果では, **共鳴解に余分な因子 t を含むことが必要だった**. 同じことがここでも言える. $s = i$ または $s = -i$ のとき, 仮定すると良い形は $y_p = \boldsymbol{t}(at+b)\,e^{st}$ である.

この y_p を $y''+y = t\,e^{st}$ へ代入すると, 係数 a と b は適切に決まる. $s = i$ のとき, $a = -1/4$ で $b = i/4$ であることを確認していただきたい.

例 4　すでに知っている方程式に "未定係数法" を適用してみよう：

$$Ay'' + By' + Cy = \cos\omega t. \tag{4}$$

未定係数法による解　$y(t) = M\,\cos\omega t + N\sin\omega t$ を試せ. 2.4 節の式 (21) にも, それらの係数 M と N があった.

$$M = \frac{C - A\omega^2}{D} \qquad N = \frac{B\omega}{D} \qquad D = (C - A\omega^2)^2 + B^2\omega^2.$$

これは完ぺきか？ 少し足りない. 分母が $D = 0$ のとき, この方法は失敗する. これはまさしく共鳴の場合で, $A\omega^2 = C$ と $B = 0$ である. 係数 M と N は 0/0 になり, 方程式は $A\,(y'' + \omega^2\,y) = \cos\omega t$ になる. 特殊解 y_p は $M\,\cos\,\omega t + N\,\sin\,\omega t$ でいられない. **なぜなら $\boldsymbol{\cos\omega t}$ と $\boldsymbol{\sin\omega t}$ は $\boldsymbol{y_n}$ の斉次解である**. これらは $y'' + \omega^2\,y = 0$ を満たす. 同じ ω が方程式の両側にある.

共鳴解　$D = 0$ の場合, 特殊解は再び余分な因子 t をもつ.

このとき $y_p = Mt\cos\omega t + Nt\sin\omega t$ を式 (4) に入れて, $M = 0$ と $N = 1/2$ を見いだせ.

未定係数法のまとめ

外力項 $f(t)$ が多項式かシヌソイドか指数関数のとき, 同じ形の特殊解 $y_p(t)$ を探せ. 多項式の導関数は多項式で, シヌソイドの導関数はシヌソイドで, 指数関数の導関数は指数関数である. このとき, $Ay'' + By' + Cy = f$ のすべての項が同じ形を共有する.

$f(t) =$ 指数関数の和のとき, 探すべきは $y(t) =$ 指数関数の和, である. f が（多項式）×（シヌソイド）または（多項式）×（指数関数）のとき, $y(t)$ は同じ形をとる. f の中のシヌソイドまたは指数関数が偶然に斉次解となるとき（**共鳴**）, 余分な t を y_p の中に含めよ.

問　$f(t) = 4e^t + 5\cos 2t + t$ のときには, どんな形の $y(t)$ を仮定するか？

答　$y(t) = Ye^t + M\cos 2t + N\sin 2t + at + b$ を探せ．微分方程式の係数は定数である必要がある．このとき Ay'', By', Cy そして f は，すべて y に似る．

定数変化法

では今度は，任意の外力関数 $f(t)$ を許したい．方程式は変係数でさえ，あるかもしれない．もし斉次解を知っているならば，“定数変化法”と呼ばれる方法で特殊解を求められる．

$f = 0$ での斉次解が $y_n(t) = c_1 y_1(t) + c_2 y_2(t)$ だとしよう．y_1 と y_2 は知っている．$f(t) \neq 0$ **のときの特殊解のために，** c_1 **と** c_2 **が時間に変化するのを許せ**：

定数変化法　$$\boldsymbol{y_p(t) = c_1(t)y_1(t) + c_2(t)y_2(t)} \qquad (5)$$

この考え方は，次のような任意の 2 階線形微分方程式に適用できる：

$$\frac{d^2y}{dt^2} + B(t)\frac{dy}{dt} + C(t)y = f(t). \qquad (6)$$

式 (5) の $y_p(t)$ を代入すると，$c_1{}'$ と $c_2{}'$ についての第 1 の方程式を得る．それらは t に変化するパラメタである．$c_1{}'$ と $c_2{}'$ についての便利な第 2 の方程式を見いだすには，y_p の微分を積の公式で計算する：

$$y_p{}' = (c_1(t)y_1{}' + c_2(t)y_2{}') + (c_1{}'(t)y_1 + c_2{}'(t)y_2). \qquad (7)$$

第 2 項の和が零になることを要求するのが，良い選択である：

$c_1{}', c_2{}'$ **についての第 2 の方程式**　$$\boldsymbol{c_1{}'(t)y_1(t) + c_2{}'(t)y_2(t) = 0}. \qquad (8)$$

すると (7) で第 2 の和が消えるので，$y_p{}''$ を計算する（再び積の公式）：

$$y_p{}'' = (c_1(t)y_1{}'' + c_2(t)y_2{}'') + (c_1{}'(t)y_1{}' + c_2{}'(t)y_2{}'). \qquad (9)$$

(5), (7), (9) の $y_p, y_p{}', y_p{}''$ を微分方程式に代入すると，素晴らしい結果を得る：

$c_1{}', c_2{}'$ **についての第 1 の方程式**　$$\boldsymbol{c_1{}'(t)y_1{}'(t) + c_2{}'(t)y_2{}'(t) = f(t)}. \qquad (10)$$

これが単純になったのは，斉次解 y_1 と y_2 が $y'' + B(t)y' + C(t)y = 0$ を満たすからである．

これで 2 つの未知量 $c_1{}'(t)$ と $c_2{}'(t)$ に対して，2 つの方程式 (8) と (10) を得た．各時刻 t で，これら 2 つの方程式の 4 つの係数 P, Q, R, S は，数値 $y_1(t), y_2(t), y_1{}'(t), y_2{}'(t)$ である．それら 2 つの方程式を，まず P, Q, R, S を用いて解け：

$$\begin{aligned} Pc_1{}' + Qc_2{}' &= 0 \\ Rc_1{}' + Sc_2{}' &= f \end{aligned} \quad \text{より} \quad c_1{}' = \frac{-Qf}{PS - QR} \quad \text{および} \quad c_2{}' = \frac{Pf}{PS - QR}. \qquad (11)$$

これらの分数に P と Q をそれぞれ掛けて足し合わせると打ち消しあう．それらに R と S を掛けて足し合わせれば，その結果が第 2 の方程式 $Rc_1{}' + Sc_2{}' = f(t)$ である．

連立一次方程式は 4 章の線形代数の最初に現れる．ここでは，各時刻 t で別々の問題となり，P, Q, R, S が $y_1(t)$，$y_2(t)$，$y_1{}'(t)$，$y_2{}'(t)$ のとき，その解 (11) は (12) となる．$PS - QR$ のことを W と書く：

$$\boldsymbol{c_1{}'(t) = \frac{-y_2(t)f(t)}{W(t)} \qquad c_2{}'(t) = \frac{y_1(t)f(t)}{W(t)} \qquad W(t) = y_1 y_2{}' - y_2 y_1{}'} \tag{12}$$

この分母 $W(t)$ は，2 つの斉次解 $y_1(t)$ と $y_2(t)$ のロンスキアンである．これは 2.1 節で導入した．$y_1(t)$ と $y_2(t)$ の線形独立性から $W(t) \neq 0$ が保証される．(12) での $W(t)$ による除算は安全である．**変化するパラメタ $\boldsymbol{c_1(t)}$ と $\boldsymbol{c_2(t)}$ は (12) の $\boldsymbol{c_1{}'(t)}$ と $\boldsymbol{c_2{}'(t)}$ の積分である．**

微分方程式 (6) の特殊解 $c_1y_1 + c_2y_2$ を求められた．もし y_1 と y_2 が $y'' + B(t)y' + C(t)y = 0$ の線形独立な斉次解ならば，右辺の $f(t)$ に対する特殊解 $y_p(t)$ は $c_1(t)y_1(t) + c_2(t)y_2(t)$：

定数変化法
$$\boldsymbol{y_p(t) = -y_1(t)\int \frac{y_2(t)f(t)}{W(t)}\,dt + y_2(t)\int \frac{y_1(t)f(t)}{W(t)}\,dt.} \tag{13}$$

例 5　定数変化法：　$\boldsymbol{y'' + y = t}$ **の特殊解を求めよ．**

解　右辺 $f(t) = t$ はシヌソイドでない．斉次方程式 $y'' + y = 0$ の線形独立な解 $y_1(t) = \cos t$ と $y_2(t) = \sin t$ を求めるのに問題はない．ロンスキアンは 1 である：

$$W(t) = y_1y_2{}' - y_2y_1{}' = \cos^2 t + \sin^2 t = 1 \quad \text{（予告どおり，決して零でない）.}$$

特殊解 $y_p(t) = c_1(t)\ \cos t + c_2(t)\ \sin t$ は $c_1{}'$ と $c_2{}'$ の積分を要する：

$$c_1(t) = \int \frac{(-\sin t)t\,dt}{1} = \boldsymbol{t\cos t - \sin t} \qquad c_2(t) = \int \frac{(\cos t)t\,dt}{1} = \boldsymbol{t\sin t + \cos t}.$$

定数変化法で特殊解 $c_1y_1 + c_2y_2$ が求められた．これを整理して：

$$y_p = \boldsymbol{(t\ \cos\ t - \sin\ t)}\ \cos t + \boldsymbol{(t\ \sin\ t + \cos\ t)}\ \sin t = \boldsymbol{t}. \tag{14}$$

申し訳ない！ $y = t$ が $y'' + y = t$ の解であることは，我々自身で見つけられたはずだ．そして未定係数法を使えば，$y = t$ をもっとすばやく見つけられただろう：積分不要で．

例 6　定数変化法で $y'' + y = \delta(t)$ を解け．斉次解 $\cos t$ と $\sin t$ より，ここでも $W(t) = 1$．デルタ関数 f が c_1 と c_2 の積分に入る：

$$c_1 = \int \frac{(\sin t)\,\delta(t)\,dt}{1} = \sin 0 = \mathbf{0} \qquad c_2 = \int \frac{(\cos t)\,\delta(t)\,dt}{1} = \cos 0 = \mathbf{1}$$

よって $y_p(t) = (1)$ と $y_2(t) = \mathbf{\sin}\ \boldsymbol{t}$．$f = \delta(t)$ なので，これは基本解 $g(t)$（インパルス応答）である．すると $\sin t$ は，$y(0) = 0$ と $y'(0) = 1$ から出発する $y'' + y = 0$ の解でもある．この成長係数は，(17) で $s_1 = -s_2 = i$ を用いて，再び求まる．

定数係数と解の公式

斉次解 y_1 と y_2 を確実に知っている場合の 1 つは，微分方程式が定数係数のときがある．$y = e^{st}$

を $Ay'' + By' + Cy = 0$ に代入すると，$As^2 + Bs + C = 0$ となる．その根は s_1 と s_2 であり，斉次解は $e^{s_1 t}$ と $e^{s_2 t}$ である．自由に $\boldsymbol{A = 1}$ と仮定できることに注意せよ（さもなければ，方程式を A で割れ）．

定数変化法が解 (13) を与える．必要なのはロンスキアン $W(t)$ だけだが，これらの斉次解に対しては美しい：

$$\boldsymbol{W(t)} = y_1{y_2}' - y_2{y_1}' = (e^{s_1 t})(s_2 e^{s_2 t}) - (e^{s_2 t})(s_1 e^{s_1 t}) = \boldsymbol{(s_2 - s_1) e^{s_1 t} e^{s_2 t}}. \qquad (15)$$

即座に気づくのは，$s_1 = s_2$ でない限り $W(t) \neq 0$ であるということだ．重根の場合には特別な斉次解 $y_2 = te^{st}$ が必要になると予想される．そのときにさえ，ロンスキアンは素晴らしく見える：

$$\boldsymbol{W(t)} = (e^{st})(te^{st})' - (te^{st})(e^{st})' = (e^{st})(ste^{st} + e^{st}) - (te^{st})(se^{st}) = \boldsymbol{e^{2st}}. \qquad (16)$$

y_1 と y_2 と W を (13) に代入すると，あの“VP 公式”が $y_p(t)$ を生み出す．

異なる2根 $\boldsymbol{s_1 \neq s_2}$． 最初の積分には $y_2/W = e^{-s_1 t}/(s_2 - s_1)$ が，第2の積分には $y_1/W = e^{-s_2 t}/(s_2 - s_1)$ が含まれる．これらを (13) に入れる：

特殊解
定数係数
$$y_p(t) = \frac{-e^{s_1 t}}{s_2 - s_1}\int_0^t e^{-s_1 T} f(T)\,dT + \frac{e^{s_2 t}}{s_2 - s_1}\int_0^t e^{-s_2 T} f(T)\,dT$$

私の見方では，成長因子 $g(t - T)$ が入力 $f(T)$ に掛かっている．**積分は単に出力を加え合わせているだけである．** $y_p(t)$ に対する同じ公式を，$g(t)$ を用いて書き直すとこうなる：

成長因子　$$\boldsymbol{g(t) = \frac{e^{s_1 t} - e^{s_2 t}}{s_1 - s_2}}$$　**解**　$$\boldsymbol{y_p(t) = \int_0^t g(t-T) f(T)\,dT} \qquad (17)$$

これは本書で最も見事な公式かもしれない．こう書くのはおそらく，私がこの公式の出現を予見していなかったためであろう．2.3 節で，これと同じ応答 $g(t)$ を発見していた！

個人的な感想にお詫びして，$s_1 = s_2$ となる，他方の場合へ進もう．

重根 $\boldsymbol{s_1 = s_2 = s}$ で $\boldsymbol{W = e^{2st}}$． (13) の最初の積分は変わらず $y_1 = e^{st}$ だが，今度は $y_2/W = te^{-st}$ を含み，第2の積分は $y_2 = te^{st}$ と $y_1/W = e^{-st}$ を含む：

特殊解 $\boldsymbol{y_p}$
斉次解 $\boldsymbol{e^{st}, te^{st}}$
$$y_p(t) = -e^{st}\int_0^t Te^{-sT} f(T)\,dT + te^{st}\int_0^t e^{-sT} f(T)\,dT.$$

f に掛かっている因子 $g(t - T)$ を見分けると，これも完璧な形になる：

成長因子　$$\boldsymbol{g(t) = te^{st}}$$　**解**　$$\boldsymbol{y_p(t) = \int_0^t g(t-T) f(T)\,dT} \qquad (18)$$

これほど良い公式が偶然生じることはない．$g(t)$ は何か重要なことを意味しているに違いない．**この成長因子 $\boldsymbol{g(t)}$ はインパルス応答である：　$\boldsymbol{f(t)}$ が $\boldsymbol{\delta(t)}$ のとき，$\boldsymbol{y_p(t)}$ は $\boldsymbol{g(t)}$ である．**

最高潮の内に 2.6 節を締める．この後 2.7 節では，成長因子 $g(t)$ のラプラス変換をとって，**伝達関数 $\boldsymbol{Y(s)}$** を得る：

$$g(t) = \frac{e^{s_1 t} - e^{s_2 t}}{s_1 - s_2} \text{ の変換は } \frac{1}{(s-s_1)(s-s_2)} = \frac{\mathbf{1}}{\boldsymbol{s^2 + Bs + C}} = \boldsymbol{Y(s)}.$$

$$\boldsymbol{s_1 = s_2} \text{ のとき } g(t) = te^{s_1 t} \text{ の変換は } \frac{\mathbf{1}}{\boldsymbol{(s - s_1)^2}} = \frac{1}{s^2 + Bs + C}.$$

$Y(s)$ は B と C で決まる．**解 $\boldsymbol{y(t)}$ は $\boldsymbol{g(t)}$ =（グリーン関数）に起因する**．本書の最後のほうでは，$g(t-T)f(T)$ の積分をたたみ込みとして見る．

■　要点の復習　■

1. $f(t)$ が $e^{st}, \cos\omega t, \sin\omega t, t^n$ だけのときには，y_p に**未定係数法**が適用できる．
2. y_p = 指数関数/シヌソイド/多項式とせよ．係数 $a, b, \ldots$ を，$f(t)$ に合わせて求めよ．
3. **定数変化法**：$y_p = c_1(t)\,y_1(t) + c_2(t)\,y_2(t)$ の中の c_1 と c_2 が，t に対して変化する．
4. $c_1{}'$ と $c_2{}'$ に対する 2 つの式から，c_1 と $c_2 = -y_2\,f/W$ と $y_1\,f/W$ の積分．
5. 定数係数 c_1 と c_2 の場合，それらは $e^{-s_1 t}f(t)$ と $e^{-s_2 t}f(t)$ の積分．
6. このとき $y_p = \int g(t-s)f(s)ds$ で，$g(t) =$ ［インパルス $f = \delta(t)$ に対する応答］．

演習問題 2.6

目視により（または未定係数法により）特殊解を求めよ．

1　(a) $y'' + y = 4$　(b) $y'' + y' = 4$　(c) $y'' = 4$

2　(a) $y'' + y' + y = e^t$　(b) $y'' + y' + y = e^{ct}$

3　(a) $y'' - y = \cos t$　(b) $y'' + y = \cos 2t$　(c) $y'' + y = t + e^t$

4　これらの $f(t)$ について，未定係数を含む $y(t)$ の形を予測せよ：

(a) $f(t) = t^3$　(b) $f(t) = \cos 2t$　(c) $f(t) = t \cos t$

5　右辺が以下のときに，$y(t)$ の形を予測せよ：

(a) $f(t) = e^{ct}$　(b) $f(t) = te^{ct}$　(c) $f(t) = e^t \cos t$

6　$f(t) = e^{ct}$ について，$y(t)$ の予測が Ye^{ct} と異なるのはいつか？

未定係数法を用いて，特殊解 $\boldsymbol{y_p(t)}$ を求めよ．

7　(a) $y''+9y=e^{2t}$　(b) $y''+9y=te^{2t}$

8　(a) $y''+y'=t+1$　(b) $y''+y'=t^2+1$

9　(a) $y''+3y=\cos t$　(b) $y''+3y=t\cos t$

10　(a) $y''+y'+y=t^2$　(b) $y''+y'+y=t^3$

11　(a) $y''+y'+y=\cos t$　(b) $y''+y'+y=t\sin t$

問題 **12〜14** は共鳴を含む．通常の形の $\boldsymbol{y_p}$ に $\boldsymbol{t}$ を掛けよ．

12　(a) $y''+y=e^{it}$　(b) $y''+y=\cos t$

13　(a) $y''-4y'+3y=e^t$　(b) $y''-4y'+3y=e^{3t}$

14　(a) $y'-y=e^t$　(b) $y'-y=te^t$　(c) $y'-y=e^t\cos t$

15　$y''+4y=e^t\sin t=$（指数関数）$\times$（シヌソイド）については，2 つの選択肢がある：

　1　（実）　$y_p=Me^t\cos t+Ne^t\sin t$ を代入せよ：M と N を決めよ．

　2　（複素）　$z''+4z=e^{(1+i)t}$ を解け．すると y は z の虚部である．

両方の方法で同じ $y(t)$ を求めよ—どちらを好むか？

16　(a) c のどの値のときに，$y''+3y'-4y=te^{ct}$ で共鳴が起きるか？

(b) 共鳴がないときには，$y(t)$ としてどんな形を代入するか？

(c) c が共鳴を生むときには，どんな形を用いるか？

17　これが，方程式 $P(D)y=e^{ct}$ で，共鳴 $P(c)=0$ のときの規則である：

もし $P(c)=0$ と $P'(c)\neq 0$ ならば，解 $y_p=Cte^{ct}$ $(m=1)$ を探せ．

もし c が m 重根ならば，y_p の形は ＿＿＿．

18　(a) $d^4y/dt^4-y=t^3e^{5t}$ を解くとき，$y(t)$ としてどんな形を期待するか？

(b) もし右辺が $t^3\cos 5t$ になれば，どの 8 個の係数が未定となるか？

19　$y'-ay=f(t)$ に対する未定係数法では，通常の公式 $y_p=e^{at}\int e^{-as}f(s)ds$ が簡単に積分できるような，すべての $f(t)$ を探す．$f=e^{ct}, f=e^{i\omega t}$，および $f=t$ に対する，これらの積分を求めよ：

$$\int e^{-as}e^{cs}ds \qquad \int e^{-as}e^{i\omega s}ds \qquad \int e^{-as}s\,ds$$

問題 **20〜27** では定数変化法を発展させる．

20　$y''+3y'+2y=0$ の 2 解 y_1, y_2 を求めよ．公式 (13) でこれらを用いて解け：

(a) $y''+3y'+2y=e^t$　(b) $y''+3y'+2y=e^{-t}$

21 $y'' + 4y' = 0$ の 2 解を求め，次の方程式に対して定数変化法を用いよ：

(a) $y'' + 4y' = e^{2t}$　　(b) $y'' + 4y' = e^{-4t}$

22 $y_1 = e^t$ と $y_2 = te^t$ が解となる方程式 $y'' + By' + Cy = 0$ を見つけよ．もし右辺が $f(t) = 1$ ならば，VP 公式 (13) からどんな解が求まるか？

23 $y_1 = e^{2t}$ と $y_2 = e^{3t}$ は $y'' - 5y' + 6y = 0$ の解である．なぜなら $s = 2$ と $s = 3$ から $s^2 - 5s + 6 = 0$ である．そこで，$y'' - 5y' + 6y = 12$ を 2 つの方法で解け：

1. 未定係数法（または目視で）　**2.** (13) を用いた定数変化法

答えは異なる．初期条件が異なるのか？

24 任意の y_1 と y_2 から始めた，定数変化法による解 (13) では，初期条件 $y(0)$ と $y'(0)$ は何か？

25 方程式 $y'' = 0$ の解は $y_1 = 1$ と $y_2 = t$ である．定数変化法を用いて $y'' = t$ と，それに $y'' = t^2$ も解け．

26 ${y_s}'' + y_s = 1$ でのステップ応答について，定数変化法を用いて解け．斉次解 $y_1 = \cos t$ と $y_2 = \sin t$ から始めよ．

27 ${y_s}'' + 3{y_s}' + 2y_s = 1$ でのステップ応答について，斉次解 $y_1 = e^{-t}$ と $y_2 = e^{-2t}$ から始めて解け．

28 $Ay'' + Cy = \cos\omega t$ を，$A\omega^2 = C$ のとき（共鳴の場合）に解け．例 4 は $y = Mt\cos\omega t + Nt\sin\omega t$ の代入を示唆する．M と N を求めよ．

29 偉大な公式 (17)〜(18) に $g(t)$ を入れて，それらの上の式になることを確かめよ．

2.7　ラプラス変換 $\boldsymbol{Y(s)}$ と $\boldsymbol{F(s)}$

本書に頻出する関数を挙げていくと，そのリストはそう長くならない．それらは線形微分方程式の右辺であり，また，解 $y(t)$ でもある：

1. 指数関数 $\boldsymbol{e^{at}}$

2. シヌソイド $\boldsymbol{\cos\omega t}$ と $\boldsymbol{\sin\omega t}$

3. $\boldsymbol{1}$ と $\boldsymbol{t}$ と $\boldsymbol{t^2}$ で始まる多項式

4. ステップ関数 $\boldsymbol{H(t-T)}$

5. デルタ関数 $\boldsymbol{\delta(t-T)}$

6. **1** から **5** までの積

なぜこれらの関数は特別か？ これは重要な疑問と信じる．
最初に思い浮かぶ答えは，私がこれまで考えたことがなかったものである：

これらの関数の導関数や積分もまた，このリストに（ほとんど）含まれる．

これはまさしく1章の最初から，そうだった．1ページの例**1**は $y=e^t$ だった．その基本的性質は $dy/dt=y$ である．微分しても変わらない，だからそれはリストに入る．そして，2つの指数関数の積は，別の指数関数である．実際，指数関数はそれだけをまとめて，短いリストにすることができた．

コサインとサインを別途挙げたが，それらは $e^{i\omega t}$ と $e^{-i\omega t}$ の組合せである．ただ複素数に移るだけだ．定数の多項式は $e^{0t}=1$ である．多項式の積分と導関数は多項式である．微分での積の公式（そしてその逆公式，つまり部分積分）がリストを自己充足なものとしている：新たな関数はない．

欠陥が1つあるが，容易に直せる．デルタ関数 $\delta(t)$ はステップ関数 $H(t)$ の導関数だが，すべての導関数と積分が必要である．これらもリストに含めよ！ $dy/dt=$ ステップ関数，を解くと $\boldsymbol{y(t)=}$ **ランプ関数**，を得る．これは $t\leq 0$ では零で，$t\geq 0$ では $y(t)=t$ である．そのグラフは角（かど）をもち，その傾きはジャンプする．その線形ランプの積分は**放物型ランプ**である．その次の積分は**3次スプライン**へと導く．デルタ関数の導関数は，とても特異なものである（問題25参照）．

ついには，これらの理想的な関数すべてが入り，リストはこれで完成である．

微分方程式の代数

それらの特別な関数を用いて，定数係数の線形微分方程式を解くのはそれほど難しくない．これは代数の問題に帰着する．斉次解 y_n は指数関数（t のベキを掛けることもある）の線形結合である．特殊解 y_p は $Ye^{i\omega t}$ のような既知の形である—微分方程式が未定係数 Y を決める．関数**1**から**6**については，定数変化法を用いた積分はすでにリストの中にある．

ラプラス変換は，この代数を系統的に行う方法を与える．t の関数は s の関数となる． 微分 dy/dt に代えて，乗算 $sY(s)$ となる．このとき t での微分方程式は s での代数方程式になる．これらの例から始めよう：

左辺 $\boldsymbol{y(t)\to Y(s)}$　$y(0)=y'(0)=0$ のとき $y'(t)\to \boldsymbol{sY(s)}$ と $y''(t)\to \boldsymbol{s^2Y(s)}$

右辺 $\boldsymbol{f(t)\to F(s)}$　$f=e^{at}\to F=\boldsymbol{1/(s-a)}$，また，インパルスの $f=\delta(t)\to F=\mathbf{1}$.

ラプラス変換を用いて微分方程式を解くのは，3ステップで行う：

1 各項を変換する　**2** $Y(s)$ について解く　**3** 変換が $Y(s)$ となる $y(t)$ を求める．

$y(0)$ と $y'(0)$ の初期条件が，$Y(s)$ に対する s の方程式へどのように入ってくるかを見ることになる．そして，最も重要なこととして，多項式 s^2+Bs+C の零点が，どのように $Y(s)$ の“**極**”になるかを見ることになる．それらの指数 s_1 と s_2 が斉次解 $y_n(t)$ を与える．その多項式で割ると，伝達関数 $1/(s^2+Bs+C)$ となる．これらのすべてがラプラス変換の自然な一部分であることを見てみよう．

例 1 $y(0)=0$ と $y'(0)=0$ から出発せよ．これらの初期条件では，y' の変換は sY で，y'' の変換は s^2Y である．方程式全体を変換できる：

手順 1 $\boldsymbol{y''-4y'+3y=e^{at}}$ を変換すると $\boldsymbol{(s^2-4s+3)\,Y(s)=\dfrac{1}{s-a}}$

手順 2 $y(t)$ の変換は $Y(s)=\dfrac{1}{(s^2-4s+3)(s-a)}=\boldsymbol{\dfrac{1}{(s-3)(s-1)(s-a)}}$

手順 3 $Y(s)$ の逆ラプラス変換は $\boldsymbol{y(t)=C_1e^{3t}+C_2e^t+Ge^{at}}$.

C_1 と C_2 は，初期条件 $y(0)=0$ と $y'(0)=0$ に合わせることで決まる．ゲイン $G=1/(a^2-4a+3)$ は $s=a$ での伝達関数である．$Y(s)$ の逆変換は，式 (12) と (14) で計算される．ステップ 2 で $Y(s)$ の極が現れる：

$$\frac{1}{\boldsymbol{(s-3)(s-1)(s-a)}} \text{ の極は } \boldsymbol{s=3} \text{ と } \boldsymbol{s=1} \text{ と } \boldsymbol{s=a}.$$

これら 3 つの数値は，$y(t)=C_1e^{3t}+C_2e^t+Ge^{at}$ の中の最重要な指数である．今度はそれらは，$\boldsymbol{Y(s)}$ が無限大になる極 $\boldsymbol{3,1,a}$ として理解される．

例 2 $f=e^{at}$ から $\boldsymbol{f=\delta(t)}=$ **インパルス**へ変更せよ．$y(0)=y'(0)=0$ は維持する．

手順 1 $\boldsymbol{y''+By'+Cy=\delta(t)}$ を変換すると $\boldsymbol{(s^2+Bs+C)\,Y(s)=1}$.

手順 2 $y(t)$ の変換は $Y(s)=\boldsymbol{\dfrac{1}{s^2+Bs+C}}=$ **伝達関数**.

手順 3 **逆変換は** $\boldsymbol{y(t)=g(t)=\dfrac{e^{s_1t}-e^{s_2t}}{s_1-s_2}}=$ **インパルス応答**.

$s^2+Bs+C=(s-s_1)(s-s_2)$ の根 s_1,s_2 は $Y(s)$ の極と $y(t)$ の指数関数を与える．手順 1〜3 が，この中心的事実をどれほどすばやく導いたか，感心するはずだ．

$\boldsymbol{f=\delta(t)}$ のとき，インパルス応答 $\boldsymbol{g}$ の変換は伝達関数 Y である．

ラプラス変換

我々の最初の変換表は，最も不可欠な関数だけを含む．この変換の，より完全な提示は，8.5 節にとっておく．ここで $Y(s)$ を定義するが，平行移動した関数の変換公式はそちらで展開する．ステップ関数 $H(t-T)$ はすべて 8 章にまわし，以下では 1 つだけコメントする．

"たたみ込み" について記した，最後の 8.6 節に，特に注意を向ける．これらは積 $Y(s)=F(s)G(s)$ の逆変換である．$f(t)$ が e^{at} のような単純な関数でなく，$F(s)$ が $1/(s-a)$ のような単純な関数でない場合に，まさしく必要となるのが，たたみ込みである．

変換表を作るため，$F(s)$ を定義する積分から始める：

$$\text{f(t) のラプラス変換は}\quad \boldsymbol{F(s) = \int_0^\infty f(t)\,e^{-st}\,dt}. \tag{1}$$

変換する最初の関数は，当然 $f(t) = e^{at}$ である．このとき，期待どおり $F(s) = 1/(s-a)$ となる：

$$F(s) = \int_0^\infty e^{at}e^{-st}\,dt = \left[\frac{e^{(a-s)t}}{a-s}\right]_{t=0}^{t=\infty} = 0 - \frac{1}{a-s} = \boldsymbol{\frac{1}{s-a}}. \tag{2}$$

この積分は，もし $a \geq s$ なら無限大となっていた．$s > a$ を要求するのは，ラプラス変換では典型的である．このとき，積分の中の因子 e^{-st} が，$t = \infty$ でも安全に零へ落ち着かせてくれる．$t = 0$ から $t = \infty$ までの積分 (1) を見るとき，次の規則は，すべての関数 $f(t)$ について自然である：

定義により，すべての $\boldsymbol{t < 0}$ に対して $\boldsymbol{f(t) = 0}$.　$\boldsymbol{t = 0}$ まで関数は出発しない.

そこで，ステップ関数 $H(t)$ と定数関数 $f = 1$ は同じ変換となる！

$$\boldsymbol{f(t) = 1}\ \text{の変換は}\ \boldsymbol{F(s) = \int_0^\infty 1e^{-st}\,dt = \frac{1}{s}}. \tag{3}$$

これは a が 0 になるときの e^{at} の変換で，$1/(s-a)$ は $1/s$ になる．

導関数の変換

ここで最も重要な公式が現れる—これは微分方程式を解くための根拠そのものとなる．もし $y(t)$ の変換が $Y(s)$ ならば，導関数 dy/dt の変換は何か？

導関数の公式　　dy/dt の変換は $\boldsymbol{sY(s) - y(0)}$.

この導関数の公式は，変換された問題に，どのように初期条件が入るかを示す——別途，脇の条件としてではなく，$Y(s)$ の式に直接入る．証明は部分積分を用いる．dy/dt の積分は $y(t)$ で，e^{-st} の導関数は $-se^{-st}$ だから：

$$\int_0^\infty \frac{dy}{dt}\,e^{-st}\,dt = -\int_0^\infty y(t)(-se^{-st})\,dt + \left[y(t)e^{-st}\right]_0^\infty$$

$$\boldsymbol{dy/dt}\ \text{の変換} = \boldsymbol{sY(s) - y(0)} \tag{4}$$

$y(t)e^{-st}$ が $t = \infty$ で零となることを保証するには，ここでも s は十分大きくなければならない——より正確には，s の実部が十分大きくなければならない．

1 章のモデル問題が直ちに解ける：1 階線形方程式．解法の手順 1, 2, 3 で，2 つの大切な指数 $s = a$ と $s = c$ に極（爆発する s の値）をもつ $Y(s)$ が生み出される：

例 3 任意の $y(0)$ から出発して $\boldsymbol{\dfrac{dy}{dt} - ay = e^{ct}}$ を解け.

手順 1 方程式を変換すると $sY(s) - y(0) - aY(s) = \dfrac{1}{s-c}$. (5)

手順 2 $(s-a)Y(s) = y(0) + \dfrac{1}{s-c}$ より $Y(s) = \dfrac{y(0)}{s-a} + \dfrac{1}{(s-a)(s-c)}$. (6)

手順 3 $\dfrac{y(0)}{s-a}$ の逆変換は, 斉次解 $\boldsymbol{y_n(t) = y(0)e^{at}}$. (7)

$\dfrac{1}{(s-a)(s-c)}$ の逆変換は, 超特殊解 $\boldsymbol{\dfrac{e^{ct}-e^{at}}{c-a}}$. (8)

これは美しい, といわざるをえない. 1章で我々が払った労力が, 最小限に減っている. 残ったものは, 導関数の公式, 指数関数の変換, そして“部分分数”だけだ. この部分分数は, 手順2から手順3への代数だった：2つの極 a と c をもつ $1/(s-a)(s-c)$ を, **1つの極をもつ2つの分数に分解する**.

$$\textbf{PF2} \qquad \frac{1}{(\boldsymbol{s-a})(\boldsymbol{s-c})} = \frac{1}{(\boldsymbol{s-a})(a-c)} + \frac{1}{(c-a)(\boldsymbol{s-c})} \tag{9}$$

PF2 は例2でインパルス応答を求めるのに使われた. その場合は a と c が, s_1 と s_2 だった. 例1でも, $f = e^{at}$ と **3つの極** $3, 1, a$ があり, 部分分数が使われた.

部分分数

例1では $Y(s) = 1/(s+3)(s+1)(s-a)$ に至った. その逆変換 $y(t)$ はすぐにはわからなかったが, **1つの極をもつ3つの項**に $Y(s)$ を分解すると, $y(t)$ は簡単に求められる. **これら3つの項は次の PF3 での部分分数である**：

$$\frac{1}{(\boldsymbol{s-3})(\boldsymbol{s-1})(\boldsymbol{s-a})} = \frac{1}{(\boldsymbol{s-3})(3-1)(3-a)} + \frac{1}{(1-3)(\boldsymbol{s-1})(1-a)} + \frac{1}{(a-3)(a-1)(\boldsymbol{s-a})}$$

私は通常, この PF3 の公式の導出を示すのだが, ここではむしろ, それが正しいことを示そう. 何よりもまず, 要点を理解しなければならない：それぞれ1つの極をもつ, 3つに分解された項は, 直ちに3つの部分 $\boldsymbol{C_1e^{3t}}$ と $\boldsymbol{C_2e^{t}}$ と $\boldsymbol{Ye^{at}}$ に至る.

正当性は正式には, PF3 に $(s-3)(s-1)(s-a)$ を掛けることで証明できる.

$$1 = \frac{(s-1)(s-a)}{(3-1)(3-a)} + \frac{(s-3)(s-a)}{(1-3)(1-a)} + \frac{(s-3)(s-1)}{(a-3)(a-1)}. \tag{10}$$

$s=3$ では最後の2項が消えて, (望みどおり) $1=1$ となる. $s=1$ では第2項が1に等しく, $s=a$ では第3項が1に等しい. よって, (10) は $1 = As^2 + Bs + C$ の形の方程式であり, これは3つの値 $s = 3, 1, a$ で正しい. したがって, この方程式は常に正しくなくてはならず, PF3 が真であると示された.

注記 部分分数分解の理論では通常，以下を満たす C_1 と C_2 と Y を計算する．

$$\frac{\mathbf{1}}{(s-3)(s-1)(s-a)} = \frac{C_1}{s-3} + \frac{C_2}{s-1} + \frac{Y}{s-a}. \tag{11}$$

考え方としては右辺を通分して，左辺にもある共通分母にする．s^2 と s と 1 の係数を合わせると，C_1 と C_2 と Y についての 3 つの方程式を得る．PF3 に見る，この答え C_1, C_2, Y に，私は近道をしたのだった．

$$C_1 = \frac{1}{(3-1)(3-a)} \qquad C_2 = \frac{1}{(1-3)(1-a)} \qquad Y = \frac{1}{(a-3)(a-1)}. \tag{12}$$

このパターンを憶えてしまうほうが，極 3 と 1 と a が変わる都度，新たな C_1 と C_2 と Y について解きなおすよりも簡単だと思われる．**繰り返せば，PF3 の 3 つの部分分数から，式** (12) **の係数** C_1, C_2, Y **を読み取るのだ**．

超特殊解

それら 3 つの部分に何があるか，見てみよう．最後の部分 Ye^{at} は特殊解である——それは伝達関数と指数応答の公式に起因するものである．方程式は $y'' - 4y' + 3y = e^{at}$ だった．e^{at} への応答は，

$$y_p(t) = Ye^{at} = \frac{1}{a^2-4a+3}\,e^{at} = \frac{1}{(a-3)(a-1)}\,e^{at}. \tag{13}$$

これは以前に求めたものだ．これは，超特殊解ではなく，$y(0) = 0$ と $y'(0) = 0$ から出発しない．その特殊な出発点からの解は，ラプラス変換からの解である：

$$\textbf{超特殊解は } \boldsymbol{y_{vp}(t) = C_1 e^{3t} + C_2 e^t + Y e^{at}} \textbf{ のすべてである}. \tag{14}$$

ある特殊解 y_p に任意の斉次解を足せることを思い出そう．これがもう 1 つの y_p を与える．この，超特殊解 y_{vp} は静止状態から出発する．

一般解は自由定数 c_1 と c_2（小文字の c に注意）を調節して，任意の初期値 $y(0)$ と $y'(0)$ に合わせる：

$$y_{一般} = c_1 e^{3t} + c_2 e^t + Y e^{at}. \tag{15}$$

いつもどおり，y と y' で $t = 0$ とおき，c_1 と c_2 について解いてもよい．このときは時間領域で作業している．あるいは，最初に方程式を変換するとき，$Y(s)$ を求める中で $y(0)$ と $y'(0)$ を用いてもよい．こちらの方法を示して，いつもの方法と比べてみよう．

変換に $\boldsymbol{y(0)}$ と $\boldsymbol{y'(0)}$ を含める

y' の変換が $sY(s) - y(0)$ であることは知っている．y'' の変換を求めるには，その 1 階導関数の公式を 2 回用いる．これで $y'(0)$ が $y(0)$ とともに入ってくる．

$$\boldsymbol{y''} \text{ の変換} = s(y' \text{ の変換}) - y'(0)$$

$$= s(sY(s) - y(0)) - y'(0)$$
$$\boldsymbol{= s^2Y(s) - sy(0) - y'(0).} \tag{16}$$

これで方程式 $y'' - 4y' + 3y = e^{at}$ をラプラス変換のみにより解ける：

手順 1 変換して　$(s^2Y(s) - sy(0) - y'(0)) - 4(sY(s) - y(0)) + 3Y(s) = \dfrac{1}{s-a}$

手順 2 書き直すと $(s^2 - 4s + 3)Y(s) = (s-4)y(0) + y'(0) + 1/(s-a)$.

$$Y(s) \text{ について解け：}\quad Y(s) = \frac{(s-4)y(0) + y'(0)}{s^2 - 4s + 3} + \frac{1}{(s^2 - 4s + 3)(s-a)}. \tag{17}$$

手順 3 $Y(s)$ の両方の項を逆変換して，$y_n(t) + y_p(t)$ を求めよ．

このほうが，より辛そうに見える！ $Y(s)$ の最後の項は良い——y_p を求めるためにすでに扱ったものだ．その逆変換は (14) の，超特殊解になる．$Y(s)$ の最初の項には $y(0)$ と $y'(0)$ が含まれる．再度，部分分数に分解しなくてはならない：**よろしくない**．

分母 $s^2 - 4s + 3$ は 2 つの因子 $(s-3)(s-1)$ から成り，3 つの因子ではない．しかし，一般解 (15) の c_1 と c_2 を求めるのに，$t = 0$ として，これら 2 つの方程式を解くほうが楽だ：

$$\begin{aligned} c_1 + c_2 + \ \ Y &= y(0) \\ 3c_1 + c_2 + aY &= y'(0) \end{aligned} \tag{18}$$

$y(0)$ と $y'(0)$ が零のとき，c_1 と c_2 と y が，C_1 と C_2 と y_{vp} に等しくなる．

共鳴の変換

2 つの指数が一緒になり，2 つの解が e^{at} のような 1 つの解になるとき，もう 1 つの解が生まれることを読者は憶えているだろう．核分裂や核融合のようなものだ．その新たな解は $\boldsymbol{te^{at}}$ という形である．そのラプラス変換を求めたい．

$y'' + By' + Cy = f(t)$ について，指数が等しくなるのは 2 つの異なる方法で起こりえる．

1（**斉次解**）特性方程式の 2 根 s_1 と s_2 が等しくなる．

2（**特殊解**）$f = e^{at}$ の指数が斉次解の s_1 または s_2 と等しくなる．

真に極端な場合には，$s_1 = s_2 = a$ と，3 つの指数が等しくなるかもしれない．このとき，斉次解は $c_1e^{at} + c_2te^{at}$ で，特殊解は $G\boldsymbol{t^2}e^{at}$ である．

こういった可能性を "時間領域" で見ているが，これらを "周波数領域" で見ることもできる．**$\boldsymbol{t}$-領域での 2 重根は，$\boldsymbol{Y(s)}$ の 2 位の極になる**．

$$\boldsymbol{te^{at}} \text{ **のラプラス変換は** } \frac{\mathbf{1}}{\boldsymbol{(s-a)^2}} \text{ **と，2 位の極をもつ．**} \tag{19}$$

きれいな証明は，変換の 1 位の極から始まる．e^{at} の変換は $1/(s-a)$ である．ここで a **について**，両辺の導関数をとれ：

$$\int_0^\infty \boldsymbol{e^{at}}e^{-st}dt = \frac{\mathbf{1}}{\boldsymbol{s-a}} \qquad \int_0^\infty \boldsymbol{te^{at}}e^{-st}dt = \frac{d}{da}\left(\frac{1}{s-a}\right) = \frac{\mathbf{1}}{\boldsymbol{(s-a)^2}}$$

再度 a の導関数をとると，t^2e^{at} の変換を，3 位の極をもつ $2(\boldsymbol{s-a})^{-3}$ として見られる．この極端な場合の，最も単純な例は，方程式 $y''=2$ である．

$$y''=2 \text{ のとき，} y_n(t)=c_1+c_2t \text{ の指数は } 0 \text{ と } 0 \text{ で，} y_p(t)=t^2e^{0t}=t^2 \text{ では } a=0.$$

初期条件より $c_1=y(0)$ と $c_2=y'(0)$．この解の検算は簡単：

$$\boldsymbol{y=y(0)+ty'(0)+t^2} \quad \text{は} \quad \boldsymbol{y''}=2 \quad \text{の解.} \tag{20}$$

この解をラプラス変換で求めるには，y'' と 2 の変換から始める：

$$s^2Y(s)-y(0)s-y'(0)=\frac{2}{s} \qquad \text{より} \quad Y(s)=\frac{y(0)}{s}+\frac{y'(0)}{s^2}+\frac{2}{s^3}. \tag{21}$$

$1/s$ と $1/s^2$ の逆変換は 1 と t である．$2/s^3$ の逆変換は t^2 である．そこで，$Y(s)$ の逆変換は正しく (20) の $y=y(0)+ty'(0)+t^2$ となる．

それらは本来は e^{0t} と te^{0t} と t^2e^{0t} なのだ：3 つの指数が零という，真に極端な場合である．

式 (19) の逆変換から，伝達関数 $1/(s^2+Bs+C)$ が 2 位の極をもち，$s^2+Bs+C=0$ の根が $s_1=s_2$ であるときの基本解 $g(t)$ がわかる：

$$\boldsymbol{s^2+Bs+C=(s-s_1)^2} \text{ のとき，基本解は } \boldsymbol{g(t)=te^{s_1t}}.$$

$\cos\omega t$ と $\sin\omega t$ の変換

本節のラプラス変換ではすべて，a が実数でなければならないという要請はない．その指数は $i\omega$ や $-i\omega$ や，任意の複素数 $a+i\omega$ になれる．恒等式 $\cos\omega t=\frac{1}{2}(e^{i\omega t}+e^{-i\omega t})$ と，$F(s)=\int f(t)e^{-st}dt$ についての公式の線形性から，$e^{i\omega t}$ と $e^{-i\omega t}$ の既知の変換を組み合わせられる：

$$f(t)=\boldsymbol{\cos\omega t} \text{ の変換は } F(s)=\frac{1}{2}\left(\frac{1}{s-i\omega}+\frac{1}{s+i\omega}\right)=\frac{\boldsymbol{s}}{\boldsymbol{s^2+\omega^2}} \tag{22}$$

双子の恒等式 $\sin\omega t=\dfrac{1}{2i}(e^{i\omega t}-e^{-i\omega t})$ もまたオイラーの公式に由来する．

$$f(t)=\boldsymbol{\sin\omega t} \text{ の変換は } F(s)=\frac{1}{2i}\left(\frac{1}{s-i\omega}-\frac{1}{s+i\omega}\right)=\frac{\boldsymbol{\omega}}{\boldsymbol{s^2+\omega^2}}. \tag{23}$$

これらの変換は，バネにつながれた質点についての基本的な例題で現れる：

手順 1　$my''+ky=\cos\omega t$ を変換して $m(s^2Y(s)-sy(0)-y'(0))+kY(s)=\dfrac{s}{s^2+\omega^2}$.

変換 $Y(s)$ には ms^2+k が掛かる．**伝達関数は $\boldsymbol{1/(ms^2+k)}$** である．

この伝達関数を入力に掛けると出力になる．入力は右辺にあり，出力は解である．これらの両方とも，今や変換された空間にある！

手順 2　$Y(s)$ について解いて，$Y(s) = \dfrac{1}{ms^2+k}\left(sy(0)+y'(0)+\dfrac{s}{s^2+\omega^2}\right)$.　(24)

手順 3 への準備ができたが，そう簡単には見えない．この $Y(s)$ の逆変換が必要である．単純な質点–バネの問題から **4 次式の**分母 $(ms^2+k)(s^2+\omega^2)$ へと導かれた．$Y(s)$ を **2 次式の**分母の項 2 つに分解する必要がある．この代数はそれほどひどくなく，問題 26 として残す．

結果としては，$y(t)$ は $\cos\omega t$ の項と $\cos\omega_n t$ の項をもつ．駆動周波数は ω であり，固有周波数 $\omega_n = \sqrt{k/m}$ は ms^2+k の零点に起因する．

解 $y(t)$ の中の周波数は，その変換 $Y(s)$ の中の極 $\pm i\omega$ と $\pm i\omega_n$ である．

実際，この太字の文が，ラプラス変換からの重要なメッセージである．これらの極を動かすことによって，ある系や回路を設計する．しばしば，それらの間隔を十分にとることで，不安定性を回避する．そして，減衰を加えて ms^2+bs+k の零点（$Y(s)$ の極）を虚軸から離し，$\mathrm{Re}\, s<0$ を満たす，安定な左半平面に押し込む．

$f(t)$	$1, t, t^2$	$e^{at}, te^{at}, t^2e^{at}$	$\cos\omega t, \sin\omega t$	y, y', y''
$F(s)$	$\frac{1}{s}, \frac{1}{s^2}, \frac{2}{s^3}$	$\frac{1}{s-a}, \frac{1}{(s-a)^2}, \frac{2}{(s-a)^3}$	$\frac{s}{s^2+\omega^2}, \frac{\omega}{s^2+\omega^2}$	$Y,\ sY-y(0),$ $s^2Y-sy(0)-y'(0)$

複素根 $a \pm i\omega$

ついに我々は，物理的な系の最も典型的な場合に行きついた．減衰を含み，振動が生じる．s^2+2s+5 **の根は複素数である**．その実部は $a=-2/2=-1$ であり，虚部 $\pm\sqrt{B^2-4AC}/2$ は $\pm i\omega = \pm\sqrt{-16}/2 = \pm 2i$ である．これは不足減衰の場合であり，$y''+2y'+5y=0$ の解は 2 つの方法で書ける：

$$y = c_1e^{(-1+2i)t} + c_2e^{(-1-2i)t} \quad \text{または} \quad y = e^{-t}(C_1\cos 2t + C_2\sin 2t). \tag{25}$$

この問題は，ラプラス変換後，s-領域でどのように見えるだろうか？

$$y''+2y'+5y=0 \quad \text{の変換は} \quad (s^2+2s+5)\,Y(s) - (s+2)\,y(0) - y'(0) = 0. \tag{26}$$

その 2 次式 s^2+2s+5 が，いつもどおりに，$Y(s)$ の分母になる．**$Y(s)$ のこの部分は伝達関数 $1/(s^2+2s+5)$** である．分子は，初期条件から $(s+2)y(0)+y'(0)$ である．斉次方程式 (26) の右辺は零で，入力 $y(0)$ と $y'(0)$ をつなぐ伝達関数は：

$$y(t) \text{ の変換は} \quad Y(s) = \frac{(s+2)\,y(0)+y'(0)}{s^2+2s+5}. \tag{27}$$

やろうと思えば，ここで部分分数を導入できる．s^2+2s+5 を 1 次式の因子 $(s-s_1)(s-s_2)$

に分解する．**これは止めておこう**．それらの根 s_1 と s_2 は複素数であり，実数の 2 次式 1 つのままにしておくほうが容易である．

すでに上の表に入っている $\cos \omega t$ と $\sin \omega t$ の変換に近づいた．新たな因子は実部からの $e^{at} = e^{-t}$ であり，これが減衰を与える．

$$\boldsymbol{e^{at} \cos \omega t} \text{ と } \boldsymbol{e^{at} \sin \omega t} \text{ の変換は } \frac{\boldsymbol{s-a}}{\boldsymbol{(s-a)^2+\omega^2}} \text{ と } \frac{\boldsymbol{\omega}}{\boldsymbol{(s-a)^2+\omega^2}}. \tag{28}$$

(27) について，鍵は s^2+2s+5 を $(s+1)^2+4$ と変形することである．これより，期待どおり $a=-1$ と $\omega=2$ とわかる．すると逆変換は $e^{-t}\cos 2t$ と $e^{-t}\sin 2t$ の線形結合となる．(27) の分子は線形で，それを $Hs+K$ と書く．どんな $Hs+K$ でも $H(s-a)+(K+Ha)$ と分解して，(28) の分子 $s-a$ に完全に合わせられる：

$$\frac{Hs+K}{(s-a)^2+\omega^2} \quad \text{の逆変換は} \quad He^{at}\cos\omega t + (K+Ha)\,e^{at}\frac{\sin\omega t}{\omega}\ . \tag{29}$$

より高次の方程式と，駆動関数 $f(t)$ が指数関数である方程式については，変換 $Y(s)$ は，より高次の多項式を含む．原理的には，部分分数で 1 次か 2 次に分解できる．それらは $Y(s)$ の実数あるいは複素数の極を生み出す——$y(t)$ では実数および複素数の指数関数 e^{st}．私ならばもちろん，まずは 2.6 節の未定係数法を試してみるだろう．

ラプラス変換の最大の貢献は，$1/(As^2+Bs+C)$ のような伝達関数とその極に，注意を集中させることである．

■ 要点の復習 ■

1. $f(t)$ のラプラス変換は $F(s)=\int_0^\infty f(t)e^{-st}dt$ である．$\boldsymbol{f = e^{at} \to F = \frac{1}{s-a}}$.

2. $Ay''+By'+Cy$ の変換は $(As^2+Bs+C)\,Y(s)-(As+B)y(0)-Ay'(0)$.

3. 手順 1：式を変換，手順 2：$Y(s)$ を解く，手順 3：$Y(s)$ から $y(t)$ へ逆変換．

4. 解 $y_n(t)$ と $y_p(t)$ の中の指数は $Y(s)$ の極．

5. **PF**2 と **PF**3 を用い，$Y(s)$ を部分分数で単純化すると，$y(t)$ への逆変換の助けとなる．

演習問題 2.7

1 以下の方程式の各項のラプラス変換をとり，$y(0)=0$ と $y'(0)=1$ の下で，$Y(s)$ について解け．根 s_1 と s_2 —— $Y(s)$ の極 —— を求めよ：

無減衰	$y'' + 0y' + 16y = 0$
不足減衰	$y'' + 2y' + 16y = 0$
臨界減衰	$y'' + 8y' + 16y = 0$
過減衰	$y'' + 10y' + 16y = 0$

過減衰の場合に PF2 を使って，$Y(s) = A/(s - s_1) + B/(s - s_2)$ と書け．

2 問題 1 の 4 つの $Y(s)$ を逆変換して，$y(t)$ を求めよ．

3 (a) 方程式 $y' = e^{at}$ と $y(0) = A$ からラプラス変換 $Y(s)$ を求めよ．

(b) PF2 を用いて $Y(s)$ を 2 つの分数 $C_1/(s - a) + C_2/s$ に分けよ．

(c) $Y(s)$ を逆変換して $y(t)$ を求め，$y' = e^{at}$ と $y(0) = A$ であることを確かめよ．

4 (a) $y'' = e^{at}$ で $y(0) = A$ と $y'(0) = B$ のとき，変換 $Y(s)$ を求めよ．

(b) $Y(s)$ を $C_1/(s - a) + C_2/(s - a)^2 + C_3/s$ と分解せよ．

(c) $Y(s)$ の逆変換で $y(t)$ を求め，$y'' = e^{at}$ と $y(0) = A$ と $y'(0) = B$ であることを確かめよ．

5 これらの微分方程式を変換して，$Y(s)$ を求めよ：

(a) $y'' - y' = 1$ で $y(0) = 4$ と $y'(0) = 0$

(b) $y'' + y = \cos \omega t$ で $y(0) = y'(0) = 0$ と $\omega \neq 1$

(c) $y'' + y = \cos t$ で $y(0) = y'(0) = 0$．$\omega = 1$ で何が変わったか？

6 これらの関数 f_1, f_2, f_3 のラプラス変換 F_1, F_2, F_3 を求めよ：

$$f_1(t) = e^{at} - e^{bt} \qquad f_2(t) = e^{at} + e^{-at} \qquad f_3(t) = t \cos t$$

7 任意の実数あるいは複素数の a に対して，$f = te^{at}$ の変換は ＿＿＿ である．$\cos \omega t$ を $(e^{i\omega t} + e^{-i\omega t})/2$ と書くことにより，$g(t) = t \cos \omega t$ と $h(t) = te^t \cos \omega t$ を変換せよ（h **の変換は新しいことに注意**）．

8 変換 F_1, F_2, F_3 を，PF2 と PF3 を用いて逆変換し，f_1, f_2, f_3 を見つけよ：

$$F_1(s) = \frac{1}{(s - a)(s - b)} \qquad F_2(s) = \frac{s}{(s - a)(s - b)} \qquad F_3(s) = \frac{1}{s^3 - s}$$

9 手順 1 で，これらの方程式と初期条件を変換する．手順 2 で $Y(s)$ について解く．手順 3 で逆変換し，$y(t)$ を求める：

(a) $y' - ay = t$ で $y(0) = 0$

(b) $y'' + a^2 y = 1$ で $y(0) = 1$ と $y'(0) = 2$

(c) $y'' + 3y' + 2y = 1$ で $y(0) = 4$ と $y'(0) = 5$.

(c) ではどんな特殊解 y_p が，“未定係数法” からは得られるか？

問題 **10～16** は部分分数に関するものである.

10 式 (9) の PF2 が正しいことを示せ．両辺に $(s-a)(s-b)$ を掛けよ：

$$(*) \qquad 1 = \underline{\quad\quad} + \underline{\quad\quad}.$$

(a) $(*)$ の 2 つの分数は，点 $s=a$ と $s=b$ において，何に等しいか？

(b) 式 $(*)$ はそれら 2 点 a と b で正しく，まっすぐな ＿＿＿ の方程式である．だからなぜ，どの s についても正しいといえるか？

11 ここに，分子を伴う PF2 の公式がある．公式 $(*)$ では $K=1$ と $H=0$ だった：

$$\textbf{PF2}' \qquad \frac{Hs+K}{(s-a)(s-b)} = \frac{Ha+K}{(s-a)(a-b)} + \frac{Hb+K}{(b-a)(s-b)}$$

PF2′ が正しいことを示すため，両辺に $(s-a)(s-b)$ を掛けよ．残ったのは，まっすぐな ＿＿＿ の式だ．$s=a$ と $s=b$ で，式を点検せよ．すると，すべての s で正しくなければならず，PF2′ が証明される.

12 PF2 と PF2′ を用いて，これらの関数を 2 つの部分分数に分けよ：

(a) $\dfrac{1}{s^2-4}$ (b) $\dfrac{s}{s^2-4}$ (c) $\dfrac{Hs+K}{s^2-5s+6}$

13 問題 12 での (a)(b)(c) の積分を，各部分分数を積分して求めよ．$C/(s-a)$ と $D/(s-b)$ の積分は対数関数である.

14 PF2 を PF2′ へ拡張したのと同じように，PF3 を PF3′ へ拡張せよ：

$$\textbf{PF3}' \qquad \frac{Gs^2+Hs+K}{(s-a)(s-b)(s-c)} = \frac{Ga^2+Ha+K}{(s-a)(a-b)(a-c)} + \frac{?}{?} + \frac{?}{?}.$$

15 1 次式 $(s-b)/(a-b)$ は $s=a$ で 1，$s=b$ で 0 に等しい．$s=a$ で 1 に，$s=b$ と $s=c$ で 0 に等しくなる 2 次式を書け.

16 $C(s-b)(s-c)(s-d)$ が $s=a$ で 1 に等しくなる数値 C はいくつか？

注釈 部分分数の完全な理論では，2 重根（$b=a$ のとき）も許されなくてはならない．その公式は，b が a に近づくときのロピタルの法則（例えば PF3′ で）から見つけられる．重根により PF3 と PF3′ の美しさが失われる——我々は喜んで，単純な根 a,b,c の場合にとどまりたい.

問題 **17～21** には，デルタ関数 $\boldsymbol{f(t)=\delta(t)}$ の変換 $\boldsymbol{F(s)=1}$ がかかわる.

17 $f(t)=\delta(t-T),\ T\geq 0$ のとき，$F(s)$ をその定義 $\int_0^\infty f(t)e^{-st}dt$ から求めよ.

18 $y'' - 2y' + y = \delta(t)$ を変換せよ．**インパルス応答** $y(t)$ は，$Y(s) =$ **伝達関数**，に変換される．2 重根 $s_1 = s_2 = 1$ が 2 位の極と，新たな $y(t)$ を与える．

19 これらの伝達関数 $Y(s)$ の逆変換 $y(t)$ を求めよ：

(a) $\dfrac{s}{s-a}$ (b) $\dfrac{s}{s^2-a^2}$ (c) $\dfrac{s^2}{s^2-a^2}$

20 $y'' + y = \delta(t)$ を $y(0) = y'(0) = 0$ とともに，ラプラス変換により解け．私が得たように $y(t) = \sin t$ となったならば，これは重大なミステリーを含んでいる：**その正弦関数は** $y'' + y = 0$ **の解**であり，$y'(0) = 0$ を満たさない．$\delta(t)$ **はどこから来たのか**？ 言い換えれば，どの関数も $t < 0$ では零であるとき，$y' = \cos t$ の導関数は何か？

$\boldsymbol{y = \sin t}$ のとき，なぜ $\boldsymbol{y'' = -\sin t + \delta(t)}$ となるかを説明せよ．$t < 0$ では $y = 0$ で**あることを思い出せ**．

問題 20 は，注目すべき事実につながる．同じインパルス応答 $y = g(t)$ が，これらの方程式両方の解となる：$\boldsymbol{t = 0}$ **でのインパルスが速度** $\boldsymbol{y'(0)}$ **を 1 だけジャンプさせる**．どちらの方程式でも $y(0) = 0$ から出発する．

$$y'' + By' + Cy = \boldsymbol{\delta(t)} \text{ で } y'(0) = \mathbf{0} \qquad y'' + By' + Cy = \mathbf{0} \text{ で } y'(0) = \mathbf{1}.$$

21 （似たミステリー）これら 2 つの問題は同じ $Y(s) = s/(s^2+1)$ と，同じインパルス応答 $y(t) = g(t) = \cos t$ を与える．これがどうして可能か？

$$y' = -\sin t \text{ で } y(0) = \mathbf{1} \qquad y' = -\sin t + \boldsymbol{\delta(t)} \text{ で “}y(0) = 0\text{”}$$

問題 22〜24 には，$\boldsymbol{y(t)}$ の積分のラプラス変換がかかわる．

22 $f(t)$ の変換が $F(s)$ のとき，積分 $h(t) = \int_0^t f(T)dT$ の変換は何か？ 式 $dh/dt = f(t)$ と $h(0) = 0$ を変換することで答えよ．

23 積分 - 微分方程式 $y' + \int_0^t y\,dt = 1$ と $y(0) = 0$ を，変換して解け．

問題 20 のようなミステリー：$y = \cos t$ は $y' + \int_0^t ydt = 0$，$y(0) = 1$ の解のように見える．

24 驚くべき方程式 $dy/dt + \int_0^t y\,dt = \delta(t)$ を変換して解け．

25 デルタ関数の導関数は，たやすく想像できない——それは $+\infty$ へ飛び上がり，逆に $-\infty$ へ下がるので，“二重項” と呼ばれる．この二重項 $d\delta/dt$ のラプラス変換を，導関数の変換の公式から求めよ．

二重項 $\delta'(t)$ はその積分により知られる：$\int \delta'(t)F(t)dt = -\int \delta(t)F'(t)dt = \boldsymbol{-F'(0)}$.

26 （挑戦） どんな関数 $y(t)$ なら，変換が $Y(s) = 1/(s^2+\omega^2)(s^2+a^2)$ となるか？ まず，部分分数を用いて，H と K を求めよ：

$$Y(s) = \frac{H}{s^2 + \omega^2} + \frac{K}{s^2 + a^2}$$

27　単位ステップ関数 $H(t)$ のラプラス変換が，定数関数 $f(t) = 1$ のラプラス変換と同じになるのはなぜか？

第3章

図的および数値的方法

微分方程式の世界は広い（とても広い）．何をすでに終えており，何をし残しているかを，このページでまとめたい．

1 章と 2 章では，**解ける方程式**に集中した．これは，石炭の採掘や石油の掘削と比べると，金塊をただ拾い上げるようなものだ．解が我々を待っていた．正直に振り返れば，ただそれらを書き出しただけだ（2 章では，それほど楽でなかったが）．

何よりもまず，1 章では $\boldsymbol{e^{at}}$ を，2 章では $\boldsymbol{e^{st}}$ を，そして，後の 6 章では（固有値および固有ベクトルと）$\boldsymbol{e^{\lambda t}x}$ を考える．方程式が線形で，その係数が定数のとき，解は指数関数である．

1 章　1 階の方程式（線形か変数分離形か完全形，あるいは特別な）

2 章　2 階の方程式 $Ay'' + By' + Cy = f(t)$

6 章　行列 A とベクトル $\boldsymbol{y}$ を伴う 1 階の方程式系 $\boldsymbol{y}' = A\boldsymbol{y} + \boldsymbol{f}(t)$

3 章は異なる．$f(t)$ に代えて，$f(t,y)$ となる．大部分の非線形問題では，$y(t)$ の公式はない．“解は存在するけれども，公式はない.” これが微分方程式 $y' = f(t,y)$ の厳しい現実である．方程式は重要だが，答えは指数関数ではない．本章では，解を**図示**し，解を**計算**し，そしてその解が**安定**かどうかを決める．

3.1 節　非線形微分方程式 $y' = f(t,y)$ の図示：$\partial f/\partial y$ により安定性が決まる．

3.2 節　線形 2 階微分方程式と 2 行 2 列の方程式系の図示：安定かどうか．

3.3 節　停留点での安定性を，方程式系を線形化して調べる．

3.4 節　オイラー法（安全だが遅い）で y の近似解を計算する．

3.5 節　オイラー法より効率的な方法による，高速で正確な計算．
科学と工学と財政学では，絶えずルンゲ－クッタ法を用いる．

この章の後，本書は高次元へと移る：**線形代数の世界**へ．質点 1 個と抵抗 1 個とバネ 1 本と何でも 1 個：それは単なる出発点だった．現実は，つながれたネットワークである：脳，生体，現代の機械，プロセッサ網．どのネットワークも，行列に行きつく．**読者は行列の読み方を学ぶことになる**．

私見では，線形代数は純粋な金塊である．

3.1　非線形微分方程式 $y' = f(t, y)$

本節の目標は，$y(t)$ の公式ではなく，図を得ることである．その図とは，t–y 平面（t が横軸で $y(t)$ が縦軸上向き）でのグラフである．微分方程式は $dy/dt = f(t, y)$ であり，すべてがその関数 f に依存する．線形方程式 $y' = 2y$ から始めよう．

> $y' = 2y$ の解は $y(t) = Ce^{2t}$ である．C のどの値についても，$t = -\infty$ から $t = \infty$ への解曲線が 1 つ決まる．t–y 平面上のどの点でも，これらの曲線が通る．これが“解の図”であり，これを非線形方程式 $y' = f(t, y)$ について得たい．

その解 $y = Ce^{2t}$ は 1 本のグラフに描ける．全平面は，それらのグラフで埋め尽くされる．各点 (t, y) をこれらの曲線の 1 つが通り過ぎる（適切な C を選ぶ）．別の方程式 $y' = \sin ty$ には公式がない．その作図は，この 1 つの事実だけから始まる：

$$\boldsymbol{dy/dt = \sin ty} \qquad \textbf{点 } \boldsymbol{(t, y)} \textbf{ を通る解曲線の傾きは } \boldsymbol{\sin ty} \textbf{ である．}$$

その**点**ごとの図から，我々は**曲線の**図を構築しなくてはならない．本節では，点ごとの小さな矢印をつなげて，それらの点を通る解曲線にする．点 (t, y) での矢印は，正しい傾き $f(t, y)$ を持っている．他の矢印とつなげるのが，難しい部分だ．

本節を $y(t)$ についての事実と，$y(t)$ の図とに分ける．

$y(t)$ についての事実

事実は，以下の問に対する答であり，3 章の注釈ではさらに付け加える：

1. $t = 0$ で $y(0)$ から出発するとき，$\boldsymbol{dy/dt = f(t, y)}$ **は解をもつか？**

2. 同じ $y(0)$ から出発する**解が 2 つ以上ありえるか？**

問 **1** は $y(t)$ の**存在性**についてである．　$t = 0, y = y(0)$ を通る解はあるか？

問 **2** は $y(t)$ の**一意性**についてである．　2 つ以上の解曲線が一点を通過できるか？

$f(t, y)$ の素性が良ければ，各点 (t, y) を通る曲線がちょうど 1 つ，期待される：**存在性と，また一意性**．どんな関数が素性が良いのか？ 答えはこうである：

1.　もし $f(t, y)$ が，0 付近の t と，$y(0)$ 付近の y で連続ならば，解が存在する．
2.　$\partial f/\partial y$ もまた連続のとき，同じ $y(0)$ をもつ 2 つの解はない．

“連続” という用語には，正確な，専門的な意味がある．ここでは，不正確で非専門的に説明しよう．ある点で連続であると，その点の小さな近傍で，ジャンプや発散は除外される．例えば，関数 $f = y/t$ は，$t = 0$ となる点では当然，これに該当しない．

$$\frac{dy}{dt} = \frac{y}{t} \quad \text{で} \quad y(0) = 0 \quad \text{のとき，無限に多くの解} \quad \boldsymbol{y = Ct} \quad \text{がある．}$$

関数 $f = t/y$ もまた，$y(0) = 0$ となるときには該当しない（0 では割れない）：

$$\frac{dy}{dt} = \frac{t}{y} \quad \text{で} \quad y(0) = 0 \quad \text{ならば，2 つの解} \quad \boldsymbol{y(t) = t} \quad \text{と} \quad \boldsymbol{y(t) = -t} \quad \text{がある．}$$

これらの例では，y/t と t/y は $0/0$ から始まる．解は存在する（この事実は保証されてはいなかった）が，解は一意ではない（驚くことではない）．$f(t, y)$ の素性がもっと良くなければならない．

ある重要な点について，抜け落ちやすいので，ここで強調する．

すべての点で $\boldsymbol{f}$ と $\boldsymbol{\dfrac{\partial f}{\partial y}}$ が連続であっても，解が $\boldsymbol{t = \infty}$ まで到達することは保証されない．

そう，$y(0)$ から出発する解はあり，その解は一意である．だが $y(t)$ は，ある有限の時刻 t で爆発するかもしれない．本書の最初の非線形方程式（1.1 節）は，早期の爆発の一例だった：

$$\boldsymbol{t = 1}\ \textbf{での爆発}\quad \frac{dy}{dt} = y^2\ \text{と}\ y(0) = 1\ \text{の解は}\ y(t) = \frac{\mathbf{1}}{\mathbf{1} - \boldsymbol{t}}.$$

この関数 $f = y^2$ は確かに連続である．その導関数 $\partial f/\partial y = 2y$ もまた連続であるが，解が成長するとき，導関数 $2y$ も成長する．有限時刻 t で爆発しないことを保証するには，連続関数 $\partial f/\partial y$ についての上界が必要である：

任意の $\boldsymbol{t}$ と $\boldsymbol{y}$ に対して $\boldsymbol{\left|\dfrac{\partial f}{\partial y}\right| \le L}$ なら，$\boldsymbol{y(0)}$ を通り，すべての $\boldsymbol{t}$ に至る解が一意にある．

線形微分方程式 $y' = a(t)y + q(t)$ に対しては，右辺の導関数 $\partial f/\partial y$ は単に $a(t)$ である．このとき，もし $|a(t)| \le L$ で $q(t)$ がすべての時刻で連続ならば，解曲線は $t = -\infty$ から $t = \infty$ まで続く．1 章では，この線形の場合の $y(t)$ に対する公式を求めた．

非線形での事実を 1 つ最後に説明して終える．$|\partial f/\partial y| \le L$ の条件を，厳密に $\partial f/\partial y = L$ のときの限界まで押し上げる．このとき $y' = Ly + q(t)$．この線形方程式との比較により，非線形方程式で $|\partial f/\partial y| \le L$ のときについての情報が得られる：

$$\text{もし}\ \ y' = f(t, y)\ \ \text{で}\ \ z' = f(t, z)\ \ \text{ならば，}\ |y(t) - z(t)| \le \boldsymbol{e^{Lt}}|y(0) - z(0)|. \qquad (1)$$

もし $y(t)$ と $z(t)$ の出発点がとても近ければ，それらは互いの近くに居つづける．これは，本書の表紙で見るものの反対である．表紙は**カオス**の有名な例を示している：解が手に負えなくなる．$y(0)$ を少し変えると，解は完全に異なる（そして離れた）軌道に送られる．我々は今日，冥王星の軌道がカオス的であると知っている：とても，とても予測し難い．方程式がこれを許しているのは，$|\partial f/\partial y| \le L$ ではないからである．冥王星は惑星ではない．

解の図

例 1　$\boldsymbol{dy/dt = 2 - y}$　　解 $\boldsymbol{y(t) = 2 + Ce^{-t}}$　　$\boldsymbol{y(\infty) = 2}$

$y' = 2 - y$ の完璧な図は，どの点 (t, y) でも小さな矢印を描くことである．**矢印の傾きは $\boldsymbol{s = 2 - y}$ である**．最重要な"定常状態の直線" $y = 2$ に沿って，この傾きは**零**である．矢印はその線に沿って水平である：定数解．

その定常な直線の上方では，傾き $2 - y$ が負である．ベクトルは横向き成分 dt と下向き成分 $dy = (2 - y)dt$ をもつ．すべての点で矢印を描くスペースはないが，図 3.1 で考え方はわかる．MATLAB はこの矢印の場を"箙（えびら，quiver）"と呼ぶ．

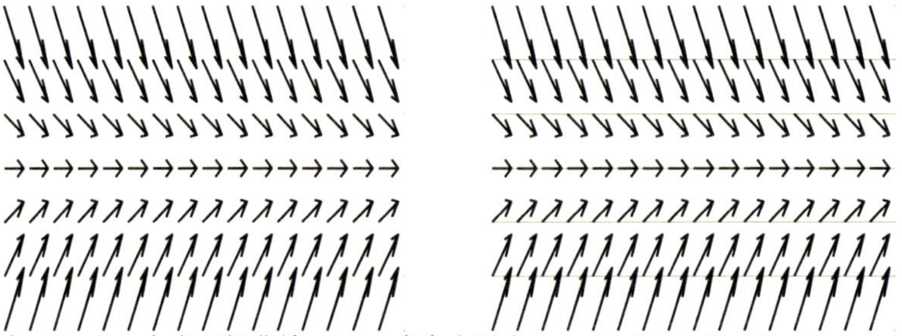

図 3.1　(a) 傾き $f(t, y)$ の矢印が解曲線 $y(t)$ の方向を示す．(b) アイソクライン $\boldsymbol{f(t, y) = s}$ に沿って，**すべての矢印は同じ傾き $\boldsymbol{s}$ を持つ**．ここで $s = 2 - y$.

すべての矢印が直線 $y = 2$ のほうへ向いていることに注意せよ．その定常状態の解は**安定**である．公式 $y(t) = 2 + Ce^{-t}$ から，解が $y = 2$ に近づくことを確認できる．

第 1 の大切な概念：**解曲線 $\boldsymbol{y(t) = 2 + Ce^{-t}}$ は矢印に接する**．接するというのは：曲線が矢印と同じ傾き $s = 2 - y$ をもつということだ！この曲線は微分方程式の解であり，その方程式は傾きを指定し，矢印は正しい傾きをもつ．

第 2 の大切な概念：**アイソクラインに沿って矢印を置け**．アイソクライン（"同じ傾き" の意味）は，$f(t, y) =$ 定数となる曲線である．この概念が，矢印を描くのをずっと容易にしてくれる．この方程式 $y' = 2 - y$ に対しては，すべてのアイソクライン $2 - y = s$ が水平線である．微分方程式が $dy/dt = f(t, y)$ のとき，**傾き $\boldsymbol{s}$ の各選択が，あるアイソクライン $\boldsymbol{f(t, y) = s}$ を生み出す**．

我々の例でアイソクライン $2 - y = s$ が水平なのは，$f(t, y) = 2 - y$ が t に依存しない（自励的な方程式）だからである．いくつかのアイソクラインを描くことから，私は図を描きはじめる．$f(t, y) = 0$ のアイソクラインは常に描く（ここでは $2 - y = 0$ は定常状態の直線 $y = 2$ である）．この方程式については，その $s = 0$ での "ナルクライン" または "ゼロクライン" **は解曲線でもある**．$y = 2$ のとき，矢印は傾きが零であり，だから水平な線に沿って向く．

これらの図をどう理解するか？ **矢印は解曲線に沿って向いている**．その曲線はアイソクラインを横切る．しかし，傾き零のアイソクライン $y = 2$ は横切らない．

すべての矢印は直線 $y = 2$ のほうへ向いている．それらの矢印により，我々はいずれ，他のすべてのアイソクラインをも通過する．解曲線 $y(t)$ が直線 $y = 2$ に漸近することを，この図は述べている．この方程式 $dy/dt = 2 - y$ では，既知のとおり，解は $y = 2 + Ce^{-t}$ である．

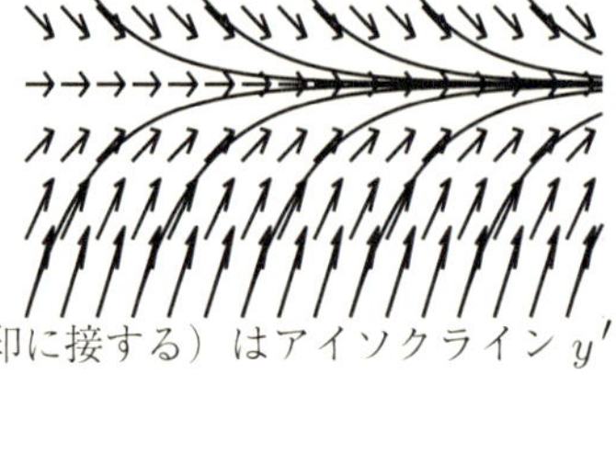

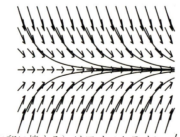

図 3.2　解曲線（矢印に接する）はアイソクライン $y' = 2 - y$ を通過する．

例 2　$\dfrac{dy}{dt} = y - y^2$　　解 $y(t) = \dfrac{1}{1 + Ce^{-t}}$　　$y(t) \to 1$ または $-\infty$

小さな矢印の傾きはどれも $y - y^2$ である．$0 < y < 1$ の範囲では，y は y^2 より大きい．矢印はこの範囲では正の傾き $y - y^2$ をもつ（$y = 0$ の近くでは小さな傾き，$y = 1$ の近くでも小さな傾きで，すべて右上方の向き）．その他の 2 つの範囲は，$y = 1$ より上と，$y = 0$ より下である．そこでは傾き $y - y^2$ が負である——矢印は右下方を向く．これは $y^2 \gg y$ のためである．y **が大きいときには，解曲線は急になる**．

図 3.3 はアイソクライン $f(t, y) = y - y^2 = s =$ 定数，を示す．再び f は t に依存しない！方程式は自励的であり，アイソクラインは水平線である．**2 本のゼロクライン** $\boldsymbol{y = 1}$ **および** $\boldsymbol{y = 0}$ **がある**（そこでは $dy/dt = 0$ で，y は定数）．矢印の傾きは零で，$y(t)$ のグラフはそれぞれのゼロクラインに沿って進む：定常状態．

問題はその他すべての解曲線である：それらは何をする？ 我々は偶然 $y(t)$ の公式を知っているが，肝心なのは**我々はそれを必要としない**ということである．図 3.3 は，**ロジスティック方程式** $y' = y - y^2$ の解の 3 つの可能性を示す：

1. $y = 1$ より上方の曲線は $+\infty$ から，直線 $y = 1$ へ下り降りる　（飛び乗る曲線）
2. $y = 0$ と $y = 1$ の間の曲線は，その直線 $y = 1$ へと上昇する　（S 字曲線）
3. $y = 0$ の下方の曲線は $y = -\infty$ へ（速く）落ちていく　（飛び降りる曲線）．

解曲線は，$y - y^2 = 0$ である 2 つのゼロクラインを除いた，すべてのアイソクラインを横切る．

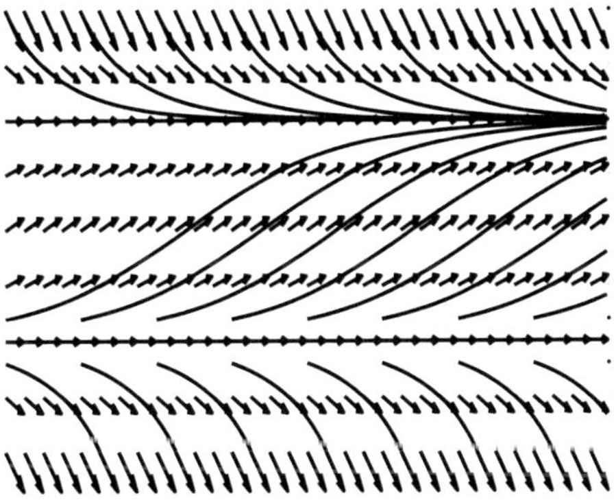

図 3.3　矢印は“方向場”を形成する．アイソクライン $y - y^2 = s$ は吸引または反発する．

S 字曲線が 0 と 1 の間に見られる．その矢印は $y = 0$ を離れたばかりでは緩やかで，$y = \frac{1}{2}$ で最も急になり，$y = 1$ に近づくにつれて再び緩やかになる．飛び降りる曲線は $y = 0$ の下方である．それらの矢印はとても急になり，曲線は決して $t = \infty$ に到達しない：$y = 1/(1 - e^{-t})$ では，$t = 0$ のときに $1/0 =$ **マイナス無限大**となる．この，飛び降りる曲線は，決して左下方の領域の外へ出られない．

重要　自励的な方程式 $y' = f(y)$ では，解曲線は特別な性質をもつ．その曲線 $y(t)$ が右または左へ平行移動して，曲線 $Y(t) = y(t+C)$ になったとしよう．このとき，$Y(t)$ は同じ方程式 $Y' = f(Y)$ の解である——両辺とも同じ方法で単に平行移動されただけである．

結論：自励的な方程式 $y' = f(y)$ の解曲線は，**形に変化なく**単に平行移動しただけである．$dy/f(y) = dt$（変数分離可能な方程式）を積分することでも，これを理解できる．右辺は積分すると $t + C$ となる．すべての C を許すことで，すべての解を得る．

ロジスティックの例では，すべての S 字曲線と飛び乗る曲線と飛び降りる曲線は，**1 つの** S 字曲線と **1 つの**飛び乗る曲線と **1 つの**飛び降りる曲線を平行移動することでつくれる．

解曲線は交わらない

各点 (t, y) を通る解曲線はあるのか？ 2 つの解曲線がその点で交わることがありえるか？ ある点で解曲線が突然終わることはあるか？ これらの“図の質問”は，すでに事実によって答えられた．

本節の冒頭で，関数 f と $\partial f/\partial y$ は，$t = 0$，$y = y(0)$ の近くで連続であることを要求した．このとき，その出発点からの $y' = f(t, y)$ の解は一意に存在する．このことが図で意味するところは：**その点を通る解曲線がちょうど 1 つある．**その曲線は止まらない．f と $\partial f/\partial y$ が**すべての**点の上および付近で連続であることを要求すれば，各点を通過する，1 本の止まることのない解曲線が保証される．

例 3 ではうまくいかない！ $dy/dt = -t/y$ の解曲線は，半円であり，完全な円ではない．**それらは直線 $y = 0$ 上で，出発し，止まり，交わる**（そこでは，$f = -t/y$ は**連続でない**）．$y \neq 0$ の各点では，半円の曲線が，ちょうど 1 つずつ通過する．

例 3　$\boldsymbol{dy/dt = -t/y}$ は変数分離形である．このとき $y\,dy = -t\,dt$ より $\boldsymbol{y^2 + t^2 = C}$.

また図で始めよう．アイソクライン $f(t, y) = -t/y = s$ は直線 $y = (-1/s)t$ である．それらすべてのアイソクラインが通るのは $(0, 0)$ で，これはとても特異な点である．この例では傾き s の矢印は，傾き $dy/dt = -1/s$ のアイソクラインに垂直である．

このアイソクラインは $(0, 0)$ から放射状に出る線である．矢印の方向はこれらの放射線に垂直で，解曲線に接する．**曲線は半円 $\boldsymbol{y^2 + t^2 = C}$ である．**(軸の反対側に，もう 1 つの半

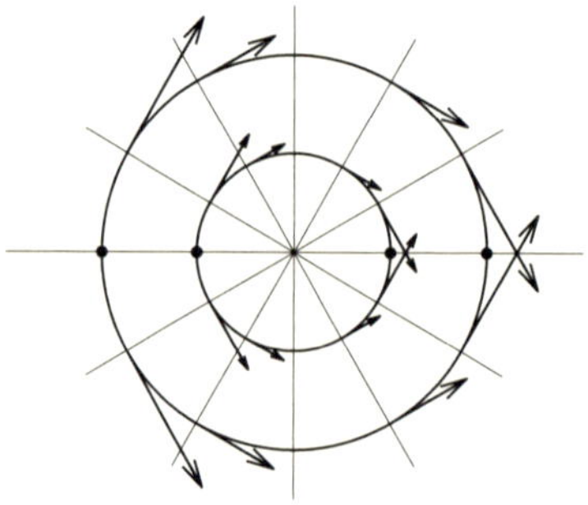

図 3.4　$y' = -t/y$ に対して，アイソクラインは放射状の線である．解曲線は半円である．

円がある．だから 2 つの解が時刻 $-T$ で $y = 0$ を出発し，時刻 T での $y = 0$ へ前進する．解曲線は $y = 0$ で止まる．ここでは関数 $f = -t/y$ が連続性を失い，解はその一生を終える．

例 4　$\boldsymbol{y' = 1 + t - y}$ は線形だが，変数分離形ではない．アイソクラインは解を閉じ込める．

アイソクラインの間の閉じ込めが，この図のうまい部分である．これは矢印にもとづいている．**すべての矢印がアイソクラインを一方向に横切るので，すべての解曲線がその方向に進む**．そのアイソクラインを越える解は，逆戻りできない．図 3.5 のゼロクライン $f(t, y) = 1 + t - y = 0$ は直線 $y = t + 1$ である．そのアイソクラインに沿っては，矢印は傾きが 0 である．解曲線は左から右へと横切らなくてはならない．図 3.5 で中央のアイソクライン $1 + t - y = 1$ は，45° の直線 $y = t$ である．これは微分方程式の解である！ 矢印の向きが，ちょうどその直線に沿っている：傾き $s = 1$．他の解曲線は決してこれにさわれない．

この図は，それらの直線の間の“ロブスター用の罠”にはまった解曲線を示している：曲線は逃げられない．それらは，直線 $y = t$ と，その上下の各アイソクライン $1 + t - y = s$ の間に捕えられている．s が 0 から 1 へ増えるにつれ，罠はどんどん狭くなり，アイソクラインは $y = t$ に近づく．**図からの結論**：**解** $\boldsymbol{y(t)}$ **は直線** $\boldsymbol{y = t}$ **に近づかなくてはならない**．

これは線形方程式 $y' + y = 1 + t$ である．$y' + y = 0$ の斉次解は Ce^{-t} である．外力項 $1 + t$ は多項式である．特殊解は，方程式に $y_p(t) = at + b$ を代入して，それらの未定係数 a と b について解くことで求まる：

$$(at + b)' = 1 + t - (at + b) \qquad \boldsymbol{a = 1} \text{ と } \boldsymbol{b = 0} \qquad \boldsymbol{y = y_n + y_p = Ce^{-t} + t} \tag{2}$$

解曲線 $y = Ce^{-t} + t$ は，$t \to \infty$ につれて，直線 $y = t$ へ漸近的にやはり近づく．

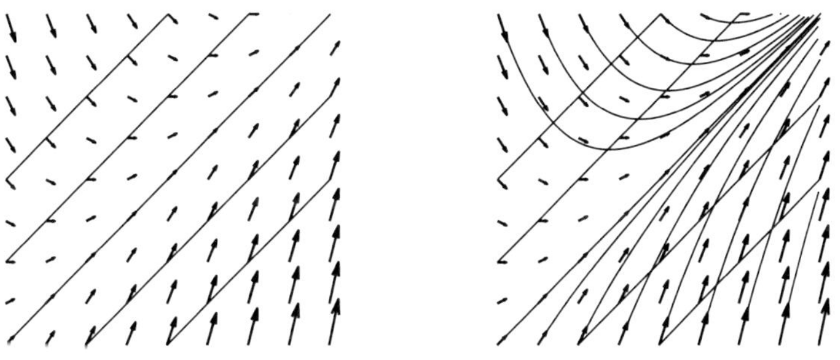

図 3.5　$y' = 1 + t - y$ の解曲線は 45° のアイソクラインどうしの間に捕らわれる．

■　要点の復習　■

1. $y' = f(t, y)$ の方向場は，各点 (t, y) で傾き f の矢印をもつ．

2. アイソクライン $f(t, y) = s$ に沿って，すべての矢印は同じ傾き s をもつ．

3. 解曲線 $y(t)$ は矢印に接する．アイソクライン を同じ傾きで通過する！

4. 事実：f と $\partial f/\partial y$ が連続のとき，解曲線は平面を覆い，交わらない．

5. 自励的な $y' = f(y)$ の解曲線は，左右に平行移動して $Y(t) = y(t-T)$ となれる．

演習問題 3.1

1 (a) 2 つのアイソクライン $f(t,y) = s_1$ と $f(t,y) = s_2$ が決して交わらないのはなぜか？

(b) アイソクライン $f(t,y) = s$ に沿って，すべての矢印の傾きは何か？

(c) このときすべての解曲線は ＿＿＿ を一方向にだけ横切れる．

2 (a) アイソクライン $f(t,y) = s_1$ と $f(t,y) = s_2$ は常に並行か？ 常に直線か？

(b) アイソクライン $f(t,y) = s$ は，傾きが ＿＿＿ に等しいときには，1 つの解曲線である．

(c) ゼロクライン $f(t,y) = 0$ が解曲線となるのは，y が ＿＿＿ ，つまり傾き 0 のときだけである．

3 もし $y_1(0) < y_2(0)$ ならば，$f(t,y)$ のどんな連続性が，すべての t で $y_1(t) < y_2(t)$ を保証するか？

4 方程式 $dy/dt = t/y$ は，もし $y(0) \neq 0$ ならば，完全に安全である．方程式を $y\,dy = t\,dt$ と書き，その $y(0) = -1$ から出発する一意の解を求めよ．解曲線は双曲線となる——同じ図に 2 本描けるか？

5 方程式 $dy/dt = y/t$ は，$y(0) = 0$ の場合に多くの解 $y = Ct$ をもつ．$y(0) \neq 0$ ならば，解はない．すべての解曲線 $y = Ct$ を考えたとき，曲線がまったく通らない (t,y) 平面上の点の集合は何か？

6 $y' = ty$ について，アイソクライン $ty = 1$ と $ty = 2$（双曲線になる）を描け．それぞれのアイソクライン上に矢印を 4 つ描け（傾きは 1 と 2）．アイソクラインの間に，図に適した解曲線の一部をスケッチせよ．

7 $y' = y$ の解は $y = Ce^t$ である．C を変えると曲線が上下する．しかし $y' = y$ は自励的であり，その解曲線は左右に平行移動されるべきである！

$y = 2e^t$ と $y = -2e^t$ を描き，実際それらが $y = e^t$ と $y = -e^t$ を**左右に平行移動**したものであることを示せ．$y' = y$ の平行移動された解は e^{t+C} と $-e^{t+C}$ である．

8 $y' = 1 - y^2$ について，水平線（$y =$ 定数）はアイソクライン $1 - y^2 = s$ である．直線 $y = 0$ と $y = 1$ と $y = -1$ を描け．各直線上に，傾き $1 - y^2$ の矢印を描け．この絵は $y =$ ＿＿＿ と $y =$ ＿＿＿ が定常状態の解であることを示す．$y = 0$ 上の矢印から，解曲線 $y = (e^t - e^{-t})/(e^t + e^{-t})$ の形を推測せよ．

9 放物線 $y = t^2/4$ と直線 $y = 0$ はともに $\boldsymbol{y' = \sqrt{|y|}}$ の解曲線である．これらの曲線は点 $t = 0$，$y = 0$ で交わる．その点を通る複数の解が許されるのは，$f(y) = \sqrt{|y|}$ で，どんな連続性の要件が満たされていないためか？

10 時刻 T まで $y = 0$ だったのが，曲線 $y = (t-T)^2/4$ に続いたとしよう．これは $\boldsymbol{y' = \sqrt{|y|}}$ の解であるか？ 水平のアイソクライン $\sqrt{|y|} = 1$ と 2 を通り過ぎるこの $y(t)$ を描け．

11 方程式 $\boldsymbol{y' = y^2 - t}$ は，MIT のコース 18.03 番で，しばしばお気に入りの問題になる：それほど簡単ではない．解 $y(t)$ はなぜ $y^2 = t$ 上の最大値に上昇し，その後下降するか？

12 2 つのアイソクラインをもつ $f(t, y)$ で，解曲線が，上方のアイソクラインでは**上へ**通過し，下方のアイソクラインでは**下へ**通過するものを作れ．**真か偽か**：それらのアイソクラインの間にとどまる解曲線がある：**大陸分水嶺**.

3.2 湧出し，吸込み，鞍点，および渦巻き

本節での図は，$Ay'' + By' + Cy = 0$ の解を示す．これらは定数係数 A, B, および C をもつ線形方程式である．図は，解 y を横軸に，その傾き $y' = dy/dt$ を縦軸に示す．この組 $(y(t), y'(t))$ は時刻に依存するが，**時刻は図の中にはない**．軌跡は解が**どこへ**行くかを示すが，いつ行くかは示さない．

それぞれの解は，初期条件で与えられる特定の点 $(y(0), y'(0))$ を出発する．その点は，時刻 t が $t = 0$ から進むにつれて，その軌跡に沿って動く．$Ay'' + By' + Cy = 0$ の解が $As^2 + Bs + C = 0$（s についての普通の 2 次方程式）の 2 解に依存することを知っている．その根 s_1 と s_2 を求めると，可能なすべての解が求まる：

$$y = c_1 e^{s_1 t} + c_2 e^{s_2 t} \qquad y' = c_1 s_1 e^{s_1 t} + c_2 s_2 e^{s_2 t} \tag{1}$$

数値 s_1 と s_2 から，どんな図の上にいるかがわかる．その後，数値 c_1 と c_2 から，どの軌跡の上にいるかがわかる．

s_1 と s_2 が，各方程式に対する図を決めるので，6 つの可能性を理解することは本質的である．それらの比較のため，6 つすべてをここに一度に書く．その後，それらは 6 か所に分かれて，それぞれの図を伴って登場する．初めの 3 つは実数解 s_1 と s_2 をもち，後の 3 つは複素数の組 $\boldsymbol{s = a \pm i\omega}$ をもつ．

湧出し	吸込み	鞍点	外へ渦巻く	中へ渦巻く	中心点
$s_1 > s_2 > 0$	$s_1 < s_2 < 0$	$s_2 < 0 < s_1$	$a = \mathrm{Re}\, s > 0$	$a = \mathrm{Re}\, s < 0$	$a = \mathrm{Re}\, s = 0$

これら 6 つに加えて，極限の場合 $s = 0$ および $s_1 = s_2$（共鳴でのように）がある．

安定性　微分方程式に対して，この用語は重要である．**解は零へ減衰するか**？ 解は $e^{s_1 t}$ と $e^{s_2 t}$ によって（そして 6 章では $e^{\lambda_1 t}$ と $e^{\lambda_2 t}$ によって）制御される．完全な安定性を示している 2 つの図を（6 つの中で）見つけられる．

中心点 $\boldsymbol{s = \pm i\omega}$ は安定性の境界にある（$e^{i\omega t}$ は減衰も成長もしない）．

2.　吸込みは安定である	$s_1 < s_2 < 0$	このとき $y(t) \to 0$
5.　渦巻きの吸込みは安定である	$\mathrm{Re}\, s_1 = \mathrm{Re}\, s_2 < 0$	このとき $y(t) \to 0$

特別な注釈.　ここで，**2 つの 1 階方程式の系**の場合にも，同じ 6 つの図が当てはまることに言及したい．y と y' の代わりに，この方程式は未知数 y_1 と y_2 をもつ．定数係数 A, B, C の代わりに，この方程式は 2 行 2 列の行列をもつ．根 s_1 と s_2 の代わりに，その行列は固有値 λ_1 と λ_2 をもつ．ちょうど s_1 と s_2 のように，**それらの固有値は方程式 $A\lambda^2 + B\lambda + C = 0$ の根である．**

λ についても同じ 6 つの可能性と，同じ 6 つの図を見るであろう．s_1 と s_2 に代えて，その 2 行 2 列の行列の固有値が，成長率または減衰率を与える．

$$\begin{bmatrix} y_1' \\ y_2' \end{bmatrix} = \begin{bmatrix} a & b \\ c & d \end{bmatrix} \begin{bmatrix} y_1 \\ y_2 \end{bmatrix} \text{ の解は } \begin{bmatrix} y_1(t) \\ y_2(t) \end{bmatrix} = \begin{bmatrix} v_1 \\ v_2 \end{bmatrix} e^{\lambda t}.$$

固有値は λ で，固有ベクトルは $\boldsymbol{v} = (v_1, v_2)$ である．この解は $\boldsymbol{y(t) = ve^{\lambda t}}$ である．

最初の 3 つの図

実根 s_1 と s_2 の場合から始める．方程式 $Ay''+By'+Cy=0$ では，これは $\boldsymbol{B^2 \geq 4AC}$ を意味する．このとき B は相対的に大きい．2 次方程式の解の公式中の平方根は，実数 $\sqrt{B^2-4AC}$ を生み出す．もし A, B, C が同一符号ならば，過剰減衰と**負の根**で安定な場合である．解は $(0, 0)$ へ減衰する：**吸込み**．

$y'' - 3y' + 2y = 0$ でのように，もし A と C が B と反対の符号をもつならば，負の減衰と**正の根** s_1, s_2 の場合である．解は成長する（これは不安定：$(0, 0)$ での**湧出し**）．

$y'' - 3y' - 2y = 0$ でのように A と C が異なる符号をもつとする．このときは s_1 と s_2 もまた**異符号**であり，図が示すのは**鞍点**である．移動する点 $(y(t), y'(t))$ は $(0, 0)$ のほうへ内向きに出発し，それから外向きに曲がって無限大へ向かうことができる．正の s が $e^{st} \to \infty$ を与える．**鞍点の 2 番目の例**：$y'' - 4y = 0$ より $s^2 - 4 = (s-2)(s+2) = 0$ となる．その根 $s_1 = \mathbf{2}$ と $s_2 = \mathbf{-2}$ は逆の符号をもつ．解 $c_1e^{2t} + c_2e^{-2t}$ は，$c_1 = 0$ でない限り，成長する．$c_1 = 0$ であるその 1 つの直線でだけ，矢印は内向きである．

$B^2 \geq 4AC$ の場合はいつでも，根は実数である．解 $y(t)$ は成長する指数関数か，減衰する指数関数である．サインとコサインと振動を見ることはない．

最初の図は成長を示す：$0 < s_2 < s_1$．e^{s_1t} は e^{s_2t} より速く成長するから，このより大きな数 s_1 が支配する．解 (y, y') の軌跡は傾き s_1 の直線に接近する．なぜなら，$y' = c_1s_1e^{s_1t}$ と $y = c_1e^{s_1t}$ の比は厳密に s_1 だからである．

もし初期条件が“s_1 直線”の上にあれば，解 (y, y') はその直線状にとどまる：$c_2 = 0$．もし初期条件が厳密に“s_2 直線”の上にあれば，解はその二次的な直線上にとどまる：$c_1 = 0$．もし $c_1 \neq 0$ ならば，$t \to \infty$ につれて，$c_1e^{s_1t}$ の部分が支配的になることがわかる．

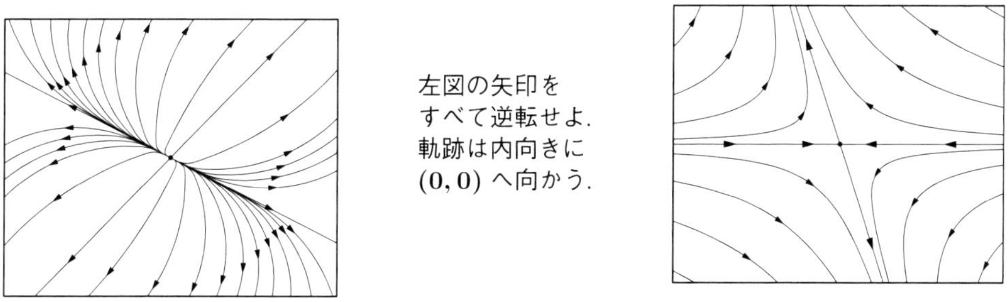

図 **3.6** 実根 $\boldsymbol{s_1}$ と $\boldsymbol{s_2}$．点 $(y(t), y'(t))$ の軌跡は，根がともに正のとき外へ向かい，ともに負のとき中へ向かう．$s_2 < 0 < s_1$ のとき，s_2 直線は中へ向かうが，その他すべての軌跡は最終的には s_1 直線の近くで外へ向かう：**この図は鞍点を示す**．

湧出しの例 $y'' - 3y' + 2y = 0$ より $s^2 - 3s + 2 = (s-2)(s-1) = 0$．根 **1** と **2** は正である．解は成長し，e^{2t} が支配的となる．

吸込みの例 $y'' + 3y' + 2y = 0$ より $s^2 + 3s + 2 = (s+2)(s+1) = 0$．根 $\mathbf{-2}$ と $\mathbf{-1}$ は負である．解は減衰し，e^{-t} が支配的となる．

次の 3 つの図

複素根 s_1 と s_2 の場合に移る．方程式 $Ay'' + By' + Cy = 0$ で，これは $B^2 < 4AC$ を意味する．このとき A と C は同符号で，B は相対的に小さい（不足減衰）．2 次方程式の解の公式 (2) での平方根は虚数である．**指数** s_1 **と** s_2 **は，今度は複素数の組** $a \pm i\omega$ である：

$$\boldsymbol{As^2 + Bs + C = 0} \text{ の複素根} \qquad s_1, s_2 = -\frac{B}{2A} \pm \frac{\sqrt{B^2 - 4AC}}{2A} = a \pm i\omega. \tag{2}$$

(y, y') の軌跡は**中心点の回りを渦巻く**．e^{at} のために，渦巻きは $a > 0$ なら外へ向かう：**渦巻きの湧出し**．もし $a < 0$ なら，解は内向きに渦巻く：**渦巻きの吸込み**．周波数 ω は，どのぐらい速く解が振動し，どのぐらい素早く渦巻きが $(0,0)$ のまわりを回るかを決める．

$a = -B/2A$ が零（無減衰）の場合は，$(0,0)$ に**中心点**がある．y に残る項は $e^{i\omega t}$ と $e^{-i\omega t}$ だけであり，言い換えれば $\cos \omega t$ と $\sin \omega t$ だけである．図 3.7 の最後の図のように，これらの軌跡は楕円となる．t を $2\pi/\omega$ だけ増やしても $\cos \omega t$ と $\sin \omega t$ は変わらないので，解 $y(t)$ は**周期的**である．その周回時間 $2\pi/\omega$ が**周期**である．

$\boldsymbol{y_1}$ と $\boldsymbol{y_2}$ についての 1 階の方程式

本節の最初のページの "特別な注釈" で，同じ図の，もう 1 つの応用について言及した．1 つの 2 階方程式に対する $(y(t), y'(t))$ の軌跡を図示する代わりに，**2 つの 1 階方程式**に対する $(y_1(t), y_2(t))$ の軌跡を追跡することもできる．その 2 つの方程式はこのような外見となる：

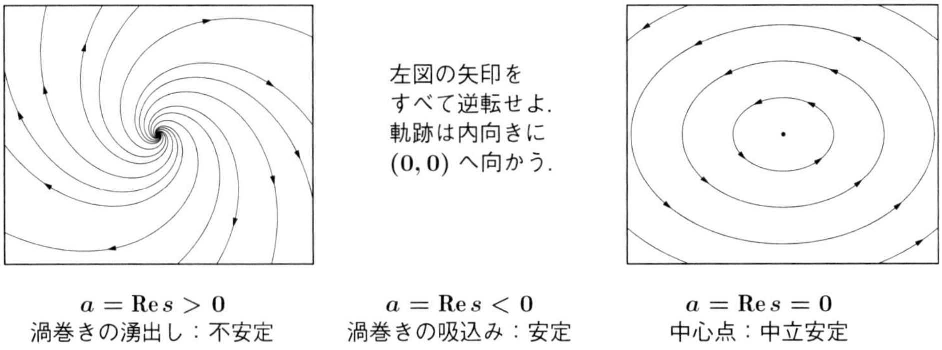

図 3.7　複素根 s_1 と s_2．t が $2\pi/\omega$ だけ増えると，軌跡は $(0,0)$ の回りを 1 周する．A と B が同符号で $a = -B/2A$ が負のとき，軌跡は内向きに渦巻き，a が正のときは外向きに渦巻く．もし $B = 0$（無減衰）で $4AC > 0$ ならば，中心点となる．最も単純な中心点は $y'' + y = 0$ からの $y = \sin t, y' = \cos t$（円）である．

1 階微分方程式系 $\boldsymbol{y}' = A\boldsymbol{y}$

$$\begin{aligned} dy_1/dt &= ay_1 + by_2 \\ dy_2/dt &= cy_1 + dy_2 \end{aligned} \tag{3}$$

出発値 $y_1(0)$ と $y_2(0)$ が与えられる．点 (y_1, y_2) は，a, b, c, d の値により，あの 6 つの図の 1 つの軌跡に沿って動く．

この先では，それら 4 つの数値を 2 行 2 列の行列 A の中に入れる．方程式 (3) は $d\boldsymbol{y}/dt = A\boldsymbol{y}$ となる．この太字の $\boldsymbol{y}$ という記号は，ベクトル $\boldsymbol{y} = (y_1, y_2)$ をあらわす．そして 6 つの図にとって最も重要なのは，**解 $\boldsymbol{y}(t)$ の中の指数 s_1 と s_2 が，行列 A の固有値 $\boldsymbol{\lambda_1}$ と $\boldsymbol{\lambda_2}$ になることである**．

同伴行列

1 つの 2 階方程式と，2 つの 1 階方程式の間のつながりを説明する．このページの方程式はすべて線形で，すべての係数が定数である．1 階の方程式 $\boldsymbol{y}' = A\boldsymbol{y}$ に現れる，特別な **"同伴行列"** を，ただ理解してほしい．

$\boldsymbol{y}$ **はベクトル**なので，**太字**で印字していることに注意する．これは 2 つの成分 y_1 と y_2（これらは細字である）をもつ．最初の y_1 は，2 階方程式の未知量 y と同じであり，第 2 の成分 y_2 は速度 dy/dt である：

$$\begin{aligned} y_1 &= y \\ y_2 &= y' \end{aligned} \qquad \boldsymbol{y'' + 4y' + 3y} = 0 \quad \text{は} \quad \boldsymbol{y_2' + 4y_2 + 3y_1} = 0 \quad \text{になる．} \tag{4}$$

右の式が，y_1 と y_2 を結ぶ 1 階の方程式の 1 つとわかる．第 2 の方程式が必要である（2 つの未知量には 2 つの方程式）．**これは最も左に隠れている！** そこで $\boldsymbol{y_1' = y_2}$ とわかる．もとの 2 階の問題では，これは自明な式 $y' = y'$ である．ベクトル形式 $\boldsymbol{y}' = A\boldsymbol{y}$ では，これが方程式系の最初の方程式となる．そこで，行列の最初の行は **0　1** となる．y と y' が y_1 と y_2 に

なるとき，

$$y'' + 4y' + 3y = 0 \quad \text{は} \quad \begin{array}{l} y_1{}' = \qquad\quad y_2 \\ y_2{}' = -3y_1 - 4y_2 \end{array} = \begin{bmatrix} \mathbf{0} & \mathbf{1} \\ \mathbf{-3} & \mathbf{-4} \end{bmatrix} \begin{bmatrix} y_1 \\ y_2 \end{bmatrix} \quad \text{になる．} \qquad (5)$$

その最初の行 **0 1** のために，これは 2 行 2 列の**同伴行列**になる．これは 2 階の方程式の同伴者である．大切なのは，その 1 階と 2 階の問題は同一の問題だから，同じ“特性方程式”をもつことである．

$$\text{方程式 } s^2 + 4s + 3 = 0 \text{ より，指数は} \quad s_1 = \mathbf{-3} \text{ と } s_2 = \mathbf{-1}$$

$$\text{方程式 } \lambda^2 + 4\lambda + 3 = 0 \text{ より，固有値は} \quad \lambda_1 = \mathbf{-3} \text{ と } \lambda_2 = \mathbf{-1}$$

問題が同じで，指数 -3 と -1 が同じだから，図も同じになる．-3 と -1 が実数で，ともに負のため，それらの図は**吸込み**を示す．解は $(0,0)$ に近づく．これらの方程式は**安定**である．

$$\boldsymbol{y'' + By' + Cy = 0} \text{ の同伴行列は } \boldsymbol{A} = \begin{bmatrix} \mathbf{0} & \mathbf{1} \\ \boldsymbol{-C} & \boldsymbol{-B} \end{bmatrix}.$$

$y' = Ay$ の 1 行目は $y_1' = y_2$ であり，2 行目は $y_2' = -Cy_1 - By_2$ である．y_2 を y_1' で置き換えると，これは $y_1'' + By_1' + Cy_1 = 0$ を意味する：**正しい**.

2 行 2 列の行列に対する安定性

2 行 2 列の方程式系 $\boldsymbol{y}' = A\boldsymbol{y}$ がいつ安定かを説明しよう．これは，すべての解 $\boldsymbol{y}(t) = (y_1(t), y_2(t))$ が $t \to \infty$ につれて零に近づくことを要求する．行列 A が同伴行列のとき，この 2 行 2 列の系は，1 つの 2 階方程式 $y'' + By' + Cy = 0$ に起因する．この場合，安定性が $s^2 + Bs + C = 0$ の根に依存することは既知である．$\boldsymbol{B > 0}$ **と** $\boldsymbol{C > 0}$ **のとき，同伴行列は安定である．**

2 次方程式の解の公式から，根は $s_1 + s_2 = -B$ と $s_1 s_2 = C$ を満たす．

もし s_1 と s_2 が負ならば，これは $B > 0$ と $C > 0$ を意味する．

もし $s_1 = a + i\omega$ と $s_2 = a - i\omega$ で $a < 0$ ならば，これもまた $B > 0$ と $C > 0$ を意味する．これらの複素根を加えると $s_1 + s_2 = 2a$ である．$s_1 + s_2 = -B$ であるから，負の a（安定性）は正の B を意味する．それらの根を掛けると $s_1 s_2 = a^2 + \omega^2$ になる．$s_1 s_2 = C$ であるから，これより C は正である．

同伴行列に対する安定性は $B > 0$ と $C > 0$ で決まる．**任意の 2 行 2 列の行列に対する安定性の判定法は何だろう？** これは大切な問いであり，6 章で適切な回答がなされる．我々は，任意の行列の固有値についての方程式を見つけるだろう（6.1 節）．そして，安定性のために，それらの固有値を判定する（6.4 節）．固有値と固有ベクトルは大きなトピックで，微分方程式と線形代数の間の最も重要なリンクである．幸い，2 行 2 列の行列の固有値は特に単純である．

$$\text{行列 } A = \begin{bmatrix} a & b \\ c & d \end{bmatrix} \text{ の固有値は } \lambda^2 - T\lambda + D = 0 \text{ を満たす．}$$

T の値は $a + d$ で，D の値は $ad - bc$ である．

同伴行列では $a=0$ と $b=1$ と $c=-C$ と $d=-B$ で，特性方程式 $\lambda^2-T\lambda+D=0$ はまさしく $s^2+Bs+C=0$ である．

$$\text{同伴行列では} \quad \begin{bmatrix} 0 & 1 \\ -C & -B \end{bmatrix} \quad T=a+d=-B \ \text{と} \ D=ad-bc=C.$$

安定性の条件 $\boldsymbol{B>0}$ と $\boldsymbol{C>0}$ は，安定性の条件 $\boldsymbol{T<0}$ と $\boldsymbol{D>0}$ に変わる．

これは任意の 2 行 2 列の行列に対する判定法である．安定性は $T<0$ と $D>0$ を要求する．4 つの例を挙げ，安定性についての主な事実をまとめよう．

$$A_1=\begin{bmatrix} 0 & 1 \\ -2 & 3 \end{bmatrix} \quad \text{は}\ \textbf{不安定.} \quad \text{なぜなら}\ T=0+3\ \text{が正である}$$

$$A_2=\begin{bmatrix} 0 & 1 \\ 2 & -3 \end{bmatrix} \quad \text{は}\ \textbf{不安定.} \quad \text{なぜなら}\ D=-(1)(2)\ \text{は負である}$$

$$A_3=\begin{bmatrix} 0 & 1 \\ -2 & -3 \end{bmatrix} \quad \text{は}\ \textbf{安定.} \quad \text{なぜなら}\ T=-3\ \text{および}\ D=+2$$

$$A_4=\begin{bmatrix} -1 & 1 \\ -1 & -1 \end{bmatrix} \quad \text{は}\ \textbf{安定.} \quad \text{なぜなら}\ T=-1-1\ \text{は負であり}$$

$$\text{かつ} \quad D=1+1\ \text{は正である}$$

固有値は常に $\lambda^2-T\lambda+D=0$ から求まる．最後の行列 A_4 については，この固有値の方程式は $\lambda^2+2\lambda+2=0$ である．固有値は $\lambda_1=\boldsymbol{-1+i}$ と $\lambda_2=\boldsymbol{-1-i}$ である．それらを加えて $T=-2$ で，掛けると $D=+2$ である．**これは渦巻きの吸込みであり，安定である．**

2 行 2 列の行列に対する安定性

$$A=\begin{bmatrix} a & b \\ c & d \end{bmatrix} \quad \text{は} \quad \begin{matrix} T=a+d<0 \\ D=ad-bc>0 \end{matrix} \quad \text{ならば安定}$$

(y,y') に対する 6 つの図は，(y_1,y_2) に対する 6 つの図になる．最初の 3 つの図は $T^2\geq 4D$ から，実数の固有値をもつ．次の 3 つの図は $T^2<4D$ から，複素数の固有値をもつ．これは $y''+By'+Cy=0$ およびその同伴行列に対する判定法に完全に対応する：

実固有値	$T^2\geq 4D$	$B^2\geq 4C$	過減衰
複素固有値	$T^2<4D$	$B^2<4C$	不足減衰

これが固有値 λ の 1 つの見方を与える：**実数か複素数か**．第 2 の観点は異なる：**安定か不安定か**．これらの分類のいずれも T と D（または $-B$ と C）によって決まる．

1.	湧出し	$T>0,\ D>0,\quad T^2\geq 4D$	**不安定**
2.	吸込み	$T<0,\ D>0,\quad T^2\geq 4D$	**安定**
3.	鞍点	$D<0$　および $T^2\geq 4D$	**不安定**
4.	渦巻きの湧出し	$T>0,\ D>0,\quad T^2<4D$	**不安定**
5.	渦巻きの吸込み	$T<0,\ D>0,\quad T^2<4D$	**安定**
6.	中心点	$T=0,\ D>0,\quad T^2<4D$	**中立**

その中立安定の中心点では，固有値が $\lambda_1=i\omega$ と $\lambda_2=-i\omega$ であり，無減衰の振動となる．

3.3 節では，この情報を用いて，**非線形**方程式での安定性を定める．

同伴行列の固有ベクトル

A の固有値は固有ベクトルを伴う．同伴行列にもう少しつき合えば，その固有ベクトルを理解できる．6 章では，この考え方を任意の行列について発展させ，その適切な理解には線形代数がもっと必要である．しかし，我々のベクトル (y_1,y_2) は微分方程式の (y,y') に由来しており，この関係が同伴行列の固有ベクトルを特に単純なものとする．

定数係数線形方程式の基本的な考え方はいつも同じである：**指数関数の解を探せ**．2 階の方程式については，これらの解は $y=e^{st}$ である．2 つの 1 階の方程式については，これらの解は $\boldsymbol{y}=\boldsymbol{v}e^{\lambda t}$ である．**ベクトル $\boldsymbol{v}=(\boldsymbol{v_1},\boldsymbol{v_2})$ は，固有値 $\boldsymbol{\lambda}$ に対する固有ベクトルである．**

$$\begin{array}{l} y_1=v_1e^{\lambda t}\\ y_2=v_2e^{\lambda t}\end{array}\quad \text{を方程式}\quad \begin{array}{l} y_1'=ay_1+by_2\\ y_2'=cy_1+dy_2\end{array}\quad \text{に代入して } e^{\lambda t} \text{ を約せ．}$$

$e^{\lambda t}$ が y_1 と y_2 の両方に同一なので，それはどの項にも現れる．因子 $e^{\lambda t}$ をすべて除去すると，v_1 と v_2 についての方程式を得る．そのベクトル $\boldsymbol{v}=(v_1,v_2)$ は固有ベクトルの方程式 $A\boldsymbol{v}=\lambda\boldsymbol{v}$ を満たす．これが 6 章への鍵となる．

ここでは，v が特によい形をしているので，同伴行列に対する固有ベクトルのみに注目する．方程式は $y_1'=y_2$ と $y_2'=-Cy_1-By_2$ である．

$$\begin{array}{l} y_1=v_1e^{\lambda t}\\ y_2=v_2e^{\lambda t}\end{array}\quad \text{を代入すると}\quad \begin{array}{l} \lambda v_1e^{\lambda t}=v_2e^{\lambda t}\\ \lambda v_2e^{\lambda t}=-Cv_1e^{\lambda t}-Bv_2e^{\lambda t}.\end{array}$$

$e^{\lambda t}$ をすべて消去すると，最初の方程式は $\lambda v_1=v_2$ になる．そこで我々の答えは：

$$\text{同伴行列の固有ベクトルは } \boldsymbol{v}=\begin{bmatrix}1\\ \lambda\end{bmatrix} \text{ の定数倍である．}$$

■　要点の復習　■

1. もし $B^2\neq 4AC\neq 0$ なら，6 つの図が $Ay''+By'+Cy=0$ に対する (y,y') の軌跡を示す．

2. $As^2 + Bs + C = 0$ の実根は，$(0, 0)$ での湧出しと吸込みと鞍点につながる．

3. 複素根 $s = a \pm i\omega$ は $(0, 0)$ の周りの渦巻き（あるいは $a = 0$ ならば閉曲線）を与える．

4. $\begin{bmatrix} y \\ y' \end{bmatrix}' = \begin{bmatrix} 0 & 1 \\ -C & -B \end{bmatrix} \begin{bmatrix} y \\ y' \end{bmatrix}$ については，根 s は固有値 λ になる．6 つの図は同じ．

演習問題 3.2

1 図 3.6 を，$y = c_1e^{-2t} + c_2e^{-t}$ の吸込み（中央の欠けている図）について描け．$t \to \infty$ のとき，どの項が支配的になるか？ 軌跡は，原点に近づくにつれて，支配的な直線に近づく．**直線の傾きは -2 と -1**（s_1 と s_2 の値）である．

2 図 3.7 を，根 $s = -1 \pm i$ をもつ，渦巻きの吸込み（中央の欠けている図）について描け．解は $y = C_1e^{-t}\cos t + C_2e^{-t}\sin t$ であり，因子 e^{-t} のために零へ近づく．$\cos t$ と $\sin t$ のために，それらは原点の周りを渦巻く．

3 図 3.6 で，もし $y = e^t + e^{t/2}$ ならば，解はどんな軌跡をとるか？ $t = 0$ で $(y, y') = (2, 1.5)$ となる曲線 $(y(t), y'(t))$ をより注意深く描け．

4 図 3.6 で，もし $y = e^{t/2} + e^{-t}$ ならば，鞍点周辺で解はどんな軌跡をとるか？ $t = 0$ で $(y, y') = (2, -\frac{1}{2})$ となる曲線をより注意深く描け．

5 図 3.6 の最初の図を，根が等しいときについて描き直せ：$s_1 = s_2 = 1$ と $y = c_1e^t + c_2te^t$．**s_2 の直線がない**．$y = e^t + te^t$ の軌跡をスケッチせよ．

6 解が $y = e^{2t} - 4e^t$ なら $y' = 2e^{2t} - 4e^t$ であり，湧出し（図 3.6）を与える．$t = 0$ で $(y, y') = (-3, -2)$ から出発すると，$e^t = 1.1$ と $e^t = 0.25$ と $e^t = 2$ のとき，(y, y') はどこになるか？

7 $y = e^t(\cos t + \sin t)$ は $y' = 2e^t\cos t$ の解である．これは e^t のために外へ渦巻く．$t = 0$ と $t = \pi/2$ と $t = \pi$ での点 (y, y') を図示して，それらを螺旋でつないでみよ．$e^{\pi/2} \approx 4.8$ と $e^{\pi} \approx 23$ に注意せよ．

8 根 s_1 と s_2 が $\pm 2i$ となるのは微分方程式が ＿＿＿ のときである．$y(0) = 1$ と $y'(0) = 0$ から出発して，中心点の周りで $(y(t), y'(t))$ の軌跡を描け．$t = \pi/2, \pi, 3\pi/2, 2\pi$ のときの点にしるしをつけよ．この軌跡は時計回りに進むか？

9 方程式 $y'' + By' + y = 0$ からは $s^2 + Bs + 1 = 0$ を得る．$B = -3, -2, -1, 0, 1, 2, 3$ に対して，6 つの図のどれに該当するかを判断せよ．$B = -2$ と 2 のとき，その湧出しと吸込みの図に，完全には一致しないのはなぜか？

10　減衰 $B=1$ の $y''+y'+Cy=0$ に対して，特性方程式は $s^2+s+C=0$ になる．**吸込み**（過減衰）から渦巻きの**吸込み**（不足減衰）に切り替わるのはどの C の値か？ どの図が $C<0$ に対応するか？

問題 11〜18 は，$\boldsymbol{dy/dt = Ay}$ で，同伴行列が $\begin{bmatrix} \mathbf{0} & \mathbf{1} \\ -\boldsymbol{C} & -\boldsymbol{B} \end{bmatrix}$ のときに関するものである．

11　固有値の方程式は $\boldsymbol{\lambda^2+B\lambda+C=0}$ である．どんな B と C の値のときに，複素数の固有値になるか？ どんな B と C の値で $\lambda_1=\lambda_2$ となるか？

12　$B=8$ と $C=7$ のときに λ_1 と λ_2 を求めよ．$t\to\infty$ のとき，どちらの固有値がより重要になるか？ これは吸込みか，それとも鞍点か？

13　固有値が $\lambda_1+\lambda_2=-B$ を満たすのはなぜか？ なぜ $\lambda_1\lambda_2=C$ か？

14　これらの行列は，どの 2 階方程式に由来するか？

$$A_1=\begin{bmatrix} 0 & 1 \\ 1 & 0 \end{bmatrix}\ \text{（鞍点）} \qquad A_2=\begin{bmatrix} 0 & 1 \\ -1 & 0 \end{bmatrix}\ \text{（中心点）}$$

15　方程式 $y''=4y$ は，$(0,0)$ に鞍点を生み出す．その解 $y=c_1e^{s_1t}+c_2e^{s_2t}$ の $s_1>0$ と $s_2<0$ を求めよ．もし $c_1c_2\neq 0$ ならば，$t\to\infty$ のとき，そして $t\to-\infty$ のときもまた，この解は（大きく）（小さく）なる．

$t\to\infty$ のとき，その鞍点 $(y,y')=(0,0)$ に向かう唯一の方法は $c_1=0$ である．

16　$B=5$ と $C=6$ のときの固有値は $\lambda_1=3$ と $\lambda_2=2$ である．ベクトル $\boldsymbol{v}=(1,3)$ と $\boldsymbol{v}=(1,2)$ は行列 A の**固有ベクトル**である：$A\boldsymbol{v}$ と掛けて，$3\boldsymbol{v}$ と $2\boldsymbol{v}$ を得よ．

17　問題 16 で，方程式 $\boldsymbol{y}'=A\boldsymbol{y}$ の 2 つの解 $\boldsymbol{y}=\boldsymbol{v}e^{\lambda t}$ を書け．これら 2 つの解の線形結合として，一般解を書け．

18　同伴行列の固有ベクトルは $v=(1,\lambda)$ の形となる．A を掛けて，$Av=\lambda v$ が自明な方程式 1 つと，特性方程式 $\lambda^2+B\lambda+C=0$ を与えることを示せ．

$$\begin{bmatrix} 0 & 1 \\ -C & -B \end{bmatrix}\begin{bmatrix} 1 \\ \lambda \end{bmatrix}=\lambda\begin{bmatrix} 1 \\ \lambda \end{bmatrix} \quad \text{は} \quad \begin{aligned} \lambda &= \lambda \\ -C-B\lambda &= \lambda^2 \end{aligned}$$

$A=\begin{bmatrix} 3 & 1 \\ 1 & 3 \end{bmatrix}$ の固有値と固有ベクトルを求めよ．

19　方程式が安定で，その解 $y=c_1e^{s_1t}+c_2e^{s_2t}$ がすべて $y(\infty)=0$ となるのは，厳密には次のどのときか？

$(s_1<0$ **または** $s_2<0)$　　$(s_1<0$ **かつ** $s_2<0)$　　$(\mathrm{Re}\,s_1<0$ **かつ** $\mathrm{Re}\,s_2<0)$

20　もし $Ay''+By'+Cy=D$ が安定ならば，$y(\infty)$ は何か？

3.3　2 次元と 3 次元での線形化と安定性

ロジスティック方程式 $y' = y - y^2$ には 2 つの定常状態 $Y = 0$ と $Y = 1$ がある．それらは関数 $f(y) = y - y^2$ が零になる**停留点**である．直線 $Y = 0$ と $Y = 1$ に沿って，方程式 $y' = f(y)$ は $0 = 0$ となる．それら 2 つの定常解が，安定か不安定かが重要である．付近の解は Y に近づくか，否か？

安定性の判定法は，$\boldsymbol{Y}$ で $\boldsymbol{df/dy < 0}$ であることを要求する．これは $f(y)$ の接線の傾き [1] である：

$$\boldsymbol{f(y)} \approx f(Y) + \left(\frac{df}{dy}\right)(y - Y) = \boldsymbol{0 + A(y - Y)}. \tag{1}$$

その停留点 $y = Y$ での $y' = f(y)$ の線形化は $f \approx A(y - Y)$ にもとづく．f をこの線形部分で置き換え，定数 Y を左辺にも含めよ：

停留点 $\boldsymbol{Y}$ の近くで線形化された方程式　$\boldsymbol{(y - Y)' = A(y - Y)}$.　(2)

この解 $y - Y = Ce^{At}$ は，もし $A > 0$ なら成長し（不安定性），もし $A < 0$ なら減衰する．ロジスティック方程式では $f(y) = y - y^2$ で，$y = Y$ での微係数は $A = 1 - 2Y$ である．定常状態 $Y = 0$ では，これは不安定性を示す $(A = +1)$．他方の停留点 $Y = 1$ は安定である $(A = -1)$．

1.7 節の**安定性の直線**すなわち**位相直線**は，$Y = 1$ がアトラクターであることを示した：

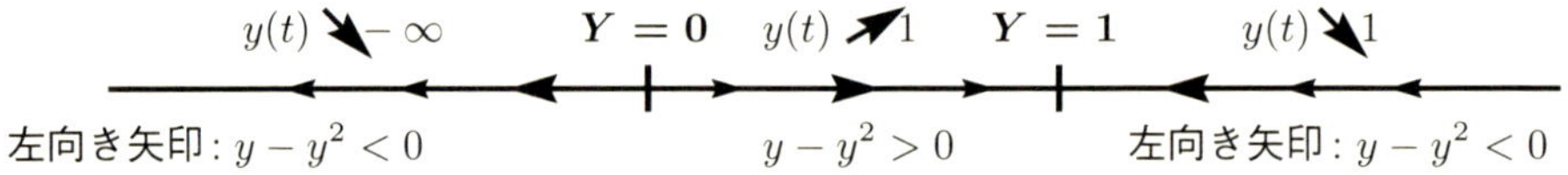

注釈　最も基本的な例は $y' = y$ である．この唯一の定常状態の解は $Y = 0$ である．$f = y$ では $A = df/dy = 1$ だから，それは不安定に違いない．その他すべての解 $y(t) = Ce^t$ は，$C = y(0)$ が零に近いときでさえ，$Y = 0$ から遠ざかっていく．

反対の場合　$y' = 6 - y$ は安定である $(A = -1)$．解は $Y = y_\infty = 6$ に近づく．

y–z 平面での解曲線

ここまでの段落は 1 つの未知関数 $y(t)$ についての復習だった．3.2 節では，2 つの線形 1 階方程式の中に，2 つの未知関数 y と z が（または 1 つの線形 2 階方程式の中に，y と y' が）現れた．

今度は**非線形**の場合に移ろう．これらの方程式は**自励的**で，すべての時刻 t で同一である：

[1] 訳注：接線の傾き，すなわち A は $y = Y$ での df/dy の値（微係数）を用いる．以下，同様．

$$\frac{dy}{dt} = f(y,z) \quad と \quad \frac{dz}{dt} = g(y,z) \quad ただし\ y(0)\ と\ z(0)\ から出発する. \qquad (3)$$

停留点 Y, Z は $f(Y,Z) = 0$ および $g(Y,Z) = 0$ の解であり，定常解である：定数 $y = Y$ と定数 $z = Z$.

$$\textbf{臨界点} \quad f(Y,Z) = 0 \ \ および \ \ g(Y,Z) = 0 \qquad (4)$$

各臨界点 (Y, Z) に対して我々は決定しなければならない：**安定か，不安定か，中立安定か？**

解を図示しようとすると，y と z と t があって問題となる．3 つの変数は 2 次元の図に，当てはまらない．自励的な方程式での解曲線では t を省こう．$y(t)$，$z(t)$ の曲線が (y, z) 平面での解の軌跡を示すが，これらの軌跡に沿っての時刻は示されない．

それらの図は，解が動く際の**時刻 t を示さない**．微分方程式 $dy/dt = cf(y,z)$ と $dz/dt = cg(y,z)$ は，すべての $c \neq 0$ に対して同じ図となる．この定数 c は単に時刻と，そして同じ軌跡 $y(ct), z(ct)$ に沿う速さをリスケールするだけである．時刻と速さは，この図によっては示されない．

各定常状態 $y(t) = Y, z(t) = Z$ は図の中の 1 つの点となる！ 安定性の質問は，その点の近くの軌跡（それらは近傍の解である）がはたして，(Y, Z) のほうへ動くか，(Y, Z) から遠ざかるか，(Y, Z) の周りを動くかということである：安定か，不安定か，または中立安定か．

その安定性の質問は，2 行 2 列の行列 A の固有値によって答えられる．

停留点の近くの解

これが本節で大切な点だ．**$f(Y,Z) = 0$ および $g(Y,Z) = 0$ である停留点の，とても近くでは，解曲線の可能性は，我々がすでに知っている 6 つの場合である：**

安定	吸込み	**不安定**	湧出し
	渦巻きの吸込み		渦巻きの湧出し
中立	中心点		鞍点

線形方程式に対する図は 3.2 節で示した．それらは $As^2 + Bs + C = 0$ の根の 6 通りの可能性，および 2 行 2 列の行列 A の 6 つの型からきた：

$$\begin{array}{ll}\textbf{線形方程式} & y' = ay + bz \\ \textbf{定数係数} & z' = cy + dz\end{array} \qquad \begin{bmatrix} y \\ z \end{bmatrix}' = \begin{bmatrix} a & b \\ c & d \end{bmatrix} \begin{bmatrix} y \\ z \end{bmatrix} \qquad (5)$$

それらの 2 次元のモデル問題では停留点が $Y = 0, Z = 0$ である．これは $f(y,z) = ay + bz = 0$ と $g(y,z) = cy + dz = 0$ となる点である．3.2 節の各図の中心には停留点 $(0, 0)$ が 1 つある．

非線形方程式は，それぞれの停留点の近くを見ると，線形方程式のように見えるということを，今度は述べる．

これは 1 つの方程式 $(y-Y)' = A(y-Y)$ の場合の 2 次元版である．数値 A は，Y での df/dy だった．今度は，2 つの未知数 y と z，および 2 つの関数 $f(y,z)$ と $g(y,z)$ がある．**$\boldsymbol{f}$ と $\boldsymbol{g}$ の偏微係数が 4 つあり，それらが 2 行 2 列の行列 $\boldsymbol{A}$ の中に入る：**

1 階導関数の行列
"ヤコビ行列"

$$A = \begin{bmatrix} \partial f/\partial y & \partial f/\partial z \\ \partial g/\partial y & \partial g/\partial z \end{bmatrix} \tag{6}$$

非線形方程式の線形化

1 つの方程式では，線形化は接線にもとづいていた．Y のまわりでのテイラー級数は $f(Y) + (df/dy)(y-Y)$ で始まる．停留点では $f(Y)=0$ と，定数項が消える．2 つの変数 y と z でも同じ考え方に行きつくが，今度は接平面になる：

$$\begin{aligned} f(y,z) &\approx f(Y,Z) + \left(\frac{\partial f}{\partial y}\right)(y-Y) + \left(\frac{\partial f}{\partial z}\right)(z-Z) \\ g(y,z) &\approx g(Y,Z) + \left(\frac{\partial g}{\partial y}\right)(y-Y) + \left(\frac{\partial g}{\partial z}\right)(z-Z) \end{aligned} \tag{7}$$

停留点では $f(Y,Z) = g(Y,Z) = 0$ だから 4 つの項が引き継がれる：

$$\boxed{\begin{bmatrix} (y-Y)' \\ (z-Z)' \end{bmatrix} \approx \begin{bmatrix} \partial f/\partial y & \partial f/\partial z \\ \partial g/\partial y & \partial g/\partial z \end{bmatrix} \begin{bmatrix} y-Y \\ z-Z \end{bmatrix} = A \begin{bmatrix} y-Y \\ z-Z \end{bmatrix}.} \tag{8}$$

線形方程式が現れた．これは特別な点 (Y,Z) を中心として，そのまわりに線形化されている．(Y,Z) を $(0,0)$ へ平行移動するように y と z を再定義すると，式 (8) は我々のモデル問題の 1 つである：

$$\begin{bmatrix} y' \\ z' \end{bmatrix} = A \begin{bmatrix} y \\ z \end{bmatrix} = \begin{bmatrix} a & b \\ c & d \end{bmatrix} \begin{bmatrix} y \\ z \end{bmatrix}. \tag{9}$$

例 1　$y' = \sin(ay+bz)$ と $z' = \sin(cy+dz)$ を $Y=0$，$Z=0$ で線形化せよ．

解　まず確かめよう：$f = \sin(ay+bz)$ と $g = \sin(cy+dz)$ は $(Y,Z) = (0,0)$ で零である．**これは停留点である**．その点での f と g の 1 階偏微係数が A の中に入る．

$$(y,z) = (0,0) \text{ のとき } \partial f/\partial y = a\cos(ay+bz) = a\cos 0 = a$$

他の 3 つの偏微係数が b と c と d を与え，それらが行列 A に入る：

$$\begin{aligned} y' &= \sin(ay+bz) \\ z' &= \sin(cy+dz) \end{aligned} \quad \text{を線形化すると} \quad \begin{aligned} y' &= ay+bz \\ z' &= cy+dz \end{aligned} = \begin{bmatrix} a & b \\ c & d \end{bmatrix} \begin{bmatrix} y \\ z \end{bmatrix}. \tag{10}$$

この例は，単純な線形化 $\sin x \approx x$ を，ただ 2 変数の場合に移しただけである．

例 2（捕食者–被食者）　すべての停留点で $\begin{aligned} y' &= y - yz \\ z' &= yz - z \end{aligned}$ を線形化せよ．

この捕食者–被食者方程式の意味　例えば，被食者 $\boldsymbol{y}$ はウサギで，捕食者 $\boldsymbol{z}$ はキツネである．キツネがおらず，自分たちだけならば，ウサギは草をかじって増える：$y' = y$．ウサギがおらず，自分たちだけならば，キツネは食物を捕れずに $z' = -z$ である．そして，積 yz は y 羽のウサギと z 匹のキツネの間の相互作用を表し，その作用は，より多くのキツネとより少ないウサギに行きつく．

この例では，y と z と yz に掛かる係数を，単純に 1 と −1 としている．この捕食者–被食者モデルは素晴らしい例であり，さらに発展させる．

停留点で線形化された捕食者–被食者モデル

$f = Y - YZ = 0$ および $g = YZ - Z = 0$ とし，これを解いてすべての停留点 (Y, Z) を求める．

$$\boldsymbol{Y - YZ = Y(1 - Z) = 0} \qquad \text{と} \qquad \boldsymbol{YZ - Z = (Y - 1)Z = 0}.$$

停留点 (Y, Z) は $(0, 0)$ と $(1, 1)$ である．行列 A を用いて，これらの安定性を追跡する．

$$\boldsymbol{(Y, Z) = (0, 0)} \text{ では} \qquad A = \begin{bmatrix} \partial f/\partial y & \partial f/\partial z \\ \partial g/\partial y & \partial g/\partial z \end{bmatrix} = \begin{bmatrix} \boldsymbol{1 - Z} & \boldsymbol{-Y} \\ \boldsymbol{Z} & \boldsymbol{Y - 1} \end{bmatrix} = \begin{bmatrix} \boldsymbol{1} & 0 \\ 0 & \boldsymbol{-1} \end{bmatrix}.$$

これは**鞍点**である：**不安定**．$(0, 0)$ の近くで始めるとウサギの個体数 $y(t)$ は増える．$\boldsymbol{y' = y}$ と $\boldsymbol{z' = -z}$ から，固有値は 1（ウサギについて）と −1（キツネについて）である．キツネだけしかいなかったときは減衰する（これがその鞍点への唯一の軌跡である）．

$$\boldsymbol{(Y, Z) = (1, 1)} \text{ では} \qquad A = \begin{bmatrix} 1 - Z & -Y \\ Z & Y - 1 \end{bmatrix} = \begin{bmatrix} 0 & \boldsymbol{-1} \\ \boldsymbol{1} & 0 \end{bmatrix}.$$

この行列は虚数の固有値 $\lambda_1 = \boldsymbol{i}$ と $\lambda_2 = \boldsymbol{-i}$ をもつ．これらの実部は**零**であり，安定性は**中立**である．**停留点 $\boldsymbol{Y = 1}$，$\boldsymbol{Z = 1}$ は中心点である**．その点の近くから出発する解は $(1, 1)$ のまわりを回り，出発点に戻ってくる：

ウサギが多い → キツネが増加 → ウサギが減少 → キツネが減少 → **ウサギが多い**

固有値なしでも，この線形方程式の解が $(1, 1)$ のまわりの完全な円となることがわかる．行列 A は 1 行目に −1，2 行目に +1 をもつ．

$$\begin{aligned} (y - 1)' &= -(z - 1) \\ (z - 1)' &= +(y - 1) \end{aligned} \qquad \text{の解は} \qquad \begin{aligned} y - 1 &= r\cos t \\ z - 1 &= r\sin t \end{aligned} \tag{11}$$

実際の非線形解 $y(t)$，$z(t)$ では完全な円とはならない．その軌跡は通常，厳密には求められないが，この場合は求められる．y-z の方程式は変数分離可能で，解ける：

$$\frac{dy}{dz} = \frac{dy/dt}{dz/dt} = \frac{f}{g} = \frac{y(1-z)}{(y-1)z} \text{ を分離して } \boldsymbol{\frac{y-1}{y}\,dy = \frac{1-z}{z}\,dz}. \tag{12}$$

1 と $1/y$ と $1/z$ を積分して $\boldsymbol{y - \ln y = \ln z - z + C}$ となる．この定数は $y = z = 1$（停留点）では $C = 2$ である．$C = 2.1, 2.2, 2.3, 2.4$ に対する，これらの解曲線を図 3.8 に描いた．それらは $C = 2$ の近くでは，ほぼ円形である．これが線形化である！

C が増えるにつれて，y と z は 1 からどんどん遠ざかり，円ではなくなる．しかし非線形解はそれでも**周期的**である．ウサギとキツネの個体数は，その出発点に戻り，また 1 周する．個体数は，円に近い形で変化することもある．

式 (12) では時刻は見えない．数値解（オイラー法やルンゲ–クッタ法）では，時刻が取り戻せる．次の有名なモデルは，1925 年，ロトカとヴォルテラによるものである．

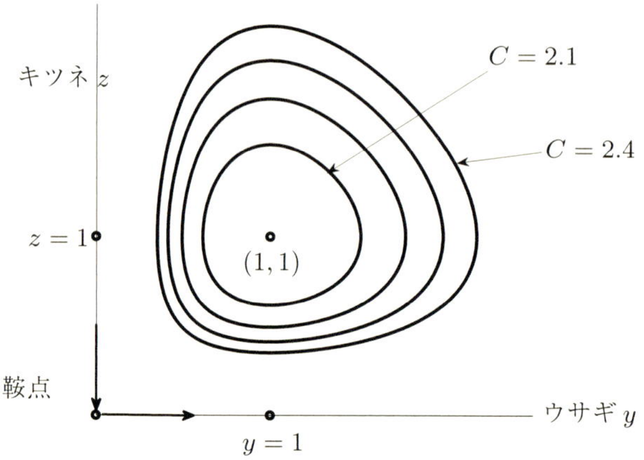

図 3.8　臨界点（**中心点**）のまわりの解軌道 $y + z - \ln y - \ln z = C$

捕食者–被食者–ロジスティック方程式

例 2 でキツネがいない（$z = 0$）とき，ウサギの方程式は $y' = y$ である．ウサギを制限するものはなく，$y = Ce^t$ となる．$-qy^2$ のようなロジスティックの項を加える（食べられるレタスをめぐり，しまいにはウサギどうしが競争する）と，方程式はより現実的になる．

また，他の項では，異なる係数 p，r，s，t を許そう（すべて 1 か –1 でなくてもよい）：

ウサギ　$\boldsymbol{y' = y\,(p - qy - rz)}$
キツネ　$\boldsymbol{z' = z\,(-\,s + wy)}$

最初の停留点 $\boldsymbol{(Y, Z) = (0, 0)}$
第 2 の点 $\boldsymbol{(Y, Z) = (p/q, 0)}$
第 3 の点 $\boldsymbol{s = wY}$ と $\boldsymbol{p = qY + rZ}$

これらの停留点では，y' と z' が零である．解は定常状態 $y{=}Y$，$z{=}Z$ である．

これらの点の近くで方程式を線形化して，安定性を決める．停留点では $f = g = 0$ なので，$f(y, z)$ と $g(y, z)$ の偏微係数が支配する：

1 階偏微係数
(0, 0) でのヤコビ行列
$$\begin{bmatrix} \partial f/\partial y & \partial f/\partial z \\ \partial g/\partial y & \partial g/\partial z \end{bmatrix} = \begin{bmatrix} p-2qy-rz & -ry \\ wz & -s+wy \end{bmatrix} = \begin{bmatrix} \boldsymbol{p} & 0 \\ 0 & -\boldsymbol{s} \end{bmatrix}.$$

$(0, 0)$ は鞍点である：不安定．個体数が少なければ $y' \approx py$ と $z' \approx -sz$ である．ウサギは増えて，キツネは減る．一方の固有値 p は正で，他方の $-s$ は負である．この点 $(0, 0)$ の近くでは，競合の項 $-qy^2$ と $-ryz$ と wyz は高次である．これらの項は線形化により消えてしまう．

第 2 の停留点では $Y = p/q$ と $Z = 0$ である．この点は吸込みか鞍点となる：

$(p/q, 0)$ のまわりの線形化
$$\begin{bmatrix} y-Y \\ z-Z \end{bmatrix}' = A \begin{bmatrix} y-Y \\ z-Z \end{bmatrix} \quad \text{ただし} \quad A = \begin{bmatrix} -q & -rp/q \\ 0 & -s+wp/q \end{bmatrix}$$

もし $s > wp/q$ なら，最後の成分は負であり，$-q$ も負だから，吸込みとなる：2 つの負の固有値．もし $s < wp/q$ なら，最後の成分は正であり，この場合は鞍点となる．

第 3 の停留点 (Y, Z) は異なる．この点では $p = qY + rZ$ と $s = wY$ である．このため，上記の 1 階微係数の行列には 3 つの単純な項しか残らない：

(Y, Z) のまわりの線形化
$$\begin{bmatrix} y-Y \\ z-Z \end{bmatrix}' = A \begin{bmatrix} y-Y \\ z-Z \end{bmatrix} \quad \text{ただし} \quad A = \begin{bmatrix} -\boldsymbol{qY} & -\boldsymbol{rY} \\ \boldsymbol{wZ} & 0 \end{bmatrix}$$

ウサギの方程式の新たな項 $-qy^2$ が行列 A の中の $-qY = -qs/w$ を生み出した．これは負の数であり，方程式を安定化する．これはどちらの固有値も（前は虚数だったが）負の実部をもつよう引っ張る．**中立安定性が完全な安定性へ変わる．**

2 行 2 列の行列は特殊である（ただ 2 つの固有値 λ_1 と λ_2 のみ）．A のそれら 2 つの固有値を生み出す 2 つの事実を示そう：λ を加え，そして λ を掛けよ．

和　$\lambda_1 + \lambda_2$ は対角成分の和 $\boldsymbol{T}$ に等しい　　$\boldsymbol{T = -qY}$

積　$\lambda_1\lambda_2$ はその行列の行列式 $\boldsymbol{D}$ に等しい　　$\boldsymbol{D = rYwZ}$

我々の行列では $\boldsymbol{\lambda_1 + \lambda_2 < 0}$ と $\boldsymbol{\lambda_1\lambda_2 > 0}$ である． これは 2 つの負の固有値 λ_1 と λ_2（吸込み）を示唆する．あるいは，$\lambda_1 = a + ib$ と $\lambda_2 = a - ib$（$a < 0$，渦巻きの吸込み）も許される．結論は：**第 3 の停留点** (Y, Z) **は安定である．**

安定性の最後の判定法：トレースと行列式

本節全体を 1 つにまとめることができる．これは停留点 (Y, Z) を見つけて，微分方程式を線形化することで始まった．ここで，その 2 行 2 列の線形化された行列 A についての単純な判定法を与えられる．その判定の前に固有値を求める必要はない——なぜなら，この行列がそれらの和 $\lambda_1 + \lambda_2$ とそれらの積 $\lambda_1\lambda_2$ をすぐに教えてくれるからだ．**その和と積**（$\boldsymbol{A}$ **のトレースと行列式）が我々に必要なすべてである．**

手順 1 $f(Y,Z)=0$ と $g(Y,Z)=0$ を解いて
$y'=f(y,z)$ と $z'=g(y,z)$ の停留点（定常状態）をすべて見つけよ．

手順 2 それぞれの停留点で，f と g の偏微係数から行列 A を求めよ．

$$A=\begin{bmatrix} a & b \\ c & d \end{bmatrix}=\begin{bmatrix} \partial f/\partial y & \partial f/\partial z \\ \partial g/\partial y & \partial g/\partial z \end{bmatrix} \quad \text{（その点 } (Y,Z) \text{ での値）}$$

手順 3 **トレース $\boldsymbol{T=a+d}$ と行列式 $\boldsymbol{D=ad-bc}$ から安定性を決めよ．**

不安定	$T>0$ または $D<0$ または両方
中立安定	$T=0$ かつ $D\geq 0$
安定	$T<0$ かつ $D>0$

もし $T^2\geq 4D>0$ なら，安定な停留点は**吸込み**である：零より小さい実数の固有値．もし $T^2<4D$ ならば，安定な停留点は**渦巻きの吸込み**である：Re $\lambda<0$ である複素数の固有値．6.4 節で，これらの公式を説明し，安定領域 $T<0, D>0$ をえがく．

解曲線 $y(t), z(t)$ は y–z 平面での軌跡である．それぞれの停留点 (Y,Z) の近くでは，その軌跡は 3.2 節での 6 つの可能性の 1 つに近い．実数の固有値に対しては，**湧出し**，**吸込み**，または**鞍点**．複素数の固有値に対しては，**渦巻きの湧出し**，**渦巻きの吸込み**，または**中心点**．

特殊な 3 行 3 列の系：宙返りする箱

3 行 3 列の系はより複雑であると想像がつくだろう．図は平面にとどまっていない．f，g，h の，x，y，z についての，9 つの偏微係数がある．それらの成分をもつ行列 A が 3 行 3 列になる．その 3 つの固有値が安定性を決める（T と D では不十分である）．

しかし我々は 3 次元空間に生きており，最も普通の動きは平面曲線でなく，空間曲線をたどる．それらの曲線でうめつくされた次元空間の全体を想像することはできる——図示するのは難しいが．それでも，重要な特殊な運動で，我々が理解できる（そして自分で試すことさえできる）ものはある．美しい例を 1 つ示そう．

閉じた箱を空中へ投げ上げてみよ．携帯電話を投げてみよ．この本を投げてみよ．それらすべては，異なる長さの稜線 $s_1<s_2<s_3$ をもつ．重力がその本や箱を引き落とすが，面白いのはそこではない．大切なのは**それが空中でどのように回るかということだ**．

箱を投げる 3 つの特殊な方法がある．短辺 s_1 のまわりに回せる．最も長い辺 s_3 のまわりに回せる．真ん中の長さの辺 s_2 のまわりに回そうとできる．それら 3 つの運動が，停留点となる．投げる実験をしてみると，すぐにわかるのは，**その回転の内，2 つは安定で 1 つは不安定である**ということである．微分方程式についての本書では，それがなぜかを知りたい．本書のまわりにゴムバンドを取りつけていただこう．

重力による上下運動は重要でないので，それは取り除く．原点 $(0,0,0)$ を箱の中心にとり，箱はその中心点のまわりに回転する．時刻の各瞬間において，3 次元の回転は 1 つの**軸**のまわりに起こる．箱が空中を宙返りするならば，その回転軸は時間に変化する．

箱について書いた後に，もう1つの重要な例を思いついた．**フットボールを投げてみよ．** 正しい投げ方をして，その長軸のまわりに回転させると，滑らかに飛ぶ．どんなクォーターバックでも，自然にそれを行っている．しかし投げる途中で腕を打たれると，ボールはよろめく．フットボールでは，長軸が1つと，長さの等しい短軸が2つある：$s_1 = s_2 < s_3$.

もう1つ：よく知られたフリスビーはその短軸（とても短い）のまわりに回転する．長軸はフリスビーの端へ出ていくので $s_1 < s_2 = s_3$ である．投げ方が悪いと宙返りする．

宙返りは，運動方程式に対する不安定な停留点を示唆する．

運動方程式：最も単純な形

適切な形状の箱について，オイラーがこれら3つの方程式を発見した．未知数 x, y, z は軸1,2,3（短い，中間，長い）のまわりの角運動量を表す．

$\boldsymbol{f(x,y,z)}$	$\boldsymbol{dx/dt = \quad yz}$	**停留点** $\boldsymbol{X, Y, Z}$ **では** $\boldsymbol{f = g = h = 0}$
$\boldsymbol{g(x,y,z)}$	$\boldsymbol{dy/dt = -2xz}$	**球面上に 6 つの停留点がある**
$\boldsymbol{h(x,y,z)}$	$\boldsymbol{dz/dt = \quad xy}$	$\boldsymbol{(X,Y,Z) = (\pm 1,0,0)\ (0,\pm 1,0)\ (0,0,\pm 1)}$

この3つの方程式に x, y, z を掛けて，それらを加え合わせると，球面とわかる：

$$x\frac{dx}{dt} + y\frac{dy}{dt} + z\frac{dz}{dt} = xyz - 2xyz + xyz = 0 \qquad \boldsymbol{x^2 + y^2 + z^2 =} \text{定数}.$$

点 (x, y, z) は球面上を動く．6つの停留点 (X, Y, Z)（定常回転）がある．質問は，どの定常状態が安定であるか？ 実験してみよ．本を投げ上げてみよ．

各停留点での線形化

$f = yz$ と $g = -2xz$ と $h = xy$ の9つの偏微係数をとると，3行3列のヤコビ行列 J を得る．その最初の行 $\boldsymbol{0 \quad z \quad y}$ は，$f = yz$ の偏微係数を含む．各停留点で，X, Y, Z を J に代入し，線形化された方程式の行列 A がわかる．その6つの停留点 (X, Y, Z) は $(\pm 1, 0, 0)$ と $(0, \pm 1, 0)$ と $(0, 0, \pm 1)$ である．

$$\boldsymbol{J} = \begin{bmatrix} 0 & z & y \\ -2z & 0 & -2x \\ y & x & 0 \end{bmatrix} \qquad \pm\boldsymbol{A} = \begin{bmatrix} 0 & 0 & 0 \\ 0 & 0 & \mathbf{-2} \\ 0 & \mathbf{1} & 0 \end{bmatrix} \begin{bmatrix} 0 & 0 & \mathbf{1} \\ 0 & 0 & 0 \\ \mathbf{1} & 0 & 0 \end{bmatrix} \begin{bmatrix} 0 & \mathbf{1} & 0 \\ \mathbf{-2} & 0 & 0 \\ 0 & 0 & 0 \end{bmatrix}$$

2つの1を含む中央の行列 A は，点 $(0, 1, 0)$ のまわりの不安定性を与える．その線形化された方程式で，近傍の点 $(c, 1, c)$ から出発すると：

$$\begin{bmatrix} x' \\ y' \\ z' \end{bmatrix} = \begin{bmatrix} 0 & 0 & \mathbf{1} \\ 0 & 0 & 0 \\ \mathbf{1} & 0 & 0 \end{bmatrix} \begin{bmatrix} x \\ y \\ z \end{bmatrix} \quad \text{は} \quad \begin{matrix} \boldsymbol{x' = z} \\ \boldsymbol{y' = 0} \\ \boldsymbol{z' = x} \end{matrix} \quad \text{だから} \quad \begin{matrix} \boldsymbol{x = ce^t} \\ \boldsymbol{y = 1} \\ \boldsymbol{z = ce^t} \end{matrix} \tag{13}$$

e^t を含むこの解は，その停留点から離れていく．固有値 $\lambda = 1$ を見ているのだ．その他の固有値は 0 と -1 である：**鞍点**．中間の長さの軸のまわりに箱を回そうとすると，動揺が急速に悪化する．**この軸は不安定なので，箱を完ぺきに回すのは人間には不可能である**．

その他の 2 軸は中立安定である．それらの行列 A には -2 と $+1$ があり，固有値は $\sqrt{2}i$ と $-\sqrt{2}i$ と 0 である．短軸 $(1,0,0)$ のまわりでは，A の本質的な部分は 2 行 2 列である．サインとコサイン（e^t と不安定性でなく）が見られる：

$$\begin{bmatrix} \boldsymbol{x'} \\ \boldsymbol{y'} \\ \boldsymbol{z'} \end{bmatrix} = \begin{bmatrix} 0 & 0 & 0 \\ 0 & 0 & \mathbf{-2} \\ 0 & \mathbf{1} & 0 \end{bmatrix} \begin{bmatrix} \boldsymbol{x} \\ \boldsymbol{y} \\ \boldsymbol{z} \end{bmatrix} = \begin{bmatrix} \mathbf{0} \\ \boldsymbol{-2z} \\ \boldsymbol{y} \end{bmatrix}. \quad \text{このとき} \quad \begin{aligned} x &= 1 \\ y &= \sqrt{2}c\cos(\sqrt{2}t) \\ z &= c\,\sin(\sqrt{2}t) \end{aligned}$$

回転軸 (x,y,z) は $(1,0,0)$ のまわりの楕円を動く．これは**中心点**を示唆する．非線形方程式に戻って，その楕円柱 $y^2 + 2z^2 = C$ を見てみよう．

$$x' = yz, y' = -2xz, z' = xy \quad \text{に} \quad 0, y, 2z \quad \text{を掛けて加えると} \quad \boldsymbol{yy' + 2zz' = 0}.$$

$y^2 + 2z^2$ の微分は零である．どの軌跡 $x(t), y(t), z(t)$ も，球面上の楕円である．

アラー・トゥームアによる解の図示

この時点で，$x' = yz$ と $y' = -2xz$ と $z' = xy$ のすべての解について，多くを知っている．

球面上にとどまる	$x^2 + y^2 + z^2 = C_1$	方程式に x, y, z を掛けよ．
楕円柱上にとどまる	$2x^2 + y^2 = C_2$	$2x, y, 0$ を掛けて 加えよ．
楕円柱上にとどまる	$y^2 + 2z^2 = C_3$	$0, y, 2z$ を掛けて 加えよ．
双曲柱上にとどまる	$x^2 - z^2 = C_4$	$x, 0, -z$ を掛けて 加えよ．

アラー・トゥームア教授により，この宙返りする箱は MIT の学生の間で有名になった．彼の科目 18.03 の講義を私が訪れた年，彼は本を数回（3 通りすべてで）投げ上げていた．その本は，短軸，中間の軸，そして長軸のまわりに回転あるいは宙返りした：**安定**，**不安定**，そして**安定**．実際には，安定といっても単に中立であるから，その動揺が増えも減りもしないというものである．

2 つの停留点のまわりの楕円（楕円柱が球面を横切る）については見られるかもしれない．ウェブサイトではそれらの円柱の 1 つ，$(1,0,0)$ のまわりのものを示す予定である：中立安定の場合．不安定な点 $(0,1,0)$ のまわりの双曲線 $x^2 - z^2 = C_4$ を可視化するのはより難しい．

図 3.9 は解を**見ること**——単にその公式だけでなく——の価値を示す．幸運であれば，この実験のビデオを本書のウェブサイト **math.mit.edu/dela** に掲載できよう．

この例を，正方形断面の箱（等長の 2 軸）で終える．フットボールの場合もまた 2 つの軸の長さが等しい．この地球自身も北極と南極の近くではより平らであり，その短軸のまわりに対称である．**我々にとって幸運なことに，この場合は中立安定である**．

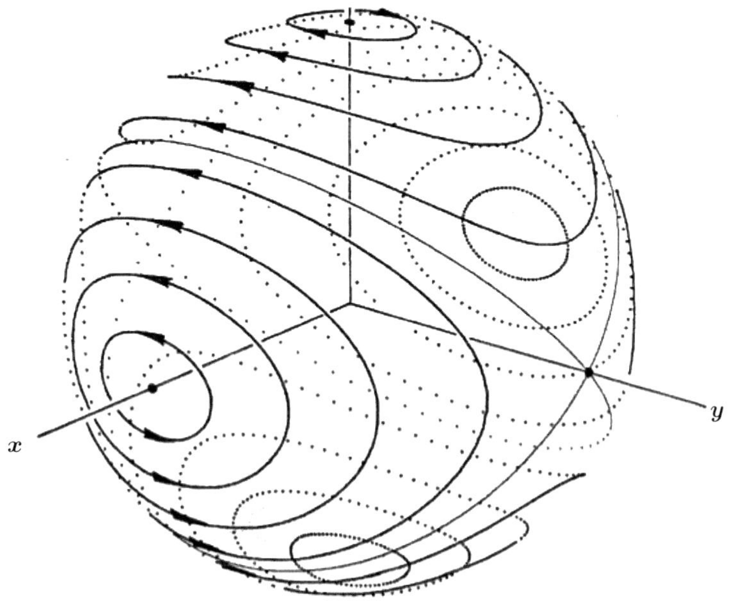

図 **3.9**　オイラーの 3 つの運動方程式の解の軌跡 $x(t), y(t), z(t)$ の，トゥームアによる図示．

地球の動揺は消えないが，同時にそれは，よりひどくはならない．その回転軸は北極点から約 5 メートルのところを通る．

つぶれた球	$dx/dt = 0$	**停留点 $(\pm 1, 0, 0)$ は両極に**
正方形の本	$dy/dt = -xz$	**停留面 $(0, y, z)$**
等長な 2 軸	$dz/dt = xy$	**（赤道の面）**

$-xz$ と xy の偏微係数は $(X, Y, Z) = (1, 0, 0)$ ですばやく計算できる：

$$A = \begin{bmatrix} 0 & 0 & 0 \\ 0 & 0 & -1 \\ 0 & 1 & 0 \end{bmatrix} \quad \text{の固有値は}\quad \lambda = i \quad \text{と} \quad \lambda = -i \quad \text{と} \quad \lambda = 0$$

x, y, z の軌跡は北極点まわりの円である（非線形方程式においても）．地球は回転するにつれてよろめくが，それは安定にとどまる．宙返りする箱のようではない．

伝染病と SIR モデル

伝染病は人口の深刻な割合が病気になるまで広がれる——あるいは早期に終息することもある．不安定か安定か：いつでも重要な質問だ．閉じたキャンパス内（予防接種なし）の，インフルエンザの伝染を考えよう．人口は 3 つの集団に分かれる：

$S =$ 感受性をもつ者 （インフルエンザになるかもしれない）

$I =$ 感染者 （インフルエンザで病んでいる）

$R =$ 免疫保持者 （インフルエンザから治った）

$S(t)$，$I(t)$，$R(t)$ に対する方程式は，感染定数 β と回復定数 α を含む．感染率は βSI と，感受性をもつ者の割合 S に，感染した（そして感染させる）者の割合 I を掛けたものに比例する．回復率は単に αI である．この単純なモデルは多くの面で改善されてきた——SIR は今日，高度に発展した技術である．疫学は大きな重要性をもち，この小さなモデルを提示したい：

$$\begin{aligned} dS/dt &= \quad -\beta SI \quad = f(S,I) \\ dI/dt &= \beta SI - \alpha I = g(S,I) \\ dR/dt &= \qquad \alpha I \end{aligned}$$

全人口に対する割合で作業するので，$S+I+R=1$ である．方程式を足し合わせると $S+I+R$ が定数である（それらの導関数を足して零となる）ことが確認される．S と I を調べれば十分である．出生と死亡は無視する —— この系は閉じており，伝染は速い．

重要な停留点は $S=1, I=0$ である．全人口は健康であるが，誰もが感受性をもっている．インフルエンザがやってくる．もし少数の者が病気になると，その停留点は安定か？

$$\begin{bmatrix} \partial f/\partial S & \partial f/\partial I \\ \partial g/\partial S & \partial g/\partial I \end{bmatrix} = \begin{bmatrix} -\beta I & -\beta S \\ \beta I & \beta S - \alpha \end{bmatrix} = \begin{bmatrix} \mathbf{0} & -\beta \\ 0 & \boldsymbol{\beta - \alpha} \end{bmatrix} \quad \text{ただし}\ S=1, I=0$$

この行列の固有値は 0 と $\beta - \alpha$ である．安定性には当然 $\beta < \alpha$ が必要である．**“健康な者が病気になるより速く，病人が治らなくてはならない**．”他方の固有値 $\lambda = 0$ はより詳しい分析が必要で，このモデルそのものが改善を要する．

$\lambda = 0$ のような中立安定な固有値は，非線形項によって，どちらにも動かされうる．非線形安定性を確立する 1 つの方法は，方程式を解くことである——t **を消した後に**：

$$\frac{dI}{dS} = \frac{dI/dt}{dS/dt} = \frac{(\beta S - 1)I}{-\beta SI} = -1 + \frac{1}{\beta S} \quad \text{より} \quad \boldsymbol{I = -S + \frac{\ln S}{\beta} + C}.$$

移動する点は，この曲線 $I + S - (\ln S)/\beta = I(0) + S(0) - (\ln S(0))/\beta$ に沿って動く．

伝染病についての重要な事実は，α と β の見積りが大変困難だということである．それらの比 $R_0 = \beta/\alpha$ が病気の広がりを決める：伝染病は，もし $R_0 < 1$ ならば消え去る．β の推定についてのコメントを 1 つ：伝染病が終息したとき，$t=0$ と $t=\infty$ での $I+S-(\ln S)/\beta$ を比べられる．ずっと多くのことが，ブラウアーとカスティーヨ-チャベスの本，特に *Mathematical Models in Population Biology and Epidemiology* にある．

質量作用の法則

2 つの化学種が反応するとき，その速度は質量作用の法則で決まる：

$$\boldsymbol{S+E\to SE} \qquad \frac{dy}{dt}=kse \qquad \begin{array}{l} s=S\text{ の濃度} \\ e=E\text{ の濃度}\end{array}$$

これは，捕食者–被食者や伝染病のようである（一方の個体数を他方と掛ける．s と e の積）．このとき y は SE の濃度である．E がある酵素のとき，逆反応 $SE\to S+E$ および正反応 $SE\to P+E$ もまた生じる．化学者にとって，望みの生成物は P である．我々にとっては，速度 k_1，k_{-1}，k_2 の 3 つの質量作用の法則がある：

$$\frac{dy}{dt}=k_1se-k_{-1}y-k_2y \qquad \frac{ds}{dt}=-k_1se+k_{-1}y \qquad \frac{de}{dt}=-k_1se+k_{-1}y+k_2y=-\frac{dy}{dt}$$

生命は酵素に依存している：とても低い濃度 $e(0)\ll s(0)$，そしてとても速い反応．E なしでは，血液が凝固するのに何年もかかり，ステーキを消化するのに何十年とかかるだろう．この数学の科目を学ぶのに 1 世紀かかるかもしれない．酵素は**触媒**である（排ガス処理装置内のプラチナのように）．

E を用いた速い反応の後に，遅い反応が酵素をもとに戻す．美しくも，この 2 つの時間スケールを分けることで，y に対する変数分離可能な方程式に帰着する：

$$\textbf{ミハエリス–メンテン方程式} \qquad \frac{dy}{dt}=-\frac{cy}{y+K} \tag{14}$$

マイニとベイカーが，速い時間を遅い時間にどのように適合させて (14) に至るかを示した．

これは生物学における**非線形**微分方程式の一例にすぎない．数学は解の主要な特徴を明らかにする．詳しい図については，精密な数値解法に助力を求める——次節でこれらが現れる．

連続系のカオスと離散系のカオス

安定性についてのこの節を，今度は極端な不安定性で閉じる：**カオス**．これには，3 つの微分方程式（または 2 つの差分方程式）を要する．カオス的な問題は最近の発見であるが，それらが至るところにあることを，今や我々は知っている：カオスは安定な方程式よりももっと普通であり，さらに通常の不安定性よりももっと普通でありさえする．

これは深い主題であるが，単純な実験からその驚くべき特徴を見ることができる．ここに，1 つの方程式，そして 2 つの式，そしてあの偉人な式（ローレンツ）の提案を挙げる．

1. 1.2 節の 5 で示した**ニュートン法**では，$f(x)=x^2-c=0$ を解いて平方根を求める．x_1，そして x_2，そして x_3，…と求めていくと，$\boldsymbol{x_n}$ **は** $\pm\sqrt{\boldsymbol{c}}$ **に近づく**．

$$x_{n+1}=x_n-\frac{f(x_n)}{f'(x_n)}=x_n-\frac{x_n^2-c}{2x_n}=\frac{1}{2}\left(x_n+\frac{c}{x_n}\right).$$

しかしもし $c=-1$ ならば，これら実数の x は虚数の平方根 $x=\pm i$ には近づけない．その x_n は $x_{n+1}=\frac{1}{2}\left(x_n-x_n^{-1}\right)$ のとき，やたらに動き回る．$x_0=\sqrt{3}$ と $x_0=2$ からの 100 ステップを試してみよ．

2. **エノン写像**は xy 平面内で“ストレンジ・アトラクター”に近づく：

$$\text{伸長と折りたたみ}\quad x_{n+1} = 1 + y_n - 1.4x_n^2 \quad \text{と} \quad y_n = 0.3x_n$$

-1 と 1 の間の，多くの異なる x_0, y_0 から出発して，4 ステップを試してみよ．

3. **ローレンツ方程式**は大気の対流と気象を予測しようとして現れる：

$$x' = a(y - x) \qquad y' = x(b - z) - y \qquad z' = xy - cz$$

ローレンツ自身が $a = 10$，$b = 28$，$c = 8/3$ を選んだ．この系はカオス的になる．その解は初期値の変化に極めて敏感である．ハーベイ - マド大学には，ローレンツ方程式を含む常微分方程式の制作ライブラリ（ODE Architect Library）があり [2]，素晴らしい実験の提案をしている．試してみよう！

■ 要点の復習 ■

1. $y' = f(y, z), z' = g(y, z)$ の停留点は $f(Y, Z) = g(Y, Z) = 0$ の解である．**定常状態** $y(t) = Y$，$z(t) = Z$.

2. その定常状態の近くでは，$f(y, z) \approx (\partial f/\partial y)(y - Y) + (\partial f/\partial z)(z - Z)$．同様にして $g(y, z)$ が (Y, Z) で“線形化”される．これら f と g の偏微係数が 2×2 行列 A に入る．

3. その線形化された方程式 $(y - Y, z - Z)' = A(y - Y, z - Z)$ が安定なとき，方程式 $(y, z)' = (f, g)$ は (Y, Z) で安定である．このとき，λ_1 と λ_2 の実部 < 0.

4. (Y, Z) での安定性は $\dfrac{\partial f}{\partial y} + \dfrac{\partial g}{\partial z} < 0$ と $\dfrac{\partial f}{\partial y}\dfrac{\partial g}{\partial z} > \dfrac{\partial f}{\partial z}\dfrac{\partial g}{\partial y}$ を要求する．これは，固有値が $\lambda_1 + \lambda_2 = a + d < 0$ と $\lambda_1\lambda_2 = ad - bc > 0$ を満たすことを意味する．

5. 箱や本は，中間の長さの軸のまわりには不安定に宙返りする．フットボールは中立安定である．

6. 疫学と反応速度論では，種 1 が種 2 に掛けられることで，非線形になる：$y' = kyz$.

演習問題 3.3

1　$y' = 2y + 3z + 4y^2 + 5z^2$ と $z' = 6z + 7yz$ のとき，$Y = 0$，$Z = 0$ が停留点であることは，どのようにわかるか？ $(0, 0)$ のまわりに線形化したときの 2 行 2 列の行列 A は何か？ この定常状態は当然不安定である．なぜなら，______．

[2] 訳注：https://www.math.hmc.edu/resources/odes/odearchitect/

2　問題 1 で，$2y$ と $6z$ を $-2y$ と $-6z$ に変えよ．$(0,0)$ のまわりに線形化したときの行列 A は今度は何か？ この定常状態が安定であると，どのようにしてわかるか？

3　方程式系 $y' = f(y,z) = 1 - y^2 - z$，$z' = g(y,z) = -5z$ は $Y = 1$，$Z = 0$ に停留点をもつ．その点での f と g の偏微係数の行列 A を求めよ：安定か，不安定か？

4　この線形化は誤りだが，偏微係数が零になるのは正しい．**何が欠けているか**？ $Y = 0$，$Z = 0$ は $y' = \cos(ay + bz)$，$z' = \cos(cy + dz)$ の停留点ではない．

$$\begin{bmatrix} y' \\ z' \end{bmatrix} = \begin{bmatrix} -a\sin 0 & -b\sin 0 \\ -c\sin 0 & -d\sin 0 \end{bmatrix} \begin{bmatrix} y \\ z \end{bmatrix} = \begin{bmatrix} 0 & 0 \\ 0 & 0 \end{bmatrix} \begin{bmatrix} y \\ z \end{bmatrix}.$$

5　すべての停留点で，線形化されたときの行列 A を求めよ．その点は安定か？

(a)　$\begin{aligned} y' &= 1 - yz \\ z' &= y - z^3 \end{aligned}$　　(b)　$\begin{aligned} y' &= -y^3 - z \\ z' &= y + z^3 \end{aligned}$

6　$(1,1)$ と $(1,-1)$ と $(-1,1)$ と $(-1,-1)$ の 4 つの停留点をもつ，2 つの方程式 $y' = f(y,z)$ および $z' = g(y,z)$ を作れるか？

4 つの点がすべて安定ということはなかろう．これは 4 つの最小値をもち，最大値のない曲面のようなものだ．

7　減衰つきの振り子に対する 2 階の非線形方程式は $y'' + y' + \sin y = 0$ である．減衰項 y' を z と書くと，方程式は $z' + z + \sin y = 0$ となる．

$Y = 0, Z = 0$ は，振り子が再下端にあるときの，安定な停留点であることを示せ．

$Y = \pi, Z = 0$ は，振り子が最上端にあるときの，不安定な停留点であることを示せ．

8　その振り子の方程式 $y' = z$ と $z' = -\sin y - z$ には，無限に多くの停留点がある！ もう 2 つ挙げよ．それらは安定か？

9　リエナール方程式 $y'' + p(y)y' + q(y) = 0$ は，1 階の方程式系 $y' = z$ と $z' =$ ＿＿＿ を与える．停留点についての方程式は何か？ それが安定なのはいつか？

10　これらの行列は安定か，中立安定か，それとも不安定か（湧出しか，鞍点か）？

$$\begin{bmatrix} 2 & 1 \\ 0 & -3 \end{bmatrix} \quad \begin{bmatrix} 0 & 9 \\ -1 & 0 \end{bmatrix} \quad \begin{bmatrix} -1 & 2 \\ -1 & -1 \end{bmatrix} \quad \begin{bmatrix} -1 & -2 \\ -1 & -1 \end{bmatrix} \quad \begin{bmatrix} 0 & 9 \\ -1 & -1 \end{bmatrix}$$

11　捕食者 x が食う被食者 y は，より小さな被食者 z を食うとする：

$dx/dt = -x + xy$　　停留点 (X, Y, Z) をすべて求めよ
$dy/dt = -xy + y + yz$　　各停留点で A を求めよ
$dz/dt = -yz + 2z$　　（9 つの偏微係数）

12 $y'' + (y')^3 + y = 0$ の中の減衰項は速度 $y' = z$ に依存する．すると，$z' + z^3 + y = 0$ で方程式系が完成する．減衰はこの非線形系を安定化する——線形化した系は安定か？

13 停留点 $(0,0)$ と $(2,1)$ の安定性を定めよ：

(a) $\begin{aligned} y' &= -y + 4z + yz \\ z' &= -y - 2z + 2yz \end{aligned}$ (b) $\begin{aligned} y' &= -y^2 + 4z \\ z' &= y - 2x^4 \end{aligned}$

問題 14〜17 は，宙返りする箱に対するオイラーの運動方程式に関するものである．

14 本当の係数は，各軸のまわりの慣性モーメント I_1, I_2, I_3 を含む．未知数 x, y, z は 3 つの主軸のまわりの各運動量である：

$$\begin{aligned} dx/dt &= ayz & \text{ただし} \quad a &= (1/I_3 - 1/I_2) \\ dy/dt &= bxz & \text{ただし} \quad b &= (1/I_1 - 1/I_3) \\ dz/dt &= cxy & \text{ただし} \quad c &= (1/I_2 - 1/I_1). \end{aligned}$$

これらの方程式に x, y, z を掛けて，足し合わせよ．これは $x^2 + y^2 + z^2$ が ＿＿＿ であることを証明する．

15 それら 3 つの右辺 f, g, h から，3 行 3 列の 1 階偏導関数の行列を求めよ．6 個の停留点での，同じく 6 個の線形化された行列 A は何か？

16 不安定に宙返りする本をつかむときは，ほとんど常に，本が平らな瞬間になっている．これが我々に教えることは：点 $x(t), y(t), z(t)$ は，大部分の時間を停留点 $(0,1,0)$（の近くで）（から遠くで）過ごすということである．これが，図の中に移動の時間 t を持ち込む．

17 現実には何が起こるか？

(a) 無回転の野球のボール（ナックルボール）を投げるとき？

(b) オーバースピンでテニスボールを打つとき？

(c) ゴルフボールの中央から左側を打つとき？

(d) バスケットボールをアンダースピンで投げる（フリースローの）とき？

3.4 基本的なオイラー法

ほとんどの微分方程式では，解は数値的に得る．我々はモデル方程式を解き，より複雑な問題で何を期待するかを理解する．その後，我々が必要な数値——厳密に近いが，決して完ぺきではない——は，有限の時間ステップ Δt により得られる．

本節では大切な概念を示す．近似は単純明快であるが，高精度ではない．次の節では，現代的コードの現実により近くなる．ルンゲ - クッタ法は，それら 2 人の創始者がまったく予期しなかった改善がなされ，今でも頻繁に用いられている．$\boldsymbol{t + \Delta t}$ **で予測して，**$\boldsymbol{t + \Delta t}$ **で修正して，**次のステップのための**ステップ幅** $\boldsymbol{\Delta t}$ **を修正する**サイクルは，今日では高度に発達している．

局所的な精度には小さなステップが良いが，計算速度には大きなステップが良い．ちょうど良いバランスは，方程式の特性と，ユーザが必要とする精度による．**計算の安定性**は常に要求される——小さな誤差は避けられないから．しかし数値誤差が計算に入った後，それらが解自身よりも速く成長することがあってはならない．

オイラー法の最初のステップ $\boldsymbol{y_1 = y_0 + \Delta t\, f_0}$

解くべき方程式は $\boldsymbol{dy/dt = f(t,y)}$ である．初期値 $y(0)$ は与えられている——これが我々の出発値 y_0 である．**差分方程式**で y_1 へ進む．これが，$t_1 = \Delta t$（最初の時間ステップの終りであり，次のステップの最初である時刻）における，厳密解への我々の近似である．大きさが $\Delta t_1, \Delta t_2, \ldots$ のステップで前進することにより，厳密解に近い $y_1, y_2, \ldots$ の値を計算する．

$t = 0$ での事実を 2 つ知っている．y の値は y_0 であり，その点での傾き dy/dt は方程式の f で与えられる．**その傾きを** f_0 **と呼ぶ**．これは，$y = y_0$ と $t = 0$ のときの右辺 $f(t,y)$ である．値 y_0 と傾き f_0 がわかれば，曲線 $y(t)$ の接線 $y = y_0 + tf_0$ がわかる．そこで，その接線に沿って 1 ステップ Δt をとれる——大きすぎるステップをとると，真の曲線 $y(t)$ からあまりに遠くそれてしまう．

接線に沿うステップ $\boldsymbol{\Delta t}$ $$\boldsymbol{y_1 = y_0 + \Delta t\, f_0} \qquad (1)$$

図 3.10 は，モデル方程式 $y' = 2y$ に対する y_1 を示す．$y_0 = 1$ での傾きは $f_0 = 2$ である（$f(y) = 2y$ だから）．**その接線を $\boldsymbol{y_1 = 1 + 2\Delta t}$ まで追う**．

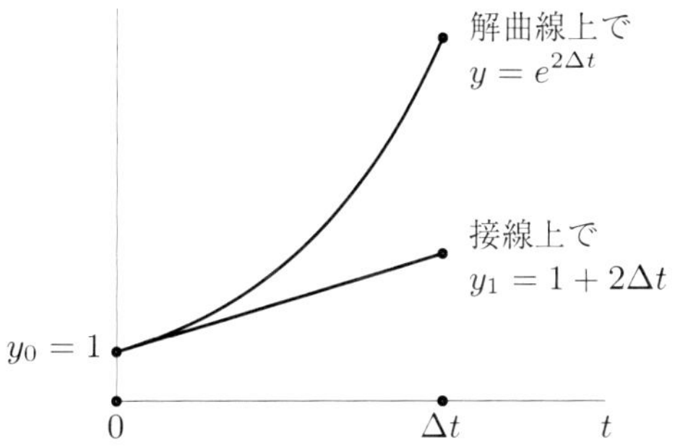

図 3.10 接線 $y = y_0 + tf_0$ は y_0 を出発する．オイラー法は $\boldsymbol{y_1 = y_0 + \Delta t f_0}$ で止まる．

オイラー法 $\boldsymbol{y_{n+1} = y_n + \Delta t f_n}$

グラフ上では，接線の一部を追っていく．これは，微係数 dy/dt（これは時間ステップの間に変化する）を前進差分 $\Delta y/\Delta t$（これは時間ステップの間一定に保たれる）で近似するのと同じである：

$$\frac{dy}{dt} = f(t,y) \qquad \text{を近似して} \qquad \frac{\boldsymbol{y_1 - y_0}}{\boldsymbol{\Delta t}} = \boldsymbol{f_0}. \qquad (2)$$

第 2 時間ステップでは，新たに接線を引く．そのステップは y_1（いま計算したばかり）で始まる．**その時点における傾きは** $f_1 = f(\Delta t, y_1)$ である．各時間ステップの出発点における傾き $f_0, f_1, f_2, \ldots$ を求めるために，我々は微分方程式 $y' = f(t, y)$ を用いている：

オイラー法の n 番目の時間ステップ	$\dfrac{\Delta y}{\Delta t} = f(t_n, y_n)$	**より**	$\dfrac{y_{n+1} - y_n}{\Delta t} = f_n$	(3)

モデル方程式 $\boldsymbol{dy/dt = 2y}$ は厳密解 $y(t) = e^{2t}$ をもつ．オイラー法 $y_{n+1} = y_n + \Delta t f_n$ では，どのステップでも y_n に数値 $1 + 2\Delta t$ を掛ける：

$$y_{n+1} = y_n + \Delta t(2y_n) = (1 + 2\Delta t)y_n \qquad \text{より} \qquad \boldsymbol{y_n = (1 + 2\Delta t)^n y_0}. \tag{4}$$

複利からくる $(1 + \frac{1}{n})$ と $(1 + \frac{a}{n})$ の累乗を，1.3 節で見た．現時点の残高が y_n で，利率 a での利息が $a\Delta t y_n$ だった．このとき，新残高は $y_{n+1} = (1 + a\Delta t)y_n$ となった．これはまさしく $dy/dt = ay$ を解くときのオイラー法で，我々の例では $a = 2$ である．

$$\boldsymbol{e^{2t}} \text{ の近似} \qquad \boldsymbol{y_n = (1 + 2\Delta t)^n \approx (e^{2\Delta t})^n = e^{2n\Delta t}}. \tag{5}$$

誤差 $y_n - y$ は n が増えるにつれて増大する．しかし，各ステップでの誤差はまた，$\Delta t \to 0$ につれて縮む．$n\,\Delta t$ をある値 T に固定すると，その時刻 T に至るまでに n ステップ費やす．n が増えて Δt が減るにつれて，ステップはより小さくなる——接線はより近くにとどまる．このとき，オイラー法の y_n は厳密な $y(T) = e^{2T}$ に近づく．

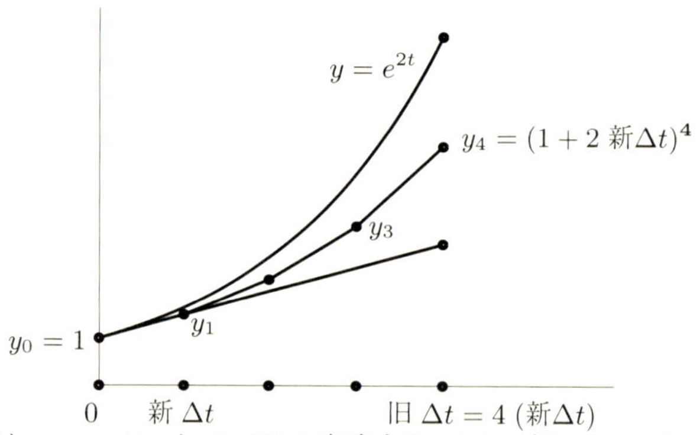

図 3.11 オイラー法は $n \to \infty$ につれて $y(T)$ に収束する．ここで幅 $\Delta t = T/n$ の n ステップを用いる．

オイラー法の誤差

誤差 E_n は $y(n\,\Delta t) - y_n$ である．これは時刻 $n\,\Delta t$ において，厳密解から，計算された解 y_n を引いたものである．これは，各時間ステップでの小さな誤差の蓄積から生じる——接線は $y(t)$ の真のグラフから遠ざかる．

最初に，それらの小さな誤差を n 個の時間ステップで別々に推定する．**1 ステップ Δt の後，接線は曲線からどれだけ遠いか？** この答えは微積分学から求まる．

$$\text{局所誤差 テイラー級数} \quad y(t+\Delta t) = y(t) + \Delta t\, y'(t) + \boldsymbol{\frac{1}{2}(\Delta t)^2 y''(t)} + \cdots \tag{6}$$

2 項を残して第 3 項を省くと，この誤差は $\leq \frac{1}{2}(\Delta t)^2\,|y''|_{\max}$．

平均値の定理により，$(\Delta t)^2$ のオーダーの上界が確立される．これは 1 ステップでの誤差である —— 曲線から離れていく接線．n ステップを使って，時刻 $n\,\Delta t = T$ に到達する．順調にいけば，その 1 ステップごとの誤差 $C(\Delta t)^2$ は，n ステップで $CT\Delta t$ へ増加する．

$$\textbf{時刻 } \boldsymbol{T} \textbf{ で } \boldsymbol{n} \textbf{ ステップ後の誤差は} \quad \boldsymbol{|y(T) - y_n| \leq Cn(\Delta t)^2 = CT\Delta t.} \tag{7}$$

結論：オイラー法は**1 次の精度**であり，誤差は Δt に比例する．もし，幅 $\Delta t/2$ の $2n$ ステップをとり，2 倍の労力をかければ，これは誤差を 2（おおよそ）で割ることになる．これは実のところ，最低限の精度である．

ルンゲ - クッタ法での誤差は $(\Delta t)^4$ に比例する．このとき，Δt を $\Delta t/2$ に減らすと，誤差はほぼ 16 分の 1 に改善される．オイラーが 1 階微係数だけを合わせたのに対して，テイラー級数のもっと多くの項を合わせることになる．$y' = 2y$ の例では，$y(T) = e^{2T}$ であることを知っている：

$$\textbf{1 次の精度} \qquad (1 + 2\,\Delta t)^n = \left(1 + \frac{2T}{n}\right)^n \approx e^{2T} \quad \text{で，誤差は} \quad \frac{C}{n}. \tag{8}$$

次の表は，n が増えるときのゆっくりした改善を，テイラー級数でより多くの項を取り込んだ場合の超高速の改善と比べたものである：

$\boldsymbol{n}$	オイラーによる $\boldsymbol{(1+\frac{1}{n})^n}$	$\boldsymbol{e}$ のテイラー級数
1	2.0000000	2.0000000
2	2.2500000	2.5000000
3	2.3703704	2.6666667
4	2.4414062	2.7083333
5	2.4883200	2.7166667
6	2.5216264	2.7180556
7	2.5464997	2.7182540
8	2.5657845	2.7182788
9	2.5811748	2.7182815
10	2.5937425	**2.7182818**

安定性

大きさ $(\Delta t)^2$ の n 個の局所誤差を，大きさ Δt の大域誤差 1 つに変換したときに，重要な点を飛び越えてしまっていた．T での大域誤差は n 個の局所誤差の複合物である．早い時刻での局所誤差が，最終時刻 T までに大きく成長しないことを仮定していた．この局所誤差を，毎日，少しずつの預金として考えてみよう．1 年後（$T = 365\,\Delta t$）の最後での大域誤差は 365

個の小さな誤差を含む．それらの小さな誤差は，その年の間，成長する（これらも利息を生む）はずである．式 (8) の定数 C がこの成長を許す．

もし方程式が $\boldsymbol{dy/dt = -100y}$ だったらどうか？ これは成長でなく，減衰を表す．$y(0)=1$ から出発する解は $y(T) = \boldsymbol{e^{-100T}}$ で，とても小さい．しかし，方程式で $f_n = -100y_n$ のときに，オイラー法の近似解は同様の速やかな減衰を示すだろうか？

$$y_{n+1} = y_n + \Delta t f_n = (1 - 100\,\Delta t)y_n \qquad \boldsymbol{y_n = (1 - 100\,\Delta t)^n y_0} \tag{9}$$

もし $100\Delta t$ が小さければ，$1 - 100\Delta t$ は 1 未満で，その累乗は期待どおり減少する．しかし $\Delta t = 0.03$ のときには，$\boldsymbol{100\Delta t = 3}$ となる．このステップ幅は小さいように見えるが，**そうではない**．$1 - 100\Delta t$ の値は -2 となり，式 (9) はステップごとに -2 を掛けることを示す．-2 の累乗は指数的に増大する！

$$y_n = 1, -2, 4, -8, \ldots \quad y_n = (1 - 100\Delta t)^n y_0 = (-2)^n y_0 \text{ は\textbf{指数的に不安定}.}$$

結論　$y' = -100y$ に対する安定性から $|1 - 100\Delta t| \le 1$ が要求される．$\boldsymbol{\Delta t \le 2/100}$ **が必要である**．

Δt についてのこの制限は，ある程度許容できる．オイラー法では e^{-100t} のテイラー級数で $\frac{1}{2}(100\Delta t)^2$ の項が欠けている．妥当な精度のためだけでも，$100\Delta t < 1$ が求められる．安定性の要件 $100\Delta t < 2$ は重荷ではない．しかし，先を読んでみよう．

硬い方程式

解が e^{-t} と e^{-100t} である方程式を考えよう．このとき e^{-t} のほうが，e^{-100t} よりずっと遅い減衰をするので，支配的である．減衰率は $s = -1$ と $s = -100$ である：

$$y'' + 101y' + 100y = 0 \qquad \text{では} \qquad s^2 + 101s + 100 = (s+1)(s+100). \tag{10}$$

これは確実に**過減衰**である．根 $s = -1$ と $s = -100$ は実数である．オイラー法は，重要な解である e^{-t} を正確に追う必要がある．**しかし安定性は，いまだ $\boldsymbol{\Delta t \le 2/100}$ であることを要求する**．

重要でない解 e^{-100t} が立ちはだかっている．これは Δt を減らし，そこで，1 次精度の通常の要求を越えて，より多くの労力（多くのステップ）を加える．式 (10) のような問題は**硬い**と呼ばれる：普通のオイラー法では安定性があまりに高くつく．

この 2 階の問題を，2 つの 1 階方程式として見ることができる．y' を第 2 の未知数として導入すると，3.1 節でのとおり，“同伴行列” がベクトル (y, y') に掛かる：

$$y'' + 101y' + 100y = 0 \text{ は } \frac{d}{dt}\begin{bmatrix} y \\ y' \end{bmatrix} = \begin{bmatrix} 0 & 1 \\ -100 & -101 \end{bmatrix}\begin{bmatrix} y \\ y' \end{bmatrix} \text{ と同じ.} \tag{11}$$

この行列の固有値は，同じく根 -1 と -100 である．これは**硬い問題**である：**速い減衰と一緒の，遅い減衰**．

この行列方程式に対するオイラー法は，$y' = Ay$ に対するオイラーとまったく同じである：

$$\frac{\boldsymbol{y}_{n+1}-\boldsymbol{y}_n}{\Delta t}=A\boldsymbol{y}_n \quad \text{すなわち} \quad \boldsymbol{y}_{n+1}=(\boldsymbol{I}+\boldsymbol{A\Delta t})\boldsymbol{y}_n. \tag{12}$$

各ステップでは $I+A\Delta t$ が掛かる．この行列の固有値は $1-\Delta t$ と $1-100\Delta t$ である．通常 $1-\Delta t$ のほうが，より重要でより大きい．しかし，もし $100\Delta t$ が 2 より大きいと，2 番目の値 $1-100\Delta t$ が -1 を下回り，その累乗が極端な不安定性を示す．

硬い方程式に対する治療法は，**陰解法**に切り替えることである．

後退オイラー法 = 陰的オイラー法

陰解法の考え方は，後退差分を用いることである． y_n と t_n と f_n から前進する代わりに，y_{n+1} と t_{n+1} と f_{n+1} から後退する．

後退オイラー法
$$\frac{\boldsymbol{y^B_{n+1}}-\boldsymbol{y_n}}{\boldsymbol{\Delta t}}=\boldsymbol{f_{n+1}}=\boldsymbol{f(t_{n+1},y^B_{n+1})}. \tag{13}$$

$y'=-100y$ の例では，$1-100\Delta t$ を掛ける代わりに，$1+100\Delta t$ で割ることになる：

$$\frac{y^B_{n+1}-y_n}{\Delta t}=-100\,y^B_{n+1} \quad \text{より} \quad \boldsymbol{(1+100\Delta t)y^B_{n+1}=y_n}.$$

各時間ステップで，この割り算をする．n ステップ後，この方法はとても安定に保たれる：

“陰的オイラー法”　$y^B_n=\left(\dfrac{1}{1+100\Delta t}\right)^n y_0$ は正しく減少する．

この線形方程式では，除算の計算コストが乗算より高くつくことはない．陰解法を使うべきである．しかし，非線形問題の場合には，陰解法はずっと高価である．通常の“陽的な”オイラーで，既知の y_n を代入して $f_n=f(n\,\Delta t,y_n)$ を求める代わりに，今度は非線形方程式を解いて未知数 y^B_{n+1} を求めなければならない：

各ステップで $\boldsymbol{y^B_{n+1}}$ について解く　$$y^B_{n+1}-\Delta t f(t_{n+1},y^B_{n+1})=y_n. \tag{14}$$

もし外力項 f が複雑であれば，y^B_{n+1} の近似解を求めるのでさえ高価になる．常に提起される苦悶が理解されよう．**陰解法はより安定だが，ずっと遅い．** $\boldsymbol{y}'=A\boldsymbol{y}$ に対しては，$(I-\Delta t\,A)\boldsymbol{y}^B_{n+1}=\boldsymbol{y}_n$ で，逆行列を求めることになる．

差分方程式と微分方程式

a^n を e^{at} と比べてみよう：累乗と指数関数．累乗は差分方程式 $Y_{n+1}=aY_n$ に，指数関数は微分方程式 $y'=ay$ に由来する．安定性とは，これらの解が**零へ近づく**ことを意味する．通常の数値（複素数も含む）の場合，a に対する判定法は簡単である．

$|a|<1$ のとき $a^n\to 0$ となる　　**$\mathbf{Re}\,a<0$ のとき $e^{at}\to 0$ となる．**

行列 A のときには，同じ判定法を固有値に対して適用する：

すべての $|\boldsymbol{\lambda}| < \mathbf{1}$ のとき $\boldsymbol{A^n} \to \mathbf{0}$　　　すべての $\mathbf{Re}\,\boldsymbol{\lambda_i} < \mathbf{0}$ のとき $e^{\boldsymbol{A}t} \to 0$.

■ 要点の復習 ■

1. オイラー法は $(y_{n+1} - y_n)/\Delta t = f_n$ すなわち $\boldsymbol{y_{n+1} = y_n + \Delta t\, f(n\,\Delta t, y_n)}$.

2. その y_{n+1} へのステップは，曲線 $y(t)$ ではなく y_n での接線を追う．誤差 $\approx (\Delta t)^2$.

3. 時刻 $T = n\,\Delta t$ への n ステップの後では，誤差は Δt に比例する：**1 次精度**.

4. y_n が厳密な $y(t)$ より速くは成長しないことを安定性は要求する：しばしば**幅** $\boldsymbol{\Delta t}$ **の上限**.

5. **後退オイラー法**は $y_{n+1}^B - y_n = \Delta t f(y_{n+1}^B)$．$y_{n+1}^B$ を求めるのがより難しいが，より安定である．

演習問題 3.4

1　オイラー法 $y_{n+1} = y_n + \Delta t f_n$ を適用し，$\Delta t = \frac{1}{2}$ を用いて y_1 と y_2 を求めよ：

(a) $y' = y$　　(b) $y' = y^2$　　(c) $y' = 2ty$　　（すべて $y(0) = y_0 = 1$ とする）

2　問題 1 の各方程式に対して，ステップ幅を $\Delta t = \frac{1}{4}$ に減らして y_1 と y_2 を求めよ．今度の値 y_2 は，厳密解 $y(t)$ に対する，どの時刻 t での近似か？ すると，この問題での y_2 は問題 1 での，どの y_n に対応するか？

3　(a) $y_0 = 1$ から出発する $dy/dt = y$ に対して，$\Delta t = 1$ のときのオイラー法での y_n は何か？

(b) 時刻 $t = n$ で，それは真の解 $y = e^t$ より大きいか，小さいか？

(c) $\Delta t = \frac{1}{2}$ のときのオイラー法による y_{2n} は何か？ これは真の $y(n) = e^n$ に，より近い．

4　$y_0 = 1$ から出発する $dy/dt = -y$ に対して，幅 Δt で n ステップ後の，オイラー法による近似 y_n は何か？ $\Delta t = 1$ のとき，すべての y_n を求めよ．$\Delta t = 2$ のとき，すべての y_n を求めよ．それらの時間ステップは，この方程式にとって**大きすぎる**．

5　$y(0) = 1$ から出発する $y' = y^2$ の真の解は $y(t) = 1/(1-t)$ である．これは $t = 1$ で爆発する．オイラー法で $\Delta t = \frac{1}{3}$ を用いて 3 ステップをとり，そして $\Delta t = \frac{1}{4}$ を用いて 4 ステップをとれ．爆発の兆候が何か見えるか？

6 $y(0)=1$ を用いた $dy/dt=-2ty$ の真の解は，釣鐘型曲線 $y=e^{-t^2}$ である．これはすばやく零へ減衰する．オイラー法での第 $n+1$ ステップは $y_{n+1}=(1-2n\Delta t^2)y_n$ となることを示せ．y_n は零へ減衰するか？ そこへとどまるか？

7 方程式 $y'=-y$ と $z'=-10z$ は連成していない．両方の式に対して，$\frac{2}{10}$ と 2 の間の同じ Δt でオイラー法を用いるとき，$y_n \to 0$ だが $|z_n| \to \infty$ であることを示せ．この方法は，最も速やかに減衰すべき解 $z=e^{-10t}$ で失敗している．

8 $y_0=1$ から出発する $dy/dt=-y$ に対して，**後退オイラー法**からはどんな y_1 と y_2 の値が得られるか？ もし Δt がとても大きかったとしても，$y_1^B<1$ と $y_2^B<1$ であることを示せ．これは**絶対安定性**である：Δt の大きさの限度がない．

9 ロジスティック方程式 $y'=y-y^2$ は，$y(\infty)=1$ に近づく，1.7 節での S 字曲線の解をもつ．$y=1$ のとき $y'=0$ だから，これは定常状態である．

このロジスティック方程式に対する，ステップ幅 Δt でのオイラーの近似を書くと $y_{n+1}=$ _____．これが同じ定常状態をもつことを示せ：もし $y_n=1$ ならば，y_{n+1} は y_n に等しい．

10 問題 9 での重要な質問は，その定常状態 $y_n=1$ が安定か，不安定かということである．オイラー法の $y_{n+1}=y_n+\Delta t(y_n-y_n^2)$ の両辺から 1 を引け：

$$y_{n+1}-1=y_n+\Delta t(y_n-y_n^2)-1=(y_n-1)(1-\Delta t y_n).$$

各ステップで，1 からの距離に $(1-\Delta t y_n)$ が掛かる．定常の $y_\infty=1$ の付近では $1-\Delta t\, y_n$ の大きさは $|1-\Delta t|$ である．どんな Δt ならば，これが 1 より小さく，安定性を与えるか？

11 ロジスティック方程式 $y'=f(y)=y-y^2$ に対して，後退オイラー法 $y_{n+1}^B=y_n+\Delta t f_{n+1}^B=y_n+\Delta t\left[y_{n+1}^B-\left(y_{n+1}^B\right)^2\right]$ を適用せよ．$y_0=\frac{1}{2}$ と $\Delta t=\frac{1}{4}$ のとき，y_1^B は何か？ 2 次方程式を解いて y_1^B を求めなくてはならない．y_1^B に対して 2 つの答えが見つかる．計算コードでは，y_0 に近い方の答えを選ぶかもしれない．

12 釣鐘型曲線の方程式 $y'=-2ty$ に対して，後退オイラー法では y_n を $1+2n(\Delta t)^2$ で割って y_{n+1}^B を求めることを示せ．$n\to\infty$ のとき，問題 6 の前進オイラー法との主な違いは何か？

13 方程式 $y'=\sqrt{|y|}$ には $y(0)=0$ から出発する**多くの解**がある．1 つの解は $y(t)=0$ にとどまり，もう 1 つの解は $y=t^2/4$ である（このとき $y'=t/2$ は $\sqrt{y}$ に一致する）．他の解では，$t=T$ まで $y=0$ にとどまり，その後に放物線 $y=(t-T)^2/4$ に移ることもできる．$f(y)=y^{1/2}$ の傾きが無限大となる，悪い点 $y=0$ を y が離れると，たちまち方程式は唯一の解をもつ．

後退オイラー法 $y_1-\Delta t\sqrt{|y_1|}=y_0=0$ では，2 つの正しい値 $y_1^B=0$ と $y_1^B=(\Delta t)^2$ を得る．y_2^B として可能な 3 つの値は何か？

14 有限差分法を扱う人は誰でも，前進と後退オイラー法の平均をとることを考える：

$$\text{中心オイラー法/台形公式}\qquad \boldsymbol{y^C_{n+1} - y_n = \Delta t\left(\frac{1}{2}f_n + \frac{1}{2}f^C_{n+1}\right)}.$$

$y' = -y$ に対して，大切な質問は**精度**と**安定性**である．$y(0) = 1$ から出発せよ．

$$y_1^C - y_0 = \Delta t\left(-\frac{1}{2}y_0 - \frac{1}{2}y_1^C\right)\quad \text{より}\quad \boldsymbol{y_1^C = \frac{1-\Delta t/2}{1+\Delta t/2}\,y_0}.$$

安定性　任意の Δt に対して $|1-\Delta t/2| < |1+\Delta t/2|$ であることを示せ．**Δt の安定限界はない**．

精度　$y_0 = 1$ に対して，厳密な $y_1 = e^{-\Delta t} = 1-\Delta t+\frac{1}{2}\Delta t^2 - \cdots$ と $y_1^C = (1-\frac{1}{2}\Delta t)/(1-\frac{1}{2}\Delta t) = (1-\frac{1}{2}\Delta t)(1-\frac{1}{2}\Delta t+\frac{1}{4}\Delta t^2-\cdots)$ を比べよ．

Δt の 1 つ余分な累乗は正しい：**2 次の精度**．良い方法だ．

本書のウェブサイトにはオイラー法と後退オイラー法と中心オイラー法のコードがある．これらの方法は，1 次と 2 次精度をもち，ゆっくりと落ち着いた方法である．テスト問題では，ルンゲ - クッタ法のような，より速い方法と比較する．

3.5　より高精度のルンゲ-クッタ法

基本的なオイラー法についての前節は，2 つのメッセージを含んでいた．第 1 に，その方法は単純でわかりやすい（接線を追いかける）．第 2 に，その方法は単純すぎて，良い精度を，あるいは十分な精度でさえ与えられない．本節では大きな改善を施す．4 次のルンゲ－クッタ法は，$\boldsymbol{y}' = \boldsymbol{f}(t, \boldsymbol{y})$ を解くための MATLAB コードすべての馬車馬である，**ode 45** の基礎である．

この方程式——線形の，あるいは，よりありえるのは非線形の——が，1 階導関数 $\boldsymbol{y}'$ だけを含み，さらに高階の導関数を含まないことに注意せよ．もとの方程式が $y'' = F(t, y, y')$ だった場合には，$y' = y_2$ を新たな式として導入し，もとの式 $y_2' = F(t, y, y_2)$ と一緒にする．未知数 $y_1 = y$ と $y_2 = y'$ はベクトル $\boldsymbol{y}$ の中に入れ，右辺 y_2 と F をベクトル $\boldsymbol{f}$ に入れる．

n 個の未知量 y に対する n 個の方程式	$y_1' = y_2$ $y_2' = F(t, y_1, y_2)$	$y_1' = f_1(t, y_1, \ldots, y_n)$ $\cdots\cdots\cdots$ $y_n' = f_n(t, y_1, \ldots, y_n)$

中央は，$y'' = F$ に起因する 2 つの連立方程式である．右側は，n 個の未知量のベクトル $\boldsymbol{y}$ に対する n 個の連立方程式である．n 個の方程式 $\boldsymbol{y}' = \boldsymbol{f}(t, \boldsymbol{y})$ は n 個の初期条件 $y_1(0), \ldots, y_n(0)$ から始まり，$\boldsymbol{f}$ は n 個の右辺をまとめたベクトルである．

$y' = f(t, y)$ と $\boldsymbol{y}' = \boldsymbol{f}(t, \boldsymbol{y})$ に対する，より正確な近似の準備が整った．

改良オイラー法 = 単純化されたルンゲ-クッタ法

オイラーの 1 次の方法は $y_{n+1}^E = y_n + \Delta t f_n$ である．**2 次精度**，つまり大きさ $(\Delta t)^2$ の誤差，

への改善について述べる．これはルンゲ–クッタの考え方を用いる：**オイラーの** y_{n+1}^{E} **を再度** f **に代入せよ．その出力を用いて，より良い** y_{n+1}^{S} **を得よ**：

改良オイラー法
単純化された **R–K** 法

$$\frac{\boldsymbol{y_{n+1}^{S}-y_n}}{\boldsymbol{\Delta t}}=\frac{\mathbf{1}}{\mathbf{2}}\boldsymbol{f(t_n,y_n)}+\frac{\mathbf{1}}{\mathbf{2}}\boldsymbol{f}\left(\boldsymbol{t_{n+1},y_{n+1}^{E}}\right). \qquad (1)$$

$y'=ay$ に対する改善を示そう．この場合 $f(t,y)$ は ay である．y^E のことを，次の値 y_{n+1} の**予測**として，そして y^S のことを**修正**としてみることができる：

$$\boldsymbol{y^E=y_n+a\,\Delta t\,y_n} \quad \text{を入れれば} \quad \boldsymbol{y^S}=y_n+\frac{1}{2}a\,\Delta t\,y_n+\frac{1}{2}a\,\Delta t(\boldsymbol{y_n+a\,\Delta t\,y_n}). \qquad (2)$$

最後の項を展開すると，y_{n+1}^{S} の中に正しい $(\Delta t)^2$ の項が含まれているとわかる：

$$\text{線形の場合 } \boldsymbol{y'=ay} \qquad y_{n+1}^{S}=y_n+a\,\Delta t\,y_n+\frac{1}{2}a^2(\Delta t)^2y_n. \qquad (3)$$

我々は y_n を出発する**接放物線**を追っているのだ．この放物線は，真の曲線 $y(t)$ に対して，接線よりもずっと近くにとどまる．この改善が各ステップでの $(\Delta t)^3$ の誤差を意味する．安定性と合わせると，その誤差は $n=T/\Delta t$ ステップ後には $(\Delta t)^2$ の総誤差となる．

厳密な $y(t+\Delta t)$ は $e^{a\Delta t}y(t)$ である．式 (3) は $e^{a\Delta t}$ の正しい項を **3 つ**もつ．オイラー法では，時間ステップの**最初**でだけ，正しい傾き $y'=f(t,y)$ を用いるが，**式 (1) での改善された** y^S **は，そのステップの最初と最後の傾きの平均をとる**．

単純化されたアダムス法

2 次精度を達成する方法がもう 1 つある．**前の時刻** $\boldsymbol{t-\Delta t}$ **で計算された値** $\boldsymbol{y_{n-1}}$ **を保存して再利用せよ**．正しい係数 3/2 と −1/2 を用いると，実質上，何の追加作業もなく，オイラー法で欠けていた項 $\frac{1}{2}(\Delta t)^2y''$ を，再度とりこめる．

アダムス–バシュフォース法
多段階法

$$\boldsymbol{y_{n+1}^{A}}=y_n+\frac{3}{2}\Delta tf(t_n,y_n)-\frac{1}{2}\Delta tf(t_{n-1},y_{n-1}). \qquad (4)$$

必要なのは，計算された値 f_n をそれぞれ，もう 1 ステップだけ保存しておくことだけだ．その数値が (4) での f_{n-1} の項になる．(4) の右辺は正しい y' と y'' の項を与える：

$$y_n+\frac{3}{2}\Delta ty_n'-\frac{1}{2}\Delta ty_{n-1}'\approx y_n+\frac{3}{2}\Delta ty_n'-\frac{1}{2}\Delta t(y_n'-\Delta ty_n'')=\boldsymbol{y_n+\Delta ty_n'+\frac{1}{2}(\Delta t)^2y_n''}$$

$y_{n-2},y_{n-3},\ldots$ **と 1 つずつ戻るにつれ，精度の次数を** 1 **ずつ増やせる**．こうした多段解法はルンゲ–クッタ法と競合関係にあり，最終的には打ち勝つ．しかし，4 次精度では，まだおおむね R-K 法の側が優勢である．1 つの理由は，アダムス法では最初のステップを始める以前に，特別な労力で y_{-1} を求めなければならないことである．ルンゲ–クッタ法は，あっさりと始まる．

ルンゲ–クッタ法では，あるステップから次のステップへ Δt を変えるのが容易である．反対に，$f(t,y)$ を 4 回評価することが高価になりえる．また，硬い方程式では後退差分を必要とする．

4 次のルンゲ–クッタ法

ルンゲ–クッタ法の有名なバージョンでは，右辺が **4 回**評価される．時刻 t_n で，解 y_n^{RK} から出発し，時刻 $t_{n+1} = t_n + \Delta t$ での近似解 y_{n+1}^{RK} に到達する．その途中，ルンゲ–クッタ法は $t_{n+1/2} = t_n + \frac{1}{2}\Delta t$ で，$\boldsymbol{k_2}$ と $\boldsymbol{k_3}$ のために 2 度止まる．

$\boldsymbol{t_n}$ から $\boldsymbol{t_{n+1}}$ への	$\boldsymbol{k_1} = f(t_n, y_n)/2$
各ステップで	$\boldsymbol{k_2} = f(t_{n+1/2}, y_n + \Delta t\, \boldsymbol{k_1})/2$
$\boldsymbol{k_1, k_2, k_3, k_4}$ を	$\boldsymbol{k_3} = f(t_{n+1/2}, y_n + \Delta t\, \boldsymbol{k_2})/2$
計算せよ	$\boldsymbol{k_4} = f(t_{n+1}, y_n + 2\Delta t\, \boldsymbol{k_3})/2$

これら 4 つの $\boldsymbol{k}$ の線形結合が，4 次精度で y_{n+1}^{RK} を与える：

ルンゲ–クッタ法のステップ
$$\frac{\boldsymbol{y_{n+1}^{RK} - y_n}}{\boldsymbol{\Delta t}} = \frac{\mathbf{1}}{\mathbf{3}}(\boldsymbol{k_1} + \mathbf{2}\boldsymbol{k_2} + \mathbf{2}\boldsymbol{k_3} + \boldsymbol{k_4}) \tag{5}$$

この数行は本書の中で最も重要な公式の 1 つである．高精度の方法の中でも，ルンゲ–クッタ法は特に容易にコード化でき，実行できる——おそらく，ありえる中で最も簡単であろう．各ステップの前に，Δt を決める．モデル問題 $y' = y$ については，この R-K の線形結合は $e^{\Delta t}$ の級数を，5 項まで正しく生み出す．$\boldsymbol{k_1} = f_n/2 = y/2$ から出発して，f の評価の中で f を評価するのがわかる：

$$\boldsymbol{k_2} = \frac{1}{2}\left(y + \frac{\Delta t}{2}y\right) \quad \boldsymbol{k_3} = \frac{1}{2}\left(y + \frac{\Delta t}{2}\left(y + \frac{\Delta t}{2}y\right)\right) \quad \boldsymbol{k_4} = \frac{1}{2}\left(y + \Delta t\left(y + \frac{\Delta t}{2}\left(y + \frac{\Delta t}{2}y\right)\right)\right)$$

演習問題 1 では $k_1 + 2k_2 + 2k_3 + k_4$ を単純化する．そのステップの最後の，新たな y_{n+1} は $\boldsymbol{y_{n+1} = (1 + \Delta t + \cdots + \frac{1}{4!}(\Delta t)^4)y_n}$ である．$e^{\Delta t}$ に対してすべての項が正しく，4 次の精度である．

ルンゲ–クッタ法の安定性

安定性の限度を定めるため，この方法を $y' = -y$ に適用する．真の解 $y = e^{-t}y(0)$ は減少する．しかしもし Δt が大きすぎれば，近似 y_n の大きさは**増大**する．不安定性が生じうる，最初の例はオイラー法であった：

オイラー法は $\boldsymbol{\Delta t > 2}$ に対して不安定 $\quad y_{n+1}^{E} = (1 - \Delta t)y_n$ より $|1 - \Delta t| > 1$

同じ判定法をルンゲ–クッタ法に適用すると，$\boldsymbol{\Delta t > 2.78}$ のときに不安定となる：

R–K 法は $\boldsymbol{\Delta t \geq 3}$ に対して不安定 $\quad 1 - 3 + \frac{1}{2}9 - \frac{1}{6}27 + \frac{1}{24}81 = \frac{\mathbf{11}}{\mathbf{8}} > 1.$

完全な無限級数では，小さな数 e^{-3} となるはずであるが，これら 5 項では乗数が 11/8 となり，1 より大きい．もしこの大きすぎるステップを n 回とると，ルンゲ–クッタ法の近似 $y_n = (11/8)^n$ は巨大で，完全に誤ったものとなる．より厳密な安定性の限界は，$y' = ay$ に対して $a\,\Delta t < 2.78$ である．

例 1 3 つの方法すべてを $\boldsymbol{dy/dt = y}$ に対して適用せよ．真の解 $\boldsymbol{y = e^t}$ は時刻 $t = 1$ で $y = e = 2.71828\ldots$ に至る．$\Delta t = 0.2$ と 0.1 を試せ．

$\boldsymbol{\Delta t = 0.2}$	$\boldsymbol{y^E}$	$\boldsymbol{y^S}$	$\boldsymbol{y^{RK}}$	$\boldsymbol{\Delta t = 0.1}$	$\boldsymbol{y^E}$	$\boldsymbol{y^S}$	$\boldsymbol{y^{RK}}$
$t = 0$	1	1	1	$t = 0$	1	1	1
				0.1	1.10	1.1050	1.1051708
$t = 0.2$	1.20	1.220	1.221400	0.2	1.21	1.2210	1.2214026
				0.3	1.33	1.3492	1.3498585
$t = 0.4$	1.44	1.488	1.491818	0.4	1.46	1.4909	1.4918242
				0.5	1.61	1.6474	1.6487206
$t = 0.6$	1.73	1.816	1.822106	0.6	1.77	1.8204	1.8221180
				0.7	1.95	2.0116	2.0137516
$t = 0.8$	2.07	2.215	2.225521	0.8	2.14	2.2228	2.2255396
				0.9	2.36	2.4562	2.4596014
$t = 1$	2.49	2.703	2.718251	1.0	2.59	2.7141	2.7182797

y^S の中の誤差は，Δt を半減するとき，4 分の 1 に（時刻 $t = 1$ で 0.015 から 0.004 に）なる．これは，単純化されたルンゲ–クッタ法が，理論から予想されるとおり，2 次精度であることを指し示す．労力は倍増したにすぎない．

ode 45 と ODEPACK などなど

ルンゲ–クッタ法は正確であり，コードしやすい．最後の値 y_{n+1} はさらに良くもできる．

f を（4 回でなく）**6 回**評価すれば，**5 次**の精度をもつ値 Y^5_{n+1} を計算できる．y^{RK}_{n+1} と比べることで，誤差を推定でき，より大きな Δt が可能であるか，あるいはより小さな Δt が必要かを，それが示唆する．これが MATLAB のコード **ode 45** の心臓部である．硬い系に対する良いソルバーは **ode 15s** である．

ODEPACK と SUNDIALS はリバモア研究所からの Fortran 77 のコードを集めて公開したものである．これらはアダムス法（硬い問題に対する後退差分）を強調している．

Mathematica には，解の公式のための DSolve と数値解のための NDSolve がある．ウルフラム・アルファが，とても広い範囲の問題を解くのは驚きである．SciPy と SymPy と Scilab は高品質のフリーソフトである．**ウェブを探そう！**

■ 要点の復習 ■

1. $y'' + y' + y = F(t, y, y')$ のような高階の方程式は $\boldsymbol{y}' = \boldsymbol{f}(t, \boldsymbol{y})$ に帰着する．$\boldsymbol{y} = (y, y')$ とする，この 1 階の方程式系の形を，大部分の有限差分法は好む．

2. $y^E_{n+1} = y_n + \Delta t f_n$ は，$f(t_{n+1}, y^E_{n+1})$ もまた用いることで，2 次精度に改善する．

3. 4 次のルンゲ–クッタ法は，各ステップで $f(t, y)$ への代入を 4 回行う．

4. ルンゲ–クッタ法での誤差は，Δt が 2 分の 1 になると，ほぼ $2^4 = 16$ 分の 1 になる．

5. $y' = ay$ に対する安定性は，$a\Delta t^E > \mathbf{-2}$ と $a\Delta t^S > \mathbf{-2}$ と $a\Delta t^{RK} > \mathbf{-2.78}$ を要求する．$a < 0$ のとき，こうしないと破滅する：Y_n の近似解は成長しはじめてしまう．

演習問題 3.5

ルンゲ–クッタ法の良さは，それを使ってこそ分かる．単純なコードは **math.mit.edu/dela** にある．専門的なコードは **ode 45**（MATLAB）や **ODEPACK** など，いくつもある．

1　$y(0) = 1$ からの $y' = y$ について，単純化されたルンゲ–クッタ法と完全なルンゲ–クッタ法が，厳密な $y(\Delta t) = e^{\Delta t}$ に対する次の近似を与えることを示せ：

$$y_1^S = 1 + \Delta t + \frac{1}{2}(\Delta t)^2 \qquad y_1^{RK} = 1 + \Delta t + \frac{1}{2}(\Delta t)^2 + \frac{1}{6}(\Delta t)^3 + \frac{1}{24}(\Delta t)^4$$

2　$\Delta t = 0.1$ を用いて，それらの数値 y_1^S と y_1^{RK} を計算し，厳密な $y = e^{\Delta t}$ から引け．その誤差は $(\Delta t)^3/6$ と $(\Delta t)^5/120$ に近いはずである．

3　それらの値 y_1^S と y_1^{RK} は，オーダ $(\Delta t)^3$ と $(\Delta t)^5$ の誤差をもつ．各時間ステップでの，この大きさの誤差は，大きさ $\Delta t = T/n$ の N ステップから，時刻 T では大きさが ＿＿＿ と ＿＿＿ の総誤差を生む．

総誤差のこの見積りが正しいのは，誤差が増大しない（**安定性**）ときである．

4　$y(0) = 0$ からの $dy/dt = f(t)$ は，f が y を含まないときには積分して解ける．時刻 $t = 0$ から Δt へ，単純化されたルンゲ–クッタ法は $f(t)$ の積分を近似する：

$$y_1^S = \Delta t\left(\frac{1}{2}f(0) + \frac{1}{2}f(\Delta t)\right) \text{ は } y(\Delta t) = \int_0^{\Delta t} f(t)dt \text{ に近い}$$

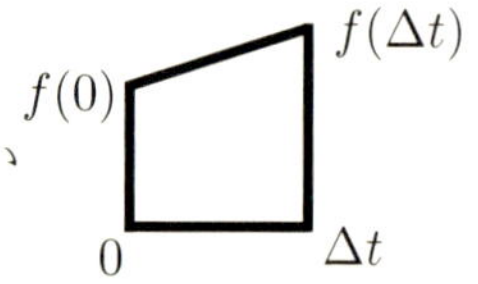

$f(t)$ のグラフが，図のとおり直線だとする．するとその領域は**台形**である．その面積がまさに y_1^S であることを確かめよ．2 次精度とは，線形の f に対して厳密であることを意味する．

5　f が再び y を含まないとする．そこで，$y(0) = 0$ を用いた $dy/dt = f(t)$ となる．このとき，$t = 0$ から Δt への完全なルンゲ–クッタ法は $f(t)$ の積分を y_1^{RK} で近似する：

$$y_1^{RK} = \Delta t\,(c_1 f(0) + c_2 f(\Delta t/2) + c_3 f(\Delta t)). \qquad \boldsymbol{c_1, c_2, c_3} \text{ を求めよ．}$$

$\int_0^{\Delta t} f(t)\,dt$ に対するこの近似はシンプソン則と呼ばれる．これは 4 次精度である．

6 以下の 2 階方程式を，ベクトル $\boldsymbol{y} = (y, y')$ についての 1 階の方程式系 $\boldsymbol{y}' = \boldsymbol{f}(t, y)$ に帰着せよ．$\boldsymbol{y}_1^E$ と $\boldsymbol{y}_1^S$ の 2 つの成分を書け．

(a) $y'' + yy' + y^4 = 1$ (b) $my'' + by' + ky = \cos t$

7 問題 6 の $my'' + by' + ky = \cos t$ がベクトル方程式 $\boldsymbol{y}' = A\boldsymbol{y} + \boldsymbol{f}$ に帰着するとき，初期ベクトル $\boldsymbol{y}_0$ から $\boldsymbol{y}_1^E$ と $\boldsymbol{y}_1^S$ を求めよ．

8 $y' = -y$ と $y_0 = 1$ に対して，厳密解 $y = e^{-t}$ は時刻 Δt で，2 か 3 か 5 項で近似される：

$$y_1^E = 1 - \Delta t \quad y_1^S = 1 - \Delta t + \frac{1}{2}(\Delta t)^2 \quad y_1^{RK} = 1 - \Delta t + \frac{1}{2}(\Delta t)^2 - \frac{1}{6}(\Delta t)^3 + \frac{1}{24}(\Delta t)^4$$

(a) $\Delta t = 1$ として，これら 3 つの数値を厳密な e^{-1} と比べよ．誤差 E は何か？

(b) $\Delta t = 1/2$ として，これら 3 つの数値を $e^{-1/2}$ と比べよ．誤差は $E/16$ に近いか？

9 $y' = ay$ に対して，単純化されたルンゲ–クッタ法は $y_{n+1}^S = (1 + a\Delta t + \frac{1}{2}(a\Delta t)^2)y_n$ を与える．y_n のこの乗数は，$a\Delta t = -2$ のとき $1 - 2 + 2 = \mathbf{1}$ に達する：**安定性の限界**．

（**計算機実験**） $N = 1, 2, \ldots, 10$ に対して，e^{-L} の級数の $N+1$ 項目以降を打ち切るとき，安定限界 $L = L_N$ を発見せよ：

$$\left|1 - L + \frac{1}{2}L^2 - \frac{1}{6}L^3 + \cdots \pm \frac{1}{N!}L^N\right| = 1.$$

$N = 1$ と $N = 2$ に対して $L = 2$ であることを知っている．ルンゲ–クッタ法では $N = 4$ に対して $L = 2.78$ となる．

■ 第 3 章の注釈 ■

$y' = f(t,y)$ が解をもつことの証明　　関数 $y_0, y_1, y_2, \ldots$ が $y(t)$ に近づく

3.1 節ではある事実を述べた：$dy/dt = f(t,y)$ は，f が良い関数であるとき，つまり f と $\partial f/\partial y$ がすべての点で連続であるとき，$y(0)$ から出発する解が 1 つある．y に対する公式がない（そしてそれを期待しない）のに，どうして解が存在するということを言えるのだろうか？

1 つの良い答えには，$y_0 = y(0)$ から y_1 を，そして y_1 から y_2 を，そして y_2 から y_3 を，…，とつくってみる．

方程式 $\dfrac{d\boldsymbol{y_{n+1}}}{dt} = f(t, \boldsymbol{y_n}(t))$　**解** $\boldsymbol{y_{n+1}} = y_0 + \displaystyle\int_0^t f(s, \boldsymbol{y_n}(s))ds$　(6)

$y' = y$ と $y(0) = 1$ で練習してみよう．この解は e^t である．y_3 への 3 ステップをとると：

$$
\begin{array}{llll}
y_0' = 0 & y_1' = y_0 & y_2' = y_1 & y_3' = y_2 \\
\boldsymbol{y(0) = 1} & y_1 = \boldsymbol{1 + t} & y_2 = \boldsymbol{1 + t + \dfrac{t^2}{2}} & y_3 = \boldsymbol{1 + t + \dfrac{t^2}{2} + \dfrac{t^3}{6}}
\end{array}
$$

1.3 節では同じ方法で e^t を構築した．今度は，ずっと先へ進み，非線形方程式 $y' = f(t,y)$ を解く．大切な考え方は，$y_{n+1} - y_n$ をその前の $y_n - y_{n-1}$ と比べることである．y_n についての式 (6) を，y_{n+1} についての式 (6) から引け：

$$y_{n+1}(t) - y_n(t) = \int_0^t \left[f(s, y_n(s)) - f(s, y_{n-1}(s))\right] ds. \tag{7}$$

$|\partial f/\partial y| \le L$ のとき，この差 $|f(y_n) - f(y_{n-1})|$ は $L|y_n - y_{n-1}|$ より大きくない．

$$
\begin{aligned}
|y_2 - y_1| &\le \int_0^t L|y_1 - y_0|\,ds \le Lt|y_1 - y_0|_{\max} \\
|y_3 - y_2| &\le \int_0^t L|y_2 - y_1|\,ds \le \int_0^t L^2 t|y_1 - y_0|_{\max} = \frac{L^2t^2}{2}|y_1 - y_0|_{\max}
\end{aligned}
$$

Lt と $L^2t^2/2$ が現れて，次は $L^3t^3/6$ になる．これらの数値 $L^nt^n/n!$ は，$n!$ のために速やかに零に近づく．もし n が大きく，N がさらに大きければ，このとき

$$|y_N - y_n| \le |y_N - y_{N-1}| + |y_{N-1} - y_{N-2}| + \cdots + |y_{n+1} - y_n| \le C\frac{L^nt^n}{n!}$$

これが我々の知りたいことだ：差 $y_N(t) - y_n(t)$ は零に近づく．この数値 $y_n(t)$ **はある極限** $y(t)$ **に近づかなくてはならない**ことをコーシーが示した（もちろん y_{n+1} も同じ極限に近づく）．その極限の関数 $y(t)$ が我々の求める関数である：

$$\boldsymbol{y_{n+1}}(t) = y_0 + \int_0^t f(s, \boldsymbol{y_n}(s))\,ds \;\to\; \boldsymbol{y}(t) = y_0 + \int_0^t f(s, \boldsymbol{y(s)})\,ds. \text{ このとき } y' = f(t,y).$$

第4章

連立一次方程式と逆行列

4.1　連立一次方程式の2つの見方

線形代数の中心的な問題は，連立一次方程式（線形方程式系）を解くことである．次に示す方程式系は線形である．それは，未知数に数が掛かるだけで，x^2 や，x と y の積のような項を含まないことを意味する．ここから、どれほど遠くへ導かれるかをみていこう：

$$\begin{array}{lrcrcr} \textbf{2つの方程式} & x & - & 2y & = & 1 \\ \textbf{2つの未知数} & 2x & + & y & = & 7 \end{array} \tag{1}$$

1行ずつ見ることから始めよう．最初の方程式 $\boldsymbol{x - 2y = 1}$ は xy 平面上の直線をつくる．点 $x = 1, y = 0$ は方程式を満たすので，その直線上にある．点 $x = 3, y = 1$ も，$3 - 2 = 1$ となるので，その直線上にある．$x = 101$ とすると $y = 50$ となる．

x が 2 だけ増えると y は 1 増えるので，図 4.1 の，この直線の傾きは $\frac{1}{2}$ である．しかし，傾きは微積分学の中でこそ重要であり，ここでは線形代数を学んでいる！

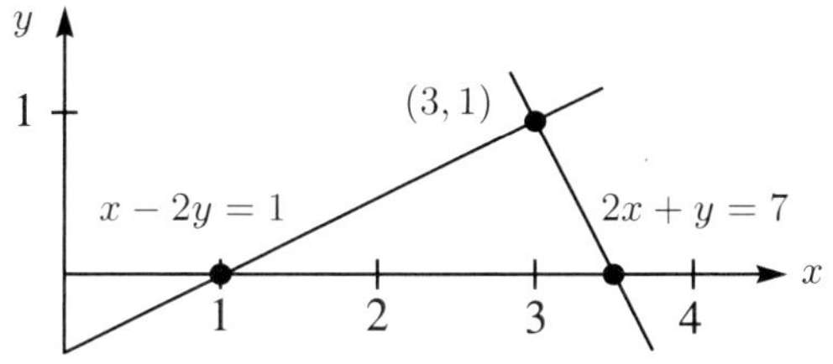

図 4.1　行ベクトルの絵：2 つの直線の交点 (3, 1) が解である．

この“行ベクトルの絵”における第 2 の直線は，2 番目の方程式 $2x + y = 7$ から得られる．その 2 直線の交点を見逃してはならない．**その点** $x = 3, y = 1$ **は両方の直線上にあり**，両方の方程式を同時に満たす．これが我々の 2 つの方程式の解である．

行：　行ベクトルの絵は，2つの直線が1点（解）で交わることを示す．

今度は列ベクトルの絵に移ろう．同じ連立一次方程式を“ベクトルの方程式”として認識したい．数ではなく，**ベクトル**を見る必要がある．もとの方程式系を，その行ではなく，その列に分解すると，ベクトルの方程式を得る：

$\boldsymbol{b}$ に等しい線形結合　$$x\begin{bmatrix}1\\2\end{bmatrix}+y\begin{bmatrix}-2\\1\end{bmatrix}=\begin{bmatrix}1\\7\end{bmatrix}=\boldsymbol{b}. \tag{2}$$

左辺に2つの列ベクトルがある．問題は**それらのベクトルの線形結合のうち，右辺のベクトルに一致するものを求めること**である．最初の列を x 倍，次の列を y 倍して，ベクトルを足し合わせる．正しく $x=3$ と $y=1$（前と同じ数）を選ぶと，これが 3（**第1列**）+1（**第2列**）$=\boldsymbol{b}$ となる．

列：　列ベクトルの絵では，方程式の左辺の列の線形結合で，右辺のベクトル $\boldsymbol{b}$ を作る．

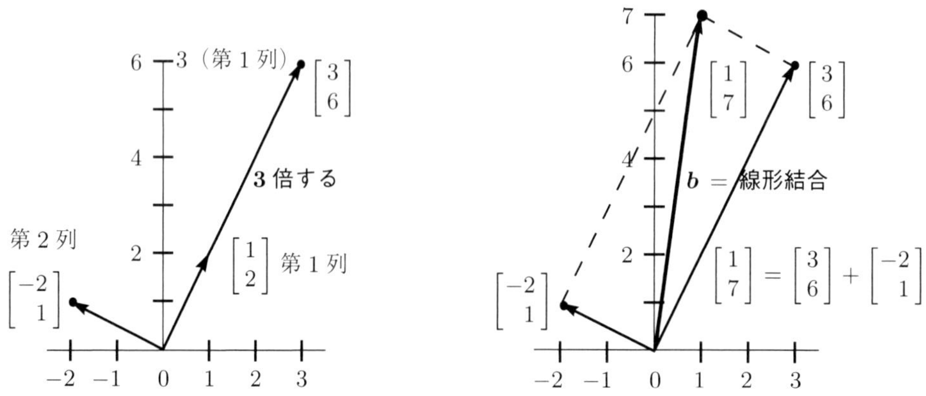

図 4.2　列ベクトルの絵：**3**（第1列）**+ 1**（第2列）の線形結合で，ベクトル $\boldsymbol{b}$ となる．

図4.2が，2つの未知数を含む2つの方程式の，“列ベクトルの絵”である．左辺には，2つの別個の列ベクトルがある．第1列のベクトルは3倍されている．この**スカラー**（ただの数）による乗算は，線形代数の2つの基本演算の1つである：

スカラー積　$$3\begin{bmatrix}1\\2\end{bmatrix}=\begin{bmatrix}3\\6\end{bmatrix}.$$

ベクトル $\boldsymbol{v}$ の成分が v_1 と v_2 であるとき，$c\boldsymbol{v}$ の成分は cv_1 と cv_2 になる．

もう一方の基本演算は，**ベクトル和**である．第1成分と第2成分をそれぞれ足し合わせる．$3-2$ と $6+1$ から，ベクトル和は求める $(1,7)$ となる：

ベクトル和　$$\begin{bmatrix}3\\6\end{bmatrix}+\begin{bmatrix}-2\\1\end{bmatrix}=\begin{bmatrix}1\\7\end{bmatrix}.$$

図4.2の右側に，このベクトル和が表されている．対角線に沿った和が，線形方程式系の右辺ベクトル $\boldsymbol{b}=(1,7)$ である．

繰り返すと：ベクトル方程式の左辺は，列ベクトルの**線形結合**である．問題は，その正しい係数 $x = 3$ と $y = 1$ を求めることである．スカラー積とベクトル和を，1 ステップに結合しているのだ．この線形結合のステップは，ベクトルの基本演算を含んでおり，非常に重要である：**掛けて，足せ**．

2 列の線形結合　$$3\begin{bmatrix} 1 \\ 2 \end{bmatrix} + \begin{bmatrix} -2 \\ 1 \end{bmatrix} = \begin{bmatrix} 1 \\ 7 \end{bmatrix}.$$

もちろん，この解 $x = 3, y = 1$ は，行ベクトルの絵でのものと同じである．どちらの絵をあなたが好むかはわからない！ 最初は，交わる 2 つの直線の方が，より身近だろう．行ベクトルの絵の方をより好むかもしれないが，それも 1 日だけである．私自身は列ベクトルの線形結合の方を好む．4 次元空間における 4 つのベクトルの線形結合を理解するほうが，4 つの "平面" が 1 つの点でどのように交差しうるだろうかと想像するよりも，ずっと簡単だからだ．**(4 次元空間内の，3 次元の平面ひとつでさえ，十分難しい...)**

式 (1) の左辺の**係数行列**は，2 行 2 列の行列 A である：

係数行列　$$A = \begin{bmatrix} 1 & -2 \\ 2 & 1 \end{bmatrix}.$$

ある行列を行の観点や，列の観点から見ることは，線形代数でとてもよくやることである．行は行ベクトルの絵を，列は列ベクトルの絵を与える．同じ数字に対して，異なる見方となるが，同じ方程式である．方程式系を，行列の問題 $A\boldsymbol{v} = \boldsymbol{b}$ として書く：

行列をベクトルに掛ける　$$\begin{bmatrix} 1 & -2 \\ 2 & 1 \end{bmatrix}\begin{bmatrix} x \\ y \end{bmatrix} = \begin{bmatrix} 1 \\ 7 \end{bmatrix}.$$

行ベクトルの絵では A の 2 つの行を扱う．列ベクトルの絵では，列ベクトルの線形結合をとる．数 $x = 3$ と $y = 1$ は，解のベクトル $\boldsymbol{v}$ の中にまとめられる．ここには，行列・ベクトル積，つまり (行列 A) × (ベクトル $\boldsymbol{v}$)，がある．この乗算 $A\boldsymbol{v}$ をよくみてみよう！

行との内積
列の線形結合　$A\boldsymbol{v} = \boldsymbol{b}$ は $$\begin{bmatrix} 1 & -2 \\ 2 & 1 \end{bmatrix}\begin{bmatrix} 3 \\ 1 \end{bmatrix} = \begin{bmatrix} 1 \\ 7 \end{bmatrix}$$ である．　(3)

ベクトルの線形結合

3 次元に進む前に，ベクトルの最も重要な演算を説明する．$\boldsymbol{v} = (3, 1)$ のようなベクトルは 1 組の数値として，または平面上の点として，あるいは (0, 0) を始点とする矢印として，理解できる．その矢印は図 4.3 のように，点 (3, 1) で終わる．

最初のステップでは，そのベクトルに任意の数値 c を掛ける．もし $c = 2$ ならば，ベクトルは 2 倍されて $2\boldsymbol{v}$ になる．もし $c = -1$ ならば，その向きが変わって $-\boldsymbol{v}$ となる．常に，そ

$$\boldsymbol{v} = \begin{bmatrix} 3 \\ 1 \end{bmatrix}$$

列ベクトル

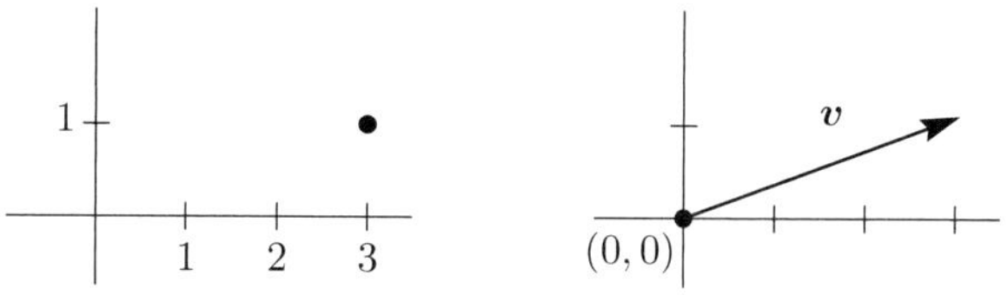

点 (3, 1)　　　　(3, 1) への矢印

図 4.3　ベクトル $\boldsymbol{v}$ は，2 つの数値として，または 1 つの点として，または $(0,0)$ からの矢印として与えられる．

の“スカラー”の c は，ベクトル $\boldsymbol{v}$ の各成分（ここでは 3 と 1）に，別々に掛ける．矢印は $2\boldsymbol{v}$ では長さが 2 倍になり，$-\boldsymbol{v}$ ではその向きが反転する：

$$2\boldsymbol{v} = \begin{bmatrix} 6 \\ 2 \end{bmatrix} \quad -\boldsymbol{v} = \begin{bmatrix} -3 \\ -1 \end{bmatrix}$$

列ベクトル

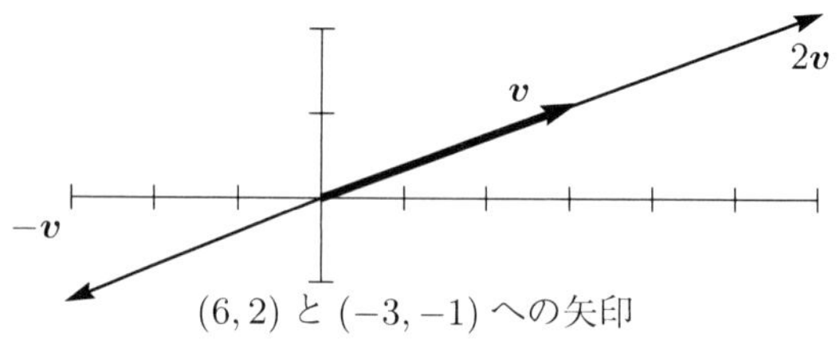

(6, 2) と (−3, −1) への矢印

図 4.4　ベクトル $\boldsymbol{v} = (3,1)$ にスカラー $c = 2$ および -1 を掛けて $c\boldsymbol{v} = (3c, c)$ を得る．

もう 1 つのベクトル $\boldsymbol{w} = (-1,1)$ があるとき，それを $\boldsymbol{v}$ に加えられる．ベクトルの加算 $\boldsymbol{v}+\boldsymbol{w}$ は，数値を用いてもよく（普通の方法），あるいは矢印を用いてもよい（$\boldsymbol{v}+\boldsymbol{w}$ を可視化するために）．図 4.5 で，矢印の頭と尻尾をくっつける：**$\boldsymbol{v}$ の終点に，$\boldsymbol{w}$ の始点を置け**．

$$\boldsymbol{v}+\boldsymbol{w} = \begin{bmatrix} 3 \\ 1 \end{bmatrix} + \begin{bmatrix} -1 \\ 1 \end{bmatrix} = \begin{bmatrix} 2 \\ 2 \end{bmatrix}$$

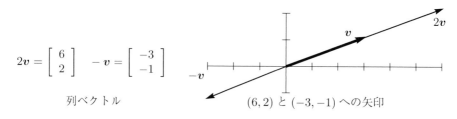

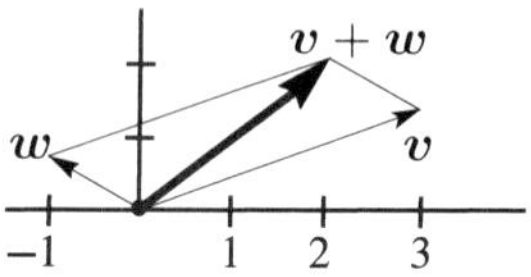

図 4.5　$\boldsymbol{v} = (3,1)$ と $\boldsymbol{w} = (-1,1)$ の和は $\boldsymbol{v}+\boldsymbol{w} = (2,2)$ である．これは $\boldsymbol{w}+\boldsymbol{v}$ でもある．

こういうのも何だが，乗算 $\boldsymbol{v}+\boldsymbol{w}$ と乗算 $c\boldsymbol{v}$ はすぐに，第 2 の天性となる．それら自体は，印象深いものではない．両方を一度に行うとき，真に価値をもつ．**$c\boldsymbol{v}$ と，そしてまた $d\boldsymbol{w}$ と掛けよ．その後，足し合わせて線形結合 $c\boldsymbol{v}+d\boldsymbol{w}$ を得よ**．

線形結合 $2\boldsymbol{v}+3\boldsymbol{w}$　$$2\begin{bmatrix} 3 \\ 1 \end{bmatrix} + 3\begin{bmatrix} -1 \\ 1 \end{bmatrix} = \begin{bmatrix} 3 \\ 5 \end{bmatrix}.$$

これが線形代数の基本演算である！ もし $\boldsymbol{v}=(1,1,1,1,2)$ と $\boldsymbol{w}=(3,0,0,1,0)$ のような 5 次元のベクトル 2 つであっても，$\boldsymbol{v}$ に 2 を，$\boldsymbol{w}$ に 1 を掛け，これを結合して $2\boldsymbol{v}+\boldsymbol{w}=(5,2,2,3,4)$ を得られる．どの線形結合 $c\boldsymbol{v}+d\boldsymbol{w}$ も，大きな 5 次元空間 $\mathbf{R}^5$ の中のベクトルである．

$\mathbf{R}^5$ の中のこれらのベクトルを示す図が描けないことは認める．どうにか，$\boldsymbol{v}$ と $\boldsymbol{w}$ へ向かう矢印を想像する．もしベクトル $c\boldsymbol{v}$ のすべてを考えると，**それらは $\mathbf{R}^5$ の中で，直線を形成する**．c は正にも，負にも，零にもなれるから，その直線は $(0,0,0,0,0)$ から両方の向きに伸びる．

同様に，ベクトル $d\boldsymbol{w}$ すべての直線がある．困難だが最重要なことは，すべての線形結合 $c\boldsymbol{v}+d\boldsymbol{w}$ を想像することである．1 つの直線上のすべてのベクトルを，他方の直線上のすべてのベクトルに足してみよ．何が得られるか？ それは，その大きな 5 次元空間の中の "2 次元平面" である．その平面を可視化しようとして眠れなくなることはない（5 つの数字を用いて作業することに何の問題もない）．高次元での線形結合では，代数が勝る．

$\boldsymbol{v}$ と $\boldsymbol{w}$ の内積

ベクトルについての，その他の重要な演算は，一種の乗算だ．これは，普通の乗算ではないので $\boldsymbol{vw}$ とは書かない．$\boldsymbol{v}$ と $\boldsymbol{w}$ からの出力は 1 つの数値で，これは**内積** $\boldsymbol{v}\cdot\boldsymbol{w}$ と呼ばれる．

定義 $\boldsymbol{v}=(v_1,v_2)$ と $\boldsymbol{w}=(w_1,w_2)$ の**内積**（ドット積）は，次の数値 $\boldsymbol{v}\cdot\boldsymbol{w}$ である：

$$\boldsymbol{v}\cdot\boldsymbol{w}=v_1w_1+v_2w_2. \tag{4}$$

$\boldsymbol{v}=(3,1)$ と $\boldsymbol{w}=(-1,1)$ の内積は $\boldsymbol{v}\cdot\boldsymbol{w}=(3)(-1)+(1)(1)=-2$ である．

例 1　列ベクトル $(1,2)$ と $(-2,1)$ の内積は**零**である：

内積が零
垂直なベクトル
$$\begin{bmatrix}1\\2\end{bmatrix}\cdot\begin{bmatrix}-2\\1\end{bmatrix}=-2+2=0.$$

数学では，零はいつも特殊な数である．内積ではそれは，**これら 2 つのベクトルが互いに垂直である**ことを意味する．それらの間の角度は 90° である．

2 つの垂直なベクトルの最も明快な例は，x 軸に沿う $\boldsymbol{i}=(1,0)$ と，y 軸上向きの $\boldsymbol{j}=(0,1)$ である．内積は再び $\boldsymbol{i}\cdot\boldsymbol{j}=0+0=0$ である．それらのベクトル $\boldsymbol{i}$ と $\boldsymbol{j}$ は直角をなす．それらは 2 行 2 列の**単位行列** I の 2 列である．

$\boldsymbol{v}=(3,1)$ と $\boldsymbol{w}=(1,2)$ の内積は 5 である．もうすぐ $\boldsymbol{v}\cdot\boldsymbol{w}$ は $\boldsymbol{v}$ と $\boldsymbol{w}$ の間の角度（90° ではない）を表すことがわかる．$\boldsymbol{w}\cdot\boldsymbol{v}$ もまた 5 であることを確かめてほしい．

行列 $\boldsymbol{A}$ とベクトル $\boldsymbol{v}$ を掛ける

線形方程式系は $A\boldsymbol{v}=\boldsymbol{b}$ の形をとる．右辺 $\boldsymbol{b}$ は列ベクトルである．左辺で，係数行列 A が未

知の列ベクトル $\boldsymbol{v}$ に掛かる（$A\boldsymbol{v}$ では，内積を表す“ドット”を使わない）．最重要な事実は，$A\boldsymbol{v}$ が**行ベクトルの絵では内積を用いて**計算され，その一方，**列ベクトルの絵では列ベクトルの線形結合である**ということである．

“列ベクトルの線形結合”という箇所を太字で書いたのは，これは本質的な概念であるのに，ときどき見落とされるからだ．線形代数では通常は 1 つの定義で十分であるが，$A\boldsymbol{v}$ には 2 つの定義がある——行と列はそれぞれ，同じ出力ベクトル $A\boldsymbol{v}$ を生み出す．

A に n 個の列 $\boldsymbol{a}_1, \ldots, \boldsymbol{a}_n$ があっても，規則は変わらない．このとき，$\boldsymbol{v}$ は n 個の成分をもつ．ベクトル $A\boldsymbol{v}$ はまたもや，列ベクトルの線形結合 $A\boldsymbol{v} = v_1\boldsymbol{a}_1 + v_2\boldsymbol{a}_2 + \cdots + v_n\boldsymbol{a}_n$ である．**$\boldsymbol{v}$ の中の数値が，$\boldsymbol{A}$ の列ベクトルに掛かる**．$n = 2$ から始めよう．

$$\text{行ごとに}\quad A\boldsymbol{v} = \begin{bmatrix} (\text{第 1 行})\cdot\boldsymbol{v} \\ (\text{第 2 行})\cdot\boldsymbol{v} \end{bmatrix} \qquad \text{列ごとに}\quad A\boldsymbol{v} = v_1(\text{第 1 列}) + v_2(\text{第 2 列}).$$

例 2　式 (3) で，私は“行との内積”および“列の線形結合”と書いた．ここで，その意味がわかるだろう．それらは $A\boldsymbol{v}$ を見る，2 つの方法である：

$$\begin{array}{l}\textbf{行との内積}\\ \textbf{列の線形結合}\end{array}\qquad \begin{bmatrix} a\,v_1 + b\,v_2 \\ c\,v_1 + d\,v_2 \end{bmatrix} = v_1\begin{bmatrix} a \\ c \end{bmatrix} + v_2\begin{bmatrix} b \\ d \end{bmatrix}. \tag{5}$$

あなたは当然，問うかもしれない．**$A\boldsymbol{v}$ を求める方法はどちらか**？ 私自身の回答はこうである：行を用いて計算し，列を用いて可視化（そして理解）する．列の線形結合は，真に本質的である．しかし $A\boldsymbol{v}$ の答えを計算するには，一度に 1 成分ずつ求めなくてはならない．$A\boldsymbol{v}$ のそれら成分は，A の行との内積である．

$$\begin{bmatrix} 2 & 3 \\ 4 & 5 \end{bmatrix}\begin{bmatrix} v_1 \\ v_2 \end{bmatrix} = \begin{bmatrix} 2v_1 + 3v_2 \\ 4v_1 + 5v_2 \end{bmatrix} = v_1\begin{bmatrix} 2 \\ 4 \end{bmatrix} + v_2\begin{bmatrix} 3 \\ 5 \end{bmatrix}.$$

特異行列と平行な直線

行ベクトルと列ベクトルの絵は破たんしうる——しかも，一緒に破たんする．2 行 2 列の行列では，行ベクトルの絵は，第 1 行と第 2 行からの直線が平行であるときに破たんする．直線が交わらないので，$A\boldsymbol{v} = \boldsymbol{b}$ には解がない：

$$A = \begin{bmatrix} 2 & 3 \\ 4 & 6 \end{bmatrix} \qquad \begin{array}{l} 2v_1 - 3v_2 = 6 \\ 4v_1 - 6v_2 = 0 \end{array}$$

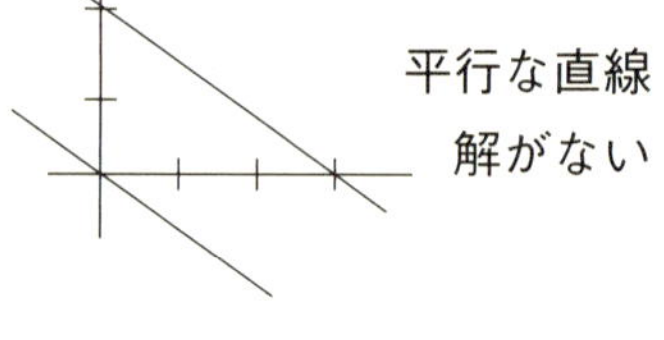

行ベクトルの絵が示した問題は，代数でも同様：第 1 式の 2 倍は $4v_1 - 6v_2 = \mathbf{12}$ となる．しかし，第 2 式が $4v_1 - 6v_2 = \mathbf{0}$ を要求する．この直線は，右辺が零なので，原点 $(0, 0)$ を通ることに注意せよ．

列ベクトルの絵ではどのように破たんするか？ **第 1 列と第 2 列は同じ方向を向く**．行ベクトルが“線形従属”なときは，列ベクトルもまた線形従属である．列 $(2,4)$ と $(3,6)$ の線形結合はすべて，同じ方向を向く．右辺 $\boldsymbol{b}=(6,0)$ はその直線上にないので，$\boldsymbol{b}$ は A のそれら 2 つの列ベクトルの線形結合では**ない**．図 4.6 (a) は，この方程式には**解がない**ことを示す．

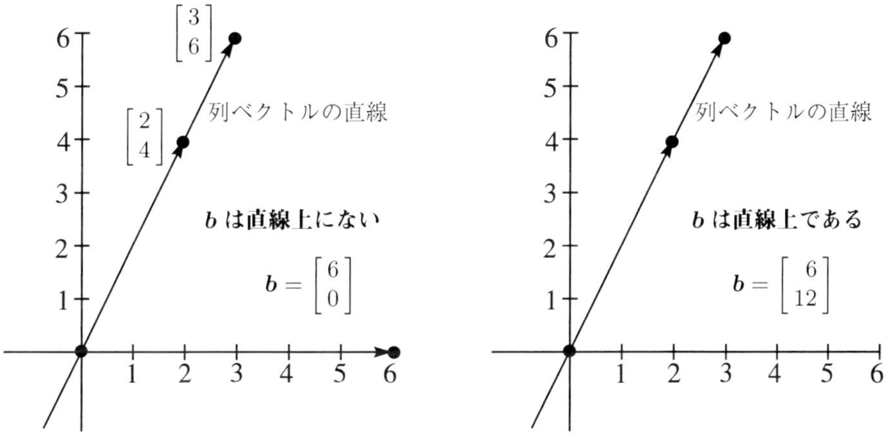

図 **4.6**　列ベクトルの絵 (a) 解はない　　(b) 無限個の解

例 3　同じ行列 A で，今度は $\boldsymbol{b}=(6,12)$ では，$A\boldsymbol{v}=\boldsymbol{b}$ に無限に多くの解がある．

$$A=\begin{bmatrix} 2 & 3 \\ 4 & 6 \end{bmatrix} \qquad \begin{aligned} 2v_1-3v_2&=\mathbf{6} \\ 4v_1-6v_2&=\mathbf{12} \end{aligned}$$

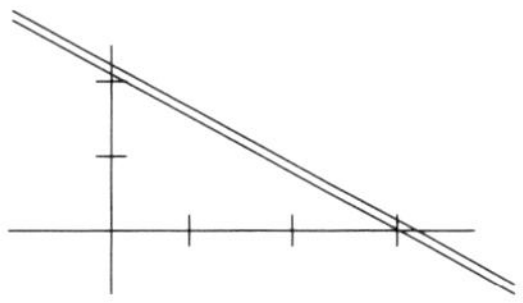

行ベクトルの絵では，2 つの直線は同一である．その直線上の**すべての点**が両方の方程式を満たす．式 1 の 2 倍は，式 2 を与える．それらの直線は重なって，一直線である．

上述の列ベクトルの絵では，右辺 $\boldsymbol{b}=(6,12)$ が，列ベクトルの直線上にちょうど乗っかる．後に我々はこう言う：**$\boldsymbol{b}$ は A の列空間内にある**．列の線形結合として $(6,12)$ をつくる方法が無限に多くある．これらは $\boldsymbol{b}=(0,0)$ をつくる無限に多くの方法に由来する（$\boldsymbol{c}$ **を任意に選べ**）．そして，$\boldsymbol{b}=(6,12)=3(2,4)$ をつくる 1 方法を追加せよ．

$$\begin{bmatrix} 0 \\ 0 \end{bmatrix}=\mathbf{3}\boldsymbol{c}\begin{bmatrix} 2 \\ 4 \end{bmatrix}+\mathbf{2}\boldsymbol{c}\begin{bmatrix} -3 \\ -6 \end{bmatrix} \qquad \begin{bmatrix} 6 \\ 12 \end{bmatrix}=\mathbf{3}\begin{bmatrix} 2 \\ 4 \end{bmatrix}+\mathbf{0}\begin{bmatrix} -3 \\ -6 \end{bmatrix}. \tag{6}$$

このベクトル $\boldsymbol{v}_n=(\mathbf{3}\boldsymbol{c},\mathbf{2}\boldsymbol{c})$ は斉次解で，$\boldsymbol{v}_p=(\mathbf{3},\mathbf{0})$ は特殊解である．$\boldsymbol{A}\boldsymbol{v}_{\boldsymbol{n}}$ **は零に等しく，** $\boldsymbol{A}\boldsymbol{v}_{\boldsymbol{p}}$ **は $\boldsymbol{b}$ に等しい**．このとき，$A(\boldsymbol{v}_p+\boldsymbol{v}_n)=\boldsymbol{b}$．$\boldsymbol{v}_p$ と $\boldsymbol{v}_n$ は，合わせて**一般解**，つまり A の列から $\boldsymbol{b}=(6,12)$ をつくるすべての方法，を与える：

$$Av = b \text{ に対する一般解} \qquad v_{一般} = v_p + v_n = \begin{bmatrix} 3 \\ 0 \end{bmatrix} + \begin{bmatrix} 3c \\ 2c \end{bmatrix}. \tag{7}$$

3次元での方程式と図

3次元では，$x + y + 2z = 6$ のような線形方程式は**平面**となる．右辺が0だったならば，その平面は $(0,0,0)$ を通る．この場合，その“6”は，中心点 $(0,0,0)$ からそれた，平行な平面へ我々を移す．

第2の線形方程式がもう1つの平面を生み出す．通常，2つの平面は**直線**で交わる．すると，第3の平面（第3の方程式からの）は，その線を**1点**で横切る．その点が，3つの平面すべての上にあり，3つの方程式すべてを満たす．

これは**行ベクトルの絵**である：3次元空間の中の3つの平面．それらが解で交わる．この行ベクトルの絵は図示するのが難しいというのが大きな問題である．3つの平面は，それらがどのように交わるのかを明確に理解するには多すぎる（ピカソなら，できたかもしれない）．

$Av = b$ の**列ベクトルの絵**は，より容易である．3次元空間内の，3つの列ベクトルから出発する．それら，A の列を線形結合して，v_1(第1列) + v_2(第2列) + v_3(第3列) = $\boldsymbol{b}$ というベクトルをつくりたい．通常，これを行う方法が1つある．それが解 (v_1, v_2, v_3) を与える—それは，行ベクトルの絵での交点でもある．

成功例（1つの解）を1つ，そして失敗例（解がない）を1つ挙げる．例は両方とも単純だが，線形代数の深みに真に食い込むものである．

例4　可逆な行列 A，任意の右辺 $\boldsymbol{b}$ に対して1つの解 $\boldsymbol{v}$.

$$A\boldsymbol{v} = \boldsymbol{b} \qquad \text{は} \qquad \begin{bmatrix} 1 & 0 & 0 \\ -1 & 1 & 0 \\ 0 & -1 & 1 \end{bmatrix} \begin{bmatrix} v_1 \\ v_2 \\ v_3 \end{bmatrix} = \begin{bmatrix} 1 \\ 3 \\ 5 \end{bmatrix}. \tag{8}$$

この行列は**下三角**である．主対角成分の上は零ばかりである．下三角行列の方程式系は，上から下へ，前進代入によりすばやく解ける．一番上の方程式が v_1 を与え，そして下へ降りていく．まず $v_1 = \mathbf{1}$．すると，$-v_1 + v_2 = 3$ より $v_2 = \mathbf{4}$．すると，$-v_2 + v_3 = 5$ より $v_3 = \mathbf{9}$．

図4.7は3つの列ベクトル $\boldsymbol{a}_1, \boldsymbol{a}_2, \boldsymbol{a}_3$ を示す．それらを $1,4,9$ 倍して線形結合すると，$\boldsymbol{b} = (1,3,5)$ となる．逆に $\boldsymbol{v} = (1,4,9)$ は $A\boldsymbol{v} = \boldsymbol{b}$ の解に違いない．

例5　特異行列：$C\boldsymbol{v} = \boldsymbol{b}$ の解はないか，または無限に多くの解がある（$\boldsymbol{b}$ による）．

$$\begin{aligned} \boldsymbol{w_1} - \boldsymbol{w_3} &= \boldsymbol{b_1} \\ -\boldsymbol{w_1} + \boldsymbol{w_2} &= \boldsymbol{b_2} \\ -\boldsymbol{w_2} + \boldsymbol{w_3} &= \boldsymbol{b_3} \end{aligned} \quad \begin{bmatrix} 1 & 0 & -1 \\ -1 & 1 & 0 \\ 0 & -1 & 1 \end{bmatrix} \begin{bmatrix} w_1 \\ w_2 \\ w_3 \end{bmatrix} = \begin{bmatrix} 1 \\ 3 \\ 5 \end{bmatrix} \text{ または } \begin{bmatrix} 0 \\ 0 \\ 0 \end{bmatrix} \text{ または } \begin{bmatrix} 1 \\ 2 \\ -3 \end{bmatrix}. \tag{9}$$

この行列 C は“巡回行列”である．どの行も，1と0と -1 の定数からなり，これらが巡回して，対角成分に沿って，3つの等しい成分が並ぶ．巡回行列は8章での高速フーリエ変換（**FFT**）に，うってつけである．

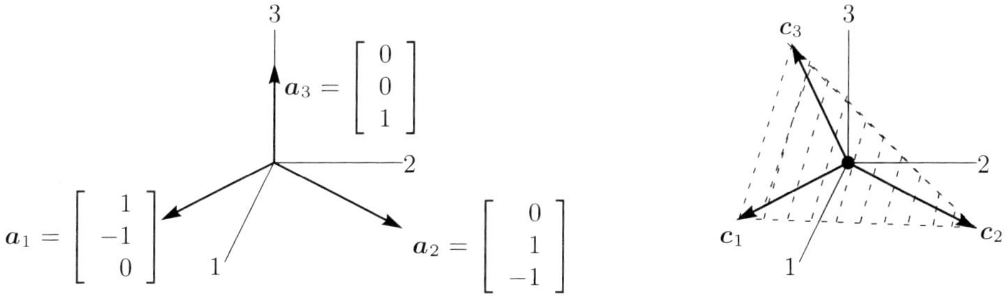

図 4.7　線形独立な列ベクトル $\boldsymbol{a_1}, \boldsymbol{a_2}, \boldsymbol{a_3}$ は平面内にない．線形従属な列ベクトル $\boldsymbol{c}_1, \boldsymbol{c}_2, \boldsymbol{c}_3$ は，すべて同一平面内にある 3 つのベクトルである．

$C\boldsymbol{w} = \boldsymbol{b}$ が解をもつかを知るには，これら 3 つの方程式を辺々加えて $0 = b_1 + b_2 + b_3$ を得る．

$$\text{左辺} \qquad (w_1 - w_3) + (-w_3 + w_2) + (-w_2 + w_3) = 0. \tag{10}$$

$0 = b_1 + b_2 + b_3$ でない限り，$C\boldsymbol{w} = \boldsymbol{b}$ は解をもてない．$\boldsymbol{b} = (1, 3, 5)$ の成分の和は零でないので，$C\boldsymbol{w} = (1, 3, 5)$ には解がない．

図 4.7 がこの問題を表す．**$\boldsymbol{C}$ の 3 つの列ベクトルは 1 つの平面上に乗る．それら列ベクトルの線形結合 $\boldsymbol{Cw}$ は，すべてその同じ平面上にある．** もし右辺ベクトル $\boldsymbol{b}$ がその平面上になければ，$C\boldsymbol{w} = \boldsymbol{b}$ は解けない．平面の方程式が $b_1 + b_2 + b_3 = 0$ を要求するので，ベクトル $\boldsymbol{b} = (1, 3, 5)$ は平面外にある．

もちろん $C\boldsymbol{w} = (0, 0, 0)$ は常に，自明な解 $\boldsymbol{w} = (0, 0, 0)$ をもつ．しかし，C の列が（ここでのように）平面上に乗るとき，$C\boldsymbol{w} = \boldsymbol{0}$ に対する，自明でない解が，追加される．それら 3 つの方程式は $w_1 = w_3$ と $w_1 = w_2$ と $w_2 = w_3$ であり，**斉次解**は $\boldsymbol{w}_n = (\boldsymbol{c}, \boldsymbol{c}, \boldsymbol{c})$ となる．3 つの成分すべてが等しいとき，$C\boldsymbol{w}_n = \boldsymbol{0}$ を満たす．

ベクトル $\boldsymbol{b} = (1, 2, -3)$ では $b_1 + b_2 + b_3 = 0$ なので，これも列ベクトルの平面内にある．この幸運な場合には，$C\boldsymbol{w}_p = \boldsymbol{b}$ に対する**特殊解**がなくてはならない．任意の解が特殊解となれるので，特殊解 $\boldsymbol{w}_p$ はたくさんある．$w_3 = 0$ で終わる特殊解 $\boldsymbol{w}_p = (1, 3, 0)$ を選ぶことにすると：

$$C\boldsymbol{w}_p = \begin{bmatrix} 1 & 0 & -1 \\ -1 & 1 & 0 \\ 0 & -1 & 1 \end{bmatrix} \begin{bmatrix} 1 \\ 3 \\ 0 \end{bmatrix} = \begin{bmatrix} 1 \\ 2 \\ -3 \end{bmatrix}$$

> 一般解は
> $\boldsymbol{w}_{\text{一般}} = \boldsymbol{w}_p +$ 任意の $\boldsymbol{w}_n$

まとめ　第 3 列 $\boldsymbol{a}_3$ と $\boldsymbol{c}_3$ が異なる，これら 2 つの行列 A と C で，線形代数の 2 つのキーワードに言及できる：**線形独立性と線形従属性**．本書では，これらの概念をずっと深く発展させる．この 2 例で，早い内に理解していただければ幸いである．

$\boldsymbol{a}_1, \boldsymbol{a}_2, \boldsymbol{a}_3$ は線形独立	**$\boldsymbol{A}$ は可逆**	**$\boldsymbol{Av} = \boldsymbol{b}$ には 1 つの解 $\boldsymbol{v}$**
$\boldsymbol{c}_1, \boldsymbol{c}_2, \boldsymbol{c}_3$ は線形従属	**$\boldsymbol{C}$ は特異**	**$\boldsymbol{Cw} = \boldsymbol{0}$ には多くの解 $\boldsymbol{w}_n$**

いずれは，n 次元空間内の n 個の列ベクトルを扱う．行列は n 行 n 列となる．大切な質問は，$A\boldsymbol{v}=\boldsymbol{0}$ の解が，自明な解だけであるか，ということである．その場合，列ベクトルは，どんな“超平面”にも乗っていない．列が線形独立なとき，その行列は可逆である．

演習問題 4.1

問題 1～8 は，$A\boldsymbol{v}=\boldsymbol{b}$ の，行ベクトルと列ベクトルの絵に関するものである．

1 $A=I$（単位行列）のときに，行ベクトルの絵での平面を描け．ある箱の 3 つの側面が，解 $\boldsymbol{v}=(x,y,z)=(2,3,4)$ で交わる：

$$\begin{aligned}1x+0y+0z&=2\\0x+1y+0z&=3\\0x+0y+1z&=4\end{aligned}\qquad \text{すなわち}\qquad \begin{bmatrix}1&0&0\\0&1&0\\0&0&1\end{bmatrix}\begin{bmatrix}x\\y\\z\end{bmatrix}=\begin{bmatrix}2\\3\\4\end{bmatrix}.$$

列ベクトルの絵での 4 つのベクトルを描け．(2× 第 1 列) 足す，(3× 第 2 列) 足す，(4× 第 3 列) は，右辺 $\boldsymbol{b}$ に等しい．

2 問題 1 の 3 つの方程式を，それぞれ 2, 3, 4 倍すると，$D\boldsymbol{V}=\boldsymbol{B}$ になる：

$$\begin{aligned}2x+0y+0z&=4\\0x+3y+0z&=9\\0x+0y+4z&=16\end{aligned}\qquad \text{すなわち}\qquad D\boldsymbol{V}=\begin{bmatrix}2&0&0\\0&3&0\\0&0&4\end{bmatrix}\begin{bmatrix}x\\y\\z\end{bmatrix}=\begin{bmatrix}4\\9\\16\end{bmatrix}=\boldsymbol{B}.$$

行ベクトルの絵での図はなぜ同じままか？ この解 $\boldsymbol{V}$ は $\boldsymbol{v}$ と同じか？ 列ベクトルの絵では何が変わるか―列ベクトルか，それとも $\boldsymbol{B}$ を与える線形結合か？

3 方程式 1 を方程式 2 に加えるとき，以下のどれが変化するか：行ベクトルの絵での平面，列ベクトルの絵でのベクトル，係数行列，そして解？ 例えば問題 1 では，新たな方程式系は $x=2, x+y=5, z=4$ となる．

4 2 平面 $x+y+3z=6$ と $x-y+z=4$ の交線上で，$z=2$ となる点を求めよ．$z=0$ となる点を求めよ．それらの中点である第 3 の点を求めよ．

5 以下の方程式系の第 1 式足す第 2 式は，第 3 式に等しい：

$$\begin{aligned}x+\ y+\ z&=2\\x+2y+\ z&=3\\2x+3y+2z&=5.\end{aligned}$$

最初の 2 つの平面は直線で交わる．第 3 の平面はその直線を含む．なぜなら，もし x,y,z が最初の 2 つの方程式を満たせば，それらはまた ＿＿＿．この方程式系は無限に多くの解をもつ（直線 $\mathbf{L}$ 全体）．$\mathbf{L}$ 上の解を 3 つ求めよ．

6　問題 5 での第 3 の平面を，平面 $2x+3y+2z=9$ へ平行移動したとする．今度は，その 3 つの方程式には解がない—— **なぜないか**？ 最初の 2 つの平面は直線 $\mathbf{L}$ で交わるが，第 3 の平面はその直線を ＿＿ ない．

7　問題 5 で，列ベクトルは $(1,1,2)$ と $(1,2,3)$ と $(1,1,2)$ である．第 3 列が ＿＿ だから，これは "特異な場合" である．$\boldsymbol{b}=(2,3,5)$ を与える列ベクトルの線形結合を，2 通り求めよ．$\boldsymbol{b}=(4,6,c)$ に対して，線形結合をつくれるのは $c=$ ＿＿ のときだけである．

8　通常，4 次元空間内の 4 つの "平面" は ＿＿ で交わる．通常，4 次元空間内の 4 つのベクトルは，線形結合により $\boldsymbol{b}$ を生み出せる．$(1,0,0,0)$, $(1,1,0,0)$, $(1,1,1,0)$, $(1,1,1,1)$ をどう線形結合したら $\boldsymbol{b}=(3,3,3,2)$ になるか？

問題 9〜14 は，行列とベクトルの掛け算に関するものである．

9　各行と，列ベクトルの内積により，$A\boldsymbol{x}$ をそれぞれ計算せよ：

(a) $\begin{bmatrix} 1 & 2 & 4 \\ -2 & 3 & 1 \\ -4 & 1 & 2 \end{bmatrix}\begin{bmatrix} 2 \\ 2 \\ 3 \end{bmatrix}$　　(b) $\begin{bmatrix} 2 & 1 & 0 & 0 \\ 1 & 2 & 1 & 0 \\ 0 & 1 & 2 & 1 \\ 0 & 0 & 1 & 2 \end{bmatrix}\begin{bmatrix} 1 \\ 1 \\ 1 \\ 2 \end{bmatrix}$

10　問題 9 で，それぞれの $A\boldsymbol{x}$ を，各列ベクトルの線形結合として計算せよ：

9(a) では　$A\boldsymbol{x}=2\begin{bmatrix} 1 \\ -2 \\ -4 \end{bmatrix}+2\begin{bmatrix} 2 \\ 3 \\ 1 \end{bmatrix}+3\begin{bmatrix} 4 \\ 1 \\ 2 \end{bmatrix}=\begin{bmatrix} \\ \\ \end{bmatrix}$　となる．

行列が "3 行 3 列" のとき，$A\boldsymbol{x}$ のために何回の掛け算をするか？

11　$A\boldsymbol{x}$ の 2 成分を，行と列，それぞれの方法で求めよ：

$$\begin{bmatrix} 2 & 3 \\ 5 & 1 \end{bmatrix}\begin{bmatrix} 4 \\ 2 \end{bmatrix} \quad と \quad \begin{bmatrix} 3 & 6 \\ 6 & 12 \end{bmatrix}\begin{bmatrix} 2 \\ -1 \end{bmatrix} \quad と \quad \begin{bmatrix} 1 & 2 & 4 \\ 2 & 0 & 1 \end{bmatrix}\begin{bmatrix} 3 \\ 1 \\ 1 \end{bmatrix}.$$

12　A と $\boldsymbol{x}$ を掛けて，$A\boldsymbol{x}$ の 3 成分を求めよ：

$$\begin{bmatrix} 0 & 0 & 1 \\ 0 & 1 & 0 \\ 1 & 0 & 0 \end{bmatrix}\begin{bmatrix} x \\ y \\ z \end{bmatrix} \quad と \quad \begin{bmatrix} 2 & 1 & 3 \\ 1 & 2 & 3 \\ 3 & 3 & 6 \end{bmatrix}\begin{bmatrix} 1 \\ 1 \\ -1 \end{bmatrix} \quad と \quad \begin{bmatrix} 2 & 1 \\ 1 & 2 \\ 3 & 3 \end{bmatrix}\begin{bmatrix} 1 \\ 1 \end{bmatrix}.$$

13　(a) m 行 n 列の行列を，＿＿ 成分のベクトルに掛けて，＿＿ 成分のベクトルとなる．

(b) $m\times n$ 行列 A について，m 個の方程式 $A\boldsymbol{x}=\boldsymbol{b}$ の表す平面は，＿＿ 次元空間内にある．A の列ベクトルの線形結合は，＿＿ 次元空間内にある．

14 $2x+3y+z+5t=8$ を，ある行列 A（何行の？）を列ベクトル $\boldsymbol{x}=(x,y,z,t)$ に掛けて $\boldsymbol{b}$ を得るという形に書け．この解 $\boldsymbol{x}$ は4次元空間内の平面，あるいは“超平面”，を埋め尽くす．**この平面は3次元であるが，4次元での体積はない**．

問題 **15～22** では，ベクトルに対して特殊な方法で作用する行列について問う．

15 (a) 2行2列の単位行列とは何か？ 積 $I\begin{bmatrix}\mathrm{x}\\\mathrm{y}\end{bmatrix}$ は $\begin{bmatrix}\mathrm{x}\\\mathrm{y}\end{bmatrix}$ に等しい．

(b) 2行2列の交換行列とは何か？ 積 $P\begin{bmatrix}\mathrm{x}\\\mathrm{y}\end{bmatrix}$ は $\begin{bmatrix}\mathrm{y}\\\mathrm{x}\end{bmatrix}$ に等しい．

16 (a) どのベクトルも時計回りに 90° 回転する2行2列の行列 R は何か？ 積 $R\begin{bmatrix}\boldsymbol{x}\\\boldsymbol{y}\end{bmatrix}$ は $\begin{bmatrix}\boldsymbol{y}\\-\boldsymbol{x}\end{bmatrix}$ となる．

(b) どのベクトルも 180° 回転する2行2列の行列 R^2 は何か？

17 (x,y,z) に掛けると (y,z,x) になる行列 P を求めよ．(y,z,x) に掛けると (x,y,z) に戻す行列 Q を求めよ．

18 第1成分を第2成分から差し引く2行2列の行列 E は何か？ 同じことをする3行3列の行列は何か？

$$E\begin{bmatrix}3\\5\end{bmatrix}=\begin{bmatrix}3\\2\end{bmatrix} \qquad \text{そして} \qquad E\begin{bmatrix}3\\5\\7\end{bmatrix}=\begin{bmatrix}3\\2\\7\end{bmatrix}.$$

19 どんな3行3列の行列 E を (x,y,z) に掛けると $(x,y,z+x)$ になるか？ どんな行列 E^{-1} を (x,y,z) に掛けると $(x,y,z-x)$ になるか？ もし E を $(3,4,5)$ に掛けて，その後 E^{-1} を掛けると，その2つの結果は (_____) と (_____) である．

20 ベクトル (x,y) を x 軸に射影して，$(x,0)$ とする2行2列の行列 P_1 は何か？ y 軸に射影して，$(0,y)$ とする行列 P_2 は何か？ もし $(5,7)$ に P_1 を掛け，その後 P_2 を掛けると，その2つの結果は (_____) と (_____) である．

21 任意のベクトルを反時計回りに 45° 回転する2行2列の行列 R は何か？ ベクトル $(1,0)$ は $(\sqrt{2}/2,\sqrt{2}/2)$ に移り，ベクトル $(0,1)$ は $(-\sqrt{2}/2,\sqrt{2}/2)$ に移る．これらが，その行列を定める．これらの特別なベクトルを xy 平面上に描き，R を求めよ．

22 $(1,4,5)$ と (x,y,z) の内積を，行列による掛け算 $A\boldsymbol{v}$ として書け．その行列 A は1行である．$A\boldsymbol{v}=\boldsymbol{0}$ の解はベクトル _____ に垂直な _____ の上にある．A の列ベクトルは，_____ 次元空間内だけにある．

23 MATLAB の記法で，この行列 A と列ベクトル $\boldsymbol{v}$ および $\boldsymbol{b}$ を定義するコマンドを書け．どのコマンドで，$A\boldsymbol{v}=\boldsymbol{b}$ であるかどうかを判定できるか？

$$A=\begin{bmatrix}1&2\\3&4\end{bmatrix} \qquad \boldsymbol{v}=\begin{bmatrix}5\\-2\end{bmatrix} \qquad \boldsymbol{b}=\begin{bmatrix}1\\7\end{bmatrix}$$

24 成分がすべて 1 の 4 行 4 列の行列 A = ones(4) と列ベクトル v = ones(4,1) を掛けると，A*v は何か？（計算機は不要.）B = eye(4) + ones(4) と w = zeros(4,1) + 2*ones(4,1) の積 B*w は何か？[1)]

問題 25〜27 では，2, 3, および 4 次元での，行ベクトルと列ベクトルの絵を復習する．

25 方程式 $x - 2y = 0, x + y = 6$ に対する，行ベクトルと列ベクトルの絵での図を描け．

26 3 つの未知数 x, y, z をもつ 2 つの線形方程式に対して，行ベクトルの絵では（2・3）次元空間内の，(2・3）個の（直線・平面）を考え，列ベクトルの絵では，(2・3）次元空間を考える．この解は通常は，_____ 上にある．

27 2 つの未知数 x と y をもつ 4 つの線形方程式に対して，行ベクトルの絵では 4 つの _____ を考え，列ベクトルの絵では _____ 次元空間を考える．右辺のベクトルが _____ の線形結合でない限り，この方程式には解がない．

挑戦問題

28 成分が $1, 2, \ldots, 9$ である，3 行 3 列の**魔法陣行列** M_3 を発明せよ．すべての行と列と対角成分の和が，それぞれ 15 になる．最初の行を $8, 3, 4$ としよう．M_3 と $(1, 1, 1)$ の積は何か？ 4 行 4 列の魔法陣行列の成分が $1, \ldots, 16$ のとき，M_4 と $(1, 1, 1, 1)$ の積は何か？

29 $\boldsymbol{u}$ と $\boldsymbol{v}$ が 3 行 3 列の行列 A の最初の 2 列であるとする．どんな第 3 列 $\boldsymbol{w}$ であれば，この行列が特異になるか？ その特異な場合に，$A\boldsymbol{v} = \boldsymbol{b}$ の典型的な（ランダムな $\boldsymbol{b}$ についての）列ベクトルの絵と行ベクトルの絵を説明せよ．

30 $\boldsymbol{A}$ **による乗算は "線形変換" である．**この重要な語句は以下を意味する：

もし $\boldsymbol{w}$ が $\boldsymbol{u}$ と $\boldsymbol{v}$ の線形結合ならば，$A\boldsymbol{w}$ は $A\boldsymbol{u}$ と $A\boldsymbol{v}$ の同じ線形結合である．

この "**線形性**" $A\boldsymbol{w} = cA\boldsymbol{u} + dA\boldsymbol{v}$ こそが，**線形代数**の名前の由来である．

もし $\boldsymbol{u} = \begin{bmatrix} 1 \\ 0 \end{bmatrix}$ と $\boldsymbol{v} = \begin{bmatrix} 0 \\ 1 \end{bmatrix}$ ならば，$A\boldsymbol{u}$ と $A\boldsymbol{v}$ は A の 2 つの列である．

$\boldsymbol{w} = c\boldsymbol{u} + d\boldsymbol{v}$ と線形結合せよ．もし $\boldsymbol{w} = \begin{bmatrix} \mathbf{5} \\ \mathbf{7} \end{bmatrix}$ ならば，$A\boldsymbol{w}$ は $A\boldsymbol{u}$ と $A\boldsymbol{v}$ のどのような線形結合となるか？

31 9 行 9 列の**数独行列** S は，各行，各列，そして 3 行 3 列の各ブロック内に，$1, \ldots, 9$ の数字をもつ．成分がすべて 1 のベクトル $\boldsymbol{v} = (1, \ldots, 1)$ に対して，$S\boldsymbol{v}$ は何か？

より良い質問は：**どのような行の交換で，別の数独行列をつくれるか？** また，どのようにブロック行を交換すると，別の数独行列をつくれるか？

4.5 節では，可能なすべての行置換（順序替え）に注目する．最初の 3 行に対して，6 通りの順序づけがあり，それらはすべて数独行列を与える．次の 3 行でもまた，6 通りの

[1)] 訳注：MATLAB では eye(4) で 4 次の単位行列を生成し，行列やベクトルの積に演算子 * を用いる．

置換があり，最後の 3 行でも同様である．そして，ブロック行にも 6 通りのブロック置換があるので，これで何通りになるか？

32　A の第 2 行が，ある数 c と第 1 行の積であるとする：

$$A = \begin{bmatrix} a & b \\ ca & cb \end{bmatrix}.$$

このとき，もし $a \neq 0$ ならば，A の第 2 列は，どんな数 d と第 1 列の積であるか？ **線形従属する行のある正方行列では，列もまた線形従属となる．**これは，もうすぐ現れる重要な事実である．

4.2　連立一次方程式の消去法による求解

この節では，連立一次方程式を系統的に解く方法——我々の知る最良の方法——を説明する．この方法は **"消去法"** と呼ばれ，以下の 2 行 2 列の例で理解できる．消去前は x と y が両方の方程式に現れる．消去後は，最初の未知数 x が第 2 式 $5y = 5$ から消える．

$$x - 2y = 1 \qquad \textbf{(第 1 式に 2 を掛けて)}$$

$$2x + y = 7 \qquad \textbf{(差し引いて } 2x \textbf{ を消せ)}$$

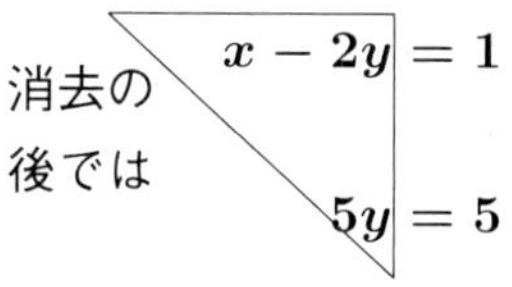
消去の
後では
$\boldsymbol{x - 2y = 1}$
$\boldsymbol{5y = 5}$

この新たな方程式 $5y = 5$ が即座に $y = 1$ を与える．$y = 1$ を第 1 式に戻して代入すると，$x - 2 = 1$，すなわち $x = 3$ となる．解 $(x, y) = (3, 1)$ が得られた．

消去法は**上三角行列**を生み出す——これがゴールである．零でない係数 $1, -2, 5$ が三角形を形づくる．その方程式系は，最下行から上方へ解く．最初に $y = 1$，そして次に $x = 3$．このすばやい処理は**後退代入**と呼ばれ，任意の大きさの上三角行列に対して，消去法が三角形を生み出したあとに用いられる．

重要な点：もともとの方程式系の解は同じ $x = 3$ と $y = 1$ である．消去法の前も後も，直線は同じ点 $(3, 1)$ で交わる．どの手順でも正しい方程式の両辺で作業する．

第 2 式から x を消去した手順は，本章での基本操作である．これは頻繁に用いるので，よく見てみよう：

$2x$ を消去するために：　第 1 式の定数倍を第 2 式から引け．

$x - 2y = 1$ の 2 倍は $2x - 4y = 2$ になる．これを $2x + y = 7$ から引くと，右辺は $7 - 2 = 5$ となる．肝心なのは $2x$ と $2x$ が打ち消しあうことだ．**方程式系が三角形になる．**

その乗数 $\ell = 2$ はどうやって見つけるのか，考えてみよ．第 1 式は $\mathbf{1}x$ を含む．**そこで，最初のピボットは 1**（x の係数）である．第 2 式は $\mathbf{2}x$ を含むので，**乗数は 2 となる**．このとき，$2x - 2x$ が零となり，三角形を生み出した．

第 1 式を $3x - 6y = 3$ に変えると，この乗数の法則を理解するだろう（同じ直線だが，最初のピボットが 3 になる）．今度の正しい乗数は $\ell = \frac{2}{3}$ である．**その乗数を求めるには，消**

したい係数 "2" を，ピボット "3" で割れ：

$$\begin{array}{lll} \mathbf{3}x-6y=3 & \text{第 1 式に } \frac{2}{3} \text{ を掛けて} & 3x-6y=3 \\ \mathbf{2}x+y\ =7 & \text{第 2 式から差し引いて} & 5y=5. \end{array}$$

方程式系は最終的に三角形となり，最後の式はまたもや $y=1$ を与える．後退代入により，$3x-6=3$ で $3x=9$ で $x=3$ となる．数値を変えたが，直線や解は変えなかった．**ピボットで割って，その乗数 $\ell=\frac{2}{3}$ を求めよ**：

ピボット	=	**消去に使う行の最初の零でない成分**
乗数	=	**（消去すべき成分）÷（ピボット）**

この新たな第 2 式は第 2 のピボット，ここでは 5，で始まる．もし第 3 式があったなら，これを用いて，第 3 式から y を消去する．**n 個の方程式を解くのに，n 個のピボットがほしい．それらのピボットが，消去後の三角行列の対角成分となる**．

本書を読まなくても，上述の x と y についての方程式を解けただろう．これはあまりに素朴な問題ではあるが，もう少し，お付き合いしていただく．2 行 2 列の方程式系でさえ，消去法は破たんするかもしれない．破たんする場合（一揃えのピボットが見つからないとき）を理解することで，消去法の処理の全体を理解できる．

消去法の破たん

通常は，消去法がピボットを生成し，我々を解に導く．しかし，失敗する可能性もある．ある時点で，**零での除算**が求められるかもしれないが，それはできない．処理は止まらざるをえない．調整して続ける方法があるかもしれないし，破たんが不可避かもしれない．

例 1 では，$0y=5$ の**解がない**ので失敗する．例 2 では，$0y=0$ の**解が多すぎ**て失敗する．例 3 では，方程式を交換することで，成功する．

例 1　解がない永続的な破たん．消去法がこれを明らかにする：

$$\begin{array}{lll} x-2y=1 & \text{第 1 式の 2 倍を} & x-2y=1 \\ 2x-4y=7 & \text{第 2 式から引け} & \mathbf{0}y=5. \end{array}$$

$0y=5$ の解は**ない**．**この方程式系では第 2 のピボットがない．（零はピボットとして決して許されない！）**もし解がなければ，$0y=5$ のように不可能な方程式に到達することで，消去法はその事実を発見する．

行ベクトルの絵では，破たんは平行線――決して交わらない――を示す．列ベクトルの絵では，2 つの列ベクトル $(1,2)$ と $(-2,-4)$ が同じ方向を向いていることを示す．**それらの列ベクトルのどんな線形結合も，1 本の直線上にある**．しかし，右辺の列ベクトルは，別の方向 $(1,7)$ を向いており，列を線形結合して，この右辺をつくる方法はない――よって解はない．

右辺を $(1,7)$ から $(1,2)$ へ変えると，直線上の点全体が解になることで，破たんが表れる．解がない代わりに，例 2 では無限に多くの解がある．

例 2　**無限に多くの解による破たん．$\boldsymbol{b} = (1, 7)$ を $(1, 2)$ に変えよ．**

$x - 2y = 1$	第 1 式の 2 倍を	$x - 2y = 1$	少なすぎるピボット
$2x - 4y = 2$	第 2 式から引け	$\mathbf{0}y = \mathbf{0}$	多すぎる解

どの y も $0y = 0$ を満たす．実質上，1 つの方程式 $x - 2y = 1$ しかない．未知数 y は **"自由"** である．y を自由に選んだあと，x は $x = 1 + 2y$ から決まる．**特殊解** $\boldsymbol{v}_p = (1, 0)$ と，**斉次解**の直線 $\boldsymbol{v}_n = c(2, 1)$ とで，$\boldsymbol{v} = \boldsymbol{v}_p + \boldsymbol{v}_n$ となると，理解したい．

$$\text{一般解} \quad \begin{bmatrix} x \\ y \end{bmatrix} = \begin{bmatrix} 1 \\ 0 \end{bmatrix} + c \begin{bmatrix} 2 \\ 1 \end{bmatrix} = \text{特殊解 } \boldsymbol{v}_p + \text{斉次解 } \boldsymbol{v}_n. \tag{1}$$

行ベクトルの絵では，平行な 2 直線が同一の直線になってしまった．その直線上のどの点 (x, y) も，両方の方程式を満たす．

列ベクトルの絵では，$\boldsymbol{b} = (1, 2)$ が今度は第 1 列と同じである．そこで $x = 1$ および $y = 0$ と選べる．また，$x = 0$ および $y = -\frac{1}{2}$ とも選べる．第 2 列と $-\frac{1}{2}$ の積は $\boldsymbol{b}$ に等しい．行ベクトルの絵での解 (x, y) はどれも，列ベクトルの絵の解でもある．

破たん　n 個の方程式に対して n 個のピボットが得られない．行を線形結合するとすべて零の行が生じる．

成功　n 個のピボットが得られる．**しかし，$\boldsymbol{n}$ 個の方程式を交換しなければならないかもしれない．**

消去法は第 3 の方法で，破たんしうる —— しかし今回は，修復できる．**最初のピボットの位置に 0 があるとしよう**．ピボットとして 0 は断固許されない．この最初の方程式が x を含む項をもたないときは，それを下方のどれかの式と**交換**できる：

例 3　**一時的な破たん（ピボットに 0）．行の交換で 2 つのピボットを生み出す**：

$0x + 2y = 4$	2 つの方程式	$\mathbf{3}x - 2y = 5$
$3x - 2y = 5$	を交換せよ	$\mathbf{2}y = 4.$

この新たな方程式系はすでに三角形である．この小さな例では，後退代入の準備ができている．最後の方程式が $y = 2$ を与え，その後第 1 式が $x = 3$ を与える．行ベクトルの絵では正常である（2 本の交わる直線）．列ベクトルの絵もまた正常である（同一方向にない列ベクトルどうし）．ピボットの 3 と 2 は正常である —— しかし**行の交換**が求められた．

例 1 と 2 は第 2 のピボットがなく，**特異**である．例 3 は**特異ではない**——一揃えのピボットがあり，きちんと 1 つの解がある．特異な方程式系では，解がないか，無限に多くの解がある．ピボットが零であってはならないのは，それらで除算を行うからである．

3 つの未知数をもつ 3 つの方程式

ガウスの消去法を理解するには，2 行 2 列より先に進まなくてはならない．3 行 3 列が，パターンを理解するのに十分である．とりあえず，行列は正方である——行と列の数が等しい——とする．ここにある 3 行 3 列の方程式系は，どの手順でも分数が生じず，整数だけで済むように調節してある：

$$\begin{aligned} \mathbf{2}x + 4y - 2z &= 2 \\ 4x + 9y - 3z &= 8 \\ -2x - 3y + 7z &= 10 \end{aligned} \tag{2}$$

どう進めるのだったか？ 最初のピボットは太字の **2**（左上）である．そのピボットの下の 4 を消去したい．**最初の乗数は比** $4/2 = 2$ である．ピボットの方程式を $\ell_{21} = 2$ 倍して引け．引き算により第 2 式から $4x$ が消される：

手順 1 第 1 式の 2 倍を第 2 式から引け．残るのは $y + z = 4$.

その最初のピボットを用いたまま，第 3 式から $-2x$ も消去する．すばやく行うには，第 1 式を第 3 式に加える．すると $2x$ と $-2x$ が打ち消しあう．まさしくそれを行うのだが，しかし本書でのルールは**足すのでなく引く**のだ．系統的なパターンでは，乗数 $\ell_{31} = -2/2 = -1$ を求める．ある方程式を -1 倍して引くのは，それを足すのと同じになる：

手順 2 第 1 式の -1 倍を第 3 式から引け．残るのは $y + 5z = 12$.

2 つの新たな方程式は y と z だけを含む．第 2 のピボット（太字）は 1 である：

$\boldsymbol{x}$ **は消去された**

$$\begin{aligned} \mathbf{1}y + 1z &= 4 \\ 1y + 5z &= 12 \end{aligned}$$

2 行 2 列の方程式系に至った．最後のステップは y を消去して，1 行 1 列にすることだ：

手順 3 新たな第 2 式を新たな第 3 式から引け．乗数は $1/1 = 1$ である．すると，$4z = 8$.

もとの $A\boldsymbol{v} = \boldsymbol{b}$ は，上三角の $U\boldsymbol{v} = \boldsymbol{c}$ に変換された：

$$\begin{aligned} 2x + 4y - 2z &= 2 \\ 4x + 9y - 3z &= 8 \\ -2x - 3y + 7z &= 10 \end{aligned} \qquad \begin{matrix} A\boldsymbol{v} = \boldsymbol{b}\text{ は} \\ U\boldsymbol{v} = \boldsymbol{c}\text{ に} \\ \text{なった} \end{matrix} \qquad \begin{aligned} \mathbf{2}x + 4y - 2z &= 2 \\ \mathbf{1}y + 1z &= 4 \\ \mathbf{4}z &= 8. \end{aligned} \tag{3}$$

目標が達成された—A から U への前進消去が完成した．**ピボットは** U **の対角成分** $\mathbf{2}, \mathbf{1}, \mathbf{4}$ **である**．ピボットの 1 と 4 は，もとの方程式系では隠れていたが，消去法であらわになった．$U\boldsymbol{v} = \boldsymbol{c}$ ではすばやい**後退代入**の準備ができている：

$$(4z = 8 \text{ より } z = \mathbf{2}) \quad (y + z = 4 \text{ より } y = \mathbf{2}) \quad (\text{第 1 式より } x = \mathbf{-1})$$

解は $(x, y, z) = (-1, 2, 2)$ **である**．行ベクトルの絵では，3 つの方程式が 3 つの平面に対応し，どの平面もこの解を通る．その図を描くのは容易でない（より大きな方程式系では，まったく不可能である）．

列ベクトルの絵では，列ベクトルの線形結合 $A\boldsymbol{v}$ が右辺 $\boldsymbol{b}$ をつくる．その線形結合の係数は $-1, 2, 2$（解）である：

$$A\boldsymbol{v} = (\mathbf{-1})\begin{bmatrix}2\\4\\-2\end{bmatrix} + \mathbf{2}\begin{bmatrix}4\\9\\-3\end{bmatrix} + \mathbf{2}\begin{bmatrix}-2\\-3\\7\end{bmatrix} \text{ は } \begin{bmatrix}2\\8\\10\end{bmatrix} = \boldsymbol{b} \text{ に等しい.} \tag{4}$$

x, y, z の値は，$A\boldsymbol{v} = \boldsymbol{b}$ および三角形の $U\boldsymbol{v} = \boldsymbol{c}$ の第 1, 2, 3 列に掛かる．

4 行 4 列の問題，あるいは n 行 n 列の問題に対しても，消去法を同様に進める．A から U へ列ごとに進み，消去法が成功するときの考え方全体をここに示す．

第 1 列．　最初の方程式を用いて，最初のピボット以下に零をつくりだせ．

第 2 列．　新たな第 2 式を用いて，第 2 のピボット以下に零をつくりだせ．

第 3 列から第 n 列へ．　これを続けて，n 個のピボットすべてと三角行列 U を求めよ．

$$\text{第 2 列が終わると} \begin{bmatrix}\boldsymbol{x} & x & x & x\\ 0 & \boldsymbol{x} & x & x\\ 0 & 0 & x & x\\ 0 & 0 & x & x\end{bmatrix}. \quad \text{ほしいのは } U = \begin{bmatrix}\boldsymbol{x} & x & x & x\\ & \boldsymbol{x} & x & x\\ & & \boldsymbol{x} & x\\ & & & \boldsymbol{x}\end{bmatrix}. \tag{5}$$

前進消去の結果は，上三角行列である．この行列は，n 個のピボット（決して零ではない！）が完全に揃うとき，かつそのときだけ，非特異（**=可逆**）である．

ここに最後の例として，もとの $A\boldsymbol{v} = \boldsymbol{b}$，三角形の方程式系 $U\boldsymbol{v} = \boldsymbol{c}$，そして後退代入からの解 $\boldsymbol{v} = (x, y, z)$ を示す：

$$\begin{array}{lcrcl} x + \ y + \ z = 6 & & x + y + z = 6 & \begin{bmatrix}x\\y\\z\end{bmatrix} = \begin{bmatrix}3\\2\\1\end{bmatrix} & \begin{array}{l}\text{後退代入}\\\text{後退代入}\\ \ \end{array}\\ x + 2y + 2z = 9 & \text{前進消去} & y + z = 3 & & \\ x + 2y + 3z = 10 & \text{前進消去} & z = 1 & & \end{array}$$

どの乗数も 1 である．ピボットもすべて 1 である．すべての平面が，その解 $\boldsymbol{v} = (3, 2, 1)$ で交わる．A の列ベクトルを係数 3, 2, 1 で線形結合すると，$\boldsymbol{b} = (6, 9, 10)$ になる：

$$A\boldsymbol{v} = \begin{bmatrix}1 & 1 & 1\\1 & 2 & 2\\1 & 2 & 3\end{bmatrix}\begin{bmatrix}3\\2\\1\end{bmatrix} = 3\begin{bmatrix}1\\1\\1\end{bmatrix} + 2\begin{bmatrix}1\\2\\2\end{bmatrix} + 1\begin{bmatrix}1\\2\\3\end{bmatrix} = \begin{bmatrix}6\\9\\10\end{bmatrix}.$$

この数 6, 9, 10 は**内積**である．最初の数 6 は，最初の行 $(1, 1, 1)$ と $\boldsymbol{v} = (3, 2, 1)$ の内積である．

問　第 3 式で z の係数が何であれば，この方程式系は特異になるか？
答　もとの $3z$ が $2z$ に減れば，第 3 のピボットが 1 から 0 に減る．このとき，行ベクトルの絵での平面は，共通の点をもたない．

この新たな $A\boldsymbol{v} = \boldsymbol{b}$ には解がない．列ベクトルの絵では 3 つの列ベクトルが同一平面内にあることになり，$\boldsymbol{b} = (6, 9, 10)$ はその平面内にない．そこで，第 3 列が $(1, 2, 2)$ となると，$\boldsymbol{b}$

は列ベクトルの線形結合にならない．この場合は，第 3 列が第 2 列に一致してしまい，役に立たない．“線形独立な” 列ベクトルが必要なのだ！

問 第 2 式で y の係数が何であれば，最初の消去ステップで 0 になるか？ このとき，方程式系は特異になるか，否か？

答 第 2 式を（例えば）$x + y + 2z = 7$ に変えよ．y の係数は今度は 1 である．方程式 1 を引くと $\mathbf{0}y + z = 3$ が残る．**今度は第 2 式と第 3 式を交換できる**．この方程式系は特異でない．方程式の順序が誤っている以外に，何の問題もない．

■ 要点の復習 ■

1. 線形方程式系 $A\boldsymbol{v} = \boldsymbol{b}$ は，消去法により上三角行列のもの（$U\boldsymbol{v} = \boldsymbol{c}$）になる．

2. 第 (i, j) 成分を零にするには，第 j 式の ℓ_{ij} 倍を，第 i 式から引く．

3. その乗数は $\ell_{ij} = \dfrac{\text{第}\,i\,\text{行で消去すべき成分}}{\text{第}\,j\,\text{行のピボット}}$ である．ピボットは零になれない！

4. ピボットの位置に零があっても，その下に零でない成分があれば，行を交換できる．

5. 上三角行列の方程式系は，後退代入で（下から上へと）解ける．

6. 永続的な破たんのとき，その方程式系には解がないか，無限に多くの解がある．

演習問題 4.2

問題 1〜10 では，2 行 2 列の方程式系での消去法について問う．

1 第 1 式をどんな乗数 ℓ_{21} 倍して，第 2 式から引くべきか？

$$2x + 3y = 1$$
$$10x + 9y = 11.$$

この手順の後，三角形の方程式系を後退代入によって解け．x の前に y を求める．$(2, 10)$ の x 倍，足す，$(3, 9)$ の y 倍が $(1, 11)$ に等しいことを確認せよ．もし右辺が $(4, 44)$ に変わったら，新たな解は何か？

2 $A\boldsymbol{v} = \boldsymbol{b}$ と $A\boldsymbol{w} = \boldsymbol{c}$ の解 $\boldsymbol{v}$ と $\boldsymbol{w}$ を見つけたとき，$A\boldsymbol{u} = \boldsymbol{b} + \boldsymbol{c}$ の解は何か？（線形微分方程式に対する重ね合わせはすでに見た．すべての線形方程式に対して，同じようにうまくいく．）

3 第 1 式の何倍を，第 2 式から**差し引く**べきか？

$$2x - 4y = 6$$
$$-x + 5y = 0.$$

この消去後の，三角形の方程式系を解け．もし右辺が $(-6,0)$ に変わったら，新たな解は何か？

4 cx を消すには，第 1 式をどんな乗数 ℓ 倍して，第 2 式から引くべきか？

$$\begin{aligned} ax + by &= f \\ cx + dy &= g. \end{aligned}$$

最初のピボットは a である（零でないとする）．消去法による第 2 のピボットの公式は何か？ この第 2 ピボットは，$ad = bc$ のときにはない：それが**特異な場合**である．

5 解がない右辺を 1 つ選べ．解が無限に多くある右辺も選び，それらの解を 2 つ挙げよ．

特異な方程式系

$$\begin{aligned} 3x + 2y &= 10 \\ 6x + 4y &= \end{aligned}$$

6 この方程式系が特異となるように係数 b を選べ．その後，解があるように右辺の g を選べ．その特異な場合に，解を 2 つ求めよ．

$$\begin{aligned} 2x + by &= 16 \\ 4x + 8y &= g. \end{aligned}$$

7 どの a に対して，消去法が (1) 永続的に，または (2) 一時的に破たんするか？

$$\begin{aligned} ax + 3y &= -3 \\ 4x + 6y &= 6. \end{aligned}$$

その一時的な破たんを，行の交換で修復した後，x と y について解け．

8 消去法が破たんする k の 3 つの値は何か？ そのうち，行の交換で修復できるのはどれか？ これら 3 つの場合それぞれで，解の個数は 0 か 1 か ∞ か？

$$\begin{aligned} kx + 3y &= 6 \\ 3x + ky &= -6. \end{aligned}$$

9 これら 2 つの方程式が解をもつか，b_1 と b_2 に対するどんな判定式で定まる？ 何個の解をもつか？ $\boldsymbol{b} = (1,2)$ と $(1,0)$ に対して，列ベクトルの絵での図を描け．

$$\begin{aligned} 3x - 2y &= b_1 \\ 6x - 4y &= b_2. \end{aligned}$$

10 xy 平面に，直線 $x + y = 5$ と $x + 2y = 6$，および消去により現れる式 $y =$ ＿＿＿ を描け．$c =$ ＿＿＿ のとき，直線 $5x - 4y = c$ がこれらの方程式の解を通る．

11　（推奨）線形方程式系がちょうど2つの解をもつということはない．もし (x, y) と (X, Y) が $A\boldsymbol{v} = \boldsymbol{b}$ の 2 つの解ならば，もう 1 つの解は何か？

問題 12〜20 では，3 行 3 列の方程式系での消去法（そして起こりうる破たん）を調べる．

12　この方程式系に，行操作を 2 回行って上三角の形に簡約せよ：

$$\begin{array}{lll} & & 2x+3y+z\ \ =8 \\ x\ \text{を消去せよ} & \to & 4x+7y+5z=20 \\ y\ \text{を消去せよ} & \to & \quad -2y+2z=0. \end{array}$$

ピボットを丸で囲め．後退代入で z, y, x について解け．

13　消去法（ピボットを丸で囲め）と後退代入を適用して解け：

$$\begin{aligned} 2x-3y\phantom{{}+z} &= 3 \\ 4x-5y+z &= 7 \\ 2x-y-3z &= 5. \end{aligned}$$

3 つの行操作を並べて書け：第 _____ 行の _____ 倍を，第 _____ 行から引く．

14　行の交換が求められるのは，どの d の値でか？ その d に対する三角行列の方程式系（特異ではない）は何か？ この方程式系が特異となる（第 3 ピボットがない）ときの d は何か？

$$\begin{aligned} 2x+5y+z &= 0 \\ 4x+dy+z &= 2 \\ y-z &= 3. \end{aligned}$$

15　後々，行の交換につながる b の値は何か？ 行の交換でも修復できない特異行列の問題につながる b は何か？ その特異な場合に，自明でない解 x, y, z を求めよ．

$$\begin{aligned} x+by\phantom{{}-z} &= 0 \\ x-2y-z &= 0 \\ y+z &= 0. \end{aligned}$$

16　(a) 三角行列の形に至るまでに，行の交換を 2 回必要とする，3 行 3 列の方程式系をつくれ．

(b) 第 2 ピボットに対して行の交換が必要となり，第 3 ピボットで破たんしてしまう，3 行 3 列の方程式系をつくれ．

17　第 1 行と第 2 行が同一のとき，消去法（行の交換は許す）をどこまで続けられるか？ 係数行列の第 1 列と第 2 列が同じとき，どのピボットがないか？

$$\begin{array}{llll} \text{同一} & 2x - y + z = 0 & 2x + 2y + z = 0 & \text{同一} \\ \text{の行} & 2x - y + z = 0 & 4x + 4y + z = 0 & \text{の列} \\ & 4x + y + z = 2 & 6x + 6y + z = 2. & \end{array}$$

18 左辺に 9 つの異なる係数をもつが，消去法により第 2 行と第 3 行がすべて零になってしまう，3 行 3 列の例をつくれ．その方程式系には，$\boldsymbol{b} = (1, 10, 100)$ のとき何個の解があり，$\boldsymbol{b} = (0, 0, 0)$ のときには何個あるか？

19 どの q の値で，この方程式系は特異となるか？ そして右辺の t がどの値のとき，無限に多くの解があるか？ $z = 1$ となる，その解を求めよ．

$$\begin{aligned} x + 4y - 2z &= 1 \\ x + 7y - 6z &= 6 \\ 3y + qz &= t. \end{aligned}$$

20 **どの平面も平行でないのに**，3 つの平面が交点をもたないことがある．もし第 3 行が最初の 2 行の線形結合であれば，この方程式系は特異である．$x+y+z=0$ および $x-2y-z=1$ と一緒には解けない第 3 の方程式を見つけよ．

21 両方の方程式系（$A\boldsymbol{v} = \boldsymbol{b}$ と $S\boldsymbol{w} = \boldsymbol{b}$）に対して，ピボットと解を求めよ：

$$\begin{array}{ll} 2x + y = 0 & 2x - y = 0 \\ x + 2y + z = 0 & -x + 2y - z = 0 \\ y + 2z + t = 0 & - y + 2z - t = 0 \\ z + 2t = 5 & - z + 2t = 5. \end{array}$$

22 問題 21 の $1, 2, 1$ のパターンあるいは $-1, 2, -1$ のパターンをつづけて拡張していくと，5 番目のピボットは何か？ n 番目のピボットは何か? S は私のお気に入りの行列である．

23 消去法で $x + y = 1$ と $2y = 3$ になる問題として可能なものを 3 つみつけよ．

24 $A = \begin{bmatrix} a & 2 \\ a & a \end{bmatrix}$ についての消去法が失敗する，a の 2 つの値は何か？

25 3 つのピボットが得られずに消去法が失敗する，a の 3 つの値は何か？

$$A = \begin{bmatrix} a & 2 & 3 \\ a & a & 4 \\ a & a & a \end{bmatrix} \text{ は，3 つの } a \text{ の値に対して特異である．}$$

26 行の和が 4 と 8 で，列の和が 2 と s の行列を探せ：

$$\text{行列} = \begin{bmatrix} a & b \\ c & d \end{bmatrix} \qquad \begin{array}{ll} a + b = 4 & a + c = 2 \\ c + d = 8 & b + d = s \end{array}$$

この 4 つの方程式が解をもつのは，$s =$ _____ のときだけである．このとき，正しい行と列の和をもつ行列を 2 つみつけよ．**加点問題**：$\boldsymbol{v} = (a, b, c, d)$ を用いた 4 行 4 列の方程式系 $A\boldsymbol{v} = (4, 8, 2, s)$ を書き下し，消去法により A を三角行列にせよ．

27 この“下三角”の方程式系で，通常の順序で消去法を行うと，どの行列 U と解 (x, y, z) を得るか？ 実のところ，我々は**前進代入**により解いている：

$$\begin{aligned} 3x \qquad\qquad &= 3 \\ 6x + 2y \qquad &= 8 \\ 9x - 2y + z &= 9. \end{aligned}$$

28 行列 A が既知として，第 1 行の 3 倍を現在の第 2 行から引いて，新たな第 2 行を求める MATLAB のコマンド A(2, :) = ··· をつくれ．

29 A の右下隅の成分が $A(5,5) = 11$ で，A の最後のピボットが $U(5,5) = 4$ であるとする．成分 $A(5,5)$ がいくつならば，A は特異となるか？

挑戦問題

30 消去法で，行の交換を要さずに A から U になったとする．このとき，U の第 i 行は，A のどの行の線形結合であるか？ もし $A\boldsymbol{v} = \boldsymbol{0}$ ならば，$U\boldsymbol{v} = \boldsymbol{0}$ となるか？ もし $A\boldsymbol{v} = \boldsymbol{b}$ ならば，$U\boldsymbol{v} = \boldsymbol{b}$ となるか？

31 100 個の未知数 $\boldsymbol{v} = (v_1, \ldots, v_{100})$ についての 100 個の方程式 $A\boldsymbol{v} = \boldsymbol{0}$ から始める．消去法で，100 番目の式が $0 = 0$ となり，この方程式系が“特異”であるとする．

(a) 消去法では，行の線形結合をとる．だからこの特異な方程式系は，特異な性質をもつ：A の 100 個の**行**ベクトルの何らかの線形結合が _____ となる．

(b) 特異な方程式系 $A\boldsymbol{v} = \boldsymbol{0}$ は無限に多くの解をもつ．A の 100 個の**列**ベクトルの何らかの線形結合が _____ であることを，これは意味する．

(c) 0 の成分をもたない，100 行 100 列の特異行列を考案せよ．

(d) その行列について，$A\boldsymbol{v} = \boldsymbol{0}$ に対する行ベクトルの絵と列ベクトルの絵を，ことばで説明せよ．100 次元空間を描く必要はない．

4.3　行列の掛け算

A と，ある列ベクトル $\boldsymbol{v}$ をどう掛けるかは知っている．今度は A と，ある行列 B の掛け算（行列と行列の掛け算）を行いたい．その規則は，まさしく我々の期待どおりのものだ：

> A と，B の各列を掛けると，AB の各列を得る．
>
> AB の 第 i 行，第 j 列の成分は ($\boldsymbol{A}$ の第 $\boldsymbol{i}$ 行) $\cdot$($\boldsymbol{B}$ の第 $\boldsymbol{j}$ 列)

もし B が1列（$\boldsymbol{v}$ と呼ぶ）しかなかったら，これはもとの行列・ベクトル積と同じである．B が n 列のとき，AB もそうなる．行列の大きさに対する規則から，内積は計算できる．

規則　**A の列数は B の行数と一致しなくてはならない．**

図4.8は，行列どうしの乗算 AB での，典型的な (i 行)・(j 列) を示す．

$$\begin{bmatrix} * & & & \\ a_{i1} & a_{i2} & \cdots & a_{i5} \\ * & & & \\ * & & & \end{bmatrix} \begin{bmatrix} * & * & b_{1j} & * & * & * \\ & & b_{2j} & & & \\ & & \vdots & & & \\ & & b_{5j} & & & \end{bmatrix} = \begin{bmatrix} & & * & & & \\ * & * & (AB)_{ij} & * & * & * \\ & & * & & & \\ & & * & & & \end{bmatrix}$$

A は**4**行**5**列　　B は**5**行**6**列　　AB は**4**行**6**列

図4.8　ここでは $i=2$ と $j=3$．このとき $(AB)_{23}$ は (A の第2行)・(B の第3列)．

通常，AB は BA とまったく異なることを，すぐにも言っておきたい．どちらの順序でも掛けられ，その結果が同じ大きさになるのは，A と B が同じ大きさの正方行列のときだけである．しかし BA の左上隅の成分でさえ，AB の左上隅の成分と何の関係もない（そしてこのとき，$\boldsymbol{BA} \neq \boldsymbol{AB}$）．

左上隅　(B の第1行)・(A の第1列) $\neq$ (A の第1行)・(B の第1列)．

例1　ここでの A には2列あり，B には2行ある．AB と掛けられる．

$$A_{\mathbf{2\times 2}}\, B_{\mathbf{2\times 3}} = (AB)_{\mathbf{2\times 3}} \qquad \begin{bmatrix} a & b \\ c & d \end{bmatrix} \begin{bmatrix} 1 & 0 & \mathbf{1} \\ 0 & 1 & \mathbf{1} \end{bmatrix} = \begin{bmatrix} a & b & \boldsymbol{a+b} \\ c & d & \boldsymbol{c+d} \end{bmatrix}.$$

B の第3列は $(1,1)$ である．このとき，AB の第3列は，A 掛ける $(1,1)$ である．

例2　ここでの B は3行3列の**単位行列**（とても特殊で，いつも $B=I$ と書く）である．

$$\begin{matrix} \boldsymbol{B} = \textbf{単位行列 } \boldsymbol{I} \\ \textbf{大きさが合えば } \boldsymbol{AI=A} \end{matrix} \qquad \begin{bmatrix} 1 & 1 & 1 \\ 1 & 2 & 2 \\ 1 & 2 & 3 \end{bmatrix} \begin{bmatrix} 1 & 0 & 0 \\ 0 & 1 & 0 \\ 0 & 0 & 1 \end{bmatrix} = \begin{bmatrix} 1 & 1 & 1 \\ 1 & 2 & 2 \\ 1 & 2 & 3 \end{bmatrix}$$

この結果の第1列は，A を，$B=I$ の第1列 $(1,0,0)$ に掛けたものである．これは単に，A の第1列を再現する．A のどの列も，AI としても変化しない．

今度は単位行列の方を先に置いて IB のようにする．掛け算をすると，どの B についても（$B=A$ のときを含めて）$IB=B$ となる．AI の順序で掛けたものが IA と同じ答えになるが，これは特殊な場合である．もし A が任意の正方行列で I が同じ大きさであれば，$\boldsymbol{AI} = \boldsymbol{IA} = \boldsymbol{A}$ である．

例3　もう1つの特殊な行列は，A の**逆行列**である．その行列 B は A^{-1} と書く：

$$\boldsymbol{A}\ \text{掛ける}\ \boldsymbol{A^{-1}}\ \text{は}\ \boldsymbol{I} \qquad \begin{bmatrix} 1 & 1 & 1 \\ 1 & 2 & 2 \\ 1 & 2 & 3 \end{bmatrix} \begin{bmatrix} 2 & -1 & 0 \\ -1 & 2 & -1 \\ 0 & -1 & 1 \end{bmatrix} = \begin{bmatrix} 1 & 0 & 0 \\ 0 & 1 & 0 \\ 0 & 0 & 1 \end{bmatrix}$$

A の 1 行と，A^{-1} の 1 列の内積は 1 か 0 である．逆順の A^{-1} 掛ける A もまた I である．

その行列 A^{-1} を求めるには，先回りして 4.4 節を見なくてはならない —— これは長い計算になる．A^{-1} の計算は可能な限り避ける．線形代数の良いコードは，どれもそうしている．

$$\boxed{\text{行列の掛け算について大切な事実} \quad (\boldsymbol{AB})\,\boldsymbol{C} = \boldsymbol{A}\,(\boldsymbol{BC}).} \tag{1}$$

3 つの行列 A, B, C を掛けるには，それらの順序は守らなければならない．しかし，AB を最初に掛けるか，BC を最初にするかは選べる．**括弧は動かせ，括弧は消せる**．

例 4 A と C は 3 行 1 列の行列（つまり列ベクトル）で，B は 1 行 3 列（行ベクトル）とする．$(AB)C$ と $A(BC)$ を計算して比較せよ．

解 BC は (1×3) と (3×1) の積 $= 1 \times 1$．1 つの内積から 1 つの数値 d を得る：

$$\boldsymbol{A}\ \text{掛ける}\ \boldsymbol{BC} \qquad \begin{bmatrix} a_1 \\ a_2 \\ a_3 \end{bmatrix} \left(\begin{bmatrix} b_1 & b_2 & b_3 \end{bmatrix} \begin{bmatrix} c_1 \\ c_2 \\ c_3 \end{bmatrix} \right) = \begin{bmatrix} a_1 d \\ a_2 d \\ a_3 d \end{bmatrix}. \tag{2}$$

これに対して，AB は (3×1) と (1×3) の積 $= 3 \times 3$．この AB はフルサイズの行列だ！

$$\boldsymbol{AB}\ \text{掛ける}\ \boldsymbol{C} \qquad \left(\begin{bmatrix} a_1 \\ a_2 \\ a_3 \end{bmatrix} \begin{bmatrix} b_1 & b_2 & b_3 \end{bmatrix} \right) \begin{bmatrix} c_1 \\ c_2 \\ c_3 \end{bmatrix} = \begin{bmatrix} a_1 b_1 & a_1 b_2 & a_1 b_3 \\ a_2 b_1 & a_2 b_2 & a_2 b_3 \\ a_3 b_1 & a_3 b_2 & a_3 b_3 \end{bmatrix} \begin{bmatrix} c_1 \\ c_2 \\ c_3 \end{bmatrix}. \tag{3}$$

AB のその第 1 行と C を掛けると，$a_1 d$ となる．その他の行と C を掛けて，$a_2 d$ と $a_3 d$ を得る．**式 (3) の $(\boldsymbol{AB})\boldsymbol{C}$ は，式 (2) の $\boldsymbol{A}(\boldsymbol{BC})$ に等しい**．

行列演算の法則

行列が従わない式 1 つを強調しつつ，逆にそれが従う 6 つの法則をここに記録したい．行列は正方形でも長方形でもよく，$A + B$ を含む法則はすべて単純で，すべて成り立つ．ここに 3 つの加法法則を示す：

$$\begin{aligned} A + B &= B + A && \text{（可換法則）} \\ c(A + B) &= cA + cB && \text{（分配法則）} \\ A + (B + C) &= (A + B) + C && \text{（結合法則）}. \end{aligned}$$

さらに乗法について 3 つの法則が成り立つが，$AB = BA$ はその 1 つではない：

$$AB \neq BA \qquad \text{(可換"法則"は\textbf{通常破れている})}$$
$$A(B+C) = AB + AC \qquad \text{(左からの分配法則)}$$
$$(A+B)C = AC + BC \qquad \text{(右からの分配法則)}$$
$$A(BC) = (AB)C \qquad \text{(ABC の結合法則)(\textbf{括弧は必要ない})}.$$

A と B が正方行列でないとき，AB と BA は異なる大きさとなり，両方の掛け算が可能だったとしても等しくなれない．正方行列については，ほぼすべての例で，AB と BA が異なるとわかる：

$$AB = \begin{bmatrix} 0 & 0 \\ 1 & 0 \end{bmatrix} \begin{bmatrix} 0 & 1 \\ 0 & 0 \end{bmatrix} = \begin{bmatrix} 0 & 0 \\ 0 & \mathbf{1} \end{bmatrix} \quad \text{だが} \quad BA = \begin{bmatrix} 0 & 1 \\ 0 & 0 \end{bmatrix} \begin{bmatrix} 0 & 0 \\ 1 & 0 \end{bmatrix} = \begin{bmatrix} \mathbf{1} & 0 \\ 0 & 0 \end{bmatrix}.$$

$AI = IA$ は真である．任意の正方行列が I と，そして cI とも，可換である．他の行列すべてと可換であるのは，これらの行列 cI だけである．

法則 $A(B+C) = AB + AC$ は 1 列ずつ証明する．第 1 列の $A(\boldsymbol{b}+\boldsymbol{c}) = A\boldsymbol{b} + A\boldsymbol{c}$ から始めてみよ．これはすべての鍵である——**線形性**だ．これ以上は記さない．

行列の累乗

$A = B = C =$ 正方行列，という特殊な場合を考える．このとき，(A **掛ける** A^2) は (A^2 **掛ける** A) に等しい．どちらの順序でも，積は A^3 である．行列の累乗 A^p は，数に対するものと同じ規則に従う：

$$A^p = AAA \cdots A \ (p \text{ 個の因子}) \qquad (A^p)(A^q) = A^{p+q} \qquad (A^p)^q = A^{pq}.$$

これらは指数に対する通常の法則である．A^3 と A^4 の積は A^7（7 個の因子）．A^3 の 4 乗は，A^{12}（12 個の A）．p と q が零か負のときも，A の"-1 乗"——それは**逆行列** A^{-1} である——が存在するとすれば，これらは成り立つ．このとき，$A^0 = I$ は単位行列（因子なし）である．

数に対しては，a^{-1} は $1/a$ である．行列では，逆行列を A^{-1} と書く．(**決して** I/A ではない．しかし MATLAB では，バックスラッシュを用いた $A\backslash I$ は許される.）どの数も $a = 0$ でない限り，逆数をもつ．どんなときに A が逆行列をもつかを決めるのは，線形代数の中心的な問題である．本節は，行列にとっての Bill of Rights（米国権利章典）のようなものであり，A と B がいつ，どのように掛けられるかについて述べる．

基本変形の行列

今度は 2 つの概念を組み合わせる——消去法と行列．目標は，消去法のすべての手順を，できるだけ明快に表すことだ．第 j 行を乗数 ℓ_{ij} 倍して，どのように第 i 行から差し引くかを理解することになる——行列 E を用いて．

列ベクトル $\boldsymbol{b}$ に，この基本変形の行列 E を掛けてみる：

$$\ell_{21}b_1 \text{ を } b_2 \text{ から引け} \qquad E\boldsymbol{b} = \begin{bmatrix} 1 & 0 & 0 \\ \boldsymbol{-\ell_{21}} & \mathbf{1} & 0 \\ 0 & 0 & 1 \end{bmatrix} \begin{bmatrix} b_1 \\ b_2 \\ b_3 \end{bmatrix} = \begin{bmatrix} b_1 \\ \boldsymbol{b_2 - \ell_{21} b_1} \\ b_3 \end{bmatrix}. \tag{4}$$

$A\boldsymbol{v} = \boldsymbol{b}$ の一方の側に行うことは何であれ，他方にも行う．**消去法とは両辺に E を掛けることである**．左辺では，行の操作が見られる．

$$EA = \begin{bmatrix} 1 & 0 & 0 \\ \boldsymbol{-\ell_{21}} & \mathbf{1} & 0 \\ 0 & 0 & 1 \end{bmatrix} \begin{bmatrix} \text{第 1 行} \\ \text{第 2 行} \\ \text{第 3 行} \end{bmatrix} = \begin{bmatrix} \text{第 1 行} \\ \textbf{第 2 行} \ \boldsymbol{-\ell_{21}}\ \textbf{(第 1 行)} \\ \text{第 3 行} \end{bmatrix}. \tag{5}$$

消去法の最初の手順の後に，EA が我々の行列となる．その $(2,1)$ 成分（第 2 行，第 1 列）が 0 となるように，その乗数 ℓ_{21} を選ぶ．もとの A の成分 a_{21} が消去されて 0 が残るので，この行列 E は E_{21} と呼ぶべきである．

消去法の次の手順は，行列 E_{31}（a_{31} の場所に 0 を生み出す）による．その後，E_{32} が，乗数 ℓ_{32} を用いて，第 3 行，第 2 列に 0 を生み出す．全体として，3 行 3 列の A から上三角行列 U への 3 段階は，基本変形の行列 3 つによる：

行列による消去法　A は　$E_{32}E_{31}E_{21}A = U$（上三角）になる．

同じ操作を右辺にも行う．$E_{32}E_{31}E_{21}\boldsymbol{b}$ が，新たな右辺ベクトル $\boldsymbol{c}$ となる．その後，後退代入で $U\boldsymbol{v} = \boldsymbol{c}$ を解く．

例 5　乗数 $\ell_{21} = c/a$ を選び，$E = E_{21}$ を用いて U_{21} に 0 を生み出す：

$$EA = \begin{bmatrix} 1 & 0 \\ \boldsymbol{-c/a} & 1 \end{bmatrix} \begin{bmatrix} a & b \\ c & d \end{bmatrix} = \begin{bmatrix} a & b \\ 0 & d-(c/a)b \end{bmatrix} = U. \tag{6}$$

この消去を取り消すには，U の第 1 行の c/a 倍を U の第 2 行に**加える**：

$$E^{-1}U = \begin{bmatrix} 1 & 0 \\ \boldsymbol{c/a} & 1 \end{bmatrix} \begin{bmatrix} a & b \\ 0 & d-(c/a)b \end{bmatrix} = \begin{bmatrix} a & b \\ c & d \end{bmatrix} = A.$$

よって，$U = EA$ と $A = E^{-1}U$．これはしばしば $A = LU$（L は下三角）と書かれる．

AB を掛ける 4 つの方法

AB を計算する 4 つの異なる方法を記して，本節を終えよう．4 方法すべてが同じ答えを与える．結果として同じ計算をしているのだが，それらの手順を異なる順序で見る．

1. (A の行) 掛ける (B の列)　（**内積**）

2. A 掛ける (B の列)　（行列・ベクトル積）

3. (A の行) 掛ける B　（ベクトル・行列積）

4. (A の列) 掛ける (B の行)　　（列と行の積である n 個の行列の足し合わせ）

AB の左上隅の 1,1 成分を見てみよう．通常のやり方は内積である：

$$(A\text{の第1行})\cdot(B\text{の第1列}) = (AB)_{11} = a_{11}b_{11} + a_{12}b_{21} + \cdots + a_{1n}b_{n1} \tag{7}$$

方法**2**と**3**でも，AB 内で，その同じ内積を与える．方法**4**の，**列と行の積**ではこのようにする：

$$(A\text{の第1列})(B\text{の第1行}) = \begin{bmatrix} a_{11} \\ a_{21} \\ \cdot \end{bmatrix} \begin{bmatrix} b_{11} & b_{12} & \cdot \end{bmatrix} = \begin{bmatrix} a_{11}b_{11} & \cdot & \cdot \\ \cdot & \cdot & \cdot \\ \cdot & \cdot & \cdot \end{bmatrix} \tag{8}$$

次に求めるべき，列と行の積の行列は (A の第2列) (B の第2行) であり，その行列は左上隅の成分 $a_{12}b_{21}$ から始まる．さらに A の第 j 列と B の第 j 行を掛けると，その行列の左上隅は $a_{1j}b_{j1}$ である．これらの単純な行列を足すと，左上隅の正しい内積（$a_{1j}b_{j1}$ の和）が——そして AB の各成分も——生み出される．

A B が n 行 n 列の行列であるとき，AB もそうなる．n^2 個の内積が含まれる．そこで，個々の乗算は n^3 回必要となる．$n = 100$ 程度の行列では，これは 100 万回ほどの乗算である．これは（計算機で）1 秒もかかからず，問題ない．

A が $\boldsymbol{m}$ **行** $\boldsymbol{n}$ **列**の行列で，B が $\boldsymbol{n}$ **行** $\boldsymbol{p}$ **列**ならば，積 AB は $\boldsymbol{m}$ **行** $\boldsymbol{p}$ **列**である．これは mp 個の内積を含み，個々の乗算が mnp 回必要である．

$n = 10{,}000$ 程度の行列では，1 兆回 (10^{12}) ほどの乗算になる．こうなると，行列をまともに掛けるのをコードはできるだけ避けようとする．そして，成分の多く（ほとんどすべて）が零である**疎行列**に，特別な注意を向ける．コードは 0 倍するのに時間を無駄遣いしない．

演習問題 4.3

問題 1〜16 では，行列の掛け算の法則について問う．

1　A は 3 行 5 列，B は 5 行 3 列，C は 5 行 1 列，そして D は 3 行 1 列である．**成分はすべて 1 である**．どの行列演算が許され，それらの結果は何か？

$$BA \qquad AB \qquad ABD \qquad DBA \qquad A(B+C).$$

2　以下を求めるのに，どの行，列，あるいは行列を掛けるか？

(a) AB の第 3 列

(b) AB の第 1 行

(c) AB の第 3 行，第 4 列の成分

(d) CDE の第 1 行，第 1 列の成分

3　AB と AC を加えて $A(B+C)$ と比べよ：

$$A = \begin{bmatrix} 1 & 5 \\ 2 & 3 \end{bmatrix} \quad と \quad B = \begin{bmatrix} 0 & 2 \\ 0 & 1 \end{bmatrix} \quad と \quad C = \begin{bmatrix} 3 & 1 \\ 0 & 0 \end{bmatrix}.$$

4 問題 3 で，A を BC に掛けよ．その後，AB を C に掛けよ．

5 A^2 と A^3 を計算せよ．A^5 と A^n について，予想せよ：

$$A = \begin{bmatrix} 1 & b \\ 0 & 1 \end{bmatrix} \quad と \quad A = \begin{bmatrix} 2 & 2 \\ 0 & 0 \end{bmatrix}.$$

6 次の A, B について，$(A+B)^2$ が $A^2 + 2AB + B^2$ とは異なることを示せ．

$$A = \begin{bmatrix} 1 & 2 \\ 0 & 0 \end{bmatrix} \quad と \quad B = \begin{bmatrix} 1 & 0 \\ 3 & 0 \end{bmatrix}.$$

正しい規則 $(A+B)(A+B) = A^2 + \_\_\_\_\_ + B^2$ を書け．

7 真か偽か．偽のときには反例を 1 つ挙げよ．

(a) もし B の第 1 列と第 3 列が同じならば，AB の第 1 列と第 3 列も同じである．

(b) もし B の第 1 行と第 3 行が同じならば，AB の第 1 行と第 3 行も同じである．

(c) もし A の第 1 行と第 3 行が同じならば，ABC の第 1 行と第 3 行も同じである．

(d) $(AB)^2 = A^2B^2$.

8 次の行列について，DA と EA の各行は，どのように A の各行に関係しているか？

$$D = \begin{bmatrix} 3 & 0 \\ 0 & 5 \end{bmatrix} \quad と \quad E = \begin{bmatrix} 0 & 1 \\ 0 & 1 \end{bmatrix} \quad と \quad A = \begin{bmatrix} a & b \\ c & d \end{bmatrix}$$

AD と AE の各列は，どのように A の各列に関係しているか？

9 A の第 1 行を第 2 行に加える．これは以下の EA を与える．その後，EA の第 1 列を第 2 列に加えて，$(EA)F$ とする．太字で書いた E と F に注目せよ．

$$EA = \begin{bmatrix} \mathbf{1} & 0 \\ \mathbf{1} & \mathbf{1} \end{bmatrix} \begin{bmatrix} a & b \\ c & d \end{bmatrix} = \begin{bmatrix} a & b \\ a+c & b+d \end{bmatrix}$$

$$(EA)F = (EA) \begin{bmatrix} \mathbf{1} & \mathbf{1} \\ 0 & \mathbf{1} \end{bmatrix} = \begin{bmatrix} a & a+b \\ a+c & a+c+b+d \end{bmatrix}.$$

これらの手順を逆順で行え：最初に AF，次に $E(AF)$ と掛けよ．$(EA)F$ と比べよ．行列の乗算は，どの法則に従っているか？

10 A の第 1 行を第 2 行に加えて，EA とする．その後，F で EA の第 2 行を第 1 行に加える．今度は F は左側にあり，行を操作する．この結果は $F(EA)$ である：

$$F(EA) = \begin{bmatrix} 1 & 1 \\ 0 & 1 \end{bmatrix} \begin{bmatrix} a & b \\ a+c & b+d \end{bmatrix} = \begin{bmatrix} 2a+c & 2b+d \\ a+c & b+d \end{bmatrix}.$$

これらのステップを逆順で行え：最初に FA により，第 2 行を第 1 行に加え，次に FA の第 1 行を第 2 行に加える．行列の乗算は，どの法則に従う，あるいは従わないか？

11　（3 行 3 列の行列）どの行列 A に対しても次が成り立つような B を選べ．

(a) $BA = 4A$

(b) $BA = 4B$（引っかかりやすい）

(c) BA では，A の第 1 行と第 3 行が入れ換わり，第 2 行はそのままである．

(d) BA のすべての行が，A の第 1 行と同じである．

12　以下の特定の行列 B と C に対して，$AB = BA$ および $AC = CA$ とする：

$$A = \begin{bmatrix} a & b \\ c & d \end{bmatrix} \quad \text{は} \quad B = \begin{bmatrix} 1 & 0 \\ 0 & 0 \end{bmatrix} \quad \text{および} \quad C = \begin{bmatrix} 0 & 1 \\ 0 & 0 \end{bmatrix} \quad \text{と可換.}$$

$a = d$ および $b = c = 0$ を証明せよ．このとき，A は I の定数倍である．B と C，そしてその他すべての 2 行 2 列の行列と可換な行列は，$A = I$ の定数倍，だけである．

13　次の行列のどれが，$(A-B)^2$ に等しいと保証されているか：$A^2 - B^2, (B-A)^2, A^2 - 2AB + B^2, A(A-B) - B(A-B), A^2 - AB - BA + B^2$？

14　真か偽か：

(a) A^2 が定義できるとき，A は必ず正方行列である．

(b) AB と BA が定義できるとき，A と B は正方行列である．

(c) AB と BA が定義できるとき，AB と BA は正方行列である．

(d) $AB = B$ ならば，$A = I$ である．

15　A が m 行 n 列のとき，次のことを行うのに，個別の乗算を何回必要とするか？

(a) A と，n 成分のベクトル $\boldsymbol{x}$ を掛ける．

(b) A と，n 行 p 列の行列 B を掛ける．

(c) A と自分自身を掛けて A^2 をつくる．ここでは $m = n$ で，A は正方とする．

16　$A = \left[\begin{smallmatrix} 2 & -1 \\ 3 & -2 \end{smallmatrix}\right]$ と $B = \left[\begin{smallmatrix} 1 & 0 & 4 \\ 1 & 0 & 6 \end{smallmatrix}\right]$ のとき，次の答えのみを計算し，**それ以外は求めるな**：

(a) AB の第 2 列　(b)　AB の第 2 行　(c)　A^2 の第 2 行　(d)　A^3 の第 2 行．

問題 17〜19 では，$\boldsymbol{A}$ の第 $\boldsymbol{i}$ 行，第 $\boldsymbol{j}$ 列の成分を $\boldsymbol{a_{ij}}$ とする．

17　次の成分をもつ，3 行 3 列の行列 A を書き下せ：

(a) $a_{ij} = i$ と j の最小値　(b) $a_{ij} = (-1)^{i+j}$　(c) $a_{ij} = i/j$.

18 これらの性質をもつ行列を，それぞれどのような言葉で表すか？ 各性質を満たす3行3列の行列の例を1つずつ挙げよ．4つの性質すべてを満たすのは，どの行列か？

(a) $i \neq j$ ならば $a_{ij} = 0$　(b) $i < j$ ならば $a_{ij} = 0$　(c) $a_{ij} = a_{ji}$

(d) $a_{ij} = a_{1j}$.

19 A の成分が a_{ij} であり，0が生じないとするとき，次のものはそれぞれ何か？

(a) 最初のピボット

(b) 第3行から差し引くべき，第1行の乗数 ℓ_{31}

(c) その引き算の後，a_{32} を置き換える新たな成分

(d) 第2のピボット．

問題 20〜24 では $\boldsymbol{A}$ の累乗について問う．

20 次の $A, \boldsymbol{v}$ に対して，A^2, A^3, A^4 そしてまた $A\boldsymbol{v}, A^2\boldsymbol{v}, A^3\boldsymbol{v}, A^4\boldsymbol{v}$ を計算せよ．

$$A = \begin{bmatrix} 0 & 2 & 0 & 0 \\ 0 & 0 & 2 & 0 \\ 0 & 0 & 0 & 2 \\ 0 & 0 & 0 & 0 \end{bmatrix} \quad と \quad \boldsymbol{v} = \begin{bmatrix} x \\ y \\ z \\ t \end{bmatrix}.$$

21 次の A, B に対して，すべての累乗 $A^2, A^3, \ldots$ および $AB, (AB)^2, \ldots$ を求めよ．

$$A = \begin{bmatrix} 0.5 & 0.5 \\ 0.5 & 0.5 \end{bmatrix} \quad と \quad B = \begin{bmatrix} 1 & 0 \\ 0 & -1 \end{bmatrix}.$$

22 試行錯誤により，実の，零行列でない2行2列の行列で，次を満たすものを見つけよ．

$$A^2 = -I \qquad BC = O \qquad DE = -ED\ (ただし\ DE = O\ は除く).$$

23 (a) 零行列でない行列 A で，$A^2 = O$ となるものを見つけよ．

(b) $A^2 \neq O$ であるが $A^3 = O$ となる行列を見つけよ．

24 $n = 2$ と $n = 3$ の場合を調べ，これらの行列に対する A^n を予想せよ：

$$A_1 = \begin{bmatrix} 2 & 1 \\ 0 & 1 \end{bmatrix} \quad と \quad A_2 = \begin{bmatrix} 1 & 1 \\ 1 & 1 \end{bmatrix} \quad と \quad A_3 = \begin{bmatrix} a & b \\ 0 & 0 \end{bmatrix}.$$

問題 25〜31 では，列と行の積およびブロック積を用いよ．

25 A（3行3列）の列と I の行の積を用いて，A と I を掛けよ．

26 列と行の積を用いて積 AB を求めよ：

$$AB = \begin{bmatrix} 1 & 0 \\ 2 & 4 \\ 2 & 1 \end{bmatrix} \begin{bmatrix} 3 & 3 & 0 \\ 1 & 2 & 1 \end{bmatrix} = \begin{bmatrix} 1 \\ 2 \\ 2 \end{bmatrix} \begin{bmatrix} 3 & 3 & 0 \end{bmatrix} + \underline{\qquad} = \underline{\qquad}.$$

27 2 つの上三角行列の積は，つねに上三角となることを示せ：

$$AB = \begin{bmatrix} x & x & x \\ 0 & x & x \\ 0 & 0 & x \end{bmatrix} \begin{bmatrix} x & x & x \\ 0 & x & x \\ 0 & 0 & x \end{bmatrix} = \begin{bmatrix} x & & \\ 0 & & \\ 0 & 0 & x \end{bmatrix}.$$

内積を用いた証明（行と列の積） (A の第 2 行)・(B の第 1 列)$=0$. 他の内積で，零となるのはどれか？

フルサイズの行列を用いた証明（列と行の積） (A の第 2 列) と (B の第 2 行) の積の中での x と 0 を書け．(A の第 3 列) と (B の第 3 行) の積もまた示せ．

28 A が 2 行 3 列で，1, 1, 1 と 2, 2, 2 の行からなり，B は 3 行 4 列で，1, 1, 1 と 2, 2, 2 と 3, 3, 3 と 4, 4, 4 の列からなるとき，4 通りの乗算規則をそれぞれ用いて，AB を求めよ：

(1) A の行と B の列の積．　**内積**（AB の各成分）

(2) 行列 A と B の列の積．　$\boldsymbol{AB}$ **の列**

(3) A の行と行列 B の積．　$\boldsymbol{AB}$ **の行**

(4) A の列と B の行の積．　**外積**（3 つの行列の和で AB）

29 どの行列 E_{21} と E_{31} が，$E_{21}A$ と $E_{31}A$ の $(2,1)$ および $(3,1)$ 成分に零を生み出すか？

$$A = \begin{bmatrix} 2 & 1 & 0 \\ -2 & 0 & 1 \\ 8 & 5 & 3 \end{bmatrix}$$

両方の零を一度に生み出す，単一の行列 $E = E_{31}E_{21}$ を求め，EA と掛けよ．

30 **ブロック積**は，大きなステップ 1 つで，ピボットの下に零を生み出す：

$$EA = \begin{bmatrix} 1 & \mathbf{0} \\ -\boldsymbol{c}/a & I \end{bmatrix} \begin{bmatrix} a & \boldsymbol{b} \\ \boldsymbol{c} & D \end{bmatrix} = \begin{bmatrix} a & \boldsymbol{b} \\ \mathbf{0} & D - \boldsymbol{cb}/a \end{bmatrix} \quad \text{ただし } \mathbf{0}, \boldsymbol{b}, \boldsymbol{c} \text{ はベクトル．}$$

問題 29 では $\boldsymbol{c}$ と D は何か？ また，ブロック $D - \boldsymbol{cb}/a$ は何か？

31 $i^2 = -1$ より，$(A + iB)$ と $(\boldsymbol{x} + i\boldsymbol{y})$ の積は $A\boldsymbol{x} + iB\boldsymbol{x} + iA\boldsymbol{y} - B\boldsymbol{y}$ である．ブロックを用いて，i なしの実部と，i に掛かる虚部とを分離せよ：

$$\begin{bmatrix} A & -B \\ ? & ? \end{bmatrix} \begin{bmatrix} \boldsymbol{x} \\ \boldsymbol{y} \end{bmatrix} = \begin{bmatrix} A\boldsymbol{x} - B\boldsymbol{y} \\ ? \end{bmatrix} \begin{matrix} \text{実部} \\ \text{虚部} \end{matrix}$$

32 （**とても重要**）$A\boldsymbol{v}=\boldsymbol{b}$ を，3 つの特殊な右辺 $\boldsymbol{b}$ について解くとする：

$$A\boldsymbol{v}_1=\begin{bmatrix}1\\0\\0\end{bmatrix} \quad と \quad A\boldsymbol{v}_2=\begin{bmatrix}0\\1\\0\end{bmatrix} \quad と \quad A\boldsymbol{v}_3=\begin{bmatrix}0\\0\\1\end{bmatrix}.$$

この 3 つの解 $\boldsymbol{v}_1,\boldsymbol{v}_2,\boldsymbol{v}_3$ が行列 X の列であるとき，A 掛ける X は何か？

33 問題 32 の 3 つの解が $\boldsymbol{v}_1=(1,1,1)$ と $\boldsymbol{v}_2=(0,1,1)$ と $\boldsymbol{v}_3=(0,0,1)$ のとき，$\boldsymbol{b}=(3,5,8)$ について $A\boldsymbol{v}=\boldsymbol{b}$ を解け．挑戦問題：A は何か？

34 **実用的問題** A が m 行 n 列，B が n 行 p 列，そして C が p 行 q 列であるとする．このとき，$(AB)C$ に対する乗算回数は $mnp+mpq$ 回である．A 掛ける BC からも同じ答えを，今度は $mnq+npq$ 回の個別の乗算で得る．BC について npq 回であることに注意せよ．

(a) もし A が 2 行 4 列，B が 4 行 7 列，そして C が 7 行 10 列だったら，$(AB)C$ と $A(BC)$ のどちらを好むか？

(b) N 成分のベクトルどうしでは，$(\boldsymbol{u}^{\mathrm{T}}\boldsymbol{v})\boldsymbol{w}^{\mathrm{T}}$ を選ぶか，それとも $\boldsymbol{u}^{\mathrm{T}}(\boldsymbol{v}\boldsymbol{w}^{\mathrm{T}})$ か？[2)]

(c) $mnpq$ で割り，$n^{-1}+q^{-1}<m^{-1}+p^{-1}$ のときに，$(AB)C$ がより速いことを示せ．

35 **予期せぬ事実** 英国の友人が ある 2 行 2 列の行列の累乗を調べた：

$$A=\begin{bmatrix}1&2\\3&4\end{bmatrix} \quad A^2=\begin{bmatrix}7&10\\15&22\end{bmatrix} \quad A^3=\begin{bmatrix}37&54\\81&118\end{bmatrix} \quad A^4=\begin{bmatrix}a&b\\c&d\end{bmatrix}$$

彼は比 2/3 と 10/15 と 54/81 が皆，等しいことに気づいた．すべての累乗で，これは真であるが，A が三重対角行列でない限り，n 行 n 列の行列では成り立たない．1 つの巧みな証明では，A^nA と AA^n の，等しいはずの $(1,1)$ 成分を調べる．この考え方を用いて，この例では $b/c=2/3$ であることを示せるか？

4.4 逆行列

A は正方行列であるとする．同じ大きさの**“逆行列”** A^{-1} を探して，A^{-1} **掛ける** A **が** I **に等しくなるように**する．A が何をしても，A^{-1} が元どおりにする．それらの積は単位行列である——これはすべてのベクトルを変化させず，$A^{-1}A\boldsymbol{v}=\boldsymbol{v}$ となる．**しかし** A^{-1} **は存在しないかもしれない**．

行列で主として行われるのは，ベクトル $\boldsymbol{v}$ に掛けられることである．$A\boldsymbol{v}=\boldsymbol{b}$ に A^{-1} を掛けると，$A^{-1}A\boldsymbol{v}=A^{-1}\boldsymbol{b}$ となる．**これは** $\boldsymbol{v}=A^{-1}\boldsymbol{b}$ である．積 $A^{-1}A$ は，ある数を掛けて，続いてその数で割るようなものだ．数の場合は零でなければ，逆数をもつ——行列では，より複雑で，より面白い．行列 A^{-1} は“A の逆行列”（A インバース）と呼ばれる．

---
2) 訳注：転置 T は 4.5 節を参照．

定義 行列 A は，ある行列 A^{-1} が存在して

$$A^{-1}A = I \quad および \quad AA^{-1} = I \tag{1}$$

となるとき，**可逆**である．

すべての行列が逆行列をもつわけではない．正方行列に対して我々が問う最初の質問は：A は可逆か？ すぐに A^{-1} を計算してみるのではない．ほとんどの問題では，決してそれを計算しない！ ここに，A^{-1} についての6つの"性質"を示す．

性質 1 **A^{-1} は，消去法が n 個のピボットを生み出すとき，かつそのときに限り存在する**（行の交換は許される）．消去法は $A\boldsymbol{v} = \boldsymbol{b}$ を，その行列 A^{-1} を陽に用いることなしに解く．

性質 2 行列 A は，2つの異なる逆行列をもてない．$BA = I$ であり，また $AC = I$ であるとする．このとき，次の"括弧による証明"から，$B = C$ である．

$$B(AC) = (BA)C \quad より \quad BI = IC \quad すなわち \quad B = C. \tag{2}$$

左逆行列 B（左から掛ける）と**右逆行列** C（A に右から掛けて $AC = I$ となる）は**同一の行列**でなければならないことを，これは示す．

性質 3 A が可逆ならば，$A\boldsymbol{v} = \boldsymbol{b}$ に対する解が一意に存在して，$\boldsymbol{v} = A^{-1}\boldsymbol{b}$ である：

$$\boldsymbol{A\boldsymbol{v} = \boldsymbol{b}} \quad \textbf{に} \quad \boldsymbol{A^{-1}}\textbf{を掛けよ．} \quad \textbf{すると} \quad \boldsymbol{\boldsymbol{v} = A^{-1}A\boldsymbol{v} = A^{-1}\boldsymbol{b}}.$$

性質 4 （重要） **$A\boldsymbol{v} = \boldsymbol{0}$ を満たす，自明でないベクトル $\boldsymbol{v}$ があるとする．このとき，A は逆行列をもてない**．$\boldsymbol{0}$ を $\boldsymbol{v}$ に戻せる行列はない．

もし A が可逆ならば，$A\boldsymbol{v} = \boldsymbol{0}$ は自明な解 $\boldsymbol{v} = A^{-1}\boldsymbol{0} = \boldsymbol{0}$ だけをもつ．

性質 5 2行2列の行列が可逆なのは，$ad - bc$ が零でないとき，かつそのときのみである：

$$\begin{matrix}\textbf{2 行 2 列の逆行列} \\ \boldsymbol{ad - bc}\ \textbf{で割れ}\end{matrix} \qquad \begin{bmatrix} a & b \\ c & d \end{bmatrix}^{-1} = \frac{1}{ad - bc}\begin{bmatrix} \boldsymbol{d} & \boldsymbol{-b} \\ \boldsymbol{-c} & \boldsymbol{a} \end{bmatrix}. \tag{3}$$

この数 $ad - bc$ は A の**行列式**である．ある行列は，その行列式が零でないときに可逆である．A^{-1} はつねに，A の行列式での割り算を伴う．

性質 6 どの対角成分も零でないとき，対角行列は逆行列をもつ：

$$もし \quad A = \begin{bmatrix} d_1 & & \\ & \ddots & \\ & & d_n \end{bmatrix} \quad ならば，\quad A^{-1} = \begin{bmatrix} 1/d_1 & & \\ & \ddots & \\ & & 1/d_n \end{bmatrix}.$$

例 1 2行2列の行列 $A = \left[\begin{smallmatrix} 1 & 2 \\ 1 & 2 \end{smallmatrix}\right]$ は可逆でない．$ad - bc$ が $2 - 2 = 0$ となるので，性質5の判定で不合格となる．$\boldsymbol{v} = (2, -1)$ のときに $A\boldsymbol{v} = \boldsymbol{0}$ なので，性質3の判定にも不合格であ

る．性質 1 で要求される 2 つのピボットももたない．消去法で，この行列 A の第 2 行は，成分が零の行に変わる．

積 AB の逆行列

零でない 2 つの数 a と b に対して，それらの和 $a+b$ は可逆にも不可逆にもなりうる．数 $a=3$ と $b=-3$ には逆数 $\frac{1}{3}$ と $-\frac{1}{3}$ があるが，それらの和 $a+b=0$ には逆数がない．しかしそれらの積 $ab=-9$ は逆数をもち，それは $\frac{1}{3}$ と $-\frac{1}{3}$ の積である．

2 つの行列 A と B の場合の状況も似ている．$A+B$ が可逆かどうかについて，多くを言うのは難しい．しかし，それらの**積** AB は，2 つの因子 A と B がそれぞれ可逆（そして同じ大きさ）のとき，かつそのときにだけ，逆行列をもつ．重要な点は，A^{-1} と B^{-1} が**逆順で**現れることだ：

A と B がともに可逆なら，AB も可逆である．積 AB の逆行列は

$$(\boldsymbol{AB})^{-1} = \boldsymbol{B}^{-1}\boldsymbol{A}^{-1}. \tag{4}$$

なぜ順序が逆転するかを理解するには，AB と $B^{-1}A^{-1}$ を掛けよ．その内側には $BB^{-1}=I$ がある：

$$AB \text{ の逆行列} \qquad (AB)(B^{-1}A^{-1}) = AIA^{-1} = AA^{-1} = I.$$

括弧を移して，BB^{-1} を最初に掛けた．同様にして，$B^{-1}A^{-1}$ と AB の積も I に等しい．これは数学の基本的な規則を例示している：逆元は逆順で現れる．これはまた常識とも言える：あなたが靴下を履いて，その次に靴を履くと，最初に脱ぐべきは ＿＿＿ である．3 つ以上の行列の場合も，同じく逆順となる：

$$\text{逆順} \qquad (\boldsymbol{ABC})^{-1} = \boldsymbol{C}^{-1}\boldsymbol{B}^{-1}\boldsymbol{A}^{-1}. \tag{5}$$

例 2　基本変形の行列の逆行列．E が第 1 行の 5 倍を第 2 行から引くとき，E^{-1} は第 1 行の 5 倍を第 2 行に**加える**：

$$\begin{matrix}\boldsymbol{E}\text{ は差し引き}\\ \boldsymbol{E}^{-1}\text{ は加える}\end{matrix} \qquad E = \begin{bmatrix} 1 & 0 & 0 \\ \boldsymbol{-5} & 1 & 0 \\ 0 & 0 & 1 \end{bmatrix} \quad \text{と} \quad E^{-1} = \begin{bmatrix} 1 & 0 & 0 \\ \boldsymbol{5} & 1 & 0 \\ 0 & 0 & 1 \end{bmatrix}.$$

EE^{-1} と掛けて，単位行列 I を得る．$E^{-1}E$ と掛けても，また I を得る．同じ第 1 行の 5 倍を，足したり引いたりしている．足した後に引こうが（これが EE^{-1}），引いた後に足そうが（これが $E^{-1}E$），いずれも出発点に戻る．

正方行列について，一方の側での逆行列は，自動的に他方の側の逆行列でもある．正方行列について $AB=I$ であれば，自動的に $BA=I$ である．この場合 B は A^{-1} である．これを知っていると極めて便利だが，まだその証明の準備はできていない．

例3　F が第2行の4倍を第3行から引くとすると，F^{-1} はそれを足して戻す：

$$F=\begin{bmatrix}1&0&0\\0&1&0\\0&-4&1\end{bmatrix}\quad と\quad F^{-1}=\begin{bmatrix}1&0&0\\0&1&0\\0&4&1\end{bmatrix}.$$

今度は，例2の行列 E に F を掛けて FE を求めよ．また，E^{-1} と F^{-1} の積で，$(FE)^{-1}$ を求めよ．逆行列に求められる順序 $(FE)^{-1}=E^{-1}F^{-1}$ に注意せよ．

正しい順序で
正しい逆行列

$$FE=\begin{bmatrix}1&0&0\\-5&1&0\\20&-4&1\end{bmatrix}\quad と\quad E^{-1}F^{-1}=\begin{bmatrix}1&0&0\\\mathbf{5}&1&0\\0&\mathbf{4}&1\end{bmatrix}. \tag{6}$$

この結果は美しく，正しい．積 FE は "20" を含むが，その逆行列は含まない．E は第1行の5倍を第2行から引く．その後 F が**新たな**第2行（第1行により変更された）の4倍を第3行から引く．**この FE の順序では，第3行は第1行からの影響を感じる**．

$E^{-1}F^{-1}$ の順序では，その影響は生じない．最初に F^{-1} が第2行の4倍を第3行に加える．その後，E^{-1} が第1行の5倍を第2行に足す．第3行が再度変わることはないので，20が出てこない．**この $E^{-1}F^{-1}$ という順序では，第3行は第1行からの影響を何も感じない**．

$E^{-1}F^{-1}$ は速い．乗数 5，4 が，対角成分 1 の下に入る．

ガウス–ジョルダンの消去法による A^{-1} の計算

A^{-1} を陽に求める必要はないかもしれないと，すでに記した．$\boldsymbol{v}=A^{-1}\boldsymbol{b}$ が方程式 $A\boldsymbol{v}=\boldsymbol{b}$ の解だが，A^{-1} を計算して，それを $\boldsymbol{b}$ に掛ける必要はなく，効率的でもない．**消去法で直接 $\boldsymbol{v}$ を求める**．これから示すように，消去法はまた，A^{-1} を求める手段でもある．

ガウス–ジョルダンの考え方で $AA^{-1}=I$ を解く．A^{-1} の列をそれぞれ求めよ．

A を，A^{-1} の第1列（これを $\boldsymbol{v}_1$ と呼ぶ）に掛けると，I の第1列（これを $\boldsymbol{e}_1$ と呼ぶ）になる．A が3行3列のときを示すと，我らの方程式は $A\boldsymbol{v}_1=\boldsymbol{e}_1=(1,0,0)$ である．方程式はもう2つある．A^{-1} の各列 $\boldsymbol{v}_1,\boldsymbol{v}_2,\boldsymbol{v}_3$ に A が掛けられて，I の列が生み出される：

A^{-1} の3列

$$\boldsymbol{AA^{-1}=}\ A\begin{bmatrix}\boldsymbol{v}_1&\boldsymbol{v}_2&\boldsymbol{v}_3\end{bmatrix}=\begin{bmatrix}\boldsymbol{e}_1&\boldsymbol{e}_2&\boldsymbol{e}_3\end{bmatrix}\ \boldsymbol{=I}. \tag{7}$$

つまり3行3列の行列 A の逆行列を得るには，連立した3つの線形方程式系を解かねばならない：$A\boldsymbol{v}_1=\boldsymbol{e}_1$ と $A\boldsymbol{v}_2=\boldsymbol{e}_2=(0,1,0)$ と $A\boldsymbol{v}_3=\boldsymbol{e}_3=(0,0,1)$．ガウス–ジョルダン法では A^{-1} をこのように求める．

ガウス–ジョルダン法では $\boldsymbol{n}$ 個の線形方程式系すべてを一緒に解いて，A^{-1} を計算する．"拡大行列" $[A\ \ \boldsymbol{b}]$ は通常，余分の1列 $\boldsymbol{b}$ をもつ行列である．今は，3つの右辺ベクトル（I の列）があるので，拡大行列はブロック行列 $[A\quad I]$ である．

$$\begin{bmatrix} A & \boldsymbol{e}_1 & \boldsymbol{e}_2 & \boldsymbol{e}_3 \end{bmatrix} = \begin{bmatrix} 2 & -1 & 0 & 1 & 0 & 0 \\ -1 & 2 & -1 & 0 & 1 & 0 \\ 0 & -1 & 2 & 0 & 0 & 1 \end{bmatrix} \quad \begin{bmatrix} \boldsymbol{A} & \boldsymbol{I} \end{bmatrix} \text{ に，ガウス–ジョルダン法を開始}$$

$$\to \begin{bmatrix} 2 & -1 & 0 & 1 & 0 & 0 \\ \mathbf{0} & \boldsymbol{\frac{3}{2}} & \mathbf{-1} & \boldsymbol{\frac{1}{2}} & \mathbf{1} & \mathbf{0} \\ 0 & -1 & 2 & 0 & 0 & 1 \end{bmatrix} \quad \left(\tfrac{1}{2}\ \textbf{第 1 行} + \textbf{第 2 行}\right)$$

$$\to \begin{bmatrix} 2 & -1 & 0 & 1 & 0 & 0 \\ 0 & \frac{3}{2} & -1 & \frac{1}{2} & 1 & 0 \\ \mathbf{0} & \mathbf{0} & \boldsymbol{\frac{4}{3}} & \boldsymbol{\frac{1}{3}} & \boldsymbol{\frac{2}{3}} & \mathbf{1} \end{bmatrix} \quad \left(\tfrac{2}{3}\ \textbf{第 2 行} + \textbf{第 3 行}\right)$$

A^{-1} への道のりの半分が済んだ．最初の 3 列の行列は U（上三角）で，ピボット $2, \frac{3}{2}, \frac{4}{3}$ が対角成分にある．ガウスであれば，後退代入で終りにしただろうが，**ジョルダンの考えでは消去法を続ける！** 彼の場合，**単位行列**になるまで，突き進む．

行を，**上方の**行から差し引いて，**ピボットの上方に零**を生み出す：

$$\begin{pmatrix} \text{第 3 ピボット} \\ \text{の上に零} \end{pmatrix} \quad \to \begin{bmatrix} 2 & -1 & 0 & 1 & 0 & 0 \\ \mathbf{0} & \boldsymbol{\frac{3}{2}} & \mathbf{0} & \boldsymbol{\frac{3}{4}} & \boldsymbol{\frac{3}{2}} & \boldsymbol{\frac{3}{4}} \\ 0 & 0 & \frac{4}{3} & \frac{1}{3} & \frac{2}{3} & 1 \end{bmatrix} \quad \left(\tfrac{3}{4}\ \textbf{第 3 行} + \textbf{第 2 行}\right)$$

$$\begin{pmatrix} \text{第 2 ピボット} \\ \text{の上に零} \end{pmatrix} \quad \to \begin{bmatrix} \mathbf{2} & \mathbf{0} & \mathbf{0} & \boldsymbol{\frac{3}{2}} & \mathbf{1} & \boldsymbol{\frac{1}{2}} \\ 0 & \frac{3}{2} & 0 & \frac{3}{4} & \frac{3}{2} & \frac{3}{4} \\ 0 & 0 & \frac{4}{3} & \frac{1}{3} & \frac{2}{3} & 1 \end{bmatrix} \quad \left(\tfrac{2}{3}\ \textbf{第 2 行} + \textbf{第 1 行}\right)$$

ガウス–ジョルダン法の最後の手順は，各行をそのピボットで割ることである．新たなピボットはみな 1 になる．A が可逆なので，この行列の左半分が I になった．

$\boldsymbol{A^{-1}}$ の 3 つの列が，$\begin{bmatrix} \boldsymbol{I} & \boldsymbol{A^{-1}} \end{bmatrix}$ の右半分に入っている：

$$\begin{matrix} (2 \text{ で割る}) \\ (\frac{3}{2} \text{ で割る}) \\ (\frac{4}{3} \text{ で割る}) \end{matrix} \quad \begin{bmatrix} \mathbf{1} & 0 & 0 & \boldsymbol{\frac{3}{4}} & \boldsymbol{\frac{1}{2}} & \boldsymbol{\frac{1}{4}} \\ 0 & \mathbf{1} & 0 & \boldsymbol{\frac{1}{2}} & \mathbf{1} & \boldsymbol{\frac{1}{2}} \\ 0 & 0 & \mathbf{1} & \boldsymbol{\frac{1}{4}} & \boldsymbol{\frac{1}{2}} & \boldsymbol{\frac{3}{4}} \end{bmatrix} = \begin{bmatrix} I & \boldsymbol{v}_1 & \boldsymbol{v}_2 & \boldsymbol{v}_3 \end{bmatrix} = \begin{bmatrix} \boldsymbol{I} & \boldsymbol{A^{-1}} \end{bmatrix}.$$

3 行 6 列の行列 $[A \ \ I]$ から始めて，$[I \ \ A^{-1}]$ で終わった．任意の可逆な行列 A に対する，ガウス–ジョルダン法をまとめると，この 1 行となる：

ガウス–ジョルダン法　　**$[\boldsymbol{A} \ \ \boldsymbol{I}]$ に $\boldsymbol{A^{-1}}$ を掛けて，$[\boldsymbol{I} \ \ \boldsymbol{A^{-1}}]$ を得よ．**

消去法の手順で A を I に変える間に，その逆行列ができる．大きな行列に対しては，おそらく A^{-1} は，まったくほしくないだろう．しかし小さな行列に対しては，逆行列を知ることに，とても価値がありえる．この特定の A^{-1} は重要な例であるので，3 つの観察を付け加える．**対称**，**三重対角**，および**行列式**という用語を導入する：

1. A は，その主対角に関して**対称**である．A^{-1} もまた同様．

2. A は**三重対角**行列である（零でないのは主・副対角線の 3 本に沿う成分だけ）．しかし，A^{-1} は，零を含まない密行列である．我々があまり逆行列を計算しない，もう 1 つの理由がこれである．疎行列の逆行列は，一般に密行列となる．

3. **ピボットの積**は $2(\frac{3}{2})(\frac{4}{3}) = 4$．この数 4 は A の**行列式**である．

$$\boldsymbol{A^{-1}} \textbf{ は行列式での除算を含む} \qquad A^{-1} = \frac{1}{4}\begin{bmatrix} 3 & 2 & 1 \\ 2 & 4 & 2 \\ 1 & 2 & 3 \end{bmatrix}. \tag{8}$$

これが，可逆な行列の行列式が零ではない理由である．

例 4　$A = \left[\begin{smallmatrix} \mathbf{2} & \mathbf{3} \\ \mathbf{4} & \mathbf{7} \end{smallmatrix}\right]$ から始め，ガウス–ジョルダン消去法により，A^{-1} を求めよ．行の操作を 2 回行い，その後，ピボットを 1 とするための除算を行う．

$$\begin{bmatrix} \boldsymbol{A} & I \end{bmatrix} = \begin{bmatrix} \mathbf{2} & \mathbf{3} & 1 & 0 \\ \mathbf{4} & \mathbf{7} & 0 & 1 \end{bmatrix} \to \begin{bmatrix} 2 & 3 & 1 & 0 \\ \mathbf{0} & \mathbf{1} & \mathbf{-2} & \mathbf{1} \end{bmatrix} \quad (\text{これは}\begin{bmatrix} U & L^{-1} \end{bmatrix})$$

$$\to \begin{bmatrix} \mathbf{2} & \mathbf{0} & \mathbf{7} & \mathbf{-3} \\ 0 & 1 & -2 & 1 \end{bmatrix} \to \begin{bmatrix} 1 & 0 & \frac{\mathbf{7}}{\mathbf{2}} & -\frac{\mathbf{3}}{\mathbf{2}} \\ 0 & 1 & \mathbf{-2} & \mathbf{1} \end{bmatrix} \quad (\text{これは}\begin{bmatrix} I & \boldsymbol{A^{-1}} \end{bmatrix}).$$

この A^{-1} は，行列式 $ad - bc = 2 \cdot 7 - 3 \cdot 4 = 2$ による除算を含む．行列 A が可逆でないと，消去法でそれを I（$\begin{bmatrix} I & A^{-1} \end{bmatrix}$ の左半分）に簡約できない．

なぜ A^{-1} の計算が高くつくかを，ガウス–ジョルダン法が示している．n 個の方程式を，その n 個の列ベクトルについて解かなくてはならない．

$\boldsymbol{A^{-1}}$ **なしで** $\boldsymbol{Av = b}$ **を解くには，1 列** $\boldsymbol{b}$ **を扱い，1 列** $\boldsymbol{v}$ **を求めれば済む．**

A^{-1} の擁護のため，その計算コストは方程式系を 1 つ解くコストの n 倍にはならないことを言いたい．意外にも，n 列に対するコストは，たった 3 倍で済む．この節約の原因は，n 個の方程式系 $A\boldsymbol{v}_i = \boldsymbol{e}_i$ が，すべて同じ行列 A を含むからである．A についての消去は 1 回だけ行えばよく，右辺について作業するのは比較的安く済む．

消去法で $\boldsymbol{A^{-1}}$ **を完全に求めるには** $\boldsymbol{n^3}$ **回の計算を要するが，1 つの方程式系を解くには** $\boldsymbol{n^3/3}$ **回でよい．**

特異 対 可逆

中心的な問いに戻る．どの行列が逆行列をもつのか？ 本節の最初では，ピボットによる判定を提案した：$\boldsymbol{A^{-1}}$ **が存在するのは，**$\boldsymbol{A}$ **がまさしく，一揃いの** $\boldsymbol{n}$ **個のピボットをもつときである**（行の交換は許される）．これをガウス–ジョルダン消去法により証明できる：

1. n 個のピボットを用いて，消去法はすべての方程式系 $A\boldsymbol{v}_i = \boldsymbol{e}_i$ を解く．列ベクトル $\boldsymbol{v}_i$ が A^{-1} の中に入る．このとき $AA^{-1} = I$ で，A^{-1} は少なくとも**右逆行列**である．

2. 消去法は実のところ，E と P と D^{-1} による，一連の乗算である．

A の左逆行列
$$(D^{-1}\cdots E\cdots P\cdots E)A = I. \tag{9}$$

D^{-1} がピボットでの除算である．行列 E はピボットの下と上に零を生み出す．必要ならば置換行列 P が行の交換を行う．式 (9) で掛け合わされた行列は，**左逆行列**である．n 個のピボットで，$A^{-1}A = I$ に到った．

右逆行列は左逆行列に等しい．これが，本節始めの性質 2 だった．よって，一揃いの完全なピボットをもつ正方行列は，いつでも両側の逆行列をもつ．

この筋道を逆にたどって，今度は，**もし $AC = I$ ならば，A が n 個のピボットをもたなくてはならない**ことを示す（このとき演繹して，C は左逆行列でもあり，$CA = I$ である）．その結論に至る 1 つの経路は，以下のとおり：

1. もし A が n 個のピボットをもたなければ，消去法で**すべて零の行**にいきつく．

2. その消去法の手順は，可逆な M によって表される．**そこで，MA にもすべて零の行**がある．

3. もし $AC = I$ が可能であれば，$MAC = M$ となる．MA の全て零の行は，C を掛けると，M 自身の全て零の行になる．

4. 可逆な行列 M では，すべて零の行はありえない！したがって，もし $AC = I$ ならば，A は n 個のピボットを**持たねばならない**．

この議論には 4 段階もかかったが，その結論は短く，重要である．

消去法で，正方行列の可逆性を完全に判定できる．**A^{-1} が存在する（そしてガウス–ジョルダン法がそれを見つける）のは，まさしく A が n 個のピボットをもつときである**．上の議論では，さらに多くを示す：

$$AC = I \quad \text{ならば,} \quad CA = I \quad \text{および} \quad C = A^{-1} \quad \text{である.}$$

例 5 L は，対角成分が 1 の下三角行列であるとする．**このとき L^{-1} もまた，そうなる**．

三角行列が可逆なのは，どの対角成分も零でないとき，かつそのときのみである

ここで，L には 1 が並んでいるので，L^{-1} でもまた 1 が並ぶ．ガウス–ジョルダン法を用いて L^{-1} をつくれ．ピボット行の定数倍を，**下の**行から引いていく．通常これは，逆行列を求めるまでの半ばでしかないが，L に対しては全行程となる．左側に I が現れるとき，右側には L^{-1} が現れる．L^{-1} に含まれる 11 は，$3\times 5-4$ で得られることに注意する．

三角行列 L の
ガウス–ジョルダン
$$\begin{bmatrix} \mathbf{1} & \mathbf{0} & \mathbf{0} & 1 & 0 & 0 \\ \mathbf{3} & \mathbf{1} & \mathbf{0} & 0 & 1 & 0 \\ \mathbf{4} & \mathbf{5} & \mathbf{1} & 0 & 0 & 1 \end{bmatrix} = \begin{bmatrix} \boldsymbol{L} & I \end{bmatrix}$$

$$\rightarrow \begin{bmatrix} 1 & 0 & 0 & 1 & 0 & 0 \\ 0 & 1 & 0 & -3 & 1 & 0 \\ 0 & 5 & 1 & -4 & 0 & 1 \end{bmatrix}$$
（第 1 行の 3 倍を第 2 行から引く）
（第 1 行の 4 倍を第 3 行から引く）
（そして第 2 行の 5 倍を第 3 行から引く）

$$\rightarrow \begin{bmatrix} 1 & 0 & 0 & \mathbf{1} & \mathbf{0} & \mathbf{0} \\ 0 & 1 & 0 & \mathbf{-3} & \mathbf{1} & \mathbf{0} \\ 0 & 0 & 1 & \mathbf{11} & \mathbf{-5} & \mathbf{1} \end{bmatrix} = \begin{bmatrix} I & \boldsymbol{L^{-1}} \end{bmatrix}.$$

基本変形の行列の積 $E_{32}E_{31}E_{21}$ によって，L は I になる．だからその積が L^{-1} である．正しい順序 $E_{21}^{-1}E_{31}^{-1}E_{32}^{-1} = L$ の計算では，L^{-1} での 11 が L に入らず，3, 4, 5 ときれいになる．

■ 要点の復習 ■

1. 逆行列は $AA^{-1} = I$ と $A^{-1}A = I$ を満たす．
2. A が可逆なのは，それが n 個のピボットをもつとき，かつそのときのみである．(行の交換は許される)．
3. もし非自明な $\boldsymbol{v}$ に対して $A\boldsymbol{v} = \mathbf{0}$ ならば，A の逆行列はない．
4. AB の逆行列は，逆順での積 $B^{-1}A^{-1}$ である．そして $(ABC)^{-1} = C^{-1}B^{-1}A^{-1}$．
5. ガウス–ジョルダン法では，$AA^{-1} = I$ を解いて，A^{-1} の n 列を求める．拡大行列 $\begin{bmatrix} A & I \end{bmatrix}$ は，行簡約されて $\begin{bmatrix} I & A^{-1} \end{bmatrix}$ となる．

演習問題 4.4

1　A, B, C の逆行列を（直接，もしくは 2 行 2 列の公式から）求めよ：

$$A = \begin{bmatrix} 0 & 3 \\ 4 & 0 \end{bmatrix} \quad と \quad B = \begin{bmatrix} 2 & 0 \\ 4 & 2 \end{bmatrix} \quad と \quad C = \begin{bmatrix} 3 & 4 \\ 5 & 7 \end{bmatrix}.$$

2　これらの "置換行列" に対して，試行錯誤により P^{-1}（成分は 1 と 0）を求めよ：

$$P = \begin{bmatrix} 0 & 0 & 1 \\ 0 & 1 & 0 \\ 1 & 0 & 0 \end{bmatrix} \quad と \quad P = \begin{bmatrix} 0 & 1 & 0 \\ 0 & 0 & 1 \\ 1 & 0 & 0 \end{bmatrix}.$$

3　A^{-1} の第 1 列 (x, y) と第 2 列 (t, z) について解け：

$$\begin{bmatrix} 10 & 20 \\ 20 & 50 \end{bmatrix} \begin{bmatrix} x \\ y \end{bmatrix} = \begin{bmatrix} 1 \\ 0 \end{bmatrix} \quad と \quad \begin{bmatrix} 10 & 20 \\ 20 & 50 \end{bmatrix} \begin{bmatrix} t \\ z \end{bmatrix} = \begin{bmatrix} 0 \\ 1 \end{bmatrix}.$$

4 $\left[\begin{smallmatrix}\mathbf{1}&\mathbf{2}\\\mathbf{3}&\mathbf{6}\end{smallmatrix}\right]$ が可逆でないことを，$AA^{-1}=I$ を A^{-1} の第 1 列に対して解こうとすることにより示せ：

$$\begin{bmatrix}1&2\\3&6\end{bmatrix}\begin{bmatrix}x\\y\end{bmatrix}=\begin{bmatrix}1\\0\end{bmatrix}$$

（**異なる** A で，A^{-1} の第 1 列は求まるが，第 2 列は求まらないものがあるか？）

5 $U^2=I$，よって $U=U^{-1}$，となる上三角行列 U（対角行列ではない）を見つけよ．

6 (a) もし A が可逆で $AB=AC$ ならば，$B=C$ であることを，すばやく証明せよ．

(b) $A=\left[\begin{smallmatrix}\mathbf{1}&\mathbf{1}\\\mathbf{1}&\mathbf{1}\end{smallmatrix}\right]$ のとき，$AB=AC$ となる 2 つの異なる行列 B と C を見つけよ．

7 （重要）もし A の第 1 行 + 第 2 行 = 第 3 行となるならば，A は可逆でないことを示せ：

(a) なぜ $A\boldsymbol{v}=(1,0,0)$ が解をもてないかを説明せよ．

(b) どんな右辺 (b_1,b_2,b_3) だったら，$A\boldsymbol{v}=\boldsymbol{b}$ に解がありえるか？

(c) 消去法では第 3 行に何が起きるか？

8 もし A の第 1 列 + 第 2 列 = 第 3 列となるならば，A は可逆でないことを示せ：

(a) $A\boldsymbol{x}=\mathbf{0}$ に対する非自明な解 $\boldsymbol{x}$ を見つけよ．この行列は 3 行 3 列である．

(b) 消去法では，第 1 列 + 第 2 列 = 第 3 列が保たれる．なぜ，第 3 のピボットがないか？

9 A は可逆であるとし，その最初の 2 行を入れ替えて B とする．この新たな行列 B は可逆か？ B^{-1} を A^{-1} からどのように求められるか？

10 （正当なものならどんな方法ででも）逆行列を求めよ．

$$A=\begin{bmatrix}0&0&0&2\\0&0&3&0\\0&4&0&0\\5&0&0&0\end{bmatrix}\quad と\quad B=\begin{bmatrix}3&2&0&0\\4&3&0&0\\0&0&6&5\\0&0&7&6\end{bmatrix}$$

11 (a) 可逆な行列 A と B で，$A+B$ が可逆でないものを見つけよ．

(b) 特異な行列 A と B で，$A+B$ は可逆であるものを見つけよ．

12 積 $C=AB$ が可逆（A と B は正方行列）ならば，A 自身も可逆である．C^{-1} と B で，A^{-1} を表せ．

13 3 つの正方行列の積 $M=ABC$ が可逆ならば，B は可逆である（A と C も同様）．M^{-1} と A と C を含む，B^{-1} の公式を求めよ．

14 A の第 1 行を第 2 行に加えて B とするとき，B^{-1} を A^{-1} からどのように求めるか？

順序に注意. $B = \begin{bmatrix} 1 & 0 \\ 1 & 1 \end{bmatrix} A$ の逆行列は ＿＿＿.

15 すべてが零である列をもつ行列は，逆行列をもてないことを証明せよ．

16 $\begin{bmatrix} \mathbf{a} & \mathbf{b} \\ \mathbf{c} & \mathbf{d} \end{bmatrix}$ と $\begin{bmatrix} \mathbf{d} & -\mathbf{b} \\ -\mathbf{c} & \mathbf{a} \end{bmatrix}$ を掛けよ．それぞれの行列の逆行列は，$ad \neq bc$ のとき，何か？

17 (a) どの3行3列の行列 E が，これら3つの行操作と同じ効果をもつか？ 第1行を第2行から引き，第1行を第3行から引き，その後，第2行を第3行から引く．

(b) どの単一の行列 L が，これら3つの逆操作と同じ効果をもつか？ 第2行を第3行に足し，第1行を第3行に足し，その後，第1行を第2行に足す．

18 B が A^2 の逆行列のとき，AB が A の逆行列であることを示せ．

19 （推奨）A は4行4列の行列で，その対角成分には1が並び，上側の副対角成分は $-a, -b, -c$ である．この2重対角行列について A^{-1} を求めよ．

20 5∗eye(4) − ones(4,4) の逆行列を与える数 a と b を求めよ：

$$[5I-\text{ones}]^{-1} = \begin{bmatrix} 4 & -1 & -1 & -1 \\ -1 & 4 & -1 & -1 \\ -1 & -1 & 4 & -1 \\ -1 & -1 & -1 & 4 \end{bmatrix}^{-1} = \begin{bmatrix} a & b & b & b \\ b & a & b & b \\ b & b & a & b \\ b & b & b & a \end{bmatrix}.$$

6∗eye(5) − ones(5,5) の逆行列の中の a と b は何か？MATLAB では，I =eye である．

21 成分が1と0だけの2行2列の行列は16通りある．そのうち，何個が可逆か？

問題 22〜28 では，A^{-1} を求めるためのガウス–ジョルダン法について問う．

22 A を I へ（行基本変形で）簡約しながら，I を A^{-1} へ変形せよ：

$$[A \;\; I] = \begin{bmatrix} 1 & 3 & 1 & 0 \\ 2 & 7 & 0 & 1 \end{bmatrix} \quad と \quad [A \;\; I] = \begin{bmatrix} 1 & 4 & 1 & 0 \\ 3 & 9 & 0 & 1 \end{bmatrix}$$

23 ガウス–ジョルダン法の，本文での3行3列の例を，A の中をすべて正符号にして，やり直してみよ．ピボットの上下を消去して，$[A \;\; I]$ を $[I \;\; A^{-1}]$ へ簡約せよ：

$$[A \;\; I] = \begin{bmatrix} 2 & 1 & 0 & 1 & 0 & 0 \\ 1 & 2 & 1 & 0 & 1 & 0 \\ 0 & 1 & 2 & 0 & 0 & 1 \end{bmatrix}.$$

24 $[U \;\; I]$ にガウス–ジョルダン法を用いて，上三角行列の U^{-1} を求めよ：

$$\boldsymbol{U}\boldsymbol{U}^{-1} = \boldsymbol{I} \qquad \begin{bmatrix} 1 & a & b \\ 0 & 1 & c \\ 0 & 0 & 1 \end{bmatrix} \begin{bmatrix} \boldsymbol{x}_1 & \boldsymbol{x}_2 & \boldsymbol{x}_3 \end{bmatrix} = \begin{bmatrix} 1 & 0 & 0 \\ 0 & 1 & 0 \\ 0 & 0 & 1 \end{bmatrix}.$$

25　$[A \;\; I]$ と $[B \;\; I]$ について，消去法により A^{-1} と B^{-1} を（**もし存在するならば**）求めよ：

$$A = \begin{bmatrix} 2 & 1 & 1 \\ 1 & 2 & 1 \\ 1 & 1 & 2 \end{bmatrix} \quad と \quad B = \begin{bmatrix} 2 & -1 & -1 \\ -1 & 2 & -1 \\ -1 & -1 & 2 \end{bmatrix}.$$

26　どんな 3 行列 E_{21} と E_{12} と D^{-1} ならば $A = \begin{bmatrix} \mathbf{1} & \mathbf{2} \\ \mathbf{2} & \mathbf{6} \end{bmatrix}$ が単位行列に簡約されるか？ $D^{-1}E_{12}E_{21}$ と掛けて，A^{-1} を求めよ．

27　$[A \;\; I]$ から始めて，ガウス–ジョルダン法により，これらの行列 A の逆行列を求めよ：

$$A = \begin{bmatrix} 1 & 0 & 0 \\ 2 & 1 & 3 \\ 0 & 0 & 1 \end{bmatrix} \quad と \quad A = \begin{bmatrix} 1 & 1 & 1 \\ 1 & 2 & 2 \\ 1 & 2 & 3 \end{bmatrix}.$$

28　行を交換して，ガウス–ジョルダン法を続け，A^{-1} を求めよ：

$$[A \;\; I] = \begin{bmatrix} 0 & 2 & 1 & 0 \\ 2 & 2 & 0 & 1 \end{bmatrix}.$$

29　真か偽か（偽の場合は反例を，真の場合は理由を合わせて）：

(a) ある 1 行がすべて零である 4 行 4 列の行列は，可逆でない．

(b) 主対角成分がすべて 1 の行列は，どれも可逆である．

(c) A が可逆のとき，A^{-1} と A^2 は可逆である．

30　c のどの 3 つの値で，次の行列は可逆でないか？ また，それはなぜか？

$$A = \begin{bmatrix} 2 & c & c \\ c & c & c \\ 8 & 7 & c \end{bmatrix}.$$

31　$a \neq 0$ および $a \neq b$ ならば A が可逆であることを証明せよ（ピボットか A^{-1} を求めよ）：

$$A = \begin{bmatrix} a & b & b \\ a & a & b \\ a & a & a \end{bmatrix}.$$

32 この行列は，素晴らしい逆行列をもつ．$[A\ \ I]$ について消去法を行い A^{-1} を求めよ．この問題を5行5列の"交互行列"へ拡張し，その逆行列を推定せよ：その後，掛けて確かめよ．

$$A=\begin{bmatrix}1&-1&1&-1\\0&1&-1&1\\0&0&1&-1\\0&0&0&1\end{bmatrix} \text{ の逆行列を求め，} A\boldsymbol{v}=\begin{bmatrix}1\\1\\1\\1\end{bmatrix} \text{ を解け．}$$

33 （パズル）どの行も数 $0,1,2,3$ を何らかの順序で含むような，4行4列の行列 A は可逆となりえるか？ どの行も $0,1,2,-3$ を何らかの順序で含むような B であればどうか？

34 これらのブロック行列の逆行列を（それらが存在するとして）求め，確認せよ：

$$\begin{bmatrix}I&0\\C&I\end{bmatrix}\qquad\begin{bmatrix}A&0\\C&D\end{bmatrix}\qquad\begin{bmatrix}0&I\\I&D\end{bmatrix}.$$

4.5 対称行列と直交行列

本節では，行列の**転置**を導入する．任意の m 行 n 列の行列 A から始める．このとき，A の行が，A^{T}（"**A の転置**"と呼ぶ）の列となる．A の列は A^{T} の行である．m 行 n 列の行列を，その主対角に関してひっくり返す．**すると A^{T} は n 行 m 列である．**

$$\textbf{転置}\qquad \text{もし}\ A=\begin{bmatrix}\mathbf{1}&\mathbf{2}&\mathbf{6}\\0&0&5\end{bmatrix}\quad\text{ならば}\quad A^{\mathrm{T}}=\begin{bmatrix}\mathbf{1}&0\\\mathbf{2}&0\\\mathbf{6}&5\end{bmatrix}.$$

A^{T} の第 i 行，第 j 列の成分は，A の第 j 行，第 i 列の成分である．つまり $\boldsymbol{(A^{\mathrm{T}})_{ij}=A_{ji}}$.

下三角行列の転置は上三角行列である．2つの大切な公式は：

$$\textbf{積}\ \boldsymbol{AB}\qquad AB\ \text{の転置は}\quad \boldsymbol{(AB)^{\mathrm{T}}=B^{\mathrm{T}}A^{\mathrm{T}}}. \tag{1}$$

$$\textbf{逆行列}\ \boldsymbol{A^{-1}}\qquad A^{-1}\ \text{の転置は}\quad \boldsymbol{(A^{-1})^{\mathrm{T}}=(A^{\mathrm{T}})^{-1}}. \tag{2}$$

$B^{\mathrm{T}}A^{\mathrm{T}}$ が逆順で現れることに，特に注意せよ．逆行列に対して，この逆順を確かめるのは簡単だった：$B^{-1}A^{-1}$ と AB の積から $B^{-1}(A^{-1}A)B=I$．転置についての公式(1)と(2)は演習問題で確かめる．本節での本質的な行列に移りたい．これらは数学の中で最も重要な行列である：

対称行列	$\boldsymbol{A^{\mathrm{T}}}$ が $\boldsymbol{A}$ に等しい．このとき A は正方行列で，$a_{ij}=a_{ji}$.
直交行列	$\boldsymbol{A^{\mathrm{T}}}$ が $\boldsymbol{A^{-1}}$ に等しい．このとき A は正方行列で，$A^{\mathrm{T}}A=I$.

対称行列の例 S と，直交行列の例 Q を示す：

$$\text{対称な } \boldsymbol{S} = \begin{bmatrix} 1 & \mathbf{4} \\ \mathbf{4} & 6 \end{bmatrix} \qquad \text{直交の } \boldsymbol{Q} = \begin{bmatrix} \cos\theta & -\sin\theta \\ \sin\theta & \cos\theta \end{bmatrix}$$

S の対称性は，簡単に理解できる：$\mathbf{4} = \mathbf{4}$．直交行列については，$Q^{\mathrm{T}}Q = I$ であることを確認する：

$$\begin{array}{l}\text{列は互いに直交}\\ \text{列は単位ベクトル}\end{array} \qquad \begin{bmatrix} \cos\theta & \sin\theta \\ -\sin\theta & \cos\theta \end{bmatrix}\begin{bmatrix} \cos\theta & -\sin\theta \\ \sin\theta & \cos\theta \end{bmatrix} = \begin{bmatrix} 1 & 0 \\ 0 & 1 \end{bmatrix}. \tag{3}$$

左側の言葉での説明が，列ベクトル $\boldsymbol{q}_1$ と $\boldsymbol{q}_2$ についての大切な事実を告げる：

$$\boldsymbol{Q^{\mathrm{T}}Q = I} \qquad \begin{bmatrix} \boldsymbol{q}_1^{\mathrm{T}} \\ \boldsymbol{q}_2^{\mathrm{T}} \end{bmatrix}\begin{bmatrix} \boldsymbol{q}_1 & \boldsymbol{q}_2 \end{bmatrix} = \begin{bmatrix} \boldsymbol{q}_1^{\mathrm{T}}\boldsymbol{q}_1 & \boldsymbol{q}_1^{\mathrm{T}}\boldsymbol{q}_2 \\ \boldsymbol{q}_2^{\mathrm{T}}\boldsymbol{q}_1 & \boldsymbol{q}_2^{\mathrm{T}}\boldsymbol{q}_2 \end{bmatrix} = \begin{bmatrix} 1 & 0 \\ 0 & 1 \end{bmatrix}. \tag{4}$$

非対角成分は $\boldsymbol{q}_1^{\mathrm{T}}\boldsymbol{q}_2 = 0$ と $\boldsymbol{q}_2^{\mathrm{T}}\boldsymbol{q}_1 = 0$ とわかる．2 つの列ベクトルは直交する．対角成分は $\boldsymbol{q}_1^{\mathrm{T}}\boldsymbol{q}_1 = 1$ と $\boldsymbol{q}_2^{\mathrm{T}}\boldsymbol{q}_2 = 1$ である．これらの $\boldsymbol{q}$ は，単位列ベクトルである：**長さ 1**.

対称行列には特別の文字 S をあて，直交行列は Q とする．

対称行列 $\boldsymbol{S = A^{\mathrm{T}}A}$

対称行列が大いなる恵みであるのは，その固有値 (eigenvalues) λ と固有ベクトル (eigenvectors) $\boldsymbol{x}$ のためである．これらの奇妙な，半分ドイツ語で半分英語の用語は，6 章の核心をなす．大切な式 $A\boldsymbol{x} = \lambda\boldsymbol{x}$（これは $A\boldsymbol{x}$ を $\boldsymbol{x}$ と同じ方向に向ける）を見ることになる．ここでは単に，なぜ対称行列が特別であるかを示す，2 つの事実を記す：

$\boldsymbol{Sx = \lambda x}$　対称行列は**実固有値 $\boldsymbol{\lambda}$ と，直交する固有ベクトル $\boldsymbol{x}$ をもつ**.

これらの事実は，対称な方程式系 $\boldsymbol{y}' = S\boldsymbol{y}$ および $\boldsymbol{y}'' + S\boldsymbol{y} = \boldsymbol{0}$ を解く際に極めて重要となる．

対称行列がどこで現れるのかを知るのも，等しく重要である．応用数学と工業数学の一部分は，方程式を解くことにある．我々は既に $A\boldsymbol{v} = \boldsymbol{b}$ を解き，もうすぐ $d\boldsymbol{y}/dt = A\boldsymbol{y}$ を解く．ただ，解くことはこの分野の半分であり，もう半分は，その方程式をそもそも発見することである．

物理か生物か経済学の問題から始めよう．それを式でモデル化しよう．$F = ma$ や $e = mc^2$ を解くためには思考力が必要かもしれないが，それらの式を**発見**してくれたニュートンやアインシュタインにまず 1 等賞を贈る．

繰り返すと：対称行列はどこに現れるか？ 私の経験では，ある行列 A から始める．しばしば，この行列は長方行列（m 行 n 列）である．その転置もまた長方行列である．(A^{T} は n 行 m 列)．遅かれ早かれ，ほぼ確実に行列 $A^{\mathrm{T}}A$ を見ることになる．その瞬間，正方で対称の，n 行 n 列の行列を得るのだ：

$$\boldsymbol{S = A^{\mathrm{T}}A} \textbf{ は常に対称．その転置は } \boldsymbol{S^{\mathrm{T}} = (A^{\mathrm{T}}A)^{\mathrm{T}} = A^{\mathrm{T}}A^{\mathrm{TT}} = S}. \tag{5}$$

(n 行 m 列) と (m 行 n 列) の積は (n 行 n 列) だから，この $A^{\mathrm{T}}A$ は自動的に正方行列である．

例 1
$$A^{\mathrm{T}}A = \begin{bmatrix} 1 & 1 & 3 \\ 0 & 0 & 4 \end{bmatrix}\begin{bmatrix} 1 & 0 \\ 1 & 0 \\ 3 & 4 \end{bmatrix} = \begin{bmatrix} 11 & \mathbf{12} \\ \mathbf{12} & 16 \end{bmatrix}.$$

この数 12 は，$A^{\mathrm{T}}A$ の中に **2 度**現れる．それは (A^{T} の第 1 行) · (A の第 2 列) であり，また，(A^{T} の第 2 行) · (A の第 1 列) でもある．対角成分の数 11 と 16 は，ある列とそれ自身の内積であるので，その列ベクトルの**長さの平方**を与える．これら $A^{\mathrm{T}}A$ の対角成分は負になれない．

注釈 A は 3 行 2 列なので線形系 $A\boldsymbol{v} = \boldsymbol{b}$ には 3 つの方程式があるが，未知数は v_1 と v_2 の 2 つしかない．ほぼ確実に，解はないだろう．しかし，成分 b_1, b_2, b_3 が，注意深く，お金のかかった観測から得られたとき，"解はありません" といって済ませるわけにいかない．$A\boldsymbol{v} = \boldsymbol{b}$ に "最適な解" または "最も近い解" を探したいのだ．

実際には，通常，ベクトル $\widehat{\boldsymbol{v}}$ を選んで，$A\widehat{\boldsymbol{v}}$ をできるだけ $\boldsymbol{b}$ に近づける．誤差ベクトル $\boldsymbol{e} = \boldsymbol{b} - A\widehat{\boldsymbol{v}}$ をできるだけ短くする．その誤差の長さの平方である $||\boldsymbol{e}||^2 = \boldsymbol{e}^{\mathrm{T}}\boldsymbol{e}$ を，我々は最小化する．この最適なベクトル $\widehat{\boldsymbol{v}}$ が**最小 2 乗解**である．

7.1 節で示すように，この誤差の最小化は微積分学の問題でもあり，線形代数の問題でもある．両方のアプローチから，方程式 $A^{\mathrm{T}}A\widehat{\boldsymbol{v}} = A^{\mathrm{T}}\boldsymbol{b}$ に到達する．最適な $\widehat{\boldsymbol{v}}$ は $A^{\mathrm{T}}A$ を用いて表される．

差分行列

真に重要である，$A^{\mathrm{T}}A$ のより大きな実例を示そう．$(n+1)$ 行 n 列の**後退差分行列** A から始める．ここでは $n = 3$ とする：

差分行列
$\boldsymbol{v}$ の差分
$$A = \begin{bmatrix} 1 & & \\ -1 & 1 & \\ & -1 & 1 \\ & & -1 \end{bmatrix} \qquad A\boldsymbol{v} = \begin{bmatrix} v_1 \\ v_2 - v_1 \\ v_3 - v_2 \\ - v_3 \end{bmatrix} \tag{6}$$

線形代数におけるこのベクトル $A\boldsymbol{v}$ は，微積分学における微分 dv/dx に対応する．後退差分 $\Delta v = \big[v(x) - v(x - \Delta x)\big]/\Delta x$ は微積分学に現れる．これは，ステップ幅 Δx を零に近づけて，$\Delta v/\Delta x$ を dv/dx に近づける前のものだ．

その小さな Δx が x から前方へ向かう前進差分 $\big[v(x + \Delta x) - v(x)\big]/\Delta x$ は，より頻繁に現れる．線形代数でこれが現れるのは，行列 A を転置するときである．しかし，1 階差分は "歪対称" で，A^{T} は前進差分に**負号**をつけたものになる．よって，ベクトル $A^{\mathrm{T}}\boldsymbol{w}$ は微分 $-dw/dx$ に対応する：

3 行 4 列の行列
$\boldsymbol{w}$ の差分
$$A^{\mathrm{T}} = \begin{bmatrix} 1 & -1 & & \\ & 1 & -1 & \\ & & 1 & -1 \end{bmatrix} \qquad A^{\mathrm{T}}\boldsymbol{w} = \begin{bmatrix} w_1 - w_2 \\ w_2 - w_3 \\ w_3 - w_4 \end{bmatrix} \tag{7}$$

ここで，対称行列 $S = A^{\mathrm{T}}A$ が現れる．これは 3 行 3 列になる．A と A^{T} が 1 と -1 の成分から成る"1 階差分"なので，$A^{\mathrm{T}}A$ は $-1, 2, -1$ の成分からなる **2 階差分行列**になる：

$$\textbf{2 階差分}\quad S = \begin{bmatrix} 2 & -1 & 0 \\ -1 & 2 & -1 \\ 0 & -1 & 2 \end{bmatrix} \qquad S\boldsymbol{v} = \begin{bmatrix} 2v_1 - v_2 \\ -v_1 + 2v_2 - v_3 \\ - v_2 + 2v_3 \end{bmatrix} \tag{8}$$

S の主対角成分が 2 なのは，A の各列が $1^2 + (-1)^2 = 2$ を生み出すからである．S の上下副対角成分が -1 となるのは，これが A のある列と次の列の内積だからである．

S が私のお気に入りの行列であることを，秘かに告白したい．3 行 3 列のバージョンを見ているが，私が本当に好きなのは n 行 n 列である．7 章では，1 階微分の 1 階微分は **2 階微分**であるという，微積分学とつながる：

$$\boldsymbol{Sv}\text{ は } -\frac{\boldsymbol{d^2v}}{\boldsymbol{dx^2}}\text{ に対応する} \qquad \frac{v(x+\Delta x) - 2v(x) + v(x-\Delta x)}{(\Delta x)^2} \approx \frac{d^2v}{dx^2}. \tag{9}$$

2 章のすべては，y'' を含む 2 階の方程式についてであった．ニュートンの法則 $F = ma$ は，物理学の心臓部に，2 階導関数（加速度 a）を置く．バネが振動するとき，そして電流が回路を流れるとき，この行列 $S = A^{\mathrm{T}}A$ が現れる．

我々が S についてのすべてを——そのピボット，その行列式，その逆行列，その固有値，その固有ベクトルを—— 知る必要があるというのは，真実である．ぜひそうしよう．

行列 $L = AA^{\mathrm{T}}$ も，ほとんど同じくらい重要である．L もまた対称だが，L が S とは異なることを認識しよう．A が $(n+1)$ 行 n 列のとき，$S = A^{\mathrm{T}}A$ は n 行 n 列だが，$L = AA^{\mathrm{T}}$ は大きさ $n+1$ の正方行列である．引き続き $n = 3$ および $n+1 = 4$ とする：

$$\begin{array}{l}\boldsymbol{L}\textbf{ での 2 階差分}\\ \textbf{新たな境界条件}\end{array} \qquad L = AA^{\mathrm{T}} = \begin{bmatrix} 1 & -1 & & \\ -1 & 2 & -1 & \\ & -1 & 2 & -1 \\ & & -1 & 1 \end{bmatrix} \tag{10}$$

この行列には逆行列がない！ $L\boldsymbol{w} = \boldsymbol{0}$ を満たすベクトル $\boldsymbol{w}$ がわかるだろうか？ それは成分がすべて 1 のベクトル，$\boldsymbol{w} = (1, 1, 1, 1)$ である．L の各行は足して零になるので $L\boldsymbol{w} = \boldsymbol{0}$ となる．

置換行列

直交行列を手早くつくるには，単位行列の列ベクトルを用いる．どんな順序であれ，I の列ベクトルは正規直交系である．新たな順序は，もとの順序の"置換"と呼ばれる．そこで，新たな行列は**置換行列**と呼ばれる．

重要：I の**行**を新たな順序に並べることもできる．これもまた，置換行列をつくる．もし，行の交換の行列が P ならば，列の交換の行列は P^{T} である．その転置は，I から始めた，この 3 行 3 列の例で見ることができる：

$$\text{行の順序が }2,3,1\quad P = \begin{bmatrix} 0 & \mathbf{1} & 0 \\ 0 & 0 & \mathbf{1} \\ \mathbf{1} & 0 & 0 \end{bmatrix} \qquad \text{列の順序が }2,3,1\quad P^{\mathrm{T}} = \begin{bmatrix} 0 & 0 & \mathbf{1} \\ \mathbf{1} & 0 & 0 \\ 0 & \mathbf{1} & 0 \end{bmatrix}. \tag{11}$$

P をベクトル $\boldsymbol{v}$ に掛けると，$\boldsymbol{v}$ の成分が新たな順序 y, z, x で配置される．その後，P^{T} がそれらをもとの順序 x, y, z に戻す：

$$P\begin{bmatrix} x \\ y \\ z \end{bmatrix} = \begin{bmatrix} y \\ z \\ x \end{bmatrix} \quad \text{と} \quad P^{\mathrm{T}}\begin{bmatrix} y \\ z \\ x \end{bmatrix} = \begin{bmatrix} x \\ y \\ z \end{bmatrix}.$$

これらは直交行列であり，そのため P^{-1} は P^{T} と同一である．このとき，$P^{\mathrm{T}}P = PP^{\mathrm{T}} = I$.

3 行 3 列の置換行列のすべてのリストはつくれる.（何も入れ替えない単位行列も含む：恒等的な置換）．他の置換は I の 2 つの行か 2 つの列を入れ替える．それらは (11) での P と P^{T}，それにもう 4 つある．

$$I = \begin{bmatrix} 1 & & \\ & 1 & \\ & & 1 \end{bmatrix},\ P_{12} = \begin{bmatrix} 0 & 1 & 0 \\ 1 & 0 & 0 \\ 0 & 0 & 1 \end{bmatrix},\ P_{13} = \begin{bmatrix} 0 & 0 & 1 \\ 0 & 1 & 0 \\ 1 & 0 & 0 \end{bmatrix},\ P_{23} = \begin{bmatrix} 1 & 0 & 0 \\ 0 & 0 & 1 \\ 0 & 1 & 0 \end{bmatrix}.$$

$n = 3$ のときは，全部で 6 つの置換行列．そして，大きさ n では $n!$ 個の置換行列がある．

P_{12} の効果は，$P_{12}A$ や $P_{12}\boldsymbol{b}$ と掛けたときに，第 1 行と第 2 行を交換（**置換**）することである．

$$P_{12}\begin{bmatrix} A\text{ の第 1 行} \\ A\text{ の第 2 行} \\ A\text{ の第 3 行} \end{bmatrix} = \begin{bmatrix} \boldsymbol{A}\textbf{ の第 2 行} \\ \boldsymbol{A}\textbf{ の第 1 行} \\ A\text{ の第 3 行} \end{bmatrix} \qquad P_{12}\begin{bmatrix} b_1 \\ b_2 \\ b_3 \end{bmatrix} = \begin{bmatrix} \boldsymbol{b_2} \\ \boldsymbol{b_1} \\ b_3 \end{bmatrix}.$$

これはまさしく消去法で，最初のピボットの位置に零が現れたときに行うことである．もし $a_{11} = 0$ で $a_{21} \neq 0$ ならば，P_{12} で行の交換を行い，非零のピボットを生み出す．

行列による消去法　　E_{ij} **により消去し，** P_{jk} **により行を交換せよ．**

基本変形の行列 E_{ij} は，第 j 行の乗数 ℓ_{ij} 倍を，下方の行 $i > j$ から差し引く．その前に，置換行列 P_{jk} が第 k 行を第 j 行へ移して，ピボットの位置により良い数（より大きな数）を生み出してもよい．

非零のピボットを得るためには P_{jk} を用い**なければならない**．より大きなピボットを得る目的では P_{jk} を用い**てもよい**．LAPACK のコード（オープンソース）では，利用可能な最大の数値をピボットとして選ぶ．第 j 番の（第 j 列での）ピボットは，第 j 行以下の行での最大の数になる．LAPACK は，MATLAB を含め，多くの重要なソフトウェアシステムで，線形代数の部分の基礎をなす．

直交行列

A が直交する列をもつとき，対称行列 $A^{\mathrm{T}}A$ は**対角行列**になる．非対角成分は，A の異なる列の内積であり，よってすべて零である．

A の列が**単位ベクトル**（長さ 1）のとき，$A^{\mathrm{T}}A$ の対角成分はすべて 1 である．これらの成分は，(A^{T} の第 i 行)·(A の第 i 列) = 長さの平方 = 1．列ベクトルの，自分自身との内積が $A^{\mathrm{T}}A$ の主対角上に並ぶ．

正規直交列ベクトルが最良の場合である．これらは直交する単位ベクトルで，両方の性質を同時にもつ．このとき我々は，ベクトルを $\boldsymbol{q}$，行列を Q と書く：

$$\begin{array}{ll}\textbf{直交する} & \boldsymbol{q}_i^{\mathrm{T}}\boldsymbol{q}_j = \mathbf{0} \\ \textbf{単位ベクトル} & \boldsymbol{q}_i^{\mathrm{T}}\boldsymbol{q}_i = \mathbf{1}\end{array} \qquad Q^{\mathrm{T}}Q = \begin{bmatrix} \boldsymbol{q}_1^{\mathrm{T}} \\ \cdots \\ \boldsymbol{q}_n^{\mathrm{T}} \end{bmatrix}\begin{bmatrix} \boldsymbol{q}_1 \cdots \boldsymbol{q}_n \end{bmatrix} = \begin{bmatrix} 1 & 0 & 0 \\ 0 & 1 & 0 \\ 0 & 0 & 1 \end{bmatrix}. \tag{12}$$

Q が正方行列のとき，それを**直交行列**と呼ぶ（“正規直交行列” の名称のほうがよかったかもしれない）．$m > n$ で，長方行列のときにも，まだ Q の記号を使うが，長方形の Q^{T} は Q の**左逆行列**でしかない：

$$(\boldsymbol{m} = \boldsymbol{n}) \quad Q^{\mathrm{T}}Q = QQ^{\mathrm{T}} = I \qquad (\boldsymbol{m} > \boldsymbol{n}) \quad Q^{\mathrm{T}}Q = I \ \text{だが}\ \boldsymbol{QQ^{\mathrm{T}}} \neq \boldsymbol{I}. \tag{13}$$

$Q^{\mathrm{T}}Q = I$ はとても強力な性質である．どんなベクトルに Q を掛けても，その長さは変わらない：

$$\textbf{同じ長さ} \qquad \textbf{任意のベクトル}\ \boldsymbol{v}\ \textbf{に対して} \quad ||\boldsymbol{Qv}|| = ||\boldsymbol{v}||. \tag{14}$$

証明は直接，$||Q\boldsymbol{v}||^2 = (Q\boldsymbol{v})^{\mathrm{T}}(Q\boldsymbol{v}) = \boldsymbol{v}^{\mathrm{T}}Q^{\mathrm{T}}Q\boldsymbol{v}$ からくる．この行列 $Q^{\mathrm{T}}Q$ は単位行列である．よって残るのは，$\boldsymbol{v}^{\mathbf{T}}\boldsymbol{v} = ||\boldsymbol{v}||^2$．

長さが変わらないという事実から，直交行列は計算でとても安全に使える．爆発することも，小さくなりすぎることもない（オーバーフローとアンダーフローがない）．線形代数での基本的な計算は線形方程式系の解法だが，(正方の）直交行列に対して，これは信じられないほど易しい：

$$\boldsymbol{Q^{-1}} = \boldsymbol{Q^{\mathrm{T}}} \qquad Q\boldsymbol{v} = \boldsymbol{b}\ \text{の解は}\ \boldsymbol{v} = Q^{\mathrm{T}}\boldsymbol{b}. \tag{15}$$

方程式を解くために行列を転置するだけでよい．この最も偉大な例は，信号 $\boldsymbol{b}$ を個別の純粋な周波数に分解する**フーリエ行列**である．時間領域でのベクトル $\boldsymbol{b}$ が周波数領域での $\boldsymbol{v}$ に変換される．上で見たように，$||\boldsymbol{b}||^2$ と $||\boldsymbol{v}||^2$ は等しいので，その “エネルギー” はどちらの領域で測ってもよい．

F と F^{-1} による乗算が極めて速く行える点で，フーリエ行列 F は例外的である．これらは，対角行列と置換行列に分解される．これが，高速フーリエ変換の背後の原理である（**その FFT は 8.2 節で説明する**）．

方程式 $Q\boldsymbol{v} = \boldsymbol{b}$ は，Q が 2 行 2 列のとき，明確な幾何学的意味をもつ．$Q\boldsymbol{v}$ はそのベクトル $\boldsymbol{b}$ を Q の列ベクトルの線形結合として表している．**それらの列ベクトル $\boldsymbol{q}_1, \boldsymbol{q}_2$ は，**図 4.9 中の**垂直な 2 軸を与える**．それぞれの方向の $\boldsymbol{b}$ の成分を求めている．

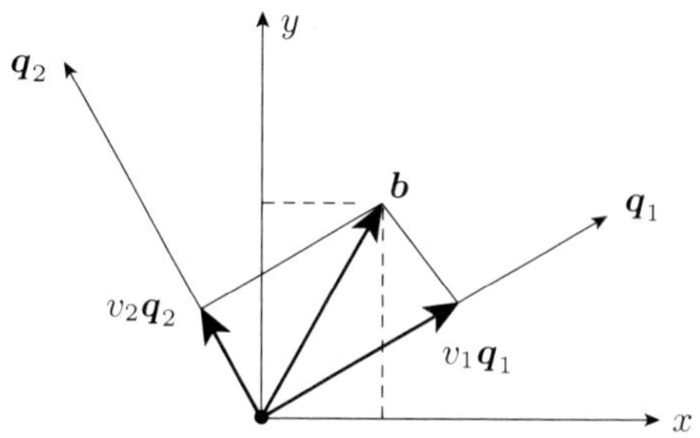

図 4.9　どの $\boldsymbol{b}=(x,y)$ も $\boldsymbol{b}=v_1\boldsymbol{q}_1+v_2\boldsymbol{q}_2$ と分解される．そして $||\boldsymbol{b}||^2=x^2+y^2=v_1^2+v_2^2$.

それら 2 つの成分は $\boldsymbol{v}_1=\boldsymbol{q}_1\cdot\boldsymbol{b}$ と $\boldsymbol{v}_2=\boldsymbol{q_2}\cdot\boldsymbol{b}$ である．$\boldsymbol{v}=Q^{\mathrm{T}}\boldsymbol{b}$ によって $Q\boldsymbol{v}=\boldsymbol{b}$ を解くことは，x,y 軸から q_1,q_2 軸への単なる変換にほかならない．

対称かつ直交

対称行列は最良で，応用数学のどこにでも現れる．回転行列やフーリエ行列に代表される直交行列は，有力な 2 番手である．対称行列の大多数は直交行列でなく，直交行列の大多数は対称ではない．いつ，そして果たして，一度に両方の性質をもつことができるかと問うのは自然である．

置換行列と，鏡映行列と，“アダマール行列” は，対称かつ直交の行列である：

$$\boldsymbol{P}=\begin{bmatrix}0&1\\1&0\end{bmatrix}\quad \boldsymbol{R}=\begin{bmatrix}-\cos\theta&\sin\theta\\\sin\theta&\cos\theta\end{bmatrix}\quad \boldsymbol{H}=\frac{1}{2}\begin{bmatrix}-1&1&1&1\\1&-1&1&1\\1&1&-1&1\\1&1&1&-1\end{bmatrix}. \tag{16}$$

H の各列が単位ベクトルであることに注意する：$\frac{1}{4}((-1)^2+1^2+1^2+1^2)=1$．どの次元で，成分が 1 と -1 の，n 個の直交ベクトルが許されるのかは誰も知らない．(奇数次元ではない！) ウィキペディアの “アダマール行列” のページに，この未解決の問題の記述がある．

対称な直交行列をより多く，最終的には全部，見つけるため，直交行列についての重要な事実を用いることができる：

もし Q_1 と Q_2 が直交行列ならば，それらの積 $Q=Q_1Q_2$ も同様である．

確かめるにはいつでも $Q^{\mathrm{T}}Q=I$ を調べる．ここでは $(Q_1Q_2)^{\mathrm{T}}(Q_1Q_2)=Q_2^{\mathrm{T}}Q_1^{\mathrm{T}}Q_1Q_2$．中央に $Q_1^{\mathrm{T}}Q_1=I$ がある．すると外側で $Q_2^{\mathrm{T}}Q_2=I$.

結論　直交行列どうしを掛けても直交行列に保たれる．

問題点　対称行列どうしを掛けると，いつでも対称行列に保たれるとはいえない．

両方の性質を継承する 1 つの方法は次の通りである．任意の対角行列 D で，任意個の 1 が並んだ後に -1 が並ぶものから始める．

$$\textbf{対称かつ直交}\qquad D=\mathrm{diag}\,(\mathbf{1},\ldots,\mathbf{1},\mathbf{-1},\ldots,\mathbf{-1}). \tag{17}$$

D の左側から任意の直交行列 Q を，右側から Q^{T} を掛ける．この“対称な掛け算”で，行列 QDQ^{T} は対称に保たれる：

$$\text{対称かつ直交}\qquad (QDQ^{\mathrm{T}})^{\mathrm{T}} = Q^{\mathrm{TT}}D^{\mathrm{T}}Q^{\mathrm{T}} = QDQ^{\mathrm{T}}. \tag{18}$$

直交行列のこの積もまた直交行列である．6 章で固有値に出会うと，**すべての**対称かつ直交な行列はこの形 QDQ^{T} をもつことを理解する．この小さな事実が教科書に書かれたのは，初めてかもしれない．

行列の分解

ここまでは遊びだったが，今度のはより重要である．“対称行列 S は実数 r のようである．” そして“直交行列 Q は，絶対値が 1 の複素数 $e^{i\theta}$ のようである．” どの複素数も極形式 $re^{i\theta}$ に書くことができることから我々は次を期待するが，これは真である：

任意の実正方行列 $\boldsymbol{A}$ は極形式 $\boldsymbol{A = SQ}$ で書ける．

$A = SQ$ は特異値分解（7.2 節で説明する）と同等である．その SVD は，**線形代数の基本定理**の中で，最後の，最も注目すべき段階である．この極形式は 7 章の注釈にも記す．

■　要点の復習　■

1. 転置行列では $A_{ij}^{\mathrm{T}} = A_{ji}$．このとき $(AB)^{\mathrm{T}} = B^{\mathrm{T}}A^{\mathrm{T}}$.
2. 対称行列では $S^{\mathrm{T}} = S$．直交行列では $Q^{\mathrm{T}} = Q^{-1}$.
3. $A^{\mathrm{T}}A$ は常に対称行列．大切な例は 2 階差分行列である．
4. Q の各列は長さ 1 の直交ベクトル．このとき，任意の $\boldsymbol{x}$ に対して $||Q\boldsymbol{x}|| = ||\boldsymbol{x}||$.
5. $n!$ 個の置換行列 P は I（n 行 n 列）の行の順序を並べ換えたもので，$P^{\mathrm{T}} = P^{-1}$.

演習問題 4.5

問題 1〜9 では，転置 $\boldsymbol{A}^{\mathrm{T}}$ と対称行列 $\boldsymbol{S} = \boldsymbol{S}^{\mathrm{T}}$ について問う．

1　次の行列について，A^{T} と A^{-1} と $(A^{-1})^{\mathrm{T}}$ と $(A^{\mathrm{T}})^{-1}$ を求めよ：

$$A = \begin{bmatrix} 1 & 0 \\ 9 & 3 \end{bmatrix} \quad \text{と，また} \quad A = \begin{bmatrix} 1 & c \\ c & 0 \end{bmatrix}.$$

2　(a) 2 行 2 列の対称行列 A と B で，AB が非対称となるものを見つけよ．

(b) $A^{\mathrm{T}} = A$ と $B^{\mathrm{T}} = B$ のとき，$AB = BA$ であれば AB が対称となることを示せ．積が対称であるのは，A が B と可換のときに限る．

3 (a) 行列 $((AB)^{-1})^{\mathrm{T}}$ は $(A^{-1})^{\mathrm{T}}$ と $(B^{-1})^{\mathrm{T}}$ で表せる．**どの順序で**？

(b) U が上三角行列のとき，$(U^{-1})^{\mathrm{T}}$ は ＿＿＿ 三角行列である．

4 （$A =$ 零行列でないとき）$A^2 = 0$ は可能だが，$A^{\mathrm{T}}A = 0$ は不可能であることを示せ．

5 どの正方行列 A も対称な部分と歪対称な部分をもつ：

$$A = 対称 + 歪対称 = \left(\frac{A + A^{\mathrm{T}}}{2}\right) + \left(\frac{A - A^{\mathrm{T}}}{2}\right).$$

歪対称の部分の転置は，その部分に**負号**をつけたものになる．次の行列を 2 つの部分に分けよ：

$$A = \begin{bmatrix} 3 & 5 \\ 7 & 9 \end{bmatrix} \qquad A = \begin{bmatrix} 1 & 4 & 8 \\ 0 & 2 & 6 \\ 0 & 0 & 3 \end{bmatrix}.$$

6 ブロック行列 $M = \left[\begin{smallmatrix} \mathbf{A} & \mathbf{B} \\ \mathbf{C} & \mathbf{D} \end{smallmatrix}\right]$ の転置は $M^{\mathrm{T}} =$ ＿＿＿．一例を挙げて確認せよ．A, B, C, D について，どんな条件があれば，このブロック行列は対称行列となるか？

7 真か偽か：

(a) ブロック行列 $\left[\begin{smallmatrix} \mathbf{0} & \mathbf{A} \\ \mathbf{A} & \mathbf{0} \end{smallmatrix}\right]$ は，自動的に対称行列である．

(b) A と B が対称行列のとき，それらの積 AB は対称行列である．

(c) A が対称行列でないとき，A^{-1} は対称行列でない．

(d) A, B, C が対称行列のとき，ABC の転置は CBA である．

8 (a) $S = S^{\mathrm{T}}$ が 5 行 5 列のとき，S の成分の何個を独立に選べるか？

(b) A が 5 行 5 列の**歪対称行列** ($A^{\mathrm{T}} = -A$) のとき，何個の成分を独立に選べるか？

9 式 $A^{-1}A = I$ の転置をとれ．この結果は，A^{T} の逆行列が ＿＿＿ であることを示す．S が対称行列のとき，**これがどのようにして，S^{-1} もまた対称行列であることを示すか**？

問題 10〜14 では置換行列について問う．

10 大きさ n の行列には，なぜ $n!$ 通りの置換行列があるか？ それらは，$1, \ldots, n$ の $n!$ 通りの順列を与える．

11 P_1 と P_2 が置換行列のとき，P_1P_2 もそうである．これも何らかの順序で I の行を保ったままでいる．$P_1P_2 \neq P_2P_1$ および $P_3P_4 = P_4P_3$ となる例を挙げよ．

12 $(1, 2, 3, 4)$ について**偶数回の交換**を行う **“偶置換”** は 12 通りある．その 2 つは，交換しない $(1, 2, 3, 4)$ と，2 回交換する $(4, 3, 2, 1)$ である．その他の 10 通りを書き出せ．4 行 4 列の行列をそれぞれ書くかわりに，単に数字を並べよ．

13 $(1,n)$ 成分から $(n,1)$ 成分への「反」対角線上に 1 が並ぶ P について，PAP を説明せよ．P は偶置換か？

14 (a) 3 行 3 列の置換行列で，$P^3=I$ となる（しかし $P=I$ ではない）ものを見つけよ．

(b) 4 行 4 列の置換行列で，$P^4 \neq I$ であるものを見つけよ．

問題 15〜18 では，1 階差分行列 A と 2 階差分行列 $A^{\mathrm{T}}A$ および AA^{T} について問う．

15 5 行 4 列の後退差分行列 A を書き下せ．

(a) 対称な 2 階差分行列 $S=A^{\mathrm{T}}A$ と $L=AA^{\mathrm{T}}$ を計算せよ．

(b) S^{-1} を求め，S が可逆であることを示せ．また，L は特異であることを示せ．

16 問題 15 で，S と L（4 行 4 列と 5 行 5 列）のピボットを求めよ．式 (8) での S のピボットは $2,3/2,4/3$ である．式 (10) での L のピボットは $1,1,1,0$（破たん）である．

17 （コンピュータ問題）10 行 9 列の後退差分行列 A をつくれ．掛け合わせて，$S=A^{\mathrm{T}}A$ と $L=AA^{\mathrm{T}}$ を求めよ．もし線形代数のソフトウェアをもっていたら，行列式 $\det(S)$ と $\det(L)$ を求めてみよ．

挑戦：数値実験により，$S=A^{\mathrm{T}}A$ が n 行 n 列のときの $\det(S)$ を求めよ．

18 （無限長コンピュータ問題）2 階差分行列 S が無限に大きいと想像せよ．対角線に沿う 2 と -1 の並びが，$-\infty$ 行から $+\infty$ 行まで続く：

$$\text{無限長の三重対角行列}\qquad S=\begin{bmatrix} \cdot & \cdot & & & \\ -1 & 2 & -1 & & \\ & -1 & 2 & -1 & \\ & & & \cdot & \cdot \end{bmatrix}$$

(a) S を，無限長の**すべて 1** のベクトル $\boldsymbol{v}=(\ldots,1,1,1,1,1,\ldots)$ に掛けよ．

(b) S を，無限長の**線形**のベクトル $\boldsymbol{w}=(\ldots,-1,0,1,2,3,\ldots)$ に掛けよ．

(c) S を，無限長の**平方数**のベクトル $\boldsymbol{u}=(\ldots,1,0,1,4,9,\ldots)$ に掛けよ．

(d) S を，無限長の**立方数**のベクトル $\boldsymbol{c}=(\ldots,-1,0,1,8,27,\ldots)$ に掛けよ．

これらの解答は，1 と x と x^2 と x^3 の 2 階導関数（負号つき）に関係している．

問題 19〜28 では $\boldsymbol{Q}^{\mathrm{T}}\boldsymbol{Q}=\boldsymbol{I}$ となる行列について問う．Q が正方行列なら，これは直交行列であり，$\boldsymbol{Q}^{\mathrm{T}}=\boldsymbol{Q}^{-1}$ および $\boldsymbol{Q}\boldsymbol{Q}^{\mathrm{T}}=\boldsymbol{I}$ である．

19 次の行列が直交行列となるように完成せよ：

$$\text{(a)}\quad Q=\begin{bmatrix} 1/2 & \\ & 1/2 \end{bmatrix}\quad \text{(b)}\quad Q=\frac{1}{3}\begin{bmatrix} -1 & & \\ 2 & & \\ 2 & & \end{bmatrix}\qquad \text{(c)}\quad Q=\frac{1}{2}\begin{bmatrix} 1 & 1 & & \\ 1 & 1 & & \\ 1 & -1 & & \\ 1 & -1 & & \end{bmatrix}.$$

20 (a) Q が直交行列のとき，なぜ $Q^{-1} = Q^{\mathrm{T}}$ もまた直交行列であると言えるか？

(b) $Q^{\mathrm{T}}Q = I$ より，Q の各列は直交する単位ベクトル（正規直交ベクトル）である．なぜ Q（正方行列）の各行もまた，正規直交ベクトルであると言えるか？

21 (a) どんなベクトルが直交行列の第 1 列になりえるか？

(b) $Q_1^{\mathrm{T}}Q_1 = I$ かつ $Q_2^{\mathrm{T}}Q_2 = I$ のとき，$(Q_1Q_2)^{\mathrm{T}}(Q_1Q_2) = I$ は真か？ 乗算 Q_1Q_2 が許される形状の行列であると仮定せよ．

22 $\boldsymbol{u}$ が単位列ベクトル（長さ 1，$\boldsymbol{u}^{\mathrm{T}}\boldsymbol{u} = 1$）のとき，なぜ $H = I - 2\boldsymbol{u}\boldsymbol{u}^{\mathrm{T}}$ が以下の性質をもつか説明せよ：

(a) 対称行列：$H = H^{\mathrm{T}}$　　(b)　直交行列：$H^{\mathrm{T}}H = I$.

23 $\boldsymbol{u} = (\cos\theta, \sin\theta)$ のとき，$H = I - 2\boldsymbol{u}\boldsymbol{u}^{\mathrm{T}}$ の 4 つの成分は何か？ $\boldsymbol{v} = (-\sin\theta, \cos\theta)$ に対して，$H\boldsymbol{u} = -\boldsymbol{u}$ と $H\boldsymbol{v} = \boldsymbol{v}$ であることを示せ．この H は**鏡映行列**である：$\boldsymbol{v}$ の直線が鏡であり，$\boldsymbol{u}$ の直線はその鏡に反射される．

24 行列 Q は直交行列で，しかも上三角行列であるとする．Q はどんな行列になるか？ それは対角行列でなければならないか？

25 (a) 3 行 3 列の直交行列 Q を，第 1 列が $\boldsymbol{w}$ の方向になるようにつくりたい．どんな第 1 列 $\boldsymbol{q}_1 = c\boldsymbol{w}$ を選ぶか？

(b) 次の列 $\boldsymbol{q}_2$ は，$\boldsymbol{q}_1$ に垂直な任意の単位ベクトルでよい．$\boldsymbol{q}_3$ を求めるには，2 つの方程式 $\boldsymbol{q}_1^{\mathrm{T}}\boldsymbol{v} = 0$ と $\boldsymbol{q}_2^{\mathrm{T}}\boldsymbol{v} = 0$ の解 $\boldsymbol{v} = (v_1, v_2, v_3)$ を選ぶ．**非自明な解 $\boldsymbol{v}$ が，いつでも見つかるのはなぜか**？

26 $A\boldsymbol{v} = \boldsymbol{0}$ の非自明な解 $\boldsymbol{v}$ はどれも，A のすべての行に直交するのはなぜか？

27 $Q^{\mathrm{T}}Q = I$ だが Q は正方行列でないとする．行列 $P = QQ^{\mathrm{T}}$ は I ではないが，対称行列であり，$P^2 = P$ となることを示せ．これは**射影行列**である．

28 5 行 4 列の行列 Q は $Q^{\mathrm{T}}Q = I$ を満たせるが，$QQ^{\mathrm{T}} = I$ は**決して満たせない**．4 つの方程式 $Q^{\mathrm{T}}\boldsymbol{v} = \boldsymbol{0}$ がなぜ，非自明な解 $\boldsymbol{v}$ をもたねばならないか，言葉で説明せよ．このとき，$\boldsymbol{v}$ は $QQ^{\mathrm{T}}\boldsymbol{v}$ と異なり，I は QQ^{T} とは異なる．

挑戦問題

29 QDQ^{T} が置換行列となるような，回転行列 Q を見つけられるか？

$$\begin{bmatrix} \cos\theta & -\sin\theta \\ \sin\theta & \cos\theta \end{bmatrix}\begin{bmatrix} 1 & \\ & -1 \end{bmatrix}\begin{bmatrix} \cos\theta & \sin\theta \\ -\sin\theta & \cos\theta \end{bmatrix} \quad \text{が} \quad \begin{bmatrix} 0 & 1 \\ 1 & 0 \end{bmatrix} \quad \text{に等しい．}$$

30 直交行列 $(Q^{\mathrm{T}}Q = QQ^{\mathrm{T}} = I)$ を，2 つの長方形の部分行列に分けよ：

$$Q = \begin{bmatrix} Q_1 \mid Q_2 \end{bmatrix} \quad と \quad Q^{\mathrm{T}}Q = \begin{bmatrix} Q_1^{\mathrm{T}}Q_1 & Q_1^{\mathrm{T}}Q_2 \\ Q_2^{\mathrm{T}}Q_1 & Q_2^{\mathrm{T}}Q_2 \end{bmatrix}$$

(a) $Q^{\mathrm{T}}Q = I$ の中の，それら 4 つのブロックは何か？

(b) $QQ^{\mathrm{T}} = Q_1Q_1^{\mathrm{T}} + Q_2Q_2^{\mathrm{T}} = I$ は，列と行の積である．対角行列 $D = \begin{bmatrix} I & 0 \\ 0 & -I \end{bmatrix}$ をはさんで，QDQ^{T} について同じ乗算を行え．

注釈　(18) での，すべての対称かつ直交行列 S を記述する式 (18) は $S = QDQ^{\mathrm{T}} = Q_1Q_1^{\mathrm{T}} - Q_2Q_2^{\mathrm{T}}$ となる．これはまさしく鏡映行列 $I - 2Q_2Q_2^{\mathrm{T}}$ である．

31 転置が“A をその主対角に関してひっくり返す”ことの本当の理由は，この内積の法則を満たすためである：$(A\boldsymbol{v})\cdot\boldsymbol{w} = \boldsymbol{v}\cdot(A^{\mathrm{T}}\boldsymbol{w})$．この規則 $(A\boldsymbol{v})^{\mathrm{T}}\boldsymbol{w} = \boldsymbol{v}^{\mathrm{T}}(A^{\mathrm{T}}\boldsymbol{w})$ は，$A = d/dx$ と $A^{\mathrm{T}} = -d/dx$ とすると，**微積分学での部分積分になる**．

(a) 2 行 2 列の行列に対して，両辺（4 項）を書き出して比較せよ：

$$\left(\begin{bmatrix} a & \boldsymbol{b} \\ \boldsymbol{c} & d \end{bmatrix}\begin{bmatrix} v_1 \\ v_2 \end{bmatrix}\right)\cdot\begin{bmatrix} w_1 \\ w_2 \end{bmatrix} \quad は \quad \begin{bmatrix} v_1 \\ v_2 \end{bmatrix}\cdot\left(\begin{bmatrix} a & \boldsymbol{c} \\ \boldsymbol{b} & d \end{bmatrix}\begin{bmatrix} w_1 \\ w_2 \end{bmatrix}\right) \text{ に等しい．}$$

(b) 公式 $(AB)^{\mathrm{T}} = B^{\mathrm{T}}A^{\mathrm{T}}$ はゆっくりと，しかし直接，(a) から導かれる：

$$(AB)\boldsymbol{v}\cdot\boldsymbol{w} = A(B\boldsymbol{v})\cdot\boldsymbol{w} = B\boldsymbol{v}\cdot A^{\mathrm{T}}\boldsymbol{w} = \boldsymbol{v}\cdot B^{\mathrm{T}}(A^{\mathrm{T}}\boldsymbol{w}) = \boldsymbol{v}\cdot(B^{\mathrm{T}}A^{\mathrm{T}})\boldsymbol{w}$$

この手順 1 と 4 は ＿＿＿ 法則で，手順 2 と 3 は内積の法則である．

32 行列 $S = S^{\mathrm{T}}$ は，その主対角上とそれより上方の成分から，どのように決まるか？ 正規直交列ベクトルを用いた Q は，主対角**より下方の**成分から，どのように決まるか？ これらの成分の個数を合わせると，n 行 n 列の行列の成分の個数と一致する．したがって，どの行列も $A = SQ$ と（$re^{i\theta}$ のように）分解できるのは妥当である．

■ 第 4 章の注釈 ■

重要な問　行列と行列の掛け算 AB の規則は何に起因するのか？
答 行列とベクトルの掛け算 $A\boldsymbol{v}$ に起因する．行列 AB は次のように定義されている：

AB と $\boldsymbol{v}$ の積は，A と $B\boldsymbol{v}$ の積に等しい．　このとき AB と C の積は，A と BC の積に等しい．

大切な考え：特別なベクトル $\boldsymbol{v}=(1,0,\ldots,0)$ を選べ．すると AB と，この $\boldsymbol{v}$ の積は AB の第 1 列である．そして $B\boldsymbol{v}$ は B の第 1 列である．**そこで AB の第 1 列は，A と，B の第 1 列の積に等しい**．これが AB のそもそもの規則だった．AB の他の列についても，$\boldsymbol{v}$ の中の "1" の位置を動かして，それぞれ同様にする．

よって $(AB)\boldsymbol{v}=A(B\boldsymbol{v})$．複数の $\boldsymbol{v}$ を行列 C に入れて，これは $(AB)C=A(BC)$ になる．

消去法では $\boldsymbol{A}$ を分解して，$\boldsymbol{LU}=$（下三角行列）と（上三角行列）の積とする．
MATLAB のコマンド $[L,\,U]=\boldsymbol{lu}(A)$ は，行の交換がなければ，L と U を出力する．L と U は，$A\boldsymbol{v}=\boldsymbol{b}$ の左辺での，消去法の完全な記録である．右辺 $\boldsymbol{b}$ から，2 つの三角行列の方程式系を解いて，解 $\boldsymbol{v}$ が求まる：

$\boldsymbol{b}$ から $\boldsymbol{c}$ へ 前進代入	$\boldsymbol{Lc}=\boldsymbol{b}$	**$\boldsymbol{c}$ から $\boldsymbol{v}$ へ 後退代入**	$\boldsymbol{Uv}=\boldsymbol{c}$

このとき $\boldsymbol{v}$ は正しく解である：$A\boldsymbol{v}=LU\boldsymbol{v}=L\boldsymbol{c}=\boldsymbol{b}$．この前進代入は，$[A\ \ \boldsymbol{b}]$ についての消去法を進めた際に，$\boldsymbol{b}$ に何が起きたかを表す．

2 階差分行列で，もし最初の対角成分が 2 でなく 1 であったなら，美しい逆行列と LU 分解をもつ．3 行 3 列の三重対角行列 T とその逆行列はこうなる：

$$\boldsymbol{T_{11}=1}\qquad T=\begin{bmatrix}1&-1&0\\-1&2&-1\\0&-1&2\end{bmatrix}\qquad T^{-1}=\begin{bmatrix}3&2&1\\2&2&1\\1&1&1\end{bmatrix}$$

1 つのアプローチは $[T\ \ I]$ についてのガウス－ジョルダン消去法だが，これは機械的すぎるように見える．むしろ，T を 1 階差分行列 L と U を用いて書こう．その逆行列は，**和の行列** U^{-1} と L^{-1} の積である：

$$T=\underset{\text{差}}{\begin{bmatrix}1&&\\-1&1&\\0&-1&1\end{bmatrix}}\underset{\text{差}}{\begin{bmatrix}1&-1&0\\&1&-1\\&&1\end{bmatrix}}\qquad T^{-1}=\underset{\text{和}}{\begin{bmatrix}1&1&1\\&1&1\\&&1\end{bmatrix}}\underset{\text{和}}{\begin{bmatrix}1&&\\1&1&\\1&1&1\end{bmatrix}}$$

問　（**4 行 4 列のとき**）T のピボットは何か？ 4 行 4 列の逆行列は何か？

第5章

ベクトル空間と部分空間

5.1 行列の列空間

行列の計算とは初心者にとっては多くの数値を伴うものだが，もうあなたにとっては，ベクトルを伴うものになったはずだ．$A\boldsymbol{v}$ や AB の各列は，n 個のベクトル —— A の列ベクトル —— の線形結合である．本章では，数値およびベクトルから，第3のレベル（最高のレベル）の理解へと移る．個々の列の代わりに，ベクトルの“空間”を見る．**ベクトル空間**とその**部分空間**がわからないまま，$A\boldsymbol{v}=\boldsymbol{b}$ についてのすべてを理解したとはいえない．

本章では少し深くへ進むので，少々難しく見えるかもしれない．それは自然である．我々は計算の中に隠れた数学を見つけようというのだ．著者の仕事は，これを明快にすることである．5.5 節で，**“線形代数の基本定理”** を示す．

最も重要なベクトル空間から始める．それらは $\mathbf{R}^1, \mathbf{R}^2, \mathbf{R}^3, \mathbf{R}^4, \ldots$ と記される．各空間 $\mathbf{R}^n$ は，ベクトルの完全な集合から成る．$\mathbf{R}^5$ は，5 成分をもつ，すべての列ベクトルを含む．これは，“5 次元空間” と呼ばれる．

定義　空間 $\mathbf{R}^n$ は n 成分をもつ，すべての列ベクトル $\boldsymbol{v}$ から成る．

$\boldsymbol{v}$ の成分は実数であり，それが文字 $\mathbf{R}$ の理由である．n 個の成分が複素数であれば，$\boldsymbol{v}$ は空間 $\mathbf{C}^n$ の中にある．

ベクトル空間 $\mathbf{R}^2$ は，通常の xy 平面で表現される．$\mathbf{R}^2$ 内の各ベクトル $\boldsymbol{v}$ は，2 成分をもつ．**“空間”** という用語は，それらのベクトルすべて —— 平面全体 —— を考えるよう，我々に求める．各ベクトルは，その平面内の 1 点の x および y 座標を与える：$\boldsymbol{v}=(x,y)$.

同様に，$\mathbf{R}^3$ 内のベクトルは 3 次元空間内の点 (x,y,z) に対応する．1 次元空間 $\mathbf{R}^1$ は（x 軸のような）直線である．これまでどおり，ベクトルは鉤括弧の間の 1 列としてか，丸括弧の中にコンマで区切った 1 行として，表示する：

$$\begin{bmatrix}4\\ \pi\end{bmatrix} \text{ は } \mathbf{R}^2 \text{ 内にあり，} \quad (1,1,0,1,1) \text{ は } \mathbf{R}^5 \text{ 内にあり，} \quad \begin{bmatrix}1+i\\ 1-i\end{bmatrix} \text{ は } \mathbf{C}^2 \text{ 内にある．}$$

線形代数の偉大なところは，5 次元空間でもたやすく扱うことである．ベクトルを描くことなく，単に 5 つの数（あるいは n 個の数）があればよい．

$\boldsymbol{v}$ を 7 倍するには，各成分を 7 倍する．ここで，7 は“スカラー”である．$\mathbf{R}^5$ 内のベクトルどうしを足すには，成分ごとに足す：5 回の加算だ．この 2 つの本質的なベクトル演算が**ベクトル空間の中で**続けられると，**線形結合**を生み出す：

$\mathbf{R}^n$ 内の任意のベクトルどうしを足せ，任意のベクトル $\boldsymbol{v}$ を任意のスカラー c 倍できる．

“ベクトル空間の中で”というのは，**結果がその空間内にとどまる**ことを意味する：これは非常に重要である．

$\mathbf{R}^4$ 内の $\boldsymbol{v}$ の成分が $1,0,0,1$ ならば，$2\boldsymbol{v}$ は成分が $2,0,0,2$ の，$\mathbf{R}^4$ 内のベクトルである（この場合，2 がそのスカラーである）．一連の性質のすべてを，$\mathbf{R}^n$ 内でも確かめられる．交換法則は $\boldsymbol{v}+\boldsymbol{w}=\boldsymbol{w}+\boldsymbol{v}$ であり，分配法則は $c(\boldsymbol{v}+\boldsymbol{w})=c\boldsymbol{v}+c\boldsymbol{w}$ である．どのベクトル空間も，$\mathbf{0}+\boldsymbol{v}=\boldsymbol{v}$ を満たす“零ベクトル”を 1 つだけもつ．これらは，5 章の注釈に並べる 8 個の条件の内の 3 つである．

どのベクトル空間にも，それら 8 個の条件が要求される．列ベクトル以外のベクトルもあり，$\mathbf{R}^n$ 以外のベクトル空間もある．すべてのベクトル空間が，その 8 つの，無理のない法則にしたがわなくてはならない．

実ベクトル空間は，ベクトルの加算と，実数倍の規則を一緒にした“ベクトル”の集合である． その加算と乗算が生み出すベクトルは，その空間内に留まらなければならない．なおかつ，8 個の条件が満たされなくてはならない（これは通常問題ない）．$\mathbf{R}^n$ 以外のベクトル空間を 3 つ見る必要がある：

M	2 **行** 2 **列の実行列すべて**のベクトル空間．
Y	$Ay''+By'+Cy=0$ **のすべての解** $y(t)$ のベクトル空間．
Z	**零ベクトル**だけから成るベクトル空間．

M 内の“ベクトル”とは，実際には行列である．**Y** 内のベクトルは，$y=e^{st}$ のような，t の関数である．**Z** 内で，唯一の足し算は $\mathbf{0}+\mathbf{0}=\mathbf{0}$ である．各空間内で，加算ができる：行列を行列に，関数を関数に，零ベクトルを零ベクトルに足せる．行列を 4 倍し，関数を 4 倍し，零ベクトルを 4 倍できる．それらの結果は，相変わらず **M** か **Y** か **Z** の中にある．

空間 $\mathbf{R}^4$ は 4 次元であり，2 行 2 列の行列の空間 **M** もそうである．それらの空間内のベクトルは 4 つの数で決まる．解の空間 **Y** は 2 次元である．なぜなら，2 階の微分方程式は 2 つの線形独立な解をもつからである．5.4 節でこれらの大切な用語，**ベクトルの線形独立性**と**空間の次元**，をはっきりとさせる．

空間 **Z** は 0 次元である（次元のどんな穏当な定義によっても）．これは可能な最小のベクトル空間である．$\mathbf{R}^0$ では，成分がないことを意味する——ベクトルもないと思うかもしれない——ので，そう呼びたくない．**ベクトル空間 Z は厳密に 1 つのベクトルを含む**．その零ベクトルなしでは空間は成り立たない．どの空間も，それ自身の零ベクトルをもっている—零行列，恒等的に零である関数，$\mathbf{R}^3$ 内のベクトル $(0,0,0)$．

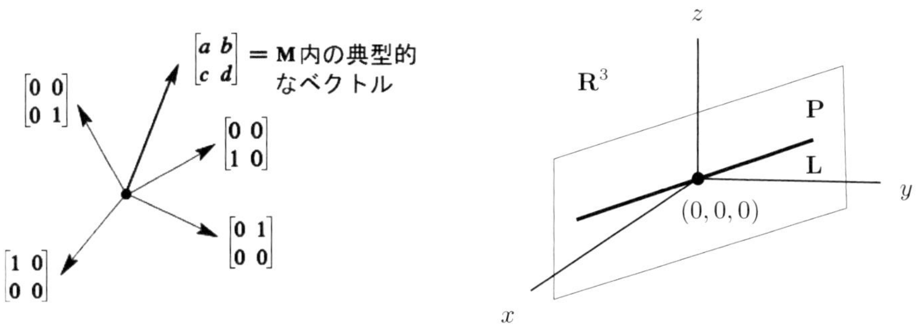

図 5.1 "4 次元" の行列空間 $\mathbf{M}$. $\mathbf{R^3}$ の 3 つの部分空間：平面 $\mathbf{P}$, 直線 $\mathbf{L}$, 点 $\mathbf{Z}$.

部分空間

時折，行列や関数をベクトルとして考えてもらうことになる．しかし，我々が最も必要とするベクトルはいつでも，普通の列ベクトルである．それらは n 成分のベクトルである—しかし，n 成分のベクトル**すべてではないかもしれない**．$\mathbf{R}^n$ の**内部に**重要なベクトル空間がある．それらは $\mathbf{R}^n$ の**部分空間**である．

通常の 3 次元空間 $\mathbf{R}^3$ から始めよ．原点 $(0,0,0)$ を通る平面を選べ．**その平面は，それ自体，1 つのベクトル空間である．**その平面内の 2 つのベクトルを加えると，その和はその平面内にある．平面内のベクトルを 2 倍あるいは –5 倍しても，まだその平面内にある．3 次元空間内の平面は $\mathbf{R}^2$ ではない（$\mathbf{R}^2$ のように見えるとしても）．ベクトルは 3 成分をもち，$\mathbf{R}^3$ に属する．平面 $\mathbf{P}$ は $\mathbf{R}^3$ **の内部の**ベクトル空間である．

これが，線形代数における最も基本的な考えの 1 つを示す．$(0,0,0)$ を通る平面は，ベクトル空間 $\mathbf{R}^3$ 全体の中の，1 つの**部分空間**である．

> **定義** あるベクトル空間の**部分空間**とは，次の 2 つの要求を満たす（**0** を含む）ベクトルの集合である： **$\boldsymbol{v}$ と $\boldsymbol{w}$ が部分空間内のベクトルで，c が任意のスカラーのとき，**
>
> **(i)** $\boldsymbol{v}+\boldsymbol{w}$ が部分空間内にあり　　かつ　　**(ii)** $c\boldsymbol{v}$ が部分空間内にある．

別な言い方では，加算 $\boldsymbol{v}+\boldsymbol{w}$ と乗算 $c\boldsymbol{v}$（それに $d\boldsymbol{w}$）のもとで，ベクトルの集合が"閉じている"．これらの演算後も，我々は部分空間内に残っている．$-\boldsymbol{w}$ がその部分空間内にあり，それと $\boldsymbol{v}$ との和が $\boldsymbol{v}-\boldsymbol{w}$ であるから，引き算もできる．手短にいえば，**すべての線形結合 $c\boldsymbol{v}+d\boldsymbol{w}$ が部分空間内にとどまる**．

最初の事実：**どの部分空間も零ベクトルを含む**．$\mathbf{R}^3$ 内の平面は $(0,0,0)$ を通らなくてはならない．これは，特別に強調して，分けて言及するが，規則 **(ii)** に直接従うことである．$c=0$ と選ぶと，その規則により $0\boldsymbol{v}$ が部分空間内になくてはならない．

原点を含まない平面は，この判定で不合格となる．$\boldsymbol{v}$ がそのような平面上にあるとき，$-\boldsymbol{v}$ と $0\boldsymbol{v}$ は，その平面上に**ない**．原点からそれた平面は部分空間ではない．

原点を通る直線もまた部分空間である．5 倍したり，その直線上の 2 つのベクトルを足すとき，その直線上にとどまる．しかし，その直線は $(0,0,0)$ を通らなくてはならない．

もう1つの部分空間は $\mathbf{R}^3$ のすべてである．空間全体は，1つの部分空間（**それ自身の**）である．これは図中の4番目の部分空間である．$\mathbf{R}^3$ の可能なすべての部分空間のリストはこうなる：

(**L**) $(0,0,0)$ を通る任意の直線　　(**R**^{3}) 空間全体
(**P**) $(0,0,0)$ を通る任意の平面　　(**Z**) 単一ベクトル $(0,0,0)$

もし，平面や直線の一**部分**だけを取り出すと，部分空間への要求が満たされない．$\mathbf{R}^2$ 内でのこれらの例をみよ．

例 1 ベクトル (x,y) の中で，成分が正か零であるものだけを残せ（これは四半平面である）．ベクトル $(2,3)$ は含まれるが，$(-2,-3)$ は含まれない．そこで，$c=-1$ 倍するとき，規則 **(ii)** が犯される．**四半平面は部分空間ではない**．

例 2 成分が両方とも負であるベクトルも含めることにしよう．今度は，2つの四半平面となる．要求 **(ii)** は満たされる：任意の c 倍できる．しかし今度は，規則 **(i)** で不合格である．$\boldsymbol{v}=(2,3)$ と $\boldsymbol{w}=(-3,-2)$ の和は $(-1,1)$ で，これは2つの四半平面の外になる．**2つの四半平面でも部分空間とならない**．

規則 **(i)** と **(ii)** は，ベクトルの加算 $\boldsymbol{v}+\boldsymbol{w}$ および c と d のようなスカラーでの乗算を含む．これらの規則は1つの要求にまとめられる——**部分空間の規則**：

$\boldsymbol{v}$ と $\boldsymbol{w}$ を含む部分空間は，すべての線形結合 $c\boldsymbol{v}+d\boldsymbol{w}$ を含まなくてはならない．

例 3 2行2列のすべての行列のベクトル空間 $\mathbf{M}$ の中で，これらは2つの部分空間である：

$$(\mathbf{U})\ \text{上三角行列すべて}\ \begin{bmatrix} a & b \\ 0 & d \end{bmatrix}\quad (\mathbf{D})\ \text{対角行列すべて}\ \begin{bmatrix} a & 0 \\ 0 & d \end{bmatrix}.$$

$\mathbf{U}$ の中の任意の2つの行列を足すと，和は $\mathbf{U}$ 内にある．対角行列どうしを足すと，和は対角行列である．この場合，$\mathbf{D}$ は $\mathbf{U}$ の部分空間でもある！ a，b，そして d がすべて零に等しいとき，その零行列単体もまた部分空間である．

対角行列のより小さな部分空間として，$a=d$ を要求することもできる．この行列は単位行列 I の定数倍である．これら aI は $\mathbf{M}$ と $\mathbf{U}$ と $\mathbf{D}$ の中で，“行列の直線” を形成する．

行列 I はそれ自体で部分空間となるか？ 当然そうならない．零行列だけがそうなる．2行2列の行列の部分空間をもっと考えてみよう．

A の列空間

最も重要な部分空間は，行列 A に直接結びついている．我々は $A\boldsymbol{v}=\boldsymbol{b}$ を解こうとしている．もし A が可逆でなければ，この方程式系は，ある $\boldsymbol{b}$ に対して解けるが，他の $\boldsymbol{b}$ にはそうでない．良い右辺 $\boldsymbol{b}$——A 掛ける $\boldsymbol{v}$ と書くことが**できる**ベクトル——を記述したい．それらの $\boldsymbol{b}$ は，A の “**列空間**” を形成する．

$A\boldsymbol{v}$ が A の各列の線形結合であることを思い出そう．可能なすべての $\boldsymbol{b}$ を得るには，可能なすべての $\boldsymbol{v}$ を用いる．A の列ベクトルから出発し，**それらのすべての線形結合をとれ．それが A の列空間を生み出す．** それは，A の n 列だけを含むのではない！

定義 　列空間は列ベクトルのすべての線形結合から成る．

この線形結合とは，可能なすべてのベクトル $A\boldsymbol{v}$ である．それらが列空間 $C(A)$ を満たす．

この列空間が本書全体に非常に重要である理由は，こうである．$A\boldsymbol{v} = \boldsymbol{b}$ を解くとは，$\boldsymbol{b}$ を A の**各列の線形結合**として表すことである．左辺の A によって生み出された**列空間内**に，**右辺 $\boldsymbol{b}$ がなければならない**．もし $\boldsymbol{b}$ が $C(A)$ の中になければ，$A\boldsymbol{v} = \boldsymbol{b}$ は解をもたない．

$\boldsymbol{b}$ が A の列空間内にあるとき，またそのときに限り，方程式系 $A\boldsymbol{v} = \boldsymbol{b}$ は可解である．

$\boldsymbol{b}$ が列空間内にあるとき，それは A の各列の，ある線形結合である．その結合の係数が，方程式系 $A\boldsymbol{v} = \boldsymbol{b}$ の解 $\boldsymbol{v}$ を与える．

A は m 行 n 列の行列とする．その各列は（n でなく）m 成分をもつ．だから，列ベクトルは $\mathbf{R}^m$ に属する．**A の列空間は，（$\mathbf{R}^n$ でなく）$\mathbf{R}^m$ の部分空間である**．列のすべての線形結合 $A\boldsymbol{v}$ の集合は，部分空間に対する規則 **(i)** と **(ii)** を満たす：線形結合を加えたり，スカラー倍しても，相変わらず各列の線形結合となる．"部分空間"の用語は常に，**すべての線形結合を考えることで正当化される**．

ここに 3 行 2 列の行列 A がある．その列空間は $\mathbf{R}^3$ の部分空間であり，図 5.2 の平面である．

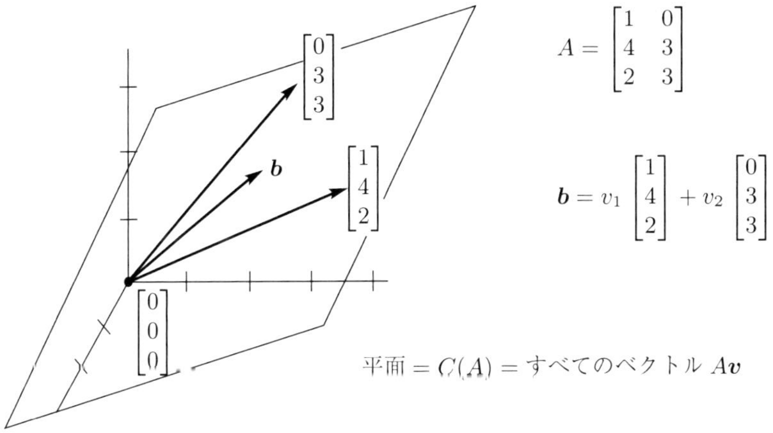

$$A = \begin{bmatrix} 1 & 0 \\ 4 & 3 \\ 2 & 3 \end{bmatrix}$$

$$\boldsymbol{b} = v_1 \begin{bmatrix} 1 \\ 4 \\ 2 \end{bmatrix} + v_2 \begin{bmatrix} 0 \\ 3 \\ 3 \end{bmatrix}$$

平面 $= C(A) =$ すべてのベクトル $A\boldsymbol{v}$

図 5.2 列空間 $C(A)$ は A の 2 つの列ベクトルを含む平面である．$\boldsymbol{b}$ がその平面上にあるとき，$A\boldsymbol{v} = \boldsymbol{b}$ は可解である．このとき $\boldsymbol{b}$ は各列の線形結合となっている．

特定の $\boldsymbol{b}$（列ベクトルの，ある線形結合）を 1 つ描いた．この $\boldsymbol{b} = A\boldsymbol{v}$ は平面上にある．平面は厚さが零なので，$\mathbf{R}^3$ 内の，ほとんどの右辺 $\boldsymbol{b}$ は，列空間の中に**ない**．ほとんどの $\boldsymbol{b}$ に対して，2 つの未知数に対する 3 つの方程式には解がない．

もちろん $(0,0,0)$ は列空間の中にある．その平面は原点を通る．$A\boldsymbol{v}=\mathbf{0}$ の解は当然ある．その，いつでも待機してくれている解は $\boldsymbol{v}=$ ＿＿＿ である．

繰り返せば，到達できる右辺 $\boldsymbol{b}$ とは，まさに列空間内のベクトルにほかならない．1つの可能性としては，第1列そのものがある—$v_1=1$ および $v_2=0$ とせよ．もう1つの線形結合としては第2列がある——$v_1=0$ および $v_2=1$ とせよ．**すべての**線形結合を考えることが理解の新たなレベルである——それらの2列により，部分空間全体が生成される．

記法 A の列空間を $\boldsymbol{C}(A)$ と表す．列ベクトルから出発して，それらの線形結合すべてをとれ．これは $\mathbf{R}^m$ 全体となるかもしれないし，あるいは小さな部分空間だけかもしれない．

重要 $\mathbf{R}^m$ 内の列ベクトルの代わりに，あるベクトル空間 $\mathbf{V}$ 内のベクトルの，任意の集合から始めてもよい．$\mathbf{V}$ の部分空間 **SS** を得るには，その集合の中のベクトルの**線形結合すべて**をとる：

$$\begin{aligned}\mathbf{S} &= \mathbf{V}\text{ の中のベクトル } \boldsymbol{s} \text{ の集合（}\mathbf{S}\text{ はたぶん部分空間では\textbf{ない}）}\\ \mathbf{SS} &= \mathbf{S}\text{ の中のベクトルの線形結合すべて（}\mathbf{SS}\text{ は部分空間で\textbf{ある}）}\end{aligned}$$

SS = すべての $c_1\boldsymbol{s_1}+\cdots+c_N\boldsymbol{s_N}$ $=$ **S により“張られた” V の部分空間**

S が列ベクトルの集合のとき，**SS** は列空間である．**S** の中に，零ベクトルでない $\boldsymbol{v}$ が1つだけあるとき，部分空間 **SS** は $\boldsymbol{v}$ を通る直線である．**SS は常に，S を含む最小の部分空間である．** これは部分空間を作り出す基本的な方法であり，ここへまた戻ってくる．

部分空間 SS を S の“スパン”と呼び，これは S の中のベクトルの線形結合すべてを含む．

例 4 これらの行列に対する列空間（$\mathbf{R}^2$ の部分空間である）を説明せよ：

$$I=\begin{bmatrix}1&0\\0&1\end{bmatrix}\quad\text{と}\quad A=\begin{bmatrix}1&2\\2&4\end{bmatrix}\quad\text{と}\quad B=\begin{bmatrix}1&2&3\\0&0&4\end{bmatrix}.$$

解 I の列空間は，**全空間 $\mathbf{R}^2$** である．どのベクトルも I の各列の線形結合である．ベクトル空間の言語で言えば，$\boldsymbol{C}(I)$ は $\mathbf{R}^2$ に等しい．

A の列空間は，1本の直線だけである．第2列 $(2,4)$ は第1列 $(1,2)$ の定数倍である．それらのベクトルは異なるが，我々の目はベクトル**空間**に向いている．その列空間は $(1,2)$ と $(2,4)$ と，その直線に沿う $(c,2c)$ という他のベクトルすべてを含む．$\boldsymbol{b}$ がその直線上にあるときだけ，方程式系 $A\boldsymbol{v}=\boldsymbol{b}$ が可解である．

3番目の行列（3つの列の）に対する列空間 $\boldsymbol{C}(B)$ は $\mathbf{R}^2$ のすべてである．どの $\boldsymbol{b}$ にも到達可能である．ベクトル $\boldsymbol{b}=(5,4)$ は第2列足す第3列であるから，$\boldsymbol{v}$ は $(0,1,1)$ とできる．同じベクトル $(5,4)$ はまた，2(第1列）＋第3列であるから，もう1つの可能な $\boldsymbol{v}$ は $(2,0,1)$ である．この行列は I と同じ列空間をもつ——任意の $\boldsymbol{b}$ が許される．しかし今度は $\boldsymbol{v}$ が余分な成分をもち，$A\boldsymbol{v}=\boldsymbol{b}$ にはより多くの解——$\boldsymbol{b}$ を与えるより多くの線形結合——がある．

次節では**零空間** $\boldsymbol{N}(A)$ をつくり，$A\boldsymbol{v}=\boldsymbol{0}$ の解すべてを説明する．本節では列空間 $\boldsymbol{C}(A)$ をつくり，到達可能なすべての右辺 $\boldsymbol{b}$ を説明した．

■ 要点の復習 ■

1. $\mathbf{R}^n$ は，n 個の実数の成分をもつ列ベクトルを，すべて含む．
2. $\mathbf{M}$（2 行 2 列の行列の集合）と $\mathbf{Y}$（関数の集合）と $\mathbf{Z}$（零ベクトルだけ）はベクトル空間である．
3. $\boldsymbol{v}$ と $\boldsymbol{w}$ を含む部分空間は，それらの線形結合 $c\boldsymbol{v}+d\boldsymbol{w}$ をすべて含まねばならない．
4. A の各列の線形結合で**列空間** $\boldsymbol{C}(A)$ を形成する．このとき，列空間はそれらの列ベクトルで“張られて”いる．
5. $A\boldsymbol{v}=\boldsymbol{b}$ が解をもつのは，まさしく $\boldsymbol{b}$ が A の列空間内にあるときである．

■ 例　題 ■

5.1 A　3 つの異なるベクトル $\boldsymbol{b}_1, \boldsymbol{b}_2, \boldsymbol{b}_3$ が与えられている．方程式 $A\boldsymbol{v}=\boldsymbol{b}_1$ と $A\boldsymbol{v}=\boldsymbol{b}_2$ は可解だが，$A\boldsymbol{v}=\boldsymbol{b}_3$ は可解で**ない**ように，行列をつくれ．これが可能かどうかは，どのように判定できるか？ どのように A をつくれるか？

解　$\boldsymbol{b}_1$ と $\boldsymbol{b}_2$ が A の列空間の中にあるようにしたい．このとき $A\boldsymbol{v}=\boldsymbol{b}_1$ と $A\boldsymbol{v}=\boldsymbol{b}_2$ は可解になる．**最も手軽なのは $\boldsymbol{b}_1$ と $\boldsymbol{b}_2$ を A の 2 列とすることだ**．すると解は，$\boldsymbol{v}=(1,0)$ と $\boldsymbol{v}=(0,1)$ になる．

また，$A\boldsymbol{v}=\boldsymbol{b}_3$ が解をもたないでほしい．そこで，列空間がこれ以上大きくならないようにしよう！ $\boldsymbol{b}_1$ と $\boldsymbol{b}_2$ の列だけを保ち，なすべき質問は：**$\boldsymbol{b}_3$ をすでに含んでいるか？**

$$A\boldsymbol{v}=\begin{bmatrix} \boldsymbol{b}_1 & \boldsymbol{b}_2 \end{bmatrix}\begin{bmatrix} v_1 \\ v_2 \end{bmatrix}=\boldsymbol{b}_3 \text{ は可解か？} \qquad \boldsymbol{b}_3 \text{ は } \boldsymbol{b}_1 \text{ と } \boldsymbol{b}_2 \text{ の線形結合か？}$$

この答えが**否**ならば，求める行列 A を得た．もし $\boldsymbol{b}_3$ が $\boldsymbol{b}_1$ と $\boldsymbol{b}_2$ の線形結合**である**ならば，題意の A をつくることは**不可能**である．列空間 $\boldsymbol{C}(A)$ は $\boldsymbol{b}_3$ を含まざるをえない．

5.1 B　次の各ベクトル空間 $\mathbf{V}$ の部分空間 $\mathbf{S}$ を説明せよ．そして，$\mathbf{S}$ の部分空間 SS を説明せよ．

$$\begin{aligned}\mathbf{V}_1 &= (1,1,0,0) \text{ と } (1,1,1,0) \text{ と } (1,1,1,1) \text{ の線形結合すべて}\\ \mathbf{V}_2 &= \text{「}\boldsymbol{u}=(1,2,1) \text{ に垂直な」つまり } \boldsymbol{u}\cdot\boldsymbol{v}=0 \text{ となるベクトル } \boldsymbol{v} \text{ すべて}\\ \mathbf{V}_3 &= \text{方程式「}d^4y/dx^4=0\text{」の解 } y(x) \text{ すべて}\end{aligned}$$

それぞれの $\mathbf{V}$ を 2 通りの方法で説明せよ：(1)　.... **の線形結合すべて** (2)　.... **の解すべて**

解　$\mathbf{V}_1$ は 3 つのベクトルで始まる．部分空間 **S** の 1 つは，最初の 2 つのベクトル $(1,1,0,0)$ および $(1,1,1,0)$ のすべての線形結合である．**S** の部分空間 **SS** の 1 つは，最初のベクトルの定数倍 $(c,c,0,0)$ のすべてである．とても多くの可能性がある．

$\mathbf{V}_2$ の部分空間 **S** の 1 つは $(1,-1,1)$ を通る直線である．この直線は $\boldsymbol{u}$ に垂直である．零ベクトル $\boldsymbol{z}=(0,0,0)$ が **S** の中にある．最小の部分空間 **SS** は **Z** である．

$\mathbf{V}_3$ は，$d^4y/dx^4=0$ となる，すべての 3 次多項式 $y=a+bx+cx^2+dx^3$ を含む．2 次多項式（x^3 の項がない）は 1 つの部分空間 **S** である．線形多項式は **SS** として 1 つの選択肢である．定数関数 $y=a$ が **SSS** となれるだろう．

3 つのどれにおいても，$\mathbf{S}=\mathbf{V}$ 自身で，$\mathbf{SS}=$ 零部分空間 **Z** とすることもできた．

各 $\mathbf{V}$ を，　.... **の線形結合すべて**，そして　.... **の解すべて**として記述できる：

$\mathbf{V}_1 = 3$ つのベクトルの線形結合すべて	$\mathbf{V}_1=$「$v_1-v_2=0$」の解すべて．
$\mathbf{V}_2 = (1,0,-1)$ と $(1,-1,1)$ の線形結合すべて	$\mathbf{V}_2=$「$\boldsymbol{u}\cdot\boldsymbol{v}=0$」の解すべて．
$\mathbf{V}_3 = 1,x,x^2,x^3$ の線形結合すべて	$\mathbf{V}_3=$「$d^4y/dx^4=0$」の解すべて．

演習問題 5.1

問題 1〜10 では “部分空間の要件” について問う：$\boldsymbol{v}+\boldsymbol{w}$ および $c\boldsymbol{v}$（そしてこのとき，すべての線形結合 $c\boldsymbol{v}+d\boldsymbol{w}$）が，その部分空間内にとどまる．

1　要件の 1 つを満たすが，他方は不合格ということがある．次のものを見つけ，このことを示せ：

(a) $\mathbf{R}^2$ 内のベクトルの集合で，$\boldsymbol{v}+\boldsymbol{w}$ はその集合内にとどまるが，$\frac{1}{2}\boldsymbol{v}$ はその外になるかもしれないもの．

(b) $\mathbf{R}^2$ 内のベクトルの集合（2 つの四半平面以外のもの）で，どの $c\boldsymbol{v}$ もその集合内にとどまるが，$\boldsymbol{v}+\boldsymbol{w}$ はその外になるかもしれないもの．

2　以下の $\mathbf{R}^3$ の部分集合のどれが，実際に部分空間であるか？

(a) $b_1=b_2$ であるベクトル (b_1,b_2,b_3) の平面

(b) $b_1=1$ であるベクトルの平面

(c) $b_1b_2b_3=0$ となるベクトルの集合

(d) $\boldsymbol{v}=(1,4,0)$ と $\boldsymbol{w}=(2,2,2)$ の線形結合すべて

(e) $b_1 + b_2 + b_3 = 0$ を満たすベクトルすべて

(f) $b_1 \leq b_2 \leq b_3$ となるベクトルすべて

3 行列空間 $\mathbf{M}$ の部分空間で，次を含む最小のものを記述せよ：

(a) $\begin{bmatrix} 1 & 0 \\ 0 & 0 \end{bmatrix}$ と $\begin{bmatrix} 0 & 1 \\ 0 & 0 \end{bmatrix}$ (b) $\begin{bmatrix} 1 & 1 \\ 0 & 0 \end{bmatrix}$ (c) $\begin{bmatrix} 1 & 0 \\ 0 & 0 \end{bmatrix}$ と $\begin{bmatrix} 1 & 0 \\ 0 & 1 \end{bmatrix}$.

4 式 $x + y - 2z = 4$ を満たす $\mathbf{R}^3$ 内の平面を $\mathbf{P}$ とする．原点 $(0,0,0)$ は $\mathbf{P}$ の中にない！ $\mathbf{P}$ 内の 2 つのベクトルを見つけ，それらの和が $\mathbf{P}$ 内にないことを確めよ．

5 前問の平面 $\mathbf{P}$ に平行で，$(0,0,0)$ を通る平面を $\mathbf{P}_0$ とする．$\mathbf{P}_0$ を表す方程式は何か？ $\mathbf{P}_0$ 内の 2 つのベクトルを見つけ，それらの和は $\mathbf{P}_0$ 内にあることを確かめよ．

6 $\mathbf{R}^3$ の部分空間は平面，直線，$\mathbf{R}^3$ 自身，または $(0,0,0)$ だけを含む $\mathbf{Z}$ である．

(a) $\mathbf{R}^2$ の部分空間の，3 つの型を記述せよ．

(b) 2 行 2 列の対角行列の空間 $\mathbf{D}$ の部分空間をすべて記述せよ．

7 (a) $(0,0,0)$ を通る 2 平面の共通部分は，おそらく _____ だが，_____ になることもある．$\mathbf{Z}$ にはなれない！

(b) $(0,0,0)$ を通る平面と，$(0,0,0)$ を通る直線との共通部分は，おそらく _____ だが，_____ になることもある．

(c) $\mathbf{S}$ と $\mathbf{T}$ が $\mathbf{R}^5$ の部分空間のとき，それらの共通部分 $\mathbf{S} \cap \mathbf{T}$ が $\mathbf{R}^5$ の部分空間であることを証明せよ．ここで，$\mathbf{S} \cap \mathbf{T}$ は，両方の部分空間内にあるベクトルから成る．**$\boldsymbol{v} + \boldsymbol{w}$ と $c\boldsymbol{v}$ についての要件を確かめよ．**

8 $\mathbf{P}$ は $(0,0,0)$ を通る平面で，$\mathbf{L}$ は $(0,0,0)$ を通る直線とする．$\mathbf{P}$ と $\mathbf{L}$ の両方を含む最小のベクトル空間 $\mathbf{P} + \mathbf{L}$ は，_____ か _____ のどちらかである．

9 (a) $\mathbf{M}$ 内の**可逆**行列の集合は部分空間ではないことを示せ．

(b) $\mathbf{M}$ 内の**特異**行列の集合は部分空間ではないことを示せ．

10 真か偽か（各場合で足し算を点検する例を示せ）：

(a) $\mathbf{M}$ 内の対称行列（$A^{\mathrm{T}} = A$ となる）は部分空間を形成する．

(b) $\mathbf{M}$ 内の歪対称行列（$A^{\mathrm{T}} = -A$ となる）は部分空間を形成する．

(c) $\mathbf{M}$ 内の非対称行列（$A^{\mathrm{T}} \neq A$ となる）は部分空間を形成する．

問題 11〜19 では，列空間 $\boldsymbol{C(A)}$ と方程式 $\boldsymbol{Av = b}$ について問う．

11 これら特定の行列の列空間（直線か平面）を記述せよ：

$$A = \begin{bmatrix} 1 & 2 \\ 0 & 0 \\ 0 & 0 \end{bmatrix} \qquad B = \begin{bmatrix} 1 & 0 \\ 0 & 2 \\ 0 & 0 \end{bmatrix} \qquad C = \begin{bmatrix} 1 & 0 \\ 2 & 0 \\ 0 & 0 \end{bmatrix}.$$

12 どの右辺に対してこれらの方程式系は可解か（b_1, b_2, b_3 への条件を見つけよ）？

$$\text{(a)} \begin{bmatrix} 1 & 4 & 2 \\ 2 & 8 & 4 \\ -1 & -4 & -2 \end{bmatrix} \begin{bmatrix} v_1 \\ v_2 \\ v_3 \end{bmatrix} = \begin{bmatrix} b_1 \\ b_2 \\ b_3 \end{bmatrix} \quad \text{(b)} \begin{bmatrix} 1 & 4 \\ 2 & 9 \\ -1 & -4 \end{bmatrix} \begin{bmatrix} v_1 \\ v_2 \end{bmatrix} = \begin{bmatrix} b_1 \\ b_2 \\ b_3 \end{bmatrix}$$

13 A の第1行を第2行に足すと B になる．第1列を第2列に足すと C になる．どれとどれが同じ列空間をもつか？ どれとどれが同じ**行空間**をもつか？

$$A = \begin{bmatrix} 1 & 3 \\ 2 & 6 \end{bmatrix} \quad \text{と} \quad B = \begin{bmatrix} 1 & 3 \\ 3 & 9 \end{bmatrix} \quad \text{と} \quad C = \begin{bmatrix} 1 & 4 \\ 2 & 8 \end{bmatrix}.$$

14 どんなベクトル (b_1, b_2, b_3) に対して，これらの方程式系は解をもつか？

$$\begin{bmatrix} 1 & 1 & 1 \\ 0 & 1 & 1 \\ 0 & 0 & 1 \end{bmatrix} \begin{bmatrix} x_1 \\ x_2 \\ x_3 \end{bmatrix} = \begin{bmatrix} b_1 \\ b_2 \\ b_3 \end{bmatrix} \quad \text{と} \quad \begin{bmatrix} 1 & 1 & 1 \\ 0 & 1 & 1 \\ 0 & 0 & 0 \end{bmatrix} \begin{bmatrix} x_1 \\ x_2 \\ x_3 \end{bmatrix} = \begin{bmatrix} b_1 \\ b_2 \\ b_3 \end{bmatrix}$$

$$\text{と} \quad \begin{bmatrix} 1 & 1 & 1 \\ 0 & 0 & 1 \\ 0 & 0 & 1 \end{bmatrix} \begin{bmatrix} x_1 \\ x_2 \\ x_3 \end{bmatrix} = \begin{bmatrix} b_1 \\ b_2 \\ b_3 \end{bmatrix}.$$

15 （推奨）行列 A に余分な1列 $\boldsymbol{b}$ を追加すると，_____ でない限り，列空間はより大きくなる．列空間が大きくなるときの1例と，ならないときの1例を挙げよ．列空間がより大きく**ならない**ときにまさしく，$A\boldsymbol{v} = \boldsymbol{b}$ が可解であるのはなぜか？ このとき列空間は A と $\begin{bmatrix} A & \boldsymbol{b} \end{bmatrix}$ に対して同一である．

16 AB の各列は A の各列の線形結合である．この意味は：**AB の列空間は A の列空間に含まれる**（等しい場合もある）ということである．A と AB の列空間が等しくない例を1つ挙げよ．

17 $A\boldsymbol{v} = \boldsymbol{b}$ と $A\boldsymbol{w} = \boldsymbol{b}^*$ がともに可解であるとする．このとき，$A\boldsymbol{z} = \boldsymbol{b} + \boldsymbol{b}^*$ は可解である．$\boldsymbol{z}$ は何か？ これを翻訳すると：$\boldsymbol{b}$ と $\boldsymbol{b}^*$ が列空間 $\boldsymbol{C}(A)$ 内にあるとき，$\boldsymbol{b} + \boldsymbol{b}^*$ もまた $\boldsymbol{C}(A)$ 内にある．

18 A が，任意の可逆な5行5列の行列であるとき，その列空間は _____ である．なぜか？

19 真か偽か（偽のときは反例を挙げよ）：

(a) 列空間 $\boldsymbol{C}(A)$ 内にないベクトル $\boldsymbol{b}$ を集めると，部分空間を形成する．

(b) $\boldsymbol{C}(A)$ が零ベクトルだけを含むとき，A は零行列である．

(c) $2A$ の列空間は A の列空間に等しい．

(d) $A-I$ の列空間は A の列空間に等しい（これを試せ）．

20 列空間に $(1,1,0)$ と $(1,0,1)$ を含むが $(1,1,1)$ は含まない，3 行 3 列の行列をつくれ．列空間がただ 1 本の直線である，3 行 3 列の行列をつくれ．

21 9 行 12 列の方程式系 $A\boldsymbol{v}=\boldsymbol{b}$ がどの $\boldsymbol{b}$ に対しても可解ならば，$\boldsymbol{C}(A)$ は ＿＿ でなければならない．

挑戦問題

22 $\mathbf{S}$ と $\mathbf{T}$ は，ベクトル空間 $\mathbf{V}$ の 2 つの部分空間であるとする．**和** $\mathbf{S}+\mathbf{T}$ は，$\mathbf{S}$ 内のベクトル $\boldsymbol{s}$ と $\mathbf{T}$ 内のベクトル $\boldsymbol{t}$ のすべての和 $\boldsymbol{s}+\boldsymbol{t}$ を含む．このとき $\mathbf{S}+\mathbf{T}$ はベクトル空間であることを示せ．

もし $\mathbf{S}$ と $\mathbf{T}$ がともに $\mathbf{R}^m$ 内の直線であれば，$\mathbf{S}+\mathbf{T}$ と $\mathbf{S}\cup\mathbf{T}$ はどこが異なるか？ その和集合は，$\mathbf{S}$ からのすべてのベクトルと $\mathbf{T}$ からのすべてのベクトルを含む．次の文を説明せよ：**$\mathbf{S}\cup\mathbf{T}$ のスパンは $\mathbf{S}+\mathbf{T}$ である**．

23 $\mathbf{S}$ が A の列空間で，$\mathbf{T}$ が $\boldsymbol{C}(B)$ であるとき，$\mathbf{S}+\mathbf{T}$ はどんな行列 M の列空間か？ A と B と M の各列はすべて $\mathbf{R}^m$ 内にあるとする（$A+B$ がいつでも正しい M であるとは思わない）．

24 行列 A および $\begin{bmatrix} A & AB \end{bmatrix}$（これは余分の列をもつ）が，同じ列空間をもつことを示せ．また，$\boldsymbol{C}(A^2)$ が $\boldsymbol{C}(A)$ より小さくなる正方行列 A を見つけよ．

25 n 行 n 列の行列で $\boldsymbol{C}(A)=\mathbf{R}^n$ となるのは，まさに A が ＿＿ 行列のときである．

5.2　$\boldsymbol{A}$ の零空間：$A\boldsymbol{v}=\boldsymbol{0}$ の解

本節では，$A\boldsymbol{v}=\boldsymbol{0}$ の解すべてを含む部分空間について考える．m 行 n 列の行列 A は正方行列でも長方行列でもよい．**すぐにわかる自明な 1 つの解は $\boldsymbol{v}=\boldsymbol{0}$ である**．可逆行列に対しては，これが唯一の解である．その他の，可逆でない行列に対しては $A\boldsymbol{v}=\boldsymbol{0}$ の，非自明な解がある．**その解 $\boldsymbol{v}$ は零空間 $\boldsymbol{N}(A)$ に属す**．

消去法ですべての解を見つけ，このとても重要な部分空間を特定しよう．

> A **の零空間は** $A\boldsymbol{v}=\boldsymbol{0}$ **の解すべてを含む．　これらのベクトル $\boldsymbol{v}$ は $\mathbf{R}^n$ 内にある．**

解ベクトルが部分空間を形成することを確かめる．$\boldsymbol{v}$ と $\boldsymbol{w}$ が零空間の中にあるとすると，$A\boldsymbol{v}=\boldsymbol{0}$ および $A\boldsymbol{w}=\boldsymbol{0}$ である．行列の掛け算の規則より $A(\boldsymbol{v}+\boldsymbol{w})=\boldsymbol{0}+\boldsymbol{0}$．また，その規則から $A(c\boldsymbol{v})=c\boldsymbol{0}$．右辺は零のままである．したがって $\boldsymbol{v}+\boldsymbol{w}$ と $c\boldsymbol{v}$ も零空間 $\boldsymbol{N}(A)$ 内にある．零空間を離れることなく，足したり掛けたりできるので，それは部分空間である．

解ベクトル $\boldsymbol{v}$ には n 成分ある．これは $\mathbf{R}^n$ 内のベクトルなので，**零空間 $\boldsymbol{N}(A)$ は $\mathbf{R}^n$ の部分空間である**．列空間 $\boldsymbol{C}(A)$ は $\mathbf{R}^m$ の部分空間であった．

右辺 $\boldsymbol{b}$ が零ベクトルでないとき，$A\boldsymbol{v} = \boldsymbol{b}$ の解は部分空間を形成し**ない**．ベクトル $\boldsymbol{v} = \boldsymbol{0}$ は $\boldsymbol{b} = \boldsymbol{0}$ のときだけ解である．解の集合が $\boldsymbol{v} = \boldsymbol{0}$ を含まないとき，それは部分空間となれない．5.3 節で，$A\boldsymbol{v} = \boldsymbol{b}$ の解（もし存在すれば）が，特殊解 $\boldsymbol{v}_p$ によって原点からどのようにずれるかを示す．

例 1　$x + 2y + 3z = 0$ は 1 行 3 列の行列 $A = [1 \quad 2 \quad 3]$ に由来する．この方程式 $A\boldsymbol{v} = \boldsymbol{0}$ は原点 $(0, 0, 0)$ を通る平面を生み出す．その平面は $\mathbf{R}^3$ の部分空間であり，**A の零空間である**．

$x + 2y + 3z = 6$ の解もまた平面を形成するが，部分空間ではない．

例 2　$A = \begin{bmatrix} 1 & 2 \\ 3 & 6 \end{bmatrix}$ の零空間を記せ．この行列は特異である！

解　線形方程式 $A\boldsymbol{v} = \boldsymbol{0}$ に消去法を適用せよ：

$$\begin{matrix} v_1 + 2v_2 = 0 \\ 3v_1 + 6v_2 = 0 \end{matrix} \quad \rightarrow \quad \begin{matrix} v_1 + 2v_2 = 0 \\ \boldsymbol{0} = \boldsymbol{0} \end{matrix}$$

事実上，1 つの方程式しかない．第 2 式は第 1 式を 3 倍したものである．行ベクトルの絵では，直線 $v_1 + 2v_2 = 0$ は，直線 $3v_1 + 6v_2 = 0$ と同一である．その直線が零空間 $\boldsymbol{N}(A)$ であり，すべての解 $\boldsymbol{v} = (v_1, v_2)$ を含む．

この解の直線を記述するのに，効率的な方法がここにある．直線上の 1 点を選ぶ（“**標準斉次解**”）．すると，直線上のすべての点は，この点の定数倍である．第 2 成分として $v_2 = 1$ を選ぶ（標準的な選択）．方程式 $v_1 + 2v_2 = 0$ より，第 1 成分は $v_1 = -2$ でなければならない．そこで標準斉次解 $\boldsymbol{s}$ は $(-2, 1)$ となる：

標準斉次解	$A = \begin{bmatrix} 1 & 2 \\ 3 & 6 \end{bmatrix}$ の零空間は $\boldsymbol{s} = \begin{bmatrix} -2 \\ 1 \end{bmatrix}$ の定数倍すべてを含む．

$A\boldsymbol{v} = \boldsymbol{0}$ の標準斉次解を計算する，この方法が零空間を記述するのに最も良い．

零空間は，標準斉次解の線形結合すべてからなる．

例 1 での平面 $x + 2y + 3z = 0$ では，**2 つの**標準斉次解があった：

$$\begin{bmatrix} 1 & 2 & 3 \end{bmatrix} \begin{bmatrix} x \\ y \\ z \end{bmatrix} = 0 \text{ の標準斉次解は } \boldsymbol{s}_1 = \begin{bmatrix} -2 \\ 1 \\ 0 \end{bmatrix} \text{ と } \boldsymbol{s}_2 = \begin{bmatrix} -3 \\ 0 \\ 1 \end{bmatrix}.$$

これらのベクトル $\boldsymbol{s}_1$ と $\boldsymbol{s}_2$ は，$A = \begin{bmatrix} 1 & 2 & 3 \end{bmatrix}$ の零空間である平面 $x + 2y + 3z = 0$ の上にある．その平面上のすべてのベクトルは $\boldsymbol{s}_1$ と $\boldsymbol{s}_2$ の線形結合である．

$\boldsymbol{s}_1$ と $\boldsymbol{s}_2$ のどこを特別に定めたかに注意せよ．これらの最後の 2 成分は，1 と 0 である．**これらは"自由"成分であり，それらを特別に 1 と 0 として選ぶのだ**．すると最初の成分 -2 と -3 が，方程式 $A\boldsymbol{v}=\boldsymbol{0}$ から定まる．

$A=\begin{bmatrix}1 & 2 & 3\end{bmatrix}$ の第 1 列は**ピボット**を含み，だから第 1 成分 $\boldsymbol{v}_1$ は**自由ではない**．自由成分は，ピボットなしの列に対応する．もう 1 つの例を挙げた後に，標準斉次解についてのこの記述は完成する．

この特別な選択（1 か 0）は，標準斉次解の中の自由変数に対してだけ行う．

例 3　これら 3 つの行列の零空間 $\boldsymbol{N}(A), \boldsymbol{N}(B), \boldsymbol{N}(C)$ を記述せよ：

$$A=\begin{bmatrix}1 & 2\\ 3 & 8\end{bmatrix}\qquad B=\begin{bmatrix}A\\ 2A\end{bmatrix}=\begin{bmatrix}1 & 2\\ 3 & 8\\ 2 & 4\\ 6 & 16\end{bmatrix}\qquad C=\begin{bmatrix}A & 2A\end{bmatrix}=\begin{bmatrix}1 & 2 & 2 & 4\\ 3 & 8 & 6 & 16\end{bmatrix}.$$

解　方程式 $A\boldsymbol{v}=\boldsymbol{0}$ には自明な解 $\boldsymbol{v}=\boldsymbol{0}$ だけしかない．**その零空間は $\mathbf{Z}$** であり，$\mathbf{R}^2$ 内で 1 点 $\boldsymbol{v}=\boldsymbol{0}$ だけを含む．これは消去法の帰結である：

$$\begin{bmatrix}1 & 2\\ 3 & 8\end{bmatrix}\begin{bmatrix}v_1\\ v_2\end{bmatrix}=\begin{bmatrix}0\\ 0\end{bmatrix}\ \text{より}\ \begin{bmatrix}1 & 2\\ 0 & 2\end{bmatrix}\begin{bmatrix}v_1\\ v_2\end{bmatrix}=\begin{bmatrix}0\\ 0\end{bmatrix}\ \text{となり，}\ \begin{bmatrix}v_1=0\\ v_2=0\end{bmatrix}.$$

A は可逆である．標準斉次解はない．この A のどの列にもピボットがある．

長方行列 B も同じ零空間 $\mathbf{Z}$ をもつ．$B\boldsymbol{v}=\boldsymbol{0}$ の中の最初の 2 つの方程式が，再び $\boldsymbol{v}=\boldsymbol{0}$ を要求する．最後の 2 つの方程式がやはり $\boldsymbol{v}=\boldsymbol{0}$ を強制する．余分な方程式を加えたとき，零空間はもちろん，より大きくはなれない．追加された行は，零空間のベクトル $\boldsymbol{v}$ に，より多くの条件を強いる．

長方行列 C では異なる．これは余分な行の代わりに，余分な列をもつ．解ベクトル $\boldsymbol{v}$ は **4 つの**成分をもつ．消去法は C の最初の 2 列にピボットを生み出すが，後の 2 列は"自由"である．**それらはピボットをもたない**：

ピボット列　が **2** つ
自由列　が **2** つ

$$C=\begin{bmatrix}1 & 2 & 2 & 4\\ 3 & 8 & 6 & 16\end{bmatrix}\ \text{は}\ U=\begin{bmatrix}1 & 2 & 2 & 4\\ 0 & 2 & 0 & 4\end{bmatrix}\ \text{になる}$$

↑ ↑ ↑ ↑
ピボット列　自由列

自由変数 v_3 と v_4 に対して，1 と 0 の特別な選択をする．まず，$v_3=1$，$v_4=0$ で，次に $v_3=0$，$v_4=1$．この後，ピボット変数 v_1 と v_2 が定まる．$U\boldsymbol{v}=\boldsymbol{0}$ を解き，C（そして U）の零空間の 2 つの標準斉次解を得よ．

標準斉次解
$\boldsymbol{s_1}$　と　$\boldsymbol{s_2}$

$$\boldsymbol{s_1}=\begin{bmatrix}-2\\ 0\\ 1\\ 0\end{bmatrix}\ \text{と}\ \boldsymbol{s_2}=\begin{bmatrix}0\\ -2\\ 0\\ 1\end{bmatrix}\ \begin{matrix}\leftarrow\ \text{ピボット}\\ \leftarrow\ \text{変数}\\ \leftarrow\ \text{自由}\\ \leftarrow\ \text{変数}\end{matrix}$$

この後の話の流れについてのコメントを1つ加える．消去法は上三角行列 U でおしまいではない！ 2つの方法で，この行列がより単純になるように続ける：

1. **ピボットの上に零を生み出せ．** 上方へも消去せよ．

2. **ピボットには1を生み出せ．** 行全体をそのピボットで割れ．

これらの手順では，方程式の右辺の零ベクトルは変わらない．零空間は同一に保たれる．この零空間を最も容易に理解できるのは，我々が**行簡約階段形** R に到達したときである．第2行を2で割ると，ピボット列の中が I となる：

簡約形 $\boldsymbol{R}$　　$U=\begin{bmatrix}1&2&2&4\\0&2&0&4\end{bmatrix}$ は $R=\begin{bmatrix}1&0&2&0\\0&1&0&2\end{bmatrix}$ になる．

（↑ ↑）**今度はピボットの列が $\boldsymbol{I}$ を含む**

U の第2行を第1行から引き，その後，第2行を $\frac{1}{2}$ 倍した．もとの2つの方程式は $v_1+2v_3=0$ と $v_2+2v_4=0$ に単純化された．

最初の標準斉次解は，いまだに $\boldsymbol{s}_1=(-2,0,1,0)$ である．標準斉次解はすべて変わらない．この簡約線形系 $R\boldsymbol{v}=\boldsymbol{0}$ で標準斉次解を探すほうが，ずっと容易である．

m 行 n 列の行列 A の零空間 $\boldsymbol{N}(A)$ と標準斉次解に移る前に，1つコメントを繰り返したい．多くの行列に対して，$A\boldsymbol{v}=\boldsymbol{0}$ の解は，$\boldsymbol{v}=\boldsymbol{0}$ だけしかない．それらの零空間 $\boldsymbol{N}(A)=\mathbf{Z}$ はその零ベクトルのみを含む．すると $\boldsymbol{b}=\boldsymbol{0}$ を生み出す，A の列ベクトルの唯一の線形結合は，"零結合" つまり "自明な結合" である．この解は自明（単に $\boldsymbol{v}=\boldsymbol{0}$）だが，この考え方は自明ではない．

零空間が零ベクトルだけの $\mathbf{Z}$ というこの場合は，大変重要である．これは A の各列が**線形独立**であることを言っている．列ベクトルのどんな線形結合によっても（零結合以外は）零ベクトルを得られない．すべての列にはピボットがあり，自由列がない．線形独立性のこの考え方には，再び出会うだろう ...

消去による $\boldsymbol{Av}=\mathbf{0}$ の解法

次のことは重要である：**$\boldsymbol{A}$ が長方行列でも，まだ消去法を使う**．n 個の未知数についての m 個の方程式を解く．A を U へ，または R へ単純化したあと，その解（またはそれらの解）を読み取る．$A\boldsymbol{v}=\boldsymbol{0}$ を解くときの2つの段階（前進と後退）を記憶しよう：

1. 消去法で A を三角行列 U（またはその簡約形 R）にする．

2. 後退代入を $U\boldsymbol{v}=\boldsymbol{0}$ か $R\boldsymbol{v}=\boldsymbol{0}$ で行い，$\boldsymbol{v}$ を得る．

A と U のピボットが n 個未満のとき，後退代入での違いに気づくだろう．**この章ではすべての行列を許しており**，性質の良いもの（逆行列のある正方行列）だけではない．

ピボットは相変わらず非零である．ピボットの下方に，相変わらず零の列がある．しかし，ある列がピボットを持たないということが起こりうる．その自由列で計算が止まることはない．**次の列へ続けよ**．最初の例は，2 つのピボットをもつ 3 行 4 列の行列である：

$$A=\begin{bmatrix}1&1&2&3\\2&2&8&10\\3&3&10&13\end{bmatrix}\qquad \text{での消去法.}$$

当然，$a_{11}=1$ が最初のピボットである．そのピボットの下方の 2 と 3 を消せ：

$$A\to\begin{bmatrix}1&1&2&3\\0&0&4&4\\0&0&4&4\end{bmatrix}\qquad \begin{matrix}(2\times\ \text{第 1 行 を引け})\\(3\times\ \text{第 1 行 を引け})\end{matrix}$$

第 2 列のピボットの位置には 0 がある．その 0 の下方で，非零成分を探し，行の交換をしようとする．**その位置の下の成分もまた 0 である．**消去法は第 2 列について何もできない．これはトラブルの合図だが，そもそも長方行列には予期されたことだ．諦める理由はなく，第 3 列へと進む．

第 2 のピボットは 4 である（しかし第 3 列にある）．第 3 行から第 2 行を引くと，その第 3 列でピボットの下がきれいになる．**ピボット列は第 1 列と第 3 列である**：

$$\textbf{三角行列 } \boldsymbol{U}\qquad U=\begin{bmatrix}\mathbf{1}&1&2&3\\0&0&\mathbf{4}&4\\0&0&0&0\end{bmatrix}\qquad \begin{matrix}\textbf{2 つのピボットのみ}\\ \textbf{最後の方程式は}\\ 0=0\ \textbf{になった}\end{matrix}$$

第 4 列でもまた，ピボットの位置に 0 がある——しかし何もできない．その下に交換できる行はないから，前進消去は完成である．行列は 3 行 4 列で，**2 つのピボットだけ**しかない．$A\boldsymbol{v}=\mathbf{0}$ の第 3 式は，最初の 2 つの式の和である．最初の 2 つの方程式が満たされるとき，それは自動的に満たされる $(0=0)$．消去法は $A\boldsymbol{v}=\mathbf{0}$ の内部の真実をあらわにする．後で我々は，U から R へと押し進める．

今度は，$U\boldsymbol{v}=\mathbf{0}$ の解すべてを求めるための，後退代入の番だ．4 つの未知数に対して，2 つのピボットだけなので，多くの解がある．問題は，それらをどのように書き下すかである．**ピボット変数**と**自由変数**を分離するのが 1 つの良い方法である．

P	ピボット変数は v_1 と v_3 である．	**第 1 列と第 3 列がピボットを含む．**
F	**自由**変数は v_2 と v_4 である．	**第 2 列と第 4 列にはピボットがない．**

自由変数 v_2 と v_4 には，任意の値を与えられる．その後，後退代入でピボット変数 v_1 と v_3

を求める.(第4章では自由変数がなかった.A が可逆のとき,すべての変数がピボット変数である.)自由変数に対する最も単純な選択は,1と0である.これらの選択は**標準斉次解**を与える.

> $v_1 + v_2 + 2v_3 + 3v_4 = 0$ と $4v_3 + 4v_4 = 0$ の**標準斉次解**
>
> - $v_2 = 1$ および $v_4 = 0$ とする. 後退代入により $v_3 = 0$.すると $v_1 = -1$.
> - $v_2 = 0$ および $v_4 = 1$ とする. 後退代入により $v_3 = -1$.すると $v_1 = -1$.

これらの標準斉次解は $U\boldsymbol{v} = \boldsymbol{0}$ を満たし,従って $A\boldsymbol{v} = \boldsymbol{0}$ も満たす.これらは零空間内にある.良いことに,**どの解も標準斉次解の線形結合である**.

$A\boldsymbol{v} = \boldsymbol{0}$ の一般解

$$\boldsymbol{v} = v_2\underbrace{\begin{bmatrix}-1\\1\\0\\0\end{bmatrix}}_{\text{標準}} + v_4\underbrace{\begin{bmatrix}-1\\0\\-1\\1\end{bmatrix}}_{\text{標準}} = \underbrace{\begin{bmatrix}-v_2-v_4\\v_2\\-v_4\\v_4\end{bmatrix}}_{\text{一般}}. \tag{1}$$

この答えをもう一度見ていただきたい.これが本節の主要目標である.ベクトル $\boldsymbol{s}_1 = (-1, 1, 0, 0)$ が,$v_2 = 1$ と $v_4 = 0$ のときの標準斉次解である.第2の標準斉次解では $v_2 = 0$ と $v_4 = 1$ である.**すべての解は $\boldsymbol{s}_1$ と $\boldsymbol{s}_2$ の線形結合である.** この標準斉次解は零空間 $\boldsymbol{N}(A)$ 内にあり,それらの線形結合が零空間全体を埋め尽くす.

自由変数のそれぞれに,標準斉次解が1つある.もし自由変数がなかったら——これは n 列すべてにピボットがあることを意味する——,そのときには $U\boldsymbol{v} = \boldsymbol{0}$ と $A\boldsymbol{v} = \boldsymbol{0}$ の解は自明な解 $\boldsymbol{v} = \boldsymbol{0}$ だけである.自由変数がなければ,零空間は $\mathbf{Z}$ である.

例 4 $U = \begin{bmatrix}1 & 5 & 7\\0 & 0 & 9\end{bmatrix}$ の零空間を求めよ.

U の第2列にはピボットがない.だから v_2 は自由である.標準斉次解では $v_2 = 1$ となる.$9v_3 = 0$ への後退代入より $v_3 = 0$ となる.すると,$v_1 + 5v_2 = 0$ すなわち $v_1 = -5$ である.$U\boldsymbol{v} = \boldsymbol{0}$ の解は,1つだけある標準斉次解 $\boldsymbol{s}_1$ の定数倍である:

$$\boldsymbol{v} = c\begin{bmatrix}-5\\1\\0\end{bmatrix}$$

U の零空間は $\mathbf{R}^3$ 内の1本の直線.
それは標準斉次解 $\boldsymbol{s}_1 = (-5, 1, 0)$ の定数倍を含む.
変数1つが自由である.

行列 $\boldsymbol{R}$ ではピボットの上も下も零となり,ピボット自身は1とする. U から消去法を続けると,7が除去され,ピボットは9から1へ変わる.最終結果は**行簡約階段形**[1] $\boldsymbol{R}$ となる:

$$U = \begin{bmatrix}1 & 5 & 7\\0 & 0 & 9\end{bmatrix} \text{ を簡約して } R = \begin{bmatrix}\mathbf{1} & 5 & 0\\0 & 0 & \mathbf{1}\end{bmatrix} = \mathsf{rref}(U).$$

[1] 訳注:reduced row echelon form.頭文字をとって rref とも称される.

階段行列

前進消去は A から U へ進む．これは行の交換を含む，行基本変形により実行される．現在の列にピボットがなければ，次の列へ進む．m 行 n 列の "階段状" の U は**階段行列**である．

ここに，4 行 7 列の階段行列がある．その 3 つのピボット $\boldsymbol{p}$ を太字で目立たせる：

$$U = \begin{bmatrix} \boldsymbol{p} & \boldsymbol{x} & x & x & x & \boldsymbol{x} & x \\ 0 & \boldsymbol{p} & x & x & x & \boldsymbol{x} & x \\ 0 & 0 & 0 & 0 & 0 & \boldsymbol{p} & x \\ 0 & 0 & 0 & 0 & 0 & 0 & 0 \end{bmatrix}$$

3 つのピボット変数　$\boldsymbol{v_1, v_2, v_6}$
4 つの自由変数　$\boldsymbol{v_3, v_4, v_5, v_7}$
$\boldsymbol{N(U)}$ 内に 4 つの標準斉次解
$\boldsymbol{R}$ では $\boldsymbol{p = 1}$，および太字の $\boldsymbol{x = 0}$ となる

問　この行列の列空間と零空間は何か？

答　列空間は 4 成分をもつので，$\mathbf{R}^4$ 内にある．($\mathbf{R}^3$ 内ではない！）どの列の第 4 成分も零である．**列空間 $\boldsymbol{C}(U)$ は** $(b_1, b_2, b_3, 0)$ **の形のベクトルすべてから成る．**これらのベクトルに対して，$U\boldsymbol{v} = \boldsymbol{b}$ を後退代入で解ける．そのベクトル $\boldsymbol{b}$ は U の 7 列の可能な線形結合すべてである．

零空間 $\boldsymbol{N}(U)$ は $\mathbf{R}^7$ の部分空間である．$U\boldsymbol{v} = \mathbf{0}$ の解は，4 つの標準斉次解——**各自由変数につき 1 つ**—— の線形結合すべてである：

1. 第 3, 4, 5, 7 列にはピボットがない．自由変数は v_3, v_4, v_5, v_7 である．

2. 自由変数の 1 つを 1 とし，他の自由変数を 0 とせよ．

3. $U\boldsymbol{v} = \mathbf{0}$ をピボット変数 v_1, v_2, v_6 について解き，標準斉次解の 1 つを得よ．

階段行列の，非零成分の行は階段状のパターンで下がっていく．ピボットはそれらの行の，最初の非零成分である．どのピボットの下にも，零の列が並んでいる．

数え上げ定理

ピボットの個数を数えることは，極めて重要な定理につながる．A の列数が行数より多いとする．$n > m$ **では，少なくとも 1 つの自由変数がある．**方程式系 $A\boldsymbol{v} = \mathbf{0}$ は少なくとも 1 つの標準斉次解をもつ．これは**自明な解ではない**！

$A\boldsymbol{v} = \mathbf{0}$ で，方程式より多くの未知数がある（$\boldsymbol{n > m}$ で，列数が行数より多い）とする．このとき，$\boldsymbol{N}(A)$ 内に非自明な解がある．ピボットのない自由列がなければならない．

背が低く，幅の広い行列 $(n > m)$ はつねに，その零空間内に非自明なベクトルをもつ．ピボットの個数は m を超えられないので，少なくとも $n - m$ 個の自由変数がなくてはならない（行列には m 行しかなく，1 行にピボットが 2 個あることは決してない）．もちろん，ある行にはピボットが**ない**かもしれない——これは余分な自由変数があることを意味する．しかし要点はこれだ：自由変数があれば，それを 1 とできる．すると方程式系 $A\boldsymbol{v} = \boldsymbol{0}$ は非自明な解をもつ．

繰り返せば：ピボットは最大でも m 個である．$n > m$ のとき，方程式系 $A\boldsymbol{v} = \boldsymbol{0}$ は非自明な解をもつ．任意の定数倍 $c\boldsymbol{v}$ もまた解だから，実は無限に多くの解がある．零空間は，少なくとも 1 直線上の解を含む．自由変数が 2 つあれば，2 つの標準斉次解があり，零空間はさらに大きくなる．

零空間は 1 つの部分空間である．その "次元" は標準斉次解の個数である．この中心的な概念——部分空間の**次元**——を，本章で定義し説明する．

$$\begin{array}{llllll} \boldsymbol{C}(A) \text{ の次元} & = & \text{行列 } A \text{ の} & \text{階数} & = & \text{ピボット列の数} \\ \boldsymbol{N}(A) \text{ の次元} & = & \text{行列 } A \text{ の} & \text{退化次数} & = & \text{自由列の数.} \end{array}$$

n 列での数え上げ定理　　**階数 r と退化次数 $n - r$ の和が n に等しい**．

行簡約階段行列 R

階段行列 U から，もう 1 段階進める．3 行 4 列の行列の例で続けよう：

$$U = \begin{bmatrix} 1 & 1 & 2 & 3 \\ 0 & 0 & 4 & 4 \\ 0 & 0 & 0 & 0 \end{bmatrix}.$$

第 2 行を 4 **で割れる**．すると両方のピボットが 1 に等しい．**この新たな行** $\begin{bmatrix} 0 & 0 & 1 & 1 \end{bmatrix}$ **の 2 倍を上の行から引ける**．**行簡約階段行列 R では，ピボットの下とともに上も零である**：

行簡約階段行列　$R = \text{rref}(A) = \begin{bmatrix} \mathbf{1} & 1 & \mathbf{0} & 1 \\ \mathbf{0} & 0 & \mathbf{1} & 1 \\ 0 & 0 & 0 & 0 \end{bmatrix}$　**ピボット行は $\boldsymbol{I}$ を含む**

R **のピボットは 1 である．ピボットの上方の零は，上方への消去による．**

重要　A **が可逆行列のとき，その行簡約階段行列は単位行列** $R = I$ **となる**．これは行の簡約において究極の場合であり，このとき零空間はもちろん $\mathbf{Z}$ である．

R の中の零のおかげで，標準斉次解（以前と同じ）が容易に見つかる：

1. $v_2 = 1$ および $v_4 = 0$ とする．$R\boldsymbol{v} = \boldsymbol{0}$ を解け．すると $v_1 = -1$ および $v_3 = 0$．

これらの数値 -1 と 0 は R の第 2 列に（正の符号で）座している．

2. $v_2 = 0$ および $v_4 = 1$ とする．$R\boldsymbol{v} = \boldsymbol{0}$ を解け．すると $v_1 = -1$ および $v_3 = -1$．

これらの数値 -1 と -1 は第 4 列に（正の符号で）座している．

符号を逆にすれば，標準斉次解を R **から直接読み取れる**．**零空間** $\boldsymbol{N}(A) = \boldsymbol{N}(U) = \boldsymbol{N}(R)$ **は，標準斉次解の線形結合すべてを含む**：

$$\boldsymbol{v}=v_2\begin{bmatrix}-1\\1\\0\\0\end{bmatrix}+v_4\begin{bmatrix}-1\\0\\-1\\1\end{bmatrix}=（A\boldsymbol{v}=\boldsymbol{0}\ \textbf{の一般解}）.$$

次節では，U でなく，きちんとした行簡約形 R へ移る．MATLAB のコマンド $[R, pivcol]=$ rref(A) は，R とピボット列のリストを生成してくれる．

■　要点の復習　■

1. 零空間 $\boldsymbol{N}(A)$ は $\mathbf{R}^n$ の部分空間であり，$A\boldsymbol{v}=\boldsymbol{0}$ の解すべてを含む．

2. 消去法は階段行列 U と，そしてその後，行簡約形 R（ピボット $=1$）を生み出す．

3. U または R の自由列はどれも，1 つの標準斉次解へ導く．その自由変数を 1 に，その他の自由変数を 0 とする．後退代入で $A\boldsymbol{v}=\boldsymbol{0}$ を解く．

4. $A\boldsymbol{v}=\boldsymbol{0}$ の一般解は，標準斉次解の線形結合である．

5. $n>m$ ならば，A は少なくとも 1 つの自由列と標準斉次解をもつ：$\boldsymbol{N}(A)$ は $\boldsymbol{Z}$ ではない．

6. ピボット列と自由列の個数を数えると，$r+(n-r)=n$.

■　例　題　■

5.2 A　$R\boldsymbol{v}=0$ に対する解が $\boldsymbol{s}_1$ と $\boldsymbol{s}_2$ であるような，3 行 4 列の行列 R をつくれ：

$$\boldsymbol{s}_1=\begin{bmatrix}-3\\1\\0\\0\end{bmatrix}\quad と\quad \boldsymbol{s}_2=\begin{bmatrix}-2\\0\\-6\\1\end{bmatrix}$$

ピボット列は第 1 列と第 3 列
自由変数は v_2 と v_4

$\boldsymbol{s}_1$ と $\boldsymbol{s}_2$ の線形結合すべてが零空間 $\boldsymbol{N}(A)$ となる行列 A をすべて記せ．

解　行簡約階段行列 R の第 1 列と第 3 列ではピボット $=1$ となる．3 つ目のピボットはなく，R の第 3 行はすべて零である．自由な第 2 列と第 4 列は，ピボット列の線形結合となる：

$$R=\begin{bmatrix}1&3&0&2\\0&0&1&6\\0&0&0&0\end{bmatrix}\quad で\quad R\boldsymbol{s}_1=\boldsymbol{0}\quad と\quad R\boldsymbol{s}_2=\boldsymbol{0}\ を満たす.$$

R の成分 $3, 2, 6$ は，標準斉次解の成分 $-3, -2, -6$ の逆符号である！

R は，要求された零空間をもつ行列の単なる一例（1 つの可能な A）である．R に，任意の行基本変形を行える――行を交換したり，ある行に任意の $c \neq 0$ を掛けたり，ある行の定数倍を他の行から引ける．**零空間を変えずに，$\boldsymbol{R}$ に任意の可逆な行列を（左から）掛けられる．**

3 行 4 列の行列にはどれも，標準斉次解が少なくとも 1 つあるが，**ここでの行列には 2 つある**．

5.2 B $A\boldsymbol{v} = \boldsymbol{0}$ と $A_2\boldsymbol{v} = \boldsymbol{0}$ の標準斉次解と**一般解**を求めよ：

$$A = \begin{bmatrix} 3 & 6 \\ 1 & 2 \end{bmatrix} \qquad A_2 = \begin{bmatrix} A & A \end{bmatrix} = \begin{bmatrix} 3 & 6 & 3 & 6 \\ 1 & 2 & 1 & 2 \end{bmatrix}.$$

ピボット列はどれか？ 自由列はどれか？ それぞれの場合で R は何か？

解 $A\boldsymbol{v} = \boldsymbol{0}$ は標準斉次解 $\boldsymbol{s} = (-2, 1)$ を 1 つもつ．すべての $c\boldsymbol{s}$ で表される直線が一般解である．A の第 1 列はピボット列で，v_2 が自由変数である：

$$A = \begin{bmatrix} 3 & 6 \\ 1 & 2 \end{bmatrix} \to R = \begin{bmatrix} 1 & 2 \\ 0 & 0 \end{bmatrix} \qquad \begin{bmatrix} A & A \end{bmatrix} \to R_2 = \begin{bmatrix} 1 & 2 & 1 & 2 \\ 0 & 0 & 0 & 0 \end{bmatrix}$$

R_2 のピボット列は 1 つだけ（第 1 列）であることに注意せよ．v_2, v_3, v_4 はすべて自由変数である．$A_2\boldsymbol{v} = \boldsymbol{0}$（そしてまた $R_2\boldsymbol{v} = \boldsymbol{0}$）には 3 つの標準斉次解がある：

$$\boldsymbol{s}_1 = (-2, 1, 0, 0) \;\; \boldsymbol{s}_2 = (-1, 0, 1, 0) \;\; \boldsymbol{s}_3 = (-2, 0, 0, 1) \;\; \text{一般解} \;\; \boldsymbol{v} = c_1\boldsymbol{s}_1 + c_2\boldsymbol{s}_2 + c_3\boldsymbol{s}_3.$$

$\boldsymbol{r}$ 個のピボットがあるとき，$\boldsymbol{A}$ は $\boldsymbol{n - r}$ 個の自由変数をもち，そして $A\boldsymbol{v} = \boldsymbol{0}$ は $n - r$ 個の標準斉次解をもつ．

演習問題 5.2

問題 1〜4 と 5〜8 では，それぞれ問題 1 と 5 の行列について問う．

1 これらの行列を，通常の階段形 U まで変形せよ：

$$A = \begin{bmatrix} 1 & 2 & 2 & 4 & 6 \\ 1 & 2 & 3 & 6 & 9 \\ 0 & 0 & 1 & 2 & 3 \end{bmatrix} \qquad B = \begin{bmatrix} 2 & 4 & 2 \\ 0 & 4 & 4 \\ 0 & 8 & 8 \end{bmatrix}.$$

自由変数はどれで，ピボット変数はどれか？

2 問題 1 の行列に対して，各自由変数に対する標準斉次解を求めよ（その自由変数を 1 として，他の自由変数を 0 とせよ）．

3 問題 2 での標準斉次解の線形結合により，$A\boldsymbol{v} = \boldsymbol{0}$ と $B\boldsymbol{v} = \boldsymbol{0}$ の解すべてを記せ．_____ がないときには，零空間はただ $\boldsymbol{v} = \boldsymbol{0}$ だけを含む．

4 問題 1 での各 U に，さらに行基本変形を行い，行簡約階段形 R を求めよ．**真か偽か**：R の零空間は U の零空間に等しい．

5 行基本変形により，次の新たな A と B を三角行列の階段形 U へ簡約せよ．$B = LU$ となる，2 行 2 列の下三角行列 L を書き下せ．

$$A = \begin{bmatrix} -1 & 3 & 5 \\ -2 & 6 & 10 \end{bmatrix} \qquad B = \begin{bmatrix} -1 & 3 & 5 \\ -2 & 6 & 7 \end{bmatrix}.$$

6 同じ A と B に対して，$A\boldsymbol{v}=\boldsymbol{0}$ と $B\boldsymbol{v}=\boldsymbol{0}$ の標準斉次解を求めよ．m 行 n 列の行列では，ピボット変数の数と自由変数の数の和は ＿＿＿ である．

7 問題 5 の A と B の零空間を 2 通りの方法で記述せよ．平面あるいは直線の方程式を与えるものと，それらの方程式を満たすベクトル $\boldsymbol{v}$ すべてを，標準斉次解の線形結合として与えるもの．

8 問題 5 での階段形 U を R へ簡約せよ．各 R に対して，ピボット行とピボット列に含まれる単位行列のまわりを四角で囲め．

問題 9〜17 では自由変数とピボット変数について問う．

9 真か偽か（真の場合は理由，偽の場合は反例とともに答えよ）：

(a) 正方行列には自由変数はない．

(b) 可逆な行列には自由変数はない．

(c) m 行 n 列の行列には，n 個より多くのピボットはない．

(d) m 行 n 列の行列には，m 個より多くのピボットはない．

10 次の条件を満たす 3 行 3 列の行列 A を（可能ならば）つくれ：

(a) A は零の成分を含まないが，$U = I$ である．

(b) A は零の成分を含まないが，$R = I$ である．

(c) A は零の成分を含まないが，$R = U$ である．

(d) $A = U = 2R$.

11 次のピボット列をもつ，4 行 7 列の階段行列 U に，できるだけ多くの 1 を入れよ：

(a) $2, 4, 5$

(b) $1, 3, 6, 7$

(c) 4 と 6.

12 次の自由列をもつ，4 行 8 列の行**簡約**階段行列 R に，できるだけ多くの 1 を入れよ：

(a) $2, 4, 5, 6$

(b) $1, 3, 6, 7, 8$.

13 3行5列の行列の第4列がすべて零であるとする．このとき v_4 は当然，_____ 変数である．この変数に対する標準斉次解は，ベクトル $\boldsymbol{s} =$ _____ である．

14 3行5列の行列の，最初と最後の列が同一（零ベクトルではない）とする．このとき _____ は自由変数である．この変数に対する標準斉次解を求めよ．

15 m 行 n 列の行列が r 個のピボットをもつとする．標準斉次解は _____ 個ある．$r =$ _____ のとき，零空間は $\boldsymbol{v} = \mathbf{0}$ だけを含む．$r =$ _____ のとき，列空間は $\mathbf{R}^m$ 全体である．

16 5行5列の行列の零空間は，その行列が _____ 個のピボットをもつとき，$\boldsymbol{v} = \mathbf{0}$ だけを含む．_____ 個のピボットがあるとき，列空間は $\mathbf{R}^5$ である．この理由を説明せよ．

17 方程式 $x - 3y - z = 0$ は $\mathbf{R}^3$ 内の平面を定める．この方程式に対応した行列 A は何か？どれが自由変数か？標準斉次解は $(3, 1, 0)$ と _____ である．

18 （推奨）平面 $x - 3y - z = 12$ は，問題17での平面 $x - 3y - z = 0$ に平行である．$(12, 0, 0)$ は，この平面上のある1点である．この平面上の点はすべて，次の形式をもつ（最初の成分を書き入れよ）

$$\begin{bmatrix} x \\ y \\ z \end{bmatrix} = \begin{bmatrix} \\ 0 \\ 0 \end{bmatrix} + y \begin{bmatrix} \\ 1 \\ 0 \end{bmatrix} + z \begin{bmatrix} \\ 0 \\ 1 \end{bmatrix}.$$

19 L が可逆のとき，U と $A = LU$ が同じ零空間をもつことを証明せよ：

$U\boldsymbol{v} = \mathbf{0}$ ならば $LU\boldsymbol{v} = \mathbf{0}$ である．$LU\boldsymbol{v} = \mathbf{0}$ のとき，なぜ $U\boldsymbol{v} = \mathbf{0}$ となる？

20 4つのピボットをもつ4行5列の行列で，第1列＋第3列＋第5列 $= \mathbf{0}$ とする．各日にピボットがないのはどの列か（そして，どの変数が自由か）？ 標準斉次解は何か？ 零空間は何か？

問題 21〜28 では特定の性質を（可能ならば）もつ行列について問う．

21 零空間が $(2, 2, 1, 0)$ と $(3, 1, 0, 1)$ の線形結合すべてからなる行列をつくれ．

22 零空間が $(4, 3, 2, 1)$ の定数倍すべてからなる行列をつくれ．

23 列空間が $(1, 1, 5)$ と $(0, 3, 1)$ を含み，零空間が $(1, 1, 2)$ を含む行列をつくれ．

24 列空間が $(1, 1, 0)$ と $(0, 1, 1)$ を含み，零空間が $(1, 0, 1)$ と $(0, 0, 1)$ を含む行列をつくれ．

25 列空間が $(1, 1, 1)$ を含み，零空間が $(1, 1, 1, 1)$ の定数倍すべての直線である行列をつくれ．

26 零空間と列空間が等しい2行2列の行列をつくれ．これは可能である．

27 零空間と列空間が等しい3行3列の行列がないのはなぜか？

28 （重要）$AB=0$ のとき，B の列空間は A の _____ 内に含まれる．A と B の例を挙げよ．

29 ランダムに成分を選んだ 3 行 3 列の行列の行簡約形 R は，ほぼ確実に _____ となる．ランダムに選んだ 4 行 3 列 A であれば，ほぼ確実にどんな行簡約形 R になるか？

30 反例を示し，これら 3 つの命題が一般に**偽**であることを示せ：

(a) A と A^{T} の零空間は同じである．

(b) A と A^{T} の自由変数は同じである．

(c) R が A の行簡約形ならば，R^{T} は A^{T} の行簡約形である．

31 A の零空間が $\boldsymbol{v}=(2,1,0,1)$ の定数倍すべてを含むとき，U には何個のピボットが現れるか？ R は何か？

32 次の N の各列が $R\boldsymbol{v}=\boldsymbol{0}$ の標準斉次解であるとき，逆に行簡約行列 R の非零行を求めよ：

$$N=\begin{bmatrix}2&3\\1&0\\0&1\end{bmatrix} \quad と \quad N=\begin{bmatrix}0\\0\\1\end{bmatrix} \quad と \quad N=\begin{bmatrix}\ \\ \ \\ \ \end{bmatrix} \text{（空の 3 行 1 列）.}$$

33 (a) 2 行 2 列の行簡約階段行列 R で成分がすべて 0 か 1 のもの 5 つとは何か？

(b) 1 行 3 列の行列で 0 と 1 だけを含むもの 8 つとは何か？ それら 8 個すべてが行簡約階段行列 R であるか？

34 A と $-A$ の行簡約階段形 R がいつでも同じになるのはなぜか，説明せよ．

挑戦問題

35 A が 4 行 4 列で可逆のとき，4 行 8 列の行列 $B=[A\ \ A]$ の零空間内のベクトルすべてを記せ．

36 $C=\begin{bmatrix}A\\B\end{bmatrix}$ のとき，零空間 $\boldsymbol{N}(C)$ は，空間 $\boldsymbol{N}(A)$ と $\boldsymbol{N}(B)$ にどのように関係するか？

37 キルヒホフの法則によれば，各節点で**流入電流** $=$ **流出電流**である．以下の回路には 6 つの電流 $y_1,\ldots,y_6$（矢印は正の向きを表し，各 y_i は正にも負にもなれる）がある．4 つの節点でのキルヒホフの法則についての 4 つの方程式 $A\boldsymbol{y}=\boldsymbol{0}$ を求め，$U\boldsymbol{y}=\boldsymbol{0}$ へ変形せよ．A の零空間内の標準斉次解 3 つを求めよ．

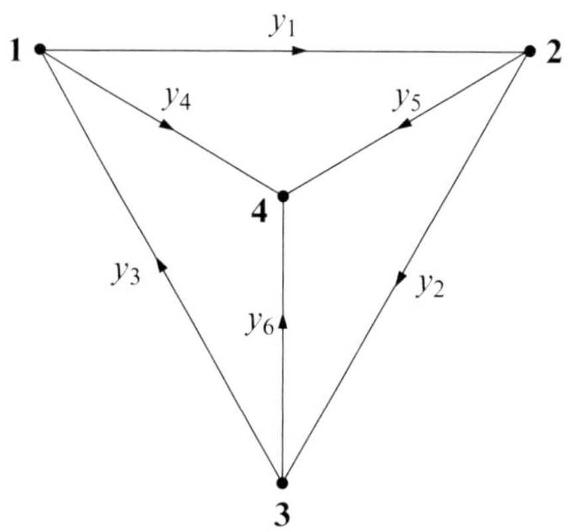

5.3 $\boldsymbol{Av} = \boldsymbol{b}$ の一般解

$A\boldsymbol{v} = \boldsymbol{b}$ を消去法で解くには，$\boldsymbol{b}$ を A の n 列の横に，新たな列として含める．この “拡大行列” は $\begin{bmatrix} A & \boldsymbol{b} \end{bmatrix}$ である．消去法の手順を A（方程式の左辺）に適用するとき，それらを右辺 $\boldsymbol{b}$ にもまた適用する．こうして，常に正しい方程式が保たれ，解くのが簡単になる．

ここでも A には r 個のピボット列と $n-r$ 個の自由列がある．ここでも各自由列が $A\boldsymbol{v} = \boldsymbol{0}$ の標準斉次解を 1 つずつ与える．新たな作業は，$A\boldsymbol{v}_p = \boldsymbol{b}$ となる**特殊解** $\boldsymbol{v_p}$ を見つけることである．消去法で可解でない方程式（左辺はすべて零の行だが右辺に零でない数がある）に行きつかない限り，特殊解は存在する．このとき，後退代入で $\boldsymbol{v}_p$ が求まる．$\boldsymbol{Av} = \boldsymbol{b}$ **のどの解も** $\boldsymbol{v_p} + \boldsymbol{v_n}$ **の形をもつ**．

消去法の過程で，A の**階数**が判明する．これはピボットの個数である．階数はまた，消去後の，すべてが零ではない行の数でもある．m 個の方程式 $A\boldsymbol{v} = \boldsymbol{0}$ から始めるが，**方程式の真の個数は階数** r **である**．重複する行や，上方の行の線形結合である行や，すべて零の行は数えない．r **が線形独立な行の個数である**ことはすぐにわかるだろう．そして偉大な事実は，まだ証明し説明しなくてはならないが，階数 r **は線形独立な列の個数でもある**ということである：

$$\text{ピボットの個数} = \text{線形独立な行の数} = \text{線形独立な列の数}.$$

これは 5.5 節での，線形代数の基本定理の一部である．

$A\boldsymbol{v} = \boldsymbol{b}$ の 1 例で，起こりえる場合を明らかにする．

$$\begin{bmatrix} 1 & 3 & 0 & 2 \\ 0 & 0 & 1 & 4 \\ 1 & 3 & 1 & 6 \end{bmatrix} \begin{bmatrix} \boldsymbol{v}_1 \\ \boldsymbol{v}_2 \\ \boldsymbol{v}_3 \\ \boldsymbol{v}_4 \end{bmatrix} = \begin{bmatrix} 1 \\ 6 \\ 7 \end{bmatrix} \quad \text{の拡大行列は} \quad \begin{bmatrix} 1 & 3 & 0 & 2 & \mathbf{1} \\ 0 & 0 & 1 & 4 & \mathbf{6} \\ 1 & 3 & 1 & 6 & \mathbf{7} \end{bmatrix} = \begin{bmatrix} A & \boldsymbol{b} \end{bmatrix}.$$

拡大行列は単に $\begin{bmatrix} A & \boldsymbol{b} \end{bmatrix}$ **である**．通常の消去法の手順を A と $\boldsymbol{b}$ に適用するとき，すべての方程式が正しく保たれる．この手順が R と $\boldsymbol{d}$ を生み出す．

この例では，第 3 行から第 1 行を引き，その後，第 3 行から第 2 行を引く．これが R の中に**すべて零の行**を生み出し，$\boldsymbol{b}$ を新たな右辺 $\boldsymbol{d} = (1, 6, 0)$ に変える：

$$\begin{bmatrix} 1 & 3 & 0 & 2 \\ 0 & 0 & 1 & 4 \\ \mathbf{0} & \mathbf{0} & \mathbf{0} & \mathbf{0} \end{bmatrix} \begin{bmatrix} \boldsymbol{v}_1 \\ \boldsymbol{v}_2 \\ \boldsymbol{v}_3 \\ \boldsymbol{v}_4 \end{bmatrix} = \begin{bmatrix} 1 \\ 6 \\ \mathbf{0} \end{bmatrix} \quad \text{の拡大行列は} \quad \begin{bmatrix} 1 & 3 & 0 & 2 & \mathbf{1} \\ 0 & 0 & 1 & 4 & \mathbf{6} \\ 0 & 0 & 0 & 0 & \mathbf{0} \end{bmatrix} = \begin{bmatrix} R & \boldsymbol{d} \end{bmatrix}.$$

まさに最後の零が極めて重要である．第 3 式が $0 = 0$ となったので，我々は無事である．**これらの方程式は解ける**．もとの行列 A で，第 1 行足す第 2 行は，第 3 行に等しい．もし方程式系が整合しているならば，右辺についてもまた，これが正しくなくてはならない！ $1 + 6 = 7$ というのが右辺の最重要な性質であった．

任意のベクトル $\boldsymbol{b} = (b_1, b_2, b_3)$ に対して，同じ拡大行列はこうなる：

$$\begin{bmatrix} A & \boldsymbol{b} \end{bmatrix} = \begin{bmatrix} 1 & 3 & 0 & 2 & \boldsymbol{b}_1 \\ 0 & 0 & 1 & 4 & \boldsymbol{b}_2 \\ 1 & 3 & 1 & 6 & \boldsymbol{b}_3 \end{bmatrix} \longrightarrow \begin{bmatrix} 1 & 3 & 0 & 2 & \boldsymbol{b}_1 \\ 0 & 0 & 1 & 4 & \boldsymbol{b}_2 \\ 0 & 0 & 0 & 0 & \boldsymbol{b}_3 - \boldsymbol{b}_1 - \boldsymbol{b}_2 \end{bmatrix} = \begin{bmatrix} R & \boldsymbol{d} \end{bmatrix}$$

今度は，$b_3 - b_1 - b_2 = 0$ のときに限り，第 3 式が $0 = 0$ となる．つまり $b_1 + b_2 = b_3$ である．上の例では $1 + 6 = 7$ で，この条件を満足した．$\boldsymbol{Av} = \boldsymbol{b}$ が可解であるための $\boldsymbol{b}$ についての判定条件が，$\begin{bmatrix} A & \boldsymbol{b} \end{bmatrix}$ の消去法からどのように引き出されるかが見てとれる．

1 つの特殊解

解 $\boldsymbol{v_p}$ として簡単に，**自由変数を $\boldsymbol{v}_2 = \boldsymbol{v}_4 = 0$ と選べ**．すると，2 つの非零方程式から 2 つのピボット変数 $\boldsymbol{v}_1 = 1$ と $\boldsymbol{v}_3 = 6$ を得る．$A\boldsymbol{v} = \boldsymbol{b}$（そしてまた $R\boldsymbol{v} = \boldsymbol{d}$）の 1 つの特殊解は $\boldsymbol{v_p} = (1, 0, 6, 0)$ である．この特殊解が私のお気に入りである：**自由変数が零であり，ピボット変数は $\boldsymbol{d}$ から求まる**．この方法はいつでもうまくいく．

$\boldsymbol{Rv} = \boldsymbol{d}$ が解をもつには，$\boldsymbol{R}$ がすべて零の行は，$\boldsymbol{d}$ も零でなくてはならない．

$\boldsymbol{R}$ のピボット行とピボット列の中に $\boldsymbol{I}$ があるので，$\boldsymbol{d}$ の中にピボット変数の値がある：

$$R\boldsymbol{v}_p = \boldsymbol{d} \qquad \begin{bmatrix} \mathbf{1} & 3 & \mathbf{0} & 2 \\ \mathbf{0} & 0 & \mathbf{1} & 4 \\ 0 & 0 & 0 & 0 \end{bmatrix} \begin{bmatrix} \mathbf{1} \\ 0 \\ \mathbf{6} \\ 0 \end{bmatrix} = \begin{bmatrix} \mathbf{1} \\ \mathbf{6} \\ 0 \end{bmatrix} \qquad \begin{matrix} \text{ピボット変数 } \mathbf{1, 6} \\ \text{自由変数 } 0, 0 \end{matrix}$$

自由変数を（零に）**選び**，ピボット変数について**解く**というやり方に注目せよ．R への行の簡約のあと，これらの手順は速やかに行える．自由変数が零のとき，$\boldsymbol{v}_p$ に対するピボット変数の値はすでに，右辺ベクトル $\boldsymbol{d}$ の中に見える．

$\boldsymbol{v}_{特殊}$	**特殊解 $\boldsymbol{v_p}$ が満たすのは**	$A\boldsymbol{v}_p = \boldsymbol{b}$
$\boldsymbol{v}_{斉次}$	**$(\boldsymbol{n} - \boldsymbol{r})$ 個の標準斉次解が満たすのは**	$A\boldsymbol{v}_n = \mathbf{0}$.

$A\boldsymbol{v} = \boldsymbol{b}$ と $R\boldsymbol{v} = \boldsymbol{d}$ の特殊解は $(1, 0, 6, 0)$ である．$R\boldsymbol{v} = \boldsymbol{0}$ の 2 つの標準斉次解は，R の 2 つの自由列に起因し，成分 3, 2, および 4 の符号を逆にしたものである．**$A\boldsymbol{v} = \boldsymbol{b}$ の一般解 $\boldsymbol{v}_p + \boldsymbol{v}_n$ について私が用いる形に注意してほしい**：

一般解
1 つの $\boldsymbol{v}_p$
多くの $\boldsymbol{v}_n$

$$\boldsymbol{v} = \boldsymbol{v}_p + \boldsymbol{v}_n = \begin{bmatrix} 1 \\ 0 \\ 6 \\ 0 \end{bmatrix} + v_2 \begin{bmatrix} -3 \\ 1 \\ 0 \\ 0 \end{bmatrix} + v_4 \begin{bmatrix} -2 \\ 0 \\ -4 \\ 1 \end{bmatrix}.$$

問　A は $m = n = r$ である可逆な正方行列とする．$\boldsymbol{v}_p$ と $\boldsymbol{v}_n$ は何か？
答　A^{-1} が存在するとき，特殊解は 1 つの，そして**唯一の**解 $\boldsymbol{v} = A^{-1}\boldsymbol{b}$ である．標準斉次解や自由変数はない．$R = I$ には，すべて零の行はない．零空間の唯一のベクトルは $\boldsymbol{v}_n = \boldsymbol{0}$ である．一般解は $\boldsymbol{v} = \boldsymbol{v}_p + \boldsymbol{v}_n = A^{-1}\boldsymbol{b} + \boldsymbol{0}$ である．

これが 4 章の状況だった．その章では，零空間については言及しなかった．$\boldsymbol{N}(A)$ は零ベクトルだけを含んでいた．行簡約すると $\begin{bmatrix} A & \boldsymbol{b} \end{bmatrix}$ から $\begin{bmatrix} I & A^{-1}\boldsymbol{b} \end{bmatrix}$ へ至る．もとの $A\boldsymbol{v} = \boldsymbol{b}$ は，$\boldsymbol{v} = A^{-1}\boldsymbol{b}$，つまり $\boldsymbol{d}$ へとすべて簡約される．これは特別な場合ではあるが，可逆な正方行列は実用上，最も頻繁に現れる．そのため，線形代数についての最初の章に別途記したのだ．

小さな例題では，$\begin{bmatrix} A & \boldsymbol{b} \end{bmatrix}$ を $\begin{bmatrix} R & \boldsymbol{d} \end{bmatrix}$ へ，我々自身で行簡約できる．大きな行列に対しては，MATLAB のほうがより上手に行う．1 つの特殊解（必ずしも我々の好むものではない）は，バックスラッシュの命令からの $A\backslash\boldsymbol{b}$ で得る．**列について非退化**である例をここに示す．両方の列にピボットがある．

例 1　$A\boldsymbol{v} = \boldsymbol{b}$ が可解であるための，(b_1, b_2, b_3) に対する条件を求めよ．ただし，

$$A = \begin{bmatrix} 1 & 1 \\ 1 & 2 \\ -2 & -3 \end{bmatrix} \quad と \quad \boldsymbol{b} = \begin{bmatrix} b_1 \\ b_2 \\ b_3 \end{bmatrix}.$$

この条件では $\boldsymbol{b}$ は A の列空間に入っている．一般解 $\boldsymbol{v} = \boldsymbol{v}_p + \boldsymbol{v}_n$ を求めよ．

解　列 $\boldsymbol{b}$ を追加した拡大行列を用いよ．$\begin{bmatrix} A & \boldsymbol{b} \end{bmatrix}$ の第 1 行を第 2 行から引き，$2\times$ 第 1 行 + 第 3 行で，$\begin{bmatrix} R & \boldsymbol{d} \end{bmatrix}$ に至る：

$$\begin{bmatrix} 1 & 1 & b_1 \\ 1 & 2 & b_2 \\ -2 & -3 & b_3 \end{bmatrix} \to \begin{bmatrix} 1 & 1 & b_1 \\ 0 & 1 & b_2 - b_1 \\ 0 & -1 & b_3 + 2b_1 \end{bmatrix} \to \begin{bmatrix} 1 & 0 & 2b_1 - b_2 \\ 0 & 1 & b_2 - b_1 \\ 0 & 0 & b_3 + b_1 + b_2 \end{bmatrix}.$$

最後の方程式は，$b_3 + b_1 + b_2 = 0$ のとき $0 = 0$ となる．これは $\boldsymbol{b}$ が列空間内に入る条件である．このとき $A\boldsymbol{v} = \boldsymbol{b}$ は可解となる．A の各行を加えると，すべて零の行になる．そこで，整合性のために（これらは連立方程式である！）各 $\boldsymbol{b}$ の成分もまた，加えて零にならなくてはならない．この例では $n - r = 2 - 2$ なので自由変数はない．したがって，標準斉次解がない．階数は $r = n$ なので，斉次解はただ $\boldsymbol{v}_n = \boldsymbol{0}$ だけである．$A\boldsymbol{v} = \boldsymbol{b}$ と $R\boldsymbol{v} = \boldsymbol{d}$ の，一意

の特殊解は，拡大した列 $\boldsymbol{d}$ の上部にある：

$$\text{一意の解} \qquad \boldsymbol{v} = \boldsymbol{v}_p + \boldsymbol{v}_n = \begin{bmatrix} 2b_1 - b_2 \\ b_2 - b_1 \end{bmatrix} + \begin{bmatrix} 0 \\ 0 \end{bmatrix}.$$

もし $b_3 + b_1 + b_2$ が零でなければ，$\boldsymbol{Av} = \boldsymbol{b}$ の解は**ない**（$\boldsymbol{v}_p$ が存在しない）．

この例は，極めて重要な場合の典型例である：A が**列について非退化**である．つまり，どの列にもピボットがある．**階数は** $r = n$ **である**．行列は背が高く，細い（$m \geq n$）．消去法で A を階数 n の R に簡約すると，上部に I が入っている：

$$\text{列について非退化} \quad R = \begin{bmatrix} I \\ 0 \end{bmatrix} = \begin{bmatrix} n \text{ 行 } n \text{ 列 単位行列} \\ m - n \text{ 行がすべて零} \end{bmatrix} \tag{1}$$

自由列や自由変数はない．零空間は $\boldsymbol{Z}$ である．

この型の行列を認識する，異なる方法をここでまとめよう．

列について非退化 ($r = n$) の行列 A はどれも，以下の性質すべてをもつ：

1. A の列はすべてピボット列である．それらは線形独立である．
2. 自由変数や標準斉次解はない．
3. 零ベクトル $\boldsymbol{v} = \boldsymbol{0}$ だけが $A\boldsymbol{v} = \boldsymbol{0}$ を満足し，零空間 $\boldsymbol{N}(A)$ 内にある．
4. もし $A\boldsymbol{v} = \boldsymbol{b}$ が解をもてば（もたないこともある），**1 個の解**しかない．

次節での本質的な言い方を使えば，$r = n$ のとき A は**線形独立な列**をもつ．$\boldsymbol{v} = \boldsymbol{0}$ のときにだけ $A\boldsymbol{v} = \boldsymbol{0}$ となる．ゆくゆくは，このリストにもう 1 つの事実を付け加える：**A の各列が線形独立であるとき，正方行列 $A^{\mathrm{T}}A$ は可逆である．**

例 1 は，A（そして R）の零空間が零ベクトルへと縮んだ．$A\boldsymbol{v} = \boldsymbol{b}$ の解は（存在すれば）**一意**である．R には，すべて零の行が $m - n$ 個（ここでは $3 - 2$ 個）ある．それらの行で $0 = 0$ となるために，$\boldsymbol{b}$ についての条件が $m - n$ 個ある．このとき $\boldsymbol{b}$ は列空間内に入っている．列について非退化であるとき，$A\boldsymbol{v} = \boldsymbol{b}$ の解は **1 つ**か **0 個**である：$m > n$ は優決定系である．

一般解

極端な場合の他方は，行について非退化のときである．このとき $A\boldsymbol{v} = \boldsymbol{b}$ は **1 つまたは無限に多くの**解をもつ．この場合 A は**背が低く幅広で**（$m \leq n$）なければならない．行列 A は，$r = m$（“**線形独立な行数**”）であるとき，**行について非退化**である．どの行もピボットをもつ．ここに例を示そう．

例 2　$n = 3$ 個の未知数があるが，$m = 2$ 個の方程式しかない：

$$\text{行について非退化}\qquad \begin{aligned} x + \ \ y + z &= 3 \\ x + 2y - z &= 4 \end{aligned} \qquad (\text{階数 } r = m = 2)$$

これらは xyz 空間内の 2 つの平面である．それらは平行ではないので，直線で交わる．この解の直線が，まさしく消去法で見つかる．**特殊解はその直線上の 1 点である．零空間のベクトル $\boldsymbol{v}_n$ を加えると，その直線に沿って動く**．このとき，$\boldsymbol{v} = \boldsymbol{v}_p + \boldsymbol{v}_n$ が解の直線全体を表す．

$\boldsymbol{v}_p$ と $\boldsymbol{v}_n$ は $\begin{bmatrix} A & \boldsymbol{b} \end{bmatrix}$ についての消去法から求まる．第 1 行を第 2 行から引き，その後，第 2 行を第 1 行から引け：

$$\begin{bmatrix} 1 & 1 & 1 & \mathbf{3} \\ 1 & 2 & -1 & \mathbf{4} \end{bmatrix} \to \begin{bmatrix} 1 & 1 & 1 & \mathbf{3} \\ 0 & 1 & -2 & \mathbf{1} \end{bmatrix} \to \begin{bmatrix} 1 & 0 & 3 & \mathbf{2} \\ 0 & 1 & -2 & \mathbf{1} \end{bmatrix} = \begin{bmatrix} R & \boldsymbol{d} \end{bmatrix}.$$

特殊解は自由変数 $v_3 = 0$ をもつ．標準斉次解は $v_3 = 1$ をもつ：

$$\boldsymbol{v}_{\text{特殊}} \text{ は右辺の } \boldsymbol{d} \text{ から直接得る：} \boldsymbol{v}_p = (2, 1, 0)$$
$$\boldsymbol{s} \text{ は } R \text{ の第 3 列（自由列）から得る：} \boldsymbol{s} = (-3, 2, 1)$$

$\boldsymbol{v}_p$ と $\boldsymbol{s}$ が，もとの方程式である $A\boldsymbol{v}_p = \boldsymbol{b}$ と $A\boldsymbol{s} = \mathbf{0}$ を満たしていることを確認しておくのが賢明である：

$$\begin{aligned} 2+1 &= 3 \\ 2+2 &= 4 \end{aligned} \qquad\qquad \begin{aligned} -3+2+1 &= 0 \\ -3+4-1 &= 0 \end{aligned}$$

零空間の解 $\boldsymbol{v}_n$ は $\boldsymbol{s}$ の任意の定数倍である．$\boldsymbol{v}_{\text{特殊}}$ から出発して，解の直線に沿って動く．**解の書き方に，再び注意せよ**：

一般解 $$\boldsymbol{v} = \boldsymbol{v}_p + \boldsymbol{v}_n = \begin{bmatrix} 2 \\ 1 \\ 0 \end{bmatrix} + v_3 \begin{bmatrix} -3 \\ 2 \\ 1 \end{bmatrix}.$$

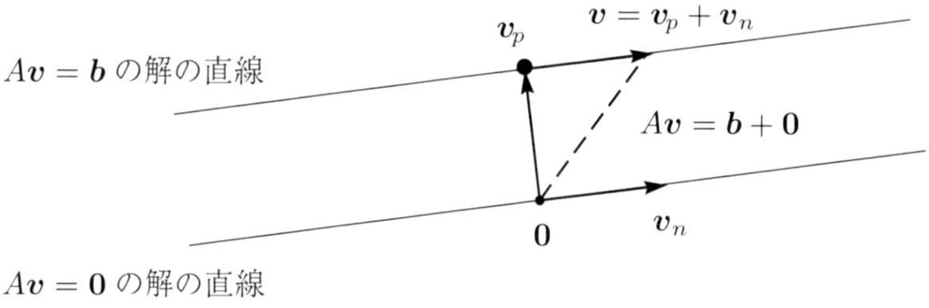

図 5.3 一般解 = **1 つの**特殊解 + **すべての**斉次解．

この解の直線を図 5.3 に描いた．直線上のどの点も，特殊解として選ぶことが**できた**が，我々が選んだのは $v_3 = 0$ となる点である．

特殊解は，任意の定数倍されて**いない**！標準斉次解はされている．この理由を理解してほしい．

さあ，この背が低く幅広な，**行について非退化**の場合をまとめよう．$m < n$ のとき，方程式 $A\boldsymbol{v} = \boldsymbol{b}$ は**劣決定系**である（解をもつときには，多くの解をもつ）．

行について非退化（$r = m$） の行列 $\boldsymbol{A}$ はどれも，以下の性質すべてをもつ：

1. m 行すべてにピボットがあり，R にはすべてが零の行がない．
2. $A\boldsymbol{v} = \boldsymbol{b}$ がどの右辺 $\boldsymbol{b}$ に対しても解をもつ．
3. 列空間は空間 $\mathbf{R}^m$ の全体である．
4. A の零空間内に $n - r = n - m$ 個の標準斉次解がある．

m 個のピボットがあるこの場合，A の行は **"線形独立"** である．階数に応じて 4 つの可能性をまとめると，すぐに線形独立性の概念への準備が整う．r, m, n が極めて重要な数であることに注目せよ．

線形方程式系の 4 つの可能性は，階数 r に依存する．

$\boldsymbol{r = m}$	と	$\boldsymbol{r = n}$	**正方で可逆**	$A\boldsymbol{v} = \boldsymbol{b}$	は 1 つの解をもつ
$\boldsymbol{r = m}$	と	$r < n$	**背が低く幅広**	$A\boldsymbol{v} = \boldsymbol{b}$	は無限に多くの解をもつ
$r < m$	と	$\boldsymbol{r = n}$	**背が高く細い**	$A\boldsymbol{v} = \boldsymbol{b}$	は 0 個か 1 個の解をもつ
$r < m$	と	$r < n$	**退化している**	$A\boldsymbol{v} = \boldsymbol{b}$	は 0 個か無限に多くの解をもつ

簡約された R も行列 A と同じ分類に該当し，同じ階数をもつ．

ピボット列すべてが最初に現れるとすると，これら 4 つの可能性での R を表示できる．$R\boldsymbol{v} = \boldsymbol{d}$ と $A\boldsymbol{v} = \boldsymbol{b}$ が可解となるには，$\boldsymbol{d}$ の最後が $(m - r)$ 個の零で終わらなくてはならない．

4 つの型	$R = \begin{bmatrix} \boldsymbol{I} \end{bmatrix}$	$\begin{bmatrix} \boldsymbol{I} & \boldsymbol{F} \end{bmatrix}$	$\begin{bmatrix} \boldsymbol{I} \\ 0 \end{bmatrix}$	$\begin{bmatrix} \boldsymbol{I} & \boldsymbol{F} \\ 0 & 0 \end{bmatrix}$
それらの階数	$\boldsymbol{r = m = n}$	$\boldsymbol{r = m < n}$	$\boldsymbol{r = n < m}$	$\boldsymbol{r < m, r < n}$

型 1 および 2 は，行について非退化で $r = m$ である．型 1 および 3 は，列について非退化で $r = n$ である．型 4 は，理論上は最も一般的であるが，実用上は最も目立たない．

■ 要点の復習 ■

1. 階数 r はピボットの個数である．行簡約行列 R では，$m - r$ 行がすべて零である．

2. $A\boldsymbol{v} = \boldsymbol{b}$ が可解なのは，$R\boldsymbol{v} = \boldsymbol{d}$ の最後の $m - r$ 個の方程式が $0 = 0$ となるときで，かつこのときに限る．

3. 1 つの特殊解 $\boldsymbol{v}_p$ では，すべての自由変数が零となる．

4. r 個のピボット変数は，$n - r$ 個の自由変数を選んだ後に定まる．

5. 列について非退化（$r=n$）とは，自由変数がないことを意味する：解が 1 つか，解がない．

6. 行について非退化（$r=m$）では，$m=n$ なら解が 1 つあり，$m<n$ なら無限に多くの解がある．

■ 例　題 ■

5.3 A　この問題は，消去法（ピボット列と後退代入）を，**列空間–零空間–階数–可解性**（全体像）につなげる．A は 3 行 4 列で，階数が 2 である：

$$A\boldsymbol{v}=\boldsymbol{b} \quad \text{は} \quad \begin{aligned} \boldsymbol{v}_1+2\boldsymbol{v}_2+3\boldsymbol{v}_3+\ \ 5\boldsymbol{v}_4&=\mathbf{b_1}\\ 2\boldsymbol{v}_1+4\boldsymbol{v}_2+8\boldsymbol{v}_3+12\boldsymbol{v}_4&=\mathbf{b_2}\\ 3\boldsymbol{v}_1+6\boldsymbol{v}_2+7\boldsymbol{v}_3+13\boldsymbol{v}_4&=\mathbf{b_3}\end{aligned}$$

1. $[A\ \ \boldsymbol{b}]$ を $[U\ \ \boldsymbol{c}]$ へ変形し，$A\boldsymbol{v}=\boldsymbol{b}$ を三角形の方程式系 $U\boldsymbol{v}=\boldsymbol{c}$ に変形せよ．

2. $A\boldsymbol{v}=\boldsymbol{b}$ が解をもつための b_1,b_2,b_3 についての条件を求めよ．

3. A の列空間を記せ．$\mathbf{R}^3$ 内のどの平面が列空間か？

4. A の零空間を記せ．$\mathbf{R}^4$ 内の標準斉次解は何か？

5. $A\boldsymbol{v}=(0,6,-6)$ の特殊解，そして一般解を求めよ．

解

1. 消去法の乗数は 2 と 3 と -1 である．これらで $[A\ \ \boldsymbol{b}]$ を $[U\ \ \boldsymbol{c}]$ へ変える．

$$\begin{bmatrix}1&2&3&5&\mathbf{b_1}\\2&4&8&12&\mathbf{b_2}\\3&6&7&13&\mathbf{b_3}\end{bmatrix}\rightarrow\left[\begin{array}{cccc|c}1&2&3&5&\mathbf{b_1}\\0&0&2&2&\mathbf{b_2}-\mathbf{2b_1}\\0&0&-2&-2&\mathbf{b_3}-\mathbf{3b_1}\end{array}\right]\rightarrow\left[\begin{array}{cccc|c}1&2&3&5&\mathbf{b_1}\\0&0&2&2&\mathbf{b_2}-\mathbf{2b_1}\\0&0&0&0&\mathbf{b_3}+\mathbf{b_2}-\mathbf{5b_1}\end{array}\right]$$

2. 最後の方程式から可解条件 $\mathbf{b_3}+\mathbf{b_2}-\mathbf{5b_1}=0$ を得る．このとき $0=0$.

3. **説明 1**：列空間は，ピボット列 $(1,2,3)$ と $(3,8,7)$ の線形結合すべてを含む平面である．これらの列ベクトルは A の中にあり，U や R の中ではない．**説明 2**：列空間は $b_3+b_2-5b_1=0$ となるベクトルすべてを含む．これにより $A\boldsymbol{v}=\boldsymbol{b}$ が可解となる．**A の各列はすべてこの判定 $b_3+b_2-5b_1=0$ に合格する．これは，説明 1 での平面をあらわす方程式である．**

4. 標準斉次解では自由変数を $\boldsymbol{v}_2=1,\boldsymbol{v}_4=0$，その後 $\boldsymbol{v}_2=0,\boldsymbol{v}_4=1$ とする：$\boldsymbol{s}_1=(-2,1,0,0)$ と $\boldsymbol{s}_2=(-2,0,-1,1)$．零空間はすべての $c_1\boldsymbol{s}_1+c_2\boldsymbol{s}_2$ を含む．

5. 1 つの特殊解 $\boldsymbol{v}_p$ では，自由変数 = 零である．$U\boldsymbol{v}=\boldsymbol{c}$ で後退代入をせよ：

$A\boldsymbol{v}_p=\boldsymbol{b}=(0,6,-6)$ の特殊解
このベクトル $\boldsymbol{b}$ は $b_3+b_2-5b_1=0$ を満たす
一般解は $\boldsymbol{v}=\boldsymbol{v}_p+\boldsymbol{v}_n$.

$$\boldsymbol{v}_p=\begin{bmatrix}-9\\0\\3\\0\end{bmatrix}$$

5.3 B　$[A\ \ \boldsymbol{b}]$ についての前進消去により，一般解 $\boldsymbol{v} = \boldsymbol{v}_p + \boldsymbol{v}_n$ を求めよ：

$$\begin{bmatrix} 1 & 2 & 1 & 0 \\ 2 & 4 & 4 & 8 \\ 4 & 8 & 6 & 8 \end{bmatrix} \begin{bmatrix} \boldsymbol{v}_1 \\ \boldsymbol{v}_2 \\ \boldsymbol{v}_3 \\ \boldsymbol{v}_4 \end{bmatrix} = \begin{bmatrix} 4 \\ 2 \\ 10 \end{bmatrix}.$$

y_1 (第 1 行) + y_2 (第 2 行) + y_3 (第 3 行) = **すべて零の行**となる数 y_1, y_2, y_3 を求めよ．

$\boldsymbol{b} = (4, 2, 10)$ が条件 $y_1 b_1 + y_2 b_2 + y_3 b_3 = 0$ を満たすことを確かめよ．なぜこれが，方程式が可解で，$\boldsymbol{b}$ が列空間内にあるための条件であるか？

解　$[A\ \ \boldsymbol{b}]$ について前進消去すると，$[U\ \ \boldsymbol{c}]$ の中にすべて零の行が生まれる．第 3 式が $0 = 0$ となる．方程式系は整合している（そして $0 = 0$ のため，可解である）：

$$\begin{bmatrix} 1 & 2 & 1 & 0 & \mathbf{4} \\ 2 & 4 & 4 & 8 & \mathbf{2} \\ 4 & 8 & 6 & 8 & \mathbf{10} \end{bmatrix} \longrightarrow \begin{bmatrix} 1 & 2 & 1 & 0 & \mathbf{4} \\ 0 & 0 & 2 & 8 & \mathbf{-6} \\ 0 & 0 & 2 & 8 & \mathbf{-6} \end{bmatrix} \longrightarrow \begin{bmatrix} 1 & 2 & 1 & 0 & \mathbf{4} \\ 0 & 0 & 2 & 8 & \mathbf{-6} \\ 0 & 0 & 0 & 0 & \mathbf{0} \end{bmatrix}.$$

第 1 列と第 3 列がピボットを含む．変数 $\boldsymbol{v}_2$ と $\boldsymbol{v}_4$ は自由である．$\boldsymbol{v}_2 = \boldsymbol{v}_4 = 0$ のとき，（後退代入で）解けて，特殊解 $\boldsymbol{v}_p = (7, 0, -3, 0)$ を得る．もし消去法を行簡約された $[R\ \ \boldsymbol{d}]$ までずっと続けたなら，この 7 と -3 が再び現れる．

$$\begin{bmatrix} 1 & 2 & 1 & 0 & \mathbf{4} \\ 0 & 0 & 2 & 8 & \mathbf{-6} \\ 0 & 0 & 0 & 0 & \mathbf{0} \end{bmatrix} \longrightarrow \begin{bmatrix} 1 & 2 & 1 & 0 & \mathbf{4} \\ 0 & 0 & 1 & 4 & \mathbf{-3} \\ 0 & 0 & 0 & 0 & \mathbf{0} \end{bmatrix} \longrightarrow \begin{bmatrix} 1 & 2 & 0 & -4 & \mathbf{7} \\ 0 & 0 & 1 & 4 & \mathbf{-3} \\ 0 & 0 & 0 & 0 & \mathbf{0} \end{bmatrix}.$$

$\boldsymbol{b} = \mathbf{0}$ を用いた零空間の部分 $\boldsymbol{v}_n$ については，自由変数 $\boldsymbol{v}_2, \boldsymbol{v}_4$ を 1,0，そしてその後 0,1 とせよ：

$$\textbf{標準斉次解}\qquad \boldsymbol{s}_1 = (-2, 1, 0, 0) \quad と \quad \boldsymbol{s}_2 = (4, 0, -4, 1)$$

このとき，$\boldsymbol{Av} = \boldsymbol{b}$ の（そして $R\boldsymbol{v} = \boldsymbol{d}$ の）一般解は $\boldsymbol{v}_{\text{一般}} = \boldsymbol{v}_p + c_1\boldsymbol{s}_1 + c_2\boldsymbol{s}_2$ である．

A の行は，2(第 1 行)+(第 2 行)−(第 3 行) = (0, 0, 0, 0) で，すべて零の行を生み出した．よって $\boldsymbol{y} = (2, 1, -1)$ である．$\boldsymbol{b} = (4, 2, 10)$ に対して同じ線形結合をとると，$2(4) + (2) - (10) = 0$ となる．$\boldsymbol{y}^{\mathrm{T}} A = \mathbf{0}$ を与える線形結合では，$\boldsymbol{y}^{\mathrm{T}}\boldsymbol{b} = 0$ にもならなくてはならない．**さもなければ解がない**．

後に，別の言葉でこれを言う：$\boldsymbol{y} = (2, 1, -1)$ は A^{T} **の零空間内にある**．このとき $\boldsymbol{y}$ は A の列空間内のどの $\boldsymbol{b}$ にも垂直に**なるだろう**．先走っているが . . .

演習問題 5.3

1　（推奨）例題 **5.3 A** の 5 つのステップを実行し，A の列空間と零空間，そして $\boldsymbol{Av} = \boldsymbol{b}$ の一般解を記せ：

$$A = \begin{bmatrix} 2 & 4 & 6 & 4 \\ 2 & 5 & 7 & 6 \\ 2 & 3 & 5 & 2 \end{bmatrix} \qquad \boldsymbol{b} = \begin{bmatrix} b_1 \\ b_2 \\ b_3 \end{bmatrix} = \begin{bmatrix} 4 \\ 3 \\ 5 \end{bmatrix}$$

2　階数 1 の次の行列 A に対して，同じ **5** つのステップを実行せよ．$A\boldsymbol{v} = \boldsymbol{b}$ が可解となるための b_1, b_2, b_3 についての条件を **2 つ**見つけるだろう．これら 2 つの条件をあわせると，$\boldsymbol{b}$ は ＿＿＿ 空間に入る．

$$A = \begin{bmatrix} 1 \\ 3 \\ 2 \end{bmatrix} \begin{bmatrix} 2 & 1 & 3 \end{bmatrix} = \begin{bmatrix} 2 & 1 & 3 \\ 6 & 3 & 9 \\ 4 & 2 & 6 \end{bmatrix} \qquad \boldsymbol{b} = \begin{bmatrix} b_1 \\ b_2 \\ b_3 \end{bmatrix} = \begin{bmatrix} 10 \\ 30 \\ 20 \end{bmatrix}$$

問題 3〜15 では $\boldsymbol{Av = b}$ の解について問う．$\boldsymbol{v_p}$ と $\boldsymbol{v_n}$ を求める本文の手順にならえ．拡大行列 $\begin{bmatrix} \boldsymbol{A} & \boldsymbol{b} \end{bmatrix}$ から始めよ．

3　$\boldsymbol{v}_p$ と，零空間内の $\boldsymbol{s}$ の任意の定数倍の和として，一般解を表せ：

$$\begin{aligned} x + 3y + 3z &= 1 \\ 2x + 6y + 9z &= 5 \\ -x - 3y + 3z &= 5. \end{aligned}$$

4　一般解を求めよ：

$$\begin{bmatrix} 1 & 3 & 1 & 2 \\ 2 & 6 & 4 & 8 \\ 0 & 0 & 2 & 4 \end{bmatrix} \begin{bmatrix} x \\ y \\ z \\ t \end{bmatrix} = \begin{bmatrix} 1 \\ 3 \\ 1 \end{bmatrix}.$$

5　b_1, b_2, b_3 にどんな条件があれば，この方程式系は可解か？ 消去法の際に，第 4 列として $\boldsymbol{b}$ を含めよ．その条件が成り立つとき，すべての解を求めよ：

$$\begin{aligned} x + 2y - 2z &= b_1 \\ 2x + 5y - 4z &= b_2 \\ 4x + 9y - 8z &= b_3. \end{aligned}$$

6　b_1, b_2, b_3, b_4 にどんな条件があれば，それぞれの方程式系が可解か？ その場合に $\boldsymbol{v}$ を求めよ：

$$\begin{bmatrix} 1 & 2 \\ 2 & 4 \\ 2 & 5 \\ 3 & 9 \end{bmatrix} \begin{bmatrix} \boldsymbol{v}_1 \\ \boldsymbol{v}_2 \end{bmatrix} = \begin{bmatrix} b_1 \\ b_2 \\ b_3 \\ b_4 \end{bmatrix} \qquad \begin{bmatrix} 1 & 2 & 3 \\ 2 & 4 & 6 \\ 2 & 5 & 7 \\ 3 & 9 & 12 \end{bmatrix} \begin{bmatrix} \boldsymbol{v}_1 \\ \boldsymbol{v}_2 \\ \boldsymbol{v}_3 \end{bmatrix} = \begin{bmatrix} b_1 \\ b_2 \\ b_3 \\ b_4 \end{bmatrix}.$$

7 $b_3 - 2b_2 + 4b_1 = 0$ ならば (b_1, b_2, b_3) が列空間内にあることを消去法により示せ．

$$A = \begin{bmatrix} 1 & 3 & 1 \\ 3 & 8 & 2 \\ 2 & 4 & 0 \end{bmatrix}.$$

どんな線形結合 y_1(第 1 行) $+ y_2$(第 2 行) $+ y_3$(第 3 行) ならば，すべて零の行を得るか？

8 どんなベクトル (b_1, b_2, b_3) であれば A の列空間内にあるか？ A の各行をどのように線形結合すると，すべて零となるか？

$$\text{(a)}\ A = \begin{bmatrix} 1 & 2 & 1 \\ 2 & 6 & 3 \\ 0 & 2 & 5 \end{bmatrix} \qquad \text{(b)}\ A = \begin{bmatrix} 1 & 1 & 1 \\ 1 & 2 & 4 \\ 2 & 4 & 8 \end{bmatrix}.$$

9 例題 **5.3 A** に戻り，特殊解 $\boldsymbol{v}_p$ の中の数 -9 と 3 で，A のピボット列を線形結合せよ．この線形結合で求まるものは何か，そしてなぜか？

10 特殊解が $\boldsymbol{v}_p = (2, 4, 0)$ で，斉次解が $\boldsymbol{v}_n = (1, 1, 1)$ の任意の定数倍となる，2 行 3 列の方程式系 $A\boldsymbol{v} = \boldsymbol{b}$ をつくれ．

11 1 行 3 列の方程式系で，$\boldsymbol{v}_p = (2, 4, 0)$ および $\boldsymbol{v}_n = (1, 1, 1)$ の任意の定数倍，とできないのはなぜか？

12 (a) $A\boldsymbol{v} = \boldsymbol{b}$ が 2 つの解 $\boldsymbol{v}_1$ と $\boldsymbol{v}_2$ をもつとき，$A\boldsymbol{v} = \boldsymbol{0}$ の解を 2 つ求めよ．

(b) その後，$A\boldsymbol{v} = \boldsymbol{b}$ の解をもう 1 つ求めよ．

13 なぜこれらがすべて偽であるかを説明せよ：

(a) 一般解は $\boldsymbol{v}_p$ と $\boldsymbol{v}_n$ の任意の線形結合である．

(b) 方程式系 $A\boldsymbol{v} = \boldsymbol{b}$ は最大で 1 個の特殊解しかもてない．

(c) すべての自由変数が零の解 $\boldsymbol{v}_p$ は最短解（長さ $\|\boldsymbol{v}\|$ が最小）である．2 行 2 列の反例を見つけよ．

(d) A が可逆ならば，零空間内の解 $\boldsymbol{v}_n$ はない．

14 第 5 列にピボットがないとする．このとき $\boldsymbol{v}_5$ は _____ 変数である．零ベクトルは $A\boldsymbol{v} = \boldsymbol{0}$ の唯一の解（である・ではない）．もし $A\boldsymbol{v} = \boldsymbol{b}$ が 1 つ解をもてば，解を _____ 個もつ．

15 第 3 行にピボットがないとする．このとき，その行は _____ である．行簡約化された方程式 $R\boldsymbol{v} = \boldsymbol{d}$ は _____ のときだけ可解である．もとの方程式 $A\boldsymbol{v} = \boldsymbol{b}$ は可解で（**ある・ない・ないかもしれない**）．

問題 **16〜21** では $r = m$ あるいは $r = n$ となる **"非退化"** 行列について問う．

16 3行5列の行列で可能な最大の階数は _____ である．このとき，U と R のどの _____ にもピボットがある．$A\boldsymbol{v} = \boldsymbol{b}$ の解は（**常に存在する・一意である・ないかもしれない**）．A の列空間は _____ である．1例は $A =$ _____ である．

17 6行4列の行列の可能な最大の階数は _____ だる．このとき U と R のどの _____ にもピボットがある．$A\boldsymbol{v} = \boldsymbol{b}$ の解は（**常に存在する・一意である**）．A の零空間は _____ である．1つの例は $A =$ _____ である．

18 消去法によって，A の階数と A^{T} の階数を求めよ：

$$A = \begin{bmatrix} 1 & 4 & 0 \\ 2 & 11 & 5 \\ -1 & 2 & 10 \end{bmatrix} \quad \text{と} \quad A = \begin{bmatrix} 1 & 0 & 1 \\ 1 & 1 & 2 \\ 1 & 1 & q \end{bmatrix} \text{(階数は } q \text{ に依存する)}.$$

19 A と，$A^{\mathrm{T}}A$ と，そして AA^{T} の階数をそれぞれ求めよ：

$$A = \begin{bmatrix} 1 & 1 & 5 \\ 1 & 0 & 1 \end{bmatrix} \quad \text{と} \quad A = \begin{bmatrix} 2 & 0 \\ 1 & 1 \\ 1 & 2 \end{bmatrix}.$$

20 A を階段行列 U に変形せよ．その後，下三角行列の L で $A = LU$ となるものを見つけよ．

$$A = \begin{bmatrix} 3 & 4 & 1 & 0 \\ 6 & 5 & 2 & 1 \end{bmatrix} \quad \text{と} \quad A = \begin{bmatrix} 1 & 0 & 1 & 0 \\ 2 & 2 & 0 & 3 \\ 0 & 6 & 5 & 4 \end{bmatrix}.$$

21 これら非退化な方程式系の一般解を $\boldsymbol{v}_p + \boldsymbol{v}_n$ の形で求めよ：

(a) $x + y + z = 4$　　(b) $\begin{aligned} x + y + z &= 4 \\ x - y + z &= 4. \end{aligned}$

22 $A\boldsymbol{v} = \boldsymbol{b}$ が無限に多くの解をもつとき，なぜ $A\boldsymbol{v} = \boldsymbol{B}$（新たな右辺ベクトル）が1つの解だけをもつことは不可能か？ $A\boldsymbol{v} = \boldsymbol{B}$ が解をもたないことはありえるか？

23 階数が (a) 1, (b) 2, (c) 3 となるような数 q を（もし可能ならば）選べ：

$$A = \begin{bmatrix} 6 & 4 & 2 \\ -3 & -2 & -1 \\ 9 & 6 & q \end{bmatrix} \quad \text{と} \quad B = \begin{bmatrix} 3 & 1 & 3 \\ q & 2 & q \end{bmatrix}.$$

24 $A\boldsymbol{v} = \boldsymbol{b}$ の解の個数が次のようになる行列 A の例を挙げよ：

(a) $\boldsymbol{b}$ によって 0 か 1 個

(b) $\boldsymbol{b}$ によらず ∞

(c) $\boldsymbol{b}$ によって 0 か ∞

(d) $\boldsymbol{b}$ によらず 1 個.

25 $A\boldsymbol{v}=\boldsymbol{b}$ が次のようになるとき，r と m と n の間の関係式をわかるだけ書け.

(a) ある $\boldsymbol{b}$ に対しては解がない

(b) どの $\boldsymbol{b}$ に対しても無限に多くの解がある

(c) ある $\boldsymbol{b}$ には厳密に 1 個の解があり，他の $\boldsymbol{b}$ には解がない

(d) どの $\boldsymbol{b}$ に対しても厳密に 1 個の解がある

問題 26〜33 ではガウス–ジョルダンの消去法（下方へとともに上方へも）と，行簡約階段行列 $\boldsymbol{R}$ について問う.

26 U から R への消去法を続けよ．各行をピボットで割り，新たなピボットを全て 1 とせよ．その後，それらのピボットの**上方に**零を生み出し R へ至れ：

$$U=\begin{bmatrix}2&4&4\\0&3&6\\0&0&0\end{bmatrix}\quad と\quad U=\begin{bmatrix}2&4&4\\0&3&6\\0&0&5\end{bmatrix}.$$

27 U が n 個のピボットをもつ正方行列（可逆行列）とする．**なぜ $R=I$ となるかを説明せよ**.

28 $U\boldsymbol{v}=\boldsymbol{0}$ と $U\boldsymbol{v}=\boldsymbol{c}$ にガウス–ジョルダン法を適用し，$R\boldsymbol{v}=\boldsymbol{0}$ と $R\boldsymbol{v}=\boldsymbol{d}$ へ到達せよ：

$$\begin{bmatrix}U&\boldsymbol{0}\end{bmatrix}=\begin{bmatrix}1&2&3&\mathbf{0}\\0&0&4&\mathbf{0}\end{bmatrix}\quad と\quad \begin{bmatrix}U&\boldsymbol{c}\end{bmatrix}=\begin{bmatrix}1&2&3&\mathbf{5}\\0&0&4&\mathbf{8}\end{bmatrix}.$$

$R\boldsymbol{v}=\boldsymbol{0}$ を解いて $\boldsymbol{v}_n$ を求めよ（自由変数は $v_2=1$）．$R\boldsymbol{v}=\boldsymbol{d}$ を解いて $\boldsymbol{v}_p$ を求めよ（自由変数は $v_2=0$）.

29 ガウス–ジョルダン法を適用して $R\boldsymbol{v}=\boldsymbol{0}$ と $R\boldsymbol{v}=\boldsymbol{d}$ へ簡約せよ：

$$\begin{bmatrix}U&0\end{bmatrix}=\begin{bmatrix}3&0&6&\mathbf{0}\\0&0&2&\mathbf{0}\\0&0&0&\mathbf{0}\end{bmatrix}\quad と\quad \begin{bmatrix}U&\boldsymbol{c}\end{bmatrix}=\begin{bmatrix}3&0&6&\mathbf{9}\\0&0&2&\mathbf{4}\\0&0&0&\mathbf{5}\end{bmatrix}.$$

$U\boldsymbol{v}=\boldsymbol{0}$ か $R\boldsymbol{v}=\boldsymbol{0}$ を解いて $\boldsymbol{v}_n$ を求めよ（自由変数 $=1$）．$R\boldsymbol{v}=\boldsymbol{d}$ の解は何か？

30 $U\boldsymbol{v}=\boldsymbol{c}$ へ（ガウスの消去法），そしてその後 $R\boldsymbol{v}=\boldsymbol{d}$ へ（ガウス–ジョルダン法）行変形せよ：

$$A\boldsymbol{v}=\begin{bmatrix}1&0&2&3\\1&3&2&0\\2&0&4&9\end{bmatrix}\begin{bmatrix}\boldsymbol{v}_1\\\boldsymbol{v}_2\\\boldsymbol{v}_3\\\boldsymbol{v}_4\end{bmatrix}=\begin{bmatrix}2\\5\\10\end{bmatrix}=\boldsymbol{b}.$$

特殊解 $\boldsymbol{v}_p$ と，すべての斉次解 $\boldsymbol{v}_n$ を求めよ．

31 次の性質をもつ行列 A と B を見つけるか，それともそれができない理由を説明せよ：

(a) $A\boldsymbol{v} = \begin{bmatrix} \mathbf{1} \\ \mathbf{2} \\ \mathbf{3} \end{bmatrix}$ のただ1つの解は $\boldsymbol{v} = \begin{bmatrix} \mathbf{0} \\ \mathbf{1} \end{bmatrix}$ である．

(b) $B\boldsymbol{v} = \begin{bmatrix} \mathbf{0} \\ \mathbf{1} \end{bmatrix}$ のただ1つの解は $\boldsymbol{v} = \begin{bmatrix} \mathbf{1} \\ \mathbf{2} \\ \mathbf{3} \end{bmatrix}$ である．

32 $\begin{bmatrix} A & \boldsymbol{b} \end{bmatrix}$ を $\begin{bmatrix} R & \boldsymbol{d} \end{bmatrix}$ へ簡約して，$A\boldsymbol{v} = \boldsymbol{b}$ の一般解を求めよ：

$$A = \begin{bmatrix} 1 & 3 & 1 \\ 1 & 2 & 3 \\ 2 & 4 & 6 \\ 1 & 1 & 5 \end{bmatrix} \quad \text{と} \quad \boldsymbol{b} = \begin{bmatrix} 1 \\ 3 \\ 6 \\ 5 \end{bmatrix} \quad \text{と，その後} \quad \boldsymbol{b} = \begin{bmatrix} 1 \\ 0 \\ 0 \\ 0 \end{bmatrix}.$$

33 $A\boldsymbol{v} = \begin{bmatrix} \mathbf{1} \\ \mathbf{3} \end{bmatrix}$ の一般解は $\boldsymbol{v} = \begin{bmatrix} \mathbf{1} \\ \mathbf{0} \end{bmatrix} + c \begin{bmatrix} \mathbf{0} \\ \mathbf{1} \end{bmatrix}$ である．A を求めよ．

挑戦問題

34 3行4列の行列 A で，$A\boldsymbol{v} = \mathbf{0}$ の標準斉次解は $\boldsymbol{s} = (2, 3, 1, 0)$ だけであると知ったとする．

(a) A の**階数**と，$A\boldsymbol{v} = \mathbf{0}$ の一般解は何か？

(b) A の行簡約階段形 R を厳密に求めるとどうなるか？ 良い質問．

(c) $A\boldsymbol{v} = \boldsymbol{b}$ がすべての $\boldsymbol{b}$ について解けると，どうしてわかるか？

35 特定の $\boldsymbol{b}$ に対する $A\boldsymbol{v} = \boldsymbol{b}$ の解について，次の情報を得たとき，A の**形**（m と n）について何が言えるか？ そして可能ならば階数 r と $\boldsymbol{b}$ についても何が言えるか？

1. 解が厳密に1つある．

2. $A\boldsymbol{v} = \boldsymbol{b}$ の解はすべて，$\boldsymbol{v} = \left[\begin{smallmatrix} \mathbf{2} \\ \mathbf{1} \end{smallmatrix}\right] + c\left[\begin{smallmatrix} \mathbf{1} \\ \mathbf{1} \end{smallmatrix}\right]$ の形である．

3. 解がない．

4. $A\boldsymbol{v} = \boldsymbol{b}$ の解はすべて，$\boldsymbol{v} = \left[\begin{smallmatrix} \mathbf{1} \\ \mathbf{1} \\ \mathbf{0} \end{smallmatrix}\right] + c\left[\begin{smallmatrix} \mathbf{1} \\ \mathbf{0} \\ \mathbf{1} \end{smallmatrix}\right]$ の形である．

5. 無限に多くの解がある．

36 $A\boldsymbol{v} = \boldsymbol{b}$ と $C\boldsymbol{v} = \boldsymbol{b}$ が，どの $\boldsymbol{b}$ に対しても同じ（一般）解をもつとする．このとき $A = C$ は真か？

5.4　線形独立性，基底および次元

この重要な節では部分空間の真の大きさを扱う．m 行 n 列の行列には n 列ある．しかし，列空間の本当の“次元”は必ずしも n ではない．**線形独立な列**を数えることで，この次元は測られる—その意味するところを話さなくてはならない．**列空間の真の次元が階数 r であること**がわかるであろう．

線形独立性の考え方は，任意のベクトル空間内の任意のベクトル $\boldsymbol{u}_1, \ldots, \boldsymbol{u}_n$ に適用される．本節のほとんどは，我々が既に知り，使っている部分空間——特に A の列空間と零空間——に専念する．最後の部分で，列ベクトルではない“ベクトル”も調べる．それらは行列や，微分方程式の解であり，それらも線形独立（あるいは線形従属）となりえる．まず最初に示すのは，列ベクトルを用いた大切な例である．

理解すべき目標は**基底**，つまり“**空間を張る**”**線形独立なベクトル**である．

任意の基底　　**空間の各ベクトルは，その基底ベクトルの一意の線形結合である．**

我々はこの科目の心臓部におり，基底なしでは先に進めない．本節の4つの本質的な考え（そしてそれらの意味の最初のヒント）は：

1. 線形独立なベクトル	**（余分なベクトルがない）**
2. 空間を張る	**（それらの線形結合が空間全体を生み出す）**
3. 空間の基底	**（線形独立かつ空間を張れる：多すぎず少なすぎず）**
4. 空間の次元	**（各基底の，そしてすべての基底の中のベクトルの数）**

重要な空間の基底

基底がどんな外見をしているかを（定義する前に）3つの例で示す．空間内のすべてのベクトルを完璧に記述するベクトルの集合が基底である．基底ベクトルのすべての線形結合をとって，空間内のどのベクトルをも得る．

1. A **の列空間に対する基底**

自然な選択は r 個のピボット列である．それらの線形結合で，A の各列が生じる．

2. A **の零空間に対する基底**

自然な選択は，$A\boldsymbol{v} = \boldsymbol{0}$ に対する $n - r$ 個の標準斉次解の集合である．

3. $Ay'' + By' + Cy = 0$ **の斉次解の空間に対する基底**

自然な選択は解 $y_1 = e^{s_1 t}$ と $y_2 = e^{s_2 t}$ の組である．これらの指数 s_1 と s_2 が $As^2 + Bs + C = 0$ を満たせば，y_1 と y_2 は微分方程式を満たす．

s が2次方程式の重根のときには，$y_2 = te^{st}$ が基底の第2のメンバーとなれる（線形の2階方程式には，いつでも2つの線形独立な y がある）．他のすべての解は y_1 と y_2 の線形結合である．このとき y_1 と y_2 は解空間を**張っている**．

空間の次元は簡単である．基底ベクトルの数を数えるだけだ．上の3例では：

列空間	零空間	解空間
$\boldsymbol{r}$ 次元	$\boldsymbol{n}-\boldsymbol{r}$ 次元	2次元

これらの基底は自然に選択されたが，決して唯一の基底ではない．空間には，**多くの異なる基底**がある．次の行列 A の列空間は，空間 $\mathbf{R}^2$ の全体である．

$$A=\begin{bmatrix}1 & 3 & 7\\ 2 & 5 & 9\end{bmatrix}$$

$\boldsymbol{C(A)}$ **の基底**

1. ピボット列の第1列と第2列
2. 第1列と第3列，あるいは第2列と第3列
3. $\mathbf{R}^2$ 内の，任意の線形独立な $\boldsymbol{v}$ と $\boldsymbol{w}$

ベクトル $(1,0)$ と $(0,1)$ でも，この A の列空間の基底として完璧に適している．

線形独立性

線形独立性についての我々の最初の定義はあまり伝統的なものではないが，あなたに受け入れてもらう準備はできている．

定義 $\boldsymbol{Av=0}$ **の解がただ** $\boldsymbol{v=0}$ **だけであるとき，**$\boldsymbol{A}$ **の各列は線形独立である．**$\boldsymbol{v=0}$ **を除き，列ベクトルのどんな線形結合** $\boldsymbol{Av}$ **も零ベクトルにならない．**

零空間 $\boldsymbol{N}(A)$ が零ベクトルだけを含むとき，A の各列は線形独立である．$\mathbf{R}^3$ 内の3つのベクトルで，線形独立性（そして線形従属性）を説明しよう：

1. 3つのベクトルが同一平面内に**なければ**，それらは線形独立である．図5.4で，$\boldsymbol{u}_1,\boldsymbol{u}_2,\boldsymbol{u}_3$ のどんな線形結合も，$0\,\boldsymbol{u}_1+0\,\boldsymbol{u}_2+0\,\boldsymbol{u}_3$ を除き，零ベクトルにならない．

2. 3つのベクトル $\boldsymbol{w}_1,\boldsymbol{w}_2,\boldsymbol{w}_3$ が**同一平面上にある**ならば，それらは線形従属である．

この線形独立性の考え方は，12次元空間内の7つのベクトルにも適用できる．もしそれらが A の各列で，線形独立ならば，零空間は $\boldsymbol{v=0}$ だけを含む．どのベクトルも，他の6つのベクトルの線形結合ではない．

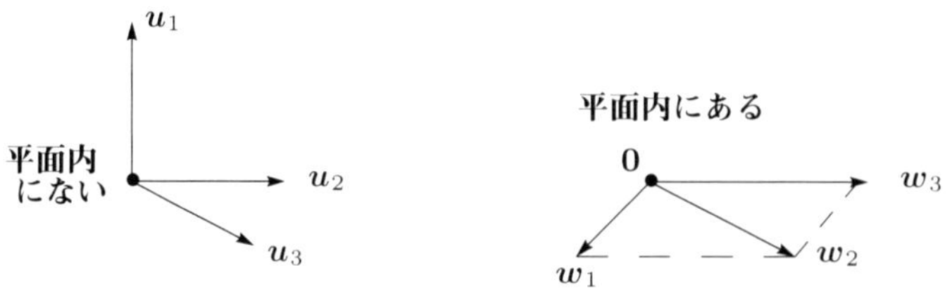

図5.4 線形独立なベクトル $\boldsymbol{u}_1$，$\boldsymbol{u}_2$，$\boldsymbol{u}_3$．$0\boldsymbol{u}_1+0\boldsymbol{u}_2+0\boldsymbol{u}_3$ だけがベクトル $\mathbf{0}$ を与える．線形従属なベクトル $\boldsymbol{w}_1,\boldsymbol{w}_2,\boldsymbol{w}_3$．線形結合 $\boldsymbol{w}_1-\boldsymbol{w}_2+\boldsymbol{w}_3$ は $(0,0,0)$ である．

今度は，同じ考え方を別の言葉で表現する．線形独立性についての以下の定義は，任意のベクトル空間内の，任意のベクトル列に適用できる．そのベクトル列が A の各列のとき，2 つの定義はまったく同じことを表している．

定義 **ベクトルの列** $\boldsymbol{u}_1, \ldots, \boldsymbol{u}_n$ **は，零ベクトルを与える線形結合がただ** $0\boldsymbol{u}_1 + 0\boldsymbol{u}_2 + \cdots + 0\boldsymbol{u}_n$ **だけであるとき，線形独立**である．

$$\text{すべての } x_i = 0 \text{ であるときにだけ} \quad x_1\boldsymbol{u}_1 + x_2\boldsymbol{u}_2 + \cdots + x_n\boldsymbol{u}_n = \mathbf{0} \quad \text{となる．} \tag{1}$$

もしすべての x_i が零でなくとも，ある線形結合が $\mathbf{0}$ となるならば，それらのベクトルは**線形従属**である．

正しい言い方："ベクトル列は線形独立である．"
許される短縮形："ベクトルは独立である．"
許されない："行列は独立である．"

ベクトル列は，線形従属か線形独立かのどちらかである．それらを（非零の x で）線形結合して零ベクトルとなるか，ならないかを調べる．そこで大切な質問は：ベクトルのどの線形結合が零ベクトルを与えるか？ $\mathbf{R}^2$ 内の，いくつかの小さな例から始める：

(a) ベクトル $(1, 0)$ と $(1, 0.00001)$ は線形独立である．

(b) $(0, 0)$ を通る同一直線上のベクトル $(1, 1)$ と $(-1, -1)$ は**線形従属**である．

(c) ベクトル $(1, 1)$ と $(0, 0)$ は，その零ベクトルのために**線形従属**である．

(d) $\mathbf{R}^2$ 内で，任意の 3 つのベクトル (a, b) と (c, d) と (e, f) は**線形従属**である．

A の各列が線形従属なのは，まさしく**零空間に非零ベクトル（非自明な解）がある**ときである．

もし $\boldsymbol{u}$ の 1 つが零ベクトルだったら，線形独立ではありえない．なぜか？

$\mathbf{R}^2$ 内の 3 つのベクトルは線形独立になれない！ それら 3 つを列とする行列 A は自由変数をもたなくてはならず，すると標準斉次解 $A\boldsymbol{s} = \mathbf{0}$ をもつ．零空間は $\mathbf{Z}$ より大きい．$\mathbf{R}^3$ 内の 3 つのベクトルであれば，それらを行列に入れて $A\boldsymbol{v} = \mathbf{0}$ を解こうとしてみる．

例 1 この A の各列は線形従属である．非零ベクトル $\boldsymbol{v}$ が $A\boldsymbol{v} = \mathbf{0}$ を満たす．

$$A\boldsymbol{v} = \begin{bmatrix} 1 & 0 & 3 \\ 2 & 1 & 5 \\ 1 & 0 & 3 \end{bmatrix} \begin{bmatrix} -3 \\ 1 \\ 1 \end{bmatrix} \quad \text{は} \quad -3\begin{bmatrix} 1 \\ 2 \\ 1 \end{bmatrix} + 1\begin{bmatrix} 0 \\ 1 \\ 0 \end{bmatrix} + 1\begin{bmatrix} 3 \\ 5 \\ 3 \end{bmatrix} = \begin{bmatrix} 0 \\ 0 \\ 0 \end{bmatrix}.$$

階数は $r = 2$ でしかない．**線形独立な列であれば，列について非退化なので** $r = n = 3$ **となる**．

この行列では，各行もまた線形従属である．第 1 行引く第 3 行で，すべて零の行となる．**正方行列**に対して，線形従属な列であれば線形従属な行でもあることをいずれ示す．

問 $A\boldsymbol{v} = \mathbf{0}$ のその解をどのように見つけるのか？ 系統的な方法は消去法である．

$$A = \begin{bmatrix} 1 & 0 & 3 \\ 2 & 1 & 5 \\ 1 & 0 & 3 \end{bmatrix} \text{ を簡約すると } \quad R = \begin{bmatrix} 1 & 0 & 3 \\ 0 & 1 & -1 \\ 0 & 0 & 0 \end{bmatrix}.$$

答 その解 $\boldsymbol{v} = (-3, 1, 1)$ はまさしく標準斉次解であり，どのようにピボット列を線形結合して自由列（第3列）を得るかを示す．これで線形独立性が消滅する！

列について非退化の階数 n.	階数が $r = n$ のとき，A の各列は線形独立である：ピボットが n 個で，自由変数はない．$\boldsymbol{v} = \mathbf{0}$ だけが零空間内にある．

$\boldsymbol{n > m}$ **ならば，**A **の各列は線形従属である．** 7列に5成分ずつあるとする（$m = 5$ が $n = 7$ より小さい）．このとき各列は**線形従属でなければならない．** $\mathbf{R}^5$ 内の任意の7つのベクトルは線形従属である．A の階数は5より大きくなれない．5行の中に，5個より多くのピボットはない．$A\boldsymbol{v} = \mathbf{0}$ は少なくとも $7 - 5 = 2$ 個の自由変数をもち，そこで非自明な解がある——これは各列が線形従属であることを意味する．

$\mathbf{R}^m$ 内の，任意の n 個のベクトルは，$n > m$ ならば線形従属でなければならない．

この型の行列では，行より多くの列がある——背が低く，幅が広い．$n > m$ のとき，$A\boldsymbol{v} = \mathbf{0}$ は非自明な解をもつので，列はもちろん線形従属である．消去法で r 個のピボット列があらわになる．**それら r 個のピボット列は線形独立である．**

注釈 線形従属性のもう1つの書き方はこうである：“**1つのベクトルが他のベクトルの線形結合となる．**”これは明快に聞こえる．なぜこう言わない？ 我々の定義の方が長かった：“**すべての $v_i = 0$ となる自明な結合以外に，何らかの線形結合で零ベクトルとなる．**”しかし我々の定義では，特定のベクトル1つを取り出して，それに罪を負わせることはしない．

A のすべての列は同等に扱われる．$A\boldsymbol{v} = \mathbf{0}$ を見て，これが非自明な解をもつか，もたないかを調べる．この方が，はたして最後の列（または最初の，あるいは中央の列）がその他の列の線形結合であるかと問うより，最終的には良い．

部分空間を張ること

本書の最初の部分空間は列空間だった．列ベクトル $\boldsymbol{a}_1, \ldots, \boldsymbol{a}_n$ から始めて，$\boldsymbol{v}$ を用いたそれらの線形結合 $v_1\boldsymbol{a}_1 + \cdots + v_n\boldsymbol{a}_n$ すべてを含めることで，その部分空間は満たされた．**列空間は，列の線形結合 $A\boldsymbol{v}$ すべてから成る．** 今度はこれを記述する“張る”という一語を導入する：列空間は列ベクトルによって**張られる**．

> **定義** あるベクトルの集合は，ある空間をその線形結合で**埋め尽くせる**とき，その空間を**張る**という．

行列の各列はその列空間を張る．それらは線形従属かもしれない．

例 2 $\boldsymbol{u}_1 = \begin{bmatrix} 1 \\ 0 \end{bmatrix}$ と $\boldsymbol{u}_2 = \begin{bmatrix} 0 \\ 1 \end{bmatrix}$ は，2 次元空間 $\mathbf{R}^2$ の全体を張る．

例 3 $\boldsymbol{u}_1 = \begin{bmatrix} 1 \\ 0 \end{bmatrix}, \boldsymbol{u}_2 = \begin{bmatrix} 0 \\ 1 \end{bmatrix}, \boldsymbol{u}_3 = \begin{bmatrix} 4 \\ 7 \end{bmatrix}$ もまた，空間 $\mathbf{R}^2$ の全体を張る．

例 4 $\boldsymbol{w}_1 = \begin{bmatrix} 1 \\ 1 \end{bmatrix}$ と $\boldsymbol{w}_2 = \begin{bmatrix} -1 \\ -1 \end{bmatrix}$ は $\mathbf{R}^2$ 内の 1 直線のみを張る．$\boldsymbol{w}_1$ だけでも同様．

3 次元空間で，$(0,0,0)$ から伸びる 2 つのベクトルを考えよ．それらは一般に平面を張る．線形結合をとることで，頭の中で，その平面を埋め尽くす．数学的に，他の可能性も知っている：2 つのベクトルが 1 本の直線しか張らないことがあり，3 つのベクトルであれば $\mathbf{R}^3$ のすべてを張ったり，平面，直線，あるいは $\mathbf{Z}$ だけしか張らないこともある．

$\mathbf{R}^5$ 内の 3 つのベクトルが 1 本の直線を張ったり，10 個のベクトルが 1 枚の平面だけを張ったりすることもありえる．それらは当然，線形独立ではない！

列ベクトルは列空間を張る．ここで**行によって張られた**，新たな部分空間が登場する．**行ベクトルの線形結合が"行空間"を生み出す．**

> **定義** ある行列の**行空間**は，その各行によって張られた $\mathbf{R}^n$ の部分空間である．
>
> **A の行空間は $\boldsymbol{C}(A^{\mathrm{T}})$，すなわち A^{T} の列空間である．**

m 行 n 列の行列の各行には n 成分がある．それらは $\mathbf{R}^n$ 内のベクトルである——と言うより，それらを列ベクトルとして書いたとしたら，そうなる．手軽にこう直す方法は：**行列を転置せよ．** A の行の代わりに，A^{T} の列を見よ．同じ数字の並びだが，今度は A^{T} の列空間となる．A の行空間 $\boldsymbol{C}(A^{\mathrm{T}})$ は $\mathbf{R}^n$ の部分空間である．

例 5 A の列空間は平面であり，行空間は $\mathbf{R}^2$ の全体である．

$$A = \begin{bmatrix} 1 & 4 \\ 2 & 7 \\ 3 & 5 \end{bmatrix} \text{ と } A^{\mathrm{T}} = \begin{bmatrix} 1 & 2 & 3 \\ 4 & 7 & 5 \end{bmatrix}. \text{ ここで } m = 3 \text{ と } n = 2.$$

この行空間は A の 3 行（それらは A^{T} の 3 列）**によって張られている．** 各列は $\mathbf{R}^m$ 内にあり，列空間を張る．同じ数字だが，異なるベクトルで，異なる空間となる．

ベクトル空間の基底

2つのベクトルでは，それらが線形独立なときでさえも，$\mathbf{R}^3$ のすべてを張ることはできない．4つのベクトルは，それらが $\mathbf{R}^3$ を張るときでさえも，線形独立にはなれない．**空間を張るのに十分な**（そして，それより多くはない）**線形独立なベクトル**がほしい．"**基底**"がぴったりである．

> **定義** ベクトル空間の**基底**は，次の2つの性質を備えたベクトルの列である：
>
> **基底ベクトルは線形独立であり，かつ，その空間を張る．**

この性質の組合せは，線形代数で根本的なものである．基底ベクトルは空間を張るので，空間内のどのベクトル $\boldsymbol{u}$ もそれらの線形結合である．さらに，基底ベクトル $\boldsymbol{u}_1,\ldots,\boldsymbol{u}_n$ は線形独立なので，$\boldsymbol{u}$ を生み出すその線形結合は**一意**となる．

> $\boldsymbol{u}$ を基底ベクトルの線形結合として書く方法が **1** つ，そして **1** つだけある．

理由： $\boldsymbol{u}=a_1\boldsymbol{u}_1+\cdots+a_n\boldsymbol{u}_n$ であり，また $\boldsymbol{u}=b_1\boldsymbol{u}_1+\cdots+b_n\boldsymbol{u}_n$ でもあるとする．差し引くと $(a_1-b_1)\boldsymbol{u}_1+\cdots+(a_n-b_n)\boldsymbol{u}_n$ が零ベクトルとなる．$\boldsymbol{u}_i$ の線形独立性より，それぞれの $a_i-b_i=0$．よって $a_i=b_i$ であり，$\boldsymbol{u}$ を生み出す2つの方法はない．

例 6　単位行列 I の列ベクトルは，$\mathbf{R}^n$ に対する"**標準基底**"である．

$$\text{基底ベクトル}\quad \boldsymbol{i}=\begin{bmatrix}1\\0\end{bmatrix}\quad\text{と}\quad \boldsymbol{j}=\begin{bmatrix}0\\1\end{bmatrix}\quad\text{は線形独立であり，}\mathbf{R}^2\text{ を張る．}$$

誰もが最初に，この基底を考える．ベクトル $\boldsymbol{i}$ は横を向き，$\boldsymbol{j}$ は真上を向く．3行3列の単位行列の各列は，$\mathbf{R}^3$ に対する標準基底 $\boldsymbol{i},\boldsymbol{j},\boldsymbol{k}$ である．

つづいて，他の多くの（無限に多くの）基底を見つける．基底は一意ではない！

例 7　（重要）**どんな n 行 n 列の可逆行列**も，その列ベクトルは $\mathbf{R}^n$ に対する基底を与える：

$$\begin{array}{l}\text{可逆行列}\\ \text{線形独立な列}\ A=\\ \text{列空間は }\mathbf{R}^3\end{array}\begin{bmatrix}1&0&0\\1&1&0\\1&1&1\end{bmatrix}\quad \begin{array}{l}\text{特異行列}\\ \text{線形従属な列}\ B=\\ \text{列空間}\neq\mathbf{R}^3\end{array}\begin{bmatrix}1&0&1\\1&1&2\\1&1&2\end{bmatrix}.$$

$A\boldsymbol{v}=\mathbf{0}$ の唯一の解は $\boldsymbol{v}=A^{-1}\mathbf{0}=\mathbf{0}$ である．A の各列は線形独立で，空間 $\mathbf{R}^n$ の全体を張る—なぜなら，どのベクトル $\boldsymbol{b}$ も各列の線形結合となる．$A\boldsymbol{v}=\boldsymbol{b}$ の解は常に $\boldsymbol{v}=A^{-1}\boldsymbol{b}$ である．可逆な行列に対しては，すべてが調和することが理解されるか？ 1文でいえば，こうなる：

> ベクトル $\boldsymbol{v}_1,\ldots,\boldsymbol{v}_n$ は，それらが **n 行 n 列の可逆な行列の列**である，まさしくそのときに $\mathbf{R}^n$ に対する**基底**となる．ベクトル空間 $\mathbf{R}^n$ は無限に多くの，異なる基底をもつ．

列ベクトルが線形従属なときは，**ピボット列**だけを残す —— 上の B では最初の 2 列に．その 2 つのピボットがある．それらは線形独立であり，列空間を張る．

A のピボット列は，その列空間の基底である． ピボット行は，行空間の基底である．行簡約化された R の行もまた，行空間の基底である．

例 8 次の行列は可逆ではない．その 2 列は基底にはならない！

ピボット列が 1 つ
ピボット行も 1 つ $(r=1)$ $\quad A=\begin{bmatrix}2 & 4\\ 3 & 6\end{bmatrix}$ を簡約すると $R=\begin{bmatrix}1 & 2\\ 0 & 0\end{bmatrix}$.

A の第 1 列がピボット列である．この列だけで，その列空間の基底となる．R の第 1 列は A の列空間の基底では**ない**．R のその列 $(1,0)$ は A の列空間内にさえ入っていない．消去法を行うと列空間は変化する（しかしその**次元**は同一に保たれる：ここでは，次元 $=1$）．

A の行空間は R の行空間と**同一である**．それは $(2,4)$ と $(1,2)$，そしてそれらのベクトルの定数倍すべてを含む．通常どおり，無限に多くの選択肢から基底を選べる．1 つの自然な選択は，R の非零行（ピボットのある行）である．そこで，この階数 1 の行列 A では，1 つだけのベクトルを基底に含む：

$$\text{列空間の基底：}\begin{bmatrix}2\\ 3\end{bmatrix}.\qquad \text{行空間の基底：}\begin{bmatrix}1\\ 2\end{bmatrix}.$$

例 9 次の階数 2 の行列の，列空間と行空間の基底を求めよ：

$$R=\begin{bmatrix}1 & 2 & 0 & 3\\ 0 & 0 & 1 & 4\\ 0 & 0 & 0 & 0\end{bmatrix}.$$

第 1 列と第 3 列がピボット列である．それらは（R の！）列空間の基底である．その列空間のベクトルは，すべて $\boldsymbol{b}=(x,y,0)$ の形をもつ．この空間は xyz 空間全体の中の“xy 平面”である．その平面は $\mathbf{R}^2$ ではなく，$\mathbf{R}^3$ の部分空間である．第 2 列と第 3 列もまた，同じ列空間の基底である．R の列のどのペアが，その列空間の基底と**ならない**か？

R の行空間は，$\mathbf{R}^4$ の部分空間である．その行空間の最も単純な基底は，R の 2 つの非零行である．第 3 行（零ベクトル）もまた，この行空間内にある．しかしそれは行空間の**基底には入らない**．基底ベクトルは線形独立でなければならない．

問 $\mathbf{R}^7$ 内の 5 つのベクトルが与えられたとき，**それらが張る空間の基底をどのようにして見つけるか？**

第 1 の答 それらを A の行として，消去法で R の非零行を求めよ．

第 2 の答 その 5 つのベクトルを A の列にせよ．消去法でピボット列（A のであり，R のではない）を求めよ．基底によって，より多くの，またはより少ないベクトルを含むことはありえるか？ この質問の答えは素晴らしい：ノーだ！ **あるベクトル空間の基底はすべて，同じ個数のベクトルをもつ**．

ベクトル空間の次元

どの基底でも，含まれるベクトルの個数は等しく，それが空間の"次元"である．

ここに記したことは証明しなくてはならない．基底ベクトルには多くの選択肢があるが，**基底ベクトルの個数**は変わらない．

もし $\boldsymbol{u}_1,\ldots,\boldsymbol{u}_m$ と $\boldsymbol{w}_1,\ldots,\boldsymbol{w}_n$ が，ともに同じベクトル空間の基底ならば，このとき $m=n$ である．

証明　$\boldsymbol{u}$ より $\boldsymbol{w}$ が多いとする．$n>m$ との仮定から，矛盾へ至ることを示したい．$\boldsymbol{u}$ ベクトルは基底だから，$\boldsymbol{w}_1$ は $\boldsymbol{u}$ の線形結合で書かれなくてはならない．$\boldsymbol{w}_1$ が $a_{11}\boldsymbol{u}_1+\cdots+a_{m1}\boldsymbol{u}_m$ に等しいとすると，これは行列の乗算 UA の最初の列である．

各 $\boldsymbol{w}$ は $\boldsymbol{u}$ の線形結合

$$\begin{bmatrix} \boldsymbol{w}_1 & \boldsymbol{w}_2 & \ldots & \boldsymbol{w}_n \end{bmatrix} = \begin{bmatrix} \boldsymbol{u}_1 & \ldots & \boldsymbol{u}_m \end{bmatrix} \begin{bmatrix} a_{11} & & a_{1n} \\ \vdots & & \vdots \\ a_{m1} & & a_{mn} \end{bmatrix} = UA.$$

各 a_{ij} の値はわからないが，A の形はわかる（m 行 n 列である）．第 2 ベクトル $\boldsymbol{w}_2$ もまた $\boldsymbol{u}$ の線形結合である．その結合の係数が A の第 2 列を埋める．重要なのは，A が各 $\boldsymbol{u}$ に対する行と，各 $\boldsymbol{w}$ に対する列をもつということである．$n>m$ であるから，A は背が低く，幅広の行列である．よって $A\boldsymbol{v}=\boldsymbol{0}$ **は自明でない解をもつ**．

$A\boldsymbol{v}=\boldsymbol{0}$ から $UA\boldsymbol{v}=\boldsymbol{0}$ となり，これは $W\boldsymbol{v}=\boldsymbol{0}$ である．**ベクトル $\boldsymbol{w}$ の線形結合が零ベクトルになる**！すると，その $\boldsymbol{w}$ は基底になりえない——2 つの基底に対して $n>m$ となる我々の仮定は不可能である．

もし $m>n$ ならば，$\boldsymbol{u}$ と $\boldsymbol{w}$ を交換して，同じ手順を繰り返す．矛盾を避ける唯一の方法は $m=n$ とすることである．これで $m=n$ であるとの証明が完了した．

基底ベクトルの個数は空間に依存する—特定の基底に依存するのではない．その個数はどの基底でも同じで，それは空間の"自由度"を数えている．空間 $\mathbf{R}^n$ の次元は n である．つづいて，他のベクトル空間についても，重要語句である**次元**を導入しよう．

定義　**空間の次元**とは，各基底の中の**ベクトルの個数**である．

これは我々の直観に沿う．$\boldsymbol{u}=(1,5,2)$ を通る直線の次元は 1 である．それは，この 1 つのベクトル $\boldsymbol{u}$ を基底にもつ部分空間である．その直線に垂直なのは，平面 $x+5y+2z=0$ である．この平面の次元は 2 である．これは，基底 $(-5,1,0)$ と $(-2,0,1)$ を見つけて証明できる．基底が 2 つのベクトルを含むので，次元は 2 である．

その平面は，2 つの自由変数をもつ行列 $A = \begin{bmatrix} 1 & 5 & 2 \end{bmatrix}$ の零空間である．我々の基底ベクトル $(-5,1,0)$ と $(-2,0,1)$ は $A\boldsymbol{v} = \boldsymbol{0}$ の“標準斉次解”である．$n-r$ 個の標準斉次解が，**零空間の基底**を与える．そこで，$\boldsymbol{N}(A)$ の次元は $n-r$ である．

線形代数の用語についての注釈 “ある空間の階数”とか“ある基底の次元”とか“ある行列の基底”とは決して言わない．これらの用語には意味がない．**列空間の次元**が，**行列の階数**に等しいなどと言う．

行列空間と関数空間の基底

“線形独立性”と“基底”と“次元”という用語は，列ベクトルに限定されたことではまったくない．3 つの行列 A_1, A_2, A_3 が線形独立かどうかを問うことができる．それらが，3 行 4 列の行列すべての空間内にあるとき，ある線形結合で零行列になるかもしれない．3 行 4 列の空間全体の次元は何かと問うこともできる（12 である）．

微分方程式では，$d^2y/dx^2 = y$ は解の空間をもつ．$y = e^x$ と $y = e^{-x}$ が 1 つの基底である．基底関数を数えて，解すべての空間の次元は 2 となる（2 階導関数のため，次元は 2 となる）．

行列空間と関数空間は，$\mathbf{R}^n$ より少し奇妙に見えるかもしれない．しかしある意味では，列ベクトル以外の“ベクトル”に基底と次元の考え方を適用できるまでは，それらの考え方をよくわかったとはいえないのだ．

例 10 3 行 3 列の対称行列の空間に対する基底を見つけよ．

基底ベクトルは行列になる！空間を張るのに十分なだけ必要である（このとき，どの $A = A^{\mathrm{T}}$ も線形結合となる）．その行列は線形独立でなければならない（零行列となる線形結合がない）．対称行列に対する基底の 1 つをここに示す（他にも多くの基底がある）．

$$\begin{bmatrix} 1 & 0 & 0 \\ 0 & 0 & 0 \\ 0 & 0 & 0 \end{bmatrix} \begin{bmatrix} 0 & 0 & 0 \\ 0 & 1 & 0 \\ 0 & 0 & 0 \end{bmatrix} \begin{bmatrix} 0 & 0 & 0 \\ 0 & 0 & 0 \\ 0 & 0 & 1 \end{bmatrix} \begin{bmatrix} 0 & 1 & 0 \\ 1 & 0 & 0 \\ 0 & 0 & 0 \end{bmatrix} \begin{bmatrix} 0 & 0 & 1 \\ 0 & 0 & 0 \\ 1 & 0 & 0 \end{bmatrix} \begin{bmatrix} 0 & 0 & 0 \\ 0 & 0 & 1 \\ 0 & 1 & 0 \end{bmatrix}$$

どんな $A = A^{\mathrm{T}}$ も，これら 6 つの行列の線形結合として書ける．どんな係数だったら，各行が $1,4,5$ と $4,2,8$ と $5,8,9$ になるか？これを行う方法はただ 1 つである．6 つの行列は線形独立である．対称行列の空間（3 行 3 列の行列）の**次元**は **6** である．

これをさらに押し進めるため，n 行 n 列の行列すべての空間について考えよ．可能な基底の 1 つでは，ただ 1 つの非零成分（その成分は 1）をもつ行列を用いる．その 1 の成分の位置には n^2 通りあるので，n^2 個の基底行列がある：

n 行 n 列の行列空間全体の次元は n^2.

上三角行列の部分空間の次元は $\frac{1}{2}n^2 + \frac{1}{2}n$.

対角行列の部分空間の次元は n.

対称行列の部分空間の次元は $\frac{1}{2}n^2 + \frac{1}{2}n$（なぜ？）．

関数空間 方程式 $d^2y/dt^2 = 0$ と $d^2y/dt^2 = -y$ と $d^2y/dt^2 = y$ は 2 階導関数を含む．微積分学では，これらを解いて関数 $y(t)$ を求める：

$$
\begin{aligned}
y'' &= 0 && \text{の解は，任意の 1 次関数 } y = ct + d \\
y'' &= -y && \text{の解は，任意の線形結合 } y = c\sin t + d\cos t \\
y'' &= y && \text{の解は，任意の線形結合 } y = ce^t + de^{-t}.
\end{aligned}
$$

$y'' = -y$ に対する解の空間は 2 つの基底関数をもつ：$\sin t$ と $\cos t$．$y'' = 0$ の空間では t と 1 となる．これは 2 階導関数の“零空間”である！ どの場合も次元は 2 である（これらは 2 階の方程式である）．斉次解 y_n を求めたのだ．

$y'' = 2$ の解は部分空間を形成しない—右辺 $b = 2$ が零ではない．この方程式の特殊解は $y = t^2$ であり，一般解は $y = y_p + y_n = t^2 + ct + d$ である．

この一般解は，1 つの特殊解と，零空間内の任意の関数の和である．線形微分方程式は，線形行列方程式 $A\boldsymbol{v} = \boldsymbol{b}$ のようである．しかし，線形代数の代わりに微積分学によってそれは解かれる．

本節を，零ベクトルだけを含む空間 $\mathbf{Z}$ で終える．この空間の次元は**零**である．**空集合**（何のベクトルも含んでいない）**が $\mathbf{Z}$ の基底である**．基底の中に零ベクトルは決して含めない．さもないと線形独立性が失われてしまうからである．

■ 要点の復習 ■

1. $A\boldsymbol{v} = \mathbf{0}$ の解が $\boldsymbol{v} = \mathbf{0}$ だけならば，A の各列は**線形独立**である．

2. ベクトル $\boldsymbol{u}_1, \ldots, \boldsymbol{u}_r$ の線形結合が，ある空間を埋め尽くすとき，それらはその空間を**張る**．張るベクトルは線形従属か，線形独立となる．

3. **基底は，空間を張る線形独立なベクトルで構成される．**その空間内のどのベクトルも，基底ベクトルの線形結合で**一意に**書ける．

4. ある空間の基底はすべて，同じ個数のベクトルをもつ．基底の中のベクトルの，この個数がその空間の**次元**である．

5. **ピボット列**は列空間の基底の 1 つである．列空間の次元は階数 r である．

6. 以降では，$n - r$ 個の標準斉次解を，零空間の基底と見るだろう．

■ 例　題 ■

5.4 A　ベクトル $\boldsymbol{u}_1 = (1, 2, 0)$ および $\boldsymbol{u}_2 = (2, 3, 0)$ から始めよ．　**(a)** これらは線形独立か？　**(b)** これらは何かの空間の基底であるか？　**(c)** これらが張るのはどの空間 $\mathbf{V}$ か？

(d) **V** の次元はいくつか？　**(e)** **V** を列空間としてもつのは，どんな行列 A か？　**(f)** **V** を零空間としてもつのは，どんな行列 B か？

解

(a) $\boldsymbol{u}_1$ と $\boldsymbol{u}_2$ は線形独立である——**0** を与える唯一の線形結合は $0\boldsymbol{u}_1 + 0\boldsymbol{u}_2$ だけである．

(b) イエス．それらは，それらが張る空間の基底である．

(c) その空間 **V** はベクトル $(x, y, 0)$ のすべてを含む．これは $\mathbf{R}^3$ 内の xy 平面である．

(d) 基底が 2 つのベクトルを含むから，**V** の次元は 2 である．

(e) この **V** は，第 3 行がすべて零となる，階数 2 で 3 行 n 列の任意の行列 A の列空間である．特に，$\boldsymbol{u}_1$ と $\boldsymbol{u}_2$ だけを列にもつ A でもよい．

(f) この **V** は，どの行も $(0, 0, c)$ の形である，階数 1 で m 行 3 列の任意の行列 B の零空間である．特に，$B = [0\ \ 0\ \ 1]$ とすれば，$B\boldsymbol{u}_1 = \mathbf{0}$ および $B\boldsymbol{u}_2 = \mathbf{0}$ である．

5.4 B　**（重要な例）**　$\boldsymbol{u}_1, \ldots, \boldsymbol{u}_n$ が $\mathbf{R}^n$ の基底であり，n 行 n 列の行列 A は可逆とする．$A\boldsymbol{u}_1, \ldots, A\boldsymbol{u}_n$ もまた，$\mathbf{R}^n$ の基底であることを示せ．

解　**行列の言語では**：基底ベクトル $\boldsymbol{u}_1, \ldots, \boldsymbol{u}_n$ を，可逆な（！）行列 U の各列とせよ．すると $A\boldsymbol{u}_1, \ldots, A\boldsymbol{u}_n$ は AU の各列である．A と U は可逆だから，AU もそうであり，その各列は 1 つの基底となる．

ベクトルの言語では：$c_1A\boldsymbol{u}_1 + \cdots + c_nA\boldsymbol{u}_n = \mathbf{0}$ とすると，これは $\boldsymbol{v} = c_1\boldsymbol{u}_1 + \cdots + c_n\boldsymbol{u}_n$ についての $A\boldsymbol{v} = \mathbf{0}$ である．A^{-1} を掛けて $\boldsymbol{v} = \mathbf{0}$ となる．$\boldsymbol{u}$ ベクトルの線形独立性から，すべての $c_i = 0$ に限る．これより，$A\boldsymbol{u}$ も線形独立であるとを示される．

各 $A\boldsymbol{u}$ ベクトルが $\mathbf{R}^n$ を張ることを示すには，$c_1A\boldsymbol{u}_1 + \cdots + c_nA\boldsymbol{u}_n = \boldsymbol{b}$ を解け．これは $c_1\boldsymbol{u}_1 + \cdots + c_n\boldsymbol{u}_n = A^{-1}\boldsymbol{b}$ となる．$\boldsymbol{u}$ ベクトルは基底だから，これはすべての $\boldsymbol{b}$ について可解でなければならない．

演習問題 5.4

問題 1〜10 では線形独立性と線形従属性について問う．

1　$\boldsymbol{u}_1, \boldsymbol{u}_2, \boldsymbol{u}_3$ は線形独立だが，$\boldsymbol{u}_1, \boldsymbol{u}_2, \boldsymbol{u}_3, \boldsymbol{u}_4$ は線形従属であることを示せ：

$$\boldsymbol{u}_1 = \begin{bmatrix} 1 \\ 0 \\ 0 \end{bmatrix} \quad \boldsymbol{u}_2 = \begin{bmatrix} 1 \\ 1 \\ 0 \end{bmatrix} \quad \boldsymbol{u}_3 = \begin{bmatrix} 1 \\ 1 \\ 1 \end{bmatrix} \quad \boldsymbol{u}_4 = \begin{bmatrix} 2 \\ 3 \\ 4 \end{bmatrix}.$$

$c_1\boldsymbol{u}_1 + c_2\boldsymbol{u}_2 + c_3\boldsymbol{u}_3 + c_4\boldsymbol{u}_4 = \mathbf{0}$ すなわち $A\boldsymbol{c} = \mathbf{0}$ を解け．$\boldsymbol{u}$ ベクトルが A の列に入る．

2 （推奨）　以下の中から，最大個数の線形独立なベクトルとなりうる組を求めよ：

$$\boldsymbol{u}_1 = \begin{bmatrix} 1 \\ -1 \\ 0 \\ 0 \end{bmatrix} \boldsymbol{u}_2 = \begin{bmatrix} 1 \\ 0 \\ -1 \\ 0 \end{bmatrix} \boldsymbol{u}_3 = \begin{bmatrix} 1 \\ 0 \\ 0 \\ -1 \end{bmatrix} \boldsymbol{u}_4 = \begin{bmatrix} 0 \\ 1 \\ -1 \\ 0 \end{bmatrix} \boldsymbol{u}_5 = \begin{bmatrix} 0 \\ 1 \\ 0 \\ -1 \end{bmatrix} \boldsymbol{u}_6 = \begin{bmatrix} 0 \\ 0 \\ 1 \\ -1 \end{bmatrix}$$

3 $a = 0$ か $d = 0$ か $f = 0$（3 つの場合）ならば，U の各列が線形従属となることを証明せよ：

$$U = \begin{bmatrix} a & b & c \\ 0 & d & e \\ 0 & 0 & f \end{bmatrix}.$$

4 問題 3 で，a, d, f がすべて非零ならば，$U\boldsymbol{v} = \boldsymbol{0}$ の解は $\boldsymbol{v} = \boldsymbol{0}$ だけであることを示せ．このとき，上三角行列 U の各列は線形独立である．

5 線形独立か線形従属かを決定せよ．

(a) ベクトル $(1, 3, 2)$ と $(2, 1, 3)$ と $(3, 2, 1)$

(b) ベクトル $(1, -3, 2)$ と $(2, 1, -3)$ と $(-3, 2, 1)$.

6 U と A de, 線形独立な 3 列を選べ．また，その他の選択肢を 2 つずつ求めよ．

$$U = \begin{bmatrix} 2 & 3 & 4 & 1 \\ 0 & 6 & 7 & 0 \\ 0 & 0 & 0 & 9 \\ 0 & 0 & 0 & 0 \end{bmatrix} \quad と \quad A = \begin{bmatrix} 2 & 3 & 4 & 1 \\ 0 & 6 & 7 & 0 \\ 0 & 0 & 0 & 9 \\ 4 & 6 & 8 & 2 \end{bmatrix}.$$

7 $\boldsymbol{w}_1, \boldsymbol{w}_2, \boldsymbol{w}_3$ が線形独立なベクトルのとき，その差 $\boldsymbol{v}_1 = \boldsymbol{w}_2 - \boldsymbol{w}_3$ と $\boldsymbol{v}_2 = \boldsymbol{w}_1 - \boldsymbol{w}_3$ と $\boldsymbol{v}_3 = \boldsymbol{w}_1 - \boldsymbol{w}_2$ は**線形従属**であることを示せ．$\boldsymbol{v}$ の線形結合で零ベクトルとなるものを見つけよ．どの特異行列 A に対して $[\, \boldsymbol{v}_1 \ \boldsymbol{v}_2 \ \boldsymbol{v}_3 \,] = [\, \boldsymbol{w}_1 \ \boldsymbol{w}_2 \ \boldsymbol{w}_3 \,]\, A$ となるか？

8 $\boldsymbol{w}_1, \boldsymbol{w}_2, \boldsymbol{w}_3$ が線形独立なベクトルのとき，その和 $\boldsymbol{v}_1 = \boldsymbol{w}_2 + \boldsymbol{w}_3$ と $\boldsymbol{v}_2 = \boldsymbol{w}_1 + \boldsymbol{w}_3$ と $\boldsymbol{v}_3 = \boldsymbol{w}_1 + \boldsymbol{w}_2$ は**線形独立**であることを示せ.（$c_1\boldsymbol{v}_1 + c_2\boldsymbol{v}_2 + c_3\boldsymbol{v}_3 = \boldsymbol{0}$ を $\boldsymbol{w}$ ベクトルを用いて書け．c についての方程式を求めてから解いて，それらが零であることを示せ.）

9 $\boldsymbol{u}_1, \boldsymbol{u}_2, \boldsymbol{u}_3, \boldsymbol{u}_4$ は $\mathbf{R}^3$ 内のベクトルとする．

(a) ＿＿＿ なので，これら 4 つのベクトルは線形従属である．

(b) もし ＿＿＿ ならば，2 つのベクトル $\boldsymbol{u}_1$ と $\boldsymbol{u}_2$ は線形従属になる．

(c) ＿＿＿ なので，ベクトル $\boldsymbol{u}_1$ と $(0, 0, 0)$ は線形従属である．

10 $\mathbf{R}^4$ 内の超平面 $x + 2y - 3z - t = 0$ 上で，2 つの線形独立なベクトルを見つけよ．その後，3 つの線形独立なベクトルを見つけよ．なぜ 4 つはないか？ この超平面は，どの行列の零空間か？

問題 11～14 では，ベクトルの集合によって**張られる**空間について問う．そのベクトルのすべての線形結合をとり，それらが張る空間を求める．

11 次のベクトルによって張られる $\mathbf{R}^3$ の部分空間を説明せよ．(それは直線か，平面か，それとも $\mathbf{R}^3$ か？)

(a) 2 つのベクトル $(1,1,-1)$ と $(-1,-1,1)$

(b) 3 つのベクトル $(0,1,1)$ と $(1,1,0)$ と $(0,0,0)$

(c) 整数成分をもつ $\mathbf{R}^3$ 内のすべてのベクトル

(d) 正の成分をもつ，すべてのベクトル．

12 _____ が解をもつとき，ベクトル $\boldsymbol{b}$ は A の各列によって張られる部分空間内にある．_____ が解をもつとき，ベクトル $\boldsymbol{c}$ は A の行空間内にある．

真か偽か：零ベクトルが行空間内にあるとき，行ベクトルは線形従属である．

13 次の 4 つの空間の次元を求めよ．どの 2 つの空間が同一か？ (a) A の列空間 (b) U の列空間 (c) A の行空間 (d) U の行空間：

$$A=\begin{bmatrix}1&1&0\\1&3&1\\3&1&-1\end{bmatrix} \quad と \quad U=\begin{bmatrix}1&1&0\\0&2&1\\0&0&0\end{bmatrix}.$$

14 $\boldsymbol{v}+\boldsymbol{w}$ と $\boldsymbol{v}-\boldsymbol{w}$ は $\boldsymbol{v}$ と $\boldsymbol{w}$ の線形結合である．$\boldsymbol{v}$ と $\boldsymbol{w}$ を $\boldsymbol{v}+\boldsymbol{w}$ と $\boldsymbol{v}-\boldsymbol{w}$ の線形結合として書け．これら 2 組のベクトルは，同じ空間を _____．いつ，それらが同じ空間の基底となるか？

問題 15～25 では，基底の要件について問う．

15 $\boldsymbol{v}_1,\ldots,\boldsymbol{v}_n$ が線形独立のとき，それらが張る空間の次元は _____ である．これらのベクトルは，その空間の _____ である．それらのベクトルが，ある m 行 n 列の行列の各列であるとき，m は n より _____．もし $m=n$ ならば，その行列は _____ である．

16 $\boldsymbol{v}_1,\boldsymbol{v}_2,\ldots,\boldsymbol{v}_6$ は $\mathbf{R}^4$ 内の 6 つのベクトルであるとする．

(a) これらのベクトルは $\mathbf{R}^4$ を（張る・張らない・張らないかもしれない）．

(b) これらのベクトルは線形独立で（ある・ない・あるかもしれない）．

(c) これらのベクトルの任意の 4 つは，$\mathbf{R}^4$ の基底で（ある・ない・あるかもしれない）．

17 $U=\begin{bmatrix}1&0&1&0&1\\0&1&0&1&0\end{bmatrix}$ の列空間について，3 つの異なる基底を見つけよ．また，U の行空間について，2 つの異なる基底を見つけよ．

18 これら $\mathbf{R}^4$ の部分空間について，それぞれ基底を見つけよ：

(a) 成分が等しい，すべてのベクトル．

(b) 成分を足すと零になる，すべてのベクトル．

(c) $(1,1,0,0)$ と $(1,0,1,1)$ に垂直な，すべてのベクトル．

(d) I（4行4列）の列空間と零空間．

19 A の各列は $\mathbf{R}^m$ 内の n 個のベクトルである．それらが線形独立ならば，A の階数は何か？ それらが $\mathbf{R}^m$ を張るならば，その階数は何か？ それらが $\mathbf{R}^m$ の基底ならば，そのとき何が言えるか？ **先を見ると**：階数 r は ＿＿＿ な列を数えている．

20 $\mathbf{R}^3$ 内の平面 $x-2y+3z=0$ の基底を見つけよ．その平面と xy 平面の共通部分の基底を見つけよ．その後，その平面に垂直なすべてのベクトルに対する基底を見つけよ．

21 5行5列の行列 A の列ベクトルが $\mathbf{R}^5$ の基底をなすとする．

(a) ＿＿＿ なので，方程式 $A\boldsymbol{v}=\mathbf{0}$ の解は $\boldsymbol{v}=\mathbf{0}$ だけである．

(b) 基底ベクトルが $\mathbf{R}^5$ を ＿＿＿ ので，$\boldsymbol{b}$ が $\mathbf{R}^5$ 内にあれば，$A\boldsymbol{v}=\boldsymbol{b}$ は可解である．

結論：A は可逆で，その階数は5である．その行ベクトルもまた，$\mathbf{R}^5$ の基底である．

22 $\mathbf{S}$ は $\mathbf{R}^6$ の，5次元部分空間であるとする．このとき真か偽か（偽ならば反例）：

(a) $\mathbf{S}$ の基底はどれも，もう1つのベクトルを加えることで $\mathbf{R}^6$ の基底に拡張できる．

(b) $\mathbf{R}^6$ の基底ならばどれでも，1つのベクトルを除くことで $\mathbf{S}$ の基底に縮小できる．

23 A の第1行を第3行から引くと U になる：

$$A=\begin{bmatrix}1&3&2\\0&1&1\\1&3&2\end{bmatrix} \quad と \quad U=\begin{bmatrix}1&3&2\\0&1&1\\0&0&0\end{bmatrix}.$$

2つの列空間の基底を求めよ．2つの行空間の基底を求めよ．2つの零空間の基底を求めよ．消去法で変わらないのはどの空間か？

24 真か偽か（納得する理由を示せ）：

(a) ある行列の列ベクトルが線形従属のとき，行ベクトルもそうである．

(b) 2行2列の行列の列空間は，その行空間と同一である．

(c) 2行2列の行列の列空間は，その行空間と同じ次元をもつ．

(d) ある行列の列ベクトルは，その列空間の基底である．

25 どんな c と d の値に対して，これらの行列の階数がそれぞれ2となるか？

$$A=\begin{bmatrix}1&2&5&0&5\\0&0&c&2&2\\0&0&0&d&2\end{bmatrix} \quad と \quad B=\begin{bmatrix}c&d\\d&c\end{bmatrix}.$$

問題 **26〜28** では，“ベクトル” が行列である空間について問う．

26 次の 3 行 3 列の行列の部分空間について，基底（そして次元）を求めよ：

(a) 対角行列すべて． (b) 歪対称行列 ($A^{\mathrm{T}} = -A$) すべて．

27 線形独立な 6 つの，3 行 3 列の階段行列 $U_1, \ldots, U_6$ をつくれ．これらは 3 行 3 列の行列の，どんな空間を張るか？

28 各列を足すと零ベクトルになる，2 行 3 列の行列すべての空間の基底を見つけよ．さらに，各行を足しても零ベクトルになる部分空間の基底を見つけよ．

問題 **29〜32** では，“ベクトル” が関数である空間について問う．

29 (a) $\frac{dy}{dx} = 0$ を満たす関数すべてを求めよ．

(b) $\frac{dy}{dx} = 3$ を満たす特殊な関数を 1 つ選べ．

(c) $\frac{dy}{dx} = 3$ を満たす，すべての関数を求めよ．

30 コサイン空間 $\mathbf{F}_3$ は，線形結合 $y(x) = A\cos x + B\cos 2x + C\cos 3x$ のすべてを含む．$y(0) = 0$ である部分空間 $\boldsymbol{S}$ の基底を見つけよ．$\boldsymbol{S}$ の次元は何か？

31 以下を満たす関数の空間の基底を見つけよ．

(a) $\frac{dy}{dx} - 2y = 0$ (b) $\frac{dy}{dx} - \frac{y}{x} = 0$.

32 y_1, y_2, y_3 は 3 つの異なる，x の関数とする．それらが張る空間は 1，2，または 3 次元となりうる．それぞれの場合の y_1, y_2, y_3 の例を示せ．

33 $a+c+d = 0$ であるベクトル (a, b, c, d) すべての空間 $\mathbf{S}$ の基底を見つけよ．また，$a+b = 0$ と $c = 2d$ である場合の空間 $\mathbf{T}$ の基底も見つけよ．共通部分 $\mathbf{S} \cap \mathbf{T}$ の次元は何か？

34 次のどれが，$\mathbf{R}^3$ の基底か？

(a) $(1, 2, 0)$ と $(0, 1, -1)$

(b) $(1, 1, -1), (2, 3, 4), (4, 1, -1), (0, 1, -1)$

(c) $(1, 2, 2), (-1, 2, 1), (0, 8, 0)$

(d) $(1, 2, 2), (-1, 2, 1), (0, 8, 6)$

35 A は階数 4 の，5 行 4 列の行列とする．5 行 5 列の行列 $[A \;\; \boldsymbol{b}]$ が可逆のとき，$A\boldsymbol{v} = \boldsymbol{b}$ が解をもたないことを示せ．$[A \;\; \boldsymbol{b}]$ が特異のとき，$A\boldsymbol{v} = \boldsymbol{b}$ が可解であることを示せ．

36 (a) $d^4y/dx^4 = y(x)$ のすべての解に対する基底を見つけよ．

(b) $d^4y/dx^4 = y(x) + 1$ の特殊解を見つけ，一般解を求めよ．

挑戦問題

37 3 行 3 列の単位行列を，他の 5 つの置換行列の線形結合として書け！ その後，それら 5 つの行列が線形独立であることを示せ（ある線形結合で $c_1P_1 + \cdots + c_5P_5 =$ 零行列 となることを仮定し，各 $c_i = 0$ を証明せよ）．

38 共通部分と和集合では $\dim(\mathbf{V}) + \dim(\mathbf{W}) = \dim(\mathbf{V} \cap \mathbf{W}) + \dim(\mathbf{V} + \mathbf{W})$ となる．共通部分 $\mathbf{V} \cap \mathbf{W}$ の基底 $\boldsymbol{u}_1, \ldots, \boldsymbol{u}_r$ から始める．$\boldsymbol{v}_1, \ldots, \boldsymbol{v}_s$ を用いて $\mathbf{V}$ の基底へと拡張し，これとは別途 $\boldsymbol{w}_1, \ldots, \boldsymbol{w}_t$ を用いて $\mathbf{W}$ の基底に拡張する．$\boldsymbol{u}$，$\boldsymbol{v}$，および $\boldsymbol{w}$ のベクトルは合わせて**線形独立**であることを証明せよ．このとき次元は希望どおり，$(r+s)+(r+t) = (r)+(r+s+t)$ となる．

39 $\mathbf{R}^n$ 内で，($\mathbf{V}$ の次元) + ($\mathbf{W}$ の次元) $> n$ であるとする．$\mathbf{V}$ と $\mathbf{W}$ のどちらにも含まれる非零ベクトルがあるのはなぜか？ $p+q>n$ を満たす基底 $\boldsymbol{v}_1, \ldots, \boldsymbol{v}_p$ および $\boldsymbol{w}_1, \ldots, \boldsymbol{w}_q$ から始めよ．

40 A は 10 行 10 列の行列で，$A^2 = 0$（零行列）であるとする：A を A の各列に掛けると $\mathbf{0}$ である．これは，A の列空間が ＿＿＿ 内に含まれることを意味する．A の階数が r ならば，これらの部分空間の次元は $r \leq 10 - r$ を満たす．そこで，$A^2 = 0$ ならば，A の階数は $r \leq 5$ である．

5.5 4 つの基本部分空間

次のページの図は**線形代数の全体像**である．4 つの基本部分空間が適所に置かれている：$\mathbf{R}^n$ 内の直交部分空間が 2 つと，$\mathbf{R}^m$ 内のものが 2 つある．列空間内の任意の $\boldsymbol{b}$ について，$A\boldsymbol{v} = \boldsymbol{b}$ の一般解は，行空間内の 1 つの特殊解 $\boldsymbol{v}_p$ に，零空間内の任意の $\boldsymbol{v}_n$ を足したものである．

本節の主定理は**階数**と**次元**を結びつける．行列の**階数**はピボットの数である．部分空間の**次元**は，基底の中のベクトルの数である．ピボットを数えるか，基底ベクトルを数える．**A の階数から，4 つの基本部分空間すべての次元が明らかになる．** その部分空間とは，新たな 1 つを含めて，次のとおりである．

2 つの部分空間は直接 A に由来し，他の 2 つは A^{T} に由来する：

4 つの基本部分空間		**次元**
1. 行空間 $\boldsymbol{C}(A^{\mathrm{T}})$	$\mathbf{R}^n$ の部分空間．	$\boldsymbol{r}$
2. 列空間 $\boldsymbol{C}(A)$	$\mathbf{R}^m$ の部分空間．	$\boldsymbol{r}$
3. 零空間 $\boldsymbol{N}(A)$	$\mathbf{R}^n$ の部分空間．	$\boldsymbol{n - r}$
4. 左零空間 $\boldsymbol{N}(A^{\mathrm{T}})$	$\mathbf{R}^m$ の部分空間．これが新たな空間である．	$\boldsymbol{m - r}$

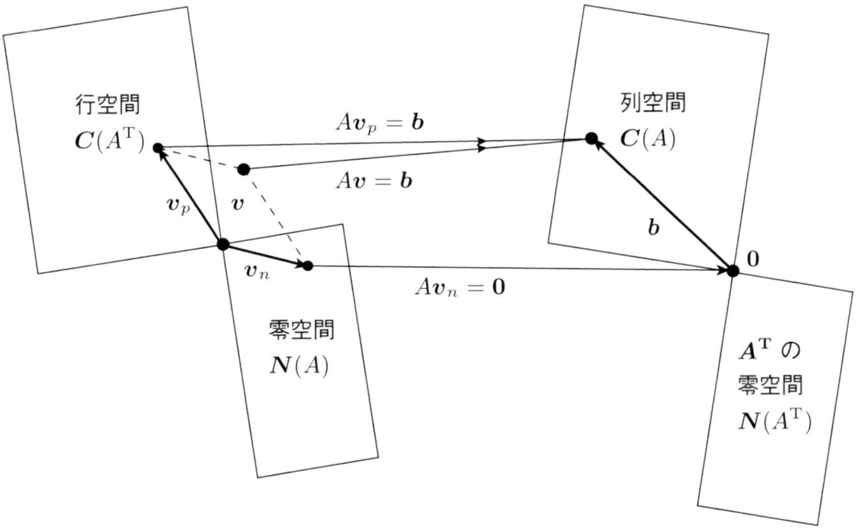

図 5.5　4つの基本部分空間．$A\boldsymbol{v} = \boldsymbol{b}$ の一般解 $\boldsymbol{v}_p + \boldsymbol{v}_n$.

本書では，列空間と零空間が最初に現れた．$\boldsymbol{C}(A)$ と $\boldsymbol{N}(A)$ については，かなりよく知っている．今度は，他の2つの部分空間を前面に出す．行空間は，行ベクトルの線形結合すべてを含む．**これは A^{T} の列空間である**．

左零空間については，$A^{\mathrm{T}}\boldsymbol{y} = \boldsymbol{0}$ を解く——この線形系は n 行 m 列である．**これが零空間 $\boldsymbol{N}(A^{\mathrm{T}})$ である**．転置して $\boldsymbol{y}^{\mathrm{T}}A = \boldsymbol{0}^{\mathrm{T}}$ とすると，A の**左側**にベクトル $\boldsymbol{y}$ がくる．行列 A と A^{T} は通常異なる．そこで，それらの列空間と零空間もそうなる．しかし，それらの空間は，極めて美しい方法でつながっている．

第1基本定理では，4つの部分空間の次元を見いだす．1つの事実が突出する：**行空間と列空間は同じ次元 r である**．これは行列の階数である．他の重要な事実は，2つの零空間に関するものである：

$\boldsymbol{N}(A)$ と $\boldsymbol{N}(A^{\mathrm{T}})$ の次元は $n-r$ と $m-r$ であり，全体の次元 n と m を補う．

第2基本定理は，4つの部分空間がどのように，互いにはめ合わさるか（$\mathbf{R}^n$ 内で2つ，そして $\mathbf{R}^m$ 内で2つ）を記す．これで，すべての $A\boldsymbol{v} = \boldsymbol{b}$ を理解する“正しい方法”が完成する．諦めずに頑張ろう——真の数学を学んでいるのだ．

R の4つの部分空間

A が，その行階段形 R に簡約されたとする．その特別な形では，4つの部分空間が容易に確認できる．各部分空間の基底を求め，その次元を確かめよう．その後，A に戻り，どのように部分空間が変わるか（その2つは変わらない）を注視する．主要な点は，**A と R では，4つの次元が変わらない**ということである．

3行5列の特定の例として，この階段行列 R の4つの部分空間を見てみよ．

$$\begin{matrix} m=3 \\ n=5 \\ r=2 \end{matrix} \quad \begin{bmatrix} 1 & 3 & 5 & 0 & 7 \\ 0 & 0 & 0 & 1 & 2 \\ 0 & 0 & 0 & 0 & 0 \end{bmatrix} \quad \begin{matrix} \text{ピボット行は 1 と 2} \\ \\ \text{ピボット列は 1 と 4} \end{matrix}$$

この行列 R の階数は $r=2$（**2 つのピボット**）である．4 つの部分空間を順番に得よう．

1. $\boldsymbol{R}$ の行空間の次元は 2 で，階数に一致する．

理由 最初の 2 行が基底である．行空間は 3 行すべての線形結合を含むが，第 3 行（すべて零の行）は何も新たに付加しない．そのため，第 1 行と第 2 行が行空間 $\boldsymbol{C}(R^{\mathrm{T}})$ を張る．

ピボット行の第 1 行と第 2 行は線形独立である．それはこの例で明白なように，いつもそうである．ピボット列だけを見れば，r 行 r 列の単位行列がある．ピボット行を線形結合して，すべて零の行を得る方法は（すべての係数が零のときを除いて）ない．そのため，r 個のピボット行は行空間の基底である．

行空間の次元は階数 r である．R の非零行が基底を形成する．

2. $\boldsymbol{R}$ の列空間の次元もまた $\boldsymbol{r=2}$ で，階数に一致する．

理由 ピボット列である第 1 列と第 4 列が $\boldsymbol{C}(R)$ の基底となる．これらは r 行 r 列の単位行列で始まるので，線形独立である．これらピボット列の線形結合で，すべて零の列を得る方法は（すべての係数が零のときを除いて）ない．そこで，これらは列空間を張る．ほかのどの（自由）列も，ピボット列の線形結合である．

その望む線形結合は，次の 3 つの標準斉次解により，あらわとなる：

第 2 列は，$3\times$ 第 1 列．標準斉次解は $(-3,1,0,0,0)$.

第 3 列は，$5\times$ 第 1 列．標準斉次解は $(-5,0,1,0,0,)$.

第 5 列は，7（第 1 列）$+\,2$（第 4 列）．その解は $(-7,0,0,-2,1)$.

ピボット列は線形独立であり，$\boldsymbol{C}(R)$ を張るので，それらは $\boldsymbol{C}(R)$ の基底である．

列空間の次元は階数 r である．ピボット列が基底を形成する．

3. 零空間の次元は $\boldsymbol{n-r=5-2}$ である．$\boldsymbol{n-r=3}$ 個の自由変数がある．v_2, v_3, v_5 が自由である（これらの列にはピボットがない）．それらが，$\boldsymbol{Rv=0}$ に対する 3 つの標準斉次解 $\boldsymbol{s}_2, \boldsymbol{s}_3, \boldsymbol{s}_5$ をもたらす．1 つの自由変数を 1 にして，ピボット変数 v_1 と v_4 について解け．

$$s_2 = \begin{bmatrix} -3 \\ 1 \\ 0 \\ 0 \\ 0 \end{bmatrix} \quad s_3 = \begin{bmatrix} -5 \\ 0 \\ 1 \\ 0 \\ 0 \end{bmatrix} \quad s_5 = \begin{bmatrix} -7 \\ 0 \\ 0 \\ -2 \\ 1 \end{bmatrix} \quad \begin{array}{l} R\boldsymbol{v} = \boldsymbol{0} \text{ の一般解は} \\ \boldsymbol{v} = v_2 s_2 + v_3 s_3 + v_5 s_5 \end{array}.$$

各自由変数に対して標準斉次解がある．n 個の変数のうち r 個がピボット変数なので，$n-r$ 個の自由変数と標準斉次解が残る．$\boldsymbol{N}(R)$ の次元は $n-r$ である．

零空間の次元は $n-r$ である．標準斉次解が基底を形成する．

標準斉次解は線形独立である．なぜなら，それらが第 2 行，第 3 行，第 5 行で単位行列を含むからである．すべての解は標準斉次解の線形結合 $\boldsymbol{v} = v_2 s_2 + v_3 s_3 + v_5 s_5$ である．これで v_2, v_3, v_5 が正しい場所に配置されるからである．このとき，ピボット変数 v_1 と v_4 は方程式 $R\boldsymbol{v} = \boldsymbol{0}$ によって完全に定まる．

4. R^{T} の零空間（R の左零空間）の次元は $m - r = 3 - 2$ である．

理由　方程式 $R^{\mathrm{T}}\boldsymbol{y} = \boldsymbol{0}$ は，R^{T} の列（**R の行**）の線形結合で，零ベクトルを生み出すものを探す．y_1 と y_2 が零でなければならず，y_3 **が自由変数である**理由は理解されよう．

$$\begin{array}{r} y_1\,[1,\ 3,\ 5,\ 0,\ 7] \\ +y_2\,[0,\ 0,\ 0,\ 1,\ 2] \\ +y_3\,[0,\ 0,\ 0,\ 0,\ 0] \\ \hline [0\ \ 0\ \ y_3]R = [0,\ 0,\ 0,\ 0,\ 0] \end{array} \qquad (1)$$

左零空間

どの場合も R は $m-r$ 個の，すべて零の行で終わる．これら $m-r$ 行のどの線形結合も，零となる．r 個のピボット行は線形独立なので，R の行の線形結合で零を与えるのは，これら**だけ**である．R の左零空間は，$R^{\mathrm{T}}\boldsymbol{y} = \boldsymbol{0}$ に対する，これらの解 $\boldsymbol{y} = (0, \ldots, 0, y_{r+1}, \ldots, y_m)$ すべてを含む．

A が m 行 n 列で，階数が r ならば，その左零空間の次元は $m-r$ である．

この 4 番目に登場した部分空間で，線形代数の全体像が完成する．

$\mathbf{R}^n$ 内で，行空間と零空間の次元は r と $n-r$（足して n）である．
$\mathbf{R}^m$ 内で，列空間と左零空間の次元は r と $m-r$（足して m）である．

今のところ，これは階段行列 R に対して証明された．図 5.6 では A に対して同様であることを示している．

A の **4** つの部分空間

まだ，やり残した作業がある．**A に対する基本部分空間の次元は，R に対するものと同じ**

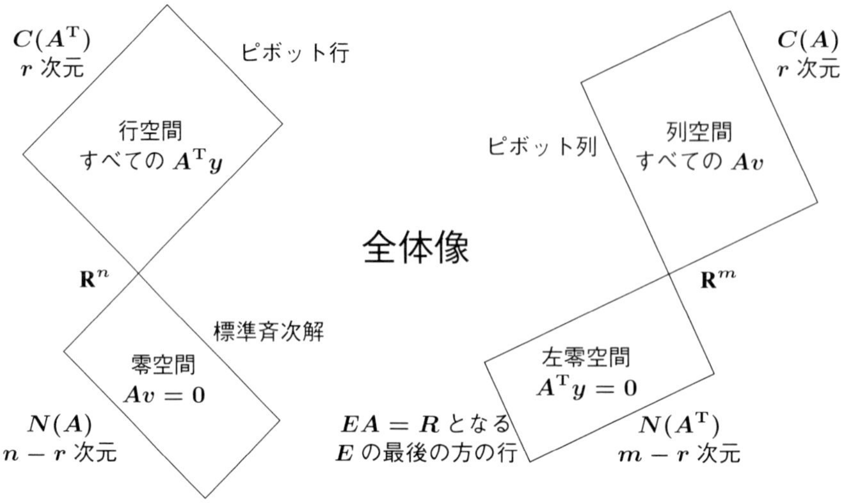

図 5.6 4 つの基本部分空間の基底と次元.

である. これがなぜかを説明する必要がある. ここで A は, $R = \text{rref}(A)$ と簡約される任意の行列である.

$$\text{このAはRに簡約される} \qquad A = \begin{bmatrix} 1 & 3 & 5 & 0 & 7 \\ 0 & 0 & 0 & 1 & 2 \\ 1 & 3 & 5 & 1 & 9 \end{bmatrix} \qquad \text{ここで}\ \boldsymbol{C}(A) \neq C(R)\ \text{に注意} \tag{2}$$

基本変形の行列により A から R へ変形する. 全体像（図 5.6）は両方に当てはまる. 可逆行列 E は, A を R へ簡約するときの基本行列の積である：

$$\boldsymbol{A}\ \text{から}\ \boldsymbol{R}\ \text{へ, そして逆戻り} \qquad EA = R \quad \text{と} \quad A = E^{-1}R \tag{3}$$

1 **A は R と同じ行空間をもつ.** 同一の次元 r で, 同一の基底.

理由 A のどの行も, R の行の線形結合である. また, R のどの行も, A の行の線形結合である. 消去法で行は変化するが, 行**空間**は変わらない.

A が R と同じ行空間をもつので, R の最初の r 行を基底に選べる. **A の最初の r 行は線形従属かもしれないが**, A の適切な r 行からピボット行に至る.

2 **A の列空間の次元は r である.** A の r 個のピボット列が基底である.

線形独立な列の数は, 線形独立な行の数に等しい.

間違った理由 "A と R は同じ列空間をもっているから" というのは誤りである. R の各列はしばしば零で終わるが, A の各列が頻繁に零で終わるということはない. 列空間は異なってもよい！ しかし, それらの**次元**は同一である —— どちらも r に等しい.

正しい理由 A と R の列について**同じ線形結合**はともに零ベクトル（またはともに非零ベクトル）となる. 言い換えれば：**$Av = 0$ となるのは, まさしく $Rv = 0$ となるときである.** ピボット列は線形独立である.

これで線形代数の偉大な第 1 定理の証明を 1 つ，与えたことになる：**行の階数は列の階数に等しい**．これは R に対しては容易に示されたが，その階数は A についても同じである．5 章の注釈では，R を用いない直接的な証明をさらに 3 つ提示する．

3　A と R は同じ零空間をもつ． 同一の次元 $\boldsymbol{n-r}$ で，同一の基底．

理由　消去法の手順では，解は変わらない．(既に知っているように）標準斉次解がこの零空間の基底である．$n-r$ 個の自由変数があるので，零空間の次元は $n-r$ である．$r+(n-r)$ が n に等しいことに注目せよ：

$$\text{（列空間の次元）}+\text{（零空間の次元）}=\mathbf{R}^n\text{の次元.}$$

この美しい事実が**数え上げ定理**である．今度は，これを A^{T} にも適用する．

4　A の左零空間（A^{T} の零空間）**の次元は $\boldsymbol{m-r}$.**

理由　A^{T} も A と同様の，1 つの行列である．どんな A でもその次元がわかるのだから，A^{T} の次元がわからないはずがない．その列空間が r 次元であることは証明された．A^{T} は n 行 m 列だから，“全体の空間” は今度は $\mathbf{R}^m$ である．A に対する数え上げ定理は $r+(n-r)=n$ である．A^{T} に対する数え上げ定理は $r+(m-r)=m$ である．主定理の詳細がすべて得られた：

線形代数の第 1 基本定理

列空間と行空間の次元は，ともに $\boldsymbol{r}$ である．

2 つの零空間の次元は，$\boldsymbol{n-r}$ と $\boldsymbol{m-r}$ である．

個別の数字やベクトルでなく，ベクトルの**空間**に集中することで，このきれいな法則を得た．すぐにこれらを当然のことと思うようになるだろう．しかし，187 個の非零成分をもつ 11 行 17 列の行列でも，これらの事実が成り立つことは，ほとんどの人に見通せないと思う：

2 つの大切な事実

$$\boldsymbol{C}(A)\text{ の次元}=\boldsymbol{C}(A^{\mathrm{T}})\text{ の次元}=A\text{ の階数}$$
$$\boldsymbol{C}(A)\text{ の次元}+\boldsymbol{N}(A)\text{ の次元}=17.$$

例 1　$A=[1\ \ 2\ \ 3]$ では $m=1$ と $n=3$ で，階数は $r=1$.

この行空間は $\mathbf{R}^3$ 内の 1 本の直線である．零空間は平面 $A\boldsymbol{v}=x+2y+3z=0$ である．この平面の次元は 2（これは $3-1$）である．次元を足すと $\mathbf{1}+\mathbf{2}=\mathbf{3}$ となる．

この 1 行 3 列の行列の各列は $\mathbf{R}^1$ 内にある．列空間は $\mathbf{R}^1$ の全体である．左零空間は零ベクトルだけを含む．$A^{\mathrm{T}}\boldsymbol{y}=\mathbf{0}$ の解は，$\boldsymbol{y}=\mathbf{0}$ のみであり，$[1\ \ 2\ \ 3]$ を，他のどんな定数倍しても，すべて零の行にはならない．よって $\boldsymbol{N}(A^{\mathrm{T}})$ は $\mathbf{Z}$ であり，この零ベクトルだけの空間は 0 次元（これは $m-r$）である．$\mathbf{R}^m$ 内で，次元を足すと $\mathbf{1}+\mathbf{0}=\mathbf{1}$ となる．

例 2　$A=\begin{bmatrix}1&2&3\\2&4&6\end{bmatrix}$ では $m=2$ と $n=3$ で，階数は $r=1$.

この行空間は $(1,2,3)$ を通る，例 1 と同じ直線である．零空間も同じ平面 $x+2y+3z=0$ でなければならない．これら 2 つの空間の次元を足すと，また n である：$1+2=3$．

各列は第 1 列 $(1,2)$ の定数倍である．第 1 行の 2 倍から第 2 行を引くと，すべて零の行である．従って $A^{\mathrm{T}}\boldsymbol{y}=\mathbf{0}$ は解 $\boldsymbol{y}=(2,-1)$ をもつ．列空間と左零空間は $\mathbf{R}^2$ 内の**垂直な 2 直線**である．それらの次元を加えて m となる：$1+1=2$．

$$\text{列空間} = \begin{bmatrix} 1 \\ 2 \end{bmatrix} \text{ を通る直線} \qquad \text{左零空間} = \begin{bmatrix} 2 \\ -1 \end{bmatrix} \text{ を通る直線.}$$

もし A に同一成分の行が 3 行あれば，その階数は ＿＿＿ である．その左零空間内の，2 つの $\boldsymbol{y}$ は何か？

左零空間内の $\boldsymbol{y}$ は，A の各行を線形結合して，すべて零の行を与える．

階数 1 の行列

これらの例では階数が $r=1$ だった——そして，階数 1 の行列は特殊である．それらすべてを記述できる．行空間の次元 = 列空間の次元，であることが再びわかる．$r=1$ のとき，どの行も，ある行 $\boldsymbol{r}^{\mathrm{T}}$ の定数倍である：

$$\boldsymbol{A}=\boldsymbol{c}\boldsymbol{r}^{\mathbf{T}} \quad A=\begin{bmatrix} 1 & 2 & 3 \\ 2 & 4 & 6 \\ -3 & -6 & -9 \\ 0 & 0 & 0 \end{bmatrix} \quad \text{は} \quad \boldsymbol{c}=\begin{bmatrix} 1 \\ 2 \\ -3 \\ 0 \end{bmatrix} \quad \text{掛ける} \quad \begin{bmatrix} 1 & 2 & 3 \end{bmatrix}=\boldsymbol{r}^{\mathrm{T}}.$$

列と行の積（4 行 1 列と 1 行 3 列の積）が行列（4 行 3 列）を生み出す．すべての行が，行ベクトル $\boldsymbol{r}^{\mathrm{T}}=[1,2,3]$ の定数倍である．すべての列は，第 1 列 $\boldsymbol{c}=(1,2,-3,0)$ の定数倍である．行空間は $\mathbf{R}^n$ 内の 1 本の直線であり，列空間は $\mathbf{R}^m$ 内の 1 本の直線である．

階数 1 の行列はすべて特別な形をもつ：$\boldsymbol{A}=\boldsymbol{c}\boldsymbol{r}^{\mathbf{T}}$ = 列と行の積．

すべての列が $\boldsymbol{c}$ の定数倍である．すべての行が $\boldsymbol{r}^{\mathrm{T}}$ の定数倍である．**零空間は $\boldsymbol{r}$ に垂直な平面である．**（$A\boldsymbol{v}=\mathbf{0}$ は $\boldsymbol{c}(\boldsymbol{r}^{\mathrm{T}}\boldsymbol{v})=\mathbf{0}$．これは $\boldsymbol{r}^{\mathrm{T}}\boldsymbol{v}=0$ であることを意味する．）この，部分空間の**垂直性**が第 2 基本定理となる．

（列ベクトル $\boldsymbol{c}$）×（行ベクトル $\boldsymbol{r}^{\mathrm{T}}$）は，しばしば**外積**と呼ばれる．内積 $\boldsymbol{r}^{\mathrm{T}}\boldsymbol{c}$ は 1 つの数値であるが，外積 $\boldsymbol{c}\boldsymbol{r}^{\mathrm{T}}$ は行列である．

垂直な部分空間

方程式 $A\boldsymbol{v}=\mathbf{0}$ を見てみよう．これは，$\boldsymbol{v}$ が A の零空間内にあると言っている．**それはまた，$\boldsymbol{v}$ が $\boldsymbol{A}$ のどの行にも垂直であるとも言っている．**第 1 行を $\boldsymbol{v}$ に掛けると，$A\boldsymbol{v}=\mathbf{0}$ の中の最初の零を得る：

$$Av = \begin{bmatrix} \text{第}\,\mathbf{1}\,\text{行} \\ \cdots \\ \text{第}\,m\,\text{行} \end{bmatrix} \begin{bmatrix} \\ \boldsymbol{v} \\ \\ \end{bmatrix} = \begin{bmatrix} \mathbf{0} \\ \cdot \\ 0 \end{bmatrix} \qquad \begin{bmatrix} \mathbf{1} & \mathbf{1} & \mathbf{1} \\ 3 & 1 & 0 \\ 0 & 2 & 3 \end{bmatrix} \begin{bmatrix} \mathbf{1} \\ \mathbf{-3} \\ \mathbf{2} \end{bmatrix} = \begin{bmatrix} \mathbf{0} \\ 0 \\ 0 \end{bmatrix}$$

零空間内のこのベクトル $\boldsymbol{v} = (1, -3, 2)$ は第 1 行 $(1,1,1)$ に垂直である．それらの内積は $1-3+2=0$ である．そのベクトル $\boldsymbol{v}$ はまた，他の行 $(3,1,0)$ と $(0,2,3)$ にも垂直である—なぜなら右辺が零となる．どの行と $\boldsymbol{v}$ の内積も零である．

零空間内のどの $\boldsymbol{v}$ も，行空間全体と垂直である．それは各行と垂直であり，行のすべての線形結合とも垂直である．A の零空間を記述する，新たな言葉を見いだした：

$\boldsymbol{N}(\boldsymbol{A})$ は，$\boldsymbol{A}$ の行空間に垂直なベクトル $\boldsymbol{v}$ すべてを含む．

これら 2 つの基本部分空間 $\boldsymbol{N}(A)$ と $\boldsymbol{C}(A^{\mathrm{T}})$ の，もとの**空間内での位置関係**をいまや得た．それらは“直交部分空間”であり，$\boldsymbol{R}^3$ 内の xy 平面と z 軸のようなものである．その絵を傾けても，まだ直交部分空間のままである．それらの次元 2 と 1 は，足すと 3（全空間の次元）のままである．任意の行列に対して，r 次元の行空間は $(n-r)$ 次元の零空間に垂直である．その行列が A でなく A^{T} であれば，$\boldsymbol{R}^m$ での部分空間となる．

（$\boldsymbol{R}^n$ 内で）　$A\boldsymbol{v} = \mathbf{0}$ の解はどれも，A のすべての**行**に垂直である．

（$\boldsymbol{R}^m$ 内で）　$A^{\mathrm{T}}\boldsymbol{y} = \mathbf{0}$ の解はどれも，A のすべての**列**に垂直である．

A が可逆な正方行列のとき，2 つの零空間は単に $\boldsymbol{Z}$ である：零ベクトルのみ．行空間と列空間はもとの空間全体である．これらは直交部分空間の極端な場合である：すべてか無か．いや，**無というわけではない**．零ベクトルというのは，何にでも垂直である．

垂直な部分空間という，この新たな洞察を用いて，全体像を描いてみよう．

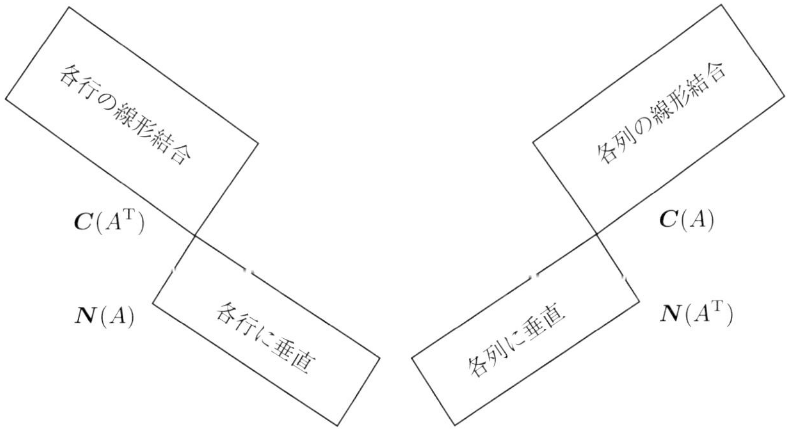

この直交性が，線形代数の第 2 基本定理である．新たな記号 $\boldsymbol{S}^{\perp}$（英語では「**$\boldsymbol{S}$ パープ**」，日本語では「**$\boldsymbol{S}$ の直交補空間**」と呼ぶ）で，部分空間 $\boldsymbol{S}$ に直交するベクトルすべてを表す．

第 2 基本定理: $\boldsymbol{N}(A) = \boldsymbol{C}(A^{\mathrm{T}})^{\perp}$　および　$\boldsymbol{N}(A^{\mathrm{T}}) = \boldsymbol{C}(A)^{\perp}$．

すべての垂直なベクトル（空間内の 2 本の直線のような，単にいくつかのものだけでない）を得たことがわかる．次元 r と $n-r$ は足して全体の次元 n になる．$\boldsymbol{R}^3$ 内の 1 つの直線と平面に対しては：（空間内の直線）$^\perp =$（空間内の平面）であり，$1+2=3$.

演習問題 37 で，なぜ $(\boldsymbol{S}^\perp)^\perp = \boldsymbol{S}$ かを説明していただく．

■ 要点の復習 ■

1. R の r 個のピボット行は，R と A の行空間（同じ空間）に対する基底である．

2. （R ではなく）A の r 個のピボット列は，その列空間 $\boldsymbol{C}(A)$ の基底である．

3. $n-r$ 個の標準斉次解は A と R の零空間（同じ空間）の基底である．

4. I の最後の $m-r$ 行は，R の左零空間の基底である．

5. $EA=R$ のとき，E の最後の $m-r$ 行は，A の左零空間の基底である．

6. $\boldsymbol{C}(A^{\mathrm{T}})$ は $\boldsymbol{N}(A)$ に直交する．そして $\boldsymbol{C}(A)$ は $\boldsymbol{N}(A^{\mathrm{T}})$ に直交する．

■ 例　題 ■

5.5 A　次のことを知ったとき，A の 4 つの基本部分空間すべての基底と次元を求めよ：

$$A = \begin{bmatrix} 1 & 0 & 0 \\ 2 & 1 & 0 \\ 5 & 0 & 1 \end{bmatrix} \begin{bmatrix} 1 & 3 & 0 & 5 \\ 0 & 0 & 1 & 6 \\ 0 & 0 & 0 & 0 \end{bmatrix} = E^{-1}R.$$

R の中で，**1 成分のみ**を変えて，4 つの部分空間すべての次元を変えよ．

解　この行列は第 1 列と第 3 列にピボットをもつ．その階数は $r=2$ である．

行空間	R から基底は $(1,3,0,5)$ と $(0,0,1,6)$．2 次元．
列空間	E^{-1}（と A）から基底は $(1,2,5)$ と $(0,1,0)$．2 次元．
零空間	R から基底は $(-3,1,0,0)$ と $(-5,0,-6,1)$．2 次元．
$\boldsymbol{A}^{\mathrm{T}}$ の零空間	E の第 3 行から基底は $(-5,0,1)$．次元は $3-2=1$．

左零空間 $\boldsymbol{N}(A^{\mathrm{T}})$ については注釈の必要がある．$EA=R$ から，E の最後の行により A の 3 行を線形結合すると，R のすべて零の行になるとわかる．だから E の最後の行が A の左零空間の基底ベクトルである．もし R にすべて零の行が **2 つ**あったなら，E の最後の **2 つ**の行

が基底となる（ちょうど消去法のように，$\boldsymbol{y}^{\mathrm{T}}A = \boldsymbol{0}^{\mathrm{T}}$ は A の行を線形結合して，R の中のすべて零の行をつくる）．

これらの次元をすべて変えるには，階数 r を変える必要がある．そうする方法は，R のすべて零の行を変えることである．**変えるに最適な成分は，右下隅の $\boldsymbol{R_{34}}$** である．

5.5 B　5 行 6 列の零行列に 4 個の 1 をどのように入れれば，**行空間**が 1 次元となるか？ **列空間**を 1 次元にする，すべての方法を記述せよ．**零空間 $\boldsymbol{N}(A)$** の次元を極力小さくする方法をすべて記せ．**4 つの部分空間すべての次元の和を小さく**するにはどうすればよいか？

解　4 つの 1 がすべて同じ行に，または同じ列に入れば階数は 1 である．**2 行と 2 列**に（$a_{ii} = a_{ij} = a_{ji} = a_{jj} = 1$ のように）入れることもできる．列空間と行空間は常に同じ次元をもつので，これで最初の 2 つの問いの答えとなる：最小次元は 1 である．

階数が $r = 4$ のとき，零空間は極力小さい次元 $6 - 4 = 2$ となる．階数 4 を達成するには，1 を 4 つの異なる行と列に入れなければならない．

次元の和 $r + (n - r) + r + (m - r) = n + m$ については，何もできない．どのように 1 を配置しても，和は $6 + 5 = 11$ である．1 がまったくないときでさえ，その和は 11 である . . .

A の 1 以外の成分のすべてが 0 でなく 2 だったとしたら，これらの答えはどのように変わるか？

演習問題 5.5

1　(a) 7 行 9 列の行列の階数が 5 のとき，4 つの部分空間の次元は何か？ 4 つの次元すべての和はいくつか？

(b) 3 行 4 列の行列の階数が 3 のとき，その列空間と左零空間は何か？

2　A と B について，4 つの部分空間の基底と次元を求めよ：

$$A = \begin{bmatrix} 1 & 2 & 4 \\ 2 & 4 & 8 \end{bmatrix} \quad \text{と} \quad B = \begin{bmatrix} 1 & 2 & 4 \\ 2 & 5 & 8 \end{bmatrix}.$$

3　A について，4 つの部分空間の基底をそれぞれ求めよ：

$$A = \begin{bmatrix} 0 & 1 & 2 & 3 & 4 \\ 0 & 1 & 2 & 4 & 6 \\ 0 & 0 & 0 & 1 & 2 \end{bmatrix} = \begin{bmatrix} 1 & 0 & 0 \\ 1 & 1 & 0 \\ 0 & 1 & 1 \end{bmatrix} \begin{bmatrix} 0 & 1 & 2 & 3 & 4 \\ 0 & 0 & 0 & 1 & 2 \\ 0 & 0 & 0 & 0 & 0 \end{bmatrix}.$$

4　要求された性質をもつ行列をつくるか，それがなぜ不可能であるかを説明せよ：

(a) 列空間が $\begin{bmatrix} \mathbf{1} \\ \mathbf{1} \\ \mathbf{0} \end{bmatrix}$, $\begin{bmatrix} \mathbf{0} \\ \mathbf{0} \\ \mathbf{1} \end{bmatrix}$ を含み，行空間は $\begin{bmatrix} \mathbf{1} \\ \mathbf{2} \end{bmatrix}$, $\begin{bmatrix} \mathbf{2} \\ \mathbf{5} \end{bmatrix}$ を含む．

(b) 列空間が基底 $\begin{bmatrix} \mathbf{1} \\ \mathbf{1} \\ \mathbf{3} \end{bmatrix}$ をもち，零空間は基底 $\begin{bmatrix} \mathbf{3} \\ \mathbf{1} \\ \mathbf{1} \end{bmatrix}$ をもつ．

(c) 零空間の次元 $= 1 +$ 左零空間の次元.

(d) 左零空間が $\begin{bmatrix} \mathbf{1} \\ \mathbf{3} \end{bmatrix}$ を含み，行空間は $\begin{bmatrix} \mathbf{3} \\ \mathbf{1} \end{bmatrix}$ を含む.

(e) 行空間 $=$ 列空間で，零空間 $\neq$ 左零空間.

5 $\boldsymbol{V}$ が $(1,1,1)$ と $(2,1,0)$ で張られる部分空間のとき，$\boldsymbol{V}$ を行空間としてもつ行列 A を見つけよ．$\boldsymbol{V}$ を零空間としてもつ行列 B を見つけよ.

6 消去法の手順なしに，次の行列の 4 つの部分空間の次元と基底を求めよ.

$$A = \begin{bmatrix} 0 & 3 & 3 & 3 \\ 0 & 0 & 0 & 0 \\ 0 & 1 & 0 & 1 \end{bmatrix} \quad \text{と} \quad B = \begin{bmatrix} 1 \\ 4 \\ 5 \end{bmatrix}.$$

7 A は可逆な 3 行 3 列の行列であるとする．A の，そしてまた 3 行 6 列の行列 $B = [\,A \;\; A\,]$ の，4 つの部分空間に対する基底を書き下せ.

8 I が 3 行 3 列の単位行列で，O が 3 行 2 列の零行列のとき，A，B，および C に対する 4 つの部分空間の次元は何か？

$$A = [\,I \;\; O\,] \quad \text{と} \quad B = \begin{bmatrix} I & I \\ O^{\mathrm{T}} & O^{\mathrm{T}} \end{bmatrix} \quad \text{と} \quad C = [\,O\,].$$

9 これら異なるサイズの行列に対して，どの部分空間が同一か？

(a) $[\,A\,]$ と $\begin{bmatrix} A \\ A \end{bmatrix}$　　(b) $\begin{bmatrix} A \\ A \end{bmatrix}$ と $\begin{bmatrix} A & A \\ A & A \end{bmatrix}$.

これらの 3 つの行列すべてが，**同じ階数** r をもつことを証明せよ.

10 3 行 3 列の行列の各成分を，0 と 1 の間の一様乱数から選ぶとき，その 4 つの部分空間の次元として最もありえるのはいくつか？ 行列が 3 行 5 列だったら，どうか？

11 （重要）A は m 行 n 列の行列で，階数 r である．$A\boldsymbol{v} = \boldsymbol{b}$ が**解をもたない**右辺 $\boldsymbol{b}$ があるとする.

(a) m，n，および r の間で成り立たなくてはならない不等式（$<$ または $\leq$）をすべて挙げよ.

(b) $A^{\mathrm{T}}\boldsymbol{y} = \boldsymbol{0}$ が $\boldsymbol{y} = \boldsymbol{0}$ 以外の解をもつと，なぜわかるか？

12 行空間および列空間の基底として $(1,0,1)$ と $(1,2,0)$ をもつ行列をつくれ．なぜこれらが，ある行列の行空間および零空間の基底とはなれないか？

13 真か偽か（理由または反例とともに）:

(a) $m = n$ ならば，A の行空間は列空間と等しい.

(b) 行列 A と $-A$ は，同じ 4 つの部分空間を共有している．

(c) A と B が同じ 4 つの部分空間を共有しているとき，A は B の定数倍である．

14　A を計算することなく，その 4 つの基本部分空間の基底を見つけよ：

$$A = \begin{bmatrix} 1 & 0 & 0 \\ 6 & 1 & 0 \\ 9 & 8 & 1 \end{bmatrix} \begin{bmatrix} 1 & 2 & 3 & 4 \\ 0 & 1 & 2 & 3 \\ 0 & 0 & 1 & 2 \end{bmatrix}.$$

15　A の最初の 2 行を交換するとき，4 つの部分空間のどれが変わらずに保たれるか？ $\boldsymbol{v} = (1, 2, 3, 4)$ が A の左零空間内にあるとき，行交換後の行列の左零空間内にあるベクトルを書き下せ．

16　$\boldsymbol{v} = (1, 0, -1)$ が A **の 1 つの行であり，かつその零空間内にも含まれることがなぜ不可能か**を説明せよ．

17　次について，$\boldsymbol{R}^3$ 内の 4 つの部分空間を説明せよ：

$$A = \begin{bmatrix} 0 & 1 & 0 \\ 0 & 0 & 1 \\ 0 & 0 & 0 \end{bmatrix} \quad と \quad I + A = \begin{bmatrix} 1 & 1 & 0 \\ 0 & 1 & 1 \\ 0 & 0 & 1 \end{bmatrix}.$$

18　（左零空間）　追加の列 $\boldsymbol{b}$ を加え，A を階段形に変形せよ：

$$\begin{bmatrix} A & \boldsymbol{b} \end{bmatrix} = \begin{bmatrix} 1 & 2 & 3 & b_1 \\ 4 & 5 & 6 & b_2 \\ 7 & 8 & 9 & b_3 \end{bmatrix} \quad \to \quad \begin{bmatrix} 1 & 2 & 3 & b_1 \\ 0 & -3 & -6 & b_2 - 4b_1 \\ 0 & 0 & 0 & b_3 - 2b_2 + b_1 \end{bmatrix}.$$

A の行を線形結合して，すべて零の行を生み出した．それはどんな結合か？ （右辺の $b_3 - 2b_2 + b_1$ を見よ．）どのベクトルが A^{T} の零空間内にあり，どのベクトルが A の零空間内にあるか？

19　問題 18 の方法を踏襲し，A を階段形に変形して，すべて零の行を見よ．列 $\boldsymbol{b}$ から，行のどんな線形結合をとったかがわかる：

$$\text{(a)} \begin{bmatrix} 1 & 2 & b_1 \\ 3 & 4 & b_2 \\ 4 & 6 & b_3 \end{bmatrix} \qquad \text{(b)} \begin{bmatrix} 1 & 2 & b_1 \\ 2 & 3 & b_2 \\ 2 & 4 & b_3 \\ 2 & 5 & b_4 \end{bmatrix}$$

消去後の列 $\boldsymbol{b}$ から，左零空間内にある $m - r$ 個の基底ベクトルを読み取れ．それらの $\boldsymbol{y}$ が，すべて零の行をつくる行の線形結合を示す．

20　(a) $A\boldsymbol{v} = \boldsymbol{0}$ の解を求めよ．$\boldsymbol{v}$ が A の各行に垂直であることを確かめよ：

$$A = \begin{bmatrix} 1 & 0 & 0 \\ 2 & 1 & 0 \\ 3 & 4 & 1 \end{bmatrix} \begin{bmatrix} 4 & 2 & 0 & 1 \\ 0 & 0 & 1 & 3 \\ 0 & 0 & 0 & 0 \end{bmatrix} = ER.$$

(b) $A^{\mathrm{T}}\boldsymbol{y} = \mathbf{0}$ の線形独立な解はいくつあるか？ $\boldsymbol{y}^{\mathrm{T}}$ が E^{-1} の最後の行であるのはなぜか？

21 A は，階数 1 の行列 2 つの和であるとする：$A = \boldsymbol{u}\boldsymbol{v}^{\mathrm{T}} + \boldsymbol{w}\boldsymbol{z}^{\mathrm{T}}$.

(a) A の列空間を張るのはどのベクトルか？

(b) A の行空間を張るのはどのベクトルか？

(c) もし ＿＿＿ あるいは ＿＿＿ ならば，階数は 2 より小さい．

(d) $\boldsymbol{u} = \boldsymbol{z} = (1,0,0)$ で $\boldsymbol{v} = \boldsymbol{w} = (0,0,1)$ のとき，A とその階数を計算せよ．

22 列空間の基底が $(1,2,4),(2,2,1)$ で，行空間の基底が $(1,0),(1,1)$ であるような $A = \boldsymbol{u}\boldsymbol{v}^{\mathrm{T}} + \boldsymbol{w}\boldsymbol{z}^{\mathrm{T}}$ をつくれ．A を（3 行 2 列）と（2 行 2 列）の行列どうしの積として書け．

23 行列を掛けることなく，A の行空間と列空間の基底を求めよ：

$$A = \begin{bmatrix} 1 & 2 \\ 4 & 5 \\ 2 & 7 \end{bmatrix} \begin{bmatrix} 3 & 0 & 3 \\ 1 & 1 & 2 \end{bmatrix}.$$

$A =$（3 行 2 列）（2 行 3 列）が可逆ではありえない．それは，この形から，どうわかるか？

24 （重要）$\boldsymbol{d}$ が 4 つの部分空間のどれの中にあるときに，$A^{\mathrm{T}}\boldsymbol{y} = \boldsymbol{d}$ が可解となるか？ ＿＿＿ が零ベクトルだけを含むとき，その解 $\boldsymbol{y}$ は一意である．

25 真か偽か（理由または反例とともに）：

(a) A と A^{T} のピボットの数は同じである．

(b) A と A^{T} の左零空間は同じである．

(c) 行空間が列空間と等しいならば，$A^{\mathrm{T}} = A$ である．

(d) $A^{\mathrm{T}} = -A$ のとき，A の行空間は A の列空間に等しい．

26 （**$\boldsymbol{AB}$ の階数 $\leq$ $\boldsymbol{A}$ と $\boldsymbol{B}$ の階数**）$AB = C$ ならば，C の行は ＿＿＿ の行の線形結合である．だから C の階数は ＿＿＿ の階数より大きくはない．$B^{\mathrm{T}}A^{\mathrm{T}} = C^{\mathrm{T}}$ であるから，C の階数はまた，＿＿＿ の階数より大きくもない．

27 a,b,c が与えられて，$a \neq 0$ のとき，$\begin{bmatrix} \boldsymbol{a} & \boldsymbol{b} \\ \boldsymbol{c} & \boldsymbol{d} \end{bmatrix}$ の階数を 1 とするには，どのように d を選ぶか？ その行空間と零空間の基底をみつけよ．それらが直交することを示せ！

28 8 行 8 列のチェッカーボード行列 B とチェス行列 C の階数を求めよ：

$$B = \begin{bmatrix} 1&0&1&0&1&0&1&0\\ 0&1&0&1&0&1&0&1\\ 1&0&1&0&1&0&1&0\\ \cdot&\cdot&\cdot&\cdot&\cdot&\cdot&\cdot&\cdot\\ 0&1&0&1&0&1&0&1 \end{bmatrix} \quad \text{と} \quad C = \begin{bmatrix} r&n&b&q&k&b&n&r\\ p&p&p&p&p&p&p&p\\ \multicolumn{8}{c}{\text{すべて零の 4 行}}\\ p&p&p&p&p&p&p&p\\ r&n&b&q&k&b&n&r \end{bmatrix}$$

r, n, b, q, k, p の数値はすべて異なる．B と C の行空間および左零空間の基底を求めよ．挑戦問題：C の零空間の基底を求めよ．

29 3 目並べで，両者とも勝利を見過ごさずに終了して（A の中に 5 個の 1 と 4 個の零），rank $(A) = 2$ となることはありえるか？

問題 30〜33 では，基本部分空間の直交性（2 つの垂直なペア）について問う．

30 あなたの部屋の床と壁は，$\boldsymbol{R}^3$ 内の直交部分空間では**ない**．**なぜか**？ ここでは，床と壁を $\boldsymbol{R}^3$ 内の平面に拡張して考える．

31 $\boldsymbol{N}(A^{\mathrm{T}})$ 内のすべての $\boldsymbol{y}$ が，A のどの列にも直交する理由を説明せよ．

32 $v_1 + v_2 + v_3 + v_4 = 0$ を満たす，$\boldsymbol{R}^4$ 内のベクトルの平面を $\boldsymbol{P}$ とする．$\boldsymbol{P}^{\perp}$ の基底を見つけよ．$\boldsymbol{N}(A) = \boldsymbol{P}$ となる行列 A を見つけよ．

33 A がその行空間に $(1, 4, 5)$ を含み，その零空間に $(4, 5, 1)$ を含むことは，なぜ不可能か？

挑戦問題

34 $A = \boldsymbol{u}\boldsymbol{v}^{\mathrm{T}}$ が階数 1 の，2 行 2 列の行列のとき，図 5.6 を描き直して，4 つの基本部分空間を $\boldsymbol{u}$ と $\boldsymbol{v}$ によって明確に示せ．別の行列 B が同じ 4 つの部分空間をもつとき，B と A の正確な関係は何か？

35 **M** は，3 行 3 列の行列の 9 次元空間である．**M** 内のどの行列 X にも A を掛けよ：

$$A = \begin{bmatrix} 1&0&-1\\ -1&1&0\\ 0&-1&1 \end{bmatrix}. \quad \text{注意：} A\begin{bmatrix}1\\1\\1\end{bmatrix} = \begin{bmatrix}0\\0\\0\end{bmatrix}.$$

(a) どの行列 X に対して $AX =$ 零行列となるか？

(b) 何らかの行列 X に対して AX の形となる行列は何か？

(a) では，その演算 AX の“零空間”が求まり，(b) では“列空間”が求まる．$\boldsymbol{M}$ のそれら 2 つの部分空間の次元は何か？ なぜ，それらの次元の和が $(n-r)+r=9$ となるか？

36 m 行 n 列の行列 A と B から**同じ 4 つの部分空間**が得られるとする．両方の行列とも，すでに行簡約階段形になっているとき，F と G が等しくなければならないことを証明せよ：

$$A = \begin{bmatrix} I & F \\ 0 & 0 \end{bmatrix} \qquad B = \begin{bmatrix} I & G \\ 0 & 0 \end{bmatrix}.$$

37 $\boldsymbol{R}^n$ の任意の部分空間 $\boldsymbol{S}$ に対して，なぜ $(\boldsymbol{S}^\perp)^\perp = \boldsymbol{S}$ となるか？“もし $\boldsymbol{S}^\perp$ が $\boldsymbol{S}$ に垂直なベクトルすべてを含むならば，$\boldsymbol{S}^\perp$ に垂直なベクトルすべてを $\boldsymbol{S}$ が含む．”また，それらの次元を足して n となる．

38 $A^{\mathrm{T}}A\boldsymbol{v} = \boldsymbol{0}$ ならば $A\boldsymbol{v} = \boldsymbol{0}$ である．理由：この $A\boldsymbol{v}$ は A^{T} の零空間内にある．また，どの $A\boldsymbol{v}$ も A の列空間内にある（**なぜ？**）．それらの空間は直交するが，自分自身に垂直なのは $A\boldsymbol{v} = \boldsymbol{0}$ だけである．**だから，$A^{\mathrm{T}}A$ は A と同じ零空間をもつ**．

5.6 グラフとネットワーク

長年にわたり，私は1つのモデルをとても頻繁に見てきた．それがとても基本的で役立つとわかったので，それを最初に掲げることにしている．そのモデルは**辺でつながれた節点**から成り，**グラフ**と呼ばれる．

普通グラフといえば，関数 $f(x)$ の図示を意味するが，節点と辺でできたこのグラフは行列に行きつく．本節ではグラフの**接続行列**について記す——これは，n 個の節点が m 本の辺によって，どのようにつながるかを表す．通常 $m > n$ であり，節点より多くの辺がある．

接続行列のどの成分も 0 か 1 か -1 である．消去法の最中でも，これはずっと成り立つ．すべてのピボットと乗数は ± 1 である．このとき，消去後の階段行列 R もまた $0, 1, -1$ を含む．標準斉次解も同様である！4つの部分空間のすべてが，これらの極めて単純な成分の基底ベクトルをもつ．これらの行列は，教科書向けに仕組んだものではなく，純粋数学と応用数学の間違いなく本質的なモデルに起因するのだ．

これらの接続行列に対して，4つの基本部分空間が意味と重要性をもつ．ここまで私が作ってきたのは，列空間と零空間を示すための小さな行列の例だった．4つの部分空間すべてを理解する必要があると主張してきたが，そのような小さな例ではそれらの重要性はわからなかっただろう．ここで，離散数学のもっとも価値あるモデル——グラフとその行列——について学ぶ機会が訪れた

グラフと接続行列

図5.7は $m = 6$ 本の辺と $n = 4$ 個の節点をもつ**グラフ**を示す．その接続行列は6行4列になる．この行列 A は，どの節点がどの辺によってつながれているかを告げる．また，成分 -1 と $+1$ は，それぞれの矢印の向きを示す．A（接続行列）**の最初の行** $-1, 1, 0, 0$ **は，最初の辺が節点** 1 **から節点** 2 **へ向かうことを示す**．

A の行番号は，グラフ上の辺の番号である．列番号は節点の番号である．この特定の例は**完全**グラフである——どの節点のペアも，辺によってつながれている．グラフを見ることで，すぐさま A を書き下せる．グラフと行列は同じ情報をもっている．

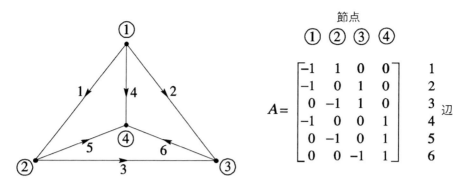

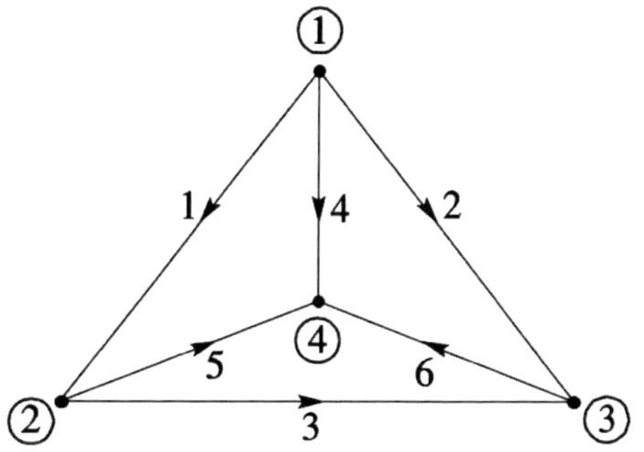

節点 ① ② ③ ④

$$A = \begin{bmatrix} -1 & 1 & 0 & 0 \\ -1 & 0 & 1 & 0 \\ 0 & -1 & 1 & 0 \\ -1 & 0 & 0 & 1 \\ 0 & -1 & 0 & 1 \\ 0 & 0 & -1 & 1 \end{bmatrix} \begin{matrix} 1 \\ 2 \\ 3 \\ 4 \\ 5 \\ 6 \end{matrix} \text{ 辺}$$

図 5.7　$m = 6$ 本の辺と $n = 4$ 個の節点をもつ完全グラフ．辺 1 が第 1 行を与える．

辺 6 をグラフから除去すると，行列から第 6 行が除去される．定数ベクトル $(1, 1, 1, 1)$ はそれでもまだ A の零空間内にある．我々の目標は，A についての 4 つの基本部分空間すべてを理解することである．

零空間と行空間

零空間については，$A\boldsymbol{v} = \mathbf{0}$ を解く．これら m 個の方程式をかいてみると，A が**差分行列**であるとわかる：

$$A\boldsymbol{v} = \begin{bmatrix} -1 & 1 & 0 & 0 \\ -1 & 0 & 1 & 0 \\ 0 & -1 & 1 & 0 \\ -1 & 0 & 0 & 1 \\ 0 & -1 & 0 & 1 \\ 0 & 0 & -1 & 1 \end{bmatrix} \begin{bmatrix} v_1 \\ v_2 \\ v_3 \\ v_4 \end{bmatrix} = \begin{bmatrix} v_2 - v_1 \\ v_3 - v_1 \\ v_3 - v_2 \\ v_4 - v_1 \\ v_4 - v_2 \\ v_4 - v_3 \end{bmatrix}. \tag{1}$$

数値 v_1, v_2, v_3, v_4 は例えば節点での**電位**を表す．すると $A\boldsymbol{v}$ は，6 本の辺を越えての**電位差**を与える．この差によって，電流が流れる．

零空間は $A\boldsymbol{v} = \mathbf{0}$ の解を含む．6 つの電位差すべてが零である．これが意味するのは：4 つの電位すべてが**等しい**．**零空間内のどの $\boldsymbol{v}$ も，定数ベクトル $\boldsymbol{v} = (c, c, c, c)$ である**．A の零空間は $\mathbf{R}^n$ 内の 1 本の直線である．その次元は $n - r = 1$ だから，$\boldsymbol{r} = \mathbf{3}$.

数え上げ定理　　$\boldsymbol{r} + (\boldsymbol{n} - \boldsymbol{r}) = \mathbf{3} + \mathbf{1} = \mathbf{4} =$ **列数**.

電位**差**を変えずにすべての電位を，同一の c だけ上昇あるいは下降させられる．$\boldsymbol{v}$ には“任意定数”が含まれる．関数の場合は，その導関数を変えずに，$f(x)$ を任意の定数値 C だけ，上昇あるいは下降させられる．

微積分学では，不定積分に任意定数“$+C$”を加える．グラフ理論では，電位に (c, c, c, c) を加える．線形代数では，$A\boldsymbol{v} = \boldsymbol{b}$ の 1 つの特殊解に，零空間内の任意ベクトル $\boldsymbol{v}_n$ を加える．

A の**行空間**もまた，$\mathbf{R}^4$ の部分空間である．各行で -1 が $+1$ を打ち消すので，どの行を加えても零になる．すると，行のどんな線形結合もまた，加えると零になる．これは単に，零空間内の $\boldsymbol{v} = (c, c, c, c)$ が行空間内の任意のベクトルに直交するということを言っているに過ぎない．

n 個の節点をもつ，どんな連結グラフでも状況は同じである．ベクトル $\boldsymbol{v} = (c, \ldots, c)$ が $\mathbf{R}^n$ 内の零空間を埋め尽くす．接続行列のすべての行は $\boldsymbol{v}$ に直交する：それらの成分を加えると零になる．**行空間 $\boldsymbol{C}(A^{\mathrm{T}})$ の次元は $n-1$ である．**これは A の階数である．

列空間と左零空間

列空間は 4 つの列の線形結合すべてを含む．階数が $r = n - 1 = 3$ だから，3 つの線形独立な列があると期待する．最初の 3 列は線形独立である（どの 3 列をとっても同様）．しかし 4 列を加えると零ベクトルになり，これは再び $(1, 1, 1, 1)$ が零空間内にあることを表している．**ある特定のベクトル $\boldsymbol{b}$ が，接続行列の列空間内にあるかどうか，どのようにしてわかるだろうか？**

最初の回答 $A\boldsymbol{v} = \boldsymbol{b}$ に消去法を適用せよ．左辺では，行の何らかの線形結合がすべて零の行を与える．すると，右辺の b の同じ線形結合が零でなければならない！その消去法で発見される，最初の線形結合はこうである：

$$\text{第 1 行} - \text{第 2 行} + \text{第 3 行} = \textbf{すべて零の行}. \quad \text{右辺の } \boldsymbol{b} \text{ で } b_1 - b_2 + b_3 = 0 \text{ が必要.} \qquad (2)$$

A は $m = 6$ 行あり，その階数は $r = 3$ だから，消去法では $(6-3)$ 行がすべて零である行簡約行列 R に至る．ベクトル $\boldsymbol{b}$ が列空間内にあるための **3 つの判定式**がある．消去法から，$A\boldsymbol{v} = \boldsymbol{b}$ が可解であるための，$\boldsymbol{b}$ についての **3 つの条件**に行きつく．

この条件をより良い方法で見つけたい．グラフには 3 つの小さなループがある．

ループを用いた第 2 の回答 $A\boldsymbol{v}$ の成分は v の差である．それらの差を，グラフの 1 つの閉曲線のまわりに加えると，打ち消しあって零となる．辺 $1, 3, -2$ によって形成される大きな三角形（辺 2 では矢印を逆向きに回る）を 1 周すると，差が打ち消しあう：

$$\text{ループのまわりで} \qquad (v_2 - v_1) + (v_3 - v_2) - (v_3 - v_1) = 0.$$

$A\boldsymbol{v}$ の成分は，どのループについて足しても零である． $\boldsymbol{b}$ が A の列空間内にあるとき，$A\boldsymbol{v} = \boldsymbol{b}$ である．ベクトル $\boldsymbol{b}$ は電圧法則に従わなくてはならない：

KVL　キルヒホフの電圧法則（典型的なループでの）	$b_1 + b_3 - b_2 = 0.$

すべてのループを試して，$\boldsymbol{b}$ が列空間内にあるかどうかを決定する．$\boldsymbol{b}$ の成分が，A の行と同じ従属性をすべて満たす，まさにそのとき $A\boldsymbol{v} = \boldsymbol{b}$ は解ける．このとき KVL が満たされ，消去法で $0 = 0$ に至り，そして $A\boldsymbol{v} = \boldsymbol{b}$ は整合している．

問　グラフの中には小さい 3 つと大きい 1 つの 4 つのループが見える．$\boldsymbol{b}$ が $\boldsymbol{C}(A)$ 内にあるための判定は，4 つではなく 3 つと期待される．これをどう説明するか？

答　それら 4 つのループは独立でない．図 5.8 の小さなループを結合すると，大きなループを得る．そこで，小さなループからの判定式を線形結合すると，大きなループからの判定式になる．KVL を小さなループ上で判定するだけでよい．

A の列空間を 2 つの方法で記述した．第 1 に，$\boldsymbol{C}(A)$ は A の列のすべての線形結合を含む（ここで，第 n 列は線形従属だから，$n-1$ 列で十分である）．第 2 に，$\boldsymbol{C}(A)$ は，電圧法則を満たすベクトル $\boldsymbol{b}$ をすべて含む．どのループのまわりでも，$\boldsymbol{b}$ の成分は足して零となる．今度は，A^{T} の零空間内のどのベクトル $\boldsymbol{y}$ とも $\boldsymbol{b}$ が直交することを，これが要求していることを理解しよう．$\boldsymbol{C}(A)$ は**左零空間** $\boldsymbol{N}(A^{\mathrm{T}})$ **に直交する**．

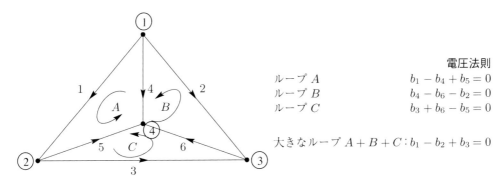

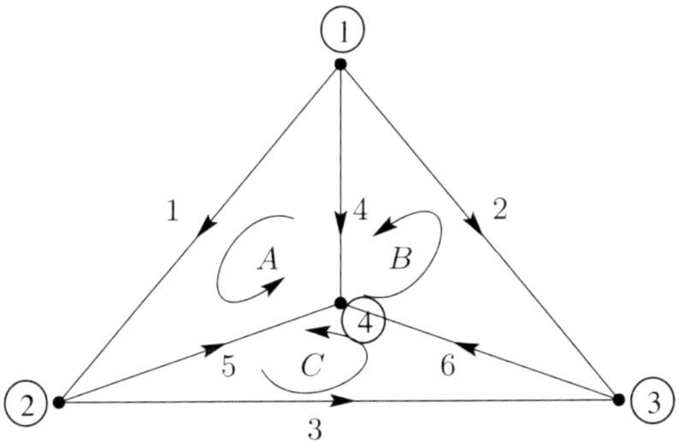

	電圧法則
ループ A	$b_1 - b_4 + b_5 = 0$
ループ B	$b_4 - b_6 - b_2 = 0$
ループ C	$b_3 + b_6 - b_5 = 0$

大きなループ $A+B+C$：$b_1 - b_2 + b_3 = 0$

図 5.8　A の列空間と，A^{T} の零空間と，$\boldsymbol{b}$ についての判定式をループが明らかにする．

$\boldsymbol{N}(A^{\mathrm{T}})$ は $A^{\mathrm{T}}\boldsymbol{y}=\boldsymbol{0}$ の解すべてを含む．その次元は $m-r=6-3$ である：**3 つの** $\boldsymbol{y}$ だ．

$$A^{\mathrm{T}}\boldsymbol{y} = \begin{bmatrix} -1 & -1 & 0 & -1 & 0 & 0 \\ 1 & 0 & -1 & 0 & -1 & 0 \\ 0 & 1 & 1 & 0 & 0 & -1 \\ 0 & 0 & 0 & 1 & 1 & 1 \end{bmatrix} \begin{bmatrix} y_1 \\ y_2 \\ y_3 \\ y_4 \\ y_5 \\ y_6 \end{bmatrix} = \begin{bmatrix} 0 \\ 0 \\ 0 \\ 0 \end{bmatrix}. \tag{3}$$

方程式の真の数は $r=3$ であり，$n=4$ ではない．理由：4 つの方程式を足すと $0=0$ になる．第 4 式は，最初の 3 つから自動的に成り立つ．

これらの方程式は何を意味するか？第 1 式は $-y_1-y_2-y_4=0$ と言っている．**節点 1 への実質の流入が零である**．第 4 式は $y_4+y_5+y_6=0$ と言っている．**その節点への流入量マイナス流出量が零である**．これらの方程式は有名かつ基本的なものだ：

KCL	**キルヒホフの電流法則**	$A^{\mathrm{T}}\boldsymbol{y}=\boldsymbol{0}$	各節点で流入量は流出量に等しい．

応用数学の方程式の中で，この法則は 1 等賞に値する．これは **"保存則"** と **"連続の式"** と **"釣合い"** を表現する．何も失われず，何も加えられない．電流や力が釣り合うとき，解くべき方程式は $A^{\mathrm{T}}\boldsymbol{y}=\boldsymbol{0}$ である．この釣合い方程式の中の行列が，接続行列 A の転置であるという美しい事実に注目せよ．

$A^{\mathrm{T}}\boldsymbol{y}=\boldsymbol{0}$ の実際の解は何か？ 電流は自分自身で釣り合わなければならない．最も簡単な方法は**ループを回って流れる**ことである．もし単位量の電流が大きな三角形を回る（辺 1 では順方向，3 でも順方向，2 では逆方向）ならば，ベクトルは $\boldsymbol{y}=(1,-1,1,0,0,0)$ である．これは $A^{\mathrm{T}}\boldsymbol{y}=\boldsymbol{0}$ を満たす．**どのループ電流も，キルヒホフの電流法則の解である．**

ループを回れば，各節点で流入量と流出量が等しい．より小さなループ A は，辺 1 で順方向，辺 5 で順方向，4 で逆方向である．このとき $\boldsymbol{y}=(1,0,0,-1,1,0)$ で，$A^{\mathrm{T}}\boldsymbol{y}=\boldsymbol{0}$ となる．**グラフの各ループが $\boldsymbol{N}(A^{\mathrm{T}})$ 内のベクトル $\boldsymbol{y}$ を与える．**

$6-3=3$ であるから，3 つの線形独立な $\boldsymbol{y}$ が期待される．グラフの 3 つの小ループは独立である．大きな三角形が第 4 の $\boldsymbol{y}$ を与えるように見えるが，それは小ループを回る流れの和である．小ループ A, B, C が A^{T} の零空間の基底 $\boldsymbol{y}_1, \boldsymbol{y}_2, \boldsymbol{y}_3$ を与える．

$\boldsymbol{A}^{\mathrm{T}}\boldsymbol{y}=\boldsymbol{0}$ の解
3 つの小ループ
の和の大ループ

$$\boldsymbol{y}_1+\boldsymbol{y}_2+\boldsymbol{y}_3=\underset{A}{\begin{bmatrix}1\\0\\0\\-1\\1\\0\end{bmatrix}}+\underset{B}{\begin{bmatrix}0\\-1\\0\\1\\0\\-1\end{bmatrix}}+\underset{C}{\begin{bmatrix}0\\0\\1\\0\\-1\\1\end{bmatrix}}=\underset{A+B+C}{\begin{bmatrix}1\\-1\\1\\0\\0\\0\end{bmatrix}}$$

まとめ m 行 n 列の接続行列 A は，n 個の節点と m 本の辺をもつ連結グラフに起因する．その行空間と列空間の次元は $r=n-1=A$ の階数，である．A と A^{T} の零空間の次元は 1 と $m-r=m-n+1$ である：

1 定数ベクトル $(c,c,\ldots,c)$ が零空間 $\boldsymbol{N}(A)$ を構成する．

2 ループなしの $n-1$ 本の辺（1 つの木）が $r=n-1$ 個の線形独立な行に対応する．

3 **電圧法則が $\boldsymbol{C}(A)$ を与える**：$A\boldsymbol{v}$ の成分は，どのループを回って足しても零．

4 **電流法則** $A^{\mathrm{T}}\boldsymbol{y}=\boldsymbol{0}$：$m-r$ 個の独立なループを回る電流からの $\boldsymbol{N}(A^{\mathrm{T}})$．

平面内のどのグラフに対しても，線形代数から**オイラーの公式**が導かれる：

$$\boxed{\textbf{（節点数）}-\textbf{（辺の数）}+\textbf{（小ループの数）}=\mathbf{1}.}$$

これは $(\boldsymbol{n})-(\boldsymbol{m})+(\boldsymbol{m}-\boldsymbol{n}+\mathbf{1})=\mathbf{1}$ である．例示したグラフでは $4-6+3=1$ となる．

単一の三角形では (3 節点) − (3 辺) + (1 ループ) となる．10 個の節点と 9 つの辺をもつ，ループなしの木では，オイラーの数え上げは $10-9+0=1$ となる．平面のグラフすべてから，この答えの 1 に行きつく．

木

木とは，ループのないグラフのことである．図 5.9 に $n=4$ 個の節点をもつ 2 つの木を示す．これらのグラフは（そして我々のグラフすべては）**連結**グラフである：どの 2 節点間にも辺の経路（道）がある．そのためグラフは別々の断片に割れない．n 節点すべてを連結するために，木は $m=n-1$ 本の辺をもたなくてはならない．接続行列の階数もまた $r=n-1$ である．このとき，木の中のループの数は $m-r=0$（ループなし）と確認される．

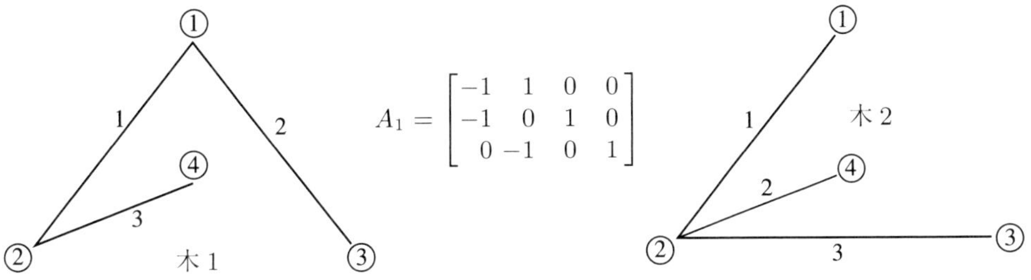

$$A_1=\begin{bmatrix}-1 & 1 & 0 & 0\\ -1 & 0 & 1 & 0\\ 0 & -1 & 0 & 1\end{bmatrix}$$

図 5.9　$n=4$ 節点と $m=3$ 辺をもつ 2 本の木．A_1 の階数は $r=m$ である．

木に対する接続行列 A_1 の**行は線形独立**である．実際，A_1 の 3 行は，以前の（完全グラフに対する）6 行 4 列の行列の，3 つの線形独立な行 $1,2,5$ である．

その元々のグラフには 16 個の異なる木が含まれている．

隣接行列とグラフのラプラシアン

隣接行列 W は正方行列である．n 節点のグラフでは，この行列は n 行 n 列である．節点 i から接点 j への辺があるとき，$W_{ij}=1$ とし，辺がなければ $W_{ij}=0$ とする．我々の辺は双方向なので，W は対称行列であり，対角成分は零である．

グラフについてのすべての情報は，辺の番号づけと矢印の向きを除き，隣接行列 W に含まれている．

W の対角線より上方には m 個の 1 があり，下方にも同様．7.5 節では**グラフのラプラシアン行列 $\boldsymbol{A}^{\mathrm{T}}\boldsymbol{A}$**（$A$ は接続行列）を学び，次の公式を見いだす：

$$\text{グラフのラプラシアン行列}\qquad \boldsymbol{A}^{\mathrm{T}}\boldsymbol{A}=\boldsymbol{D}-\boldsymbol{W}=(\text{次数行列})-(\text{隣接行列}).$$

対角行列 D は各節点の "次数" を表す．これは，その節点に出入りする辺の本数である．ここに，6 本の辺をもつ完全グラフに対する W と $A^{\mathrm{T}}A$ を示す：

$$\text{隣接行列 } \boldsymbol{W}=\begin{bmatrix}0 & 1 & 1 & 1\\ 1 & 0 & 1 & 1\\ 1 & 1 & 0 & 1\\ 1 & 1 & 1 & 0\end{bmatrix}\qquad \text{グラフのラプラシアン行列 } \boldsymbol{A}^{\mathrm{T}}\boldsymbol{A}=\begin{bmatrix}3 & -1 & -1 & -1\\ -1 & 3 & -1 & -1\\ -1 & -1 & 3 & -1\\ -1 & -1 & -1 & 3\end{bmatrix}$$

$A^{\mathrm{T}}A$ の行はどれも足して零となる．対角線上の次数 3 は，非対角成分の -1 を打ち消す．A の零空間内のベクトル $(1,1,1,1)$ はまた，$A^{\mathrm{T}}A$ の零空間内のベクトルでもある．

挑戦　A から矢印つきのグラフを，W から矢印なしのグラフを，再構築せよ．

$$A = \begin{bmatrix} 1 & 0 & 0 & -1 \\ 0 & -1 & 1 & 0 \\ 0 & 0 & -1 & 1 \\ 1 & -1 & 0 & 0 \end{bmatrix} \qquad W = \begin{bmatrix} 0 & 1 & 0 & 1 \\ 1 & 0 & 1 & 0 \\ 0 & 1 & 0 & 1 \\ 1 & 0 & 1 & 0 \end{bmatrix}$$

■　要点の復習　■

1. n 個の節点と m 本の辺をもつグラフが，m 行 n 列の A を与える．

2. 接続行列 A の各行には -1 と 1（その辺の始点と終点）の成分がある．

3. $\boldsymbol{C}(A)$ に対する**電圧法則**：$A\boldsymbol{v}$ の成分は，どのループを回って足しても零．

4. $\boldsymbol{N}(A^{\mathrm{T}})$ に対する**電流法則**：$A^{\mathrm{T}}\boldsymbol{y} =$（流入）引く（流出）$=$ どの節点でも零．

5. A の階数 $= n-1$．このとき，$m-n+1$ 個の小ループを回る電流 $\boldsymbol{y}$ に対して $A^{\mathrm{T}}\boldsymbol{y} = \boldsymbol{0}$．

6. 隣接行列 W とグラフのラプラシアン行列 $A^{\mathrm{T}}A$ は，ともに対称で n 行 n 列．

演習問題 5.6

問題 **1〜7** と **8〜13** では，これら **2** つのグラフに対する接続行列について問う．

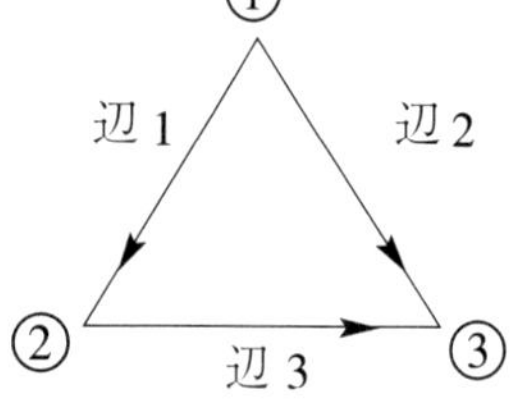

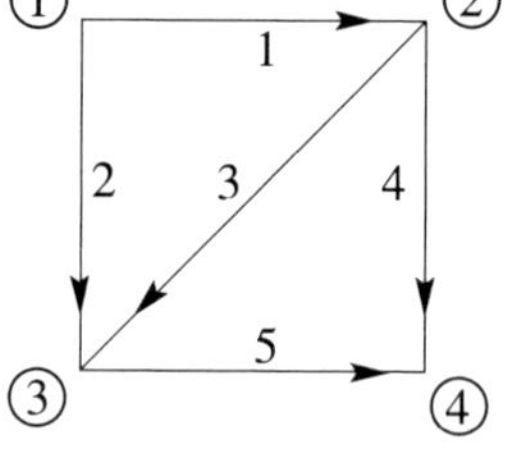

1　三角形のグラフに対して，3 行 3 列の接続行列 A を書き下せ．第 1 行では，第 1 列に -1，第 2 列に $+1$ がある．どんなベクトル (v_1, v_2, v_3) がその零空間内にあるか？ $(1,0,0)$ がその行空間内にないと，どのようにしてわかるか？

2　三角形のグラフに対して A^{T} を書き下せ．その零空間内のベクトル $\boldsymbol{y}$ を見つけよ．$\boldsymbol{y}$ の成分は，辺を流れる電流である —— 三角形を回る電流はいくらか？

3　消去法で A から階段行列 U を求めよ．U の 2 つの非零行に対応するのはどの木か？

$$Av = b \qquad \begin{aligned} -v_1 + v_2 &= b_1 \\ -v_1 + v_3 &= b_2 \\ -v_2 + v_3 &= b_3. \end{aligned}$$

4 $A\boldsymbol{v} = \boldsymbol{b}$ が解をもつベクトル (b_1, b_2, b_3) と，解がないようなもう 1 つのベクトル $\boldsymbol{b}$ を選べ．$\boldsymbol{y} = (1, -1, 1)$ との内積 $\boldsymbol{y}^{\mathrm{T}}\boldsymbol{b}$ は何か？

5 $A^{\mathrm{T}}\boldsymbol{y} = \boldsymbol{f}$ が解をもつベクトル (f_1, f_2, f_3) と，解がないようなもう 1 つのベクトル $\boldsymbol{f}$ を選べ．それらの $\boldsymbol{f}$ は $\boldsymbol{v} = (1, 1, 1)$ と，どのように関係しているか？ 方程式 $A^{\mathrm{T}}\boldsymbol{y} = \boldsymbol{f}$ はキルヒホフの ＿＿ 法則である．

6 行列を掛けて $A^{\mathrm{T}}A$ を求めよ．$A^{\mathrm{T}}A\boldsymbol{v} = \boldsymbol{f}$ が解をもつベクトル $\boldsymbol{f}$ を選び，$\boldsymbol{v}$ について解け．その電圧 $\boldsymbol{v}$ および電流 $\boldsymbol{y} = -A\boldsymbol{v}$ を三角形のグラフ上に書き入れよ．このベクトル $\boldsymbol{f}$ は "電流源" を表す．

7 （まだ最初のグラフについて）$A^{\mathrm{T}}A$ と掛けてから，その零空間を求めよ —— それは $\boldsymbol{N}(A)$ と同じはずである．どんなベクトル $\boldsymbol{f}$ がその列空間内にあるか？

8 2 つの小ループをもつ正方形のグラフに対して，5 行 4 列の接続行列 A を書き下せ．$A\boldsymbol{v} = \boldsymbol{0}$ の解を 1 つと，$A^{\mathrm{T}}\boldsymbol{y} = \boldsymbol{0}$ の解を 2 つ見つけよ．A の階数は ＿＿ である．

9 5 つの差 $v_2 - v_1, v_3 - v_1, v_3 - v_2, v_4 - v_2, v_4 - v_3$ が b_1, b_2, b_3, b_4, b_5 とそれぞれ等しくなるための，b についての条件 2 つを見つけよ．グラフの 2 つの ＿＿ を回っての，キルヒホフの ＿＿ 法則を見つけたことになる．

10 消去法により，A を U へ変形せよ．3 つの非零行は，どのグラフの接続行列を与えるか？ 正方形のグラフの中に木を 1 つ見つけたことになる— 他の 7 つの木を見つけよ．

11 $A^{\mathrm{T}}A$ と掛けて，その成分がどのように A の列（およびグラフ）に起因するかを説明せよ．

(a) ラプラシアン行列 $A^{\mathrm{T}}A$ の対角成分は，その接点へ入る辺の数（次数）を数えている．これが，A の 1 列とそれ自身との内積なのはなぜか？

(b) 非対角成分の -1 または 0 は，どの節点 i と j がつながっているかを教える．-1 や 0 が，第 i 列と，別の第 j 列との内積なのはなぜか？

12 $A^{\mathrm{T}}A$ の階数と零空間を求めよ．$A^{\mathrm{T}}A\boldsymbol{v} = \boldsymbol{f}$ が，$f_1 + f_2 + f_3 + f_4 = 0$ のときに限り，解をもつのはなぜか？

13 正方形のグラフに対して，4 行 4 列の隣接行列 W を書き下せ．その成分 1 または 0 は，節点間の長さ 1 の経路（単なる辺である）の数を表す．

重要．W^2 を求め，その成分が節点間の長さ 2 の経路の数を表していることを確かめよ．なぜ $(A^2)_{ii} =$ 節点 i の次数か？ それらの経路は外へ出てから戻る．

14 7 つの節点と 7 本の辺をもつ連結グラフには，ループが何個あるか？

15 4つの節点，6本の辺，および3つのループをもつグラフに，新たな節点1つを加えよ．もしそれを古い節点の1つにつなげれば，オイラーの公式は( )−( )+( )=1となる．もしそれを古い節点の2つにつなげたら，オイラーの公式は( )−( )+( )=1となる．

16 A は12行9列の接続行列で，(未知の) 連結グラフに対するものとする．

(a) A の何列が線形独立か？

(b) $A^{\mathrm{T}}\boldsymbol{y}=\boldsymbol{f}$ が解をもつための，$\boldsymbol{f}$ についての条件は何か？

(c) $A^{\mathrm{T}}A$ の対角成分は各節点へ入る辺の数を与える．それら対角成分の和は何か？

17 $n=6$ 個の節点をもつ完全グラフに $m=15$ 本の辺があるのはなぜか？ 6個の節点をつなぐ木には，たった _____ 本の辺と _____ 個のループしかない．

18 どのようにして，連結グラフの接続行列 A では**任意の** $n-1$ **列**が線形独立であるとわかるか？ それらが線形従属だったなら，零と非零の成分が混じるベクトルを零空間が含むだろう．しかし実際には，A の零空間は _____ からなる．

19 (a) n 節点をもつ完全グラフに対して，ラプラシアン行列 $A^{\mathrm{T}}A$ を求めよ．

(b) 節点1から節点3への辺を除去したとき，$A^{\mathrm{T}}A$ での変化は何か？

20 m 本の辺の途中に，強さ $b_1,\ldots,b_m$ の電池を挟み込んだとする．すると，各辺を越えての電位差は $A\boldsymbol{v}-\boldsymbol{b}$ になる．単位量の抵抗とすれば，電流 $A\boldsymbol{v}-\boldsymbol{b}$ が流れ，キルヒホフの電流法則は $A^{\mathrm{T}}(A\boldsymbol{v}-\boldsymbol{b})=\boldsymbol{0}$ である．上記の正方形のグラフに対して，$\boldsymbol{b}=(1,1,\ldots,1)$ のときに，この方程式系を解け．

■ 第 5 章の注釈 ■

ベクトルは必ずしも列ベクトルに限らない．**ベクトル空間**の定義では，加算 $\boldsymbol{x}+\boldsymbol{y}$ およびスカラー積 $c\boldsymbol{x}$ が次の **8** つの規則を満たさなくてはならない：

(1) $\boldsymbol{x}+\boldsymbol{y}=\boldsymbol{y}+\boldsymbol{x}$

(2) $\boldsymbol{x}+(\boldsymbol{y}+\boldsymbol{z})=(\boldsymbol{x}+\boldsymbol{y})+\boldsymbol{z}$

(3) すべての $\boldsymbol{x}$ に対して $\boldsymbol{x}+\mathbf{0}=\boldsymbol{x}$ となる，一意の“零ベクトル”がある．

(4) どの $\boldsymbol{x}$ にも，$\boldsymbol{x}+(-\boldsymbol{x})=\mathbf{0}$ となる一意のベクトル $-\boldsymbol{x}$ がある．

(5) 1 と $\boldsymbol{x}$ の積は $\boldsymbol{x}$ に等しい．

(6) $(c_1c_2)\boldsymbol{x}=c_1(c_2\boldsymbol{x})$

(7) $c(\boldsymbol{x}+\boldsymbol{y})=c\boldsymbol{x}+c\boldsymbol{y}$

(8) $(c_1+c_2)\boldsymbol{x}=c_1\boldsymbol{x}+c_2\boldsymbol{x}$.

以下は，これら 8 つの規則の意義を引き出す練習問題である．

1. $(x_1,x_2)+(y_1,y_2)$ を (x_1+y_2,x_2+y_1) と定義したとする．乗算 $c\boldsymbol{x}=(cx_1,cx_2)$ は通常通りとして，8 つの規則のどれが満たされないか？

2. 乗算 $c\boldsymbol{x}$ を (cx_1,cx_2) ではなく $(cx_1,0)$ と定義したとする．$\mathbf{R}^2$ 内での通常の加算を用いるとき，8 つの規則は満たされるか？

3. (a) $\mathbf{R}^1$ 内で，正の数 $x>0$ だけを残したら，どの規則が破れてしまうか？ どの c も許されなければならない．半直線は部分空間ではない．

(b) $\boldsymbol{x}+\boldsymbol{y}$ と $c\boldsymbol{x}$ を通常の xy と x^c に等しいと定義し直すと，正の数では 8 つの規則が満た**される**．$c=3,x=2,y=1$ のとき，規則 (7) を試せ（このとき $\boldsymbol{x}+\boldsymbol{y}=2$ で $c\boldsymbol{x}=8$）．“零ベクトル”として作用するのは，どの数か？

4. 行列 $A=\begin{bmatrix}\mathbf{2}&\mathbf{-2}\\\mathbf{2}&\mathbf{-2}\end{bmatrix}$ は，2 行 2 列の行列すべての空間 $\mathbf{M}$ の中の“ベクトル”である，この空間内の零ベクトル，ベクトル $\frac{1}{2}A$，そしてベクトル $-A$ を書き下せ．A を含む最小の部分空間内にあるのはどんな行列か？

5. 関数 $\boldsymbol{f}(x)=x^2$ と $\boldsymbol{g}(x)=5x$ は“関数空間内のベクトル”である．もし $\boldsymbol{f}(x)$ に c を掛けたとき，$c\boldsymbol{f}(x)$ ではなく $\boldsymbol{f}(cx)$ になるとすれば，どの規則が破れるか？ 通常の加算 $\boldsymbol{f}(x)+\boldsymbol{g}(x)$ は保つこと．

6. “ベクトル” $\boldsymbol{f}(x)$ と $\boldsymbol{g}(x)$ の和が関数 $f(g(x))$ であると定義するとき，“零ベクトル”は $\boldsymbol{g}(x)=x$ である．通常のスカラー積 $c\boldsymbol{f}(x)$ を保つとき，破れられる規則 2 つを見つけよ．

行の階数は列の階数に等しい：偉大な第1定理

行空間 $\boldsymbol{C}(A^{\mathrm{T}})$ の次元は列空間 $\boldsymbol{C}(A)$ の次元に等しい．ここに，4つの証明の概略を述べる（4番目は巧みだ）．証明 **2, 3, 4** では消去法を使わない．

証明1　行空間と列空間の次元を変えずに A から R へ簡約せよ．実際，行空間は同一に保たれる．A から R へ変えると，列空間は変化するが，その次元は同一に保たれる．R に対して，この定理は明らかである：

R 内に r 個の非零行　$\leftrightarrow$　$r =$ 行空間の次元

R 内に r 個のピボット列　$\leftrightarrow$　$r =$ 列空間の次元

証明2　(G. Mackiw, *Mathematics Magazine* **68**, 1996). $\boldsymbol{x}_1, \ldots, \boldsymbol{x}_r$ が，A の行空間の基底であるとする．次の段落で，$A\boldsymbol{x}_1, \ldots, A\boldsymbol{x}_r$ が列空間内の線形独立なベクトルであることを示す．すると，dim (行空間) = $r \leq$ dim (列空間)．A^{T} に対して同じ議論を適用し，不等号が逆向きになる．そこで，2つの次元は等しくなければならない．

$$c_1 A\boldsymbol{x}_1 + \cdots + c_r A\boldsymbol{x}_r = A(c_1\boldsymbol{x}_1 + \cdots + c_r\boldsymbol{x}_r) = A\boldsymbol{v} = \mathbf{0} \quad \text{であると仮定する．}$$

このとき $\boldsymbol{v}$ は A の零空間内にあり，また（$\boldsymbol{x}$ ベクトルの線形結合であるから）行空間内にもある．そこで $\boldsymbol{v}$ は自分自身に直交することになり，$\boldsymbol{v} = \mathbf{0}$ である．$\boldsymbol{x}$ は基底であるから，すべての c が零でなければならない．

このことは，$c_1 A\boldsymbol{x}_1 + \cdots + c_r A\boldsymbol{x}_r = 0$ ならば，すべての $c_i = 0$ であることを示す．よって，$A\boldsymbol{x}_1, \ldots, A\boldsymbol{x}_r$ は列空間内の線形独立なベクトルである：$\boldsymbol{C}(A)$ の次元 $\geq r$.

証明3　もし A に，線形独立な r 行と，線形独立な s 列があれば，それらの行を A の上端へ，そしてそれらの列を左端へと動かせる．それらは r 行 s 列の部分行列 B で交わる：

$$A = \begin{bmatrix} B & C \\ D & E \end{bmatrix} \; r\text{ 行} \qquad \begin{bmatrix} B & C \\ D & E \end{bmatrix} \begin{bmatrix} \boldsymbol{v} \\ \mathbf{0} \end{bmatrix} = \begin{bmatrix} \mathbf{0} \\ \mathbf{0} \end{bmatrix}.$$

$s > r$ であるとする．$B\boldsymbol{v} = \mathbf{0}$ は s 個の未知数に対する r 個の方程式なので，$\boldsymbol{v} \neq \mathbf{0}$ なる解がある．この行列の上部は，示したとおり $B\boldsymbol{v} + C\mathbf{0} = \mathbf{0}$ である．A の下部の行は上部の行の線形結合なので，それらも $D\boldsymbol{v} + E\mathbf{0} = \mathbf{0}$ となる．しかしそうすると，A の線形独立なはずの最初の s 列 $\begin{bmatrix} B \\ D \end{bmatrix}$ が，$\boldsymbol{v}$ の成分を係数として零ベクトルをつくってしまう．**結論**：$s > r$ は起こりえない．A^{T} に対して同様に考えて，$r > s$ も起こりえない．

証明4　r 個の列ベクトル $\boldsymbol{u}_1, \ldots, \boldsymbol{u}_r$ が列空間 $\boldsymbol{C}(A)$ の基底だとする．このとき A の各列は $\boldsymbol{u}$ ベクトルの線形結合である．A の第1列は，何らかの係数 w を用いて $w_{11}\boldsymbol{u}_1 + \cdots + w_{r1}\boldsymbol{u}_r$ となる．行列 A の全体は $UW =$（m 行 r 列）（r 行 n 列）に等しい．

$$A = \begin{bmatrix} & & \\ \boldsymbol{u}_1 & \ldots & \boldsymbol{u}_r \\ & & \end{bmatrix} \begin{bmatrix} w_{11} & \ldots & w_{1n} \\ \vdots & & \vdots \\ w_{r1} & \ldots & w_{rn} \end{bmatrix} = UW.$$

ここで $A = UW$ **を別の見方で見よ．** A **のどの行も** W **の** r **行の線形結合である！** したがって，A の行空間の次元 $\leq r$ である．

これより，任意の A に対して（行空間の次元）$\leq$（列空間の次元）であることが証明された．この議論を A^{T} に適用すると，2 つの次元は等しくなければならない．

私が思うに，これは実にすっきりとした証明である．

d/dt の転置と行空間

本書では一貫して，線形の微分方程式と行列方程式との対比を強調している．どちらの場合にも**斉次解**と**特殊解**がある．微分方程式 $D\boldsymbol{y}=0$ の零空間は斉次解 y_n を含む：

$$\text{行列 } \boldsymbol{A} \qquad A\boldsymbol{v}_n=\boldsymbol{0} \qquad\qquad \text{微分 } \boldsymbol{D} \qquad Dy_n={y_n}''+B{y_n}'+Cy_n=0$$

この $\boldsymbol{D}$ の零空間は 2 次元である．これが，$\boldsymbol{y}$ に 2 つの初期条件が必要な理由である． $y_n=e^{st}$ という解を探すと，通常 e^{s_1t} と e^{s_2t} が見つかる．これらの関数が零空間の基底である．$s_2=s_1$ の場合には，第 2 の関数が te^{s_1t} となる．次の質問をするまでは，すべてが完全に，行列方程式に類似する：

微分演算子には行というものがないのに，$\boldsymbol{D}$ の"行空間"とは何だろう？

この質問に対して 2 つの解答を提案したい．それらは，線形代数の基本定理を誠実に真似することからくる．D が線形なので，その定理は D にも適用される．

答 1　D の行空間は，e^{s_1t} と e^{s_2t} に直交する関数 $y_r(t)$ すべてを含む．

答 2　D の行空間は，入力 $q(t)$ に対する出力 $y_r(t)=D^{\mathrm{T}}q(t)$ すべてを含む．

これでよいように見えるが，関数が"直交する"とはどんなときで，D の"転置"とは何か？

関数の内積
$\boldsymbol{y_n}$ と $\boldsymbol{y_r}$ の内積

$$(\boldsymbol{y_n(t)},\boldsymbol{y_r(t)})=\int_{-\infty}^{\infty}\boldsymbol{y_n(t)y_r(t)dt}.$$

これが妥当であると理解できるだろうか？ ベクトルに対しては，積 v_jw_j を足し合わせる．関数に対しては，y_ny_r を積分する．ベクトルや関数が複素数の場合は，$\overline{v}_jw_j$ を加えたり $\overline{y}_ny_r$ を積分する．このとき，$(\boldsymbol{v},\boldsymbol{v})$ と (y_r,y_r) は，ベクトルに対しては $\|\boldsymbol{v}\|^2$，関数に対しては $\|y_r\|^2$ となり，長さの平方を与える．

この内積が，転置の正しい意味を我々に教える． 行列に対する A^{T} とは，内積の法則 $(Av,w)=(v,A^{\mathrm{T}}w)$ に従う行列である．微分方程式に対しては

$$(\boldsymbol{Df},\boldsymbol{g})=\int_{-\infty}^{\infty}(f''+Bf'+Cf)g(t)dt=\int_{-\infty}^{\infty}f(t)(g''-Bg'+Cg)dt=(\boldsymbol{f},\boldsymbol{D}^{\mathbf{T}}\boldsymbol{g}).$$

部分積分により $\int f'g=-\int fg'$．2 回積分すると（2 つの負号から）正符号の $\int f''g=\int fg''$ となる．形式的に，この方程式が D^{T} を告げる：

$$D=\frac{d^2}{dt^2}+B\frac{d}{dt}+C \quad \text{に対応して} \quad D^{\mathrm{T}}=\frac{d^2}{dt^2}-B\frac{d}{dt}+C \quad \left(\frac{d}{dt}\ \text{は歪対称}\right)$$

D に行がなくとも，すべての $D^{\mathrm{T}}q(t)$ からなる行空間が，いまや意味あるものとなった．行空間内の任意の関数 $D^{\mathrm{T}}q(t)$ が，零空間内の任意の関数 $y_n(t)$ に直交することを，検算できるか？

$$(y_n(t),D^{\mathrm{T}}q(t))=(Dy_n(t),q(t))=\int_{-\infty}^{\infty}(0)\,q(t)\,dt=0.$$

ハムレットの最後で，シェイクスピアは最高の台詞を記した：**残るは沈黙**．

第6章

固有値と固有ベクトル

6.1　固有値の導入

固有値は n 個の常微分方程式系への鍵である：$dy/dt = ay$ が $d\boldsymbol{y}/dt = A\boldsymbol{y}$ になる．ここで A は行列で，$\boldsymbol{y}$ はベクトル $(y_1(t), \ldots, y_n(t))$ である．このベクトル $\boldsymbol{y}$ が時間に変化する．ここでは，2 行 2 列の行列 A により，2 つの方程式が連立している：

$$\begin{aligned} {y_1}' &= 4y_1 + y_2 \\ {y_2}' &= 3y_1 + 2y_2 \end{aligned} \qquad \text{は} \qquad \begin{bmatrix} y_1 \\ y_2 \end{bmatrix}' = \begin{bmatrix} 4 & 1 \\ 3 & 2 \end{bmatrix} \begin{bmatrix} y_1 \\ y_2 \end{bmatrix}. \tag{1}$$

y_1 と y_2 が両方の方程式に現れる，この結合系 $\boldsymbol{y'} = \boldsymbol{Ay}$ をどう解くか？ 良い方法は，この問題を“ほどく”解を見つけることである．y_1 **と** y_2 **がまったく同じように**（同じ $e^{\lambda t}$ で）**増大あるいは減衰してほしい**：

$$\begin{aligned} \boldsymbol{y_1(t) = e^{\lambda t} a} \\ \boldsymbol{y_2(t) = e^{\lambda t} b} \end{aligned} \quad \text{を探せ．} \quad \text{これはベクトル表記では} \quad \boldsymbol{y(t) = e^{\lambda t} x} \tag{2}$$

そのベクトル $\boldsymbol{x} = (a, b)$ は**固有ベクトル**と呼ばれる．成長率 λ が**固有値**である．本節では，どのように $\boldsymbol{x}$ と λ を見つけるかを示す．ここでは (1) の中の行列に対する $\boldsymbol{x}$ と λ を急ぎ示す．

$\boldsymbol{y} = e^{5t}\boldsymbol{x}$ の中の第 1 固有ベクトル $\boldsymbol{x} = \begin{bmatrix} a \\ b \end{bmatrix} = \begin{bmatrix} 1 \\ 1 \end{bmatrix}$ と，第 1 固有値 $\boldsymbol{\lambda = 5}$

$$\begin{aligned} y_1 &= \boldsymbol{e^{5t}} \\ y_2 &= \boldsymbol{e^{5t}} \end{aligned} \quad \text{として，} \quad \begin{aligned} {y_1}' &= 5\,e^{5t} = 4y_1 + y_2 \\ {y_2}' &= 5\,e^{5t} = 3y_1 + 2y_2 \end{aligned}$$

$\boldsymbol{y} = e^{t}\boldsymbol{x}$ の中の第 2 固有ベクトル $\boldsymbol{x} = \begin{bmatrix} a \\ b \end{bmatrix} = \begin{bmatrix} 1 \\ -3 \end{bmatrix}$ と，第 2 固有値 $\boldsymbol{\lambda = 1}$

この $\boldsymbol{y = e^{\lambda t} x}$ は第 **2** の解

$$\begin{aligned} y_1 &= \boldsymbol{e^{t}} \\ y_2 &= \boldsymbol{-3\,e^{t}} \end{aligned} \quad \text{として，} \quad \begin{aligned} {y_1}' &= e^{t} = 4y_1 + y_2 \\ {y_2}' &= -3\,e^{t} = 3y_1 + 2y_2 \end{aligned}$$

これら 2 組の $\boldsymbol{x}$ と $\boldsymbol{\lambda}$ を任意の c_1, c_2 で線形結合して，$\boldsymbol{y}' = A\boldsymbol{y}$ の一般解を得る：

$$\text{一般解}\quad \boldsymbol{y}(t) = c_1 \begin{bmatrix} e^{5t} \\ e^{5t} \end{bmatrix} + c_2 \begin{bmatrix} e^{t} \\ -3\,e^{t} \end{bmatrix} = c_1 e^{5t} \begin{bmatrix} 1 \\ 1 \end{bmatrix} + c_2 e^{t} \begin{bmatrix} 1 \\ -3 \end{bmatrix}. \qquad (3)$$

これがまさしく，定数行列 A をもつ方程式 $\boldsymbol{y}' = A\boldsymbol{y}$ に対して我々が達成したいことである．

我々が求める解は特別な形 $\boldsymbol{y}(t) = e^{\lambda t}\boldsymbol{x}$ をしている．この解を $\boldsymbol{y}' = A\boldsymbol{y}$ へ代入すると，固有値 λ とその固有ベクトル $\boldsymbol{x}$ に対する方程式 $A\boldsymbol{x} = \lambda\boldsymbol{x}$ が現れる：

$$\frac{d}{dt}(e^{\lambda t}\boldsymbol{x}) = A(e^{\lambda t}\boldsymbol{x}) \quad \text{から} \quad \lambda e^{\lambda t}\boldsymbol{x} = Ae^{\lambda t}\boldsymbol{x}. \qquad \text{両辺を } e^{\lambda t} \text{ で割れ.}$$

A の固有値と固有ベクトル $\quad A\boldsymbol{x} = \lambda\boldsymbol{x} \quad$ (4)

それら固有値（先の A に対しては 5 と 1）は，行列の本質を見抜く新たな方法である．本章では，$A\boldsymbol{x} = \lambda\boldsymbol{x}$ にもとづく，線形代数の別の部分に入る．本章に登場する行列は，すべて正方行列である．**6 章の最後のページには，多くの行列について，固有値と固有ベクトルの情報を載せる**．

$\det(A - \lambda I) = 0$ から固有値を求める

A を掛けたとき，ほぼすべてのベクトルが方向を変える．**とても例外的な，あるベクトル $\boldsymbol{x}$ だけは $A\boldsymbol{x}$ と同じ方向を向く．それらが"固有ベクトル"である**．そのベクトル $A\boldsymbol{x}$（$\boldsymbol{x}$ と同じ方向）は，（ある数 λ）×（もとの $\boldsymbol{x}$）である．

固有値 λ は，固有ベクトル $\boldsymbol{x}$ が——A を掛けたときに——伸びるか，縮むか，反転するか，それとも変わらないかを告げる．$\lambda = 2$ や $\frac{1}{2}$ や -1 や 1 となりうる．固有値 λ が零ということもありえる！ $A\boldsymbol{x} = 0\boldsymbol{x}$ のとき，この固有ベクトル $\boldsymbol{x}$ は A の零空間内にある．

A が単位行列のとき，どのベクトルも $A\boldsymbol{x} = \boldsymbol{x}$ を満たす．すべてのベクトルは I の固有ベクトルである．2 行 2 列の行列の大部分は，**2 つの**固有ベクトルの方向と，**2 つの**固有値 λ_1 および λ_2 をもつ．

固有値を求めるには，方程式 $A\boldsymbol{x} = \lambda\boldsymbol{x}$ を良い形 $(A - \lambda I)\boldsymbol{x} = \boldsymbol{0}$ に書く．$(A - \lambda I)\boldsymbol{x} = \boldsymbol{0}$ が非自明な解をもつとき，$A - \lambda I$ は**特異行列**である．その行列式は**零**でなければならない．

$$A - \lambda I = \begin{bmatrix} a-\lambda & b \\ c & d-\lambda \end{bmatrix} \quad \text{の行列式は} \quad \boldsymbol{(a-\lambda)(d-\lambda) - bc = 0.}$$

我々の目標は，A を正しい量 λI だけずらして，$(A - \lambda I)\boldsymbol{x} = \boldsymbol{0}$ が非自明な解をもつようにすることである．このとき，$\boldsymbol{x}$ が固有ベクトル，λ が固有値で，$A - \lambda I$ は可逆でない．そこで我々は，$\mathbf{det}(\boldsymbol{A} - \boldsymbol{\lambda I}) = \mathbf{0}$ となる数 λ を探す．式 (1) での行列 A から始めよう．

例 1 $A = \begin{bmatrix} 4 & 1 \\ 3 & 2 \end{bmatrix}$ について，対角成分から λ を引き，行列式を求めよ：

$$\mathbf{det}(\boldsymbol{A}-\boldsymbol{\lambda I}) = \det\begin{bmatrix} 4-\lambda & 1 \\ 3 & 2-\lambda \end{bmatrix} = \lambda^2 - 6\lambda + 5 = (\boldsymbol{\lambda}-\mathbf{5})(\boldsymbol{\lambda}-\mathbf{1}). \tag{5}$$

2 次式を因数分解して，2 つの固有値 $\lambda_1 = 5$ と $\lambda_2 = 1$ が見えるようにした．行列 $A-5I$ と $A-I$ は**特異**である．$\det(A-\lambda I)=0$ から λ を求められた．

固有値 5 と 1 のそれぞれについて，今度は**固有ベクトル** $\boldsymbol{x}$ を求める：

$$(A-5I)\,\boldsymbol{x} = \mathbf{0} \quad \text{は} \quad \begin{bmatrix} -1 & 1 \\ 3 & -3 \end{bmatrix} \begin{bmatrix} \boldsymbol{x} \end{bmatrix} = \begin{bmatrix} 0 \\ 0 \end{bmatrix} \quad \text{だから} \quad \boldsymbol{x} = \begin{bmatrix} 1 \\ 1 \end{bmatrix}$$

$$(A-1I)\,\boldsymbol{x} = \mathbf{0} \quad \text{は} \quad \begin{bmatrix} 3 & 1 \\ 3 & 1 \end{bmatrix} \begin{bmatrix} \boldsymbol{x} \end{bmatrix} = \begin{bmatrix} 0 \\ 0 \end{bmatrix} \quad \text{だから} \quad \boldsymbol{x} = \begin{bmatrix} 1 \\ -3 \end{bmatrix}$$

これらが，我々の特別な解 $\boldsymbol{y} = e^{\lambda t}\boldsymbol{x}$ の中のベクトル (a,b) だった．$\boldsymbol{y}$ の 2 つの成分とも成長率 λ をもち，だから微分方程式が容易に解けた：$\boldsymbol{y} = e^{\lambda t}\boldsymbol{x}$.

2 つの固有ベクトルが 2 つの解を与える．線形結合 $c_1\boldsymbol{y}_1 + c_2\boldsymbol{y}_2$ ですべての解を得る．

例 2　マルコフ行列 $A = \begin{bmatrix} 0.8 & 0.3 \\ 0.2 & 0.7 \end{bmatrix}$ の固有値と固有ベクトルを求めよ．

$$\det(A-\lambda I) = \det\begin{bmatrix} 0.8-\lambda & 0.3 \\ 0.2 & 0.7-\lambda \end{bmatrix} = \lambda^2 - \frac{3}{2}\lambda + \frac{1}{2} = (\boldsymbol{\lambda}-\mathbf{1})\left(\boldsymbol{\lambda}-\tfrac{\mathbf{1}}{\mathbf{2}}\right).$$

2 次式を $\lambda-1$ と $\lambda-\frac{1}{2}$ の積に因数分解したので，2 つの固有値が $\boldsymbol{\lambda}=\mathbf{1}$ と $\frac{\mathbf{1}}{\mathbf{2}}$ と求まる．固有ベクトル $\boldsymbol{x}_1$ と $\boldsymbol{x}_2$ は $A-I$ と $A-\frac{1}{2}I$ の零空間内にある．

$$(A-I)\,\boldsymbol{x}_1 = \mathbf{0} \quad \text{は} \quad A\boldsymbol{x}_1 = \boldsymbol{x}_1 \quad \text{第 1 固有ベクトルは} \quad \boldsymbol{x_1} = \mathbf{(0.6, 0.4)}$$
$$(A-\tfrac{1}{2}I)\,\boldsymbol{x}_2 = \mathbf{0} \quad \text{は} \quad A\boldsymbol{x}_2 = \tfrac{1}{2}\boldsymbol{x}_2 \quad \text{第 2 固有ベクトルは} \quad \boldsymbol{x_2} = \mathbf{(1, -1)}$$

$$\boldsymbol{x}_1 = \begin{bmatrix} 0.6 \\ 0.4 \end{bmatrix} \quad \text{では} \quad A\boldsymbol{x}_1 = \begin{bmatrix} 0.8 & 0.3 \\ 0.2 & 0.7 \end{bmatrix}\begin{bmatrix} 0.6 \\ 0.4 \end{bmatrix} = \boldsymbol{x}_1 \quad (A\boldsymbol{x} = \boldsymbol{x}\ \text{は}\ \lambda_1 = 1\ \text{を意味する})$$

$$\boldsymbol{x}_2 = \begin{bmatrix} 1 \\ -1 \end{bmatrix} \quad \text{では} \quad A\boldsymbol{x}_2 = \begin{bmatrix} 0.8 & 0.3 \\ 0.2 & 0.7 \end{bmatrix}\begin{bmatrix} 1 \\ -1 \end{bmatrix} = \begin{bmatrix} 0.5 \\ -0.5 \end{bmatrix} \quad (\text{これは}\ \tfrac{1}{2}\boldsymbol{x}_2\ \text{だから}\ \lambda_2 = \tfrac{1}{2}).$$

$\boldsymbol{x}_1$ に再び A を掛けても，また $\boldsymbol{x}_1$ を得る．A のどの累乗でも $A^n\boldsymbol{x}_1 = \boldsymbol{x}_1$ となる．$\boldsymbol{x}_2$ に A を掛ければ $\frac{1}{2}\boldsymbol{x}_2$ となり，再度掛ければ $(\frac{1}{2})^2\boldsymbol{x}_2$ を得る．

A を 2 乗しても固有ベクトル x は変わらない．$A^2x = A(\lambda x) = \lambda(Ax) = \lambda^2 x$.
λ^2 に注意せよ．固有ベクトルはそれ自身の方向にとどまるので，このパターンはずっと続く．それらが混じることは決してない．A^{100} の固有ベクトルは同じく $\boldsymbol{x}_1$ と $\boldsymbol{x}_2$ である．A^{100} の固有値は $1^{100} = 1$ と，$(\frac{1}{2})^{100}$ = とても小さな数，である．

この特定の A は**マルコフ行列**であることを付記する．その成分は正で，どの列も成分を足し合わせて 1 となる．これらの事実から，最大の固有値が $\lambda = 1$ であることが保証される．固有ベクトル $A\boldsymbol{x_1} = \boldsymbol{x}_1$ は**定常状態**である —— A^k のすべての列ベクトルはそれに漸近する．

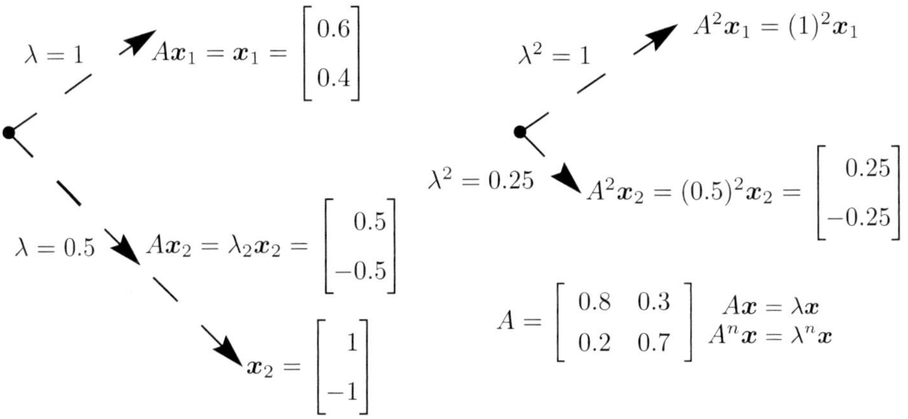

図 6.1　固有ベクトルは方向を保つ．A^2 の固有値は 1^2 と $(0.5)^2$.

巨大なマルコフ行列は Google の検索アルゴリズムの鍵であり，ウェブページにランキングを付ける．Google は線形代数のおかげで，世界の最も価値ある企業の 1 つになった．

行列の累乗

A の固有値が既知のとき，すべての累乗 A^k と，ずらした $A + cI$ と，A のすべての関数の固有値がすぐにわかる．A の各固有ベクトルは A^k と A^{-1} と $A + cI$ の固有ベクトルでもある：

$$Ax = \lambda x \text{ ならば，} A^k x = \lambda^k x \text{ と } A^{-1} x = \frac{1}{\lambda} x \text{ と } (A + cI)x = (\lambda + c)x. \tag{6}$$

また $A^2 x$ から始めると，これは A と $Ax = \lambda x$ の積である．このとき $A\lambda x$ は，任意の数 λ に対して λAx と等しく，そして λAx は $\lambda^2 x$ である．これで $A^2 x = \lambda^2 x$ が証明された．

より高次の累乗 $A^k x$ では，$Ax = \lambda x$ に A を掛け続ける．掛けるたびに同様にして，$A^k x = \lambda^k x$ に至る．A^{-1} の固有値については，まず A^{-1} を掛け，続いて λ で割る：

$$\boldsymbol{A^{-1}} \textbf{ の固有値は } \boldsymbol{\frac{1}{\lambda}} \textbf{ である} \qquad \boldsymbol{Ax = \lambda x} \qquad x = \lambda A^{-1} x \qquad A^{-1} x = \frac{1}{\lambda} x \tag{7}$$

ここでは A^{-1} が存在すると仮定している！ A が可逆のとき，λ は決して零にならない．

可逆行列ではすべての $\lambda \neq 0$. **特異行列では固有値** $\lambda = 0$ **がある**.

A から $A + cI$ へずらすと，各固有値に単に c が加わる（x は**変わらない**）：

$$\boldsymbol{A} \textbf{ のずらし} \qquad Ax = \lambda x \text{ のとき } (A + cI)x = Ax + cx = (\lambda + c)x. \tag{8}$$

同じ固有ベクトル x を保つかぎり，A の任意の関数が許される：

$$\boldsymbol{A} \textbf{ の関数} \qquad (A^2 + 2A + 5I)x = (\lambda^2 + 2\lambda + 5)x \qquad e^A x = e^\lambda x. \tag{9}$$

$e^A = I + A + \frac{1}{2}A^2 + \cdots$ を忍び込ませたのは，無限級数もまた行列をつくれることを示すためである．

例 2 のマルコフ行列 A の累乗を示そう．その最初の行列は，少し掛け合わせると認識できなくなる．

$$\underset{A}{\begin{bmatrix} 0.8 & 0.3 \\ 0.2 & 0.7 \end{bmatrix}} \quad \underset{A^2}{\begin{bmatrix} 0.70 & 0.45 \\ 0.30 & 0.55 \end{bmatrix}} \quad \underset{A^3}{\begin{bmatrix} 0.650 & 0.525 \\ 0.350 & 0.475 \end{bmatrix}} \quad \cdots \quad \underset{A^{100}}{\begin{bmatrix} 0.6000 & 0.6000 \\ 0.4000 & 0.4000 \end{bmatrix}} \tag{10}$$

この A^{100} は $\lambda = 1$ とその固有ベクトル $[0.6, 0.4]$ を用いて求めたもので，行列を 100 回掛けて求めたのではない．A の固有値は 1 と $\frac{1}{2}$ だから，A^{100} の固有値は 1 と $(\frac{1}{2})^{100}$ である．この最後の数は極めて小さく，A^{100} の成分の最初の 30 桁の中に見ることはできない．

A^{99} を $\boldsymbol{v} = (0.8, 0.2)$ のような他のベクトルに掛けるにはどうするか？ これは固有ベクトルではないが，$\boldsymbol{v}$ は**固有ベクトルの線形結合**である．任意のベクトル $\boldsymbol{v}$ を固有ベクトルを用いて表すのが，鍵となる考え方である．

固有ベクトルへ分解せよ
$\boldsymbol{v} = \boldsymbol{x}_1 + (0.2)\boldsymbol{x}_2$

$$\boldsymbol{v} = \begin{bmatrix} 0.8 \\ 0.2 \end{bmatrix} = \begin{bmatrix} 0.6 \\ 0.4 \end{bmatrix} + \begin{bmatrix} 0.2 \\ -0.2 \end{bmatrix}. \tag{11}$$

ベクトルに A を掛けると，各固有ベクトルに，それぞれの固有値が掛けられる．99 回の反復後には，$\boldsymbol{x}_1$ は変わらず，$\boldsymbol{x}_2$ には $(\frac{1}{2})^{99}$ が掛かる：

$$A^{99}\begin{bmatrix} 0.8 \\ 0.2 \end{bmatrix} \quad \text{は} \quad A^{99}(\boldsymbol{x}_1 + 0.2\boldsymbol{x}_2) = \boldsymbol{x}_1 + (0.2)(\frac{1}{2})^{99}\boldsymbol{x}_2 = \begin{bmatrix} 0.6 \\ 0.4 \end{bmatrix} + \begin{bmatrix} \text{とても} \\ \text{小さな} \\ \text{ベクトル} \end{bmatrix}.$$

$\boldsymbol{v} = (0.8, 0.2)$ は A の第 1 列なので，これが A^{100} の第 1 列である．我々が先に 0.6000 と書いた値は厳密ではなく，30 桁の間は現れない $(0.2)(\frac{1}{2})^{99}$ を省いたものである．

固有ベクトル $\boldsymbol{x}_1 = (0.6, 0.4)$ は **"定常状態"** であり，変化しない（$\lambda_1 = 1$ のため）．固有ベクトル $\boldsymbol{x}_2$ は **"減衰モード"** であり，事実上，消え去る（$\lambda_2 = 1/2$ のため）．より高次の A の累乗になるほど，その各列は定常状態に近づく．

AB と $A + B$ についての悪い知らせ

通常，A と B（各々の）固有値から，AB の固有値はわからない．$A + B$ についてもわからない．A と B が異なる固有ベクトルをもつとき，我々の論理が行き詰まる．AB が BA とは異なるとき，A^2 についての嬉しい結果は，AB および $A + B$ に対して成り立たない．固有値は，A と B から別々に由来するのではない：

$$A = \begin{bmatrix} 0 & 1 \\ 0 & 0 \end{bmatrix} \quad B = \begin{bmatrix} 0 & 0 \\ 1 & 0 \end{bmatrix} \quad AB = \begin{bmatrix} 1 & 0 \\ 0 & 0 \end{bmatrix} \quad BA = \begin{bmatrix} 0 & 0 \\ 0 & 1 \end{bmatrix} \quad A + B = \begin{bmatrix} 0 & 1 \\ 1 & 0 \end{bmatrix}$$

A と B の固有値のすべては零である．しかし AB の固有値の 1 つは $\lambda = 1$ で，$A + B$ の固有値は 1 と -1 である．しかし，1 つの規則は成り立つ：**$\boldsymbol{AB}$ と $\boldsymbol{BA}$ は同じ固有値をもつ．**

行列式

行列式は，驚く性質をもつ 1 つの数字である．行列に逆行列がないとき，それは零である．このことが固有値の方程式 $\det(A - \lambda I) = 0$ に行きつく．A が可逆なとき，A^{-1} の行列式は $1/(\det A)$ を用いて表される．A^{-1} のどの成分も，2 つの行列式の比となる．

私の関連する教科書 *Introduction to Linear Algebra*（邦題『ストラング：線形代数イントロダクション』，近代科学社，2015 年）に詳細は譲りつつ，この代数をまとめておきたい．$\det(A - \lambda I) = 0$ を用いる困難は，n 行 n 列の行列式は $n!$ 個の項を含むということにある．$n = 5$ に対して，これは 120 項となる——一般に，使用不可能である．

$n = 3$ では 6 項となり，3 項には正符号がつき，3 項に負号がつく．それら 6 項のそれぞれが，**各行と各列から 1 つずつの数**を含んで求まる：

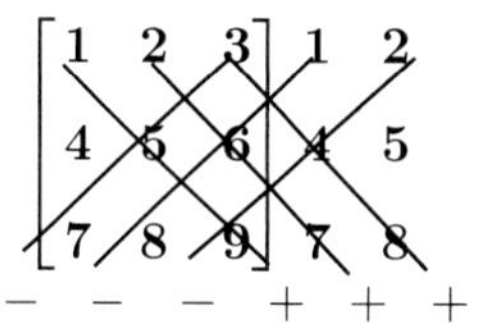

$n! = 6$ 項からの行列式

3 つは正符号で，3 つは負号

$+(1)(5)(9)\ \ +(2)(6)(7)\ \ +(3)(4)(8)$

$-(3)(5)(7)\ \ -(1)(6)(8)\ \ -(2)(4)(9)$

この図が，その 6 項を見つける方法を示す．この特定の例では，その合計は $\det A = 0$ でなければならない．この行列が，たまたま特異だからである：第 1 行 + 第 3 行 が (第 2 行) の 2 倍に等しい．

行列式の 5 つの役立つ性質から始めよう．すべて正方行列に対するものである．

1. ある行の定数倍を他の行から引いても $\det A$ は変わらない．

2. A の 2 つの行を交換すると，行列式の符号が反転する．

3. A が三角行列のとき，$\det A =$ 対角成分の積．

4. AB の行列式は，$(\det A) \times (\det B)$ に等しい．

5. A^{T} の行列式は A の行列式と等しい．

1, 2, 3 を組み合わせると，消去法からどのように行列式を求めるかがわかる：

行列式は　±（ピボットの積）　に等しい．　(12)

性質 **1**　から，行を交換しなければ，A と U の行列式は等しい．

性質 **2**　から，奇数回の行交換の後では，$\det A = -\det U$ となる．

性質 **3**　から，A と U が可逆であれば $\det U$ は主対角上に並ぶピボットの積であり，特異ならば 0 である．

消去法で A を U にすると，$\det A = \pm$（U の対角成分の積）となる．すべての数値計算ソフトウェア（MATLAB や *Python* や *Julia* のような）が $\det A$ をこのように計算する．

行列式で，正と負の符号は大きな役割を果たす．$n!$ 個の項の半分には正符号がつき，半分には負号がつく．上記の $n=3$ の行列に対して，1 回行を交換すると，主対角には $3-5-7$ か $1-6-8$ か $2-4-9$ が並ぶ．1 回の行交換から負号が生じる．2 回（偶数回）の行交換では，$1-5-9$ か $2-6-7$ か $3-4-8$ に逆戻りする．このことから，$n=4$ ではどんな 24 項になるかが暗示される．**正**符号がついた 12 項と，**負**号がついた 12 項．

P が偶置換行列のとき $\det P = 1$ となり，奇置換ならば $\det P = -1$ となる．

A の逆行列　$\det A \neq 0$ のとき，行列式を用いて $A\boldsymbol{v} = \boldsymbol{b}$ が解け，A^{-1} を求められる：

クラメルの公式　$$v_1 = \frac{\det B_1}{\det A} \quad v_2 = \frac{\det B_2}{\det A} \quad \cdots \quad v_n = \frac{\det B_n}{\det A} \tag{13}$$

行列 B_j は，A の第 j 列をベクトル $\boldsymbol{b}$ で置き換えたものである．クラメルの公式での数値計算は高くつく！

A^{-1} の各列を求めるためには，$AA^{-1} = I$ を解く．これはガウス–ジョルダン法の考えである：I の中の各列を $\boldsymbol{b}$ として，$A\boldsymbol{v} = \boldsymbol{b}$ を解くと A^{-1} の対応する列 $\boldsymbol{v}$ が求まる．

I の列を $\boldsymbol{b}$ とする，この特別な場合には，クラメルの公式の中の数 $\det B_j$ は**余因子**と呼ばれる．$\boldsymbol{b}$ はとても多くの零を含むので，余因子は大きさ $n-1$ の行列式に帰着する．A^{-1} のどの成分も，A の余因子の 1 つを A の行列式で割ったものである．

行列の“トレース”を導入し，実行列でも虚数（または複素数）の固有値と固有ベクトルをもつことがあることを示すための，3 つの例で話を閉じよう．

例 3　$S = \begin{bmatrix} 2 & 1 \\ 1 & 2 \end{bmatrix}$ の固有値と固有ベクトルを求めよ．

解　$\boldsymbol{x} = (1,1)$ が $S\boldsymbol{x} = (3,3)$ と同じ方向になることがわかる．よって $\boldsymbol{x}$ は S の $\lambda = 3$ に対する固有ベクトルである．行列 $S - \lambda I$ が特異となるようにしたい．

$$S = \begin{bmatrix} 2 & 1 \\ 1 & 2 \end{bmatrix} \qquad \det(S - \lambda I) = \det \begin{bmatrix} 2-\lambda & 1 \\ 1 & 2-\lambda \end{bmatrix} = \boldsymbol{\lambda^2 - 4\lambda + 3} = 0.$$

ここで $\lambda^2 - 4\lambda + 3$ を $(\lambda-3)(\lambda-1)$ と因数分解する．$\lambda = 3$ と $\lambda = 1$ に対して，行列 $S - \lambda I$ は特異（行列式が零）である．各固有値に 1 つずつの固有ベクトルがある：

$$\begin{aligned} \lambda_1 = 3 \qquad (S - 3I)\,\boldsymbol{x}_1 &= \begin{bmatrix} -1 & 1 \\ 1 & -1 \end{bmatrix} \begin{bmatrix} 1 \\ 1 \end{bmatrix} = \begin{bmatrix} 0 \\ 0 \end{bmatrix} \\ \lambda_2 = 1 \qquad (S - I)\,\boldsymbol{x}_2 &= \begin{bmatrix} 1 & 1 \\ 1 & 1 \end{bmatrix} \begin{bmatrix} 1 \\ -1 \end{bmatrix} = \begin{bmatrix} 0 \\ 0 \end{bmatrix} \end{aligned}$$

固有値 3 と 1 は**実数**である．固有ベクトル $(1,1)$ と $(1,-1)$ は**直交**している．対称行列の場合には，これらの性質が常に付随する．(6.5 節)．

$\det(S-\lambda I)=\lambda^2-4\lambda+3$ での **3** は，（λ なしの）S の行列式であることに注意せよ．そして **4** は，S の主対角成分の和 $2+2$ である．**この対角成分の和 4 が S の"トレース"である．これは $\lambda_1+\lambda_2=3+1$ に等しい．**

次に，$A^{\mathrm{T}}=-A$ となる**歪対称**行列を調べる．これは実ベクトルすべてを $\theta=90°$ だけ回転する．回転行列は実ベクトルの方向を変えるので，その行列の固有ベクトルは実ベクトルではありえない．

例 4 この実行列は虚数の固有値 $i,-i$ と複素数の固有ベクトルをもつ：

$$A=\begin{bmatrix}0&-1\\1&0\end{bmatrix}=-A^{\mathrm{T}}\qquad \det(A-\lambda I)=\det\begin{bmatrix}-\lambda&-1\\1&-\lambda\end{bmatrix}=\boldsymbol{\lambda^2+1}=0.$$

この行列式 λ^2+1 が零であるのは $\lambda=i$ と $-i$ のときである．固有ベクトルは $(1,-i)$ と $(1,i)$ である：

$$\begin{bmatrix}0&-1\\1&0\end{bmatrix}\begin{bmatrix}1\\-i\end{bmatrix}=\begin{bmatrix}i\\1\end{bmatrix}=\boldsymbol{i}\begin{bmatrix}1\\-i\end{bmatrix}\qquad \begin{bmatrix}0&-1\\1&0\end{bmatrix}\begin{bmatrix}1\\i\end{bmatrix}=\begin{bmatrix}-i\\1\end{bmatrix}=\boldsymbol{-i}\begin{bmatrix}1\\i\end{bmatrix}$$

なぜか，これらの複素ベクトル $\boldsymbol{x}_1$ と $\boldsymbol{x}_2$ は回転されない（どのようにしてかは実際，よくわからない）．

固有値の積 $(i)(-i)$ は $\det A=1$ を与える．固有値の和は $(i)+(-i)=0$ となり，これは A の対角成分の和 $0+0$ に等しい．

固有値の積 = 行列式　　固有値の和 = "トレース"　　(14)

これらは，正方行列すべてに対して正しい．**トレースは，$\boldsymbol{A}$ の対角成分の和** $a_{11}+\cdots+a_{nn}$ である．この和と積は，2行2列の行列に対して特に有用である．このとき，行列式 $\lambda_1\lambda_2=\boldsymbol{ad-bc}$ とトレース $\lambda_1+\lambda_2=\boldsymbol{a+d}$ により λ_1 と λ_2 が完全に決まる．今度は，平面内の任意の角度 θ での回転を見てみよう．

例 5 回転は直交行列 Q に起因する．このとき $\lambda_1=e^{i\theta}$ と $\lambda_2=e^{-i\theta}$：

$$Q=\begin{bmatrix}\cos\theta&-\sin\theta\\\sin\theta&\cos\theta\end{bmatrix}\qquad \begin{matrix}\lambda_1=\cos\theta+i\sin\theta\\\lambda_2=\cos\theta-i\sin\theta\end{matrix}\qquad \begin{matrix}\lambda_1+\lambda_2=2\cos\theta=\text{トレース}\\\lambda_1\lambda_2=1=\text{行列式}\end{matrix}$$

$(\lambda_1)(\lambda_2)$ と掛けると $\cos^2\theta+\sin^2\theta=1$ を得る．極形式で書けば $e^{i\theta}\times e^{-i\theta}=1$ である．Q の固有ベクトルは，すべての回転角 θ に対して $(1,-i)$ と $(1,i)$ である．

本節を終える前に，真実を告げる必要がある．大きな行列の固有値と固有ベクトルを求めるのは簡単なことではない．方程式 $\det(A-\lambda I)=0$ で求めるのは，だいたい2行2列と3行3列の場合に限られている．より大きな行列では，固有値を変えないように徐々に三角行列へと変形する．**3角行列では，固有値が対角成分に並ぶ**．LAPACK では，λ と $\boldsymbol{x}$ を計算する良いコードが無料で入手できる．MATLAB の命令では eig (A) とする．

■ 要点の復習 ■

1. $A\boldsymbol{x} = \lambda\boldsymbol{x}$ は，A を掛けたときに固有ベクトル $\boldsymbol{x}$ が同じ方向を保つということである．

2. $A\boldsymbol{x} = \lambda\boldsymbol{x}$ はまた，$\det(A - \lambda I) = 0$ とも書ける．この方程式が n 個の固有値を決める．

3. A^2 と A^{-1} の固有値は λ^2 と λ^{-1} であり，A と同じ固有ベクトルを伴う．

4. 特異行列では $\lambda = 0$ である．三角行列では，対角成分が λ である．

5. A の対角成分の和（**トレース**）は固有値の和でもある．

6. 行列式は λ の積である．これはまた，$\pm$(U の対角成分の積）でもある．

演習問題 6.1

1 例 2 以降では，次のマルコフ行列 A の累乗が現れた：

$$A = \begin{bmatrix} 0.8 & 0.3 \\ 0.2 & 0.7 \end{bmatrix} \quad と \quad A^2 = \begin{bmatrix} 0.70 & 0.45 \\ 0.30 & 0.55 \end{bmatrix} \quad と \quad A^\infty = \begin{bmatrix} 0.6 & 0.6 \\ 0.4 & 0.4 \end{bmatrix}.$$

(a) A の固有値は 1 と $\frac{1}{2}$ である．A^2 と A^∞ の固有値を求めよ．

(b) A^∞ の固有ベクトルは何か？ 固有ベクトルの 1 つは，零空間内にある．

(c) A^2 と A^∞ の行列式を求め，$(\det A)^2$ および $(\det A)^\infty$ と比べよ．

2 これら 2 つの行列の固有値と固有ベクトルを求めよ：

$$A = \begin{bmatrix} 1 & 4 \\ 2 & 3 \end{bmatrix} \quad と \quad A + I = \begin{bmatrix} 2 & 4 \\ 2 & 4 \end{bmatrix}.$$

$A + I$ は A と ＿＿ 固有ベクトルをもつ．その固有値は 1 だけ ＿＿．

3 A と A^{-1} の固有値および固有ベクトルを計算せよ：

$$A = \begin{bmatrix} 0 & 2 \\ 1 & 1 \end{bmatrix} \quad と \quad A^{-1} = \begin{bmatrix} 1/2 & 1 \\ 1/2 & 0 \end{bmatrix}.$$

A^{-1} は A と ＿＿ 固有ベクトルをもつ．A の固有値が λ_1 と λ_2 のとき，その逆行列の固有値は ＿＿．$\lambda_1 + \lambda_2 = A$ **のトレース** $= 0 + 1$ であることを確かめよ．

4 A と A^2 の固有値および固有ベクトルを計算せよ：

$$A = \begin{bmatrix} -1 & 3 \\ 2 & 0 \end{bmatrix} \quad と \quad A^2 = \begin{bmatrix} 7 & -3 \\ -2 & 6 \end{bmatrix}.$$

A^2 は A と同じ ＿＿ をもつ．A の固有値が λ_1 と λ_2 のとき，A^2 の固有値は ＿＿．この例で，$\lambda_1^2+\lambda_2^2=13$ なのはなぜか？

5 A と B の固有値（三角行列では簡単）と $A+B$ の固有値を求めよ：

$$A=\begin{bmatrix}3&0\\1&1\end{bmatrix} \quad と \quad B=\begin{bmatrix}1&1\\0&3\end{bmatrix} \quad と \quad A+B=\begin{bmatrix}4&1\\1&4\end{bmatrix}.$$

$A+B$ の固有値は，A と B の固有値の和に（**等しい・等しくないかもしれない**）．

6 A と B と AB と BA の固有値を求めよ：

$$A=\begin{bmatrix}1&0\\1&1\end{bmatrix} \quad と \quad B=\begin{bmatrix}1&2\\0&1\end{bmatrix} \quad と \quad AB=\begin{bmatrix}1&2\\1&3\end{bmatrix} \quad と \quad BA=\begin{bmatrix}3&2\\1&1\end{bmatrix}.$$

(a) AB の固有値は，A と B の固有値の積に等しいか？

(b) AB の固有値は BA の固有値に等しいか？ **イエス！**

7 消去法により三角行列 U を生成する．U の固有値は，その対角成分にある（**なぜ**？）．それらは一般に A **の固有値ではない**．2行2列の A と U の例を挙げよ．

8 (a) $\boldsymbol{x}$ が固有ベクトルであると知っていれば，λ を求める方法は ＿＿．

(b) λ が固有値であると知っていれば，$\boldsymbol{x}$ を求める方法は ＿＿．

9 (a), (b), および (c) を証明するためには，式 $A\boldsymbol{x}=\lambda\boldsymbol{x}$ に対して何をすべきか？

(a) 問題4のように，λ^2 は A^2 の固有値である．

(b) 問題3のように，λ^{-1} は A^{-1} の固有値である．

(c) 問題2のように，$\lambda+1$ は $A+I$ の固有値である．

10 以下のマルコフ行列 A と A^∞ の両方に対して，固有値と固有ベクトルを求めよ．これらの答えから，なぜ A^{100} が A^∞ に近いかを説明せよ：

$$A=\begin{bmatrix}0.6&0.2\\0.4&0.8\end{bmatrix} \quad と \quad A^\infty=\begin{bmatrix}1/3&1/3\\2/3&2/3\end{bmatrix}.$$

11 ある3行3列の行列 B の固有値が $0,1,2$ である．この情報から次が求まる：

(a) B の階数 (b) B^2 の固有値 (c) $(B^2+I)^{-1}$ の固有値．

12 以下の行列 P に対する3つの固有ベクトルを求めよ．射影行列では $\lambda=1$ と 0 のみとなる．固有ベクトルは，P が射影する部分空間**内にあるか，またはそれと直交**する．

$$\text{射影行列 } \boldsymbol{P^2=P=P^{\mathrm{T}}} \qquad P=\begin{bmatrix}0.2&0.4&0\\0.4&0.8&0\\0&0&1\end{bmatrix}.$$

もし 2 つの固有ベクトル $\boldsymbol{x}$ と $\boldsymbol{y}$ が重複固有値 λ を共有しているなら，それらのすべての線形結合 $c\boldsymbol{x}+d\boldsymbol{y}$ の固有値もまた λ である．どの成分も零でない，P の固有ベクトルを見つけよ．

13 単位ベクトル $\boldsymbol{u}=\left(\frac{1}{6},\frac{1}{6},\frac{3}{6},\frac{5}{6}\right)$ から，階数 1 の射影行列 $P=\boldsymbol{u}\boldsymbol{u}^{\mathrm{T}}$ をつくれ．$\boldsymbol{u}^{\mathrm{T}}\boldsymbol{u}=1$ であるから，この行列は $P^2=P$ を満たす．

(a) なぜ $P\boldsymbol{u}=(\boldsymbol{u}\boldsymbol{u}^{\mathrm{T}})\boldsymbol{u}$ が $\boldsymbol{u}$ に等しいかを説明せよ．このとき，$\boldsymbol{u}$ は $\lambda=1$ に対する固有ベクトルである．

(b) $\boldsymbol{v}$ が $\boldsymbol{u}$ に垂直なとき，$P\boldsymbol{v}=\boldsymbol{0}$ であることを示せ．このとき $\lambda=0$ である．

(c) すべてが固有値 $\lambda=0$ に対応する，P の 3 つの線形独立な固有ベクトルを見つけよ．

14 2 次方程式の解の公式により $\det(Q-\lambda I)=0$ を解き，$\lambda=\cos\theta\pm i\sin\theta$ を導け：

$$Q=\begin{bmatrix}\cos\theta & -\sin\theta\\ \sin\theta & \cos\theta\end{bmatrix}\quad \text{は } xy \text{ 平面を角度 } \theta \text{ だけ回転する．実数の } \lambda \text{ はない．}$$

Q の固有ベクトルを，$(Q-\lambda I)\boldsymbol{x}=\boldsymbol{0}$ を解いて求めよ．$i^2=-1$ を使え．

15 $\lambda_1=\lambda_2=0$ をもつ，2 行 2 列の行列を 3 つ見つけよ．トレースは零で，行列式も零である．A が必ずしも零行列でなくとも，A^2 の成分はすべて零であることを確かめよ．

16 次の行列は，階数が 1 で，特異である．3 つの λ と 3 つの固有ベクトルを求めよ：

$$\textbf{階数 1}\qquad A=\begin{bmatrix}1\\2\\1\end{bmatrix}\begin{bmatrix}2 & 1 & 2\end{bmatrix}=\begin{bmatrix}2 & 1 & 2\\4 & 2 & 4\\2 & 1 & 2\end{bmatrix}.$$

17 以下の A で $a+b=c+d$ である．このとき $(1,1)$ が固有ベクトルであることを示し，2 つの固有値を求めよ：

$$\lambda_2\ \textbf{はトレースを用いて求めよ}\qquad A=\begin{bmatrix}5 & 1\\2 & 4\end{bmatrix}\quad と\quad A=\begin{bmatrix}a & b\\c & d\end{bmatrix}.$$

18 A が $\lambda_1=4$ と $\lambda_2=5$ をもつとき，$\det(A-\lambda I)=(\lambda-4)(\lambda-5)=\lambda^2-9\lambda+20$ である．トレースが $a+d=9$ で，行列式が 20 であり，$\lambda=4$ と 5 になる行列を 3 つ見つけよ．

19 3 行 3 列の A に対して $A\boldsymbol{u}=0\boldsymbol{u}$ と $A\boldsymbol{v}=3\boldsymbol{v}$ と $A\boldsymbol{w}=5\boldsymbol{w}$ であるとする．固有値は $0,3,5$ である．

(a) A の零空間の基底と，列空間の基底をつくれ．

(b) $A\boldsymbol{x}=\boldsymbol{v}+\boldsymbol{w}$ の特殊解を見つけよ．すべての解を求めよ．

(c) $A\boldsymbol{x}=\boldsymbol{u}$ には解がない．もしあったならば，_____ は列空間内にあることになる．

20 A の最後の行をえらび，固有値が (a) 4 と 7 か，(b) 任意の λ_1 と λ_2，となるようにせよ．

$$\text{同伴行列} \qquad A = \begin{bmatrix} 0 & 1 \\ * & * \end{bmatrix}.$$

21 **A の固有値は A^{T} の固有値に等しい**．これは，$\det(A - \lambda I)$ が $\det(A^{\mathrm{T}} - \lambda I)$ に等しいからである．これが真である理由は，______．例示により，A と A^{T} の固有ベクトルは同じ**ではない**ことを示せ．

22 任意の 3 行 3 列のマルコフ行列 M をつくれ：どの列も足して 1 になる，正の成分．$M^{\mathrm{T}}(1,1,1) = (1,1,1)$ となることを示せ．問題 21 より，$\lambda = 1$ は M の固有値でもある．挑戦：3 行 3 列の特異なマルコフ行列のトレースが $\frac{1}{2}$ なら，λ は何か？

23 A と B が同じ固有値 $\lambda_1, \ldots, \lambda_n$ と，同じ線形独立な固有ベクトル $\boldsymbol{x}_1, \ldots, \boldsymbol{x}_n$ をもつとする．**このとき $A = B$ となる．理由**：任意のベクトル $\boldsymbol{v}$ は，ある線形結合 $c_1\boldsymbol{x}_1 + \cdots + c_n\boldsymbol{x}_n$ である．$A\boldsymbol{v}$ は何か？ $B\boldsymbol{v}$ は何か？

24 ブロック B の固有値は 1, 2 で，C の固有値は 3, 4 で，D の固有値は 5, 7 である．この 4 行 4 列の行列 A の固有値を求めよ：

$$A = \begin{bmatrix} B & C \\ 0 & D \end{bmatrix} = \begin{bmatrix} 0 & 1 & 3 & 0 \\ -2 & 3 & 0 & 4 \\ 0 & 0 & 6 & 1 \\ 0 & 0 & 1 & 6 \end{bmatrix}.$$

25 A と C の階数と 4 つの固有値を求めよ：

$$A = \begin{bmatrix} 1 & 1 & 1 & 1 \\ 1 & 1 & 1 & 1 \\ 1 & 1 & 1 & 1 \\ 1 & 1 & 1 & 1 \end{bmatrix} \quad \text{と} \quad C = \begin{bmatrix} 1 & 0 & 1 & 0 \\ 0 & 1 & 0 & 1 \\ 1 & 0 & 1 & 0 \\ 0 & 1 & 0 & 1 \end{bmatrix}.$$

26 前問の A から I を引け．この B と $-B$ の固有値を求めよ：

$$B = A - I = \begin{bmatrix} 0 & 1 & 1 & 1 \\ 1 & 0 & 1 & 1 \\ 1 & 1 & 0 & 1 \\ 1 & 1 & 1 & 0 \end{bmatrix} \quad \text{と} \quad -B = \begin{bmatrix} 0 & -1 & -1 & -1 \\ -1 & 0 & -1 & -1 \\ -1 & -1 & 0 & -1 \\ -1 & -1 & -1 & 0 \end{bmatrix}.$$

27 （復習）$A, B,$ および C の固有値を求めよ：

$$A = \begin{bmatrix} 1 & 2 & 3 \\ 0 & 4 & 5 \\ 0 & 0 & 6 \end{bmatrix} \quad \text{と} \quad B = \begin{bmatrix} 0 & 0 & 1 \\ 0 & 2 & 0 \\ 3 & 0 & 0 \end{bmatrix} \quad \text{と} \quad C = \begin{bmatrix} 2 & 2 & 2 \\ 2 & 2 & 2 \\ 2 & 2 & 2 \end{bmatrix}.$$

28 どの置換行列でも $\boldsymbol{x} = (1, 1, \ldots, 1)$ は不変に保たれる．このとき $\lambda = 1$．以下の置換行列に対して，$\det(P - \lambda I) = 0$ から，もう 2 つの（複素数かもしれない）λ を求めよ：

$$P = \begin{bmatrix} 0 & 1 & 0 \\ 0 & 0 & 1 \\ 1 & 0 & 0 \end{bmatrix} \quad \text{と} \quad P = \begin{bmatrix} 0 & 0 & 1 \\ 0 & 1 & 0 \\ 1 & 0 & 0 \end{bmatrix}.$$

29 A の行列式は $\lambda_1 \lambda_2 \cdots \lambda_n$ に等しい．多項式 $\det(A - \lambda I)$ から始め，その n 個の因子に分解せよ（常に可能）．その後，$\lambda = 0$ とせよ：

$$\det(A - \lambda I) = (\lambda_1 - \lambda)(\lambda_2 - \lambda) \cdots (\lambda_n - \lambda) \quad \text{だから} \quad \det A = \underline{\qquad}.$$

30 対角成分の和（**トレース**）は固有値の和に等しい：

$$A = \begin{bmatrix} a & b \\ c & d \end{bmatrix} \quad \text{では} \quad \det(A - \lambda I) = \lambda^2 - (a + d)\lambda + ad - bc = 0.$$

2 次方程式の解の公式から，固有値は $\lambda = (a+d+\sqrt{\quad})/2$ と $\lambda =$ ____ である．それらの和は ____ である．**もし A が $\lambda_1 = 3$ と $\lambda_2 = 4$ をもてば，$\det(A - \lambda I) =$** ____．

6.2 行列の対角化

$\boldsymbol{x}$ が固有ベクトルのとき，A による乗算は単に数値 λ による乗算になる：$A\boldsymbol{x} = \lambda \boldsymbol{x}$．行列の難しさはすべて一掃される．結合した連立方程式の代わりに，固有ベクトルを個別に追跡できる．これはちょうど，結合を表す非対角成分のない**対角行列**を扱うようなものだ．対角行列を 100 乗するのはたやすい．

本節の要点はとても直接的である．**固有ベクトルを適切に用いれば，行列 A は対角行列 Λ に変身する**．これが，大切な考え方の行列での表現である．直ちに，その本質的な計算から始めよう．

対角化 n 行 n 列の行列 A が n 個の線形独立な固有ベクトル $\boldsymbol{x}_1, \ldots, \boldsymbol{x}_n$ をもつとする．それらを**固有ベクトル行列** V の列に配置する．このとき $V^{-1}AV$ は**固有値行列** Λ であり，Λ は対角行列となる：

固有ベクトル行列 V
固有値行列 Λ

$$\boldsymbol{V}^{-1}\boldsymbol{A}\boldsymbol{V} = \boldsymbol{\Lambda} = \begin{bmatrix} \lambda_1 & & \\ & \ddots & \\ & & \lambda_n \end{bmatrix}. \qquad (1)$$

行列 A は“対角化された”．固有値行列に大文字のラムダを用いるのは，その対角成分が小文字の λ（固有値）だからである．

証明　A を，V の列である，その固有ベクトルに掛けよ．AV の第1列は $A\boldsymbol{x}_1$ であり，これは $\lambda_1\boldsymbol{x}_1$ である．V のどの列にも，その固有値 λ_i が掛けられる：

A 掛ける V　$$AV = A\begin{bmatrix} \boldsymbol{x}_1 & \cdots & \boldsymbol{x}_n \end{bmatrix} = \begin{bmatrix} \lambda_1\boldsymbol{x}_1 & \cdots & \lambda_n\boldsymbol{x}_n \end{bmatrix}.$$

この行列 AV を，V 掛ける Λ と分解するのが秘訣である：

V 掛ける Λ　$$\begin{bmatrix} \lambda_1\boldsymbol{x}_1 & \cdots & \lambda_n\boldsymbol{x}_n \end{bmatrix} = \begin{bmatrix} \boldsymbol{x}_1 & \cdots & \boldsymbol{x}_n \end{bmatrix}\begin{bmatrix} \lambda_1 & & \\ & \ddots & \\ & & \lambda_n \end{bmatrix} = V\Lambda.$$

これらの行列の順序を正しく保て！このとき λ_1 は，示したとおり，第1列 $\boldsymbol{x}_1$ に掛けられる．対角化が完成し，$AV = V\Lambda$ を2つの良い方法で書ける：

$$\boxed{AV = V\Lambda \quad は \quad V^{-1}AV = \Lambda \quad または \quad A = V\Lambda V^{-1}.} \tag{2}$$

行列 V の列（A の固有ベクトル）は線形独立であると仮定したので，V には逆行列がある．**n 個の線形独立な固有ベクトルなしでは，対角化できない**．

A と Λ は同じ固有値 $\lambda_1,\ldots,\lambda_n$ をもつが，固有ベクトルは異なる．もとの A の固有ベクトル $\boldsymbol{x}_1,\ldots,\boldsymbol{x}_n$ の仕事は，A を対角化することだった．V の中のそれら固有ベクトルが $A = V\Lambda V^{-1}$ を生成する．k 乗 $A^k = V\Lambda^k V^{-1}$ の単純さと重要性と意義が，すぐにわかるだろう．

6.2 節と **6.3** 節では，**1** 階の差分および微分方程式を解く．

6.2	$\boldsymbol{u}_{k+1} = A\boldsymbol{u}_k$	$\boldsymbol{u}_k = A^k\boldsymbol{u}_0 = c_1\lambda_1^k\boldsymbol{x}_1 + \cdots + c_n\lambda_n^k\boldsymbol{x}_n$
6.3	$d\boldsymbol{y}/dt = A\boldsymbol{y}$	$\boldsymbol{y}(t) = e^{At}\boldsymbol{y}(0) = c_1e^{\lambda_1 t}\boldsymbol{x}_1 + \cdots + c_ne^{\lambda_n t}\boldsymbol{x}_n.$

どちらの問題でも考え方は変わらない：**n 個の線形独立な固有ベクトルが基底を与える**．$\boldsymbol{u}_0$ と $\boldsymbol{y}(0)$ を固有ベクトルの線形結合として書ける．その後，k が増えたり t が増えたりするに応じて，各固有ベクトルを追う：**$A^k\boldsymbol{x}$ は $\lambda^k\boldsymbol{x}$ であり，　$e^{At}\boldsymbol{x}$ は $e^{\lambda t}\boldsymbol{x}$ である．**

n 個の線形独立な固有ベクトルをもたない行列もある（重複する λ となる）．このとき $A^k\boldsymbol{u}_0$ と $e^{At}\boldsymbol{y}(0)$ はまだ正しいが，これらは $k\lambda^k\,\boldsymbol{x}$ と $te^{\lambda t}\boldsymbol{x}$ を生み出す：あまり良くない．

例1　ここでは A が三角行列で，だから λ はその対角成分である：$\lambda = 1$ と $\lambda = 6$．

V 内に固有ベクトル　$$\underset{V^{-1}}{\begin{bmatrix} 1 & -1 \\ 0 & 1 \end{bmatrix}}\underset{A}{\begin{bmatrix} 1 & 5 \\ 0 & 6 \end{bmatrix}}\underset{V}{\begin{bmatrix} 1 & 1 \\ 0 & 1 \end{bmatrix}} = \underset{\Lambda}{\begin{bmatrix} \mathbf{1} & 0 \\ 0 & \mathbf{6} \end{bmatrix}}$$

言い換えれば $A = V\Lambda V^{-1}$．その後，$A^2 = V\Lambda V^{-1}V\Lambda V^{-1}$ を見よ．$V^{-1}V = I$ を取り除くと，これは $\boldsymbol{A^2 = V\Lambda^2V^{-1}}$ になる．**A と A^2 に対する固有ベクトルは同じで，それが V の中にある．Λ^2 内には平方された固有値が入る．**

k 乗は $A^k = V\Lambda^k V^{-1}$ になるだろう．そして Λ^k は単に 1^k と 6^k を含む：

$$\text{累乗 } A^k \qquad \begin{bmatrix} 1 & 5 \\ 0 & 6 \end{bmatrix}^k = \begin{bmatrix} 1 & 1 \\ 0 & 1 \end{bmatrix} \begin{bmatrix} 1 & \\ & 6^k \end{bmatrix} \begin{bmatrix} 1 & -1 \\ 0 & 1 \end{bmatrix} = \begin{bmatrix} 1 & 6^k - 1 \\ 0 & 6^k \end{bmatrix}.$$

$k = 1$ **とすると** A **を得る**．$k = 0$ **とすると** $A^0 = I$ (固有値 $\lambda^0 = 1$) **を得る**．$k = -1$ **とすると逆行列** A^{-1} **を得る**．$A^2 = [1\ 35;\ 0\ 36]$ が，この公式の $k = 2$ のときに対応していることを理解できよう．

再び Λ を用いる前に，4 つ注記する．

注記 1 固有値 $\lambda_1, \ldots, \lambda_n$ がすべて異なるとき，固有ベクトル $\boldsymbol{x}_1, \ldots, \boldsymbol{x}_n$ は線形独立である．**重複固有値のない任意の行列は対角化できる**．

注記 2 **固有ベクトルには任意の非零定数を掛けられる**．$A\boldsymbol{x} = \lambda\boldsymbol{x}$ は真に保たれる．例 1 で，固有ベクトル $(1, 1)$ を $\sqrt{2}$ で割り，単位ベクトルとしてもよい．

注記 3 V 内の固有ベクトルは Λ 内の固有値と同じ順序で入る．Λ の中の $1, 6$ を逆にするときには，V の中で固有ベクトル $(1, 1)$ を $(1, 0)$ の前に置く．

$$\begin{array}{l}\textbf{新たな順序 } \mathbf{6, 1} \\ \boldsymbol{V} \textbf{ 内も新たな順序}\end{array} \qquad \begin{bmatrix} 0 & 1 \\ 1 & -1 \end{bmatrix} \begin{bmatrix} 1 & 5 \\ 0 & 6 \end{bmatrix} \begin{bmatrix} 1 & 1 \\ 1 & 0 \end{bmatrix} = \begin{bmatrix} 6 & 0 \\ 0 & 1 \end{bmatrix} = \Lambda_{\mathbf{new}}$$

A を対角化するには，固有ベクトル行列を使わなければ**ならない**．$V^{-1}AV = \Lambda$ から，$AV = V\Lambda$ であるとわかる．V の第 1 列を $\boldsymbol{x}$ とすると，AV と $V\Lambda$ の第 1 列は $A\boldsymbol{x}$ と $\lambda_1\boldsymbol{x}$ である．これらが等しくなるためには，$\boldsymbol{x}$ が固有ベクトルでなければならない．

注記 4 （重複固有値の場合の警告）固有ベクトルが不足する（n より少ない）行列もある．**これらの行列は対角化できない**．ここに例を挙げる：

$$\begin{array}{l}\textbf{対角化不可能} \\ \textbf{1 個の固有ベクトルだけ}\end{array} \qquad A = \begin{bmatrix} 1 & -1 \\ 1 & -1 \end{bmatrix} \quad \text{と} \quad B = \begin{bmatrix} 0 & 1 \\ 0 & 0 \end{bmatrix}.$$

それらの固有値は偶然 0 と 0 であるが，問題なのは λ が重複することである．

$$\begin{array}{l}\textbf{固有ベクトル} \\ \textbf{が 1 本だけ}\end{array} \qquad A\boldsymbol{x} = 0\boldsymbol{x} \quad \text{は} \quad \begin{bmatrix} 1 & -1 \\ 1 & -1 \end{bmatrix} \begin{bmatrix} \boldsymbol{x} \end{bmatrix} = \begin{bmatrix} 0 \\ 0 \end{bmatrix} \quad \text{を意味し，} \quad \boldsymbol{x} = c \begin{bmatrix} 1 \\ 1 \end{bmatrix}.$$

第 2 の固有ベクトルがないので，この通常でない行列 A は対角化できない．

固有ベクトルについてのどんな主張でも，それを判定するには，これらの行列が最善の例である．真か偽かの多くの質問で，対角化不可能な行列では**偽**となる．

可逆性と対角化可能性の間に，何の関係もないことを憶えておこう：

- **可逆性**は**固有値**に関係する（$\lambda = 0$ か $\lambda \neq 0$ か）．

- **対角化可能性は** n **個の線形独立な固有ベクトルを必要とする．**

各固有値には少なくとも1つの固有ベクトルがある！ $A-\lambda I$ が特異となる．もし $(A-\lambda I)\boldsymbol{x}=\boldsymbol{0}$ から $\boldsymbol{x}=\boldsymbol{0}$ へ行きつくとすれば，λ は固有値では**ない**．$\det(A-\lambda I)=0$ を解くときの間違いを探そう．

n 個の異なる λ に対する固有ベクトルは線形独立である．このとき $V^{-1}AV=\Lambda$ となる．

重複する λ に対する固有ベクトルは不足することがある．このとき，V は正方行列にさえならない．

例 2　$\boldsymbol{A}$ の累乗　前節のマルコフ行列 A では $\lambda_1=1$ と $\lambda_2=0.5$ だった．これらの固有値を対角行列 Λ に入れて $A=V\Lambda V^{-1}$ はこうなる：

$$\begin{bmatrix} .8 & .3 \\ .2 & .7 \end{bmatrix} = \begin{bmatrix} 0.6 & 1 \\ 0.4 & -1 \end{bmatrix} \begin{bmatrix} 1 & 0 \\ 0 & 0.5 \end{bmatrix} \begin{bmatrix} 1 & 1 \\ 0.4 & -0.6 \end{bmatrix} = V\Lambda V^{-1}.$$

固有ベクトル $(0.6, 0.4)$ と $(1, -1)$ が V の列である．それらは A^2 の固有ベクトルでもある．A^2 が同じ V をもち，**$\boldsymbol{A^2}$ の固有値行列が $\boldsymbol{\Lambda^2}$ である**様子を観察せよ：

$$\boldsymbol{A^2}\text{ に対して同じ }\boldsymbol{V} \qquad A^2 = V\Lambda V^{-1}V\Lambda V^{-1} = V\Lambda^2 V^{-1}. \tag{3}$$

これを単に続けるだけで，高次の A^k がなぜ“定常状態”に近づくかがわかる：

$$\boldsymbol{A}\text{ の累乗} \qquad A^k = \boldsymbol{V\Lambda^k V^{-1}} = \begin{bmatrix} 0.6 & 1 \\ 0.4 & -1 \end{bmatrix} \begin{bmatrix} 1^k & 0 \\ 0 & (0.5)^k \end{bmatrix} \begin{bmatrix} 1 & 1 \\ 0.4 & -0.6 \end{bmatrix}.$$

k が大きくなるにつれ，$(0.5)^k$ は小さくなる．極限で，それは完全に消える．その極限が A^∞ である：

$$\text{極限 }\boldsymbol{k\to\infty} \qquad A^\infty = \begin{bmatrix} 0.6 & 1 \\ 0.4 & -1 \end{bmatrix} \begin{bmatrix} 1 & 0 \\ 0 & 0 \end{bmatrix} \begin{bmatrix} 1 & 1 \\ 0.4 & -0.6 \end{bmatrix} = \begin{bmatrix} 0.6 & 0.6 \\ 0.4 & 0.4 \end{bmatrix}. \tag{4}$$

この極限では，両方の列に定常状態の固有ベクトル $\boldsymbol{x}_1$ が入っている．

問　**どんな場合に $\boldsymbol{A^k}\to$ 零行列となるか？**　**答**　**すべての $|\boldsymbol{\lambda}|<1$ のとき．**

フィボナッチ数

どれだけ速くフィボナッチ数が大きくなるか，固有値からわかる有名な例を示す．**新たなフィボナッチ数は，どれも直前2つのフィボナッチ数 $\boldsymbol{F}$ の和である**：

数列　$0, 1, 1, 2, 3, 5, 8, 13, \ldots$　**は**　$F_{k+2}=F_{k+1}+F_k$　**に起因する．**

この数列は，途方もなく多様な応用に顔を出す．植物が螺旋状に成長するとき，西洋ナシの木では3周するごとに8回伸長する．優勝者はヒマワリで，144周の中に233個の種をもつが，これらはフィボナッチ数 F_{12} と F_{13} である．我々の問題は，より基本的なものだ．

問題 フィボナッチ数 F_{100} を求めよ． 遅いやり方では，規則 $F_{k+2} = F_{k+1} + F_k$ を一度に 1 ステップずつ適用する．$F_6 = 8$ を $F_7 = 13$ に加えて，$F_8 = 21$ を得る．いずれは F_{100} にたどり着く．線形代数は，より良い方法を与える．

鍵は行列方程式 $\mathbf{u}_{k+1} = A\boldsymbol{u}_k$ で始めることである．フィボナッチがスカラーに対する 2 ステップの規則であるのに対して，これはベクトルでの **1 ステップ**の規則である．2 つのフィボナッチ数をベクトル $\boldsymbol{u}_k$ の中に入れて，これらの規則を一致させる．すると，行列 A がわかる．

$$\boldsymbol{u}_k = \begin{bmatrix} F_{k+1} \\ F_k \end{bmatrix}. \quad \text{規則} \quad \begin{aligned} \boldsymbol{F_{k+2}} &= \boldsymbol{F_{k+1} + F_k} \\ \boldsymbol{F_{k+1}} &= \boldsymbol{F_{k+1}} \end{aligned} \quad \text{は} \quad \boldsymbol{u}_{k+1} = \begin{bmatrix} \mathbf{1} & \mathbf{1} \\ \mathbf{1} & \mathbf{0} \end{bmatrix} \boldsymbol{u}_k. \tag{5}$$

各ステップで掛けるのは $A = \left[\begin{smallmatrix} \mathbf{1} & \mathbf{1} \\ \mathbf{1} & \mathbf{0} \end{smallmatrix}\right]$．100 ステップ後には，$\boldsymbol{u}_{100} = A^{100}\boldsymbol{u}_0$ となる：

$$\boldsymbol{u}_0 = \begin{bmatrix} 1 \\ 0 \end{bmatrix}, \quad \boldsymbol{u}_1 = \begin{bmatrix} 1 \\ 1 \end{bmatrix}, \quad \boldsymbol{u}_2 = \begin{bmatrix} 2 \\ 1 \end{bmatrix}, \quad \boldsymbol{u}_3 = \begin{bmatrix} 3 \\ 2 \end{bmatrix}, \quad \ldots, \quad \boldsymbol{u}_{100} = \begin{bmatrix} F_{101} \\ F_{100} \end{bmatrix}.$$

この問題は固有値の利用にちょうどよい．まず手順 1 として，それらを求めるために，λI を A から差し引く：

$$A - \lambda I = \begin{bmatrix} 1-\lambda & 1 \\ 1 & -\lambda \end{bmatrix} \quad \text{より} \quad \det(A - \lambda I) = \lambda^2 - \lambda - 1.$$

方程式 $\lambda^2 - \lambda - 1 = 0$ は 2 次方程式の解の公式 $\left(-b \pm \sqrt{b^2 - 4ac}\right)/2a$ で解く：

$$\text{固有値} \quad \lambda_1 = \frac{1+\sqrt{5}}{2} \approx 1.618 \quad \text{と} \quad \lambda_2 = \frac{1-\sqrt{5}}{2} \approx -.618.$$

これらの固有値から，固有ベクトル $\boldsymbol{x}_1 = (\lambda_1, 1)$ と $\boldsymbol{x}_2 = (\lambda_2, 1)$ を導く．手順 2 として，$\boldsymbol{u}_0 = (1, 0)$ を与える，それら固有ベクトルの線形結合を見つける：

$$\begin{bmatrix} 1 \\ 0 \end{bmatrix} = \frac{1}{\lambda_1 - \lambda_2}\left(\begin{bmatrix} \lambda_1 \\ 1 \end{bmatrix} - \begin{bmatrix} \lambda_2 \\ 1 \end{bmatrix}\right) \quad \text{すなわち} \quad \boldsymbol{u}_0 = \frac{\boldsymbol{x}_1 - \boldsymbol{x}_2}{\lambda_1 - \lambda_2}. \tag{6}$$

手順 3 では，固有ベクトル $\boldsymbol{x}_1$ と $\boldsymbol{x}_2$ に $(\lambda_1)^{100}$ と $(\lambda_2)^{100}$ を掛ける：

$$\boldsymbol{A^{100}} \text{ 掛ける } \boldsymbol{u}_0 \qquad \boldsymbol{u}_{100} = \frac{(\lambda_1)^{100}\boldsymbol{x}_1 - (\lambda_2)^{100}\boldsymbol{x}_2}{\lambda_1 - \lambda_2}. \tag{7}$$

ほしいのは $F_{100} = (\boldsymbol{u}_{100}$ の第 2 成分 $)$ である．$\boldsymbol{x}_1$ と $\boldsymbol{x}_2$ の第 2 成分は 1 である．$(1+\sqrt{5})/2$ と $(1-\sqrt{5})/2$ の差は $\lambda_1 - \lambda_2 = \sqrt{5}$ である．F_{100} が求められる：

$$F_{100} = \frac{1}{\sqrt{5}}\left[\left(\frac{1+\sqrt{5}}{2}\right)^{100} - \left(\frac{1-\sqrt{5}}{2}\right)^{100}\right] \approx 3.54 \cdot 10^{20}. \tag{8}$$

これは整数か？ **イエス**．フィボナッチの規則 $F_{k+2} = F_{k+1} + F_k$ より整数列にとどまるから，分数と平方根は消えなければならない．式 (8) の第 2 項は $\frac{1}{2}$ より小さく，だからそれが第 1 項を最も近い整数へ丸めるはずである：

$$k \text{ 番目のフィボナッチ数} = \frac{\lambda_1^k - \lambda_2^k}{\lambda_1 - \lambda_2} = \frac{1}{\sqrt{5}}\left(\frac{1+\sqrt{5}}{2}\right)^k \text{ に最も近い整数.} \tag{9}$$

F_6 の F_5 に対する比は $8/5 = 1.6$ である．F_{101}/F_{100} の比は，極限の比 $\left(1+\sqrt{5}\right)/2$ にとても近いに違いない．ギリシャ人はこの数を **"黄金比"** と呼んだ．何らかの理由で，辺の長さが 1.618 と 1 である長方形は特に優美に見える．

行列の累乗 A^k

フィボナッチの例は，典型的な差分方程式 $\boldsymbol{u}_{k+1} = A\boldsymbol{u}_k$ である．**各ステップで $\boldsymbol{A}$ を掛ける．** この解は $\boldsymbol{u}_k = A^k\boldsymbol{u}_0$ である．高速に A^k を計算し $\boldsymbol{u}_k$ を 3 つの手順で求めるのに，行列の対角化がどのように寄与するかを明らかにしたい．

固有ベクトル行列 V は $A = V\Lambda V^{-1}$ を生み出す．これは累乗の計算に完ぺきに適している．なぜなら，**毎回 $\boldsymbol{V^{-1}}$ が $\boldsymbol{V}$ に掛けられ $\boldsymbol{I}$ となる**：

$$\boldsymbol{A}\text{ の累乗} \qquad A^k\boldsymbol{u}_0 = (V\Lambda V^{-1})\cdots(V\Lambda V^{-1})\boldsymbol{u}_0 = V\Lambda^k V^{-1}\boldsymbol{u}_0$$

$V\Lambda^k V^{-1}\boldsymbol{u}_0$ を 3 つの手順に分解する．式 (10) でそれらの手順を $\boldsymbol{u}_k$ に統合する．

1. **$\boldsymbol{u}_0$ を固有ベクトルの線形結合 $c_1\boldsymbol{x}_1 + \cdots + c_n\boldsymbol{x}_n$ として書け．** すると $\boldsymbol{c} = V^{-1}\boldsymbol{u}_0$．

2. **それぞれの数 c_i に $(\lambda_i)^k$ を掛けよ．** 今度は $\Lambda^k V^{-1}\boldsymbol{u}_0$ を得た．

3. **部品 $c_i(\lambda_i)^k\boldsymbol{x}_i$ を足し合わせて，解 $\boldsymbol{u}_k = A^k\boldsymbol{u}_0$ を求めよ．** これが $V\Lambda^k V^{-1}\boldsymbol{u}_0$ である．

$$\boldsymbol{u}_k = \boldsymbol{A^k u_0} = \boldsymbol{c_1(\lambda_1)^k x_1} + \cdots + \boldsymbol{c_n(\lambda_n)^k x_n}. \tag{10}$$

行列の言語では，$A^k\boldsymbol{u}_0$ が $(V\Lambda V^{-1})^k\boldsymbol{u}_0$ と等しく，その 3 つの手順とは，V 掛ける Λ^k 掛ける $V^{-1}\boldsymbol{u}_0$ のことである．

$A^k\boldsymbol{u}_0$ を計算する手順を，3 つに分けてゆっくりと説明した．なぜなら，まったく同じ手順を，微分方程式と e^{At} に対しても用いるからである．そのときの方程式は $d\boldsymbol{y}/dt = A\boldsymbol{y}$ になる．$A^k\boldsymbol{u}_0$ に対する式 (10) を，6.3 節で示す解 $e^{At}\boldsymbol{y}(0)$ と比べてほしい．

$$\boldsymbol{dy/dt = Ay}\text{ を解くと} \qquad \boldsymbol{y}(t) = e^{At}\boldsymbol{y}(0) = c_1e^{\lambda_1 t}\boldsymbol{x}_1 + \cdots + c_ne^{\lambda_n t}\boldsymbol{x}_n. \tag{11}$$

これらの類似した式 (10) と (11) が，固有値と固有ベクトルの要点を示す．それらは解を n 個の単純な部品に分解する．各固有ベクトルを別々に追うことにより――これは行列の対角化の結果である――n 個のスカラー方程式を得る．

式 (10) の中の成長率 $\boldsymbol{\lambda}^k$ は，式 (11) の中の $e^{\boldsymbol{\lambda t}}$ に対応する.

まとめ　これらの手順で行列を表示すると，$\boldsymbol{u}_0 = \boldsymbol{V}c$ はこうなる：

$$\textbf{手順 1} \qquad \boldsymbol{u}_0 = \begin{bmatrix} & & \\ \boldsymbol{x}_1 & \cdots & \boldsymbol{x}_n \\ & & \end{bmatrix} \begin{bmatrix} c_1 \\ \vdots \\ c_n \end{bmatrix}. \quad \text{これは } \boldsymbol{u}_0 = c_1\boldsymbol{x}_1 + \cdots + c_n\boldsymbol{x}_n \text{ であると言っている.} \tag{12}$$

手順 1 での係数は $\boldsymbol{c} = V^{-1}\boldsymbol{u}_0$ である．その後，手順 2 で Λ^k を掛ける．そして手順 3 で，すべての $c_i(\lambda_i)^k\boldsymbol{x}_i$ を足し合わせて，V と Λ^k と $V^{-1}\boldsymbol{u}_0$ の積を得る：

$$A^k\boldsymbol{u}_0 = V\Lambda^kV^{-1}\boldsymbol{u}_0 = \begin{bmatrix} & & \\ \boldsymbol{x}_1 & \ldots & \boldsymbol{x}_n \\ & & \end{bmatrix} \begin{bmatrix} (\lambda_1)^k & & \\ & \ddots & \\ & & (\lambda_n)^k \end{bmatrix} \begin{bmatrix} c_1 \\ \vdots \\ c_n \end{bmatrix}. \tag{13}$$

この結果がまさしく $\boldsymbol{u}_k = c_1(\lambda_1)^k\boldsymbol{x}_1 + \cdots + c_n(\lambda_n)^k\boldsymbol{x}_n$ であり，$\boldsymbol{u}_{k+1} = A\boldsymbol{u}_k$ を満たす.

例 3　$\boldsymbol{u}_0 = (1, 0)$ から出発せよ．V と Λ が以下の固有ベクトルと固有値をもつとき，$A^k\boldsymbol{u}_0$ を計算せよ：

$$A = \begin{bmatrix} 1 & 2 \\ 1 & 0 \end{bmatrix} \quad \text{では} \quad \lambda_1 = 2 \quad \text{と} \quad \boldsymbol{x}_1 = \begin{bmatrix} 2 \\ 1 \end{bmatrix}, \quad \lambda_2 = -1 \quad \text{と} \quad \boldsymbol{x}_2 = \begin{bmatrix} 1 \\ -1 \end{bmatrix}.$$

この行列 A はフィボナッチのようであるが，規則は $F_{k+2} = F_{k+1} + \boldsymbol{2}F_k$ に変わっている．新たな数 $0, 1, 1, 3, \ldots$ は，$\lambda = 2$ が $(1 + \sqrt{5})/2$ より大きいため，より速く増大する.

例 3 を 3 つの手順で：　$\boldsymbol{u}_0 = c_1\boldsymbol{x}_1 + c_2\boldsymbol{x}_2$ と $\boldsymbol{u}_k = c_1(\lambda_1)^k\boldsymbol{x}_1 + c_2(\lambda_2)^k\boldsymbol{x}_2$ を求めよ.

手順 1　$\boldsymbol{u}_0 = \begin{bmatrix} 1 \\ 0 \end{bmatrix} = \frac{1}{3}\begin{bmatrix} 2 \\ 1 \end{bmatrix} + \frac{1}{3}\begin{bmatrix} 1 \\ -1 \end{bmatrix}$　だから　$c_1 = c_2 = \frac{1}{3}$

手順 2　2 つの固有ベクトルに $(\lambda_1)^k = 2^k$ と $(\lambda_2)^k = (-1)^k$ を掛けよ.

手順 3　部品を線形結合して $\boldsymbol{u}_k = \frac{1}{3}2^k\begin{bmatrix} 2 \\ 1 \end{bmatrix} + \frac{1}{3}(-1)^k\begin{bmatrix} 1 \\ -1 \end{bmatrix}$ とせよ.

これらの例の背後にある根本的な考え方は：**各固有ベクトルを追え**ということになる.

対角化不可能な行列（自由選択）

λ は A の固有値の 1 つであるとする．この事実は 2 つの方法で発見する：

1. 固有ベクトル（幾何学的）　$A\boldsymbol{x} = \lambda\boldsymbol{x}$ の非自明な解がある.

2. 固有値（代数的）　$A - \lambda I$ の行列式が零である.

その数 λ は単純な固有値か，重複した固有値である．その**重複度**を知りたい．大部分の固

有値では重複度 $M=1$（単純固有値）である．このとき，固有ベクトルの直線が1本あり，$\det(A-\lambda I)$ は2重の因子をもたない．

例外的な行列では，固有値が**重複**しうる．このとき，その重複度を数えるのに2つの**異なる**方法がある．各固有値に対して，常に GM $\leq$ AM である．

1. （幾何学的重複度 = GM） λ に対する**線形独立な固有ベクトル**を数えよ．これは $A-\lambda I$ の零空間の次元である．

2. （代数的重複度 = AM） 固有値の中の**同じ $\boldsymbol{\lambda}$ の重複**を数えよ．$\det(A-\lambda I)=0$ の n 個の根を見よ．

もし A が $\lambda=4,4,4$ をもてば，その固有値では AM $=3$（3重根）であり，GM $=\mathbf{1}$ か $\mathbf{2}$ か $\mathbf{3}$ である．

以下の行列 A はトラブルが生じる標準的な例である．その固有値 $\lambda=0$ は重複している．これは，1つの固有ベクトル (GM $=1$) しかもたない，2重固有値 (AM $=2$) である．

AM = 2
GM = 1

$$A=\begin{bmatrix}0&1\\0&0\end{bmatrix} \quad \text{では} \quad \det(A-\lambda I)=\begin{vmatrix}-\lambda&1\\0&-\lambda\end{vmatrix}=\lambda^2.$$

$\boldsymbol{\lambda}=\mathbf{0,0}$ だが
1つの固有ベクトル

$\lambda^2=0$ が2重根をもつので，2つの固有ベクトルがある“べき”である．その2重の因子 λ^2 から AM $=2$ となる．しかし1つの固有ベクトル $\boldsymbol{x}=(1,0)$ しかない．**GM が AM より小さく，固有ベクトルが不足することは，** A **が対角化不可能であることを意味している．**

次の3つの行列では $\lambda=5,5$ である．トレースは10で，行列式は25である．これらはどれも1つの固有ベクトルしかもたない：

$$A=\begin{bmatrix}5&1\\0&5\end{bmatrix} \quad \text{と} \quad A=\begin{bmatrix}6&-1\\1&4\end{bmatrix} \quad \text{と} \quad A=\begin{bmatrix}7&2\\-2&3\end{bmatrix}.$$

これらすべてで $\det(A-\lambda I)=(\lambda-5)^2$ となる．代数的重複度は AM $=2$ である．しかしどの $A-5I$ でも，階数 $r=1$ である．幾何学的重複度は GM $=1$ である．$\lambda=5$ に対して，固有ベクトルの直線が1本しかなく，これらの行列は対角化できない．

■ 要点の復習 ■

1. A が n 個の線形独立な固有ベクトル $\boldsymbol{x}_1,\ldots,\boldsymbol{x}_n$ をもてば，それらが V の列に入る．

$\boldsymbol{A}$ は $\boldsymbol{V}$ によって対角化される $\qquad \boldsymbol{V^{-1}AV=\Lambda}$ と $\boldsymbol{A=V\Lambda V^{-1}}$.

2. A の累乗は $A^k=V\Lambda^kV^{-1}$ である．V の中の固有ベクトルは変化しない．

3. A^k の固有値は，行列 Λ^k の中の $(\lambda_1)^k,\ldots,(\lambda_n)^k$ である．

4. $\boldsymbol{u}_0$ から出発する $\boldsymbol{u}_{k+1}=A\boldsymbol{u}_k$ の解は $\boldsymbol{u}_k=A^k\boldsymbol{u}_0=V\Lambda^kV^{-1}\boldsymbol{u}_0$ である：

$$\boldsymbol{u}_0 = c_1\boldsymbol{x}_1 + \cdots + c_n\boldsymbol{x}_n \quad \text{ならば} \quad \boldsymbol{u}_k = c_1(\lambda_1)^k\boldsymbol{x}_1 + \cdots + c_n(\lambda_n)^k\boldsymbol{x}_n .$$

これは手順 1, 2, 3 を示す（$V^{-1}\boldsymbol{u}_0$ から c，Λ^k から累乗 λ^k，そして V から $\boldsymbol{x}$）．

■ 例 題 ■

6.2 A A の逆行列と固有値と行列式を求めよ：

$$A = 5 * \mathbf{eye}(4) - \mathbf{ones}(4) = \begin{bmatrix} 4 & -1 & -1 & -1 \\ -1 & 4 & -1 & -1 \\ -1 & -1 & 4 & -1 \\ -1 & -1 & -1 & 4 \end{bmatrix}.$$

$V^{-1}AV = \Lambda$ を与える固有ベクトル行列 V を記せ．

解 すべての成分が 1 の行列 **ones**(4) の固有値は何か？ その階数は当然 1 であり，だから 3 つの固有値は $\lambda = 0, 0, 0$ である．そのトレースは 4 だから，残る固有値は $\lambda = 4$ である．このすべて 1 の行列を $5I$ から引けば，我々の行列 $A = 5I - \mathbf{ones}(4)$ となる：

固有値 $\mathbf{4, 0, 0, 0}$ を $\mathbf{5, 5, 5, 5}$ から引け．A の固有値は $\mathbf{1, 5, 5, 5}$．

行列 $\boldsymbol{A}$ の $\boldsymbol{\lambda}$ を足すと 16 であり，diag ($\boldsymbol{A}$) からの $\mathbf{4 + 4 + 4 + 4}$ と等しい．

$\boldsymbol{\lambda}$ を掛けると $\det \boldsymbol{A} = \mathbf{125}$．

$\lambda = 1$ に対する固有ベクトルは $\boldsymbol{x} = (1, 1, 1, 1)$ である．他の固有ベクトルは $\boldsymbol{x}$ に垂直である（A が対称行列のため）．最も良い固有ベクトル行列 V は対称直交アダマール行列である．各列が単位ベクトルとなるよう，1/2 を掛けよ．

$$\textbf{正規直交固有ベクトル} \quad V = Q = \frac{1}{2}\begin{bmatrix} 1 & 1 & 1 & 1 \\ 1 & -1 & 1 & -1 \\ 1 & 1 & -1 & -1 \\ 1 & -1 & -1 & 1 \end{bmatrix} = Q^{\mathrm{T}} = Q^{-1}.$$

A^{-1} の固有値は $1, \frac{1}{5}, \frac{1}{5}, \frac{1}{5}$ である．固有ベクトルは A に対するものと同じである．この逆行列 $A^{-1} = Q\Lambda^{-1}Q^{-1}$ は驚くほどすっきりしている：

$$A^{-1} = \frac{1}{5} * (\mathbf{eye}(4) + \mathbf{ones}(4)) = \frac{1}{5}\begin{bmatrix} 2 & 1 & 1 & 1 \\ 1 & 2 & 1 & 1 \\ 1 & 1 & 2 & 1 \\ 1 & 1 & 1 & 2 \end{bmatrix}.$$

$AA^{-1} = I$ であることを確かめるには，(**ones**) (**ones**) $= 4$ (**ones**) を使う．**問い：$\boldsymbol{A}^3$ を見つけられるか？**

演習問題 6.2

問題 1〜7 では固有値と固有ベクトルの行列 Λ および V について問う．

1 (a) 次の 2 つの行列を $A = V\Lambda V^{-1}$ と分解せよ：

$$A = \begin{bmatrix} 1 & 2 \\ 0 & 3 \end{bmatrix} \quad \text{と} \quad A = \begin{bmatrix} 1 & 1 \\ 3 & 3 \end{bmatrix}.$$

(b) $A = V\Lambda V^{-1}$ のとき，$A^3 = (\quad)(\quad)(\quad)$ および $A^{-1} = (\quad)(\quad)(\quad)$ である．

2 A が，$\lambda_1 = 2$ の $\boldsymbol{x}_1 = \left[\begin{smallmatrix} \mathbf{1} \\ \mathbf{0} \end{smallmatrix}\right]$ と，$\lambda_2 = 5$ の $\boldsymbol{x}_2 = \left[\begin{smallmatrix} \mathbf{1} \\ \mathbf{1} \end{smallmatrix}\right]$ をもつとき，$V\Lambda V^{-1}$ を用いて A を求めよ．同じ λ と $\boldsymbol{x}$ の組をもつ，他の行列はない．

3 $A = V\Lambda V^{-1}$ とする．$A + 2I$ に対する固有値行列は何か？ 固有ベクトル行列は何か？ $A + 2I = (\quad)(\quad)(\quad)^{-1}$ であることを確かめよ．

4 真か偽か：V の列（A の固有ベクトル）が線形独立であるとき，

(a) A は可逆である　　(b) A は対角化可能である

(c) V は可逆である　　(d) V は対角化可能である

5 A の固有ベクトルが I の列ならば，A は ＿＿＿ 行列である．固有ベクトル行列 V が三角行列ならば，V^{-1} も三角行列である．A もまた三角行列であることを証明せよ．

6 この行列 A を対角化する行列 V をすべて記せ（固有ベクトルをすべて求めよ）：

$$A = \begin{bmatrix} 4 & 0 \\ 1 & 2 \end{bmatrix}.$$

その後，A^{-1} を対角化する行列をすべて記述せよ．

7 固有ベクトルが $\left[\begin{smallmatrix} \mathbf{1} \\ \mathbf{1} \end{smallmatrix}\right]$ と $\left[\begin{smallmatrix} \mathbf{1} \\ \mathbf{-1} \end{smallmatrix}\right]$ である，最も一般的な行列を書き下せ．

問題 8〜10 ではフィボナッチ数とギボナッチ数について問う．

8 フィボナッチ行列を，V^{-1} を計算することにより対角化せよ：

$$\begin{bmatrix} 1 & 1 \\ 1 & 0 \end{bmatrix} = \begin{bmatrix} \lambda_1 & \lambda_2 \\ 1 & 1 \end{bmatrix} \begin{bmatrix} \lambda_1 & 0 \\ 0 & \lambda_2 \end{bmatrix} \begin{bmatrix} \quad & \quad \\ \quad & \quad \end{bmatrix}.$$

乗算 $V\Lambda^k V^{-1}\left[\begin{smallmatrix} \mathbf{1} \\ \mathbf{0} \end{smallmatrix}\right]$ を行い，その第 2 成分を求めよ．これは第 k 番のフィボナッチ数 $F_k = (\lambda_1^k - \lambda_2^k)/(\lambda_1 - \lambda_2)$ である．

9 ギボナッチ数 G_{k+2} は，その直前 2 つの数 G_{k+1} および G_k の**平均**であるとする：

$$\begin{aligned} G_{k+2} &= \tfrac{1}{2}G_{k+1} + \tfrac{1}{2}G_k \\ G_{k+1} &= G_{k+1} \end{aligned} \quad \text{は} \quad \begin{bmatrix} G_{k+2} \\ G_{k+1} \end{bmatrix} = \begin{bmatrix} \quad A \quad \end{bmatrix} \begin{bmatrix} G_{k+1} \\ G_k \end{bmatrix}.$$

(a) A と，その固有値および固有ベクトルを求めよ．

(b) 行列 $A^n = V\Lambda^n V^{-1}$ の，$n \to \infty$ での極限を求めよ．

(c) $G_0 = 0$ と $G_1 = 1$ のとき，このギボナッチ数が $\frac{2}{3}$ に近づくことを示せ．

10 フィボナッチ数列 $0, 1, 1, 2, 3, \ldots$ で，3 つおきに偶数が現れることを証明せよ．

問題 11〜14 では対角化可能性について問う．

11 真か偽か：A の固有値が $2, 2, 5$ であるとき，この行列は当然，

(a) 可逆である　(b) 対角化可能である　(c) 対角化不可能である．

12 真か偽か：$(1, 4)$ の定数倍だけが A の固有ベクトルであるとき，A には

(a) 逆行列がない　(b) 重複固有値がある　(c) 対角化 $V\Lambda V^{-1}$ がない．

13 以下の行列を $\det A = 25$ となるように完成せよ．その後，$\lambda = 5$ が重複固有値であることを確かめよ—トレースが 10 だから，$A - \lambda I$ の行列式は $(\lambda - 5)^2$ である．$A\boldsymbol{x} = 5\boldsymbol{x}$ となる固有ベクトルを求めよ．2 つ目の固有ベクトルがないので，これらの行列は対角化可能ではない．

$$A = \begin{bmatrix} 8 & \\ & 2 \end{bmatrix} \quad と \quad A = \begin{bmatrix} 9 & 4 \\ & 1 \end{bmatrix} \quad と \quad A = \begin{bmatrix} 10 & 5 \\ -5 & \end{bmatrix}$$

14 行列 $A = \left[\begin{smallmatrix} 3 & 1 \\ 0 & 3 \end{smallmatrix}\right]$ が対角化不可能であるのは，$A - 3I$ の階数が ＿＿ であるためである．1 成分だけを変えて A を対角化可能にせよ．どの成分を変えることができるか？

問題 15〜19 では行列の累乗について問う．

15 $k \to \infty$ につれて $A^k = V\Lambda^k V^{-1}$ が零行列に近づく必要十分条件は，どの λ の絶対値も ＿＿ より小さいことである．次の行列のどれが $A^k \to 0$ となるか？

$$A_1 = \begin{bmatrix} 0.6 & 0.9 \\ 0.4 & 0.1 \end{bmatrix} \quad と \quad A_2 = \begin{bmatrix} 0.6 & 0.9 \\ 0.1 & 0.6 \end{bmatrix}.$$

16 （推奨）問題 15 の A_1 を対角化する Λ と V を求めよ．Λ^k の $k \to \infty$ での極限は何か？ $V\Lambda^k V^{-1}$ の極限は何か？ この極限の行列の列には ＿＿ が現れる．

17 問題 15 の A_2 を対角化する Λ と V を求めよ．次の $\boldsymbol{u}_0$ に対して，$(A_2)^{10}\boldsymbol{u}_0$ は何か？

$$\boldsymbol{u}_0 = \begin{bmatrix} 3 \\ 1 \end{bmatrix} \quad と \quad \boldsymbol{u}_0 = \begin{bmatrix} 3 \\ -1 \end{bmatrix} \quad と \quad \boldsymbol{u}_0 = \begin{bmatrix} 6 \\ 0 \end{bmatrix}.$$

18 A を対角化して $V\Lambda^k V^{-1}$ を計算し，A^k に対するこの公式を証明せよ：

$$A = \begin{bmatrix} 2 & -1 \\ -1 & 2 \end{bmatrix} \qquad ならば \qquad A^k = \frac{1}{2}\begin{bmatrix} 1+3^k & 1-3^k \\ 1-3^k & 1+3^k \end{bmatrix}.$$

19 B を対角化して $V\Lambda^k V^{-1}$ を計算し，B^k に対するこの公式を証明せよ：

$$B = \begin{bmatrix} 5 & 1 \\ 0 & 4 \end{bmatrix} \qquad \text{ならば} \qquad B^k = \begin{bmatrix} 5^k & 5^k - 4^k \\ 0 & 4^k \end{bmatrix}.$$

20 $A = V\Lambda V^{-1}$ とする．行列式を用いて，$\det A = \det \Lambda = \lambda_1 \lambda_2 \cdots \lambda_n$ を証明せよ．このすばやい証明は A が ＿＿＿ のときだけ使える．

21 VT と TV の対角成分をそれぞれ加えて，(VT のトレース) = (TV のトレース) であることを示せ．

$$V = \begin{bmatrix} a & b \\ c & d \end{bmatrix} \quad \text{と} \quad T = \begin{bmatrix} q & r \\ s & t \end{bmatrix}.$$

T として ΛV^{-1} を選べ．すると $V\Lambda V^{-1}$ と $\Lambda V^{-1} V = \Lambda$ のトレースは等しい．A のトレースは Λ のトレースと等しく，これは当然，固有値の和である．

22 $AB - BA = I$ はありえない．なぜなら左辺では，トレース = ＿＿＿ となる．しかし $A = E$ および $B = E^{\mathrm{T}}$ となる基本変形の行列を見つけ，次を満たせ．

$$AB - BA = \begin{bmatrix} -1 & 0 \\ 0 & 1 \end{bmatrix} \quad \text{このトレースは零である．}$$

23 $A = V\Lambda V^{-1}$ のとき，ブロック行列 $B = \begin{bmatrix} \boldsymbol{A} & \boldsymbol{0} \\ \boldsymbol{0} & \boldsymbol{2A} \end{bmatrix}$ を対角化せよ．その（ブロック）固有値行列と（ブロック）固有ベクトル行列を求めよ．

24 同一の固有ベクトル行列 V により対角化される，4 行 4 列の行列 A すべてを考える．これらの A が部分空間を形成する（cA と $A_1 + A_2$ が同じ V をもつ）ことを示せ．$V = I$ のとき，この部分空間は何か？ その次元は何か？

25 $A^2 = A$ とする．左辺では A の各列に A が掛かる．我々の 4 つの部分空間のどれが，$\lambda = 1$ をもつ固有ベクトルを含むか？ どの部分空間が $\lambda = 0$ をもつ固有ベクトルを含むか？ それらの部分空間の次元から，A には線形独立な固有ベクトルがそろっている．よって，$A^2 = A$ となる行列はどれも対角化可能である．

26 （推奨）$A\boldsymbol{x} = \lambda \boldsymbol{x}$ とする．もし $\lambda = 0$ ならば，$\boldsymbol{x}$ は零空間内にある．もし $\lambda \neq 0$ ならば，$\boldsymbol{x}$ は列空間内にある．それらの空間の次元は $(n - r) + r = n$ である．それなのになぜ，どの正方行列も n 個の線形独立な固有ベクトルをもつとはいえないのか？

27 A の固有値は 1 と 9 であり，B の固有値は -1 と 9 である：

$$A = \begin{bmatrix} 5 & 4 \\ 4 & 5 \end{bmatrix} \quad \text{と} \quad B = \begin{bmatrix} 4 & 5 \\ 5 & 4 \end{bmatrix}.$$

$R = V\sqrt{\Lambda}V^{-1}$ から A の行列平方根を求めよ．B では実の行列平方根がないのはなぜか？

28 累乗 A^k は，すべての $|\lambda_i| < 1$ のとき零行列に近づき，任意の $|\lambda_i| > 1$ のとき発散する．ピーター・ラックスは彼の著書 *Linear Algebra*（邦題『ラックス線形代数』，丸善，2015年)」の中で，次の驚くべき例を挙げている：

$$A = \begin{bmatrix} 3 & 2 \\ 1 & 4 \end{bmatrix} \quad B = \begin{bmatrix} 3 & 2 \\ -5 & -3 \end{bmatrix} \quad C = \begin{bmatrix} 5 & 7 \\ -3 & -4 \end{bmatrix} \quad D = \begin{bmatrix} 5 & 6.9 \\ -3 & -4 \end{bmatrix}$$

$$\|\boldsymbol{A^{1024}}\| > \mathbf{10^{700}} \quad \boldsymbol{B^{1024} = I} \quad \boldsymbol{C^{1024} = -C} \quad \|\boldsymbol{D^{1024}}\| < \mathbf{10^{-78}}$$

B と C の固有値 $\lambda = e^{i\theta}$ を求め，$B^4 = I$ と $C^3 = -I$ を示せ．

29 A と B がもし同じ λ をもち，同じ線形独立な固有ベクトルがそろっていれば，それらの _____ の形への分解は同じになる．よって $A = B$．

30 同じ V により，A と B の両方が対角化されるとする．それらは，$A = V\Lambda_1 V^{-1}$ と $B = V\Lambda_2 V^{-1}$ であり，同じ固有ベクトルをもつ．このとき $AB = BA$ を証明せよ．

31 (a) $A = \left[\begin{smallmatrix} \mathbf{a} & \mathbf{b} \\ \mathbf{0} & \mathbf{d} \end{smallmatrix}\right]$ のとき，$A - \lambda I$ の行列式は $(\lambda - a)(\lambda - d)$ である．$(A - aI)(A - dI) =$ **零行列**，という "ケーリー–ハミルトンの定理" を確かめよ．

(b) フィボナッチの $A = \left[\begin{smallmatrix} \mathbf{1} & \mathbf{1} \\ \mathbf{1} & \mathbf{0} \end{smallmatrix}\right]$ において，ケーリー–ハミルトンの定理を試せ．多項式 $\det(A - \lambda I)$ は $\lambda^2 - \lambda - 1$ となるので，この定理は $A^2 - A - I = 0$ であると予言する．

32 積 $(A - \lambda_1 I)(A - \lambda_2 I) \cdots (A - \lambda_n I)$ に $A = V\Lambda V^{-1}$ を代入し，なぜこれが零行列を生み出すかを説明せよ．我々は多項式 $p(\lambda) = \det(A - \lambda I)$ の中の数 λ に，行列 A を代入している．**ケーリー–ハミルトンの定理**は，A が対角化不可能のときでさえ，この積が常に $p(A) =$ **零行列**であるというものである．

挑戦問題

33 角度 θ での回転の n 乗は，角度 $n\theta$ での回転である：

$$A^n = \begin{bmatrix} \cos\theta & -\sin\theta \\ \sin\theta & \cos\theta \end{bmatrix}^n = \begin{bmatrix} \cos n\theta & -\sin n\theta \\ \sin n\theta & \cos n\theta \end{bmatrix}.$$

このすっきりした公式を，$A = V\Lambda V^{-1}$ と対角化することにより証明せよ．固有ベクトル（V の列）は $(1, i)$ と $(i, 1)$ である．オイラーの公式 $e^{i\theta} = \cos\theta + i\sin\theta$ を知っている必要がある．

34 $A = V\Lambda V^{-1}$ の転置は $A^{\mathrm{T}} = (V^{-1})^{\mathrm{T}}\Lambda V^{\mathrm{T}}$ である．$A^{\mathrm{T}}\boldsymbol{y} = \lambda\boldsymbol{y}$ の固有ベクトルは，行列 $(V^{-1})^{\mathrm{T}}$ の列である．それらはしばしば**左固有ベクトル**と呼ばれる．

A に対する次の公式を見つけるためには，3 つの行列の積 $V\Lambda V^{-1}$ をどのように行えばよいか？

$$\text{階数 1 の行列の和}\quad A = V\Lambda V^{-1} = \lambda_1 \boldsymbol{x}_1 \boldsymbol{y}_1^{\mathrm{T}} + \cdots + \lambda_n \boldsymbol{x}_n \boldsymbol{y}_n^{\mathrm{T}}.$$

35 $A = \mathbf{eye}(n) + \mathbf{ones}(n)$ の逆行列は $A^{-1} = \mathbf{eye}(n) + C * \mathbf{ones}(n)$ である．AA^{-1} と掛けて，その数 C（n に依存する）を求めよ．

6.3　線形常微分方程式系 $\boldsymbol{y}' = A\boldsymbol{y}$

本節では，1 階の線形常微分方程式系について説明する．**線形**と**系**がキーワードである．方程式系では，n 個の未知関数 $y_1(t), \ldots, y_n(t)$ に対する n 個の方程式が許される．線形の方程式系では，その未知ベクトル $\boldsymbol{y}(t)$ に行列 A が掛けられる．その後，1 階の線形方程式系に湧出し項 $\boldsymbol{q}(t)$ が加わることも，加わらないこともある：

$$\text{湧出しなし}\quad \frac{d\boldsymbol{y}}{dt} = A\boldsymbol{y}(t) \qquad \text{湧出しあり}\quad \frac{d\boldsymbol{y}}{dt} = A\boldsymbol{y}(t) + \boldsymbol{q}(t)$$

湧出し項がない場合，入力はただ，出発時の $\boldsymbol{y}(0)$ だけである．$\boldsymbol{q}(t)$ を含める場合は，時刻 t と $t + dt$ の間の継続した入力 $\boldsymbol{q}(t)dt$ も加わる．この入力は，過去から到達したばかりの $\boldsymbol{y}(t)$ とともに，時刻 t から先，増大または減衰する．これは重要である．

過渡状態の解 $\boldsymbol{y}_n(t)$ は，$\boldsymbol{q}(t) = \mathbf{0}$ のとき $\boldsymbol{y}(0)$ から出発する．湧出し $\boldsymbol{q}(t)$ に起因する出力は，特殊解 $\boldsymbol{y}_p(t)$ である．線形性が重ね合わせを許す！ **湧出し項を含む一般解は，いつものように $\boldsymbol{y}(t) = \boldsymbol{y}_n(t) + \boldsymbol{y}_p(t)$ である．**

本節の重大な作業は，$\boldsymbol{y}_n{}' - A\boldsymbol{y}_n = \mathbf{0}$ の斉次解である $\boldsymbol{y}_n(t)$ を求めることである．その後，6.4 節で湧出し項 $\boldsymbol{q}(t)$ を考慮し，特殊解を求める．

A の固有値と固有ベクトルを使いたい．それらが時間に変化しないでほしい．そこで我々の方程式は，定数行列 A を用いた，線形の時不変な方程式にとどめた．幸い，多くの重要な方程式系では最初から $A =$ 定数行列である．方程式系は変化せず，その方程式系での**状態**だけが変わる：定数の A と，変化する状態 $\boldsymbol{y}(t)$.

$\boldsymbol{y}(t)$ を A の固有ベクトルの線形結合として表すであろう．6.4 節では e^{At} を用いる．

固有ベクトルと固有値による解

n 行 n 列の行列 A に n 個の線形独立な固有ベクトルがあるとする．A に n 個の異なる固有値 λ があれば，これは自動的に起こる．このとき，固有ベクトル $\boldsymbol{x}_1, \ldots, \boldsymbol{x}_n$ は基底であり，任意の出発ベクトル $\boldsymbol{y}(0)$ をその中で表現できる：

$$\text{初期条件}\qquad \text{何らかの数}\ c_1, \ldots, c_n\ \text{に対して}\ \boldsymbol{y}(0) = c_1\boldsymbol{x}_1 + \cdots + c_n\boldsymbol{x}_n\ \text{である．} \tag{1}$$

λ と $\boldsymbol{x}$ を見つけた後，c を計算することが解法の手順 1 である．

手順 2 では，方程式 $\boldsymbol{y}' = A\boldsymbol{y}$ を $\boldsymbol{y} = e^{\lambda t}\boldsymbol{x}$ を用いて解く：**任意の固有ベクトルから始めよ**：

$$\text{もし}\ A\boldsymbol{x} = \lambda\boldsymbol{x}\quad \text{ならば，}\ \boldsymbol{y(t) = e^{\lambda t}x}\quad \text{は}\quad \frac{d\boldsymbol{y}}{dt} = A\boldsymbol{y}\quad \text{の解である．} \tag{2}$$

この解 $\boldsymbol{y} = e^{\lambda t}\boldsymbol{x}$ では，時間に依存する $e^{\lambda t}$ と定数ベクトル $\boldsymbol{x}$ が分離している：

$$\frac{d\boldsymbol{y}}{dt} = A\boldsymbol{y} \quad は \quad \frac{d}{dt}(e^{\lambda t}\boldsymbol{x}) = \lambda e^{\lambda t}\boldsymbol{x} = A(e^{\lambda t}\boldsymbol{x}) \quad になる. \tag{3}$$

手順 3 が解法の最後の手順である．n 個の固有ベクトルからの，n 個の別々の解を足し合わせよ．

$$\boxed{\textbf{重ね合せ} \qquad \boldsymbol{y}(t) = c_1 e^{\lambda_1 t}\boldsymbol{x}_1 + \cdots + c_n e^{\lambda_n t}\boldsymbol{x}_n.} \tag{4}$$

$t = 0$ で，これは式 (1) の $\boldsymbol{y}(0)$ に一致する．それは，c を選ぶ手順 1 だった．

例 1 $\boldsymbol{y}' = \begin{bmatrix} -2 & 1 \\ 1 & -2 \end{bmatrix}\boldsymbol{y}$ の解をすべて求めよ．どの解で $\boldsymbol{y}(0) = \begin{bmatrix} 6 \\ 2 \end{bmatrix}$ となるか？

解 最初に求めるのは $\lambda = -1$ と -3．それらの固有ベクトル $\boldsymbol{x}_1$ と $\boldsymbol{x}_2$ が V の中に入る：

$$\det\begin{bmatrix} -2-\lambda & 1 \\ 1 & -2-\lambda \end{bmatrix} = \lambda^2 + 4\lambda + 3 \quad を因数分解して \quad (\lambda+1)(\lambda+3)$$

$$\begin{matrix} A\boldsymbol{x}_1 = -1\,\boldsymbol{x}_1 \\ A\boldsymbol{x}_2 = -3\,\boldsymbol{x}_2 \end{matrix} \quad \begin{bmatrix} -2 & 1 \\ 1 & -2 \end{bmatrix}\begin{bmatrix} \mathbf{1} \\ \mathbf{1} \end{bmatrix} = \begin{bmatrix} -1 \\ -1 \end{bmatrix} \quad \begin{bmatrix} -2 & 1 \\ 1 & -2 \end{bmatrix}\begin{bmatrix} \mathbf{1} \\ \mathbf{-1} \end{bmatrix} = \begin{bmatrix} -3 \\ 3 \end{bmatrix}$$

手順 1 $\boldsymbol{y}(\mathbf{0}) = \boldsymbol{Vc}$ を解け．すると $\boldsymbol{y}(0)$ は固有ベクトルの混合 $\mathbf{4}\boldsymbol{x}_\mathbf{1} + \mathbf{2}\boldsymbol{x}_\mathbf{2}$ である：

$$V\boldsymbol{c} = \begin{bmatrix} 1 & 1 \\ 1 & -1 \end{bmatrix}\begin{bmatrix} c_1 \\ c_2 \end{bmatrix} = \begin{bmatrix} 6 \\ 2 \end{bmatrix} \quad より \quad \begin{bmatrix} c_1 \\ c_2 \end{bmatrix} = \begin{bmatrix} 4 \\ 2 \end{bmatrix}. \quad すると \quad \begin{bmatrix} 6 \\ 2 \end{bmatrix} = 4\begin{bmatrix} 1 \\ 1 \end{bmatrix} + 2\begin{bmatrix} 1 \\ -1 \end{bmatrix}.$$

手順 2 では個別の解 $ce^{\lambda t}\boldsymbol{x}$ が $4e^{-t}\boldsymbol{x}_1$ と $2e^{-3t}\boldsymbol{x}_2$ と求まる．今度はそれらを加えよ：

手順 3

$$\boldsymbol{y}(t) = 4e^{-t}\begin{bmatrix} 1 \\ 1 \end{bmatrix} + 2e^{-3t}\begin{bmatrix} 1 \\ -1 \end{bmatrix} = \begin{bmatrix} 4e^{-t} + 2e^{-3t} \\ 4e^{-t} - 2e^{-3t} \end{bmatrix}. \tag{5}$$

より大きな行列では，計算はより難しくなるが，考え方は変わらない．

今度は，複素数の固有値と固有ベクトルをもつ行列を示したい．このため，$\boldsymbol{y}(t)$ に複素数が入ってくる．しかし A は実行列であり，$\boldsymbol{y}(0)$ も実ベクトルなので，$\boldsymbol{y}(t)$ は実数関数でなければならない！ オイラーの公式 $e^{it} = \cos t + i\sin t$ により，実数に戻ってくる．

例 2 $\boldsymbol{y}' = \begin{bmatrix} -2 & 1 \\ -1 & -2 \end{bmatrix}\boldsymbol{y}$ の解をすべて求めよ．どの解で $\boldsymbol{y}(0) = \begin{bmatrix} 6 \\ 2 \end{bmatrix}$ となるか？

解 再び固有値と固有ベクトルを求めると，今度は複素数である：

$$\mathbf{det}\,(\boldsymbol{A} - \boldsymbol{\lambda I}) = \mathbf{0} \qquad \det\begin{bmatrix} -2-\lambda & 1 \\ -1 & -2-\lambda \end{bmatrix} = \boldsymbol{\lambda}^\mathbf{2} + \mathbf{4}\boldsymbol{\lambda} + \mathbf{5} \ (実の因子がない)$$

2 次方程式の解の公式により $\lambda^2 + 4\lambda + 5 = 0$ を解く．固有ベクトルは $x = (1, \pm i)$ である．

$$\begin{matrix} \boldsymbol{\lambda_1} = \mathbf{-2} + \boldsymbol{i} \\ \boldsymbol{\lambda_2} = \mathbf{-2} - \boldsymbol{i} \end{matrix} \qquad \lambda = \frac{-4 \pm \sqrt{4^2 - 4(5)}}{2} = \frac{-4 \pm 2i}{2} = -2 \pm i$$

$$\begin{bmatrix} -2 & 1 \\ -1 & -2 \end{bmatrix}\begin{bmatrix} \mathbf{1} \\ \boldsymbol{i} \end{bmatrix} = (-2+i)\begin{bmatrix} \mathbf{1} \\ \boldsymbol{i} \end{bmatrix} \qquad \begin{bmatrix} -2 & 1 \\ -1 & -2 \end{bmatrix}\begin{bmatrix} \mathbf{1} \\ -\boldsymbol{i} \end{bmatrix} = (-2-i)\begin{bmatrix} \mathbf{1} \\ -\boldsymbol{i} \end{bmatrix}.$$

$\boldsymbol{y}' = A\boldsymbol{y}$ を解くために，手順 1 では $\boldsymbol{y}(0) = (6, 2)$ をこれらの固有ベクトルの線形結合として表す：

$$\boldsymbol{y}(0) = V\boldsymbol{c} = c_1\boldsymbol{x}_1 + c_2\boldsymbol{x}_2 \qquad \begin{bmatrix} 6 \\ 2 \end{bmatrix} = (3-i)\begin{bmatrix} 1 \\ i \end{bmatrix} + (3+i)\begin{bmatrix} 1 \\ -i \end{bmatrix}.$$

手順 2 では解 $c_1e^{\lambda_1 t}\boldsymbol{x}_1$ と $c_2e^{\lambda_2 t}\boldsymbol{x}_2$ を求める．手順 3 ではそれらを $\boldsymbol{y}(t)$ に線形結合する：

解 $$\boldsymbol{y}(t) = c_1e^{\lambda_1 t}\boldsymbol{x}_1 + c_2e^{\lambda_2 t}\boldsymbol{x}_2 = (3-i)e^{(-2+i)t}\begin{bmatrix} 1 \\ i \end{bmatrix} + (3+i)e^{(-2-i)t}\begin{bmatrix} 1 \\ -i \end{bmatrix}.$$

予期されたとおり，これは複素数に見えるが，約束されたとおり，それは実でなければならない．e^{-2t} をくくり出すと，残りは

$$(3-i)(\cos t + i\sin t)\begin{bmatrix} 1 \\ i \end{bmatrix} + (3+i)(\cos t - i\sin t)\begin{bmatrix} 1 \\ -i \end{bmatrix} = \begin{bmatrix} 6\cos t + 2\sin t \\ 2\cos t - 6\sin t \end{bmatrix}. \tag{6}$$

因子 e^{-2t} を戻すと（実の）$\boldsymbol{y}(t)$ が求まる．$\boldsymbol{y}' = A\boldsymbol{y}$ であることを確かめておくのが賢いだろう：

$$\boxed{\boldsymbol{y}(0) = \begin{bmatrix} 6 \\ 2 \end{bmatrix} \quad \text{と} \quad \boldsymbol{y}(t) = e^{-2t}\begin{bmatrix} 6\cos t + 2\sin t \\ 2\cos t - 6\sin t \end{bmatrix}} \tag{7}$$

λ の実部からの因子 e^{-2t} は減衰を意味する．虚部からの $\cos t$ と $\sin t$ は振動を意味する．$\cos t = \cos\omega t$ の中の振動周波数は $\omega = 1$ である．

注釈　A の対角成分（これはまさしく $-2I$）の -2 が，λ の実部 -2 の原因である．それらが減衰の因子 e^{-2t} を与える．その -2 なしでは，単なるサインとコサインを得て，(y_1, y_2)–平面上の円運動だけを得ただろう．それはそれ自体が，見ておくべきとても重要な例である．

例 3　純粋な円運動と純虚数の固有値

$$\boldsymbol{y}' = \begin{bmatrix} y_1' \\ y_2' \end{bmatrix} = \begin{bmatrix} 0 & 1 \\ -1 & 0 \end{bmatrix}\begin{bmatrix} y_1 \\ y_2 \end{bmatrix} = \begin{bmatrix} y_2 \\ -y_1 \end{bmatrix} \quad \text{により } \boldsymbol{y} \text{ は円を回る．}$$

考察　方程式は $y_1' = y_2$ と $y_2' = -y_1$ である．1 つの解は $y_1 = \sin t$ および $y_2 = \cos t$ であり，第 2 の解は $y_1 = \cos t$ および $y_2 = -\sin t$ である．要求された 2 つの値 $y_1(0)$ および $y_2(0)$ に合わせるためには 2 つの解が必要である．それらの解は，通常の方法どおり，固有値 $\lambda = \pm i$ と固有ベクトルに起因する．

図 6.2(a) は，（e^{-2t} のために）原点へと渦を巻く，例 2 の解を示す．図 6.2(b) は，（サインとコサインのために）円周上にとどまる，例 3 の解を示す．これらは，軸が y_1 と $y_1{}' = y_2$ である "**位相平面**" を理解するのに良い例である．

-2 なしの，行列 $A = \begin{bmatrix} 0 & 1 \\ -1 & 0 \end{bmatrix}$ は $90°$ の回転である．各瞬間に，$\boldsymbol{y}'$ は $\boldsymbol{y}$ と $90°$ の角度をなす．これにより $\boldsymbol{y}$ は円周上を動き続け，その長さは一定である：

$$\begin{array}{ll}\text{一定の長さ} \\ \text{円形の軌道}\end{array} \quad \frac{d}{dt}(y_1^2 + y_2^2) = 2y_1y_1' + 2y_2y_2' = 2y_1y_2 - 2y_2y_1 = 0. \tag{8}$$

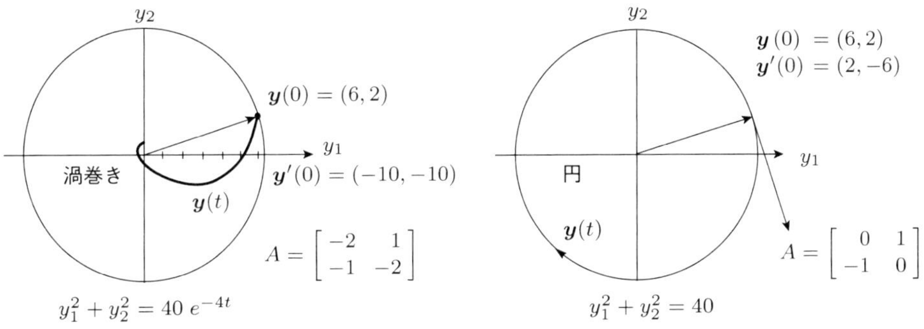

図 6.2 (a) e^{-2t} を含む例 2 の解. (b) e^{-2t} なしの例 3 の解.

保存的な運動

円のまわりの動きは $n = 2$ での保存的な運動の例である．$\boldsymbol{y}$ の長さは変わらない．“エネルギーは保存される”．$n = 3$ では，これは球面上の動きになるだろう．$n > 3$ では，ベクトル $\boldsymbol{y}$ は一定の長さで，超球面の上を動くだろう．

どんな線形微分方程式であれば，この保存的な運動を生じるか？ 長さの平方 $||\boldsymbol{y}||^2 = \boldsymbol{y}^{\mathrm{T}}\boldsymbol{y}$ が**一定に保たれる**ことを要求する．そこで，その微分は零である：

$$\frac{d}{dt}(\boldsymbol{y}^{\mathrm{T}}\boldsymbol{y}) = \left(\frac{d\boldsymbol{y}}{dt}\right)^{\mathrm{T}} \boldsymbol{y} + \boldsymbol{y}^{\mathrm{T}} \frac{d\boldsymbol{y}}{dt} = (A\boldsymbol{y})^{\mathrm{T}}\boldsymbol{y} + \boldsymbol{y}^{\mathrm{T}}(A\boldsymbol{y}) = \boldsymbol{y}^{\mathrm{T}}(\boldsymbol{A}^{\mathbf{T}} + \boldsymbol{A})\boldsymbol{y} = 0. \tag{9}$$

最初のステップは積の公式であり，その後 $d\boldsymbol{y}/dt$ を $A\boldsymbol{y}$ で置き換える．**結論**：

$$||\boldsymbol{y}||^2 \ \text{は}\ A\ \text{が歪対称のときに一定である：}\ \boldsymbol{A}^{\mathbf{T}} + \boldsymbol{A} = \mathbf{0}\ \text{で}\ \boldsymbol{A}^{\mathbf{T}} = -\boldsymbol{A}. \tag{10}$$

最も単純な例は $A = \begin{bmatrix} 0 & 1 \\ -1 & 0 \end{bmatrix}$ である．このとき $\boldsymbol{y}$ は，図 6.2 (b) でのように円周をまわる．初期ベクトル $\boldsymbol{y}(0)$ が円の大きさを決める：すべての時刻で $||\boldsymbol{y}(t)|| = ||\boldsymbol{y}(0)||$．$A$ が歪対称のとき，その固有値は純虚数である．これは 6.5 節で現れる．

安定な運動

円周上を回る運動は，単に “中立” 安定である．**真に安定な線形方程式系では，解** $\boldsymbol{y}(t)$ **は常に零へ向かう**．これは図 6.2 (a) での，安定性を示す渦巻きである：

$$A = \begin{bmatrix} -2 & 1 \\ -1 & -2 \end{bmatrix} \ \text{の固有値は}\ \lambda = -2 \pm i.\ \text{この}\ A\ \text{は安定な行列である.}$$

大切なのは A の固有値で，これが単純な解 $\boldsymbol{y} = e^{\lambda t}\boldsymbol{x}$ を与える．A が対角化可能（n 個の線形独立な固有ベクトル）のとき，どの解も $e^{\lambda_1 t}\boldsymbol{x}_1, \ldots, e^{\lambda_n t}\boldsymbol{x}_n$ の線形結合である．そこで，これらの単純な解が零に近づくのがいつかを問えばよい：

安定性	λ の実部が負のとき $e^{\boldsymbol{\lambda t}}\boldsymbol{x} \to \mathbf{0}$ となる： $\mathbf{Re}\,\boldsymbol{\lambda} < \mathbf{0}$.

実部 -2 は，解 $\boldsymbol{y}$ の中の指数的な減衰因子 e^{-2t} を与える．この因子が，図 6.2 (a) の中の，内向きの渦巻きと，方程式 $\boldsymbol{y}' = A\boldsymbol{y}$ の安定性を生み出す．$\lambda = -2 \pm i$ の虚部は振動を与える：有界にとどまるサインとコサイン．

$\boldsymbol{n = 2}$ のときの安定性の判定法

2 行 2 列の行列では，トレースと行列式から両方の固有値がわかる．だから，トレースと行列式から安定性が決まるに違いない．実行列 A には 2 つの可能性 $\mathcal{R}$ と $\mathcal{C}$ がある：

$\mathcal{R}$　実数の固有値 λ_1 と λ_2

$\mathcal{C}$　複素共役のペア $\lambda_1 = s + i\omega$ と $\lambda_2 = s - i\omega$

固有値を足すと A のトレースになる．固有値を掛けると A の行列式になる．2 つの可能性 $\mathcal{R}$ と $\mathcal{C}$ を試して，$\mathrm{Re}\,(\lambda) < 0$ となるときがわかる．

$\mathcal{R}$　$\lambda_1 < 0$ で $\lambda_2 < 0$ のとき，**トレース** $= \lambda_1 + \lambda_2 < 0$ で **行列式** $= \lambda_1\lambda_2 > 0$

$\mathcal{C}$　$\lambda = s \pm i\omega$ で $s < 0$ のとき，**トレース** $= 2s < 0$ で **行列式** $= s^2 + \omega^2 > 0$

どちらの場合も同じ安定性の要件を与える：**負のトレースと正の行列式**.

トレース $= \boldsymbol{a + d} \quad < \mathbf{0}$
行列式 $= \boldsymbol{ad - bc} > \mathbf{0}$
のとき，かつこのときのみ $\boldsymbol{A} = \begin{bmatrix} \boldsymbol{a} & \boldsymbol{b} \\ \boldsymbol{c} & \boldsymbol{d} \end{bmatrix}$ は安定. **(11)**

可能性 $\mathcal{R}$ と $\mathcal{C}$，実数または複素数，に分れるのは 2 次方程式の解の公式のためである．固有値に対する式 $\det(A - \lambda I) = 0$ を思い出せ：

$$\det \begin{bmatrix} a-\lambda & b \\ c & d-\lambda \end{bmatrix} = \boldsymbol{\lambda}^2 - (a+d)\,\lambda + (ad-bc) = \boldsymbol{\lambda}^2 - (\text{トレース})\,\boldsymbol{\lambda} + (\text{行列式}) = 0.$$

2 つの固有値に対する，2 次方程式の解の公式は，最重要な平方根を含む：

実数か複素数の λ $$\lambda = \frac{1}{2}\left[\text{トレース} \pm \sqrt{(\text{トレース})^2 - 4(\text{行列式})}\right]. \tag{12}$$

$(\text{トレース})^2 \geq 4\,(\text{行列式})$ のとき，根は実数（$\mathcal{R}$ の場合）である．$(\text{トレース})^2 < 4\,(\text{行列式})$ のとき，根は複素数（$\mathcal{C}$ の場合）である．$\mathcal{R}$ と $\mathcal{C}$ の間の境界線は，安定性の図の中で放物線となる：

$$\textbf{(トレース)}^2 = 4\,\textbf{(行列式)} \qquad \begin{bmatrix} -1 & 2 \\ 0 & -1 \end{bmatrix} \text{ は安定} \qquad \begin{bmatrix} 1 & 2 \\ 0 & 1 \end{bmatrix} \text{ は不安定}$$

安定な行列は，トレース–行列式の平面で，1 つの象限だけに対応する：トレース < 0 で，行列式 > 0.

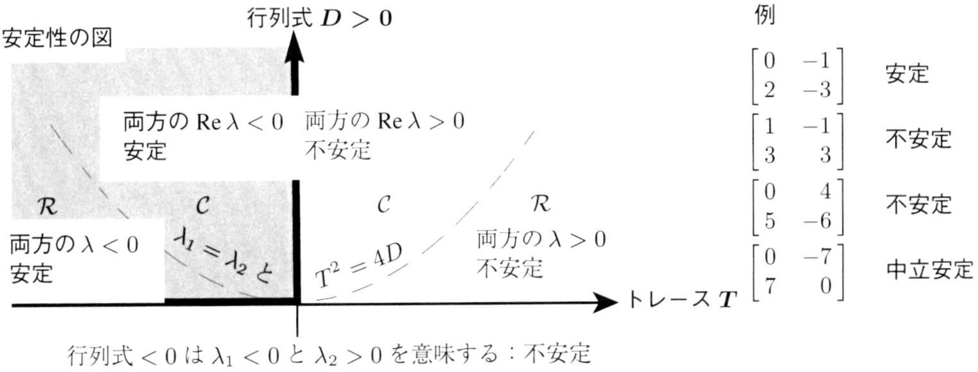

2 階の方程式から 1 階の方程式系へ

本書の 2 章では，2 階方程式 $y'' + By' + Cy = 0$ を調べた．これはしばしば，不足緩和の振動を表す．解 $y = e^{(a+i\omega)t}$ と $e^{(a-i\omega)t}$ は，我々が解 $y = e^{st}$ を探すときの 2 次方程式 $\boldsymbol{s^2 + Bs + C = 0}$ に起因する．もし B^2 が $4C$ より大きければ，根は実数で，解は $e^{s_1 t}$ と $e^{s_2 t}$ である．この過減衰の場合には，振動は消え去る．

同じ解をまた，$\boldsymbol{y}' = A\boldsymbol{y}$ の言語の中で示したい．y'' を用いた 1 つの方程式の代わりに，$\boldsymbol{y}' = (y_1{}', y_2{}')$ を用いた **2 つの方程式**に至る．この大切な考え方は前にも見た：**もとの** y **と** y' **が** y_1 **と** y_2 **になる**．このとき，行列 A は**同伴行列**である．

$$\boldsymbol{y'' + By' + Cy = 0} \qquad \begin{bmatrix} y_1 \\ y_2 \end{bmatrix}' = \begin{bmatrix} y' \\ y'' \end{bmatrix} = \begin{bmatrix} 0 & 1 \\ -C & -B \end{bmatrix} \begin{bmatrix} y \\ y' \end{bmatrix} = A\boldsymbol{y}. \tag{13}$$

なぜ，根 s_1 と s_2 は固有値 λ_1 と λ_2 でもあるのかを理解するのが重要である．その理由は，これらは今でも同じ方程式 $s^2 + Bs + C = 0$ の根だからである．文字 s が λ に変わっただけである．

$$\det(A - \lambda I) = \det \begin{bmatrix} -\lambda & 1 \\ -C & -B - \lambda \end{bmatrix} = \lambda^2 + B\lambda + C = 0. \tag{14}$$

3.2 節で 6 つの解軌道をかいたときが，この前兆となっていた：湧出し，吸込み，渦巻き，そして鞍点．それらの図を y, y' 平面（位相平面）の中で描いたが，今度は同じ図を y_1, y_2 平面の中に描く．A のトレースと行列式と安定性の，古くも新しい理解の全体を，特に再度示したい．

$$\begin{bmatrix} 0 & 1 \\ -C & -B \end{bmatrix} \text{ では　トレース} = -B \text{ で，行列式} = C.$$

まず $s^2 + Bs + C = 0$ の実数根と A の実固有値について判定する：

$\mathcal{R}$	実数の根と固有値	$\boldsymbol{B^2 \geq 4C}$	(トレース)$^2 \geq 4$ (行列式)
$\mathcal{C}$	複素数の根と固有値 $\lambda = a \pm i\omega$	$\boldsymbol{B^2 < 4C}$	(トレース)$^2 < 4$ (行列式)

図の中で，破線の放物線 $T^2 = 4D$ が実数の場合と複素数の場合を分ける：$\mathcal{R}$ と $\mathcal{C}$.

さらに，網かけされた象限では，減衰する場合の3つの可能性を表している．これらはすべて安定である：$B > 0$ および $C > 0$.

不足減衰	複素数の根	$\boldsymbol{B^2 < 4C}$	放物線の上側
臨界減衰	重複根	$\boldsymbol{B^2 = 4C}$	放物線上
過減衰	実数の根	$\boldsymbol{B^2 > 4C}$	放物線の下側

無減衰の場合の $B = 0$ は縦軸上である：$\omega^2 = C$ とすると固有値は $\pm i\omega$ である．2行2列の同伴行列に対して，すべてが以前の結果と整合する．固有ベクトルもまた興味をひく：

$$\boldsymbol{x}_1 = \begin{bmatrix} 1 \\ \lambda_1 \end{bmatrix} \quad \boldsymbol{x}_2 = \begin{bmatrix} 1 \\ \lambda_2 \end{bmatrix} \quad \text{は，} t = 0 \text{ での} \quad \begin{bmatrix} y \\ y' \end{bmatrix} = \begin{bmatrix} e^{\lambda t} \\ \lambda e^{\lambda t} \end{bmatrix} = \begin{bmatrix} 1 \\ \lambda \end{bmatrix} \quad \text{と一致する．} \tag{15}$$

同じ方法が n 個の振動子の方程式系にも適用される．B と C は行列になる．ベクトル $\boldsymbol{y}$ と $\boldsymbol{y}'$ は n 成分ずつをもち，合わせたベクトル $\boldsymbol{z} = (\boldsymbol{y}, \boldsymbol{y}')$ は $2n$ 成分をもつ．このネットワークは $\boldsymbol{y}$ についての n 個の2階方程式，あるいは $\boldsymbol{z}$ についての $2n$ 個の1階方程式に帰着する：

$$\boldsymbol{y}'' + B\boldsymbol{y}' + C\boldsymbol{y} = \boldsymbol{0} \qquad \boldsymbol{z}' = \begin{bmatrix} \boldsymbol{y}' \\ \boldsymbol{y}'' \end{bmatrix} = \begin{bmatrix} 0 & I \\ -C & -B \end{bmatrix} \begin{bmatrix} \boldsymbol{y} \\ \boldsymbol{y}' \end{bmatrix} = A\boldsymbol{z}. \tag{16}$$

固有ベクトルが斉次解 $\boldsymbol{y}_n$ を与える．実際の問題では外力項 $\boldsymbol{q} = \boldsymbol{F}e^{st}$ が加わる．

ここで，重複根と重複固有値について，ただ1点注意する．**$\boldsymbol{\lambda_1 = \lambda_2}$ ならば，同伴行列 $\boldsymbol{A}$** に第2固有ベクトルはない．その行列は対角化できず，固有ベクトルの方法は破たんする．次節では，固有ベクトルがそろわないときでも，e^{At} を用いて成功することを示す．

高階の方程式から1階の方程式系を得る

3階の（または高階の）方程式は，同じ方法で1階に帰着する．**$\boldsymbol{y}$ の導関数を新たな未知関数として導入せよ．** 定数係数をもつ単一の3階方程式に対して，これは容易にわかる：

$$y''' + By'' + Cy' + Dy = 0 \tag{17}$$

考え方は，未知ベクトル $\boldsymbol{z} = (y, y', y'')$ を作ることである．第1成分 y はとても単純な方程式を満たす：その微分は第2成分 y' である．すると，以下の行列の第1行は $0, 1, 0$ となる．同様に，y' の導関数は y'' である．同伴行列の第2行は $0, 0, 1$ である．第3行はもとの微分方程式 (17) を表す：

$$\boldsymbol{z}' = \boldsymbol{Az} \qquad \begin{bmatrix} y \\ y' \\ y'' \end{bmatrix}' = \begin{bmatrix} 0 & 1 & 0 \\ 0 & 0 & 1 \\ -D & -C & -B \end{bmatrix} \begin{bmatrix} y \\ y' \\ y'' \end{bmatrix}. \tag{18}$$

同伴行列では，上側の副対角成分が 1 である．その固有値を知りたい．

同伴行列の固有値 = 多項式の根

2 行 2 列の同伴行列の固有値から始める：

$$\det(A - \lambda I) = \det \begin{bmatrix} -\lambda & 1 \\ -C & -B-\lambda \end{bmatrix} = \lambda^2 + B\lambda + C = 0. \tag{19}$$

これを，単一方程式 $y'' + By' + Cy = 0$ に $y = e^{\lambda t}$ を代入した結果と比べよ：

$$\lambda^2 e^{\lambda t} + B\lambda e^{\lambda t} + Ce^{\lambda t} = 0 \quad \text{より} \quad \lambda^2 + B\lambda + C = 0. \tag{20}$$

方程式は同じである．特別な解 $y = e^{\lambda t}$ の中の λ は，特別な解 $\boldsymbol{z} = e^{\lambda t}\boldsymbol{x}$ の中の固有値と同じである．これが主要な点であり，それは 3 行 3 列の場合もまた成り立つ．固有値の方程式 $\det(A - \lambda I) = 0$ はまさしく，$y''' + By'' + Cy' + Dy = 0$ に $y = e^{\lambda t}$ を代入した結果の，多項式の方程式である：

$$\det \begin{bmatrix} -\lambda & 1 & 0 \\ 0 & -\lambda & 1 \\ -D & -C & -B-\lambda \end{bmatrix} = -(\lambda^3 + B\lambda^2 + C\lambda + D) = 0. \tag{21}$$

この同伴行列の固有ベクトルは特別な形 $\boldsymbol{x} = (1, \lambda, \lambda^2)$ **をしている．**4 階の方程式は $\boldsymbol{z} = (y, y', y'', y''')$ を用いて $\boldsymbol{z}' = A\boldsymbol{z}$ になる．4 行 4 列の同伴行列となり，固有値は $\lambda^4 + B\lambda^3 + C\lambda^2 + D\lambda + E = 0$ を満たす．

例 4 $y'' - 4y' + 4y = 0$ からの $(\lambda - 2)^2 = \lambda^2 - 4\lambda + 4 = 0$：

同伴行列 A
重複根 $\lambda = 2, 2$

$$A = \begin{bmatrix} 0 & 1 \\ -4 & 4 \end{bmatrix} \quad \det(A - \lambda I) = \lambda^2 - 4\lambda + 4.$$

$\lambda = 2$ は 1 つの固有ベクトルをもたねばならず，それは $\boldsymbol{x} = (1, 2)$ である．**第 2 固有ベクトルはない．**1 階方程式系 $\boldsymbol{z}' = A\boldsymbol{z}$ と 2 階の方程式 $y'' - 4y' + 4y = 0$ は，（**同じ**）トラブルに遭う．**純粋な指数関数の解は** $\boldsymbol{y = e^{2t}}$ **だけである．**

y に対する逃げ道は解 te^{2t} である．その新たな形（t を含む）が必要である．$\boldsymbol{z}$ に対する逃げ道は“一般化固有ベクトル”であるが，これ以上踏みこまない．

■ 要点の復習 ■

1. $\boldsymbol{y}' = A\boldsymbol{y}$ は定数係数の線形方程式系で，$\boldsymbol{y}(0)$ から出発する．

2. その解は通常，指数関数 $e^{\lambda t}\times$ 固有ベクトル $\boldsymbol{x}$ の線形結合である：

n 個の線形独立な固有ベクトル $\qquad \boldsymbol{y}(t) = c_1 e^{\lambda_1 t}\boldsymbol{x}_1 + \cdots + c_n e^{\lambda_n t}\boldsymbol{x}_n.$

3. 定数 $c_1, \ldots, c_n$ は $\boldsymbol{y}(0) = c_1\boldsymbol{x}_1 + \cdots + c_n\boldsymbol{x}_n$ から決まる．**これは $V\boldsymbol{c}$ のことである！**

4. どの λ の実部も負のとき，$\boldsymbol{y}(t)$ は零に近づく（安定性）：$\mathrm{Re}\,\lambda < 0$.

5. 2行2列の方程式系では，**トレース $\boldsymbol{T = a + d < 0}$** で**行列式 $\boldsymbol{D = ad - bc > 0}$** のとき安定である．

6. $y'' + By' + Cy = 0$ は，トレース $= -B$ で，行列式 $= C$ の同伴行列に帰着する．

演習問題 6.3

1 $\boldsymbol{y}' = \begin{bmatrix} 3 & 1 \\ 3 & 5 \end{bmatrix}\boldsymbol{y}$ のすべての解 $\boldsymbol{y} = c_1 e^{\lambda_1 t}\boldsymbol{x}_1 + c_2 e^{\lambda_2 t}\boldsymbol{x}_2$ を求めよ．どの解が $\boldsymbol{y}(0) = c_1\boldsymbol{x}_1 + c_2\boldsymbol{x}_2 = (2, 2)$ から出発するか？

2 $\boldsymbol{y}' = \begin{bmatrix} 3 & 10 \\ 2 & 4 \end{bmatrix}\boldsymbol{y}$ に対する $y = e^{\lambda t}\boldsymbol{x}$ の形の解2つを求めよ．

3 $a \neq d$ のとき，$\boldsymbol{y}' = A\boldsymbol{y}$ の固有値と固有ベクトルと一般解を求めよ．a と d が ＿＿ であるとき，この方程式は安定である．

$$\boldsymbol{y}' = \begin{bmatrix} a & b \\ 0 & d \end{bmatrix}\boldsymbol{y}.$$

4 $a \neq -b$ のとき，$y' = A\boldsymbol{y}$ の解 $e^{\lambda_1 t}\boldsymbol{x}_1$ と $e^{\lambda_2 t}\boldsymbol{x}_2$ を求めよ：

$$A = \begin{bmatrix} a & b \\ a & b \end{bmatrix}.$$ なぜ $\boldsymbol{y}' = A\boldsymbol{y}$ は安定でないか?

5 A の固有値 $\lambda_1, \lambda_2, \lambda_3$ と固有ベクトル $\boldsymbol{x}_1, \boldsymbol{x}_2, \boldsymbol{x}_3$ を求めよ．$\boldsymbol{y}(0) = (0, 1, 0)$ を線形結合 $c_1\boldsymbol{x}_1 + c_2\boldsymbol{x}_2 + c_3\boldsymbol{x}_3 = V\boldsymbol{c}$ として書き，$\boldsymbol{y}' = A\boldsymbol{y}$ を解け．$t \to \infty$ のときの $\boldsymbol{y}(t)$ の極限（定常状態）は何か？ **定常状態は $\lambda = 0$ に起因する**．

$$A = \begin{bmatrix} -1 & 1 & 0 \\ 1 & -2 & 1 \\ 0 & 1 & -1 \end{bmatrix}.$$

6　2 つの線形独立な固有ベクトルがない，この最も単純な 2 行 2 列の行列では $\lambda = 0, 0$ である：

$$\begin{bmatrix} y_1 \\ y_2 \end{bmatrix}' = A\boldsymbol{y} = \begin{bmatrix} 0 & 1 \\ 0 & 0 \end{bmatrix} \begin{bmatrix} y_1 \\ y_2 \end{bmatrix} \text{ の第 1 の解は } \begin{bmatrix} y_1 \\ y_2 \end{bmatrix} = e^{0t} \begin{bmatrix} 1 \\ 0 \end{bmatrix}.$$

これらの方程式 $y_1{}' = y_2$ と $y_2{}' = 0$ の第 2 の解を見つけよ．その第 2 の解を求めるには，まず $t \times$ (第 1 の解) より $y_1 = t$ となることから始める．y_2 は何か？

注釈　重複した λ のすべての場合について，$\boldsymbol{y}' = A\boldsymbol{y}$ を完全に議論するには，A の**ジョルダン形**が必要になる：これは技術的すぎる．三角行列の形が十分であることを 6.4 節で示すが，これは問題 6 と 8 で確認される．まず y_2 について，それから y_1 について解ける．

7　$\boldsymbol{y} = e^{\lambda t}\boldsymbol{x}$ が解となるような，2 組の λ と $\boldsymbol{x}$ を求めよ：

$$\frac{d\boldsymbol{y}}{dt} = \begin{bmatrix} 4 & 3 \\ 0 & 1 \end{bmatrix} \boldsymbol{y}.$$

$\boldsymbol{y}(0) = (5, -2)$ から出発するのは，どの線形結合 $\boldsymbol{y} = c_1 e^{\lambda_1 t}\boldsymbol{x}_1 + c_2 e^{\lambda_2 t}\boldsymbol{x}_2$ か？

8　問題 7 を $\boldsymbol{y} = (y, z)$ について，後退代入で解け．y の前に z を求める：

$$z(0) = -2 \text{ から } \frac{dz}{dt} = z \text{ を解け．その後 } y(0) = 5 \text{ から } \frac{dy}{dt} = 4y + 3z \text{ を解け.}$$

y の解は e^{4t} と e^t の線形結合になるだろう．λ は 4 と 1 である．

9　(a) A のどの列の和も零のとき，なぜ $\lambda = 0$ が固有値となるか？

(b) どの列でも，負の対角成分と正の非対角成分を足して零となるとき，$\boldsymbol{y}' = A\boldsymbol{y}$ は“連続時間” のマルコフ連鎖の方程式となる．固有値と固有ベクトル，そして $t \to \infty$ のときの**定常状態**を求めよ：

$$\frac{d\boldsymbol{y}}{dt} = \begin{bmatrix} -2 & 3 \\ 2 & -3 \end{bmatrix} \boldsymbol{y} \quad \text{を} \quad \boldsymbol{y}(0) = \begin{bmatrix} 4 \\ 1 \end{bmatrix} \quad \text{の下で解け.} \qquad \boldsymbol{y}(\infty) \text{ は何か?}$$

10　$v(0) = 30$ 人と $w(0) = 10$ 人が入った 2 部屋の間のドアが開かれた．部屋の間の移動は，人数差 $v - w$ に比例するとする：

$$\frac{dv}{dt} = w - v \quad \text{と} \quad \frac{dw}{dt} = v - w.$$

合計 $v + w$ は常に一定（40 人）であることを示せ．$d\boldsymbol{y}/dt = A\boldsymbol{y}$ の中の行列と，その固有値と固有ベクトルを求めよ．$t = 1$ と $t = \infty$ での v と w は何か？

11　問題 10 での人数の拡散を $d\boldsymbol{y}/dt = -A\boldsymbol{y}$ と反転せよ：

$$\frac{dv}{dt} = v - w \quad \text{と} \quad \frac{dw}{dt} = w - v.$$

合計 $v+w$ はここでも一定にとどまる．しかし，A が $-A$ に変わることにより，今度の λ はどう変わったか？ $v(t)$ が $v(0)=30$ から無限大へと増大することを示せ．

12 A は実数の固有値をもつが，B の固有値は複素数である：

$$A=\begin{bmatrix} a & 1 \\ 1 & a \end{bmatrix} \quad B=\begin{bmatrix} b & -1 \\ 1 & b \end{bmatrix} \quad (a \text{ と } b \text{ は実数})$$

$d\boldsymbol{y}/dt=A\boldsymbol{y}$ と $d\boldsymbol{z}/dt=B\boldsymbol{z}$ の解すべてが $t\to\infty$ につれて零に近づくとき，その安定性の条件を a と b について求めよ．

13 $\mathbf{R}^2$ 内で傾き 45° の直線 $y=x$ への射影行列を P とする．その固有値は 1 と 0 で，固有ベクトルは $(1,1)$ と $(1,-1)$ である．$d\boldsymbol{y}/dt=-P\boldsymbol{y}$（負号に注意）のとき，$\boldsymbol{y}(0)=(3,1)$ から出発して $t=\infty$ での $\boldsymbol{y}(t)$ の極限を求めよ．

14 ウサギの個体数は，成長が速い（$6r$ の項）が，オオカミに対して減少する（$-2w$ の項）．オオカミの個体数はこのモデルではつねに増える（$-w^2$ の項があったなら，オオカミを制御できただろう）：

$$\frac{dr}{dt}=6r-2w \quad \text{と} \quad \frac{dw}{dt}=2r+w.$$

固有値と固有ベクトルを求めよ．$r(0)=w(0)=30$ のとき，時刻 t での両個体数はいくらか？ 長時間の後，ウサギとオオカミの比はどうなるか？

15 (a) A のこれら 2 つの固有ベクトルの線形結合 $c_1\boldsymbol{x}_1+c_2\boldsymbol{x}_2$ として，$(4,0)$ を書け：

$$\begin{bmatrix} 0 & 1 \\ -1 & 0 \end{bmatrix}\begin{bmatrix} 1 \\ i \end{bmatrix}=i\begin{bmatrix} 1 \\ i \end{bmatrix} \qquad \begin{bmatrix} 0 & 1 \\ -1 & 0 \end{bmatrix}\begin{bmatrix} 1 \\ -i \end{bmatrix}=-i\begin{bmatrix} 1 \\ -i \end{bmatrix}.$$

(b) $(4,0)$ から出発する $d\boldsymbol{y}/dt=A\boldsymbol{y}$ の解は $c_1e^{it}\boldsymbol{x}_1+c_2e^{-it}\boldsymbol{x}_2$ である．$e^{it}=\cos t+i\sin t$ と $e^{-it}=\cos t-i\sin t$ を代入して $\boldsymbol{y}(t)$ を求めよ．

問題 16〜18 では 2 階方程式を $(\boldsymbol{y},\boldsymbol{y}')$ についての 1 階方程式系に帰着する．

16 スカラー方程式 $y''=5y'+4y$ を $\boldsymbol{z}=(y,y')$ に対するベクトル方程式に変えるための行列 A を求めよ：

$$\frac{d\boldsymbol{z}}{dt}=\begin{bmatrix} y' \\ y'' \end{bmatrix}=\begin{bmatrix} \quad & \quad \\ \quad & \quad \end{bmatrix}\begin{bmatrix} y \\ y' \end{bmatrix}=A\boldsymbol{z}.$$

A の固有値は何か？ $y=e^{\lambda t}$ を $y''=5y'+4y$ に代入することでも，それらを求めよ．

17 $y=e^{\lambda t}$ を $y''=6y'-9y$ に代入して，$\lambda=3$ が重複根であることを示せ．これは厄介である：e^{3t} の後の，第 2 の解が必要になる．行列方程式は

$$\frac{d}{dt}\begin{bmatrix} y \\ y' \end{bmatrix}=\begin{bmatrix} 0 & 1 \\ -9 & 6 \end{bmatrix}\begin{bmatrix} y \\ y' \end{bmatrix}$$

となる．この行列では $\lambda = 3, 3$ であり，ただ 1 つの固有方向しかもたないことを示せ．**これも厄介だ**．$y'' = 6y' - 9y$ の第 2 の解は $y = te^{3t}$ であることを示せ．

18 (a) 方程式 $d^2y/dt^2 = -9y$ を満たす，見慣れた関数を 2 つ書き下せ．$y(0) = 3$ と $y'(0) = 0$ から出発するのはどれか？

(b) 2 階の方程式 $y'' = -9y$ は，次のベクトル方程式 $\boldsymbol{z}' = A\boldsymbol{z}$ に帰着する：

$$\boldsymbol{z} = \begin{bmatrix} y \\ y' \end{bmatrix} \qquad \frac{d\boldsymbol{z}}{dt} = \begin{bmatrix} y' \\ y'' \end{bmatrix} = \begin{bmatrix} 0 & 1 \\ -9 & 0 \end{bmatrix} \begin{bmatrix} y \\ y' \end{bmatrix} = A\boldsymbol{z}.$$

A の固有値と固有ベクトルを用いて $\boldsymbol{z}(t)$ を求めよ：ただし $\boldsymbol{z}(0) = (3, 0)$ である．

19 c が A の固有値でないとき，$\boldsymbol{y} = e^{ct}\boldsymbol{v}$ を代入して $d\boldsymbol{y}/dt = A\boldsymbol{y} - e^{ct}\boldsymbol{b}$ の特殊解を求めよ．c が A の固有値であるとき，これはどのように破たんするか？

20 $d\boldsymbol{y}/dt = A\boldsymbol{y} - \boldsymbol{b}$ の特殊解は，A が可逆ならば $\boldsymbol{y}_p = A^{-1}\boldsymbol{b}$ である．$d\boldsymbol{y}/dt = A\boldsymbol{y}$ に対する通常の解が $\boldsymbol{y}_n$ を与える．一般解 $\boldsymbol{y} = \boldsymbol{y}_p + \boldsymbol{y}_n$ を求めよ：

(a) $\dfrac{dy}{dt} = y - 4$ (b) $\dfrac{d\boldsymbol{y}}{dt} = \begin{bmatrix} 1 & 0 \\ 1 & 1 \end{bmatrix} \boldsymbol{y} - \begin{bmatrix} 4 \\ 6 \end{bmatrix}.$

21 安定性の図の中で，次の不安定な領域を例示する行列 A をそれぞれ見つけよ：

(a) $\lambda_1 < 0$ と $\lambda_2 > 0$ (b) $\lambda_1 > 0$ と $\lambda_2 > 0$ (c) $\lambda = a \pm ib$ で $a > 0$.

22 これらの行列のどれが安定か？ そのときには，$\mathrm{Re}\,\lambda < 0$，トレース < 0，そして行列式 > 0 となる．

$$A_1 = \begin{bmatrix} -2 & -3 \\ -4 & -5 \end{bmatrix} \quad A_2 = \begin{bmatrix} -1 & -2 \\ -3 & -6 \end{bmatrix} \quad A_3 = \begin{bmatrix} -1 & 2 \\ -3 & -6 \end{bmatrix}.$$

23 トレース $= T$ と，行列式 $= D$ である n 行 n 列の行列 A に対して，$(-A)$ のトレースと行列式を求めよ．$\boldsymbol{y}' = A\boldsymbol{y}$ が安定なとき，常に $\boldsymbol{z}' = -A\boldsymbol{z}$ が不安定となるのはなぜか？

24 (a) 安定な固有値（$\mathrm{Re}\,\lambda < 0$）をもつ 3 行 3 列の実行列では，(トレース < 0) かつ (行列式 < 0) であることを示せ．このとき λ は 3 つの負の実数であるか，複素共役の $\lambda_2 = \overline{\lambda}_1$ と実数の λ_3 となる．

(b) 3 行 3 列の行列では，のトレースと行列式だけでは 3 つの固有値すべては決まらない！ 次の A は，(トレース < 0) かつ (行列式 < 0) だが不安定であることを示せ：

$$A = \begin{bmatrix} 1 & 2 & 3 \\ 0 & 1 & 4 \\ 0 & 0 & -5 \end{bmatrix}.$$

25 $\boldsymbol{y}' = -A^2\boldsymbol{y}$ は，A の固有値が平方されるので常に安定だろうと思うかもしれない．しかし $A = \begin{bmatrix} 0 & 1 \\ -1 & 0 \end{bmatrix}$ のときに，その式が不安定となるのはなぜか？

26 同伴行列 A の 3 つの固有値と，$s^3 - s^2 + s - 1 = 0$ の 3 根（1 つは $s = 1$ である）を求めよ．方程式 $y''' - y'' + y' - y = 0$ は

$$\begin{bmatrix} y \\ y' \\ y'' \end{bmatrix}' = \begin{bmatrix} 0 & 1 & 0 \\ 0 & 0 & 1 \\ 1 & -1 & 1 \end{bmatrix} \begin{bmatrix} y \\ y' \\ y'' \end{bmatrix} \quad \text{すなわち} \quad \boldsymbol{z}' = A\boldsymbol{z}$$

になる．各固有値 λ の固有ベクトルは $\boldsymbol{x} = (1, \lambda, \lambda^2)$ である．

27 A の 2 つの固有値と，$s^2 + 6s + 9 = 0$ の 2 重根を求めよ：

$$y'' + 6y' + 9y = 0 \ \text{から} \ \begin{bmatrix} y \\ y' \end{bmatrix}' = \begin{bmatrix} 0 & 1 \\ 9 & 6 \end{bmatrix} \begin{bmatrix} y \\ y' \end{bmatrix} \quad \text{すなわち} \quad \boldsymbol{z}' = A\boldsymbol{z}.$$

重複固有値から 1 つの解 $\boldsymbol{z} = e^{\lambda t}\boldsymbol{x}$ しか得られない．第 2 の解 $y = te^{\lambda t}$ から，$\boldsymbol{z}$ での第 2 の解を求めよ．

28 3 行 3 列の同伴行列が固有ベクトル $\boldsymbol{x} = (\mathbf{1}, \boldsymbol{\lambda}, \boldsymbol{\lambda}^{\mathbf{2}})$ をもつ理由を説明せよ．

方法 1：もし第 1 成分が $x_1 = 1$ であれば，$A\boldsymbol{x} = \lambda\boldsymbol{x}$ の第 1 行から，第 2 成分 $x_2 =$ ＿＿＿ となる．すると $A\boldsymbol{x} = \lambda\boldsymbol{x}$ の第 2 行から，第 3 成分 $x_3 = \lambda^2$ となる．

方法 2：$\boldsymbol{y}' = A\boldsymbol{y}$ で $y_1' = y_2$ と $y_2' = y_3$ から始める．$\boldsymbol{y} = e^{\lambda t}\boldsymbol{x}$ はこれらの方程式の解のはずである．$t = 0$ で，この式は $\lambda x_1 = x_2$ および ＿＿＿ になる．

29 スカラー方程式 $y'' = 5y' - 4y$ を $\boldsymbol{z} = (y, y')$ に対するベクトル方程式に変えるための A を求めよ：

$$\frac{d\boldsymbol{z}}{dt} = \begin{bmatrix} y' \\ y'' \end{bmatrix} = \begin{bmatrix} \quad & \quad \\ \quad & \quad \end{bmatrix} \begin{bmatrix} y \\ y' \end{bmatrix} = A\boldsymbol{z}.$$

この同伴行列 A の固有値は何か？ $y = e^{\lambda t}$ を $y'' = 5y' - 4y$ に代入することでもまた，それらを求めよ．

30 (a) 3 階の方程式 $y''' - 2y'' - y' + 2y = 0$ を，未知量 $\boldsymbol{z} = (y, y', y'')$ についての 1 階の方程式系 $\boldsymbol{z}' = A\boldsymbol{z}$ に変換せよ．同伴行列 A は 3 行 3 列である．

(b) $y = e^{\lambda t}$ を 3 階の方程式に代入するとともに，$\det(A - \lambda I) = 0$ を解け．それらは同じ λ に至るはずである．

(c) 1 つの根は $\lambda = 1$ である．他の根を求め，これら一般解を記せ：

$$y = c_1 e^{\lambda_1 t} + c_2 e^{\lambda_2 t} + c_3 e^{\lambda_3 t} \qquad \boldsymbol{z} = C_1 e^{\lambda_1 t}\boldsymbol{x}_1 + C_2 e^{\lambda_2 t}\boldsymbol{x}_2 + C_3 e^{\lambda_3 t}\boldsymbol{x}_3.$$

31 これらの同伴行列では $\lambda = 2, 1$ および $\lambda = 4, 1$ である．それらの固有ベクトルを求めよ：

$$A = \begin{bmatrix} 0 & 1 \\ -2 & 3 \end{bmatrix} \quad と \quad B = \begin{bmatrix} 0 & 1 \\ -4 & 5 \end{bmatrix}$$ トレースと行列式に注目！

6.4 行列の指数関数

本節では，方程式系 $d\boldsymbol{y}/dt = A\boldsymbol{y}$ の解を異なる方法で表現する．固有ベクトルの解 $e^{\lambda t}\boldsymbol{x}$ を線形結合する代わりに，新たな形では**行列の指数関数 $\boldsymbol{e^{At}}$** を用いる：

$\boldsymbol{y' = Ay}$ の解 $\quad \boldsymbol{y(t) = e^{At}y(0)}$ (1)

この行列 e^{At} は，$n = 1$ でスカラー方程式の場合には，e^{at} に一致する．行列の場合でも，指数関数を無限級数として書ける．ある点では，これは固有ベクトルによる表現より良い——実用的ではないかもしれないが．

利点　e^{At} に対応する n 個の線形独立な固有ベクトルを必要としない．

欠点　無限級数は通常あまり実用的でない．

この新たな方法は，“解の行列” のための 1 つの短い記号 e^{At} を生み出す．それでも我々は，固有ベクトルを用いた古い方法でしばしば計算する．これは，線形方程式系 $A\boldsymbol{v} = \boldsymbol{b}$ で，解の行列 A^{-1} を使わず，消去法により $\boldsymbol{v}$ を求めるようなものである．

より大きな行列については，$\boldsymbol{y}' = A\boldsymbol{y}$ はまったく異なる方法—しばしば有限差分法—で解く．

指数級数

行列 e^{At} を定義する最も直接的な方法は，A の累乗の無限級数による：

行列の指数関数 $\quad \boldsymbol{e^{At}} = I + At + \dfrac{1}{2}(At)^2 + \cdots = \displaystyle\sum_{n=0}^{\infty}(At)^n/n!$ (2)

1 章でのスカラーの場合（e^{at}）のように，この級数は常に収束する．e^{At} は行列の微積分学の偉大な関数である．急速に増大する因子 $n!$ がここでも収束を保証する．e^{at} の 2 つの大切な性質も，a が行列 A になっても引き続き成り立つ：

1. $\boldsymbol{e^{At}}$ の微分は $\boldsymbol{Ae^{At}}$ である　　**2.** $\left(\boldsymbol{e^{At}}\right)\left(\boldsymbol{e^{AT}}\right) = \boldsymbol{e^{A(t+T)}}$

性質 **1** から，$\boldsymbol{y}(t) = e^{At}\boldsymbol{y}(0)$ の導関数は $\boldsymbol{y}' = A\boldsymbol{y}$ となる．そして，式 (2) から $e^{A0} = I$ なので，$\boldsymbol{y}(t)$ は $t = 0$ で正しく $\boldsymbol{y}(0)$ から出発する．だから $\boldsymbol{e^{At}y(0)}$ は $\boldsymbol{y' = Ay}$ の解である．

性質 **2** で $T = -t$ とすると，$t + T = 0$ となる：

$\boldsymbol{e^{At}}$ の逆行列は $\boldsymbol{e^{-At}}$ である　　T が $-t$ のとき $e^{At}e^{AT} = e^0 = I.$ (3)

A が対角化可能でないときでさえ，e^{At} は性質 **1** と **2** をもつ．A が n 個の線形独立な固有ベクトルをもつときには，同じ固有ベクトル行列 V で A と e^{At} が対角化される．ここで $\boldsymbol{e^{At} = Ve^{\Lambda t}V^{-1}}$ であることを示す：これは e^{At} を求める良い方法である．

A が n 個の線形独立な固有ベクトルをもち，よって対角化可能であるとする．$A = V\Lambda V^{-1}$ を e^{At} の級数へ代入せよ．$V\Lambda V^{-1}V\Lambda V^{-1}$ が現れるとき，いつも $V^{-1}V = I$ を使え．

$$\begin{aligned} &\textbf{級数を用いよ} & e^{At} &= I + V\Lambda V^{-1}t + \tfrac{1}{2}(V\Lambda V^{-1}t)(V\Lambda V^{-1}t) + \cdots \\ &V\ \textbf{と}\ V^{-1}\textbf{でくくれ} & &= V\left[I + \Lambda t + \tfrac{1}{2}(\Lambda t)^2 + \cdots\right]V^{-1} \\ &e^{At}\ \textbf{を対角化せよ} & e^{At} &= \boldsymbol{Ve^{\Lambda t}V^{-1}}. \end{aligned} \tag{4}$$

$e^{\Lambda t}$ では対角成分に数値 $e^{\lambda_i t}$ が並ぶ．$Ve^{\Lambda t}V^{-1}\boldsymbol{y}(0)$ と掛けて $\boldsymbol{y}(t)$ がわかる．

第2の証明 e^{At} は A と同じ固有ベクトル $\boldsymbol{x}$ をもつ．$\boldsymbol{e^{At}}$ **の固有値は** $\boldsymbol{e^{\lambda t}}$ **である**：

$$A^n\boldsymbol{x} = \lambda^n\boldsymbol{x} \quad \text{より} \quad e^{At}\boldsymbol{x} = \left(1 + \lambda t + \frac{1}{2}(\lambda t)^2 + \cdots\right)\boldsymbol{x} = e^{\lambda t}\boldsymbol{x}. \tag{5}$$

そこで，同じ固有ベクトル行列 V で A と e^{At} の両方を対角化できる．e^{At} に対する固有値の行列は $\operatorname{diag}(e^{\lambda_1 t}, \ldots, e^{\lambda_n t})$ である．これはまさに $e^{\Lambda t}$ である．再び $\boldsymbol{e^{At} = Ve^{\Lambda t}V^{-1}}$ を得た．

逆行列 e^{-At} の固有値は $e^{-\lambda t}$ である．これは期待どおり，$1/e^{\lambda t}$ である．

例 1 回転行列 $A = \begin{bmatrix} 0 & 1 \\ -1 & 0 \end{bmatrix}$ の固有値は $\lambda_1 = i$ と $\lambda_2 = -i$：

$$e^{At} = Ve^{\Lambda t}V^{-1} = \begin{bmatrix} 1 & 1 \\ i & -i \end{bmatrix}\begin{bmatrix} e^{it} & 0 \\ 0 & e^{-it} \end{bmatrix}\frac{1}{2}\begin{bmatrix} 1 & -i \\ 1 & i \end{bmatrix} = \begin{bmatrix} \cos t & \sin t \\ -\sin t & \cos t \end{bmatrix}. \tag{6}$$

無限級数を足し合わせることなしに e^{At} が求まる．級数で始めてもよい：

$$\begin{bmatrix} 1 & 0 \\ 0 & 1 \end{bmatrix} + \begin{bmatrix} 0 & t \\ -t & 0 \end{bmatrix} + \frac{1}{2}\begin{bmatrix} -t^2 & 0 \\ 0 & -t^2 \end{bmatrix} + \frac{1}{6}\begin{bmatrix} 0 & -t^3 \\ t^3 & 0 \end{bmatrix} = \begin{bmatrix} 1 - \frac{1}{2}t^2 & t - \frac{1}{6}t^3 \\ -t + \frac{1}{6}t^3 & 1 - \frac{1}{2}t^2 \end{bmatrix}.$$

コサインの級数は $1 - \frac{1}{2}t^2$ を始まり，サインの級数は $t - \frac{1}{6}t^3$ で始まる．e^{At} に対する完全な級数を書けば，$\cos t$ と $\sin t$ の完全な級数を得る：とても素晴らしい．

例 1 の続き $\boldsymbol{y}(0) = (1, 0)$ となる $d\boldsymbol{y}/dt = A\boldsymbol{y}$ の解は何か？

解 $\boldsymbol{y}(t) = (y_1, y_2)$ が $e^{At}\boldsymbol{y}(0)$ であり，式 (6) が e^{At} を与えることを知っている：

$$\begin{matrix} \boldsymbol{y_1' = y_2} \\ \boldsymbol{y_2' = -y_1} \end{matrix} \qquad \begin{bmatrix} y_1(t) \\ y_2(t) \end{bmatrix} = \begin{bmatrix} \cos t & \sin t \\ -\sin t & \cos t \end{bmatrix}\begin{bmatrix} 1 \\ 0 \end{bmatrix} = \begin{bmatrix} \cos t \\ -\sin t \end{bmatrix}. \tag{7}$$

正しい！ $\cos t$ の導関数は $-\sin t$ であり，$y_2 = -\sin t$ の導関数は $-\cos t$ である．方程式 $\boldsymbol{y}' = A\boldsymbol{y}$ は満たされる．$t = 0$ のとき，正しく $\boldsymbol{y}(0) = (1, 0)$ を出発する．

この解は物理と工学で重要である．点 $\boldsymbol{y}(t)$ は単位円 $y_1^2 + y_2^2 = \cos^2 t + \sin^2 t = 1$ の上にあり，円周を一定の速さで回る．$A^2 = -I$ なので，2 階導関数（加速度）は $\boldsymbol{y}'' = (-\sin t, -\cos t)$ である．このベクトル $\boldsymbol{y}''$ は中心 $(0, 0)$ へと，内向きである．これは太陽のまわりを円運動する惑星である．

例 2 A は三角行列だが，対角化不可能（1 つの固有ベクトルだけ）とする：

$$\boldsymbol{y}' = A\boldsymbol{y} = \begin{bmatrix} 1 & 1 \\ 0 & 1 \end{bmatrix} \begin{bmatrix} y_1 \\ y_2 \end{bmatrix} \qquad \begin{aligned} y_1' &= y_1 + y_2 \\ y_2' &= 0 + y_2 \end{aligned} \tag{8}$$

A には可逆な固有ベクトル行列 V がない．2 つの固有ベクトルなしに，どのように $\boldsymbol{y}(t)$ を求めるか？

解 A は三角行列なので，後退代入で $\boldsymbol{y}' = A\boldsymbol{y}$ を解ける．最後の式 $y_2{}' = y_2$ から解きはじめ，その後 y_1 について解く：

$$y_2(t) = e^t y_2(0) \qquad \text{このとき} \;\; y_1{}' = y_1 + y_2 = y_1 + e^t y_2(0)$$

y_1 に対するその方程式には湧出し項 $q(t) = e^t y_2(0)$ がある．1 章で解 $y_1(t)$ を求めた：

$$e^t y_1(0) + \int_0^t e^{t-s} q(s)\, ds = e^t y_1(0) + e^t y_2(0) \int_0^t ds = e^t y_1(0) + \boldsymbol{te^t} y_2(0). \tag{9}$$

ついに我々は，余分な因子 $\boldsymbol{t}$ が現れる理由を得た．y_1 の自然な成長率は y_2 の成長率でもある．これが $y_1{}' = y_1 + y_2$ での“共鳴”につながり，te^t の成長は余計に速い．2 章で te^{st} の共鳴を見た．今度は e^{At} の中に t を見る．

$$\begin{aligned} y_1(t) &= \boldsymbol{e^t} y_1(0) + \boldsymbol{te^t} y_2(0) \\ y_2(t) &= \phantom{\boldsymbol{e^t} y_1(0) + {}} \boldsymbol{e^t} y_2(0) \end{aligned} \qquad \text{が意味するのは} \quad \boldsymbol{e^{At}} = \begin{bmatrix} \boldsymbol{e^t} & \boldsymbol{te^t} \\ 0 & \boldsymbol{e^t} \end{bmatrix}. \tag{10}$$

例 2（$\boldsymbol{e^{At}}$ **を用いて**） この三角行列 A についてもまた，e^{At} に対する級数を足せる：

$$\begin{aligned} e^{At} &= I + At + \frac{1}{2}(At)^2 + \frac{1}{6}(At)^3 + \cdots \\ &= \begin{bmatrix} 1 & 0 \\ 0 & 1 \end{bmatrix} + \begin{bmatrix} t & \boldsymbol{t} \\ 0 & t \end{bmatrix} + \frac{1}{2}\begin{bmatrix} t^2 & \boldsymbol{2t^2} \\ 0 & t^2 \end{bmatrix} + \frac{1}{6}\begin{bmatrix} t^3 & \boldsymbol{3t^3} \\ 0 & t^3 \end{bmatrix} + \cdots \\ &= \begin{bmatrix} e^t & \boldsymbol{te^t} \\ 0 & e^t \end{bmatrix} \qquad \text{なぜなら} \quad te^t = t + t^2 + \frac{1}{2}t^3 + \cdots \end{aligned} \tag{11}$$

三角行列の累乗すべては三角行列である．だから A の対角成分は e^{At} の対角成分を与える．それらは e^{At} の固有値であり，ここではどちらも e^t である．

$\boldsymbol{y}' = A\boldsymbol{y} + \boldsymbol{q}$ の湧出し項

$y' = ay + q$ は単一の方程式（1 行 1 列）に対しては解ける．今度は行列 A を許そう：

$$\textbf{旧} \quad y(t) = e^{at}y(0) + \frac{e^{at}-1}{a}q \qquad \textbf{新} \quad \frac{d\boldsymbol{y}}{dt} = A\boldsymbol{y} + \boldsymbol{q} \tag{12}$$

a を A に変えよ！ 定数ベクトルの $\boldsymbol{q}$ に対しては，これだけが $\boldsymbol{y}$ の公式での変化である：

$$\boxed{\boldsymbol{y}' = A\boldsymbol{y} + \boldsymbol{q} \qquad \text{の解は} \qquad \boldsymbol{y}(t) = e^{At}\boldsymbol{y}(0) + (e^{At} - I)A^{-1}\boldsymbol{q}.} \tag{13}$$

$\boldsymbol{y}$ の導関数は $A\boldsymbol{y}$ の他に，微分して零となる定数ベクトル $A^{-1}\boldsymbol{q}$ を生成する．しかし，この項 $A^{-1}\boldsymbol{q}$ は $-AA^{-1}\boldsymbol{q}+\boldsymbol{q}=\boldsymbol{0}$ となり，$A\boldsymbol{y}+\boldsymbol{q}$ の中できちんと消える．

y_p に対する積分の中の成長因子 e^{at} の上に1章は築かれた．それは今度は e^{At} である！

原理　各入力 $\boldsymbol{q}(s)$ は，時刻 s から時刻 t への成長因子 $e^{A(t-s)}$ をもつ．一定の A に対して，時間 $t-s$ にわたる増大（または減衰）は単に $e^{A(t-s)}$ による乗算である：

$$\boxed{\boldsymbol{y}'=A\boldsymbol{y}+\boldsymbol{q}(t)\quad \text{の解は}\quad \boldsymbol{y}(t)=e^{At}\boldsymbol{y}(0)+\int_0^t e^{A(t-s)}\boldsymbol{q}(s)\,ds.} \tag{14}$$

相似な行列 $\boldsymbol{A}$ と $\boldsymbol{B}$

本節を終えるに当たり，$\boldsymbol{y}'=A\boldsymbol{y}$ をもう1つの方法で解く．同じ結果だが，新たな取り組み方．

変数変換．$\boldsymbol{y}(t)$ から新たな変数 $\boldsymbol{z}(t)$ への変数変換を $\boldsymbol{y}=V\boldsymbol{z}$ と書け．

$$\frac{d\boldsymbol{y}}{dt}=A\boldsymbol{y}\quad \text{は}\quad V\frac{d\boldsymbol{z}}{dt}=AV\boldsymbol{z}\quad \text{になり，これは}\quad \boldsymbol{\frac{dz}{dt}}=\boldsymbol{V^{-1}AVz}. \tag{15}$$

行列 A が $B=V^{-1}AV$ に変わった．このとき $\boldsymbol{z}$ についての解は e^{Bt} を含む：

$$\boldsymbol{B}=\boldsymbol{V^{-1}AV}\qquad \boldsymbol{z}'=B\boldsymbol{z}\ \text{が生み出すのは}\ \boldsymbol{z}(t)=e^{Bt}\boldsymbol{z}(0). \tag{16}$$

$\boldsymbol{y}=V\boldsymbol{z}$ へ逆変換すると，その解は $\boldsymbol{y}(t)=Ve^{Bt}\boldsymbol{z}(0)=\boldsymbol{Ve^{Bt}V^{-1}y(0)}$ になる．

$$A=VBV^{-1}\quad \textbf{の指数関数は}\quad e^{At}=Ve^{Bt}V^{-1}. \tag{17}$$

特別な場合：V が固有ベクトル行列のとき，B は固有値行列 Λ である．

言いたいのはこういうことだ．式(17)は任意の可逆行列 V に対して成り立つ．A の固有ベクトル行列を選べば B が対角行列になる．実際，$B=V^{-1}AV=\Lambda$ である．これは V の素晴らしい選択であり，A が n 個の線形独立な固有ベクトルをもつとき $B=\Lambda$ を生み出す．しかしここでは**任意の可逆な V が許され**，そうした B には名前がついている：**相似な行列**．

どの行列 $\boldsymbol{B}=\boldsymbol{V^{-1}AV}$ も $\boldsymbol{A}$ に **“相似”** である．それらは同じ固有値をもつ．

固有値が変わらないことは，すばやく証明できる．**固有ベクトルは $\boldsymbol{u}=\boldsymbol{V^{-1}x}$ に変わる**：

$$\text{もし}\ A\boldsymbol{x}=\lambda\boldsymbol{x}\ \text{ならば}\ V^{-1}A\boldsymbol{x}=\lambda V^{-1}\boldsymbol{x}\ \text{で，これより}\ V^{-1}AV\boldsymbol{u}=B\boldsymbol{u}=\lambda\boldsymbol{u}. \tag{18}$$

すべての可逆な V を許せば，行列 $B=V^{-1}AV$ の族全体が手に入る．すべては A に相似であり，すべては A と同じ固有値をもち，固有ベクトルだけが V を用いて変わる．

A が対角化できない場合も，V をうまく選ぶと B が上三角行列になる．V の計算は簡単ではないが，それで問題は大きく単純化する．例2では，$\boldsymbol{z}(t)$ が，$\boldsymbol{z}'=\boldsymbol{Bz}$ での後退代入からどう得られるかを示した．このとき A に n 個の線形独立な固有ベクトルがなくとも，$\boldsymbol{y}(t)=V\boldsymbol{z}(t)$ が $\boldsymbol{y}'=A\boldsymbol{y}$ の解である．

基本行列（自由選択）

線形方程式系 $d\boldsymbol{y}/dt=A(t)\boldsymbol{y}$ は，n 個の線形独立な解 $\boldsymbol{y}_1(t)$ から $\boldsymbol{y}_n(t)$ までを得たとき，完全に解ける．それらの解を n 行 n 列の行列 $M(t)$ の列に入れよ：

基本行列 $M(t) = \begin{bmatrix} \boldsymbol{y}_1(t) \ldots \boldsymbol{y}_n(t) \end{bmatrix}$ は $\dfrac{d\boldsymbol{M}}{d\boldsymbol{t}} = \boldsymbol{AM(t)}$ を満たす. (19)

dM/dt のどの列も $d\boldsymbol{y}/dt = A\boldsymbol{y}$ を満たす. すべての列をあわせて $dM/dt = AM$ を与える.
"線形独立性" は M が可逆であることを意味する. M の行列式は零ではない. この行列式 $W(t)$ は, M の列内の n 個の解の "**ロンスキアン**" と呼ばれる.

$$W(t) = \boldsymbol{y}_1(t), \ldots, \boldsymbol{y}_n(t) \text{ のロンスキアン} = M(t) \text{ の行列式.} \tag{20}$$

美しい事実はこれだ：**もし時刻 $\boldsymbol{t = 0}$ でロンスキアンが $\boldsymbol{W \neq 0}$ から始まれば, このときすべての $\boldsymbol{t}$ に対して $\boldsymbol{W(t) \neq 0}$.** 出発時の線形独立性は, 永続的な線形独立性を意味する. 線形結合 $\boldsymbol{y}(t) = c_1\boldsymbol{y}_1(t) + \cdots + c_n\boldsymbol{y}_n(t)$ が時刻 t で零ベクトルになれるのは, $\boldsymbol{y}(0) = \boldsymbol{0}$ から出発したときだけである. $\boldsymbol{y}' = A\boldsymbol{y}$ の解が $\boldsymbol{0}$ になることはない！ だから, 6 章の注釈の中で論じる, すっきりした次の公式のように, $W(t) = 0$ には $W(0) = 0$ が必要である（指数関数は決して零にならない）.

$$\frac{dW}{dt} = (\text{trace}\, A(t))W \quad \text{そしてこのとき} \quad W(t) = e^{\int \text{trace}\, A(t)\, dt}\, W(0). \tag{21}$$

2 階方程式 $y'' + B(t)y' + C(t)y = 0$ **における** $M(t)$ **と** $W(t)$ **は何か**？ これを 1 階の方程式系 $\boldsymbol{y}' = A(t)\boldsymbol{y}$ に変換する方法は知っている. 未知ベクトルは $\boldsymbol{y} = (y, y')$ であり, $A(t)$ は $-B(t)$ と $-C(t)$ を含む同伴行列である. $M(t)$ の列の中の 2 つの線形独立な解は $(y_1, y_1{}')$ と $(y_2, y_2{}')$ である：

$$\text{行列 } M(t) = \begin{bmatrix} y_1 & y_2 \\ y_1{}' & y_2{}' \end{bmatrix} \quad \text{ロンスキアン } W(t) = \det M = y_1 y_2{}' - y_2 y_1{}'. \tag{22}$$

$W(t) \neq 0$ で, y_1 と y_2 が線形独立であるか判定する. $W(0) \neq 0$ ならば, この判定結果はすべての t に対して合格となる. 神秘的な公式 (21) の中で, $A(t)$ のトレースは $-B(t)$ である.

こう問うのが自然だろう：この基本行列 $M(t)$ とは何か？ なぜそれが今になってしか現れないのだろう？ 1 章の**成長因子** G をすでに知っているというのが, 1 つの答えである：$M = G(0, t) = \exp\left(\int a(t)dt\right)$. 方程式系に対して, $M = e^{At}$ もまた知っている. これは A が定数行列のときには完ぺきな答えである. e^{At} は, $M(0) = I$ から出発するので, 可能な最善の $M(t)$ である.

行列 A が t に依存するときは $M(t)$ を見つけるのがしばしば難しい（このときは, 簡単なことは何もない）. $\boldsymbol{y}' = A(t)\boldsymbol{y}$ が n 個の線形独立な解 $\boldsymbol{y}(t)$ をもつことは知っている. しかし, 大多数の場合, それらの解が何かはわからない. 基本行列の要点は, もし M を知ったとすれば, 解 $y(t)$ が $M(t)$ から直接得られるということである：

$$\text{任意の } M(t) \text{ に対して } \boldsymbol{y}(t) = M(t)M(0)^{-1}\boldsymbol{y}(0) \tag{23}$$

定数行列の A と, 変化する $A(t)$ について, もう少し話を続けてから終わる.

n 個の線形独立な固有ベクトルが V 内にある，定数行列 A の場合．　n 個の解 $\boldsymbol{y} = e^{\lambda t}\boldsymbol{x}$ を知っている：

$$\text{これらの } \boldsymbol{y} \text{ を}\quad M(t) = \left[e^{\lambda_1 t}\boldsymbol{x}_1 \quad e^{\lambda_2 t}\boldsymbol{x}_2 \ \dots\ e^{\lambda_n t}\boldsymbol{x}_n\right] = Ve^{\Lambda t} \quad \text{の中へ入れよ．}$$

これは e^{At} とどう違うのか？ $t=0$ ではすべてがわかり，$M(t)$ は V である．$t=0$ で I となる基本行列がほしければ，単に $M(0)^{-1}=V^{-1}$ を掛けよ：

$A = V\Lambda V^{-1}$，のとき，最善の基本行列は $M = Ve^{\Lambda t}V^{-1}$ であり，これが e^{At} である．

時間変化する固有ベクトルをもつ，時間変化する $A(t)$ の場合．　方程式 $\boldsymbol{y}' = A(t)\boldsymbol{y}$ はより難しい．以下では，期待される解の公式がどのように破たんするかを示す．連鎖則がうまくいかない．1 つの解 $\boldsymbol{y}_1(t)$ を見つけることでさえ，大きな挑戦である．希望の光は，もし $\boldsymbol{y}_1(t)$ を見つけることができたなら，“定数変化法” で $\boldsymbol{y}_2 = C(t)\boldsymbol{y}_1$ が得られるということである．

偉大な数学者たちによって調べられた，有名な方程式に焦点を当てよう：

$$\text{ベッセル方程式} \qquad x^2\frac{d^2y}{dx^2} + x\frac{dy}{dx} + (x^2 - p^2)y = 0. \tag{24}$$

この解は**次数 p のベッセル関数**である．次数が $p = \frac{1}{2}$ のとき，次の解 y_1 と y_2（通常，変数として t でなく x が使われる）はかなり特殊である．

$$y_1(x) = \sqrt{\frac{2}{\pi x}}\sin x \quad \text{と} \quad y_2(x) = \sqrt{\frac{2}{\pi x}}\cos x \quad \text{が} \quad M = \begin{bmatrix} y_1 & y_2 \\ y_1{}' & y_2{}' \end{bmatrix} \quad \text{の中に入る}$$

これらは線形独立な解であり，ロンスキアン $W = y_1y_2' - y_2y_1'$ は決して零にならない．

最重要なベッセル関数は $p = 0, 1, 2, \dots$ のときであり，これらの関数だけについての本が何冊も書かれている．これらは単純ではない！ 最初の，最も有名なベッセル関数は，次数 $p = 0$ の $y = J_0(x)$ である：

$$J_0(x) = 1 - \frac{x^2}{2^2} + \frac{x^4}{2^2 4^2} - \frac{x^6}{2^2 4^2 6^2} + \cdots \qquad \text{は減衰するコサインに似ている．}$$

J_0 と線形独立な第 2 の解 Y_0 は $x = 0$ で爆発する．ベッセル方程式 (24) を x^2 で割り，方程式が y'' で始まるようにすると，その係数が特異であることが見てとれる：$1/x$ と $1 - p^2/x^2$ もまた特異点 $x = 0$ で爆発する．

公式の破たん

単一方程式 $dy/dt = a(t)y$ には，すっきりした解 $y = e^{P(t)}y(0)$ がある．$P(t)$ は $a(t)$ の積分である．連鎖則により，dy/dt が望む因子 $a(t) = dP/dt$ をもつ．とても悲しいことを言えば，$\boldsymbol{y} = e^{P(t)}\boldsymbol{y}(0)$ は，行列 $A(t)$ と方程式系 $\boldsymbol{y}' = A(t)\boldsymbol{y}$ の場合は破たんする．

時間変化する $A(t)$ の積分の導関数が $A(t)$ であることに疑いはない．行列に対してさえも，この部分は真である：

微積分学の基本定理 $$\frac{d}{dt}\int_0^t A(s)\,ds = \frac{dP}{dt} = A(t). \tag{25}$$

A が定数行列のとき，この積分は $P = At$ で，その導関数は A である．このとき，e^{At} の導関数は Ae^{At} である．本節全体がこの正しい主張の上に築かれている．$A(t)$ が変化して一定でないときにも，同じ連鎖則が答えを与えてくれるだろうか：

$G = \exp\left(\int_0^t A(s)\,ds\right)$ の導関数は $A(t)G$ で“あるべき”だが，一般に**そうではない！** (26)

行列 $A(t)$ が時間変化するとき，式 (26) の連鎖則が我々を失望させる．このために $\boldsymbol{y}(t)$ の単純な公式がない．どんな風にうまくいかなくなるというのか？

e^A 掛ける e^B が e^{A+B} と必ずしも同じでないということが，その原因である．問題 7 で，$AB = BA$ を満たさず，これが指数の規則を破壊する行列 A と B の例を示す．$AB = BA$ のときには $e^Ae^B = e^{A+B}$ が成り立つが，ここではそうでない．

問題 7 のそれらの行列を用いて，2 区間からなる事例を作ってみる：

$$t \le 1 \text{ では } \quad \boldsymbol{y}' = B\boldsymbol{y} \qquad \text{その後} \qquad t > 1 \text{ では } \quad \boldsymbol{y}' = A\boldsymbol{y}. \tag{27}$$

時間変化する我々の行列 $A(t)$ は，$t = 1$ で B から A へ切り替わる．$A(t)$ の積分は $P(t)$ である：

$$P(t) = \int_0^t A(s)\,ds = Bt \quad (t \le 1 \text{ のとき}) \quad \text{と} \quad A(t-1) + B \quad (t > 1 \text{ のとき}). \tag{28}$$

しかし $P(t)$ の指数関数は，$t = 2$ で我々の微分方程式 (27) の解ではない：

$$P(2) = \int_0^2 A(s)\,ds = A + B \quad \text{は正しいが} \quad \boldsymbol{y}(2) = e^{A+B}\boldsymbol{y}(0) \quad \text{は誤りである．}$$

正しい解は $\boldsymbol{y}(2) = e^Ae^B\boldsymbol{y}(0)$ である．最初に B，**その後に** A．解は，B が A に変わる時刻 $t = 1$ まで $e^{Bt}\boldsymbol{y}(0)$ である．$t = 1$ の後，解は $e^{A(t-1)}e^By(0)$ である．

式 (26) の連鎖則は，e^Ae^B が e^{A+B} と異なるため，誤りである．

■ 要点の復習 ■

1. At の指数関数は $e^{At} = I + At + \frac{1}{2}(At)^2 + \frac{1}{6}(At)^3 + \cdots$ である．
2. $\boldsymbol{y}' = A\boldsymbol{y}$ の解は $\boldsymbol{y}(t) = e^{At}\boldsymbol{y}(0)$ である．V^{-1} が存在すれば，これは $Ve^{\Lambda t}V^{-1}\boldsymbol{y}(0)$ である．
3. その解は $\boldsymbol{c} = V^{-1}\boldsymbol{y}(0)$ を用いた $c_1e^{\lambda_1 t}\boldsymbol{x}_1 + \cdots + c_ne^{\lambda_n t}\boldsymbol{x}_n$ に等しい．
4. $\boldsymbol{y}' = A\boldsymbol{y} + \boldsymbol{q}$（一定の湧出し）の解は $\boldsymbol{y}(t) = e^{At}\boldsymbol{y}(0) + (e^{At} - I)A^{-1}\boldsymbol{q}$ である．
5. すべての相似な行列 $B = VAV^{-1}$（**任意の可逆な** V）は A と同じ固有値をもつ．

6. $A(t)$ が時間変化するとき，基本行列 $M(t)$ についての簡単な公式は破たんする．

■ 例　題 ■

$\boldsymbol{y(0)=Vc}$ **のとき，** $\boldsymbol{y(t)=e^{At}y(0)}$ **がまさに** $\boldsymbol{c_1e^{\lambda_1 t}x_1+\cdots+c_ne^{\lambda_n t}x_n}$ **であることを示せ．**

手順 1　$\boldsymbol{y}(0)=c_1\boldsymbol{x}_1+\cdots+c_n\boldsymbol{x}_n$ と書け．これは $\begin{bmatrix} \boldsymbol{x}_1 & \cdots & \boldsymbol{x}_n \end{bmatrix}\begin{bmatrix} c_1 \\ \vdots \\ c_n \end{bmatrix}=V\boldsymbol{c}$ である．

手順 2　固有ベクトル $\boldsymbol{x}$ から出発すると，解は $\boldsymbol{y}=ce^{\lambda t}\boldsymbol{x}$．

手順 3　それら n 個の解を加えて $Ve^{\Lambda t}\boldsymbol{c}=Ve^{\Lambda t}V^{-1}\boldsymbol{y}(0)=\boldsymbol{e^{At}y(0)}$ を得よ．

A が三角行列のとき，これらの手順は次のようになる．ただし $\boldsymbol{y}(0)=(5,3)$ とする．最初に Λ と V を求める：

$$A=\begin{bmatrix} 1 & 1 \\ 0 & 2 \end{bmatrix} \quad \text{では} \quad \lambda_1=1 \;\text{と}\; \boldsymbol{x}_1=\begin{bmatrix} 1 \\ 0 \end{bmatrix} \quad \lambda_2=2 \;\text{と}\; \boldsymbol{x}_2=\begin{bmatrix} 1 \\ 1 \end{bmatrix}$$

手順 1　$\boldsymbol{y}(0)=\begin{bmatrix} 5 \\ 3 \end{bmatrix}=\mathbf{2}\begin{bmatrix} 1 \\ 0 \end{bmatrix}+\mathbf{3}\begin{bmatrix} 1 \\ 1 \end{bmatrix}=\begin{bmatrix} 1 & 1 \\ 0 & 1 \end{bmatrix}\begin{bmatrix} \mathbf{2} \\ \mathbf{3} \end{bmatrix}=V\boldsymbol{c}.$

手順 2　固有ベクトルごとの解 $ce^{\lambda t}\boldsymbol{x}$ は，$\boldsymbol{2e^t x_1}$ と $\boldsymbol{3e^{2t}x_2}$ である．

手順 3　最終的な $\boldsymbol{y}(t)=e^{At}\boldsymbol{y}(0)=Ve^{\Lambda t}V^{-1}\boldsymbol{y}(0)$ は，和 $2e^t\boldsymbol{x}_1+3e^{2t}\boldsymbol{x}_2$ となる．

挑戦　**同伴行列** $\begin{bmatrix} \mathbf{0} & \mathbf{1} \\ \boldsymbol{-C} & \mathbf{0} \end{bmatrix}$ **と** $\begin{bmatrix} \mathbf{0} & \mathbf{1} \\ \boldsymbol{-C} & \boldsymbol{-B} \end{bmatrix}$ **に対する** $\boldsymbol{e^{At}}$ **を求めよ．** $Ve^{\Lambda t}V^{-1}$ に入る固有ベクトルは常に $(1,\lambda)$ の形である．

演習問題 6.4

1　$A\boldsymbol{x}=\lambda\boldsymbol{x}$ のとき，e^{At} と $-e^{-At}$ の固有値と固有ベクトルを，それぞれ求めよ．

2　(a) 無限級数 $e^{At}=I+At+\cdots$ から，その導関数が Ae^{At} となることを示せ．

(b) $A=\begin{bmatrix} 0 & 1 \\ 0 & 0 \end{bmatrix}$ のとき，$A^2=\begin{bmatrix} 0 & 0 \\ 0 & 0 \end{bmatrix}$ なので，e^{At} の級数はすぐに終わる．e^{At} を求め，微分せよ（それは Ae^{At} と一致すべき）．

3　$A=\begin{bmatrix} 1 & 1 \\ 0 & 2 \end{bmatrix}$ の固有ベクトルは $V=\begin{bmatrix} 1 & 1 \\ 0 & 1 \end{bmatrix}$ の中にある．このとき，$e^{At}=Ve^{\Lambda t}V^{-1}$ を計算せよ．

4　$e^{(A+3I)t}$ が e^{At} に e^{3t} を掛けたものに等しいのはなぜか？

5　$e^{A^{-1}}$ が e^A の逆行列**ではない**のはなぜか？ e^A の正しい逆行列は何か？

6　$A^n = \begin{bmatrix} 1 & c \\ 0 & 0 \end{bmatrix}^n$ を計算せよ．級数を加えて $e^{At} = \begin{bmatrix} e^t & c(e^t-1) \\ 0 & 1 \end{bmatrix}$ を示せ．

7　問題 6 で $c=4$ と $c=-4$ に対する e^A と e^B を求めよ．掛け合わせて，行列 e^Ae^B と e^Be^A と e^{A+B} がすべて異なることを示せ．

$$A = \begin{bmatrix} 1 & 4 \\ 0 & 0 \end{bmatrix} \qquad B = \begin{bmatrix} 1 & -4 \\ 0 & 0 \end{bmatrix} \qquad A+B = \begin{bmatrix} 2 & 0 \\ 0 & 0 \end{bmatrix}.$$

8　e^A の最初の 3 項 $I + A + \frac{1}{2}A^2$ に，e^B の最初の 3 項 $I + B + \frac{1}{2}B^2$ を掛けよ．e^{A+B} の最初の 3 項が正しく得られるか？ **結論**：e^{A+B} はいつでも $(e^A)(e^B)$ と等しいわけではない．指数の規則が適用できるのは，$AB = BA$ のときだけである．

9　$A = \left[\begin{smallmatrix} 1 & 4 \\ 0 & 0 \end{smallmatrix}\right]$ を $V\Lambda V^{-1}$ の形に書け．$Ve^{\Lambda t}V^{-1}$ から e^{At} を求めよ．

10　$\boldsymbol{y}(0)$ から出発して，時刻 t での解は $e^{At}\boldsymbol{y}(0)$ である．さらに追加時間 t だけ進んで $e^{At}\,e^{At}\boldsymbol{y}(0)$ に至る．結論：e^{At} 掛ける e^{At} は ＿＿ に等しい．

11　A を V により対角化し，$Ve^{\Lambda t}V^{-1}$ を用いて e^{At} に対するこの公式を確かめよ：

$$A = \begin{bmatrix} 2 & 4 \\ 0 & 3 \end{bmatrix} \qquad e^{At} = \begin{bmatrix} e^{2t} & 4(e^{3t}-e^{2t}) \\ 0 & e^{3t} \end{bmatrix}$$

時刻 $t=0$ でこの行列は ＿＿．

12　(a) 重複固有値 $\lambda = 1, 1$ をもつ $A = \begin{bmatrix} 1 & 1 \\ 0 & 1 \end{bmatrix}$ に対して，A^2 と A^3 と A^n を求めよ．

(b) 無限級数を加えて e^{At} を求めよ（$Ve^{\Lambda t}V^{-1}$ の方法では，うまくいかない）．

13　(a) $\boldsymbol{y}' = A\boldsymbol{y}$ を，この行列 A の固有ベクトルの線形結合として解け：

$$\boldsymbol{y}' = \begin{bmatrix} 0 & 1 \\ 1 & 0 \end{bmatrix}\boldsymbol{y} \quad \text{ただし} \quad \boldsymbol{y}(0) = \begin{bmatrix} 3 \\ 5 \end{bmatrix}$$

(b) その方程式を $y_1' = y_2$ および $y_2' = y_1$ と書く．y_2 を消去して y_1'' についての式を求めよ．$y_1(t)$ について解き，(a) と比べよ．

14　相似な行列 A と $B = V^{-1}AV$ は，V が可逆ならば**同じ固有値**をもつ．

第 2 の証明　$\det(V^{-1}AV - \lambda I) = (\det V^{-1})\,(\det(A-\lambda I))\,(\det V).$

この式が成り立つのはなぜか？ このとき，$\det(A-\lambda I) = 0$ ならば，両辺とも零である．

15 B が A に**相似**のとき，$\boldsymbol{z}' = B\boldsymbol{z}$ と $\boldsymbol{y}' = A\boldsymbol{y}$ の成長率は等しい．その方程式は，$B = V^{-1}AV$ かつ $\boldsymbol{z} =$ _____ のとき，$\boldsymbol{z}$ についての方程式に変わる．

16 $A\boldsymbol{x} = \lambda\boldsymbol{x} \neq \boldsymbol{0}$ のとき，$(e^{At} - I)A^{-1}$ の固有値と固有ベクトルは何か？

17 行列 $B = \begin{bmatrix} 0 & -4 \\ 0 & 0 \end{bmatrix}$ は $B^2 = 0$ を満たす．e^{Bt} を（短い）無限級数から求めよ．e^{Bt} の導関数が Be^{Bt} であることを確かめよ．

18 $\boldsymbol{y}(0) = \boldsymbol{0}$ から出発して，$\boldsymbol{y}' = A\boldsymbol{y} + \boldsymbol{q}$ を固有ベクトルの線形結合として解け．湧出しが $\boldsymbol{q} = q_1\boldsymbol{x}_1 + \cdots + q_n\boldsymbol{x}_n$ であるとする．スカラー方程式 $y' = ay + q$ の解 $y(t) = (e^{at} - 1)q/a$ を用いて，固有ベクトル 1 つずつについて解け．

このとき，$\boldsymbol{y}(t) = (e^{At} - I)A^{-1}\boldsymbol{q}$ は，すべての $\lambda_i \neq 0$ のときの固有ベクトルの線形結合となる．

19 固有ベクトル $\boldsymbol{x}_1 = (1, 0)$ と $\boldsymbol{x}_2 = (1, 1)$ の線形結合として，$\boldsymbol{y}(t)$ について解け：

$$\boldsymbol{y}' = A\boldsymbol{y} + \boldsymbol{q} \qquad \begin{bmatrix} y_1' \\ y_2' \end{bmatrix} = \begin{bmatrix} 1 & 1 \\ 0 & 2 \end{bmatrix} \begin{bmatrix} y_1 \\ y_2 \end{bmatrix} + \begin{bmatrix} 4 \\ 3 \end{bmatrix} \quad \text{ここで} \quad \begin{matrix} y_1(0) = 0 \\ y_2(0) = 0 \end{matrix}$$

20 $\boldsymbol{y}' = A\boldsymbol{y} = \begin{bmatrix} 2 & 3 \\ 2 & 1 \end{bmatrix} \boldsymbol{y}$ を 3 つの手順で解け．最初に λ と $\boldsymbol{x}$ を求めよ．

(1) $\boldsymbol{y}(0) = (3, 1)$ を線形結合 $c_1\boldsymbol{x}_1 + c_2\boldsymbol{x}_2$ として書く．

(2) c_1 と c_2 に $e^{\lambda_1 t}$ と $e^{\lambda_2 t}$ を掛ける．

(3) その解を加え合わせて $c_1e^{\lambda_1 t}\boldsymbol{x}_1 + c_2e^{\lambda_2 t}\boldsymbol{x}_2$．

21 e^{At} に対する無限級数を 5 項目まで書け．各項を t で微分せよ．Ae^{At} の 4 項目まで得たことを示せ．結論：$e^{At}\boldsymbol{y}(0)$ は $d\boldsymbol{y}/dt = A\boldsymbol{y}$ の解である．

問題 22〜25 では時間変化する方程式系 $\boldsymbol{y}' = A(t)\boldsymbol{y}$ について問う．成功の後に破たんがくる．

22 定数行列 C は $C\boldsymbol{x} = \lambda\boldsymbol{x}$ を満たし，$p(t)$ は $a(t)$ の積分であるとする．$\boldsymbol{y} = e^{\lambda p(t)}\boldsymbol{x}$ を代入して $d\boldsymbol{y}/dt = a(t)C\boldsymbol{y}$ となることを示せ．定数行列 C にスカラーの $a(t)$ を掛けた，この時間変化する特別な方程式系でもまた，固有ベクトルが解となる．

23 問題 22 から続けて，$M(t) = e^{p(t)C}$ の級数から，$dM/dt = a(t)CM$ となることを示せ．このとき M は特別な方程式系 $\boldsymbol{y}' = a(t)C\boldsymbol{y}$ に対する基本行列である．$a(t) = 1$ のときには，その積分は $p(t) = t$ であり，$M = e^{Ct}$ が復元される．

24 $A = \begin{bmatrix} 1 & 2t \\ 0 & 0 \end{bmatrix}$ の積分は $P = \begin{bmatrix} t & t^2 \\ 0 & 0 \end{bmatrix}$ であり，P の指数関数は $e^P = \begin{bmatrix} e^t & t(e^t - 1) \\ 0 & 1 \end{bmatrix}$ である．連鎖則から，$e^{P(t)}$ の導関数が $P'e^{P(t)} = Ae^{P(t)}$ になると期待するかもしれな

い．実際に計算して，誤った答え $Ae^{P(t)}$ と比べよ．(これが誤りと感じられる 1 つの理由：連鎖則を $(d/dt)e^P = e^P dP/dt$ と書けば，$A\,e^P$ でなく $e^P A$ を得る．こちらも誤りだ.)

25　問題 24 で $\boldsymbol{y}' = A(t)\boldsymbol{y}$ の解を求めよ．y_2 に対して，そしてその後 y_1 について解け：

$$\begin{bmatrix} y_1(0) \\ y_2(0) \end{bmatrix} \text{ から出発して } \begin{bmatrix} dy_1/dt \\ dy_2/dt \end{bmatrix} = \begin{bmatrix} 1 & 2t \\ 0 & 0 \end{bmatrix} \begin{bmatrix} y_1 \\ y_2 \end{bmatrix} \text{ を解け.}$$

$y_2(t)$ は当然 $y_2(0)$ にとどまる．$y_1(t)$ を "未定係数" A, B, C を用いて解け：$y_1' = y_1 + 2ty_2(0)$ の解は $y_1 = y_p + y_n = At + B + Ce^t$．方程式を満たし，初期条件 $y_1(0)$ に合う A, B, C を選べ.

問題 24 での誤った答えは，$e^{P(t)}$ の中に誤った因子 te^t を含んでいた.

6.5　2 階の常微分方程式系と対称行列

本節では，工学と物理で特に重要な微分方程式を解く：

振動方程式　$$\frac{d^2\boldsymbol{y}}{dt^2} + S\boldsymbol{y} = \boldsymbol{0}. \tag{1}$$

時刻について 2 階の方程式なので，$t = 0$ での初期条件として 2 つのベクトルを必要とする.

初期位置と初期速度　$\boldsymbol{y}(0)$ と $\boldsymbol{v}(0) = \dfrac{d\boldsymbol{y}}{dt}(0)$ が与えられる.

もし $\boldsymbol{y}$ が n 成分をもてば，n 個の 2 階方程式と $2n$ 個の初期条件がある．$\boldsymbol{y}(t)$ を求めるために，これで数が合う．早い内に，こう記しておきたい：振動方程式 (1) は**工学の基本方程式**の最も標準的な形である.

より一般的な方程式には減衰項 $B\,d\boldsymbol{y}/dt$ と外力項 $\boldsymbol{F}\cos\Omega t$ が含まれる．式 (1) が "自由" 振動についてのものであるのに対し，このとき**減衰つき強制振動**となる．1 個の質点と 1 個の方程式について，2 章で減衰と外力を含む場合も考えた．ここでは，n 個の質点と n 個の方程式と，3 つの n 行 n 列の行列 M, B, K を扱う.

基本方程式　$$M\frac{d^2\boldsymbol{y}}{dt^2} + B\frac{d\boldsymbol{y}}{dt} + K\boldsymbol{y} = \boldsymbol{F}\cos\Omega t. \tag{2}$$

質量行列が M で，**剛性行列**が K である．これらは我々が常に目にし，常に必要とする部品である．減衰行列 B と外力ベクトル $\boldsymbol{F}$ がないとき，基本方程式の心臓部となる：**自由振動**.

質量行列と剛性行列　$$\boldsymbol{My''} + \boldsymbol{Ky} = \boldsymbol{0}\ . \tag{3}$$

式 (1) の行列 S は $M^{-1}K$ である．対称な形式では $M^{-1/2}KM^{-1/2}$ となる．応用では質量行列 M が対角行列となることが多い.

固有ベクトルの解 $\boldsymbol{y} = e^{i\omega t}\boldsymbol{x}$ を探すと，微分方程式は $K\boldsymbol{x} = \omega^2 M\boldsymbol{x}$ になる．この“一般化”固有値問題は余分な行列 M を含むが，$S\boldsymbol{x} = \lambda\boldsymbol{x}$ よりも難しいことはない．MATLAB のコマンドでは eig(K, M) である．M と K の両方が**正定値**であれば，固有値が正の実数のままであるということが本質的である．正の固有値と正のエネルギーが 7 章の鍵である．

外力項が定数ベクトル $\boldsymbol{F}$ のとき $(\Omega = 0)$ は，減衰により定常状態 $\boldsymbol{y}_\infty$ へと至る．このとき，時間依存性は消える：$d\boldsymbol{y}/dt$ や $d^2\boldsymbol{y}/dt^2$ といった導関数は零である．外力 $\boldsymbol{F}$ は内力 $K\boldsymbol{y}_\infty$ と釣り合う．この方程式系は平衡状態である：

$$\textbf{定常状態の方程式} \qquad K\boldsymbol{y}_\infty = \boldsymbol{F} = \text{一定}. \tag{4}$$

計算力学の中心的問題は，剛性行列 K と外力ベクトル $\boldsymbol{F}$ を生成することである．すると，コンピュータで $M\boldsymbol{y}'' + K\boldsymbol{y} = 0$ と $K\boldsymbol{y}_\infty = \boldsymbol{F}$ を解ける．今では**有限要素法**が，大きな問題に対してそれらの手順を行うために好まれる方法である．これは，何千人ものエンジニアの集団的な努力による，素晴らしい成果である．[1)]

固有値による解法

$\boldsymbol{y}'' + S\boldsymbol{y} = \boldsymbol{0}$ を解きたい．これは定数係数をもつ線形方程式系である．$\boldsymbol{y}' = A\boldsymbol{y}$ に対する解法と同じになる．S の固有ベクトルと固有値を用い，それらを線形結合して一般解を求める．

S の各固有ベクトルから，$\boldsymbol{y}'' + S\boldsymbol{y} = \boldsymbol{0}$ の 2 つの特別な斉次解が導かれる：

$$\textbf{2 つの解} \qquad S\boldsymbol{x} = \lambda\boldsymbol{x} \ \text{ならば}\ \boldsymbol{y}(t) = (\cos\omega t)\boldsymbol{x} \ \text{と}\ \boldsymbol{y}(t) = (\sin\omega t)\boldsymbol{x}. \tag{5}$$

“周波数” ω は $\sqrt{\lambda}$ である．微分方程式に $\boldsymbol{y} = (\cos\omega t)\boldsymbol{x}$ を代入せよ：

$$\boldsymbol{\lambda = \omega^2} \ \text{と}\ \boldsymbol{S\boldsymbol{x} = \omega^2\boldsymbol{x}} \qquad \boldsymbol{y}'' + S\boldsymbol{y} = -\omega^2(\cos\omega t)\boldsymbol{x} + S(\cos\omega t)\boldsymbol{x} = \boldsymbol{0}. \tag{6}$$

$\cos\omega t$ で割ると，$\boldsymbol{x}$ についての条件がわかる．それは S の固有ベクトルでなければならない．n 個の固有ベクトル（**振動の正規モード**）を期待する．固有ベクトルは互いに干渉しない．これがその美しさであり，それぞれはそれ自身の道をいく．そして各固有ベクトルが $(\cos\omega t)\boldsymbol{x}$ と $(\sin\omega t)\boldsymbol{x}$ という 2 つの解を与えるので，$2n$ 個の特別な斉次解が手に入る．

それら $2n$ 個の解の線形結合を，$2n$ 個の初期条件（$t = 0$ での n 個の位置と n 個の速度）に適合させる．これより，$\boldsymbol{y}'' + S\boldsymbol{y} = 0$ の一般解の中の $2n$ 個の定数 A_i および B_i が求まる：

$$\textbf{一般解} \qquad \boldsymbol{y}(t) = \sum_{i=1}^{n} (A_i \cos\sqrt{\lambda_i}\, t + B_i \sin\sqrt{\lambda_i}\, t)\, \boldsymbol{x}_i. \tag{7}$$

$\sin 0 = 0$ だから，初期位置のベクトル $\boldsymbol{y}(0)$ に適合するのが A_i であり，初期速度のベクトル $\boldsymbol{v}(0) = \boldsymbol{y}'(0)$ に適合するのが B_i である．

[1)] 原著注：有限要素法は私の教科書 *Computational Science and Engineering*（邦題『ストラング：計算理工学』，近代科学社，2017 年）の重要な部分である．この方法の基礎とその成功の理由は，*An Analysis of the Finite Element Method*（Wellesley-Cambridge Press 発行，未邦訳）の中で解説している．

例 1　質点 2 つが 3 本の等価なバネで，図 6.3 のようにつながれている．剛性行列 S と，その正の固有値 $\lambda_1 = \omega_1^2$ と $\lambda_2 = \omega_2^2$ を求めよ．上側のバネが伸びておらず（$y_1(0) = 0$），下方の質点が下げられている（下向きを正方向にとり $y_2(0) = 2$）ような静止状態から，この系が出発するとき，以後すべての時刻での位置 $\boldsymbol{y} = (y_1, y_2)$ を求めよ：

$$m\frac{d^2\boldsymbol{y}}{dt^2} + S\boldsymbol{y} = \boldsymbol{0} \quad \text{ここで} \quad \boldsymbol{y}(0) = \begin{bmatrix} 0 \\ 2 \end{bmatrix} \quad \text{と} \quad \boldsymbol{y}'(0) = \begin{bmatrix} 0 \\ 0 \end{bmatrix}.$$

$\boldsymbol{y}(t)$ は，固有ベクトル $\boldsymbol{x}_1, \boldsymbol{x}_2$ と（コサインおよびサイン）の積からなる．A_1, A_2, B_1, B_2 についての 4 つの条件がある．

解　ニュートンの法則 $m\boldsymbol{y}'' + S\boldsymbol{y} = \boldsymbol{0}$ を表す行列 S をつくれ．加速度は $\boldsymbol{y}''$ で，力は $-S\boldsymbol{y}$ である．

上方の質点 1 に作用している力 F は何か？ 上側のバネが伸びると，その質点を上方へ引っ張る．その力は伸び y_1 に比例する．**これがフックの法則** $F = -ky_1$ **である**．

中央のバネは両方の質点につながっている．それは距離 $y_2 - y_1$ だけ伸びている（$y_2 = y_1$ ならば伸びはなく，バネが単に上か下へ平行移動しただけだ）．**その差** $\boldsymbol{y_2 - y_1}$ **がバネ力** $\boldsymbol{k(y_2 - y_1)}$ **を生み出し**，質点 1 を下方へ，質点 2 を上方へ引っ張る．

固定端をもつ下側のバネは $0 - y_2$ だけ伸びて（$y_2 > 0$ なら縮んで）おり，だから力は $-ky_2$ である．

$$\text{上方の質点での } \boldsymbol{F = ma} \qquad -ky_1 + k(y_2 - y_1) = my_1''$$

$$\text{下方の質点での } \boldsymbol{F = ma} \qquad -k(y_2 - y_1) - ky_2 = my_2''$$

これらの方程式 $-S\boldsymbol{y} = m\boldsymbol{y}''$ つまり $m\boldsymbol{y}'' + S\boldsymbol{y} = \boldsymbol{0}$ は，対称行列 S をもつ．$k = m = 1$ とすると：

$$\boldsymbol{y}'' + S\boldsymbol{y} = \frac{d^2}{dt^2}\begin{bmatrix} y_1 \\ y_2 \end{bmatrix} + \begin{bmatrix} \mathbf{2} & \mathbf{-1} \\ \mathbf{-1} & \mathbf{2} \end{bmatrix}\begin{bmatrix} y_1 \\ y_2 \end{bmatrix} = \begin{bmatrix} 0 \\ 0 \end{bmatrix}. \tag{8}$$

モデル化の部分が完成して，今度は解法の部分である．その行列の固有値は $\lambda_1 = 1$ と $\lambda_2 = 3$ である．トレースは $1+3 = 4$ で，行列式は $(1)(3) = 3$ である．第 1 固有ベクトル $\boldsymbol{x}_1 = (1, 1)$ では，図 6.3 でのように，バネが同じ方向に移動する．第 2 固有ベクトル $\boldsymbol{x}_2 = (1, -1)$ では，バネが反対方向に移動し，$\omega_2^2 = \lambda_2 = 3$ で表される，より高い周波数をもつ．

$\boldsymbol{y}(t)$ についての公式 (7) は，固有ベクトル × コサインの線形結合になる：

$$\boxed{\text{解} \quad \begin{bmatrix} y_1(t) \\ y_2(t) \end{bmatrix} = A_1\,(\cos\sqrt{1}\,t)\begin{bmatrix} 1 \\ 1 \end{bmatrix} + A_2\,(\cos\sqrt{3}\,t)\begin{bmatrix} 1 \\ -1 \end{bmatrix}.} \tag{9}$$

$B_1 \sin t$ と $B_2 \sin\sqrt{3}t$ を除いたのは，この例では静止状態（速度 0）から出発するためである．**時刻** $\boldsymbol{t = 0}$ **で，コサインが位置** $\boldsymbol{y(0)}$ **を与え，サインが速度** $\boldsymbol{v(0)}$ **を与える**．

最後のステップは，初期位置 $\boldsymbol{y}(0) = (0, 2)$ から A_1 と A_2 を求めることである：

$$\text{初期条件} \quad A_1\begin{bmatrix} 1 \\ 1 \end{bmatrix} + A_2\begin{bmatrix} 1 \\ -1 \end{bmatrix} = \begin{bmatrix} 0 \\ 2 \end{bmatrix} \quad \text{から} \quad A_1 = 1 \text{ と } A_2 = -1.$$

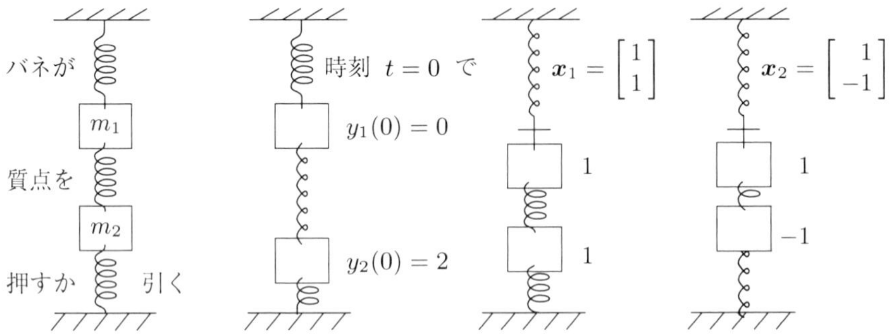

図 6.3 質点は上下に振動し，$\boldsymbol{y}(t)$ は $(\cos t)\,\boldsymbol{x}_1$ と $(\cos\sqrt{3}t)\,\boldsymbol{x}_2$ の線形結合となる．

最終的な答：$y_1(t)=(\cos t-\cos\sqrt{3}t)$ と $y_2(t)=(\cos t+\cos\sqrt{3}t)$． 2つの質点は永久に振動する．解法の部分は，モデル化の部分より易しかった．これはとても典型的である．

対称行列

例1では対称行列 S に帰着した．**実に多くの例**が対称行列に帰着する．おそらくこれは，どの作用も，それと等しく反対向きの反作用を引き起こすという，ニュートンの第3法則の延長である．対称行列の特別な性質については，それらの性質がとても役立ち，その行列がとてもよく現れることから，真に焦点を当てなければならない．

固有値と固有ベクトル——これが，行列から得る必要のある情報である．どの行列のクラスに対しても，λ と $\boldsymbol{x}$ について問う．固有値は**実数**か？ それらは**正**で，$\lambda=\omega^2$ の平方根も実数か？ n 個の**線形独立な**固有ベクトルがあるか？ $\boldsymbol{x}$ は**直交**しているか？ $\lambda_1=1$ と $\lambda_2=3$ の例は，すべての点で完璧だった：

$$S=\begin{bmatrix}2&-1\\-1&2\end{bmatrix}\ \text{は 正定値対称行列}\qquad \begin{array}{l}\textbf{正の実数 }\boldsymbol{\lambda=1}\textbf{ と }\mathbf{3}\\ \textbf{直交する }\boldsymbol{x=(1,1),(1,-1)}\end{array}$$

| 実固有値 |　**実対称行列の固有値はすべて実数である．**

証明　$S\boldsymbol{x}=\lambda\boldsymbol{x}$ であるとする．そうでないとわかるまでは，λ は複素数かもしれず，$\boldsymbol{x}$ は複素ベクトルかもしれない．その場合，複素共役の規則から $\overline{S\boldsymbol{x}}=\overline{\lambda}\overline{\boldsymbol{x}}$ となる．大切な発想は，$\overline{\boldsymbol{x}}^{\mathrm{T}}S\boldsymbol{x}$ を考えることである：

$$S\ \textbf{は実で対称}\qquad \overline{\boldsymbol{x}}^{\mathrm{T}}S\boldsymbol{x}=\overline{\boldsymbol{x}}^{\mathrm{T}}S^{\mathrm{T}}\boldsymbol{x}=(\overline{S}\overline{\boldsymbol{x}})^{\mathrm{T}}\,\boldsymbol{x}. \tag{10}$$

左辺は $\overline{\boldsymbol{x}}^{\mathrm{T}}\,\lambda\boldsymbol{x}$ で，右辺は $\overline{\boldsymbol{x}}^{\mathrm{T}}\overline{\lambda}\boldsymbol{x}$ である．一方は λ を含み，他方は $\overline{\lambda}$ を含む．それらが掛かるのは $\overline{\boldsymbol{x}}^{\mathrm{T}}\boldsymbol{x}$ で，これは零でない——これは長さの平方 $|x_1|^2+\cdots+|x_n|^2$ である．**したがって** $\lambda=\overline{\lambda}$．

$\lambda=a+ib$ が $\overline{\lambda}=a-ib$ に等しいとき，$b=0$ で λ **は実数である**ことを知っている．このとき，実行列 $S-\lambda I$ の零空間内の $\boldsymbol{x}$ もまた実ベクトルにとりうる．

| 直交する固有ベクトル |　もし $S\boldsymbol{x}=\lambda_1\boldsymbol{x}$ と $S\boldsymbol{y}=\lambda_2\boldsymbol{y}$ かつ $\lambda_1\neq\lambda_2$ ならば，$\boldsymbol{x^{\mathrm{T}}y=0}$．

証明 第 1 式と $\boldsymbol{y}$ との，そして第 2 式と $\boldsymbol{x}$ との内積をとれ：

$$S^{\mathrm{T}} = S \text{ を用いて} \qquad (S\boldsymbol{x})^{\mathrm{T}}\boldsymbol{y} = \boldsymbol{x}^{\mathrm{T}}S\boldsymbol{y} \text{ より } \lambda_1 \boldsymbol{x}^{\mathrm{T}}\boldsymbol{y} = \lambda_2 \boldsymbol{x}^{\mathrm{T}}\boldsymbol{y}. \tag{11}$$

$\lambda_1 \neq \lambda_2$ だから，これが $\boldsymbol{x}^{\mathrm{T}}\boldsymbol{y} = 0$ の証明となる．固有ベクトルは互いに垂直である．

思い出そう：固有ベクトルの主な目標は**行列の対角化** $A = V\Lambda V^{-1}$ である．ここでは行列は S で，その固有ベクトルは直交する．当然それらを単位ベクトルにして，$\boldsymbol{x}^{\mathrm{T}}\boldsymbol{x} = 1$ および $\boldsymbol{x}^{\mathrm{T}}\boldsymbol{y} = 0$ とできる．その固有ベクトルを各列にもつ行列 V は**直交行列** $V^{\mathrm{T}}V = I$ になる．この直交行列 V に適した文字は Q である．$V\Lambda V^{-1}$ **内の固有ベクトル行列** V **は直交行列とできる**：$\boldsymbol{Q}^{\mathbf{T}}\boldsymbol{Q} = \boldsymbol{I}$.

スペクトル定理/主軸定理 $\qquad \boldsymbol{S = Q\Lambda Q^{-1} = Q\Lambda Q^{\mathrm{T}}}$ (12)

代数的には固有ベクトルが直交するということだが，幾何学的には楕円の主軸が直交するということである．楕円の方程式が $2x^2 - 2xy + 2y^2 = 1$ であるとき，これは例題の行列 S に対応する．その主軸 $(1, 1)$ と $(1, -1)$（固有ベクトル）は x 軸と $+45°$ および $-45°$ をなす．この楕円は，水平軸と垂直軸から $+45°$ だけ回転している．

重複固有値のときでも，$S = Q\Lambda Q^{\mathrm{T}}$ は正しい．対称な S はどれも，固有値が重複しているときでさえ，n 個の線形独立な固有ベクトルの完全な集合をもつ（第 6 章の注釈とウェブサイト）．

まとめると，$Q\Lambda Q^{\mathrm{T}}$ は対称行列 S の完璧な記述である．どの S もそう分解でき，逆にこの形のどの行列も確実に対称である：$(Q\Lambda Q^{\mathrm{T}})^{\mathrm{T}}$ は $Q^{\mathrm{TT}}\Lambda^{\mathrm{T}}Q^{\mathrm{T}}$ に等しく，これは $Q\Lambda Q^{\mathrm{T}}$ である．Q の各列を ΛQ^{T} の各行に掛けるとき，S を新たな方法で見ている（階数 1 の行列の和）：

階数 1 の行列 $\boldsymbol{\lambda x x^{\mathrm{T}}}$ を足すと $\boldsymbol{S}$

$$S = \begin{bmatrix} \boldsymbol{x}_1 & \cdots & \boldsymbol{x}_n \end{bmatrix} \begin{bmatrix} \lambda_1 \boldsymbol{x}_1^{\mathrm{T}} \\ \vdots \\ \lambda_n \boldsymbol{x}_n^{\mathrm{T}} \end{bmatrix} = \lambda_1 \boldsymbol{x}_1 \boldsymbol{x}_1^{\mathrm{T}} + \cdots + \lambda_n \boldsymbol{x}_n \boldsymbol{x}_n^{\mathrm{T}}. \tag{13}$$

これが，固有値と固有ベクトルによる，偉大な分解 $S = Q\Lambda Q^{\mathrm{T}}$ である．

例 2 $\lambda = 16$ と 4 に対する固有ベクトル $(1, 1)$ と $(-1, 1)$ は，**単位長さ**にして $\boldsymbol{x}_1 = (1, 1)/\sqrt{2}$ と $\boldsymbol{x}_2 = (-1, 1)/\sqrt{2}$ となる：

$$S = \begin{bmatrix} 10 & -6 \\ -6 & 10 \end{bmatrix} \qquad Q\Lambda Q^{\mathrm{T}} = \frac{1}{\sqrt{2}} \begin{bmatrix} 1 & -1 \\ 1 & 1 \end{bmatrix} \begin{bmatrix} 16 & \\ & 4 \end{bmatrix} \frac{1}{\sqrt{2}} \begin{bmatrix} 1 & 1 \\ -1 & 1 \end{bmatrix}.$$

これらの固有ベクトルも $45°$ と $135°$ の方向（$90°$ の違い）を向いている．例 1 と同じ向きなのは，この新たな S が，もとの S の 6 倍引く $2I$ に等しいからである．このとき，S の新たな固有値 16 と 4 は，もとの 3 と 1 の 6 倍引く 2 でなければならない．

Q の固有ベクトルは楕円 $10x^2 - 12xy + 10y^2 = 1$ の主軸である．

非対角成分の -6 と -6 を $6i$ と $-6i$ に変えたなら，行列式はそれでも 64 である．トレースも 20 のままで，固有値もそのまま 16 と 4（**実数！**）である．複素行列については，対称な実部と**歪対称**な虚部に分けたい．なぜかを以下に説明しよう．

複素行列

重要：$\boldsymbol{x}$ が複素数の成分をもつとき，長さの平方は $\overline{\boldsymbol{x}}^{\mathrm{T}}\boldsymbol{x}$ であり，$\boldsymbol{x}^{\mathrm{T}}\boldsymbol{x}$ ではない．正の数か零である $|x_1|^2+\cdots+|x_n|^2$ がほしい．複素数となりうる $x_1^2+\cdots+x_n^2$ はほしくない．$||\boldsymbol{x}||^2=$ 長さの平方 ≥ 0 となるものを探している．$\boldsymbol{x}$ の成分が $a+bi$ のとき，a^2+b^2 がほしいのであり，$(a+bi)^2$ ではない．$\boldsymbol{x}=(1,i)$ **の長さの平方は** $||\boldsymbol{x}||^2=1^2+1^2=2$ **であり，** $1^2+i^2=0$ **ではない**．

このため，内積（ドット積）はすべて $\boldsymbol{x}^{\mathrm{T}}\boldsymbol{y}$ から $\overline{\boldsymbol{x}}^{\mathrm{T}}\boldsymbol{y}$ へ変える．複素ベクトル $\boldsymbol{x}$ と $\boldsymbol{y}$ が垂直なのは $\overline{\boldsymbol{x}}^{\mathrm{T}}\boldsymbol{y}=0$ のときである．この複素数の内積により，A が複素行列のとき，通常の転置も**共役転置** $(\overline{\boldsymbol{A}})^{\mathbf{T}}=\boldsymbol{A}^*$ に変わらざるをえない：

$$\boldsymbol{A}^*_{jk} \text{ は } \overline{\boldsymbol{A}}_{kj} \text{ である.} \qquad \text{このとき } A\boldsymbol{x}\cdot\boldsymbol{y}=(\overline{A\boldsymbol{x}})^{\mathrm{T}}\boldsymbol{y}=\overline{\boldsymbol{x}}^{\mathrm{T}}\,\overline{A}^{\mathrm{T}}\boldsymbol{y}=\boldsymbol{x}\cdot A^*\boldsymbol{y}. \tag{14}$$

MATLAB では，$\boldsymbol{x}'$ や A' と入力すると，自動的に共役転置をとって，$\boldsymbol{x}^*$ や A^* を与える．

A の行空間を零空間と垂直に保つには，行空間として $\boldsymbol{C}(A^*)$ を使わなければならない．これは A^* の列空間であり，単に A^{T} の列空間ではない．すべての i を $-i$ で置き換えよ．そして重要な名称：**対称行列** $A^{\mathrm{T}}=A$ の複素数版は "**エルミート行列**" $\boldsymbol{A^*=A}$ である．

$$\textbf{エルミート行列}\ \boldsymbol{A_{jk}=\overline{A}_{kj}} \qquad \text{このとき } A\boldsymbol{x}\cdot\boldsymbol{y}=\boldsymbol{x}\cdot A^*\boldsymbol{y} \text{ は } A\boldsymbol{x}\cdot\boldsymbol{y}=\boldsymbol{x}\cdot A\boldsymbol{y} \text{ になる.}$$

例 3　この 2 行 2 列の複素行列はエルミートである（i と $-i$ に注意）：

$$A=\begin{bmatrix} 3 & i \\ -i & 3 \end{bmatrix}=A^*$$

行列式は 8（実数）である．トレースは 6 である（エルミート行列の主対角成分は実数）．この行列の固有値は 2 と 4（**ともに実数！**）である．

エルミート行列 $\boldsymbol{A=A^*}$ の固有値は実数であり，固有ベクトルは互いに直交する．

A の固有ベクトルは $\boldsymbol{x}_1=(1,i)$ と $\boldsymbol{x}_2=(1,-i)$ である．それらは垂直である：$\boldsymbol{x_1}^*\boldsymbol{x_2}=1^2+(-i)^2=0$．$\sqrt{2}$ で割って，単位ベクトルとせよ．するとそれらが，複素直交行列 Q の各列となる．"複素直交" は正しくは $Q^*=Q^{-1}$ を意味し，Q が複素行列のときの正しい用語は**ユニタリ**である：

$$\textbf{ユニタリ行列}\ \boldsymbol{Q^*Q=I} \qquad Q \text{ の各列は，直交する単位ベクトルである.}$$

実対称行列の偉大な分解 $A=Q\Lambda Q^{\mathrm{T}}$ は $\boldsymbol{A=Q\Lambda Q^*}$ に置き換わる．

直交行列とユニタリ行列

我々は重要な定理を知った：S が対称行列かエルミート行列のとき，その固有ベクトル行列は直交行列かユニタリ行列となる．実数の場合は $S=Q\Lambda Q^{\mathrm{T}}=S^{\mathrm{T}}$ で，複素数の場合は $S=Q\Lambda Q^*=S^*$ である．Λ の中の固有値は実数である．

行列が**反**対称行列か**反**エルミート行列だったらどうだろうか？ つまり $A^{\mathrm{T}} = -A$ あるいは $\boldsymbol{A^* = -A}$ となる行列である．行列 A は，$i \times S$ であってさえもよい（この場合 A^* は $-i \times S^*$ となり，これはまさに $-iS = -A$ となる）．エルミート行列は i を掛けると**反**エルミート行列になる．S の実数の固有値 λ は，A の虚数の固有値 $i\lambda$ に変わる．固有ベクトルは変わら**ない**：いまだ直交し，いまだ Q の中に入っている．

反エルミート行列の固有値は虚数であり，固有ベクトルは互いに直交する．

標準的な例は $A = \begin{bmatrix} 0 & 1 \\ -1 & 0 \end{bmatrix} = -A^{\mathrm{T}}$ と $A = \begin{bmatrix} 0 & i \\ i & 0 \end{bmatrix} = -A^*$ である．どちらでも $\boldsymbol{\lambda = \pm i}$.

最後に，行列が**直交**行列か**ユニタリ**行列だったらどうだろうか？ このとき $Q^{\mathrm{T}}Q = I$ あるいは $Q^*Q = I$ である．Q の固有値は**単位円上の複素数** $\boldsymbol{\lambda = e^{i\theta}}$ である．

$\boldsymbol{Q^*Q = I}$ **のとき，$\boldsymbol{Q}$ のすべての固有値の大きさは $\boldsymbol{|\lambda| = 1}$.**

この証明は $Q\boldsymbol{x} = \lambda\boldsymbol{x}$ で始める．共役転置は $\boldsymbol{x}^*Q^* = \overline{\lambda}\boldsymbol{x}^*$ である．左辺どうし掛けて $Q^*Q = I$ を用い，右辺どうしを掛けて $\overline{\lambda}\lambda = |\lambda|^2$ を用いる：

$$\boldsymbol{x}^*Q^*Q\boldsymbol{x} = \overline{\lambda}\boldsymbol{x}^*\lambda\boldsymbol{x} \quad \text{は} \quad \boldsymbol{x}^*\boldsymbol{x} = |\lambda|^2\boldsymbol{x}^*\boldsymbol{x} \quad \text{になる．すると } |\lambda|^2 = 1 \text{ で } |\lambda| = 1.$$

Q の固有ベクトルは，S と A の固有ベクトルと同様に，直交するように選べる．**これらが，最良の種類の行列についての本質的な事実である．** S と A と Q の固有値はそれぞれ，**実軸上**，**虚軸上**，および複素平面内の**単位円**上にある．

固有値と固有ベクトルの世界では，実際のところ三角行列は最良な行列の 1 種ではない．その固有値は簡単にわかる（主対角上にある）が，固有ベクトルは必ずしも直交しない．対角化に失敗する場合さえある．n 本の固有ベクトルがない行列は最悪である．

対称かつ直交

4 章の最後に，直交行列でもある対称行列を見た：$\boldsymbol{A^{\mathrm{T}} = A}$ かつ $A^{\mathrm{T}} = \boldsymbol{A^{-1}}$．1 と -1 を対角成分にもつ対角行列 D はどれも両方の性質をもつ．このとき $A = QDQ^{\mathrm{T}}$ のどれもがまた，両方の性質をもつ．対称性は明らかであり，直交行列 Q と D と Q^{T} の積も確実に，直交行列に保たれる．

我々が答えられなかった質問はこれだった：QDQ^{T} **はすべての例を与えうるのか**？ その答はイエスである．なぜ A がこの形をもつかが今度はわかる——固有値により．

A が対称行列のとき，その固有値は実数である．A が直交行列のとき，その固有値は $|\lambda| = 1$ を満たす．両方を満たすのは，$\boldsymbol{\lambda = 1}$ **と** $\boldsymbol{\lambda = -1}$ のときだけである．固有値行列 $\Lambda = D$ は 1 と -1 を対角成分にもつ対角行列である．すると，対称行列についての偉大な事実（スペクトル定理）から，A が $Q\Lambda Q^{\mathrm{T}}$ すなわち QDQ^{T} の形をもつことが保証される．

■ 要点の復習 ■

1. 実対称行列 S の**固有値は実数**で，**固有ベクトルは直交**する．

2. 対角化 $S = V\Lambda V^{-1}$ は直交行列 Q を用いて $S = Q\Lambda Q^{\mathrm{T}}$ となる．

3. 複素行列は $\overline{S}^{\mathrm{T}} = S$（しばしば $S^* = S$ と書く）のとき**エルミート**行列である：λ **は実数**.

4. どのエルミート行列でも $S = Q\Lambda\overline{Q}^{\mathrm{T}} = Q\Lambda Q^*$．内積は $\boldsymbol{x}\cdot\boldsymbol{y} = \boldsymbol{x}^*\boldsymbol{y}$ とする．

5. 3 つの行列 S と $A = iS = -A^*$ と Q ではどれも，固有ベクトルが互いに直交する．

6. 対称行列を用いた $\boldsymbol{y}'' + S\boldsymbol{y} = \boldsymbol{0}$ と $M\boldsymbol{y}'' + K\boldsymbol{y} = \boldsymbol{0}$ は振動を表す．

演習問題 6.5

問題 **1〜14** では固有値について問う．その後，微分方程式が登場する．

1 A, B, C のどれが，2 つの実数の λ をもつか？ どれが 2 つの線形独立な固有ベクトルをもつか？

$$A = \begin{bmatrix} 7 & -11 \\ -11 & 7 \end{bmatrix} \qquad B = \begin{bmatrix} 7 & -11 \\ 11 & 7 \end{bmatrix} \qquad C = \begin{bmatrix} 7 & -11 \\ 0 & 7 \end{bmatrix}$$

2 A の固有値は，$b \geq 0$ のとき実数で，$b < 0$ のとき非実数となることを示せ：

$$A = \begin{bmatrix} 0 & b \\ 1 & 0 \end{bmatrix} \quad と \quad A = \begin{bmatrix} 1 & b \\ 1 & 1 \end{bmatrix}.$$

3 次の対称行列の固有値と，単位長さの固有ベクトルを求めよ：

$$\text{(a)}\ S = \begin{bmatrix} 2 & 2 & 2 \\ 2 & 0 & 0 \\ 2 & 0 & 0 \end{bmatrix} \quad と \quad \text{(b)}\ S = \begin{bmatrix} 1 & 0 & 2 \\ 0 & -1 & -2 \\ 2 & -2 & 0 \end{bmatrix}.$$

4 $S = \begin{bmatrix} \mathbf{-2} & \mathbf{6} \\ \mathbf{6} & \mathbf{7} \end{bmatrix}$ を対角化する直交行列 Q を求めよ．Λ は何か？

5 この A（**対称だが複素**）には，ただ 1 本の固有ベクトルの直線しかないことを示せ：

$$A = \begin{bmatrix} i & 1 \\ 1 & -i \end{bmatrix}$$ は対角化可能でさえもない．その固有値は 0 と 0.

$A^{\mathrm{T}} = A$ となる複素行列は，それほど特別ではない．$\overline{A}^{\mathrm{T}} = A$ **となるのが良い性質である**.

6　$S = \begin{bmatrix} 9 & 12 \\ 12 & 16 \end{bmatrix}$ を対角化する直交行列の**すべて**を，$\boldsymbol{x}_1, \boldsymbol{x}_2$ のすべての組から求めよ．

7　(a) 対称行列 $S = \begin{bmatrix} 1 & b \\ b & 1 \end{bmatrix}$ が負の固有値をもつ条件を求めよ．

(b) S が負のピボットをもたなくてはならないと，なぜわかるか？

(c) S が 2 つの負の固有値をもてないと，なぜわかるか？

8　$A^2 = O$ のとき，A の固有値は ＿＿ でなければならない．$A \neq O$ だが $A^2 = O$ となる例を挙げよ．A が $A^2 = O$ となる対称行列なら，それを対角化して $A = O$ であることを証明せよ．

9　$\lambda = a + ib$ が実行列 A の固有値であるとき，その共役 $\overline{\lambda} = a - ib$ もまた固有値である（$A\boldsymbol{x} = \lambda\boldsymbol{x}$ ならば，$A\overline{\boldsymbol{x}} = \overline{\lambda}\overline{\boldsymbol{x}}$ でもある）．3 行 3 列の実行列は常に，少なくとも 1 つの実固有値をもつことを証明せよ．

10　実行列**すべて**の固有値が実数であることをすばやく“証明”すると，こうなる：

偽の証明　$A\boldsymbol{x} = \lambda\boldsymbol{x}$　より　$\boldsymbol{x}^{\mathrm{T}}A\boldsymbol{x} = \lambda\boldsymbol{x}^{\mathrm{T}}\boldsymbol{x}$　だから　$\lambda = \dfrac{\boldsymbol{x}^{\mathrm{T}}A\boldsymbol{x}}{\boldsymbol{x}^{\mathrm{T}}\boldsymbol{x}}$　は実数となる．

この理由づけの欠陥——正当化できない，隠れた仮定——を見つけよ．$\lambda = i$ と $\boldsymbol{x} = (i, 1)$ をもつ $90°$ の回転行列 $[0 \;\; -1;\;\; 1 \;\; 0]$ で，これらの式変形を試してみてはどうか．

11　A と B を，スペクトル定理 $Q\Lambda Q^T$ での $\lambda_1\boldsymbol{x}_1\boldsymbol{x}_1^{\mathrm{T}} + \lambda_2\boldsymbol{x}_2\boldsymbol{x}_2^{\mathrm{T}}$ という形に書け：

$$A = \begin{bmatrix} 3 & 1 \\ 1 & 3 \end{bmatrix} \qquad B = \begin{bmatrix} 9 & 12 \\ 12 & 16 \end{bmatrix} \qquad (\|\boldsymbol{x}_1\| = \|\boldsymbol{x}_2\| = 1 \text{ を保て}).$$

12　$A = \left[\begin{smallmatrix} \mathbf{2} & \mathbf{b} \\ \mathbf{1} & \mathbf{0} \end{smallmatrix}\right]$ で $A = Q\Lambda Q^{\mathrm{T}}$ が可能となる b は何か？　$A = V\Lambda V^{-1}$ が不可能となる b は何か？　A^{-1} が不可能となる b は何か？

13　この A は対称行列に近い．しかしその固有ベクトルは直交性からほど遠い：

$$A = \begin{bmatrix} 1 & 10^{-15} \\ 0 & 1 + 10^{-15} \end{bmatrix} \text{ の固有ベクトルは } \begin{bmatrix} 1 \\ 0 \end{bmatrix} \text{ と } \begin{bmatrix} ? \end{bmatrix}$$

2 つの単位固有ベクトルの内積はいくつか？ 小さい角度！

14　（推奨）次の行列 M は歪対称で，直交行列でもある．このとき，その固有値すべては純虚数で，$|\lambda| = 1$ も満たすので，i か $-i$ だけにしかなれない．M のトレースから 4 つの固有値すべてを求めよ：

$$M = \frac{1}{\sqrt{3}} \begin{bmatrix} 0 & 1 & 1 & 1 \\ -1 & 0 & -1 & 1 \\ -1 & 1 & 0 & -1 \\ -1 & -1 & 1 & 0 \end{bmatrix} \text{ の固有値になれるのは } i \text{ か } -i \text{ だけ.}$$

15 振動する 2 本のバネ（図 6.3）に対する方程式 (8) の一般解は

$$\boldsymbol{y}(t) = (A_1 \cos t + B_1 \sin t)\begin{bmatrix} 1 \\ 1 \end{bmatrix} + (A_2 \cos\sqrt{3}t + B_2 \sin\sqrt{3}t)\begin{bmatrix} 1 \\ -1 \end{bmatrix}.$$

$\boldsymbol{y}(0) = (3, 5)$ で $\boldsymbol{y}'(0) = (2, 0)$ のとき，数値 A_1, A_2, B_1, B_2 を求めよ．

16 図 6.3 のバネが，異なるバネ定数 k_1, k_2, k_3 をもつとき，$\boldsymbol{y}'' + S\boldsymbol{y} = \boldsymbol{0}$ は次のとおり：

上方の質点 $y_1'' + k_1 y_1 - k_2(y_2 - y_1) = 0$
下方の質点 $y_2'' + k_2(y_2 - y_1) + k_3 y_2 = 0$

$$S = \begin{bmatrix} k_1 + k_2 & -k_2 \\ -k_2 & k_2 + k_3 \end{bmatrix}$$

$k_1 = 1, k_2 = 4, k_3 = 1$ に対して，S の固有値 $\lambda = \omega^2$ と，サイン/コサインを用いた式 (7) の一般解 $\boldsymbol{y}(t)$ を求めよ．

17 3 番目のバネが取り除かれた（$k_3 = 0$ で，質点 2 の下に何もない）とする．問題 16 で $k_1 = 3, k_2 = 2$ として，まず S を，そしてその実固有値および直交する固有ベクトルを求めよ．$\boldsymbol{y}(0) = (1, 2)$ がコサインを，そして $\boldsymbol{y}'(0) = (2, -1)$ がサインを与えるとき，サイン／コサインの解 $\boldsymbol{y}(t)$ は何か？

18 上のバネもまた取り除かれた（$k_1 = 0$ かつ $k_3 = 0$）とする．S は特異行列になる！ その固有値と固有ベクトルを求めよ．$\boldsymbol{y}(0) = (1, -1)$ と $\boldsymbol{y}' = (0, 0)$ のとき，$\boldsymbol{y}(t)$ を求めよ．$\boldsymbol{y}(0)$ が $(1, -1)$ から $(1, 1)$ に変わると，$\boldsymbol{y}(t)$ はどうなるか？

19 この問題の行列は歪対称である（$A^{\mathrm{T}} = -A$）．エネルギーは保存される．

$$\frac{d\boldsymbol{y}}{dt} = \begin{bmatrix} 0 & c & -b \\ -c & 0 & a \\ b & -a & 0 \end{bmatrix}\boldsymbol{y} \qquad \text{すなわち} \qquad \begin{aligned} y_1' &= cy_2 - by_3 \\ y_2' &= ay_3 - cy_1 \\ y_3' &= by_1 - ay_2. \end{aligned}$$

$\|\boldsymbol{y}(t)\|^2 = y_1^2 + y_2^2 + y_3^2$ を微分すると $2y_1y_1' + 2y_2y_2' + 2y_3y_3'$ である．y_1', y_2', y_3' を代入して**零**を得よ．エネルギー $\|\boldsymbol{y}(t)\|^2$ は $\|\boldsymbol{y}(0)\|^2$ に等しく保たれる．

20 $A = -A^{\mathrm{T}}$ **と，歪対称行列であるとき**，e^{At} は**直交行列**である．級数 $e^{At} = I + At + \frac{1}{2}A^2t^2 + \cdots$ から，$(e^{At})^{\mathrm{T}} = e^{-At}$ を証明せよ．

21 質量行列 M で，質点 $m_1 = 1$ と $m_2 = 2$ とする．$K\boldsymbol{x} = \lambda M\boldsymbol{x}$ の固有値が $\lambda = 2 \pm \sqrt{2}$ であることを，$\det(K - \lambda M) = 0$ から始めて示せ：

$$M = \begin{bmatrix} 1 & 0 \\ 0 & 2 \end{bmatrix} \quad \text{と} \quad K = \begin{bmatrix} 2 & -2 \\ -2 & 4 \end{bmatrix} \quad \text{は正定値行列である．}$$

2 つの固有ベクトル $\boldsymbol{x}_1$ と $\boldsymbol{x}_2$ を求めよ．$\boldsymbol{x}_1^{\mathrm{T}}\boldsymbol{x}_2 \neq 0$ だが $\boldsymbol{x}_1^{\mathrm{T}}M\boldsymbol{x}_2 = 0$ となることを示せ．

22 $\boldsymbol{y}'' = -S\boldsymbol{y}$ を解くのに，あなたならばどの差分方程式を用いるか？

23　2 階の方程式 $\boldsymbol{y}'' + S\boldsymbol{y} = \boldsymbol{0}$ は 1 階の方程式系 $\boldsymbol{y}_1{}' = \boldsymbol{y}_2$ と $\boldsymbol{y}_2{}' = -S\boldsymbol{y}_1$ に帰着する．$S\boldsymbol{x} = \omega^2\boldsymbol{x}$ であるとき，同伴行列 $A = [0\ I\ ;\ -S\ 0]$ の固有値は $i\omega$ と $-i\omega$ であり，固有ベクトルは $(\boldsymbol{x}, i\omega\boldsymbol{x})$ と $(\boldsymbol{x}, -i\omega\boldsymbol{x})$ であることを示せ．

24　微分方程式 $y'' = \lambda y$ に対する固有値 λ と固有関数 $y(x)$ を，$y(0) = y(\pi) = 0$ を満たすように求めよ．無限に多くある！

固有値と固有ベクトルの表

行列の性質は，その固有値と固有ベクトルにどのように反映されるだろうか？ 6 章を通じて，この質問は本質的だった．重要な事実を整理した表が役立つかもしれない．以下が固有値 λ_i と固有ベクトル $\boldsymbol{x}_i$ の特別な性質である．

対称：$S^{\mathrm{T}} = S$	λ は実数	$\boldsymbol{x}_i^{\mathrm{T}}\boldsymbol{x}_j = 0$ と直交する
直交：$Q^{\mathrm{T}} = Q^{-1}$	すべての $\lvert\lambda\rvert = 1$	$\overline{\boldsymbol{x}}_i^{\mathrm{T}}\boldsymbol{x}_j = 0$ と直交する
歪対称：$A^{\mathrm{T}} = -A$	λ は虚数	$\overline{\boldsymbol{x}}_i^{\mathrm{T}}\boldsymbol{x}_j = 0$ と直交する
複素エルミート：$\overline{S}^{\mathrm{T}} = S$	λ は実数	$\overline{\boldsymbol{x}}_i^{\mathrm{T}}\boldsymbol{x}_j = 0$ と直交する
正定値：$\boldsymbol{x}^{\mathrm{T}}S\boldsymbol{x} > 0$	すべての $\lambda > 0$	$S^{\mathrm{T}} = S$ であり直交する
マルコフ：$m_{ij} > 0, \sum_{i=1}^{n} m_{ij} = 1$	最大の $\lambda_{\max} = 1$	定常状態 $\boldsymbol{x}$ の各成分 > 0
相似：$B = V^{-1}AV$	$\lambda(B) = \lambda(A)$	$\boldsymbol{x}(B) = V^{-1}\boldsymbol{x}(A)$
射影：$P = P^2 = P^{\mathrm{T}}$	$\lambda = 1;\ 0$	列空間; 零空間
平面の回転：$\cos\theta, \sin\theta$	$e^{i\theta}$ と $e^{-i\theta}$	$\boldsymbol{x} = (1, i)$ と $(1, -i)$
鏡映：$I - 2\boldsymbol{u}\boldsymbol{u}^{\mathrm{T}}$	$\lambda = -1;\ 1, .., 1$	$\boldsymbol{u}$; 全平面 $\boldsymbol{u}^{\perp}$
階数 **1**：$\boldsymbol{u}\boldsymbol{v}^{\mathrm{T}}$	$\lambda = \boldsymbol{v}^{\mathrm{T}}\boldsymbol{u};\ 0, .., 0$	$\boldsymbol{u}$; 全平面 $\boldsymbol{v}^{\perp}$
逆行列：A^{-1}	$1/\lambda(A)$	A の固有ベクトルを保つ
ずらし：$A + cI$	$\lambda(A) + c$	A の固有ベクトルを保つ
関数：任意の $f(A)$	$f(\lambda_1), \ldots, f(\lambda_n)$	A の固有ベクトルを保つ
安定な累乗：$A^n \to 0$	すべての $\lvert\lambda\rvert < 1$	任意の固有ベクトル
安定な指数関数：$e^{At} \to 0$	すべての $\mathrm{Re}\,\lambda < 0$	任意の固有ベクトル
二重対角：主・副対角成分　1, 2, −1	$\lambda_k = 2 - 2\cos\frac{k\pi}{n+1}$	$\boldsymbol{x}_k = \left(\sin\frac{k\pi}{n+1}, \sin\frac{2k\pi}{n+1}, \ldots\right)$

固有値（Σ 内では特異値）にもとづく分解

対角化可能：$A = V\Lambda V^{-1}$	Λ の対角成分に λ_i	V に固有ベクトル
対称：$S = Q\Lambda Q^{\mathrm{T}}$	Λ の対角成分（実数の λ_i）	Q に正規直交固有ベクトル
ジョルダン形：$J = V^{-1}AV$	J の対角成分が Λ	各ブロックから $\boldsymbol{x} = (0, .., 1, .., 0)$
任意の実の $\boldsymbol{A}$ の **SVD**：$A = U\Sigma V^{\mathrm{T}}$	$\mathrm{rank}(A) = \mathrm{rank}(\Sigma)$	V, U に $A^{\mathrm{T}}A, AA^{\mathrm{T}}$ の固有ベクトル

■ 第 6 章の注釈 ■

対称行列 S の固有ベクトルは互いに直交する． $S\boldsymbol{x} = \lambda_1\boldsymbol{x}$ と $S\boldsymbol{y} = \lambda_2\boldsymbol{y}$ で $\lambda_1 \neq \lambda_2$ だとする．両式から $\lambda_1 I$ を引け：

$$(S - \lambda_1 I)\boldsymbol{x} = \mathbf{0} \qquad と \qquad (S - \lambda_1 I)\boldsymbol{y} = (\lambda_2 - \lambda_1)\boldsymbol{y}.$$

つまり $S - \lambda_1 I$ の零空間に $\boldsymbol{x}$ が，列空間に $\boldsymbol{y}$ が含まれる．この行列は実対称なので，その列空間はその行空間でもある．そこで，零空間内の $\boldsymbol{x}$ は確かに行空間内の $\boldsymbol{y}$ に直交する．$\boldsymbol{x}^{\mathrm{T}}\boldsymbol{y} = 0$ であることを新たに証明できた．

S が——重複固有値の場合でさえ—— n 個の線形独立な（かつ直交する）固有ベクトルをもつことの複数の証明は，線形代数の科目のウェブサイトにある[2)]：**web.mit.edu/18.06**（スペクトル定理の証明）．

相似な行列とジョルダン形

どの A に対しても，$V^{-1}AV$ が**できるだけ対角行列に近い**ように V を選びたい．A が n 個の一揃いの固有ベクトルをもつとき，それらが V の列に入り，行列 $V^{-1}AV$ は対角行列となり，話は終わり．この行列 Λ は A が対角化できるときの A のジョルダン形である．しかし，固有ベクトルが欠けているときには，Λ に到達できない．

A が s 個の線形独立な固有ベクトルをもつとする．このとき，これは s 個のブロックをもつ行列 J に相似となる．**各ブロックは対角成分に固有値 λ と，そのすぐ上に 1 をもつ．** このブロックが固有ベクトル 1 つにあたる．n 個の固有ベクトルと n 個のブロックがあるとき，J は Λ となる．

（ジョルダン形） A に s 個の線形独立な固有ベクトルがあるならば，それは，主対角に沿ってジョルダンブロック J_1 から J_s までをもつ行列 J に相似である．A をジョルダン形 J に変換する行列 V が存在する：

ジョルダン形
$$V^{-1}AV = \begin{bmatrix} J_1 & & \\ & \ddots & \\ & & J_s \end{bmatrix} = J.$$

J の各ブロックは，1 つの固有値 λ_i と 1 つの固有ベクトルをもち，主対角成分の上に 1 がある：

---

2) 訳注：訳出時点でこのサイトには証明の記載がない．姉妹書『ストラング：線形代数イントロダクション』の 6.4 節を参照されたし．

ジョルダンブロック

$$J_i = \begin{bmatrix} \lambda_i & 1 & & \\ & \cdot & \cdot & \\ & & \cdot & 1 \\ & & & \lambda_i \end{bmatrix}.$$

A と B は同じジョルダン形 J を共有するとき相似であり，共有しなければ相似ではない．

ジョルダン形 J は，欠けた固有ベクトルそれぞれに対して非対角成分 1 をもつ（そしてその 1 は固有値の隣にある）．これは行列の相似性についての大切な定理である．相似な行列の族それぞれから，J という目立つ 1 名を選抜したのである．それは対角行列に近い（可能なときには完全に対角行列）．$d\boldsymbol{z}/dt = J\boldsymbol{z}$ は後退代入で解ける．すると，$\boldsymbol{y} = V\boldsymbol{z}$ を用いて $d\boldsymbol{y}/dt = A\boldsymbol{y}$ を解いたことになる．

私の教科書 *Linear Algebra and Its Applications*（邦題：『線形代数とその応用』，産業図書，1978 年）で，ジョルダンの定理を証明しており，その理由づけはかなり入り組んでいる．計算の際にはジョルダン形はまったく不人気である．A を少し変えると，重複固有値を分離でき，対角行列の Λ につながる．

時間変化する方程式系 $\boldsymbol{y}' = \boldsymbol{A}(t)\boldsymbol{y}$： $\boldsymbol{y}(t)$ に対する誤った公式と正しい公式

6.4 節では，行列が t に依存するときの線形方程式系は，より難しいことを認識した．公式 $\boldsymbol{y}(t) = \exp(\int A(t)dt)\boldsymbol{y}(0)$ は正しくない．背後にある理由は，e^{A+B}（誤った行列）が一般に $e^A e^B$（$t = 1$ で方程式系が $\boldsymbol{y}' = B\boldsymbol{y}$ から $\boldsymbol{y}' = A\boldsymbol{y}$ へ切り替わるとき，$t = 2$ での正しい行列）とは異なるということである．時間に前進せよ：**まず** e^B**，その後** e^A.

通常，正しい公式の説明を基本的な教科書で試みることはない．しかしここはオイラーの差分公式が，その正しい順序で前進することを強調する機会である．その公式では，時刻 $n\Delta t$ での行列 A によって，時刻 $n\Delta t$ での $\boldsymbol{Y}_n$ から時刻 $(n+1)\Delta t$ での $\boldsymbol{Y}_{n+1}$ へのステップを進める．

$$\textbf{オイラー法} \quad \Delta\boldsymbol{Y}/\Delta t = A\boldsymbol{Y} \text{ つまり } \boldsymbol{Y_{n+1} = E_n Y_n} \quad \text{ただし } E_n = I + \Delta t A(n\Delta t).$$

$\boldsymbol{Y}_N$ に到達するまでに，N 個の行列 E_0 から E_{N-1} までが，**$\boldsymbol{Y}_0$ に正しい順序で**掛けられる：

$$\boldsymbol{Y}_N = E_{N-1}E_{N-2}\ldots E_1 E_0 \boldsymbol{Y}_0.$$

基本的な理論によれば，オイラーの $\boldsymbol{Y}_N$ は正しい $\boldsymbol{y}(t)$ に，$\Delta t = t/N$ で $N \to \infty$ のときに近づく．E_0 から E_{N-1} までの積は e^{At} の正しい代替物に近づく．A が定数行列で，時間に変化しなければ，すべての E が同一なので E^N となって e^{At} へ収束する：

$$\textbf{定数行列 } \boldsymbol{A} \qquad \boldsymbol{e^{At}} = (I + \Delta t A)^N \text{ の極限 } = \left(I + \frac{At}{N}\right)^N \text{ の極限.}$$

これは 1.3 節の，A が 1 つの数（1 行 1 列の行列）のときの複利に由来する．

A が時間変化するとき，$E_{N-1}E_{N-2}\ldots E_1E_0$ の極限は**乗法的積分**と呼ばれる．ふつうの"**加法的積分**" $\int A(t)dt$ は，N 項の ΔtA（各項が零に近づく）の和の極限であるが，いま我々は，N 項の $I+\Delta tA$（各項が I に近づく）を掛け合わせている．項ごとに，$I+\Delta tA$ は $e^{\Delta tA}$ に近い．しかし行列は常に可換とは限らないので，$\exp\int A(t)dt$ とするのは**誤り**である．行列の積 $E_{N-1}\ldots E_1E_0$ は**乗法的積分**に，そして正しい $\boldsymbol{y}(t)$ に近づく．

乗法的積分　$M(t)=E_{N-1}E_{N-2}\ldots E_1E_0$ の極限．　このとき $\boldsymbol{y}(t)=M(t)\boldsymbol{y}(0)$.

良い注釈を最後に1つ．行列 $M(t)$ の**行列式** $W(t)$ にはきれいな公式がある．これがうまくいくのは，(行列 A ではだめだが) 数 $\det A$ は任意の順序で掛けられるからである．ロンスキアン行列式 $W(t)$ に対する式を与える，美しい事実はこれである：

$$\frac{dM}{dt}=AM \text{ のとき } \frac{dW}{dt}=(\operatorname{trace}(A))W.\quad \text{よって } W(t)=e^{\int \operatorname{trace}(A(t))dt}W(0).$$

これが6.4節での式 (21) である．指数関数は決して零にならないので，ロンスキアン $W(t)$ が決して零にならないことが再びわかる．$y''+B(t)y'+C(t)y=0$ に対して，同伴行列のトレースは $-B(t)$ である．このロンスキアンは，アーベルが発見したとおり $W(t)=e^{-\int B(t)dt}W(0)$ である．

第7章

応用数学と $\boldsymbol{A}^{\mathrm{T}}\boldsymbol{A}$

普通，章の題名に $A^{\mathrm{T}}A$ のような記号を含めることはしない．多くの教科書では A とその固有値を扱い，そこで終わる．もとの問題が長方行列を含むとき——実際多くの問題がそうなのだが——正方行列へ至る手順が省かれている．現実には，長方行列はどこにでもある——それらは電流と電圧，変位と力，位置と運動量，価格と収入など，**未知数のペア**をつなげる．

最終的な方程式が正方行列（とても頻繁に対称行列）を含むというのは正しい．A から出発して $A^{\mathrm{T}}A$ に到達する．これら 2 つの行列は同じ零空間をもつ．問題が解けるよう，可逆な $A^{\mathrm{T}}A$ であってほしい．このとき A は線形独立な列（零空間に零ベクトルしかない）をもたねばならず，我々はそう仮定する：m 行 n 列の A は，“背高で細い”$(m \geq n)$ 行列で，列については非退化 $(r = n)$ でなければならない．

$S = A^{\mathrm{T}}A$ は正の固有値をもつ．これは**正定値対称行列**である．その固有値は我々を A の**特異値分解**へと導く．7.2 節での，この SVD は，大きな行列がデータで満ちているとき，何が重要かを発見する最良の方法である．特異ベクトルは，正方行列での固有ベクトルのようなものであり，加えて直交性の保証がある．

本章は n 個の未知数についての m 個の方程式で始める——多すぎる方程式と少なすぎる未知数により $A\boldsymbol{v} = \boldsymbol{b}$ の**解はない**．これは線形代数（と幾何学と微積分学）の主要な応用である．センサーやスキャナーや計数器が何千もの測定を行う．我々はしばしばデータに圧倒される．それらがある直線の近くに並べば，その直線 $v_1 + v_2 t$ や $C + Dt$ はたった $n = 2$ 個のパラメタしかもたない．それらこそ，$m = 1000$ や 1000000 の測定から我々が欲する 2 つの数値である．

我々の最初の応用は**最小 2 乗法**と**重みつき最小 2 乗法**である．2 行 2 列の行列 $A^{\mathrm{T}}A$ か $A^{\mathrm{T}}CA$ が現れる（C は重みを含む）．これは 6.5 節と 7.2 節での対称行列 S であり，6.5 節の剛性行列 K であり，7.5 節のコンダクタンス行列であり，7.3 節の 2 階微分 $A^{\mathrm{T}}A = -d^2/dx^2$ である（負号を含むのは，$A = d/dx$ が 1 階微分のとき，$-d/dx$ がその転置であるため）．

“対称で正定値”——これらは線形代数での重要な 2 語である．そしてそれらは，本章で提示する応用数学上の大切な概念である．

7.1　最小 2 乗と射影

$A\boldsymbol{v} = \boldsymbol{b}$ から始める．行列 A は n 個の線形独立な列をもつ：その階数は n である．しかし A

には m 行があり，m は n より大きい．m 個の測定値が $\boldsymbol{b}$ の中に入っており，それらの測定に当てはめるための $n(<m)$ 個のパラメタ $\boldsymbol{v}$ を選びたい．厳密な当てはめ $A\boldsymbol{v}=\boldsymbol{b}$ は一般に不可能である．データに最も近い当てはめ——最適解 $\widehat{\boldsymbol{v}}$——を探す．

誤差ベクトル $\boldsymbol{e}=\boldsymbol{b}-A\widehat{\boldsymbol{v}}$ から，$A\boldsymbol{v}=\boldsymbol{b}$ を満たすのにどれだけ近づいたかがわかる．m 個の方程式の誤差は $e_1,\dots,e_m$ である．その**平方和**をできるだけ小さくせよ．

最小 2 乗解 $\widehat{\boldsymbol{v}}$ $\quad ||\boldsymbol{e}||^2=\boldsymbol{e}_1^2+\cdots+\boldsymbol{e}_m^2=||\boldsymbol{b}-\boldsymbol{A}\boldsymbol{v}||^2$ を最小化せよ．

$||\boldsymbol{e}||$ を小さくすること，それが目標である．$A\boldsymbol{v}=\boldsymbol{b}$ が解をもてば（それはありえることではある），その最良の $\widehat{\boldsymbol{v}}$ は当然，その解ベクトル $\boldsymbol{v}$ である．この場合の誤差は $||\boldsymbol{e}||=0$ であり，当然最小値である．しかし通常，m 個の方程式 $A\boldsymbol{v}=\boldsymbol{b}$ には厳密解がない．A の列空間は，R^m の単なる n 次元部分空間である．ほぼすべてのベクトル $\boldsymbol{b}$ がその部分空間の外である——それらは A の列の線形結合ではない．誤差 $E=||\boldsymbol{e}||^2$ を可能な限り減らしても，誤差 0 には到達しえない．

例 1 次の 4 点を通る直線 $b=C+Dt$ を見つけよ：$t=0,1,3,4$ で $b=1,9,9,21$．C と D に対して 4 つの方程式があり，それらは**解をもたない**．図 7.1 の 4 つの×印は一直線上にない：

$\boldsymbol{A}\boldsymbol{v}=\boldsymbol{b}$ には解がない

$$\begin{aligned} C+0D &= 1\\ C+1D &= 9\\ C+3D &= 9\\ C+4D &= 21 \end{aligned} \quad \text{から} \quad \begin{bmatrix}1&0\\1&1\\1&3\\1&4\end{bmatrix}\begin{bmatrix}C\\D\end{bmatrix}=\begin{bmatrix}1\\9\\9\\21\end{bmatrix}. \tag{1}$$

$C=1$ が第 1 式を満たし，すると $D=8$ で第 2 式を満たす．このとき，他の方程式では大きく失敗する．どの式も厳密には満たさないが，4 つすべての式からの平方誤差の合計 $E=e_1^2+e_2^2+e_3^2+e_4^2$ ができるだけ小さくなるような，より良いバランスがほしい．

最良の $\boldsymbol{C}$ と $\boldsymbol{D}$ は 2 と 4 である．最良の $\boldsymbol{v}$ は $\widehat{\boldsymbol{v}}=(2,4)$ である．最良の直線は $2+4t$ である． 4 つの測定時刻 $t=0,1,3,4$ で，この最良直線の高さは $2,6,14,18$ である．言い換えれば，$A\widehat{\boldsymbol{v}}$ は $\boldsymbol{p}=(2,6,14,18)$ であり，これは $\boldsymbol{b}=(1,9,9,21)$ に可能な限り近い．

図 7.1 の直線 $2+4t$ の上に，そのベクトル $\boldsymbol{p}=(2,6,14,18)$ に対する 4 点が並ぶ．その最適解 $\widehat{\boldsymbol{v}}=(C,D)=(2,4)$ はどのように見つけるのか？ **その誤差 E は最小である**：

$$E=e_1^2+e_2^2+e_3^2+e_4^2=(1-C-0D)^2+(9-C-1D)^2+(9-C-3D)^2+(21-C-4D)^2.$$

$C=2$ と $D=4$ を求めるには，純粋な線形代数か純粋な微積分学を用いることができる．微積分学を使うには，2 つの偏微分を零とおく：$\partial E/\partial C=0$ と $\partial E/\partial D=0$．C と D について解け．

線形代数では，図 7.1 の直角三角形を考える．ベクトル $\boldsymbol{b}$ を $\boldsymbol{p}+\boldsymbol{e}$ に分解する．高さ $\boldsymbol{p}$ は直線上に並び，誤差 $\boldsymbol{e}$ はできるだけ小さい．まず微積分学を用い，その後に私が好む線形代数——直角三角形 $\boldsymbol{p}+\boldsymbol{e}=\boldsymbol{b}$ を生み出すから——を使おう．

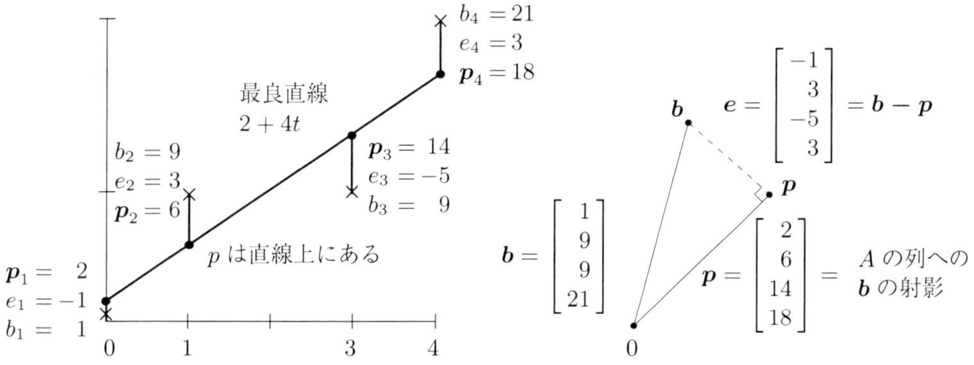

図 7.1 2 つの図！ 最良直線では $\boldsymbol{e}^{\mathrm{T}}\boldsymbol{e} = 1 + 9 + 25 + 9 = 44 = ||\boldsymbol{b} - \boldsymbol{p}||^2$ となる．

答（C と D についての方程式）をすぐに示すと，最適解 $\widehat{\boldsymbol{v}}$ と射影 $\boldsymbol{p} = A\widehat{\boldsymbol{v}}$ と誤差 $\boldsymbol{e} = \boldsymbol{b} - A\widehat{\boldsymbol{v}}$ を計算できる．**最小 2 乗法での最適解 $\widehat{\boldsymbol{v}} = (C, D)$ は，対称で可逆な正方行列 $\boldsymbol{A}^{\mathrm{T}}\boldsymbol{A}$ を用いた "正規方程式" を満たす：**

$$\widehat{\boldsymbol{v}} \text{ を求めるための正規方程式} \qquad \boldsymbol{A}^{\mathrm{T}}\boldsymbol{A}\widehat{\boldsymbol{v}} = \boldsymbol{A}^{\mathrm{T}}\boldsymbol{b}. \tag{2}$$

手短に言えば，解けない方程式 $A\boldsymbol{v} = \boldsymbol{b}$ に A^{T} を掛けて $A^{\mathrm{T}}A\widehat{\boldsymbol{v}} = A^{\mathrm{T}}\boldsymbol{b}$ を得ればよい．

例 1 （完成） 正規方程式 $A^{\mathrm{T}}A\widehat{\boldsymbol{v}} = A^{\mathrm{T}}\boldsymbol{b}$ は以下のようになる：

$$\begin{bmatrix} 1 & 1 & 1 & 1 \\ 0 & 1 & 3 & 4 \end{bmatrix} \begin{bmatrix} 1 & 0 \\ 1 & 1 \\ 1 & 3 \\ 1 & 4 \end{bmatrix} \begin{bmatrix} \widehat{C} \\ \widehat{D} \end{bmatrix} = \begin{bmatrix} 1 & 1 & 1 & 1 \\ 0 & 1 & 3 & 4 \end{bmatrix} \begin{bmatrix} 1 \\ 9 \\ 9 \\ 21 \end{bmatrix}. \tag{3}$$

乗算を行うと，この行列 $A^{\mathrm{T}}A$ は正方対称，かつ正定値である：

$$\boldsymbol{A}^{\mathrm{T}}\boldsymbol{A}\widehat{\boldsymbol{v}} = \boldsymbol{A}^{\mathrm{T}}\boldsymbol{b} \qquad \begin{bmatrix} 4 & 8 \\ 8 & 26 \end{bmatrix} \begin{bmatrix} \widehat{C} \\ \widehat{D} \end{bmatrix} = \begin{bmatrix} 40 \\ 120 \end{bmatrix} \quad \text{より} \quad \begin{bmatrix} \widehat{C} \\ \widehat{D} \end{bmatrix} = \begin{bmatrix} 2 \\ 4 \end{bmatrix}. \tag{4}$$

図 7.1 での，この最良直線 $2 + 4t$ は $t = 0, 1, 3, 4$ で高さ $\boldsymbol{p} = 2, 6, 14, 18$ となる．最小誤差 $\boldsymbol{b} - \boldsymbol{p}$ は $\boldsymbol{e} = (-1, 3, -5, 3)$ である．右側の図は，最小 2 乗法を理解するための "線形代数的方法" である．A の列空間内の $\boldsymbol{p}$ に $\boldsymbol{b}$ を射影する（$\boldsymbol{p}$ が誤差ベクトル $\boldsymbol{e}$ に垂直である様子がわかろう）．このとき $A\widehat{\boldsymbol{v}} = \boldsymbol{p}$ は，可能な最善の右辺ベクトル $\boldsymbol{p}$ をもつ．

解 $\widehat{\boldsymbol{v}} = (\widehat{C}, \widehat{D}) = (2, 4)$ が最小 2 乗法での C と D の選択である．

微積分学を用いた正規方程式 2 つの方程式は $\partial E/\partial C = 0$ と $\partial E/\partial D = 0$ である．

以下の式の第 1 列は，足して E となる 4 つの項 $e_1^2 + e_2^2 + e_3^2 + e_4^2$ を示す．その隣が，足して $\partial E/\partial C$ および $\partial E/\partial D$ となる偏導関数である．$\partial E/\partial D$ についての 3 列目では，連鎖則から因子 $0, 1, 3, 4$ が生じることに注意せよ．

$$\text{各列で足せ}\quad \boldsymbol{E}=\begin{matrix}(C+0D-1)^2\\(C+1D-9)^2\\(C+3D-9)^2\\(C+4D-21)^2\end{matrix}\qquad \frac{\boldsymbol{\partial E}}{\boldsymbol{\partial C}}=\begin{matrix}2(C+0D-1)\\2(C+1D-9)\\2(C+3D-9)\\2(C+4D-21)\end{matrix}\qquad \frac{\boldsymbol{\partial E}}{\boldsymbol{\partial D}}=\begin{matrix}2(C+0D-1)(0)\\2(C+1D-9)(1)\\2(C+3D-9)(3)\\2(C+4D-21)(4)\end{matrix}$$

$\partial E/\partial C=0$ と $\partial E/\partial D=0$ だから，偏導関数をすべて 2 で割るとよい．最後の 2 列の和は，行列の乗算として書ける（$\partial E/\partial D$ の中の $0,1,3,4$ に注意）．

$$\frac{1}{2}\begin{bmatrix}\partial E/\partial C\\ \partial E/\partial D\end{bmatrix}=\begin{bmatrix}1&1&1&1\\0&1&3&4\end{bmatrix}\begin{bmatrix}C+0D&-&1\\C+1D&-&9\\C+3D&-&9\\C+4D&-&21\end{bmatrix}=\begin{bmatrix}0\\0\end{bmatrix}. \tag{5}$$

この 2 行 4 列の行列は A^{T} である．4 行 1 列のベクトルは $A\widehat{\boldsymbol{v}}-\boldsymbol{b}$ である．微積分学で $A^{\mathrm{T}}A\boldsymbol{v}=A^{\mathrm{T}}\boldsymbol{b}$ を見いだした．

例 2 1 つの未知数 $\boldsymbol{v}$ に対して 2 つの方程式があるとする．よって $n=1$ だが $m=2$ である（おそらく解はない）．1 つの未知数とは，A に 1 列しかないことを意味する：

$$A\boldsymbol{v}=\boldsymbol{b}\quad\text{は}\quad\begin{bmatrix}a_1\\a_2\end{bmatrix}\boldsymbol{v}=\begin{bmatrix}b_1\\b_2\end{bmatrix}.\qquad\text{例えば}\quad\begin{matrix}2\boldsymbol{v}=1\\3\boldsymbol{v}=8\end{matrix}. \tag{6}$$

この行列 A は 2 行 1 列である．平方誤差は $E=e_1^2+e_2^2=(1-2\boldsymbol{v})^2+(8-3\boldsymbol{v})^2$ である．

$$\textbf{平方和}\qquad E(\boldsymbol{v})=(b_1-a_1\boldsymbol{v})^2+(b_2-a_2\boldsymbol{v})^2.$$

$E(\boldsymbol{v})$ のグラフは放物線である．その最下点が最小 2 乗解 $\widehat{\boldsymbol{v}}$ である．最小誤差は，$dE/d\boldsymbol{v}=0$ のときに起こる：

$$\widehat{\boldsymbol{v}}\ \textbf{についての方程式}\qquad \frac{dE}{d\boldsymbol{v}}=2a_1\,(a_1\widehat{\boldsymbol{v}}-b_1)\,+2a_2\,(a_2\widehat{\boldsymbol{v}}-b_2)=0. \tag{7}$$

2 を約して，$(a_1^2+a_2^2)\widehat{\boldsymbol{v}}=(a_1b_1+a_2b_2)$．左辺は $a_1^2+a_2^2=A^{\mathrm{T}}A$ であり，右辺は $a_1b_1+a_2b_2=A^{\mathrm{T}}\boldsymbol{b}$ である．再び微積分学で $A^{\mathrm{T}}A\widehat{\boldsymbol{v}}=A^{\mathrm{T}}\boldsymbol{b}$ を見いだした：

$$\begin{bmatrix}a_1&a_2\end{bmatrix}\begin{bmatrix}a_1\\a_2\end{bmatrix}\widehat{\boldsymbol{v}}=\begin{bmatrix}a_1&a_2\end{bmatrix}\begin{bmatrix}b_1\\b_2\end{bmatrix}\quad\text{より}\quad\widehat{\boldsymbol{v}}=\frac{\boldsymbol{a}^{\mathrm{T}}\boldsymbol{b}}{\boldsymbol{a}^{\mathrm{T}}\boldsymbol{a}}=\frac{a_1b_1+a_2b_2}{a_1^2+a_2^2}. \tag{8}$$

例示した数値では $\boldsymbol{a}=(2,3)$ と $\boldsymbol{b}=(1,8)$ なので $\widehat{\boldsymbol{v}}=\boldsymbol{a}^{\mathrm{T}}\boldsymbol{b}/\boldsymbol{a}^{\mathrm{T}}\boldsymbol{a}=26/13=2$ である．

例 3 $a_1=a_2=1$ という特殊な場合は，同じ量（脈拍や血圧のような）の 2 つの値 $v=b_1$ と $v=b_2$ を測ることに対応する．行列は $A^{\mathrm{T}}=[1\ \ 1]$ である．$(v-b_1)^2+(v-b_2)^2$ を最小化するための最良の $\widehat{v}$ は，単に測定値の平均である：

$$a_1=a_2=1\quad\text{のとき，}\quad A^{\mathrm{T}}A=2\quad\text{と}\quad A^{\mathrm{T}}\boldsymbol{b}=b_1+b_2\quad\text{なので}\quad\widehat{v}=(b_1+b_2)/2.$$

図 7.2 に示した線形代数の図は，$\boldsymbol{a}$ を通る直線への $\boldsymbol{b}$ の射影を示す．角度 90° で下したその射影は $\boldsymbol{p}$ であり，直角三角形の残る 1 辺は $\boldsymbol{e} = \boldsymbol{b} - \boldsymbol{p}$ である．**正規方程式は，$\boldsymbol{e}$ が $\boldsymbol{a}$ を通る直線に直交することを言っている．**

線形代数による最小 2 乗法

線形代数で $A^{\mathrm{T}}A\widehat{\boldsymbol{v}} = A^{\mathrm{T}}\boldsymbol{b}$ を導くには次のようにする．それは素晴らしい 1 行の形をとる：

$$\boldsymbol{e} = \boldsymbol{b} - A\widehat{\boldsymbol{v}} \text{ は } A \text{ の列空間に直交する．そこで } \boldsymbol{e} \text{ は } \boldsymbol{A}^{\mathbf{T}} \text{ の零空間内にある．}$$

このとき $A^{\mathrm{T}}\boldsymbol{b} = A^{\mathrm{T}}A\widehat{\boldsymbol{v}}$ となる．あの 4 番目の部分空間 $\boldsymbol{N}(A^{\mathrm{T}})$ がまさに，最小 2 乗法に必要なものである：$\boldsymbol{e}$ は，単に $\boldsymbol{p} = A\widehat{\boldsymbol{v}} = A(A^{\mathrm{T}}A)^{-1}A^{\mathrm{T}}\boldsymbol{b}$ に対してだけでなく，A の列空間全体に直交する．

図 7.2 では，射影 $\boldsymbol{p}$ を m 行 m 列の行列 P と $\boldsymbol{b}$ の積として示している．どのベクトルでも A の列空間に射影するには，**射影行列** P を掛ける．

$$\textbf{射影行列は } \boldsymbol{p} = \boldsymbol{P}\boldsymbol{b} \textbf{ を与える} \qquad \boldsymbol{P} = \frac{\boldsymbol{a}\boldsymbol{a}^{\mathbf{T}}}{\boldsymbol{a}^{\mathbf{T}}\boldsymbol{a}} \text{ または } \boldsymbol{P} = \boldsymbol{A}(\boldsymbol{A}^{\mathbf{T}}\boldsymbol{A})^{-1}\boldsymbol{A}^{\mathbf{T}}. \qquad (9)$$

最初の P の形は，$\boldsymbol{a}$ を通る直線への射影を与える．このとき A は 1 列しかもたず，$A^{\mathrm{T}}A = \boldsymbol{a}^{\mathrm{T}}\boldsymbol{a}$ であり，その数で割れる．しかし，$n > 1$ のときの正しい書き方は $(A^{\mathrm{T}}A)^{-1}$ である．第 2 の形は，$A^{\mathrm{T}}A$ が可逆である場合の，すべての P を与える．

$$\textbf{射影行列の 2 つの大切な性質} \qquad P^{\mathrm{T}} = P \text{ および } P^2 = P. \qquad (10)$$

$\boldsymbol{p}$ の射影は $\boldsymbol{p}$ 自身である（$\boldsymbol{p} = P\boldsymbol{b}$ がすでに列空間内にあるため）．このとき，射影 2 回は，射影 1 回と同じ結果をもたらす：$P(P\boldsymbol{b}) = P\boldsymbol{b}$ および $P^2 = P$.

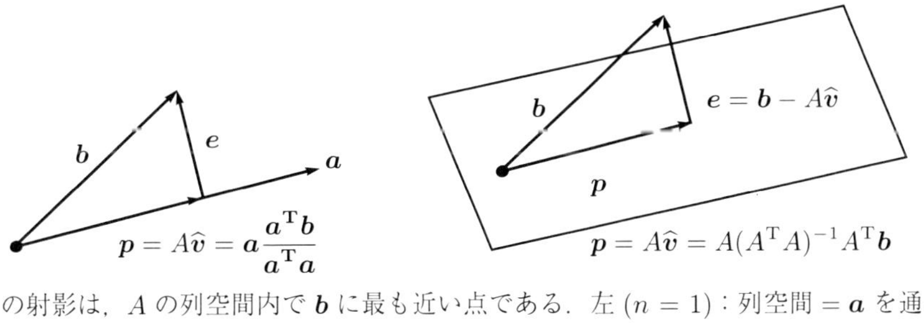

図 7.2　$\boldsymbol{p}$ の射影は，A の列空間内で $\boldsymbol{b}$ に最も近い点である．左 ($n = 1$)：列空間 = $\boldsymbol{a}$ を通る直線．右 ($n = 2$)：列空間 = 平面．

最小 2 乗法（重みなし）の，本質的な 4 つの式をまとめよう：

1.	$A\boldsymbol{v}=\boldsymbol{b}$	m 個の方程式，n 個の未知数，おそらく**解はない**
2.	$A^{\mathrm{T}}A\widehat{\boldsymbol{v}}=A^{\mathrm{T}}\boldsymbol{b}$	**正規方程式**, $\widehat{\boldsymbol{v}}=(A^{\mathrm{T}}A)^{-1}A^{\mathrm{T}}\boldsymbol{b}=$ 最良の $\boldsymbol{v}$
3.	$\boldsymbol{p}=A\widehat{\boldsymbol{v}}=A(A^{\mathrm{T}}A)^{-1}A^{\mathrm{T}}\boldsymbol{b}$	A の列空間への $\boldsymbol{b}$ の**射影** $\boldsymbol{p}$
4.	$P=A(A^{\mathrm{T}}A)^{-1}A^{\mathrm{T}}$	**射影行列** $\boldsymbol{P}$ は任意の $\boldsymbol{b}$ について $\boldsymbol{p}=P\boldsymbol{b}$ を生成

例 4　$A=\begin{bmatrix}1&0\\1&1\\1&2\end{bmatrix}$ と $\boldsymbol{b}=\begin{bmatrix}6\\0\\0\end{bmatrix}$ のとき，$\widehat{\boldsymbol{v}}$ と $\boldsymbol{p}$ と行列 P を求めよ．

解　正方行列 $A^{\mathrm{T}}A$，そしてベクトル $A^{\mathrm{T}}\boldsymbol{b}$ を計算せよ：

$$A^{\mathrm{T}}A=\begin{bmatrix}1&1&1\\0&1&2\end{bmatrix}\begin{bmatrix}1&0\\1&1\\1&2\end{bmatrix}=\begin{bmatrix}3&3\\3&5\end{bmatrix}\quad\text{と}\quad\begin{bmatrix}1&1&1\\0&1&2\end{bmatrix}\begin{bmatrix}6\\0\\0\end{bmatrix}=\begin{bmatrix}6\\0\end{bmatrix}.$$

今度は，正規方程式 $A^{\mathrm{T}}A\widehat{\boldsymbol{v}}=A^{\mathrm{T}}\boldsymbol{b}$ を解いて $\widehat{\boldsymbol{v}}$ を求めよ：

$$\begin{bmatrix}3&3\\3&5\end{bmatrix}\begin{bmatrix}\widehat{v}_1\\\widehat{v}_2\end{bmatrix}=\begin{bmatrix}6\\0\end{bmatrix}\quad\text{より}\quad\widehat{\boldsymbol{v}}=\begin{bmatrix}\widehat{v}_1\\\widehat{v}_2\end{bmatrix}=\begin{bmatrix}5\\-3\end{bmatrix}.\tag{11}$$

線形結合 $\boldsymbol{p}=A\widehat{\boldsymbol{v}}$ が，A の列空間への $\boldsymbol{b}$ の射影である：

$$\boldsymbol{p}=\mathbf{5}\begin{bmatrix}1\\1\\1\end{bmatrix}-\mathbf{3}\begin{bmatrix}0\\1\\2\end{bmatrix}=\begin{bmatrix}5\\2\\-1\end{bmatrix}.\ \text{誤差は}\ \boldsymbol{e}=\boldsymbol{b}-\boldsymbol{p}=\begin{bmatrix}1\\-2\\1\end{bmatrix}.\tag{12}$$

この計算での検算を2つ．第1に，誤差 $\boldsymbol{e}=(1,-2,1)$ は両方の列 $(1,1,1)$ と $(0,1,2)$ に直交する．第2に，射影行列 P と $\boldsymbol{b}=(6,0,0)$ の積は，正しく $\boldsymbol{p}=(5,2,-1)$ を与える．これで1つの特定の $\boldsymbol{b}$ について，この問題が解けた．

任意の $\boldsymbol{b}$ について $\boldsymbol{p}=P\boldsymbol{b}$ を求めるには $P=A(A^{\mathrm{T}}A)^{-1}A^{\mathrm{T}}$ を計算する．$A^{\mathrm{T}}A$ の行列式は $15-9=6$ なので，$(A^{\mathrm{T}}A)^{-1}$ は簡単に求まる．A 掛ける $(A^{\mathrm{T}}A)^{-1}$ 掛ける A^{T} として，P を得る：

$$(A^{\mathrm{T}}A)^{-1}=\frac{1}{6}\begin{bmatrix}5&-3\\-3&3\end{bmatrix}\quad\text{と}\quad P=\frac{1}{6}\begin{bmatrix}5&2&-1\\2&2&2\\-1&2&5\end{bmatrix}.\tag{13}$$

2度目の射影は1度目の射影を変えないので，$P^2=P$ でなければならない．

警告　行列 $P=A(A^{\mathrm{T}}A)^{-1}A^{\mathrm{T}}$ は戸惑いやすい．$(A^{\mathrm{T}}A)^{-1}$ を A^{-1} 掛ける $(A^{\mathrm{T}})^{-1}$ と分けようとするかもしれない．そう誤ってしまうと，それを P へ代入して，$P=AA^{-1}(A^{\mathrm{T}})^{-1}A^{\mathrm{T}}$ となる．すべてが打ち消して，$P=I$ と単位行列になるように見える．なぜこれが誤りかを次の2行で説明する．

A は長方行列であり，その逆行列はない．そもそも A^{-1} が存在しないので，$(A^{\mathrm{T}}A)^{-1}$ を A^{-1} 掛ける $(A^{\mathrm{T}})^{-1}$ とは分解できない．

私の経験では，長方行列を含む問題は，ほとんど常に $A^{\mathrm{T}}A$ に帰着する．A が線形独立な列をもつとき，$A^{\mathrm{T}}A$ は可逆である．この事実はあまりにも重要なので，それを明記して，証明を与える．

A の列が線形独立なとき，またそのときに限り，$A^{\mathrm{T}}A$ は可逆である．

証明 $A^{\mathrm{T}}A$ は正方行列（n 行 n 列）である．どの行列 A についても，**$A^{\mathrm{T}}A$ が A と同じ零空間をもつ**ことを，いまから示す．A の列が線形独立なとき，その零空間は零ベクトルだけを含む．すると，同じ零空間をもつ $A^{\mathrm{T}}A$ は可逆となる．

A を任意の行列とする．$\boldsymbol{x}$ がその零空間内にあるとき，$A\boldsymbol{x} = \mathbf{0}$ である．A^{T} を掛けて $A^{\mathrm{T}}A\boldsymbol{x} = \mathbf{0}$ となる．だから $\boldsymbol{x}$ もまた $A^{\mathrm{T}}A$ の零空間内にある．

今度は $A^{\mathrm{T}}A$ の零空間で始める．**$A^{\mathrm{T}}A\boldsymbol{x} = \mathbf{0}$ から $A\boldsymbol{x} = \mathbf{0}$ を証明しなくてはならない．**一般には存在しない $(A^{\mathrm{T}})^{-1}$ を掛けることはできない．単に $\boldsymbol{x}^{\mathrm{T}}$ を掛けよ：

$$(\boldsymbol{x}^{\mathrm{T}})A^{\mathrm{T}}A\boldsymbol{x} = 0 \quad \text{すなわち} \quad (A\boldsymbol{x})^{\mathrm{T}}(A\boldsymbol{x}) = 0 \quad \text{すなわち} \quad \|A\boldsymbol{x}\|^2 = 0.$$

これの意味することは：もし $A^{\mathrm{T}}A\boldsymbol{x} = \mathbf{0}$ なら，$A\boldsymbol{x}$ の長さは零である．よって $A\boldsymbol{x} = \mathbf{0}$．

一方の零空間内の任意のベクトル $\boldsymbol{x}$ が他方の零空間内にある．$A^{\mathrm{T}}A$ の列が線形従属なとき，A でもそうなる．もし $A^{\mathrm{T}}A$ の列が線形独立なとき，A でもそうなる．こちらが良い場合である：

A の列が線形独立なとき，$A^{\mathrm{T}}A$ は正方で，対称で，可逆な行列である．

繰り返して強調する：$A^{\mathrm{T}}A$ は（n 行 m 列）掛ける（m 行 n 列）である．そこで $A^{\mathrm{T}}A$ は正方行列（n 行 n 列）となる．これが対称行列であるのは，その転置が $(A^{\mathrm{T}}A)^{\mathrm{T}} = A^{\mathrm{T}}(A^{\mathrm{T}})^{\mathrm{T}}$ となり，$A^{\mathrm{T}}A$ に等しいからである．$A^{\mathrm{T}}A$ が可逆であることは証明したばかりだ—A の列が線形独立であることを前提としている．線形従属な列のときと線形独立な列のときの違いを観察せよ：

$$\underset{A^{\mathrm{T}}}{\begin{bmatrix} 1 & 1 & 0 \\ 2 & 2 & 0 \end{bmatrix}} \underset{\text{線形従属}}{\overset{A}{\begin{bmatrix} 1 & 2 \\ 1 & 2 \\ 0 & 0 \end{bmatrix}}} = \underset{\text{特異}}{\overset{A^{\mathrm{T}}A}{\begin{bmatrix} 2 & 4 \\ 4 & 8 \end{bmatrix}}} \qquad \underset{A^{\mathrm{T}}}{\begin{bmatrix} 1 & 1 & 0 \\ 2 & 2 & 1 \end{bmatrix}} \underset{\text{線形独立}}{\overset{A}{\begin{bmatrix} 1 & 2 \\ 1 & 2 \\ 0 & 1 \end{bmatrix}}} = \underset{\text{可逆}}{\overset{A^{\mathrm{T}}A}{\begin{bmatrix} 2 & 4 \\ 4 & 9 \end{bmatrix}}}$$

とても短くまとめる：射影 $\boldsymbol{p} = \widehat{v}_1\boldsymbol{a}_1 + \cdots + \widehat{v}_n\boldsymbol{a}_n$ を求めるには，$A^{\mathrm{T}}A\widehat{\boldsymbol{v}} = A^{\mathrm{T}}\boldsymbol{b}$ を解け．これが $\widehat{\boldsymbol{v}}$ を与える．射影は $A\widehat{\boldsymbol{v}}$ であり，誤差は $\boldsymbol{e} = \boldsymbol{b} - \boldsymbol{p} = \boldsymbol{b} - A\widehat{\boldsymbol{v}}$ である．射影行列 $P = A(A^{\mathrm{T}}A)^{-1}A^{\mathrm{T}}$ を $\boldsymbol{b}$ に掛けると，射影 $\boldsymbol{p} = P\boldsymbol{b}$ が求まる．

この行列は $P^2 = P$ を満たす．**$\boldsymbol{b}$ からその列空間への距離が** $\|e\|$ **である．**

重みつき最小 2 乗法

測定 $\boldsymbol{b}$ には通常，誤差がつきものである．それが出力 $\widehat{\boldsymbol{v}}$ の誤差を生み出す．いくつかの測定 b_i は他のもの（より不正確なセンサーからの）よりも信頼度が高いかもしれない．それら信頼できる b_i に，より大きな重みをおくべきである．

どの b_i でも，誤差の期待値は零であると仮定する．このとき，長期的には負の誤差は正の誤差と釣り合い，**誤差の平均は零である**．測定 b_i での誤差の平方の期待値（**"平均 2 乗誤差"**）は分散 ${\sigma_i}^2$ である：

$$\text{平均}\ \ m_i = E[e_i] = 0 \qquad \text{分散}\ \ {\sigma_i}^2 = \text{誤差の平方の期待値}\ E[e_i^2] \tag{14}$$

σ_i が小さいとき式 i に，より大きな重みを与えるべきである．このとき，b_i はより信頼できる．

統計的に正しい重みは $w_i = 1/\sigma_i$ である．それらの重み $w_1, \ldots, w_m$ をもつ対角行列 W を $A\boldsymbol{v} = \boldsymbol{b}$ に掛ける．その後，WA と $W\boldsymbol{b}$ を A と $\boldsymbol{b}$ の代わりに用いて，$WA\boldsymbol{v} = W\boldsymbol{b}$ を通常の最小 2 乗法で解く：

重みつき最小 2 乗法 $(\boldsymbol{WA})^{\mathrm{T}}(\boldsymbol{WA})\widehat{\boldsymbol{v}} = (\boldsymbol{WA})^{\mathrm{T}}\boldsymbol{Wb}$ **は** $\boldsymbol{A}^{\mathrm{T}}\boldsymbol{CA}\widehat{\boldsymbol{v}} = \boldsymbol{A}^{\mathrm{T}}\boldsymbol{Cb}$ **となる．** (15)

$C = W^{\mathrm{T}}W$ が A^{T} と A の間に挟まって，重みつき行列 $K = A^{\mathrm{T}}CA$ を生み出す．

例 5　あなたの脈拍 v を 2 回測る．重みつきでない最小 2 乗法（$w_1 = w_2 = 1$）を用いると，最良推定値は $\widehat{v} = \frac{1}{2}(b_1 + b_2)$ である．例 3 では，2 つの方程式 $v = b_1$ と $v = b_2$ に対する，その最小 2 乗解 $\widehat{v}$ を求めた．しかし，初回にあなたが緊張していたなら，σ_1 の方が σ_2 より大きい．初回の測定 b_1 の分散は，b_2 の分散より大きい．

2 回の測定を $w_1 = 1/\sigma_1$ と $w_2 = 1/\sigma_2$ のように重みづけすべきである：

$$\text{重みつきでは} \qquad \begin{aligned} w_1 v &= w_1 b_1 \\ w_2 v &= w_2 b_2 \end{aligned} \qquad \widehat{v} = \frac{w_1 b_1 + w_2 b_2}{w_1^2 + w_2^2} \tag{16}$$

$w_1 = w_2 = 1$ のとき，この答え $\widehat{v}$ は重みなしの推定値 $\frac{1}{2}(b_1 + b_2)$ に帰着する．

重みつきの $K = A^{\mathrm{T}}CA$ は，重みなしの $A^{\mathrm{T}}A$ と同じく良い性質をもつ：A の列が線形独立（この例でのように）ならば，K は正方，対称，かつ可逆な行列である．**このとき** $A^{\mathrm{T}}A$ **と** $A^{\mathrm{T}}CA$ **のすべての固有値** $\lambda > 0$：正定値行列！

■　要点の復習　■

1. 最小 2 乗解 $\widehat{\boldsymbol{v}}$ は $E = \|\boldsymbol{b} - A\boldsymbol{v}\|^2$ を最小化する．このとき，$A^{\mathrm{T}}A\widehat{\boldsymbol{v}} = A^{\mathrm{T}}\boldsymbol{b}$.

2. m 個の点に，1 本の直線 $C + Dt$ を当てはめるとき，A は m 行 2 列で，$\widehat{\boldsymbol{v}} = (\widehat{C}, \widehat{D})$ が最良直線を与える．

3. A の列空間への $\boldsymbol{b}$ の射影は $\boldsymbol{p} = A\widehat{\boldsymbol{v}} = P\boldsymbol{b}$ である：これが $\boldsymbol{b}$ へ最も近い点である．

4. 誤差は $\boldsymbol{e} = \boldsymbol{b} - \boldsymbol{p}$ である．射影行列は $P = A(A^{\mathrm{T}}A)^{-1}A^{\mathrm{T}}$ であり，$P^2 = P$ となる．

5. 重みつき最小 2 乗法では $A^{\mathrm{T}}CA\widehat{\boldsymbol{v}} = A^{\mathrm{T}}C\boldsymbol{b}$．重み c_i は 1/(b_i の分散）とするとよい．

演習問題 7.1

1 あなたの脈拍を測ると，1 分間に $b_1 = 70$ 回，その次が $b_2 = 120$ 回，その後 $b_3 = 80$ 回だったとする．3 式 $v = b_1, v = b_2, v = b_3$ の最小 2 乗解は，$A^{\mathrm{T}} = [1\ \ 1\ \ 1]$ を用いて $\widehat{v} = (A^{\mathrm{T}}A)^{-1}A^{\mathrm{T}}\boldsymbol{b} =$ _____ である．微積分学の方法と射影の方法を用いよ：

(a) $dE/dv = 0$ を解いて $E = (v-70)^2 + (v-120)^2 + (v-80)^2$ を最小化せよ．

(b) $\boldsymbol{a} = (1, 1, 1)$ に $\boldsymbol{b} = (70, 120, 80)$ を射影して，$\widehat{v} = \boldsymbol{a}^{\mathrm{T}}\boldsymbol{b}/\boldsymbol{a}^{\mathrm{T}}\boldsymbol{a}$ を求めよ．

2 $Av = \boldsymbol{b}$ には，**1 つの未知数** v に対して m 個の式 $a_i v = b_i$ があるとする．平方和 $E = (a_1 v - b_1)^2 + \cdots + (a_m v - b_m)^2$ に対して微積分学により，最小化する $\widehat{v}$ を求めよ．その後，1 列だけの A を用いて $A^{\mathrm{T}}A\widehat{v} = A^{\mathrm{T}}\boldsymbol{b}$ をつくれ．そして同じ $\widehat{v}$ を得よ．

3 点 $x = (0, 1, 2, 3)$ での $\boldsymbol{b} = (4, 1, 0, 1)$ を用いて，最も近い直線 $C + Dx$ の中の係数 $\widehat{\boldsymbol{v}} = (\widehat{C}, \widehat{D})$ に対する正規方程式を立てて解け．4 点が直線上にあるときには解をもつ，4 つの方程式 $A\boldsymbol{v} = \boldsymbol{b}$ から始めよ．

4 問題 3 での射影 $\boldsymbol{p} = A\widehat{\boldsymbol{v}}$ を求めよ．その 4 成分に対応する 4 点が直線 $\widehat{C} + \widehat{D}x$ の上にあるか点検せよ．誤差 $\boldsymbol{e} = \boldsymbol{b} - \boldsymbol{p}$ を計算し，$A^{\mathrm{T}}\boldsymbol{e} = \boldsymbol{0}$ であることを確かめよ．

5 （問題 3 の微積分学による解）$E = ||\boldsymbol{b} - A\boldsymbol{v}||^2$ を 4 つの平方の和として書き下せ：最後の項は $(1 - C - 3D)^2$ である．偏微分した式 $\partial E/\partial C = \partial E/\partial D = 0$ を求めよ．2 で割って $A^{\mathrm{T}}A\widehat{\boldsymbol{v}} = A^{\mathrm{T}}\boldsymbol{b}$ を得よ．

6 その同じ 4 点に最も近い放物線 $C + Dt + Et^2$ に対して，$\boldsymbol{v} = (C, D, E)$ についての，解のない 4 式 $A\boldsymbol{v} = \boldsymbol{b}$ を書き下せ．$\widehat{\boldsymbol{v}}$ についての正規方程式を立てよ．それら 4 点に最良の 3 字曲線 $\widehat{C} + \widehat{D}t + \widehat{E}t^2 + \widehat{F}t^3$ を当てはめたら（思考実験），誤差ベクトル $\boldsymbol{e}$ はどうなるか？

7 直線 $b = C + Dt$ が $t = -1$ で $b = 7$，$t = 1$ で $b = 7$，そして $t = 2$ で $b = 21$ をそれぞれ通るための 3 式を書き下せ．最小 2 乗解 $\widehat{\boldsymbol{v}} = (\widehat{C}, \widehat{D})$ を求め，最も近い直線を描け．

8 問題 7 での射影 $\boldsymbol{p} = A\widehat{\boldsymbol{v}}$ を求めよ．これは，その最も近い直線上で 3 つの高さを与える．誤差ベクトルが $\boldsymbol{e} = (2, -6, 4)$ であることを示せ．

9 $t=-1,1,2$ での測定結果が，問題 8 での誤差と同じ $2,-6,4$ だったとする．$\widehat{\boldsymbol{v}}$ と，この新たな測定に最も近い直線を計算せよ．その答えを説明せよ：$\boldsymbol{b}=(2,-6,4)$ は ＿＿＿ に垂直なので，射影は $\boldsymbol{p}=\boldsymbol{0}$ である．

10 $t=-1,1,2$ での測定が $\boldsymbol{b}=(5,13,17)$ だったとする．$\widehat{\boldsymbol{v}}$ と，最も近い直線を求めよ．この $\boldsymbol{b}$ は ＿＿＿ 内にあるので，誤差は $\boldsymbol{e}=\boldsymbol{0}$ である．

11 時刻 $t=-2,-1,0,1,2$ での $\boldsymbol{b}=4,2,-1,0,0$ に当てはめる最良直線 $C+Dt$ を求めよ．

12 正方形の 4 隅，$(1,0)$ と $(0,1)$ と $(-1,0)$ と $(0,-1)$ での 4 つの値 $\boldsymbol{b}=(0,1,3,4)$ に最もよく当てはまる**平面**を求めよ．それら 4 点で，式 $C+Dx+Ey=b$ は，3 つの未知数 $\boldsymbol{v}=(C,D,E)$ をもつ $A\boldsymbol{v}=\boldsymbol{b}$ である．

13 4 つの部分空間のどれが，誤差ベクトル $\boldsymbol{e}$ を含むか？ どれが $\boldsymbol{p}$ を含むか？ それが $\widehat{\boldsymbol{v}}$ を含むか？

14 $\boldsymbol{b}=(0,8,8,20)$ に最もよく当てはまる**水平線**の高さ C を求めよ．厳密な当てはめでは，可解でない 4 式 $C=0, C=8, C=8, C=20$ を解こうとする．これらの式での，4 行 1 列の行列 A を求め，$A^{\mathrm{T}}A\widehat{\boldsymbol{v}}=A^{\mathrm{T}}\boldsymbol{b}$ を解け．

問題 15〜20 では，直線への射影について，そして誤差 $\boldsymbol{e}=\boldsymbol{b}-\boldsymbol{p}$ と行列 P についても問う．

15 $\boldsymbol{a}$ を通る直線へ，ベクトル $\boldsymbol{b}$ を射影せよ．$\boldsymbol{e}$ が $\boldsymbol{a}$ に直交することを確かめよ：

$$\text{(a)}\ \boldsymbol{b}=\begin{bmatrix}1\\2\\3\end{bmatrix} \text{ と } \boldsymbol{a}=\begin{bmatrix}1\\1\\1\end{bmatrix} \qquad \text{(b)}\ \boldsymbol{b}=\begin{bmatrix}1\\3\\1\end{bmatrix} \text{ と } \boldsymbol{a}=\begin{bmatrix}-1\\-3\\-1\end{bmatrix}.$$

16 $\boldsymbol{b}$ の $\boldsymbol{a}$ への射影を描き，またそれを $\boldsymbol{p}=\widehat{v}\boldsymbol{a}$ から計算せよ：

$$\text{(a)}\ \boldsymbol{b}=\begin{bmatrix}\cos\theta\\\sin\theta\end{bmatrix} \text{ と } \boldsymbol{a}=\begin{bmatrix}1\\0\end{bmatrix} \qquad \text{(b)}\ \boldsymbol{b}=\begin{bmatrix}1\\1\end{bmatrix} \text{ と } \boldsymbol{a}=\begin{bmatrix}1\\-1\end{bmatrix}.$$

17 問題 16 で，$\boldsymbol{a}$ への射影行列 $P=\boldsymbol{a}\boldsymbol{a}^{\mathrm{T}}/\boldsymbol{a}^{\mathrm{T}}\boldsymbol{a}$ をそれぞれ求めよ．どちらの場合も，$P^2=P$ となることを確かめよ．$P\boldsymbol{b}$ と掛けて，射影 $\boldsymbol{p}$ をそれぞれ求めよ．

18 問題 16 で，$\boldsymbol{a}$ への射影行列をそれぞれ P_1 と P_2 とする．$(P_1+P_2)^2=P_1+P_2$ は成り立つか？ これは，もし $P_1P_2=0$ **だったならば**成り立つ．

19 $\boldsymbol{a}_1=(-1,2,2)$ を通る直線と $\boldsymbol{a}_2=(2,2,-1)$ を通る直線への射影行列 $\boldsymbol{a}\boldsymbol{a}^{\mathrm{T}}/\boldsymbol{a}^{\mathrm{T}}\boldsymbol{a}$ をそれぞれ計算せよ．それら 2 つの行列の積 P_1P_2 を求め，その結果を説明せよ．

20 問題 19 に続けて，$\boldsymbol{a}_3=(2,-1,2)$ への射影行列 P_3 を求めよ．$P_1+P_2+P_3=I$ であることを確かめよ．この基底 $\boldsymbol{a}_1,\boldsymbol{a}_2,\boldsymbol{a}_3$ は直交している！

21 $\boldsymbol{a}_1=(1,0)$ と $\boldsymbol{a}_2=(1,2)$ を通るそれぞの直線へ，ベクトル $\boldsymbol{b}=(1,1)$ を射影せよ．射影された $\boldsymbol{p}_1$ と $\boldsymbol{p}_2$ を描き，$\boldsymbol{p}_1+\boldsymbol{p}_2$ と加えよ．$\boldsymbol{a}$ が直交していないので，これらの射影を足しても $\boldsymbol{b}$ とならない．

22 （手軽かつ推奨）4 行 4 列の単位行列から最後の列を除いた 4 行 3 列の行列を A とする．A の列空間に $\boldsymbol{b}=(1,2,3,4)$ を射影せよ．射影行列 P と，$\boldsymbol{b}$ の射影 $\boldsymbol{p}$ は何か？

23 A を 2 倍するとき $P=2A(4A^{\mathrm{T}}A)^{-1}2A^{\mathrm{T}}$ となる．これは $A(A^{\mathrm{T}}A)^{-1}A^{\mathrm{T}}$ に等しい．$2A$ の列空間は _____ と同一である．A と $2A$ に対して，$\widehat{\boldsymbol{v}}$ は同一になるか？

24 $(1,2,-1)$ と $(1,0,1)$ をどのように線形結合すると，$\boldsymbol{b}=(2,1,1)$ に最も近いか？

25 （**重要**）$P^2=P$ のとき，$(I-P)^2=I-P$ であることを示せ．P が A の列空間へ射影するとき，$I-P$ はどの基本部分空間へ射影するか？

26 P が $(1,1,1)$ を通る直線への 3 行 3 列の射影行列であるとき，$I-P$ は _____ への射影行列である．

27 行列 $P=A(A^{\mathrm{T}}A)^{-1}A^{\mathrm{T}}$ にそれ自身を掛けよ．打ち消しが生じて $P^2=P$ となることを証明せよ．なぜ $P(P\boldsymbol{b})$ が常に $P\boldsymbol{b}$ に等しいかを説明せよ：ベクトル $P\boldsymbol{b}$ は列空間内にあるので，その射影は _____．

28 A が可逆な正方行列のとき，$(A^{\mathrm{T}}A)^{-1}$ を分離できないという警告は該当しない．このとき $AA^{-1}(A^{\mathrm{T}})^{-1}A^{\mathrm{T}}=I$ は真である．**A が可逆なとき，** なぜ $P=I$ および $\boldsymbol{e}=\mathbf{0}$ **となるか？**

29 $A^{\mathrm{T}}A$ についての重要な事実はこれである：**$A^{\mathrm{T}}A\boldsymbol{x}=\mathbf{0}$ ならば，$A\boldsymbol{x}=\mathbf{0}$ である．新たな証明**：ベクトル $A\boldsymbol{x}$ は _____ の零空間内にある．$A\boldsymbol{x}$ は常に _____ の列空間内にある．それら垂直な空間の両方に含まれるには，$A\boldsymbol{x}$ は零ベクトルでなければならない．

平均と分散と試験の成績についての注釈

あるテストで全員の得点が 90 点のとき，その平均は $m=90$ 点で，分散は $\sigma^2=0$ である．予想される得点が $g_1,\ldots,g_N$ とすると，このとき σ^2 は**平均への距離の平方**に由来する：

$$\text{平均}\ \ m=\frac{g_1+\cdots+g_N}{N}\qquad\qquad \text{分散}\ \ \sigma^2=\frac{(g_1-m)^2+\cdots+(g_N-m)^2}{N}$$

試験後はいつも，私の学生たちが m と σ を知りたがる．通常，私の期待とはかけ離れている．

30 σ^2 が $\frac{1}{N}(g_1^2+\cdots+g_N^2)-m^2$ にも等しいことを示せ．

31 公正なコイン投げを N 回繰り返すと，(表なら 1，裏なら 0 として)，表が出る期待値 m は何回か？ 分散 σ^2 はいくらか？

7.2 正定値行列と SVD

$A^{\mathrm{T}}A$ の応用についての本章は，線形代数の 2 つの重要な概念に依拠している．これらの概念は大きな役割を果たすので，ここでこれらに焦点を当てる．

1. 対称な正定値行列　　（$A^{\mathrm{T}}A$ と $A^{\mathrm{T}}CA$ はともに正定値）

2. 特異値分解（**SVD**）　（$A = U\Sigma V^{\mathrm{T}}$ は 4 つの部分空間に対する基底を完璧に与える）

この SVD での U と V は直交行列である．それらの列ベクトルは AA^{T} および $A^{\mathrm{T}}A$ の正規直交固有ベクトルであり，対角行列 Σ の成分は固有値の**平方根**である．行列 AA^{T} と $A^{\mathrm{T}}A$ の非零固有値は一致する．

6.5 節では，これら対称行列の固有ベクトルが直交することを示した．今度は，もし A の列が線形独立なら，$A^{\mathrm{T}}A$ **の固有値は正である**ことを示したい．

> $A^{\mathrm{T}}A\boldsymbol{x} = \lambda\boldsymbol{x}$ から始める．すると，$\boldsymbol{x}^{\mathrm{T}}A^{\mathrm{T}}A\boldsymbol{x} = \lambda\boldsymbol{x}^{\mathrm{T}}\boldsymbol{x}$．よって，$\lambda = ||A\boldsymbol{x}||^2/||\boldsymbol{x}||^2 > 0$.

$\boldsymbol{x}^{\mathrm{T}}A^{\mathrm{T}}A\boldsymbol{x}$ を分けて $(A\boldsymbol{x})^{\mathrm{T}}(A\boldsymbol{x}) = ||A\boldsymbol{x}||^2$ とした．（A の列が線形独立だから）$A^{\mathrm{T}}A$ は可逆行列であるので，$\lambda = 0$ とはならない．固有値は正でなければならない．

これらが，正定値行列を理解するための大切なステップである．それらは S に対する 3 つの判定法を与える——対称行列 S が正定値であるかを認識する 3 つの方法は：

正定値で対称	
	1. S のすべての固有値が正である．
	2. “エネルギー” $\boldsymbol{x}^{\mathrm{T}}S\boldsymbol{x}$ が，すべての非零ベクトル $\boldsymbol{x}$ に対して正である．
	3. S は，線形独立な列をもつ A を用いて $S = A^{\mathrm{T}}A$ の形となる．

加えて，ピボットについての判定（すべて > 0）と，n 個の行列式についての判定（すべて $>$ 0）によることもできる．

例 1　これらの行列は正定値か？ それらの固有値が正のとき，$S = A^{\mathrm{T}}A$ となる行列 A をつくり，正のエネルギー $\boldsymbol{x}^{\mathrm{T}}S\boldsymbol{x}$ を求めよ．

(a) $S = \begin{bmatrix} 4 & 0 \\ 0 & 1 \end{bmatrix}$　(b) $S = \begin{bmatrix} 5 & 4 \\ 4 & 5 \end{bmatrix}$　(c) $S = \begin{bmatrix} 4 & 5 \\ 5 & 4 \end{bmatrix}$

解　答えは**イエス**，**イエス**，と**ノー**である．これらの行列 S の固有値は

(a) 4 と 1：**正**　(b) 9 と 1：**正**　(c) 9 と -1：**正でない**.

固有値を使うより，すばやい判定には，**行列式を 2 つ**用いる：1 行 1 列の行列式 S_{11} と，2 行 2 列の S 自身の行列式である．例 (b) では $S_{11} = \mathbf{5}$ と $\det S = 25 - 16 = \mathbf{9}$（**合格**）．例 (c) では $S_{11} = \mathbf{4}$ だが $\det S = 16 - 25 = \mathbf{-9}$（**不合格と判定**).

S が対称行列のとき，**正のエネルギーは正の固有値と同値である**．3 つの例すべてで，エネルギー $\boldsymbol{x}^{\mathrm{T}}S\boldsymbol{x}$ を調べよう．2 つの例では合格で，3 つ目では不合格となる：

$$[x_1 \quad x_2]\begin{bmatrix}4 & 0\\0 & 1\end{bmatrix}\begin{bmatrix}x_1\\x_2\end{bmatrix} = 4x_1^2 + x_2^2 > 0 \qquad \boldsymbol{x} \neq \boldsymbol{0} \text{ のとき正のエネルギー}$$

$$[x_1 \quad x_2]\begin{bmatrix}5 & 4\\4 & 5\end{bmatrix}\begin{bmatrix}x_1\\x_2\end{bmatrix} = 5x_1^2 + 8x_1x_2 + 5x_2^2 \qquad \boldsymbol{x} \neq \boldsymbol{0} \text{ のとき正のエネルギー}$$

$$[x_1 \quad x_2]\begin{bmatrix}4 & 5\\5 & 4\end{bmatrix}\begin{bmatrix}x_1\\x_2\end{bmatrix} = 4x_1^2 + 10x_1x_2 + 4x_2^2 \qquad \boldsymbol{x} = (1,-1) \text{ でのエネルギーは } \mathbf{-2}$$

正のエネルギーは基本的な性質である．これが**正定値性**の最良の定義である．

固有値が正のとき，$A^{\mathrm{T}}A = S$ となる行列 A は多くある．我々が選ぶ A は対称で正定値である！ このとき $A^{\mathrm{T}}A$ は A^2 であり，この選択 $A = \sqrt{S}$ は真に S の平方根である．先の成功例 (a) と (b) では $\boldsymbol{S} = \boldsymbol{A^2}$ と書ける：

$$\begin{bmatrix}4 & 0\\0 & 1\end{bmatrix} = \begin{bmatrix}2 & 0\\0 & 1\end{bmatrix}\begin{bmatrix}2 & 0\\0 & 1\end{bmatrix} \quad \text{と} \quad \begin{bmatrix}5 & 4\\4 & 5\end{bmatrix} = \begin{bmatrix}2 & 1\\1 & 2\end{bmatrix}\begin{bmatrix}2 & 1\\1 & 2\end{bmatrix}$$

すべての対称行列で，正規直交固有ベクトルからなる V を用いて，$S = V\Lambda V^{\mathrm{T}}$ の形に書けることを知っている．すべての固有値が正のとき，対角行列 Λ は平方根 $\sqrt{\Lambda}$ をもつ．このとき，平方根 $A = \sqrt{S} = V\sqrt{\Lambda}V^{\mathrm{T}}$ は対称正定値行列である：

$$V^{\mathrm{T}}V = I \text{ だから } \boldsymbol{A}^{\mathrm{T}}\boldsymbol{A} = \sqrt{S}\sqrt{S} = (V\sqrt{\Lambda}V^{\mathrm{T}})(V\sqrt{\Lambda}V^{\mathrm{T}}) = V\sqrt{\Lambda}\sqrt{\Lambda}V^{\mathrm{T}} = \boldsymbol{S}.$$

この一意の平方根 $\sqrt{S}$ から始めて，A の他の選択肢が容易に得られる．$\sqrt{S}$ に，正規直交な列ベクトルをもつ任意の行列 Q（よって $Q^{\mathrm{T}}Q = I$）を掛けよ．すると $Q\sqrt{S}$ は A の別の選択肢（非対称）となる．実際，すべての選択肢がこのように得られる：

$$A^{\mathrm{T}}A = (Q\sqrt{S})^{\mathrm{T}}\,(Q\sqrt{S}) = \sqrt{S}Q^{\mathrm{T}}Q\sqrt{S} = S. \tag{1}$$

例 1 では，特定の Q を選び，A の特定の選択肢を得る．

例 1 （**続き**） $Q = \begin{bmatrix}0 & -1\\1 & 0\end{bmatrix}$ と選び $\sqrt{S}$ に掛けよ．すると $A = Q\sqrt{S}$.

$$A = \begin{bmatrix}0 & -1\\1 & 0\end{bmatrix}\begin{bmatrix}2 & 0\\0 & 1\end{bmatrix} = \begin{bmatrix}0 & -1\\2 & 0\end{bmatrix} \qquad \text{では} \quad S = A^{\mathrm{T}}A = \begin{bmatrix}4 & 0\\0 & 1\end{bmatrix}$$

$$A = \begin{bmatrix}0 & -1\\1 & 0\end{bmatrix}\begin{bmatrix}2 & 1\\1 & 2\end{bmatrix} = \begin{bmatrix}-1 & -2\\2 & 1\end{bmatrix} \qquad \text{では} \quad S = A^{\mathrm{T}}A = \begin{bmatrix}5 & 4\\4 & 5\end{bmatrix}.$$

半正定値行列

半正定値行列は，正定値行列に加えて，それ以外の行列も含む．S の固有値は零でもよい．A の列ベクトルは線形従属でもよい．エネルギー $\boldsymbol{x}^{\mathrm{T}}S\boldsymbol{x}$ は零でもよい——**しかし負にはならない**．これは，行列 $S = S^{\mathrm{T}}$（特異行列かもしれない）についての新たな同値条件を与える．

1′ S のすべての固有値が $\lambda \geq 0$ を満たす　（半定値は零固有値を許す）.

2′ どの x についてもエネルギーは非負である：$\boldsymbol{x}^{\mathrm{T}} S \boldsymbol{x} \geq 0$　（零エネルギーを許す）.

3′ S は $A^{\mathrm{T}}A$ の形となる　（どの A でも許され，その列ベクトルが線形従属でもよい）.

例 2 次の行列の最初の 2 つは特異で，半正定値である——3 番目は半正定値でない：

$$\text{(d)}\quad S = \begin{bmatrix} 0 & 0 \\ 0 & 1 \end{bmatrix} \qquad \text{(e)}\quad S = \begin{bmatrix} 4 & 4 \\ 4 & 4 \end{bmatrix} \qquad \text{(f)}\quad S = \begin{bmatrix} -4 & 4 \\ 4 & -4 \end{bmatrix}.$$

固有値は 1,0 と 8,0 と −8,0 である．エネルギー $\boldsymbol{x}^{\mathrm{T}} S \boldsymbol{x}$ は x_2^2 と $4(x_1 + x_2)^2$ と $-4(x_1 - x_2)^2$ である．だから，3 番目の行列は実は**負の**半定値行列である．

特異値分解（SVD）

ここからの A は，正方または長方行列とする．応用でもこのように始まる——行列はモデルから生じる．SVD では任意の行列を，**直交行列** U と**対角行列** Σ と**直交行列** V^{T} の積に分解する．それら直交行列の因子は，A に関係する 4 つの基本部分空間の直交基底を与える．

任意の m 行 n 列の行列について，まず目標を記し，次にその目標をどう達成するかを説明する．

次式を満たす，$\mathbf{R}^n$ の正規直交基底 $\boldsymbol{v}_1, \ldots, \boldsymbol{v}_n$ と $\mathbf{R}^m$ の正規直交基底 $\boldsymbol{u}_1, \ldots, \boldsymbol{u}_m$ を求めよ:

$$\boldsymbol{A}\boldsymbol{v}_1 = \boldsymbol{\sigma}_1 \boldsymbol{u}_1 \;, \ldots ,\; \boldsymbol{A}\boldsymbol{v}_r = \boldsymbol{\sigma}_r \boldsymbol{u}_r \quad \text{と} \quad \boldsymbol{A}\boldsymbol{v}_{r+1} = \mathbf{0} \;, \ldots ,\; \boldsymbol{A}\boldsymbol{v}_n = \mathbf{0} \qquad (2)$$

A は階数 r である．式 (2) の要件をまとめて，積 $\boldsymbol{AV} = \boldsymbol{U\Sigma}$ と表せる．r 個の非零特異値 $\sigma_1 \geq \sigma_2 \geq \ldots \geq \sigma_r > 0$ が Σ の対角成分にある

$$\boldsymbol{AV} = \boldsymbol{U\Sigma} \quad A \begin{bmatrix} \boldsymbol{v}_1 \ \ldots \ \boldsymbol{v}_r \ \ldots \ \boldsymbol{v}_n \end{bmatrix} = \begin{bmatrix} \boldsymbol{u}_1 \ \ldots \ \boldsymbol{u}_r \ \ldots \ \boldsymbol{u}_m \end{bmatrix} \begin{bmatrix} \sigma_1 & & 0 \\ & \ddots & \\ & & \sigma_r \\ 0 & & 0 \end{bmatrix} \qquad (3)$$

V 内の最後の $n - r$ 個のベクトルは A の零空間の基底である．U 内の最後の $m - r$ 個のベクトルは A^{T} の零空間の基底である．対角行列 Σ は m 行 n 列で，r 個の非零成分がある．

$\boldsymbol{v}_1, \ldots, \boldsymbol{v}_n$ が $\mathbf{R}^n$ 内の正規直交な列ベクトルなので，$V^{-1} = V^{\mathrm{T}}$ となることを思い起こそう．

$$\text{特異値分解} \qquad \boldsymbol{AV} = \boldsymbol{U\Sigma} \quad \text{から} \quad \boldsymbol{A} = \boldsymbol{U\Sigma V}^{\mathrm{T}}\,. \qquad (4)$$

SVD には直交行列 U と V があり，それぞれ AA^{T} と $A^{\mathrm{T}}A$ の固有ベクトルからなる．

注釈 正方行列はその固有ベクトルによって対角化される：$A\boldsymbol{x}_i = \lambda_i \boldsymbol{x}_i$ は $A\boldsymbol{v}_i = \sigma_i \boldsymbol{u}_i$ のようなものである．しかし A に n 個の固有ベクトルがあるときでも，それらは直交しないかもしれない．我々には **2 組の基底**が必要である —— $\mathbf{R}^n$ 内での入力基底 $\boldsymbol{v}$ と，$\mathbf{R}^m$ 内での出力基底 $\boldsymbol{u}$．2 組の基底を用いて，任意の m 行 n 列の行列が対角化できる．美しいことに，これらを正規直交基底となるように選べる．このとき $U^{\mathrm{T}}U = I$ および $V^{\mathrm{T}}V = I$ である．

$\boldsymbol{v}$ は対称行列 $S = A^{\mathrm{T}}A$ の固有ベクトルである．それらの直交性を保証でき，$j \neq i$ に対して $\boldsymbol{v}_j^{\mathrm{T}}\boldsymbol{v}_i = 0$ である．行列 S は半正定値であり，その固有値は $\sigma_i^2 \geq 0$ である．**SVD で大切なことは，$\boldsymbol{A}\boldsymbol{v}_{\boldsymbol{j}}$ が $\boldsymbol{A}\boldsymbol{v}_{\boldsymbol{i}}$ に直交することである：**

$$\boldsymbol{u}\ \textbf{は直交する}\quad (\boldsymbol{A}\boldsymbol{v}_{\boldsymbol{j}})^{\mathrm{T}}(\boldsymbol{A}\boldsymbol{v}_{\boldsymbol{i}}) = \boldsymbol{v}_j^{\mathrm{T}}(A^{\mathrm{T}}A\boldsymbol{v}_i) = \boldsymbol{v}_j^{\mathrm{T}}(\sigma_i^2\boldsymbol{v}_i) = \begin{cases} \sigma_i^2 & ,\ j = i \text{ のとき} \\ \mathbf{0} & ,\ j \neq i \text{ のとき} \end{cases} \tag{5}$$

したがって，ベクトル $\boldsymbol{u}_i = A\boldsymbol{v}_i/\sigma_i \ (i = 1, \ldots, r)$ が正規直交系をなす．これらは A の列空間の基底である．そして $\boldsymbol{u}$ は対称行列 AA^{T} の固有ベクトルである．その行列は通常 $S = A^{\mathrm{T}}A$ とは異なる（しかし固有値 $\sigma_1^2, \ldots, \sigma_r^2$ は同じである）．

例 3 次の長方行列 A に対して，入力と出力の固有ベクトル $\boldsymbol{v}$ および $\boldsymbol{u}$ を求めよ：

$$A = \begin{bmatrix} 2 & 2 & 0 \\ -1 & 1 & 0 \end{bmatrix} = U\Sigma V^{\mathrm{T}}.$$

解　$S = A^{\mathrm{T}}A$ と，その固有ベクトル $\boldsymbol{v}_1, \boldsymbol{v}_2, \boldsymbol{v}_3$ を計算せよ．固有値 σ^2 は $8, 2, 0$ であり，正の特異値は $\sigma_1 = \sqrt{8}$ と $\sigma_2 = \sqrt{2}$ である：

$$A^{\mathrm{T}}A = \begin{bmatrix} 5 & 3 & 0 \\ 3 & 5 & 0 \\ 0 & 0 & 0 \end{bmatrix} \quad \text{より} \quad \boldsymbol{v}_1 = \frac{1}{2}\begin{bmatrix} \sqrt{2} \\ \sqrt{2} \\ 0 \end{bmatrix}, \quad \boldsymbol{v}_2 = \frac{1}{2}\begin{bmatrix} -\sqrt{2} \\ \sqrt{2} \\ 0 \end{bmatrix}, \quad \boldsymbol{v}_3 = \begin{bmatrix} 0 \\ 0 \\ 1 \end{bmatrix}.$$

出力 $\boldsymbol{u}_1 = A\boldsymbol{v}_1/\sigma_1$ と $\boldsymbol{u}_2 = A\boldsymbol{v}_2/\sigma_2$ も，$\sigma_1 = \sqrt{8}$ と $\sigma_2 = \sqrt{2}$ を用いて正規直交化される．ベクトル $\boldsymbol{u}_1$ と $\boldsymbol{u}_2$ は A の列空間内にある：

$$\boldsymbol{u}_1 = \begin{bmatrix} 2 & 2 & 0 \\ -1 & 1 & 0 \end{bmatrix} \frac{\boldsymbol{v}_1}{\sqrt{8}} = \begin{bmatrix} 1 \\ 0 \end{bmatrix} \quad \text{と} \quad \boldsymbol{u}_2 = \begin{bmatrix} 2 & 2 & 0 \\ -1 & 1 & 0 \end{bmatrix} \frac{\boldsymbol{v}_2}{\sqrt{2}} = \begin{bmatrix} 0 \\ 1 \end{bmatrix}.$$

このとき $U = I$ で，2 行 3 列の行列 A に対する特異値分解は $U\Sigma V^{\mathrm{T}}$ である：

$$A = \begin{bmatrix} 2 & 2 & 0 \\ -1 & 1 & 0 \end{bmatrix} = \begin{bmatrix} 1 & 0 \\ 0 & 1 \end{bmatrix} \begin{bmatrix} \boldsymbol{\sqrt{8}} & 0 & 0 \\ 0 & \boldsymbol{\sqrt{2}} & 0 \end{bmatrix} \frac{1}{2}\begin{bmatrix} \sqrt{2} & \sqrt{2} & 0 \\ \sqrt{2} & -\sqrt{2} & 0 \\ 0 & 0 & 2 \end{bmatrix}^{\mathbf{T}}.$$

線形代数の基本定理

私は SVD を基本定理の最後の段階と考えている．第 1 定理では，図 7.3 の 4 つの部分空間の

次元が決まる．第 2 定理では，それら部分空間のペアが**直交**するとわかる．今度は，A **を対角化する正規直交基底** $\boldsymbol{v}$ **と** $\boldsymbol{u}$ が定まった：

SVD	$j \le r$ に対して　$A\boldsymbol{v}_j = \sigma_j \boldsymbol{u}_j$	$j \le r$ に対して　$A^{\mathrm{T}}\boldsymbol{u}_j = \sigma_j \boldsymbol{v}_j$
	$j > r$ に対して　$A\boldsymbol{v}_j = \boldsymbol{0}$	$j > r$ に対して　$A^{\mathrm{T}}\boldsymbol{u}_j = \boldsymbol{0}$

$A\boldsymbol{v}_j = \sigma_j \boldsymbol{u}_j$ に A^{T} を掛けて σ_j で割ると，その式 $\boldsymbol{A^{\mathrm{T}}u_j = \sigma_j v_j}$ を得る．

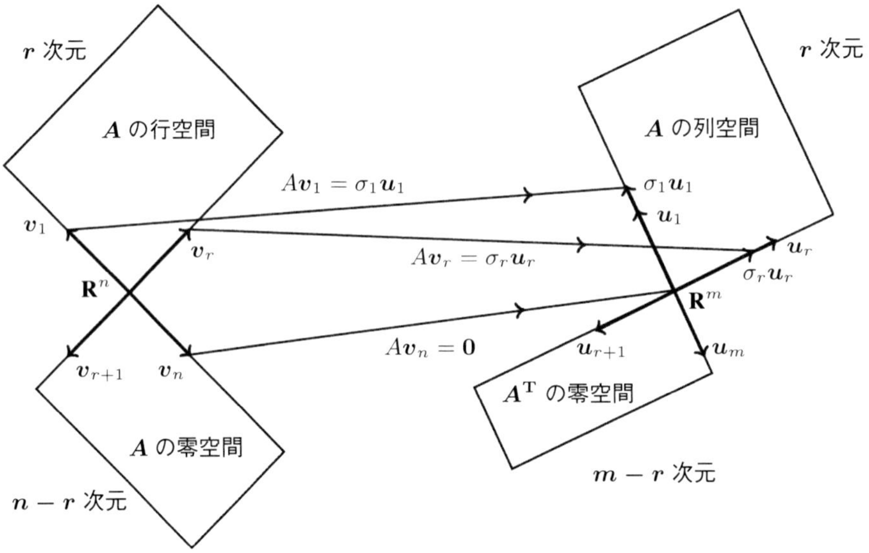

図 7.3　m 行 n 列で階数 r の A を対角化する正規直交基底 $\boldsymbol{v}$ と $\boldsymbol{u}$.

A の "ノルム" は，その最大の特異値である：$||\boldsymbol{A}|| = \boldsymbol{\sigma_1}$. これは $||A\boldsymbol{v}||$ の $||\boldsymbol{v}||$ に対する，可能な最大の比を測る．その長さの比は，$\boldsymbol{v} = \boldsymbol{v}_1$ および $A\boldsymbol{v} = \sigma_1\boldsymbol{u}_1$ のときに最大となる．この特異値 σ_1 は最大固有値よりも，行列の大きさについての，ずっと良い指標となる．極端な例では，A の固有値は零で 1 つの固有ベクトル $(1,1)$ しかないが，それでも $A^{\mathrm{T}}A$ は大きくなりえる：$\boldsymbol{v} = (1,-1)$ のとき $A\boldsymbol{v}$ は 200 倍大きい．

$$A = \begin{bmatrix} 100 & -100 \\ 100 & -100 \end{bmatrix} \text{ では } \lambda_{\max} = \mathbf{0}. \quad \text{しかし } \boldsymbol{\sigma_{\max}} = (\boldsymbol{A} \text{ のノルム}) = \mathbf{200}. \tag{6}$$

条件数

$A = U\Sigma V^{\mathrm{T}}$ の価値ある性質は，それが A の部品を**重要性の順序に**並べるということである．ある列 $\boldsymbol{u}_i$ 掛けるある行 $\sigma_i\boldsymbol{v}_i^{\mathrm{T}}$ で，行列の部品 1 つが生成される．A の階数が r のとき，r 個の非零の σ から，r 個の非零の部品が生じる．U の列を ΣV^{T} の行に掛けると，それらの部品を足し合わせて A となる：

各部品の階数は 1

$$A = \begin{bmatrix} \boldsymbol{u}_1 & \dots & \boldsymbol{u}_r \end{bmatrix} \begin{bmatrix} \sigma_1 \boldsymbol{v}_1^{\mathrm{T}} \\ \dots\dots \\ \sigma_r \boldsymbol{v}_r^{\mathrm{T}} \end{bmatrix} = \boldsymbol{u}_1(\sigma_1 \boldsymbol{v}_1^{\mathrm{T}}) + \cdots + \boldsymbol{u}_r(\sigma_r \boldsymbol{v}_r^{\mathrm{T}}). \tag{7}$$

最初の部品が A のノルムである σ_1 を与える．A が可逆行列ならば，最後の部品が A^{-1} のノルムである $1/\sigma_n$ を与える．**条件数**は σ_1 と $1/\sigma_n$ の積である：

$$\boldsymbol{A} \quad \text{の条件数} \qquad \boldsymbol{c(A)} = ||A||\ ||A^{-1}|| = \frac{\boldsymbol{\sigma_1}}{\boldsymbol{\sigma_n}}. \tag{8}$$

この数 $c(A)$ は $A\boldsymbol{v} = \boldsymbol{b}$ を解く際の数値安定性の鍵となる．A が直交行列のとき，対称行列 $S = A^{\mathrm{T}}A$ は単位行列である．だから直交行列の特異値は，すべて $\sigma = 1$ である．もう一方の極端な状況として，特異行列では $\sigma_n = 0$ であり，このとき $c = \infty$ となる．直交行列で最良の条件数 $c = 1$ となる．

データ行列：SVD の応用

"ビッグ（巨大）データ" は今世紀の線形代数の問題である（それをここで解くわけではないが）．センサーやスキャナーや画像処理装置が，莫大な量の情報を生み出す．そのデータの明確な意味づけを行うことは，アナリスト（新たなタイプの数学者や統計学者）の世界の**巨大**問題である．最もしばしば，データは行列の形で与えられる．

通常のアプローチは PCA（**主成分分析**）である．これは本質的には SVD である．最初の部品 $\sigma_1 \boldsymbol{u}_1 \boldsymbol{v}_1^{\mathrm{T}}$ が最大の情報を含んでいる（統計学では，この部品が最大の分散をもつという）．それが我々に大部分を教える．第 7 章の注釈に，もう少し記す．

■ 要点の復習 ■

1. 正定値対称行列では，固有値とピボットとエネルギーがどれも正となる．
2. A の列が線形独立なとき，またそのときに限り，$S = A^{\mathrm{T}}A$ は正定値である．
3. $A\boldsymbol{x} = \boldsymbol{0}$ のとき，$\boldsymbol{x}^{\mathrm{T}}A^{\mathrm{T}}A\boldsymbol{x} = (A\boldsymbol{x})^{\mathrm{T}}(A\boldsymbol{x})$ は零である．$A^{\mathrm{T}}A$ は**半正定値**かもしれない．
4. SVD とは $A = U\Sigma V^{\mathrm{T}} =$ (**直交**行列) (**対角**行列) (**直交**行列) という分解である．
5. V と U の各列は，$A^{\mathrm{T}}A$ と AA^{T} の固有ベクトル（A の特異ベクトル）である．
6. それらの正規直交基底では $A\boldsymbol{v}_i = \sigma_i \boldsymbol{u}_i$ となり，A が対角化される．
7. $A = \sigma_1 \boldsymbol{u}_1 \boldsymbol{v}_1^{\mathrm{T}} + \cdots + \sigma_r \boldsymbol{u}_r \boldsymbol{v}_r^{\mathrm{T}}$ の最大の部品から，ノルム $||A|| = \sigma_1$ となる．

演習問題 7.2

1 2 行 2 列の対称行列 $\begin{bmatrix} a & b \\ b & c \end{bmatrix}$ で，1 行 1 列と 2 行 2 列の行列式 a および $ac-b^2$ が正であるとする．このとき $c > b^2/a$ もまた正である．

(i) 積 $\lambda_1\lambda_2$ が ＿＿＿ に等しいので，λ_1 と λ_2 は**同符号**である．

(ii) $\lambda_1+\lambda_2$ が ＿＿＿ に等しいので，その符号は正である．

結論： $a>0$，$ac-b^2>0$ の判定で，正の固有値 λ_1, λ_2 が保証される．

2 S_1, S_2, S_3, S_4 のどれが，2 つの正の固有値をもつか？ λ を計算せずに，a と $ac-b^2$ を用いて判定すること．$\boldsymbol{x}^{\mathrm{T}}S_1\boldsymbol{x}<0$ となる $\boldsymbol{x}$ を 1 つ見つけ，S_1 が不合格と判定されることを確かめよ．

$$S_1=\begin{bmatrix} 5 & 6 \\ 6 & 7 \end{bmatrix} \quad S_2=\begin{bmatrix} -1 & -2 \\ -2 & -5 \end{bmatrix} \quad S_3=\begin{bmatrix} 1 & 10 \\ 10 & 100 \end{bmatrix} \quad S_4=\begin{bmatrix} 1 & 10 \\ 10 & 101 \end{bmatrix}.$$

3 以下の行列が正定値になるのは，b と c がどんな数のときか？

$$S=\begin{bmatrix} 1 & b \\ b & 9 \end{bmatrix} \qquad S=\begin{bmatrix} 2 & 4 \\ 4 & c \end{bmatrix} \qquad S=\begin{bmatrix} c & b \\ b & c \end{bmatrix}.$$

4 次の各行列のエネルギー $q=ax^2+2bxy+cy^2=\boldsymbol{x}^{\mathrm{T}}S\boldsymbol{x}$ は何か？ 平方完成して，q を平方の和 $d_1(\quad)^2+d_2(\quad)^2$ として書け．

$$S=\begin{bmatrix} 1 & 2 \\ 2 & 9 \end{bmatrix} \quad と \quad S=\begin{bmatrix} 1 & 3 \\ 3 & 9 \end{bmatrix}.$$

5 $\boldsymbol{x}^{\mathrm{T}}S\boldsymbol{x}=2x_1x_2$ は原点 $(0,0)$ で最小ではなく，鞍点となるのが確かである．このエネルギーを与える対称行列 S は何か？ その固有値は何か？

6 各場合で，$A^{\mathrm{T}}A$ が正定値かどうかを判定せよ：

$$A=\begin{bmatrix} 1 & 2 \\ 0 & 3 \end{bmatrix} \quad と \quad A=\begin{bmatrix} 1 & 1 \\ 1 & 2 \\ 2 & 1 \end{bmatrix} \quad と \quad A=\begin{bmatrix} 1 & 1 & 2 \\ 1 & 2 & 1 \end{bmatrix}.$$

7 どの 3 行 3 列の対称行列 S と T が，これら 2 次式のエネルギーを生み出すか？

$\boldsymbol{x}^{\mathrm{T}}S\boldsymbol{x}=2\left(x_1^2+x_2^2+x_3^2-x_1x_2-x_2x_3\right)$．なぜ S は正定値か？

$\boldsymbol{x}^{\mathrm{T}}T\boldsymbol{x}=2\left(x_1^2+x_2^2+x_3^2-x_1x_2-x_1x_3-x_2x_3\right)$．なぜ T は半定値か？

8 次の S で，3 つの左上の行列式を計算して，正定値性を示せ（最初の行列式は 2）．それらの比が，第 2 および第 3 ピボットをとなることを確かめよ．

$$\text{ピボット} = \text{行列式の比} \qquad S = \begin{bmatrix} 2 & 2 & 0 \\ 2 & 5 & 3 \\ 0 & 3 & 8 \end{bmatrix}.$$

9 どんな数 c と d なら，S と T が正定値になるか？ 3 つの行列式を調べよ：

$$S = \begin{bmatrix} c & 1 & 1 \\ 1 & c & 1 \\ 1 & 1 & c \end{bmatrix} \quad \text{と} \quad T = \begin{bmatrix} 1 & 2 & 3 \\ 2 & d & 4 \\ 3 & 4 & 5 \end{bmatrix}.$$

10 **S が正定値であるとき，S^{-1} も正定値である．** 最良の証明：_____ であるので，S^{-1} の固有値は正である．**2 つ目の証明**（2 行 2 列の場合のみ）：

$$S^{-1} = \frac{1}{ac - b^2} \begin{bmatrix} c & -b \\ -b & a \end{bmatrix} \text{ の成分は,行列式による判定 } \_\_\_\_\_ \text{ を満たす.}$$

11 **S と T が正定値ならば，それらの和 $S + T$ も正定値となる**．$S + T$ に対しては，ピボットと固有値は便利ではない．$\boldsymbol{x}^{\mathrm{T}}(S + T)\boldsymbol{x} > 0$ を証明する方がよい．

12 正定値行列は，**その対角成分に零**（または，よりひどい負の数）**をもてない**．次の行列では $\boldsymbol{x}^{\mathrm{T}}S\boldsymbol{x} > 0$ が成り立たないことを示せ：

$$\begin{bmatrix} x_1 & x_2 & x_3 \end{bmatrix} \begin{bmatrix} 4 & 1 & 1 \\ 1 & \mathbf{0} & 2 \\ 1 & 2 & 5 \end{bmatrix} \begin{bmatrix} x_1 \\ x_2 \\ x_3 \end{bmatrix} \text{ は,} (x_1, x_2, x_3) = (\quad,\quad,\quad) \text{ のとき正でない.}$$

13 対称行列の対角成分 a_{jj} が，すべての λ より小さいということはない．もしそうだったなら，$A - a_{jj}I$ は _____ の固有値をもち，正定値となる．しかし $A - a_{jj}I$ の主対角には _____ がある．

14 **もしすべての $\lambda > 0$ ならば，$\boldsymbol{x}^{\mathrm{T}}S\boldsymbol{x} > 0$ であることを示せ**．単に固有ベクトルだけでなく，**すべての**非零ベクトル $\boldsymbol{x}$ に対して示さなくてはならない．そこで，$\boldsymbol{x}$ を固有ベクトルの線形結合として書き，**"交差項" すべてで $\boldsymbol{x}_i^{\mathrm{T}}\boldsymbol{x}_j = 0$ となる理由を説明せよ**．このとき $\boldsymbol{x}^{\mathrm{T}}S\boldsymbol{x}$ は

$$(c_1\boldsymbol{x}_1 + \cdots + c_n\boldsymbol{x}_n)^{\mathrm{T}}(c_1\lambda_1\boldsymbol{x}_1 + \cdots + c_n\lambda_n x_n) = c_1^2\lambda_1\boldsymbol{x}_1^{\mathrm{T}}\boldsymbol{x}_1 + \cdots + c_n^2\lambda_n\boldsymbol{x}_n^{\mathrm{T}}\boldsymbol{x}_n > 0.$$

15 以下の文がいずれも成り立つのはなぜか，理由を手短に述べよ：

(a) 正定値行列はどれも可逆である．

(b) 射影行列で正定値となるのは $P = I$ だけである．

(c) 正の対角成分をもつ対角行列は，正定値である．

(d) 正の行列式をもつ対称行列でも，正定値でないものがある！

16 D のピボットが正であるとき，分解 $S = LDL^{\mathrm{T}}$ は $L\sqrt{D}\sqrt{D}L^{\mathrm{T}}$ になる（ピボットの平方根から $D = \sqrt{D}\sqrt{D}$ となる）．このとき，$A = \sqrt{D}L^{\mathrm{T}}$ は，**コレスキー分解** $S = A^{\mathrm{T}}A$ を与える．これは"対称化された LU"である．

$$A = \begin{bmatrix} 3 & 1 \\ 0 & 2 \end{bmatrix} \quad \text{から } S \text{ を求めよ．} \quad S = \begin{bmatrix} 4 & 8 \\ 8 & 25 \end{bmatrix} \text{ から } A = \textbf{chol}(S) \text{ を求めよ．}$$

17 $S = \begin{bmatrix} \cos\theta & -\sin\theta \\ \sin\theta & \cos\theta \end{bmatrix} \begin{bmatrix} 2 & 0 \\ 0 & 5 \end{bmatrix} \begin{bmatrix} \cos\theta & \sin\theta \\ -\sin\theta & \cos\theta \end{bmatrix}$ を掛けないまま，以下を求めよ：

(a) S の行列式　　(b) S の固有値

(c) S の固有ベクトル　　(d) S が正定値で対称な理由．

18 $F_1(x, y) = \frac{1}{4}x^4 + x^2y + y^2$ と $F_2(x, y) = x^3 + xy - x$ に対して，2 階微分行列 H_1 と H_2 を求めよ：

$$\textbf{極小値の判定} \quad H = \begin{bmatrix} \partial^2F/\partial x^2 & \partial^2F/\partial x\partial y \\ \partial^2F/\partial y\partial x & \partial^2F/\partial y^2 \end{bmatrix} \text{ が正定値となる}$$

H_1 は正定値なので，F_1 は上に凹（＝下に凸）である．F_1 の極小値と，F_2 の鞍点を求めよ．(1 階偏微分がすべて零となるところだけを探せ)．

19 $z = x^2 + y^2$ のグラフは，上方に開いたお椀の形である．$z = x^2 - y^2$ のグラフは，**鞍**の形である．$z = -x^2 - y^2$ のグラフは，下方に開いたお椀の形である．$z = ax^2 + 2bxy + cy^2$ が $(0, 0)$ に鞍点をもつための，a, b, c についての判定条件は何か？

20 $z = 4x^2 + 12xy + cy^2$ のグラフは，c がどんな値のときにお椀の形で，どんな値のときに鞍点となるか？ c の値がその境界上のとき，このグラフを説明せよ．

21 S と T が対称な正定値行列でも，ST は対称行列でさえないかもしれない．しかしその固有値は，まだ正である．$ST\boldsymbol{x} = \lambda\boldsymbol{x}$ から始めて，$T\boldsymbol{x}$ との内積をとれ．そして，$\lambda > 0$ を証明せよ．

22 C は正定値（つまり $\boldsymbol{y} \neq \boldsymbol{0}$ のときは常に $\boldsymbol{y}^{\mathrm{T}}C\boldsymbol{y} > 0$）であり，$A$ の各列は線形独立である（つまり $\boldsymbol{x} \neq \boldsymbol{0}$ のときは常に $A\boldsymbol{x} \neq \boldsymbol{0}$）とする．$\boldsymbol{x}^{\mathrm{T}}A^{\mathrm{T}}CA\boldsymbol{x}$ に対してエネルギーの判定を行い，$A^{\mathrm{T}}CA$ が正定値であることを示せ：**工学で大変重要な行列**である．

23 $A^{\mathrm{T}}A$ の固有値と単位固有ベクトル $\boldsymbol{v}_1, \boldsymbol{v}_2$ を求めよ．その後，$\boldsymbol{u}_1 = A\boldsymbol{v}_1/\sigma_1$ を求めよ：

$$A = \begin{bmatrix} 1 & 2 \\ 3 & 6 \end{bmatrix} \text{ と } A^{\mathrm{T}}A = \begin{bmatrix} 10 & 20 \\ 20 & 40 \end{bmatrix} \text{ と } AA^{\mathrm{T}} = \begin{bmatrix} 5 & 15 \\ 15 & 45 \end{bmatrix}.$$

$\boldsymbol{u}_1$ が AA^{T} の単位固有ベクトルであることを確かめよ．行列 U, Σ, V を完成せよ．

$$\textbf{SVD} \qquad \begin{bmatrix} 1 & 2 \\ 3 & 6 \end{bmatrix} = \begin{bmatrix} \boldsymbol{u}_1 & \boldsymbol{u}_2 \end{bmatrix} \begin{bmatrix} \sigma_1 & \\ & 0 \end{bmatrix} \begin{bmatrix} \boldsymbol{v}_1 & \boldsymbol{v}_2 \end{bmatrix}^{\mathrm{T}}.$$

24 問題 23 の A の 4 つの基本部分空間の正規直交基底を書き下せ.

25 (a) $A^{\mathrm{T}}A$ のトレースが，すべての a_{ij}^2 の和に等しいのはなぜか？

(b) 階数 1 の行列ではどれも，$\sigma_1^2 =$ すべての a_{ij}^2 の和，となるのはなぜか？

26 $A^{\mathrm{T}}A$ と AA^{T} の固有値と単位固有ベクトルを求めよ．$A\boldsymbol{v} = \sigma\boldsymbol{u}$ の関係はそれぞれ保て：

$$\text{フィボナッチ行列} \qquad A = \begin{bmatrix} 1 & 1 \\ 1 & 0 \end{bmatrix}$$

特異値分解 $U\Sigma V^{\mathrm{T}}$ が A に等しいことを確かめよ.

27 $A^{\mathrm{T}}A$ と AA^{T} と，それらの固有値と，V と U に対する単位固有ベクトルを計算せよ.

$$\text{長方行列} \qquad A = \begin{bmatrix} 1 & 1 & 0 \\ 0 & 1 & 1 \end{bmatrix}.$$

$AV = U\Sigma$ であることを確かめよ（これが U の中の $\pm$ の符号を決める）．**Σ は A と同じ形をもつ**.

28 $\boldsymbol{v} = \frac{1}{2}(1,1,1,1)$ と $\boldsymbol{u} = \frac{1}{3}(2,2,1)$ に対して $A\boldsymbol{v} = 12\boldsymbol{u}$ を満たす，階数 1 の行列をつくれ．その特異値は $\sigma_1 =$ ＿＿＿ だけである.

29 A は可逆行列である（$\sigma_1 > \sigma_2 > 0$ である）とする．A を，行列として**できるだけ小さな**変形で，特異行列 A_0 に変えよ．ヒント：U と V は変わらない.

$$A = \begin{bmatrix} \boldsymbol{u}_1 & \boldsymbol{u}_2 \end{bmatrix} \begin{bmatrix} \sigma_1 & \\ & \sigma_2 \end{bmatrix} \begin{bmatrix} \boldsymbol{v}_1 & \boldsymbol{v}_2 \end{bmatrix}^{\mathrm{T}} \quad \text{から，最も近い } A_0 \text{ を見つけよ.}$$

30 $A + I$ の SVD に $\Sigma + I$ は用いない．**なぜ，$\sigma(A+I)$ は単に $\sigma(A) + 1$ ではないか**？

31 私のお気に入りの SVD の例は，境界条件 $v(0) = 0$ と $v(1) = 0$ の下での $Av(x) = dv/dx$ である．直交関数 $v(x)$ の中で，その導関数 $Av = dv/dx$ もまた直交するものを探す．完璧な選択は $v_1 = \sin \pi x$ と $v_2 = \sin 2\pi x$ と $v_k = \sin k\pi x$ である．このとき u_k はそれぞれのコサインとなる.

v_1 の導関数は $Av_1 = \pi \cos \pi x = \pi u_1$ である．特異値は $\sigma_1 = \pi$ で，一般には $\sigma_k = k\pi$ となる．サイン（およびコサイン）の直交性は，フーリエ級数の基礎をなす.

$AV = U\Sigma$ と書くと，あなたは反対するかもしれない．導関数 $A = d/dx$ は行列ではない！その直交因子 V の各列には，ベクトルではなく関数 $\sin k\pi x$ が入る．行列 U にはコサイン関数 $\cos k\pi x$ が入る．いつからこんなことが許されたのか？ 1 つの答えは，ウェブ上の **chebfun** パッケージを参照することである．これが，ベクトルでなく関数を各列にもつ行列へ，線形代数を拡張する.

もう1つの答えは，d/dx を1階差分行列 A で置き換えることである．その大きさは $N+1$ 行 N 列になる．A は，主対角線に1，その下の対角線に -1 をもつ．このとき $AV=U\Sigma$ の V には離散化されたサインが，U には離散化されたコサインが入る．

$N=2$ の場合に，この差分行列 A（3行2列）と $A^{\mathrm{T}}A$（2行2列）をつくれ．離散的サインは $\boldsymbol{v}_1=(\sqrt{3}/2,\sqrt{3}/2)$ と $\boldsymbol{v}_2=(\sqrt{3}/2,-\sqrt{3}/2)$ である[1]．$A\boldsymbol{v}_1$ と $A\boldsymbol{v}_2$ が直交することを確かめよ．Σ の中の特異値 σ_1 と σ_2 は何か？

7.3 初期条件を境界条件で置き換える

本節では，初期値問題ではなく，定常状態の問題を扱う．時刻の変数 t は空間の変数 x に置き換わる．$t=0$ での2つの初期条件の代わりに，$x=0$ での境界条件1つと，$x=1$ での**もう1つの境界条件**がある．

$y(x)$ についての，最も単純な2点境界値問題を示す．$f(x)=1$ として始めよう．

$$\textbf{2つの境界条件}\qquad -\frac{d^2y}{dx^2}=f(x)\ \text{に加えて}\ y(0)=0\ \text{と}\ y(1)=0. \tag{1}$$

1つの特殊解 $y_p(x)$ は $f(x)$ を2回積分することで得られる．$f(x)=1$ ならば，2回積分して $x^2/2$ となり，(1) の負号により $y_p=-x^2/2$ となる．

斉次解 $y_n(x)$ は，外力が零のときの方程式を満たす：$-y_n''=0$．任意の1次式 $y_n=Cx+D$ を，2階微分すると零となる．これが斉次解である．

これら2つの定数 C と D を用いて，一般解が $\boldsymbol{y(x)=y_p+y_n=-x^2/2+Cx+D}$ と求まり，2つの境界条件を満たせる．

$$\boldsymbol{y(0)=0}\ \text{と}\ \boldsymbol{y(1)=0}\qquad x=0\ \text{と}\ x=1\ \text{を代入し，}\qquad D=0\ \text{と}\ -\frac{1}{2}+C+D=0$$

境界条件より $D=0$ と $C=\frac{1}{2}$ となる．そして解は $y=y_p+y_n$ である：

$-y''=1$ の解

$$y(x)=-\frac{\boldsymbol{x^2}}{\boldsymbol{2}}+\frac{\boldsymbol{x}}{\boldsymbol{2}}=\frac{\boldsymbol{x-x^2}}{\boldsymbol{2}}$$

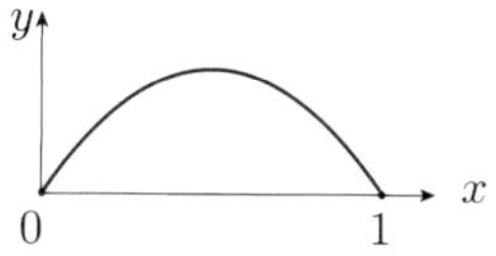

放物線のグラフは $y=0$ を出発して，また戻る（**固定端**）．傾き $y'=\frac{1}{2}-x$ は減少する．2階微分は $y''=-1$ であり，放物線は下方へと曲がる．

[1] 訳注：A の SVD の結果と一致させるには，当然 $\boldsymbol{v}_1$ と $\boldsymbol{v}_2$ を正規化する必要がある．また，SVD では σ_1 が最大特異値であるが，ここでは最小特異値をそう定義しているので，添え字を入れ替える必要もあろう．

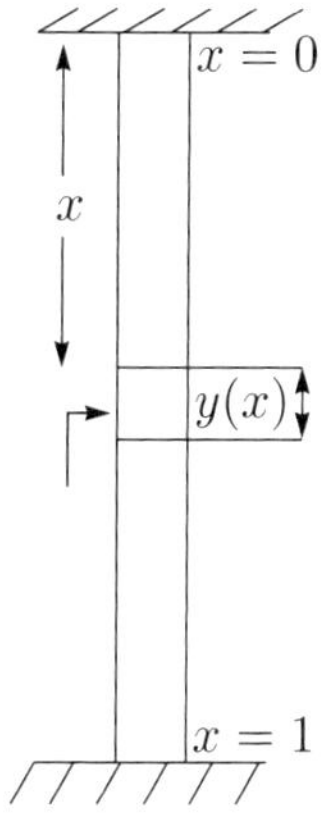

この境界値問題は，上部と下部を固定した棒を記述する．棒の重みで，それは下方へ伸びる．棒を下った位置 x での変位は $y(x)$ である．だからこの固定端–固定端の棒では $y(0)=0$ と $y(1)=0$ である．重力は $f(x)=1$ とする．$dy/dx>0$ **である上半分では棒は伸びる**．下半分では $dy/dx<0$ なので圧縮される．半分下った中点 $x=\frac{1}{2}$ で，最大変位（放物線の頂点）$y_{\max}=\frac{1}{2}(x-x^2)=\frac{1}{8}$ となる．

この弾性棒は，1 つの長いバネと考えられる．真ん中でそれを引き下げて放すと，それは振動しはじめるだろう．**それは，今の我々の問題ではない**．我々の棒は動いていない—振動はすべて減衰して消えている．棒の伸びは，棒自身の重みに起因する．

デルタ関数

ここは，あの神秘的だが極めて便利な関数 $\boldsymbol{f(x)=\delta(x-a)}$ を再び導入する機会である．この**デルタ関数**は $x=a$ を除いて恒等的に零である．ここでは，棒がとても軽く，その重みを無視できるとする．棒には **1 点** $x=a$ で，すべての力をかける．その点で単位量の重みが，$x=a$ より上の棒を伸ばし，その下の棒を圧縮しているとする．

デルタ関数の形式ばらない定義は以下の左式である（∞ の記号自体は，十分な情報を担っていない）．良い定義は，$x=a$ **をはさむ区間での，その関数の積分**にもとづくものである．その積分は 1 である．

デルタ関数 $$\boldsymbol{\delta(x-a)=\begin{cases}0 & x\neq a\\ \infty & x=a\end{cases}} \qquad \boldsymbol{\int \delta(x-a)\,dx=1} \qquad \boldsymbol{\int \delta(x-a)\,F(x)\,dx=F(a)}$$

$\delta(x-a)$ のグラフは $x=a$ で**無限大のスパイク**をもつ．標準のデルタ関数 $\delta(x)$ では，そのスパイクは $x=a=0$ に位置する．その関数は，そのスパイクから離れたところでは零であり，その 1 点でのみ無限大である．**この 1 点のスパイクの下の面積が 1 である**．

これは $\delta(x)$ が真の関数ではありえないことを告げている．それは，幅 $1/N$ の短い区間にわたって高さ N である箱関数 $B_N(x)$ の極限である．各箱の面積は 1 である：

箱関数 $$B_N(x)=\begin{cases}0 & |x|>1/(2N)\\ N & |x|<1/(2N)\end{cases} \qquad \int B_N(x)dx = \text{箱の面積} = 1 \qquad \int B_N(x)F(x)\,dx \text{ は } F(0) \text{ に近づく}$$

数学的には，$\delta(x)$ や，それを平行移動した $\delta(x-a)$ は関数ではない．物理的には，それらは 1 点に集中した作用を表現する．現実には，その作用はおそらく箱関数のように，とても小さな区間にわたるものである．しかしその区間の幅はまったく重要ではない．関係するのは，バットがボールを打ったときの衝撃の合計であり，あるいは重りが棒につるされたときの力の合計である．

平行移動されたデルタ関数 $\delta(x-a)$ はステップ関数 $H(x-a)$ の導関数である．ステップ関数は $x=a$ で 0 から 1 へジャンプする．すると δ を積分して 1 になるに違いない．

デルタ関数への応答はランプ関数である

常微分方程式 $-y''=\delta(x-a)$ をどのように解くのか？ デルタ関数を 1 回積分するとステップ関数になる．**2 回目の積分ではランプ関数やコーナー関数になる**．$x=a$ の左側では $d^2y/dx^2=0$ なので，解 $y(x)$ は線形（直線のグラフ）でなければならない．そして $y(x)$ は $x=a$ の右側でも線形である：一定の傾き．

$\boldsymbol{y(x)}$ の傾きは点 $\boldsymbol{x=a}$ で 1 だけ減る．傾きにおけるジャンプが -1 である（y はジャンプしない！）ことは，y'' を点 $x=a$ をはさむ区間で積分し，y' の変化量 -1 を得ればわかる：

$$\boldsymbol{y''=-\delta\,(x-a)} \qquad \int y''dx=\left[\frac{\boldsymbol{dy}}{\boldsymbol{dx}}\right]_{a\,\text{の左}}^{a\,\text{の右}}=\int-\delta(x-a)dx=\boldsymbol{-1} \tag{2}$$

解 $y(x)$ は一定の傾き s で始まる．$x=a$ で，傾き $s-1$ に変わる（傾きが 1 だけ減る）．点 $x=1$ で，棒の下端は $y(1)=0$ に固定されている．

距離 a にわたる一定の右上がりの傾き s と，残る距離 $1-a$ にわたる右下がりの傾き $s-1$ で，関数 $y(x)$ を零に戻さなくてはならない：

$$sa+(s-1)(1-a)=0 \ \text{より}\ sa+s-sa-1+a=0.\ \textbf{よって}\ \boldsymbol{s=1-a}. \tag{3}$$

$y=sx$ のグラフは $sa=(1-a)a$ まで上昇する．その後 $y(x)$ は下降して零へ戻る．

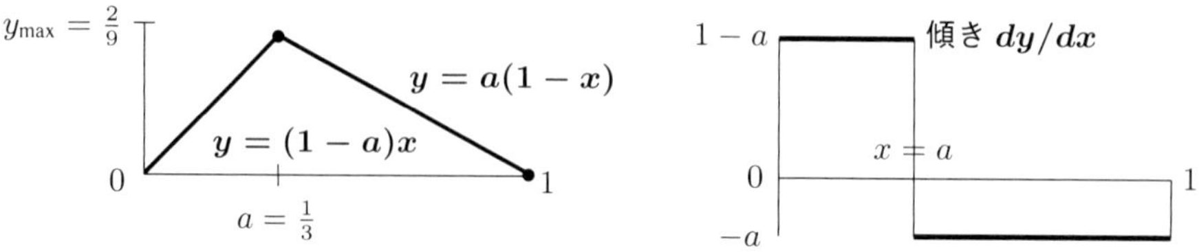

図 7.4 $-y''=\delta(x-a)$ の解は，$x=a$ にコーナー（角）をもつ**ランプ関数**である．そのコーナーで傾き y'（これはステップ関数）は 1 だけ減る．このとき $y''=-\delta$.

この $x=a=\frac{1}{3}$ での点荷重によって，弾性棒はどのように伸ばされ，圧縮されるか？ 棒の上部の 3 分の 1 は伸ばされ，下部の 3 分の 2 は圧縮される．点 $x=a$ は $y(x)$ のグラフでの最高点であり，最大の変位を示す．その下向きの変位は $y(a)=a(1-a)=\frac{2}{9}$ である．

点荷重の上方では一様な伸びで，点荷重の下方では一様な圧縮となる．

固有値と固有関数

正方行列 A に対する固有ベクトルの方程式は $A\boldsymbol{x}=\lambda\boldsymbol{x}$ である．2 階微分（負号つき）と両端での境界条件に対して，固有ベクトル $\boldsymbol{x}$ は**固有関数 $\boldsymbol{y(x)}$** になる：

$$-\frac{d^2}{dx^2}\text{ の固有値}\qquad -\frac{d^2y}{dx^2}=\lambda y\ \text{ に加えて }\ y(0)=0\ \text{ と }\ y(1)=0. \tag{4}$$

この固有関数 $y(x)$ は求められる．その 2 階方程式 $y''+\lambda y=0$ の解は，$\lambda\geq 0$ のときサインとコサインである．境界条件からサインを選ぶ：

境界条件を適用する前は　$y(x)=A\cos(\sqrt{\lambda}\,x)+B\sin(\sqrt{\lambda}\,x)$.
$y(0)=0$ から　$\boldsymbol{A=0}$.　　$x=1$ で $y=\sin\sqrt{\lambda}=0$ だから　$\boldsymbol{\sqrt{\lambda}=n\pi}$.

固有関数は $y(x)=\sin n\pi x$ である．固有値は $n=1,2,3,\ldots$ に対して $\lambda=n^2\pi^2$ となる． このとき $-y''=\lambda y$ である．無限に多くの y と λ があるが，$S=-d^2/dx^2$ が行列ではないので驚くことではない．その S は "演算子" であり，関数 $y(x)$ に作用する．

2 階微分 $-d^2/dx^2$ は対称で正定値

微分 $Ay=dy/dx$ と $Sy=-d^2y/dx^2$ での A と S は線形演算子である．1 階微分 A は**歪対称**である．2 階微分 S は**対称**である．S はまた，その負号のおかげで**正定値**でもある．その固有値 $\lambda=n^2\pi^2$ は全て正である．

A と S が行列でないにもかかわらず，A^{T} と S^{T} の記号を用いる．$A^{\mathrm{T}}=-A$ と $S^{\mathrm{T}}=S$ に意味を与えるには，**2 つの関数の内積** (f,g) が必要となる：

$$f\text{ と }g\text{ の内積}\qquad (f(x),g(x))=\int_0^1 f(x)\,g(x)\,dx. \tag{5}$$

これは，2 つのベクトルの内積 $\boldsymbol{u}\cdot\boldsymbol{v}=\boldsymbol{u}^{\mathrm{T}}\boldsymbol{v}$ の連続的な形式である．$\boldsymbol{u}\cdot\boldsymbol{v}$ では，成分 u_i と v_i を掛けて足す．関数では，$f(x)$ と $g(x)$ の値を掛けて，式 (5) のように積分する．

もしすべてのベクトルに対して $S\boldsymbol{u}\cdot\boldsymbol{v}$ が $\boldsymbol{u}\cdot S\boldsymbol{v}$ と等しければ，行列は対称である．このとき $(S\boldsymbol{u})^{\mathrm{T}}\boldsymbol{v}=\boldsymbol{u}^{\mathrm{T}}\left(S^{\mathrm{T}}\boldsymbol{v}\right)$ は $\boldsymbol{u}^{\mathrm{T}}(S\boldsymbol{v})$ と一致する．もし，境界条件を満たすすべての関数に対して (Sf,g) が (f,Sg) と等しければ，演算子は対称である．部分積分を 2 回行い，2 階微分の演算子 S を f から g へと移せ：

$$\text{2 回の部分積分}\qquad \int_0^1 -\frac{d^2f}{dx^2}\,g(x)\,dx=\int_0^1\frac{df}{dx}\,\frac{dg}{dx}\,dx=\int_0^1 f(x)\left(-\frac{d^2g}{dx^2}\right)dx. \tag{6}$$

2 回の部分積分の中の，積分された項 $[g\,df/dx]_0^1$ と $[f\,dg/dx]_0^1$ は，両端で $f=g=0$ なので零である．

(6) の左辺と右辺は内積 (Sf,g) と (f,Sg) である．S を f から g へ動かすと，つねに S^{T} を生み出す．ここでは，$\boldsymbol{S=S^{\mathrm{T}}}$ であり，対称性が確かめられた．

このように，2 階微分 $S=-d^2/dx^2$ は対称で正定値（これが負号を含める理由）である．7.2 節では，固有値が正であることの他に，2 つの判定法を挙げた．その 1 つは**正のエネルギー**であり，この判定でも合格する．$g=f$ と選べ：

$$\textbf{正のエネルギー } \boldsymbol{f}^{\mathrm{T}}\boldsymbol{S}\boldsymbol{f} \qquad (Sf,f) = \int_0^1 -\frac{d^2 f}{dx^2}\, f(x)\,dx = \int_0^1 \left(\frac{df}{dx}\right)^2 dx > \mathbf{0}. \tag{7}$$

エネルギーが零なら $df/dx = 0$ が必要である．このとき，境界条件から $f(x) = 0$ であることが保証される．

S が正定値であるための第 3 の判定法では，$S = A^{\mathrm{T}}A$ となる A を探す．ここでの A は **1 階微分** ($\boldsymbol{Af = df/dx}$) である．境界条件はここでも $f(0) = 0$ と $f(1) = 0$ である．演習問題 1 で，**1 回**の部分積分から負号がついて，$A^{\mathrm{T}}g$ が $-dg/dx$ となることを示す．全体では $\boldsymbol{S = -d^2/dx^2 = (-d/dx)(d/dx) = A^{\mathrm{T}}A}$ である．

熱伝導方程式の解法

時間変化も記述する偏微分方程式では，すべての固有関数 $\sin(n\pi x)$ を使う機会が与えられる．素晴らしい例は**熱伝導方程式** $\boldsymbol{\partial u/\partial t = \partial^2 u/\partial x^2 = -Su}$ である．$-S$ の固有値は $-n^2\pi^2$ であり，負定値の $-S$ から，時間が経つと増大ではなく減衰する．火がなければ，温度は指数的に低くなる．熱伝導方程式 $u_t = u_{xx}$ を解く 2 つの手順（8.3 節でさらにずっと発展させる）はこうなる：

1. 初期関数 $u(0,x)$ を固有関数 $\sin n\pi x$ の線形結合として書け：

$$\textbf{フーリエサイン級数} \quad u_{\text{初期}} = b_1 \sin \pi x + b_2 \sin 2\pi x + \cdots + b_n \sin n\pi x + \cdots \tag{8}$$

2. $\lambda = -n^2\pi^2$ から，各固有関数の振幅は減衰する．重ね合わせて時刻 t での u が求まる：

$$u(t,x) = b_1 e^{-\pi^2 t} \sin \pi x + b_2 e^{-4\pi^2 t} \sin 2\pi x + \cdots = \sum_1^{\infty} \boldsymbol{b_n e^{-n^2\pi^2 t}} \sin \boldsymbol{n\pi x} \tag{9}$$

これが熱伝導方程式に対する有名な**フーリエ級数解**である．8.1 節で，どのようにフーリエ係数 $b_1, b_2, \ldots$ を計算するか（無限に多くの b があるが単純な公式）を示す．この解が，$y(t) = \boldsymbol{c_1 e^{-\lambda_1 t} x_1 + c_2 e^{-\lambda_2 t} x_2}$ にまさしく類似している様子が理解できよう．こちらは常微分方程式の解だが，熱伝導方程式は偏微分方程式である．

2 階差分行列 $\boldsymbol{K}$

残るページでは，科学計算でとても重要な最初の手順を説明する．これは，微分方程式が行列方程式と出会う地点である．連続的な問題（以前は t について，ここでは x について連続的）が離散的になる．3 章では，オイラーの前進差分 $y(t+\Delta t) - y(t)$ から始めて，初期値問題に対してその手順をとった．．今度は 2 階導関数をもつ問題 $-y'' = f(x)$ を扱うので，**2 階差分** $y(x+\Delta x) - 2y(x) + y(x-\Delta x)$ を用いる．

2 階微分は dy/dx の微分である．2 階差分は $\Delta y/\Delta x$ の差分である．1 階差分には選択肢があった—前進か後退か中心差分．2 階導関数 $Sy = -y''$ の近似で **1 つ**だけ素晴らしいのは，中心差分である．これには**三重対角である 2 階差分行列** $\boldsymbol{K}$ を用いる：

$$-\frac{d^2y}{dx^2} \approx \frac{\boldsymbol{KY}}{(\boldsymbol{\Delta x})^2}$$

$$-\boldsymbol{Y}_{i+1} + 2\boldsymbol{Y}_i - \boldsymbol{Y}_{i-1}$$

から $\boldsymbol{-1 \quad 2 \quad -1}$

$$\boldsymbol{KY} = \begin{bmatrix} 2 & -1 & & & \\ -1 & 2 & -1 & & \\ & -1 & \cdot & \cdot & \\ & & \cdot & \cdot & -1 \\ & & & -1 & 2 \end{bmatrix} \begin{bmatrix} Y_1 \\ Y_2 \\ \cdot \\ \cdot \\ Y_N \end{bmatrix} \tag{10}$$

Y_1 から Y_N の値は，連続的な問題での真の値 $y(\Delta x), \ldots, y(N\Delta x)$ の近似値である．境界条件 $y(0) = 0$ と $y(1) = 0$ は，$Y_0 = 0$ と $Y_{N+1} = 0$ になる．刻み幅 Δx は $1/(N+1)$ である．この行列 K は，Y_1 から Y_N だけを扱うことで，Y_0 と Y_{N+1} を正しく零としている．

行列 $\boldsymbol{K}$ は正定値である

演算子 $S = -d^2/dx^2$ は正定値であると知っている．その固有ベクトル $\sin n\pi x$ はすべて正の固有値 $\lambda = n^2\pi^2$ をもつ．そこで，行列 K もまた正定値であることを期待すると，これは真である——そして，任意に大きなサイズ N をとれる行列としては最も異常なことに，K の固有ベクトルと固有値をすべて求められる．

その固有ベクトルが鍵である．**連続的な固有関数を N 点でサンプリングするだけで，離散的な固有ベクトルが生成される**ということは，頻繁には起こらない．$y = \sin n\pi x$ の，この空前絶後のサンプリングは，応用数学すべての中で，最も重要な例である：

$$\boldsymbol{K} \text{ の } \boldsymbol{N} \text{ 個の固有ベクトルは } \boldsymbol{y}_n = (\sin n\pi\Delta x, \sin 2n\pi\Delta x, \ldots, \sin Nn\pi\Delta x). \tag{11}$$

$$\boldsymbol{K} \text{ の } \boldsymbol{N} \text{ 個の固有値は正の数である: } \lambda_n = 2 - 2\cos\frac{n\pi}{N+1}. \tag{12}$$

ここで $\Delta x = 1/(N+1)$ である．各固有値 λ の中の 2 は K の対角成分の 2 に由来する（K の対角成分だけなら $2I$）．式 $K\boldsymbol{y}_n = \lambda_n \boldsymbol{y}_n$ に対する λ に含まれるコサインは，演習問題 12 で確かめる．そのコサインは 1 未満（$n = 1, \ldots, N$）なので，すべての固有値は正であり，K は**正定値**となる．

正定値についての他の判定も行ってみるのが自然である（$\lambda > 0$ の確かめで十分で，これは不可欠ではないが）．長方行列である 1 階差分行列 A を用いて，$K = A^{\mathrm{T}}A$ となる：

$$\boldsymbol{A^{\mathrm{T}}A = K} \qquad \begin{bmatrix} 1 & -1 & & \\ & 1 & -1 & \\ & & 1 & -1 \end{bmatrix} \begin{bmatrix} 1 & & \\ -1 & 1 & \\ & -1 & 1 \\ & & -1 \end{bmatrix} = \begin{bmatrix} 2 & -1 & \\ -1 & 2 & -1 \\ & -1 & 2 \end{bmatrix} \tag{13}$$

その行列 A の 3 列は確かに線形独立である．したがって $A^{\mathrm{T}}A$ は正定値行列であると，これで 2 回証明された．

A^{T} が通常の前進差分行列に**負号**を付けたものであることに注意する．A は後退差分行列に**正符号**を付けたものである．この符号の相違は，連続的な場合に（微分について）d/dx の"転置"が $-d/dx$ であることを反映している．どのベクトル $\boldsymbol{f}$ に対しても，エネルギー $\boldsymbol{f}^{\mathrm{T}}K\boldsymbol{f}$

は $\boldsymbol{f}^{\mathrm{T}}A^{\mathrm{T}}A\boldsymbol{f} = (A\boldsymbol{f})^{\mathrm{T}}(A\boldsymbol{f}) > 0$ となる：

$$\textbf{エネルギー}\quad \int_0^1 \left(\frac{d\boldsymbol{f}}{d\boldsymbol{x}}\right)^2 d\boldsymbol{x} \quad \text{は} \quad \boldsymbol{f}^{\mathrm{T}}\boldsymbol{K}\boldsymbol{f} = (\boldsymbol{A}\boldsymbol{f})^{\mathrm{T}}(\boldsymbol{A}\boldsymbol{f}) = \sum_{n=1}^{N+1}(f_n - f_{n-1})^2 > 0 \quad \textbf{となる.}$$

正のエネルギー $\boldsymbol{f}^{\mathrm{T}}K\boldsymbol{f}$ の判定にも合格し，K はここでも正定値行列と証明された．

傾きについての境界条件

固定端–固定端の境界条件は $y(0) = 0$ と $y(1) = 0$ である．これらの条件の一方または両方は，$y' = dy/dx$ についての**傾きの条件**に変わりうる．もし最初の条件が $y'(0) = 0$ に変われば，我々の弾性棒の頂部は，固定されるのではなく**自由**になる．これは高いビルのようなものだ．$x = 0$ が空中にあり（**自由**），$x = 1$ は下方の地上にある（**固定**）．

つるされた棒では固定端–自由端となり，頂上での $y(0) = 0$ と最下部での $y'(1) = 0$ の組合せになる．その行列はまだ正定値である．**しかし自由端–自由端の棒は支えがない：半定値行列！**

$$\textbf{自由端–自由端}\quad \boldsymbol{Sy = f} \qquad -\frac{d^2y}{dx^2} = f(x) \ \text{に加えて}\ \frac{dy}{dx}(0) = 0 \ \text{と}\ \frac{dy}{dx}(1) = 0. \tag{14}$$

この問題では一般に解がないことを説明する．**ここでは固有値の 1 つが $\boldsymbol{\lambda = 0}$ である．**

$$\textbf{自由端–自由端}\quad \boldsymbol{Sy = \lambda y} \qquad -\frac{d^2y}{dx^2} = \lambda y(x) \ \text{に加えて}\ x = 0 \ \text{と}\ x = 1 \ \text{で}\ \frac{dy}{dx} = 0. \tag{15}$$

固定端–固定端の問題では固有関数が $y(x) = \sin n\pi x$ で，固有値が $\lambda = n^2\pi^2$ だった．この自由端–自由端の問題では $\boldsymbol{y(x) = \cos n\pi x}$ と，再び $\lambda = n^2\pi^2$ になる．これらコサインは，零の傾きで始まり，そして終わる．また，とても重要なことは：この自由端–自由端の問題では，追加の固有関数 $y = \cos 0x$（これは定数関数 $y = 1$）があり，このとき $\lambda = 0$ である：

$$\textbf{定数関数の } \boldsymbol{y} \textbf{ で } \boldsymbol{\lambda} \textbf{ が零}\qquad y = 1 \ \text{は}\ -\frac{d^2y}{dx^2} = \lambda y \ \text{の解で，その固有値は}\ \lambda = 0\,.$$

結論：自由端–自由端の問題 (14) は**半正定値**にすぎない．固有値は $\lambda = 0$ を含む．この問題は**特異**となり，大部分の加重 $f(x)$ に対して，解がない．

問い　$\boldsymbol{f(x) = x}$ **のときの例**　$y'(0) = y'(1) = 0$ となる $-y'' = x$ の解がないことを示せ．

答え　$-y'' = x$ の両辺を $x = 0$ から $x = 1$ まで積分せよ．右辺は $\int x\,dx = \frac{1}{2}$ となる．左辺は $-\int y''\,dx = y'(0) - y'(1)$ となる．しかし境界条件からこれは零で，$0 = \frac{1}{2}$ を満たす解はない．零固有値をもつ演算子は可逆でない．

自由端–自由端の差分行列 $\boldsymbol{B}$

この問題 $-y'' = f(x)$ は，自由端–自由端の条件 $y'(0) = y'(1) = 0$ をもつとき，**特異行列**（可逆でない）に行きあたる．離散的な係数行列は，2 階微分を近似する 2 階差分行列のままである．**しかし第 1 行と第 N 行は，自由端–自由端の境界条件に変わっている：**

自由端–自由端の行列　$\boldsymbol{B}$

$\boldsymbol{K_{11}}=$ 2 を $\boldsymbol{B_{11}}=$ 1 に変更

$\boldsymbol{K_{NN}}=$ 2 を $\boldsymbol{B_{NN}}=$ 1 に変更

$$B=\begin{bmatrix}\mathbf{1}&-1&&\\-1&2&-1&\\&-1&2&-1\\&&-1&\mathbf{1}\end{bmatrix}\text{ は可逆でない.}$$

傾き dy/dx は第 1 行と第 N 行の 1 階差分によって近似される．他のすべての行は，2 階差分の係数 $-1, 2, -1$ を含んだままでいる．微分方程式は $-d^2y/dx^2$ を含むので，通常の $1, -2, 1$ とは逆符号である．

B が可逆でないのは，どのようにしてわかるか？ MATLAB ならば，消去法でピボットが $1, 1, \ldots, 1, 0$ となることを見つけるだろう．最後のピボットの位置の零が消去法での破たんを意味する．この破たんは直接 $B\boldsymbol{y}=\mathbf{0}$ を解くことでもわかる．これは行列が特異であるとすばやく示す方法である．

$\boldsymbol{B}$ が可逆でないと示すには，$\boldsymbol{By}=$（零ベクトル）の非自明な解を見つけよ．

$\boldsymbol{y}=$ 定数ベクトル

$\boldsymbol{B}=$ 特異行列

$$B\boldsymbol{y}=\begin{bmatrix}1&-1&&\\-1&2&-1&\\&-1&2&-1\\&&-1&1\end{bmatrix}\begin{bmatrix}1\\1\\1\\1\end{bmatrix}=\begin{bmatrix}0\\0\\0\\0\end{bmatrix}. \tag{16}$$

もし B^{-1} が存在したなら，$B\boldsymbol{y}=\mathbf{0}$ に B^{-1} を掛けて $\boldsymbol{y}=\mathbf{0}$ となる．しかしこの $\boldsymbol{y}$ は零ベクトルではない．

B は半正定値行列であるが，正定値ではない．それでもまだ，行列 B を $A^{\mathrm{T}}A$ として書ける．しかしこの，自由端–自由端の場合には，A の列ベクトルは線形独立にならない．

$$\boldsymbol{B}=\boldsymbol{A}^{\mathrm{T}}\boldsymbol{A}\quad\begin{bmatrix}1&-1&&\\-1&2&-1&\\&-1&2&-1\\&&-1&2\end{bmatrix}=\begin{bmatrix}1&&\\-1&1&\\&-1&1\\&&-1\end{bmatrix}\begin{bmatrix}1&-1&&\\&1&-1&\\&&1&-1\end{bmatrix}.$$

A には 3 行しかないので，その 4 列は線形従属でなければならない．それらを足すと，零ベクトルになる．

■　要点の復習　■

1. $y(0)$ と $y'(0)$ に対する 2 つの初期条件が，2 つの**境界条件**に代わりうる．

2. $-y''=\lambda y$ に加えて $y(0)=0$ と $y(1)=0$ とする固定端–固定端の問題では，$\lambda=n^2\pi^2$ となる．

3. 2 階差分行列 K では $\lambda_n=2-2\cos\frac{n\pi}{N+1}>0$．**正定値行列**．

4. 固定端–固定端の境界条件での固有関数と固有ベクトルはサインである．

5. $y'(0)=y'(1)=0$ を用いた自由端–自由端の問題では，$y=$ コサインとなり，$\lambda=0$ を許す.

6. 自由端–自由端の行列 B では，$\lambda=0$ の固有ベクトル $y=(1,\ldots,1)$ がある．半定値.

演習問題 7.3

1 **部分積分により微分演算子を転置せよ**：$(dy/dx,g)=-(y,dg/dx)$.

Ay は，境界条件 $y(0)=0$ と $y(1)=0$ を用いた dy/dx のことである．$\int y'gdx$ が $-\int yg'dx$ に等しいのはなぜか？ このとき，A^{T}（これは通常 A^* と書かれる）は，g の境界条件がつかない $A^{\mathrm{T}}g=-dg/dx$ のことである．$A^{\mathrm{T}}Ay$ は $y(0)=0$ と $y(1)=0$ を用いた $-y''$ のことである.

問題 2〜6 では $\boldsymbol{x=0}$ と $\boldsymbol{x=1}$ での境界条件がある：初期条件はない.

2 次の境界値問題を 2 段階で解け．まず，2 つの定数を y_n に含む一般解 y_p+y_n を求め，それらの定数を境界条件から定めよ：

$y(0)=0$ と $y(1)=0$ と $y_p=-x^4$ を用いて，$-y''=12x^2$ を解け.

3 同じ方程式 $-y''=12x^2$ を $y(0)=0$ と $y'(1)=0$（傾き零）とともに解け.

4 同じ方程式 $-y''=12x^2$ を $y'(0)=0$ と $y(1)=0$ とともに解け．その後，両方の傾きが $y'(0)=0$ と $y'(1)=0$ のときを試せ：$y=-x^4+Ax+B$ **の解はない**.

5 $-y''=6x$ を $y(0)=2$ と $y(1)=4$ とともに解け．境界の値は零でなくてもよい.

6 $-y''=e^x$ を $y(0)=5$ と $y(1)=0$ とともに，$y=y_p+y_n$ から始めて解け.

問題 7〜11 では LU 分解と，2 階差分行列の逆行列について問う.

7 $T_{11}=1$ である行列 T は，きれいに $LU=A^{\mathrm{T}}A$ の形へ分解される（そのピボットはすべて 1 である）.

$$\boldsymbol{T}=\begin{bmatrix}1&-1&&\\-1&2&-1&\\&-1&2&-1\\&&-1&2\end{bmatrix}=\begin{bmatrix}1&&&\\-1&1&&\\&-1&1&\\&&-1&1\end{bmatrix}\begin{bmatrix}1&-1&&\\&1&-1&\\&&1&-1\\&&&1\end{bmatrix}=LU.$$

消去法の各ステップで，ピボット行をその次の行に加える（そして U から T へ戻すために L では差し引く）．これらの差分行列 L と U の逆行列は**和の行列**である．このとき，$T=LU$ の逆行列は $U^{-1}L^{-1}$ である：

$$T^{-1}=\begin{bmatrix}1&1&1&1\\&1&1&1\\&&1&1\\&&&1\end{bmatrix}\begin{bmatrix}1&&&\\1&1&&\\1&1&1&\\1&1&1&1\end{bmatrix}=U^{-1}L^{-1}.$$

$N = 4$ での T^{-1} が示されたものとなることを確かめよ．また，任意の N に対する T^{-1} を求めよ．

8 行列を用いた方程式 $TY = (0, 1, 0, 0) =$ **デルタベクトル**は，$a = 2\Delta x = \frac{2}{5}$ を用いた微分方程式 $-y'' = \delta(x - a)$ に対応する．境界条件は $y'(0) = 0$ と $y(1) = 0$ である．$y(x)$ について解き，それを $x = 0$ から 1 まで図示せよ．また，$Y =$（T^{-1} の第 2 列）を点 $x = \frac{1}{5}, \frac{2}{5}, \frac{3}{5}, \frac{4}{5}$ に対して図示せよ．これら 2 つのグラフはランプ関数となる．

9 行列 B では（$T_{11} = 1$ と同じく）$B_{11} = 1$ であり，（$T_{NN} = 2$ と異なり）$B_{NN} = 1$ である．B が T 同様，同じピボット $1, 1, \ldots$ をもち，最後のピボットの位置だけに零が入るのはなぜか？ 前方のピボットは $B_{NN} = 1$ であることに気づかない．

このとき B は可逆でない：$y'(0) = y'(1) = 0$ の下では $-y'' = \delta(x - a)$ の解はない．

10 K^{-1} を計算するとき，$\det K = N + 1$ を掛けるときれいな数字を得る：

$5K^{-1}$ の第 2 列は，デルタベクトルが $\boldsymbol{\delta} =$ _____ のときの，方程式 $K\boldsymbol{v} = \mathbf{5}\boldsymbol{\delta}$ の解である．$\boldsymbol{KK^{-1} = I}$ から，$\boldsymbol{K}$ に $\boldsymbol{K^{-1}}$ の各列を掛けるとデルタベクトルになることがわかる．

$$\mathbf{5}K^{-1} = \begin{bmatrix} 4 & \mathbf{3} & 2 & 1 \\ 3 & \mathbf{6} & 4 & 2 \\ 2 & \mathbf{4} & 6 & 3 \\ 1 & \mathbf{2} & 3 & 4 \end{bmatrix}$$

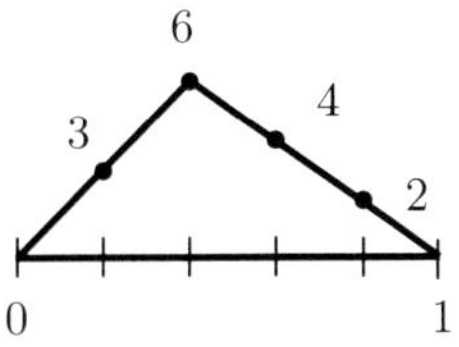

第 2 列のグラフ

11 K は y についての 2 つの境界条件に起因する．T では $y(1) = 0$ だけしかない．B では y についての境界条件はない．$K = A^{\mathrm{T}}A$ と書けることを確かめよ．その後，A の第 1 行を除去して $T = A_1^{\mathrm{T}}A_1$ を得よ．その後，最後の行を除去して，線形従属な行をもつ B を得よ：$B = A_0^{\mathrm{T}}A_0$．

ここで，1 階後退差分 $A = \begin{bmatrix} 1 & & \\ -1 & 1 & \\ & -1 & 1 \\ & & -1 \end{bmatrix}$ から $K = A^{\mathrm{T}}A$ が得られる．

12 K_3 にその固有ベクトル $\boldsymbol{y}_n = (\sin n\pi h, \sin 2n\pi h, \sin 3n\pi h)$ を掛けて，式 $K\boldsymbol{y}_n = \lambda_n\boldsymbol{y}_n$ での固有値 $\lambda_1, \lambda_2, \lambda_3$ が $\lambda_n = 2 - 2\cos\frac{n\pi}{4}$ となることを確かめよ．これには三角関数の恒等式 $\sin(A + B) + \sin(A - B) = 2\sin A\cos B$ を用いる．

13 K_3 のそれら固有値は $2 - \sqrt{2}$ と 2 と $2 + \sqrt{2}$ になる．これらの和は 6 であり，K_3 のトレースである．それらの固有値を掛けて，K_3 の行列式を求めよ．

14 ランプ関数の傾きはステップ関数である．ステップ関数の傾きはデルタ関数である．ここで，$x \leq 0$ に対して $r(x) = -x$ で，$x \geq 0$ に対して $r(x) = x$（つまり $r(x) = |x|$）であるランプ関数を考える．dr/dx と d^2r/dx^2 **を求めよ**．

15 以下の無限長ベクトル $\boldsymbol{y}$ の 2 階差分 $y_{n+1} - 2y_n + y_{n-1}$ を求めよ：

定数	$(\ldots, 1, 1, 1, 1, 1, \ldots)$
線形	$(\ldots, -1, 0, 1, 2, 3, \ldots)$
2 次	$(\ldots, 1, 0, 1, 4, 9, \ldots)$
3 次	$(\ldots, -1, 0, 1, 8, 27, \ldots)$
ランプ	$(\ldots, 0, 0, 0, 1, 2, 3, \ldots)$
指数	$(\ldots, e^{-i\omega}, e^0, e^{i\omega}, e^{2i\omega}, \ldots)$.

これらの 2 階差分が，$y(x) = 1, x, x^2, x^3, \max(x, 0)$，および $e^{i\omega x}$ の 2 階微分にどれほどそっくりであるかは驚きだ．$e^{i\omega x}$ からは $\cos\omega x$ と $\sin\omega x$ も得られる．

7.4 ラプラス方程式と $\boldsymbol{A}^{\mathrm{T}}\boldsymbol{A}$

7.3 節では微分方程式 $-d^2y/dx^2 = \delta(x-a)$ を解いた．$x = 0$ と $x = 1$ の境界での値が与えられた（両端の $y = 0$ のときの例で始めた）．解 $y(x)$ は線形に零から増加し，そして線形に零へ戻った．これら境界値問題は定常状態に対応する——時間依存性はない．

これらは "1 次元のラプラス方程式" である——その種類の方程式の中で，明らかに最も単純なもの．3 つの重要な点で本節は，より野心的である：

1 我々にとり，最初の偏微分方程式—2 次元のラプラス方程式—を解く．解の一覧表は無限に長く，格別に美しい．驚くことに，実数の問題に虚数 $i = \sqrt{-1}$ が入ってくる．

$$\text{ラプラスの偏微分方程式} \qquad \frac{\partial^2 u}{\partial x^2} + \frac{\partial^2 u}{\partial y^2} = 0 \qquad (1)$$

2 式 (1) の離散形はベクトル U に対する行列方程式となる．そのベクトルの成分は，グラフの n 個の節点での成分 $U_1, \ldots, U_n$ である．1 次元での**直線**や，2 次元での**格子**や，m 本の辺で結ばれた節点の任意の**ネットワーク**が，そのグラフとして可能である（図 7.5）．

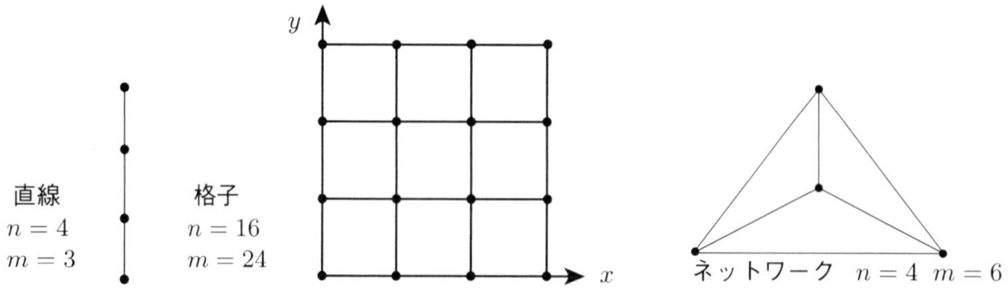

図 7.5 1 次元の直線，2 次元の格子，そして完全グラフ：n 個の節点と m 本の辺．

ラプラス方程式 (1) に，自然に対応する離散式は，格子上の "5 点公式" である：

$$\frac{\Delta_x^2 U}{(\Delta x)^2} + \frac{\Delta_y^2 U}{(\Delta y)^2} = \begin{array}{l}\textbf{水平}\text{方向の 2 階差分}\\ +\textbf{垂直}\text{方向の 2 階差分}\end{array} = 0. \tag{2}$$

これらの方程式に加えて，$\boldsymbol{u}$ と $\boldsymbol{U}$ **の境界値**が与えられる．ここでは $0 \leq x \leq 1$ のような区間ではなく，平面内の領域がある：u はその境界に沿って与えられる．例えば 4 行 4 列の格子では，12 個の境界点で U が与えられる．式 (2) は各内点で成り立つ．

3 連続的および離散的なラプラス方程式は $A^{\mathrm{T}}Au$ の良い例である．$A^{\mathrm{T}}A$ は対称で，固有値 $\lambda \geq 0$ である．7.5 節では，もう 1 つ行列をはさんで $A^{\mathrm{T}}CA$ となる．工学では C は，剛性や伝導率や浸透率といった，物質の物性値を含む．応用数学のこの構造を見ることになる．

ラプラス方程式は $\boldsymbol{A^{\mathrm{T}}Au = 0}$ である

以下が我々の最初の偏微分方程式であり，これは変化でなく，**平衡**を表す．

$\boldsymbol{u(x,y)}$ **に対するラプラス方程式**
$$-\frac{\partial^2 u}{\partial x^2} - \frac{\partial^2 u}{\partial y^2} = 0 \tag{3}$$

左辺を $A^{\mathrm{T}}Au$ とするために負号を含めた．1 次元では，A は d/dx で A^{T} は $-d/dx$ だった．今度は 2 つの空間変数 x と y があり，2 つの偏導関数 $\partial/\partial x$ と $\partial/\partial y$ が A の中に入る．このとき，$-\partial/\partial x$ と $-\partial/\partial y$ が A^{T} に入る．

ベクトル Au は 2 つの成分 $\partial u/\partial x$ と $\partial u/\partial y$ をもつ．これは **"勾配ベクトル"** である．我々は，多変数の微積分学と偏導関数を使う，2 次元の世界にいる：

$$\boldsymbol{u}\text{ の勾配}\qquad Au = \operatorname{grad} u(x,y) = \begin{bmatrix} \partial/\partial x \\ \partial/\partial y \end{bmatrix} u(x,y) = \begin{bmatrix} \boldsymbol{\partial u/\partial x} \\ \boldsymbol{\partial u/\partial y} \end{bmatrix}. \tag{4}$$

2 重積分と発散定理（微積分学の基本定理の 2 次元版）は割愛する．A は 2 行 1 列だから，A^{T} は 1 行 2 列だと想像がつくだろう：

$$\text{発散}\ A^{\mathrm{T}}\boldsymbol{w} = -\operatorname{div}\boldsymbol{w} = \begin{bmatrix} -\dfrac{\partial}{\partial x} & -\dfrac{\partial}{\partial y} \end{bmatrix} \begin{bmatrix} w_1(x,y) \\ w_2(x,y) \end{bmatrix} = -\frac{\boldsymbol{\partial w_1}}{\boldsymbol{\partial x}} - \frac{\boldsymbol{\partial w_2}}{\boldsymbol{\partial y}}. \tag{5}$$

すると $A^{\mathrm{T}}Au$ は $u(x,y)$ の勾配の発散（負号つき）であり，これがラプラシアンである：

$$\boldsymbol{A^{\mathrm{T}}Au = -\ \operatorname{div}\operatorname{grad} u}\qquad A^{\mathrm{T}}Au = \begin{bmatrix} -\dfrac{\partial}{\partial x} & -\dfrac{\partial}{\partial y} \end{bmatrix} \begin{bmatrix} \dfrac{\partial u}{\partial x} \\[2mm] \dfrac{\partial u}{\partial y} \end{bmatrix} = -\frac{\partial^2 u}{\partial x^2} - \frac{\partial^2 u}{\partial y^2}. \tag{6}$$

$A^{\mathrm{T}}Au = 0$ がラプラス方程式だとわかる．右辺が零なので，負号は含めても含めなくてもよい．この方程式の右辺に非零の湧出し（または吸込み）$f(x,y)$ があるときには通常，ポアソン方程式と命名する．

$$\boldsymbol{u_{xx} + u_{yy} = f(x, y)} \quad \text{はポアソン方程式.}$$

u_{xx} と u_{yy} での添え字は 2 階偏微分を表す：$u_{xx} = \partial^2 u/\partial x^2$ と $u_{yy} = \partial^2 u/\partial y^2$．この記法では，$u_t$ が $\partial u/\partial t$ を表す．前章までの常微分方程式の中では，これは u' と書いた．偏微分方程式では，これらの新たな記法を導入する．

例 1　$u = xy$ はラプラス方程式 $u_{xx} + u_{yy} = \mathbf{0}$ の解である．そして $u_p = x^2 + y^2$ は，定数の湧き出しを含むポアソン方程式 $u_{xx} + u_{yy} = \mathbf{4}$ の解である．ポアソン方程式の一般解は，この特殊解 $x^2 + y^2$ に，ラプラス方程式での任意の斉次解を足したものである．

ラプラス方程式の解

$\boldsymbol{u_{xx} + u_{yy} = 0}$ の解の一揃えすべてがほしい．この一覧表は無限に長くなる．それらの解の線形結合もまた解になる．ラプラス方程式は線形なので，重ね合わせが許される．4 つの解が簡単に見つかる：$u = \boldsymbol{1, x, y, xy}$．これら 4 つでは，$u_{xx}$ と u_{yy} がともに零である．もっと多くの解を見つけるには，u_{xx} と u_{yy} が打ち消し合う必要がある．

$u = x^2$ から始めると，$u_{xx} = 2$ となる．このとき，$u_{yy} = -2$ は $-y^2$ によって達成される．その線形結合 $u = x^2 - y^2$ はラプラス方程式の解である．x と y を C 倍すると u は C^2 倍になるので，この解は **“2 次”** である．同様に $u = xy$ では，$(Cx)(Cy)$ が $C^2 \times xy$ となり，これも 2 次だった．

真の質問は x^3 から始まる．**これを補って，3 次の解をつくれるか**？ $u = x^3$ から，$u_{xx} = 6x$ となる．$6x$ を打ち消すには，$u_{yy} = -6x$ となる部品が必要である．**その部品は** $-3xy^2$ **である**．その線形結合 $u = x^3 - 3xy^2$ は 3 次であり，我々の一覧表に入る．

期待するのは，どの次数でも 2 つの解を見つけることである．ここまでの一覧表は以下のとおりである．$u = x = r\cos\theta$ から始めて，解の各ペアを極座標でも書いてみる．

1 次	$\boldsymbol{x}$	$\boldsymbol{y}$	$r\cos\theta$	$r\sin\theta$
2 次	$\boldsymbol{x^2 - y^2}$	$\boldsymbol{2xy}$	$r^2\cos 2\theta$	$r^2\sin 2\theta$
3 次	$\boldsymbol{x^3 - 3xy^2}$	**??**	$r^3\cos 3\theta$	$r^3\sin 3\theta$

極形式の一覧表では，パターンが明瞭である．ラプラス方程式の解のペアは $\boldsymbol{r^n \cos n\theta}$ と $\boldsymbol{r^n \sin n\theta}$ である．$n = 4, 5, \ldots$ に対しても，これらがまた解になる．

一覧表の左側（x, y の多項式のペア）にも注目すべきパターンがある．**それらは** $\boldsymbol{(x + iy)^n}$ **の実部と虚部である**．次数 $n = 2$ で 2 つの部分を明瞭に示すと：

$$(x + iy)^2 \text{ は } \boldsymbol{x^2 - y^2} + i\,\boldsymbol{2xy}. \quad \text{これは } \left(re^{i\theta}\right)^2 = r^2 e^{2i\theta} = \boldsymbol{r^2 \cos 2\theta} + i\boldsymbol{r^2 \sin 2\theta}.$$

どの n についても極形式のペア $r^n \cos n\theta$ と $r^n \sin n\theta$ はラプラス方程式を満たす．x-y のペアでは，u_{yy} から $i^2 = -1$ が現れて u_{xx} を打ち消すためである．各 n に対して 2 つの解がある：

$$\boldsymbol{n} \text{ 次} \quad \boldsymbol{u_n = \mathrm{Re}\,(x + iy)^n = r^n \cos n\theta} \quad \boldsymbol{s_n = \mathrm{Im}(x + iy)^n = r^n \sin n\theta}. \tag{7}$$

これらの解の線形結合すべても，またラプラス方程式の解である．常微分方程式（y'' をもつ 2 階の）に対しては，2 つの解があった．すべての斉次解は線形結合 $c_1 y_1 + c_2 y_2$ と書けた．

c_1 と c_2 を選び，2 つの初期条件 $y(0)$ と $y'(0)$ に適合させた．今度は，各次数に 2 つずつ，無限に続く解の一覧表をもつ偏微分方程式が相手である．

定数 a_0 を含め，各 n に対して正しい係数 a_n と b_n を選ぶことで，**境界の周りで任意の関数 $u = u_0(x,y)$ に適合させられる**：

境界上では　$u_0(x,y) = a_0 + a_1 x + b_1 y + a_2(x^2 - y^2) + b_2(2xy) + \cdots$

単位円の境界では　$u_0(1,\theta) = a_0 + a_1\cos\theta + b_1\sin\theta + a_2\cos 2\theta + b_2\sin 2\theta + \cdots$

この最後の和はフーリエ級数である．ラプラス方程式を円内で解くとき，それは登場する．境界条件 $u = u_0$ が円周 $r = 1$ の上で与えられる．1 次元の問題では，境界は 2 つの端点 $x = 0$ と $x = 1$ だったので，2 つの解だけが必要だった．

すべてのフーリエ係数 a_n と b_n を正しく選択する方法は，8 章の内容であり，そこで円内でのラプラス方程式の解法が完成する．

$$\boldsymbol{u_{xx} + u_{yy} = 0} \text{ の解} \qquad \boldsymbol{u = a_0 + \sum_{n=1}^{\infty}(a_n\, r^n \cos n\theta + b_n\, r^n \sin n\theta)}. \tag{8}$$

有限差分と有限要素

ラプラス方程式はしばしば離散化される．偏導関数 u_{xx} と u_{yy} は差分で置き換えられる．これは，$-1, 2, -1$ の三重対角行列 K の 2 次元版である，大きな行列 $K2\mathrm{D}$ を生み出す．図 7.5 の正方格子に対しては，成分 $-1, 2, -1$ が x 方向と，y 方向にも入る．$K2\mathrm{D}$ は **5 つの成分**でつくられる：内部の典型的な行では，主対角成分に $2 + 2 = 4$ と，4 つの成分 -1 がある．

領域が正方形でなく，(円のように）曲がっているとする．このとき有限差分では複雑になる．正方格子の節点は円周上からずれる．好ましいアプローチは，領域を任意の形の三角形に分割できる**有限要素法**へと変わる（境界に適合するよう，三角形が曲線の辺をもつことさえできる）．有限要素法については，メッシュの各三角形の内部で 1 次式 $a + bx + cy$ を用いる場合のコードつきで，私の教科書 *Computational Science and Engineering*（邦題『ストラング：計算理工学』，近代科学社，2017 年）に記している．その精度は *An Analysis of the Finite Element Method*（未邦訳）の中で調べている．

ラプラスの差分行列 $K2D$

本書に向いたアプローチは差分である．$-1, -1, 4, -1, -1$ のような行をもつ対称行列 $K2\mathrm{D}$ をつくり，それが正定値であることを示したい．$K2\mathrm{D}$ は，x および y 方向の 2 階差分に起因する．各メッシュ点は，格子上の行番号と列番号を指定するために，2 つの添え字 i と j を必要とする．水平方向と垂直方向に移動せよ：

$$-\frac{\partial^2 u}{\partial x^2} \text{ は } \frac{-U_{i+1,j} + 2U_{i,j} - U_{i-1,j}}{(\Delta x)^2}, \quad -\frac{\partial^2 u}{\partial y^2} \text{ は } \frac{-U_{i,j+1} + 2U_{i,j} - U_{i,j-1}}{(\Delta y)^2} \text{ になる．}$$

正方格子では $\Delta x = \Delta y$ である．$2U_{i,j}$ と $2U_{i,j}$ をまとめよ．すると 4 が K2D の対角成分に入る．この差分方程式は，**各 U_{ij} がその 4 つの隣接点の平均である**ことを表している：

$$\boldsymbol{\Delta_x^2 U + \Delta_y^2 U} = 0 \qquad \boldsymbol{4U_{i,j} - U_{i+1,j} - U_{i-1,j} - U_{i,j+1} - U_{i,j-1} = 0.} \tag{9}$$

節点 i, j の隣接点が正方格子の境界上にあれば，U のその境界値は既知である．このとき，その項を差分方程式の右辺に移動する．境界では K2D の行から -1 の成分が 1 つ消える．

行方向へ節点に通し番号をつけていくと，u_{xx} の項では係数行列のブロック行ごとに，1 次元のときの行列 K が入る．u_{yy} の項は $-I$ と $2I$ と $-I$ で 3 つの行をつなげる．

$$\boldsymbol{K2D} = \begin{bmatrix} \boldsymbol{K} & & & \\ & \boldsymbol{K} & & \\ & & \cdot & \\ & & & \boldsymbol{K} \end{bmatrix} + \begin{bmatrix} \boldsymbol{2I} & \boldsymbol{-I} & & \\ \boldsymbol{-I} & \boldsymbol{2I} & \boldsymbol{-I} & \\ & \boldsymbol{-I} & \cdot & \cdot \\ & & \boldsymbol{-I} & \boldsymbol{2I} \end{bmatrix} = \mathsf{kron}\,(I, K) + \mathsf{kron}\,(K, I).$$

格子の各行に N 個の内点があるとき，このブロック行列 K2D は N^2 行 N^2 列になる．MATLAB のコマンド kron(A, B) では，各 A_{ij} がブロック $A_{ij}B$ に置き換わるので，大きさは N^2 に増える．

ここに $3 \times 3 = 9$ 個の正方形と $4 \times 4 = 16$ 個の節点をもつ格子に対する行列を示す．$2 \times 2 = 4$ 個の内点がある．$16 - 4 = 12$ 個のその他の点は，正方形のまわりの境界にあり，そこでの U は境界条件 $u = u_0$ により与えられる．大きな格子では，N^2 個の内点の方が $4N + 4$ 個の境界点より，ずっと多くなる．

ラプラス差分行列
内部のメッシュは 2×2

$$K2\mathrm{D} = \begin{bmatrix} 4 & -1 & 0 & -1 \\ -1 & 4 & -1 & 0 \\ 0 & -1 & 4 & -1 \\ -1 & 0 & -1 & 4 \end{bmatrix}.$$

これらの行が -1 を 2 つずつ失っているのは，内部の各格子点が 2 つの境界点に隣接しているからである．通常は，K2D のほとんどすべての行に 4 つの -1 がある．

以下は，境界の値が 0 と 4 のときの，正方形内での K2D$\boldsymbol{U} = \boldsymbol{0}$ の解である：

太字の $\boldsymbol{U}$ の値は各々
4 つの隣接点の平均

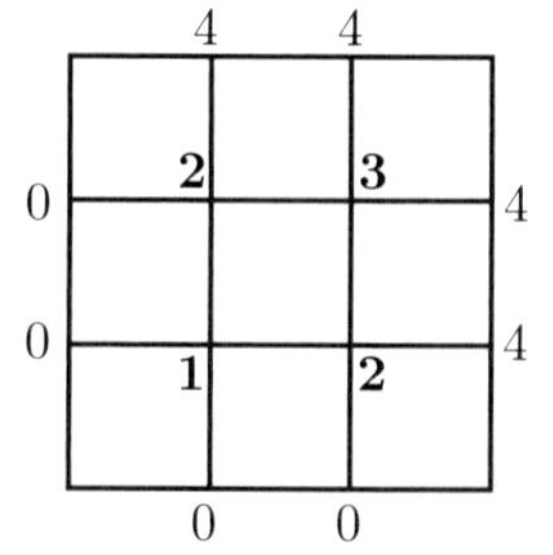

この行列 K2D の固有値は $\lambda = \boldsymbol{2, 4, 4, 6}$ である．それらを加えると 16 で，主対角に沿っての和であるトレースに等しい．$K2D$ の固有ベクトルは直交する：

$\boldsymbol{K2D}$ の固有ベクトル $(1,1,1,1)$ と $(1,1,-1,-1),(1,-1,1,-1)$ と $(1,-1,-1,1)$.

$K2\mathrm{D}$ の対称性から，固有ベクトルが直交することが保証される．正定値性から，固有値 $2,4,4,6$ は正である．

固有値とラプラシアン：連続と離散

1 次元では，$-u_{xx}=\lambda u$ に対する固有関数は，固有値 $\boldsymbol{\lambda=n^2\pi^2}$ に対する $\boldsymbol{u=\sin n\pi x}$ だった．これらのサイン関数は端点 $x=0$ と $x=1$ で零である．2 次元の単位正方形では，ラプラシアンの固有関数は，単にサインの積となる：固有値 $\boldsymbol{\lambda=n^2\pi^2+m^2\pi^2}$ に対する $\boldsymbol{u(x,y)=(\sin n\pi x)(\sin m\pi y)}$．これらの関数は，$x=0$ か $x=1$ か $y=0$ か $y=1$ である，正方形の境界全体で零である：

$$-\left(\frac{\partial^2}{\partial x^2}+\frac{\partial^2}{\partial y^2}\right)(\sin n\pi x)(\sin m\pi y)=(\boldsymbol{n^2\pi^2+m^2\pi^2})(\sin n\pi x)(\sin m\pi y). \quad (10)$$

この正方形での問題は**変数分離**の形となる．固有ベクトルはそれぞれ (x の関数) $\times$ (y の関数) となっている．2 つの 1 次元問題への分離とは，我々が期待するものそのものである．

式 (6) では $-u_{xx}-u_{yy}$ を $-\mathrm{div}(\mathrm{grad}\,u)$ として表した．**これは $\boldsymbol{A^{\mathrm{T}}A}$**（$A=$ 勾配）である．変数 x,y が分離しない非正方形の領域でも，$\lambda\geq 0$ で判定すると合格となる．

傾きの条件（u 自体の値でなく，その傾きが零）が与えられた場合，定数の固有関数 $u=1$ が許される．このとき $\lambda=0$ で，ラプラシアンは**半定値**になる．

今度は，行列のラプラシアン $K2\mathrm{D}$ にとりかかろう．1 次元では，K の固有ベクトルは離散サインベクトルだった：連続的な固有関数 $\sin n\pi x$ を N 個の等間隔の点で標本化する．$x=0$ から 1 までの区間の内点をとり，その間隔は $\Delta x=1/(N+1)$ だった．K の固有値は $\lambda_n=2-2\cos(n\pi\Delta x)$ となった．$K2\mathrm{D}$ の固有ベクトルがサインの積を含み，固有値が 1 次元の固有値 $\lambda(K)$ の和となることを望み，期待すると，その結果は次のようになる．

K2D の N^2 個の固有値は正である．x と y 方向はここでも分離する．

$$\lambda_{n,m}(K2\mathrm{D})=\lambda_n(K)+\lambda_m(K)=4-2\cos\frac{n\pi}{N+1}-2\cos\frac{m\pi}{N+1}>\mathbf{0}. \quad (11)$$

したがって，正方形の領域に対する $K2\mathrm{D}$ は対称で正定値の行列である．$\frac{\pi}{3}$ と $\frac{2\pi}{3}$ のコサインは $\frac{1}{2}$ と $-\frac{1}{2}$ なので，固有値のこの公式から $N=2$ のときの $\lambda=2,4,4,6$ が再現される．

■ 要点の復習 ■

1. $(x+iy)^n$ の実部と虚部はどれも，ラプラス方程式の解である．

2. それらは $u=\boldsymbol{r^n\cos n\theta}$ と $s=\boldsymbol{r^n\sin n\theta}$ と書け，それらの線形結合はフーリエ級数である．

3. 離散的ラプラス方程式は $\Delta_x^2 U + \Delta_y^2 U = 0$ である．行列 $K2\mathrm{D}$ は正定値となる．

4. 固有ベクトルは (x にサイン) × (y にサイン)：$-u_{xx} - u_{yy} = \lambda u$ と $(K2\mathrm{D})U = \lambda U$.

演習問題 7.4

1 ラプラス方程式の解の一覧表の中で，“3 次” の行を完成するのに必要な解は何か？ 1 つの解 $u = x^3 - 3xy^2$ はわかっており，もう 1 つの解が必要である．

2 $(x+iy)^4$ の実部と虚部である，4 次の解の 2 つとは何か？ 両方の解について $u_{xx}+u_{yy} = 0$ となることを確かめよ．

3 $(x+iy)^n$ の x での 2 階偏導関数は何か？ y での 2 階偏導関数は何か？ $i^2 = -1$ なので，$u_{xx} + u_{yy}$ とすると，それらは打ち消す．

4 4×4 の正方格子の中の，既に解いた 2×2 の例について，内点 4 つでの，4 つの式 (9) を書け．境界上の既知の値 0 と 4 を方程式の右辺へ移せ．左辺では，$K2\mathrm{D}$ が正しい解 $\boldsymbol{U} = (U_{11}, U_{12}, U_{21}, U_{22}) = (1, 2, 2, 3)$ に掛かるのがわかるはずである．

5 4×4 の格子の境界での値を変えて，3 つの側面では $U = 0$ と，4 番目の側面では $U = 8$ だとする．内点での 4 つの値を求め，どれもその隣接点の平均であることを確かめよ．

6 （MATLAB）正方形格子に対して示した，4 行 4 列の行列 $K2\mathrm{D}$ の逆行列 $(K2\mathrm{D})^{-1}$ を求めよ．

7 次のポアソン差分方程式（右辺 $\neq 0$）を内点での値 $U_{11}, U_{12}, U_{21}, U_{22}$ について解け．U_{10} や U_{13} といった，境界での値はすべて零とする．境界上では i か j が 0 か 3 となり，内点では i **と** j が 1 か 2 である：

$$4 \text{ つの内部の点で } \ 4U_{ij} - U_{i-1,j} - U_{i+1,j} - U_{i,j-1} - U_{i,j+1} = \mathbf{1}.$$

8 5×5 の格子には，3×3 個の内点がある：U_{11} から U_{33} まで 9 つの未知数．9 行 9 列の差分行列 $K2\mathrm{D}$ を作れ．

9 問題 8 で，eig($K2\mathrm{D}$) を用いて $K2\mathrm{D}$ の 9 つの固有値を求めよ．それらの固有値は正になる！ 行列 $K2\mathrm{D}$ は対称で正定値である．

10 $u(x)$ が $u_{xx} = 0$ を満たし，$v(y)$ が $v_{yy} = 0$ を満たすとき，$u(x)v(y)$ がラプラス方程式を満たすことを確かめよ．なぜこれは単に，解の 4 次元空間を与えるだけか？ 変数分離法ではすべての解は得られない——変数分離可能な境界条件を満たす解だけが得られる．

7.5　ネットワークと，グラフ・ラプラシアン

n 個の節点と m 本の辺をもつグラフを考える．5.6 節で，その m 行 n 列の接続行列 $\boldsymbol{A}$ を紹

介した．その行列の 1 行が，グラフの各辺に対応する．各行に -1 と 1 が 1 つずつあり，その辺がどの 2 節点を結んでいるかを示す．今度は，$\boldsymbol{L}=\boldsymbol{A}^{\mathrm{T}}\boldsymbol{A}$ および $\boldsymbol{K}=\boldsymbol{A}^{\mathrm{T}}\boldsymbol{C}\boldsymbol{A}$ へ進む段階である．これらは対称な半正定値行列であり，そのネットワーク全体を記述する．

それらの行列 L と K は**グラフ・ラプラシアン**である．L は重みづけなし（$C=I$）で，K は C による重みつきである．これらは**ネットワーク内のフロー**に対する基本行列である．それらは電気回路を記述し，さらにずっと広い応用をもつ．脳やインターネットや我々の神経系や電力網の記述に，$A^{\mathrm{T}}A$ と $A^{\mathrm{T}}CA$ が見られる．

社会的ネットワークや政治のネットワークや知的ネットワークでも L と K を用いる．実のところ，グラフは**離散的な応用数学で最も重要なモデル**になった．これは線形代数を教えるときの標準的な題材ではないが，今日では線形代数の応用上の本質的な題材と言える．これは本書に含めるべきである．

$\boldsymbol{A}$ と $\boldsymbol{A}^{\mathrm{T}}\boldsymbol{A}$ の例

図 7.6 の平面グラフと直線グラフについて A をつくりながら，接続行列をすばやく復習する．A のどの行も，足して $-1+1=0$ になることがわかる．すると，すべて 1 のベクトル $\boldsymbol{v}=(1,\ldots,1)$ は $A\boldsymbol{v}=\mathbf{0}$ を満たす．A のすべての列の和が零ベクトルなので，それらは**線形従属**である．$A\boldsymbol{v}=\mathbf{0}$ から $A^{\mathrm{T}}A\boldsymbol{v}=\mathbf{0}$ と $A^{\mathrm{T}}CA\boldsymbol{v}=\mathbf{0}$ が成り立つので，この A に対する $A^{\mathrm{T}}CA$ は**半正定値**になる（可逆でなく，正定値でもない）．

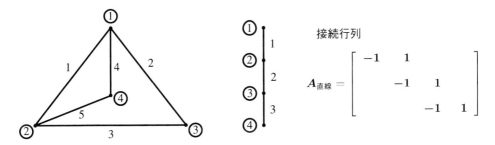

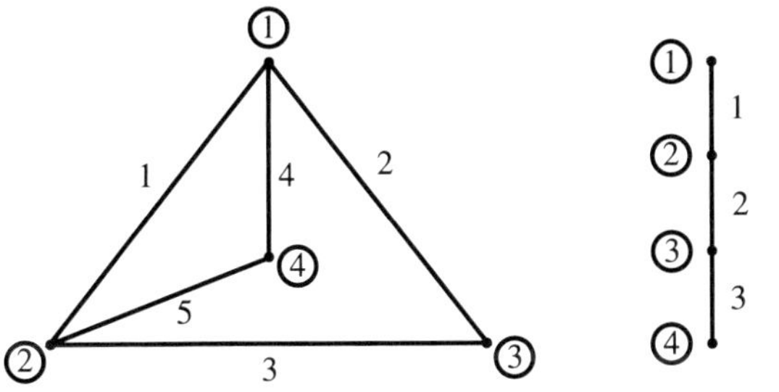

接続行列

$$\boldsymbol{A}_{\text{直線}}=\begin{bmatrix}-\mathbf{1}&\mathbf{1}&&\\&-\mathbf{1}&\mathbf{1}&\\&&-\mathbf{1}&\mathbf{1}\end{bmatrix}$$

図 7.6 平面グラフと直線グラフ：$n=4$ 個の節点と $m=5$ または 3 本の辺．

$\boldsymbol{A}_{\text{直線}}$ は 3 行 4 列の**差分行列**である．そこで以下の $A^{\mathrm{T}}A$ は 2 階差分となるが，$A^{\mathrm{T}}A$ の最初と最後の成分が 2 でなく 1 であることに注意せよ．**対角成分 1, 2, 2, 1 は各節点につながる辺の本数**（4 つの節点の "次数"）**を数えている**．

$$\begin{aligned}\boldsymbol{A}\boldsymbol{v}\ &= \boldsymbol{v}\text{ の差分}\\ \boldsymbol{A}^{\mathrm{T}}\boldsymbol{A} &= \text{直線のラプラシアン}\end{aligned}\qquad A\boldsymbol{v}=\begin{bmatrix}v_2-v_1\\v_3-v_2\\v_4-v_3\end{bmatrix}\quad A^{\mathrm{T}}A=\begin{bmatrix}\mathbf{1}&-1&0&0\\-1&\mathbf{2}&-1&0\\0&-1&\mathbf{2}&-1\\0&0&-1&\mathbf{1}\end{bmatrix}\qquad(1)$$

平面グラフに対する接続行列 A でも，差分 $\boldsymbol{v}_{\text{終点}}-\boldsymbol{v}_{\text{始点}}$ を各辺で計算する．ラプラシアン行列 $L=A^{\mathrm{T}}A$ の各行を足すと，再び零である．L の対角成分は，4 つの節点につながる $3,3,2,2$

本の辺を表す．A と L のすべての成分は，グラフから直接読みとれる！ $L = A^{\mathrm{T}}A$ の中で -1 が欠けた成分が 2 つあるのは，この 5 本の辺をもつグラフで，**節点 3 と 4 をつなぐ辺がない**ためである．

接続行列
ラプラシアン行列

$$\boldsymbol{A} = \begin{bmatrix} -1 & 1 & 0 & 0 \\ -1 & 0 & 1 & 0 \\ 0 & -1 & 1 & 0 \\ -1 & 0 & 0 & 1 \\ 0 & -1 & 0 & 1 \end{bmatrix} \quad \boldsymbol{A}^{\mathrm{T}}\boldsymbol{A} = \begin{bmatrix} 3 & -1 & -1 & -1 \\ -1 & 3 & -1 & -1 \\ -1 & -1 & 2 & \mathbf{0} \\ -1 & -1 & \mathbf{0} & 2 \end{bmatrix} \tag{2}$$

注釈　グラフのどの辺でも，矢印の向き（始点と終点）を逆にすると A は変わる．しかし $A^{\mathrm{T}}A$ **は変わらない**．矢印の向きの変更は，単に $\pm$ の対角符号行列 S を A に掛けることで行える．このとき $S^{\mathrm{T}}S = I$ だから，$(SA)^{\mathrm{T}}(SA)$ は $A^{\mathrm{T}}A$ と同一である．

$L = A^{\mathrm{T}}A$ の固有値には，すべての成分が 1 である固有ベクトルからの $\lambda = 0$ が常に含まれる．エネルギー $\boldsymbol{v}^{\mathrm{T}}(A^{\mathrm{T}}A)\boldsymbol{v}$ は $(A\boldsymbol{v})^{\mathrm{T}}(A\boldsymbol{v})$ とも書ける．これは単に，辺の両端での差 $A\boldsymbol{v}$ を求め，その全成分の平方を足し合わせたものである（**辺のない節点 3 と 4 の間は除く**）：

$$\text{エネルギー} = (v_2 - v_1)^2 + (v_3 - v_1)^2 + (v_3 - v_2)^2 + (v_4 - v_1)^2 + (v_4 - v_2)^2.$$

すべての成分が 1 のベクトル $\boldsymbol{v} = (1, 1, 1, 1)$ では，エネルギーが零となるのが再びわかる．

ラプラシアン行列 $L = A^{\mathrm{T}}A$ は**可逆でない**！ 線形系 $A^{\mathrm{T}}A\boldsymbol{v} = \boldsymbol{f}$ には解がない（または無限に多くある）．可逆な行列を得るために **$\boldsymbol{A}^{\mathrm{T}}\boldsymbol{A}$ の最後の行と最後の列を除く**．これは，その節点の電位を零として "節点を接地する" ことに対応する：$\boldsymbol{v_4 = 0}$．これは，温度差だけを与える方程式のときに，1 つの温度を零に固定するようなものである．

$v_4 = 0$ とすれば，第 4 列は A から削除される．これにより $A^{\mathrm{T}}A$ から第 4 列と，第 4 行も除かれる．**この縮約された 3 行 3 列の行列は正定値である**：

$$(\boldsymbol{A}^{\mathrm{T}}\boldsymbol{A})_{\text{縮約}} = \begin{bmatrix} 3 & -1 & -1 \\ -1 & 3 & -1 \\ -1 & -1 & 2 \end{bmatrix} = (A_{\text{縮約}})^{\mathrm{T}}(A_{\text{縮約}}) = (3\text{ 行 }5\text{ 列})\,(5\text{ 行 }3\text{ 列}). \tag{3}$$

重みつきラプラシアン $\boldsymbol{K = A^{\mathrm{T}}CA}$

多くの応用では，辺に正の重み $c_1, \ldots, c_m$ がつく．これらの重みは，（m 個の抵抗からの）**コンダクタンス**や，（m 本のバネからの）**剛性**といったものである．電気工学では，オームの法則が電流 w と電位差 e をつなげる．機械工学では，フックの法則がバネ力 w とその伸び e をつなげる．**各辺でのそれらの法則 $\boldsymbol{w = ce}$ をまとめて，行列とベクトルでの式** $\boldsymbol{w} = C\boldsymbol{e} = CA\boldsymbol{v}$ **の中の，正の対称行列 C を得る**．$\boldsymbol{w}$ 内の m 個の電流は，$A\boldsymbol{v}$ 内の m 個の電位差に起因する．

キルヒホフの電流法則は $\boldsymbol{A}^{\mathrm{T}}\boldsymbol{w} = \boldsymbol{0}$ と書ける．この行列 A^{T} は "電流の釣合い" や，バネの間の "力の釣合い" を記すとき，いつでも入ってくる．電流源や，外部から加えられた力があれば，この釣合いの方程式は $A^{\mathrm{T}}\boldsymbol{w} = \boldsymbol{f}$ となる．

電流源から電流を節点に注入するとき，電流法則 $A^{\mathrm{T}}\boldsymbol{w}=\boldsymbol{f}$ は **"流入量と流出量は等しい"** ことを表す．このとき $A^{\mathrm{T}}C\boldsymbol{e}=\boldsymbol{f}$ で，$A^{\mathrm{T}}CA\boldsymbol{v}=\boldsymbol{f}$．よって $K=A^{\mathrm{T}}CA$ が，**回路全体のコンダクタンス行列**となる．直線に並んだ 3 つの抵抗の場合，$A^{\mathrm{T}}CA$ はこうなる：

$$\begin{aligned}\boldsymbol{A^{\mathrm{T}}w} &= \boldsymbol{f} \quad （キルヒホフ）\\ \boldsymbol{A^{\mathrm{T}}Ce} &= \boldsymbol{f} \quad （オーム）\\ \boldsymbol{A^{\mathrm{T}}CAv} &= \boldsymbol{f} \quad （方程式系）\end{aligned} \qquad (\boldsymbol{A^{\mathrm{T}}CA})_{\text{直線}}=\begin{bmatrix} c_1 & -c_1 & 0 & 0\\ -c_1 & c_1+c_2 & -c_2 & 0\\ 0 & -c_2 & c_2+c_3 & -c_3\\ 0 & 0 & -c_3 & c_3\end{bmatrix}. \quad (4)$$

ここでも，$A^{\mathrm{T}}CA$ の各行は，いまだに足して零になる．この行列は半正定値のままである．第 4 行と第 4 列を除去すると，これは正定値になる．$A^{\mathrm{T}}CA\boldsymbol{v}=\boldsymbol{f}$ を解くには，そうしなくてはならない．**これは離散的な応用数学の基本方程式である**．

辺の上に（電池のような）**電圧源**をもつ回路を考えることも，また可能である．それらは m 成分のベクトル $\boldsymbol{b}$ に入る．節点から節点への電圧降下は $-A\boldsymbol{v}$（負号つき）で表される．しかしオームの法則は，**抵抗の両側での**電圧降下 $\boldsymbol{e}$ へ適用される．ベクトル $\boldsymbol{e}=\boldsymbol{b}-A\boldsymbol{v}$ と $\boldsymbol{b}$ を含め，行列 C を用いると，オームの法則は単に $\boldsymbol{w}=C\boldsymbol{e}$ となる．回路への入力は $\boldsymbol{f}$ と $\boldsymbol{b}$ である．

$\boldsymbol{e},\boldsymbol{w},\boldsymbol{f}$ に対する 3 つの方程式では，行列 A,C,A^{T} が用いられる．$\boldsymbol{e}=C^{-1}\boldsymbol{w}$ を消去すると，**2 つ**の方程式になる．$\boldsymbol{w}$ もまた消去すると，**1 つ**の方程式に至る．

	3 つの式	2 つの式	1 つの式
電圧降下	$\boldsymbol{e}=\boldsymbol{b}-A\boldsymbol{v}$		
電流	$\boldsymbol{w}=C\boldsymbol{e}$	$\begin{bmatrix} C^{-1} & A\\ A^{\mathrm{T}} & 0\end{bmatrix}\begin{bmatrix}\boldsymbol{w}\\ \boldsymbol{v}\end{bmatrix}=\begin{bmatrix}\boldsymbol{b}\\ \boldsymbol{f}\end{bmatrix}$	$\boldsymbol{A^{\mathrm{T}}CAv}=\boldsymbol{A^{\mathrm{T}}Cb}-\boldsymbol{f}$
釣合い	$\boldsymbol{f}=A^{\mathrm{T}}\boldsymbol{w}$		

$\boldsymbol{e}=C^{-1}\boldsymbol{w}$ を第 1 式に代入することで，まず $\boldsymbol{e}$ を消した．2 つの式を 1 つの式にまとめる段階では，$\boldsymbol{w}=C(\boldsymbol{b}-A\boldsymbol{v})$ を $\boldsymbol{f}=A^{\mathrm{T}}\boldsymbol{w}$ に代入した．A と C のほとんどすべての成分は零になる．**重みつきのグラフ・ラプラシアンは** $K=A^{\mathrm{T}}CA$ **である**．

湧出し項 $\boldsymbol{b}$ と $\boldsymbol{f}$ から，どのような右辺となるかが見てとれる．それらが電流を通すのだ．

応用数学の枠組み

最小 2 乗法の方程式 $A^{\mathrm{T}}A\boldsymbol{v}=A^{\mathrm{T}}\boldsymbol{b}$ と重みつき最小 2 乗法の方程式 $A^{\mathrm{T}}CA\boldsymbol{v}=A^{\mathrm{T}}C\boldsymbol{b}$ は，$\boldsymbol{f}=\boldsymbol{0}$ の特別な場合である．私の経験では，応用数学の対称な定常状態の問題は，すべてこの $A^{\mathrm{T}}CA$ の枠組みに当てはまる．

電圧法則 $\rightarrow$ $\boldsymbol{A}$ 　　オームの法則 $\rightarrow$ $\boldsymbol{C}$ 　　電流法則 $\rightarrow$ $\boldsymbol{A^{\mathrm{T}}}$

応用数学についてのどの講演でも，私は $A^{\mathrm{T}}CA$ について注視するようになった：そら，あそこにお出ましだ．微分方程式もこの枠組みに当てはまる．ラプラス方程式は，Au が $u(x,y)$ の勾

配であるときの $A^{\mathrm{T}}Au=0$ だった．$A^{\mathrm{T}}CA$ **を用いた典型的な方程式は** $-d/dx(c\,du/dx)=f(x)$ **である**．

行列では，それらの微分が差分になる．グラフの問題でラプラス方程式に対応するものとして，行列 $A^{\mathrm{T}}A$ は**グラフ・ラプラシアン**と呼ばれる．

動的な問題には時間微分 du/dt が入る．これは $A^{\mathrm{T}}CA$ の枠組みに新たな要素を追加する．方程式 $du/dt=-A^{\mathrm{T}}Au$ は，熱伝導方程式 $\partial u/\partial t=\partial^2u/\partial x^2$ の行列版である．次章ではこの熱伝導方程式を，$y''=\lambda y$ での固有値と固有関数（サインとコサイン）を用いて解く．**解は フーリエ級数**となる．

例：抵抗の回路

我々の節点 4 つのグラフの 5 つの辺に，抵抗を付け加える．コンダクタンス $1/R$ の値は c_1 から c_5 である．回路全体のコンダクタンス行列は $A^{\mathrm{T}}CA$ である．上式 (2) の接続行列 A は 5 行 4 列で，$A^{\mathrm{T}}CA$ は 4 行 4 列である．

5 つの辺の
コンダクタンス行列 $\boldsymbol{K}$

$$A^{\mathrm{T}}CA=\begin{bmatrix} c_1+c_2+c_4 & -c_1 & -c_2 & -c_4 \\ -c_1 & c_1+c_3+c_5 & -c_3 & -c_5 \\ -c_2 & -c_3 & c_2+c_3 & \mathbf{0} \\ -c_4 & -c_5 & \mathbf{0} & c_4+c_5 \end{bmatrix} \qquad (5)$$

この行列を，すべての $c_i=1$ である式 (2) の $A^{\mathrm{T}}A$ と比べてほしい．新たな行列が $c_1+c_2+c_4$ で始まるのは，辺 1, 2, 4 が節点 1 に接続するからである．K のその行に沿って，成分 $-c_1,-c_2,-c_4$ により，予期された通り **（行の和）＝ 零**となる．すると $A^{\mathrm{T}}CA$ は特異行列であり，可逆でない．行列を 3 行 3 列に縮約するため，“節点を接地” して，第 4 列と第 4 行を除去しなくてはならない．縮約された行列は対称で，正定値である．

電位 $v_1=V$ を固定して，接地された節点で $v_4=0$ でもあるとする．電流は節点 1 を流れ出し，節点 4 へ向かう（ここで $\boldsymbol{b}=\boldsymbol{f}=\mathbf{0}$）．**既知の** $v_1=V$ **を含む項** c_1V **と** c_2V **は** $A^{\mathrm{T}}CA\boldsymbol{v}=\mathbf{0}$ **の右辺に入れる**．未知の電圧は v_2 と v_3 の 2 つだけであり，V は境界での値のように扱う：

縮約された方程式
$\boldsymbol{v_1=V}$ **と** $\boldsymbol{v_4=0}$

$$\begin{bmatrix} c_1+c_3+c_5 & -c_3 \\ -c_3 & c_2+c_3 \end{bmatrix}\begin{bmatrix} v_2 \\ v_3 \end{bmatrix}=\begin{bmatrix} c_1V \\ c_2V \end{bmatrix}. \qquad (6)$$

v_2 と v_3 について解くと，4 つの電位 $\boldsymbol{v}$ すべてと，5 つの電流 $\boldsymbol{w}=CA\boldsymbol{v}$ がすべてわかる．

まとめ

行列 C は “理想的な” $A^{\mathrm{T}}A$ の問題を “実用的な” $A^{\mathrm{T}}CA$ の問題に変える．この 3 段階の枠組みが，応用数学全体を通じて現れる様子を理解してほしい．Au はしばしば u の導関数だったり，差分である．続いて，オームの法則やフックの法則から CAu が現れる．コンダクタンスや剛性のような物性値が C の中に入る．

最後に，$A^{\mathrm{T}}CA\boldsymbol{v}=\boldsymbol{f}$ が連続の式や釣合いの方程式を表す．これは力の釣合いや，入力と出力の釣合いや，利益と損失の釣合いを表す．まとめた行列 $K=A^{\mathrm{T}}CA$ は，ちょうど $A^{\mathrm{T}}A$ のように，対称で正定値の行列である．

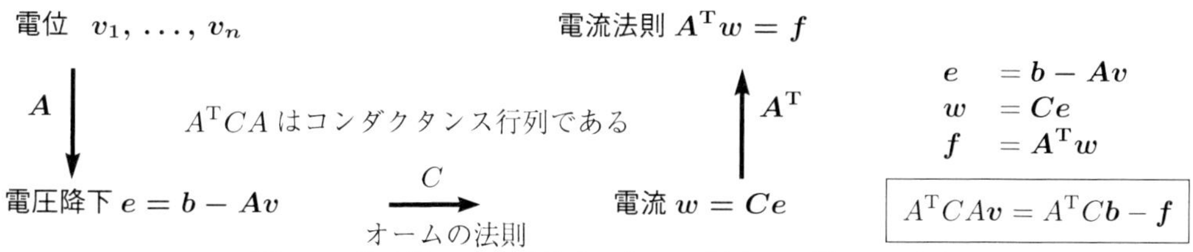

図 7.7　理工学での定常状態の問題に対する $A^{\mathrm{T}}CA$ の枠組み.

図 7.7 に，応用数学のこの 3 段階の見方を要約した．**ネットワーク内部の力やフローも必要なら，$\boldsymbol{v}$ と $\boldsymbol{e}$ と $\boldsymbol{w}$ について解く．**

隣接行列

ラプラシアン行列 $L = A^{\mathrm{T}}A$ と $K = A^{\mathrm{T}}CA$ は接続行列 A をもとにしている．L の対角成分は，各節点の次数である：その節点に接続する辺の本数．$A^{\mathrm{T}}A$ はまた，**次数行列 $\boldsymbol{D}$ と隣接行列 $\boldsymbol{W}$ の差**として直接求まる：

$$A^{\mathrm{T}}A = \begin{bmatrix} 3 & -1 & -1 & -1 \\ -1 & 3 & -1 & -1 \\ -1 & -1 & 2 & \mathbf{0} \\ -1 & -1 & \mathbf{0} & 2 \end{bmatrix} = \begin{bmatrix} 3 & & & \\ & 3 & & \\ & & 2 & \\ & & & 2 \end{bmatrix} - \begin{bmatrix} 0 & 1 & 1 & 1 \\ 1 & 0 & 1 & 1 \\ 1 & 1 & 0 & \mathbf{0} \\ 1 & 1 & \mathbf{0} & 0 \end{bmatrix}. \tag{7}$$

D の中の次数 $3, 3, 2, 2$ は W の各行の和に等しい．このとき $D - W$ の各行の和は零となる．$L = A^{\mathrm{T}}A = D - W$ を $(1, 1, 1, 1)$ に掛けると，その結果は $(0, 0, 0, 0)$ になる．

問　次数の和は 10 である．もとのグラフからこれをどのように予想できるか？

答　そのグラフには 5 つの辺がある．各辺が，隣接行列に 2 つの 1 を生み出す．W には 10 個の 1 がなければならない．D の中の次数の合計は，W の中の 1 と釣り合うために 10 でなければならない．

L の**トレース**は $3 + 3 + 2 + 2$ なので，L の固有値の合計も 10 でなければならない．

問　辺に重み $c_1, \ldots, c_m$ があるとき，W と D についての規則は何か？

答　$W_{ij} = 1$ となる各成分は，節点 i と節点 j を結ぶ辺に起因する．この辺 k の重み（その辺のコンダクタンス）が c_k のとき，成分 W_{ij} を 1 から c_k へ変える．この重みが式 (5) と，また式 (8) での $A^{\mathrm{T}}CA$ を生み出す．

重みつきの
$\boldsymbol{A}^{\mathrm{T}}\boldsymbol{C}\boldsymbol{A} = \boldsymbol{K}$

$$D - W = \begin{bmatrix} c_1 + c_2 + c_4 & & & \\ & \cdot & & \\ & & \cdot & \\ & & & c_4 + c_5 \end{bmatrix} - \begin{bmatrix} 0 & c_1 & c_2 & c_4 \\ c_1 & 0 & c_3 & c_5 \\ c_2 & c_3 & 0 & 0 \\ c_4 & c_5 & 0 & 0 \end{bmatrix}. \tag{8}$$

演習問題 1〜5 では，どの節点のペアも 1 つの辺でつながっている**完全グラフ**について問う．隣接行列 W のすべての非対角成分は 1 である．対角行列 D の次数はすべて $n - 1$ である．ラプラシアン L と K には零がない．可能な辺すべてをもつ，このグラフに対しては，$L = A^{\mathrm{T}}A = D - W$ についてのどんな質問にも，きれいな答えがある．

鞍点行列

図 7.7 の枠組みで最後に得る行列は，辺の電流 $w_1, \ldots, w_m$ を消去したあとの $A^{\mathrm{T}}CA$ である．その手順の 1 つ前では，電位 $\boldsymbol{v}$ と電流 $\boldsymbol{w}$ が 2 つの未知ベクトルだった．2 つの方程式から，C^{-1} と A と A^{T} からなる "鞍点行列" をつくれる：

$$\begin{array}{l}\textbf{鞍点の問題}\\ \textbf{電流と電位}\end{array}\qquad \begin{bmatrix} C^{-1} & A \\ A^{\mathrm{T}} & 0 \end{bmatrix}\begin{bmatrix} \boldsymbol{w} \\ \boldsymbol{v} \end{bmatrix} = \begin{bmatrix} \boldsymbol{b} \\ \boldsymbol{f} \end{bmatrix}. \tag{9}$$

キルヒホフの電流法則 $A^{\mathrm{T}}\boldsymbol{w} = \boldsymbol{f}$ のような拘束条件があるとき，この形のブロック行列が現れる．"自然界は，その拘束条件の下で回路内の熱損失を最小化するものである．" 式 (9) の中の "KKT 行列"（カルーシュ－クーン－タッカー行列）は対称ではあるが，**まったく正定値ではない**．

小さな例では，正と負の固有値を 1 つずつもつことを示せる：

$$\begin{bmatrix} 3 & 2 \\ 2 & 0 \end{bmatrix} \text{ の固有値は } 4 \text{ と } -1.\ \text{ ピボットは } 3 \text{ と } -\frac{4}{3}.$$

固有値とピボットは同じ符号をもつ！ 固有値どうしかピボットどうしを掛け合わせ，行列式 -4 を得る．対角成分の零のため，正定値性が排除される．

この鞍点行列は m 個の正の，および n 個の負の固有値をもつ．$(m+n)$ 次元空間でのエネルギーは，m 個の方向には増え，n 個の方向には減る．

計算の際の重要な決断については，支持者が両側に分かれる．$\boldsymbol{w}$ を消去して，1 つの行列 $A^{\mathrm{T}}CA$ で作業する方がよいだろうか？ 最適化業界ではノーと答え，有限要素法のエンジニアたちはイエスと言う．流体の計算（速度と対をなす圧力を用いる）では，しばしば鞍点を探す．

計算理工学は高度に活発な分野であり，ソフトウェアとハードウェアと数学を総動員して何百万個もの未知数に対する $A^{\mathrm{T}}CA$ の式を解いている．

■ 要点の復習 ■

1. A（m 行 n 列）の第 k 行は，グラフの辺 k の始点と終点がどの節点かを表す．

2. ある辺が節点 i と j をつなぐとき，ラプラシアン $L = A^{\mathrm{T}}A$ の中の $L_{ij} = -1$．

3. $L = D - W$ の対角成分は節点の次数を示す．L の各行の和はどれも零となる．

4. 辺に重み c_k を付すときの $K = A^{\mathrm{T}}CA$ は重みつきのグラフ・ラプラシアンである．

5. 3 段階 $\boldsymbol{e} = \boldsymbol{b} - A\boldsymbol{v}, \boldsymbol{w} = C\boldsymbol{e}, \boldsymbol{f} = A^{\mathrm{T}}\boldsymbol{w}$ を組み合わせると $A^{\mathrm{T}}CA\boldsymbol{v} = A^{\mathrm{T}}C\boldsymbol{b} - \boldsymbol{f}$ になる．

演習問題 7.5

問題 1〜5 では，どの節点どうしの間にも辺がある，完全グラフについて問う．

1 $n=5$ 節点と，可能なすべての辺があるとき，$A^{\mathrm{T}}A$ の対角成分（節点の次数）を求めよ．$A^{\mathrm{T}}A$ の非対角成分はすべて -1 である．第 5 行と第 5 列を除いた縮約行列 R を示せ．第 5 節点は“接地”され，$v_5=0$ である．

2 $A^{\mathrm{T}}A$ の**トレース**（対角成分の和 = 固有値の和）が n^2-n であることを示せ．大きさ $n-1$ の（可逆な）縮約行列 R のトレースは何か？

3 $n=4$ のとき，3 行 3 列の行列 $R=(A_{縮約})^{\mathrm{T}}(A_{縮約})$ を書け．非対角成分がすべて $\frac{1}{4}$ で，対角成分が $\frac{2}{4}$ の行列を R^{-1} とすると，$RR^{-1}=I$ であることを示せ．

4 任意の n に対して，大きさ $n-1$ の縮約行列 R は**可逆**である．非対角成分がすべて $1/n$ で，対角成分が $2/n$ の行列を R^{-1} とするとき，$RR^{-1}=I$ であることを示せ．

5 $n=4$ のとき，6 行 3 列の行列 $M=A_{縮約}$ を書け．方程式 $M\boldsymbol{v}=\boldsymbol{b}$ は最小 2 乗法で解くべきである．ベクトル $\boldsymbol{b}$ は 4 チームの間での 6 試合の得点といったものである．（第 4 チームの得点は，接地されているのでいつも零である）．$R=M^{\mathrm{T}}M$ の逆行列は既知である．$M^{\mathrm{T}}M\widehat{\boldsymbol{v}}=M^{\mathrm{T}}\boldsymbol{b}$ を解くと，第 1 チームの最小 2 乗ランキング $\widehat{v}_1$ は何か？

6 4 節点の木のグラフに対する $A^{\mathrm{T}}A$ は式 (1) である．3 行 3 列の行列 $R=(A^{\mathrm{T}}A)_{縮約}$ は何か？ それが正定値であると，どのようにしてわかるか？

7 (a) 行列 A が与えられたとき，グラフをどのように再構築できるか？

(b) $L=A^{\mathrm{T}}A$ が与えられたとき，グラフ（矢印なし）をどのように再構築できるか？

(c) $K=A^{\mathrm{T}}CA$ が与えられたとき，重みつきグラフをどのように再構築できるか？

8 コンダクタンスが $c_1=1, c_2=4, c_3=9$ である，直線上に並んだ 3 つの抵抗に対して，$K=A^{\mathrm{T}}CA$ を求めよ．$K_{縮約}$ を書き，この行列が正定値であることを示せ．

9 3 行 3 列の正方格子には，$n=9$ 個の節点と $m=12$ 本の辺がある．節点の番号を行方向を優先してつけよ．

(a) $L=A^{\mathrm{T}}A$ の 81 成分の中で，何個が非零か？

(b) 次数行列 D 内の 9 つの対角成分を書き下せ：すべて 4 というわけではない．

(c) $L=D-W$ の中央の行に 4 つの -1 があるのはなぜか？ $L=K2\mathrm{D}$ であることに気づけ！

10 式 (5) のコンダクタンスはすべて c に等しいとする．式 (6) を電位 v_2 と v_3 について解き，節点 1 から流出する（そして接地された節点 4 へ流れ込む）電流 I を求めよ．節点 1 から節点 4 への“合成コンダクタンス” I/V はいくらか？

この全体のコンダクタンス I/V は個々のコンダクタンス c より大きくなるべきである.

11 乗算 $A^{\mathrm{T}}A$ は A^{T} の各列と A の各行の積の和ともみなせる. $m=3$ 本の辺と $n=4$ 個の節点について, それぞれの（列と行の積）は (4 行 1 列)(1 列 4 行) = 4 行 4 列 である. それら 3 つの, 列と行の積の行列を書き下し, 足し合わせて $L=A^{\mathrm{T}}A$ を得よ.

12 3 節点の木を 2 本, 別々にもつグラフは**非連結**である. その 6 行 4 列の接続行列 A を書け. $A\boldsymbol{v}=\boldsymbol{0}$ となる解を, 単に $\boldsymbol{v}=(1,1,1,1,1,1)$ の 1 つだけでなく, **2 つ**求めよ. $A^{\mathrm{T}}A$ を縮約するには, **2 つの**節点を接地して, 2 行および 2 列を除かなければならない.

13 列ベクトルと行ベクトルの積である "要素行列" は**有限要素法**で現れる. 次の要素行列 K_1, K_1, K_3 を数値 c_1, c_2, c_3 をそれぞれ含めて求めよ.

$$K_i = (A\text{ の第 }i\text{ 行})^{\mathrm{T}}\ (\boldsymbol{c_i})\ (A\text{ の第 }i\text{ 行}) \qquad K = A^{\mathrm{T}}CA = \boldsymbol{K_1}+\boldsymbol{K_2}+\boldsymbol{K_3}.$$

図 7.7 の, 4 節点が直線に並んだグラフについて, 足し合わせて式 (1) の $A^{\mathrm{T}}A$ になる, 要素行列を書き出せ.

$$A^{\mathrm{T}}A = \left[\begin{array}{ccc} \left[K_1\right] & & \\ & \left[K_2\right] & \\ & & \left[K_3\right] \end{array}\right] = \begin{array}{l}\text{辺 }1,2,3\text{ からの}\\ K_1+K_2+K_3\text{ の}\\ \text{非零成分の合成}\end{array}$$

14 n 行 n 列の格子には n^2 個の節点がある. このグラフには何本の辺があるか？ 内点は何個か？ A と $L=A^{\mathrm{T}}A$ の中に何個の非零成分があるか？ L^{-1} **の中には零がない**！

15 3 段階の枠組みから $\boldsymbol{e}=C^{-1}\boldsymbol{w}$ だけを消去したとき, 式 (9) に示した通り,

$$\begin{array}{l}\text{鞍点行列}\\ \text{正定値でない}\end{array} \quad \begin{bmatrix} C^{-1} & A \\ A^{\mathrm{T}} & 0 \end{bmatrix}\begin{bmatrix}\boldsymbol{w}\\ \boldsymbol{v}\end{bmatrix} = \begin{bmatrix}\boldsymbol{b}\\ \boldsymbol{f}\end{bmatrix}.$$

第 1 ブロック行に $A^{\mathrm{T}}C$ を掛けたものを, 第 2 ブロック行から引け.

$$\text{ブロック消去の後} \quad \begin{bmatrix} C^{-1} & A \\ 0 & -A^{\mathrm{T}}CA \end{bmatrix}\begin{bmatrix}\boldsymbol{w}\\ \boldsymbol{v}\end{bmatrix} = \begin{bmatrix}\boldsymbol{b}\\ \boldsymbol{f}-A^{\mathrm{T}}C\boldsymbol{b}\end{bmatrix}.$$

C^{-1} の中の m 個の正のピボットのあと, この行列のピボットが負になるのはなぜか？ $\boldsymbol{w}$ と $\boldsymbol{v}$ という 2 つの場に対するこの問題では, 極小値でなく鞍点を求める.

16 最小 2 乗法の方程式 $A^{\mathrm{T}}A\boldsymbol{v}=A^{\mathrm{T}}\boldsymbol{b}$ は, 誤差 $\boldsymbol{e}=\boldsymbol{b}-A\boldsymbol{v}$ に対する射影方程式 $A^{\mathrm{T}}\boldsymbol{e}=\boldsymbol{0}$ からきている. これら 2 つの方程式を, 問題 15 での対称な鞍点形式に（$\boldsymbol{f}=\boldsymbol{0}$ として）書け.

この場合は, 重みの行列が $C=I$ なので, $\boldsymbol{w}=\boldsymbol{e}$ となる.

17 $C=I$ である次の鞍点行列の, 3 つの固有値と 3 つのピボットと行列式を求めよ. A が 1 列なので, 1 つの固有値が負である：

$$m = 2, n = 1 \qquad \begin{bmatrix} C^{-1} & A \\ A^{\mathrm{T}} & 0 \end{bmatrix} = \begin{bmatrix} 1 & 0 & -1 \\ 0 & 1 & 1 \\ -1 & 1 & 0 \end{bmatrix}.$$

■ 第 7 章の注釈 ■

可逆な行列の極形式：$\boldsymbol{A} = \boldsymbol{QS} =$（直交行列）（正定値行列）．これは複素数（1 行 1 列の行列）に対する $re^{i\theta}$ のようなものである．$|e^{i\theta}| = 1$ が直交行列 Q で，$r > 0$ が正定値の S である．これらの行列因子は A の特異値分解から直接求まる．

$$A = U\Sigma V^{\mathrm{T}} = \left(UV^{\mathrm{T}}\right)\left(V\Sigma V^{\mathrm{T}}\right) = \text{（直交行列）　掛ける　（正定値行列）}.$$

A が可逆なとき，Σ もまた可逆である．このとき σ_1 から σ_n は $V\Sigma V^{\mathrm{T}}$ の（正の）固有値である．物理的な言い方では，どの運動も回転/反射を表す Q と伸縮を表す S の組み合わせで表せるということになる．

$\boldsymbol{A} = \boldsymbol{d/dx}$ の転置："A の転置は $-d/dx$ である" というだけでは不十分である．$Af = df/dx$ と $A^{\mathrm{T}}g = -dg/dx$ の中の関数 f と g の境界条件も，A と A^{T} の重要な部分である．7.3 節で，特に演習問題 1 では，A が **2 つの**条件 $f(0) = 0$ と $f(1) = 0$ を伴う．このとき $A^{\mathrm{T}} = -d/dx$ は g についての条件を何ももたない．我々がほしいのは $(Af, g) = (f, A^{\mathrm{T}}g)$ の関係である．

部分積分とは演算子 $\boldsymbol{d/dx}$ の転置のようなものである．積分された項 fg は $f(0) = f(1) = 0$ のとき，確かに零になる．1 個だけの条件 $f(0) = 0$ を伴う**固定端–自由端**の演算子 d/dx を転置すると，他の条件 $g(1) = 0$ を伴う**自由端–固定端**の演算子 $-d/dx$ になるだろう．すると，その積分された項は再び，両端で $fg = 0$ となる．どの場合でも，**$\boldsymbol{g}$ の境界条件は f の境界条件の不足を埋め合わせる．**

主成分分析（PCA）：最も重要な（最もランダムでない）データを求めよ．

しばしばデータは長方行列の中に納まっている：各授業での各生徒の成績．各疾病での各遺伝子の活動度．各商店での各製品の売り上げ．各都市での各年齢層の収入．データ行列で各列と各行の交差点に，成分が 1 つずつ入る．

平均値を差し引いてから，我々は**分散**を調べる：これはランダムさの反対の，価値ある情報の指標である．データ行列 A の SVD（相関 $A^{\mathrm{T}}A$ の固有ベクトルと固有値を示す）は，**主成分**を示す：行列の最大の部品である $\sigma_1\boldsymbol{u}_1\boldsymbol{v}_1^{\mathrm{T}}$．直交する部品 $\sigma_i\boldsymbol{u}_i\boldsymbol{v}_i^{\mathrm{T}}$ は重要度の順序に並ぶ．最大の σ が最も重要である．部分的にランダムなデータの，大きな行列から，PCA と SVD でその最重要情報を引き出せる．

ウィキペディアには，PCA に同一の，あるいは密接に関係した多くの方法の一覧表がある．大切な特異ベクトル $\boldsymbol{v}_1$（これは $A^{\mathrm{T}}A\boldsymbol{v}_1 = \lambda_{\max}\boldsymbol{v}_1$ を満たす）はまた，レイリー商

$$(\boldsymbol{v}^{\mathrm{T}}A^{\mathrm{T}}A\boldsymbol{v})/\boldsymbol{v}^{\mathrm{T}}\boldsymbol{v}$$

を最大化するベクトルでもある．最初の 2，3 個の特異ベクトルを計算するには，SVD 全体は必要ない！

第8章

フーリエ変換とラプラス変換

本書は線形微分方程式で始まった．最後もそうしよう．これらは我々が理解でき，解ける方程式である—特に，式の中の係数が定数のときには．熱伝導方程式と波動方程式（**これらは偏微分方程式である**）でさえ，きれいな解をもっている．

これらは極端に好条件の問題であるが，それを弁解しない．ほぼすべての応用では，線形応答から始める——電圧に比例する電流，入力に比例する出力．大きな電圧や大きな力に対して，真の法則は非線形になるかもしれない．そのときでさえ，非線形性を扱うために，一連の線形問題をしばしば用いる．定数係数の線形方程式こそ，我々が解ける方程式である．

本章ではフーリエ変換とラプラス変換を導入する．そこでは，どの入力 $f(x)$ と $f(t)$ も，どの出力 $y(x)$ と $y(t)$ も**指数関数の線形結合**として表す．各指数関数について，入力に周波数に依存する定数を掛けたものが出力である：$y(t) = Y(s)e^{st}$ または $Y(\omega)e^{i\omega t}$．**その伝達関数が，周波数応答（指数関数に掛かる定数 Y）によって，その系を記述する．**

1 章と 2 章で，$y' - ay$ を逆変換するための複素ゲイン $1/(i\omega - a)$ を，伝達関数とともに用いた．今度はそれらを，時間および空間に一定の係数をもつ，時間不変かつ並進不変の偏微分方程式すべてに対して用いる．

これらの概念は，行列方程式を用いる離散的問題についても自然に再現される．その行列は（$-1, 2, -1$ の 2 階差分行列のように）導関数の近似かもしれないし，畳みこみから独自に発生するかもしれない．それらの固有ベクトルは離散的なサインかコサインか複素指数関数になる．それら固有ベクトルの線形結合は**離散フーリエ級数**（**DFT**）であり，結合係数は，高速フーリエ変換（**FFT**）——**現代の応用数学の中で最も重要なアルゴリズム**——を用いて求める．

サインとコサインに対する複素指数関数についての注意を 1 つ．実数の問題では，サインとコサインが好まれるかもしれない．しかしそれらは完ぺきではない．$\cos 0$ は要るが，$\sin 0$ は要らない．最高周波数のベクトル $(1, -1, 1, -1, \ldots)$ と $(-1, 1, -1, 1, \ldots)$ の一方がほしいが，両方はほしくない．最終的には（そして FFT についてはほぼ常に）**複素指数関数が勝利する**．結局，それらは微分 d/dx の固有関数である．変換はそれら指数関数の線形結合に基づいている—そして $e^{i\omega x}$ の微分は単に $i\omega e^{i\omega x}$ である．

以下では特別に性質の良い関数空間について記す．それは **"ヒルベルト空間"** と呼ばれる．**関数は内積と長さをもつ**．関数どうしの間に角度が定義でき，2 つの関数が直交する（垂直となる）こともできる．ヒルベルト空間内の関数は，ちょうどベクトルのようである．実際，**それらはベクトルである**—しかしヒルベルト空間は無限次元である．

以下が，実ベクトル $\boldsymbol{f} = (f_1, \ldots, f_N)$ と実関数 $f(x)$ の間の対比である．物理学者であれば，$< f|$（ブラ）と $|g >$（ケット）へ分解しさえするが，ここではしない！

内積	$\boldsymbol{f}^{\mathrm{T}}\boldsymbol{g} = f_1 g_1 + \cdots + f_N g_N$	$<\boldsymbol{f}, \boldsymbol{g}> = \int_{-\pi}^{\pi} f(x)\, g(x) dx$
長さの平方	$\|\|\boldsymbol{f}\|\|^2 = \boldsymbol{f}^{\mathrm{T}}\boldsymbol{f} = \sum \|f_i\|^2$	$\|\|\boldsymbol{f}\|\|^{\mathbf{2}} = < f, f > = \int_{-\pi}^{\pi} \|f(x)\|^2 dx$
なす角 $\boldsymbol{\theta}$	$\cos\boldsymbol{\theta} = \boldsymbol{f}^{\mathrm{T}}\boldsymbol{g}/\|\|\boldsymbol{f}\|\|\,\|\|\boldsymbol{g}\|\|$	$\cos\boldsymbol{\theta} = < f, g > /\|\|f\|\|\,\|\|g\|\|$
直交性	$\boldsymbol{f}^{\mathrm{T}}\boldsymbol{g} = \mathbf{0}$	$< \boldsymbol{f}, \boldsymbol{g} > = \int_{-\pi}^{\pi} f(x)\, g(x) dx = \mathbf{0}$

有限の長さをもつ関数はヒルベルト空間内に許される：$\int |f(x)|^2 dx < \infty$．よって $f(x) = 1/x$ と $f(x) = \delta(x)$ はヒルベルト空間に属さ**ない**．逆に，ステップ関数は大丈夫である．そして，1 点で爆発する関数でさえも許される—爆発が速すぎなければ．例えば $f(x) = 1/|x|^{1/4}$ はヒルベルト空間に属し，その長さは $||f|| = 2\pi^{1/4}$ である：

$$f(0) \text{ は無限大だが，} ||f||^2 = \int_{-\pi}^{\pi} |x|^{-1/2} dx = 4\,|x|^{1/2}\Big]_0^{\pi} = 4\pi^{1/2}.$$

$|f(x)| = |f(-x)|$ のとき，$-\pi$ から π までの積分は，0 から π までの積分の 2 倍である．

ベクトルと関数が**複素数**の場合へ，いつでも式を調節できる：

$$\textbf{内積}\quad \overline{\boldsymbol{f}}^{\mathrm{T}}\boldsymbol{g} = \overline{f}_1 g_1 + \cdots + \overline{f}_N g_N \qquad <\boldsymbol{f}, \boldsymbol{g}> = \int \overline{\boldsymbol{f(x)}}\boldsymbol{g(x)dx}$$

直交性は $< \boldsymbol{f}, \boldsymbol{g} > = \mathbf{0}$ のままである．最善の例は複素指数関数である：

> **$\boldsymbol{e^{ikx}}$ と $\boldsymbol{e^{inx}}$ $(n \neq k)$ は直交する**　　$$\int_{-\pi}^{\pi} e^{-ikx} e^{inx} dx = \frac{e^{i(n-k)x}}{n-k}\Bigg|_{-\pi}^{\pi} = \mathbf{0}.$$

これらの e^{ikx} はヒルベルト空間の 1 つの**直交基底**である．xyz 軸の代わりに，関数は無限に多くの軸を必要とする．どの $f(x)$ も基底ベクトル e^{ikx} の線形結合となる：

$$f(x) = \frac{e^{ix} - e^{-ix}}{1} + \frac{e^{3ix} - e^{-3ix}}{3} + \cdots \quad \text{では} \quad \int_{-\pi}^{\pi} |f(x)|^2 = 2\pi(1^2 + 1^2 + \frac{1}{3^2} + \frac{1}{3^2} + \cdots).$$

この特定の $f(x)$ は，偶然にもステップ関数である．ヒルベルトにとって，ステップ関数はベクトルである．このときフーリエが $f(x)$ を，それぞれの e^{ikx} に掛かる数値（1 や $\frac{1}{3}$ といった）に“変換した”．

8.1　フーリエ級数

本節では 3 つのフーリエ級数を説明する：**サイン，コサイン，そして指数関数 $\boldsymbol{e^{ikx}}$** の級数．導関数がデルタ関数となる矩形波（1 か 0 か -1）は偉大な例示を与える．以下ではスパイク，ステップ関数，ランプ関数を——そして，より滑らかな関数も——見ていく．

$\sin x$ から始めよう．$\sin(x + 2\pi) = \sin x$ だから，これは周期 2π をもつ．$\sin(-x) = -\sin x$ だから奇関数であり，$x = 0$ と $x = \pi$ で零となる．関数 $\sin nx$ $(n = 1, 2, \ldots)$ はどれも，これら 3 つの性質をもち，フーリエは**サインの無限の線形結合**に注目した：

フーリエサイン級数 $S(x) = b_1 \sin x + b_2 \sin 2x + b_3 \sin 3x + \cdots = \sum_{n=1}^{\infty} \boldsymbol{b_n \sin nx}$ (1)

もし数値 $b_1, b_2, b_3, \ldots$ が十分速く減少するならば（この減衰率の重要性をここで予告しておく），この和 $S(x)$ は 3 つの性質すべてを継承する：

周期性 $S(x+2\pi) = S(x)$ 奇関数 $S(-x) = -S(x)$ $S(0) = S(\pi) = 0$

周期的な奇関数 $S(x)$ **ならどれでも**，サインの無限級数として表せるかもしれないと言い出して，フーリエは 200 年前のフランスで数学者たちを驚愕させた．この考え方からフーリエ級数の莫大な発展が始まった．我々の最初の手順は $\boldsymbol{\sin kx}$ **に掛かる数** $\boldsymbol{b_k}$ **を見つけることである．関数** $\boldsymbol{S(x)}$ **はある数列** $\boldsymbol{b_k}$ **に "変換" される．**

$S(x) = \sum b_n \sin nx$ **であるとする．両辺に** $\sin kx$ **を掛けて，** 0 **から** π **まで積分せよ：**

$$\int_0^{\pi} S(x) \sin kx\, dx = \int_0^{\pi} b_1 \sin x \sin kx\, dx + \cdots + \int_0^{\pi} \boldsymbol{b_k \sin kx\ \sin kx\, dx} + \cdots \quad (2)$$

右辺では，強調した $n = k$ での 1 項を除くすべての項が零になる．この "**直交性**" の性質が，この章全体を支配する．サインについては，積分 $= 0$ というのは微積分学の事実である：

サインは直交する $\boldsymbol{n \neq k}$ ならば $\int_{\boldsymbol{0}}^{\boldsymbol{\pi}} \boldsymbol{\sin nx \sin kx\, dx = 0}.$ (3)

$\int \cos mx\, dx = \left[\frac{\sin mx}{m}\right]_{\boldsymbol{0}}^{\pi} = 0 - 0$ との積分はすぐ零とわかる．これを用いる：

$$\text{和積の公式} \qquad \sin nx\ \sin kx = \frac{1}{2}\cos(n-k)x - \frac{1}{2}\cos(n+k)x. \quad (4)$$

$\cos(n-k)x$ と $\cos(n+k)x$ を積分すると，ともに零になり，サインの直交性を証明する．

例外は $n = k$ **のときである．**このとき，被積分関数は $(\sin kx)^2 = \frac{1}{2} - \frac{1}{2}\cos 2kx$ となる：

$$\int_0^{\pi} \sin kx\ \sin kx\, dx = \int_0^{\pi} \frac{1}{2}\, dx - \int_0^{\pi} \frac{1}{2}\cos 2kx\, dx = \frac{\pi}{2}. \quad (5)$$

式 (2) で強調した項は $\boldsymbol{(\pi/2) b_k}$ となる．両辺に $2/\pi$ を掛けて b_k が求まる．

サイン係数
$\boldsymbol{S(-x) = -S(x)}$
$$\boldsymbol{b_k} = \frac{2}{\pi}\int_0^{\pi} S(x) \sin kx\, dx = \frac{1}{\pi}\int_{-\pi}^{\pi} \boldsymbol{S(x) \sin kx\, dx}. \quad (6)$$

$S(x) \sin kx$ は**偶関数**である（$-\pi$ から 0 までと，0 から π までの積分が等しい）ことを用いた．

フーリエサイン級数の最も重要な例へ，直ちに移ろう．$S(x)$ は，$0 < x < \pi$ のとき $SW(x) = 1$ である，**奇関数の矩形波**である．図 8.1 に，$x = 0$ と $x = \pi$ で零となる奇関数（周期 2π）として描いた．

例 1 この奇関数の矩形波 $SW(x)$ のフーリエサイン係数 b_k を求めよ．

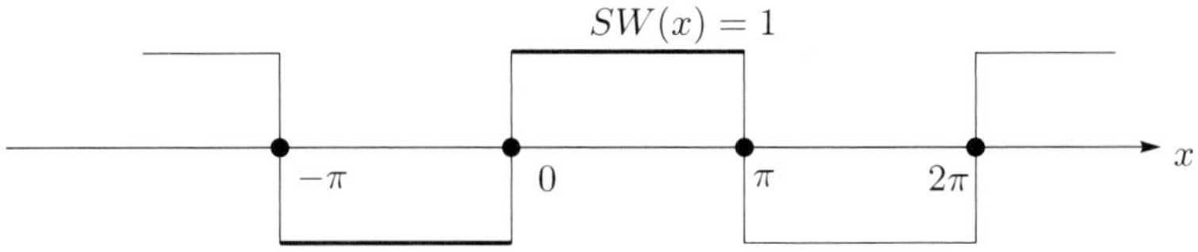

図 **8.1**　$SW(x+2\pi)=SW(x)=\{1$ か 0 か $-1\}$ となる奇関数の矩形波.

解　0 と π の間の $S(x)=1$ を用い，$k=1,2,\ldots$ に対して公式 (6) を適用せよ：

$$b_k=\frac{2}{\pi}\int_0^{\pi}\sin kx\,dx=\frac{2}{\pi}\left[\frac{-\cos kx}{k}\right]_{\mathbf{0}}^{\boldsymbol{\pi}}=\frac{2}{\pi}\left\{\frac{\mathbf{2}}{\mathbf{1}},\frac{0}{2},\frac{\mathbf{2}}{\mathbf{3}},\frac{0}{4},\frac{\mathbf{2}}{\mathbf{5}},\frac{0}{6},\cdots\right\} \tag{7}$$

$\cos 2k\pi=\cos 0=1$ なので，偶数番の係数 b_{2k} はすべて零である．奇数番の係数 $b_k=\boldsymbol{4/\pi k}$ は，$1/k$ の率で減少する．**滑らかな部分とジャンプ（不連続）**からなる関数すべてに対して，減少率が $1/k$ となる．

それらの係数 $4/\pi k$ および零を，$SW(x)$ に対するフーリエサイン級数に代入せよ：

$$\text{矩形波}\qquad \boldsymbol{SW(x)}=\frac{4}{\pi}\left[\frac{\sin x}{\mathbf{1}}+\frac{\sin 3x}{\mathbf{3}}+\frac{\sin 5x}{\mathbf{5}}+\frac{\sin 7x}{\mathbf{7}}+\cdots\right] \tag{8}$$

図 8.2 はこの級数の初めの 1 項，2 項，そして 5 項の和を図示している．これらの“部分和”が，より多くの項を含むにつれて，最も重要な**ギブズ現象**が現れるのが見てとれる．ジャンプから離れたところでは，確かに $SW(x)=1$ か -1 へ収束する．$x=\pi/2$ で，この級数は数 π の美しい交代公式を与える：

$$1=\frac{4}{\pi}\left[\frac{1}{1}-\frac{1}{3}+\frac{1}{5}-\frac{1}{7}+\cdots\right]\qquad\text{だから}\qquad \boldsymbol{\pi=4\left(\frac{1}{1}-\frac{1}{3}+\frac{1}{5}-\frac{1}{7}+\cdots\right)}. \tag{9}$$

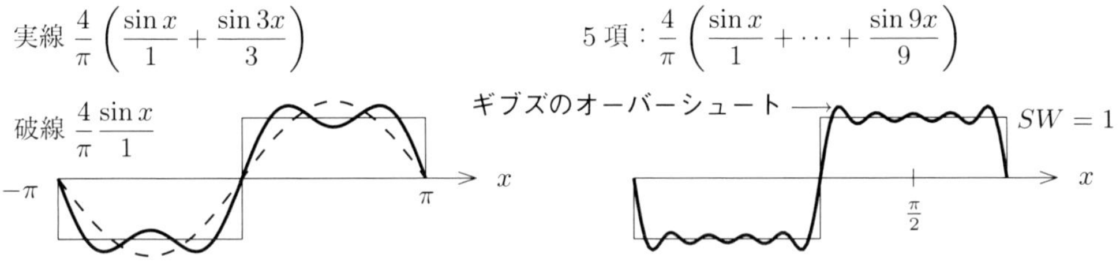

図 8.2　$b_1\sin x+\cdots+b_N\sin Nx$ の和は，ジャンプの近くで矩形波を行き過ぎて（オーバーシュートして）しまう．

ギブズ現象とは，項数が増えるとジャンプにどんどん近づいていく，オーバーシュートのことである．その高さは 1.18... という値に近づき，より多くの項を加えても減らない．このオーバーシュートは（衝撃波のような）不連続な関数を含む計算では常に最大の障害である．ギブズを避けようと努力するが，できない場合もある．

フーリエコサイン級数

コサイン級数は**偶関数** $C(x)=C(-x)$ に適用される．これらは $x=0$ に関して対称である：

$$\textbf{コサイン級数}\quad C(x)=a_0+a_1\cos x+a_2\cos 2x+\cdots=\boldsymbol{a_0}+\sum_{n=1}^{\infty}\boldsymbol{a_n\cos nx}. \tag{10}$$

どのコサインも 2π の周期をもつ．図 8.3 は 2 つの偶関数を示す．**反復ランプ関数** $RR(x)$ と，**上下に伸びるデルタ関数列** $UD(x)$ である．のこぎり状のランプ RR は矩形波を積分したものであり，UD のデルタ関数は矩形波の導関数である（サインを積分しても微分してもコサインとなる）．RR と UD は，SW より滑らかさが増した関数と，滑らかさが減った関数の，価値ある例となる．

最初に，コサイン係数 a_0 および a_k についての公式を求める．**定数項** a_0 **は関数** $C(x)$ **の平均である**：

$$\boldsymbol{a_0}=\text{平均}\qquad \boldsymbol{a_0}=\frac{1}{\pi}\int_0^{\pi}C(x)\,dx=\frac{1}{2\pi}\int_{-\pi}^{\pi}C(x)\,dx. \tag{11}$$

単に，コサイン級数 (10) のすべての項を 0 から π まで積分すればよい．右辺では，定数 a_0 の積分は $a_0\pi$ になる（両辺を π で割れ）．他の積分はすべて零である：

$$\int_0^{\pi}\cos nx\,dx=\left[\frac{\sin nx}{n}\right]_0^{\pi}=0-0=0. \tag{12}$$

言葉で書けば，定数関数 1 は，区間 $[0,\pi]$ で $\cos nx$ に直交するということである．

他のコサイン係数 a_k は**コサインの直交性**から求める．サインのときのように，式 (10) の両辺に $\cos kx$ を掛けて，0 から π まで積分する：

$$\int_0^{\pi}C(x)\cos kx\,dx=\int_0^{\pi}a_0\cos kx\,dx+\int_0^{\pi}a_1\cos x\cos kx\,dx+\cdots+\int_0^{\pi}\boldsymbol{a_k(\cos kx)^2\,dx}+\cdots$$

次にどうなるかは，ご存じだろう．右辺では，強調した項だけが非零となれる．$k>0$ に対して，その太字の非零項は $\boldsymbol{a_k\pi/2}$ である．両辺に $2/\pi$ を掛けて，a_k を求めよ：

$$\begin{array}{l}\textbf{コサイン係数}\\ \boldsymbol{C(-x)=C(x)}\end{array}\qquad a_k=\frac{2}{\pi}\int_0^{\pi}C(x)\cos kx\,dx=\frac{1}{\pi}\int_{-\pi}^{\pi}\boldsymbol{C(x)\cos kx\,dx}. \tag{13}$$

例 2　ランプ $RR(x)$ と上下に伸びる $UD(x)$ のコサイン係数を求めよ．

解　矩形波のサイン級数で始めるのが最も単純な方法である：

$$SW(x)=\frac{4}{\pi}\left[\frac{\sin x}{1}+\frac{\sin 3x}{3}+\frac{\sin 5x}{5}+\frac{\sin 7x}{7}+\cdots\right]=RR\text{ の傾き}$$

各項の導関数をとり，上下に伸びるデルタ関数のコサインを生み出せ：

$$\textbf{上下に伸びるスパイク}\quad \boldsymbol{UD(x)}=\frac{4}{\pi}\left[\cos x+\cos 3x+\cos 5x+\cos 7x+\cdots\right]. \tag{14}$$

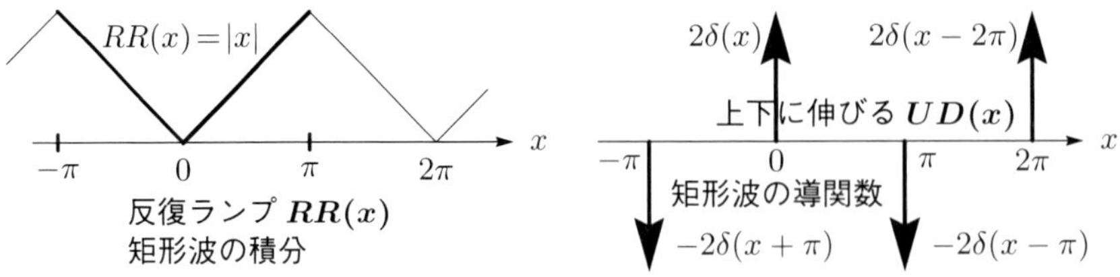

図 8.3　反復ランプ RR と上下に伸びる UD（周期的なスパイク）は偶関数である．RR の傾きは -1 から 1 へ変わり，奇関数の矩形波 SW である．**それをさらに微分すると $\boldsymbol{UD}$ になる**：$\pm 2\delta$.

この級数の係数はまったく減衰しない．級数の各項は零へ収束せず，そのためこの級数は正式には収束できない．とはいえ，この級数は正しく，重要である．$x=0$ では，コサインはすべて 1 で，それらの和は $+\infty$ である．$x=\pi$ では，コサインはすべて -1 であり，その和は $-\infty$ である（下向きのスパイクは $-2\delta(x-\pi)$ である）．$\delta(x)$ を認識する真の方法は積分での判定法 $\int \delta(x) f(x)\,dx = f(0)$ であり，例 3 でこれを行う．

反復ランプ関数については，矩形波 $SW(x)$ の級数を積分し，a_0 を加える．ランプの高さの平均は 0 から π の平均値，$a_0 = \pi/2$ となる：

$$\text{ランプ級数}\qquad \boldsymbol{RR(x)} = \frac{\pi}{2} - \frac{\pi}{4}\left[\frac{\cos x}{\mathbf{1^2}} + \frac{\cos 3x}{\mathbf{3^2}} + \frac{\cos 5x}{\mathbf{5^2}} + \frac{\cos 7x}{\mathbf{7^2}} + \cdots\right]. \tag{15}$$

積分定数は a_0 である．**他の係数 $\boldsymbol{a_k}$ は $1/k^2$ のように小さくなる**．これらは公式 (13) から，$\int x\cos kx\,dx$ と部分積分を用いて直接（または *Mathematica* か *Maple* を頼って）求まる．それよりも $SW(x)$ の中のサインの項すべてを，個別に積分する方がずっと容易だった．これは，大切な点を明らかにもする：**関数の"滑らかさの次数"が増すたびに，そのフーリエ係数 $\boldsymbol{a_k}$ と $\boldsymbol{b_k}$ の減衰率がより速くなる**．積分するたびに，それら係数の値は k で割られる．

減衰なし	デルタ関数（スパイクがある）
$\boldsymbol{1/k}$ の減衰	ステップ関数（ジャンプがある）
$\boldsymbol{1/k^2}$ の減衰	ランプ関数（角がある）
$\boldsymbol{1/k^4}$ の減衰	スプライン関数（f''' にジャンプ）
$\boldsymbol{r<1}$ で $\boldsymbol{r^k}$ の減衰	$1/(2-\cos x)$ のような**解析的**関数

デルタ関数に対するフーリエ級数

例 3　**デルタ関数 $\boldsymbol{\delta(x)}$** を 2π-周期で並べたときのコサイン係数を求めよ．

解　$\delta(x)$ のスパイクは $x=0$ で生じる．$\cos 0 = 1$ なので，積分はすべて 1 となる．a_0 を得るには 2π で割り，他のコサイン係数 a_k では π で割る．

$$\text{平均}\quad a_0 = \frac{1}{2\pi}\int_{-\pi}^{\pi} \delta(x)\,dx = \frac{\mathbf{1}}{\boldsymbol{2\pi}} \qquad \text{コサイン}\quad a_k = \frac{1}{\pi}\int_{-\pi}^{\pi}\delta(x)\cos kx\,dx = \frac{\mathbf{1}}{\boldsymbol{\pi}}$$

よって，デルタ関数の級数では，**すべてのコサインが等量ずつ入る**：減衰はない．

デルタ関数 $$\boldsymbol{\delta(x) = \frac{1}{2\pi} + \frac{1}{\pi}\left[\cos x + \cos 2x + \cos 3x + \cdots\right].} \tag{16}$$

この級数が真に収束することはない（加える項が零に近づかない）．しかし，$\cos 5x$ までと $\cos 10x$ までの和を示した図 8.4 では，これら“部分和”が，$\delta(x)$ に近づくために，最大限の努力をしている様子が見られる．峰が高くなるほど，すそ野はより速く振動する．

$\cos Nx$ までで止めた和 δ_N にはきれいな公式がある．各項 $2\cos x$ を $e^{ix}+e^{-ix}$ として書いてみると，e^{-iNx} から e^{iNx} までの幾何級数を得る．

$$\delta_N = \frac{1}{2\pi}\left[1 + e^{ix} + e^{-ix} + \cdots + e^{iNx} + e^{-iNx}\right] = \frac{1}{2\pi}\frac{\sin(N+\frac{1}{2})x}{\sin\frac{1}{2}x}. \tag{17}$$

これが図 8.4 に図示された関数である．

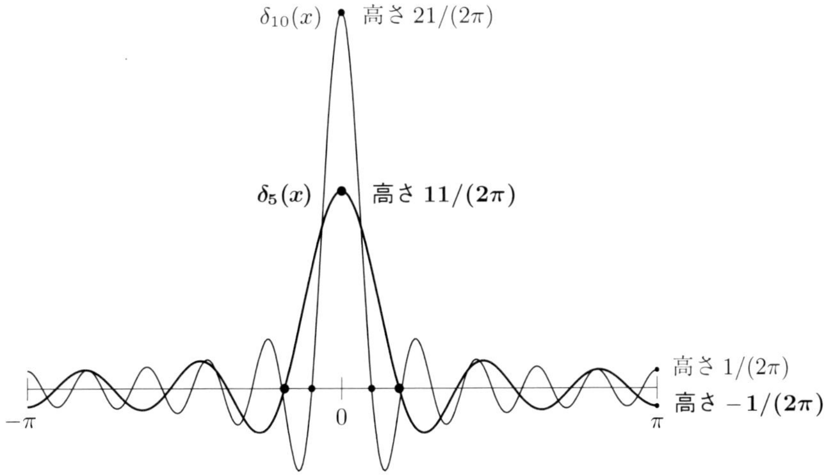

図 8.4 和 $\delta_N(x) = (1 + 2\cos x + \cdots + 2\cos Nx)/(2\pi)$ が $\delta(x)$ に近づこうとする．

完全な級数：サインとコサイン

半周期 $[0,\pi]$ の区間では，サインはコサインすべてとは直交しない．実際，$\sin x \times 1$ を積分すると零ではない．だから，奇関数でも偶関数でもない関数 $F(x)$ については，全区間での**完全な級数**（**サイン足すコサイン**）に移行しなければならない．我々の関数は周期的であるので，その“全区間”を $[-\pi,\pi]$ または $[0,2\pi]$ とできる．a と b の両方が入る．

完全なフーリエ級数 $$F(x) = \boldsymbol{a_0} + \sum_{n=1}^{\infty} \boldsymbol{a_n \cos nx} + \sum_{n=1}^{\infty} \boldsymbol{b_n \sin nx}. \tag{18}$$

どの“2π 区間”を選んでも，サインとコサインは直交する．通常の方法でフーリエ係数 a_k と b_k を求める：式 (18) に 1 と $\cos kx$ と $\sin kx$ を掛けよ．その後，両辺を $-\pi$ から π まで積分して，a_0 と a_k と b_k を得よ．

$$\boldsymbol{a_0} = \frac{1}{2\pi}\int_{-\pi}^{\pi} F(x)\,dx \quad \boldsymbol{a_k} = \frac{1}{\pi}\int_{-\pi}^{\pi} F(x)\cos kx\,dx \quad \boldsymbol{b_k} = \frac{1}{\pi}\int_{-\pi}^{\pi} F(x)\sin kx\,dx$$

直交性により，無限個の積分が消えて，我々がほしい 1 つだけが残る．

もう 1 つのアプローチでは，$F(x) = C(x) + S(x)$ と，偶関数の部分と奇関数の部分に分けて，その後，以前のコサインとサインの公式を用いる．その 2 つの部分は

$$C(x) = F_{\text{偶}}(x) = \frac{F(x) + F(-x)}{2} \qquad S(x) = F_{\text{奇}}(x) = \frac{F(x) - F(-x)}{2}. \tag{19}$$

偶関数の部分が a を，奇関数の部分が b を与える．$x = 0$ から $x = h$ までの矩形波について試してみよ—片側だけ零でない，次の細身の箱関数は奇関数でも偶関数でもない．

例 4　$\boldsymbol{F(x)}$ = **背の高い箱** $= \begin{cases} \boldsymbol{1/h} & (0 < x < h \text{ では}) \\ \boldsymbol{0} & (h < x < 2\pi \text{ では}) \end{cases}$ のとき，a と b を求めよ．

解　$F(x)$ が零に落ちる $x = h$ まで，a_0 と a_k と b_k についての積分を行えばよい．$x = 0$ での急上昇と $x = h$ での急降下のため，係数は $1/k$ のように減衰する．

矩形パルスの係数　$$\boldsymbol{a_0} = \frac{1}{2\pi}\int_0^h 1/h\,dx = \frac{\mathbf{1}}{\boldsymbol{2\pi}} = \text{平均}$$

$$\boldsymbol{a_k} = \frac{1}{\pi h}\int_0^h \cos kx\,dx = \frac{\boldsymbol{\sin kh}}{\boldsymbol{\pi kh}} \qquad \boldsymbol{b_k} = \frac{1}{\pi h}\int_0^h \sin kx\,dx = \frac{\boldsymbol{1 - \cos kh}}{\boldsymbol{\pi kh}}.$$

重要　h が零に近づくにつれこの箱は，より細く，より背が高くなる．その幅は h で高さは $1/h$ だから，その面積は 1 である．この箱はデルタ関数に近づく！　そしてそのフーリエ係数は，$h \to 0$ につれてデルタ関数の係数に近づく：

$$a_0 = \frac{\mathbf{1}}{\boldsymbol{2\pi}} \qquad a_k = \frac{\sin kh}{\pi kh} \text{ は } \frac{\mathbf{1}}{\boldsymbol{\pi}} \text{ に近づく} \qquad b_k = \frac{1 - \cos kh}{\pi kh} \text{ は } \mathbf{0} \text{ に近づく}. \tag{20}$$

関数のエネルギー = 係数のエネルギー

$(F(x))^2$ の積分について，極めて重要な式（**エネルギー恒等式**）がある．$F(x)$ のフーリエ級数を平方して $-\pi$ から π まで積分するとき，すべての“交差項”が消えてしまう．非零の積分は 1^2 と $\cos^2 kx$ と $\sin^2 kx$ に起因するものだけである．これらの積分は 2π と π と π に，a_0^2 と a_k^2 と b_k^2 をそれぞれ掛けたものになる：

エネルギー　$$\boldsymbol{\int_{-\pi}^{\pi}(F(x))^2 dx = 2\pi a_0^2 + \pi(a_1^2 + b_1^2 + a_2^2 + b_2^2 + \cdots)}. \tag{21}$$

$F(x)$ のエネルギーが，係数のエネルギーに等しいと解釈される．左辺はベクトルの長さの平方のようなもので，ただし**そのベクトルが関数である**．右辺は，a と b の無限に長いベクト

ルによって決まる．それらの長さは等しいという式 (21) は，関数からベクトルへのフーリエ変換が，直交行列のようなものであることを示す．$\sqrt{2\pi}$ と $\sqrt{\pi}$ で正規化すると，**サインとコサインが関数空間内の正規直交基底であると**みなせる．

複素指数関数 $c_k e^{ikx}$

とる必要のある小さなステップについて記す．a_0 と a_k と b_k を別々に含む公式に代えて，すべてまとめた複素係数 c_k についての**1つの公式**とする．そして $F(x)$ は複素関数でもよい（量子力学でのように）．次節の離散フーリエ変換では，ベクトルに N 個の複素指数関数を用いると，ずっと単純になる．

2π-周期関数について，複素無限級数の練習をする．

複素フーリエ級数 $$F(x) = c_0 + c_1 e^{ix} + c_{-1} e^{-ix} + \cdots = \sum_{n=-\infty}^{\infty} \boldsymbol{c_n e^{inx}} \qquad (22)$$

もしすべての $c_n = c_{-n}$ ならば，e^{inx} と e^{-inx} を足し合わせて $2\cos nx$ とできる．このとき式 (22) は偶関数に対するコサイン級数となる．もしすべての $c_n = -c_{-n}$ ならば，$e^{inx} - e^{-inx} = 2i \sin nx$ を用いる．すると式 (22) は奇関数に対するサイン級数となる．

c_k を求めるには，式 (22) に（e^{ikx} ではなく）**e^{-ikx} を掛けて，$-\pi$ から π まで積分する**：

$$\int_{-\pi}^{\pi} F(x)e^{-ikx}dx = \int_{-\pi}^{\pi} c_0 e^{-ikx}dx + \int_{-\pi}^{\pi} c_1 e^{ix}e^{-ikx}dx + \cdots + \int_{-\pi}^{\pi} \boldsymbol{c_k e^{ikx} e^{-ikx} dx} + \cdots$$

この複素指数関数は直交する．**右辺のどの積分も，強調した項**（$n = k$ で $e^{ikx}e^{-ikx} = 1$ のとき）**を除き零である**．1 を積分して 2π である．その生き残った項から c_k の公式を得る：

フーリエ係数 $$\int_{-\pi}^{\pi} \boldsymbol{F(x)e^{-ikx}\,dx = 2\pi c_k} \qquad \text{ここで} \quad k = 0, \pm 1, \ldots \qquad (23)$$

$c_0 = a_0$ はここでも $F(x)$ の平均である．e^{inx} と e^{ikx} の直交性は，$e^{inx} \times e^{-ikx}$ を積分して確かめられる．ここで複素共役 e^{-ikx} を用いることを忘れないように．

例 5 $F(x)$ がデルタ関数のとき，積分 (23) はすべて 1 となり，すべての c_k は $1/2\pi$ である．**フラット変換**！

例 6 2π-周期の，平行移動された箱 $F(x) = \left\{ \begin{array}{ll} 1 & (s \le x \le s+h \text{ で}) \\ 0 & ([-\pi, \pi] \text{ のそれ以外で}) \end{array} \right\}$ に対する c_k を求めよ．

解 式 (23) は，s から $s+h$ まで $F = 1$ を積分する：

$$c_k = \frac{1}{2\pi} \int_s^{s+h} 1 \cdot e^{-ikx}\,dx = \frac{1}{2\pi} \left[\frac{e^{-ikx}}{-ik} \right]_s^{s+h} = \boldsymbol{e^{-iks}} \left(\frac{1 - e^{-ikh}}{2\pi ik} \right). \qquad (24)$$

真っ先に，s だけ平行移動したことによる単純な効果に注目せよ．**各** c_k **が** e^{-iks} **だけ"変調"されている**．$|F|^2$ の積分でも，平行移動だけが生じ，$|e^{-iks}| = 1$ であるので，エネルギーは変わらない．

$$\boldsymbol{F(x)} \text{ を } \boldsymbol{F(x-s)} \text{ へ平行移動} \longleftrightarrow \text{すべての } \boldsymbol{c_k} \text{ に } \boldsymbol{e^{-iks}} \text{ を掛ける．} \tag{25}$$

例 7 中央揃えした箱では，$s = -h/2$ だけ平行移動する．このとき $x = 0$ の両側に均等となる．この偶関数は $-h/2$ から $h/2$ までの区間で 1 となる：

$$\boldsymbol{s = -\frac{h}{2}} \text{ による中央揃え} \qquad c_k = e^{ikh/2}\frac{1-e^{-ikh}}{2\pi ik} = \frac{1}{2\pi}\frac{\boldsymbol{\sin(kh/2)}}{\boldsymbol{k/2}}.$$

背の高い箱について h で割って考えよう．$\sin(kh/2)$ の $kh/2$ に対する比は $kh/2$ の **"シンク"**（sinc）関数と呼ばれる．

$$\text{背の高い箱} \qquad \frac{F_{\text{中央揃え}}}{h} = \frac{1}{2\pi}\sum_{-\infty}^{\infty}\operatorname{sinc}\left(\frac{kh}{2}\right)e^{ikx} = \begin{cases} 1/h & (-h/2 \le x \le h/2 \text{ のとき}) \\ 0 & ([-\pi,\pi] \text{ 内のそれ以外}) \end{cases}$$

h で割ったので，面積 $= 1$ となる．$h \to 0$ につれて，どの係数も $\frac{1}{2\pi}$ に近づく．背が高く細い箱に対するフーリエ級数は，再度 $\delta(x)$ のフーリエ級数に近づく．

導関数と積分の公式

e^{ikx} **の導関数は** ike^{ikx} **である**．この偉大な事実により，フーリエ関数 e^{ikx} に応用面での第1位の座が与えられる．これは d/dx に対する固有関数（固有値は $\lambda = ik$）である．定数係数の微分方程式は，フーリエ級数によって自然に解ける．

$$\boldsymbol{ik} \text{ を掛ける} \quad \boldsymbol{F(x) = \sum c_k e^{ikx}} \text{ の導関数は } \boldsymbol{dF/dx = \sum ikc_k e^{ikx}} \text{ である．}$$

2 階導関数の係数は $(ik)^2c_k = \boldsymbol{-k^2}c_k$ となる．高周波ほど強く増大する．そして逆方向（積分するとき）では，ik で割るので，高周波はより弱くなる．解はより滑らかになる．次の例を見てみよう：

$$\begin{array}{l}\text{周波数 } \boldsymbol{k} \text{ への}\\ \text{応答 } \boldsymbol{1/(k^2+1)}\end{array} \qquad -\frac{d^2y}{dx^2} + y = e^{ikx} \quad \text{の解は} \quad y(x) = \frac{e^{ikx}}{\boldsymbol{k^2+1}}$$

これは 2 章での典型的な問題だった．伝達関数は $1/(k^2+1)$ である．そこで我々が学んだのは：外力関数 e^{ikx} が指数関数だから，解も指数関数である．

今，行おうとしているのは，重ね合せだけである．すべての指数関数を一度に許そう！

$$-\frac{d^2y}{dx^2} + y = \sum c_k e^{ikx} \quad \text{の解は} \quad y(x) = \sum \frac{c_k e^{ikx}}{\boldsymbol{k^2+1}}. \tag{26}$$

1. 導関数の公式： $\boldsymbol{dF/dx}$ **のフーリエ係数は** $\boldsymbol{ikc_k}$（エネルギーは高い k へと移る）．

2. 平行移動の公式： $\boldsymbol{F(x-s)}$ のフーリエ係数は $\boldsymbol{e^{-iks}c_k}$ （エネルギーに変化なし）.

応用：円内のラプラス方程式

我々の最初の応用はラプラス方程式 $u_{xx}+u_{yy}=0$ （7.4 節）である．$u(x,y)$ を無限級数として構築し，各係数を境界に沿っての $u_0(x,y)$ に適合するように選ぶという方針をとる．境界の形状が重要で，半径 1 の円を考える．

ラプラス方程式の解 $1, r\cos\theta, r\sin\theta, r^2\cos 2\theta, r^2\sin 2\theta, ...$ で始める．これら特別な関数の線形結合は，円内の解すべてを与える：

$$\boldsymbol{u(r,\theta)=a_0+a_1r\cos\theta+b_1r\sin\theta+a_2r^2\cos 2\theta+b_2r^2\sin 2\theta+\cdots} \tag{27}$$

境界で $u=u_0$ となるように定数 a_k と b_k を選ぶことが残っている．円周上で，θ と $\theta+2\pi$ は同一の点だから，$u_0(\theta)$ は周期的である：

$$\boldsymbol{r=1}\ \text{とせよ}\qquad u_0(\theta)=a_0+a_1\cos\theta+b_1\sin\theta+a_2\cos 2\theta+b_2\sin 2\theta+\cdots \tag{28}$$

これはまさしく u_0 についてのフーリエ級数である．**定数 a_k と b_k は $u_0(\theta)$ のフーリエ係数でなければならない**．よって，無限級数 (27) を解として受け入れられるならば，ラプラスの境界値問題は完全に解かれた．

例 8 **点湧出し** $u_0=\delta(\theta)$．$x=1, y=0$ （$\theta=0$ の点）での湧出しを除き，境界では $u_0=0$ と固定されている．このとき，円内部の温度 $u(r,\theta)$ を求めよ．

$$\text{デルタ関数}\qquad u_0(\theta)=\frac{1}{2\pi}+\frac{1}{\pi}(\cos\theta+\cos 2\theta+\cos 3\theta+\cdots)=\frac{1}{2\pi}\sum_{-\infty}^{\infty}e^{in\theta}$$

円内部では，それぞれの $\cos n\theta$ に r^n が掛かって，ラプラス方程式が解ける：

$$\text{円の内部}\qquad u(r,\theta)=\frac{1}{2\pi}+\frac{1}{\pi}(r\cos\theta+r^2\cos 2\theta+r^3\cos 3\theta+\cdots) \tag{29}$$

ポアソンはこの無限級数を何とか足し合わせた！ これは累乗 $(re^{i\theta})^n$ の級数を含む．彼の和は，$r=1, \theta=0$ での点湧出しに対する，すべての (r,θ) での応答を与える：

$$\text{円内の温度}\qquad u(r,\theta)=\frac{1}{2\pi}\frac{1-r^2}{1+r^2-2r\cos\theta} \tag{30}$$

中心 $r=0$ で，これは $u_0=\delta(\theta)$ の平均である $a_0=1/2\pi$ となる．境界 $r=1$ では，$\cos 0=1$ である点での $u=\infty$ を除き，$u=0$ を与える．

例 9 円の上半分で $\boldsymbol{u_0(\theta)=1}$，下半分で $\boldsymbol{u_0=-1}$.

解　このとき境界での値 u_0 は矩形波 SW となるり，そのサイン級数を知っている：

$$\boldsymbol{u_0(\theta)}\ \text{に対する矩形波}\qquad SW(\theta)=\frac{4}{\pi}\left[\frac{\sin\theta}{1}+\frac{\sin 3\theta}{3}+\frac{\sin 5\theta}{5}+\cdots\right] \tag{31}$$

円内部では，$r, r^3, r^5, \ldots$ での乗算により，高周波ほど速やかに減衰する：

$$\textbf{内部の急速な減衰}\quad u(r,\theta) = \frac{4}{\pi}\left[\frac{r\sin\theta}{1} + \frac{r^3\sin 3\theta}{3} + \frac{r^5\sin 5\theta}{5} + \cdots\right] \tag{32}$$

$u_0(\theta)$ が滑らかでないときでさえ，ラプラス方程式は内部で滑らかな解をもつ．

演習問題 8.1

1 (a) $k \neq n$ のとき $\cos nx$ が $\cos kx$ に直交することを証明するため，公式 $(\cos nx)(\cos kx) = \frac{1}{2}\cos(n+k)x + \frac{1}{2}\cos(n-k)x$ を用いよ．$x=0$ から $x=\pi$ まで積分せよ．$\int \cos^2 kx\, dx$ はいくつか？

(b) 0 から π まででは，$\cos x$ は $\sin x$ に直交しない．周期は 2π である必要がある：

$$\int_0^{\pi} (\sin x)(\cos x)\, dx \quad と \quad \int_{-\pi}^{\pi} (\sin x)(\cos x)\, dx \quad と \quad \int_0^{2\pi} (\sin x)(\cos x)\, dx \text{ を求めよ．}$$

2 $0 \le x \le \pi$ で $F(x) = x$ であるとする．$-2\pi \le x \le 2\pi$ でのグラフを描き，F を 3 つの方法で拡張して示せ：2π-周期の偶関数として，2π-周期の奇関数として，そして π-周期の関数として．

3 $-\pi \le x \le \pi$ で定義される，以下の関数に対するフーリエ級数を求めよ．

(a) 奇関数である $f_1(x) = \sin^3 x$ （2 項のみのサイン級数）

(b) 偶関数である $f_2(x) = |\sin x|$ （コサイン級数）

(c) $-\pi \le x \le \pi$ での $f_3(x) = x$ （$x = \pi$ でジャンプする関数のサイン級数）

4 区間 $-\pi \le x \le \pi$ 上の複素フーリエ級数 $e^x = \sum c_k e^{ikx}$ を求めよ．ある関数の偶関数の部分は $\frac{1}{2}(f(x) + f(-x))$ だから $f_{偶}(x) = f_{偶}(-x)$ である．$f_{偶}$ に対するコサイン級数と $f_{奇}$ に対するサイン級数を求めよ．$x = \pi$ **でのジャンプに注意せよ**．

5 エネルギーの公式 (21) より，矩形波のサイン係数は

$$\pi(b_1^2 + b_2^2 + \cdots) = \int_{-\pi}^{\pi} |SW(x)|^2\, dx = \int_{-\pi}^{\pi} 1\, dx = 2\pi$$

を満たす．式 (8) からの値 b_k を代入して，$\pi^2 = 8(1 + \frac{1}{9} + \frac{1}{25} + \cdots)$ であることを示せ．

6 $x = 0$ に中心をもつ矩形パルスは

$$|x| < \frac{\pi}{2} \quad では \quad f(x) = 1, \quad \frac{\pi}{2} < |x| < \pi \quad では \quad f(x) = 0$$

である．このとき，そのグラフを描き，フーリエ係数 a_k と b_k を求めよ．

7 次の級数の最初の 3 項の部分和を関数 $x(\pi - x)$ とともに図示せよ：

$$x(\pi - x) = \frac{8}{\pi}\left(\frac{\sin x}{1} + \frac{\sin 3x}{27} + \frac{\sin 5x}{125} + \cdots\right),\ 0 < x < \pi.$$

この関数に対する減衰率が $1/k^3$ であるのはなぜか？ その関数の 2 階導関数は何か？

8 $0 < x < \pi$ では $f(x) = \sin x$ であり，$-\pi < x < 0$ では $f(x) = 0$ であるという，2π-周期だが半分だけの波を描け．そのフーリエ級数を求めよ．

9 $G(x)$ の周期が 2π ではなく $2L$ であるとする．つまり $G(x+2L) = G(x)$．積分は $-L$ から L までか，0 から $2L$ まで行う．フーリエの公式は因子 π/L だけ変化する：$G(x) = \sum_{-\infty}^{\infty} \boldsymbol{C}_k e^{ik\pi x/L}$ の中の係数は $\boldsymbol{C}_k = \dfrac{1}{2L}\displaystyle\int_{-L}^{L} G(x)e^{-ik\pi x/L}dx$ となる．C_k についてのこの公式を導け：$G(x)$ に対する最初の式に ＿＿ を掛けて，両辺を積分せよ．なぜ右辺の積分は $2LC_k$ に等しいか？

10 $G_{偶}$ について問題 9 を用いて，$(C_k + C_{-k})/2$ からコサイン係数 A_k を求めよ：

$$G_{偶}(x) = \sum_0^{\infty} A_k \cos\frac{k\pi x}{L} \quad \text{では} \quad A_k = \frac{1}{L}\int_0^L G_{偶}(x)\ \cos\frac{k\pi x}{L}dx.$$

$G_{偶}$ は $\frac{1}{2}(G(x) + G(-x))$ である．$A_0 = C_0$ は例外：L でなく $2L$ で割れ．

11 0 から π の通常の区間では $\boldsymbol{a_k = \frac{1}{2}(c_k + c_{-k})}$ となることが問題 10 からわかる．c_k と c_{-k} による，b_k についての類似の公式を求めよ．逆に，$F(x) = \sum c_k e^{ikx}$ の中の複素係数 c_k を実数の係数 a_k と b_k から求めよ．

12 境界で $u_0 = \theta$ となる，ラプラス方程式の解を求めよ．なぜこれは，$2(z - z^2/2 + z^3/3 \cdots) = 2\log(1+z)$ の虚部となるか？ 単位円 $z = e^{i\theta}$ の上で，$2\log(1+z)$ の虚部が θ に一致することを確かめよ．

13 単位円内のラプラス方程式に対する境界条件が，$0 < \theta < \pi$ では $u_0 = 1$ で，$-\pi < \theta < 0$ では $u_0 = 0$ のとき，単位円内のフーリエ級数解 $u(r, \theta)$ を求めよ．原点 $r = 0$ での u は何か？

14 境界での値が $u_0(\theta) = 1 + \frac{1}{2}e^{i\theta} + \frac{1}{4}e^{2i\theta} + \cdots$ のとき，単位円内でのラプラス方程式のフーリエ級数解は何か？ この幾何級数を足せ．

15 (a) ポアソンの公式 (30) の分数表示がラプラス方程式を満たすことを確かめよ．

(b) $x = 0, y = 1$ （$\theta = \frac{\pi}{2}$ の点）でのインパルスに対して，応答 $u(r, \theta)$ を求めよ．

16 $F(x) = \sum c_k e^{ikx}$ の中の複素指数関数を用いると，エネルギー恒等式 (21) は $\int_{-\pi}^{\pi} |F(x)|^2\, dx = 2\pi \sum |c_k|^2$ に変わる．$(\sum c_k e^{ikx})(\sum \bar{c}_k e^{-ikx})$ を積分して，これを導け．

17 中央揃えされた矩形波は，$|x| \le \pi/2$ で $F(x) = 1$ である．

(a) そのエネルギー $\int |F(x)|^2\, dx$ を，直接積分して求めよ．

(b) そのフーリエ係数 c_k の値を求めよ．

(c) エネルギー恒等式での和（問題 16）を求めよ．

18 $F(x) = 1 + (\cos x)/2 + \cdots + (\cos nx)/2^n + \cdots$ は解析的，つまり無限に滑らかである．

(a) 10 回微分すると，$d^{10}F/dx^{10}$ のフーリエ級数はどうなるか？

(b) その級数はそれでもまだすばやく収束するだろうか？ $n = 2^{10}$ に対して n^{10} と 2^n を比べてみよ．

19 $|x| \le \pi/2$ では $f(x) = 1$ で，$\pi/2 < |x| < \pi$ では $f(x) = 0$ のとき，そのコサイン係数を求めよ．不連続点付近で，ギブズのオーバーシュートを図示し，その大きさを計算できるか？

20 区間 $-\pi \le x \le \pi$ での $F, I,$ および D に対して，すべての係数 a_k と b_k を求めよ：

$$F(x) = \delta\left(x - \frac{\pi}{2}\right) \qquad I(x) = \int_0^x \delta\left(x - \frac{\pi}{2}\right) dx \qquad D(x) = \frac{d}{dx}\delta\left(x - \frac{\pi}{2}\right).$$

21 例 4 で示した，$0 \le x \le h$ で $F = 1/h$ となる，片側だけ零でない，背の高い箱関数について，その奇関数の部分 $\frac{1}{2}(F(x) - F(-x))$ は何か？ この奇関数の部分のフーリエ係数が，h が零に近づき $F(x)$ が $\delta(x)$ に近づくにつれて消えるのは，私には驚きである．

22 $-\pi \le x \le \pi$ での $F(x) = e^x$ に対する級数 $F(x) = \sum c_k e^{ikx}$ を求めよ．この関数 e^x は滑らかなように見えるが，係数 c_k が $1/k$ に比例するからには，隠れたジャンプがあるに違いない．そのジャンプとは何か？

23 (a)（以前の特殊解）　$Ay'' + By' + Cy = e^{ikx}$ を解け．

(b)（新たな特殊解）　$Ay'' + By' + Cy = \sum c_k e^{ikx}$ を解け．

8.2　高速フーリエ変換

フーリエ級数は関数に対して適用される．だが我々はベクトルを用いて計算する．無限の係数列 c_k（または a_k と b_k）を**有限の数列** $\boldsymbol{c_0, c_1, \ldots, c_{N-1}}$ で置き換える必要がある．計算が高速になるよう，直交性は維持し活用したい．離散フーリエ変換（DFT）に対して，FFT で計算が超高速化するのを見るだろう．

本節では別個の概念 2 つを記す．DFT が c についての公式を与える．**この公式を配列し直して，c を実際に計算するための驚異的なアルゴリズムが FFT である．**

離散フーリエ変換（DFT）

DFT では N 次元空間に対する N 個の直交基底ベクトル $\boldsymbol{e}_0$ から $\boldsymbol{e}_{N-1}$ までを選ぶ．ベクトル $\boldsymbol{e}_k$ は e^{ikx} に由来し，その関数を $2\pi/N$ 間隔の N 点で標本化したものである：

基底ベクトル $\boldsymbol{e_k}$ は離散的な $\boldsymbol{e^{ikx}}$　$(e^{ik0}, e^{ik2\pi/N}, e^{ik4\pi/N}, \ldots) = (\boldsymbol{1}, \boldsymbol{w^k}, \boldsymbol{w^{2k}}, \ldots)$ ただし $\boldsymbol{w = e^{i2\pi/N}}$.

連続的なフーリエ級数は $\sum c_k e^{ikx}$ である．離散フーリエ級数は $\sum c_k \boldsymbol{e}_k$ である．その和は，対称な N 行 N 列の**フーリエ行列** F を用いた乗算 $\boldsymbol{f} = F\boldsymbol{c}$ で表せる．基底ベクトル $\boldsymbol{e}_k$ が F の各列に入る．

w の累乗を含む，この行列 F は式 (4) で詳しく示す．

フーリエ行列
$\boldsymbol{f} = \boldsymbol{F}\boldsymbol{c}$

$$\boldsymbol{f} = c_0\boldsymbol{e}_0 + c_1\boldsymbol{e}_1 + \cdots = \begin{bmatrix} | & & | \\ \boldsymbol{e}_0 & \cdots & \boldsymbol{e}_{N-1} \\ | & & | \end{bmatrix} \begin{bmatrix} c_0 \\ \cdot \\ \cdot \\ c_{N-1} \end{bmatrix} \tag{1}$$

$\boldsymbol{f} = F\boldsymbol{c}$ を反転して $\boldsymbol{c} = F^{-1}\boldsymbol{f}$ となる．連続的な場合では，フーリエ係数の公式 $c_k = \int e^{-ikx} f(x)dx/2\pi$ の中に e^{-ikx} が入っていた．離散的な場合には，逆行列の中に $\overline{w} = e^{-i2\pi/N}$ が入っている．その $\overline{w}$ の累乗は，式 (3) で示す．

逆行列
$\boldsymbol{c} = F^{-1}\boldsymbol{f}$

$$\boldsymbol{c} = \frac{1}{N} \begin{bmatrix} — & \overline{\boldsymbol{e}}_0^{\mathrm{T}} & — \\ & \cdot & \\ & \cdot & \\ — & \overline{\boldsymbol{e}}_{N-1}^{\mathrm{T}} & — \end{bmatrix} \begin{bmatrix} f_0 \\ \cdot \\ \cdot \\ f_{N-1} \end{bmatrix} = \frac{1}{N}\overline{F}^{\mathrm{T}}\boldsymbol{f}. \tag{2}$$

定数ベクトル $\boldsymbol{e}_0 = (1, 1, \ldots, 1)$ は $||\boldsymbol{e}_0||^2 = 1 + 1 + \cdots + 1 = N$ を満たす．どの基底ベクトルも，$\int |e^{ikx}|^2 dx = 2\pi$ の代わりに $||\boldsymbol{e}_k||^2 = N$ を満たす．

F^{-1} がベクトル $\boldsymbol{f}$ から係数 c_k を生成することに注意してほしい：**フーリエ変換**．フーリエ行列 F は $\boldsymbol{f}$ を c から再構築する（**逆変換**）．F^{-1} の成分は e^{-ikx} に対応し，F の成分は e^{ikx} に対応する．そこで，$F^{-1} = \overline{F}/N$ は $\overline{w} = e^{-i2\pi/N}$ の累乗を含み，F は $w = e^{i2\pi/N}$ の累乗を含む．

MATLAB のコマンド $\boldsymbol{c} = \mathbf{fft}(\boldsymbol{f})$ は $\overline{w}$ とフーリエ逆行列 F^{-1} を用いる．逆変換のコマンド $\boldsymbol{f} = \mathbf{ifft}(\boldsymbol{c})$ は N 項の級数 $F\boldsymbol{c}$ を足し合わせて，式 (1) の $\boldsymbol{f}$ を再構築する．

例 1 デルタベクトル $\boldsymbol{f} = (1, 0, 0, \ldots)$ はデルタ関数 $\delta(x)$ に対応する．デルタ関数のフーリエ係数は，すべて $c_k = 1/2\pi$ に等しい．デルタベクトルの離散係数は，すべて $c_k = 1/N$ に等しい．$\boldsymbol{f}$ の変換は定数ベクトルである．

フーリエ変換 $\boldsymbol{F^{-1}f = c}$

$$\frac{1}{N} \begin{bmatrix} 1 & 1 & \cdot & \cdot & 1 \\ 1 & \overline{w} & \cdot & \cdot & \overline{w}^{N-1} \\ 1 & \overline{w}^2 & \cdot & \cdot & \overline{w}^{2(N-1)} \\ \cdot & \cdot & \cdot & \cdot & \cdot \end{bmatrix} \begin{bmatrix} 1 \\ 0 \\ 0 \\ \cdot \end{bmatrix} = \frac{1}{N} \begin{bmatrix} \mathbf{1} \\ \mathbf{1} \\ \mathbf{1} \\ \cdot \end{bmatrix}. \tag{3}$$

例 2 平行移動されたベクトル $\boldsymbol{f} = (0, 1, 0, \ldots)$ は平行移動されたデルタ関数 $\delta(x - \frac{2\pi}{N})$ に対応する．この平行移動されたベクトル $\boldsymbol{f}$ は式 (3) の中で，F^{-1} の次の列 $(1, \overline{w}, \overline{w}^2, \ldots)$ を取り出す．平行移動されたデルタ関数は，$x = 2\pi/N$ での $c_k = \boldsymbol{e}^{-ikx}$ という（同じ）値を選ぶ．

これら離散的および連続的な c の違いは，N か 2π で割るところだけである．

例 3　定数ベクトル $\boldsymbol{c} = (1, 1, \ldots)/N$ は，変換してデルタベクトルへ戻る！

$$\text{フーリエ行列}\ \boldsymbol{F}\boldsymbol{c} = \boldsymbol{f} \qquad \begin{bmatrix} 1 & 1 & \cdot & \cdot & 1 \\ 1 & w & \cdot & \cdot & w^{N-1} \\ 1 & w^2 & \cdot & \cdot & w^{2(N-1)} \\ \cdot & \cdot & \cdot & \cdot & \cdot \end{bmatrix} \frac{1}{N} \begin{bmatrix} 1 \\ 1 \\ 1 \\ \cdot \end{bmatrix} = \begin{bmatrix} \mathbf{1} \\ \mathbf{0} \\ \mathbf{0} \\ \cdot \end{bmatrix} \tag{4}$$

この式は，$(1, w, w^2, \ldots)$ で始まる $N-1$ 個の基底ベクトルが，最初のベクトル $(1, 1, \ldots, 1)$ に直交することを意味する．**$\boldsymbol{F}$ の各列の基底ベクトル $\boldsymbol{e}_k$ は直交する**．

FFT について少し述べた後，式 (7) でこの直交性を確かめる．

高速フーリエ変換（FFT）

FFT は，これらの行列・ベクトル積 $\boldsymbol{f} = F\boldsymbol{c}$ および $\boldsymbol{c} = F^{-1}\boldsymbol{f}$ の輝かしい再配列である．通常，N 行 N 列の行列をベクトルに掛けるには，個別の乗算を N^2 回行う（正方行列の各成分が 1 回ずつ使われ，全部で N^2 個の成分がある）．FFT は，たった $\frac{1}{2}N\log_2 N$ 回の個別の乗算で，$\boldsymbol{c}$ と $\boldsymbol{f}$ を計算する．

大きさ $N = 1024 = 2^{10}$ に対して，その対数は 10 である．この場合，N^2（百万回）は $5N$（5 千回）に減る．変換はほぼ 200 倍に加速する．これは真に驚嘆すべきことだ．

私見では，FFT は計算科学の中で最も重要なアルゴリズムである．これは産業全体を変革した．あなたの計測器が入力に対する応答（油井の中の圧力など）を測るとき，DFT が各周波数への応答を示す．FFT は N 個の数値から N 個の数値を計算する——とても高速に．

フーリエ行列 $\boldsymbol{F}$ 内の基底ベクトル $\boldsymbol{e_k}$

大切な点は，基底ベクトル $\boldsymbol{e}_0, \ldots, \boldsymbol{e}_{N-1}$ が**直交**しているということである．ちょうど関数 e^{ikx} が複素数であるように，これらのベクトルも複素数である．だからそれらの内積 $\overline{\boldsymbol{e}}_k^{\mathrm{T}}\boldsymbol{e}_n$ には，ちょうど $\int e^{inx}\, e^{-ikx}\, dx$ のように，一方のベクトルの複素共役が必要である．

典型的な基底ベクトル $\boldsymbol{e}_k$ と，各列に $\boldsymbol{e}_0, \boldsymbol{e}_1, \ldots, \boldsymbol{e}_{N-1}$ を含むフーリエ行列をここに示す：

$$\boldsymbol{e}_k = \begin{bmatrix} 1 \\ e^{2\pi ik/N} \\ e^{4\pi ik/N} \\ \cdot \\ \cdot \end{bmatrix} = \begin{bmatrix} \mathbf{1} \\ \boldsymbol{w^k} \\ \boldsymbol{w^{2k}} \\ \cdot \\ \cdot \end{bmatrix} \qquad F = \begin{bmatrix} 1 & 1 & \cdot & \cdot & 1 \\ 1 & w & \cdot & \cdot & w^{N-1} \\ 1 & w^2 & \cdot & \cdot & w^{2(N-1)} \\ \cdot & \cdot & \cdot & \cdot & \cdot \\ 1 & w^{N-1} & \cdot & \cdot & w^{(N-1)^2} \end{bmatrix} \tag{5}$$

数 w は $e^{2\pi i/N}$ であり，複素共役は $\overline{w} = e^{-2\pi i/N}$ である．$1, w, w^2, \ldots$ の性質こそが，基底ベクトル（F の列）の直交の要因である．最初の手順として，複素平面上に w と $\overline{w}$ を位置づける．実際，w の累乗を $w^N = (e^{2\pi i/N})^N = e^{2\pi i} = 1$ まですべて，位置づけられる．$N = 8$ では，w の累乗は単位円周上に等間隔で並ぶ 8 個の点となる．$w^8 = 1$ であることに注意せよ．

$N = 4$ では，4 つの累乗は $\boldsymbol{i}, i^2 = \mathbf{-1}, i^3 = \boldsymbol{-i},$ そして $i^4 = \mathbf{1}$ になる．

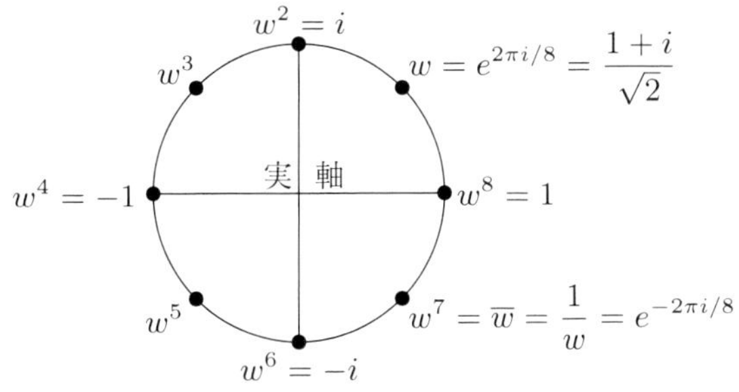

図 8.5 $w = \cos\dfrac{\pi}{4} + i\sin\dfrac{\pi}{4}$ の 8 個の累乗．極形式 $w = e^{2\pi i/8}$ が最善である．

離散フーリエ基底の直交性

フーリエ係数 c_k に対する良い公式に大切なのは直交性である．基底ベクトル $\boldsymbol{e}_k$ との内積をとるとき，この性質により第 k 項を除くすべての項が取り除かれる：

$$\boldsymbol{f} = c_0\boldsymbol{e}_0 + \cdots + c_{N-1}\boldsymbol{e}_{N-1} \quad と \quad \overline{\boldsymbol{e}}_{\boldsymbol{k}}^{\mathbf{T}}\boldsymbol{f} = \boldsymbol{c_k}\,\overline{\boldsymbol{e}}_{\boldsymbol{k}}^{\mathbf{T}}\,\boldsymbol{e_k} = \boldsymbol{Nc_k}. \tag{6}$$

$\boldsymbol{e}_0 = (1, 1, 1, \ldots)$ と $\boldsymbol{e}_1 = (1, w, w^2, \ldots)$ だから，それらの内積が零になるのが肝心な点である：$1 + w + w^2 + \cdots = 0$．**図 8.5 の円周上の 8 つの数は，足して零になる．**

$\boldsymbol{e}_k$ のどのペアも直交することを示す命題と証明は次のようになる：

$$\boldsymbol{z^N = 1} \text{ かつ } \boldsymbol{z \neq 1} \text{ ならば，和 } \boldsymbol{S = 1 + z + z^2 + \cdots + z^{N-1}} \text{ は零である．} \tag{7}$$

証明 S に z を掛けると，$Sz = z + z^2 + z^3 + \cdots + z^N$ となる．$z^N = 1$ であるから，$S \times z$ は，もとの和 S とすべて同じ項をもつ．すると $Sz = S$．よって $S = 0$ である．

内積 $\overline{\boldsymbol{e}}_k^{\mathrm{T}}\boldsymbol{e}_n$ $(k \neq n)$ はどれも，**$\boldsymbol{z}$ を $\boldsymbol{\overline{w}^k w^n}$ である**とすれば，まさしく我々の和 S である．

$$(1, \overline{w}^k, \overline{w}^{2k}, \ldots)^{\mathrm{T}}(1, w^n, w^{2n}, \ldots) = 1 + z + z^2 + \cdots = S \tag{8}$$

$z = \overline{w}^k w^n$ の N 乗は，$z^N = \left(\overline{w}^N\right)^k \left(w^N\right)^n = (1)(1)$ である．よって $S = 0$．

結論 $\overline{F}^{\mathrm{T}}$ と F を掛けると，対角成分は $\overline{\boldsymbol{e}}_k^{\mathrm{T}}\boldsymbol{e}_k = N$ である（これは N 個の 1 の和であるため）．非対角成分では $k \neq n$ であり $\overline{\boldsymbol{e}}_k^{\mathrm{T}}\boldsymbol{e}_n = 0$ である．よって $\overline{F}^{\mathrm{T}}F = NI$．これより，**フーリエ行列の逆行列が $\boldsymbol{F^{-1} = \frac{1}{N}\overline{F}^{\mathrm{T}}}$ である**ことが確かめられた．

注釈 1 単位円周上の 8 個の数を足して零になることは，目で見てすぐにわかる．それぞれの数が，その反対側の数を打ち消す：$1 + w^4$ は零，$w + w^5$ は零，$w^2 + w^6$ は零，$w^3 + w^7$ は零である．しかしこの証明は $N = 7$ や 5 や 3 に対しては使えない．N が奇数のときには，点をペアで打ち消すことはできない．式 (8) によれば，すべての点を足すと，やはり零である．

注釈 2 ベクトル $\boldsymbol{e}_0, \ldots, \boldsymbol{e}_{N-1}$ を**ある対称行列の固有ベクトル**として見ると，格好良く直交性が証明できる．対称行列では固有ベクトルが直交する．演習問題 14 では適当な行列（巡回行列）を選び，この考え方を追う．

離散フーリエ変換 $\boldsymbol{f} = F\boldsymbol{c}$ と $\boldsymbol{c} = F^{-1}\boldsymbol{f}$ の成分は次のようになる：

$$\boldsymbol{f_j} = \boldsymbol{e}_j^{\mathrm{T}}\boldsymbol{c} = \sum_{j=0}^{N-1} \boldsymbol{w^{jk} c_k} \qquad \boldsymbol{c_k} = \frac{1}{N}\overline{\boldsymbol{e}}_k^{\mathrm{T}}\boldsymbol{f} = \frac{1}{N}\sum_{k=0}^{N-1} \overline{\boldsymbol{w}}^{\boldsymbol{jk}} \boldsymbol{f_j} \tag{9}$$

変換と逆変換の対称性は美しい．フーリエ級数の場合，$\boldsymbol{c}$ はベクトルだが $\boldsymbol{f}$ は周期関数なので，対称に見えなかった．**関数** $f(x)$ **と関数** $c(k)$ の間の変換でも，この優雅な対称性が再現される：

フーリエ積分変換

$$\boldsymbol{c(k)} = \int_{-\infty}^{\infty} f(x)\, e^{-ikx}\, dx \qquad \boldsymbol{f(x)} = \frac{1}{2\pi}\int_{-\infty}^{\infty} c(k)\, e^{ikx}\, dk. \tag{10}$$

e^{-ikx} と e^{ikx} の対比には誰もが気づく．dx と dk にも必ず注意せよ．関数 $f(x)$ と $c(k)$ は $-\infty < x < \infty$ と $-\infty < k < \infty$ に対して定義される．この変換は空間領域での $f(x)$ を周波数領域での $c(k)$ につなげる．$f(x) = \delta(x)$ が $c(k) = 1$ に変換される．8.6 節で，$-y'' + y = f(x)$（境界なし！）を，この積分変換を用いて解く．

離散変換のもう 2 つの例は **cos** と **sin** である．

例 4　$\cos x$ と $\sin x$ を $0, \pi/2, \pi, 3\pi/2$ で標本化して，離散的なベクトル **cos** と **sin** を得よ．これらのベクトルを F^{-1} で変換せよ．それらの変換を F で逆変換せよ．

離散コサインとサイン　　**cos** $= (1, 0, -1, 0)$　と　**sin** $= (0, 1, 0, -1)$.

x-空間を k-空間に変換するには，$\boldsymbol{f}$ に F^{-1} を掛ける．$N = 4$ では，この行列は $\overline{w} = -i$ の累乗からなる．$N = 4$ で割るのを忘れないようにする：

$$F^{-1}\ \textbf{cos} = \frac{1}{4}\begin{bmatrix} 1 & 1 & 1 & 1 \\ 1 & -i & -1 & i \\ 1 & -1 & 1 & -1 \\ 1 & i & -1 & -i \end{bmatrix}\begin{bmatrix} 1 \\ 0 \\ -1 \\ 0 \end{bmatrix} = \begin{bmatrix} 0 \\ \mathbf{1/2} \\ 0 \\ \mathbf{1/2} \end{bmatrix} \qquad F^{-1}\ \textbf{sin} = \begin{bmatrix} 0 \\ \boldsymbol{-i/2} \\ 0 \\ \boldsymbol{i/2} \end{bmatrix}$$

F による乗算で逆変換して **cos** と **sin** に戻る．これはまさしく，オイラーの有名な公式と整合している：$\mathbf{cos}\, x = \frac{\mathbf{1}}{\mathbf{2}}(\boldsymbol{e^{ix}} + \boldsymbol{e^{-ix}})$ および $\mathbf{sin}\, x = \frac{\boldsymbol{-i}}{\mathbf{2}}(\boldsymbol{e^{ix}} - \boldsymbol{e^{-ix}})$.

e^{ix} の $x = 0, \pi/2, \pi, 3\pi/2$ での標本値 $(1, w, w^2, w^3)$ に対するベクトル **exp** もまた書いてみよう．すると，オイラーの偉大な公式のベクトル表記が得られる．

$$\textbf{exp} = \textbf{cos} + i\,\textbf{sin} \qquad \textbf{cos} = \frac{1}{2}(\,\textbf{exp} + \overline{\textbf{exp}})$$

$$\overline{\textbf{exp}} = \textbf{cos} - i\,\textbf{sin} \qquad \textbf{sin} = \frac{-i}{2}(\,\textbf{exp} - \overline{\textbf{exp}})$$

高速フーリエ変換の 1 段階

N 行 N 列の行列による乗算では，N^2 回の乗算と加算を行う．フーリエ行列には零の成分がないため，より速く行うことは不可能と思うかもしれない．しかし成分 w^{jk} はとても特殊である．**FFT の考え方は，$\boldsymbol{F}$ を疎行列へと分解することである．**

和の公式 $\sum w^{jk}c_k$ および $\sum \overline{w}^{jk}f_j$ で考える方がよければ，それぞれの和には N 項があり，ベクトル 1 つを求めるのに N 個の和が必要である．FFT の考え方を和の言葉で書けば，和の公式を書き直し再編成して，より少数の項を含む多くの和にすることである．両方の言葉を用いてみる．

鍵となる考え方は，F_N を半分の大きさのフーリエ行列 $F_{N/2}$ とつなげることである． N は 2 の累乗（例えば $N = 1024$）であると仮定する．F_{1024} を F_{512} の**複製 2 つ**につなげる．$N = 4$ のときには，F_4 を 2 つの F_2 につなげる：

$$F_4 = \begin{bmatrix} 1 & 1 & 1 & 1 \\ 1 & i & i^2 & i^3 \\ 1 & i^2 & i^4 & i^6 \\ 1 & i^3 & i^6 & i^9 \end{bmatrix} \quad \text{と} \quad \begin{bmatrix} F_2 & 0 \\ 0 & F_2 \end{bmatrix} = \begin{bmatrix} 1 & 1 & & \\ 1 & i^2 & & \\ & & 1 & 1 \\ & & 1 & i^2 \end{bmatrix}.$$

左方の F_4 には零がない．右方には半分零の行列がある．仕事は半分に削られた．だが待て，これらの行列は同じではない．F_2 の入ったブロック行列は F_4 の分解の 1 つの部品でしかない．他の部品もまた，多くの零をもつ：

$$\textbf{鍵の考え方} \quad F_4 = \begin{bmatrix} 1 & & 1 & \\ & 1 & & i \\ 1 & & -1 & \\ & 1 & & -i \end{bmatrix} \begin{bmatrix} 1 & 1 & & \\ 1 & i^2 & & \\ & & 1 & 1 \\ & & 1 & i^2 \end{bmatrix} \begin{bmatrix} 1 & & & \\ & & 1 & \\ & 1 & & \\ & & & 1 \end{bmatrix}. \tag{11}$$

右側の置換行列が c_0 と c_2（偶数番）を c_1 と c_3（奇数番）の前に並べる．中央の行列は，それら偶数番と奇数番について，半分の大きさの変換を別個に行う．左側の行列が，半分の大きさの出力 2 つを結合し，全体の大きさの正しい出力 $\boldsymbol{f} = F_4\mathbf{c}$ を生み出す．これら 3 つの行列を掛けてみると F_4 となる．

同じ考え方が，$N = 1024$ で $M = \frac{1}{2}N = 512$ のときにも使える．w の値は $e^{2\pi i/1024}$ である．これは単位円上の，角度 $\theta = 2\pi/1024$ の所にある．フーリエ行列 F_{1024} は w の累乗で満たされている．この FFT の最初の段階は，クーリーとテューキーが発見した（そしてガウスが 1805 年に予兆を示していた）偉大な分解である：

$$\textbf{FFT（1 段）} \quad F_{1024} = \begin{bmatrix} I_{512} & D_{512} \\ I_{512} & -D_{512} \end{bmatrix} \begin{bmatrix} F_{512} & \\ & F_{512} \end{bmatrix} \begin{bmatrix} \text{偶数番と奇} \\ \text{数番の置換} \end{bmatrix} \tag{12}$$

I_{512} は単位行列である．D_{512} は w_{1024} を用いた成分 $(1, w, \ldots, w^{511})$ からなる対角行列である．F_{512} の複製 2 つが，我々が予期したものである．それらは 1 の 512 乗根を用いるが，これは他でもない $w_{512} = (w_{1024})^2$ である．偶数番と奇数番の置換行列は，入力ベクトル $\mathbf{c}$ を $\mathbf{c}' = (c_0, c_2, \ldots, c_{1022})$ と $\mathbf{c}'' = (c_1, c_3, \ldots, c_{1023})$ に分解する．

F_N のこの巧妙な FFT 分解を表す代数的公式は次のようになる：

(FFT) $M = \frac{1}{2}N$ とする．$\boldsymbol{f} = F_N \boldsymbol{c}$ の成分は，半分の大きさの変換 $\boldsymbol{f}' = F_M \boldsymbol{c}'$ および $\boldsymbol{f}'' = F_M \boldsymbol{c}''$ の結合である．D の対角成分が $(w_N)^j$ であるとき，式 (13) が $I\boldsymbol{f}' + D\boldsymbol{f}''$ および $I\boldsymbol{f}' - D\boldsymbol{f}''$ を示す：

$$\begin{array}{llll} \text{最初の半分} & \boldsymbol{f}_j & = & \boldsymbol{f}'_j + (w_N)^j \boldsymbol{f}''_j, \quad j = 0, \ldots, M-1 \\ \text{次の半分} & \boldsymbol{f}_{j+M} & = & \boldsymbol{f}'_j - (w_N)^j \boldsymbol{f}''_j, \quad j = 0, \ldots, M-1 \end{array} \tag{13}$$

このように，FFT の 1 段階は 3 つの手順から成る：$\boldsymbol{c}$ を $\boldsymbol{c}'$ と $\boldsymbol{c}''$ に分け，それらを別々に F_M によって $\boldsymbol{f}'$ と $\boldsymbol{f}''$ に変換し，式 (13) から $\boldsymbol{f}$ を再構築する．N は偶数でなければならない！

式 (13) の代数は，偶数番 $2k$ と奇数番 $2k+1$ への，$w = w_N$ を用いた分離である：

$$\text{偶数番/奇数番} \quad f_j = \sum_0^{N-1} w^{jk} c_k = \sum_0^{M-1} w^{2jk} c_{2k} + \sum_0^{M-1} w^{j(2k+1)} c_{2k+1} \quad \text{ただし } M = \frac{N}{2}. \tag{14}$$

偶数番の c は $\boldsymbol{c}' = (c_0, c_2, \ldots)$ の中へ，奇数番の c は $\boldsymbol{c}'' = (c_1, c_3, \ldots)$ の中へ入る．その後，変換 $F_M \boldsymbol{c}'$ と $F_M \boldsymbol{c}''$ を行う．大切なのは $w_N^2 = w_M$ である．これが $w_N^{2jk} = w_M^{jk}$ を与える．

$$\text{書き直し} \qquad f_j = \sum w_M^{jk} c'_k \;+\; (w_N)^j \sum w_M^{jk} c''_k = f'_j \;+\; (w_N)^j f_j{}''. \tag{15}$$

$j \geq M$ についての式 (13) での負号は，$(w_N)^M = -1$ をくくりだすことによる．

MATLAB では偶数番の c と奇数番の c を簡単に分離できる．その後，半分の大きさの逆変換 2 つに ifft を用いる．最後に，半分の大きさの f' と f'' から f を作り出す．

問題 2 では F と F^{-1} は同じ行を，異なる順番で含むことを示す．

MATLAB での
N から $N/2$ への
FFT の 1 段階

$f' =$ ifft $(c(0:2:N-2)) * N/2;$% **偶数番**
$f'' =$ ifft $(c(1:2:N-1)) * N/2;$% **奇数番**
$D = w\,.\hat{}\,(0:N/2-1)';$% **行列 D の対角成分**
$f = [f' + D\,.{*}f''; f' - D\,.{*}f''];$

次ページの流れ図は，$\mathbf{c}'$ と $\mathbf{c}''$ が半分の大きさの F_2 を通る様子を示す．この 1 段階は，その形から **"バタフライ演算"** と呼ばれる．その後，出力 $\boldsymbol{f}'$ と $\mathbf{f}''$ が結合され（$\boldsymbol{f}''$ には $1, i$ と，$-1, -i$ も掛けられ）$\boldsymbol{f} = F_4 \boldsymbol{c}$ を生み出す．添え字 0, 1, 2, 3 は 2 進数表示されている．

F_N から 2 つの F_M へのこの縮約は，作業量をほとんど半分にする——行列の分解 (12) に多くの零が見える．この縮約は良いものだが，偉大ではない．FFT の全体の考え方は，ずっと強力である．これにより 50% よりずっと多くの時間が節約される．

再帰による完全な FFT

ここまで読んでくれば，次に何をするかの推測がつくかもしれない．我々は F_N を $F_{N/2}$ に縮約した．**これを $F_{N/4}$ へ続けよ．** F_{512} の複製 2 つから，F_{256} の複製 4 つに至る．その後，256 から 128 に至る．**これは再帰であり**，多くの高速アルゴリズムの基本原理である．$F = F_{256}$ と $D =$ diag $(1, w_{512}, \ldots, (w_{512})^{255})$ を用いた，第 2 段階は次のようになる：

c から f への流れ図 $N=4$ $M=2$

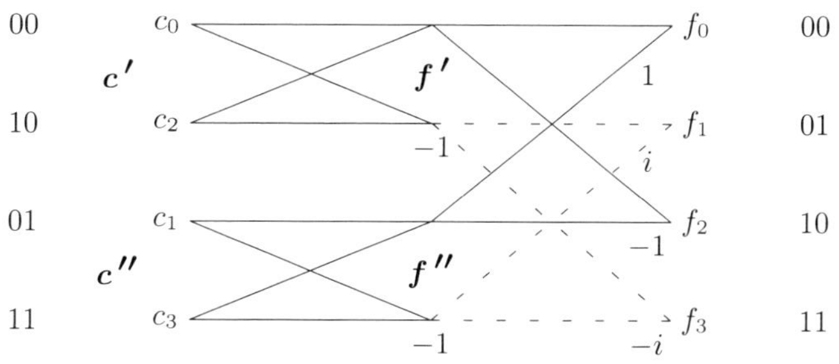

図 **8.6** $N=4$ での高速フーリエ変換での $\boldsymbol{c}$ から $\boldsymbol{f}$ への流れ図.

$$\begin{bmatrix} F_{512} & 0 \\ 0 & F_{512} \end{bmatrix} = \begin{bmatrix} I & D & & \\ I & -D & & \\ & & I & D \\ & & I & -D \end{bmatrix} \begin{bmatrix} F & & & \\ & F & & \\ & & F & \\ & & & F \end{bmatrix} \begin{bmatrix} 0,4,8,\ldots & \text{を選べ} \\ 2,6,10,\ldots & \text{を選べ} \\ 1,5,9,\ldots & \text{を選べ} \\ 3,7,11,\ldots & \text{を選べ} \end{bmatrix}.$$

FFT の発明前の演算回数は $N^2=(1024)^2$ だった．これは約 100 万回の乗算である．これが長時間かかると言っているわけではないが，何度も変換しなければならないとき，そのコストは大きくなる——これが典型的だ．そのとき，節約もまた大きくなる：

大きさ $N=2^L$ に対する最終的な演算回数は N^2 から $\frac{1}{2}NL$ へ減る.

$\frac{1}{2}NL$ の背後の理由はこうである．$N=2^L$ から $N=1$ まで降りていくのに L 段ある．各段で，半分の大きさの出力を再結合するために，対角行列 D による乗算が $\frac{1}{2}N$ 回ある．これで最終的な演算回数は $\frac{1}{2}NL$ となり，これは $\frac{1}{2}N\log_2 N$ である．

高速逆変換もまったく同じ考え方でできる．行列 F_N^{-1} は共役 $\overline{w}$ の累乗を含む．対角行列 D と公式 (13) の中で，単に w を $\overline{w}$ に置き換えるだけである．

最も高速な FFT のアルゴリズムは，各コンピュータのプロセッサとキャッシュ容量に適応する．自動調整するフリーソフトとして，ウェブサイト fftw.org を強く推奨する．これは“西方では最高速のフーリエ変換”をうたっている．

■ 要点の復習 ■

1. 係数 $\boldsymbol{c}$ にフーリエ行列 F を掛けると，級数 $f_j=\sum w^{jk}c_k$ が足される．

2. 逆行列 $F^{-1}=\overline{F}/N$ は係数 $c_k=\sum \overline{w}^{jk}f_j/N$ を計算する．

3. FFT はそれらの和を半分に分ける：w^2 の累乗を用いた $\frac{N}{2}$ 項．その後，再結合する．

4. FFT では対角行列を用いた $\log_2 N$ 段階の再帰を行う：$N\log_2 N$ 回の演算．

5. $w=e^{2\pi i/N}$ で $w^N=1$ のとき，列ベクトル $\boldsymbol{e}_k=(1,w^k,w^{2k},\ldots)$ は互いに直交する．

演習問題 8.2

1 式 (11) の 3 つの行列を掛けて，F_4 と比べよ．$i^2=-1$ であると知る必要のあるのは，どの 6 成分か？ これは $(w_4)^2=w_2$ のことである．$M=N/2$ のとき，なぜ $(w_N)^M=-1$ となるか？

2 **$\overline{F}$ の第 i 行が，F の第 $N-i$ 行と同じなのはなぜか？** （行番号は 0 から $N-1$ までとする．）

3 問題 2 から，$F_4=P\overline{F_4}$ となる 4 行 4 列の置換行列 P を求めよ．$P^2=I$ より $P=P^{-1}$ となることを確かめよ．その後，$\overline{F_4}F_4=4I$ から $F_4^2=4P$ であることを示せ．

$F_4^4=16P^2=16I$ であることは驚きである．**任意の c を 4 回変換すると $16c$ へ逆戻りする**．どの N でも F^2/N は置換行列 P であり，$\boldsymbol{F^4=N^2I}$ となる．

4 式 (11) の 3 つの因子を逆転し，F_4^{-1} の高速な分解を求めよ．

5 F_4 は対称行列である．式 (11) を転置して，新たな高速フーリエ変換を見つけよ．

6 F_6 の分解では，すべての成分が $w=$ (1 の 6 乗根) を含む：

$$F_6=\begin{bmatrix} I & D \\ I & -D \end{bmatrix}\begin{bmatrix} F_3 & \\ & F_3 \end{bmatrix}\begin{bmatrix} & P & \end{bmatrix}.$$

D では $1,w,w^2$ を，F_3 では w^2 の累乗を用い，これらの因子を書き下せ．掛けてみよ！

7 ベクトル $\boldsymbol{c}=(1,0,1,0)$ を FFT の 3 つの手順に通して，$\boldsymbol{y}=F_4\boldsymbol{c}$ を求めよ．$\boldsymbol{c}=(0,1,0,1)$ に対して同様にせよ．

8 FFT の 3 つの手順により，$\boldsymbol{c}=(1,0,1,0,1,0,1,0)$ に対して $\boldsymbol{y}=F_8\boldsymbol{c}$ を計算せよ．$\boldsymbol{c}=(0,1,0,1,0,1,0,1)$ に対して計算を繰り返せ．

9 $w=e^{2\pi i/64}$ のとき，w^2 と $\sqrt{w}$ は，それぞれ 1 の _____ 乗根と _____ 乗根である．

10 F は対称行列であるが，その固有値は実数ではない．なぜこれが可能か？

応用数学における 3 つの偉大な三重対角対称行列は K,B,C である．
K，B，および C の固有ベクトルは，離散的な**サイン**，**コサイン**，そして**指数関数**である．固有ベクトルの行列はそれぞれ **DST**，**DCT**，そして **DFT** となる－信号処理のための離散的変換である．巡回行列 C の副対角成分が遠方の隅へ回り込むことに注意せよ．

$$K = \begin{bmatrix} \mathbf{2} & -1 & & \\ -1 & 2 & -1 & \\ & \cdot & \cdot & \cdot \\ & & -1 & \mathbf{2} \end{bmatrix} \qquad B = \begin{bmatrix} \mathbf{1} & -1 & & \\ -1 & 2 & -1 & \\ & \cdot & \cdot & \cdot \\ & & -1 & \mathbf{1} \end{bmatrix}$$

$$C = \begin{bmatrix} 2 & -1 & \cdot & \mathbf{-1} \\ -1 & 2 & -1 & \\ & \cdot & \cdot & \cdot \\ \mathbf{-1} & \cdot & -1 & 2 \end{bmatrix} \qquad \begin{aligned} K_{11} &= K_{NN} = \mathbf{2} \\ B_{11} &= B_{NN} = \mathbf{1} \\ C_{1N} &= C_{N1} = \mathbf{-1} \end{aligned}$$

11 K_N と B_N の固有ベクトルは離散的サイン $\boldsymbol{s}_1, \ldots, \boldsymbol{s}_N$ と離散的コサイン $\boldsymbol{c}_0, \ldots, \boldsymbol{c}_{N-1}$ である．固有ベクトル $\boldsymbol{c}_0 = (1, 1, \ldots, 1)$ に注意せよ．$\boldsymbol{s}_k$ と $\boldsymbol{c}_k$ は次のようになる—これらのベクトルは 0 から π までの $\sin kx$ と $\cos kx$ を標本化したものである．

$$\left(\sin\frac{\pi k}{N+1}, \sin\frac{2\pi k}{N+1}, \ldots, \sin\frac{N\pi k}{N+1}\right) \text{ と } \left(\cos\frac{\pi k}{2N}, \cos\frac{3\pi k}{2N}, \ldots, \cos\frac{(2N-1)\pi k}{2N}\right)$$

2 行 2 列の行列 K_2 と B_2 について，$\boldsymbol{s}_1, \boldsymbol{s}_2$ と $\boldsymbol{c}_0, \boldsymbol{c}_1$ がそれぞれの行列の固有ベクトルであることを確かめよ．

12 C_3 の固有値は $\lambda = 0, 3, 3$ で，固有ベクトルが $\boldsymbol{e}_0 = (1, 1, 1)$, $\boldsymbol{e}_1 = (1, w, w^2)$, $\boldsymbol{e}_2 = (1, w^2, w^4)$ であることを示せ．実数の固有ベクトル $(1, 1, 1)$ と $(1, 0, -1)$ と $(1, -2, 1)$ の方が好まれるかもしれない．

13 C_N の固有ベクトルが $\boldsymbol{e}_k$ であることを掛けて確かめ，固有値 λ_k を求めよ．$\lambda_k = 2 - 2\cos(2\pi k/N)$ へと整理せよ．C_N が半正定値でしかないのはなぜかを説明せよ．正定値ではない．

$$C\boldsymbol{e}_k = \begin{bmatrix} 2 & -1 & & -1 \\ -1 & 2 & -1 & \\ & -1 & 2 & -1 \\ -1 & & -1 & 2 \end{bmatrix} \begin{bmatrix} 1 \\ w^k \\ w^{2k} \\ w^{(N-1)k} \end{bmatrix} = (2 - w^k - w^{-k}) \begin{bmatrix} 1 \\ w^k \\ w^{2k} \\ w^{(N-1)k} \end{bmatrix}.$$

14 C は　　　　行列なので，C の固有ベクトル $\boldsymbol{e}_k$ は自動的に，互いに直交する．(正直にいえば，C は問題 12 でのように重複固有値をもつ．$\lambda = 3$ に対する固有ベクトルの平面があり，直交する $\boldsymbol{e}_1$ と $\boldsymbol{e}_2$ をその平面内で選んだのだ.)

15 K_2 の固有値 2 つと，B_3 の固有値 3 つを書け．K_N と B_{N+1} は常に同じ N 個の固有値をもち，B_{N+1} には固有値 _____ が余分にある．(これは $K = A^{\mathrm{T}}A$ と $B = AA^{\mathrm{T}}$ と書けるためである.)

8.3 熱伝導方程式

本書で最初の偏微分方程式は $u_{xx} + u_{yy} = 0$ （ラプラス方程式）だった．これは定常状態を記述する——時間は関与しない．ここには成長も振動も減衰もない．この問題は $u(x,y)$ についての境界条件を含み，初期条件はない．これは行列方程式 $A\boldsymbol{u}=\boldsymbol{b}$ を解くようなものである（$\boldsymbol{b}$ は境界条件に起因する）．

今度は**熱伝導方程式** $\boldsymbol{u_t=u_{xx}}$ に移る．時間がはっきり含まれる．u を時刻 t での棒に沿っての温度として考える．時刻 $t=0$ で各位置 x での初期温度 $u(0,x)$ が与えられている．その後，熱が流れはじめる（高温の場所から，より低温の近隣へと）．これは，初期条件 $u(0)$ と合わせて行列方程式 $\boldsymbol{u}'=A\boldsymbol{u}$ を解くようなものである．Au はここでは 2 階偏導関数 u_{xx} である．

温度 u が x と t 両方の関数なので，常微分方程式（ODE）でなく偏微分方程式（PDE）となる．

例 1（無限長の棒）　棒が $x=-\infty$ から $x=\infty$ まで伸びているとする．時刻 $t=0$ で，温度は左側の $x<0$ で $u=-1$ であり，右側の $x>0$ で $u=1$ であるとする．**熱は右側から左側へと流れるだろう**．左側の温度は $u=-1$ から上昇し，右側では $u=1$ から下がる．**例 6 でこれを解く**．

例 2（有限長の棒）　棒が $x=0$ から $x=1$ まで伸びているとする．初期条件 $u(0,x)=1$ により，時刻 $t=0$ で棒に沿う（一定の）温度が与えられる．棒の両端で，$u(t,0)=0$ と $u(t,1)=0$ といった境界条件も必要である．このとき，全時間 $t>0$ にわたり，両端の温度は零に保たれる．

熱が両端から流出する．冷蔵庫の中の，側面がコーティングされた棒を想像せよ．熱は $x=0$ と $x=1$ からだけ逃げる．熱伝導方程式を解くと，各位置 $0<x<1$ および各時刻 $t>0$ での温度 $u(t,x)$ が求まる．

$$\boxed{\textbf{熱伝導方程式}\quad \frac{\partial \boldsymbol{u}}{\partial \boldsymbol{t}}=\frac{\partial^2 \boldsymbol{u}}{\partial \boldsymbol{x}^2}\quad ここで\ u(0,x)=1\ と\ u(t,0)=u(t,1)=0.} \tag{1}$$

この解はフーリエ級数の形できれいに表される．ここではサイン級数を選ぶのが自然である．どの基底関数 $\sin k\pi x$ も $x=0$ と $x=1$ で零になるからである——これはまさしく境界条件が要求するとおりである：棒の両端での温度は零．

初期条件 $u(0,x)$ と微分方程式 $u_t=u_{xx}$ がフーリエサイン級数の中の係数 $b_1(t), b_2(t),\ldots$ の時間変化を教える．熱は逃げ，$b_k(t)\to 0$ となるだろう．

解法の方針　　式 $u_t=u_{xx}$ は $du/dt=Au$ と違って見えるが，そうではない．解はここでも固有ベクトルの線形結合である．ODE に対する部品は $ce^{\lambda t}\boldsymbol{x}$ だった．PDE に対する部品は $be^{\lambda t}\sin k\pi x$ である．

1. A の固有ベクトルは，2 階導関数の固有関数に変わる：$(\sin k\pi x)''=-k^2\pi^2\sin k\pi x$.

2. $\boldsymbol{u}(0)=c_1\boldsymbol{x}_1+c_2\boldsymbol{x}_2+\cdots$ は $u(0,x)=b_1\sin\pi x+b_2\sin 2\pi x+\cdots$ に変わる（**無限に多くの** b）．

3. 解 (7) で $b_k e^{\lambda_k t}\sin k\pi x$ を足し合わせる．これは無限フーリエ級数になる．

無限であることが問題を難しくしうるが，$\sin k\pi x$ は直交する．問題は解けた．

フーリエ級数による解法

解 $u(t,x)$ として正しい形を選ぶことに，すべてがかかっている．それは次の形である：

$$\text{サイン級数}\quad u(t,x) = b_1(t)\sin \pi x + b_2(t)\sin 2\pi x + \cdots = \sum_{k=1}^{\infty} \boldsymbol{b_k(t)\sin k\pi x}. \tag{2}$$

これは**変数分離**を示している．t に依存する関数 $\boldsymbol{b_k(t)}$ が，x に依存する関数 $\boldsymbol{\sin k\pi x}$ に掛かる．その積 $b_k(t)\sin k\pi x$ を熱伝導方程式に代入すると，各係数 b_k についての微分方程式を得る：

$$\frac{\partial}{\partial t}(b_k \sin k\pi x) = \frac{\partial^2}{\partial x^2}(b_k \sin k\pi x) \quad \text{より} \quad \frac{db_k}{dt}\sin k\pi x = -k^2\pi^2 b_k \sin k\pi x. \tag{3}$$

すると $\boldsymbol{b_k{}' = -k^2\pi^2 b_k}$ である．この式を解き，$b_k(0)$ からすべての t での $b_k(t)$ を得る：

$$\boldsymbol{e^{\lambda t}}\ \text{に起因する減衰} \qquad \boldsymbol{b_k(t) = e^{-k^2\pi^2 t} b_k(0)}. \tag{4}$$

最後の手順：初期値 $b_k(0)$ は初期条件 $u(0,x)=1$ から決まる：

$$\boldsymbol{t=0}\ \text{で}\ 0<x<1\ \text{に対して} \qquad u(0,x) = \sum_{k=1}^{\infty} b_k(0)\sin k\pi x = 1. \tag{5}$$

これはフーリエ級数の普通の質問である：矩形波 $\boldsymbol{SW}(x)$ のサイン係数は何か？ サインは奇関数であり，$\sin(-x) = -\sin x$．**(5) の級数は，-1 と 0 の間の x では，足し合わせて -1 にならなければならない**．だから矩形波は -1 から 1 へジャンプする．それは，区間の半分では負であり，残る半分では正である：

$$\boldsymbol{SW}(x) = \left\{\begin{matrix} -1 & (-1 < x < 0\ \text{で}) \\ 1 & (0 < x < 1\ \text{で}) \end{matrix}\right\} = \frac{4}{\pi}\left(\frac{\sin \pi x}{1} + \frac{\sin 3\pi x}{3} + \cdots\right). \tag{6}$$

偶数番の係数 $b_2, b_4, \ldots$ はすべて零である．奇数番の係数は $b_k = 4/\pi k$ である．これらの b_k は，8.1 節で，フーリエ級数の最初の例として計算した．ここでは，それらの数値が $t=0$ での係数 $b_k(0)$ を与えている．このとき，式 $b_k{}' = -k^2\pi^2 b_k$ から，将来の時刻 $t>0$ すべてにわたる係数 $\boldsymbol{e^{-k^2\pi^2 t} b_k(0)}$ がわかる：

$$\text{解} \qquad u(t,x) = \sum_{k=1}^{\infty} e^{-k^2\pi^2 t} b_k(0)\sin k\pi x = \frac{4}{\pi}\left(\boldsymbol{e^{-\pi^2 t}\sin \pi x} + \cdots\right) \tag{7}$$

これで熱伝導方程式の解が完成した．温度は急速に低下する！ それらは強力な指数関数 $e^{-\pi^2 t}$ や $e^{-9\pi^2 t}$ を含み，棒は $t=1$ で極めて冷たく感じられるだろう．

注釈　正しい熱伝導方程式は，**拡散係数 $\boldsymbol{c}$** を用いた $\boldsymbol{u_t = cu_{xx}}$ であるべきである．そうしないと方程式は次元的に誤っている．c の単位は，u_t と u_{xx} を釣り合わせるために，(距離)^2/

時間となる．水や空気でのそれに比べて，金属での c の値は大きい——熱はより容易に流れる．この係数 c は固有値 $-ck^2\pi^2$ に入ってくる．

熱伝導方程式はまた，**拡散方程式**とも呼ばれる．煙突は，ほとんど点湧出し（デルタ関数）とみなせる．煙は広がっていく（大気中に拡散する）．これは 2 つの空間次元 x と y，あるいは x, y, z さえ含むだろう．PDE は $\boldsymbol{u_t = c(u_{xx} + u_{yy})}$ とすべきかもしれない．

まとめ　我々の問題は，x 方向には境界値問題，t 方向には初期値問題だった：

1. 基底関数 $S_k = \sin k\pi x$ **は $\boldsymbol{x}$ に依存する**．それらは $u_{xx} = \lambda_k u$ を満たす．

2. 係数 b_k **は $\boldsymbol{t}$ に依存する**．それらは $u(0)$ から求まる $b_k(0)$ を用いて，$b_k' = \lambda b_k$ を満たす．

基底関数 $S_k(x)$ は**境界条件**を満たす．それらの係数 $b_k(t)$ は**初期条件**を満たす：

$$\boldsymbol{t = 0}\ \textbf{での分離} \qquad u(0, x) = \sum b_k(0)\, S_k(x) \tag{8}$$

$u(t, x)$ に対する PDE は，各係数 $b_k(t)$ に対する ODE を与える．さらに 3 つの棒を考えよう．

例 3（**断熱された棒**）　棒の両端から熱が逃げない．それらの端部での境界条件は $\partial u/\partial x = 0$ に変わる．**基底関数はコサインに変わる**．級数 (8) はフーリエコサイン級数に変わる．

$$\begin{array}{lrcl} \text{初期条件} & u(0, x) & = & \sum a_k(0) \cos k\pi x \\ a_k\ \text{の方程式} & da_k/dt & = & -k^2\pi^2 a_k \quad (\text{ここで}\ k = 0, 1, 2, \ldots) \end{array}$$

$k = 0$ が含まれていることに注意せよ．最初の基底関数は $\cos 0\pi x = 1$ である．その係数は $da_0/dt = 0$ により定まる．よって，解 $u(t, x)$ に加わる $k = 0$ の項は定数 a_0 である．$a_1, a_2, a_3, \ldots$ を含む項すべてが指数的に速く消え去るので，棒の至るところで温度はこの定数に近づく．

例 4（**環状の棒**）　今度はサインとコサインを両方含める．基底関数は複素指数関数 e^{ikx} としてもよい．再び，u は定数関数の定常状態 c_0 に向かう：

$$u(t, x) = \sum_{-\infty}^{\infty} c_k(t) e^{ik\pi x} \quad \text{と} \quad \frac{dc_k}{dt} = -k^2\pi^2 c_k. \tag{9}$$

u の部品に対して変数分離形が成り立つとき，問題はほぼ解けたといえる．

例 5（**無限長の棒**）　この問題は，新しく重要なことに至る．境界はない．すべての指数関数 e^{ikx}（整数の k だけではない）が必要である．$-\infty < k < \infty$ についての解を線形結合することで，デルタ関数 $\delta(x)$ から出発する熱伝導方程式を解ける．この "**熱核**" は化学工学では鍵となる．まったく予期されなかった発展として，これは数理ファイナンスの中心でもある．株価のオプション価格はブラック–ショールズの偏微分方程式でモデル化される．

個別の e^{ikx} それぞれについて解くには，適切な乗数 $e^{i\omega t}$ を探せばよい：

$$\boldsymbol{u = e^{i\omega t} e^{ikx}}\ \textbf{は，}\ \boldsymbol{i\omega = (ik)^2}\ \textbf{のとき}\ \boldsymbol{u_t = u_{xx}}\ \textbf{を満たす．} \tag{10}$$

このとき $i\omega t = (ik)^2 t = -k^2 t$．解 $u(t, x)$ は変数分離形であり，次の部品をもつ：

$$\boldsymbol{u(t,x)=e^{-k^2t}e^{ikx}}\quad \text{は熱伝導方程式を満たし，} u(0,x)=e^{ikx} \text{ から出発する．} \tag{11}$$

熱核 $U(t,x)$

デルタ関数 $\delta(x)$ はすべての指数関数 e^{ikx} を等量ずつ含む．重ね合わせにより，$\delta(x)$ から出発する熱伝導方程式の解 U は，解 $e^{-k^2t}e^{ikx}$ を等量ずつ含む．$e^{-k^2t}e^{ikx}$ をすべての k にわたり積分し，熱核 U が求まる．

$$\boldsymbol{U(0,x)=\delta(x)} \text{ となる解は}\quad U(t,x)=\frac{1}{2\pi}\int_{-\infty}^{\infty}e^{-k^2t}e^{ikx}dk. \tag{12}$$

この積分を計算することは可能だが，期待していない．k の単純な関数で導関数が e^{-k^2t} となる，あるいはそれに近くなるものはない．$\partial U/\partial x$ で始める巧妙な方法がある．e^{ikx} の x での偏微分から，追加因子 ik が生じる．その後，k について部分積分すると，$\partial U/\partial x$ が U につながる：

$$\boldsymbol{\frac{\partial U}{\partial x}}=\frac{1}{2\pi}\int_{-\infty}^{\infty}(e^{-k^2t}\boldsymbol{k})(\boldsymbol{i}e^{ikx})\,dk=-\frac{1}{4\pi t}\int_{-\infty}^{\infty}(e^{-k^2t})(xe^{ikx})\,dk=-\boldsymbol{\frac{xU}{2t}}. \tag{13}$$

すると dU/U が $-x\,dx/2t$ に等しい．t を定数とみて x で積分して $-x^2/4t$ となり，これより $U=ce^{-x^2/4t}$ となる．

全熱量 $\int u\,dx$ は $\int\delta(x)\,dx=1$ から出発する．これが 1 にとどまるよう，$c=1/\sqrt{4\pi t}$ と選ぶ．すると，点湧出しに対する“基本解”を得る．

$$\textbf{熱核}\quad \boldsymbol{U_t=U_{xx}} \text{ に加えて } \boldsymbol{U(0,x)=\delta(x)}\qquad \boldsymbol{U=\frac{1}{\sqrt{4\pi t}}e^{-x^2/4t}} \tag{14}$$

例 6　無限長の棒で，熱核 (14) は $u_t=u_{xx}$ を満たし，$t=0$ で $\delta(x)$ から出発する．今度は例 1 の，負の x では $u=-1$，正の x では $u=1$ から始まる場合を解け．さらに，任意の初期関数 $u(0,x)$ について解け．

例 1 についての大切な考え方はこうである．$x=0$ での -1 から 1 へのジャンプの微分は $\partial u/\partial x=\boldsymbol{2\delta(x)}$ である．$2\delta(x)$ から出発する解は $\partial u/\partial x=2U$ を満たし，式 (14) での $\sqrt{4}$ が打ち消される．**その後，$2U$ を x について積分して微分をもとに戻し，例 1 を u について解ける：**

$$\begin{array}{l}\boldsymbol{u}=\textbf{誤差関数}\\ \boldsymbol{2U}\textbf{ の積分}\end{array}\qquad u(t,x)=\frac{1}{\sqrt{\pi t}}\int_0^x e^{-X^2/4t}\,dX. \tag{15}$$

$x>0$ ではこの解は正である．$x<0$ では負である（式 (15) の積分が逆向きになる）．$x=0$ では対称性から期待されるとおり，解は $t>0$ でずっと零のままである．“誤差関数”という用語を書いたのは，この重要な積分が高精度で計算され，一覧表になっているからである（微分して e^{-x^2} となる単純な関数はない）．積分変数を X から $Y=X/\sqrt{4t}$ へ変えると，標準誤差関数が現れる：

$$u = \frac{1}{\sqrt{\pi t}} \int_0^x e^{-X^2/4t}\, dX = \frac{2}{\sqrt{\pi}} \int_0^{x/\sqrt{4t}} e^{-Y^2}\, dY = \mathbf{erf}\left(\frac{x}{\sqrt{4t}}\right). \tag{16}$$

この積分は正規分布に対する累積確率（釣鐘型曲線の下の面積）である．統計学者は，この積分値 erf(x) を常に必要とする．$x = \infty$ では，全確率 = 釣鐘型曲線の下の全面積 = 1 となる．

ついに我々は，**任意の初期関数** $u(0, x)$ について $u_t = u_{xx}$ を解ける．大切なのは，x のどんな関数も，**平行移動されたデルタ関数 $\boldsymbol{\delta(x-a)}$ の積分**であると気づくことである：

$$\text{どの関数 } u_0(x) \text{ も } \int_{-\infty}^{\infty} u_0(a)\, \delta(x-a)\, da = u_0(x) \text{ を満たす.} \tag{17}$$

重ね合わせにより，$u_t = u_{xx}$ の解は，平行移動された熱核の積分でなければならない．

$$\textbf{時刻 } \boldsymbol{t} \text{ での温度} \qquad \boldsymbol{u(t,x) = \frac{1}{\sqrt{4\pi t}} \int_{-\infty}^{\infty} u_0(a) e^{-(x-a)^2/4t}\, da}. \tag{18}$$

点湧出しが a だけ平行移動して $\delta(x-a)$ になると，**解もまた a だけ平行移動する**という重要な事実を用いた．そこで，x から $x-a$ に変えて，熱核 U を単に平行移動した．全直線 $-\infty < x < \infty$ の上での熱伝導方程式は**線形で並進不変**である．

解 (18) は無限区間の積分 1 つに縮約されたが，まだ単純ではない．そして，$x = 0$ と $x = 1$ に境界条件をもつ，より現実的な有限長の棒については，再度考える必要がある．$u_t = (cu_x)_x$ の中の拡散係数 c が x や t や u とともに変わるときにも，変更が必要となるだろう．これを考えていくと，おそらく差分法が必要になる．

変数分離法

基底関数 $\boldsymbol{\sin k\pi x}$ は 固有関数である． $\cos k\pi x$ と $e^{ik\pi x}$ についても同様である．$u = B(t)\,A(x)$ を式 $u_t = u_{xx}$ に代入してこれを示そう．直ちに $\boldsymbol{u_t}$ から $\boldsymbol{B'}$ が，$\boldsymbol{u_{xx}}$ から $\boldsymbol{A''}$ が生じる．分離された変数は $u_t = u_{xx}$ によりつなげられる：

$$\boldsymbol{B'(t)\,A(x) = B(t)\,A''(x)} \quad \textbf{より} \quad \frac{A''(x)}{A(x)} = \frac{B'(t)}{B(t)} = \text{定数} \tag{19}$$

なぜ定数か？ それは A''/A が x だけに，B'/B が t だけに依存するからである．それらが等しいということは，どちらも変われないということである．その定数を $-\lambda$ と呼ぼう：

$$\frac{A''}{A} = -\lambda \text{ から } A = \sin\sqrt{\lambda}x \text{ と } \cos\sqrt{\lambda}x \qquad \frac{B'}{B} = -\lambda \text{ から } B = e^{-\lambda t} \tag{20}$$

積 $BA = e^{-\lambda t} \sin\sqrt{\lambda}x$ と $BA = e^{-\lambda t}\cos\sqrt{\lambda}x$ は，どの値 λ についても熱伝導方程式を満たす．しかし境界条件 $u(t, 0) = 0$ であればコサインは除かれる．さらに，$x = 1$ で $u = 0$ であれば $\sin\sqrt{\lambda} = 0$，すなわち $\lambda = k^2\pi^2$ が要求される．変数分離法は，$A'' = -\lambda A$ についての固有関数として，正しい基底関数 $\sin k\pi x$ を復元した．

例 7 (煙突問題) $2+1$ 次元での熱伝導方程式を，我々は敬遠した．$\boldsymbol{u_t = u_{xx} + u_{yy}}$ の解は 3 変数 t, x, y を含む．煙突を原点 $x = y = 0$ に置き，風はないとする．すると，方向角 θ には何も依存しない．煙は原点から外側へと拡散するだろう．その濃度は動径 r のみに依存するので，軸対称な熱伝導方程式を解けばよい．最終的な解は $u(t, r)$ である．

$r =$ 一定が**曲線**（円）であるため，熱伝導方程式は実は $u_t = u_{rr}$ にはならないが，正しい動径方向の方程式でも，変数分離 $u = \boldsymbol{B(t)\,A(r)}$ が完ぺきに行える．

$$\frac{\partial u}{\partial t} = \frac{\partial^2 u}{\partial r^2} + \frac{1}{r}\frac{\partial u}{\partial r} \quad \text{より} \quad B'(t)\,A(r) = B(t)\,(A'' + \frac{1}{r}A'). \tag{21}$$

以前のように再び，$B'/B =$ 定数 $= -\lambda$ および $B = e^{-\lambda t}$ とできる．しかし $A''/A = -\lambda$ の代わりに，**動径方向の固有関数 $\boldsymbol{A(r)}$ はベッセル方程式に従う**：

$$\textbf{基底関数 } \boldsymbol{A(r)} \qquad \frac{d^2A}{dr^2} + \frac{1}{r}\frac{dA}{dr} = -\lambda A \quad \text{は変係数 } \frac{1}{r} \text{ を含む．} \tag{22}$$

この解は，何世紀にもわたって研究された特殊関数の中にある．係数 $1/r$ が定数でないので，それらは複素指数関数ではない．**ベッセルがフーリエを置き換える**．本書ではベッセル方程式を解くところまでのすべては追えないが，6.4 節を見よ．対称性をもつ熱伝導方程式から，ベッセルは新たな固有関数を導入した．

■ 要点の復習 ■

1. どの $k = 1, 2, \ldots$ についても $e^{-k^2\pi^2 t}\sin k\pi x$ は熱伝導方程式 $u_t = u_{xx}$ を満たす．
2. それらの解の線形結合で，初期条件 $u(0, x)$ をフーリエサイン級数で表せる．
3. $x = 0$ と 1 で $u_x = 0$ なら，コサインを使う．無限長の棒では，すべての $e^{-k^2 t}e^{ikx}$ を使う．
4. 熱核 $U = e^{-x^2/4t}/\sqrt{4\pi t}$ は，$U_0 = \delta(x)$ から出発して $U_t = U_{xx}$ を満たす．
5. $B(t)A(x)$ との変数分離は，$A(x)$ が "x の部分" u_{xx} の固有関数であることを示す．

演習問題 8.3

1 $t = 0$ で $u = e^{ikx}$ から出発し，係数 c をもつ無限長の棒での熱伝導方程式 $u_t = cu_{xx}$ を解け．

式 (10) でのように，解は積 $u = e^{i\omega t}e^{ikx}$ の形をとる．式に c が入るとき，**各 k に対する ω を求めよ**．

2 $t = 0$ で点湧出し $u = \delta(x) = \int e^{ikx}\,dk/2\pi$ から出発し，同じ方程式 $u_t = cu_{xx}$ を解け．重ね合せにより，問題 1 での解 u をすべての k にわたり積分する．その結果は式 (14) でのような熱核であるが，c を含むよう調節されている．

3 $u_t = cu_{xx}$ を解くための基底関数は，$x = 0$ と $x = 1$ の間の棒（両端で $u = 0$ となる）のときも $\sin k\pi x$ である．解 $\sum b_k(0)\, e^{-\lambda_k t} \sin k\pi x$ の中に入る固有値 λ_k は何か？

4 問題 3 に続けて，$\frac{1}{4} \le x \le \frac{3}{4}$ で初期温度が $u_0 = 1$ である（そして棒の最初と最後の四半区間では $u_0 = 0$ である）とき，$u_t = cu_{xx}$ を解け．課題は，その初期温度に対する係数 $b_k(0)$ を見つけることである．

5 自由端の境界条件 $\partial u/\partial x(t,\pi) = \partial u/\partial x(t,-\pi) = 0$ の下で，点湧出し $u(0,x) = \delta(x)$ から始め，熱伝導方程式 $u_t = u_{xx}$ を解け．無限コサイン級数 $\delta(x) = (1 + 2\cos x + 2\cos 2x + \cdots)/2\pi$ に，時間的な減衰の因子 $b_k(t)$ を掛けたものを用いよ．

6 （$x = 0$ から $x = \infty$ までの棒）ある点 $x = a > 0$ での，平行移動されたデルタ関数 $u_0 = \delta(x-a)$ から出発し，$u_t = u_{xx}$ を無限長の棒の，正の半分について解け．式 (14) の，全部の棒に対する熱核 U を用いつつ，なお $x = 0$ で $u = 0$ を保つならば次のようにする．

$x = -a$ に，負の点湧出しがあると仮想する．$t = 0$ で $u_0 = \delta(x-a) - \delta(x+a)$ と，両方の湧出しを含めて，完全に無限長の棒の上で熱伝導方程式を解け．その解（熱核の差）は境界 $x = 0$ で零のままとなる．(**なぜ**？）すると，それは正しく出発したのだから，半分の棒の上での正しい解でなければならない．

7 基底関数 $s_k = \sin\left(k+\frac{1}{2}\right)\pi x$ が区間 $0 \le x \le 1$ で直交することを確かめよ．フーリエ級数 $F(x) = \sum B_k s_k$ の中の係数 B_4 に対する公式を見つけよ（$s_4(x)$ を掛けて積分すると，B_4 だけを取り出せる）．

8 基底関数 $\sin(k+\frac{1}{2})\pi x$ は**固定端–自由端**の境界（$x = 0$ で $u = 0$ と，$x = 1$ で $\partial u/\partial x = 0$）に対するものである．**自由端–固定端**の境界（$x = 0$ で $\partial u/\partial x = 0$ と，$x = 1$ で $u = 0$）に対する基底関数は何か？

9 $x = 0$ と $x = 1$ で $u = 0$ という境界条件の下で，$\boldsymbol{u_t = u_{xx} - u}$ であるとする．一般解 $u = \sum b_k(0)\, e^{-\lambda_k t} \sin k\pi x$ の中の，新たな数 λ_k を求めよ（以前は $\lambda_k = -k^2\pi^2$ だったが，今度は $-u$ のために，λ に新たな項が入る）．

10 式 (13) での各ステップを説明せよ．$\partial U/\partial x = -xU/2t$ を解いて $U = e^{-x^2/4t}$ を得よ．既知の無限積分 $\int e^{-x^2} dx = \sqrt{\pi}$ と $\int u\, dx = 1$ から，どのように因子が $1/\sqrt{4\pi t}$ と求まるか？

11 （**並進不変性**）無限領域で，$t = 0$ に $\boldsymbol{\delta(x-a)}$ から出発する $u_t = u_{xx}$ の解は何か？

12 正方形の平板の中の熱の流れに対する基底関数 $A(x,y)$ は何か？ 4 辺 $x = 0, x = 1, y = 0, y = 1$ に沿って $u = 0$ とする．熱伝導方程式は $u_t = u_{xx} + u_{yy}$ である．境界条件を満たす，$A_{xx} + A_{yy} = \lambda A$ の固有関数を見つけ，固有値 λ を求めよ．最初の固有関数は $A_{11} = (\sin \pi x)(\sin \pi y)$ である．

13 $U = e^{-x^2/4t}/\sqrt{4\pi t}$ を代入して，この熱核が $U_t = U_{xx}$ を満たすことを示せ．

熱浴についての注釈（これは冷蔵庫の中の熱い棒とは反対の問題である.）
棒は初期に $\boldsymbol{U = 0}$ である．これが一定温度 $U_B = 1$ の熱浴の中に置かれる．境界ではもはや零ではなく，棒は熱くなるだろう．

その差 $V = U - U_B$ は境界で零となり，内部での初期値は $V = -1$ である．固有関数の方法（変数分離法）で V について解こう．式 (7) の級数を -1 倍して，$V(x, 0) = -1$ を満たす．U_B を足し戻せば，熱浴の問題が解ける：$U = U_B + V = 1 - u(t, x)$.

ここで $U_B \equiv 1$ は $t = \infty$ での**定常状態**の解であり，V は**過渡状態**の解である．この過渡状態は $V = -1$ で出発し，急速に $V = 0$ へ減衰する．

一方の端点で熱浴のとき：　この問題は，他の意味でも異なる．温度固定の“ディリクレ”境界条件は，その傾きが零の“ノイマン”条件で置き換えられる：$\boldsymbol{\partial u/\partial x(t, 1) = 0}$. 左端だけが熱浴の中にある．熱は金属の棒を流れ下り，遠方の $x = 1$ での端点から流れ出る．固定端-自由端の場合，どのように解が変わるだろうか？

ふたたび $U_B = 1$ が定常状態である．境界条件は $V = 1 - U_B$ に適用される：

固定端–自由端での固有関数	$V(0) = 0$ と $V'(1) = 0$ より $A(x) = \sin\left(k + \frac{1}{2}\right)\pi x.$

この新たな固有関数（$A'(1) = 0$ と調節した）が，積 $B_k(t)\, A_k(x)$ の新たな形を与える：

固定端–自由端の解
$$V(x, t) = \sum_k B_k(0)\, e^{-(k+\frac{1}{2})^2\pi^2 t} \sin\left(k + \tfrac{1}{2}\right)\pi x.$$

$A'' = -\lambda A$ は $x = 1$ に自由端をもつので，すべての周波数が $\frac{1}{2}$ だけ平行移動し，π が掛かる．重要な質問は：**この新たな固有関数** $\boldsymbol{\sin\left(k + \frac{1}{2}\right)\pi x}$ **に対して，直交性はまだ成り立つのか？**　演習問題 7 での答えはイエスだったが，これは $A'' = -\lambda A$ が対称な問題のためである．

確率的方程式と，ブラウン運動を用いた株価のモデルについての注意：“確率的微分方程式”では，右辺にランダム項がある．滑らかな外力項 $q(t)$，あるいはデルタ関数 $\delta(t)$ に代わって，株価のモデルはブラウン運動 dW を含む．この微妙で重要な考え方を，単に書き下してみる．**ランダムなステップでは** $dW = Z\sqrt{dt}$ **となる**．ここで，Z は平均が零で分散が $\sigma^2 = 1$ の標準正規分布に従う．しかし，新たな Z は**各瞬間において**ランダムに選ばれる．

ステップ幅 $\sqrt{\Delta t}$ は，ひどく振動するランダムウォーク $W(t)$ を生み出す．離散的なランダムウォークを $W(t + \Delta t) = W(t) + Z\sqrt{\Delta t}$ と考えて，そして Δt を零に近づける．真のランダムウォークは**至るところ不連続**である．

投資に対する一定した利益 $S(t)$ は $S' = aS$ を満たす．まさしく 1 章でのとおり，成長は $S(t) = e^{at}S(0)$ である．しかし株価はまた，確率的な部分 $\sigma\, dW$ にも応答する．ここで数値 σ は**市場の予想変動率**を測る．これが，$dS = aS\, dt$ からの一定した成長（ドリフト）に，ブラウン運動 $\sigma\, dW$ からの上下動を混ぜ合わせる：

“拡散” と “ドリフト”
$$\frac{dS}{S} = \sigma\, dW + a\, dt.$$

この後，コールオプションの価値についての基本的なモデルからブラック–ショールズ方程式が導かれる [1]．それを変数変換して熱伝導方程式に帰着することで，その解を得る．人々がオプションを売買するとき，証券投資家の手元には常時その解があるだろう．

8.4　波動方程式

熱は**速さ無限大**で伝わる．波は**有限の速さ**で伝わる．点湧出し $u_0(x)=\delta(x)$ から出発したときの両方の解を，時刻 t で比べよ：

熱伝導方程式 $\boldsymbol{u_t = u_{xx}}$	$u(t,x)=\frac{1}{\sqrt{4\pi t}}\,e^{-x^2/4t}$	**滑らかな関数**
波動方程式 $\boldsymbol{u_{tt} = c^2 u_{xx}}$	$u(t,x)=\frac{1}{2}\delta(x-ct)+\frac{1}{2}\delta(x+ct)$	**スパイクがある**

$x=0$ でのビッグバン $u=\delta(x)$ から始まった．後の時刻 t において，その炸裂が 2 点 $x=ct$ と $x=-ct$ に伝わる．これは，右と左への，速度 $dx/dt=c$ と $-c$ での伝搬を表す．空気中の音速は $c=$ 毎秒 342 メートルである．

熱伝導方程式とのもう 1 つの違いに注意せよ．その炸裂が点 $x=c$ を時刻 $t=1$ に通過した後，**沈黙が戻る**：$ct>x$ のとき $\delta(x-ct)=0$ である．熱伝導方程式では，$e^{-x^2/4t}$ のような温度となり，決して零に戻らない．波面が通過するとき，それをただ 1 度だけ聞く．こだまはなく，もしあったとすれば，我々の耳は音でいっぱいになることだろう．

現実には，熱伝導方程式と波動方程式がしばしば混ぜられる．音は伝搬するにつれ，拡散する．すると，我々にはノイズが永遠に聞こえるが，大きくはない：強さが急速に減衰する．

1 方向の波動方程式

特別に簡明な問題から始める．これは時間 $(t\geq 0)$ に 1 階で，空間 $(-\infty<x<\infty)$ にも 1 階である．速度は c のままである：

1 方向の波　$$\frac{\partial \boldsymbol{u}}{\partial t}=\boldsymbol{c}\frac{\partial \boldsymbol{u}}{\partial x}$$　**ここで** $\boldsymbol{t=0}$ **では** $\boldsymbol{u=u_0(x)}$.　(1)

1 つの解は $u=e^{x+ct}$ である．その時間微分 $\partial u/\partial t$ では因子 c が出てくる．同じことが $\sin(x+ct)$ と $\cos(x+ct)$，そして $x+ct$ **の任意関数**に対して言える．時刻 $t=0$ で正しく出発値 $u_0(x)$ を与える，正しい解は $u_0(x+ct)$ である．

$$\boldsymbol{u_t = cu_x}\ \text{の解}\qquad \boldsymbol{u(t,x)=u_0(x+ct)}. \tag{2}$$

$u_0(x)$ がステップ関数（水の壁）であるとする．負の x では $u_0(x)=0$，正の x では $u_0(x)=1$ である．このとき，そのダムが壊れる．水の壁が速さ c で左へ動く．時刻 t では，水は $x+ct=0$ である地点 $x=-ct$ へ到達する．

[1] 訳注：より詳しくは『ストラング：計算理工学』（近代科学社，2017 年）の 6.5 節を参照されたい．

$$\boldsymbol{x = -ct} \text{ での壁} \qquad \begin{array}{ll} u = u_0(x+ct) = \mathbf{0} & (x+ct<0 \text{ のとき}) \\ u = u_0(x+ct) = \mathbf{1} & (x+ct>0 \text{ のとき}) \end{array} \tag{3}$$

直線 $x+ct=0$ は“特性曲線”と呼ばれる．時空間内のその直線に沿って，信号は（速さ c で）伝搬し，$u=0$ から $u=1$ へのジャンプを伝える．

任意の初期関数 $u_0(x)$ に対して，解 $u=u_0(x+ct)$ はそのグラフを平行移動したものである．これは 1 方向性の波であり，形が変わらない．$u_{tt}=c^2u_{xx}$ であれば，波は両方向に伝わる．

空間内の波動

今度は波動方程式 $\boldsymbol{\partial^2 u/\partial t^2 = c^2\,\partial^2 u/\partial x^2}$ を解く．3 次元空間ではその形が $u_{tt}=c^2(u_{xx}+u_{yy}+u_{zz})$ となる．これは何もない空間，真空中を光が伝わる際に満たす方程式である．光速 c は秒速約 3 億メートル（秒速 186,000 マイル）である．アインシュタインの相対性理論によれば，これは可能な限界速度である．

大気は光を減速する．GPS による位置決めでは，速さ c と伝搬時間を用いて，衛星から受信者への距離を求める（これは他の多くの，極めて小さな効果も含める）．実際 GPS は，私が知る中で，特殊相対性理論と一般相対性理論の両方を必要とする，ただ 1 つの日常技術である．自分の携帯電話に GPS が収められているのには驚嘆する．

波動方程式は $\partial^2u/\partial t^2$ があるので，時刻に関して 2 階の式である．初期位置 $u_0(x)$ とともに初期速度 $v_0(x)$ も与えられる．

$$\boldsymbol{t=0} \text{ でのすべての } \boldsymbol{x} \text{ で} \qquad \boldsymbol{u=u_0(x)} \quad \text{と} \quad \boldsymbol{\partial u/\partial t = v_0(x)}. \tag{4}$$

u_{tt} が c^2u_{xx} に等しい関数を探せ．今度は e^{x+ct} と e^{x-ct} とすれば，両方ともうまくいく．時間に 2 回偏微分すると，因子 c が 2 度生み出される（または因子 $-c$ が 2 度で，いずれも c^2 となる）．**すべての関数** $f(x+ct)$ **とすべての関数** $g(x-ct)$ **が波動方程式を満たす**．波動方程式は線形方程式なので，これらの解を線形結合できる．

$$\boldsymbol{u_{tt}=c^2u_{xx}} \text{ の一般解} \qquad \boldsymbol{u(t,x) = f(x+ct)+g(x-ct)} \tag{5}$$

$t=0$ での 2 つの条件 u_0 と v_0 に適合するために，2 つの関数 $f(x+ct)$ と $g(x-ct)$ がまさしく必要である：

$$\begin{array}{lrcl} \textbf{位置} & u_0(x) &=& f(x) + g(x) \\ \textbf{速度} & v_0(x) &=& cf'(x) - cg'(x) \end{array} \qquad \text{このとき} \quad \frac{1}{c}\int_0^x v_0(X)\,dX = f(x)-g(x).$$

これらの式を足し合わせて $2f(x)$ が求まり，差し引きして $2g(x)$ が求まる．2 で割ると：

$$f(x) = \frac{1}{2}u_0(x) + \frac{1}{2c}\int_0^x v_0(X)\,dX \qquad g(x) = \frac{1}{2}u_0(x) - \frac{1}{2c}\int_0^x v_0(X)\,dX \tag{6}$$

このとき，波動方程式に対するダランベールの解 u は，左方へ伝わる f の形と，右方へ伝わる g の形からなる：

$$\boxed{u = f(x+ct) + g(x-ct) = \frac{u_0(x+ct)+u_0(x-ct)}{2} + \frac{1}{2c}\int_{x-ct}^{x+ct} v_0(X)\,dX} \tag{7}$$

例 1　サイン波 $u_0(x) = \sin\omega x$ の静止状態（速度 $v_0 = 0$）から出発せよ．この波が 2 つの波に分離する：

$$u(t,x) = \frac{u_0(x+ct)+u_0(x-ct)}{2} = \frac{1}{2}\sin(\omega x + c\omega t) + \frac{1}{2}\sin(\omega x - c\omega t). \tag{8}$$

三角関数の恒等式 $\sin A + \sin B = 2\sin\frac{A+B}{2}\cos\frac{A-B}{2}$ により，この答えは短くなる：

$$\boldsymbol{u(t,x) = (\sin\omega x)(\cos c\omega t)}\quad \textbf{2 つの伝搬波から 1 つの定在波が生まれる．}$$

海で，ときどき定在波が見られる．これはサーファーが求める波ではない．

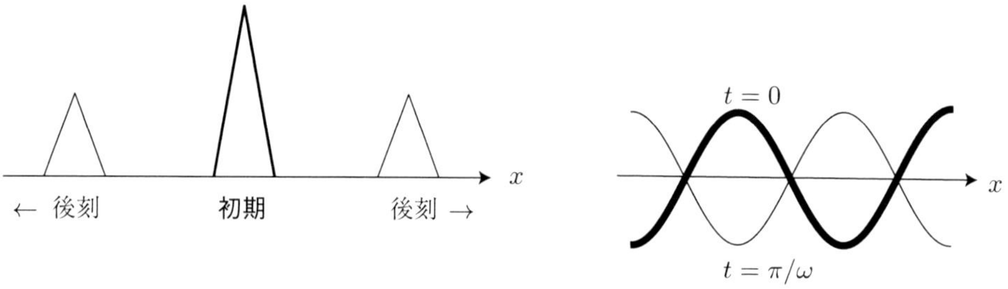

図 8.7　常に 2 つの伝搬波．それらの和が定在波になることもある．

$x = 0$ から $x = 1$ までの波動方程式

ここで我々は無限の時空を離れる．我々が最もよく知る波は有限の地球上のものである．それは，両端を固定されたヴァイオリンの弦でのものかもしれない．あるいは水の波（津波さえも）ということもある．光や X 線やテレビの信号といった電磁波かもしれない．あるいは，我々が耳で単語に変換する音波かもしれない．これらの波すべては，情報を我々の脳に届けており，我々が知るとおり，生命に本質的である．

長さ 1 のヴァイオリンの弦を調べよう．速さ c はその弦の張力に依存する．$x = 0$ と 1 の端点で，弦は固定されていると仮定する：

$$\textbf{端点での境界条件}\qquad u(t,0) = 0 \text{ と } u(t,1) = 0. \tag{9}$$

時刻 $t = 0$ に指で弦をかき鳴らすと，垂直方向の変位 u_0 と垂直方向の速度 v_0（これは零かもしれない）が与えられる：

$$\textbf{出発時の初期条件}\qquad u(0,x) = u_0(x) \text{ と } \frac{\partial u}{\partial t}(0,x) = v_0(x). \tag{10}$$

時刻が零の直後に指を放すと，波が弦に沿って移動する．それは弦の端点で反射して戻る．音は単一の美しい音程ではなく，多くの周波数をもつ，混合した波である．それでも作曲家は，このかき鳴らされた音を交響曲の中に含められ，ギタリストもこれをいつでも使う．

ヴァイオリンからの通常の音は**連続的な湧出し**——それは弓であるが——に起因する．我々が今度解くのは $\boldsymbol{u_{tt} = u_{xx} + f(t,x)}$ である．ヴァイオリン奏者が弦の上に指を置くと，**長さが変わって，周波数が変わる**．長さ 1 の波に代えて，長さ L の波となり，高い音程となる．

ヴァイオリンやチェロやギターの奏者は，複数の弦を使い，異なる周波数の複数の波を生成して，和音を形成する．ここでは長さ 1 または L の弦 1 本にとどめよう．

変数分離法

手作業で偏微分方程式を解くときの最も重要な方法を使おう．波動方程式 $u_{tt} = c^2 u_{xx}$ には 2 つの独立変数 t と x がある．**最も単純な解は，$\boldsymbol{x}$ の関数に $\boldsymbol{t}$ の関数を掛けたものである．**

$$\boldsymbol{u = X(x)T(t)} \quad \text{のとき} \quad u_{tt} = c^2 u_{xx} \quad \text{より} \quad \boldsymbol{X(x)T''(t) = c^2 X''(x)T(t)}. \tag{11}$$

T'' と X'' は 2 階の常微分である．式 (11) を c^2XT で割れる：

$$\boxed{\text{変数分離法} \qquad \frac{\boldsymbol{T''}}{\boldsymbol{c^2T}} = \frac{\boldsymbol{X''}}{\boldsymbol{X}} = -\boldsymbol{\omega^2}.} \tag{12}$$

関数 T''/T は t だけに依存し，関数 X''/X は x だけに依存する．だから，両方の関数は定数であり，それらは等しい．その定数を $-\omega^2$ と書くと，2 つの分離した方程式は良い形となる：

$$X'' = -\omega^2 X \qquad \boldsymbol{X = A\cos\omega x + B\sin\omega x} \tag{13}$$

$$T'' = -\omega^2 c^2 T \qquad \boldsymbol{T = C\cos\omega ct + D\sin\omega ct} \tag{14}$$

大切な質問：どの周波数 ω が許されるのか？ $x = 0$ と $x = 1$ での境界値がこれを完ぺきに決める．$X(0) = 0$ を満たすために，コサインでなく，サインが必要である．$X(1) = B\sin\omega = 0$ を満たすためには，π の整数倍の周波数がほしい．このため，特定の周波数 $\boldsymbol{\omega = \pi, 2\pi, 3\pi,} \boldsymbol{\ldots}$ だけが許され，他のものは使えない．

ヴァイオリンの弦の基礎周波数は π で，高調波は整数倍 $\omega = n\pi$ である．弦に触れてその長さを L に減らせば，$\sin\omega L = 0$ がほしい．すると，許される周波数は $\boldsymbol{\omega = n\pi/L}$ へ増える．音程は，オクターブで区切られた音階を上昇する．

これらの周波数 ω はまた，時間の関数 $T(t)$ にも入っている．初期速度が $v_0 = 0$ とすれば，初期条件は $T' = 0$ である．時間方向にはコサインだけが生き残る：

$$X = B\sin n\pi x \qquad T = C\cos n\pi ct \qquad \boldsymbol{u = XT = b(\sin n\pi x)(\cos n\pi ct)}. \tag{15}$$

長さ L では，時間についての**固有周波数**は $\omega = n\pi c/L$ である．空間における**波長**は $2L/n$ である．弦の変位は解 $X(x)T(t)$ の線形結合である：

$$\boxed{\boldsymbol{u(t,x)} = \sum_{n=1}^{\infty} \boldsymbol{b_n} \left(\sin \frac{\boldsymbol{n\pi x}}{\boldsymbol{L}}\right) \left(\cos \frac{\boldsymbol{n\pi ct}}{\boldsymbol{L}}\right).} \tag{16}$$

これらの項のどれか 1 つをとっても，あるいは任意の線形結合を考えても，$u_{tt} = c^2 u_{xx}$ であることが，すぐにわかる．

最後の質問　**b_n の値は何か？** これらは残る条件から決められる：

$$\text{初期条件} \qquad \boldsymbol{u(0,x)} = u_0(x) = \sum_{n=1}^{\infty} \boldsymbol{b_n \sin \frac{n\pi x}{L}}. \tag{17}$$

これはフーリエサイン級数である！ b_k についての公式は，両辺に $\sin k\pi x/L$ を掛けて，0 から L まで弦に沿って積分することで得られる．$n = k$ のただ 1 項だけが生き残る：

$$\int_0^L u_0(x) \sin \frac{k\pi x}{L}\, dx = \int_0^L b_k \left(\sin \frac{k\pi x}{L}\right)^2 dx = \frac{L}{2} b_k. \tag{18}$$

各 b_k を式 (16) に代入することで，$0 \le x \le L$ での波動方程式の解が完成する．

例 2　長さが $L = 3$ で，初期変位が**ハット関数**だとする：

$$0 \le x \le 1 \ \text{では}\ u_0(x) = x \ \text{で，}\ 1 \le x \le 3 \ \text{では}\ u_0(x) = \frac{1}{2}(3 - x).$$

式 (18) の積分は，*Mathematica* を使うと $b_k = 27 \sin(k\pi/3)/(2\pi^2 k^2)$ となる．これより $|b_k| = 27\sqrt{3}/(4\pi^2 k^2)$ であり，コーナーをもつこの関数 $u_0(x)$ に対する減衰率は $1/k^2$ である．$x = 1$ で，傾きは 1 から $-\frac{1}{2}$ へ下がる．無限級数 (16) は時空間のどの点においても，正しい解 $u(t,x)$ に収束する．

u のどの部品も，$\sin A \cos B$ に対する公式により，$f + g$ に分離できることにも注意せよ：

$$\sin \frac{n\pi x}{L} \cos \frac{n\pi ct}{L} = 2 \sin \frac{n\pi(x + ct)}{2L} + 2 \sin \frac{n\pi(x - ct)}{2L} = \boldsymbol{f(x + ct) + g(x - ct)}.$$

これまでどおり，弦の長さ L に適合するように特に選ばれた，2 つの波動関数を得る．初期速度 v_0 が零でなければ，解 $u(t,x)$ には t のサイン関数も含む．

我々の関数 $X(x) = \sin n\pi x/L$ **は，実は弦の固有関数である**：

$$\boldsymbol{Ax = \lambda x} \ \text{は}\ \boldsymbol{X'' = -\omega^2 X} \ \text{になっている} \qquad \text{行列 } A \text{ が 2 階微分に変わっている．}$$

再び，線形代数と微分方程式が手を取り合っている．**線形**の方程式に対しては．

■　要点の復習　■

1. 1 方向の波動方程式 $u_t = cu_x$ を $u(t,x) = u_0(x + ct)$ が満たす．

2. 2 方向の波動方程式 $u_{tt} = c^2 u_{xx}$ では 2 つの波 $f(x + ct)$ と $g(x - ct)$ が許される．

3. $t = 0$ でのダランベールの解 (7) は，$u_0(x)$ と $v_0(x)$ に全直線で適合する．

4. フーリエ級数解 (16) では，$0 \le x \le L$ で $u(0, x) = u_0(x)$ となるように b_k を選ぶ.

5. $u = X(x)T(t)$ と**変数分離**して，$\boldsymbol{X'' = -\omega^2 X}$ と $\boldsymbol{T'' = -\omega^2 c^2 T}$ を得る.

6. 零境界条件のとき $\omega = n\pi/L$ で，固有関数は $\boldsymbol{X(x) = \sin n\pi x/L}$ となる.

演習問題 8.4

問題 1〜4 では 1 方向性の波動方程式 $\boldsymbol{\partial u/\partial t = c\partial u/\partial x}$ について問う.

1 $u(0, x) = \sin 2x$ とする．$u_t = cu_x$ の解は何か？ どの時刻 $t_1, t_2, \ldots$ で，解は初期条件 $\sin 2x$ に戻るか？

2 1 次元宇宙の原点でのビッグバン $u_0(x) = \delta(x)$ を考える．時刻 t では，その炸裂は点 $x =$ _____ で聞かれる．$u_{tt} = c^2 u_{xx}$ に対しては，その炸裂は時刻 t で，2 点 $x =$ _____ と $x =$ _____ に到達する.

3 (a) $u_t = cu_x$ の両辺を $x = -\infty$ から ∞ まで積分し，$x \to \pm\infty$ のときに $u \to 0$ となるならば，全質量 $M = \int u\, dx$ が一定であることを証明せよ：$dM/dt = 0$.

(b) u を掛けて $uu_t = cuu_x$ の両辺を積分し，$x \to \pm\infty$ のときに $u \to 0$ となるならば，$E = \int u^2\, dx$ が一定であることを証明せよ.

4 $c > 0$ のとき，波 $u(t, x) = u_0(x + ct)$ が伝搬するのは左へか，右へか？ $u_t = cu_x$ を半直線 $0 \le x \le \infty$ の上で解くとき，境界条件が $u(t, 0) = 0$ **であってほしくない**のはなぜか？ $c < 0$ で波が逆方向のときには，その条件は適当である.

問題 5 〜 9 では 1 次元波動方程式 $\boldsymbol{\partial^2 u/\partial t^2 = c^2 \partial^2 u/\partial x^2}$ について問う.

5 “水の箱” は，$-1 \le x \le 1$ で $u_0(x) = 1$ であり，その区間の外では $u_0(x) = 0$ である．速度零の $v_0(x)$ で始めると，$u(t, x) = \frac{1}{2}u_0(x + ct) + \frac{1}{2}u_0(x - ct)$ が波動方程式 $u_{tt} = c^2 u_{xx}$ を満たす．小さな $t = 1/(2c)$ と大きな $t = 3/c$ での，この解を図示せよ.

6 $u_0(x)=1$ である平らな海面の下で，地震により $t = 0$ で $v_0(x)=\delta(x)$ となる．1 次元の津波が速さ c で動きはじめる．時刻 t での解 (7) は何か？

7 変数分離法は $u_{tt} = c^2 u_{xx}$ の解として，$u(t, x) = (\sin nx)(\sin nct)$ の他に，類似した 3 つの解を与える．**それら 3 つとは何か**？ どの複素関数 $e^{ikx}e^{i\omega t}$ が波動方程式を満たすか？

8 3 次元波動方程式 $u_{tt} = u_{xx} + u_{yy} + u_{zz}$ は，u が球対称性をもつときには 1 次元になる：u は r と t だけに依存する.

$$r = \sqrt{x^2 + y^2 + z^2} \qquad \text{を用いて} \qquad \frac{\partial^2 u}{\partial t^2} = \frac{\partial^2 u}{\partial r^2} + \frac{2}{r}\,\frac{\partial u}{\partial r}.$$

(a) **方程式に r を掛けて $(ru)_{tt} = (ru)_{rr}$ となることを示せ**！ これより ru が $r + t$ と $r - t$ の関数になる.

(b) 解 $ru = \delta(r - t - 1)$ を説明せよ．この球面状の音波は $t = 8$ で半径 $r =$ ＿＿＿ に到達する．

9 棒に沿っての波動方程式は，密度が ρ で剛性が k のとき $\boldsymbol{(\rho u_t)_t = (k u_x)_x}$ となる．

ρ と k が定数のとき $u_{tt} = c^2 u_{xx}$ の中の速さ c は何か？ $u = \sin(\pi x/L)\cos\omega t$ の中の ω は何か？

10 梁の小さな振動は 4 階の方程式 $u_{tt} = -c^2 u_{xxxx}$ に従う．解 $u = X(x)T(t)$ を探し，関数 X と T について変数分離された方程式を求めよ．その後，$T(t) = \cos\omega t$ のときの 4 つの解 $X(x)$ を求めよ．

11 その梁が締めつけられている（両端 $x = 0$ と $x = L$ で，$u = 0$ および $\partial u/\partial x = 0$ である）とき，問題 10 での周波数 ω が $(\cos\omega L)(\cosh\omega L) = 1$ を満たさなくてはならないことを示せ．

問題 12 ～ 16 では $\boldsymbol{x = 0}$ と $\boldsymbol{x = L}$ に境界条件をもつ波動方程式を解く．

12 中点をかき鳴らされた弦では $u_0(x) = \delta(x - \frac{L}{2})$ および $v_0(x) = 0$ となる．式 (18) からフーリエ係数 b_k を求めよ．フーリエ級数解 (16) の最初の 3 項を書け．

13 初速が零の $v_0(x)$ で，弦は**ハット関数**から出発するとする：$x < L/2$ では $u_0(x) = 2x/L$ で，$x > L/2$ では $u_0(x) = 2(L - x)/L$．式 (18) からフーリエ係数 b_k を求め，式 (16) での $u(t, x)$ の最初の 2 つの非零項を求めよ．

14 初速が零の $v_0(x)$ で，弦は**箱関数**から出発するとする：$x < L/2$ で $u_0(x) = 1$ で，$x > L/2$ では $u_0(x) = 0$．解 $u = \sum b_k \sin(n\pi x/L)\cos(n\pi ct/L)$ での b_k をすべて求めよ．

15 **自由端**：$x = L$ での境界条件を $u = 0$ に代えて $\partial u/\partial x = 0$ とする．

この新たな条件を用いて，$X'' + \omega^2 X = 0$ を解き，$X(x)$ と許される ω をすべて求めよ．

その後 $T'' + \omega^2 c^2 T = 0$ を解き，解 $u = \sum a_n X(x)\,T(t)$ を完成せよ．

16 $u(0, x) = \delta(x - 1)$ のとき，長さ $L = 2$ の弦の解 $u(t, x)$ は何か？ 端点 $x = 0$ は $u(t, 0) = 0$ と固定され，端点 $x = 2$ は自由とする：$\partial u/\partial x(t, 2) = 0$.

8.5 ラプラス変換

ラプラス変換がうまくいくときには，線形微分方程式が代数の問題に変わる．ラプラス変換は初期値問題 ($t > 0$) に適用する．フーリエ変換は境界値問題向けである．ラプラスでは e^{ikx} の代わりに e^{-st} を使う．

この変換法がうまくいくのはどんなときか？ 2 つの望ましい状況が考えられる：

1. $Ay'' + By' + Cy = f(t)$ でのように，線形方程式の係数が定数であるべきである．

2. 駆動関数 $f(t)$ が“便利な”変換をもつべきである．

良い関数の一覧表には $f(t) = \boldsymbol{e^{at}}$ と，その変換 $F(s) = \boldsymbol{1/(s-a)}$ が含まれる．次に，微分方程式から解の変換 $Y(s)$ がわかる．最後のステップは，この変換 $Y(s)$ をもつ関数 $y(t)$ を見つけることである．変換の一覧表，特に新たな変換を見つける公式を用いて，これは代数の問題になる：$\boldsymbol{Y(s)}$ **を逆変換して解** $\boldsymbol{y(t)}$ **を求めよ**．本節の記述により 2.7 節が完結する．

$f(t) = e^{at}$ のとき，特殊解は容易に求まる．未定係数法で $y_p(t) = Ye^{at}$ を探すことを学んだ．$f(t) = e^{at}$ や t^n や $\sin\omega t$ や $\cos\omega t$ のとき，ラプラス変換は厳密には必要ではない．しかし，スイッチオン・オフする駆動関数や，ジャンプしたり爆発したりする関数（ステップ関数やデルタ関数や，もっとひどいもの）に対してはラプラス変換を使えば，より系統的で，より整った代数となる．

以降での例 **1**，**2**，**3** は，実数，虚数，そして複素数の極をもち，大切な考え方を示す．

変換 $\boldsymbol{F(s)}$

$t \geq 0$ で定義された関数 $f(t)$ を考える．e^{-st} を掛けて，$t = 0$ から $t = \infty$ まで積分する．この結果がラプラス変換 $F(s)$ であり，これは指数 s の関数となる：

ラプラス変換 $$\mathscr{L}\,[\boldsymbol{f(t)}] = \boldsymbol{F(s)} = \int_{t=0}^{\infty} \boldsymbol{f(t)\,e^{-st}\,dt}. \tag{1}$$

s の値は実数あるいは複素数である．s について，1 つ大切な要件は，式 (1) の無限積分が有限値を与えなければならないということである．次の例では $s > 0$ あるいは $s > a$ が必要となる．

$$\boldsymbol{f(t) = 1} \qquad \boldsymbol{F(s)} = \int_0^\infty e^{-st}\,dt = \left[\frac{e^{-st}}{-s}\right]_{t=0}^{t=\infty} = \frac{\boldsymbol{1}}{\boldsymbol{s}}. \tag{2}$$

$$\boldsymbol{f(t) = e^{at}} \qquad \boldsymbol{F(s)} = \int_0^\infty e^{at}\,e^{-st}\,dt = \left[\frac{e^{(a-s)t}}{a-s}\right]_0^\infty = \frac{\boldsymbol{1}}{\boldsymbol{s-a}}. \tag{3}$$

e^{-st} の積分は s が正のときに有限である．より一般に，s **の実部が正のとき**に有限となる．虚部 $i\omega$ からの因子 $e^{-i\omega t}$ は絶対値が 1 である．s の実部がある値 s_0 を超えるとき，ラプラス変換が定義される．式 (3) では $s_0 = a$ である．

重要　本節ではどの関数も $\boldsymbol{t < 0}$ では $\boldsymbol{f(t) = 0}$ とする．関数は $\boldsymbol{t = 0}$ で出発する．

つまり，定数関数 $f(t) = 1$ と書いても，実際には単位ステップ関数を表し，$t = 0$ で 0 から 1 へジャンプする．その導関数はデルタ関数 $\delta(t)$ であり，$t = 0$ でのスパイクを含む．このように，初期値問題 $y' + y = 1$ は $t < 0$ でのすべてを無視して $y(0)$ から始める．

この方程式のラプラス変換が $sY(s) - y(0) + Y(s) = 1/s$ になると，いずれわかる．すると代数で $Y(s)$ が求まり，逆ラプラス変換で $y(t)$ を得る．

第 2 の例 $f = e^{at}$ は，$a = 0$ の場合として最初の例 $f = 1$ を含む．このとき $1/(s-a)$ は $1/s$ になる．$t = \infty$ で $e^{at}e^{-st}$ を零へ追い込むために，$\mathrm{Re}\,s > a$ が必要である．$f(t) = e^{-t^2}$ のような減少関数では，どんな複素数 s も許される．$f(t) = e^{t^2}$ のような急増加関数では，許される s がまったくない．

$t = T \geq 0$ に位置するデルタ関数について，次の積分で変換 e^{-sT} が取り出される：

$$\boldsymbol{f(t) = \delta(t-T)} \qquad \boldsymbol{F(s)} = \int_0^\infty \delta(t-T)\, e^{-st}\, dt = \boldsymbol{e^{-sT}}. \tag{4}$$

このグループの例（関数のオールスターたち）を完結するために，単純な工夫で $\cos\omega t$ と $\sin\omega t$ の変換を得よう．オイラーの公式 $e^{i\omega t} = \cos\omega t + i\sin\omega t$ を書き，各項のラプラス変換をとれ：

$$\textbf{線形性} \qquad \mathscr{L}\left[e^{i\omega t}\right] = \mathscr{L}\left[\cos\omega t\right] + i\,\mathscr{L}\left[\sin\omega t\right]$$

左辺は $1/(s - i\omega)$ である．分子分母に $(s + i\omega)$ を掛けると，実部と虚部がわかる：

$$\frac{1}{s-i\omega}\,\frac{s+i\omega}{s+i\omega} = \frac{s+i\omega}{s^2+\omega^2} \qquad \boldsymbol{\mathscr{L}\left[\cos\omega t\right] = \frac{s}{s^2+\omega^2}} \;\text{と}\; \boldsymbol{\mathscr{L}\left[\sin\omega t\right] = \frac{\omega}{s^2+\omega^2}} \tag{5}$$

$f(t)$ の指数は $F(s)$ の極

ラプラス変換を用いて微分方程式を解く前に，一休みする．すでに関数 $f(t)$ とその変換 $F(s)$ のつながりが見える．この**変換の表**を見よ：

$\boldsymbol{f(t)}$	$\mathbf{1}$	$\boldsymbol{e^{at}}$	$\boldsymbol{\delta(t-T)}$	$\boldsymbol{\cos\omega t}$	$\boldsymbol{\sin\omega t}$	$\boldsymbol{t^n e^{ct}}$
$\boldsymbol{F(s)}$	$\dfrac{1}{s}$	$\dfrac{1}{s-a}$	e^{-sT}	$\dfrac{s}{s^2+\omega^2}$	$\dfrac{\omega}{s^2+\omega^2}$	$\dfrac{n!}{(s-c)^{n+1}}$

これが重要なメッセージである．**もし $\boldsymbol{f(t)}$ が $\boldsymbol{e^{at}}$ を含めば，$\boldsymbol{F(s)}$ は $\boldsymbol{s = a}$ に "極" をもつ．** 極とは，関数 $F(s)$ が爆発する，実数か複素数の孤立した点 a のことである．何らかの自然数の累乗 $(s-a)^m$ を掛けると，その極は打ち消され，"解析的" な関数 $(s-a)^m F(s)$ が残る．

$f(t)$ の指数とその変換 $F(s)$ の極の，この組合せは，1 つの例で示せる．

$$\boldsymbol{f(t)} = e^{0t} + e^{at} + e^{i\omega t} + e^{-i\omega t} + te^{ct} \quad \text{の指数は} \quad \boldsymbol{0,\ a,\ i\omega,\ -i\omega,\ c}$$

$$\boldsymbol{F(s)} = \frac{1}{s} + \frac{1}{s-a} + \frac{2s}{(s-i\omega)(s+i\omega)} + \frac{1}{(s-c)^2} = \frac{\text{なにかしらの項}}{\boldsymbol{s(s-a)(s-i\omega)(s+i\omega)(s-c)^2}}.$$

初項 $1/s$ は $f(t)$ では指数 0 をもち，極 $s = 0$ で爆発する．最後の項 $1/(s-c)^2$ は指数 c をもち，$s = c$ で 2 重に爆発する（**2 位の極**）．その間の $2\cos\omega t$ は 2 つの指数 $i\omega$ と $-i\omega$ を含み，その変換 $F(s)$ にはそれら 2 つの極がある．

最後の変形で，$F(s)$ のすべての部品が，1 つの大きな分数として，からみ合うのがわかる．これが，微分方程式から我々が得る $F(s)$ の様子である．通常，$s = 0, a, i\omega, -i\omega, c$ の 5 つの極を別々に見るよう，分母を因数分解しなければならない．すると $F(s)$ はその単純な部品（部分分数と呼ばれる）に分かれる．$F(s)$ の各部品の逆ラプラス変換が $f(t)$ の部品を与える．2.7 節の **PF2** と **PF3** は，部品が 2 つまたは 3 つの場合の公式である．

エンジニアは，デザインを変更して極を動かす．すると指数が動く．それらの実部がより負になれば，その系はより安定になる．$F(s)$ の極から，すばやく正確な安定性の図が得られる．それらの極すべてが，$\mathrm{Re}\, s < 0$ である複素平面の左半面にあれば，その関数は零へ減衰する（漸近安定性）．

上の例の新たな関数は $\boldsymbol{te^{ct}}$ である．解 $y(t)$ に余分の因子 t が現れるのは，指数 c が重複している（c が $y'' - 2cy' + c^2y$ から得られる多項式 $s^2 - 2cs + c^2$ の **2 重根**）ときだということを覚えている．$F(s)$ の分母に $(s-c)^2$ が現れ，2 重根は変換すると **2 位の極**になる．$\boldsymbol{f(t) = te^{ct}}$ **の変換が** $\boldsymbol{F(s) = 1/(s-c)^2}$ であることを確かめるには，次の手順が必要である．

$$\boldsymbol{F(s) = \int_0^\infty f(t)e^{-st}dt} \quad \textbf{の導関数は} \quad \boldsymbol{\frac{dF}{ds} = \int_0^\infty -tf(t)e^{-st}dt} \quad \text{である．}$$

規則　関数 $\boldsymbol{f(t)}$ の変換が $\boldsymbol{F(s)}$ のとき，$\boldsymbol{tf(t)}$ の変換は $\boldsymbol{-dF/ds}$ となる．

この規則を $F(s) = 1/(s-c)$ となる $f(t) = e^{ct}$ に適用すると，te^{ct} の変換は $dF/ds = 1/(s-c)^2$ であるとわかる．

この規則は，$t^n f(t)$ という高次の t に直接拡張される．t を掛けるたびに，$F(s)$ の微分をとれ．-1 を掛けることを忘れないように：

$$\boldsymbol{t^2 f(t) \longrightarrow (-1)^2 \frac{d^2F}{ds^2}} \qquad t^2e^{ct} \longrightarrow \frac{d^2}{ds^2}\left(\frac{1}{s-c}\right) = \frac{d}{ds}\frac{-1}{(s-c)^2} = \boldsymbol{\frac{2}{(s-c)^3}}.$$

これを続けて，$t^n e^{ct}$ の変換は $n!/(s-c)^{n+1}$ となる．我々の変換の表の中で，これが最後の項目だった．$c = 0$ の特別な場合，**$\boldsymbol{t^n}$ の変換は $\boldsymbol{n!/s^{n+1}}$ である．**

さあ，これで $F(s)$ の中の任意の実数の極 c や虚数の極 $i\omega$ が扱える．例 3 では複素数の極 $c + i\omega$ を許す．すると方程式 $Ay'' + By' + Cy = 0$ のすべてが解ける．

導関数の変換

微分方程式は dy/dt を含む．その変換 $\mathscr{L}[dy/dt]$ を $\mathscr{L}[y]$ で表さなければならない．このステップはフーリエ変換では特に容易だった――単に ik を掛ければよい．**ラプラス変換についても $Y(s)$ に s を掛ければ $\mathscr{L}[dy/dt]$ となると期待できるが，もう 1 つの項が現れる．**

その理由は，ラプラスでは $t < 0$ を完全に無視することにある．積分は $t = 0$ から始まるので，$y(0)$ の値が重要である．微分方程式の解には $y(0)$ が入ることが当然期待されるので，ラプラス変換にそれが入ってくるのは良いことである．

$\mathscr{L}[dy/dt]$ を $\mathscr{L}[y]$ につなげるには部分積分する．2 つの負号は互いに打ち消す：

$$\boldsymbol{\mathscr{L}\left[\frac{dy}{dt}\right]} = \int_0^\infty \frac{dy}{dt}e^{-st}dt = \int_0^\infty y(t)(se^{-st})dt + \left[y(t)e^{-st}\right]_0^\infty = \boldsymbol{s\,\mathscr{L}[y] - y(0)}. \tag{6}$$

これが，$y(t)$ についての微分方程式を $Y(s)$ についての代数問題に変える大切な事実である．この手順を繰り返すと（今度は dy/dt に適用すると），2 階導関数の変換がわかる．**式 (6) と (7) を微分方程式の変換に使え．**

$$\boldsymbol{\mathscr{L}\left[\frac{d^2y}{dt^2}\right]} = s\mathscr{L}\left[\frac{dy}{dt}\right] - \frac{dy}{dt}(0) = \boldsymbol{s^2\mathscr{L}[y] - sy(0) - \frac{dy}{dt}(0)}. \tag{7}$$

この規則を使い，直ちに 3 つの微分方程式を解いてみよう．最初の方程式には**実数の極**がある．第 2 のものには**虚数の極**があり，第 3 のには**複素数の極** $s=-1\pm i$ がある．

例 1　$y(0)=1$ から出発して，$\boldsymbol{y'-y=2e^{-t}}$ を解け．

解　両辺のラプラス変換をとれ．$\mathscr{L}[2e^{-t}]=2/(s+1)$ は既知である：

$$s\mathscr{L}[y]-y(0)-\mathscr{L}[y]=\mathscr{L}[2e^{-t}] \quad \text{を整理して} \quad \boldsymbol{(s-1)Y(s)=1+\tfrac{2}{s+1}}.$$

この後，代数で $Y(s)$ を得て，“部分分数” に分解して，$y(t)$ を認識する．

$$Y(s)=\frac{1}{s-1}+\frac{2}{(s-1)(s+1)}=\frac{1}{s-1}+\left(\frac{1}{s-1}-\frac{1}{s+1}\right)=\boldsymbol{\frac{2}{s-1}-\frac{1}{s+1}}$$

$$\boldsymbol{Y(s)} \ \text{の逆変換は} \ \boldsymbol{y(t)=2e^{t}-e^{-t}}$$

$y(0)=2-1=1$ であり，$y'(t)=2e^{t}+e^{-t}$ が $y+2e^{-t}$ と一致することをいつも検算しよう．そして，これまで通りの方法も忘れないように．特殊解は $y_p=-e^{-t}$ である．これは駆動関数 $f(t)=e^{-t}$ と同じ形をしている．斉次解は $y_n=Ce^{t}$ である．

$$\textbf{2 章から} \qquad \boldsymbol{y=y_p+y_n=-e^{-t}+Ce^{t}} \qquad y(0)=1 \ \text{より} \ C=2$$

この例では，以前のこの方法の方がより単純だろうか？ 次の 2 例では，2 階の方程式で練習する．$Y(s)$ の複素数の極は，$y(t)$ における振動 $e^{i\omega t}$ に対応する．

例 2　静止状態 $y(0)=y'(0)=0$ から出発して方程式 $y''+y=\frac{1}{2}\sin 2t$ を解け．y'' の変換は，式 (7) より $s^2Y(s)$ である：

$$s^2Y(s)+Y(s)=\frac{1}{s^2+2^2} \quad \text{だから} \quad Y(s)=\frac{1}{(s^2+1)(s^2+4)}$$

部分分数でその変換 $Y(s)$ を書き直すと，

$$Y(s)=\frac{1}{(s^2+1)(s^2+4)}=\frac{1}{3}\frac{(s^2+4)-(s^2+1)}{(s^2+1)(s^2+4)}=\boldsymbol{\frac{1/3}{s^2+1}-\frac{1/3}{s^2+4}}. \tag{8}$$

これらの分数は，$\omega=1$ と $\omega=2$ のときのサイン関数の変換であると気づく：

解　$\boldsymbol{y(t)=\frac{1}{3}\sin t-\frac{1}{6}\sin 2t}$ であり，その初期値は $y(0)=0$ と $y'(0)=0$.

第 2 項の係数が 1/3 から 1/6 になるのは，$\sin 2t$ の変換が $2/(s^2+4)$ のためである．

2 章の方法であれば，$y_p(t)$ と $y_n(t)$ を見つけて同じ $y(t)$ を得るだろう：

$$\boldsymbol{y=y_p+y_n}=-\tfrac{1}{6}\sin 2t+c_1\cos t+c_2\sin t.$$

$y(0)=0$ より $c_1=0$ であり，$y'(0)=0$ より $c_2=\frac{1}{3}$ である．どちらの方法も良い．

例 3　$y''+2y'+2y=0$ と $y(0)=y'(0)=1$ では $Y(s)=\boldsymbol{\dfrac{s-1}{s^2+2s+2}}$ となる．このとき，s^2+2s+2 の根から複素数の極 $\boldsymbol{s=-1\pm i}$ となる．

この $Y(s)$ はまだ我々の表の中にない．しかし複素数の $e^{(-1+i)t}$ と $e^{(-1-i)t}$ が解であることを知っている．これらの実部と虚部は $e^{-t}\cos t$ と $e^{-t}\sin t$ である．$y(0)=y'(0)=1$ となる線形結合は $y=\boldsymbol{e^{-t}\cos t+2e^{-t}\sin t}$ である．変換されて $Y(s)$ になる関数 $y(t)$ は，これに違いない．

$e^{ct}e^{i\omega t}$ の実部と虚部は，$1/(s-c-i\omega)$ の実部と虚部に変換される．これら 2 つの新たな変換で，$c=-1$ と $\omega=1$ とすれば，例 3 が解ける．いまや方程式 $Ay''+By'+Cy=0$ ならどれでも解けるようになった．

$\boldsymbol{e^{ct}\cos\omega t}$ の変換は $\dfrac{\boldsymbol{s-c}}{\boldsymbol{(s-c)^2+\omega^2}}$　　$\boldsymbol{e^{ct}\sin\omega t}$ の変換は $\dfrac{\boldsymbol{\omega}}{\boldsymbol{(s-c)^2+\omega^2}}$.

平行移動とステップ関数とカットオフ

微分方程式の中の駆動関数 $f(t)$ が時刻 T でスイッチオンまたはスイッチオフするものとする．あるいは，それが異なる関数へジャンプするとする．$f(t)$ におけるこれらのジャンプすべては，応用問題では現実的であり，ラプラス変換により自動的に扱われる．

本質的に，**ステップ関数の変換が必要である**．基本的な例は，$t<T$ での $f=0$ から $t\geq T$ での $f=1$ にジャンプする単位ステップであり，この変換は簡単な積分である：

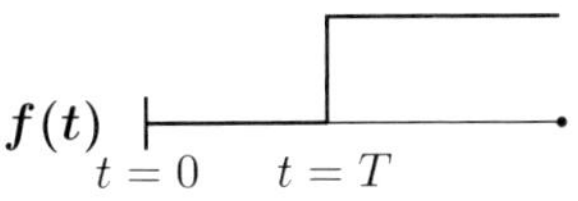

$$\boldsymbol{F(s)}=\int_T^\infty e^{-st}dt=\left[\frac{e^{-st}}{-s}\right]_T^\infty=\frac{\boldsymbol{e^{-sT}}}{\boldsymbol{s}}. \tag{9}$$

T でのステップ関数の変換 e^{-sT}/s は，新たな公式の 1 例となっている．

$\boldsymbol{T}$ でのステップは，$\boldsymbol{t=0}$ でのステップの平行移動である．変換に $\boldsymbol{e^{-sT}}$ を掛けよ．

もとの $f(t)$ の変換は $F(s)$ である．平行移動された関数は $t=T$ まで零で，その後 $f(t-T)$ である．単位ステップの例では，平行移動されたステップは $t<T$ で零である．

平行移動された関数に対する変換公式の証明は次のようになる：$\boldsymbol{e^{-sT}}$ を掛けよ．

$\boldsymbol{f(t)}$ を $\boldsymbol{f(t-T)}$ に平行移動
$\boldsymbol{F(s)}$ は $\boldsymbol{e^{-sT}F(s)}$ になる

$$\int_T^\infty f(t-T)\,e^{-st}\,dt=\int_0^\infty f(\tau)\,e^{-s(\tau+T)}\,d\tau=\boldsymbol{e^{-sT}F(s)}.$$

最初の積分では $T\leq t<\infty$ である．第 2 の積分では $0\leq\tau<\infty$ である．新たな変数 $\tau=t-T$ が積分の下限を平行移動して $\tau=0$ に戻し，それが最も重要な因子 e^{-sT} を生み出す．この平行移動の公式を必要とする 2 つの例で本節を終えよう．

例 4　（**単位ステップ関数**）　$y'-ay=H(t-T)=\left\{\begin{array}{ll}\mathbf{0} & t<T\\ \mathbf{1} & t\geq T\end{array}\right\}$ を解け．

各項の変換（$y(0)=1$ として）から解の変換 $Y(s)$ が求まる：

$$sY(s)-1-aY(s)=\frac{e^{-sT}}{s}\qquad\qquad \boldsymbol{Y(s)}=\frac{\mathbf{1}}{\boldsymbol{s-a}}+\frac{\boldsymbol{e^{-sT}}}{\boldsymbol{(s-a)s}}. \tag{10}$$

$1/(s-a)$ の逆変換は $\boldsymbol{e^{at}}$ である．もう 1 項を 2 つの部分分数に分けよ：

$$\frac{1}{(s-a)s}=\frac{1}{a}\left(\frac{1}{s-a}-\frac{1}{s}\right) \quad \text{の逆変換は} \quad \boldsymbol{\frac{1}{a}\left(e^{at}-1\right)}. \tag{11}$$

式 (10) の因子 e^{-sT} により，式 (11) での関数が平行移動される．最終的な解は

y' にジャンプ
y にコーナー

$$\boldsymbol{y(t)}=\begin{cases} \boldsymbol{e^{at}} & (t\le T \text{ で}) \\ \boldsymbol{e^{at}+\frac{1}{a}\left(e^{a(t-T)}-1\right)} & (t\ge T \text{ で}) \end{cases} \tag{12}$$

$t\le T$ での最初の関数 $y=e^{at}$ は，求められたとおり $y'=ay$ を満たす．これが第 2 の関数と $t=T$ で正しく（y **のジャンプなしに**）一致する．その後，$y(t)$ の第 2 の関数が $y'=ay+1$ を満たして続く：

$$\textbf{検算} \quad y'=ae^{at}+e^{a(t-T)}=a\left[e^{at}+\frac{1}{a}e^{a(t-T)}-\frac{1}{a}+\frac{1}{a}\right]=ay+1.$$

問　ラプラス変換なしに，この問題を解けただろうか？

答　当然，$y=e^{at}$ は，$y(0)=1$ から始まる出だしを満たす．これは $f=0$ に対する y_n であり，時刻 T では e^{aT} になる．そこから出発して，特殊解 y_p を付け加える必要がある．この y_p は，$t=T$ で作用しはじめる駆動関数 $f=1$ に合致しなくてはならない：

$$y_p(T)=0 \ \text{ から出発して } \ {y_p}'-ay_p=1.$$

最終的には，何とか特殊解 $y_p=\left(e^{a(t-T)}-1\right)/a$ が見つかっただろう．$y_n=e^{at}$ と線形結合して一般解 y_n+y_p を書けば，式 (12) に一致する．

例 5　駆動関数 $f(t)=1$ が時刻 T で，スイッチオンの代わりにスイッチオフされる：

$$\boldsymbol{y'-ay}=\begin{cases} \mathbf{1} & t\le T \\ \mathbf{0} & t>T \end{cases} \quad \text{を} \quad y(0)=1 \ \text{ と解け.}$$

解　前の $H(t-T)$ に代えて，この新たな駆動関数は $1-H(t-T)$ である．ステップ関数は 1 から 0 へ下がる．今度も，微分方程式の各項のラプラス変換をとる：

$$sY(s)-1-aY(s)=\ [1-H(t-T)] \ \text{ の変換 } = \frac{1}{s}-\frac{e^{-sT}}{s}.$$

この式を $Y(s)$ について解き，逆変換を考える：

$$Y(s)=\frac{1}{s-a}+\frac{1}{(s-a)s}-\frac{e^{-sT}}{(s-a)s} \ \text{ では式 (10) にない新たな項 } \ \frac{1}{(s-a)s} \ \text{ がある.}$$

この新たな項の逆変換は，(11) により $(e^{at}-1)/a$ である．$Y(s)$ の最後の項は今度は負号がつくので，最終的な解は $t=T$ で一致する 2 つの関数からなる：

$$y(t)=\begin{cases} e^{at}+\frac{1}{a}(e^{at}-1) & (t\le T \text{ で}) \\ e^{at}+\frac{1}{a}(e^{at}-1)-\frac{1}{a}(e^{a(t-T)}-1) & (t\ge T \text{ で}). \end{cases}$$

$t \le T$ での最初の関数は，$y(0)=1$ から出発する標準的な $y_n + y_p$ の形である．第 2 の関数は第 1 のものと $t=T$ で一致する（**y のジャンプなし**）．この第 2 の関数は単純化すると，

$$y(t) = e^{at} + \frac{e^{at} - e^{a(t-T)}}{a} \quad となり， \quad y' = ay \quad を満たすと確かめられる．$$

ラプラス変換の公式集

本節では初めに特定の関数 $f(t)$ についての変換表 $F(s)$ を作った．本節の残りでは公式を示した．(ちょうど微積分学のようにである．そこでは t^n や $\sin t$ や $\cos t$ や e^t の導関数を習ったあとに，積の公式と商の公式と連鎖則を学ぶ.) $F(s)$ と $G(s)$ が $f(t)$ と $g(t)$ の変換であるならば，ラプラス変換についての次の公式の表が使える．

加法公式	$\boldsymbol{f(t)+g(t)}$ の変換は	$\boldsymbol{F(s)+G(s)}$
並進公式	$\boldsymbol{f(t-T)}$ の変換は	$\boldsymbol{e^{-sT}F(s)}$
$\boldsymbol{f}$ の導関数	$\boldsymbol{df/dt}$ の変換は	$\boldsymbol{sF(s)-f(0)}$
$\boldsymbol{F}$ の導関数	$\boldsymbol{tf(t)}$ の変換は	$\boldsymbol{-dF/ds}$

たたみ込みの公式　8.6 節で $\boldsymbol{f(t)g(t)}$ の変換と $\boldsymbol{F(s)G(s)}$ の逆変換を示す

演習問題 8.5

1 駆動関数が $f(t)=\delta(t)$ のとき，静止状態から出発する解は**インパルス応答**である．インパルスとは $\delta(t)$ のことであり，その応答は $y(t)$ である．この式を変換して**伝達関数** $Y(s)$ を求めよ．逆変換してインパルス応答 $y(t)$ を求めよ．

$$y(0)=0 \text{ と } y'(0)=0 \text{ の下での } y''+y=\delta(t)$$

2 （重要）$t \ge 0$ に対する $f(t)=\sin t$ の，1 階導関数と 2 階導関数を求めよ．導関数にスパイク（デルタ関数）を生み出す $t=0$ でのジャンプに注意せよ．

3 $b(t)=\{0 \le t < 1 \text{ で } 1\} = H(t)-H(t-1)$ である単位箱関数のラプラス変換を求めよ．オリヴァー–ヘヴィサイドに敬意を表して，単位ステップ関数を $H(t)$ と書いた．

4 $f(t)$ のフーリエ変換は $\widehat{f}(k) = \int f(t)e^{-ikt}dt$ と定義される．$t<0$ で $f(t)=0$ のとき，$\widehat{f}(k)$ とラプラス変換 $F(s)$ の間の関係は何か？

5 標準**ランプ関数** $r(t)=t$ のラプラス変換 $R(s)$ は何か？ 関数は $t<0$ で零である．$r(t)$ の導関数は単位ステップ $H(t)$ である．すると $R(s)$ に s を掛けて ＿＿＿ を得る．

6 各 $f(t)$ のラプラス変換 $F(s)$ と，$F(s)$ の極を求めよ：

(a) $f = 1 + t$ (b) $f = t\cos\omega t$ (c) $f = \cos(\omega t - \theta)$

(d) $f = \cos^2 t$ (e) $f = e^{-2t}\cos t$ (f) $f = te^{-t}\sin\omega t$

7 $f(t) =$（t より大きい最小の整数）および $f(t) = t\,\delta(t)$ のラプラス変換 $F(s)$ を求めよ．

8 **逆ラプラス変換**：次の変換 $F(s)$ を与える $f(t)$ を求めよ：

(a) $\dfrac{1}{s - 2\pi i}$ (b) $\dfrac{s+1}{s^2+1}$ (c) $\dfrac{1}{(s-1)(s-2)}$

(d) $1/(s^2 + 2s + 10)$ (e) $e^{-s}/(s-a)$ (f) $2s$

9 $Y(s)$ を $s/(s^2+1)$ と $1/(s^2+1)$ の線形結合として表すことにより，$y(0)$ と $y'(0)$ を用いて $y'' + y = 0$ を解け．表から逆変換 $y(t)$ を求めよ．

10 $y(0) = 0$ と $y'(0) = 1$ から出発して $y'' + 3y' + 2y = \delta$ を，ラプラス変換を用いて解け．$Y(s)$ の極と部分分数分解を求め，逆変換して $y(t)$ を求めよ．

11 ラプラス変換により，以下の初期値問題を解け：

(a) $y' + y = e^{i\omega t}, y(0) = 8$ (b) $y'' - y = e^t,\ y(0) = 0,\ y'(0) = 0$

(c) $y' + y = e^{-t}, y(0) = 2$ (d) $y'' + y = 6t,\ y(0) = 0,\ y'(0) = 0$

(e) $y' - i\omega y = \delta(t), y(0) = 0$ (f) $my'' + cy' + ky = 0,\ y(0) = 1, y'(0) = 0$

12 e^{At} の変換は $(sI - A)^{-1}$ である．この行列（伝達関数）を，$A = [1\ 1;\ 1\ 1]$ について計算せよ．その変換の極を，A の固有値と比べよ．

13 dy/dt が指数的に減衰するとき，$s \to \infty$ につれて $sY(s) \to y(0)$ となることを示せ．

14 時間変化するベッセル方程式 $ty'' + y' + ty = 0$ を $\mathscr{L}[ty] = -dY/ds$ を用いて変換し，Y についての 1 階の微分方程式を求めよ．変数分離法か $Y(s) = C/\sqrt{1+s^2}$ の代入を用い，ベッセル関数 $y = J_0$ のラプラス変換を求めよ．

15 $f(t) = \sin\pi t$ のアーチ 1 個分（$t = 0$ から 1 まで）のラプラス変換を求めよ．

16 あなたの車の加速度 $v' = c(v^* - v)$ は前方の車の速度 v^* に依存しているとする：

(a) ラプラス変換の比 $V^*(s)/V(s)$ を求めよ．

(b) 前方の車の速度が $v^* = t$ のとき，あなたの速度 $v(t)$ を $v(0) = 0$ として求めよ．

17 1 列に並んだ車列では $v_n' = c[v_{n-1}(t-T) - v_n(t-T)]$ となり，先頭の車は $v_0(t) = \cos\omega t$ だとする．

(a) 振動 $v_n = A^n e^{i\omega t}$ の中の成長因子が $A = 1/(1 + i\omega e^{i\omega T}/c)$ となることを示せ．

(b) $cT < \frac{1}{2}$ ならば $|A| < 1$ であり，振幅が安全に減少することを示せ．

(c) $cT > \frac{1}{2}$ ならば，小さな ω に対して $|A| > 1$（危険）であることを示せ（$\sin\theta < \theta$ を使え）．人間の反応時間は $T \geq 1\,\text{sec}$ であり，攻撃性は $c = 0.4/\text{sec}$ である．危険域にかなり近い．おそらく運転手は安全スレスレの状況に適応しているのだろう．

18 $f(t) = \delta(t)$ に対するラプラス変換 $F(s) = 1$ は背が高く細い箱関数 $b(t)$ の変換の極限である．箱の幅は $\epsilon \to 0$，高さは $1/\epsilon$，面積は 1 である．

$$\text{積分の内部で}\ b(t) = \left\{ \begin{array}{ll} 1/\epsilon & (0 \le t < \epsilon\ \text{で}) \\ 0 & (\text{それ以外}) \end{array} \right\} \text{は}\ \delta(t)\ \text{に近づく．}$$

ϵ に依存する変換 $B(s)$ を求めよ．$\epsilon \to 0$ のときの $B(s)$ の極限を計算せよ．

19 単位ステップ関数 $H(t)$ の変換 $1/s$ は，短く急なランプ関数 $r_\epsilon(t)$ の変換の極限に対応する．ランプ関数の傾きは $1/\epsilon$ である：

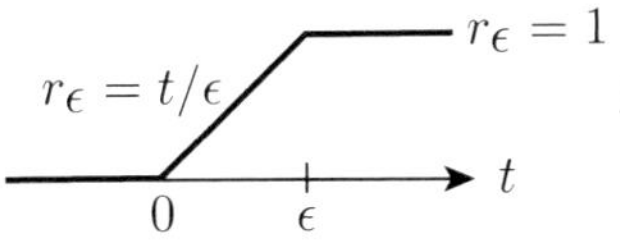

$$R_\epsilon(s) = \int_0^\epsilon \frac{t}{\epsilon} e^{-st} dt + \int_\epsilon^\infty e^{-st} dt\ \text{を計算し，}\epsilon \to 0\ \text{とせよ．}$$

20 問題 18 と 19 で，ランプ関数 $r_\epsilon(t)$ の導関数が箱関数 $b(t)$ であることを示せ．ステップ関数の "一般化された導関数" は ＿＿＿ 関数である．

21 $Y(s)$ と $y(0), y'(0), y''(0)$ が与えられたとき，$y'''(t)$ のラプラス変換は何か？

22 **ポントリャーギンの最大原理**は，"バン・バン" 制御が最適であると言っている――拘束条件によって許された極値をとる．$x = 0$ での静止状態から $x = 1$ での静止状態に最小時間で到達するには，最大の加速 A と最大の減速 $-B$ を行え．どの時刻 t でアクセルをブレーキへ変えるべきか？（これは 2 つの赤信号の間の最も速い運転である．）

8.6 たたみ込み（フーリエおよびラプラス）

本節では掛け算を扱う．**たたみ込みは関数どうしの掛け算の，異なったやり方である**．これはベクトルどうしを掛ける，1 つの方法でもある．ベクトルに対するこの規則は新しく見えるかもしれないが，実は小学 3 年生で習ったことだ．数の普通の掛け算から始め，ベクトルのたたみ込みと関数のたたみ込みへと発展させよう．

112 と 213 を掛けるとき，9 つの小さな乗算をどのようにまとめているかに注目せよ．

$$\begin{array}{ccccc} & & 1 & 1 & 2 \\ & & 2 & 1 & 3 \\ \hline & & 3 & 3 & 6 \\ & 1 & 1 & 2 & \\ 2 & 2 & 4 & & \\ \hline \mathbf{2} & \mathbf{3} & \mathbf{8} & \mathbf{5} & \mathbf{6} \end{array} \qquad \begin{array}{ccccc} & & a & b & c \\ & & 2 & 1 & 3 \\ \hline & & 3a & 3b & 3c \\ & a & b & c & \\ 2a & 2b & 2c & & \\ \hline \bullet & \bullet & \bullet & \bullet & \bullet \end{array}$$

このパターンについて考えもしない――あまりに慣れ親しんでいる．我々は心の中で，112 と 213 を，細かな手順で掛けているだけだ．新たな考え方は，$(1, 1, 2)$ を 1 つのベクトルとして，そして (2,1,3) をもう一方のベクトルとして，見ることである．**それらのベクトルのたたみ込みがベクトル $(\mathbf{2},\mathbf{3},\mathbf{8},\mathbf{5},\mathbf{6})$ になる．**

2 つのベクトル $\boldsymbol{c}$ と $\boldsymbol{d}$ のたたみ込みを表す新たな記号 $*$ が必要である：

$$\text{ベクトルのたたみ込み}\quad \boldsymbol{c}*\boldsymbol{d}=(c_0,c_1,\ldots)*(d_0,d_1,\ldots)=(\boldsymbol{c_0d_0},\boldsymbol{c_0d_1}+\boldsymbol{c_1d_0},\ldots)$$

この行は $\boldsymbol{c}*\boldsymbol{d}$ についての重要なヒントで終わっているが，お分かりだろうか．まず，どの c_i もすべての d_j に掛けられている（それらが 9 つの小さな乗算である）．次に，その 9 つの積は特別なやり方でまとめられている．c_0d_1 を c_1d_0 と一緒にする．**$\boldsymbol{c}*\boldsymbol{d}$ の次の成分は $\boldsymbol{c_0d_2}+\boldsymbol{c_1d_1}+\boldsymbol{c_2d_0}$ になる．**

3 年生の掛け算では，100 の位に入るすべての積 c_id_j を一緒にしている．それらは $300+100+400$ だった．これを代数を用いて表すと，$\boldsymbol{c}*\boldsymbol{d}$ の第 n 成分は $\boldsymbol{c_0d_n}+\boldsymbol{c_1d_{n-1}}+\cdots+\boldsymbol{c_nd_0}$ となる．**これらは $\boldsymbol{i}+\boldsymbol{j}=\boldsymbol{n}$ となる積 $\boldsymbol{c_id_j}$ のすべてである．**

$$\textbf{たたみ込み}\ \boldsymbol{c}*\boldsymbol{d}=\boldsymbol{d}*\boldsymbol{c}\qquad (\boldsymbol{c}*\boldsymbol{d})_n=\sum_{i+j=n}\boldsymbol{c_id_j}=\sum_i \boldsymbol{c_id_{n-i}}. \tag{1}$$

この和の記号は，ベクトルが無限に長い場合でも使える．大切な点は，$\boldsymbol{i}+\boldsymbol{j}=\boldsymbol{n}$ のときの小さな乗算 c_id_j を，まとめることである．これは $\boldsymbol{j}=\boldsymbol{n}-\boldsymbol{i}$ とするのと同じことである．この規則をもう一度，今度は $(1+x+2x^2)\times(2+x+3x^2)$ に対して示そう．**各累乗 $\boldsymbol{x^n}$ に掛かるすべての部品をまとめる．**

$$\begin{array}{rrrrr} & & 1\ + & x\ + & 2x^2 \\ & & 2\ + & x\ + & 3x^2 \\ \hline & & 3x^2\ + & 3x^3\ + & 6x^4 \\ & x\ + & x^2\ + & 2x^3 & \\ 2\ + & 2x\ + & 4x^2 & & \\ \hline \mathbf{2}\ + & \mathbf{3}x\ + & \mathbf{8}x^2\ + & \mathbf{5}x^3\ + & \mathbf{6}x^4 \end{array}$$

多項式どうしを掛けるとき，
係数ベクトルどうしの
たたみ込みをとっている．

$(1,1,2)*(2,1,3)=(\mathbf{2},\mathbf{3},\mathbf{8},\mathbf{5},\mathbf{6})$

係数のたたみ込みからフーリエ級数の乗算につなげていくが，その前に，同じ“たたみ込みの方法”で小さな乗算 c_id_j をまとめるもう 1 例を示したい．次の例は，行列・ベクトル積 $C\boldsymbol{d}$ である．行列 C には，その対角線に沿って値 $c_0,c_1,\ldots$ が並んでおり，**C と $\boldsymbol{d}$ の積はまさしくたたみ込み $\boldsymbol{c}*\boldsymbol{d}$ となる．**

$$\begin{array}{l} C\boldsymbol{d}=\boldsymbol{c}*\boldsymbol{d} \\ \textbf{定数の対角成分} \\ \textbf{テプリッツ行列} \\ \textbf{並進不変} \end{array}\quad \begin{bmatrix} c_0 & & \\ c_1 & c_0 & \\ c_2 & c_1 & c_0 \\ & c_2 & c_1 \\ & & c_2 \end{bmatrix}\begin{bmatrix} d_0 \\ d_1 \\ d_2 \end{bmatrix}=\begin{bmatrix} c_0\,d_0 \\ c_1\,d_0+c_0\,d_1 \\ c_2\,d_0+c_1\,d_1+c_2\,d_0 \\ c_2\,d_1+c_1\,d_2 \\ c_2\,d_2 \end{bmatrix} \tag{2}$$

このような“たたみ込み行列”は信号処理の鍵である．その高度に活発な世界では，行列 C は**フィルター**の役割をする．その周波数応答 $c_0 + c_1 e^{-i\theta} + c_2 e^{-2i\theta}$ を通じて，このフィルターが理解できる．

これでたたみ込みをフーリエ級数とラプラス変換につなげる準備ができた．

乗算 $f(x)g(x)$ は係数のたたみ込みである

我々が問わずにいられない質問に，たたみ込みが答えられる．$\sum c_k e^{ikx}$ と $\sum d_l e^{ilx}$ を掛けるとき（それらを関数 $f(x)$ と $g(x)$ と呼ぶ），**関数** $h(x) = f(x)g(x)$ **のフーリエ係数は何か**？答えは確実に，$c_k d_k$ ではない．(各係数 c_k) × (各係数 d_l) の乗算を行わなければならない．それら小さな乗算 $c_k d_l$ のすべてが $(\sum c_k e^{ikx})(\sum d_l e^{ilx})$ の係数を生み出す．たたみ込みの公式の論理は 2 段階である：

1. $c_k e^{ikx} \times d_l e^{ilx}$ は $\boldsymbol{k + l = n}$ のとき $c_k d_l e^{inx}$ に等しい．

2. $f(x)g(x)$ 内の e^{inx} の項は，$\boldsymbol{l = n - k}$ である積 $c_k d_l$ のすべてを含む．

したがって $(\sum c_k e^{ikx})(\sum d_l e^{ilx})$ の第 $\boldsymbol{n}$ フーリエ係数は，$\boldsymbol{c * d}$ の第 $\boldsymbol{n}$ 成分である．

関数 $\boldsymbol{f, g}$ の乗算は **係数 $\boldsymbol{c, d}$ のたたみ込み**	$\boldsymbol{fg}$ の係数 $= (\boldsymbol{c * d})_n = \displaystyle\sum_{k=-\infty}^{\infty} \boldsymbol{c_k\, d_{n-k}}.$	(3)

例 1　たたみ込みでの“単位ベクトル”は $\boldsymbol{\delta} = (\ldots, 0, 0, 1, 0, 0, \ldots)$ である．このとき，任意のベクトル $\boldsymbol{d}$ に対して $\boldsymbol{\delta * d = d}$．“単位関数”は $i(x) = 1$ である．このとき，どの関数 g に対しても $i(x)g(x) = g(x)$ である．$i(x) = 1$ のフーリエ係数は厳密に $\boldsymbol{\delta}$ である．

周波数領域（$\boldsymbol{k}$-領域）でのたたみ込みがどのように**実領域（$\boldsymbol{x}$-領域）での乗算**となるかが，見てとれる．これがたたみ込みの公式の中心的な考え方である．

例 2　ベクトル $\boldsymbol{c}$ の**自己相関**は，たたみ込み $\boldsymbol{c * c'}$ である．このベクトル $\boldsymbol{c'}$ は $\boldsymbol{c}$ の複素共役を逆順にしたものである．$\boldsymbol{c'}$ の成分は $\overline{f(x)}$ のフーリエ係数 $\bar{c}_{-k}$ である．だから自己相関 $\boldsymbol{c * c'}$ は積 $f(x)\overline{f(x)} = |f(x)|^2$ のフーリエ係数を与える：

$$f\bar{f} = (1 + e^{ix})(1 + e^{-ix}) = \mathbf{1}\,e^{-ix} + \mathbf{2} + \mathbf{1}\,e^{ix} \qquad \boldsymbol{c * c'} = (0,1,1) * (1,1,0) = (\mathbf{1}, \mathbf{2}, \mathbf{1}).$$

箱ベクトル (0,1,1) の自己相関はハットベクトル (**1,2,1**) である．箱 ∗ 箱 ＝ ハット．

関数のたたみ込み

逆の質問も等しく重要であり，これに答えなければならない．$f(x)$ と $g(x)$ のフーリエ係数が c_k と d_k のとき，**どの関数のフーリエ係数が $\boldsymbol{c_k d_k}$ となるか**？今度はベクトルを k-領域で掛けているのだ．このとき，x-領域では関数のたたみ込み $f * g$ となる！

周期的たたみ込み　$(f*g)(x)=\int_0^{2\pi} f(y)g(x-y)dy=\int_0^{2\pi} g(y)f(x-y)dy.$　(4)

ベクトルのたたみ込みは $(\boldsymbol{c}*\boldsymbol{d})_n=\sum c_i d_{n-i}$ である．大切なのは $\boldsymbol{i}+(\boldsymbol{n}-\boldsymbol{i})=\boldsymbol{n}$ である．関数のたたみ込みでは，（もちろん）和の代わりに積分になる．とりわけ，$\boldsymbol{y}+(\boldsymbol{x}-\boldsymbol{y})=\boldsymbol{x}$ となることに気づく．このパターンは，関数が周期的でなく，$-\infty$ から ∞ までの積分になるときにもまったく同じになる．

無限領域でのたたみ込み　$(f*g)(x)=\int_{-\infty}^{\infty} f(y)g(x-y)\,dy=\int_{-\infty}^{\infty} g(y)f(x-y)\,dy.$　(5)

ラプラス変換については，どの関数も $t<0$ で零である．x と y を t と T に代える．

片側だけのラプラス　$(f*g)(t)=\int_{\mathbf{0}}^{\boldsymbol{t}} f(T)g(t-T)\,dT$　なぜなら　$f(T)=0\ (T<0$ で$)$，$g(t-T)=0\ (T>t$ で$)$

たたみ込みによる微分方程式の解法

本書の主問題に対してたたみ込みを適用したい——$y'-ay=f(t)$ や $y''+y=f(x)$ といった方程式を解く．これらは簡単な問題で，答えは知っているが，大切な点を明快に保つには簡単な問題の方がよい．たたみ込みは，ラプラス変換による解 $y(t)$ とフーリエ変換による $y(x)$ を書く新たな方法を提供する．

同じ方程式を解く昔の方法を思い出そう．以下に本書で頻出する例——**定数係数の線形方程式**——のまとめを記す．

例3　$y(0)=0$ から出発して，方程式 $y'-ay=f(t)$ をたたみ込みによって解け．

解　両辺のラプラス変換をとり，割り算して $Y(s)$ を求めよ：

$$sY(s)-aY(s)=F(s)\quad より\quad Y(s)=\frac{F(s)}{s-a}=\boldsymbol{G(s)\,F(s)}. \tag{6}$$

駆動関数の変換 $F(s)$ **に"伝達関数"** $G(s)$ **が掛かっている**．この問題では $G(s)=1/(s-a)$．すると $y(t)$ は $Y(s)=G(s)F(s)$ の逆変換である．

大切なのはたたみ込みである．**s-領域での乗算は，t-領域でのたたみ込みになる**．この規則により $Y=GF$ から解 $\boldsymbol{y=g*f}$ が求まる．後で，その規則を証明する．

伝達関数 $G(s)$ の逆変換はインパルス応答 $g(t)$ である．方程式 $y'-ay=f(t)$ に対して，伝達関数は $G(s)=1/(s-a)$ であり，その逆変換は $g(t)=e^{at}$ である．このとき乗算 $Y(s)=G(s)F(s)$ はインパルス応答 e^{at} と駆動関数 $f(t)$ のたたみ込みになる：

たたみ込みによる解法　$y(t)=g(t)*f(t)=\int_{T=0}^{t} e^{a(t-T)}f(T)dT$　(7)

この解には見覚えがあるはずである．$e^{-at}f(t)$ を積分するのは4度目である！ 1章の中心的問題は $y'-ay=f(t)$ （**または** $q(t)$）だった．我々はそこで3つの方法を提案した．

1. **積分因子** e^{-at} を $y'-ay=f(t)$ に掛け，$(e^{-at}y)'=e^{-at}f$ を積分する．
2. **定数変化法**を斉次解 $y_n = Ce^{at}$ に適用して，$y_p(t) = C(t)\,e^{at}$ とする．
3. 各入力 $f(T)$ にその**成長因子** $e^{a(t-T)}$ を掛け，出力を線形結合する．
4. （新方法）解 $y(t)$ は $f(t)$ とインパルス応答 e^{at} の**たたみ込み**である．

入力がインパルス $f(t)=\delta(t)$ のとき，インパルス応答は $g(t)=g*\delta$ である．外力が $f(t)$ のとき，強制応答は $y=g*f$ である．**いつでも駆動力 $f(t)$ とグリーン関数 $g(t)$ とのたたみ込みで，出力 $y(t)$ が生み出される．**

告白 グリーンの名前を用いたのは，g の文字があまりにも便利に見えたためもあるが，より深く，本書の 2 大テーマである微分方程式と行列方程式をつなぐ，中心的な考え方を表せるためである．**インパルス応答（グリーン関数）とのたたみ込みは，ちょうど逆行列 A^{-1} による掛け算に対応する．**

$AA^{-1}=I$ からのメッセージは次のようになる．A^{-1} の第 j 列のベクトル $\boldsymbol{g}_j$ は，単位行列の第 j 列のデルタベクトル $\boldsymbol{\delta}_j=(\cdot,0,\mathbf{1},0,\cdot)$ に対する応答である．

$$\text{線形代数では}\quad \boldsymbol{Ag_j}=\boldsymbol{\delta_j} \qquad \text{微分方程式では}\quad \boldsymbol{g'-ag=\delta(t)}$$

これは有益であると分かっていただけると思う．グリーン関数 $g(t-T)$ は，時刻 T での単位インパルスに対する，時刻 t での応答を与える．t での全応答は，インパルス $f(T)\times$ 応答 $g(t-T)$ の積分である．行列方程式 $A\boldsymbol{v}=\boldsymbol{b}$ に対する解 $\boldsymbol{v}=A^{-1}\boldsymbol{b}$ と比べてみよう．

逆行列 A^{-1} は，位置 j での単位インパルスに対する，位置 i での応答を与える．解 $\boldsymbol{v}=A^{-1}\boldsymbol{b}$ は，インパルス $b_j\times$（その応答）の，すべての j にわたっての和である．

並進不変な方程式であれば，T でのインパルスに対する t での応答は，経過時間 $t-T$ にのみ依存する．並進不変な行列については，応答 $(A^{-1})_{ij}$ は $i-j$ にのみ依存する．そのような微分方程式は**定数係数**である．テプリッツ行列では**対角成分が定数**である．次の A は差分行列で，A^{-1} は和の行列である．

$$A\boldsymbol{v}=\begin{bmatrix}1&&\\-1&1&\\0&-1&1\end{bmatrix}\begin{bmatrix}v_1\\v_2\\v_3\end{bmatrix}=\begin{bmatrix}b_1\\b_2\\b_3\end{bmatrix} \qquad \boldsymbol{v}=A^{-1}\boldsymbol{b}=\begin{bmatrix}1&&\\1&1&\\1&1&1\end{bmatrix}\begin{bmatrix}b_1\\b_2\\b_3\end{bmatrix}. \tag{8}$$

例 4（フーリエ） $-\infty<x<\infty$ で方程式 $-y''+y=f(x)$ を解け．

解 これは，両端 $x=-\infty$ と $x=\infty$ で $y=0$ となる境界値問題である．各項のフーリエ変換をとると，y'' の 2 階微分は，ik での掛け算になる：

$$\boldsymbol{-y''+y=f(x)} \qquad -(ik)^2\hat{y}+\hat{y}=\hat{f}(k) \qquad \boldsymbol{\hat{y}(k)=\frac{\hat{f}(k)}{k^2+1}=\hat{g}(k)\,\hat{f}(k)}. \tag{9}$$

k-領域では，変換 $\hat{f}(k)$ に $\hat{g}(k)=1/(k^2+1)$ が掛かる．x-領域では，右辺の $f(x)$ がグリーン関数 $g(x)$ とたたみ込まれる．**そのグリーン関数** $g(x)$ **は，右辺** $f(x)$ **がデルタ関数** $\delta(x)$ **のときの解である．**

解を完成するには $g(x)$ が必要である．この変換による解法では $\hat{g}(k) = 1/(k^2+1)$ を逆変換しようとする．直接的な解法では $-g''+g=\delta(x)$ を解く．$x>0$ と $x<0$ では $\delta(x)=0$ であることを思い出せ：

$$\boldsymbol{x>0}\quad -g''+g=0 \ \text{より}\ g=c_1e^x+c_2e^{-x} \qquad \text{このとき}\ g(\infty)=0\ \text{より}\ c_1=0$$

$$\boldsymbol{x<0}\quad -g''+g=0 \ \text{より}\ g=C_1e^x+C_2e^{-x} \qquad \text{このとき}\ g(-\infty)=0\ \text{より}\ C_2=0$$

作用はすべて $x=0$ にある．関数 $g(x)$ にはジャンプがないので $C_1=c_2$ である．$-g''+g=\delta(x)$ の中の負号から，$x=0$ での傾き $g'(x)$ は **1 だけ減る**．傾き $-c_2e^{-x}$ と C_1e^x を $x=0$ で比べて，$C_1+c_2=1$ となる．係数は $C_1=c_2=\frac{1}{2}$ であり，グリーン関数 $g(x)$ が求まった：

$$\boldsymbol{g(x)} = \begin{cases} \boldsymbol{\frac{1}{2}e^{-x}} & (x>0\ \text{で}) \\ \boldsymbol{\frac{1}{2}e^{x}} & (x<0\ \text{で}) \end{cases} \qquad \text{そしてたたみ込みより}\ \ y(x)=\int_{-\infty}^{\infty} f(X)g(x-X)\,dX.$$

フーリエがラプラスにとって変わる，時間についての次の 2 階方程式と比較せよ．今度は，$x=\pm\infty$ での境界値の代わりに，$t=0$ での初期値が与えられている．

例 5　$y(0)=y'(0)=0$ から出発して方程式 $y''+y=f(t)$ を解け．

解　両辺のラプラス変換をとり，s^2+1 で割って $Y(s)$ を求めよ：

$$s^2Y(s)+Y(s)=F(s) \quad \text{より} \quad Y(s)=\frac{\boldsymbol{F(s)}}{\boldsymbol{s^2+1}}=\boldsymbol{F(s)G(s)}. \tag{10}$$

伝達関数は $G(s)=1/(s^2+1)$ である．これはインパルス応答（成長因子）$\boldsymbol{g(t)=\sin t}$ のラプラス変換である．（問題 8.5.2 では驚くことに，$(\sin t)''$ が実際 $\delta(t)$ を生成することを確かめた．$t<0$ では傾きが零なので，$t=0$ で $(\sin t)'$ は $\cos 0=1$ へジャンプする．）乗算 $F(s)G(s)$ は，たたみ込み $f*g$ に対応する：

$$\textbf{ラプラス変換のたたみ込み}\qquad y(t)=f(t)*g(t)=\int_0^t f(T)\sin(t-T)\,dT. \tag{11}$$

これで例 5 はすばやく解ける——重要なステップは，$G(s)$ を逆変換して $g(t)$ が求められることである．

たたみ込みの公式の証明

$f(t)*g(t)$ のラプラス変換が $F(s)G(s)$ であることを証明する必要がある．たたみ込みは乗算になる．同様に，$f(x)*g(x)$ のフーリエ変換は $\widehat{f}(k)\widehat{g}(k)$ である．

T についての積分で $f*g$ をつくり，その後 t についての積分でラプラス変換をとる．鍵は，この 2 重積分の順序を入れ換えることである．t について先に積分せよ．

$$\int_{t=0}^{\infty}\left(\int_{T=0}^{\infty} f(T)g(t-T)dT\right)e^{-st}dt=\int_{T=0}^{\infty}\left(\int_{t=0}^{\infty} g(t-T)e^{-s(t-T)}dt\right)f(T)e^{-sT}dT.$$

$T>t$ では $g(t-T)=0$ だから，積分区間を $T=\infty$ へ広げてもかまわない．e^{sT} と e^{-sT} を挿入するのにも，また問題はない：それらの積は 1 である．右辺の内側の積分は，$t-T$ を τ

に入れ替えると，ラプラス変換 $G(s)$ そのものである．

$$\int_{t=0}^{\infty} g(t-T)e^{-s(t-T)}dt = \int_{\tau=-T}^{\infty} g(\tau)e^{-s\tau}d\tau = \int_{\tau=0}^{\infty} g(\tau)e^{-s\tau}d\tau = G(s). \qquad (12)$$

内側の積分が $G(s)$ なので，2 重積分は望んだとおり $F(s)\,G(s)$ である：

$$\int_{T=0}^{\infty} G(s)f(T)\,e^{-sT}dT = F(s)\,G(s).$$ たたみ込みの公式が証明された．

同じ公式がフーリエ変換についても成り立つ．ただし積分は $-\infty < x < \infty$ と $-\infty < k < \infty$ に対して行う．これらの範囲では，$t < 0$ で $g(t) = 0$ であるといった片側の条件はないが，必要としない．同じ手順で，同じ結論に至る．$f(x) * g(x)$ **のフーリエ変換は** $\widehat{f}(k)\,\widehat{g}(k)$ **である．**

点拡がり関数と逆たたみ込み

たたみ込みは微分方程式を解くときにだけ便利であるという印象を残してはならない．上述の方程式は，前から解けていたというのが真実である．今度得られた解は，$y = f * g$ というきれいな形をもつが，すでにたたみ込みなしで求めていたものである．たたみ込みのより良い応用は，夜空を望遠鏡で見たり，自分の体内を CT スキャナで見たりするときである．

望遠鏡は**ぼやけた像**をつくり出す．真の星が点湧出しだったとしても，我々にはそのデルタ関数は見えない．$\boldsymbol{\delta(x, y)}$ **の像は点拡がり関数** $\boldsymbol{g(x, y)}$ となる：インパルスへの応答であり，点が拡がる．回折により，中心に“エアリーディスク”が見える．このディスクの半径が，望遠鏡の解像度の限界を与える．

星が平行移動すると，像も平行移動する． 湧出し $\delta(x - x_0, y - y_0)$ から像 $g(x - x_0, y - y_0)$ が生み出される．星の位置 x_0, y_0 でそれは明るく，その点から離れると g は急速に暗くなる．全天空の像は，ぼやけた点の積分である．

夜空の真の明るさは関数 $f(x, y)$ によって与えられる．**我々が見る像はたたみ込み** $c = f * g$ **である．** しかし，我々がそのぼやかす関数 $g(x, y)$ を知っているなら，**逆たたみ込みで** $f * g$ **から** $f(x, y)$ **を復元できるだろう．** 変換領域では，CT スキャナで G が掛かり，ポストプロセッサが G で割る．逆たたみ込みは次のようにする：

$$\boldsymbol{c = f * g} \text{ を変換すると } \boldsymbol{C = FG}. \quad \boldsymbol{F = \frac{C}{G}} \text{ の逆変換で } \boldsymbol{f} \text{ が求まる．}$$

装置のメーカーは，点拡がり関数 g およびそのフーリエ変換 G を知っている．望遠鏡や CT スキャナには，逆たたみ込みのためのコードが装備されている．ぼやけた出力 c を C へ変換し，G で割り，$F = C/G$ を逆変換して，真の湧出し関数 f を求める．

2 次元の関数 $f(x, y)$ では 2 次元の変換 $\widehat{f}(k, l)$ を行うことに注意せよ．x と y のフーリエ基底関数は，2 つの周波数 k と l をもつ $e^{ikx}e^{ily}$ となる．

循環たたみ込みと DFT

離散フーリエ変換は $\boldsymbol{c} = (c_0, \ldots, c_{N-1})$ を $\boldsymbol{f} = (f_0, \ldots, f_{N-1})$ に結びつける．フーリエ行列

が $\boldsymbol{Fc} = \boldsymbol{f}$ を与える．すべてのベクトルが N 成分であり，FFT が利用できるため，高速に計算できる．たたみ込みの公式からも直接に，高速な乗算と高速なアルゴリズムへと導かれる．これが実際に行われるたたみ込みである．

公式は $\boldsymbol{c}*\boldsymbol{d} = (1,1,2)*(2,1,3) = (2,3,8,5,6)$ とするものから変えなくてはならない．入力 $\boldsymbol{c}$ と $\boldsymbol{d}$ の成分が N 個のとき，**それらの循環たたみ込みもまた N 成分とする．** $(1,1,2)\circledast(2,1,3) = (7,9,8)$ **での新たな丸つきの記号 $\circledast$ が"循環"することを指し示す．**

$\boldsymbol{w^3 = 1}$ というのが重要である．循環たたみ込みでは $5w^3 + 6w^4$ が $5 + 6w$ へ折り返される．

$$(\mathbf{1} + \mathbf{1}w + \mathbf{2}w^2)(\mathbf{2} + \mathbf{1}w + \mathbf{3}w^2) = 2 + 3w + 8w^2 + 5w^3 + 6w^4 = \mathbf{7} + \mathbf{9}w + \mathbf{8}w^2.$$

同様に，$w \times w^2 = w^3 = 1$ なので，$(0,\mathbf{1},0) \circledast (0,0,\mathbf{1}) = (\mathbf{1},0,0)$ である．この例を用いて，次の循環たたみ込みの公式を点検する．

循環たたみ込みの N 点に対する公式

> **$F(\boldsymbol{c} \circledast \boldsymbol{d})$ の第 k 成分は，成分ごとに $(F\boldsymbol{c})_k \times (F\boldsymbol{d})_k$ と掛けたものに等しい．**

$$\boldsymbol{F} = \begin{bmatrix} \mathbf{1} & \mathbf{1} & \mathbf{1} \\ \mathbf{1} & \boldsymbol{w} & \boldsymbol{w^2} \\ \mathbf{1} & \boldsymbol{w^2} & \boldsymbol{w^4} \end{bmatrix} \text{ より } F\boldsymbol{c} = F\begin{bmatrix} 0 \\ 1 \\ 0 \end{bmatrix} = \begin{bmatrix} \mathbf{1} \\ \boldsymbol{w} \\ \boldsymbol{w^2} \end{bmatrix} \text{ と } F\boldsymbol{d} = F\begin{bmatrix} 0 \\ 0 \\ 1 \end{bmatrix} = \begin{bmatrix} \mathbf{1} \\ \boldsymbol{w^2} \\ \boldsymbol{w^4} \end{bmatrix}$$

$$\text{成分ごとに掛けて } \begin{bmatrix} \mathbf{1} \\ \boldsymbol{w^3} \\ \boldsymbol{w^6} \end{bmatrix} = \begin{bmatrix} \mathbf{1} \\ \mathbf{1} \\ \mathbf{1} \end{bmatrix}. \text{ 一方，} F(\boldsymbol{c} \circledast \boldsymbol{d}) = F\begin{bmatrix} 1 \\ 0 \\ 0 \end{bmatrix} = \begin{bmatrix} \mathbf{1} \\ \mathbf{1} \\ \mathbf{1} \end{bmatrix}.$$

このたたみ込み $\boldsymbol{c} \circledast \boldsymbol{d}$ では N^2 回の小さな掛け算が行われる．2 つのベクトルの成分どうしの乗算には N 回しか必要でない．このため，たたみ込みの公式は，2 つのとても長い N 桁の数（銀行がセキュリティのために用いる素因数のように）を掛け合わせる高速な方法に使える．それらの数を掛け合わせるときには，それらの桁をたたみ込んでいるからである．

それら 2 つの数を $\boldsymbol{f}$ と $\boldsymbol{g}$ に変換せよ．$f_k g_k$ と変換したものを掛け合わせてから，その結果を逆変換せよ． これら 3 つの離散変換の計算コストを含めても，FFT のおかげで勝利する：

$\boldsymbol{k}$-領域へ移り，掛け合わせてから戻れ N^2 回の乗算は $N + 3N \log N$ 回に減る．

MATLAB では，成分ごとの乗算は $\boldsymbol{f}.*\boldsymbol{g}$（ピリオドとアスタリスク）で表す．

$$F(\boldsymbol{c} \circledast \boldsymbol{d}) = (F\boldsymbol{c}).*(F\boldsymbol{d}) \qquad \mathsf{ifft}\,(\boldsymbol{c} \circledast \boldsymbol{d}) = N * \mathsf{ifft}\,(\boldsymbol{c}).*\mathsf{ifft}\,(\boldsymbol{d}) \tag{13}$$

fft コマンドは $\overline{w} = e^{-2\pi i/N}$ と行列 $\overline{F}$ を用いて，$\boldsymbol{f}$ から $\boldsymbol{c}$ へ変換することに注意せよ．ifft コマンドが，$w = e^{2\pi i/N}$ とフーリエ行列 F を用いて逆変換する．式 (13) に因子 N が現れるのは $F\overline{F} = NI$ となるためである．

巡回行列

各対角線に沿って定数が並ぶ無限行列による乗算は，無限長のたたみ込みを与える．C_∞ の

第 n 行が $\boldsymbol{d}$ に掛けられると，これは $i+j=n$ である小さな乗算の足し合わせとなる：

無限長の
たたみ込み
$$C_\infty \boldsymbol{d} = \begin{bmatrix} \bullet & \bullet & \bullet & \bullet \\ c_0 & c_{-1} & c_{-2} & \bullet \\ c_1 & c_0 & c_{-1} & c_{-2} \\ c_2 & c_1 & c_0 & c_{-1} \\ \bullet & c_2 & c_1 & c_0 \end{bmatrix} \begin{bmatrix} \bullet \\ d_0 \\ d_1 \\ d_2 \\ \bullet \end{bmatrix} = \boldsymbol{c} * \boldsymbol{d}. \tag{14}$$

同様にして，**循環たたみ込みは $\boldsymbol{N}$ 行 $\boldsymbol{N}$ 列の行列で表される**．どの対角線も（$w^N=1$ のために）折り返されるので，これは"巡回行列"と呼ばれる．対角線はすべて，N 個の等しい成分をもつ．$N=4$ について，c_1 をもつ対角線を強調して示す：

循環たたみ込み
巡回行列
$$C\boldsymbol{d} = \begin{bmatrix} c_0 & c_3 & c_2 & \boldsymbol{c_1} \\ \boldsymbol{c_1} & c_0 & c_3 & c_2 \\ c_2 & \boldsymbol{c_1} & c_0 & c_3 \\ c_3 & c_2 & \boldsymbol{c_1} & c_0 \end{bmatrix} \begin{bmatrix} d_0 \\ d_1 \\ d_2 \\ d_3 \end{bmatrix} = \boldsymbol{c} \circledast \boldsymbol{d}. \tag{15}$$

最初の行からは $c_0d_0+c_3d_1+c_2d_2+c_1d_3$ が生成される．それらの添え字 $0+0$ と $3+1$ と $2+2$ と $1+3$ は $N=4$ のときにすべて零である．**この巡回する世界では，2 と 2 を足して 0 となる**．これは $w^2w^2=w^4=w^0$ によるものである．

巡回行列は注目すべきものである．巡回行列 B と C を掛け合わせると，もう 1 つの巡回行列を得る．その積 BC はベクトル $\boldsymbol{b} \circledast \boldsymbol{c}$ を用いるたたみ込みを与える．驚嘆するのは，DFT からの固有値とフーリエ行列からの固有ベクトルが関係することである：

C の固有値は離散フーリエ変換 $F\boldsymbol{c}$ の成分と一致する．
C の**任意の**固有ベクトルも，F の列（および $\overline{F}$ と F^{-1} の列）である．

例えば，次の巡回行列に対する固有値の 2 つは $\lambda = c_0+c_1+c_2$ と $c_0+c_1w+c_2w^2$ であり，ベクトル $(1,1,1)$ と $(1,w^2,w)=(1,w^2,w^4)$ は F の列ベクトルである：

$$\begin{bmatrix} c_0 & c_2 & c_1 \\ c_1 & c_0 & c_2 \\ c_2 & c_1 & c_0 \end{bmatrix} \begin{bmatrix} 1 \\ 1 \\ 1 \end{bmatrix} = \lambda \begin{bmatrix} 1 \\ 1 \\ 1 \end{bmatrix} \qquad \begin{bmatrix} c_0 & c_2 & c_1 \\ c_1 & c_0 & c_2 \\ c_2 & c_1 & c_0 \end{bmatrix} \begin{bmatrix} 1 \\ w^2 \\ w \end{bmatrix} = \lambda \begin{bmatrix} 1 \\ w^2 \\ w \end{bmatrix}. \tag{16}$$

式 $FC=\Lambda F$ は循環たたみ込みの公式 $F(\boldsymbol{c} \circledast \boldsymbol{d}) = (F\boldsymbol{c}).*(F\boldsymbol{d})$ を表している．

本書の終り

本書を意気揚々と終えつつある．定数係数の問題は，$Ay''+By'+Cy=0$ から大きく進んだ．今や変換（フーリエおよびラプラス）とたたみ込みが使えるようになった．その問題を離散化すれば，対角線に沿って定数成分が並ぶ行列がつくられる．循環的な問題から巡回行列が得られる．ここで止まろう！

本当はこう書くべきだろう：**止まって振り返ろう**．本書では線形問題を強調した．これらが，我々の理解できる方程式だからだ．世界が線形でないという指摘は正しい．入力が 10 倍されるとき，出力は 10 倍でなく，8 倍や 12 倍になるかもしれない．しかし多くの現実問題で，入力の変化はせいぜい 10% 未満の増減である．このとき，曲線はその接線で置き換えられ（これが微積分への鍵である）線形のモデルとなる．応用数学の理解には，微分方程式と線形代数が不可欠である．

■ 要点の復習 ■

1. たたみ込み $(1,2,3)*(4,5,6)$ は，繰り上げなしの乗算 123×456 である．
2. $(\sum c_k e^{ikx})(\sum d_l e^{ilx})$ での e^{inx} の係数は $(c*d)_n = \sum c_k d_{n-k}$ である．
   $(1+2x+3x^2)(4+5x+6x^2)$ でのように，**多項式を掛けるのと，係数をたたみ込むのは等価**.
3. 微分方程式は $Y(s) = F(s)G(s)$ と変換される．すると $y(t) = f(t)*g(t) =$ 駆動力 $*$ インパルス応答．そのインパルス応答 $g(t)$ はグリーン関数である．
4. **並進不変性**：定数係数の方程式と，対角成分が定数の行列として反映される．
5. 循環たたみ込み $\boldsymbol{c} \circledast \boldsymbol{d}$ は巡回行列を用いた $C\boldsymbol{d}$ で表せる．$(F\boldsymbol{c})\boldsymbol{.*}(F\boldsymbol{d})$ と成分どうしを掛けてから逆変換せよ．

演習問題 8.6

1 たたみ込み $\boldsymbol{v}*\boldsymbol{w}$ と循環たたみ込み $\boldsymbol{v} \circledast \boldsymbol{w}$ を求めよ：

(a) $\boldsymbol{v} = (1,2)$ と $\boldsymbol{w} = (2,1)$　　(b) $\boldsymbol{v} = (1,2,3)$ と $\boldsymbol{w} = (4,5,6)$.

2 たたみ込み $(1,3,1)*(2,2,3) = (a,b,c,d,e)$ を計算せよ．その答えの検算として，$a+b+c+d+e$ と足せ．この合計は 35 となるはずである．なぜなら，$1+3+1=5$ と $2+2+3=7$ で $5 \times 7 = 35$ となる．

3 $1+3x+x^2$ と $2+2x+3x^2$ を掛けて $a+bx+cx^2+dx^3+ex^4$ を求めよ．この乗算は問題 2 でのたたみ込み $(1,3,1)*(2,2,3)$ と同等だった．$x=1$ のとき，$(1+3+1=5)$ $\times(2+2+3=7)$ が $a+b+c+d+e=35$ と一致する理由をこの乗算は示す．

4 （逆たたみ込み）どんなベクトル $\boldsymbol{v}$ を $\boldsymbol{w} = (1,2,3)$ とたたみ込むと，$\boldsymbol{v}*\boldsymbol{w} = (0,1,2,3,0)$ となるか？ どんな $\boldsymbol{v}$ なら，$\boldsymbol{v} \circledast \boldsymbol{w} = (3,1,2)$ となるか？

5 (a) 周期関数 $f(x) = 4$ および $g(x) = 2\cos x$ に対して，$f*g$ が零（恒等的に零の関数！）であることを示せ．

(b) 周波数領域（k-領域）で，4 と $2\cos x$ のフーリエ係数を掛けたい．それらの係数は $c_0 = 4$ および $d_1 = d_{-1} = 1$ である．これよりどの積 $c_k d_k$ も ＿＿＿ である．

6 周期的関数 $f=\sum c_k e^{ikx}$ と $g=\sum d_k e^{ikx}$ に対して，$f*g$ のフーリエ係数は $\boldsymbol{2\pi c_k d_k}$ である．$f(x)=1$ と $g(x)=1$ のとき，$f*g$ をその定義 (4) から計算することにより，その因子 2π を確かめよ．

7 周期的たたみ込み $\int_0^{2\pi}\cos x\cos(t-x)dx$ が $\pi\cos t$ となることを積分して示せ．k-領域では，フーリエ係数 $c_1=c_{-1}=\frac{1}{2}$ を平方して，$\frac{1}{4}$ と $\frac{1}{4}$ を得ているのだ：これらは $\frac{1}{2}\cos t$ の係数である．問題 6 での 2π により正しく $\pi\cos t$ となる．

8 $f*g=g*f$（周期的な，または無限区間のたたみ込みで）となる理由を説明せよ．

9 ベクトル $\boldsymbol{c}=(1,2,3)$ を用いた循環たたみ込みを表すのはどんな 3 行 3 列の巡回行列 C か？ このとき $C\boldsymbol{d}$ は，任意のベクトル $\boldsymbol{d}$ に対して $\boldsymbol{c}\circledast\boldsymbol{d}$ と等しい．$\boldsymbol{d}=(0,1,0)$ に対する $\boldsymbol{c}\circledast\boldsymbol{d}$ を計算せよ．

10 $\boldsymbol{c}=(1,1)$ を用いた循環たたみ込みを表すのはどんな 2 行 2 列の巡回行列 C か？ この C が可逆でないことを 4 つの方法で示せ．逆たたみ込みはできない．

(1) C の行列式を求めよ．　(2) C の固有値を求めよ．

(3) $C\boldsymbol{d}=\boldsymbol{c}\circledast\boldsymbol{d}=\boldsymbol{0}$ となる $\boldsymbol{d}$ を見つけよ．　(4) $F\boldsymbol{c}$ の成分に零がある．

11 (a) $b(x)*\delta(x-1)$ を乗算 $\widehat{b}\ \widehat{d}$ に変えよ．箱関数 $b(x)=\{0\le x\le 1 \text{ で } 1\}$ を $\widehat{b}(k)=\int_0^1 e^{-ikx}dx$ に変換せよ．平行移動されたデルタ関数の変換は $\widehat{d}(k)=\int\delta(x-1)e^{-ikx}dx$ である．

(b) その結果の $\widehat{b}\ \widehat{d}$ が，平行移動された箱関数を変換したものであることを示せ．つまり，$\delta(x-1)$ とのたたみ込みで箱が平行移動される．

12 以下の方程式をラプラス変換して，伝達関数 $G(s)$ を求めよ：

(a) $Ay''+By'+Cy=\delta(t)$　(b) $y'-5y=\delta(t)$　(c) $2y(t)-y(t-1)=\delta(t)$

13 $y''''=\delta(t)$ をラプラス変換して $Y(s)$ を求めよ．8.5 節の変換表から $y(t)$ を求めよ．$y'''=1$ と $y''''=0$ であるとわかるだろう．しかし負の t では $y(t)=0$ だから，あなたが得た y''' は実は単位ステップ関数を意味し，y'''' は実は $\delta(t)$ である．

14 以下の方程式をラプラス変換により解き，$Y(s)$ を求めよ．8.5 節の表により逆変換し，$y(t)$ を求めよ．

(a) $y'-6y=e^{-t}, y(0)=2$　(b) $y''+9y=1, y(0)=y'(0)=0.$

15 $t=3$ で 0 から 1 へジャンプする，平行移動されたステップ関数 $H(t-3)$ のラプラス変換を見つけよ．$y'-ay=H(t-3)$ を $y(0)=0$ とともに，ラプラス変換 $Y(s)$ を求めることで解き，その後その逆変換 $y(t)$ を求めよ：$t<3$ と $t\ge 3$ での 2 つの関数で表される．

16 $y'=1$ を $y(0)=4$ とともに解け——つまらない質問である．その後この問題を，$Y(s)$ を求めてそれを逆変換する遅い方法でも解け．

17 解 $y(t)$ は入力 $f(t)$ と，どの関数 $g(t)$ とのたたみ込みか？

(a) $y' - ay = f(t)$ と $y(0) = 3$　　(b) $y' -$ (y の原始関数) $= f(t)$.

18 $y' - ay = f(t)$ と $y(0) = 3$ という問題は，外力関数 $f(t)$ に $3\delta(t)$ を加えることで，この初期値を置き換えられるだろう．この文を説明せよ．

19 $\delta(t) * \delta(t)$ は何か？ $\delta(t-1) * \delta(t-2)$ は何か？ $\delta(t-1)$ **掛ける** $\delta(t-2)$ は何か？

20 ラプラス変換により $y' = y$ と $y(0) = 1$ を解いて，とても見慣れた $y(t)$ を求めよ．

21 フーリエ変換された式 (9) により，$-y'' + y = [0 \le x \le 1$ での箱関数 $b(x)]$ を解け．

22 $y'' + By' + Cy = f(x)$ の解は，$B^2 < 4C$ の場合と $B^2 > 4C$ の場合では大きく異なる．$y'' + y = \delta(x)$ と $y'' - y = \delta(x)$ を $y(\pm\infty) = 0$ とともに解け．

23 （**復習**）定数関数 $f(t) = 1$ と単位ステップ関数 $H(t)$ のラプラス変換が，同一の $1/s$ となるのはなぜか？，答え：その変換が ＿＿＿ を無視するから．

行列の分解

1. $\boldsymbol{A = LU} = \begin{pmatrix} \text{対角成分が 1 の} \\ \text{下三角行列 } L \end{pmatrix} \begin{pmatrix} \text{対角成分がピボットの} \\ \text{上三角行列 } U \end{pmatrix}$

要件：A を U にするガウスの消去法で，行の交換がない．

2. $\boldsymbol{A = LDU} = \begin{pmatrix} \text{対角成分が 1 の} \\ \text{下三角行列 } L \end{pmatrix} \begin{pmatrix} \text{ピボット行列} \\ D \text{ は対角行列} \end{pmatrix} \begin{pmatrix} \text{対角成分が 1 の} \\ \text{上三角行列 } U \end{pmatrix}$

要件：行の交換がない．D の中のピボットは，U の対角成分を 1 とするために割ったもの．A が対称行列ならば，U は L^{T} となり，$\boldsymbol{A = LDL^{\mathrm{T}}}$ である．

3. $\boldsymbol{PA = LU}$ （置換行列 P で，ピボットの位置での零を避ける）．

要件：A は可逆行列である．すると P, L, U は可逆である．すべての行交換を P で前もって行い，通常の LU とする．代わりにこうもできる：$A = L_1 P_1 U_1$．

4. $\boldsymbol{EA = R}$ 　(m 行 m 列の可逆な E)（任意の行列 A）= rref(A).

要件：なし！ **行簡約階段形** R には r 個のピボット行とピボット列がある．ピボット列で唯一の非零成分は，単位ピボットである．E の最後の $m-r$ 行は，A の左零空間の基底である：それらを A に掛けると R の中のすべて零の行となる．E^{-1} の最初の r 列は，A の列空間の基底である．

5. $\boldsymbol{S = C^{\mathrm{T}}C} =$（下三角行列）（上三角行列）で，対角成分はともに $\sqrt{D}$.

要件：S は対称な正定値行列（D 内の n 個のピボットがすべて正）である．この**コレスキー分解** $C = \text{chol}(S)$ では $C^{\mathrm{T}} = L\sqrt{D}$ であり $C^{\mathrm{T}}C = LDL^{\mathrm{T}}$ と書ける．

6. $\boldsymbol{A = QR} =$（Q の列は正規直交）（上三角行列 R）．

要件：A の列が線形独立である．それらは，グラム–シュミット法またはハウスホルダー法の過程により，Q の中では**直交化**される．A が正方行列のとき，$Q^{-1} = Q^{\mathrm{T}}$ である．

7. $\boldsymbol{A = V\Lambda V^{-1}} =$（$V$ 内には固有ベクトル）（Λ 内には固有値）（V^{-1} 内には左固有ベクトル）．

要件：A には n 個の線形独立な固有ベクトルがある．

8. $\boldsymbol{S = Q\Lambda Q^{\mathrm{T}}} =$（直交行列 Q）（実の固有値行列 Λ）（Q^{T} は Q^{-1}）．

要件：S は**実対称行列**である．これはスペクトル定理である．

9. $\boldsymbol{A = MJM^{-1}} =$（$M$ 内には一般化固有ベクトル）（J 内にはジョルダンブロック）(M^{-1}).

要件：A は任意の正方行列である．この**ジョルダン形** J では，A の線形独立な固有ベクトルごとに 1 つのブロックがある．どのブロックも，ただ 1 つの固有値をもつ．

10. $\boldsymbol{A} = \boldsymbol{U\Sigma V}^{\mathbf{T}} = \begin{pmatrix} m \times n \text{ の} \\ \text{直交行列 } U \end{pmatrix} \begin{pmatrix} m \times n \text{ の特異値行列の} \\ \text{対角成分に } \sigma_1, \ldots, \sigma_r \end{pmatrix} \begin{pmatrix} n \times n \text{ の} \\ \text{直交行列 } V \end{pmatrix}.$

要件：なし．この**特異値分解**（**SVD**）では，AA^{T} の固有ベクトルが U に，$A^{\mathrm{T}}A$ の固有ベクトルが V に入る．$\sigma_i = \sqrt{\lambda_i(A^{\mathrm{T}}A)} = \sqrt{\lambda_i(AA^{\mathrm{T}})}$.

11. $\boldsymbol{A}^{+} = \boldsymbol{V\Sigma}^{+}\boldsymbol{U}^{\mathbf{T}} = \begin{pmatrix} n \times n \text{ の} \\ \text{直交行列} \end{pmatrix} \begin{pmatrix} n \times m \text{ の，} \Sigma \text{ の擬似逆行列} \\ \text{対角成分に } 1/\sigma_1, \ldots, 1/\sigma_r \end{pmatrix} \begin{pmatrix} m \times m \text{ の} \\ \text{直交行列} \end{pmatrix}.$

要件：なし．この**疑似逆行列** A^{+} では，$A^{+}A=$（A の行空間への射影），および $AA^{+}=$（列空間への射影）となる．$A\boldsymbol{x} = \boldsymbol{b}$ に対する最小 2 乗解は $\widehat{\boldsymbol{x}} = A^{+}\boldsymbol{b}$ であり，これは $A^{\mathrm{T}}A\widehat{\boldsymbol{x}} = A^{\mathrm{T}}\boldsymbol{b}$ の解である．A が可逆なときには：$A^{+}=A^{-1}$.

12. $\boldsymbol{A} = \boldsymbol{QH} =$（直交行列 Q）（対称な正定値行列 H）.

要件：A は可逆行列である．この**極分解**では $H^2 = A^{\mathrm{T}}A$．A が特異行列のときには，因子 H が半定値になる．逆の極分解 $A = KQ$ では $K^2 = AA^{\mathrm{T}}$．SVD からどちらでも $Q = UV^{\mathrm{T}}$ となる．

13. $\boldsymbol{A} = \boldsymbol{U\Lambda U}^{\mathbf{-1}} =$（ユニタリ行列 U）（固有値行列 Λ）（U^{-1} これは $U^{*} = \overline{U}^{\mathrm{T}}$）

要件：A は**正規行列**である：$A^{*}A = AA^{*}$ を満たす．その正規直交（一般に複素数の）固有ベクトルが U の列である．$A = A^{*}$（エルミート行列の場合）以外では，λ は複素数となる．

14. $\boldsymbol{A} = \boldsymbol{UTU}^{\mathbf{-1}} =$（ユニタリ行列 U）（λ を対角成分にもつ三角行列 T）($U^{-1} = U^{*}$).

要件：任意の正方行列 A の**シューア三角化**．$U^{-1}AU$ を三角行列とする，正規直交な列をもつ行列 U がある．

15. $\boldsymbol{F_n} = \begin{bmatrix} I & D \\ I & -D \end{bmatrix} \begin{bmatrix} \boldsymbol{F_{n/2}} & \\ & \boldsymbol{F_{n/2}} \end{bmatrix} \begin{bmatrix} \text{偶数番–奇数番の} \\ \text{置換行列} \end{bmatrix} =$（再帰的な）**FFT** の 1 段階.

要件：$F_n =$ 成分が w^{jk} のフーリエ行列．ただし $w^n = 1$ で，$F_n\overline{F}_n = nI$ となる．D の対角成分は $1, w, \ldots, w^{n/2-1}$ である．$n = 2^{\ell}$ のとき，**高速フーリエ変換**は ℓ 段階の D により，たった $\frac{1}{2}n\ell = \frac{1}{2}n\log_2 n$ 回の乗算で $F_n\boldsymbol{x}$ を計算する．

行列式の性質

1 **n 行 n 列の恒等行列の行列式は 1 である.**

2 **2 つの行を交換すると，行列式は符号が変わる**（符号の反転）：

3 **行列式は，各行それぞれの線形関数である**（他のすべての行は変えずに保つとする）.

第 1 行に任意の数値 t を掛ける $\quad \begin{vmatrix} ta & tb \\ c & d \end{vmatrix} = t \begin{vmatrix} a & b \\ c & d \end{vmatrix}$

A の第 1 行に，A' の第 1 行を加える $\quad \begin{vmatrix} a+a' & b+b' \\ c & d \end{vmatrix} = \begin{vmatrix} a & b \\ c & d \end{vmatrix} + \begin{vmatrix} a' & b' \\ c & d \end{vmatrix}.$

規則 1–3 には特別な注意を向けよ．これらで $\det A$ の値が完全に決まる.

4 **A の 2 つの行が等しければ，$\det A = 0$.**

5 **ある行の定数倍を別の行から引いても $\det A$ は変わらない.**

ℓ 掛ける第 1 行を
第 2 行から引く $\quad \begin{vmatrix} a & b \\ c-\ell a & d-\ell b \end{vmatrix} = \begin{vmatrix} a & b \\ c & d \end{vmatrix}.$

6 **すべての成分が零である行をもつ行列では $\det A = 0$.**

7 **A が三角行列のとき，$\det A = a_{11}a_{22}\cdots a_{nn} =$ 対角成分の積.**

8 **A が特異行列のとき，$\det A = 0$．A が可逆行列のとき，$\det A \neq 0$.**

証明 消去法で A を U にする．A が特異行列なら，U にはすべての成分が零の行がある．上述の規則により $\det A = \det U = 0$．A が可逆行列なら，U の対角成分にピボットが並ぶ．非零のピボットの積から（規則 7 を使い）非零の行列式となる：

ピボットを掛けよ $\quad \det A = \pm \det U = \pm$（ピボットの積）.

9 **AB の行列式は $\det A \times \det B$，つまり $|AB| = |A|\,|B|$.**

A 掛ける A^{-1} $\quad AA^{-1} = I$ だから $\quad (\det A)(\det A^{-1}) = \det I = 1.$

10 **転置 A^{T} の行列式は A の行列式に等しい.**

線形代数 早わかり

（行列 A は n 行 n 列）

正則行列	特異行列
A は可逆である	A は可逆でない
列は線形独立である	列は線形従属である
行は線形独立である	行は線形従属である
行列式は零ではない	行列式は零である
$A\boldsymbol{x}=\mathbf{0}$ の解は $\boldsymbol{x}=\mathbf{0}$ の 1 つだけ	$A\boldsymbol{x}=\mathbf{0}$ には無限に多くの解がある
$A\boldsymbol{x}=\boldsymbol{b}$ の解は $\boldsymbol{x}=A^{-1}\boldsymbol{b}$ の 1 つだけ	$A\boldsymbol{x}=\boldsymbol{b}$ には解がないか，無限に多くの解をもつ
A には n 個の（非零）ピボットがある	A には $r<n$ 個のピボットがある
A は非退化（階数 $r=n$）	A は退化（$r<n$）
行簡約階段形は $R=I$	R の少なくとも 1 行の成分がすべて零
列空間は $\mathbf{R}^n$ 全体	列空間の次元は $r<n$
行空間は $\mathbf{R}^n$ 全体	行空間の次元は $r<n$
A のすべての固有値は非零	少なくとも 1 つの固有値が零
$A^{\mathrm{T}}A$ は対称な正定値行列	$A^{\mathrm{T}}A$ は半定値でしかない
A には n 個の（正の）特異値がある	A には $r<n$ 個の特異値がある

訳者あとがき

原著の位置づけ

MIT 数学科の名物教授であるストラング教授の著書は多いが，*Introduction to Linear Algebra* (ILA)（『ストラング：線形代数イントロダクション』，近代科学社，2015 年）と *Computational Science & Engineering* (CSE)（『ストラング：計算理工学』，近代科学社，2017 年）が相次いで翻訳され，本書はそれらと合わせた「3 部作」のように *Differential Equations & Linear Algebra* (DELA) を訳出したものである．

MIT では数学科に「コース番号」18 が割り当てられ（数学は当初基礎科目扱いで，学科としての独立が遅かった），数学の科目コードは 18.xyz の形となる．ILA は 18.06（学部の線形代数），CSE は 18.085/086（大学院の計算理工学）で，それぞれテキストとして使われているが，この DELA は，序文にあるとおり，18.03（学部の微分方程式）での使用を想定しつつ，線形代数を微分方程式と合わせて学べるよう，第 1 版が著されたばかりである．

MIT の数学の開講科目表を眺めると，学部でまず 18.01/02（1 変数/多変数の微積分）を習い，これらが多くのコースで必修なのは日本の大学の理工系と同様だが，18.06 より先に，18.03（物理コース，地学・天文コース，および工学の多くのコースでコア科目に指定）を 18.02 と同時期に履修することに気づく．しかも 18.06 は，物理や工学の学生が多く履修しているはずだが，数学科以外では必修に指定されていないようである．線形代数の知識が多くの分野で不可欠となる反面，18.06 の必修化も「時間割が目いっぱい」で難しく，その内容の一部を前倒しして 18.03 の中に盛り込もうという流れであろう．

この事情から本書は「3 部作」の中で最も入門的であるとも考えられるが，行列とベクトルの導入部分は ILA ほど詳しくはない．また，本筋に関係する線形代数の記述に留まり，例えば行列式については必要最小限である．なお，上記科目群は数学を利用していく学生向けのもので，証明と理論に重きを置いた 18.014/024/034 が数学自体を学ぶ学生向けに別途ある．

本書の特徴

序文にあるとおり「抽象的でなく，最少の語数で済ませるのでもなく，読者の助けとなる書き方」がされており，読みながら教室で講義を受けている感のする教科書である．OCW に用意された動画を視聴すると，さらにその雰囲気が感じられるかもしれない．

具体的な例や演習が豊富で，それらを考えている内に，話へ引き込まれる．手計算で求まる最小サイズの例題を解くうちに，原理や，それをサイズ n へ一般化する道筋が自然にわかるようになる．重要事項が繰り返し，見方を変えて説明される．例えば，2 つの行列 A, B の積にさえ 4 つの見方があることを説明し（4.3 節），基本的な微分方程式を 4 通りの方法で解く（8.6 節までに）．

微分方程式と行列方程式（線形代数）を併記することで，連続系と離散系の対比が明瞭である．微分演算子と差分行列が関係づけられ，連続的なモデルを離散化してデジタル計算機で解く道筋がわかる．応用で不可欠な長方（矩形）行列を詳しく扱う．不連続関数やデルタ関数が基本的な関数として頻出し，最後には偏微分方程式の基本解までを求める．

翻訳について

前述した事情から，本書はILAと，ページ数にして4割ほどが重なる．まったく同一の箇所もあれば，部分的に一致するところもあった．ILAと訳語自体はかなり統一できたが，文章については本書を通じて一貫するよう，独立に訳出してから重なる部分を比べ，必要に応じて合わせた．ILAの訳者の新妻・松崎両先生には，苦心された訳文の真似を，大変快くお許しいただき感謝申し上げたい．CSEとの重なりは限定的だが，やはり一部分参考にさせていただいた箇所がある．原著は初版なので誤植があり，気づけば直したつもりである．演習問題が重複した章では問題番号を繰り上げた．

著者は平易な表現を好み，訳者もそう努めたが，方程式の解の分類では混同せぬよう，次の対応とした：非斉次微分方程式の particular solution （特殊解）のうち，$t=0$ に $y=0$ を出発する解が very particular solution （超特殊解）である．斉次方程式の解は null space （零空間）に含まれるので null solution と呼ばれるが，これを「零解」と訳せば，恒等的に零である関数（または全成分が零のベクトル）を意味する zero solution と紛らわしい．そこで前者を「斉次解」，後者は「自明な解」と呼び，区別した．

さらに，行列方程式での斉次解のうち，1つの自由変数のみ1として，残る自由変数を0としたものを special solution と呼ぶ．これはILAでは「特解」と訳されているが，微分方程式の文脈では，特解は上述の特殊解と同義である．この特別な斉次解は，すべての斉次解をつくる基底に選ぶものであるから「標準斉次解」と意訳した．

最後に

MITの写真でよく見る，芝生 (Killian Court) を囲むドームのある建物の，向かって右側に数学科のエリアがある．2016年頃の改修工事で消えてしまったかもしれないが，柱の配置からか窓が全くない部屋があり，その好都合の部屋で試問（時には拷問？）が行われていた．ストラング教授には訳者が博士課程学生であった二十数年前，qualifying exam（研究基礎力試験）の副査をお願いし，その部屋で口頭試問されて，出来が悪かった．「もっと線形代数を勉強する必要がありますね」と温和に指摘され，何とか試験は通していただけた．本書の翻訳前に，それを自己申告したところ，“The dark history of an exam at MIT is entirely forgotten! It is in a black hole never to see light again.” とのご返事で，訳に当たることは歓迎された．

訳者の知識や理解の不足を露呈した箇所もあるはずだが，ご容赦いただきたい．翻訳期間が長くなったが，辛抱強くお待ちいただいた近代科学社の方々にお礼申し上げる．

2017年11月　水戸にて

渡辺辰矢

索　引

1 階の方程式 (first order equation), 164
1 の N 乗根 (roots of $z^N = 1$), 458
1 方向性の波 (one-way wave), 475, 479
2 位の極 (double pole), 144, 482
2 階差分 (second order difference), 245, 251, 420, 426, 427
2 次方程式の解の公式 (quadratic formula), 90
2 重根 (double root), 90, 91, 101
3 次スプライン (cubic spline), 139
3 つの手順 (three steps), 350, 358, 378
4 階の方程式 (fourth order equation), 80, 93, 480
4 つの基本部分空間 (Four Fundamental Subspaces), 306, 310
6 つの図 (six pictures), 171

数式

$A^* = A^T$, 424
$A = LU$, 424, 501
$A = QR$, 501
$A = QS$, 442
$A = U\Sigma V^{\mathrm{T}}$, 391, 408, 410, 411
$A = V\Lambda V^{-1}$, 346, 350
$A^{\mathrm{T}}A$, 243, 281, 320, 395, 405, 427, 433
$A^{\mathrm{T}}CA$, 402, 414, 427, 435, 437
$\boldsymbol{C}(A)$ と $\boldsymbol{N}(A)$, 260, 266
$K = A^{\mathrm{T}}CA$, 421, 433, 434
K2D, 429, 430
$P(D)$, 108, 117
$Q^{\mathrm{T}}Q = I$, 243
$\mathbf{R}^n$ と $\mathbf{C}^n$, 255
$S = LDL^{\mathrm{T}}$, 414
$S = Q\Lambda Q^{\mathrm{T}}$, 385
$\boldsymbol{S}^{\perp}$, 313

A

absolute stability（絶対安定性）, 191
absolute value（絶対値）, 83, 86
acceleration（加速度）, 73, 489
accuracy（精度）, 185–187, 192, 193
Adams method（アダムス法）, 193, 195
add exponents（指数の和）, 9
addition formula（加法公式）, 87
Airy's equation（エアリーの方程式）, 130
albedo（アルベド（反射能））, 49
amplitude（振幅）, 75, 82, 111
amplitude response（振幅応答）, 34, 77
applied mathematics（応用数学）, 323, 433, 498
arrow（矢印）, 156, 320
associative law（結合法則）, 223
attractor（アトラクター）, 170, 182
autocorrelation（自己相関）, 491
autonomous（自励的）, 56, 70, 157, 158, 160
average（平均値）, 405, 447, 451

B

back substitution（後退代入）, 215, 269
backslash（バックスラッシュ）, 224
backward difference（後退差分）, 6, 12, 251, 425
backward Euler（後退オイラー法）, 189, 190
bad news（悪い知らせ）, 337
balance equation（釣合い方程式）, 47, 118, 324, 436
balance of forces（力の釣合い）, 118
bank（銀行）, 12, 40, 496
bar（棒）, 417, 418, 422, 466, 468
basis（基底）, 291, 296, 297, 300, 303, 346, 456, 458
beam（梁）, 480
beat（うなり）, 128
bell-shaped curve（釣鐘型曲線）, 16, 191, 470
Bernoulli equation（ベルヌーイの微分方程式）, 61
Bessel function（ベッセル関数）, 376, 471, 488
better notation（より良い記法）, 112, 124, 125
big picture（全体像）, 306, 310, 313, 410
Black–Scholes（ブラック–ショールズ）, 468
block multiplication（ブロック積）, 229, 230
boundary condition（境界条件）, 416, 422, 429, 442, 468
boundary value problem（境界値問題）, 416, 468, 480
box（箱）, 176
box function（箱関数）, 417, 450, 452, 480, 489, 499
Brauer（ブラウアー）, 180

C

capacitance（静電容量）, 119
carbon（炭素）, 46
carrying capacity（環境収容力）, 52, 54, 60
Castillo–Chavez（カスティーヨ–チャベス）, 180
catalyst（触媒）, 181
Cayley–Hamilton theorem（ケーリー–ハミルトンの定理）, 357
cell phone（携帯電話）, 44, 176
center（中心点）, 161, 163, 174
centered difference（中心差分）, 7, 192
chain rule（連鎖則）, 3, 4, 377, 380
change of variables（変数変換）, 374
chaos（カオス）, 155, 181
characteristic equation（特性方程式）, 90, 103, 107, 165
chebfun, 415
chemical engineering（化学工学）, 468
Cholesky factorization（コレスキー分解）, 414
circular motion（円運動）, 76, 360
closed-loop（閉ループ）, 63
closest line（最も近い直線）, 397, 403
cofactor（余因子）, 339
column picture（列ベクトルの絵）, 200, 208
column rank（列の階数）, 281, 330
column space（列空間）, 259, 264, 284
column-times-row（列と行の積）, 226, 229, 230, 440
combination of columns（列の線形結合）, 201, 204
combination of eigenvectors（固有ベクトルの線形結合）, 337, 359, 366, 380, 383
commute（可換）, 223, 228
competition（競争）, 52, 174
complete graph（完全グラフ）, 437, 439
complex conjugate（複素共役）, 32, 87, 94, 389
complex eigenvalues（複素固有値）, 166
complex exponential（複素指数関数）, 13, 443
complex Fourier series（複素フーリエ級数）, 451
complex gain（複素ゲイン）, 111
complex impedance（複素インピーダンス）, 39, 120
complex numbers（複素数）, 32, 82
complex roots（複素根）, 90, 163
complex solution（複素数の解）, 37–39, 88
complex vector（複素ベクトル）, 444
compound interest（複利）, 12, 186
computational mechanics（計算力学）, 382
computational science（計算科学）, 429, 458
concentration（濃度）, 46, 181
condition number（条件数）, 411
conjugate transpose（共役転置）, 386
constant coefficient（定数係数）, 1, 98, 117, 443, 480, 497
constant diagonals（定数の対角成分）, 493, 497
constant source（一定の湧出し）, 20
continuous（連続）, 154, 323
continuous interest（連続な利率）, 44
convergence（収束）, 71, 198
convex（凸）, 73
convolution（たたみ込み）, 117, 136, 490, 492, 496
convolution rule（たたみ込みの公式）, 487, 491, 495, 496
Cooley–Tukey（クーリー–テューキー）, 461
cooling (Newton's law)（冷却）, 46
cosine series（コサイン級数）, 447
Counting Theorem（数え上げ定理）, 272, 311, 321
Cramer's Rule（クラメルの公式）, 339
critical damping（臨界減衰）, 95, 99, 115
critical point（停留点）, 170, 171, 183
cubic spline（3 次スプライン）, 139
Current Law（電流法則）, 123, 324, 326
cyclic convolution（循環たたみ込み）, 496–498

D

d'Alembert（ダランベール）, 476, 478
damped frequency（減衰周波数）, 98, 105, 113
damped gain（減衰ゲイン）, 112
damping（減衰）, 95, 112, 118
damping ratio（減衰比）, 98, 113, 114
dashpot（ダッシュポット）, 118
data（データ）, 411, 442
DCT, 464
decay rate（減衰率）, 45, 448, 455, 478
deconvolution（逆たたみ込み）, 495, 498
delta function（デルタ関数）, 23, 28, 78, 96, 97, 417, 448, 450, 453, 469, 482
delta vector（デルタベクトル）, 425, 458, 493
dependent（線形従属）, 295
dependent columns（線形従属な列）, 212
derivative rule（導関数の公式）, 141, 452, 487
determinant（行列式）, 175, 232, 236, 334, 338, 340, 345, 356, 362, 412, 503
DFT, 443, 456, 460, 464, 495
diagonalizable（対角化可能）, 362, 391
diagonalization（対角化）, 345, 410
difference equation（差分方程式）, 44, 51, 185, 189, 346
differential equation（微分方程式）, 1, 40
diffusion（拡散）, 367, 467, 468
dimension（次元）, 44, 51, 272, 291, 298, 299, 311, 330

dimensionless（無次元）, 34, 99, 113, 124
direction field（方向場）, 157
discrete Fourier transform（離散フーリエ変換 (DFT) を見よ）, 443
discrete sines（離散サイン）, 416, 443, 464
displacements（変位）, 123
distributive law（分配法則）, 224
divergence（発散）, 427
dot product（ドット積）, 203, 386
double angle（倍角）, 84
double pole（2 位の極）, 144, 482
double root（2 重根）, 90, 91, 101
doublet（二重項）, 150
doubling time（倍増時間）, 46, 47
driving function（駆動関数）, 76, 112, 486
dropoff curve（飛び降りる曲線）, 56, 61, 157

E

edge（辺）, 320, 433
eigenfunction（固有関数）, 418, 420, 431, 466, 470, 478
eigenvalue（固有値）, 165, 333, 334, 391
eigenvector（固有ベクトル）, 167, 333, 334, 391
Einstein（アインシュタイン）, 475
elapsed time（経過時間）, 98
elimination（消去法）, 212, 214, 342
empty set（空集合）, 300
energy（エネルギー）, 406, 420, 422, 434, 454
energy balance（エネルギーの釣合い）, 47
energy identity（エネルギー恒等式）, 450, 455
enzyme（酵素）, 181
epidemic（伝染病）, 179, 180
equlibrium（平衡）, 427
error（誤差）, 187
error function（誤差関数）, 469
error vector（誤差ベクトル）, 396, 404
Euler's equations（オイラーの運動方程式）, 177, 184
Euler's Formula（オイラーの公式）, 13, 82, 83, 324, 460
Euler's method（オイラー法）, 186, 190, 393
even permutation（偶置換）, 250
exact equations（完全形の微分方程式）, 64
existence（存在性）, 154, 198
exponential（指数関数）, 2, 7, 10, 25, 131, 371, 379
exponential response（指数応答）, 104, 107, 117

F

factorization（分解）, 391, 501
farad（ファラド）, 122
Fast Fourier Transform（高速フーリエ変換 (FFT) を見よ）, 87
feedback（フィードバック）, 63
FFT, 87, 443, 456, 458, 460, 461
fftw, 463
Fibonacci（フィボナッチ）, 348, 354, 415
filter（フィルター）, 491
finite elements（有限要素）, 123, 382, 429, 440
finite speed（有限の速さ）, 474
first order equation（1 階の方程式）, 164
flow graph（流れ図）, 462
football（フットボール）, 177, 178
forced oscillation（強制振動）, 80, 105, 110
forward difference（前進差分）, 244
Four Fundamental Subspaces（4 つの基本部分空間）, 306, 310
Fourier coefficients（フーリエ係数）, 447, 448, 451
Fourier cosine series（フーリエコサイン級数）, 468
Fourier Integral Transform（フーリエ積分変換）, 460
Fourier series（フーリエ級数）, 429, 431, 447, 449, 454, 466
Fourier sine series（フーリエサイン級数）, 420, 445, 466, 478
fourth order equation（4 階の方程式）, 80, 93, 480
foxes（キツネ）, 173, 174
free column（自由列）, 267
free variable（自由変数）, 269, 271, 274, 275, 279
free-free boundary conditions（自由端-自由端の境界条件）, 422
frequency（周波数）, 76, 79, 382, 477
frequency domain（周波数領域）, 120, 144, 460, 491
frequency response（周波数応答）, 36, 77, 443
frisbee（フリスビー）, 177
full rank（非退化）, 281, 283, 287, 294, 395
function space（関数空間）, 300, 305, 443, 451
fundamental solution（基本解）, 77, 81, 96, 117, 469
Fundamental Theorem（基本定理）, 5, 8, 42, 249, 311, 313, 409

G

gain（ゲイン）, 30, 33, 84, 104, 111
Gauss–Jordan（ガウス–ジョルダン法）, 234–236, 240, 289, 339
gene（遺伝子）, 442
general solution（一般解）, vii, 1, 17, 19, 105, 106, 205, 214, 270, 280, 282
generalized eigenvalues（一般化固有値）, 382

geometric series（幾何級数）, 7
Gibbs phenomenon（ギブズ現象）, 446
gold（金塊）, 153
Gompertz equation（ゴンペルツ方程式）, 62
Google, 336
GPS, 475
gradient（勾配）, 427, 431
graph（グラフ）, 320, 324, 326, 328, 426, 432
Green's function（グリーン関数）, 136, 493
greenhouse effect（温室効果）, 48
grid（格子）, 426, 429, 439
ground a node（節点を接地）, 434, 436
growth factor（成長因子）, 40, 41, 50, 96, 135, 374, 375, 493
growth rate（成長率）, 2, 40, 373

H

Hénon（エノン写像）, 182
half-life（半減期）, 45
harmonic motion（調和運動）, 74, 76, 79
harvesting（収穫）, 58, 59, 61
hat function（ハット関数）, 478
heat equation（熱伝導方程式）, 420, 466, 467
heat kernel（熱核）, 468, 469, 471
Heaviside（ヘヴィサイド）, 21, 487
henry（ヘンリー）, 122
hertz（ヘルツ）, 76
higher order（高階）, 92, 101, 104, 106, 117, 364
Hilbert space（ヒルベルト空間）, 444
homogeneous（斉次（同次））, 17, 102
Hooke's Law（フックの法則）, 74, 383, 434
hyperplane（超平面）, 210

I

image（像）, 495
imaginary eigenvalues（虚数の固有値）, 340, 360
impedance（インピーダンス）, 39, 120, 121, 127
implicit（陰的）, 66, 189
impulse（インパルス）, 23, 78
impulse response（インパルス応答）, 24, 78, 96, 102, 117, 121, 135, 140, 150, 492, 493
independence（線形独立性）, 206
independent columns（線形独立な列）, 278, 281, 296, 330, 395, 401
independent eigenvectors（線形独立な固有ベクトル）, 371
independent rows（線形独立な行）, 278
inductance（インダクタンス）, 119
infection rate（感染率）, 180
infinite series（無限級数）, 10, 13, 337, 378, 445, 467
inflection point（変曲点）, 54
initial conditions（初期条件）, 73, 358, 468
initial value（初期値）, 2, 9, 40, 480, 494
inner product（内積）, 203, 216, 230, 253, 331, 386, 419, 444
integrating factor（積分因子）, 19, 26, 41, 493
integration by parts（部分積分）, 253, 331, 419, 424, 442
interest rate（利率）, 12, 43
intersection（共通部分）, 263, 306
inverse transform（逆変換）, 140, 457, 484, 488
isocline（アイソクライン）, 156, 159, 160

J

Jordan form（ジョルダン形）, 367, 391, 392
Julia, 339
jump（ジャンプ）, 22, 485, 486

K

key formula（大切な公式）, 20, 78, 112, 117, 135, 492
kinetic energy（運動エネルギー）, 79
Kirchhoff's Current Law (KCL)（キルヒホフの電流法則）, 323, 434
Kirchhoff's Laws（キルヒホフの法則）, 118, 123, 277
Kirchhoff's Voltage Law (KVL)（キルヒホフの電圧法則）, 322
kron(A, B), 430

L

l'Hôpital's Rule（ロピタルの法則）, 43, 108
LAPACK, 246, 340
Laplace convolution（ラプラス変換のたたみ込み）, 492, 494
Laplace equation（ラプラス方程式）, 426–428, 453, 454
Laplace transform（ラプラス変換）, 121, 139, 141, 147, 480, 487
law of mass action（質量作用の法則）, 180
least squares（最小 2 乗法）, 395–397
left eigenvectors（左固有ベクトル）, 357
left null space（左零空間）, 306, 309
left-inverse（左逆行列）, 232, 237, 247
length（長さ）, 247
Liénard（リエナール）, 183
linear combination（線形結合）, 201, 202, 258, 295
linear equation（線形方程式）, 4, 17, 105, 133, 172, 358
linear shift-invariant（線形の並進不変な）, 470

linear time-invariant (LTI)（線形の時不変な）, 70, 358
linear transformation（線形変換）, 211
linearity（線形性）, 224, 482
linearization（線形化）, 172, 177
linearly independent（線形独立）, 283, 293, 296
Lobster trap（ロブスター用の罠）, 159
logistic equation（ロジスティック方程式）, 47, 52, 61, 157, 191
loop（ループ）, 322, 324, 325
loop equation（ループの方程式）, 119, 122, 126
Lorenz equation（ローレンツ方程式）, x, 182
Lotka–Volterra（ロトカ–ヴォルテラ）, 174

M

magnitude（大きさ）, 32, 83, 112
magnitude response（大きさの応答 (amplitude response) を見よ）, 77
mass action（質量作用）, 180
Mathematica, 195, 478
mathematical finance（数理ファイナンス）, 468
MATLAB, 192, 210, 339, 382, 457, 462, 496
matrix
  −1, 2, −1 matrix（−1, 2, −1 行列）, 251, 426, 464
  adjacency matrix（隣接行列）, 326, 327, 437
  augmented matrix（拡大行列）, 234, 264, 278, 286
  block matrix（ブロック行列）, 234, 242, 430
  chess matrix（チェス行列）, 318
  circulant matrix（巡回行列）, 206, 459, 497, 499
  coefficient matrix（係数行列）, 201
  companion matrix（同伴行列）, 164, 165, 167, 344, 363–365, 370, 378
  complex matrix（複素行列）, 386
  conductance matrix（コンダクタンス行列）, 124, 395, 435, 436
  degree matrix（次数行列）, 325, 437, 439
  diagonal matrix（対角行列）, 232, 408
  difference matrix（差分行列）, 244, 321, 416, 433
  echelon matrix（階段行列）, 268, 271, 272
  eigenvalue matrix（固有値行列）, 345
  eigenvector matrix（固有ベクトル行列）, 345, 372
  elimination matrix（基本変形の行列）, 227, 233, 310
  Fourier matrix（フーリエ行列）, 85, 247, 457, 458, 461
  fundamental matrix（基本行列）, 375, 380, 394
  Hadamard matrix（アダマール行列）, 248, 353
  Hermitian matrix（エルミート行列）, 386
  identity matrix（単位行列）, 203, 222
  incidence matrix（接続行列）, 124, 320–322, 324, 328, 433
  inverse matrix（逆行列）, 31, 231, 235, 493
  invertible matrix（可逆行列）, 207, 216, 232, 296
  Jacobian matrix（ヤコビ行列）, 172, 177
  KKT matrix（KKT 行列）, 438
  Laplacian matrix（ラプラシアン行列）, 325–327, 434
  magic matrix（魔法陣行列）, 211
  Markov matrix（マルコフ行列）, 335, 337, 341, 391
  mass matrix（質量行列）, 381, 390
  matrix exponential（行列の指数関数）, 14, 371, 379
  matrix multiplication（行列の掛け算）, 221, 223, 225, 226, 254
  orthogonal matrix（直交行列）, 243, 247, 251, 252, 385, 390
  permutation matrix（置換行列）, 245, 250, 306, 461
  positive definite matrix（正定値行列）, 382, 395, 406
  projection matrix（射影行列）, 252, 342, 391, 400, 404
  rank-one matrix（階数 1 の行列）, 312, 391, 410
  rectangular matrix（長方行列）, 395
  reflection matrix（鏡映行列）, 252, 391
  rotation matrix（回転行列）, 340
  saddle-point matrix（鞍点行列）, 438, 440
  second difference matrix（2 階差分行列）, 424
  semidefinite matrix（半定値行列）, 407, 422
  similar matrix（相似行列）, 374, 380, 393
  singular matrix（特異行列）, 204, 206, 334–336, 503
  skew-symmetric (antisymmetric) matrix（歪対称（反対称）行列）, 361, 391
  sparse matrix（疎行列）, 226
  stable matrix（安定な行列）, 361
  stiffness matrix（剛性行列）, 124, 381, 395
  sudoku matrix（数独行列）, 211
  symmetric matrix（対称行列）, 243, 299, 384, 420
  Toeplitz matrix（テプリッツ行列）, 490, 493
  triangular matrix（三角行列）, 216, 237, 302, 501, 503
  tridiagonal matrix（三重対角行列）, 236, 251, 391, 420, 464
  unitary matrix（ユニタリ行列）, 386
  upper triangular matrix（上三角行列）, 212, 219
mechanics（力学）, 73

mesh（メッシュ）, 430
Michaelis–Menten（ミハエリス–メンテン）, 181
minimum（極小）, 414
model（モデル）, 40, 115, 383, 433
multiplication（掛け算）, 204, 221, 490
multiplicity（重複度）, 93, 351
multiplier（乗数）, 212, 217, 229
multistep method（多段階法）, 193

N

natural frequency（固有周波数）, 77, 98, 101, 477
network（ネットワーク）, 277, 320, 426, 435, 436
neutral stability（中立安定性）, 167, 361
Newton's Law（ニュートンの法則）, 46, 73, 245, 383
Newton's method（ニュートン法）, 6, 181
nodal analysis（節点解析法）, 123
node（節点）, 321, 433
nondiagonalizable（対角化不可能）, 347, 351, 355, 392
nonlinear equation（非線形方程式）, 2, 51, 172
nonlinear oscillation（非線形振動）, 70
norm（ノルム）, 410, 411
normal distribution（正規分布）, 470
normal equations（正規方程式）, 397, 399, 400
normal modes（正規モード）, 382
Nth order（N 階）, 106, 117
null solution（斉次解）, 17, 18, 78, 91, 102, 106, 113, 205
nullity（退化次数）, 272
nullspace（零空間）, 265
number of solutions（解の個数）, 288

O

ode45, 192, 195
off-diagonal ratios（非対角要素の比）, 231
Ohm's Law（オームの法則）, 39, 122, 434, 435, 437
one-way wave（1 方向性の波）, 475, 479
open-loop（開ループ）, 63
operation count（演算回数）, 463
optimal control（最適制御）, 489
order of accuracy（精度の次数）, 187, 192, 193
orthogonal basis（直交基底）, 409, 444, 458, 459
orthogonal eigenvectors（直交する固有ベクトル）, 243, 392
orthogonal functions（直交関数）, 331, 415, 445
orthogonal subspaces（直交部分空間）, 313, 319
orthonormal basis（正規直交基底）, 408, 410, 451
orthonormal columns（正規直交な列ベクトル）, 247, 406
oscillation（振動）, 73, 75
oscillation equation（振動方程式）, 381
overdamping（過減衰）, 95, 99, 101
overshoot (Gibbs)（オーバーシュート（ギブズ））, 446

P

parabola（放物線）, 90, 96
parallel（並列）, 122, 127
partial differential equation（偏微分方程式 (PDE) を見よ）, 466
partial fractions（部分分数）, 55, 61, 142, 143, 146, 149, 484
partial sums（部分和）, 449
particular solution（特殊解）, 17, 18, 41, 106, 205, 279, 282, 283
PDE（偏微分方程式）, 426, 466, 477
peak time（ピーク時刻）, 113, 128
pendulum（振り子）, 70, 81, 183
period（周期）, 76, 163, 455
periodic（周期的）, 174
perpendicular（垂直）, 203, 247, 399, 443
perpendicular eigenvectors（直交する固有ベクトル (orthogonal eigenvectors) を見よ）, 384, 392
perpendicular subspaces（直交部分空間 (orthogonal subspaces) を見よ）, 319
PF2, 62, 142, 149, 482
PF3, 142, 149, 482
phase angle（位相角）, 32, 80
phase lag（位相遅れ）, 30, 33, 75, 81, 104, 112
phase line（位相直線）, 170
phase plane（位相平面）, 58, 360
phase response（位相応答）, 77
pictures（図）, 154
pivot（ピボット）, 212, 214, 229, 237, 413
pivot column（ピボット列）, 267, 269, 297, 300
pivot variable（ピボット変数）, 269, 275
plane（平面）, 203, 210, 263
Pluto（冥王星）, 155
point source（点湧出し）, 23, 468, 469
point-spread function（点拡がり関数）, 495
Poisson's equation（ポアソン方程式）, 428
polar angle（偏角）, 38, 88
polar form（極形式）, 30, 32, 82, 83, 110, 112, 121, 249, 428, 442, 459
poles（極）, 99, 129, 139, 482, 484
polynomial（多項式）, 131
Pontryagin（ポントリャーギン）, 489
population（人口）, 47, 54, 60, 63
positive definite（正定値）, 382, 395, 407, 413, 419, 421
potential energy（位置エネルギー）, 79

powers（累乗）, 224, 336, 350
practical resonance（実際上の共鳴）, 126
predator-prey（捕食者—被食者）, 173, 174, 181
prediction-correction（予測—修正）, 193
present value（現在価値）, 51
principal axis（主軸）, 385
Principal Component Analysis（主成分分析）, 411, 442
probability（確率）, 470
product integral（乗法的積分）, 394
product of pivots（ピボットの積）, 338, 503
product rule（積の公式）, 8
projection（射影）, 397, 399–401
pulse（脈拍）, 402, 403
Python, 339

Q

quadratic formula（2 次方程式の解の公式）, 90
quiver（箙（えびら））, 155

R

rabbits（ウサギ）, 173, 174
radians（ラジアン）, 75
radioactive decay（放射性崩壊）, 45
ramp function（ランプ関数）, 23, 97, 418, 487
ramp response（ランプ応答）, 129
rank（階数）, 272, 278, 283, 308
rank of AB（AB の階数）, 318
rank theorem（階数の定理）, 330
Rayleigh quotient（レイリー商）, 442
reactance（リアクタンス）, 121
real eigenvalues（実固有値）, 166, 243, 384
real roots（実根）, 90, 162
real solution（実数解）, 31, 110
rectangular form（直交形式）, 110, 111
recursion（再帰）, 462, 463
red lights（赤信号）, 489
reduced row echelon form（行簡約階段形 (rref) を見よ）, 268
relativity（相対性）, 475
relaxation time（緩和時間）, 46
repeated eigenvalues（重複固有値）, 347, 364, 392
repeated roots（重複根）, 92, 93, 101, 364
repeating ramp（反復ランプ関数）, 447
resistance（抵抗）, 119, 436
resonance（共鳴）, 26, 27, 29, 79, 82, 108, 109, 113, 115, 132, 137, 373
reverse order（逆順）, 233, 242, 253
right triangle（直角三角形）, 126, 128, 396
right-inverse（右逆行列）, 232, 236, 237
RLC loop（RLC ループ）, 39, 118, 119, 122
roots（根）, 101, 107, 129
roots of $z^N = 1$（1 の N 乗根）, 458
row exchange（行の交換）, 214, 219, 246
row picture（行ベクトルの絵）, 199, 216
row space（行空間）, 295, 331
rref(A), 268, 270, 272, 273, 290
Runge–Kutta（ルンゲ–クッタ法）, 17, 192, 194, 195

S

saddle（鞍点）, 169, 173, 178, 412, 438
SciPy, 195
S-curve（S 字曲線）, 54, 63, 157
second order difference（2 階差分）, 245, 251, 420, 426, 427
semidefinite（半定値）, 407, 422
separable（変数分離可能）, 55, 64, 431
separation of variables（変数分離法）, 432, 467, 470, 471, 477
shift（平行移動）, 452
shift invariant（並進不変）, 97, 470, 490, 493, 498
shift rule for transform（平行移動した関数の変換公式）, 485
sign reversal（符号反転）, 503
Simpson's Rule（シンプソン則）, 196
sines and cosines（サインとコサイン）, 449
singular value（特異値）, 408, 410, 416
singular value decomposition（特異値分解 (SVD) を見よ）, 408
singular vector（特異ベクトル）, 395
sink（吸込み）, 17
sinusoid（シヌソイド）, 19, 30, 34
sinusoidal identity（三角関数の合成公式）, 35, 37, 112
SIR model（SIR モデル）, 180
six pictures（6 つの図）, 171
skew-symmetric (antisymmetric)（歪対称（反対称））, 250, 331, 361, 390, 419
smoothness（滑らかさ）, 448
solution curve（解曲線）, 154
Solution Page（解法のページ）, 117
solvable（可解）, 259, 261, 284, 318
source（湧出し）, 17, 19, 40
span（スパン，張る）, 260, 265, 291, 295, 303
special inputs（特別な入力）, 131, 139
special solution（標準斉次解）, 266, 270, 309
spectral theorem（スペクトル定理）, 385, 392
speed of light（光速）, 475
spike（スパイク）, 23, 417, 447, 448
spiral（渦巻き）, 33, 86, 88, 94, 161
spiral sink（渦巻きの吸込み）, 163
spring（バネ）, 74, 118

square root（平方根）, 407
square wave（矩形波）, 445, 447, 453, 467
stability（安定性）, 49, 57, 58, 60, 188, 483
stability limit（安定限界）, 192, 197
stability line（安定性の直線）, 57, 170
stability test（安定性の判定法）, 165, 167, 170, 175, 190, 348, 362
standing wave（定在波）, 476
starting value（出発値 (initial value) を見よ）, 9
state space（状態空間）, 127
statistics（統計学）, 411, 470
steady state（定常状態）, 21, 49, 52, 57, 155, 335, 337, 366
Stefan–Boltzmann Law（シュテファン–ボルツマンの放射法則）, 48, 62
step function（ステップ関数）, 21, 23, 485, 489, 500
step response（ステップ応答）, 22, 81, 97, 102, 124, 125, 127, 128
stepsize（ステップ幅）, 184
stiff equation（硬い方程式）, 188
stiff system（硬い系）, 195
stiffness（剛性）, 118, 480
stock prices（株価）, 468
straight line（直線）, 396
subspace（部分空間）, 255, 257, 258, 260, 262
sum of spaces（空間の和）, 265
sum of squares（平方和）, 396, 398
superposition（重ね合せ）, 8, 359, 471
SVD, 249, 391, 395, 409, 410, 414, 415, 442
switch（スイッチ）, 22
symmetric and orthogonal（対称かつ直交）, 249, 387
symmetry（対称性）, 479
system（系（連立方程式））, 164, 199, 333

T

Table of eigenvalues（固有値の表）, 391
Table of Rules（公式の表）, 487
Table of Transforms（変換の表）, 146, 482
tangent（タンジェント）, 38, 59, 75, 80
tangent line（接線）, 6, 156, 185
tangent parabola（接放物線）, 7, 193
Taylor series（テイラー級数）, 7, 14, 16, 187
temperature（温度）, 46, 453, 466, 470
test grades（試験の成績）, 405
three steps（3 つの手順）, 350, 358, 378
time constant（時定数）, 99
time domain（時間領域）, 120, 127, 144
time lag（時間遅れ）, 81
time-varying（時間変化する）, 376, 380, 393
Toomre（トゥームア教授）, 178
trace（トレース）, 175, 340, 345, 356, 362, 394
transfer function（伝達関数）, 103, 120, 443, 487, 492
transient（過渡状態）, 27, 103, 358
transpose（転置）, 242, 253, 331, 395, 442
tree（木）, 325
tumbling box（宙返りする箱）, 177, 178, 184

U

underdamping（不足減衰）, 95, 99, 101, 117
undetermined coefficients（未定係数法）, 117, 129, 131, 136
uniqueness（一意性）, 154, 296
unit circle（単位円）, 32, 84, 85, 94, 458
unit vector（単位ベクトル）, 343
units（単位）, 44, 51, 467
unstable（不安定）, 49, 52, 166, 194

V

variable coefficient（変係数）, 1, 41, 130
variance（分散）, 402, 405, 411, 442
variation of parameters（定数変化法）, 41, 42, 129, 130, 133–135, 137, 493
vector（ベクトル）, 164, 200, 255–257
vector space（ベクトル空間）, 255, 256, 305, 329
very particular（超特殊）, 18, 26, 27, 117, 143
violin（ヴァイオリン）, 476, 480
Voltage Law（電圧法則）, 122, 324, 326
voltage source（電圧源）, 435

W

wave equation（波動方程式）, 475–477, 480
weighted Laplacian（重みつきラプラシアン）, 434, 437
weighted least squares（重みつき最小 2 乗法）, 395, 402
Wikipedia（ウィキペディア）, 248, 442
Wronskian（ロンスキアン）, 134, 135, 375, 394
Wolfram Alpha（ウルフラム・アルファ）, 195

Z

zero solution（自明な解）, 265
zerocline（ゼロクライン）, 157
zeta（ゼータ）, 98, 113

ア

RLC ループ (RLC loop), 39, 118, 119, 122
アイソクライン (isocline), 156, 159, 160
アインシュタイン (Einstein), 475
赤信号 (red lights), 489

アダムス法 (Adams method), 193, 195
アトラクター (attractor), 170, 182
アルベド（反射能）(albedo), 49
安定限界 (stability limit), 192, 197
安定性 (stability), 49, 57, 58, 60, 188, 483
安定性の直線 (stability line), 57, 170
安定性の判定法 (stability test), 165, 167, 170, 175, 190, 348, 362
鞍点 (saddle), 169, 173, 178, 412, 438

位相応答 (phase response), 77
位相遅れ (phase lag), 30, 33, 75, 81, 104, 112
位相角 (phase angle), 32, 80
位相直線 (phase line), 170
位相平面 (phase plane), 58, 360
一意性 (uniqueness), 154, 296
位置エネルギー (potential energy), 79
一定の湧出し (constant source), 20
一般解 (general solution), vii, 1, 17, 19, 105, 106, 205, 214, 270, 280, 282
一般化固有値 (generalized eigenvalues), 382
遺伝子 (gene), 442
インダクタンス (inductance), 119
陰的 (implicit), 66, 189
インパルス (impulse), 23, 78
インパルス応答 (impulse response), 24, 78, 96, 102, 117, 121, 135, 140, 150, 492, 493
インピーダンス (impedance), 39, 120, 121, 127

ヴァイオリン (violin), 476, 480
ウィキペディア (*Wikipedia*), 248, 442
ウサギ (rabbits), 173, 174
渦巻き (spiral), 33, 86, 88, 94, 161
渦巻きの吸込み (spiral sink), 163
うなり (beat), 128
ウルフラム・アルファ(*Wolfram Alpha*), 195
運動エネルギー (kinetic energy), 79

エアリーの方程式 (Airy's equation), 130
SIR モデル (SIR model), 180
S 字曲線 (S-curve), 54, 63, 157
N 階 (Nth order), 106, 117
エネルギー (energy), 406, 420, 422, 434, 454
エネルギー恒等式 (energy identity), 450, 455
エネルギーの釣合い (energy balance), 47
エノン写像 (Hénon), 182
AB の階数 (rank of AB), 318
箙（えびら）(quiver), 155
円運動 (circular motion), 76, 360
演算回数 (operation count), 463

オイラーの運動方程式 (Euler's equations), 177, 184
オイラーの公式 (Euler's Formula), 13, 82, 83, 324, 460
オイラー法 (Euler's method), 186, 190, 393
応用数学 (applied mathematics), 323, 433, 498
大きさ (magnitude), 32, 83, 112
大きさの応答（振幅応答を見よ）(magnitude response), 77
オーバーシュート（ギブズ）(overshoot (Gibbs)), 446
オームの法則 (Ohm's Law), 39, 122, 434, 435, 437
重みつき最小 2 乗法 (weighted least squares), 395, 402
重みつきラプラシアン (weighted Laplacian), 434, 437
温室効果 (greenhouse effect), 48
温度 (temperature), 46, 453, 466, 470

カ

解曲線 (solution curve), 154
階数 (rank), 272, 278, 283, 308
階数の定理 (rank theorem), 330
解の個数 (number of solutions), 288
解法のページ (Solution Page), 117
開ループ (open-loop), 63
ガウス–ジョルダン法 (Gauss–Jordan), 234–236, 240, 289, 339
カオス (chaos), 155, 181
可解 (solvable), 259, 261, 284, 318
化学工学 (chemical engineering), 468
可換 (commute), 223, 228
拡散 (diffusion), 367, 467, 468
確率 (probability), 470
掛け算 (multiplication), 204, 221, 490
過減衰 (overdamping), 95, 99, 101
重ね合せ (superposition), 8, 359, 471
カスティーヨ–チャベス (Castillo–Chavez), 180
数え上げ定理 (Counting Theorem), 272, 311, 321
加速度 (acceleration), 73, 489
硬い系 (stiff system), 195
硬い方程式 (stiff equation), 188
過渡状態 (transient), 27, 103, 358
株価 (stock prices), 468
加法公式 (addition formula), 87
環境収容力 (carrying capacity), 52, 54, 60
関数空間 (function space), 300, 305, 443, 451
完全グラフ (complete graph), 437, 439
完全形の微分方程式 (exact equations), 64
感染率 (infection rate), 180
緩和時間 (relaxation time), 46

木 (tree), 325
幾何級数 (geometric series), 7
キツネ (foxes), 173, 174
基底 (basis), 291, 296, 297, 300, 303, 346, 456, 458
ギブズ現象 (Gibbs phenomenon), 446
基本解 (fundamental solution), 77, 81, 96, 117, 469
基本定理 (Fundamental Theorem), 5, 8, 42, 249, 311, 313, 409
逆順 (reverse order), 233, 242, 253
逆たたみ込み (deconvolution), 495, 498
逆変換 (inverse transform), 140, 457, 484, 488
境界条件 (boundary condition), 416, 422, 429, 442, 468
境界値問題 (boundary value problem), 416, 468, 480
行簡約階段形（rref を見よ）(reduced row echelon form), 268
行空間 (row space), 295, 331
強制振動 (forced oscillation), 80, 105, 110
競争 (competition), 52, 174
共通部分 (intersection), 263, 306
行の交換 (row exchange), 214, 219, 246
行ベクトルの絵 (row picture), 199, 216
共鳴 (resonance), 26, 27, 29, 79, 82, 108, 109, 113, 115, 132, 137, 373
共役転置 (conjugate transpose), 386
行列
- $-1, 2, -1$ 行列 ($-1, 2, -1$ matrix), 251, 426, 464
- 2 階差分行列 (second difference matrix), 424
- KKT 行列 (KKT matrix), 438
- アダマール行列 (Hadamard matrix), 248, 353
- 安定な行列 (stable matrix), 361
- 鞍点行列 (saddle-point matrix), 438, 440
- 上三角行列 (upper triangular matrix), 212, 219
- エルミート行列 (Hermitian matrix), 386
- 階数 1 の行列 (rank-one matrix), 312, 391, 410
- 階段行列 (echelon matrix), 268, 271, 272
- 回転行列 (rotation matrix), 340
- 可逆行列 (invertible matrix), 207, 216, 232, 296
- 拡大行列 (augmented matrix), 234, 264, 278, 286
- 基本行列 (fundamental matrix), 375, 380, 394
- 基本変形の行列 (elimination matrix), 227, 233, 310
- 逆行列 (inverse matrix), 31, 231, 235, 493
- 鏡映行列 (reflection matrix), 252, 391
- 行列の掛け算 (matrix multiplication), 221, 223, 225, 226, 254
- 行列の指数関数 (matrix exponential), 14, 371, 379
- 係数行列 (coefficient matrix), 201
- 剛性行列 (stiffness matrix), 124, 381, 395
- 固有値行列 (eigenvalue matrix), 345
- 固有ベクトル行列 (eigenvector matrix), 345, 372
- コンダクタンス行列 (conductance matrix), 124, 395, 435, 436
- 差分行列 (difference matrix), 244, 321, 416, 433
- 三角行列 (triangular matrix), 216, 237, 302, 501, 503
- 三重対角行列 (tridiagonal matrix), 236, 251, 391, 420, 464
- 次数行列 (degree matrix), 325, 437, 439
- 質量行列 (mass matrix), 381, 390
- 射影行列 (projection matrix), 252, 342, 391, 400, 404
- 巡回行列 (circulant matrix), 206, 459, 497, 499
- 数独行列 (sudoku matrix), 211
- 正定値行列 (positive definite matrix), 382, 395, 406
- 接続行列 (incidence matrix), 124, 320–322, 324, 328, 433
- 相似行列 (similar matrix), 374, 380, 393
- 疎行列 (sparse matrix), 226
- 対角行列 (diagonal matrix), 232, 408
- 対称行列 (symmetric matrix), 243, 299, 384, 420
- 単位行列 (identity matrix), 203, 222
- チェス行列 (chess matrix), 318
- 置換行列 (permutation matrix), 245, 250, 306, 461
- 長方行列 (rectangular matrix), 395
- 直交行列 (orthogonal matrix), 243, 247, 251, 252, 385, 390
- テプリッツ行列 (Toeplitz matrix), 490, 493
- 同伴行列 (companion matrix), 164, 165, 167, 344, 363–365, 370, 378
- 特異行列 (singular matrix), 204, 206, 334–336, 503
- 半定値行列 (semidefinite matrix), 407, 422
- フーリエ行列 (Fourier matrix), 85, 247, 457, 458, 461
- 複素行列 (complex matrix), 386
- ブロック行列 (block matrix), 234, 242, 430
- 魔法陣行列 (magic matrix), 211
- マルコフ行列 (Markov matrix), 335, 337, 341, 391
- ヤコビ行列 (Jacobian matrix), 172, 177
- ユニタリ行列 (unitary matrix), 386

ラプラシアン行列 (Laplacian matrix), 325–327, 434
隣接行列 (adjacency matrix), 326, 327, 437
歪対称（反対称）行列 (skew-symmetric (antisymmetric) matrix), 361, 391
行列式 (determinant), 175, 232, 236, 334, 338, 340, 345, 356, 362, 412, 503
極 (poles), 99, 129, 139, 482, 484
極形式 (polar form), 30, 32, 82, 83, 110, 112, 121, 249, 428, 442, 459
極小 (minimum), 414
虚数の固有値 (imaginary eigenvalues), 340, 360
キルヒホフの電圧法則 (Kirchhoff's Voltage Law (KVL)), 322
キルヒホフの電流法則 (Kirchhoff's Current Law (KCL)), 323, 434
キルヒホフの法則 (Kirchhoff's Laws), 118, 123, 277
金塊 (gold), 153
銀行 (bank), 12, 40, 496

空間の和 (sum of spaces), 265
空集合 (empty set), 300
偶置換 (even permutation), 250
クーリー–テューキー (Cooley–Tukey), 461
矩形波 (square wave), 445, 447, 453, 467
駆動関数 (driving function), 76, 112, 486
グラフ (graph), 320, 324, 326, 328, 426, 432
クラメルの公式 (Cramer's Rule), 339
グリーン関数 (Green's function), 136, 493

系（連立方程式）(system), 164, 199, 333
経過時間 (elapsed time), 98
計算科学 (computational science), 429, 458
計算力学 (computational mechanics), 382
携帯電話 (cell phone), 44, 176
ゲイン (gain), 30, 33, 84, 104, 111
ケーリー–ハミルトンの定理 (Cayley–Hamilton theorem), 357
結合法則 (associative law), 223
現在価値 (present value), 51
減衰 (damping), 95, 112, 118
減衰ゲイン (damped gain), 112
減衰周波数 (damped frequency), 98, 105, 113
減衰比 (damping ratio), 98, 113, 114
減衰率 (decay rate), 45, 448, 455, 478

高階 (higher order), 92, 101, 104, 106, 117, 364
格子 (grid), 426, 429, 439
公式の表 (Table of Rules), 487
剛性 (stiffness), 118, 480
酵素 (enzyme), 181
光速 (speed of light), 475
高速フーリエ変換（FFT を見よ）(Fast Fourier Transform), 87
後退オイラー法 (backward Euler), 189, 190
後退差分 (backward difference), 6, 12, 251, 425
後退代入 (back substitution), 215, 269
勾配 (gradient), 427, 431
誤差 (error), 187
コサイン級数 (cosine series), 447
誤差関数 (error function), 469
誤差ベクトル (error vector), 396, 404
固有関数 (eigenfunction), 418, 420, 431, 466, 470, 478
固有周波数 (natural frequency), 77, 98, 101, 477
固有値 (eigenvalue), 165, 333, 334, 391
固有値の表 (Table of eigenvalues), 391
固有ベクトル (eigenvector), 167, 333, 334, 391
固有ベクトルの線形結合 (combination of eigenvectors), 337, 359, 366, 380, 383
コレスキー分解 (Cholesky factorization), 414
根 (roots), 101, 107, 129
ゴンペルツ方程式 (Gompertz equation), 62

サ

再帰 (recursion), 462, 463
最小 2 乗法 (least squares), 395–397
最適制御 (optimal control), 489
サインとコサイン (sines and cosines), 449
差分方程式 (difference equation), 44, 51, 185, 189, 346
三角関数の合成公式 (sinusoidal identity), 35, 37, 112

時間遅れ (time lag), 81
時間変化する (time-varying), 376, 380, 393
時間領域 (time domain), 120, 127, 144
次元 (dimension), 44, 51, 272, 291, 298, 299, 311, 330
試験の成績 (test grades), 405
自己相関 (autocorrelation), 491
指数応答 (exponential response), 104, 107, 117
指数関数 (exponential), 2, 7, 10, 25, 131, 371, 379
指数の和 (add exponents), 9
実固有値 (real eigenvalues), 166, 243, 384
実根 (real roots), 90, 162
実際上の共鳴 (practical resonance), 126
実数解 (real solution), 31, 110
質量作用 (mass action), 180
質量作用の法則 (law of mass action), 180
時定数 (time constant), 99
シヌソイド (sinusoid), 19, 30, 34
自明な解 (zero solution), 265

射影 (projection), 397, 399–401
ジャンプ (jump), 22, 485, 486
収穫 (harvesting), 58, 59, 61
周期 (period), 76, 163, 455
周期的 (periodic), 174
収束 (convergence), 71, 198
自由端-自由端の境界条件 (free-free boundary conditions), 422
周波数 (frequency), 76, 79, 382, 477
周波数応答 (frequency response), 36, 77, 443
周波数領域 (frequency domain), 120, 144, 460, 491
自由変数 (free variable), 269, 271, 274, 275, 279
自由列 (free column), 267
主軸 (principal axis), 385
主成分分析 (Principal Component Analysis), 411, 442
出発値（初期値を見よ）(starting value), 9
シュテファン–ボルツマンの放射法則 (Stefan–Boltzmann Law), 48, 62
循環たたみ込み (cyclic convolution), 496–498
消去法 (elimination), 212, 214, 342
条件数 (condition number), 411
乗数 (multiplier), 212, 217, 229
状態空間 (state space), 127
乗法的積分 (product integral), 394
初期条件 (initial conditions), 73, 358, 468
初期値 (initial value), 2, 9, 40, 480, 494
触媒 (catalyst), 181
ジョルダン形 (Jordan form), 367, 391, 392
自励的 (autonomous), 56, 70, 157, 158, 160
人口 (population), 47, 54, 60, 63
振動 (oscillation), 73, 75
振動方程式 (oscillation equation), 381
振幅 (amplitude), 75, 82, 111
振幅応答 (amplitude response), 34, 77
シンプソン則 (Simpson's Rule), 196

図 (pictures), 154
吸込み (sink), 17
垂直 (perpendicular), 203, 247, 399, 443
垂直な固有ベクトル（直交する固有ベクトルを見よ）(perpendicular eigenvectors), 384
垂直な部分空間（直交部分空間を見よ）(perpendicular subspaces), 319
スイッチ (switch), 22
数理ファイナンス (mathematical finance), 468
ステップ応答 (step response), 22, 81, 97, 102, 124, 125, 127, 128
ステップ関数 (step function), 21, 23, 485, 489, 500
ステップ幅 (stepsize), 184
スパイク (spike), 23, 417, 447, 448
スパン，張る (span), 260, 265, 291, 295, 303
スペクトル定理 (spectral theorem), 385, 392

正規直交基底 (orthonormal basis), 408, 410, 451
正規直交な列ベクトル (orthonormal columns), 247, 406
正規分布 (normal distribution), 470
正規方程式 (normal equations), 397, 399, 400
正規モード (normal modes), 382
斉次（同次）(homogeneous), 17, 102
斉次解 (null solution), 17, 18, 78, 91, 102, 106, 113, 205
成長因子 (growth factor), 40, 41, 50, 96, 135, 374, 375, 493
成長率 (growth rate), 2, 40, 373
正定値 (positive definite), 382, 395, 407, 413, 419, 421
静電容量 (capacitance), 119
精度 (accuracy), 185–187, 192, 193
精度の次数 (order of accuracy), 187, 192, 193
ゼータ (zeta), 98, 113
積の公式 (product rule), 8
積分因子 (integrating factor), 19, 26, 41, 493
接線 (tangent line), 6, 156, 185
絶対安定性 (absolute stability), 191
絶対値 (absolute value), 83, 86
節点 (node), 321, 433
節点解析法 (nodal analysis), 123
節点を接地 (ground a node), 434, 436
接放物線 (tangent parabola), 7, 193
零空間 (nullspace), 265
ゼロクライン (zerocline), 157
線形化 (linearization), 172, 177
線形結合 (linear combination), 201, 202, 258, 295
線形従属 (dependent), 295
線形従属な列 (dependent columns), 212
線形性 (linearity), 224, 482
線形独立 (linearly independent), 283, 293, 296
線形独立性 (independence), 206
線形独立な行 (independent rows), 278
線形独立な固有ベクトル (independent eigenvectors), 371
線形独立な列 (independent columns), 278, 281, 296, 330, 395, 401
線形の時不変な (linear time-invariant (LTI)), 70, 358
線形の並進不変な (linear shift-invariant), 470
線形変換 (linear transformation), 211
線形方程式 (linear equation), 4, 17, 105, 133, 172, 358
前進差分 (forward difference), 244

全体像 (big picture), 306, 310, 313, 410

像 (image), 495
相対性 (relativity), 475
存在性 (existence), 154, 198

タ

対角化 (diagonalization), 345, 410
対角化可能 (diagonalizable), 362, 391
対角化不可能 (nondiagonalizable), 347, 351, 355, 392
退化次数 (nullity), 272
対称かつ直交 (symmetric and orthogonal), 249, 387
対称性 (symmetry), 479
大切な公式 (key formula), 20, 78, 112, 117, 135, 492
多項式 (polynomial), 131
たたみ込み (convolution), 117, 136, 490, 492, 496
たたみ込みの公式 (convolution rule), 487, 491, 495, 496
多段階法 (multistep method), 193
ダッシュポット (dashpot), 118
ダランベール (d'Alembert), 476, 478
単位 (units), 44, 51, 467
単位円 (unit circle), 32, 84, 85, 94, 458
単位ベクトル (unit vector), 343
タンジェント (tangent), 38, 59, 75, 80
炭素 (carbon), 46

力の釣合い (balance of forces), 118
宙返りする箱 (tumbling box), 177, 178, 184
中心差分 (centered difference), 7, 192
中心点 (center), 161, 163, 174
中立安定性 (neutral stability), 167, 361
超特殊 (very particular), 18, 26, 27, 117, 143
重複固有値 (repeated eigenvalues), 347, 364, 392
重複根 (repeated roots), 92, 93, 101, 364
重複度 (multiplicity), 93, 351
超平面 (hyperplane), 210
調和運動 (harmonic motion), 71, 76, 79
直線 (straight line), 396
直角三角形 (right triangle), 126, 128, 396
直交関数 (orthogonal functions), 331, 415, 445
直交基底 (orthogonal basis), 409, 444, 458, 459
直交形式 (rectangular form), 110, 111
直交する固有ベクトル (orthogonal eigenvectors), 243, 392
直交する固有ベクトル (orthogonal eigenvectors) を見よ (perpendicular eigenvectors), 392
直交部分空間 (orthogonal subspaces), 313, 319

釣合い方程式 (balance equation), 47, 118, 324, 436
釣鐘型曲線 (bell-shaped curve), 16, 191, 470

抵抗 (resistance), 119, 436
定在波 (standing wave), 476
定常状態 (steady state), 21, 49, 52, 57, 155, 335, 337, 366
定数係数 (constant coefficient), 1, 98, 117, 443, 480, 497
定数の対角成分 (constant diagonals), 493, 497
定数変化法 (variation of parameters), 41, 42, 129, 130, 133–135, 137, 493
テイラー級数 (Taylor series), 7, 14, 16, 187
停留点 (critical point), 170, 171, 183
データ (data), 411, 442
デルタ関数 (delta function), 23, 28, 78, 96, 97, 417, 448, 450, 453, 469, 482
デルタベクトル (delta vector), 425, 458, 493
電圧源 (voltage source), 435
電圧法則 (Voltage Law), 122, 324, 326
伝染病 (epidemic), 179, 180
伝達関数 (transfer function), 103, 120, 443, 487, 492
転置 (transpose), 242, 253, 331, 395, 442
点拡がり関数 (point-spread function), 495
電流法則 (Current Law), 123, 324, 326
点湧出し (point source), 23, 468, 469

トゥームア教授 (Toomre), 178
導関数の公式 (derivative rule), 141, 452, 487
統計学 (statistics), 411, 470
特異値 (singular value), 408, 410, 416
特異値分解（SVD を見よ）(singular value decomposition), 408
特異ベクトル (singular vector), 395
特殊解 (particular solution), 17, 18, 41, 106, 205, 279, 282, 283
特性方程式 (characteristic equation), 90, 103, 107, 165
特別な入力 (special inputs), 131, 139
凸 (convex), 73
ドット積 (dot product), 203, 386
飛び降りる曲線 (dropoff curve), 56, 61, 157
トレース (trace), 175, 340, 345, 356, 362, 394

ナ

内積 (inner product), 203, 216, 230, 253, 331, 386, 419, 444
長さ (length), 247
流れ図 (flow graph), 462
滑らかさ (smoothness), 448

二重項 (doublet), 150
ニュートンの法則 (Newton's Law), 46, 73, 245, 383
ニュートン法 (Newton's method), 6, 181

熱核 (heat kernel), 468, 469, 471
熱伝導方程式 (heat equation), 420, 466, 467
ネットワーク (network), 277, 320, 426, 435, 436

濃度 (concentration), 46, 181
ノルム (norm), 410, 411

ハ

倍角 (double angle), 84
倍増時間 (doubling time), 46, 47
箱 (box), 176
箱関数 (box function), 417, 450, 452, 480, 489, 499
バックスラッシュ(backslash), 224
発散 (divergence), 427
ハット関数 (hat function), 478
波動方程式 (wave equation), 475–477, 480
バネ (spring), 74, 118
梁 (beam), 480
半減期 (half-life), 45
半定値 (semidefinite), 407, 422
反復ランプ関数 (repeating ramp), 447

ピーク時刻 (peak time), 113, 128
非線形振動 (nonlinear oscillation), 70
非線形方程式 (nonlinear equation), 2, 51, 172
非退化 (full rank), 281, 283, 287, 294, 395
非対角要素の比 (off-diagonal ratios), 231
左逆行列 (left-inverse), 232, 237, 247
左固有ベクトル (left eigenvectors), 357
左零空間 (left null space), 306, 309
微分方程式 (differential equation), 1, 40
ピボット (pivot), 212, 214, 229, 237, 413
ピボットの積 (product of pivots), 338, 503
ピボット変数 (pivot variable), 269, 275
ピボット列 (pivot column), 267, 269, 297, 300
標準斉次解 (special solution), 266, 270, 309
ヒルベルト空間 (Hilbert space), 444

ファラド (farad), 122
不安定 (unstable), 49, 52, 166, 194
フィードバック (feedback), 63
フィボナッチ (Fibonacci), 348, 354, 415
フィルター (filter), 491
フーリエ級数 (Fourier series), 429, 431, 447, 449, 454, 466
フーリエ係数 (Fourier coefficients), 447, 448, 451
フーリエコサイン級数 (Fourier cosine series), 468
フーリエサイン級数 (Fourier sine series), 420, 445, 466, 478
フーリエ積分変換 (Fourier Integral Transform), 460
複素インピーダンス (complex impedance), 39, 120
複素共役 (complex conjugate), 32, 87, 94, 389
複素ゲイン (complex gain), 111
複素固有値 (complex eigenvalues), 166
複素根 (complex roots), 90, 163
複素指数関数 (complex exponential), 13, 443
複素数 (complex numbers), 32, 82
複素数の解 (complex solution), 37–39, 88
複素フーリエ級数 (complex Fourier series), 451
複素ベクトル (complex vector), 444
複利 (compound interest), 12, 186
符号反転 (sign reversal), 503
不足減衰 (underdamping), 95, 99, 101, 117
フックの法則 (Hooke's Law), 74, 383, 434
フットボール (football), 177, 178
部分空間 (subspace), 255, 257, 258, 260, 262
部分積分 (integration by parts), 253, 331, 419, 424, 442
部分分数 (partial fractions), 55, 61, 142, 143, 146, 149, 484
部分和 (partial sums), 449
ブラウアー (Brauer), 180
ブラック–ショールズ (Black–Scholes), 468
振り子 (pendulum), 70, 81, 183
フリスビー (frisbee), 177
ブロック積 (block multiplication), 229, 230
分解 (factorization), 391, 501
分散 (variance), 402, 405, 411, 442
分配法則 (distributive law), 224

平均値 (average), 405, 447, 451
平衡 (equlibrium), 427
平行移動 (shift), 452
平行移動した関数の変換公式 (shift rule for transform), 485
並進不変 (shift invariant), 97, 470, 490, 493, 498
平方根 (square root), 407
平方和 (sum of squares), 396, 398
平面 (plane), 203, 210, 263
閉ループ (closed-loop), 63
並列 (parallel), 122, 127
ヘヴィサイド (Heaviside), 21, 487
ベクトル (vector), 164, 200, 255–257
ベクトル空間 (vector space), 255, 256, 305, 329
ベッセル関数 (Bessel function), 376, 471, 488

ヘルツ (hertz), 76
ベルヌーイの微分方程式 (Bernoulli equation), 61
辺 (edge), 320, 433
変位 (displacements), 123
偏角 (polar angle), 38, 88
変換の表 (Table of Transforms), 146, 482
変曲点 (inflection point), 54
変係数 (variable coefficient), 1, 41, 130
変数分離可能 (separable), 55, 64, 431
変数分離法 (separation of variables), 432, 467, 470, 471, 477
変数変換 (change of variables), 374
偏微分方程式 (PDE, partial differential equation), 426, 466, 477
ヘンリー (henry), 122

ポアソン方程式 (Poisson's equation), 428
棒 (bar), 417, 418, 422, 466, 468
方向場 (direction field), 157
放射性崩壊 (radioactive decay), 45
放物線 (parabola), 90, 96
捕食者—被食者 (predator-prey), 173, 174, 181
ポントリャーギン (Pontryagin), 489

マ

右逆行列 (right-inverse), 232, 236, 237
未定係数法 (undetermined coefficients), 117, 129, 131, 136
ミハエリス–メンテン (Michaelis–Menten), 181
脈拍 (pulse), 402, 403

無限級数 (infinite series), 10, 13, 337, 378, 445, 467
無次元 (dimensionless), 34, 99, 113, 124

冥王星 (Pluto), 155
メッシュ(mesh), 430

最も近い直線 (closest line), 397, 403
モデル (model), 40, 115, 383, 433

ヤ

矢印 (arrow), 156, 320

有限の速さ (finite speed), 474
有限要素 (finite elements), 123, 382, 429, 440

余因子 (cofactor), 339
予測—修正 (prediction-correction), 193
より良い記法 (better notation), 112, 124, 125

ラ

ラジアン (radians), 75
ラプラス変換 (Laplace transform), 121, 139, 141, 147, 480, 487
ラプラス変換のたたみ込み (Laplace convolution), 492, 494
ラプラス方程式 (Laplace equation), 426–428, 453, 454
ランプ応答 (ramp response), 129
ランプ関数 (ramp function), 23, 97, 418, 487

リアクタンス (reactance), 121
リエナール (Liénard), 183
力学 (mechanics), 73
離散サイン (discrete sines), 416, 443, 464
離散フーリエ変換（DFT を見よ）(discrete Fourier transform), 443
利率 (interest rate), 12, 43
臨界減衰 (critical damping), 95, 99, 115

累乗 (powers), 224, 336, 350
ループ (loop), 322, 324, 325
ループの方程式 (loop equation), 119, 122, 126
ルンゲ–クッタ法 (Runge–Kutta), 17, 192, 194, 195

冷却 (cooling (Newton's law)), 46
レイリー商 (Rayleigh quotient), 442
列空間 (column space), 259, 264, 284
列と行の積 (column-times-row), 226, 229, 230, 440
列の階数 (column rank), 281, 330
列の線形結合 (combination of columns), 201, 204
列ベクトルの絵 (column picture), 200, 208
連鎖則 (chain rule), 3, 4, 377, 380
連続 (continuous), 154, 323
連続な利率 (continuous interest), 44

ローレンツ方程式 (Lorenz equation), x, 182
ロジスティック方程式 (logistic equation), 47, 52, 61, 157, 191
ロトカ–ヴォルテラ (Lotka–Volterra), 174
ロピタルの法則 (l'Hôpital's Rule), 43, 108
ロブスター用の罠 (Lobster trap), 159
ロンスキアン (Wronskian), 134, 135, 375, 394

ワ

歪対称（反対称）(skew-symmetric (antisymmetric)), 250, 331, 361, 390, 419
湧出し (source), 17, 19, 40
悪い知らせ (bad news), 337

訳者略歴

渡辺辰矢 (わたなべ しんや)

1991年 東京大学 工学系研究科 船用機械工学専攻 修了 (工学修士)

1995年 MIT Mathematics Department 修了 (Ph.D., applied mathematics)

現 在 茨城大学 理学部 数学・情報数理領域 准教授

世界標準MIT教科書

ストラング：
微分方程式と線形代数

2017年11月30日 初版第1刷発行

原著者 G.ストラング

翻訳者 渡辺辰矢

発行者 小山 透

発行所 株式会社 近代科学社

〒162-0843 東京都新宿区市谷田町 2-7-15

電 話 03-3260-6161 振 替 00160-5-7625

http://www.kindaikagaku.co.jp

藤原印刷

ISBN978-4-7649-0476-7

定価はカバーに表示してあります.

【本書のPOD化にあたって】
近代科学社がこれまでに刊行した書籍の中には、すでに入手が難しくなっているものがあります。それらを、お客様が読みたいときにご要望に即してご提供するサービス／手法が、プリント・オンデマンド（POD）です。本書は奥付記載の発行日に刊行した書籍を底本として POD で印刷・製本したものです。本書の制作にあたっては、底本が作られるに至った経緯を尊重し、内容の改修や編集をせず刊行当時の情報のままとしました（ただし、弊社サポートページ https://www.kindaikagaku.co.jp/support.htm にて正誤表を公開／更新している書籍もございますのでご確認ください）。本書を通じてお気づきの点がございましたら、以下のお問合せ先までご一報くださいますようお願い申し上げます。

お問合せ先：reader@kindaikagaku.co.jp

Printed in Japan

POD 開始日　2023 年 12 月 31 日

発　　行　株式会社近代科学社
〒101-0051 東京都千代田区神田神保町 1 丁目 105 番地
https://www.kindaikagaku.co.jp

印刷・製本　京葉流通倉庫株式会社